KB090183

제5판

세계지리 세계화와 다양성

Les Rowntree, Martin Lewis, Marie Price, William Wyckoff 지음
안재섭, 김희순, 신정엽, 이승철, 이영아, 정희선, 조창현 옮김

Σ 시그마프레스

세계지리 세계화와 다양성

제5판

안재섭, 김희순, 신정엽, 이승철, 이영아, 정희선, 조창현 옮김

ROWNTREE LEWIS PRICE WYCKOFF

세계지리 세계화와 다양성, 제5판

발행일 | 2017년 6월 30일 1쇄 발행

저 자 | Les Rowntree, Martin Lewis, Marie Price, William Wyckoff
역 자 | 안재섭, 김희순, 신정엽, 이승철, 이영아, 정희선, 조창현
발행인 | 강학경
발행처 | (주) 시그마프레스
디자인 | 조은영
편 집 | 김경림

등록번호 | 제10-2642호
주소 | 서울시 영등포구 양평로 22길 21 선유도코오롱디지털타워 A401~403호
전자우편 | sigma@spress.co.kr
홈페이지 | http://www.sigmapress.co.kr
전화 | (02)323-4845, (02)2062-5184~8
팩스 | (02)323-4197

ISBN | 978-89-6866-933-0

Globalization and Diversity
Geography of a Changing World, 5th Edition

* 책값은 책 뒤표지에 있습니다.

이 도서의 국립중앙도서관 출판예정도서목록(CIP)은 서지정보유통지원시스템 홈페이지(http://seoji.nl.go.kr)와 국가자료공동목록시스템(http://www.nl.go.kr/kolisnet)에서 이용하실 수 있습니다.(CIP제어번호: CIP 2017013268)

역자 서문

21세기의 지구촌 사회는 세계화 시대를 넘어 문화 다양성의 사회로 전개되고 있다. 이는 세계 각 지역의 다양한 삶에 대한 차이를 인정하면서, 더 나아가 문화적 다양성의 가치를 존중하는 공감의 영역으로 발전해 가고 있다는 것을 말해준다. 이러한 흐름과 같이 나아가는 학문 분야가 지리학이다. 지리학은 크게 계통지리학과 지역지리학으로 구분된다. 계통지리학은 지표상에서 전개되는 자연현상과 인문현상을 여러 주제별로 나누어 살펴보는 학문이며, 지역지리학은 계통지리학에서 다루어지는 주제를 지역에 담아내 설명하는 분야이다. 이 중 세계지리는 지역지리학의 한 분야이다. 세계지리는 지구상에 펼쳐져 있는 세계 여러 지역의 자연 환경을 살펴보면서 여기에 살고 있는 사람들의 다양한 삶의 방식과 문화를 이해하고, 과거의 전통과 현재의 모습을 통해 미래를 예측하기 위한 학문이다.

이 책의 저자인 Rowntree, Lewis, Price, Wyckoff 교수는 오랜 시간에 걸쳐 지리학을 연구해 오고 강의를 해온 분들이다. 저자들은 이 책을 통해 세계화의 두 가지 상호관계에 대해 이해할 것을 강조하고 있다. 첫째, 세계화의 결과로 나타나는 환경 · 문화 · 정치 · 경제 시스템의 결과를 비판적으로 검토할 필요가 있다는 점이다. 둘째, 세계화 과정에서 나타나는 지리적 다양성의 생성과 지속에 대해 이해할 필요가 있다는 점이다. 세계에서 오늘날 펼쳐지는 여러 현상의 유사성과 다양성이라는 두 가지 대립적인 양상은 이 책의 서명에 제시되어 있는 세계화와 다양성이라는 명칭으로 반영되어 있다.

새롭게 개정된 세계지리 : 세계화와 다양성, 제5판은 구조화된 학습 경로, 비교 가능한 지도, 단원 특성에 맞는 지도, 비교 가능한 지역 데이터, 특별 에세이 페이지 등으로 구성되어 있다. 이 책은 다양하고 풍부한 지리적 사례를 통해 학습자의 능동적인 학습 활동이 이루어질 수 있도록 구성한 것이 특징이다. 또한 각 단원마다 제시되어 있는 지도들은 독자들이 상이한 지역들을 쉽게 비교할 수 있도록 같은 주제와 유사한 자료를 이용하여 작성한 것이다. 대부분의 지역 단원에서 자연지리, 기후, 환경 이슈, 인구 분포, 이주, 언어, 종교, 지정학적 이슈의 지도를 볼 수 있다. 이러한 자료와 지도를 통해 독자들은 오늘날 세계화된 세계에서 각 지역이 다양한 방법으로 서로 연결되어 있음을 알 수 있을 것이다.

역자들은 독자들이 세계지리 학습을 통해 급변하는 지구촌 사회의 다양하고 복잡하게 얽힌 지역의 생생한 모습을 자세하게 풀어보고, 갈등과 마찰을 빚고 있는 지역에서는 합리적 해결 방안을 제시하며, 아울러 세계 곳곳의 사람들과 간접적으로 함께 하며 미래 지향적인 삶을 열어갈 수 있기를 기대한다.

이 책이 다루고 있는 지역과 주제가 매우 방대하고 다양하기 때문에 번역상에 오류나 실수가 있을 것이다. 독자들의 넓은 이해를 구하며, 역자들은 계속해서 올바르게 고쳐나갈 것을 약속드린다. 끝으로 이 책에 깊은 관심을 가져주시고, 출판을 기꺼이 허락해 주신 (주)시그마프레스 강학경 사장님께 감사드린다.

2017년 6월

역자 일동

저자 서문

세계지리 : 세계화와 다양성, 제5판은 세계화에 따른 다양한 지리적 변화를 다루고 있는 이슈 중심의 대학 교재이다. 저자들은 많은 학자들과 의견을 공유하면서 세계화가 산업혁명 이후로 전 세계의 사회경제적 · 문화적 · 지정학적 구조를 가장 근본적으로 재조직하는 힘이라고 보았다. 세계화는 이 책의 주요한 구조를 이루는 주제이자 논의의 출발점을 제공한다.

지리학자인 저자들은 독자들이 두 가지 상호 관계를 이해할 필요가 있다고 생각한다. 첫째, 세계화의 결과로 나타나는 환경 · 문화 · 정치 · 경제 시스템의 결과를 비판적으로 검토할 필요가 있다. 둘째, 세계화 과정에서 나타나는 지리적 다양성의 생성과 지속에 대해 이해할 필요가 있다. 유사성과 다양성이라는 두 가지 대립적인 힘은 교재의 제목에 제시되어 있는 세계화와 다양성이라는 주제로 반영되어 있다.

제5판의 새로운 내용

- 일상의 세계화에서는 세계화가 우리들의 음식, 옷, 휴대전화, 음악처럼 우리가 당연하게 받아들이고 있는 일상의 삶 속에 어떻게 침투해 들어오는지를 설명한다.
- 지리학자의 연구에서는 14명의 지리학자를 소개하고 있는데, 언제 어떻게 지리학을 전공하게 되었는지를 포함하여 그들의 연구, 야외 조사, 교수 방법, 인생 등을 설명한다.
- 구글 어스 가상 여행 비디오에서는 QR코드를 통해 지속 가능성을 향한 노력, 글로벌 연결 탐색과 연결되며, 지리와 장소에 대한 가상 체험을 제공해 준다.
- 단원의 첫 번째 페이지에는 해당 대륙과 관련된 파노라마 사진, 지역의 주요 주제와 특징이 소개되어 있으며, 단원 내용에 대한 간단한 설명과 함께 실제 세계와 같은 삽화가 제시되어 있다.
- Visual question이 단원마다 그림 형식으로 제시되어 있으며, 이 부분의 목적은 학생들이 시각적으로 분석해 보고 비판적으로 사고할 수 있도록 돕는 데 있다.
- 단원 요약은 각 장의 마지막에 내용 요약과 함께 꾸며져 있으며, 이 부분에는 지도, 사진, 삽화, 비판적 사고, 주요 용어, 자료 분석 연습 등이 함께 제시되어 있다.

제1장의 새로운 내용 : 세계지리의 개념

- **지리적 주제.** 지역 차이, 지역, 문화적 경관 등 지리적 개념에 대한 새로운 논의
- **지리학자의 도구상자.** 위도와 경도, 지도 투영법, 축척, 지형도, 항공사진, 원격 탐사, GIS 등 지리학의 연구 방법 도구에 대한 새로운 설명
- 거주지와 세계적 인구 이동에 관한 새로운 논의
- 인구 변천 과정에 대한 개정. 인구 전문가의 의견을 반영하여 4단계의 전통적인 인구 변천 모형을 새롭게 제5단계로 구분, 새로운 단계에서 나타나는 선진국의 매우 낮은 인구 자연 증가율 현상을 설명
- **개정된 국민 국가.** 전통적 국민 국가 개념에 대한 비판적 관점에서 포스트 또는 네오식민주의 긴장, 소지역주의, 인종 차별주의, 이주 소수민족, 다민족 국가주의 등에 대한 고려

제2장의 새로운 내용 : 환경과 자연지리학

- 판구조론의 경계부에 대한 새로운 그래픽과 내용
- 기후 요인에 대한 내용이 지리적으로 보다 풍부해짐. 태양 에너지, 위도, 내륙과 해양의 상호작용, 세계적인 차원의 기압과 풍향 체계, 지형 등의 부분이 설명되었다.
- 지구 온난화와 기후 변화에 대한 내용이 새롭게 보완되었다. 기후 변화와 관련한 EU 위원회의 최신 자료를 반영하여 내용을 추가하였으며, 또한 2015년 파리 기후 협약에서 발표한 이산화탄소 배출량 규제에 관한 합의 내용을 수록하였다.
- 새로운 섹션으로 지구 에너지 이슈 부분을 다루었다. 기후 변화와 지구 온난화와 관련하여 비재생 에너지, 재생 에너지, 수압 파쇄 등 세계 에너지 자원의 지리 내용을 보충했다.
- 생태 지역과 생태 다양성 관련 내용을 대폭 개정하였다. 생물자원과 생태 지역에 대한 지도학적 표현과 상세한 기술 내용은 세계 생태학적 다양성을 보여줄 뿐 아니라 지구를 둘러싼 환경 보호 차원의 논의를 전개하는 데 도움이 될 것이다.

각 장의 구성

첫 2개의 장에서는 인문지리와 자연지리의 기본 내용을 소개하고 있다. '제1장 : 세계지리의 개념'에서는 독자들에게 세계화의 지리적 분야를 설명하고 있다. 여기에는 세계화에 찬성하는 입장과 반대하는 입장에서 밝히는 비용과 이익 내용이 포함되어 있다. 다음으로 학문 분과로서의 지리학에 대해 안내하는 내용이 제시되어 있다. '지리학자의 도구 상자'에서는 독도법, 지도학, 항공사진, 원격 탐사, GIS 등 지리학 연구 방법 관련 주제가 설명되어 있다. 또한 첫 번째 단원에서는 지역 단원 전반에 걸쳐

사용된 주요 개념과 다양한 자료에 대한 안내 내용도 제시되어 있다.

'제2장 : 환경과 자연지리학'에는 지질학적 논의를 포함하여 자연지리와 환경 문제에 대한 내용이 설명되어 있다. 주요 내용은 환경적 재해, 기상, 기후, 지구 온난화, 에너지, 수문과 수자원 스트레스, 지구의 생태 지역과 생태 다양성 등이다.

각 지역 단원은 다섯 가지 주제로 구성되어 있다.

- **자연지리와 환경 문제.** 각 지역의 자연지리에 대한 설명과 함께 기후 변화, 에너지 등 환경 문제를 다룬다.
- **인구와 정주.** 각 지역의 인구, 이주 패턴, 토지 이용, 도시를 포함한 정주 체계 내용을 다룬다.
- **문화적 동질성과 다양성.** 언어, 종교를 포함하여 세계화로부터 발생하고 있는 인종과 문화적 긴장성을 다룬다. 또한 젠더 이슈는 물론 스포츠, 음악 같은 문화적 주제까지도 포함되어 있다.
- **지정학적 틀.** 후기 식민주의 긴장, 소지역주의, 분리주의, 민족 분쟁, 테러리즘 등을 포함해 각 지역의 역동적인 정치지리를 다룬다.
- **경제 및 사회 발전.** 건강, 교육, 성 불평등과 같은 사회적 이슈를 국지적으로부터 세계적 규모에 이르기까지 다루고, 지역의 경제적 프레임을 함께 고려한다.

각 장의 특징

- **구조화된 학습 경로.** 각 단원은 명확한 학습 목표와 함께 시작한다. 질문 형식의 확인 학습을 통해 학습자에게 학습 정도를 측정할 수 있도록 하였다. 각 단원의 마지막 부분에는 내용 요약과 풍부한 지리적 사례를 통해 학습자의 능동적인 학습 활동이 이루어질 수 있도록 구성하였다.
- **비교 가능한 지도.** 각 단원마다 제시되어 있는 지도들은 독자들이 상이한 지역들을 쉽게 비교할 수 있도록 같은 주제와 유사한 자료를 이용하여 그린 것이다. 대부분의 지역 단원에서 자연지리, 기후, 환경 문제, 인구 분포, 이주, 언어, 종교, 지정학적 이슈의 지도를 볼 수 있다.
- **단원 특성에 맞는 지도.** 단원별로 세계적 경제 이슈, 사회 발전, 인종 갈등과 같은 주요 주제에 관한 지도들을 볼 수 있다.
- **비교 가능한 지역 데이터.** 전 세계 각 지역의 특성에 대한 중요한 통찰력을 높일 뿐 아니라 지역 간 비교를 쉽게 하기 위해 각 장마다 2개의 표가 제시되어 있다. 첫 번째 표는 출산율, 15세 미만 인구, 65세 이상 인구 비율, 각 국가별 순이주율 등을 포함한 인구 자료가 정리되어 있다. 두 번째 표에는 각 국가의 경제 및 사회 발전의 자료가 나와 있다. 여기에는 1인당 국민소득, 국내총생산 증가율, 기대수명, 하루 2달러 이하로 생활하는 인구 비율, 유아 사망률, 국제 성 불평등 지수 등의 자료가 포함되어 있다.
- **특별 페이지 에세이.** 각 장에는 지리적 주제와 관련된 4개의 특별 페이지가 구성되어 있다.
  - **지리학자의 연구.** 실제 지리학자의 프로파일을 통해 그의 인생과 교육, 연구 등에 대해 살펴본다.
  - **지속 가능성을 향한 노력.** 세계에서 일어나고 있는 지속 가능성 프로젝트의 사례를 살펴보고, 그 결과에 대한 환경과 사회에 미치는 긍정적인 영향에 주목해 본다. QR코드와 온라인 구글 어스 가상 여행 비디오 등이 연계되어 있다.
  - **글로벌 연결 탐색.** 오늘날 세계화된 세계에서 각 지역이 다양한 방법으로 서로 연결되어 있음을 보여준다. QR코드와 온라인 구글 어스 가상 여행 비디오 등이 연계되어 있다.
  - **일상의 세계화.** 일상생활 속에 스며든 세계화를 음식, 옷, 휴대전화, 음악 등을 통해 설명하고 있다.

Les Rowntree
Martin Lewis
Marie Price
William Wyckoff

저자 소개

Les Rowntree는 버클리에 소재한 캘리포니아대학교 연구 교수로, 국지적인 규모와 세계적인 규모에서의 환경 관련 이슈에 대해 집필하고 있다. 새너제이에 있는 캘리포니아주립대학교에서 35년간 자연지리학을 가르치고 있다. 환경지리학자인 Rowntree 박사는 국제 환경 다양성 보호와 관련한 환경 이슈에 관심을 가지고 있다. 그는 세계지리야말로 학생들이 전 지구적 문제에 비판적으로 접근하는 데 필요한 개념적 틀을 형성하는 하나의 방법이라고 생각하고 있다. 최근에는 캘리포니아 해안 지역의 자연사에 관한 책을 저술하고 웹사이트 운영에 관한 프로젝트를 수행하고 있다. 또한 유럽 환경을 주제로 한 에세이도 쓰고 있다. 그는 저작을 기반으로 웹 기반의 블로그를 운영하고 있다.

Martin Lewis는 스탠퍼드대학교 역사과의 수석 강사로 세계지리 강좌를 강의하고 있다. 그는 필리핀의 자연지리와 세계지리학의 사상사에 관한 폭넓은 연구를 수행해 왔다. 저서로는 *Wagering the Land: Ritual, Capital, and Environmental Degradation in the Cordillera of Northern Luzon, 1900-1986*(1992)가 있으며, Karen Wigen과 같이 쓴 *The Myth of Continents: A Critique of Metageography*(1997)가 있다. Lewis 박사는 동아시아, 남부 아시아, 동남아시아 지역을 여행하기도 했다. 최근 발간한 책은 Asya Pereltsvaig와 같이 저술한 *The Indo-European Controversy: Facts and Fallacies in Historical Linguistics*(2015)이다. Lewis는 2009년 4월 타임지가 선정한 미국의 가장 인기 있는 강사에 뽑히기도 했다.

Marie Price는 조지워싱턴대학교의 지리학 및 국제관계학과 교수이다. 라틴아메리카 지역 전문가로 벨리즈, 멕시코, 베네수엘라, 파나마, 쿠바, 볼리비아 등에서 연구를 수행했다. 그녀는 라틴아메리카와 사하라 이남 아프리카 지역을 광범위하게 여행했으며, 주로 인간의 이주, 자원의 활용, 환경 보존, 지속 가능성 등에 관한 연구를 진행해 오고 있다. 그녀는 미국 지리학회 내 분과 회장을 역임했으며 이주 정책 연구소의 비상근 연구원으로 이주에 초점을 맞춘 연구를 하고 있다. Price 교수는 이 책을 통해 지역이란 세계적인 동력과 지역적 동력을 통해 오랜 기간 형성된 역동적인 공간적 구성체임을 이야기하고 있다. 대표적인 저서로는 *Migrants to the Metropolis: The Rise of Immigrant Gateway Cities*(2008)가 있으며, 이 밖에도 다수의 논문과 저서가 있다.

William Wyckoff는 몬태나주립대학교의 지구과학과 교수로 북아메리카의 문화 · 역사 지리를 전공했다. 그는 북아메리카의 취락지리학에 관한 몇 권의 저서를 공동으로 집필했다. *The Developer's Frontier : The Making of the Western New York Landscape*(1988), *The Mountainous West : Explorations in Historical Geography*(1995), *Creating Colorado : The Making of a Western American Landscape 1860-1940*(1999), *On the Road Again : Montana's Changing Landscape*(2006) 등이 있다. 그가 최근에 저술한 *How to Read the American West : A Field Guide*는 2014년에 Weyerhaeuser 환경 도서로 출간되었다. 26년간 세계지리를 가르친 Wyckoff 교수는 특히 일상생활과 더욱 세계화되고 있는 지리학 간의 관계를 강조하고 있는데, 세계화는 우리 주변에서 일어나고 있으며 우리의 미래에 점점 더 많은 영향을 미치게 됨을 강조하고 있다.

요약 차례

차례

3 북아메리카 74

4 라틴아메리카 114

5 카리브 해 지역 160

6 사하라 이남 아프리카 198

7 서남아시아와 북부 아프리카 250

13 동남아시아 482

14 오스트레일리아와 오세아니아 522

1 세계지리의 개념

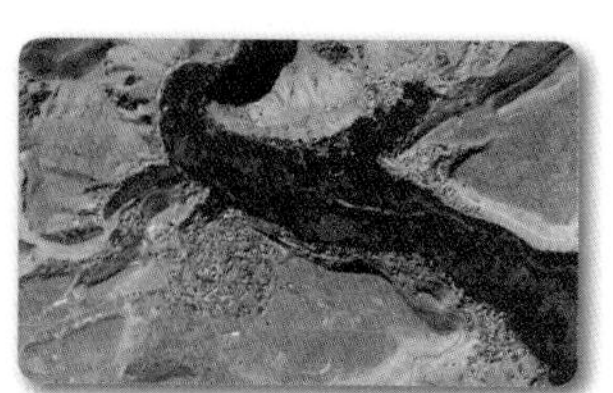

지리적 주제

지리학은 '지구에 관한 기술'을 의미하는 그리스어로부터 유래된 용어이며, 기초 학문이다. 지리학은 모든 문화에 대해 살펴보고 있으며, 상호 연결된 측면에 대한 이해를 돕는 한편, 끊임없이 변화하는 환경과 인간 활동과의 상호작용으로 다양한 세계가 이루어졌음을 밝히고 있다.

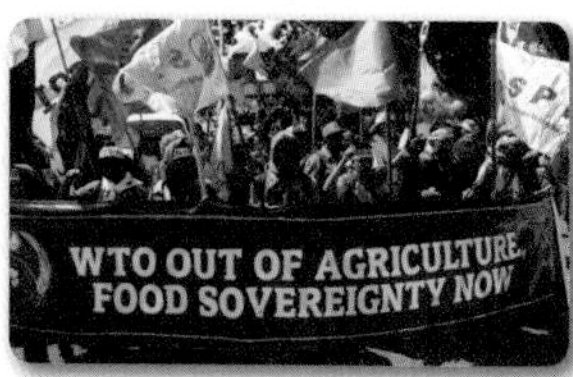

세계화의 수렴

경제의 힘은 세계화의 다양한 측면을 추동하기도 하지만, 그 결과는 모든 삶과 영역에서 나타난다. 세계화는 경제적 · 기술적 · 정치적 · 문화적 활동의 수렴을 통해 사람들과 장소들 간의 상호 연관관계를 증대시키고 있다.

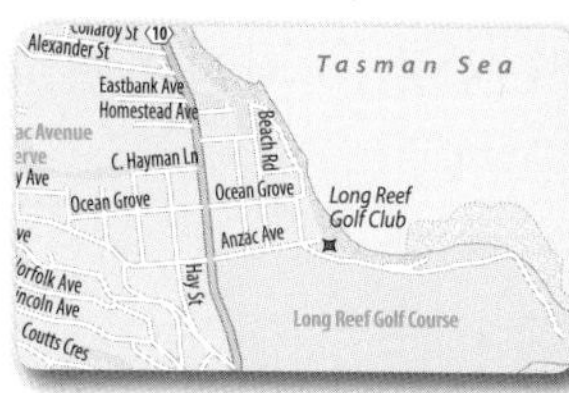

지리학자의 도구상자

지리학은 세계의 변화하는 자연 환경과 인문 환경을 분석하고 기술하는 공간 과학이다. 이러한 연구를 하는 과정에서, 지리학자는 지도, 항공사진, 위성사진, 위성항법시스템(GPS), 지리정보시스템(GIS)과 같은 다양한 도구를 활용하고 있다.

인구와 정주

출산율이 높게 나타나는 아프리카의 사하라 사막 주변 국가들도 있지만, 서부 유럽의 국가들은 인구의 자연 증가율이 매우 낮으며, 이에 따라 유입되는 이민자가 증가하고 있는 지역이다. 도시에 거주하는 인구의 수는 거의 모든 국가에서 증가하고 있으며, 대도시의 성장도 함께 일어나고 있다.

문화적 동질성과 다양성

아이디어 또는 실천 방식의 확산과 같이 문화는 세계화에 영향을 주는 요소이다. 또한 전통적인 방식을 선호하고 새로운 변화를 거부하는 문화적 집단에게 세계화는 예기치 않은 방식으로 문화적 영향을 끼친다.

지정학적 틀

지난 30여 년 동안 일어났던 급속한 지정학적 변화는 세계화와 연결되어 있다. 냉전 시대의 마감과 함께, 새로운 국가들이 독립하게 되었고, 아울러 세계 지도상에 지역 경제 블록, 테러 조직 활동, 민족 분리 운동 등과 같은 변화가 함께 일어나고 있다.

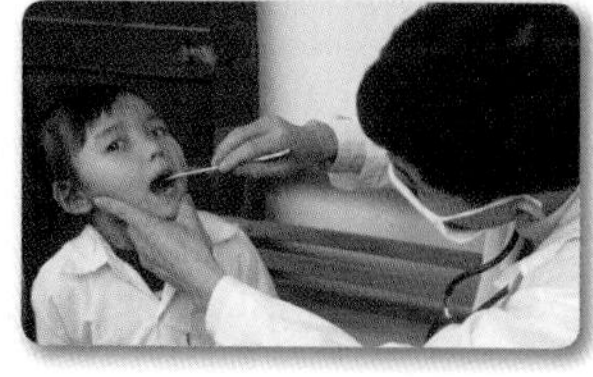

경제 및 사회 발전

경제의 세계화는 세계 무역 패턴과 부의 중심지를 새롭게 만들었다. 그러나 세계화로 인한 부의 편중으로 인해 지역 격차는 실제로 더욱 벌어졌으며, 이러한 현상은 도시 내의 경제적 · 사회적 불평등을 초래하고 있다.

◀ 중국 선전 시에 위치한 청바지 제조공장의 노동자 모습. 실제로 농촌 지역에서 이주하여 도시의 공장에서 일하는 노동자는 공장 기숙사에서 생활하며, 주당 6일을 일하고 있다. 그들이 생산한 청바지 제품은 세계 각지로 수출된다.

청바지는 세계적으로 알려져 있는 미국 문화의 상징이다. 그러나 미국에서 청바지가 만들어지는 곳을 찾기가 어렵다. 튼튼하고 저렴한 푸른 작업 바지는 1850년대 캘리포니아 금광의 광부들을 위해 만들어졌다. 이후 유럽의 고급 디자인 하우스에서 디자인하고 중국과 멕시코의 공장에서 만들어지는 청바지의 생산 과정에는 노동의 국제 분업과 관련된 세계화의 모습이 담겨 있다. 우리는 청바지를 재료와 공정의 조합으로 생각할 수 있다. 미국, 인도, 우즈베키스탄, 오스트레일리아에서 재배된 면화는 터키와 파키스탄의 공장에서 직물로 짜여져 데님(두꺼운 무명실로 짠 푸른색의 면직물－역주)이 된다. 데님은 보통 노동 비용이 싼 지역이나 무역 협정이 체결된 지역에서 절단 및 재봉되어 운송된다. 청바지의 가장 큰 생산 국가는 중국이다. 중국 남부 선전 지역에 위치한 대형 생산 공장에서 남녀 근로자들이 생산을 하고 있다. 파란 청바지 원단을 염색하기 위해 장시간 작업하면 근로자의 손가락은 파랗게 얼룩지게 된다. 이렇게 생산된 청바지 완제품은 중국 소비자 또는 세계에 판매된다. 재활용되는 청바지는 의류 시장에서 다시 판매되거나 루사카(Lusaka)나 아크라(Accra) 같은 아프리카 도시의 상인들에게 판매되기도 한다. 이러한 세계적인 생산 및 무역 패턴은 점차 규준화가 되고 있다.

청바지는 작업을 하는 데 편안한 바지가 되기도 하지만 또한 최고급 문화를 상징하는 문화 상품이기도 하다. 일부 문화권에서는 현대 서양 가치의 상징으로 남성들이 청바지를 입는다. 반면 여성들은 전통적인 의복을 입을지도 모른다. 청바지의 스타일과 색상은 장소에 따라 차이가 있다. 청바지가 가지는 의미, 그리고 누가 언제 입을 수 있는지에 대한 결정에 따라 다양한 문화적 관행이 강조되기도 한다. 청바지가 환경에 미치는 영향도 크다. 레비 스트라우스 회사의 연구에 따르면 청바지 한 벌이 만들어져서 사용되고 버려지기까지 약 3,000리터의 물이 소비되는 것으로 밝혀졌다. 소비된 물의 절반가량은 면화를 재배하는 데 사용되고, 나머지는 청바지를 염색하고 제작하는 데 사용되며, 소비자가 청바지를 세탁하는 데에도 물이 사용된다.

이 책 **세계지리 : 세계화와 다양성**은 지리학의 렌즈를 통해 글로벌 패턴과 상호작용을 조사한다. 분석은 세계 지역 단위로 이루어지는데, 이들 지역이 형성되고 또는 특화되는 데 장기적인 문화 및 환경의 실천에 대해서도 고려해야 한다. 그러나 우리는 세계화－경제적 · 정치적 · 문화적 활동이 융합됨으로써 사람들과 장소의 상호 연관성 증가－가 오늘날 세계를 재편하는 가장 중요한 세력 중 하나라고 생각한다. 전문가들은 세계화가 날씨와 같다고 말한다. 그것은 우리의 필요와 관점에 따라 유익하기도 하고 부정적이기도 한 일상적인 삶과 경관의 보편적인 부분이다. 일부 지역의 일부 사람들은 세계화로 인한 변화를 포용하는 반면, 다른 사람들은 저항하고 뒤로 물러서서 전통적인 습관과 장소에서 피난처를 찾는다. 따라서 세계화의 영향은 공간 전체에 걸쳐 균등하지 않기 때문에 지리적 (또는 공간적) 이해가 필요하다. 계속해서 볼 수 있듯이 전 세계의 장소와 현상을 연구하고 장소 간의 유사점과 차이점을 설명하려는 지리학자는 다른 국가 및 세계 지역에서 세계화의 영향을 분석하는 데 적합한 전문가라고 할 수 있다.

> 세계화는 수렴하는
> 경제적 · 정치적 · 문화적 활동을 통한
> 사람들과 장소 간의 연계로 나타나는데,
> 이는 오늘날 세계의 재편을 이끄는
> 가장 중요한 힘이다.

세계화의 대조적인 측면으로서, 다양성이란 특정 사회 내에서 서로 다른 형태, 유형, 관습 또는 사상을 가지는 것을 의미한다. 우리는 특정 지역의 사람들이 세계를 보는 방식에 영향을 미치는 언어, 문화, 환경, 정치 이데올로기, 종교 등이 혼합되어 있는 행성에 살고 있다. 동시에 전 지구적 세력의 결과로 통신, 무역, 여행, 이주 등이 빈번해짐에 따라 매우 다른 배경을 가진 사람들이 살고 일하고 상호작용하는 많은 환경이 조성되고 있다. 예를 들어, 캐나다 최대 도시인 토론토에는 약 550만 명의 인구가 거주하는데 이 인구의 절반 이상은 캐나다가 아닌 다른 나라에서 태어난 인구이다. 점차 다각화되는 현대 사회에서 사람들은 사람들 간의 사회적 유대를 형성할 수 있는 방법을 찾아야 한다. 사회의 다양성으로 인해 사회의 관용, 신뢰 및 공동 소속감이 희미해질 수 있다. 그러나 다양한 사회는 창조적인 교류와 새로운 이해를 자극하여 더 큰 포용력을 구축할 수 있다. 다음의 지역 단원에서는 상호 연결된 세상에서 다양한 사회가 경험하는 도전과 기회의 사례를 보여준다. 우리는 지리학을 소개하고, 지리학자의 관점에서 세계화의 맥락에서 이 다양성을 검토하고자 한다.

학습목표 이 장을 읽고 나서 다시 확인할 것

1.1 세계지리의 개념 인식 틀에 대해 기술하라.

1.2 세계화의 다양한 구성 요소에 대한 확인, 세계화에 대한 찬반 논의를 포함하여 세계화가 세계지리 변화에 영향을 미치는 분야에 대해 기술하라.

1.3 지표 현상을 연구하는 지리학자들이 사용하는 주요 연구 방법에 대해 요약하라.

1.4 세계 인구와 정주 패턴과 관련된 연구에서 볼 수 있는 개념과 주제에 대해 설명하라.

1.5 세계화와 세계 문화 지리와의 상호 연관성 연구에 활용되는 개념과 주제에 대해 기술하라.

1.6 식민지 개척 시기로부터 현재까지 세계 지정학과 관련한 세계화의 다양한 측면에 대해 설명하라.

1.7 선진국과 개발도상국의 경제 및 사회 발전 과정에서 나타난 중요한 변화에 대한 개념과 자료를 확인하라.

지리적 주제 : 환경, 지역, 경관

지리학(geography)은 주변 환경에 대한 오랜 호기심을 통해 우리가 어떻게 세상에 연결되어 있는지에 대한 영감을 얻고 정보를 제공하는 기초적인 학문이다. 지리라는 용어는 '지구를 기술하는'이라는 그리스어에 뿌리를 두고 있다. 지리학은 모든 문화와 문명을 중심으로 인간이 다양한 세계에 대한 천연 자원, 상업 무역, 군사적 이점, 과학 지식을 추구하면서 세계를 탐험하는 것과 관련된다. 여러 측면에서 지리학은 역사학과 비교될 수 있다. 역사학자는 시간이 지남에 따라 무슨 일이 일어났는지 기술하고 설명하지만, 지리학자는 세계의 공간적 차원 – 장소마다 어떻게 다른지 – 을 기술하고 설명한다.

지리학의 광범위한 범위를 감안할 때 지리학자는 세계를 탐구하는 데 있어 상이한 개념적 접근법을 사용하고 있다. 가장 기본적인 수준에서 지리학은 자연지리학과 인문지리학이라는 두 가지 보완적인 방법으로 구분된다. **자연지리학**(physical geography)은 기후, 지형, 토양, 식물, 수문 등을 연구한다. **인문지리학**(human geography)은 경제, 사회, 문화 시스템의 공간 분석에 중점을 둔다.

예를 들어, 자연지리학자는 브라질의 아마존 분지를 연구하는 데 열대 우림 또는 그 환경의 파괴가 지역의 기후와 수문학을 변화시키는 방식 등 주로 생태 다양성에 관심을 두고 진행한다. 반대로 인문지리학자는 열대 우림으로의 이주민 이동이나 새로운 이민자와 토착민 간의 긴장과 자원 갈등을 설명하는 사회경제적 요인에 초점을 맞추고 있다. 인문지리학자와 자연지리학자는 모두 인간의 환경 역학에 관심을 갖고 인간이 물리적 환경을 어떻게 변화시키고 물리적 환경이 인간의 행동 및 관행에 어떻게 영향을 미치는지 탐구한다. 따라서 아마존 주민들은 식량을 얻기 위해 강에서 물고기를 잡거나 숲에서 자라는 식물에 의존할 수 있지만(그림 1.1), 습윤한 열대 저지대에서 밀을 수확할 수 없기 때문에 밀 대신에 검은 후추나 콩 같은 수출 작물을 재배한다.

그림 1.1 **아마존 분지의 리오 원주민 거주지** 나무 선반 위 건조되는 물고기에 이끌려 날아온 나비와 함께 어린아이가 놀고 있다. 아마존 분지의 주민들은 하천으로부터 식량을 구하고 하천을 운송 수단으로 이용하고 있다.

지리학의 또 다른 기본 부문은 특정 장소나 지역을 분석하는 것과 달리 특정 주제 또는 테마에 초점을 맞추는 것이다. 주제 접근법은 **주제별**(thematic) 또는 **계통 지리학**(systematic geography)이라고 하며, 지역적 접근법을 **지역지리학**(regional geography)이라고 한다. 이 두 가지 시각은 상호 배타적이지 않으며 상호 보완적이다. 예를 들어, 이 교재는 세계를 12개 지역으로 구분한 후 각 단원으로 배정하였다. 각 단원은 환경, 인구와 정주, 문화적 차별화, 지정학, 사회경제적 발전이라는 주제가 체계적으로 이루어져 있다. 또한 각 단원의 구성은 자연 환경적, 인문적, 주제적, 지역적으로 이루어져 있다.

지역적 차이와 통합

공간 과학으로서, 지리학은 지구의 표면에 대한 연구로 설명할

그림 1.2 **지역적 차이** 모로코 아틀라스 산맥의 남쪽 경사면에 있는 오아시스 마을을 촬영한 인공위성 사진은 전형적인 지역적 차이 또는 짧은 거리 내에서 풍경이 어떻게 크게 다를 수 있는지를 보여주고 있다. 높은 산지에서 아래로 하천이 남쪽의 사하라 사막으로 흐르며, 짙은 녹색 줄무늬는 종려나무와 야채밭이다. 하천 인근의 관개 농지가 귀중한 토지이기 때문에 마을 정착촌은 이 지역 근처에 위치해 있다.

수 있다. 그 책임의 핵심 주제는 세계의 한 부분과 다른 부분의 차이를 기술하고 설명하는 것이다. 이것에 대한 지리적 용어는 **지역적 차이**(areal differentiation) (지역적은 '지역에 속함'을 의미함)이다. 세계의 한 부분은 습윤한 지역인데, 이곳으로부터 수백 km 떨어져 있는 다른 곳은 왜 건조할까(그림 1.2)?

지리학자들은 또한 서로 다른 장소들이 어떻게 연결되어 상호작용하고 있는지에 관심이 있다. 이 관심은 **지역 통합**(areal integration) 또는 장소들이 서로 어떻게 상호작용하는지에 대한 연구로 이어지고 있다. 예를 들어 싱가포르와 미국 경제가 서로 다른 물리적 · 문화적 · 정치적 환경에 놓여 있는 경우에도 싱가포르와 미국의 경제가 어떻게 그리고 왜 밀접하게 얽혀 있는지 분석할 수 있다. 지역 통합과 관련된 질문들은 세계화에 내재된 새로운 글로벌 연계로 인해 점점 중요해지고 있다.

글로벌에서 로컬로 모든 체계적인 탐구는 모든 학문에서 스케일 감각을 중요하게 다루고 있다. 생물학에서는 일부 과학자는 세포, 유전자, 분자와 같은 매우 작은 단위를 분석하기도 하고 일부 과학자는 식물, 동물, 전체 생태계 등의 큰 단위를 연구하기도 한다. 지리학자는 다양한 스케일에서 연구한다. 지역 경관을 분석 —예를 들어 중국 남부의 한 마을을 중심으로—하는 데 집중할 수도 있고, 더 넓은 지역의 그림에 초점을 맞추어 남부 중국 전역을 조사할 수도 있다. 다른 지리학자들은 북아메리카의 실리콘밸리에 대해 연구할 수도 있고, 인도 남부 방갈로르(Bangalore)에 있는 정보 센터의 신흥 무역 네트워크를 연구하거나 태평양의 계절적 엘니뇨 현상과 인도 몬순이 어떻게 연결되어 영향을 받는지도 연구하고 있다. 지리학자는 상이한 스케일로 연구할 수 있으며, 국지적 · 지역적 · 세계적 스케일 사이의 상호작용과 연결성에 대해서도 검토하고 있다. 아울러 지리학자는 중국 남부의 마을이 세계 무역 패턴에 어떻게 연결되고 있는지, 또한 늦은 몬순 시기가 방글라데시의 농업과 식량 공급에 어떻게 영향을 미치고 있는지 등에도 주목하고 있다.

문화 경관 : 공간이 장소로

인간은 공간을 독특하고 의미 있고 상징적인 독특한 장소로 변화시킨다. 이 다양한 형태의 장소는 지리학자들에게 큰 관심거리이다. 왜냐하면 그것은 전 세계의 인간 상태에 대해 많은 것을 말해주기 때문이다. 장소는 인간이 자연과 어떻게 상호작용하는지, 그리고 장소들끼리 어떻게 상호작용하는지를 알려준다. 또한 장소는 긴장 관계가 있는지 평화가 있는지, 사람들은 부유한지 가난한지를 말해준다.

장소 분석을 위한 일반적인 도구는 과거와 현재의 인간 정착의 유형적이고 물질적인 표현인 **문화 경관**(cultural landscape)의 개념이다. 따라서 문화적 경관은 가장 기본적인 인간의 필요—거주지, 음식, 작업—를 시각적으로 반영한다. 또한 문화적 경관은 문화적 가치관, 태도 및 상징의 표식이기 때문에 사람들을 하나로 모으는 역할을 한다. 문화가 전 세계적으로 매우 다양하게 나타나며 문화적 경관도 마찬가지이다(그림 1.3).

그러나 세계화가 점점 진전됨에 따라 장소의 특성은 점차 사라지고 있다. 예를 들어 쇼핑몰, 패스트푸드점, 비즈니스 타워, 테마파크, 산업단지 등에서 찾아볼 수 있다. 세계 경제와 문화의 확장에 대해 많이 알려주기 때문에 이러한 동질화되는 경관의 확산 뒤에 작용하는 힘을 이해하는 것은 중요하다. 비록 북아메리카 출신의 사람들에게 베트남 하노이에 있는 현대적인 쇼핑몰은 친숙하게 보일지라도, 이러한 새로운 풍경은 전통 도시로 이식된 세계화 또는 세계 문화의 중요한 구성 요소가 된다.

등질지역과 기능지역

인간의 지성은 유사성의 범주로 현상을 함께 묶어 전 세계에 대한 이해를 돕는다. 생물학은 살아 있는 유기체에 대해 분류하고, 역사학은 같은 시간 단위로 시대와 시대를 구분한다. 지리학은

그림 1.3 **문화적 경관** 세계화에도 불구하고, 필리핀의 루손 섬에 있는 마을과 주변의 계단식 논에서 볼 수 있듯이 세계의 경관은 여전히 다양하다. 지리학자들은 사람들이 환경과 어떻게 상호작용하는지 더 잘 이해하기 위해 문화 경관 개념을 사용한다.

또한 세계에 대한 정보를 **지역**(region) — 하나 이상의 공통된 특징을 공유하는 인접한 경계 영역 — 이라고 불리는 공간적 유사성 단위로 구분한다.

때로는 기후나 식물 같은 물리적 특성으로 한 지역을 구성하는데 사하라 사막이나 시베리아 지역 등이 이 같은 사례이다. 다른 경우, 인구가 감소하고 산업이 침체되어 있는 미국 북동부 지역을 러스트 벨트(Rust Belt)라는 용어로 부르는 것도 마찬가지로, 이러한 특성은 경제 및 사회적 특성이 결합됨으로써 더욱 복잡해진다. 공간적으로 한정된 한 지역을 생각하면 주변 지역과 구별되는 특성 지역이 된다. 영역을 한정하는 것 외에도 사회 또는 문화에 대한 일반화는 종종 이러한 지역에 포함된다.

지리학자는 등질지역과 기능지역과 같은 두 가지 유형으로 지역을 구분한다. **등질지역**(formal regions)은 같은 기후 유형이나 산맥과 같은 물리적 형태의 일부 측면에 의해 정의된다. 특정 언어 또는 종교의 영향을 받는 문화적 특징을 이용하여 등질지역을 정의할 수도 있다. 예를 들어, 벨기에는 플랑드르어를 사용하는 플랑드르 지역과 프랑스어를 사용하는 왈로니아 지역으로 나누어진다. 이 책의 많은 지도에서 등질지역을 찾아볼 수 있다. 반대로 **기능지역**(functional region)은 특정 활동이 이루어지는 지역이다. 북아메리카의 러스트 벨트는 밀워키에서 신시내티, 시러큐스에 이르는 삼각형 지역이다. 이 지역은 1960년대까지 제조업이 발달했지만, 현재는 공장이 대규모로 폐쇄되었고 이에 거주하는 사람들도 꾸준히 감소하고 있다(그림 1.4). 지리학자는 스포츠 팀 팬 기반의 공간적 범위나 로스앤젤레스와 같은 대도시 지역의 통근자 패턴을 기능지역으로 설정한다. 이러한 기능지역 설정은 마케팅, 교통 계획 등을 연구할 때 유용하게 적용할 수 있다.

지역은 다양한 스케일로 정의할 수 있다. 이 책에서는 자연지리적 특징, 언어권, 종교권 등 등질적인 특성과 기타 기능지역에 기초하여 세계를 12개 지역으로 구분하였다(그림 1.5). 이러한 지역 중 일부는 유럽이나 동아시아와 같이 공동으로 사용된다. 이 지역에 대한 이해와 특성은 수 세기에 걸친 진화 과정을 통해 이루어져 왔다. 그러나 이들 지역의 경계는 끊임없이 변화한다. 예를 들어, 냉전 시기에 유럽은 동서로 나뉘었으며, 동유럽은 구소련과 긴밀하게 연결되어 있었다. 1991년 구소련의 붕괴와 2000년대 유럽연합(EU)의 팽창으로 인해 유럽의 동서 구분은 의미를 잃게 되었다. 세계 지역에서 어느 부분은 동질적이지 않은 지역이 만들어지며, 일부 국가에서는 다른 지역의 고정관념에 보다 더 적합하다. 그러나 세계 지역 형성을 이해하는 것은 세계화가 환경, 문화, 정치 및 개발에 미치는 영향을 탐구하는 중요한 방법이다.

확인 학습

1.1 지역 분화와 지역 통합의 차이점을 설명하라.
1.2 문화적 경관의 개념은 지역 분화와 어떻게 관련되어 있는가?
1.3 기능지역은 등질지역과 어떻게 다른가?

주요 용어 지리학, 자연지리학, 인문지리학, 주제별 지리학, 계통지리학, 지역지리학, 지역적 차이, 지역 통합, 문화 경관, 지역, 등질지역, 기능지역

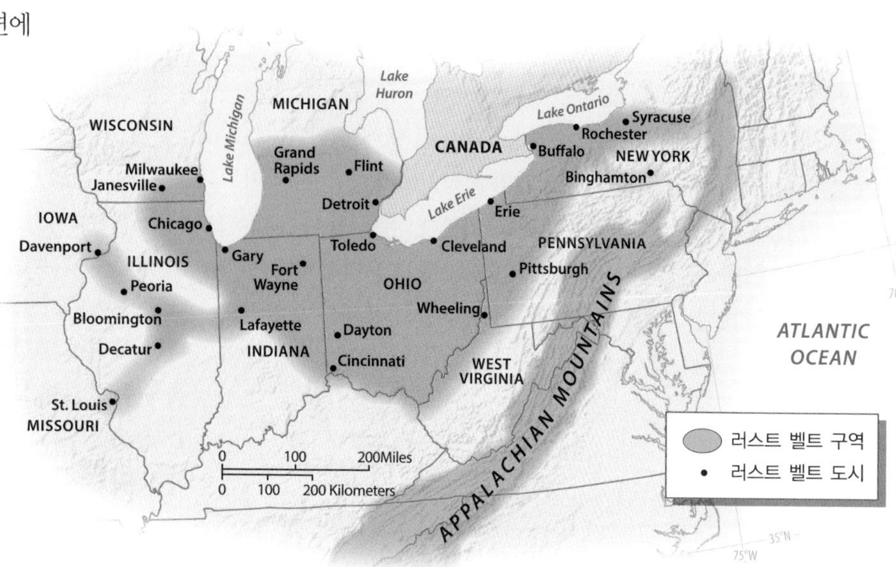

그림 1.4 **미국의 러스트 벨트** 러스트 벨트는 기능지역의 한 사례이다. 이 지역은 지난 40여 년간 제조업 침체와 인구가 감소한 지역이다. 이러한 지역이 만들어짐으로서 일련의 기능적 관계가 강조된다. **Q : 우리는 현재 어떤 등질지역 또는 기능지역에 살고 있는가?**

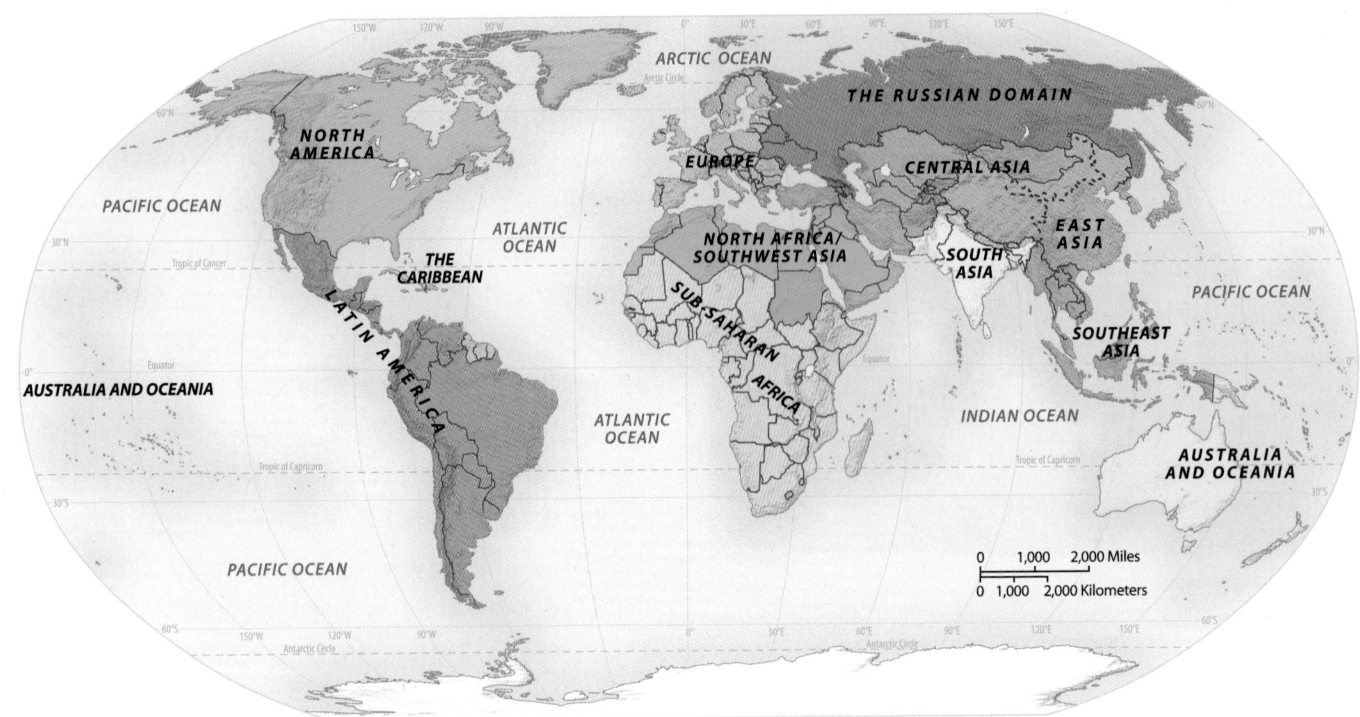

그림 1.5 **세계의 지역 구분** 이 책의 12개 지역 단원은 표시된 경계를 기초적으로 나타낸 것이다. 하나 이상의 단원에서 취급되는 국가 또는 지역은 패턴으로 지도상에 표현된다. 예를 들어 중국의 서부 지역은 제10장 중앙아시아 단원과 제11장 동아시아 단원에서 언급된다. 또한 남아메리카 대륙에 있는 세 나라는 문화적 유사성으로 인해 카리브 지역의 일부로 다루어진다.

세계화의 수렴

21세기의 가장 중요한 특징 중 하나는 사람과 장소의 상호 연관성이 증가하는 **세계화**(globalization)이다. 상이한 지역과 문화가 상업, 커뮤니케이션, 여행 등을 통해 점점 더 연계되고 있다. 유럽 식민지 시대에도 초기 세계화가 있었지만 현재의 세계화의 통합 정도는 그 어느 때보다 강하다. 실제 현대의 세계화가 산업혁명 이후 세계 사회 경제 구조의 가장 근본적인 재편성이라고 할 수 있다(**글로벌 연결 탐색 : 세계를 자세히 살펴보기 참고**).

경제 활동은 세계화의 주요 원인이 될 수 있지만 그 결과는 토지와 삶의 모든 면에 영향을 미친다. 인간 정주 유형, 문화적 속성, 정치적 상황 및 사회 발전은 모두 심대한 변화를 겪고 있다. 천연자원은 이제 글로벌 상품이기 때문에 지구의 물리적 환경 또한 세계화의 영향을 받는다. 수천 km 떨어진 곳에서 벌어지는 재정적인 결정은 종종 지역의 생태계와 서식지에 영향을 미쳐 지구의 건강과 지속 가능성에 큰 피해를 끼친다. 예를 들어, 페루 아마존의 금 채굴은 관련 기업과 개인 광부에게 유리하지만 생물학적으로 다양한 생태계를 파괴하고 원주민 공동체를 위협하고 있다.

환경과 세계화

세계화된 경제의 확장은 전 세계 환경 문제를 유발하고 강화하고 있다. 초국적 기업은 국제적 하청회사를 통해 천연자원 및 제조 현장에 대한 끊임없는 연구와 개발로 전 세계의 생태계를 혼란에 빠뜨리고 있다. 과거 국지적 지역의 주민들이 이용했던 경관과 자원은 이제 세계 시장에서 거래되거나 악용되는 글로벌 상품으로 변했다. 더 큰 규모에서 세계화는 기후 변화, 대기 오염, 수질 오염 및 삼림 벌채와 같은 세계적 환경 문제를 악화시키고 있다. 그러나 생물 다양성 보호 또는 온실 가스 감축에 관한 유엔 조약과 같은 세계적 협력을 통해서만 이러한 문제를 해결할 수 있다. 환경 파괴와 그것을 해결하려는 노력은 제2장에서 더 논의된다.

세계화와 변화하는 인문지리

세계화는 문화적 실천의 변화를 가져온다. 예를 들어 전 세계 소비자 문화의 보급은 종종 세계화를 수반하며 지역 경제에 손실을 가져온다. 때로는 전통 문화와 새로운 외부 문화 사이에 심각한 사회적 긴장감을 만들기도 하며, 갈등이 나타나기도 한다. 위성방송, 페이스북, 트위터 및 온라인 비디오를 통해 제공되는 TV 쇼 및 영화는 서양의 가치와 문화를 암묵적으로 홍보하여 전 세계 수백만 명에게 직접적으로 영향을 미치기도 한다(그림 1.6).

글로벌 연결 탐색

세계를 자세히 살펴보기

Google Earth (MG) Virtual Tour Video: http://goo.gl/5uPpKb

세계화는 멀리 떨어진 사람들과 장소를 연결하는 다양한 형식과 많은 형태로 나타난다. 이러한 상호작용의 대부분은 다국적 기업의 전 세계적 네트워크에서도 일반적으로 볼 수 있다. 다소 놀라운 상호작용도 나타나는데, 산불 화재 진압을 위해 남반구와 북반구 사이를 오가는 소방대원의 모습에서 찾을 수 있다. 미국 캘리포니아 산불을 끄고 있는 오스트레일리아 소방대원이 하나의 사례이다. 많은 에티오피아 사람들이 식량 수급 문제로 어려움을 겪고 있는 상황에서 사우디아라비아 투자자들이 자국으로 면화, 사탕수수 및 야자 기름을 공급하기 위해 에티오피아에서 대규모 토지를 임대할 것이라고 예측할 수 있겠는가?

사실, 글로벌 상호작용은 보편적이면서 복잡할 수 있다. 따라서 이러한 상호작용의 다양한 모습, 형태 및 규모를 이해하는 것이 세계지리의 핵심적인 구성 요소이다. 이 학습을 보완하기 위해, 책의 각 장에는 세계화 사례 연구를 제공하는 **글로벌 연결 탐색** 특별 페이지가 있다.

예를 들어 제7장의 특별 페이지에서는 시리아 난민들이 유럽 국가로 떠나는 이유와 방법에 대해 설명하고 있다(그림 1.1.1). 서남아시아와 사하라 사막 이남 아프리카의 수 많은 사람들이 위험한 난민의 형태로 이동하며, 이 과정에서 매년 수천 명이 사망하고 있다.

다른 예로 남극 대륙에 대한 국제 보호(제2장), 아이티의 위기 지도 작성(제5장), 한국의 아프리카 투자(제11장), 동남아시아의 아편 교역(제13장) 등이 있다. 특별 페이지에서는 대부분 구글 어스의 가상 투어 동영상 내용이 설명된다.

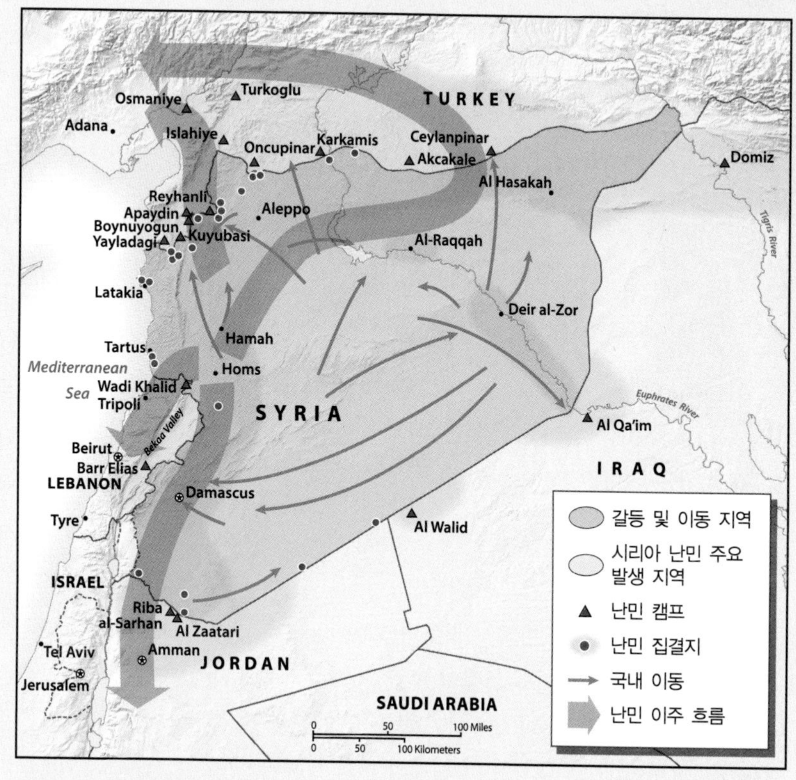

그림 1.1.1 시리아에서의 충돌 지난 5년간 약 400만 명 이상의 시리아 사람들이 내전과 불안정으로 주변 국가의 난민 캠프로 이주하였고, 이들 중 대부분은 시리아 출신의 난민으로 유럽에 정착하고 있다.

1. 자신의 경험을 토대로 복잡한 글로벌 연결을 고려해 보자. 예를 들어, 오늘 여러분이 구입한 세계 다른 지역에서 온 식품은 무엇인가? 그 물건은 어떻게 여러분에게 도달했는가?
2. 이제 전혀 다른 세계의 도시 또는 농촌을 선택하고, 세계화가 그 지역 사람들의 삶에 영향을 미치는 방식을 제안해 보자.

패스트푸드 프랜차이즈는 변화하고 있다. 일부에서는 좋지 않은 음식이라고도 하지만 패스트푸드는 세계 도시에서 폭발적으로 성장하고 있다. 패스트푸드는 친숙함으로 인해 북아메리카 사람들에게 무해한 것처럼 보일 수 있지만, 많은 사회에서 심대한 문화적 변화를 나타내며 일반적으로 건강에 좋지 않고 환경적으로도 위해한 음식이다. 그러나 일부 연구자들은 다국적 기업이 지역 맥락에 주의를 기울이고 있다고 주장한다. **세방화**(glocalization)(세계화와 지방화가 결합된)은 현지 취향이나 문화적 관행을 수용하여 제품을 제작하거나 서비스를 제공하는 것이 포함된 과정이다. 일본의 맥도날드에서는 빅맥 햄버거와 함께 새우버거도 판매되고 있다.

언론이 서구 소비자 문화의 급속한 확산에 많은 관심을 기울이지만, 비물질적 문화 또한 세계화를 통해 확산되고 동질화되고 있다. 언어는 명백한 예가 되는데, 미국인 관광객들이 아주 멀리 떨어진 곳의 현지인들이 주로 영화나 TV에서 영어로 이야기하는 것을 듣고 깜짝 놀라곤 한다. 그렇지만 사회적 가치가 세계

그림 1.6 **글로벌 커뮤니케이션** 세계화의 효과는 개발도상국의 외딴 마을에서도 볼 수 있다. 인도 남서부의 한 작은 마을에서 한 농촌 가정은 전 세계적으로 연결된 TV에서 시청 시간을 임대함으로써 일주일에 몇 달러를 벌어들일 수 있다.

적으로 분산되어 있기 때문에 말하는 것보다 훨씬 더 많은 것이 포함되어 있다. 인권, 사회에서의 여성의 역할, 비정부기구의 개입에 대한 기대치의 변화는 문화 변화에 광범위한 영향을 줄 수 있는 세계화의 표현이다. 그 대가로 전 세계의 문화 상품과 아이디어는 미국 문화에 큰 영향을 준다(그림 1.7). 미국의 다양한 이민자들은 문화 다양성과 교류의 증진에 기여하고 있다. 미국의 음식과 음악의 국제화와 미국 도시에서 사용되는 여러 언어는 모두 세계화의 표현이다.

세계화는 또한 인구 이동에 분명히 영향을 미친다. 국제 이주는 새로운 것은 아니지만 전 세계 모든 지역 출신의 인구가 법적, 불법적, 일시적, 영구적으로 국경을 넘어 이동하고 있다(그림 1.8). 라틴아메리카, 카리브 해 및 아시아에서의 이주는 미국의 인종 및 인종 구성을 변화시켰으며 아프리카 및 아시아에서의 이주는 서유럽을 변화시키고 있다. 오랫동안 민족적으로 동질성이 강하다고 여겨지던 한국과 일본 같은 국가들은 현재 이민 인구의 유입이 상당히 늘어나고 있다. 가나와 코트디부아르와 같은 가난한 나라들에도 부르키나파소와 말리 같은 상대적으로 더 가난한 나라에서 온 많은 이민자들이 있다. 국제 이주는 모든 국가의 법률에 의해 축소되었지만(실제로는 상품이나 자본의 이동보다 훨씬 더 그렇다), 세계화와 관련된 불균등한 경제 발전에 의해 부분적으로 추진되고 있다(이 장에서 더 자세하게 논의됨).

지정학과 세계화

세계화는 또한 중요한 지정학적 구성 요소를 지니고 있다. 많은 사람들에게 세계화의 본질적 차원은 영토 또는 국경에 의해 제한받지 않는다는 것이다. 예를 들어 제2차 세계대전 이후 국제연합(UN)이 탄생한 것은 모든 국가의 대표들이 모여 있는 국제 정부 구조를 만드는 것을 목적으로 했기 때문이다. 구소련이 군사적으로나 정치적으로 초강대국으로 부상함에 따라 냉전 시대 진영으로의 분열이 더욱 심화되어 지정학적 통합이 어렵게 된 적도 있다. 그러나 1990년대 초 냉전 종식으로 동유럽 국가들과 구소련 국가들은 세계 무역과 문화 교류에 즉각 개방되어 커다란 변화가 이루어지게 되었다(그림 1.9).

중요한 국제 범죄 요소는 또 하나의 세계화 결과이며, 테러(이 장의 뒷부분에서 다루고 있음), 마약, 포르노, 노예, 매춘을 포함한 이러한 범죄로 인해 국제 조정 및 협약이 필요하게 되었다(그림 1.10). 세계에서 가장 멀리 떨어져 있는 곳이라 할 수 있는 미얀마 북부의 산지와 아프가니스탄 남부의 계곡과 같은 지역에서는 아편 생산을 통해 국제 헤로인 거래 네트워크에 통합되어 있다. 마약을 직접 생산하지 않는 지역도 전 세계 마약 판매의 운송

그림 1.7 **미국의 글로벌 문화** 미국 메릴랜드 주 몽고메리 카운티의 공공 도서관에서 제공하는 다국적 언어 지원은 워싱턴 DC 교외 지역에서 사용되는 다양한 언어를 보여줄 뿐만 아니라 세계화의 표현이 북아메리카 전역에서 발견된다는 것을 의미한다.

그림 1.8 **국제적인 이동** 다양한 형태의 세계화를 통해 사람들은 더 나은 삶을 희망하는 경제 활동의 중심지로 이동하는데, 이는 인류 역사상 가장 큰 이주와 관련이 있다. 이주민들을 고향에서 밀어내는 내전, 환경 악화, 경제 붕괴 등의 영향이 사람들을 새로운 곳으로 떠나게 하는 역할을 한다. 아프리카 이민자들은 사하라 사막을 지나 지중해 연안을 건너 스페인이나 이탈리아를 통해 유럽으로 불법 입국을 시도한다. **Q : 당신이 거주하는 도시에는 어떤 국제 단체가 있는가?**

그림 1.9 **냉전 종식** 1991년의 냉전 종식이 평화적으로 끝나면서 세계 경제의 확장과 문화 및 정치 세계화가 크게 촉진되었다. 1989년에, 독일인들이 1961년 이래 베를린 동부와 서부를 나누었던 베를린 장벽이 열리게 된 것을 축하하고 있다.

및 이송에 연관되어 있다. 많은 카리브 해 연안 국가들의 경제는 마약 거래 및 마약 돈 세탁과 관련되어 있다. 또한 매춘, 포르노 및 도박은 수익성 높은 글로벌 비즈니스로 부상하고 있다. 예를 들어, 지난 수십 년 동안 동유럽의 일부 국가는 포르노 사업과 매춘을 통해 도덕적으로 의심스러운 측면도 있지만 세계 경제에서 수익을 얻고 있다.

더욱이 각 국가의 정치력이 약화되고 유럽연합과 세계무역기구(WTO)와 같은 지역 경제 및 정치 조직이 강화됨으로써 정의에 의한 세계화가 더욱 강하게 제기되고 있다. 러시아의 남부 국경에 대한 혼란이나 유럽의 분리주의가 강하게 일어나는 지역에서는 전통적 국가 권력이 약화됨에 따라 분리 독립운동이 강하게 일어나고 있다.

경제 세계화와 불균등한 발전의 결과

대부분 학자들이 세계화의 가장 중요한 요소를 세계 경제의 재편으로 보고 있다. 지난 수 세기 동안 세계 경제의 다양한 흐름이 존재했지만, 세계화된 경제의 진정한 통합과 조정은 최근 수십 년 동안에 이루어진 결과이다.

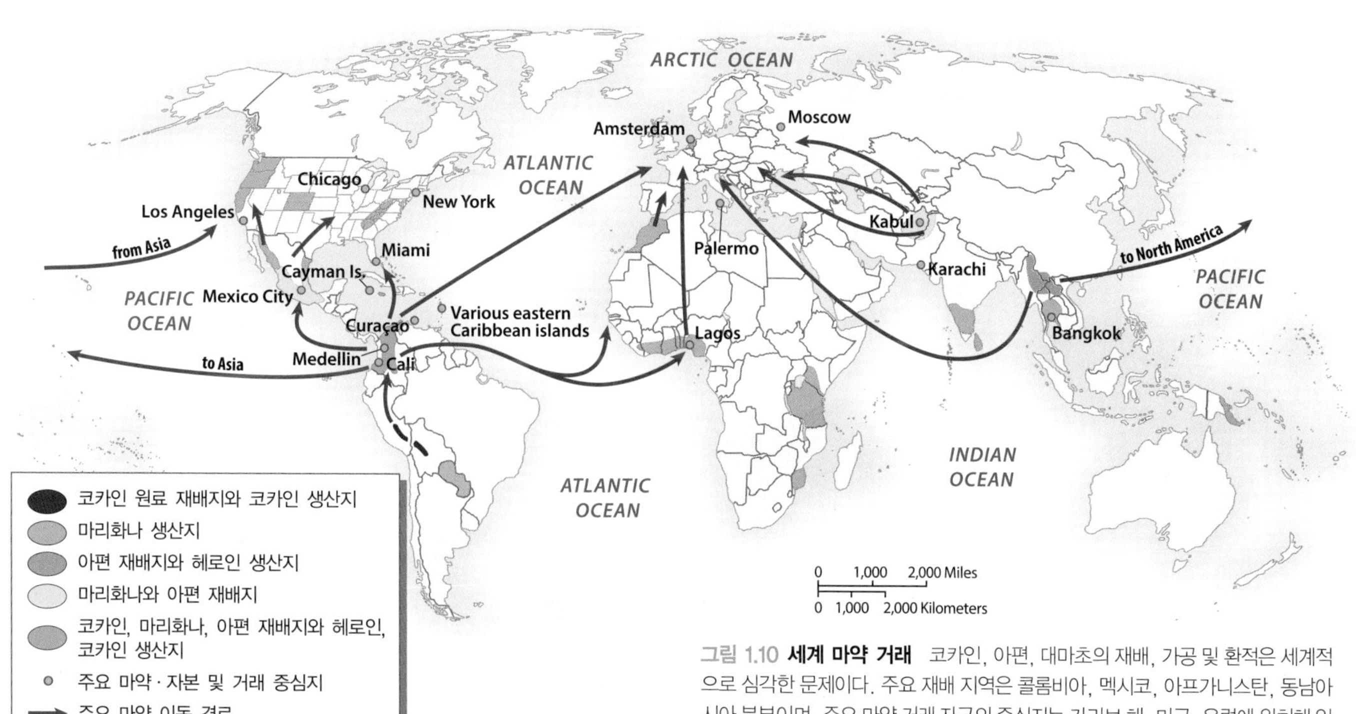

그림 1.10 **세계 마약 거래** 코카인, 아편, 대마초의 재배, 가공 및 환적은 세계적으로 심각한 문제이다. 주요 재배 지역은 콜롬비아, 멕시코, 아프가니스탄, 동남아시아 북부이며, 주요 마약 거래 자금의 중심지는 카리브 해, 미국, 유럽에 위치해 있다. 나이지리아와 러시아도 불법 마약의 전 세계 환적에 중요한 역할을 하고 있다.

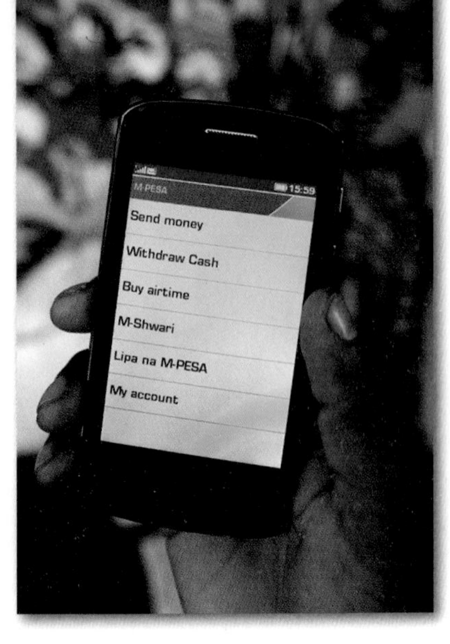

그림 1.11 **휴대전화의 세계적인 사용** 모바일 기술은 사람들이 통신하고, 정보를 얻고, 세계화된 세계에서 상호작용하는 방식을 혁신적으로 변화시키고 있다. 오늘날 휴대전화는 단순히 말하는 것 이상의 의미로 사용되고 있다. 케냐의 나이로비에서는 성인 인구의 대다수가 휴대전화를 기반으로 한 송금 서비스인 M-Pesa를 사용하여 비용 결재 처리를 하고 있다.

이러한 시스템의 속성은 다음과 같은 특징을 지닌다.

- 동시에 전 지구의 모든 지역과 연결되는 글로벌 정보 · 통신 시스템(그림 1.11)
- 항공, 선박, 육로를 통해 빠르게 제품을 수송하는 운송 시스템
- 국가 차원보다 훨씬 강력한 세계화된 기업을 운영하는 초국적 기업 전략
- 24시간 거래가 가능한 새롭고 유연한 형태의 자본 축적과 국제 금융기관
- 자유무역을 증진시키는 국제 협약
- 국가 통제 경제 및 정부 주도를 대체하는 시장 경제와 기업 및 서비스 활동
- 실제 및 가상의 소비자 요구를 충족시키기에 충분한 재화 및 서비스(그림 1.12)
- 더 나은 생활을 위해 불법 및 합법 이민의 원인을 조장하는 부유한 국가와 빈곤한 국가 간의 경제적 불균등
- 이러한 강력한 경제력이 인간 영역에 행사됨으로써 발생하는 국제 노동자, 관리자 등의 단체

세계화의 결과로 일부 지역의 경제는 최근 10여 년 동안에 크게 성장했다. 중국은 2010년부터 2014년까지 연평균 성장률이 8.6%에 이르는 성공한 좋은 사례이다. 하지만 중국 전역의 임금 격차는 지속적으로 커지고 있으며, 경제 세계화로 인해 세계 모든 지역이 동등하게 이익을 얻는 것은 아니다. 세계화에 따른 경제적인 상호 연결성으로 인해 2008년과 2010년의 세계적인 경기 침체와 함께 아이슬란드의 금융기관의 붕괴와 멕시코로의 송금 감소와 같은 경제적 취약성이 증가되었다.

세계화에 대한 비판적 사고

세계화, 특히 경제적 측면은 오늘날 가장 논쟁의 여지가 많은 주제 중 하나이다. 세계화의 지지자들은 경제 효율성이 향상되어 궁극적으로 전 세계에서 번영을 누리게 될 것이라고 믿고 있다. 반면, 비평가들은 세계화가 이미 번영을 누리고 있는 사람들에게는 큰 이익을 가져다줄 수 있지만, 세계의 대부분은 이전보다 더 가난하게 되었다고 주장한다.

경제 세계화는 일반적으로 기업가들과 경제학자들이 옹호하고 있으며, 미국의 두 주요 정당의 지지를 상당히 얻고 있다. 사실, 대부분 국가의 온건하고 보수적인 정치인들은 일반적으로 자유 무역과 경제 세계화를 지지한다. 경제 세계화에 대한 반대는 노동 및 환경 운동뿐만 아니라 전 세계 학생 그룹에서 이루어지고 있다. 세계은행 및 세계무역기구 등의 회의에서 세계화 반대 시위나 시가행진과 같은 운동을 통해 세계화에 대한 적대감을 표시하기도 한다(그림 1.13).

그림 1.12 **세계적인 쇼핑몰** 북아메리카 근교에 위치해 있던 쇼핑몰은 이제 세계화로 인해 전 세계로 확산되었다. 사진은 태국 방콕에 있는 쇼핑몰이다.

그림 1.13 **세계화 반대 시위** 세계무역기구(WTO) 및 국제통화기금(IMF)과 같은 국제기구 회의가 개최되는 곳에는 일반적으로 경제 세계화에 반대하는 시위 참여자들이 모여든다. 인도네시아 발리에서 개최되었던 세계무역기구 회의에서 시위 참여자들이 식량 체계에서 더 많은 지방 자치권을 요구하며 가두행진을 하고 있다.

친세계화 입장 세계화의 옹호자들은 세계화는 현대 국제 자본주의가 모든 국가의 모든 사람에게 혜택을 줄 수 있는 논리적이고 불가피한 표현이라고 본다. 경제적 세계화는 자본을 더 가난한 지역으로 이동시킴으로써 경쟁을 강화하고, 신기술 및 아이디어와 같은 혜택의 확산에 따라 기적을 일으킬 수 있다고 주장한다. 국가들이 무역 장벽을 축소하고 비효율적인 내수 산업을 줄이는 것은 새로운 수입을 촉진해 효율을 기대할 수 있고, 전반적인 국가의 생산을 증대할 수 있다. 여기에 적응하지 못하는 산업은 틀림없이 퇴출당하게 된다.

세계의 모든 나라와 지역은 이러한 경제 세계화에 가장 잘 부합하는 활동에 집중해야 한다. 지리 전문가가 증대됨으로써 보다 효율적인 세계 경제를 창출할 수 있다고 친세계화주의자들은 주장한다. 이러한 **경제적 수렴**(economic convergence)은 가장 큰 기회를 지닌 지역으로 자본의 자유로운 이동을 통해 성취될 수 있다. 세계를 통해 자본이 훨씬 잘 흐를 수 있도록 함으로써, 경제학자들은 궁극적으로 세계 경제를 수렴하는 결과를 낳는다고 본다. 이는 가장 가난한 나라도 점차 선진 경제를 따라잡게 된다는 것이다.

Thomas Friedman 같은 가장 영향력 있는 친세계화주의자는 세계 경제는 침몰하지 않을 것이며 점차 자본, 상품 및 서비스가 자유롭게 이동함으로써 결국 균등해질 것이라고 보고 있다. 예를 들어, 해외로부터 자본을 유입할 필요는 새로운 경제 정책을 수용하게 한다. Friedman은 글로벌 '전자 소 떼(자본)' 중 가장 큰 힘을 국제 채권 거래자, 통화 투기자, 펀드매니저라고 보고 있는데, 그들은 개발도상국 경제에 자본을 투입하고 유출해 경제적 승자와 패자를 가르는 역할을 한다(그림 1.14).

확신에 찬 친세계화주의자들은 거대한 다국적기구와 국제 간 경계를 넘어 통용되는 것을 지원한다. 세계 3대 다국적기구에는 세계은행, 국제통화기금, 세계무역기구가 있다. 세계은행의 1차

기능은 가난한 나라에 대출해 기간산업에 투자하고 근대화된 경제구조를 형성하는 것이다. 국제통화기금은 단기 대출을 통해 금융 곤란을 겪는 나라를 돕는데, 예를 들어 대출에 대한 이자를 지불해 주는 것이다. 세계무역기구는 앞의 두 기구보다 비교적 작지만 국제 간 무역 장벽을 제거하고 경제의 세계화를 촉진하는 목표를 지닌다. 국가 간 무역 장벽에 대해 중재하고 무역 분쟁에 간여한다.

자신들의 주장을 지지하기 위해 친세계화주의자들은 일반적으로 글로벌 경제에 호응도가 높은 나라가 폐쇄적인 나라보다 큰 성공을 거두었다고 주장한다. 미얀마나 북한과 같이 가장 폐쇄적인 나라들은 경제적 어려움을 겪고 있으며 거의 성장하지 못하고 오히려 극심한 가난에 놓여 있는 반면, 싱가포르나 태국처럼 글로벌 경제에 개방한 나라들은 단기간에 급속한 성장을 이루고 가난을 극복했다는 것이다.

세계화에 대한 비판 친세계화주의자들의 주장은 실질적으로 반세계화주의자들의 주장과 강하게 모순된다. 반대자들은 세계화가 '자연스러운' 과정이 아니라고 비판한다. 이는 자유무역 옹호자, 자본주의 국가들(미국, 일본, 유럽 국가), 금융 이해관계자, 국제 투자자, 다국적기업 등이 촉진한 명백한 경제 정책의 산물이라는 것이다. 반대자들은 또한 세계화의 과정이 과거 유럽의 식민주의 시대보다 훨씬 더 만연해 있다고 본다. 따라서 수 세기 동안 세계 정치와 경제가 연결되어 왔지만 현재의 세계화의 흐름은 그 유례를 찾을 수 없는 것이 되었다.

세계 경제의 세계화는 부국과 빈국 사이의 더 큰 불균형을 야기하고, 모든 국가에 개발 이익이 전달될 수 있다는 '낙수 효과' 모델은 실질적으로 유효하지 않다. 글로벌 규모에서 20% 상위 부국들이 전 세계 자원의 86%를 사용하고, 80%의 하위 국가는 단지 14%만을 사용할 뿐이다. 세계화 시대의 집중하는 불균형은

그림 1.14 **전자 집단** 세계화의 한 요소는 세계 경제 체제 내 자본의 빠른 이동, 즉 돈이 장소에서 장소로 빠르게 이동함에 따라 금융 핫스팟과 스탬프가 발생한다는 것이다. 이 이미지는 홍콩 증권 거래소에서 근무하는 직원들 모습이다.

글로벌 또는 국가 규모에서 명백해진다. 지난 20여 년 동안 세계에서 가장 부자 나라들은 훨씬 부유해졌고, 가난한 나라들의 빈곤은 가속화되었다. 국가적으로 미국 같은 선진국에서 상위 1%의 부자들이 세계화가 창출해 낸 수익의 대부분을 독점했다. 가난한 99%는 최근 실제 수입의 감소 또는 정체, 외주로 인한 해고 등을 경험했다(그림 1.15).

반대자들은 세계화가 지역화되고 지속 가능한 활동의 대가로 자유 시장, 수출 지향 경제를 촉진한다고 비판한다. 예를 들어 세계 삼림은 해당 지역의 필요 때문이 아니라 목재 수출을 위해 점차 더 훼손되고 있다. 경제적 구조 조정의 일부로, 세계은행과 국제통화기금은 개발도상국으로 하여금 자원 수출을 장려해 외국 부채를 갚는 데 국제통화를 사용하도록 강요한다. 반대자들은 또한 교육, 의료, 급식 보조 등 공공 소비를 위한 재원을 상당 부문 삭감해 재정 적자 프로그램을 적용하고 있다고 보고 있다. 이러한 정책을 채택함으로써 가난한 나라는 이전보다 더 가난하게 끝날 것으로 비판자들은 예견하고 있다.

더욱이, 반세계화주의자들은 '자유 시장' 경제 모델이 개발도상국에 적용되지만 실제로 서구의 경제 개발은 이러한 방식으로 이루어지지 않았다고 주장한다. 독일, 프랑스, 미국도 역사적으로는 직접투자, 무역 통제, 경제의 선택 분야 지원 등 국가가 강력한 역할을 했다.

세계화에 반대하는 이들은 엄청난 양의 재화가 매일 즉각적인 이동을 하는 등 전체 시스템이 본질적으로 불안전하다고 본다. 저명한 비평자인 John Gray는 Thomas Friedman이 칭송했던 '전자 자본'이 민감하게 이동하기 때문에 위험하다고 주장한다. 국제 자본 관리자들은 펀드가 위험에 처했다고 판단할 경우 공황에 빠지는 경향이 훨씬 더 커지고, 따라서 전 세계에 위기를 초래할 수 있다. 지난 2008년의 급속한 경제 쇠퇴가 이러한 예이다.

중간 입장 많은 전문가들이 친세계화와 반세계화 입장 모두 과장된 것이라고 주장한다. 중도를 주장하는 이들은 경제 세계화는 불가피하다고 본다. 심지어 반세계화 운동에서도 인터넷이 세계화된 힘을 가지고 있다는 것을 인정하고, 그 자체가 세계화의 표현이라고 본다. 더 나아가 그들은 세계화가 약속과 함정 모두를 가지고 있으며, 경제 불균형과 자연 환경에 대한 보호 등을 통해 국가 및 국제적인 단계에서 관리될 수 있다고 본다. 이러한 전문가들은 유엔이나 세계은행, 국제통화기금, 세계적인 환경과 노동 및 인권 네트워크 단체 등의 지원을 받는 강하고 효율적인 국가 정부의 필요성을 강조하고 있다.

세계화는 오늘날 가장 중요하면서 가장 복잡한 이슈이다. 이 책은 이러한 논쟁에 종지부를 찍기 위한 것은 아니지만, 독자들이 전 세계 여러 지역에 적용할 수 있는 중요한 면을 고찰해 볼 수 있도록 한다.

글로벌 세계의 다양성

세계화가 진행됨에 따라 현재보다 훨씬 더 균일하고 동질적인 세계가 펼쳐질 것으로 예견한다. 그중 낙관론자들은 모든 인류를 전쟁, 민족 분쟁 또는 자원 부족으로 고통받지 않는 단일 공동체, 즉 세계적인 유토피아로 결합시키는 보편적인 세계 문화를 상상한다.

보다 일반적인 견해는 다른 장소, 사람들 및 환경이 그들의 독특한 성격을 상실하고 이웃 사람들과 구분할 수 없게 됨으로써 세계가 동질화될 것이라는 점이다. 그러나 세계화로 인해 일정 수준의 동질화가 일어나더라도 세계는 여전히 매우 다양한 곳이다(그림 1.16). 문화(언어, 종교, 건축, 음식 및 기타 일상생활의 속성), 경제 및 정치에서뿐만 아니라 실제 환경에서도 분명한 차이를 찾을 수 있다. 그러한 다양성은 너무 커서 심지어 세계화의 가장 강력한 힘에 의해서조차도 쉽게 사라지지 않는다. 다양성이 많은 사회는 함께 어울려 살기에 어려울 수 있지만, 다양성이 없는 사회는 위험할 수 있다. 국적, 민족성, 문화적 특수성 등은 모두 독특한 장소에서 만들어지는 인류의 상징성을 표현한 것이다.

사실, 세계화는 종종 지역 주민들의 강한 반응을 불러일으켜 삶의 방식에 대한 특징을 유지하기 위해 더 많은 결정을 내리게 한다. 따라서 세계화에 대한 이해는 세계화를 계속적으로 특징짓는 다양성, 아마도 가장 중요한 이 두 세력 사이의 긴장(세계화의 동질화와 그에 대한 대응)을 통해서, 그리고 종종 문화적 다양성 보호에 대한 요구로 이루어질 수 있다.

그림 1.15 **미국의 고용과 세계화** 미국 제조업이 해외의 저임금 국가로 옮겨 갔다는 사실은 세계화에 대한 비판 중 하나이다. 사실, 이 일자리 손실은 세계 및 국내 경제의 또 다른 측면에서 일어난 변화의 결과이다. 사진 속의 구직자들은 미국 미시간 주 로체스터 힐스의 모습이다.

그림 1.16 이스파한에서의 쇼핑 이란의 이스파한에 있는 젊은 여성들이 라마단 축하 행사인 그랜드 바자회에서 Eid al-Fitr를 준비하고 있다. 세계화의 범위를 벗어나는 곳이 거의 없지만, 세계의 여러 지역에 고유한 문화, 전통, 경관이 존재한다는 것도 사실이다.

다양성의 정치는 세계 테러, 민족 정체성, 종교적 관행 및 정치적 독립성을 이해하려고 노력하면서 관심이 증대되고 있다. 전 세계에 걸쳐 있는 사람들 집단은 자신들의 것이라고 부를 수 있는 영역에서의 자기 통치를 추구한다. 오늘날 대부분의 전쟁은 여러 국가 간의 싸움이 아니라 두 나라 간의 싸움이다. 결과적으로, 지리적 다양성에 대한 우리의 관심은 다양한 형태를 취하며 전통 문화와 독특한 장소를 단순히 기리는 것 이상의 의미가 있다. 사람들은 전 세계적으로 다양한 생활방식을 가지고 있으며, 글로벌 경제가 점차 대량 생산되는 소매 제품에 집중됨에 따라 이러한 사실을 인식하는 것이 중요하다. 더욱이 오늘날의 경제 환경의 뚜렷한 현실은 일부 사람들과 장소가 번성한 반면 다른 사람들은 가난과 빈곤으로 고통받고 있다는 점이다(그림 1.17). 이러한 불균형과 변화의 패턴을 분석하기 위해 다음 부분에서는 지리학자가 세계를 더 잘 알기 위해 사용하는 도구를 설명하고자 한다.

확인 학습

1.4 세계화가 어떻게 장소나 지역의 문화에 영향을 미치는지에 대한 사례를 설명하라.
1.5 경제 세계화의 다섯 가지 구성 요소를 기술하고 설명하라.
1.6 세계화에 관한 논쟁의 세 가지 요소에 대해 약술하라.

주요 용어 세계화, 세방화, 경제적 수렴

지리학자의 도구상자 : 위치, 지도, 원격 탐사, 지리정보시스템

지리학자는 세상을 표현하기 위해 여러 가지 도구를 사용하여 실험 및 분석을 한다. 브라질의 식물군 변화, 몽골의 광물 채굴 활동, 도쿄의 인구밀도, 유럽의 언어 지역, 서남아시아의 종교, 인도 남부의 강우 분포 등을 연구하기 위해 다양한 이미지와 데이터를 활용하고 있다. 지도 형식으로 정보를 표시하고 해석하는 방법은 지리학자들이 활용해 온 오랜 기술이다. 오늘날 현대적인 위성 및 통신 시스템은 50년 전에 상상조차 할 수 없었던 도

그림 1.17 경제적 불평등의 경관 다양성의 지리학은 많은 표현을 필요로 한다. 그중 하나는 경제 불균형이다. 사진에 묘사된 것처럼, 필리핀의 마카티 시의 고층 오피스 빌딩과 고급 아파트와는 대조적으로 불법 거주자가 거주하는 곳이 동시에 존재하고 있다.

구를 제공하고 있다.

위도와 경도

사람들은 일상생활에 인지 지도를 이용한다. 또한 대부분 사람들은 다른 장소들과의 관계를 통한 **상대적 위치**로 특정 장소를 찾는다. 예를 들어 쇼핑몰은 고속도로에 인접해 위치해 있으며, 대학 캠퍼스는 강 주변에 입지해 있다. 지도 제작자는 수리적 위치라고 하는 **절대적 위치**를 이용한다. 이러한 수리적 위치는 지구상의 모든 위치에 위도와 경도를 기반으로 하는 특정 숫자 주소를 부여해 만든 좌표 체계이다. 예를 들어, 미국 오리건대학 지리학과의 절대적 위치는 북위 44도, 02분 42.95초, 서경 123도 04분 41.29초라는 주소가 있다. 이것은 44° 02′ 42.95″ N, 123° 04′ 41.29″ W라고 쓴다.

위도(latitude)는 평행선이라고도 부르는데, 적도(위도 0°)의 북쪽(북위)과 남쪽(남위)으로 구분된다. **경도**(longitude)는 자오선이라고 부르는데, 경도선은 북극(북위 90°)에서 남극(남위 90°)을 연결한 일직선이다. 경도는 동쪽(동경)과 서쪽(서경)으로 구분된다. 경도 0°는 **본초 자오선**(prime meridian)으로 영국 그리니치(런던 동쪽에 위치)의 해군 관측소를 지나는 선이다(그림 1.18). 적도는 지구를 북쪽과 남쪽으로 구분하고 본초 자오선은 세계를 동쪽과 서쪽으로 나눈다. 경선은 태평양상의 180°선에서 만난다. 국제적으로 새로운 날이 시작되는 자정은 180개에 달한다.

위도는 60해리 또는 69마일(약 111km) 단위이며, 이것은 60분으로 구성된다. 각각은 1해리(1.15마일)로 세분된다. 매 1분마다 60초의 거리가 있으며, 1초의 거리는 약 30.5m이다. 적도에서 위도의 평행선은 수리적으로 회귀선(북위 23.5°의 북회귀선과 남위 23.5°에 있는 남회귀선)을 정의하는 데도 이용된다. 이 회귀선은 6월과 12월의 정오에 태양이 어디에 위치하는지를 나타내준다. 북극 지방과 남극 지방은 수리적으로 남·북위 66.5°에서 극(90°)에 이르는 지역을 말한다.

위성항법시스템 오래전부터 위도와 경도의 측정을 위해 태양, 달, 별과 관련된 상대적인 위치를 기반으로 한 천체 항법의 복잡한 방법이 활용되어 왔다. 오늘날 지구상의 절대적 위치는 인공위성을 기반으로 한 **GPS**(global positioning system)를 통해 결정된다. 이 시스템을 이용해 위도와 경도의 정확한 좌표를 계산할 수 있다. 1960년대에 미군이 GPS를 처음 사용했으며, 이후 GPS는 20세기 후반에 상업용으로 일반 대중들에게 공개되었다. 오늘날 GPS는 비행기 운항, 선박 운행, 도로상의 자동차 주행 및 황야 지역을 여행하는 등산객 등에게 안내하는 역할을 한다. 대부분의 스마트폰은 휴대전화 기지국의 삼각 측량을 기반으로 한 위치 시스템을 사용한다. 일부 스마트폰은 1m까지 정확한 실제 위성 기반 GPS를 사용할 수 있다.

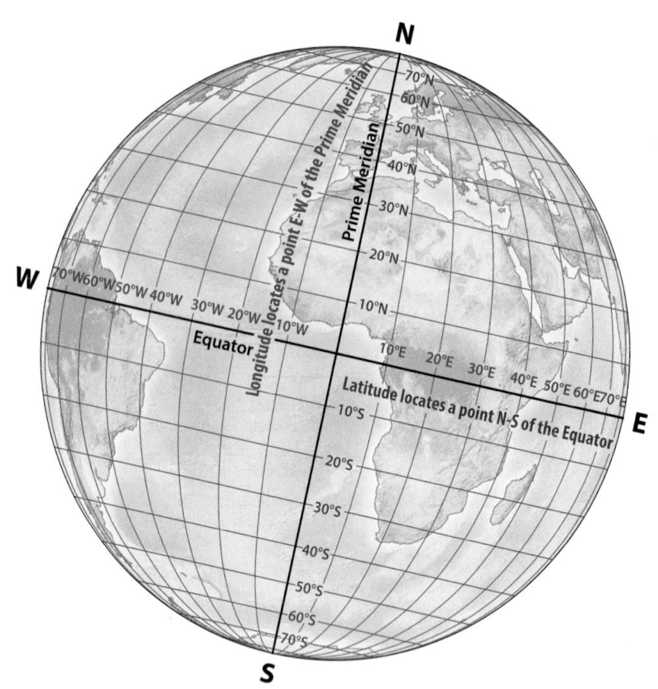

그림 1.18 **위도와 경도** 위도는 적도와 극 사이의 지점을 찾아 북쪽 또는 남쪽으로 이어지는 평행선을 이른다. 경도는 런던의 동쪽에 위치한 본초 자오선을 기준으로 동쪽 또는 서쪽으로 나누어진 자오선을 말한다. **Q: 여러분 학교의 위도와 경도는 어떻게 됩니까?**

지도 투영법

지구는 구체이기 때문에 지구를 평평한 종이에 지도화하면 필연적으로 왜곡이 발생한다. 지도 제작자들은 구형을 평평한 이미지로 투사하는 다양한 방법을 개발해 왔다. 이들은 다양한 **지도 투영법**(map projection)을 이용하여 왜곡을 제한하려고 노력했다. 역사적으로 유명한 메르카토르 투영법은 바다를 항해하는 데 사용된 지도에 적합한 투영법이다. 그러나 이 투영법은 그린란드와 러시아의 대륙이 지나치게 왜곡되어 표현되는 만큼 고위도 지역을 정확하게 묘사하는 데 약점이 있다(그림 1.19). 과거부터 현재에 이르기까지 지도 제작자들은 왜곡을 최소화하면서 세계를 지도화하는 방법을 찾기 위해 수백여 가지의 투영법을 고안해 냈다.

지난 수십 년 동안, 지도 제작자들은 일반적으로 로빈슨 투영법 지도 및 지도 책을 사용해 오고 있다. 사실 몇몇 전문 지도 제작협회에서는 공간 왜곡이 심한 메르카토르 도법 사용을 금지하기도 했다. 많은 전문 간행물이 이용하는 것처럼 이 책에서는 세계지도에 로빈슨 투영법을 사용한다.

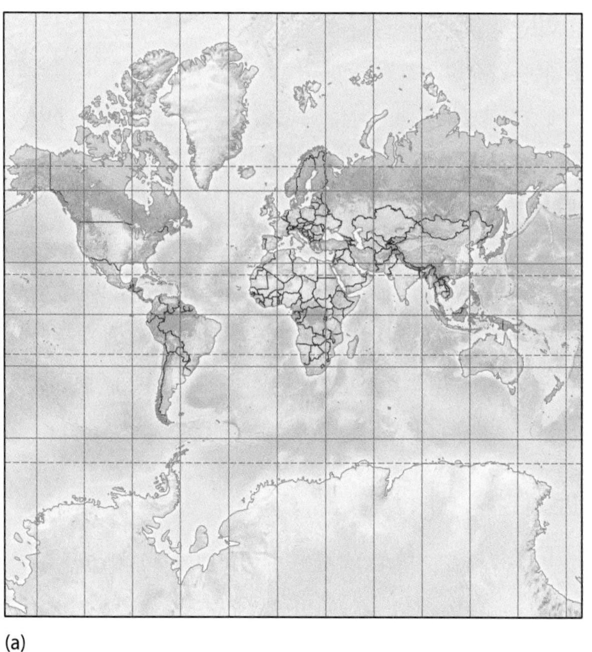
(a)

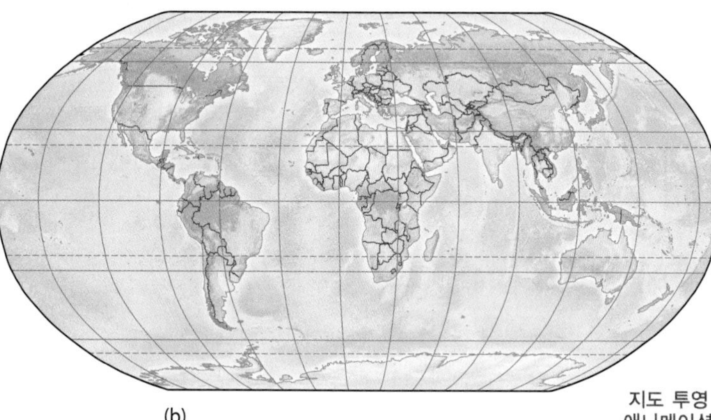
(b)

지도 투영 애니메이션

http://goo.gl/vRjKDJ

그림 1.19 **지도 투영법** 지도 제작자는 지구의 둥근 구체를 평평한 종이로 옮기는 지도화 작업을 하는 데 왜곡을 최소한으로 줄이기 위해 오랫동안 어려움을 겪어왔다. 초기 지도 제작자는 일반적으로 고위도 지역의 왜곡이 심하게 발생하지만 해상 탐험가에게 적합한 메르카토르 투영법(a)을 사용해 왔다. 로빈슨 투영법(b)은 1960년대에 개발되었으며, 현재 이 도법은 왜곡을 최소화해 주는 도법 중 하나로 표준 도법으로 많이 사용되고 있다.

지도 축척

모든 지도는 지도화는 영역이 작은 종이에 축소되어 표현된 것이다. 이 과정에서 **지도 축척**(map scale)이 사용되거나 지도와 지표면 사이의 수학적 비율이 표시된다. 이 축척은 일반적으로 지도와 지도화되는 영역 사이의 비율로 표시한다(예 : 1:50,000 또는 1/50,000). 즉, 1:50,000 지도에서 지도상의 1cm는 실제 거리 50,000cm를 나타낸다.

지도와 실제 지역의 비율인 **축척**(representative fraction)에 따라 지도는 대축척 지도와 소축척 지도로 구분된다(그림 1.20). 대축척 지도는 강, 도로 및 도시와 같은 지역의 모습을 더 크게 만든 지도이다. 따라서 비교적 작은 지역을 자세하게 만들기 때문에 많은 내용을 지도에 담아낼 수 있다. 반면 소축척 지도는 더 넓은 지역을 포함시켜 지도화한다. 따라서 지도에서 포함하는 지역은 넓지만 담아낼 수 있는 정보의 양은 제한적일 수밖에 없다. 축척 비율은 분수로 표현되기 때문에 분모의 수치가 클수록 소축척 지도에 해당한다.

지도 축척 표현은 수평 막대로 표시하는 경우가 많다. 일반적으로 미터, 마일, 킬로미터와 같은 거리 단위를 시각적인 **그래픽**

그림 1.20 **대축척 지도와 소축척 지도** 오스트레일리아 시드니 시의 동부 해안을 나타낸 지도이다. 하나는 소축척 지도(a)를, 다른 하나는 대축척 지도(b)를 표현한 것이다. 두 지도의 선형 축척 표시의 차이점을 살펴보자. 대축척 지도에는 세부적인 내용이 자세하게 제시되어 있지만, 소축척 지도에는 일부 내용만 제시되어 있다.

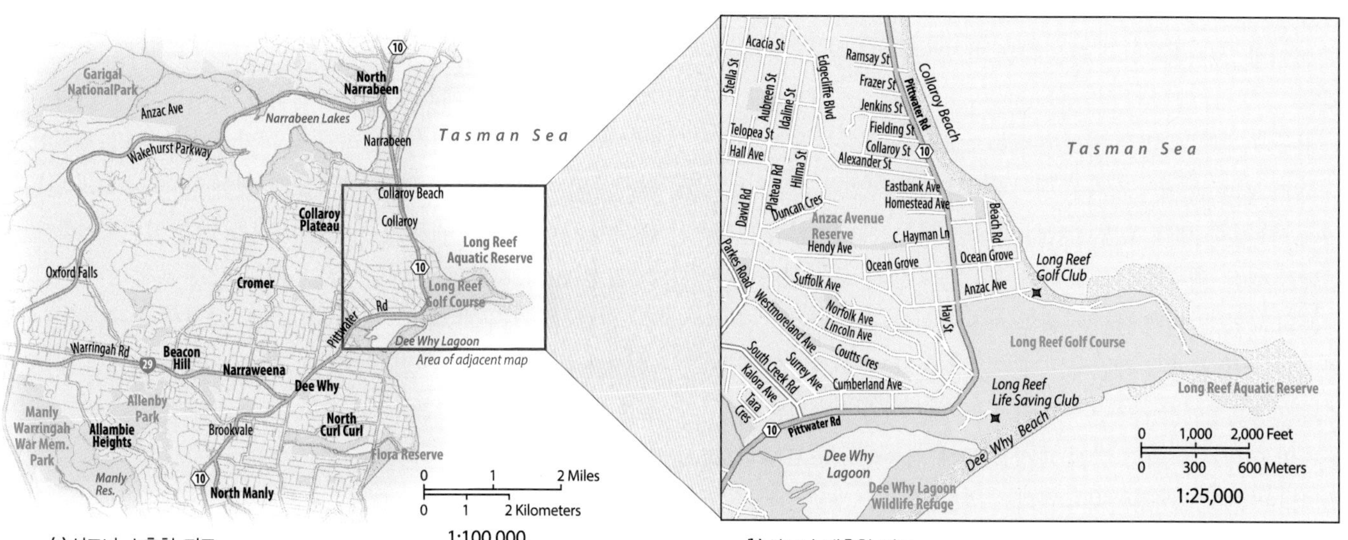

(a) 시드니 소축척 지도

(b) 시드니 대축척 지도

(graphic) 또는 **선형 축척**(linear scale)으로 표현했을 때 읽기가 편하다. 이 책의 대부분 지도는 넓은 지역이 축소되어 있는 소축척 지도이다. 그래픽 스케일은 마일과 킬로미터이다. 지도의 두 점 사이의 거리는 종이 조각에 2개의 눈금을 표시한 다음 선형 눈금 사이의 거리를 측정하여 계산할 수 있다.

지도 패턴 및 지도 범례

우리는 지도를 통해 지형 및 경관 기능의 가장 기본적인 표현부터 복잡한 인구 패턴, 이주, 경제적 상황 등에 이르는 것까지 표현할 수 있다.

지도는 기본적인 지형을 나타내는 일반도와 강우 패턴이나 소득 분포와 같은 데이터를 표시하는 **주제도**(thematic map)로 구분된다. 이 책에 제시된 대부분의 지도는 다양한 공간 현상을 표현한 주제도이다. 모든 지도에는 지도에 사용된 범주, 해당 수치 값, 기호에 대한 설명 등 정보와 관련된 **범례**(legend)가 표시되어 있다.

이 책에서 사용되는 주제도의 한 유형은 자료 값을 색상별로 표현해 나타내는 **단계구분도**(choropleth map)이다. 일반적으로 어두운 색상은 평균 수치보다 더 큰 수치를 표현한 것이다. 이러한 방식으로 표현된 지도는 1인당 소득과 인구밀도 등이며, 자료를 범주별로 나누어 국가, 주, 군 또는 이웃과 같은 공간 단위로 지도화한 것이다. 범주 구분과 선택된 공간 단위는 단계구분도에 표시된 패턴에 영향을 미칠 수 있다(그림 1.21).

항공사진 및 원격 탐사

지도가 지리학의 기본 도구이지만 항공기, 인공위성에서 촬영한 항공사진 및 이미지의 패턴을 해독함으로써 지구 표면에 대해 더욱 많은 것을 알아낼 수 있다. 과거 흑백으로만 볼 수 있었던 이 이미지는 오늘날 디지털 기술의 개발로, 가시광선 또는 시각적으로 보이지 않는 적외선과 같은 다른 파장까지 이용할 수 있게 되었다.

지구에 대한 더 많은 정보는 항공기 또는 인공위성 **원격 탐사**(remote sensing)에서 가져온 이미지에서 비롯되었다(그림 1.22). 이 탐사기술은 열대 우림 지역의 모니터링, 농작물 및 삼림의 생물학적 추적, 해수면 온도의 변화 측정 등 수많은 응용 분야에서 사용되고 있다. 원격 탐사는 군사 기지 건설이나 군대 이동 감시와 같은 국방 문제를 해결하는 데 도움을 준다. 항공사진은 항공기와 인공위성에서 가져온 이미지일 뿐이다. 이렇게 수집된 지구 표면의 이미지는 원격 탐사 과정을 통해 컴퓨터 소프트웨어로 처리되고 분석이 이루어져야 한다.

1972년 미국에서 쏘아 올린 Landsat 인공위성 프로그램은 원격 탐사 기술의 좋은 예이다. 이 인공위성은 지구에서 반사되거나 방출되는 가시광선부터 근적외선 파장까지 네 가지 영역의 전자파 에너지를 통해 데이터를 수집할 수 있다. 이러한 데이터가 컴퓨터에 의해 처리되면 그림 1.22와 같이 다양한 이미지로 표시된다. 지구 표면에 대한 해상도는 80m에서부터 30m까지이다. GeoEye, Digital Globe와 같은 상용 위성은 이제 0.5m 정도의 고해상도 위성 이미지를 제공하고 있다. 이 정도의 해상도로는 자동차, 작은 구조물, 사람들의 집단 등은 볼 수 있지만, 개인은 볼 수 없다는 것을 의미한다. 물론 하늘에 뜬 구름 때문에 종종 해상도가 손상되기도 한다.

지리정보시스템

지도, 항공사진, 원격 탐사, 센서스 데이터와 같이 방대한 양의 컴퓨터 자료는 지리정보시스템(GIS)으로 통합되어 활용된다. 공간 데이터베이스는 광범위한 문제를 분석하는 데 이용된다. 개념적으로 **GIS**(geographic information systems)는 공간 패턴과 관계를 보여주는 일련의 중첩 지도를 생성하기 위한 컴퓨터 시스템으로 간주된다(그림 1.23). 예를 들어, GIS 지도 분석 방법을 통해 독성 폐기물 사이트, 지역 지질 상황, 지하수 흐름, 지표 수문 등에 대한 자료 및 지도와 결합하여 가정용 수도 시스템에 나타나는 오염원의 출처를 알아낼 수 있다.

GIS는 1960년대에 시작되었지만, 컴퓨터 시스템과 원격 탐사 데이터 처리 기술의 발전으로 인해 GIS가 지난 수십 년 동안 지리적 문제 해결의 핵심적인 도구가 되었다. 이 시스템을 이용하여 도시 계획, 환경과학, 공중 보건 및 부동산 개발 분야에서 지리학이 중심 역할을 하고 있다.

세계의 주제와 이슈 지역 지리

이 책의 제1장과 제2장에서는 세계의 모든 국가를 12개 지역으로 세분하는 지역적 관점을 가지고 있다(그림 1.5 참조). 이 후에 기술된 단원은 북아메리카, 라틴아메리카, 카리브 해, 사하라 사막 이남의 아프리카, 북서아프리카 및 서남아시아, 유럽, 러시아, 아시아의 여러 지역, 오세아니아 순으로 되어 있다. 이 책의 단원 순서에 구애 없이 독자들이 친숙한 지역을 먼저 살펴보기를 권하고 싶다. 각 지역의 장은 물리적 지형과 환경 문제, 인구와 정주, 문화적 일관성과 다양성, 지정학적 틀, 경제적 · 사회적 발전과 같은 다섯 주제로 구성되어 있다. 각 주제의 핵심 개념 및 자료는 다음 부분에서 설명한다.

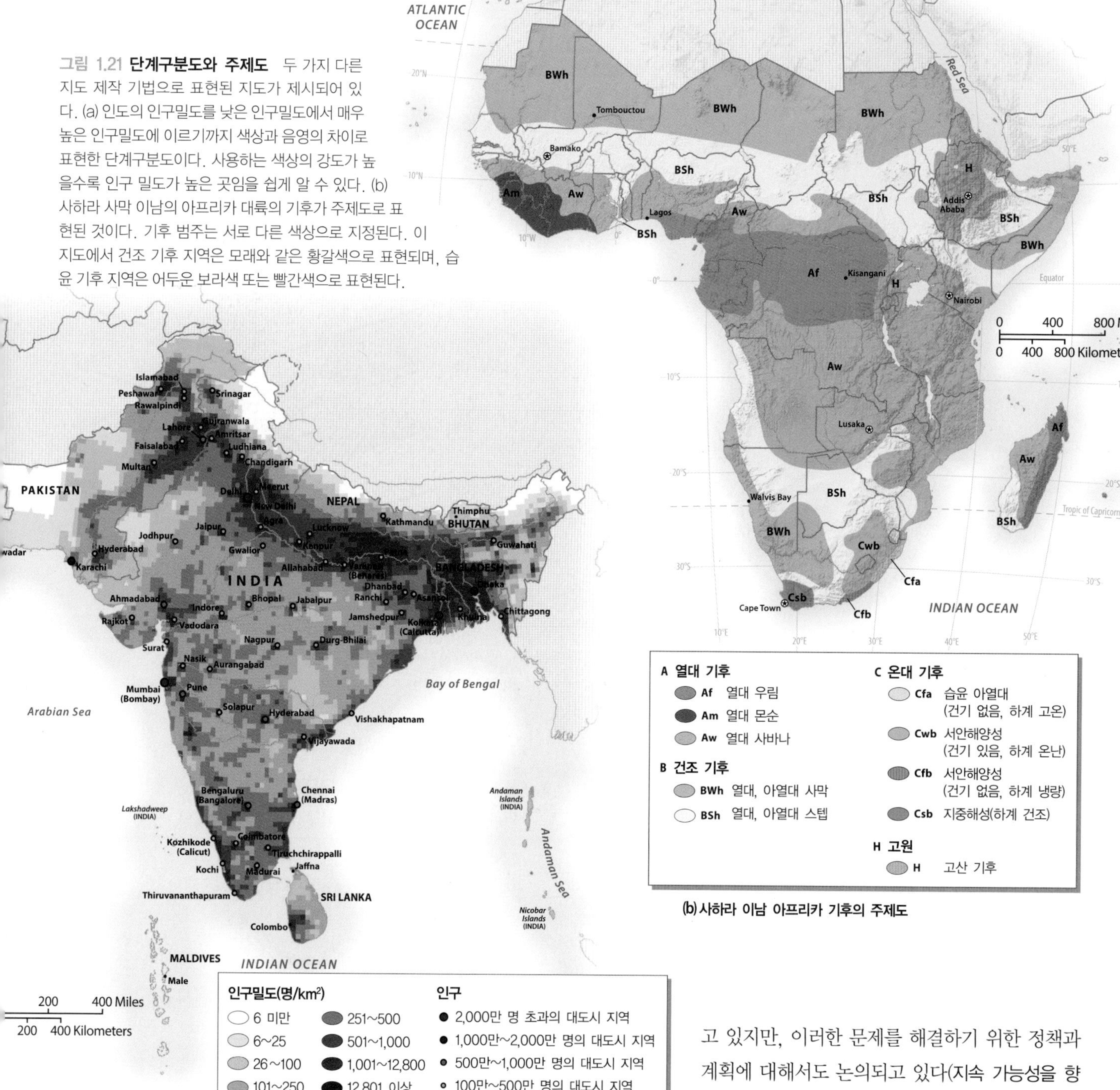

그림 1.21 **단계구분도와 주제도** 두 가지 다른 지도 제작 기법으로 표현된 지도가 제시되어 있다. (a) 인도의 인구밀도를 낮은 인구밀도에서 매우 높은 인구밀도에 이르기까지 색상과 음영의 차이로 표현한 단계구분도이다. 사용하는 색상의 강도가 높을수록 인구 밀도가 높은 곳임을 쉽게 알 수 있다. (b) 사하라 사막 이남의 아프리카 대륙의 기후가 주제도로 표현된 것이다. 기후 범주는 서로 다른 색상으로 지정된다. 이 지도에서 건조 기후 지역은 모래와 같은 황갈색으로 표현되며, 습윤 기후 지역은 어두운 보라색 또는 빨간색으로 표현된다.

(a) 남부 아시아 인구밀도의 단계구분도

(b) 사하라 이남 아프리카 기후의 주제도

물리적 지형 및 환경 문제 : 변화하는 지구 환경

제2장에서는 인간의 거주지에 필수적인 지구 환경 요소 — 지형, 기후, 에너지, 수문, 식생 — 를 개괄적으로 설명하는 세계의 물리적 · 환경적 지리의 배경을 다루고 있다. 지역 단원의 자연 지리 부분에서는 기후 변화, 해수면 상승, 산성비, 에너지 및 자원 문제, 삼림 벌채 및 야생동물 보호와 같은 주제의 지역과 관련된 환경 문제가 설명된다. 각 지역 단원에서는 특정 환경 문제를 다루고 있지만, 이러한 문제를 해결하기 위한 정책과 계획에 대해서도 논의되고 있다(지속 가능성을 향한 노력 : 미래 세대의 요구와 만난다는 것 참조).

확인 학습

1.7 위도와 경도의 차이점을 설명하라.

1.8 지도의 스케일은 어떤 의미인가? 지도 축척을 표현하는 두 가지 방법을 설명하라.

1.9 단계구분도는 무엇이며 어떻게 표현하고 있는가?

1.10 항공사진과 원격 탐사는 어떻게 다른지 설명하라.

주요 용어 위도, 경도, 본초 자오선, GPS, 지도 투영법, 지도 축척, 축척, 그래픽 축척, 선형 축척, 주제도, 범례, 단계구분도, 원격 탐사, GIS, 지속 가능성

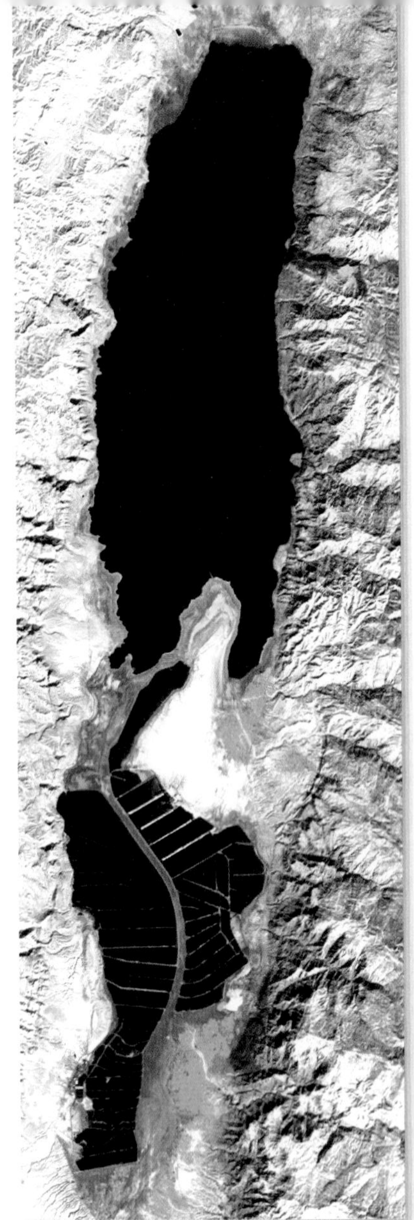

그림 1.22 **사해의 원격 탐사** 지구상 가장 낮은 지점인 사해(해발고도 −400m)의 NASA 인공위성 이미지. 원격 탐사를 통해 이 지역 환경의 다양한 요소를 찾아내고 있다. 짙은 검은 색은 수심이 깊은 곳이며, 연한 파란색은 수심이 얕은 곳이다. 해안의 녹색 지역은 관개를 통해 재배되는 작물이며, 흰색으로 나타나는 지역은 소금밭으로 변해버린 곳이다.

인구와 정주 : 땅 위의 사람들

현재 지구상의 인구는 73억 명에 달하고 있는데, 인구통계학자(인구 변화 및 인구 변화를 연구하는 학자)에 따르면 세계 인구는 2050년까지 97억 명으로 증가할 것으로 예측되고 있다. 이러한 인구 증가는 사하라 이남 아프리카, 북아프리카, 서남아시아, 오세아니아 지역에서 주로 이루어질 것이다(그림 1.24). 이와는 대조적으로 유럽, 러시아, 동아시아 지역은 현재부터 2050년 사이에 인구 성장이 이루어지지 않을 것으로 예상된다. 국가마다 인구에 대한 관심은 매우 다양한데 방글라데시는 인구 증가를 억제하려고 노력하는 반면, 우크라이나는 인구 감소를 걱정하고 있다.

인구는 복잡한 주제이지만 몇 가지 사항으로 정리해 보면 이슈를 집중하는 데 도움이 된다.

- 현재 인구 증가율은 세계 인구가 약 30억 명인 1960년대 초반의 최고 증가율에 비해 절반에 이르고 있다. 1960년대 당시 학자들과 활동가들은 높은 인구 성장률이 계속될 경우 어떤 일이 발생할 지에 대한 우려를 나타내면서 '인구 폭탄'과 '인구 폭발'에 대해 이야기를 했다. 오늘날 낮은 인구 성장률에도 불구하고 인구통계학자들은 2050년까지 인구가 20억 명 이상 증가할 것으로 예측하고 있으며, 이러한 증가는 대부분 세계에서 가장 빈곤한 국가에서 발생할 것으로 예측된다.
- 인구 조절 계획은 인구 성장을 낮추기 위한 중국의 엄격한 한 자녀 정책으로부터 성장이 없는 국가에 대한 가족 친화적인 정책에 이르기까지 다양한 형태로 진행된다. 전 세계 기혼 여성의 절반 이상이 현대 피임법을 사용하여 성장이 둔화되었다(그림 1.25).
- 일부 국가에서는 해외에서 이주해 오는 인구가 인구 성장의 중요한 원인이기 때문에 자연적 증가에만 모든 관심을 집중시켜서는 안 된다. 국제 이주는 이주한 국가에서 보다 나은 삶을 얻고자 하는 욕구로부터 시작된다. 비록 유럽, 북아메리카, 오세아니아의 선진국으로 국제 이주하는 경우가 많지만, 남부 아시아에서 서남아시아로 또는 라틴아메리카와 사하라 사막 이남 아프리카에서 서남아시아로 이주하는 개발도상국 간 이주도 있다. 또한 UN은 2015년 종교적 분쟁, 정치적 박해 및 환경 재앙 등으로 인해 약 6,000만 명의 난민이 발생한 것으로 추정하고 있다. 이 숫자에는 국내 이주민과 출신 국가를 떠난 난민까지 모두 포함된 것이다.
- 인류 역사상 가장 큰 이주는 수많은 사람들이 시골에서 도시로 이동한 도시화 이동이다. 2009년 세계 인구의 절반 이상이 도시에 거주하고 있다. 도시에 거주하는 인구는 계속 증가하고 있다.

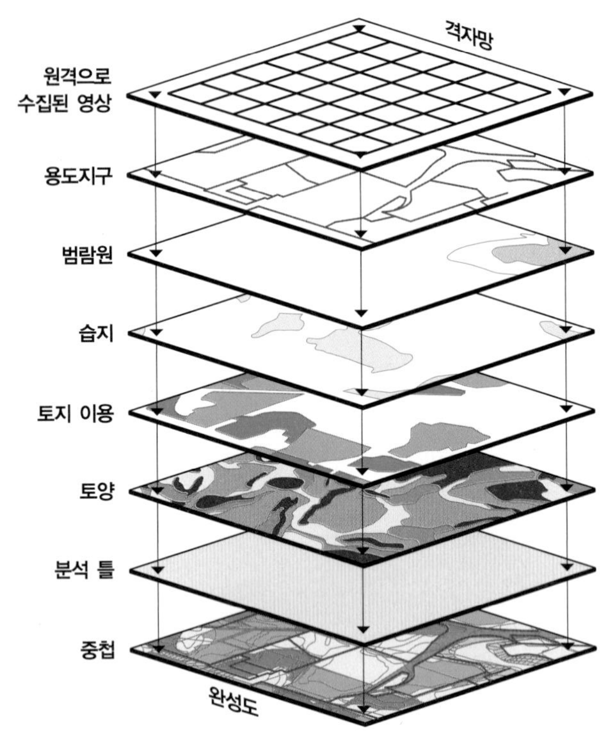

그림 1.23 **GIS 레이어** 지리정보시스템(GIS) 지도는 대개 개별적으로 보거나 분석할 수 있는 다양한 정보 레이어로 구성되거나 복합 오버레이로 구성되어 있다. 이것은 다양한 물리적 특징(예 : 습지 및 토양)이 표현된 환경 계획 지도이다.

지속 가능성을 향한 노력

미래 세대의 요구와 만난다는 것

Google Earth MG Virtual Tour Video http://goo.gl/AEbLtq

우리가 지속 가능한 도시, 농업, 임업, 기업, 심지어는 지속 가능한 라이프 스타일 등에서 듣고 있는 것처럼, 지속 가능성에 대한 아이디어는 어디에서나 적용될 수 있다. 단어의 용도가 매우 다양하므로 원래 의미하는 바를 다시 정의해 보는 것이 좋을 듯하다.

지속 가능하다는 것은 두 가지 주요한 근원을 가지고 있다. 첫째, 지속되는 특정한 수준에서 지속적으로 견디고 유지된다는 의미이다. 둘째, 지속 가능한 아이디어나 행동과 같이 지지되거나 유지될 수 있다는 것을 의미한다. 자원 관리는 지속적으로 목재 벌목을 하기 위해 나무를 식재해 나가는 임업과 같이 자원이 소진되지 않고 오랜 기간 동안 지속적으로 갱신하면서 사용할 수 있도록 한다는 의미의 용어이다.

이 용어는 UN 세계환경개발위원회가 경제 발전과 환경 악화의 복잡한 관계에 관심을 두었던 1987년에 도덕적 및 윤리적 차원의 전통적 용도와 함께 추가되었다. 위원회는 '지속 가능한 개발은 미래 세대가 필요로 하는 요구를 손상하지 않으면서, 현재 우리들의 욕구를 동시에 충족하는 개발'이라고 밝혔다.

이 문구가 주는 메시지는 숲과 초원과 같은 특정 자원을 관리하는 것에부터 현재와 미래 세대의 '요구'의 전체 범위에 이르기까지 **지속 가능성**(sustainability)의 개념이 확장된다. 예를 들어, 화석 에너지원은 유한하므로 우리가 미래 세대가 이용할 가능성을 고려하지 않고 탐욕스럽게 소비해서는 안 된다는 것을 말한다. 같은 맥락에서 공기, 물, 토양, 유전 생물 다양성, 야생 생물 서식지 등 다른 모든 자원의 지속 가능한 이용에도 적용된다.

그림 1.2.1 **보고타의 자전거 타는 사람** 보고타는 잘 갖추어진 자전거 도로와 혁신적인 버스 시스템으로 인해 효율적인 대중교통 수단을 보유한 자전거 친화적인 도시의 전형이다. 보고타 시의 시장은 2003년에 혼잡한 도시에서 자동차 없이 어떻게 도시가 작동할 수 있는지를 보여주기 위해 '자동차 없는 날' 캠페인을 전개했다.

특정 자원을 지속적으로 활용하는 것은 해당 자원의 총량과 현재 소비 상황을 알고 미래 세대의 요구를 예측해야 하기 때문에 매우 어려울 수 있다. 이에 지속 가능한 측면을 강조하는 새로운 학문 분야가 등장하여 해당하는 요소들을 측정하고 정량화하는 연구가 이루어지고 있다. 그렇지만 이러한 측정이 매우 어렵기 때문에 많은 연구자들은 지속 가능성을 달성할 수 있는 진술이라기보다는 과정으로 생각하는 것이 낫다고 제안한다.

다음 장에서는 전 세계 사람들이 환경 및 자원의 지속 가능성에 대해 생각하고 노력하는 다양한 방법을 살펴보고자 한다. 예를 들면 보고타의 녹색 대중교통(제4장, 그림 1.2.1 참조), 두바이 사막의 담수화(제7장), 중국에서 생산되는 지속 가능한 차와 커피(제11장) 등이 있다. 이 특별 페이지의 대부분은 구글 어스 가상 투어 동영상으로 연결된다.

1. 대학이나 지역사회가 지속 가능성 계획을 갖고 있는가? 그렇다면 핵심 요소는 무엇인가?
2. 미국 도시와 비교하여 인도나 중국의 도시나 마을에서는 지속 가능성의 개념이 어떻게 다른가? 인터넷을 검색하여 다른 도시의 지속 가능성 프로그램에 대해 배울 수 있는 것을 확인해 보라.

인구 성장과 변화

지리학자는 지역의 인구 특성을 다양한 방법으로 정의하고 있다. 여기에는 가장 일반적인 측정 및 모델을 설명하고 있다. 지역을 설명하는 데 인구통계가 중요하기 때문에 각 대륙 단원에는 그 대륙에 속한 국가의 인구 지표에 관한 표가 제시되어 있다. 이 표는 책의 뒤쪽에 부록으로 정리해 놓았다. 표 1.1에는 2015년 총인구 규모별 세계 10대 국가의 주요 인구 지표가 제시되어 있다. 세계 73억 인구의 1/3은 중국과 인도 두 나라가 차지하고 있다. 그다음으로 미국(3억 1,900만 명)과 인도네시아(2억 5,200만 명), 브라질(2억 300만 명) 순으로 이어진다. 이 10개국의 인구를 모두

그림 1.24 **세계 인구** 이 지도는 세계의 인구밀도가 매우 다르다는 것을 강조한다. 일본, 중국 동부, 인도 북부, 방글라데시 지역과 같이 동아시아와 남부 아시아는 인구밀도가 가장 높은 지역으로 많은 인구가 거주하고 있다. 북부 아프리카와 서남아시아에서는 인구밀집 지역은 나일강을 따라 인구밀도가 높게 나타나는 것처럼 관개 농업을 위한 물 이용 가능성과 관련이 있다. 유럽, 북아메리카, 기타 선진국의 인구 분포는 대도시, 교외화된 도시 등 경제 활동과 관련된 곳에 밀집해 있다.

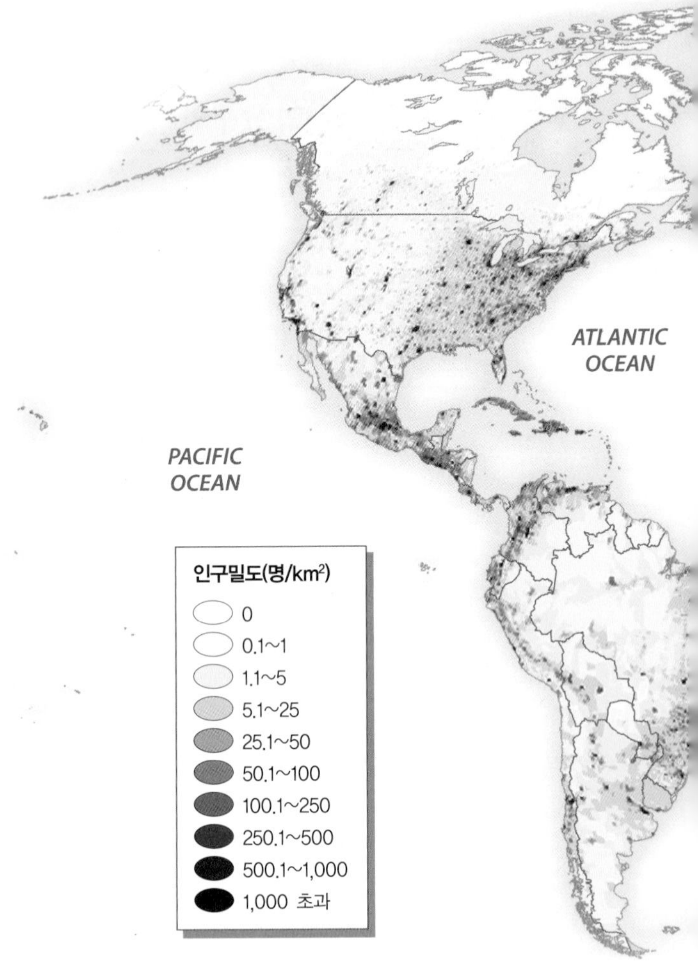

합하면 세계 인구의 60%를 차지한다.

인구 규모만으로는 인구 특성의 일부만을 알 수 있다. **인구밀도**(population density)는 평방킬로미터당 거주하는 인구수로 나타낸다. 중국은 인구통계학적으로 세계에서 가장 인구가 많은 국가이지만, 실제 인구밀도에서는 2위 인구 대국인 인도의 인구밀도가 중국에 비해 두 배 더 높다. 방글라데시의 인구밀도는 평방킬로미터당 1,218명으로 10대 국가 중 가장 높다.

인구밀도는 농촌과 도시에 따라 큰 차이가 있다. 따라서 인구가 많은 국가에서는 1인당 국민총생산과 같은 수치가 크게 영향을 미친다. 예를 들어, 브라질의 상파울루 같은 대도시의 대부분은 높은 인구밀도를 가지고 있으며, 고층 아파트 건물이 건설되어 인구밀도가 더욱 높아지고 있다. 반면 북아메리카 도시는 전세계 대도시 평균보다 낮은 인구밀도를 보이고 있는데, 이는 단독 주택에 대한 문화적 선호 현상 때문에 나타난 결과이다.

그림 1.25 **가족 계획** 인구 증가가 빠른 많은 국가에서는 인도의 아그라(Agra)와 같은 정부 클리닉을 통해 인구 성장을 둔화시키려고 노력한다. 이 계획은 가족계획 및 현대 피임 방법을 여성들에게 제공한다.

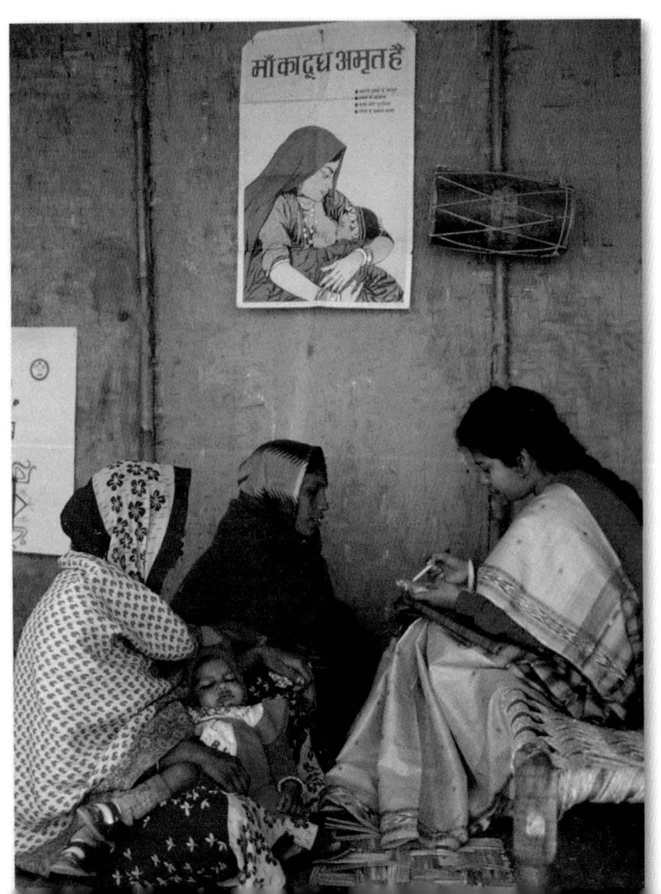

표 1.1의 통계는 비교적 복잡해 보일 수 있지만, 이 정보는 일반적인 인구 상황, 전반적인 성장률, 대륙을 구성하고 있는 국가 간의 정주 패턴을 이해하는 데 중요하다.

인구의 자연 증가 인구통계학적 변화를 파악하기 위한 시작은 국가 또는 지역의 연간 성장률을 백분율로 나타내는 **자연 증가율**(rate of natural increase, RNI)이다. 이 통계는 주어진 해의 출생자 수에서 사망자 수를 뺀 값이다. 이 자연 증가율 수치에는 이주를 통한 인구 증가/손실은 고려하지 않는다.

자연 증가율은 중요한 의미를 지니고 있는 수치이다. 이 수치는 나이지리아의 경우처럼 양수일 수도 있고, 일본 경우처럼 음수일 수도 있다. 중국의 자연 증가율은 0.5이고 인도는 1.5이다. 이 증가율이 계속 유지된다면 중국 인구는 140년에 걸쳐 인구가 두 배로 되지만, 인도는 47년 안에 두 배가 될 것이다. 이 점에서 인구통계학자들은 인도의 인구가 향후 10년 내에 중국을 제치고 인구 최대 국가가 될 것으로 확신한다. 표 1.1에서 보는 바와 같이 가장 높은 자연 증가율을 보이는 국가는 나이지리아로 2.5이

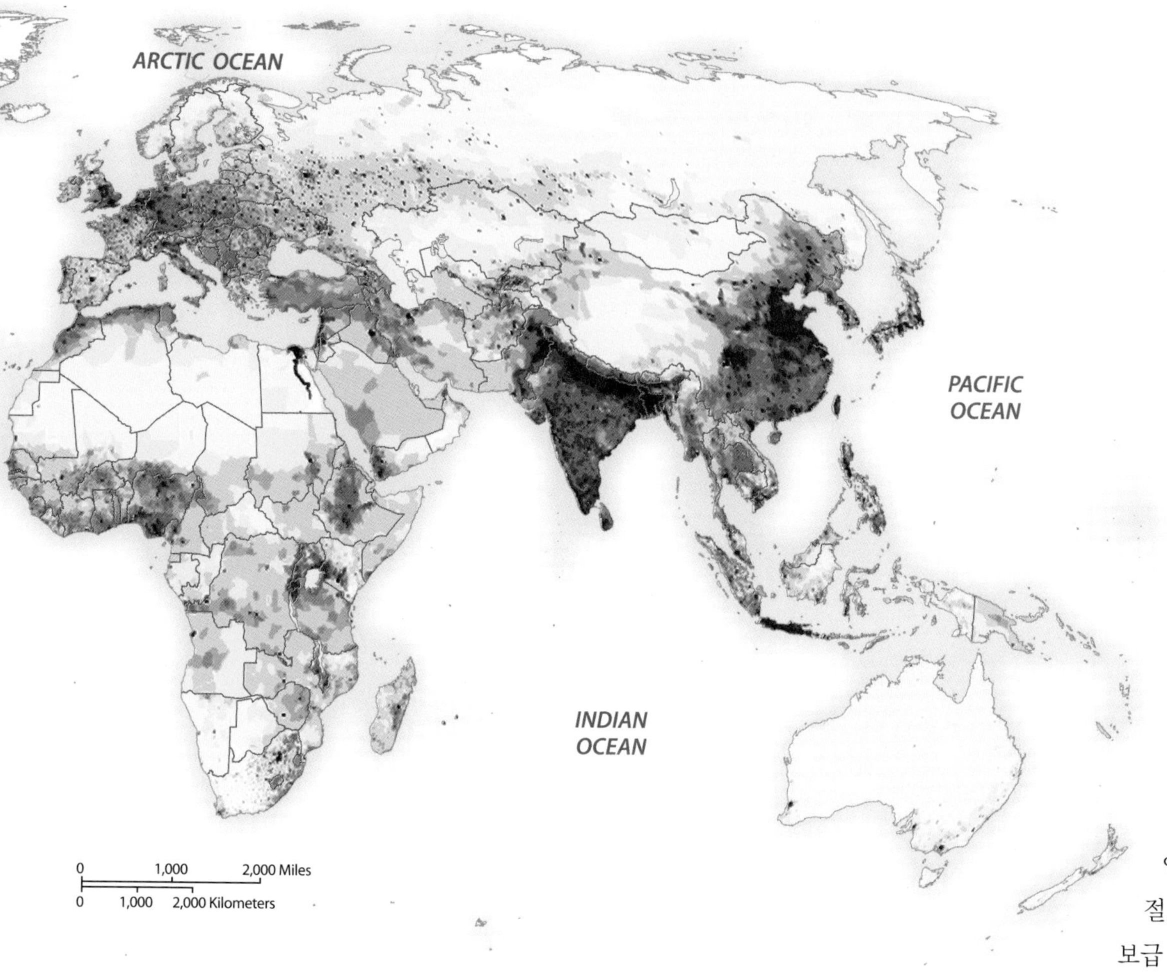

다. 나이지리아가 이 증가율을 유지한다면, 28년 안에 인구가 두 배로 증가하게 될 것이다. 인구통계학적으로 자연 증가율이 안정적인 국가는 인구 성장이 안정적으로 이루어지게 되지만, 자연 증가율이 마이너스로 된 국가의 경우 해외로부터 이민이 들어오지 않게 된다면 인구는 계속 감소하게 될 것이다.

합계 출산율 인구 변화는 여성이 평생 동안 출산한 평균 출산 횟수인 **합계 출산율**(Total Fertility Rate, TFR)의 영향을 받는다. 합계 출산율은 국가의 성장 잠재력을 나타내는 지표이다. 여성은 1.6명이나 5.6명의 어린이를 낳을 수 없다. 국가에 따라 여성은 평균 1~2명의 어린이 또는 5~6명의 어린이를 출산할 수가 있다. 이러한 수치는 인구 증가의 잠재력이 매우 다르다는 것을 의미한다. 합계 출산율 2.1은 **대체율**(replacement rate)로 간주되며, 안정적으로 인구를 유지하는 데 필요한 출산율 수치이다. 유아 사망률이 높은 국가의 실제 출산율은 3.0일 수가 있다. 1970년 세계 합계 출산율은 4.7이었지만, 2013년에 이 수치는 대략 절반으로 줄었다. 지난 40여 년간 합계 출산율은 여성들의 도시 이주, 교육, 직장 생활, 피임을 통한 출산율 조절, 영유아 의료 서비스 보급 등에 영향을 받아 크게 낮아졌다.

표 1.1에 열거된 국가 중 절반은 합계 출산율이 낮아서 시간이 지남에 따라 출생아 수가 줄어들어 인구의 자연 성장이 둔화될 것이다. 그리고 사회적 인구 증가가 발생하지 않는다면 인구는 감소하게 될 것이다. 인도의 현재 합계 출산율은 2.4이지만 1970년의 5.5에서 급격하게 낮아진 수치이다. 인도의 인구는 향후 수십 년 동안은 계속 증가할 것이다. 그러나 인도의 가족 규모가 작아지면서 성장 잠재력은 크게 축소되었다. 합계 출산율이 가장 높은 국가는 사하라 이남 아프리카에 위치한 국가들이며, 평균적으로 약 5.0을 보이고 있다. 나이지리아의 합계 출산율은 5.5 정도로 비교적 높다.

연령별 인구 구조 인구의 상대적인 젊음과 성장 가능성을 나타내 주는 지표는 15세 미만 인구의 비율이다. 현재 전 세계 인구 중 15세 미만 인구의 비율은 26%이다. 그러나 인구가 빠르게 증가하고 있는 사하라 사막 이남의 아프리카에서는 43%를 차지하고 있다. 이는 이 지역의 인구 증가가 계속될 것이라는 지표가 된다. 반대로 동아시아 및 유럽에서는 15세 미만 인구가 16% 정도를 차지하고 있다. 이를 통해 이 지역에서는 향후 인구 성장 속도

표 1.1 인구 지표

국가	인구 (100만 명), 2013	인구밀도 (명/km²)[1]	자연 증가율	합계 출산율	도시화율	15세 미만 인구 비율	65세 이상 인구 비율	순이주율 (인구 1,000명당)
중국	1,371.9	145	0.5	1.7	55	17	10	0
인도	1,314.1	421	1.4	2.3	32	29	5	−1
미국	321.2	35	0.5	1.9	81	19	15	3
인도네시아	255.7	138	1.5	2.6	54	29	5	−1
브라질	204.5	24	0.9	1.8	86	24	7	0
파키스탄	199.0	236	2.3	3.8	38	36	4	−2
나이지리아	181.8	191	2.5	5.5	50	43	3	0
방글라데시	160.4	1,203	1.4	2.3	23	33	5	−3
러시아	144.3	9	0.0	1.8	74	16	13	2
일본	126.9	349	−0.2	1.4	93	13	26	1

출처 : Population Reference Bureau, *World Population Data Sheet*, 2015.
[1]World Bank, *World Development Indicators*, 2015.

가 느려지고 가족 규모가 크게 줄어들 것으로 예상된다.

연령별 인구 구조에서 또 다른 중요한 연령대는 65세 이상 인구의 비율이다. 세계 인구 중 65세 이상의 인구는 단 8%를 차지하고 있지만 많은 선진국에서는 세계 평균 비율의 두 배 이상을 차지하고 있다. 일본은 65세 이상 인구가 26%를 차지한다. 반면 15세 미만 인구는 13%를 차지하고 있어 평균 연령을 크게 올리고 있다. 고령 인구는 고령자와 수급자를 위해 사회 서비스 제공 및 부양력을 계산할 때 중요하게 고려해야 된다. 또한 퇴직자와 노인을 지원하는 전체 인력의 규모에도 영향을 미친다.

인구 피라미드 인구의 연령과 성별 구조에 대해 표현한 지표는 **인구 피라미드**(population pyramid)이다. 이 피라미드는 연령별 남성과 여성의 비율(수치)을 나타낸 그래프이다(그림 1.26). 한 국가의 유소년층 인구가 노년층보다 많으면 피라미드형 그래프 형태로 나타나는데 이러한 구조를 보이면 일반적으로 인구 증가가 빠르게 진행될 것으로 예측된다. 반대로 인구가 서서히 성장하거나 또는 인구가 감소하는 피라미드 구조에서는 젊은 연령층보다 노년층의 비율이 높게 나타난다.

인구 피라미드는 주어진 시점에 전 세계의 다양한 인구 구조를 비교하는 데 유용할 뿐만 아니라 인구 성장의 변화를 인구 구조의 변화를 통해 파악할 수 있다. 또한 인구 피라미드를 통해 남성과 여성 인구수의 차이도 확인해 볼 수 있다. 예를 들어, 20세기 중반에 제2차 세계대전에 참전한 미국, 독일, 구소련, 일본의 인구 피라미드는 청장년층 남성 인구가 여성 인구에 비해 적은 형태를 나타낸다. 오늘날 갈등과 시민 소요 사태를 심하게 겪고 있는 국가에서도 비슷한 패턴을 볼 수 있다.

중국이나 인도의 남아 선호와 같이 한 성별에 대한 문화적 선호도는 여성보다 남성이 더 많은 인구 피라미드 구조를 나타낸다. 인구 구조를 표현하는데 인구 피라미드가 매우 유용하기 때문에 이 책의 대륙별 단원에서도 이 그래프를 활용하고 있다.

기대수명 인구통계에서 사회의 건강과 복지에 대한 정보를 담고 있는 지표 중 하나는 특정 국가의 남성과 여성의 기대수명이다. 수명은 전 세계적으로 증가하고 있는데, 이는 수명과 관련된 삶의 여건이 개선되고 있음을 보여준다. 예를 들어, 1970년에 세계 평균 기대수명은 58세였지만, 현재는 71세이다. 방글라데시, 이란, 네팔과 같은 일부 국가에서는 평균 기대수명이 1970년 이래 현재까지 20세 이상 증가한 것으로 나타났다.

보건 서비스, 영양, 위생과 같은 많은 사회적 요인들이 기대수명에 영향을 미치기 때문에 많은 연구자들은 기대수명을 개발에 대한 대체용 측정치로 활용한다. 이 수치가 증대되면 개발과 관련된 다른 측면의 발전이 이루어지고 있다는 것이다. 따라서 이 책의 부록에 국가별 기대수명과 관련된 개발 지표가 표로 제시되어 있다.

인구 변천 역사적 기록에 따르면 인구 증가율은 시간이 지날수록 낮아지고 있다. 특히, 유럽과 북아메리카에서는 산업화 · 도시화가 이루어짐에 따라 인구 증가 속도는 점점 느려지고 있다. 이러한 역사적 데이터를 통해 인구통계학자는 **인구 변천 모델**

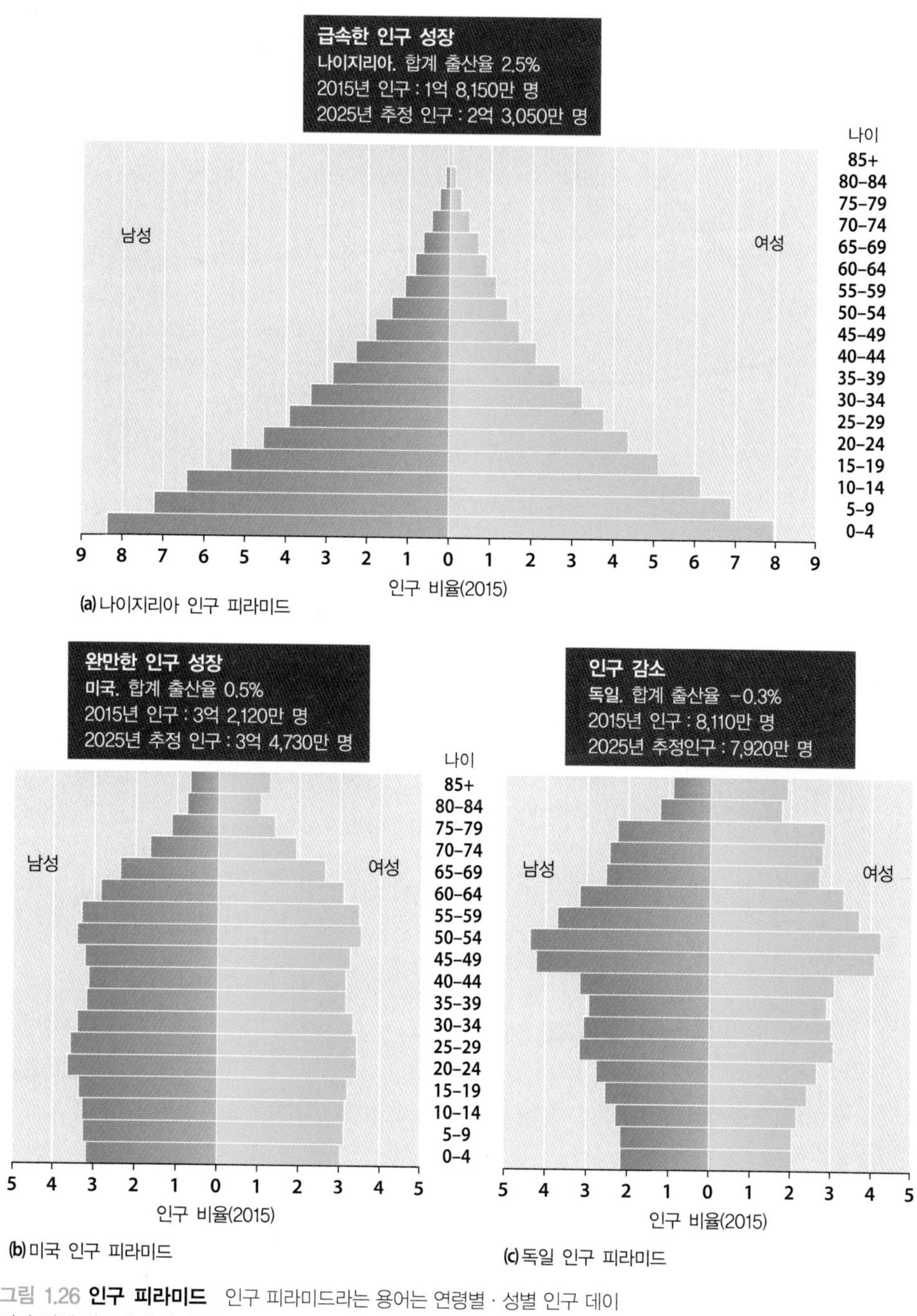

그림 1.26 **인구 피라미드** 인구 피라미드라는 용어는 연령별 · 성별 인구 데이터가 전체 인구에서 차지하는 백분율로 표시되는 그래프 모양에서 비롯되었다. 나이지리아와 같이 인구가 빠르게 성장하는 국가의 인구 피라미드는 피라미드 모양(a)을 보여 주고 있다. 유소년층이 비율이 높게 나타나는 것은 급속한 성장이 최소한 다음 세대에서도 계속해서 유지될 것이라는 것을 의미한다. 미국(b)과 독일(c)의 피라미드 모양은 대조적으로 나타난다. 미국은 인구 성장이 매우 완만하게 이루어지고 있으며, 독일은 인구가 감소되는 구조로 65세 노년 인구의 비율이 더 높게 나타난다. Q : **인구 빠른 성장, 인구의 완만한 성장, 인구 감소라는 범주에 해당하는 두 국가를 적어보라.**

(demographic transition model), 즉 시간이 지남에 따른 출생률과 사망률의 변화를 개념화한 모델을 만들었다. 한 국가의 출생률은 1,000명당 연간 출생아 수이며, 사망률은 1,000명당 연간 사망자 수이다. 연간 출생률이 사망률보다 많으면 인구의 자연 증가가 이루어진다. 이 모델은 기본적으로 4단계로 구분되어 있지만, 현재는 다섯 번째 단계가 추가되어 많은 국가들에서 인구 성장 속도가 둔화되었음을 보여주고 있다(그림 1.27).

인구 변천 모델에서 1단계는 높은 출생률과 높은 사망률로 특징되며 자연 증가율은 매우 낮은 단계이다. 역사적으로 이 단계는 유럽의 산업화 초기와 관련된 시기로, 일반적으로 근대 의학이 보급되기 이전이어서 공중 보건 및 전염병 질병에 대한 이해가 이루어지지 않았다. 이 시기에는 사망률이 높았으며 평균 수명도 짧았다. 안타깝게도, 이러한 단계가 오늘날에도 세계 일부 지역에서 여전히 나타나고 있다.

2단계에서는 사망률이 급격히 떨어지면서 출생률이 높기 때문에 인구의 자연 증가율이 급격히 증가한다. 역사적으로나 현대적으로 이 단계의 사망률의 감소는 공중 보건 위생과 현대 의학의 발전과 관련이 깊다. 인구 변천 모델의 가정 중 하나는 경제 발전과 도시화가 이루어진 이후에 단계별 진전이 가능해진다는 것이다.

사망률이 낮아지고 출생률 또한 낮아지기까지는 시간이 걸린다. 3단계에서는 출생률이 낮아지기 시작하는 시기이다. 이 시기는 사람들이 소규모 가족의 이점을 알게 되는 과도기적 단계이다. 과거 아이들이 산업 일자리(법적으로나 불법적으로)에서 일했던, 대규모 가정에 대한 필요가 있었던 시기와는 대조적인 시기이다.

4단계는 낮은 출생률과 낮은 사망률을 보이는 단계로 자연 증가율 또한 낮은 시기이다. 최근까지 이 단계는 인구 성장 및 도시화에 대한 마지막 단계로 설정되었다. 그러나 현재는 새로운 단계가 도입되었다. 유럽과 같이 도시화율이 높은 선진국에서는 사망률이 출생률을 초과하여 나타난다. 결과적으로 자연 증가율

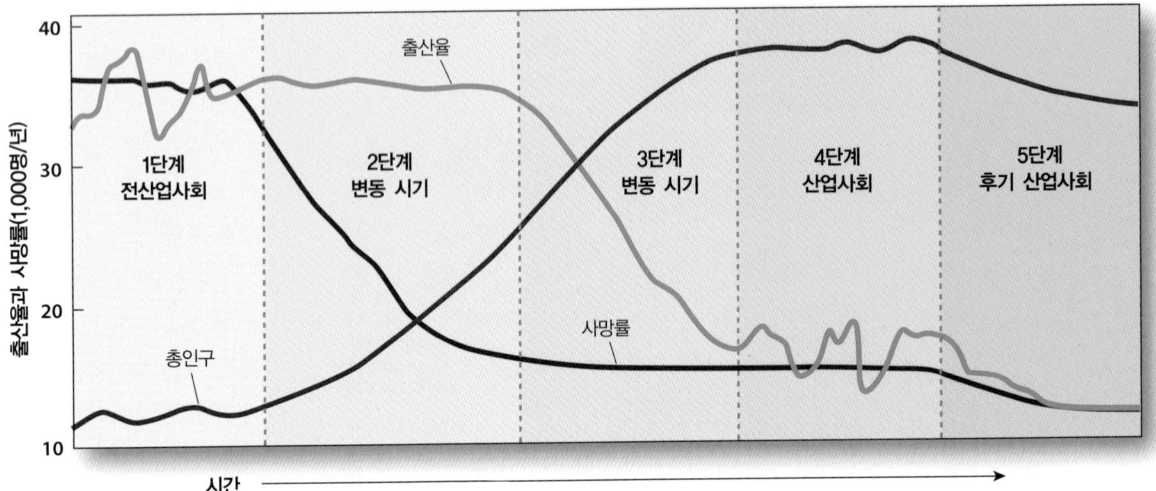

그림 1.27 **인구 변천 모델** 한 국가가 산업화되면서, 인구는 이 그래프(인구 변천 모델)의 5단계로 이동하게 된다. 1단계에서는 출생률과 사망률이 모두 높기 때문에 인구 증가율이 낮다. 2단계는 사망률이 감소함에 따라 인구 성장이 급속하게 이루어진다. 3단계는 출생률이 점차 감소하는 것이 특징이다. 4단계에서는 낮은 출생률과 사망률로 인해 낮은 인구 성장률이 나타난다. 인구 변천 단계는 4단계로 끝나는 것으로 생각되었으나 많은 선진국이 자연 성장을 보이지 않는 단계를 보이고 있어서 인구 통계학자들은 최근 성장을 보이지 않거나 심지어는 자연적인 감소를 보이는 제5단계를 전통적인 모델에 추가했다.

은 마이너스로 표시된다. 이러한 인구 감소 상태는 전통적인 인구 변천 모델의 다섯 번째 단계로 설정되고 있다. 인구의 자연 증가율이 세계에서 가장 낮은 국가는 일본이다.

하지만 자연 증가율은 해외 이민자의 유입으로 인한 인구 성장을 나타내지 못한다는 것을 기억해야 한다. 예를 들어, 자연 증가율이 마이너스일지라도 다른 국가의 이민으로 인해 한 국가의 인구는 성장하거나 안정화될 수 있다.

국제 이동과 정착

농촌에서 도시로 또는 국경을 넘는 사람들이 있기 전까지 그렇게 많은 사람들이 이동한 경우는 없었다. 현재 2억 3,000만 명이 넘는 사람들이 출생 국가를 떠나 거주하며 UN 및 다른 국제기구에 의해 공식적인 이민자가 되고 있다. 이러한 국제 이주의 대부분은 선진국이나 산유국처럼 경제가 급성장하는 개발도상국으로 이루어지고 있기 때문에 세계화 경제와 직결되고 있다. 아랍 에미리트, 카타르, 사우디아라비아 등 산유국의 노동력은 주로 외국인 이주자, 특히 남부 아시아 출신으로 이루어져 있다(그림 1.28). 세계 이민자의 40%를 차지하는 상위 6개국은 미국, 러시아, 독일, 사우디아라비아, 영국 및 아랍 에미리트 등 주요 선진국이거나 산유국이다. 이들 국가에서는 대도시 지역에서 이주해온 노동자를 쉽게 볼 수 있다.

모든 이민자가 경제적인 이유로 이주하는 것은 아니다. 경우에 따라 전쟁, 박해, 가난, 환경 파괴 등의 이유로 사람들은 피난을 하게 된다. 난민에 대한 정확한 데이터는 몇 가지 이유(정치적 이유 때문에 불법적으로 국경을 넘는 개인들이나 국적을 의도적으로 은폐하는 경우 등)로 구하기가 어렵지만 UN 기구는 현재 6,000만 명의 난민이 있다고 추정한다. 이들 중 절반 이상이 아프리카와 서남아시아에 거주하던 주민들이다. 시리아의 분쟁으로 인하여 시리아 인구의 절반 이상이 난민으로 떠돌고 있다. 약 1,160만 명의 실향민 대부분이 시리아에 흩어져 거주하고 있지만, 약 400만 명 정도는 터키, 레바논, 요르단, 이라크 등 영토 밖에서 거주하고 있다(그림 1.29).

순이주율 유입 이민(국가에 입국하는 사람들)과 유출 이민(이민을 떠나는 사람들)의 양은 **순이주율**(net migration rates)로 측정된다. 유입 이민의 수가 많으면 양의 수치로 나타나며 이주로 인해 한 국가의 인구가 증가하고 있음을 의미한다. 반대로 유출 이민의 수가 많으면 음의 수치로 나타나며, 더 많은 사람들이 떠나고 있음을 의미한다. 다른 인구통계학적 지표와 마찬가지로, 순이주율은 기본 인구의 1,000명당 이주자 수로 나타난다. 표 1.1에 제시되어 있듯이 미국, 러시아, 일본만 순이주율이 양의 값을 보인다. 인도네시아, 파키스탄, 방글라데시의 3개 국가의 경우는 유출 이민이 많아 마이너스 값을 보인다. 나머지 4개 국가(중국, 인도, 브라질, 나이지리아)의 순이주율은 0의 값으로 나타난다. 이는 특정 연도에 유입 이민과 유출 이민이 서로 상쇄되는 경우이다. 인도와 중국 모두 해외 인구로 빠져나가는 인구가 많지만, 상대적으로 유입해 들어오는 인구도 많기 때문에 순이주율이 0이 된다.

순이주율이 높은 나라로는 아랍에미리트, 쿠웨이트, 오만 등으로 이 국가에는 노동 이민자들이 많이 유입되고 있다. 마이너스 이주율 높은 국가로는 시리아(−11), 사모아 (−24), 미크로네

그림 1.28 **세계적인 이주 노동** 카타르 도하의 건설 현장에서 일하고 있는 남부 아시아 노동자를 볼 수 있다. 페르시아 만의 대다수의 국가들은 남부 아시아 노동자들에게 현대 도시 건설을 맡기고 있다. 이주 노동자들은 이들 국가에 필요한 노동력을 제공하고 있다.

그림 1.29 **난민 캠프** 시리아 출신의 쿠르드족 여성이 터키 수루크 근처의 난민 캠프에서 아기와 함께 있는 모습이다. 수루크는 시리아 국경 근처에 위치하고 있으며, 이 난민촌은 터키에서 가장 큰 난민 캠프 중 하나이다. 시리아의 위기로 수백만 명의 난민이 발생했는데, 2015년에는 약 400만 명의 시리아인들이 조국을 떠났다고 추산되고 있다.

시아(−19) 등이며, 이들 국가는 대부분 비교적 인구가 적고 경제가 취약한 태평양의 도서국이다.

도시화되는 세계에서의 정주 오늘날 도시가 세계화의 초점이 되고 있다. 도시는 빠르게 변화하는 경제 · 정치 · 문화적 변화의 중심지이다. 이들 도시는 가난한 시골 사람들에게 활력이 넘쳐 보이는 자석과도 같다. 세계의 일부 대도시는 매우 빠르게 성장하여 규모가 더욱 커지고 있다. 인도의 뭄바이는 자연적 증가와 사회적 증가가 이루어져 2020년까지 700만 명 이상의 인구가 증가할 것으로 예상되고 있다. 이 기간 동안 성장이 일정하다고 가정하면(의심스러운 가정일 수 있지만), 이 도시에서 매주 1만 명이 넘는 새로운 사람들이 증가해야 한다. 같은 전망으로 나이지리아 라고스는 현재 연간 도시 성장률이 가장 높으며, 주당 약 15,000명의 인구가 증가하고 있다.

도시에 거주하는 인구의 비율인 **도시화율**(urbanized population)은 현재 약 53%에 달하고 있다. 인구 통계학자들은 2025년까지 전 세계 인구의 약 60%가 도시에 거주할 것으로 예측하고 있다. 도시화율은 지역에 따라 크게 차이가 있다. 사하라 사막 이남 아프리카는 급속하게 도시화가 이루어질 수 있지만, 에티오피아, 케냐, 말라위 등의 국가에서는 인구의 3/4 이상이 여전히 농촌에 거주하고 있다. 인도에는 1,000만 명 이상이 거주하는 거대 도시도 있지만, 인도 인구의 2/3는 여전히 농촌에 거주하고 있다.

일반적으로 말하자면, 도시화의 속도가 빠른 대부분의 국가는 도시 중심 주변으로 제조업이 발달해 있기 때문에 도시화와 산업화가 빠르게 이루어지고 있다. 우리는 인구통계학적으로 도시화가 중요한 현실임을 알고 있어야 하지만, 아직도 약 30억 인구가 농촌에 살면서 세계화로 변화하고 있음을 기억해야 한다.

확인 학습

1.11 자연 증가율(RNI)은 무엇이며, 어떻게 음수(-)가 나올 수 있는가?
1.12 낮은 합계 출산율과 높은 합계 출산율을 설명하고 사례를 제시하라.
1.13 인구 변천 모델을 기술하고 설명하라.
1.14 어떻게 인구 피라미드가 표현되고, 그것은 어떤 종류의 정보를 나타내는가?

주요 용어 인구밀도, 자연 증가율, 합계 출산율, 대체율, 인구 피라미드, 인구 변천 모델, 순이주율, 도시화율

문화적 동질성과 다양성 : 전통과 변화의 지리학

사회과학자들은 종종 문화가 세계의 다양한 사회 구조를 묶어 놓는다고 말한다. 만약 이게 사실이라면, 매일의 뉴스를 한눈에 볼 수 있듯이 문화적 긴장과 갈등이 폭넓기 때문에 복잡한 글로벌 실타래가 풀릴 수 있다. 앞서 언급한 바와 같이 최근 글로벌 통신 시스템(TV, 영화, 스마트폰, 인터넷 등) 기술의 발달로 서구 문화가 빠른 속도로 전 세계에 확산되었다. 비록 일부 문화권에서는 이러한 새로운 영향을 받아들이고 있을지 몰라도, 다른 특정 문화권의 사람들은 항의, 검열, 심지어 테러를 통해 새로운 형태의 문화적 제국주의에 저항하고 있다. 또 다른 문화권에서는 이 기술을 사용하여 자신들의 문화적 · 정치적 의제를 발전시키기도 한다.

문화적 통합과 다양성을 연구하는 지리학은 전통과 변화, 문화 간의 상호작용, 젠더, 세계적 언어와 종교 등을 통해 나타난 현상에 관심을 갖고 있다.

세계화되는 세상에서의 문화

세계화와 관련된 역동적인 변화는 문화에 대한 전통적인 정의를 바꿔놓고 있다. 문화는 타고난 것이 아니라, 사람들이 공유하는 행동으로, 일반적으로 '삶의 방식'이라고 일컫는다.

문화(culture)는 언어, 종교, 사상, 삶과 가치 체계뿐만 아니라 기술, 주거, 음식, 의상, 음악과 같은 추상적인 측면과 물질적인 측면을 모두 가지고 있다. 스포츠조차도 깊은 문화적 의미를 지니고 있다. 수십억 명의 인구가 월드컵 축구 경기를 지켜보며 거의 종교적인 헌신처럼 '국가 대표' 팀을 응원하는 모습을 상상해 보라. 세계 지역지리학의 연구와 관련되어 문화의 다양한 표현은 사람들이 자신의 환경, 더 큰 세계와 상호작용하는 방식에 대해 많은 것을 보여준다(그림 1.30). 간과하지 말아야 할 점은 문화는 정적인 것이 아니라 역동적이고 끊임없이 변화한다는 것이다. 따라서 문화는 추상적인 개념일 뿐만 아니라 새로운 환경에 끊임없이 적응하는 과정이다. 이러한 결과, 문화의 전통적 · 보수적 요소와 변화를 희망하는 새로운 요소 사이에 긴장 관계가 항상 펼쳐진다.

문화가 충돌할 때 문화적 변화는 국제적 긴장 상황에서 이루어지기도 한다. 때로 한 문화 시스템이 다른 문화 시스템으로 대체되기도 한다. 한 집단의 저항이 다른 집단의 문화적 변화를 막을 수도 있다. 보통 새롭고 복합적인 문화 형태는 두 가지 문화적 전통이 합쳐진 결과로 나타난다. 역사적으로, 식민주의는 문화적 충돌의 가장 중요한 사건이 되고 있다. 오늘날 다양한 형태로 벌어지는 세계화는 문화적 긴장과 변화를 일으키는 주요 매개체이다(일상의 세계화 : 공통의 문화 교류 참조).

문화 제국주의(cultural imperialism)는 하나의 문화 체계가 적극적으로 주입해 들어가는 것을 말한다. 가장 대표적인 사례는 유럽 국가들이 식민지를 개척하는 과정에서 일어난 일들이다. 이 시기 유럽 문화가 전 세계적으로 퍼지는 한편, 식민지 지역에서 토착 문화를 대체하였다. 스페인과 포르투갈 문화는 라틴아메리카에 널리 퍼졌고, 프랑스 문화는 아프리카와 동남아시아로 확산되었으며, 영국 문화는 남부 아시아와 사하라 사막 이남 아프리카의 많은 지역에 뿌리내리게 되었다. 새로운 언어가 전파되었고, 새로운 교육 체제가 이식되었으며, 새로운 행정기관이 전통적인 것을 대체했다. 또한 새롭게 유입된 의복 스타일, 다이어트, 몸짓, 조직 등이 기존 문화 체계에 추가되었다. 식민지 문화의 흔적은 오늘날에도 많은 부분에 남아 있다. 인도에서는 식민지 문화의 변화가 너무 명확하게 이루어진 결과 전문가들은 '마지막까지 남게 될 진정한 영국인은 인도 사람이 될 것'이라고까지 표현한다.

그림 1.30 **미국의 대중문화** 미국 뉴욕 브루클린의 힙스터 문화. 사진 속 커플의 의상과 외모가 단서를 제공하고 있다.

오늘날의 문화 제국주의는 과거 식민 통치와 관련이 없지만, 경제의 세계화에 따른 결과로 등장하게 되었다. 서구(또는 미국) 문화 제국주의에 대한 사례는 맥도날드, MTV, KFC, 말보로 담배, 영어 사용(인터넷 언어)과 같은 곳에서 나타난다. 이러한 사실은 현대 미국 문화를 전 세계에 전파하려는 고의적 노력보다는 새로운 패러다임을 찾는 데서 비롯된 결과라고 볼 수 있다.

문화 민족주의(cultural nationalism)는 문화 제국주의에 대한 반작용으로 등장한 것이다. 이것은 문화 제국주의적 표현으로부터 전통적인 문화를 보호하고 국가적 · 지역적 · 문화적 가치를 적극적으로 옹호하는 일련의 과정이라고 할 수 있다. 문화 민족주의는 원치 않는 문화에 대해 단순히 금지하는 입법 활동이나 검열 등의 형태로 나타난다. 예를 들어, 프랑스는 프랑스어와 영어의 합성어인 '프랭글리시'를 금지해 오고 있다. 또한 주말, 도심, 채팅, 행복 시간 등과 같이 자주 사용되는 영어 단어를 쫓아내는 데 오랜 노력을 기울이고 있다. 프랑스는 라디오 DJ들이 의무적으로 프랑스 노래와 예술가 활동을 일정 비율(현재 40%) 방송하는 법안을 통해 프랑스 음악과 영화 산업을 보호하려고 노력했다. 많은 무슬림 국가들은 위성 TV 수신을 제한하거나 검열함으로써 서구의 문화적 영향을 제한하고 있다. 이 국가에서는 바람직하지 않은 문화적 요소의 원천이 위성 TV라고 여기고 있다. 대부분의 아시아 국가들은 자국의 문화적 가치에 대한 보호를 강하게 주장하고 있는데, 이러한 주장 가운데는 MTV 및 기타 위성 국제 TV 네트워크에서 나오는 내용에서 성적인 부분을 엄격하게 제한해야 한다는 부분이 있다.

문화적 혼성 가장 보편적인 문화 충돌의 생산품은 새로운, 혼합된 형태의 **문화 혼합주의**(cultural syncretism) 혹은 **문화 혼성**(cultural hybridization)이라는 것의 탄생이다. 인도인들은 영국적인 요소를 그들의 환경에 맞게 고쳐서 수용했을 뿐만 아니라

일상의 세계화

공통의 문화 교류

세계화는 당연시될 정도로 매우 보편적으로 이루어지고 있다. 미국에서는 거의 모든 사람들이 해외에서 만들어진 옷을 입고 다닐 정도로 의류의 98%가 수입되고 있다. 셔츠는 중국, 방글라데시, 태국, 아이티, 멕시코, 인도에서 생산되어 수입된다. 이들 국가는 모두 세계 의류 생산의 주요 제조 중심지들이다. '미국산 제품' 중 일부는 미연방 국가인 푸에르토리코나 태평양 극동부의 북마리아나 제도에서 생산된 것일 수 있다. 청바지를 구입하는 데 300달러를 지불한다면 미국에서 만들 수 있다. 청바지를 디자인하는 회사가 30여 개 밀집해 있는 로스앤젤레스에서 가능하다.

여기서 말하고자 하는 핵심은 세계화가 반드시 전 세계에서 사업을 하는 다국적기업에 관한 것이 아니라는 것이다. 세계화는 당신이 먹는 것, 마시는 커피, 손에 든 스마트폰 등 일상생활의 어디에나 들어와 있다. 대상이 무엇이든 간에 다양한 세계지리에 포함될 가능성이 있다.

일상의 세계화 내용은 다른 단원에서도 다음과 같은 내용들을 살펴볼 수 있다. 당신이 먹는 초콜릿 바가 열대 우림에서 만들어지는가(제2장), NBA가 세계적으로 성공한 이유(제3장), 라틴아메리카와 카리브 해 연안 지역에서 개최되는 카니발 축제(제5장), 전 세계의 항구로 상품과 조립 제품을 운송할 수 있는 거대한 선박을 건조하고 있는 국가(제11장) 등이다. 대학생들이 세계를 경험할 수 있는 방법 중의 하나는 유학 프로그램을 통해서이다. 이는 자신의 문화권이 아닌 다른 문화에 대해 배울 수 있는 중요한 기회를 가질 수 있다(그림 1.3.1).

1. 세계화는 미국에서 어떻게 고등 교육을 변화시키고 있는가?
2. 세계화와 관련된 흥미로운 배경이 있는 일상적인 아이템이나 활동을 찾아보라.

그림 1.3.1 문화 교류 유학 온 미국 대학생들이 파나마 대학생들과 공동으로 연구 프로젝트를 수행하고 있다. 이들은 파나마시티의 역사적인 도시 지역의 지속 가능성에 대해 조사하고 있다.

그림 1.31 **볼리비아 힙합** 볼리비아의 고원 도시 티와나쿠에서 공연을 하고 있는 랩퍼. 스페인어와 아이마라어를 사용하는 젊은 예술가들이 미국 힙합 문화의 요소를 차용해 정치적 변화에 대해 노래하며 역사적인 억압과 착취에 대한 분노를 담아내고 있다.

자신들의 의미를 함께 결합해 받아들였다. 예를 들어 인도인들은 영어를 사용해 남부 아시아를 방문하는 여행객들을 혼란스럽게 하는 '힝글리시(Indlish)'를 만들어내기도 했으며, 또한 카키, 파자마, 베란다, 방갈로 등 수많은 인도식 영어 단어를 추가했다. 분명한 사실은 남부 아시아 지역이 영국의 식민지가 된 이후 인도 문화는 크게 변화했다는 것이다. 문화 혼성의 사례에는 오스트레일리아 규칙의 축구, 볼리비아의 힙합 음악, 퓨전 요리, Tex-Mex 패스트푸드 등 여러 가지가 있다(그림 1.31).

글로벌 맥락에서의 언어와 문화

언어와 문화는 상호 복잡하게 얽혀 있고, 언어는 문화 집단을 규정하는 가장 명확한 기준이 된다(그림 1.32). 또한 언어는 기본적인 의사소통의 수단이기 때문에 정치, 종교, 상업, 관습 등 다른 문화적 정체성을 규정하기도 한다. 언어는 문화적 일체성의 중요한 도구이기도 하다. 때문에 사람들을 하나로 묶기도 하고 서로 분리시키기도 한다. 언어가 국가 및 인종의 정체성에서 중요하며, 지역적 정체성을 창조, 유지하는 수단이 되기도 한다.

대부분 언어가 유사한 역사적(선사적) 뿌리를 지니고 있기 때문에 언어학자들은 수천 종류의 언어를 몇 가지 어족으로 분류해 계를 구분하기도 한다. 이는 조상의 언어에 기반을 둔 단순하고 가장 기본적인 구분이다. 예를 들어 전 세계 절반 이상은 인도-유럽어군으로, 영어와 스페인어뿐 아니라 남부 아시아의 힌디어, 벵골어도 같은 뿌리로 포괄한다.

어족 내에서 공통의 역사와 지리를 지닌 사람과 문화로 세분할 수 있다. 언어 가지와 구분(하위 어계)은 대체로 동일한 소리, 단어, 문법을 지닌 어족 내의 유사한 부분 집합과 밀접하게 연관되어 있다. 독일어와 영어의 유사성, 프랑스어와 스페인어의 유

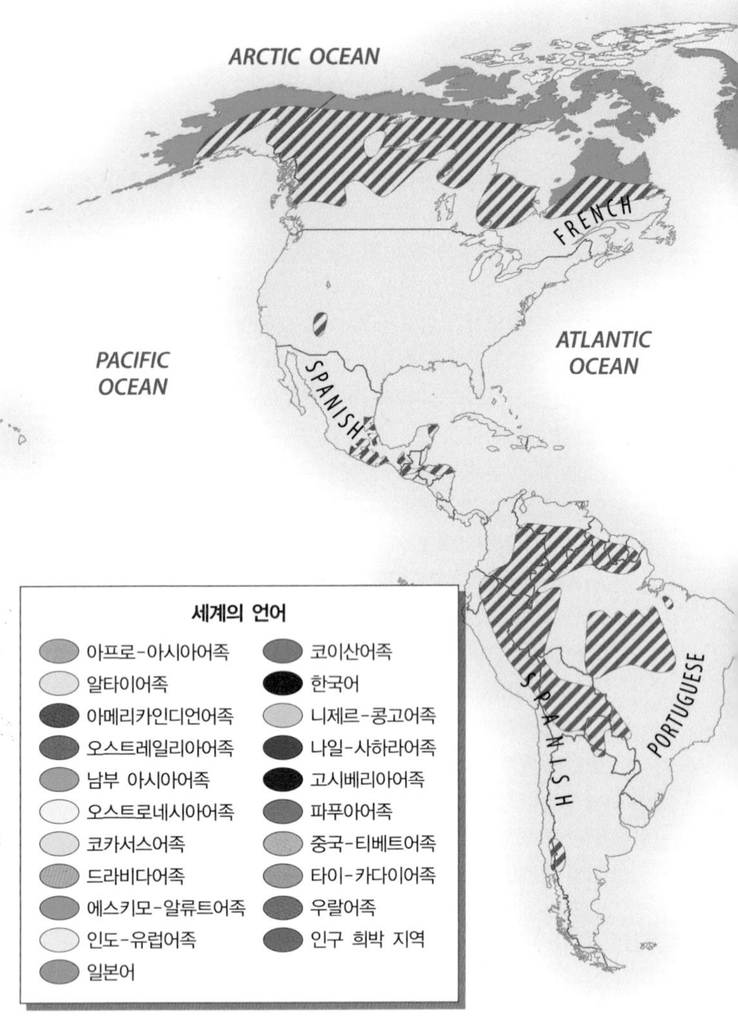

그림 1.32 **세계의 언어** 세계 대부분의 언어는 주요 어족에 포함된다. 세계 인구의 50% 정도는 인도-유럽어족에 속하는 언어를 사용한다. 같은 어족의 언어에는 유사한 점이 많이 나타난다. 다음으로 최대 규모의 어족은 중국 · 티베트어족으로, 세계에서 가장 많은 인구를 가진 국가인 중국이 사용하는 중국어가 포함된다. **Q: 여러분이 살고 있는 곳에서 모국어 이외에 어떤 언어가 사용되고 있는가?**

사성은 잘 알려져 있다. 이러한 유사성 때문에 이들 언어는 같은 어군으로 분류된다.

특정 지역과 연결된 독창적인 형태의 개별 언어도 있다. 이러한 언어의 차별적인 형태는 **방언**이라고 불린다. 방언은 독특한 발음과 문법을 지닌 독자적 체계로(예를 들어, 영국 영어, 북아메리카 영어, 오스트레일리아 영어 등의 독특한 차이) 상호 간 의사소통이 가능하지만 때로는 상당한 주의가 필요한 경우도 있다.

다른 문화 어군의 사람들은 자국어로 직접 소통할 수 없을 때 제3언어를 **공통어**(lingua franca)로 사용해 소통하는 데 동의한다. 스와힐리어는 동아프리카 종족 간의 언어로 오랫동안 활용되었고, 프랑스어는 국제 정치와 외교 무대에서 공식 언어로 활용되어 왔다. 오늘날 영어는 국제 소통, 학문, 항공교통 부분에서 가장 보편적인 언어가 되었다(그림 1.33).

그림 1.33 **중국어와 영어** 상하이의 도로 표지판에는 세계에서 가장 많이 사용하는 두 언어인 중국어와 영어가 표기되어 있다. 중국어는 세계 인구의 약 12%가 사용하는 언어이다. 영어는 약 20억 명 이상이 사용하고 있으며, 상업, 무역, 학문 영역에서 사용되는 세계적인 언어이다.

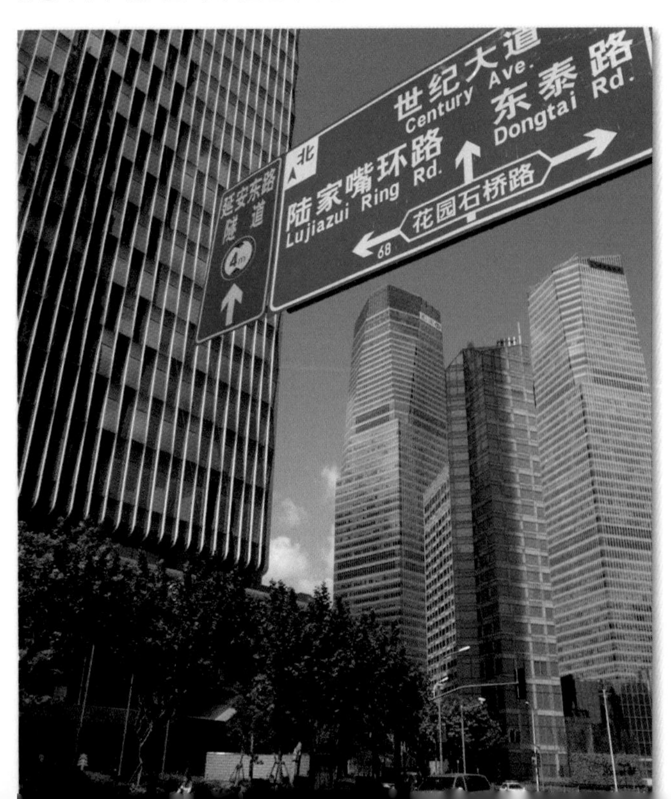

세계 종교의 지리

종교는 문화권을 결정짓는 또 하나의 중요한 특징이다(그림 1.34). 실제로 전체화된 글로벌 문화의 시대에 종교는 문화적 정체성을 규정하는 데 더욱 중요해지고 있다. 오늘날 발칸, 이라크, 시리아, 미얀마에서 벌어진 인종 갈등과 소요는 이러한 면을 단적으로 보여준다.

기독교, 이슬람교, 불교 같은 **보편 종교**(Universalizing religions)는 사람들에게 지역과 문화와 관계없이 영향을 끼친다. 이러한 종교는 새로운 개종자를 찾는 선교 활동에 의해 확산된다. 반면, 특정 인종, 부족, 국가에 영향을 미치는 유대교나 힌두교 같은 종교는 **민족 종교**(ethnic religions)를 유지하며 새로운 개종자를 적극적으로 찾지 않는다. 민족 종교에 속한 사람들이 태어나면 신자 수가 늘게 되는 것이다.

보편 종교인 기독교는 지역과 신자들의 숫자에서 가장 큰 종교라고 할 수 있다. 기독교는 다양한 교파와 교회로 나뉘어 있지만

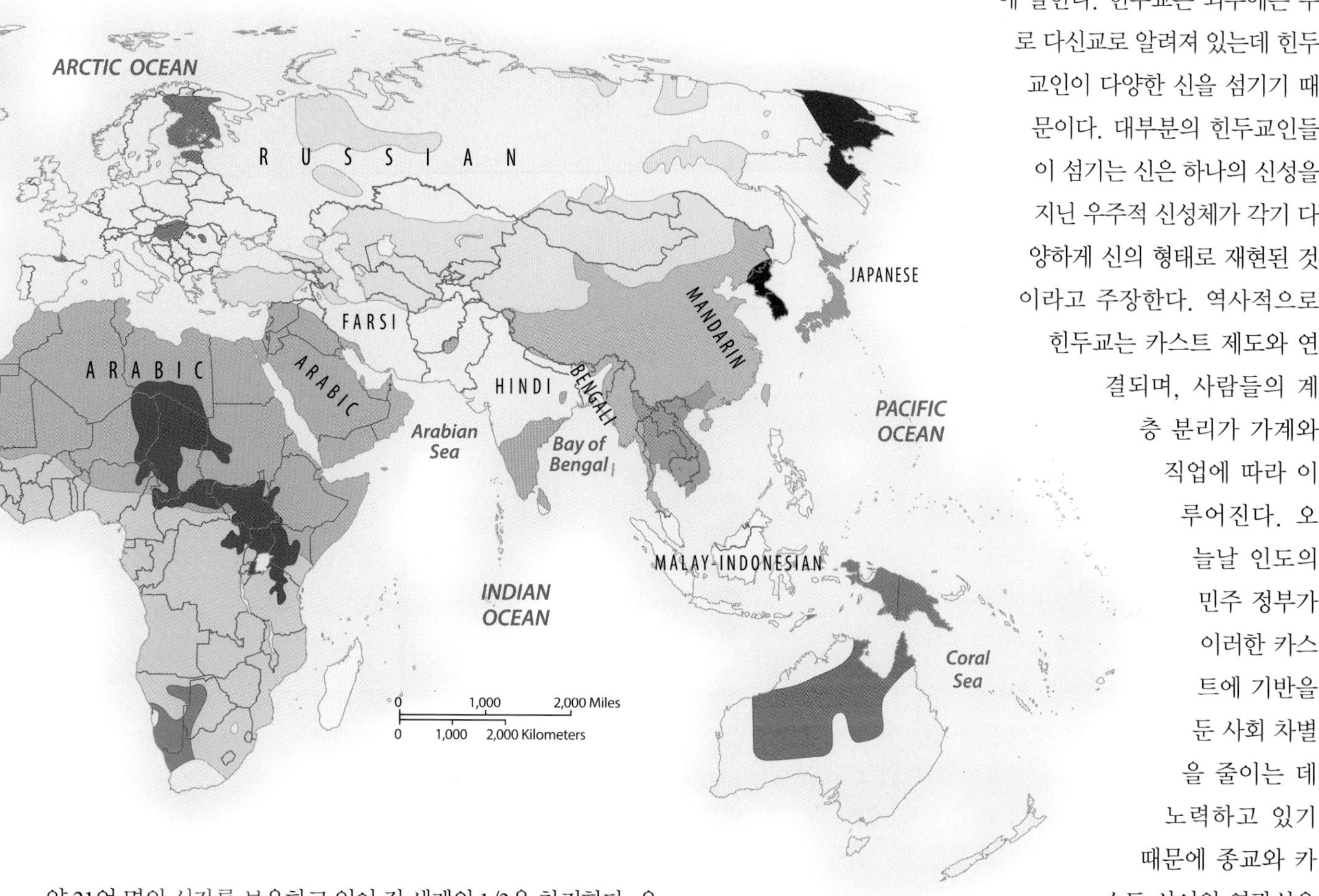

약 21억 명의 신자를 보유하고 있어 전 세계의 1/3을 차지한다. 유럽, 아프리카, 라틴아메리카, 미국에 기독교인이 가장 많다.

아라비아 반도에서 발생한 이슬람교는 동쪽으로 인도네시아, 필리핀까지 뻗어 있으며 약 13억 명의 신자가 있다. 이슬람교는 기독교만큼 심하게 교파로 나뉘어 있지는 않지만, 몇 개의 종파로 구분되기 때문에 단일 종교라고 할 수 없다. 주요 종파의 하나인 **시아파**(Shi'a) 이슬람은 약 11%를 차지하며, 이란과 이라크 북부 지역에 퍼져 있다. 반면 **수니파**(Sunni) 이슬람은 아랍어를 사용하는 북아프리카에서부터 인도네시아에 이르는 지역에 걸쳐 있으며 가장 큰 이슬람교 집단이다. 아마도 세계화와 관련된 서구의 영향에 맞서 시아파와 수니파 이슬람교는 근본주의적 부흥 운동을 펼치고 있다. 이 운동을 지지하는 사람들은 서구의 영향과는 별개로 신앙의 순수함을 유지하려고 노력하고 있다.

유대교는 기독교의 뿌리 종교라고 할 수 있으며, 이슬람교와 유사한 점이 많은 종교이다. 유대교와 이슬람교 사이의 갈등이 이스라엘-팔레스타인 간의 갈등 속에 나타나지만, 이 두 종교는 헤브라이 선지자와 지도자들에 역사적 · 신학적 뿌리를 공유하고 있다. 유대인의 숫자는 약 1,400만 명 정도로, 제2차 세계대전 동안 나치의 조직적인 인종 말살 정책으로 1/3이 줄어들었다.

힌두교는 인도와 밀접하게 관련된 종교로 신도 수는 약 9억 명에 달한다. 힌두교는 외부에는 주로 다신교로 알려져 있는데 힌두교인이 다양한 신을 섬기기 때문이다. 대부분의 힌두교인들이 섬기는 신은 하나의 신성을 지닌 우주적 신성체가 각기 다양하게 신의 형태로 재현된 것이라고 주장한다. 역사적으로 힌두교는 카스트 제도와 연결되며, 사람들의 계층 분리가 가계와 직업에 따라 이루어진다. 오늘날 인도의 민주 정부가 이러한 카스트에 기반을 둔 사회 차별을 줄이는 데 노력하고 있기 때문에 종교와 카스트 사이의 연관성은 과거보다 많이 줄어들었다.

불교는 2,500년 전 힌두교의 개혁 운동에서 출발한 것으로 아시아 특히 스리랑카, 태국, 몽골, 베트남에 널리 펴져 있다(그림 1.35). 불교는 두 가지 주요 분파로 나눠는데 티베트와 동아시아에 퍼져 있는 **대승 불교**와 동남아시아와 스리랑카 전역에 퍼져 있는 **소승 불교**로 구분된다. 불교는 확산 당시 다른 지역의 종교와 공존하게 되면서 신자 수를 정확하게 파악해 내기가 어렵게 되었다. 총 신자 수는 약 3억 5,000만 명에서 9억 명에까지 이를 것으로 추산되고 있다.

일부 지역에서는 **세속주의**(secularism)의 영향으로 종교의 영향력이 급속히 쇠퇴했고 사람들은 자신이 비종교적이거나 무신론자라고 주장한다. 세속주의에 속하는 사람들의 숫자를 측정하는 것이 무척 어렵지만, 사회과학자들은 약 11억 명에 이를 것으로 파악하고 있다. 아마도 가장 대표적인 세속주의 국가로는 러시아를 비롯한 과거 동유럽의 사회주의 국가들을 들 수 있는데, 이들 국가는 역사적으로 정부와 교회 사이에 적대감이 있었다. 1990년대 구소련의 연방이 붕괴되면서 이후 어느 정도 종교적 부흥이 일어나기는 했지만 아직도 세속주의가 크게 나타난다.

세속주의는 최근 서유럽에서 매우 뚜렷하게 증가하고 있다.

프랑스는 여전히 역사적으로 일정 부분 로만 가톨릭이지만, 점차 금요일에 이슬람 사원에 가는 사람들(대부분 이민자들)의 숫자가 일요일에 교회에서 예배 보는 사람들보다 많아지고 있다. 일본과 동아시아의 일부 국가는 높은 세속화 수준을 보여준다.

문화, 젠더 그리고 세계화

문화에는 사람들의 언어와 종교뿐만 아니라 행위와 가치에 영향을 주는 요소까지 포함된다. **젠더**(gender)는 특정 문화 그룹의 가치와 전통과 연결되어 있는 사회 · 문화적으로 구성된 개념으로 생물학적 성별의 특성에 따라 남성과 여성으로 구분한 것과는 다르다. 이 개념에는 젠더 역할, 즉 특정 맥락에 맞춰 적절한 행동을 하게하는 문화적 지침도 포함된다. 예를 들어, 전통적인 부족이나 민족 집단에서 젠더 역할은 여성의 일(주로 집 안에서 하는 일)과 남성 일(주로 집 밖에서 하는 일)을 엄격하게 구분하고 있다. 이러한 **젠더 역할**(gender role)은 자녀 양육, 교육, 결혼, 여가 활동 등 여러 가지 다른 사회적 행동에도 적용된다.

젠더 역할은 보다 엄격하게 구분된 전통적인 사회와 비교적 덜 엄격하고 암묵적이며 융통성을 가진 도시 산업사회와 크게 비교된다. 전통적인 젠더 역할의 중대한 변화는 세계화로 인해 전 세계로 확산되고 있다. 이러한 상황은 전 세계적으로 동성 결혼에 대한 법적 허용이 확대되고 있다는 점에서 가장 잘 알 수 있다(그림 1.36). 2000년 이래로 미국을 포함한 25개국 이상이 그러한 동성애 단체를 허용하고 있다. 그러나 아프리카, 서남아시아, 러시아 및 남부 아시아의 국가들 중에는 동성애를 반대하는 국가들이 있다. 이 국가들에서는 동성애로 인해 투옥되거나 극단적인 경우 사망할 수도 있다. 세계화되는 문화 가운데 기본적인 인권에 해당하는 결혼 제도의 변화가 있다. 이러한 규범의 변화는 일부 사람들에 의해 수용될 수도 있지만, 어떤 사람들에게 거부되기도 한다.

양성 평등이라는 개념이 세계화를 통해 전 세계적으로 확산되

ARCTIC OCEAN
PACIFIC OCEAN
ATLANTIC OCEAN

주요 종교 분포
- 이슬람교 수니파
- 이슬람교 시아파
- 유대교
- 동방정교
- 기독교 콥트파
- 로마 가톨릭
- 개신교
- 기독교 기타
- 불교
- 불교, 도교, 유교 혼합
- 불교, 신도교 혼합
- 힌두교
- 시크교
- 기독교, 이슬람교, 아프리카 원시종교 혼합
- 원시종교(애니미즘)
- 아메리카인디언 전통과 가톨릭 혼합 지역
- 아프리카 전통 종교와 가톨릭 혼합 지역
- 인구 희박 지역

그림 1.35 **불교 경관** 사원, 수도원 및 신사와 같은 다양한 건물은 동남아시아의 독특한 종교 경관을 만들어낸다. 사진은 태국 북부의 치앙마이에 있는 불교 경관이다.

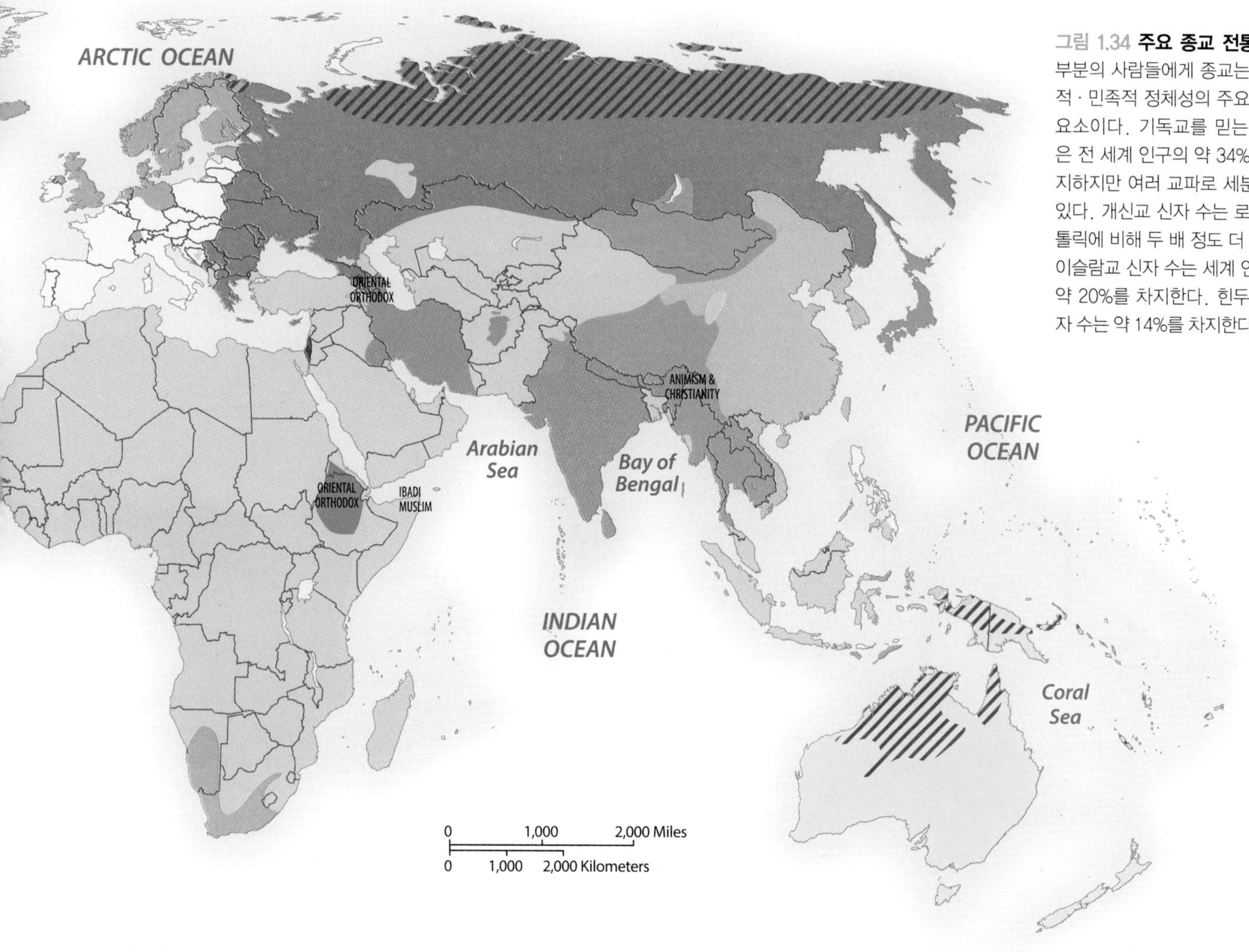

그림 1.34 **주요 종교 전통** 대부분의 사람들에게 종교는 문화적 · 민족적 정체성의 주요 구성 요소이다. 기독교를 믿는 사람은 전 세계 인구의 약 34%를 차지하지만 여러 교파로 세분되어 있다. 개신교 신자 수는 로마 가톨릭에 비해 두 배 정도 더 많다. 이슬람교 신자 수는 세계 인구의 약 20%를 차지한다. 힌두교 신자 수는 약 14%를 차지한다.

고 있다. 이로써 여성을 차별하는 문화와 집단이 폭로되고 있으며, 문제가 제기되고 있다. 이 주제는 이 단원의 사회 발전의 척도 부분에서 다시 논의된다.

많은 선진국에서 세계화의 경제적 효과에 대한 젠더 영역이 존재한다. 예를 들어, 미국에서는 산업 및 기술직 일자리가 중국과 인도로 이전해 감에 따라 남성 근로자가 여성보다 실업 고통을 더 받고 있다. 결과적으로, 많은 가정에서 여성들은 일차적 소득자로 부상하고 남성은 집안 활동에서 새로운 역할을 수행해 가고 있는 것으로 나타난다.

확인 학습

1.15 문화 제국주의와 문화 혼성에 대해 정의하고, 각각의 예를 들어라.
1.16 공통어(lingua franca)란 무엇인가? 두 가지 예를 들어보라.
1.17 이슬람교의 두 종파에 대해 기술하라.
1.18 그림 1.36에 제시된 동성애자 권리와 관련하여 수용 및 배제의 패턴에 대해 기술하라.

주요 용어 문화, 문화 제국주의, 문화 민족주의, 문화 혼합주의, 문화 혼성, 공통어, 보편 종교, 민족 종교, 세속주의, 젠더, 젠더 역할

지정학적 틀 : 분열과 통일

지정학(geopolitics)이라는 용어는 지리와 정치의 관련성을 설명하기 위해 사용된다. 보다 세부적으로, 지정학은 국지 지역부터 글로벌에 이르기까지 모든 스케일에서 나타나는 영역, 공간 형태의 상호성에 초점을 둔다. 지난 수십 년 동안의 중요한 지정학적 특징 중 하나는 전 세계 지역에서의 정치적 변화의 속도와 범위라는 데 이론의 여지가 없다. 따라서 지정학에 대한 논의는 세계지리의 중심 주제이다.

1991년 소련의 붕괴는 동유럽과 중앙아시아 국가들의 자치와 독립을 가져왔고, 경제 · 정치 및 문화 면에서 근본적인 변화를 초래했다. 종교의 자유는 일부 중앙아시아 국가들의 국가적 정체성 강화를 가져왔으나, 동유럽 국가들은 서유럽과의 경제 · 정치적 연관성에 일차적인 초점을 두고 있는 듯하다. 러시아는 여전히 다른 지정학적 경로들 사이에서 위험을 무릅쓰고 있다. 2014년 러시아는 소수의 러시아인들이 거주하고 있다는 이유로 우크라이나

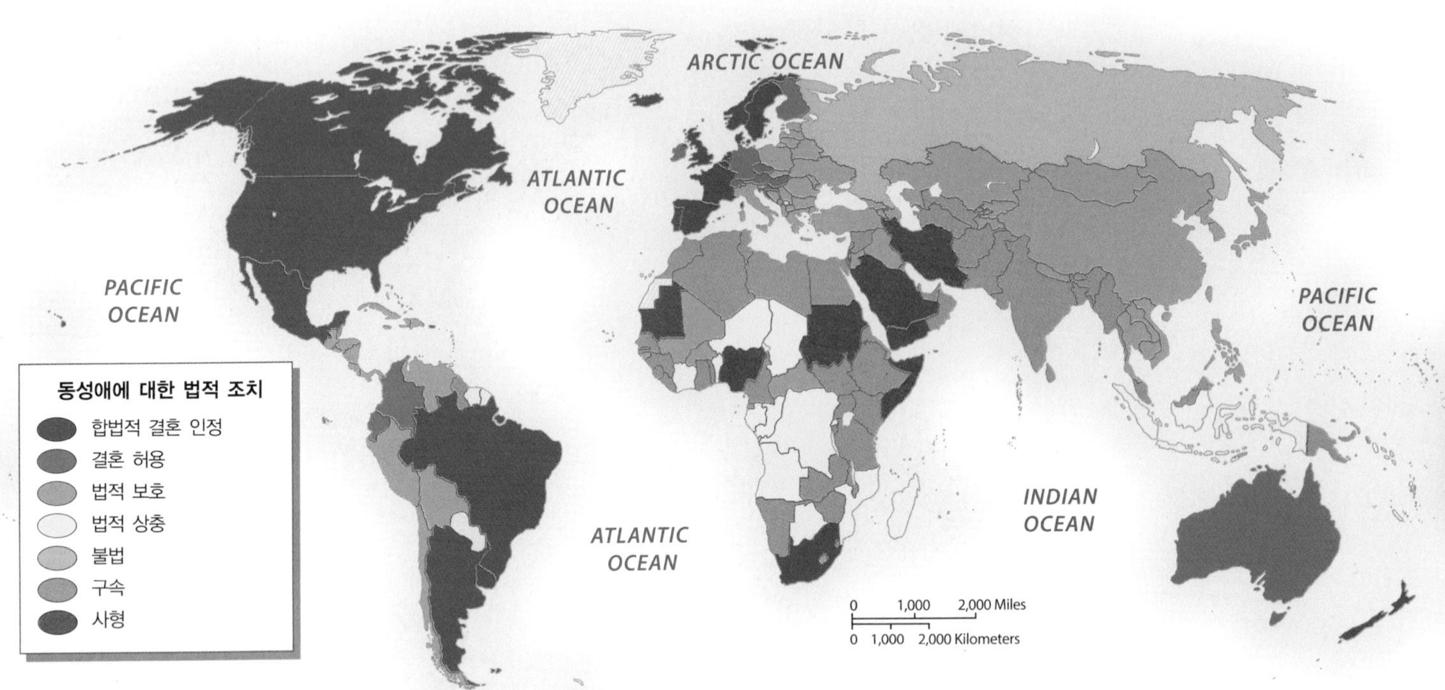

그림 1.36 **동성애자 권리 지도** 2000년 이래 25개국 이상이 동성 결혼을 인정하고 있다. 오스트레일리아, 멕시코, 남아프리카공화국, 아일랜드에서는 문화적으로 큰 변화가 있었다. 반면 동성애 표현이 불법으로 처벌받을 수 있으며, 극단적인 경우 사망할 수도 있는 국가도 있다.

의 일부 지역을 점령했다. 그러나 러시아의 행위는 국가의 주권을 침해한 것으로 국제적인 비난을 받았다(그림 1.37). 이와 관련된 주제는 제8장, 제9장, 제10장에서 자세히 다루어진다.

민족 국가 재검토

세계지도상에는 바티칸 시티, 안도라 같은 소국에서부터 러시아, 미국, 캐나다, 중국과 같은 거대한 영토와 다민족으로 이루어진 대국에 이르기까지 약 200여 개의 국가가 있다. 이들 국가의 정부 체제는 민주주의부터 독재에 이르기까지 다양하다. 이러한 여러 형태의 정부는 일반적으로 영역의 통치권에 해당하는 **주권**(sovereignty)을 가진다. 이러한 주권은 지정학적으로 정의된 개념이다.

그림 1.37 **크림 반도의 러시아 군대** 2014년 3월 러시아 군대는 우크라이나의 영토를 러시아의 일부로 주장하면서 크림 반도의 군사 기지를 신속하게 점령했다. 러시아와 국경을 접하고 있는 우크라이나 동부 지역에서는 심한 갈등이 계속되고 있다.

주권 개념은 **민족 국가**(nation-state)의 개념과 밀접하게 관련되어 있다. 여기서 민족이란 언어, 종교, 정체성 등을 공유하고 사회·문화적 특성을 지닌 많은 사람들을 말한다. 국가라는 용어는 제한된 영토를 가지고 있으며 정치적 실체(정부)가 있다는 것을 의미한다. 프랑스와 잉글랜드는 민족 국가의 전형적 사례가 된다. 현재 남한과 북한, 일본, 이집트, 알바니아, 방글라데시와 같은 국가는 민족과 국가 간에 긴밀한 중복이 있는 사례이다. 민족주의와 관련된 용어는 민족 국가의 공통된 가치와 목표에 대한 정체성과 애국심의 사회·정치적 표현이다.

그러나 세계화는 민족 국가의 개념을 약화시키고 있는데, 이는 오늘날 대부분의 국가에서 전통적인 민족 국가에 대한 의식이 약해지고 있기 때문이다. 국제 이주로 인해 소수민족 인구가 국가의 대다수 주류 문화를 공유하지 않을 수 있다.

예를 들어, 영국에서는 많은 수의 남부 아시아인들이 민족 공동체를 형성하여 자신들만의 언어, 종교, 의복 문화를 고수하면서 생활하고 있다. 또한 프랑스에는 아프리카와 아시아의 식민지였던 사람들의 거주지로 형성된 모자이크가 있다. 캐나다와

그림 1.38 **민족 분리주의** 특정 민족 집단의 인식, 자율성, 정치적 독립을 요구하는 방식 등은 현대 지정학의 중요한 측면이다. 프랑스 남서부에 있는 바스크 여성들이 프랑스와 스페인 정부가 바스크 테러리스트를 돕는 것으로 의심받던 바스크 청년 단체의 불법화에 항의하고 있다.

미국에는 대규모 이민자 집단이 있는데, 이들은 합법적인 이민자들이지만 자신의 존재로 인해 국가 문화의 본질이 변화되고 있다. 미국, 캐나다, 독일 및 기타 국가들은 공식적으로 문화 다양성을 포용하고 다문화 국가임을 선언했다는 사실은 이러한 변화를 나타내는 사례이다.

원심력과 분권 또한 많은 민족 국가의 국민들은 중앙 정부로부터 자치권을 찾아 자치할 권리를 주장한다. 이 자치권은 미국 주 정부나 프랑스 정부 부처와 같이 중앙 정부에서 소규모 정부 단위에 이르기까지 권력의 단순한 분권화라고 할 수 있다. 스펙트럼의 끝단에는 정치적 분리와 분권이라고 하는 완전한 정부 자치가 있다. 그림에서 보는 바와 같이 스코틀랜드 시민들은 2014년에 영국과 분리 독립하기 위해 국민 투표를 실시했다. 국민 투표는 부결되었지만 유권자의 45%가 독립을 선택했다. 다른 분리주의 운동은 캐나다의 퀘벡 주, 스페인의 카탈루냐, 프랑스의 바스크, 미국의 하와이에서 일어나고 있다(그림 1.38).

간과해서는 안 될 것은 전통적인 국가의 정치적 힘을 약화시킨 정치적 기구들이다. 유럽연합(EU)의 28개 회원국의 경우도 해당한다. 이 주제는 제8장에서 논의될 것이다. 마지막으로 몇몇 문화 단체들은 정치적 경계로 인해 정치적 목소리와 표현력이 부족하다. 서남아시아의 쿠르드족은 터키, 시리아, 이라크, 이란의 정치적 경계로 인해 분리되어 오랫동안 국가가 없는 민족으로 간주되고 있다(그림 1.39).

식민주의, 탈식민주의, 신식민주의

세계 지정학에서 가장 중요한 주제 중 하나는 미주, 카리브 해, 아시아 및 아프리카에서 유럽 식민지 권력의 쇠퇴이다. **식민주의**(colonialism)는 외국의 공식적인 기구에 의한 강제 통치를 말한다. 식민지는 세계 공동체에서 독자성을 지니지 못하고, 식민지 통치 세력의 부속물로 인식된다. 역사적으로 스페인의 존재와 지배의 모습이 미국, 라틴아메리카 및 카리브 해의 일부 지역에 남아 있다는 것이 사례이다. 일반적으로 유럽 국가들의 주요 식민지화 시기는 1500년에서 1900년대 중반까지이며, 영국, 벨기에, 네덜란드, 스페인, 프랑스가 주요 국가들이다(그림 1.40).

탈식민지화(decolonialization)는 식민지가 영토에 대한 주권을 회복하고 분리된 독립 정부를 건설하는 과정을 일컫는 말이다.

그림 1.39 **국가가 없는 민족** 모든 민족이나 큰 문화 집단이 그들만의 고유한 영토를 갖는 것은 아니다. 서남아시아의 쿠르드족은 큰 문화적 지역을 점유하고 있지만 이 지역은 터키, 이라크, 시리아, 이란 등 네 국가로 나뉘어 있다. 이 정치적 분열의 결과 쿠르드족은 각 4개의 국가에서 소수민족 취급을 받고 있다. Q : 정치적 국가가 없는 쿠르드족으로 인해 생길 수 있는 이슈를 제시하라.

미국 독립 혁명의 경우처럼 이러한 과정은 폭력적인 투쟁으로 시작한다. 20세기 중반에 남부 아시아, 동남아시아, 아프리카에서 식민지 국가들의 독립이 점차 증가하기 시작했다. 결과적으로 유럽의 제국주의 국가는 식민지와 평화적으로 분리하는 결정을 내리게 되었다. 1950년대와 1960년대 초, 영국과 프랑스는 아프리카 식민지를 독립시켰는데 이는 주로 대부분 전쟁 혹은 내정이 불안정한 시기 이후에 이루어졌다. 이러한 과정은 1997년 홍콩이 영국에서 중국으로 양도되면서 거의 마무리되었다.

그렇지만 식민지 통치가 지나고 수십 년 심지어 세기를 넘어서도 식민지의 흔적은 쉽게 지워지지 않는다. 식민지의 영향은 신생 국가의 정치, 교육, 농업, 경제 등에서 찾아볼 수 있다. 인도에서의 영국 문화와 라틴아메리카에서의 스페인 문화의 영향은 현재까지도 계속 남아 있다.

1960년대 **신식민주의**(neocolonialism)라는 용어는 새로 독립한 국가, 특히 아프리카에 있는 독립국가들이 서구 유럽의 국가들로부터 지속적으로 경제와 정치 문제에 영향력을 받고 있는 것을 설명하기 위해 사용되었다. 예를 들어, 세계은행으로부터 재정 지원을 받기 위해, 예전 식민지 국가들은 새로운 세계 경제 시스템과 잘 통합될 수 있도록 내부 경제 구조를 수정해야 했다. 이러한 경제적 구조 조정은 세계적인 관점에서 필요했을지 모르지만, 이러한 외적인 영향은 국가적 규모와 지역적 규모에서 식민지 세력의 통제보다 더 좋지 않았다는 평가를 받기도 한다.

전 지구적 갈등과 위협

앞서 언급한 바와 같이 국가 또는 권력에 대해 분리주의적 집단의 독립, 자치, 영토 장악 등을 통한 도전은 오랫동안 세계 지정학의 중요한 부분이다. 이러한 활동은 **반란**(insurgency)이기도 하며, 무력 충돌 또한 이 과정의 일부분이다. 미국과 멕시코 혁명은 유럽 식민지 세력에 대항하여 맞서서 싸운 성공적인 독립 전쟁의 대표적인 사례이다. 오늘날 일반적으로 벌어지는 **테러**(terrorism)는 민간인을 겨냥한 폭력으로 정의될 수 있다.

2001년 9월 알 카에다의 미국 테러 공격이 있기 전까지 테러는 반란군이 대개 특정 지역을 겨냥해서 목표를 집중적으로 공격하는 형태로 벌어졌다. 대표적인 사례로 영국의 아일랜드 공화당(IRA) 폭탄 테러, 스페인의 바스크 테러를 들 수 있다. 그러나 세계무역센터와 미 국방부에 대한 공격(미국 국회의사당에 대한 테러는 실패)은 소수의 종교적 극단주의자들이 서구의 문화, 금융, 권력의 상징을 공격한, 통상의 지정학적 범위를 뛰어넘는 행위였다. 전문가들은 알 카에다의 테러는 세계 경제와 정치를 혼란에 빠뜨리려는 목표보다는 자신의 신념과 힘을 보여주기 위해 실행된 것으로 본다. 오늘날 테러는 세계화와 지정학 간의 연계에 대해 우리가 더욱 관심을 집중해야 한다는 것을 말해준다.

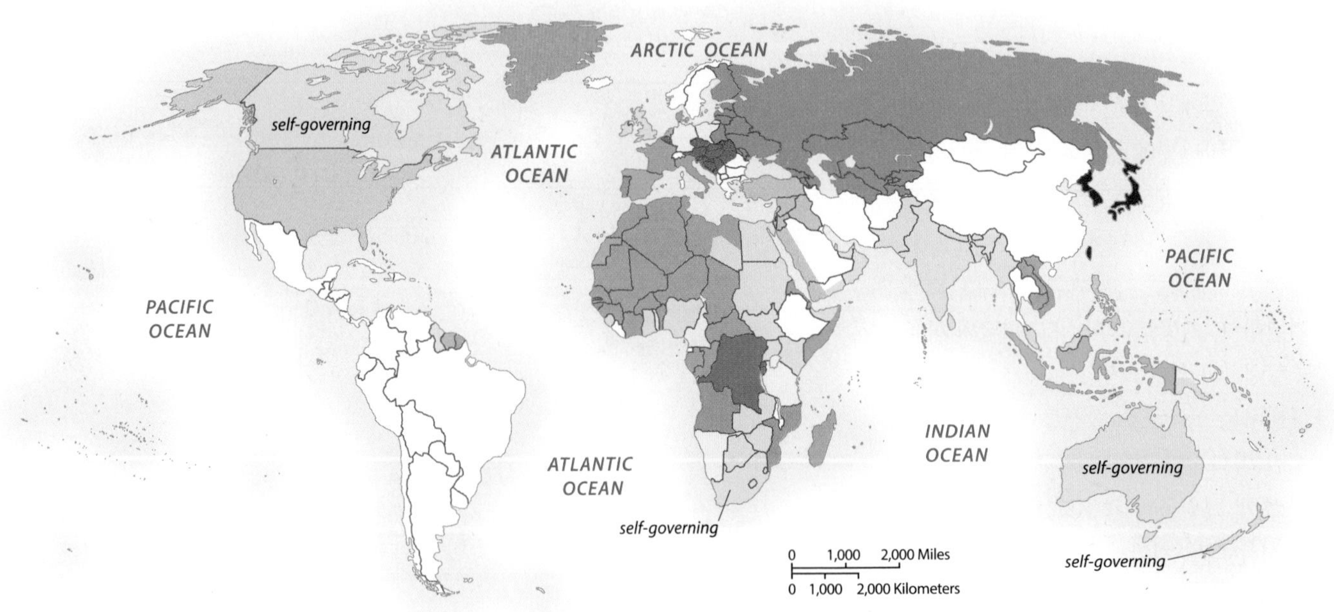

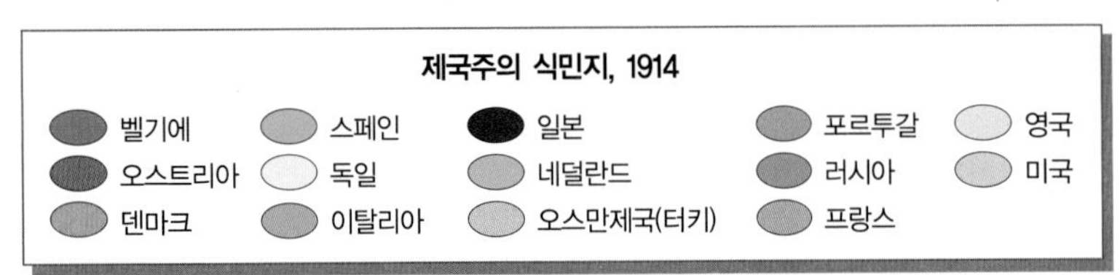

그림 1.40 **1914년 식민지 시대의 세계** 지도는 제1차 세계대전 직전의 식민지를 가지고 있던 국가와 영토의 범위를 나타낸 것이다. 당시 아프리카 대륙, 서남아시아, 남부 아시아, 동남아시아는 유럽 제국주의의 식민지 지배를 받았다. 오스트레일리아와 캐나다는 영국의 지배를 받고 있었다. 아시아에서는 일본이 한반도에 대한 식민 통치권을 가지고 있었다.

많은 전문가들은 글로벌 테러리즘을 세계화의 산물인 도시에 대한 반작용이라고 본다. 이전의 지정학적 갈등과 달리, 글로벌 테러리즘의 지리학은 잘 정비된 정치적 국가 체제 간의 전쟁을 다루고 있는 것이 아니다. 대신 알 카에다 테러리스트는 서로 다른 나라에 있는 소규모의 잘 갖춰진 세포조직에 속한 듯이 보인다. 알 카에다와 연계되어 있는 것으로 파악되는 나이지리아의 무슬림 극단주의 단체인 보코 하람은 마을을 공포에 떨게 하고 학생들을 납치하기도 했다. 또한 알 샤밥은 소말리아에 본부를 두고 케냐에 테러를 가하는 조직으로 알 카에다와 동맹을 맺고 있다.

이라크와 레반트의 이슬람 국가[ISIL, ISIS(이라크와 시리아의 이슬람 국가) 또는 Daesh로 알려진]는 테러 단체는 다른 테러 단체와 다르게 이라크와 시리아의 일부 지역을 통제하고 있으며, 오늘날 서남아시아의 칼리프 또는 이슬람 근본주의 국가 건설을 목표로 하고 있다(그림 1.41).

ISIL의 테러, 납치, 공개 처형, 강탈, 소셜 미디어 사용은 극단주의로 변질되어 국제적으로 비난을 받고 있다. ISIL은 수년간 분쟁을 겪고 있는 시리아와 이라크에서 정치적 공백을 이용하여 기존 정치 체제를 약화시키는 한편, 반서구, 반세속, 반세계화 명분으로 자신들의 체제를 쌓아가고 있다. 점차 인공위성 이미지와 같은 공간 분석 도구를 이용하여 사람, 인프라 및 문화유산 사이트에서 발생하는 이러한 집단의 활동과 혼란 상황을 추적하고 있다(지리학자의 연구 : 공간에서의 갈등 추적 참조).

미국 정부는 59개 단체를 테러 조직으로 분류했다. 이들 조직은 대부분 북부 아프리카와 서남아시아, 중앙아시아에 집중되어 있지만, 이 목록에는 전 세계 모든 지역에 있는 반군 단체도 포함되어 있다.

세계 테러와 반란에 대한 군사적 대응은 대테러 활동(counter-terrorism)에서부터 **반군 진압**(counterinsurgency)에 이르기까지 몇 가지 요소로 구성된다. 진압 형식은 군사적 전쟁과 사회적·정치적 봉사 활동을 결합하여 지역 주민을 이탈시켜 정치적 기반을 붕괴시키는 복잡하고 다각적인 전략이다. 반군 진압 활동에는 먼저 반란 집단을 쫓아내고, 점유되었던 지역에 학교, 의료기관, 가시적 경제 활동 등을 복원시켜 주는 것이다. 이러한 비군사적 활동을 국가 건설이라고도 하는데, 이는 반군 체제를 걷어내고 실질적으로 사회·경제적, 정치적 조직을 대체하는 것이 목적이기 때문이다. 이러한 전략은 최근 미국이 이라크와 아프가니스탄에서 실행했다.

그림 1.41 **ISIL** ISIL의 선전 비디오에 나오는 모습으로 중무장한 IS 전사들이 이라크 사막을 가로지르는 트럭을 타고 이동하고 있다.

 **확인 학습**

1.19 정치적 실체를 기술하는 데 왜 국가와 주라는 두 가지 개념을 사용하는가?

1.20 식민주의와 신식민지주의를 구별하라.

1.21 대테러 활동과 반군 진압의 차이점을 설명하라.

주요 용어 지정학, 주권, 민족 국가, 식민주의, 탈식민지화, 신식민주의, 반란, 테러, 반군 진압

경제 및 사회 발전 : 부와 빈곤의 지리학

글로벌 경제의 변화와 발전의 속도는 최근 수십 년 동안 매우 빠르게 가속화되다가 2008년 말 급속한 위기에 봉착하면서 침체 국면으로 접어들면서 둔화되었다. 비록 브라질과 러시아 같은 주요 경제국들이 지난 몇 년 동안 낮은 성장률을 보이고 있지만, 대부분의 국가들은 세계 경기의 침체로부터 서서히 회복하고 있다. 최근 글로벌 경기 침체와 이후 회복 과정에서 나타나는 경제 세계화의 이점은 부정적 측면보다 중요하게 작용하고 있다는 점에서 전반적으로 강조되고 있다. 이에 대한 반응은 개인의 관점, 직업, 경력, 사회경제적 지위에 따라 매우 다르게 나타나지만, 현대 세계를 이해하려는 사람은 반드시 세계 경제 및 사회 개발에 대해 기본적으로 이해해야 한다. 이를 위해 각 지역 단원에는 해당 주제에 대해 설명하는 부분이 있으며, 다음에 제시되는 개념 또한 설명하고 있다.

경제 발전은 사람, 지역, 국가를 부유하게 하기 때문에 대체로 바람직한 것으로 수용된다. 전통적인 관점에서는 경제 발전이 보다 나은 보건, 교육 시스템, 진보적인 노동 정책의 실현 등 사회 발전과 같은 맥락에서 받아들여진다. 그러나 최근 경제 성장의 난제 중 하나는 번영과 사회 발전의 지역적 불균형이다. 일부 지역은 발전을 하지만 다른 지역은 선진국보다 훨씬 뒤처져 쇠

지리학자의 연구

공간에서의 갈등 추적

그림 1.4.1
수전 볼핀바거

수전 볼핀바거(Susan Wolfinbarger) 교수가 이스턴 켄터키대학의 학부 과정의 세계지리 수업에서 "여기에 너무 많은 것들이 있다. 여러분들은 지리학에서 배운 분석 방법을 다양한 직업 영역과 연구 활동에서 활용할 수 있다."라고 설명한다. 오하이오주립대학에서 지리학 박사 과정을 졸업한 볼핀바거는 미국지리학협회(AAAG)의 지형 공간 기술 프로젝트를 수행하고 있다(그림 1.4.1). 이 교수의 연구원들은 고해상도 인공위성 이미지를 이용하여 문화유산 지역에서 일어나고 있는 훼손, 인권 침해 등의 상황을 연구하고 있다.

대부분의 사람들은 구글 어스 위성 이미지를 이용하여 장소를 확인하고 있다. 볼핀바거 연구팀은 마을 파괴와 같은 사건을 조사하기 위해 인공위성 이미지를 시계열적으로 분석한다. 이미지를 해석하고 결과를 정량화하는 것은 어려운 일처럼 보이지만, 볼핀바거 박사는 "지리학은 단지 지도화뿐만 아니라 통계와 정량적 분석 기법을 제공해 주고 있다. 어떤 주제든 적용할 수 있는 훌륭한 도구를 가지고 있다."고 말한다. 그녀가 연구한 결과물은 유럽 인권 재판소와 미국 인권 재판소 같은 인권 단체에서 많이 활용되었다.

볼핀바거 연구팀은 시리아 알레포 도시에서 도로 차단막이 증가했다는 것을 알아냈다(그림 1.4.2). 인구밀도가 높은 이 도시에서 사람들과 물자의 유통을 가로막는 도로 차단막은 큰 문제가 되었다. 지형 공간 기술 프로젝트를 통해 볼핀바거 교수는 서남아시아 지역 문화유산의 약탈과 파괴가 이루어지고 있다는 것을 밝혀냈으며, 많은 연구자들이 개발된 기술을 활용할 수 있도록 하기 위해 교육용 자료를 개발하고 있다.

지리학자들은 인권 문제를 연구하는 데 인공위성 이미지를 이용하는 등 폭넓은 스펙트럼과 첨단 분야를 가지고 있다. 볼핀바거 교수는 "지리학자는 세계에서 발생하는 사건에 기여할 수 있는 많은 방법을 가지고 있다. 모두가 지리학자를 원한다!"고 말한다.

그림 1.4.2 알레포 지역의 모니터링 이 이미지는 2013년 5월에 알레포 시의 모습으로 약 1,000개가 넘는 도로 차단막을 볼 수 있다. 도로 차단막은 도시 전역의 사람들과 물품의 이동을 제한하기 때문에 갈등을 유발하고 인도주의적 침해가 우려되는 지표가 된다. 2012년 9월에서 2013년 5월까지의 9개월 동안 도로 차단막은 두 배로 증가했다.

1. 인공위성 이미지가 갈등뿐만 아니라 환경 변화를 연구하는 데 활용될 수 있는 방법을 제시하라.
2. 정부기관은 끊임없이 인공위성 기술을 개발하고 있다. 시민 또는 비정부 단체가 이러한 종류의 분석 기술을 어떤 분야에 활용할 수 있을까?

퇴한다. 결과적으로 부유한 지역과 가난한 지역 사이의 간격은 지난 수십 년 동안 더 크게 벌어졌고 불행하게도 이러한 경제·사회적 불평등은 세계화의 상징이 되었다. 세계은행의 발표에 따르면 이른바 빈곤이라는 정의에 부합하는, 하루 2달러 미만으로 살아가는 사람들이 약 25억 명에 달한다. 이들 빈곤층은 사하라 이남의 아프리카, 남부 아시아, 동남아시아 지역에 주로 거주하고 있다(그림 1.42).

이러한 불균형이 정치·환경·사회적 논쟁과 상호 연결되기 때문에 중요한 문제를 유발한다. 예를 들어 국가의 정치적 불안과 내전 등의 상황은 빈곤한 주변부와 부유한 핵심부 사이의 경

그림 1.42 **하루 2달러 미만의 삶** 세계은행은 세계 빈곤을 두 가지로 측정한다. 극심한 가난을 정의하는 하루 1.25달러 미만의 생활은 현재 약 10억 명의 사람들에게는 현실이다. 다행스럽게도 이 수준에 해당하는 사람들의 수는 감소하고 있다. 빈곤은 하루에 2달러 미만의 삶으로 정의된다. 마닐라의 쓰레기 더미에서 생계를 유지하는 사람들은 이 기준에 해당하며, 여기에 해당하는 사람의 수는 약 25억 명이다.

제적 격차에 의해 발생하게 된다. 이러한 불안정성은 국제 경제 상호작용에 강하게 영향을 미칠 수 있다.

선진국과 개발도상국

20세기 이전까지, 북아메리카, 일본, 유럽에 경제 발전이 집중되었고 그 외 지역은 경제 발전이 뒤처져 있었다. 학자들은 이러한 경제적 힘의 불균형적인 분포를 통해 세계 **중심부-주변부 모델**(core-periphery model)을 고안해 냈다. 이 모델에 따르면 세계 경제에서 북반구는 중심부를 점하고 있는 반면 남반구의 대부분 국가는 주변부의 저개발국을 이루고 있다. 비록 이 모델이 지나치게 중심부-주변부라는 이분법으로 구분한 것이지만, 일정 부분 사실을 바탕으로 하고 있다. 세계 주요 선진 산업국가들의 모임인 G8에는 미국, 캐나다, 프랑스, 영국, 독일, 이탈리아, 일본, 러시아가 참여하고 있는데, 이들 국가는 모두 북반구에 위치하고 있다(중국 — 의심할 여지없이 G8에서 제외된 북반구에 위치한 산업국가). 일부 비판적인 시각에서는 선진국의 경제 발전을 과거에는 가난한 남반구 지역의 식민지 개척을 통해서 이루었고, 현재는 경제적 제국주의를 통해 남반구 지역을 착취해서 얻은 성과로 해석한다.

그 결과, 북반구의 부강한 국가들과 남반구의 주변부 국가 사이의 '남-북 갈등'이라는 용어가 생겨났다. 그렇지만 지난 수십 년 동안 세계 경제는 크게 성장했으며 보다 복잡해졌다. 예를 들어 싱가포르와 같이 남반구의 식민지였던 국가 중 일부는 매우 부유하게 발전했고, 반면 러시아와 같은 북반구에 속하는 국가는 1989년 이후 경제가 침체되기도 했다. 오스트레일리아와 뉴질랜드는 위도상 남반구에 속해 있지만 경제적인 측면에서는 남북 관계로 보이지 않는다. 이러한 이유로 많은 전문가들은 경제의 남북 관계를 낡은 개념으로 인식하고 있으며, 이를 사용하는 것을 피해야 한다고 주장한다.

제3세계는 개발도상국을 언급하는 데 사용하는 용어로, 경제 발전의 낮은 단계, 정치적 불안정, 사회 인프라의 초보적 수준 등을 지칭할 때 많이 거론된다. 역사적으로 이 용어는 냉전 시대의 유물로서 서구 자본주의 진영의 제1세계는 물론 소비에트연방과 중국을 중심으로 한 사회주의 진영의 제2세계와 연결되지 않고 독립을 유지한 국가들을 일컫는다. 하지만 오늘날은 소비에트연방이 더 이상 존재하지 않고 중국이 경제적 지향성을 바꾸었기 때문에 제3세계가 지니는 원래의 의미는 사라졌다. 이 책에서는 이러한 개념을 피하고, 경제 및 사회 발전의 복잡한 스펙트럼을 의미하는 용어인 보다 더 발전한 **선진국**(MDC)과 보다 덜 발전한 **개발도상국**(LDC)이라는 용어를 사용한다. 선진국과 개발도상국의 전체적인 패턴은 국민소득 지표를 통해 네 가지 범주로 구분할 수 있다(그림 1.43).

경제 발전의 지표

발전과 **성장**이라는 용어는 국제 경제 활동을 의미할 때 상호 호환되어 사용된다. 그러나 이들을 서로 구분하는 이유가 존재한다. **발전**이라는 단어는 질과 양의 차원을 가지고 있다. 일반적으로 사전적 정의에서 '잠재력을 확대 또는 실현'한다거나 '점차 완전하거나 더 나은 상태를 견인'한다는 의미에서 사용될 수 있다. 경제 발전에 대해 이야기할 때 우리는 구조적 변화를 주로 의미하게 되는데 노동, 자본, 기술의 변화를 수반하는 농업국가에서 제조업 활동으로의 이동 같은 것이 포함된다. 이러한 변화와 함께 생활 수준, 교육 수준, 정치적 조직의 수준 향상 등이 가정된다. 타이나 말레이시아 같은 동남아시아에서 지난 수십 년 동안 경험한 구조적 변화가 이러한 과정을 보여준다.

반대로 **성장**이라는 단어는 시스템의 양적인 증대를 의미한다. 지난 수십여 년 동안 인도에서 그랬던 것처럼 한 국가에서 농업 혹은 산업 생산물이 늘어날 수 있지만 이것은 발전에 긍정적인 함의를 지닐 수도, 그렇지 않을 수도 있다. 성장하는 경제에서 경제 확대에 따른 빈곤의 증대를 실제로 많이 경험한다. 어떤 것이 성장할 때 빈곤은 점점 커진다. 어떤 것이 발전할 때 빈곤은 개선된다. 따라서 세계 경제의 비판가들은 더 낮은 성장과 더 많은 발전이 필요하다고 주장한다.

각 대륙별 단원은 부록에 있는 개발 지표의 표를 참조하라. 표 1.2는 인구 규모 10대 국가의 개발 지표를 표시한 것이다.

국내총생산과 소득 한 나라의 경제 규모를 파악하는 척도는 **국내**

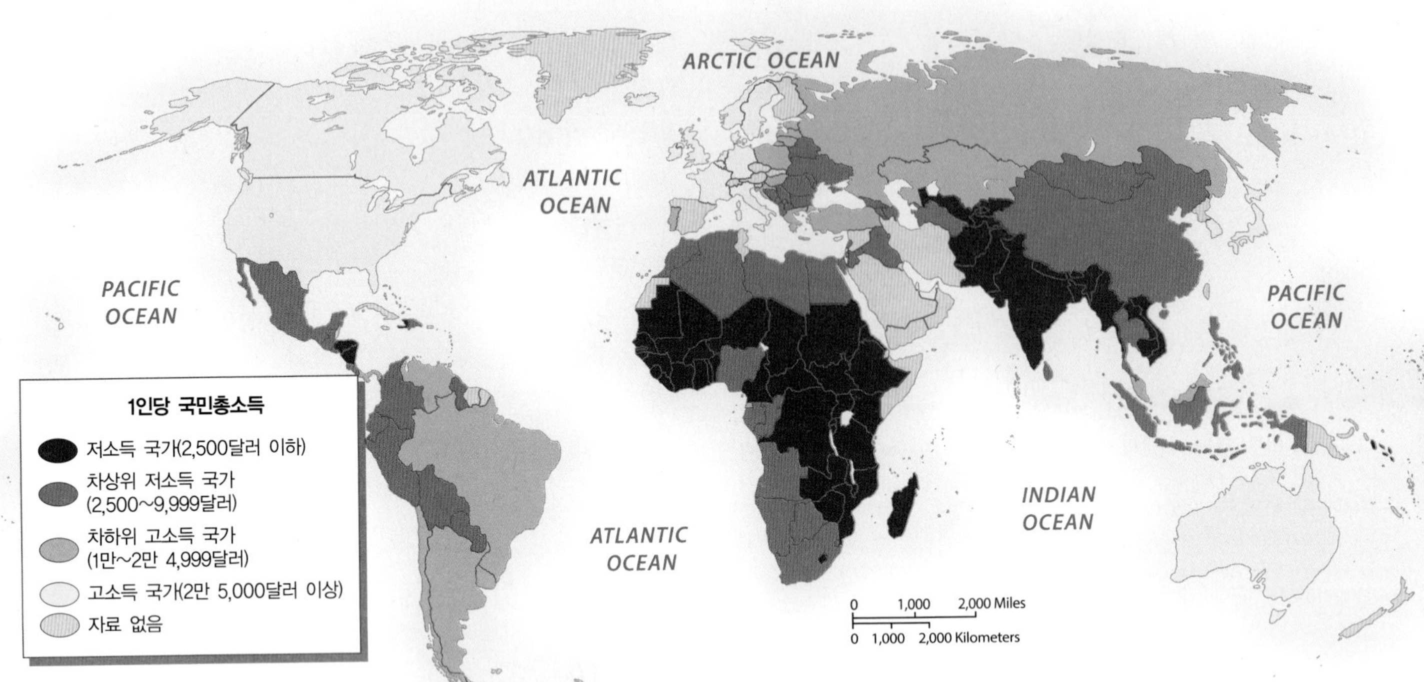

그림 1.43 **선진국과 개발도상국** 1인당 국민총소득, 구매력 등을 기초로 작성된 지도에서 선진국과 개발도상국의 패턴을 확인할 수 있다. 사하라 이남 아프리카와 남부 아시아의 많은 국가들이 개발도상국에 해당한다.

총생산(GDP)으로, 국가 내에서 생산되는 모든 최종 재화와 서비스의 가치를 가지고 측정한다. 표 1.2에는 2009~2013년 시기의 연평균 GDP 성장률이 제시되어 있다. 이 기간 중 대부분의 국가에서 GDP가 성장했는데, 특히 개발도상국의 성장률이 두드러진다. 이 성장률에는 2008년 경기 침체 이후에 발생한 성장이 반영되어 있다. 2009년~2013년 동안 미국의 연평균 성장률과 인도네시아의 성장률을 비교해 보자. 미국의 성장률은 2.1%로 인도네시아의 6.2%보다 훨씬 낮다. 그러나 미국 경제는 인도네시아보

표 1.2 개발 지표

국가	1인당 국민총소득 (2013)	연평균 국내 총생산 증가율 (2009~2013)	인간 개발 지수 (2013)[1]	1일 2달러 이하로 생활하는 인구 비율	기대수명 (2015)[2]	5세 미만 유아 사망률 (1990)	5세 미만 유아 사망률(2013)	청년층 문해력 (15~24세, %)	성평등지수 (2013)[3,1]
중국	11,850	8.7	.719	18.6	75	49	13	100	0.202
인도	5,350	6.9	.586	59.2	68	114	53	81	0.563
미국	53,750	2.1	.914	–	79	11	8	–	0.262
인도네시아	9,270	6.2	.684	43.3	71	82	29	99	0.500
브라질	14,750	3.1	.744	6.8	75	58	14	99	0.441
파키스탄	4,840	3.1	.537	50.7	66	122	86	71	0.563
나이지리아	5,360	5.4	.504	82.2	52	214	117	66	–
방글라데시	3,190	6.2	.558	76.5	71	139	41	80	0.529
러시아	24,280	3.5	.778	<2	71	27	10	100	0.314
일본	37,550	1.6	.890	–	83	6	3	–	0.138

출처 : World Bank, *World Development Indicators*, 2015
[1]United Nations, *Human Development Report*, 2014.
[2]Population Reference Bureau, *World Population Data Sheet*, 2015.
[3]성평등 지수 – 여성과 남성의 성평등 정도를 3차원으로 반영한 종합 척도 : 출산 보건, 권한 및 노동시장 자료를 통해 0과 1 사이의 수치로 나타나며, 숫자가 높을수록 불평등이 크다.

다 훨씬 다양하며 규모도 크고, 부유층이 차지하는 비중도 훨씬 높다. 이 표에 나와 있는 개발도상국은 일반적으로 선진국보다 높은 성장률을 보이고 있다. 중국은 연평균 성장률이 8.7%로 가장 높은 국가였다.

국내총생산이 여러 형태의 투자와 무역을 통해 국외로부터 들어온 순수입과 결합되면 **국민총소득**(GNI)이 된다. 국내총생산과 국민총소득이 자주 사용되는 지표이지만, 때로는 오해를 불러일으키는 불완전한 지표이기도 하다. 왜냐하면 물물교환과 가사노동과 같은 비시장 경제 활동은 고려되지 못하기 때문이다. 또한 생태계 파괴와 천연자원의 고갈 등의 요소도 고려하지 않는다. 예를 들어, 만약 한 국가가 미래의 경제 성장을 제한할 수 있는 산림을 명확하게 고려한다면, 산림 자원 사용은 실제로 특정 연도의 GNI를 증가시킬 수 있지만 장기적으로 미래의 GNI는 하락할 것이다. 교육 기금을 전환하여 군사 무기를 구입했다면 단기적으로 GNI가 증가할 수도 있지만, 장기적으로 국민들의 교육 수준이 낮아지기 때문에 미래의 경제 상황은 어려울 수 있다. 즉, GDP와 GNI는 특정 시점의 국가 경제에 대한 단기 진단일 뿐 지속적인 경제 활력이나 사회적 복지에 대해 신뢰할 수 있는 지표는 아니다.

비교 소득과 구매력

국민총소득(GNI) 자료는 국가마다 다르므로, **1인당 국민총소득**(GNI per capita) 지표를 이용하여 인구 규모를 고려하지 않고 경제 규모를 비교하고 있다. 1인당 국민총소득의 중요한 지표는 **구매력평가**(PPP)를 통한 조정 개념으로, 해당 지역의 통화의 강세와 약세를 고려해 조절되는 것이다. 이 지표를 통해 특정 국가에서 국제 달러에 상응하는 금액으로 구매할 수 있는 상품의 가치가 평가된다. 국제 달러는 모든 국민총소득에 대해 동일한 구매력을 가지며 지정된 미국 달러 가치로 설정된다. 따라서 음식 가격이 미국보다 싸면 해당 국가의 1인당 구매력은 증가한다. 구매력평가는 국가 간 비교를 조정하기 위해 만들어졌는데, 예를 들면 멕시코에서 1만 달러의 소득으로 구입할 수 있는 기본 제품은 노르웨이에서보다 훨씬 많을 수 있다는 것이다.

표 1.2에서 미국은 가장 높은 1인당 국민총소득을 보이고 있으며, 그 다음으로 일본(37,550달러)이다. 구매력평가를 고려하지 않으면 일본의 1인당 국민총소득은 4만 6,000달러 이상이 될 것이다. 일본의 구매력평가 수치보다 낮으면 그 국가는 상대적으로 일본보다 높은 생활비를 지출해야 한다. 1인당 국민총소득이 가장 낮은 국가는 방글라데시로 3,190달러에 불과하다. 이 경우 개발도상국에서는 기본 재화에 대한 구입비용이 훨씬 낮기 때문에 1인당 구매력은 증가한다. 따라서 일인당 국민총소득은 1,000달러에 불과할 것이다.

빈곤 측정

앞서 언급했듯이, 빈곤의 국제적 기준은 하루에 2달러 미만으로 사는 삶이고, 극심한 빈곤은 하루에 1.25달러 미만으로 생활하는 것이다. 생활비 수준은 전 세계적으로 차이가 크지만, UN은 빈곤을 측정할 때 일반적으로 1인당 소득 지표를 사용한다. 표 1.2에서 볼 수 있듯이 나이지리아 인구의 82%, 방글라데시 인구의 76%, 인도 인구의 59%가 빈곤 속에 살고 있다. 이와는 대조적으로, 일본과 미국에는 이러한 빈곤 인구는 존재하지 않는다.

빈곤 자료는 일반적으로 국가 단위로 제시되지만, 세계은행 및 기타 기관은 한 국가 내의 빈곤 상황을 보다 잘 파악하기 위해 지역 수준의 빈곤 자료를 조사한다. 마다가스카르의 빈곤 패턴을

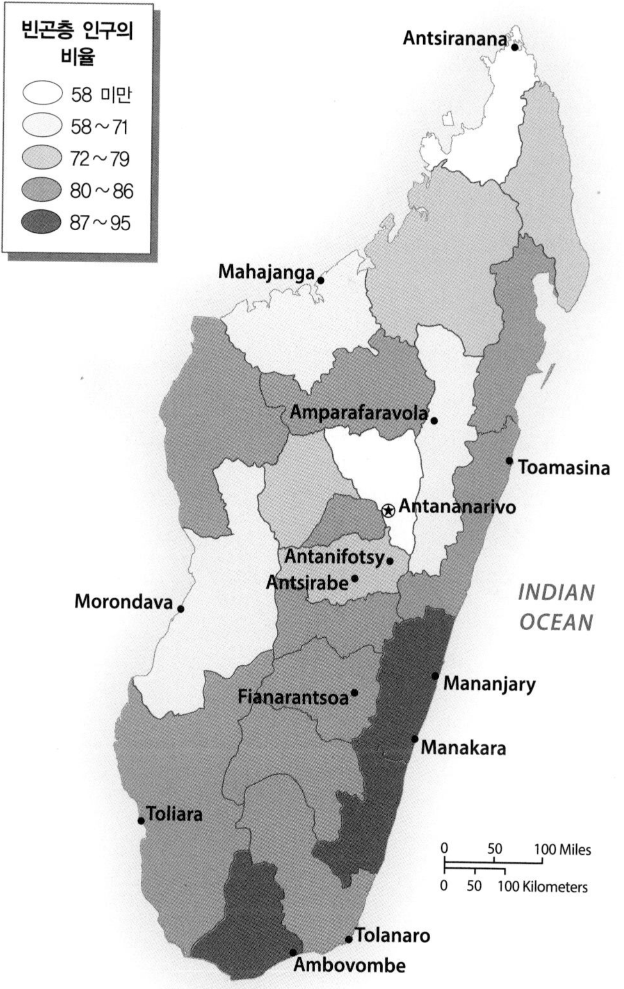

그림 1.44 **빈곤 지도 작성** 지도를 보면 마다가스카르에서 인구가 밀집한 중앙 고지대와 동부 해안의 일부 지역의 빈곤율이 가장 높은 것으로 나타난다. 빈곤율이 낮은 지역은 수도와 북부 저지 주변이다. 빈곤 지도를 작성하는 이유는 부족한 자원을 효율적으로 이용하여 빈곤을 개선할 수 있는 방안을 찾는 데 도움이 되기 때문이다. Q: 도시에 비해 농촌 지역의 빈곤율이 높은 이유는 무엇일까?

볼 때 동남부 지역의 빈곤율이 수도 주변 지역과 북부 지역보다 높게 나타나고 있다(그림 1.44). 이러한 빈곤 지도 작성은 빈곤 문제 해결을 위해 정부와 개발 원조기관이 어느 지역에 먼저 투자 및 원조를 해야 하는지를 선택하는 데 도움을 준다.

사회 발전의 지표

경제 성장이 중요한 발전 요소이지만, 인간 생활의 조건과 질 역시 중요하다. 앞서 언급했듯이 표준적인 가정에서 경제적 발전과 성장은 사회 인프라에 영향을 미치게 되고 공공 보건과 **성 불평등**(gender inequality) 및 교육에 대한 개선을 가져온다. 세계의 가장 가난한 나라들조차도 사회 발전의 지표에서 상당한 개선이 이루어졌다. 2000년 이래로 다양한 해외 개발 원조는 이러한 발전 지표를 추적하고 개선해 오고 있다.

인간 개발 지수 지난 30여 년 동안 UN은 **인간 개발 지수**(HDI)로 세계 국가들의 사회 발전을 추적해 왔는데, 이 자료는 기대수명, 문자 해독률, 교육 수준, 성평등 지수, 소득 등을 고려한 것이다(그림 1.45). 2014년 분석 결과에 따르면, 노르웨이가 가장 높고, 그다음으로 오스트레일리아, 스위스, 네덜란드, 미국 순이다. 반면 사하라 사막 이남의 국가인 니제르, 콩고민주공화국, 중앙아프리카공화국, 차드, 시에라리온 등이 가장 낮은 점수를 받았다. 인간 개발 지수의 점수가 0.700 이상이면 높거나 매우 높은 국가에 해당한다. 노르웨이의 점수는 0.944이고(그림 1.46) 낮은 국가들의 점수는 0.540 이하이다.

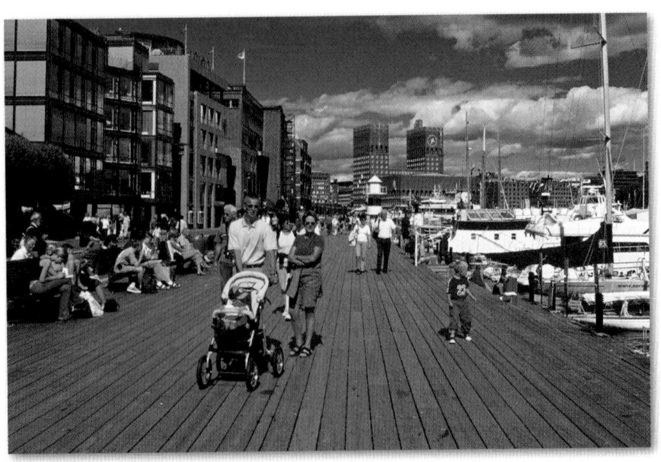

그림 1.46 **노르웨이 개발** 2014년 인간 개발 지수가 가장 높은 국가인 노르웨이는 높은 소득(1인당 구매력평가 국민총소득 6만 5,000달러 이상) 수준과 교육 수준, 건강, 낮은 소득 불평등, 긴 기대수명을 가지고 있다. 노르웨이는 석유와 천연가스 부존량이 있으나 인구 500만 명의 비교적 작은 나라이다. 노르웨이 사람들은 높은 생활비를 지출하며 비교적 높은 세금을 내고 있다. 사진은 오슬로에 있는 쇼핑 지구의 모습이다.

한 국가 내의 개발의 다양성을 간과하는 국가 데이터를 사용한다는 비판을 받고 있지만, 인간 개발 지수는 한 국가의 인간 및 사회 개발에서 상대적으로 정확한 수치를 나타낸다. 인간 개발 지수 데이터는 각 대륙별 단원의 개발 지표 표에 제시되어 있다.

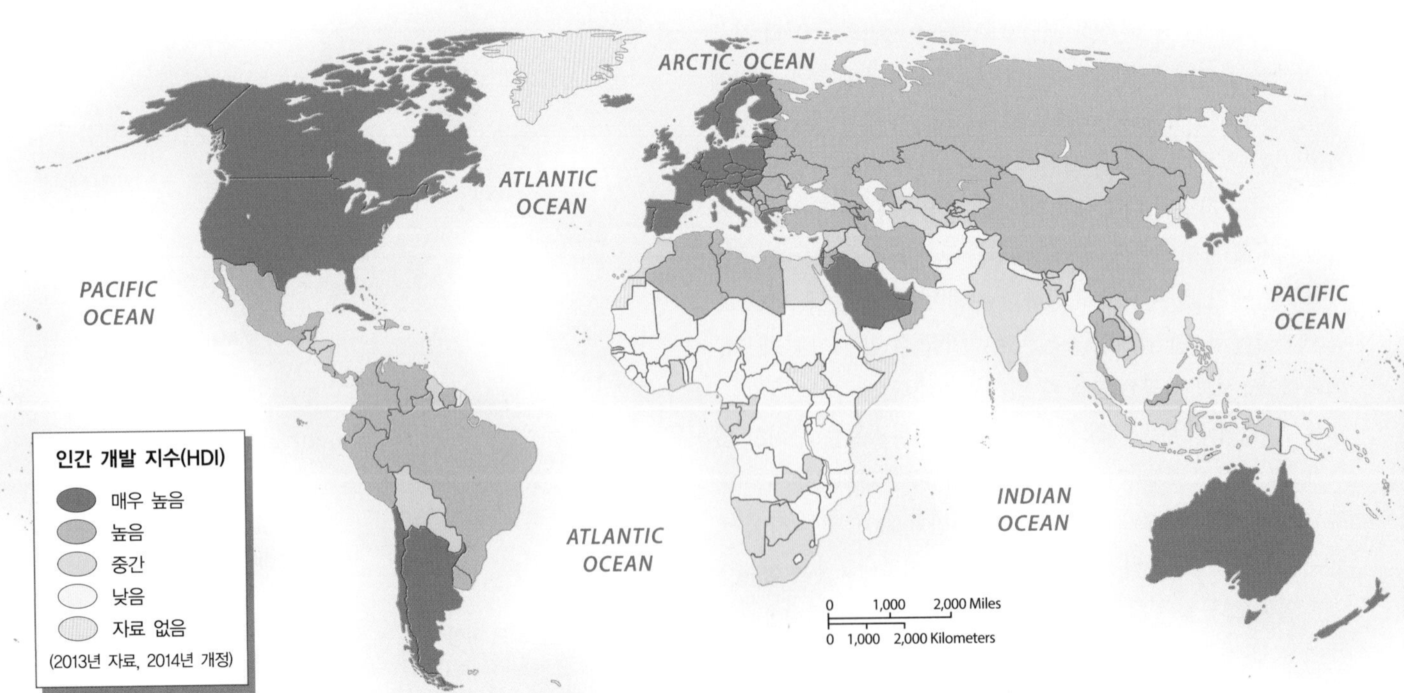

그림 1.45 **인간 개발 지수** 이 지도는 네 가지 지표를 통해 얻어진 인간 개발 지수의 최근 순위를 보여주고 있다. 노르웨이, 오스트레일리아, 스위스가 높은 점수를 보이며, 일부 아프리카 국가는 낮은 지표를 보인다.

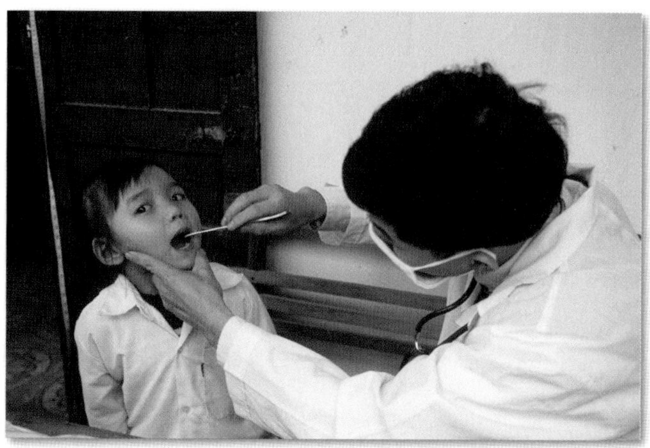

그림 1.47 **유아 사망률** 5세 미만 어린이의 사망률은 보건, 식량, 공중 위생과 같은 사회적 환경을 파악하는 데 중요한 지표가 된다. 사진은 베트남 구엔 주에서 건강 검진을 받고 있는 아이의 모습이다.

그림 1.48 **여성과 문맹률** 교육에서 성 불평등이 높으면 여성의 문맹률도 높아진다. 그러나 교육에서 양성평등이 높다면 여성들의 문자 해독률이 높아지고 사회에서의 소득도 증가한다. 여성이 교육을 받은 경우 산아제한 정책에의 참여 비율이 높아지게 되면서 전반적인 출산율도 낮아진다. 사진은 소말리아 모가디슈의 난민촌에서 교육을 받고 있는 여성들의 모습이다.

유아 사망률 5세 미만의 유아 사망률은 인구 1,000명당 사망하는 어린이의 숫자를 나타낸 것으로 사회적 발전의 지표로 널리 사용된다. 유아 사망의 비극과는 별개로 유아 사망률은 음식, 보건, 공중 위생 상태 등 사회의 광범위한 조건을 보여주는 지표이다. 사회적 발전 지표들이 결핍될 경우 5세 미만의 유아들이 가장 크게 피해를 입는다. 따라서 유아 사망률은 국가가 삶을 유지하는 데 필요한 사회기반시설을 갖추고 있는지 여부를 파악하는 지표로 사용된다(그림 1.47). 각 국가의 사회 개발 지표에서 유아 사망률 자료는 2009년부터 2013년의 자료이며, 이 자료를 통해 사회 구조가 어느 정도 개선되었는지를 파악할 수 있다.

모든 국가는 23년 동안 개선을 보았다. 특히 표 1.2에서 중국과 방글라데시 지표의 개선에 주목해 볼 만하다. 일반적으로 아동 사망률이 가장 낮은 국가가 가장 선진국이다.

청소년 문맹 퇴치 오늘날 세계에서 읽기와 쓰기는 매우 중요하다. 그러나 자료상으로 개발도상국의 많은 성인들은 이러한 기술이 부족하다는 것을 보여준다. 읽거나 쓰지 못하는 사람들 중 2/3는 여성이다. 세계은행은 젊은층(15~24세 연령) 문해력 향상에 노력을 집중하고 있다. 이에 젊은층의 문자 해독 수준이 급격히 증가할 것이고, 남녀 간의 불균형도 사라지게 될 것으로 예상한다. 표 1.2에 제시된 바와 같이 나이지리아와 파키스탄의 젊은층 문해력 수준이 가장 낮은 반면 중국, 인도네시아, 브라질은 젊은층 모두가 문해력을 가지고 있다고 본다.

성평등 지수 여성에 대한 차별은 투표를 허용하지 않거나 학교 출석을 방해하는 등 여러 형태로 나타난다(그림 1.48). 이 주제의 중요성을 감안할 때, UN은 고용, 권한 부여 및 보건(산모 사망 및 청소년 출산 등으로 측정)과 관련된 국가 간 성차별을 여성과 남성의 상대적 지위로 계산하여 측정한다. UN 지수는 성 불평등 수준이 가장 낮은 0에서부터 가장 높은 1까지의 범위를 갖는다. 2014년 슬로베니아는 0.021로 가장 낮은 점수를 받았고, 예멘은 0.733으로 가장 높았으며 이는 성 불평등이 매우 높다는 것을 말한다.

일부 국가에서는 인간 개발 지수를 합리적으로 높게 올릴 수 있다. 인간 개발 지수의 점수가 높음에도 불구하고 성 불평등 점수는 상대적으로 매우 좋지 않은 점수를 받을 수 있다. 예를 들어, 카타르는 석유 자원의 자산을 이용하여 시민들에게 많은 사회적 혜택을 제공하는 부유한 나라이다. 따라서 높은 인간 개발 지수 순위를 차지하고 있다. 그렇지만 보수적인 무슬림 문화로 인해 성 불평등 점수는 .524이며 순위는 113위로 낮은 편이다. 표 1.2를 보면 파키스탄과 인도의 성 불평등 점수가 .563이며, 127위 순위를 나타내고 있다. 여러분들은 개발 지표를 주의 깊게 살펴보고 이런 종류의 모순과 불일치를 파악해 보면 좋을 듯하다.

확인 학습

1.22 국내총생산(GDP)과 국민총소득(GNI)의 차이점을 설명하라.

1.23 구매력평가(PPP)란 무엇이며 왜 유용한가?

1.24 UN은 성차별을 어떻게 측정하는가? 왜 이 지표가 사회 개발을 위해 유용한지 설명하라.

주요 용어 중심부-주변부 모델, 국내총생산(GDP), 국민총소득(GNI), 1인당 국민총소득, 구매력평가(PPP), 성 불평등, 인간 개발 지수(HDI)

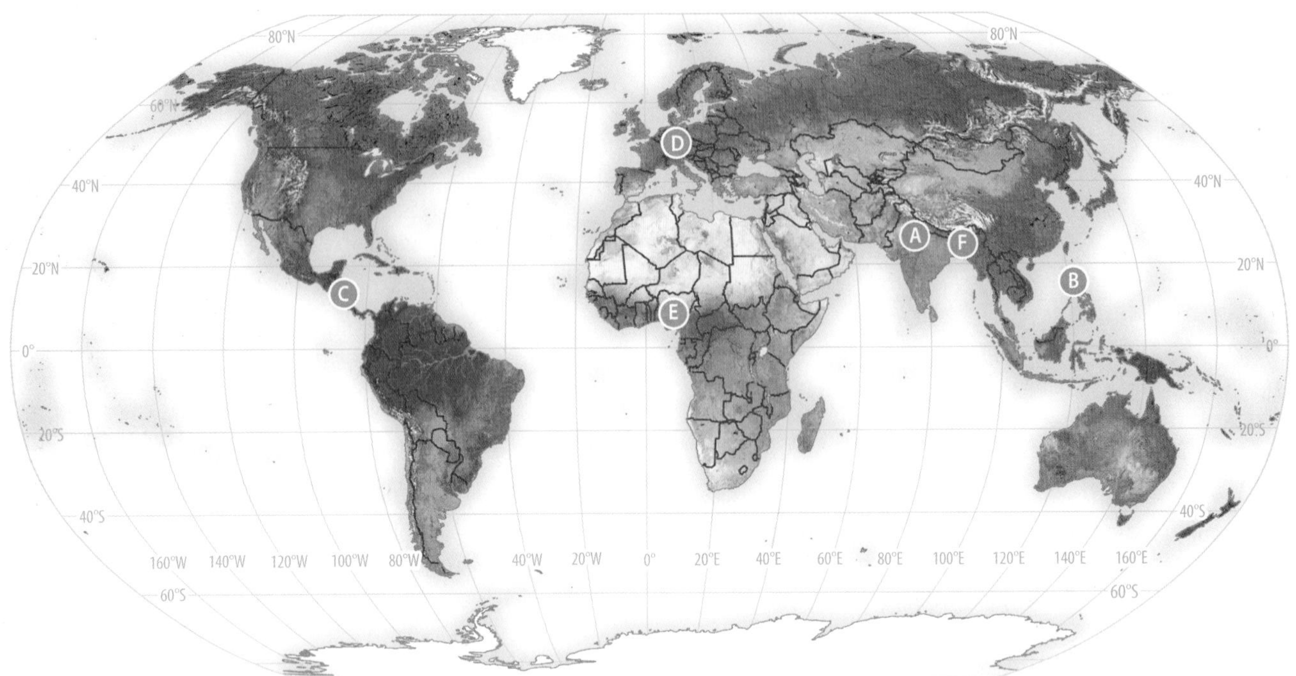

요약

세계화의 수렴

1.1 **세계지리의 개념 인식 틀에 대해 기술하라.**

1.2 **세계화의 다양한 구성 요소에 대한 확인, 세계화에 대한 찬반 논의를 포함하여 세계화가 세계 지리 변화에 영향을 미치는 분야에 대해 기술하라.**

세계화는 경제적, 문화적, 정치적으로 연결되어 있는 세계의 모든 측면에 영향을 미치고 있다. 세계화가 동질적인 세계를 만들어갈 것이라는 염려와 경제적 불평등으로 인해 다소 비판을 받고 있음에도 불구하고, 세계화는 여전히 엄청난 영향력을 미치고 있다.

1. 왜 미국의 많은 서비스 콜센터가 인도에 위치해 있을까?
2. 여러분이 살고 있는 지역 경제에 세계화가 어떠한 영향을 미치고 있는가?

지리학자의 도구상자

1.3 **지표 현상을 연구하는 지리학자들이 사용하는 주요 연구 방법에 대해 요약하라.**

지리학은 지표면의 다양한 환경과 경관을 기술하고 설명한다. 지리학은 개념적으로 자연지리, 인문지리, 지역지리, 계통지리 형식을 이용하거나 다양한 접근 방법을 통해 연구를 해오고 있다. 지리학자는 종이 지도에서부터 인공위성 영상, 컴퓨터 모델 등에 이르기까지 다양한 규모의 자료와 도구를 이용한다.

3. 이 책에 제시된 사진(필리핀 루손 섬)을 보고 이 마을의 경제 및 사회 구조에 대해 기술하라.
4. 여러분이 살고 있는 지역의 개발 및 계획을 담당하는 사람들이 사용하는 지리 도구는 무엇인가?

인구와 정주

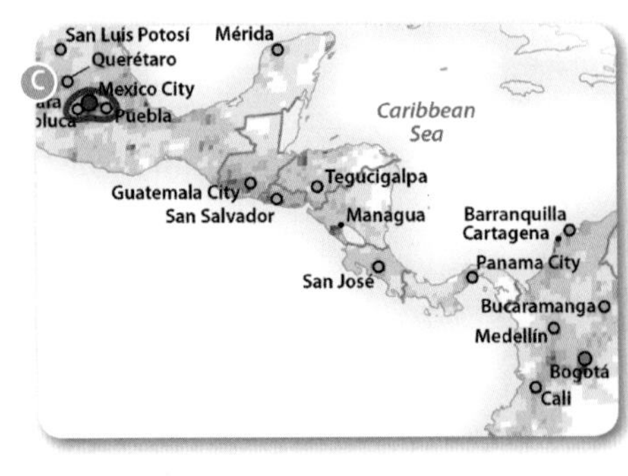

1.4 **세계 인구와 정주 패턴과 관련된 연구에서 볼 수 있는 개념과 주제에 대해 설명하라.**

전 세계의 인구는 지역에 따라 자연적 증감뿐만 아니라 이주 패턴에 따라 증가하기도 하고 감소하기도 한다. 도시화는 사람들이 농촌에서 도시로 이주하면서 나타난 현상이다.

5. 지도에 표현된 중앙아메리카의 인구밀도에서 이러한 차이가 나타나는 이유가 무엇일까?
6. 여러분이 살고 있는 지역의 인구 자연 증가율, 인구의 유입과 유출, 인구 변화에 대해 조사해 보고, 인구가 증가 또는 감소하는 이유를 설명하라.

문화적 동질성과 다양성

1.5 세계화와 세계 문화 지리와의 상호 연관성 연구에 활용되는 개념과 주제에 대해 기술하라.

문화는 배우는 행위를 포함해 언어, 주택 건설, 젠더, 스포츠 등에 이르기까지 유·무형의 행동과 사물이 모두 대상이 된다. 세계화는 세계 문화지리에 변화를 가져오며, 여러 곳에서 새로운 문화 혼성을 만들어낸다. 어떤 곳에서는 사람들이 전통적 삶의 방식을 지켜내고자 하는(심지어는 소생시키는) 활동을 통해 변화에 저항하기도 한다. 이를 문화적 민족주의라고 한다.

7. 이 사진은 체코 프라하 시내의 경관이다. 전통적인 문화와 세계화의 차이는 어떻게 나타나는가?
8. 여러분이 살고 있는 지역의 문화 혼성 사례를 찾아보라.

지정학적 틀

1.6 식민지 개척 시기로부터 현재까지 세계 지정학과 관련한 세계화의 다양한 측면에 대해 설명하라.

독재 정부에서 민주주의 정부에 이르기까지 다양한 정치 체제는 역동적인 지정학적 틀을 가지고 있는데, 어떤 곳에서는 매우 안정적인으로 작동하지만 한편에서는 긴장과 폭력으로 불안 요소가 되고 있다. 민족국가의 전통적인 개념은 오늘날 분리 독립, 내란, 테러 등의 도전을 받고 있다.

9. 나이지리아에서 벌어진 테러의 원인은 무엇인가? 어떤 집단의 소행이며, 그들의 목표는 무엇인가?
10. 20세기 초 유럽 식민지였던 아프리카 국가를 선택하고, 선택한 국가에 대해 지난 세기 동안의 지정학적 측면에서 벌어진 지리와 역사에 대해 조사해 보라.

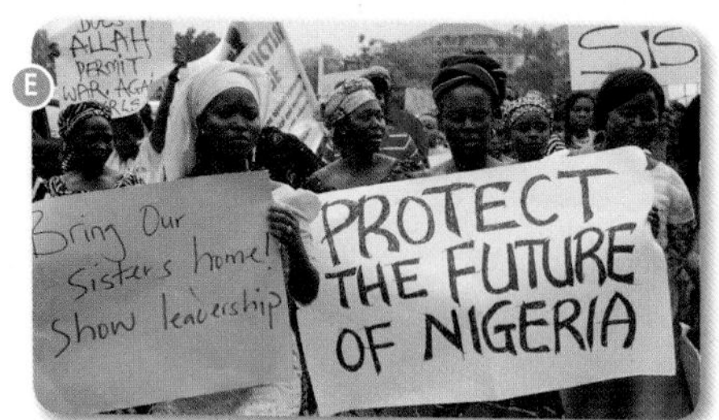

경제 및 사회 발전

1.7 선진국과 개발도상국의 경제 및 사회 발전 과정에서 나타난 중요한 변화에 대한 개념과 자료를 확인하라.

경제 세계화 지지자들은 모든 장소의 모든 사람들이 세계 교역 확대로 인해 이익을 얻는다고 주장하지만, 반드시 그렇다고 볼 수는 없다. 대신에 이익을 얻는 곳과 그렇지 않은 곳이 있으며 경제적 불균형의 글로벌 패턴이 나타나고 있다. 여전히 세계적으로 건강, 교육 측면의 사회 발전은 여전히 불평등한 상태로 남아 있지만, 많은 나라들이 다양한 노력을 통해 의미 있는 성과를 거두고 있다.

11. 지난 10년간 많은 의류 공장이 왜 방글라데시에서 활동을 하게 되었는가? 이러한 개발의 긍정적 측면과 부정적 측면을 현지 관점에서 작성하라.
12. 최근의 인간 개발 지수에서 미국은 5위를 차지했다. 왜 미국이 더 높은 순위를 차지하지 못할까?

데이터 분석

http://goo.gl/O28Ueu

이 단원의 표는 세계 10대 국가의 데이터를 보여준다. 다음에 해당한는 10대국은 어디이며, 이들 국가는 어디에 위치해 있는가? 1인당 소득 수준은 어느 정도인가? 이들 국가의 경제는 성장하고 있는가 침체되고 있는가?

세계은행의 웹 사이트(http://wdi.worldbank.org)를 검색하여 2015년 개발 지표를 찾아보면 위의 질문에 쉽게 답할 수 있다.

1. 첫 번째 열을 검토하고 다음 10대 국가의 테이블을 만든다. 이들 국가는 어느 세계 지역에 위치해 있습니까?
2. 국가를 선택한 후 1인당 국민총소득과 구매력평가를 비교한다. 여러분이 조사한 결과를 토대로, 이 나라들이 선진국인지 개발도상국인지 확인해 볼 수 있다.
3. 이들 국가의 인구밀도를 비교하라. 일부 사회과학자들은 인구밀도가 빈곤 수준을 높일 수 있다고 주장한다. 인구밀도와 전반적인 개발 수준 간에 상관관계가 있는가?

주요 용어

경도
경제적 수렴
계통지리학
공통어
구매력평가(PPP)
국내총생산(GDP)
국민총소득(GNI)
그래픽 축척
기능지역
단계구분도
대체율
도시화율
등질지역
문화
문화 경관
문화 민족주의
문화 제국주의
문화 혼합주의
문화 혼성
민족 국가
민족 종교
반군 진압
반란
범례
보편 종교
본초 자오선
선형 축척
성 불평등
세계화
세방화
세속주의
순이주율
식민주의
신식민주의
원격 탐사
위도
인간 개발 지수(HDI)
인구밀도
인구 변천 모델
인구 피라미드
인문지리학
자연 증가율
자연지리학
젠더
젠더 역할
주권
주제도
주제별 지리학
중심부-주변부 모델
지도 축척
지도 투영법
지리학
지속 가능성
지역
지역 통합
지역적 차이
지역지리학
지정학
축척
탈식민지화
테러
합계 출산율
1인당 국민총소득
GIS
GPS

2 환경과 자연지리학

지질 : 끊임없이 변화하는 지구

지구 표면은 수많은 지각으로 이루어져 있다. 지각은 맨틀 내 대류층의 움직임으로 매우 천천히 이동한다. 지각의 이동은 지진과 화산 활동의 원인으로 작용할 뿐만 아니라 대륙 형태의 변화를 가져온다.

세계의 기후 : 변화에 대한 적응

세계는 적도로부터 극지방에 이르기까지 다양한 기후 지역으로 구분된다. 이러한 기후는 무분별한 인간 활동의 영향으로 변화되기도 한다.

생태 지역과 생태적 다양성 : 자연의 세계화

지구 생태계가 유지되는 데 중요한 대규모 자연 식생은 인간 활동에 따라 세계 여러 지역에서 심각하게 파괴되고 있다.

물 : 부족한 세계의 자원

물은 생명을 유지하는 데 필수적 요소이다. 하지만 물 자원은 사용량이 증가함에 따라 세계 여러 지역에 부족한 자원이다.

세계의 에너지 : 필수적인 자원

석탄, 석유, 천연가스 등의 화석연료는 오늘날 주요 에너지원으로 사용되고 있어 기후 변화를 일으키는 물질을 배출하고 있다. 물, 바람, 태양, 바이오매스 등의 재생 에너지는 현재 전체 사용 에너지 중에서 차지하는 비율이 9%에 달하고 있다.

◀ 나바호 원주민 국립공원은 콜로라도 고원(애리조나 주와 유타 주 경계를 따라 발달)에 위치한다. 사진은 이 공원에서 볼 수 있는 모뉴먼트 밸리이다. 이곳에서는 높이 300m가 넘는 수많은 뷰트(butte)를 볼 수 있는데, 이 뷰트는 지질상 셰일, 사암, 역암으로 구성되어 있다.

지구상의 다양한 기후, 드넓은 대양, 거대한 산맥의 방향, 건조한 사막, 습윤한 열대 우림과 같이 자연적인 다양성은 태양계에서 이루어지는 독특한 특성을 말해준다. 태양계 내의 금성은 너무 뜨겁고 화성은 너무 차갑지만, 지구는 생물종에게 생활하기 적합한 기온이 나타나는 행성이다. 식물종, 동물종, 인간 등 모든 다양한 삶의 형태는 자연 환경과 상호작용을 하고 있다. 지구상에는 자연 환경의 영향으로 다양한 경관과 서식처가 만들어진다. 애리조나 주의 모뉴먼트 밸리는 지구상의 지질, 물, 식생과 같은 환경 요소의 관계를 잘 표현해 주는 곳이다. 나바호 원주민의 땅이었던 이 밸리에는 비록 거주하기 어려워 보이는 곳인데도 군데군데 자란 식생 사이로 먼지가 날리는 도로가 나 있는 것을 볼 수 있다. 이 때문에 지구는 인간이 거주하는 행성임을 알 수 있다. 세계 지역 지리를 이해하는데 먼저 세계의 지질, 기후, 생물종, 수문, 에너지 자원 등 자연환경에 대해 학습하는 것이 중요하다.

지구상 다양한 모든 삶의 형상은 자연 환경과 관련되어 있다. 자연 환경은 다양한 경관과 서식처를 만드는 데 영향을 미치고 있다.

학습목표 이 장을 읽고 나서 다시 확인할 것

2.1 지표 이동에 관한 판구조론의 다양한 측면에 대해 기술하라.
2.2 인간 거주지를 위협하는 지진과 화산 활동을 지도에서 확인하라.
2.3. 세계의 기후에 영향을 미치는 기후 인자에 대한 설명과 세계 기후 지역에 대해 기술하라.
2.4 기후 변화에 관한 설명과 온실 효과에 대해 정의하라.
2.5 기후 변화 문제에 대한 국제적 이슈와 대비 노력을 기술하라.
2.6 세계 주요 생태 지역에 대해 설명하고 지도에서 위치를 확인하라.
2.7 지구 생태 다양성을 위협하는 요인을 명명하라.
2.8 세계 수자원 문제의 원인을 정의하라.
2.9 화석연료의 생산과 소비에 대해 기술하라.
2.10 재생 에너지 자원에 대한 장점과 단점의 목록을 작성하라.

지질 : 끊임없이 변화하는 지구

거대한 대양으로 분리되어 있는 세계의 대륙은 높고 길게 뻗은 산맥, 깊은 계곡, 연속적으로 발달한 언덕, 평탄한 평원 등 복잡하게 이루어져 있다. 이러한 지형은 오랜 기간 지질적인 형성 과정과 함께 바람, 강수, 하천 같은 요인에 의해 끊임없이 지표면에 새겨진 결과이다. 지구의 독특한 특성에 따라 자연 경관이 형성되고, 지질적인 측면에서 자원이 만들어진다. 또한 자연 환경은 인간 활동에 여러 가지로 다양하게 영향을 미치는데, 지진과 화산 분출 같은 자연재해에 대비해야 하는 측면에서 볼 때도 마찬가지이다(그림 2.1 참조).

판구조론

지표면의 지질학적 이해를 위해서는 **판구조론**(plate tectonics)에 대해 알아야 한다. 지표면을 이루고 있는 **암석권**(lithosphere)은 몇 개의 커다란 조각판으로 이루어져 있으며, 아주 천천히 움직이고 있다. 조각판의 이동으로 지구 내부의 열 교환이 이루어진다. 그림 2.2에서 지각판의 이동과 열 교환 과정을 살펴볼 수 있다.

이러한 지각판의 상층부는 대륙 또는 대양이 위치하고 있다. 그림 2.3에 설명된 세계의 대륙판과 대양판은 하부층이 일치하지 않고, 서로 다른 경계와 주변부를 가지고 있다. 이 부분은 지진과 화산 활동이 일어나는 판의 경계부와 관련되어 있다. 또한 지도에서 서로 다른 여러 지각판이 하부의 대류층과 연결되어 있음을 알 수 있다. **수렴 경계부**(convergent plate boundary)는 판들이 서로 이동하여 만나는 곳이며, **발산 경계부**(divergent plate boundary)는 판들이 서로 갈라지면서 이동하는 곳이다. **변환 경계부**(transform plate boundary)는 2개의 판이 서로 어긋나면서 측면으로 이동하는 곳이다.

그림 2.1 **브로모 산의 아침** 인도네시아 동부 자바의 브로모 텡거 세메루 국립공원의 화산 지형은 지구의 자연지리의 극적인 다양성을 잘 보여준다. 이 지역은 1982년에 국립공원이 되었다.

발산 경계부
수렴 경계부
중앙 해령
화산 활동
대양 해구
대양지각
대륙지각
섭입판
융기확장 (부유 마그마)
섭입판
견인력
대류 셀
대류 셀

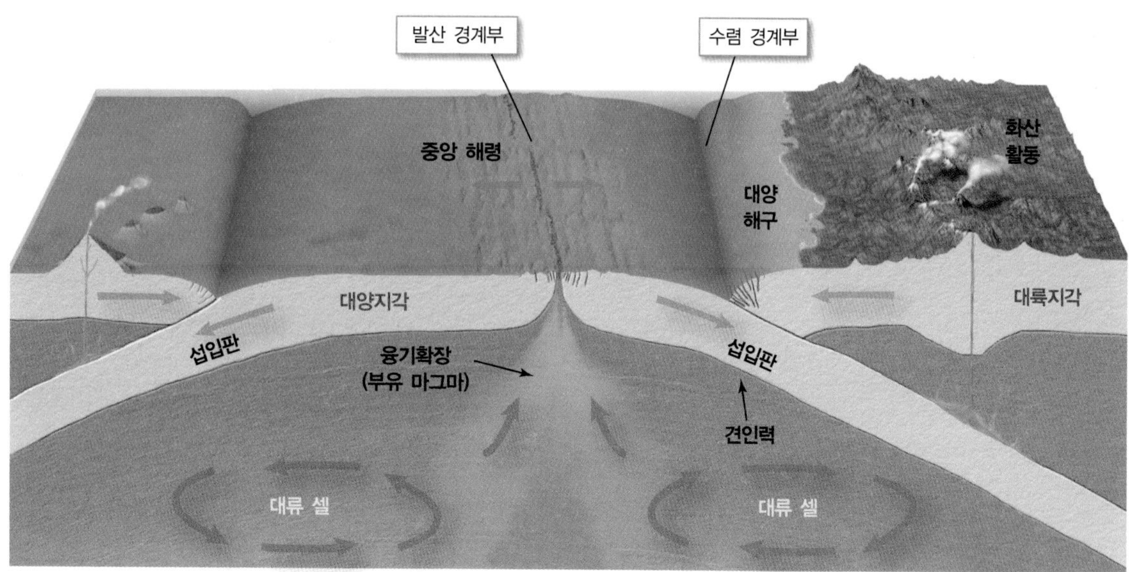

그림 2.2 **판구조론** 판구조론에서 지각판을 이동시키는 힘은 지각의 맨틀 내에서 열의 차이로 인한 셀의 대류 현상이다. 셀은 천천히 순환하면서 지각판을 각기 다른 방향으로 움직이게 한다. 지각판을 새롭게 만드는 중앙 해령의 발산 경계부로부터 서서히 마그마가 분출되어 움직인다. 판재가 냉각됨에 따라 수축되는 경향이 있어 수렴대에서는 지각판의 섭입이 이루어진다.

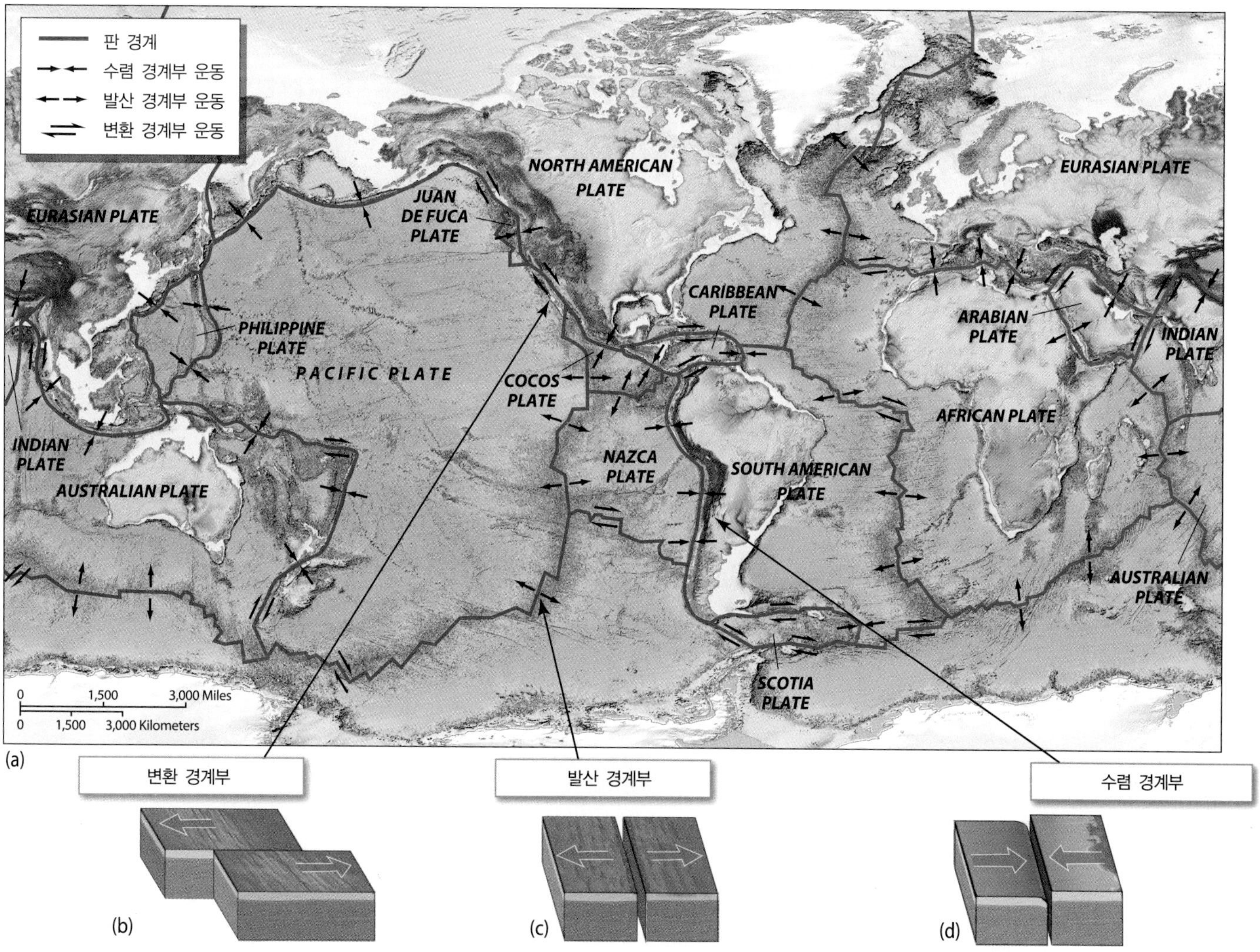
판 경계
수렴 경계부 운동
발산 경계부 운동
변환 경계부 운동
NORTH AMERICAN PLATE
EURASIAN PLATE
EURASIAN PLATE
JUAN DE FUCA PLATE
PHILIPPINE PLATE
PACIFIC PLATE
CARIBBEAN PLATE
ARABIAN PLATE
INDIAN PLATE
COCOS PLATE
AFRICAN PLATE
INDIAN PLATE
NAZCA PLATE
SOUTH AMERICAN PLATE
AUSTRALIAN PLATE
AUSTRALIAN PLATE
SCOTIA PLATE
0 1,500 3,000 Miles
0 1,500 3,000 Kilometers
(a)
변환 경계부
발산 경계부
수렴 경계부
(b)
(c)
(d)

그림 2.3 **구조 판 경계부** 이 세계지도에는 판구조 이동의 일반적인 방향과 함께 주요 지각판의 분포가 제시되어 있다. 또한 여러 유형의 판 경계부가 표시되어 있다. 대륙의 경계는 지각판의 경계와 반드시 일치하지 않는다. 즉, 대륙은 지각판과 동일하지 않다. 다만, 대륙이 대륙판 위에 놓여 있다고 볼 수 있다.

그림 2.4 **칠레 섭입대에서 지진** 남아메리카 국가인 칠레는 판구조의 섭입대에 위치하고 있어 지진에 매우 취약하다. 사진은 2014년 4월에 발생한 진도 8.2 규모의 이키케 지진으로 손상된 차량을 보안 요원이 검사하는 모습이다. 4년 전에도 칠레에서 8.8 규모의 대규모 지진으로 인해 약 500명이 사망했다. 2015년 9월 중순경에 발생한 대규모 지진으로 칠레의 이야펠이 황폐화되었다.

그림 2.5 **아이슬란드 지각판의 발산 경계** 아이슬란드는 대서양을 양분하는 지각판의 경계부에 위치하고 있어 화산 활동이 자주 발생한다. 이 사진은 바르다르붕카 화산 근처에 있는 Holuhraun Fissure의 최근 용암 분출 모습이다.

지각판이 수렴하는 경계를 따라 이 지역에는 하나의 판이 다른 판 아래로 들어가는 **섭입대**(subduction zone)가 형성된다. 수심이 깊은 대양저의 해구는 이러한 지각판의 섭입대가 나타나는 곳이다. 섭입대가 있는 곳은 남아메리카의 서부 해안, 북아메리카의 북서부 해안, 일본의 동부 해안, 필리핀 동부 해안이다. 필리핀 인근에 있는 마리아나 해구는 세계에서 가장 깊은 바다로 지표면으로부터 해저 약 1만 700m나 된다. 이러한 섭입대는 지진 해일(쓰나미)를 동반한 강력한 지진의 진앙지이다. 지진의 사례는 2014년 칠레에서 발생한 진도 8.2의 경우(그림 2.4)와, 2011년에 동일본에서 발생한 진도 9.0의 지진을 들 수 있다. 동시에 섭입대에는 수많은 화산이 분출하는데, 인도네시아 지역에는 순다 해구에 위치한 130여 개의 활화산이 있다. 지각판의 수렴 경계부에서는 판들이 부딪히며 거대한 산맥을 형성하기도 한다. 가장 잘 알려져 있는 사례는 히말라야 산맥을 들 수 있다.

지각판이 양쪽으로 갈라지는 곳에서는 화산 활동과 함께 산맥을 형성하면서 지구 내부로부터 마그마가 분출한다. 대서양 북쪽의 아이슬란드는 대서양 중앙 해령의 지각판이 양쪽으로 갈라지는 경계에 위치하고 있다(그림 2.5). 발산 경계부는 대부분 깊은 대양에 위치하는데, **지구대**(rift valley)라고 불리기도 한다. 대표적인 예는 북부 아프리카와 사우디아라비아 사이에 있는 홍해를 들 수 있다.

그림 2.6 **지각판의 변환 경계부** 이 3D 지도는 샌안드레아스 단층대와 관련된 샌프란시스코 만 지역의 여러 가지 지진대를 보여주고 있다. 이 단층대는 북아메리카 대륙 지각판과 태평양 해양 지각판이 분리되는 경계부에 위치한다.

북아메리카 서부의 캘리포니아 해안은 태평양 판과 북아메리카 판이 부딪히는 경계에 위치한다. 캘리포니아 연안에 있는 샌안드레아스 단층이 이 경계부에 해당한다. 샌안드레아스는 **변환단층**(transform fault)(그림 2.6)으로, 태평양 판의 동쪽 말단부에 해당하며 해마다 몇 센티미터씩 북쪽으로 움직이고 있다. 그러면서 오랫동안 북아메리카 판을 옆으로 밀쳐내고 있다. 샌안드레아스 단층에 인접해 있는 샌프란시스코와 로스앤젤레스는 강력한 지진의 위협을 안고 있는 도시이다.

지질학적으로 지구의 지각은 약 2억 5,000만 년 전에 오늘날 아프리카 대륙이 있는 곳을 중심으로 초대륙 형태로 뭉쳐 있었다. 시간이 지남에 따라, **판게아**(Pangaea)라고 하는 이 초대륙은 지각판 하층부의 대류 작용에 의해 여러 개의 판으로 분리되어 이동하게 되었다. 이전 대륙의 흔적은 남아메리카 대륙과 아프리카 대륙, 북아메리카 대륙과 유럽 대륙의 형태가 퍼즐 조각처

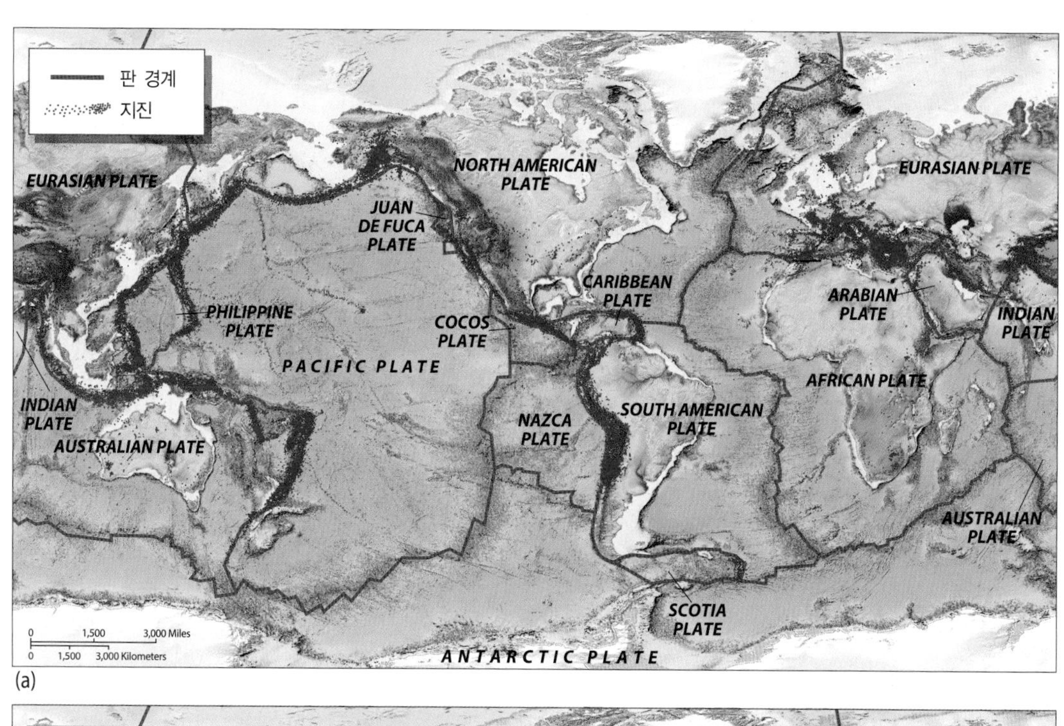

(a)

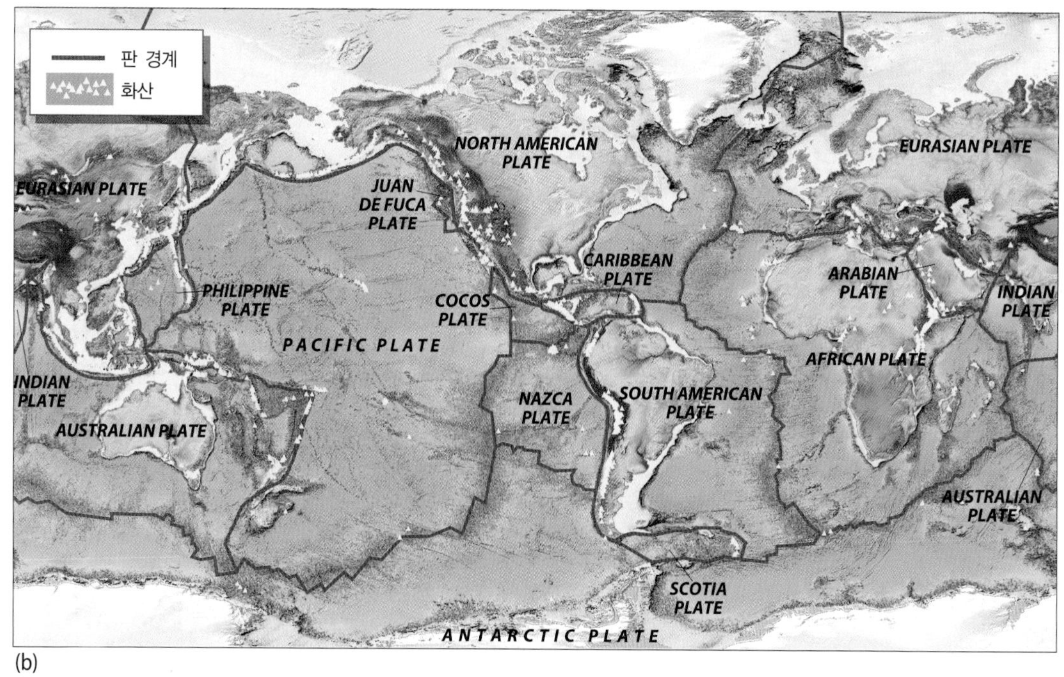

(b)

그림 2.7 **지진과 화산의 지리학** (a) 대부분의 지진은 지각판의 경계부에서 일어난다. 또한 강력한 지진의 진앙은 대부분 지각판의 수렴대, 섭입대 경계 부근에 위치하고 있다. (b) 화산, 지진과 지각판 경계 사이에는 강한 상관관계가 있다. 그러나 판 경계부에서 멀리 떨어진 곳에도 화산이 많이 존재한다. 하와이 섬의 화산이 그 예이다.

그림 2.8 **시애틀 레이니어 산** 시애틀 레이니어 산은 고전적인 섭입대 화산으로, 장래 이 도시에 강한 지진이 일어날 예정이라는 침묵의 경고를 전하고 있다. 1700년에 캐스캐디아 섭입대의 마지막 지진이 발생했는데 리히터 규모 8.7~9.2 사이인 것으로 추정된다. 오늘날에 이와 같은 규모의 지진이 발생하면 시애틀과 오리건 주 포틀랜드에서는 상당한 피해를 입을 것이다.

럼 맞아떨어지는 데서 찾을 수 있다.

지질적 위협

해마다 홍수나 열대 태풍 같은 기후적인 자연재해도 인간의 삶에 피해를 주지만, 지진과 화산 폭발도 인간의 활동과 거주지에 심각한 영향을 끼치는 재해이다(그림 2.7). 2011년 3월 동일본에서 발생한 지진과 지진 해일(쓰나미)로 인해 약 2만 명이 사망하였으며, 그보다 조금 앞선 2010년 1월에 아이티에서 발생한 진도 7.0의 지진으로 약 23만 명이 사망했다. 이 두 지진 피해에 있어서의 커다란 차이는 지진 위협에 대비하는 태도에 크게 영향을 받았다고 볼 수 있다. 지진 피해 규모는 건물의 내진 설계 여부, 인구밀도, 가옥 전통, 구조 활동, 구조 체계 등에 의해 좌우된다.

지진 발생과 화산 분출은 지각판의 발산 경계부나 섭입대(그림 2.7) 등을 따라 빈번하게 일어난다. 화산 분출은 대개 분출하기 전에 알 수 있기 때문에 화산 분출로 인한 피해는 지진 피해와 비교해 보면 규모가 작다. 20세기에 화산 분출로 인해 사망한 사람은 약 7만 5,000명 정도이지만, 지진으로 인해 사망한 사람은 약 150만 명에 이른다.

지진과 달리 화산 분출은 사람들에게 이로운 측면도 있다. 아이슬란드, 뉴질랜드, 이탈리아 등지에서는 지열을 활용하여 발전소를 건설하기도 하고 주택 난방 에너지로 활용하기도 한다. 인도네시아의 도서 지역과 같은 곳에서는 화산재가 토양을 비옥하게 해줌으로써 농사를 짓는 데 도움을 주고 있다. 더욱이 화와이, 일본, 태평양 북서부 등에서 나타나는 화산 활동은 관광객을 유치하는 데 훌륭한 관광 자원이 되고 있다(그림 2.8).

확인 학습

2.1 지각판의 다양한 형태를 스케치 또는 기술해 보시오. 어떠한 요인으로 이러한 차이가 발생했을까?

2.2 지진이나 화산 분출이 가장 많이 일어나는 곳은 어디일까? 왜 그곳에서 지진이나 화산 분출이 빈번하게 일어날까?

주요 용어 판구조론, 암석권, 수렴 경계부, 발산 경계부, 변환 경계부, 섭입대, 지구대, 변환 단층, 판게아

세계의 기후 : 변화에 대한 적응

인간의 많은 활동은 날씨 또는 기후와 밀접하게 관련되어 있다. 농사짓는 활동은 일조량, 기온, 강수 조건에 따라 결정되며, 도시의 교통 상황도 강설 상황, 태풍, 복사량 등에 영향을 받는다. 더욱이 한 곳에서 발생한 극심한 날씨 상황은 아주 먼 지역에까지 영향을 미치기도 한다. 예를 들어 러시아 곡창지대에서 가뭄에 따른 수확량 감소는 전 세계 식량 공급량에 영향을 끼쳐 세계 식량 가격 상승과 같은 결과를 초래한다.

세계적인 기후 변화에 따른 관련성은 점차 커져가고 있다. 기후 변화에 대해 장기적으로 불확실한 측면이 있을 수는 있지만, 인류를 포함한 모든 생명체가 21세기 중반의 매우 다른 기후 상황에 적응해 갈 것이라는 점에는 대부분 동의한다(지리학자의 연구 : 빙하와 기후 변화 참조).

기후 조절

세계의 기후는 장소와 계절에 따라 다르며, 기후 조절이 이루어지는 자연 환경에 대해 말해 주는 기온과 강수량(비와 눈)의 차이가 있다.

태양 에너지 태양의 복사 에너지와 지구의 대기는 세계 기후에

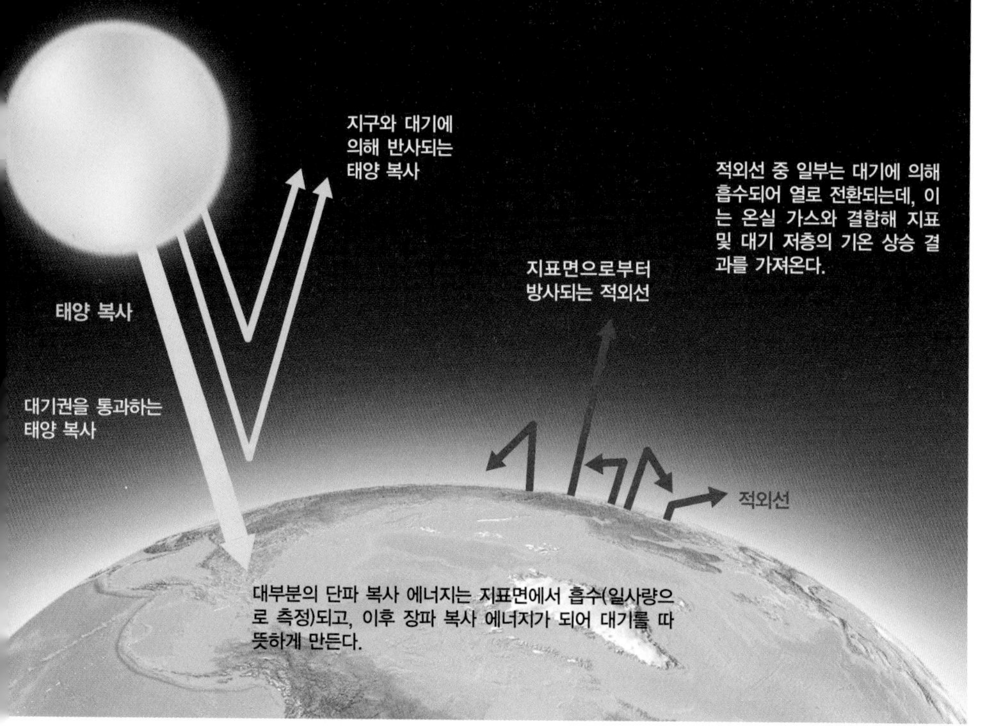

그림 2.9 **태양 에너지와 온실 효과** 온실 효과는 지구를 둘러싸고 있는 따뜻한 대기층으로 태양 복사 에너지가 대기층에 머무르면서 발생하는 현상이다. 그래프에서 볼 수 있듯이 태양으로부터 방출되는 단파 태양 복사는 육지와 물에 흡수된다. 그런 다음 장파 적외선 상태로 다시 대기에 재방출된다. 이 과정에서 장파 에너지가 온실가스(자연적 또는 인공적으로 발생된)에 흡수되면서 낮은 대기층은 기온이 상승하게 되며, 지구의 기후와 기상에 영향을 미친다.

영향을 미치는 가장 중요한 요인이다. 태양 에너지는 따뜻한 곳과 추운 곳의 기온을 결정할 뿐만 아니라 바람, 해류, 기압과 같은 기후를 결정하는 인자에도 커다란 영향을 미친다.

일사량(insolation)으로 일컬어지는 태양 단파 에너지는 대기를 관통하여 지표의 육지와 해수면에 흡수된다. 이로 인해 지표가 따뜻해지는 것처럼, 이 에너지는 적외선과 같은 장파처럼 대기의 저층부에 **재복사**(reradiate)하게 된다. 재복사된 에너지는 이산화탄소와 같은 대기가스 및 수증기로 흡수된다. 이로 인해 지구의 대기 온도는 점차 상승하게 된다. 태양 에너지의 열 전도 과정을 **온실 효과**(greenhouse effect)라고 부르는데(그림 2.9), 이는 태양으로부터 전달된 에너지가 지구 대기의 온도를 높이는 현상이 온실에서 일어나는 것과 유사하기 때문에 붙여진 것이다. 만약 이러한 효과가 없다면 지구의 평균 온도는 약 33℃ 정도 내려갈 것이며, 화성과 같은 환경이 될 것이다.

위도 지구는 기울어진 구체로 북극은 반년간은 태양을 볼 수 있으나, 나머지 반년은 태양과 마주할 수 없다. 반구의 위치에 따라 최대 태양 복사 에너지 양은 계절에 따라 다르게 발생한다(각 반구에서 일사량이 가장 많은 계절을 여름이라고 부른다). 일사는 단지 열대 지역에서만 직각으로 내리쬐게 된다. 그러므로 태양 에너지는 고위도 지역보다는 저위도 지역에서 더 많이 받는다. 태양 복사 에너지 양의 차이로 인해 기온이 높은 저위도 지역과 기온이 낮은 고위도 지역이 구분되고, 적도 지역에서 기온이 가장 높은 현상이 나타난다(그림 2.10). 태양 복사 에너지는 지구의 기압과 바람, 해류, 아열대 지역의 태풍과 허리케인, 중위도 지역의 폭풍 등을 통해 평형이 이루어진다(그림 2.11).

육지와 해양의 상호작용 육지와 해양은 일사량의 흡수 및 재복사량에 있어서 차이가 있다. 그러므로 육지와 해양의 분포는 기후

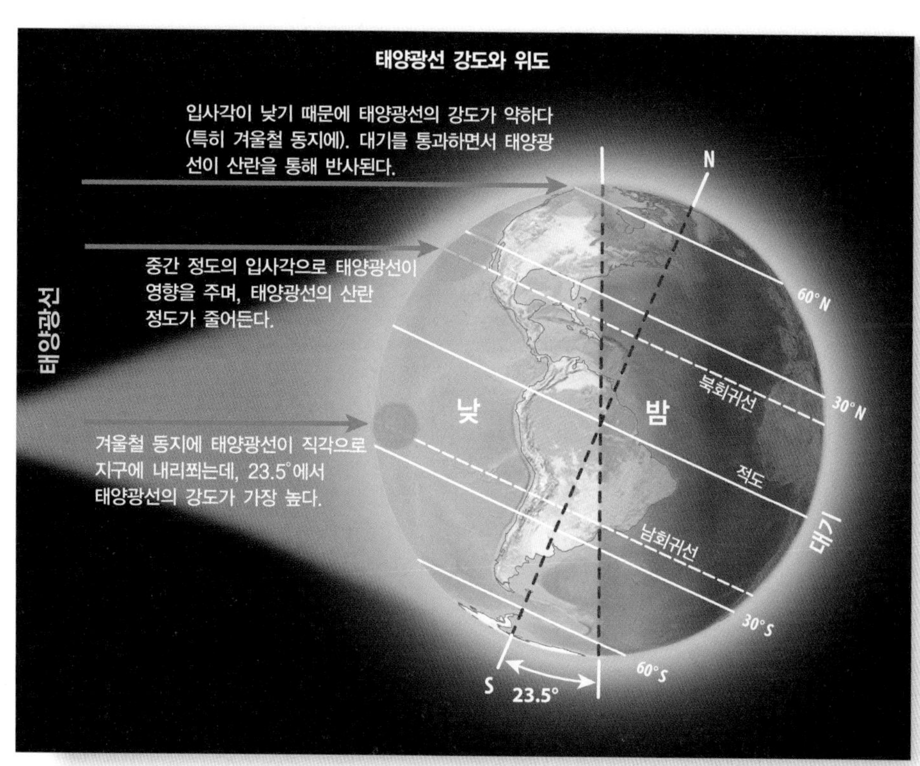

그림 2.10 **위도와 태양 복사 에너지** 지구의 곡률 때문에 태양 복사는 고위도보다 열대 지방의 지표면에 더욱 집중되어 내리쬔다. 적도 지역에서 발생하는 열의 축적으로 인해 전 지구적 풍압 체계, 해류 이동, 열대성 폭풍 등이 발생한다.

지리학자의 연구

빙하와 기후 변화

기후 변화 학자이자 북극 탐험가인 **M. 잭슨**은 글로벌 탐험과 신중한 과학을 혼합한 대표적인 연구자이다. M. 잭슨은 내셔널 지오그래픽 협회의 탐험(그림 2.1.1)을 이끌기도 했다. 북극 탐험에 대해 강의를 했으며, 최근에는 **빙하가 잠자는 동안 : 기후 변화 시기의 인간**이라는 책을 펴내기도 했다.

빙하와 지리　몬태나대학교에서 환경과학 석사학위를 받은 후, 잭슨은 풀 브라이트 장학금을 받아 터키-이란 사이의 빙하를 연구하기 위해 터키를 여행했다. 그녀가 관찰한 것은 더 많은 의문과 지리학의 연구로 이어졌다. "빙하 학자들은 더 큰 시스템 내에서 실제로 빙하를 이해하고 싶다면 지리적인 관점에서 그렇게 해야 한다고 말한다. 지리학은 사회과학, 인문학, 자연과학 등 다양한 각도에서 무언가를 볼 수 있는 통로를 제공한다. 그리고 이러한 현상을 일으키는 요인들을 전체적인 모습으로 결합시키는 것은 바로 지리학자의 일이다. 나는 그 일을 사랑한다."

그녀의 내셔널 지오그래픽 협회의 탐험 외에도, 아이슬란드 빙하 손실의 영향에 대한 현장 연구로 지리학 박사 학위 과정을 밟고 있다. 두 활동 모두 그녀가 대학생들에게 다음과 같이 지리학에 대해 설명할 수 있게 해준다. "학생이 자연과학이나 실험실 연구에 더 관심이 있거나 사회 이론, GIS 또는 컴퓨터 기능을 배우고자 하는 경우, 지리학은 학생에게 선택적일 수 있지만 이 작은 부분을 더 큰 부분에 추가한다고 생각하세요. 여러분의 역량의 크기와 강도는 앞으로 엄청난 도움이 될 것입니다." "지리학적으로 다른 방향으로 갈 수도 있고, 모든 것을 종합할 수도 있습니다."

1. 인간이 초래한 기후 변화가 빙하에 미치는 영향을 설명하고, 사람들과 지역사회에 미치는 결과를 예로 들어라.
2. 빙하, 삼림, 해양과 같은 자연 현상을 연구할 때 지리학적으로 접근하면 어떤 이점이 있는가?

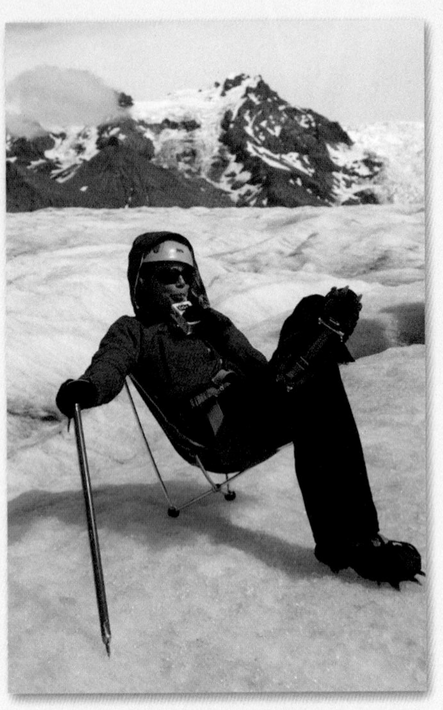

그림 2.1.1 M. 잭슨이 빙하 연구를 하는 도중 아이슬란드의 빙하에서 휴식을 취하고 있다.

를 결정하는 주요 요인이다. 육지보다 해양에 더 많은 태양 에너지가 있기 때문에, 육지의 열 에너지가 해양보다 더 빨리 차가워진다(그림 2.12). 이 점 때문에 여름의 최고 기온과 겨울의 최저 기온이 대륙의 내부에서 발생한다. 7월 평균 기온이 15.6℃를 보이는 지역에서 불과 129km밖에 떨어지지 않은 캘리포니아 주의 내륙 도시인 새크라멘토에서는 평균 기온이 33.5℃로 높게 나타난다.

대륙 내부에 위치한 **대륙성 기후**(continental climate)의 특징은 더운 여름과 추운 겨울로 설명할 수 있고, 반면 해양의 영향을 받는 곳에서는 **해양성 기후**(maritime climate)를 보인다. 동남아시아의 여러 국가나 유럽의 영국은 해양성 기후의 특징이 나타나는 곳이고, 북 아메리카, 유럽, 아시아 대륙의 내륙 지역은 대륙성 기후의 특징을 보이는 곳이다.

그림 2.11 **태풍 팜**　적도와 중위도 사이의 태양 복사열의 불균형은 태평양의 태풍과 대서양의 허리케인이라고 하는 거대한 열대성 저기압을 생성한다. 이 열대성 저기압은 강풍, 해안 범람, 집중호우 등으로 막대한 피해를 입힌다. 사진은 2015년 3월 태평양에서 발달한 태풍 팜의 위성사진이다.

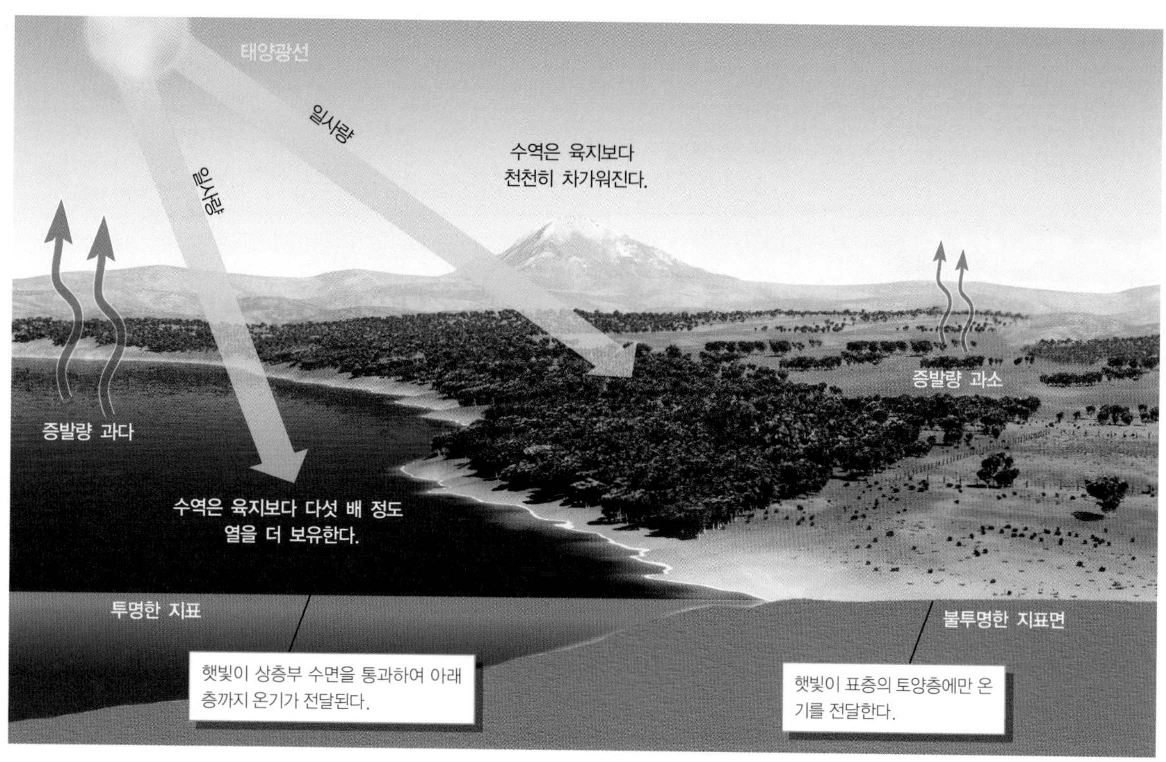

그림 2.12 **육지와 해양의 비열 차이** 육지는 해양보다 태양 복사열로 인해 훨씬 빨리 가열되고 냉각된다. 이 때문에 내륙의 기온이 보통 해안 지역보다 여름에는 더 덥고 겨울에는 더 추운 이유가 된다.

세계의 기압 시스템 위도에 따른 태양 복사 에너지의 차이 및 육지와 해양의 분포 차이로 고기압과 저기압 패턴이 형성된다(그림 2.13). 이러한 기압은 바람과 풍향 시스템의 이동에 영향을 주며, 바람은 고기압에서 저기압으로 이동한다. 예를 들어 북태평양의 고기압과 저기압 사이의 상호작용은 북아메리카 대륙으로 부는 바람의 풍향을 만든다. 북대서양에서도 유럽 대륙의 여름과 겨울 기후에 유사하게 작용한다. 아열대 지역의 고기압은 다른 상황을 만들기도 한다. 적도로부터 불어온 온난한 바람이 하강하는 지역에는 대규모 사막이 발달하기도 한다. 또한 고기압 지역은 따뜻한 여름철에 확장되는데, 이로 인해 남부 유럽과 미국 캘리포니아 주의 여름철에 온난 건조한 지중해성 기후가 나타난다. 저위도에서는 여름철 해양에서 발달한 저기압으로 태풍이나 허리케인과 같은 강한 바람이 형성되어 불어오기도 한다.

세계의 바람 패턴 지구상에는 세계의 기상 또는 기후에 영향을 주는 몇 개의 바람 패턴이 있다. 지구적 수준에서는 **극과 아열대 제트 기류**(polar and subtropical jet streams)가 있는데, 이 기류는 북반구와 남반구 양쪽에서 바람과 기압 시스템을 동쪽으로 움직이게 만드는 강한 대기의 흐름이다(그림 2.13). 이 제트 기류로 인하여 지구의 대기 대순환이 만들어지며, 지구의 기온 차이가 발생하기도 한다. 북반구와 남반구의 극 제트 기류는 7~12km 상공에서 시속 약 322km의 속도로 이동한다. 아열대 제트 기류는 극 제트 기류보다 고도는 높지만 이동 속도는 빠르지 않다. 북반구의 제트 기류는 북아메리카와 유럽 대륙의 기후에 영향을 미치는 인자로 대륙을 지나는 강한 바람의 원인이다. 남반구의 극 제트 기류는 남극 대륙 부근의 인구가 희박한 지역을 순환한다.

지표 부근에서 부는 대륙 스케일의 바람은 고기압 지역에서 저기압 지역으로 분다. 아시아와 북아메리카 대륙에서 부는 **계절풍**(monsoon winds)이 좋은 사례이다. 여름철 계절풍은 인도 내륙 지역과 미국의 서남부 지역의 건조한 지역에 강수를 내리게 한다(그림 2.14).

지형 지표면의 지형 조건은 기상과 기후에 영향을 준다. 예를 들어, 고도가 높은 곳에서는 한랭한 기온이 나타나고, 지형의 영향으로 강수 패턴이 달라지는 것을 볼 수 있다.

지표면으로부터 재복사되는 태양 에너지를 받는 대기 하부층의 기온은 높은 반면 고도가 높아질수록 기온은 낮아진다. 일반적으로 고도가 100m씩 올라가면 기온은 0.05℃씩 낮아진다. 이러한 현상을 **환경기온감률**(environmental lapse rate)이라고 한다. 미국 애리조나 주의 피닉스 시는 해발고도가 355m로서 여름철 평균 기온이 37.7℃에 달하지만, 피닉스 시로부터 약 130km 떨어진 플래그스태프 시는 해발고도가 2,160m에 이르는데 평균 기

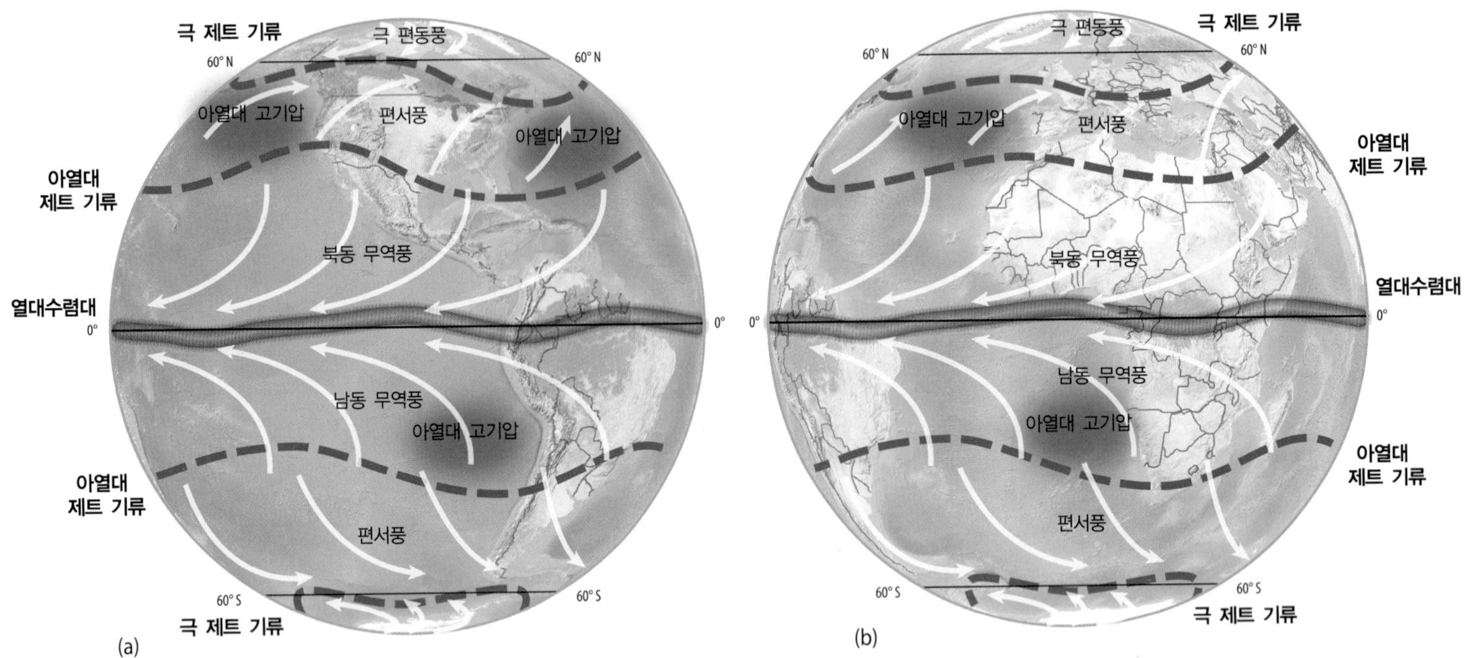

그림 2.13 **지구적 기압 체계와 바람** 2개의 극 제트 기류와 아열대 제트 기류가 북반구와 남반구에서 각각 발생한다. 제트 기류가 지구를 순환할 때, 강한 바람과 대기의 위치가 바뀐다. 아열대 고압 셀은 중위도의 서풍과 열대 무역풍에 에너지를 공급하는 넓은 대기이다. 열대 수렴대는 저압대로 적도에서 강한 태양 복사가 순환되는 지대이다.

온은 26℃이다. 두 도시 간 11.7℃에 달하는 기온 차이는 1,825m에 이르는 해발고도 차이에서 비롯된 것이다. 환경기온감률 공식을 이용하면 고도차에 따른 기온 차이를 계산할 수 있다.

산지 지형에서 습윤한 공기가 바람받이 사면에 부딪혀 산을 넘어갈 경우 차가워진 공기로 인해 사면에 비를 뿌리게 되는데,

그림 2.14 **북아메리카 남서부 지역의 여름 계절풍** 북반구의 미국 남서부가 여름철 따뜻해지면서, 이 열은 멕시코와 캘리포니아 만의 습윤한 공기를 내륙으로 끌어들여 7월에서 9월까지 구름과 천둥, 호우 등을 일으킨다.

이러한 현상을 **산지 지형 효과**(orographic effect)라고 한다(그림 2.15). 공기가 포함할 수 있는 수증기량은 온도가 높을수록 많아지며, 따뜻한 공기가 차가워지면 강수 확률이 높다. 상승하는 공기는 안정적인 공기보다 훨씬 빠르게 차가워지는데, 환경기온감률에 따라 기온의 변화가 일어난다. 산지 사면을 따라 상승하는 공기는 100m 상승할 때마다 1℃씩 기온이 낮아지게 되는데, 이러한 현상을 **단열감률 효과**(adiabatic lapse rate)라고 한다.

이러한 과정을 통해 습윤한 산지와 반대쪽의 건조한 저지대라는 일반적인 패턴이 나타난다. 지형상 산지의 바람 의지 사면은 건조한 강수 그늘에 해당한다. 바람 의지 사면을 타고 내려오는 공기는 따뜻해질 수는 있지만 강수 확률은 낮다. 일반적으로 나타나는 **비그늘**(rain shadow) 지역은 북아메리카의 서부 산지, 남아메리카 안데스 산지의 서부, 남부 아시아와 중앙아시아 등 여러 지역에 분포하고 있다.

기후 지역

세계의 기상과 기후가 장소마다 매우 상이하게 나타나지만, 기온과 강수, 계절적 특성이 유사한 지역으로 분류한 세계 기후 지역이 표현되어 있다(그림 2.16). 아울러 기상과 기후에 대한 차이점을 살펴보는 것도 중요하다. 기상은 하루 정도의 비교적 짧은 동안에 일어나는 대기 과정의 변화에 대해 설명하는 용어이다. 기상 상태는 비가 내림, 흐림, 맑음, 더움, 바람, 폭풍, 대기 안정

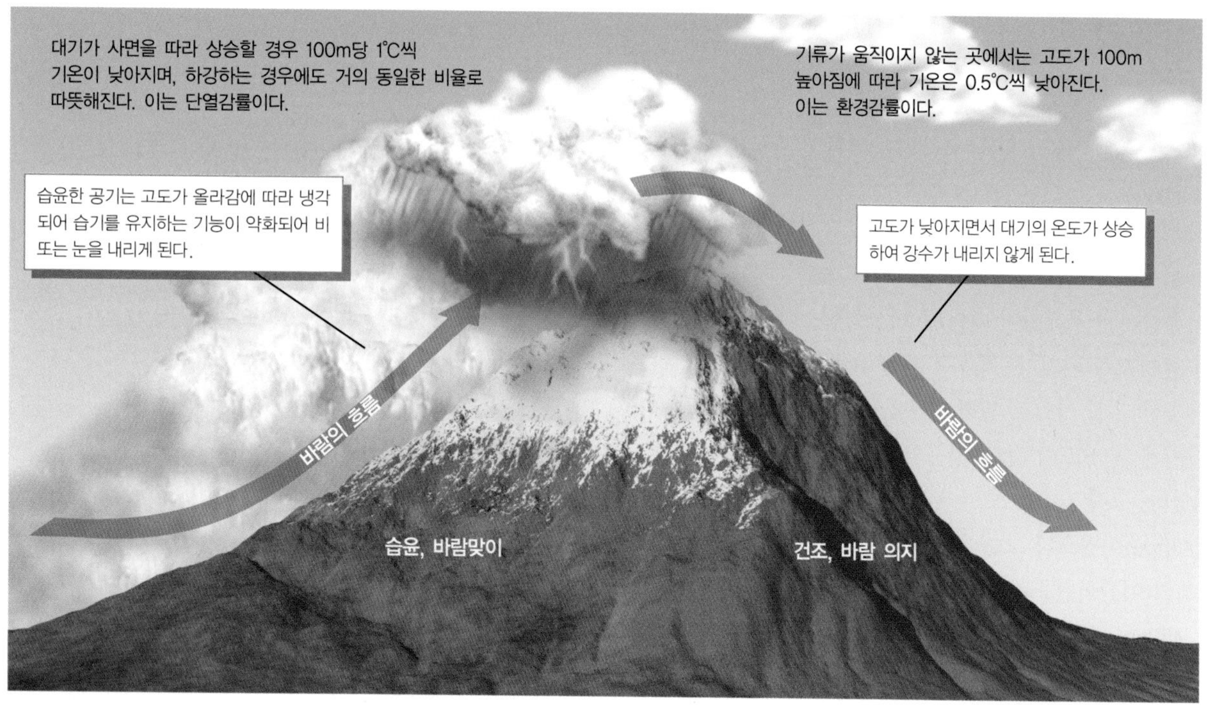

그림 2.15 **단열감률 효과** 고지대와 산지는 일반적으로 산지 지형 효과 때문에 인접한 저지대보다 다습하다. 이것은 높은 지역일수록 대기가 냉각됨에 따라 공기의 함수율이 떨어지고, 이에 습기는 비 또는 눈이 되어 내리게 된다. 대조적으로, 산의 바람 의지 사면 또는 바람이 불어 가는 쪽은 따뜻한 공기의 하강사면이기 때문에 습기를 함유하는 능력이 커져서 건조하게 된다. 따라서 바람 의지 사면을 비그늘 지역이라고 한다. **Q : 산지 지형 효과 개념을 설명한 후, 세계지도에서 산지 지형 효과가 발생할 수 있는 곳을 다섯 군데 찾아보라.**

등 짧은 시간 동안에 일어나는 날씨를 말한다. 따라서 기상은 하루 단위에서 한 시간 간격으로 나타나는 날씨 상태이다. 이러한 기상 자료를 30년간 수집하여 통계적으로 평균한 자료가 기후가 된다. 기상은 짧은 시간동안 일어나는 대기의 변화 과정을 말하며, **기후**(climate)는 매일의 기상 측정 자료로부터 장기간에 걸쳐 일어나는 기상 자료의 평균을 의미한다.

이 책에 제시되어 있는 기후 유형은 표준화된 지표를 이용하여 구분한 것으로, 각 장별로 해당 지역의 기후 유형 지도가 제시되어 있다. 더욱이 지도상에는 해당 지역의 월평균 기온과 강수량을 알 수 있는 **클라이모그래프**(climographs)가 제시되어 있다. 각 클라이모그래프에 두 줄로 표시되어 있는 기온 자료는 최고 평균 기온과 최저 평균 기온 값을 나타낸 것이다. 클라이모그래프의 하단의 막대그래프는 해당 지역의 월별 평균 강수량 값을 표시한 것이며, 함께 표현된 전체 강수량 수치는 해당 지역의 기후 특성을 이해하는 데 도움이 될 것이다. 그림 2.16에는 일본의 도쿄와 남아프리카공화국의 케이프타운의 클라이모그래프가 나와 있다. 두 도시의 클라이모그래프를 살펴보면 북반구 지역과 남반구 지역의 계절이 서로 상이하게 나타나고 있음을 알 수 있다.

지구적 기후 변화

지난 세기에 걸쳐 경제 발전을 위한 인간 활동의 영향으로 전 지구적으로 심각한 **기후 변화**(climate change)가 일어나고 있다. 기후 변화는 지구의 기온 온난화, 극지방의 빙하가 녹는 현상, 해수면 수위의 상승, 극심한 기상 악화 등의 현상에서 찾아볼 수 있다(그림 2.17). 이런 기후 변화에 대해 대기 오염 방지와 같은 국제적 예방 대책이 시급히 마련되지 않는다면, 금세기 중반에 세계의 환경은 극심한 도전에 직면하게 될 것이다. 강수 패턴이 변화하게 되면 전통적인 식량을 생산하는 미국과 캐나다 중서부의 초원 지역은 커다란 위협에 빠지게 될 것이다. 또한 미국 플로리다주와 방글라데시 등의 해안 지역에서는 해수면의 상승으로 인간의 거주지가 바닷물에 의해 침수될 것이다. 태양열 파동의 유입이 증가하게 되면 도시에서는 사망률이 증가할 것이고, 세계 여러 지역에서 용수 부족과 같은 심각한 문제가 발생할 것이다.

기후 변화의 원인 자연적인 온실 효과는 지구를 감싸고 있는 대기의 기온을 따뜻하게 유지해 준다. 태양 복사 에너지의 유입과 방출 과정에서 수증기, 이산화탄소(CO_2), 메탄(CH_4), 오존(O_3)과 같은 자연적 구성 요소들이 열을 흡수하고 있기 때문에 대기의 기온이 유지된다. 비록 자연적 **온실 가스**(GHG)의 구성은 장구한 지질 시간에 걸쳐 오랫동안 형성되어 왔기 때문에 지난 2만 년

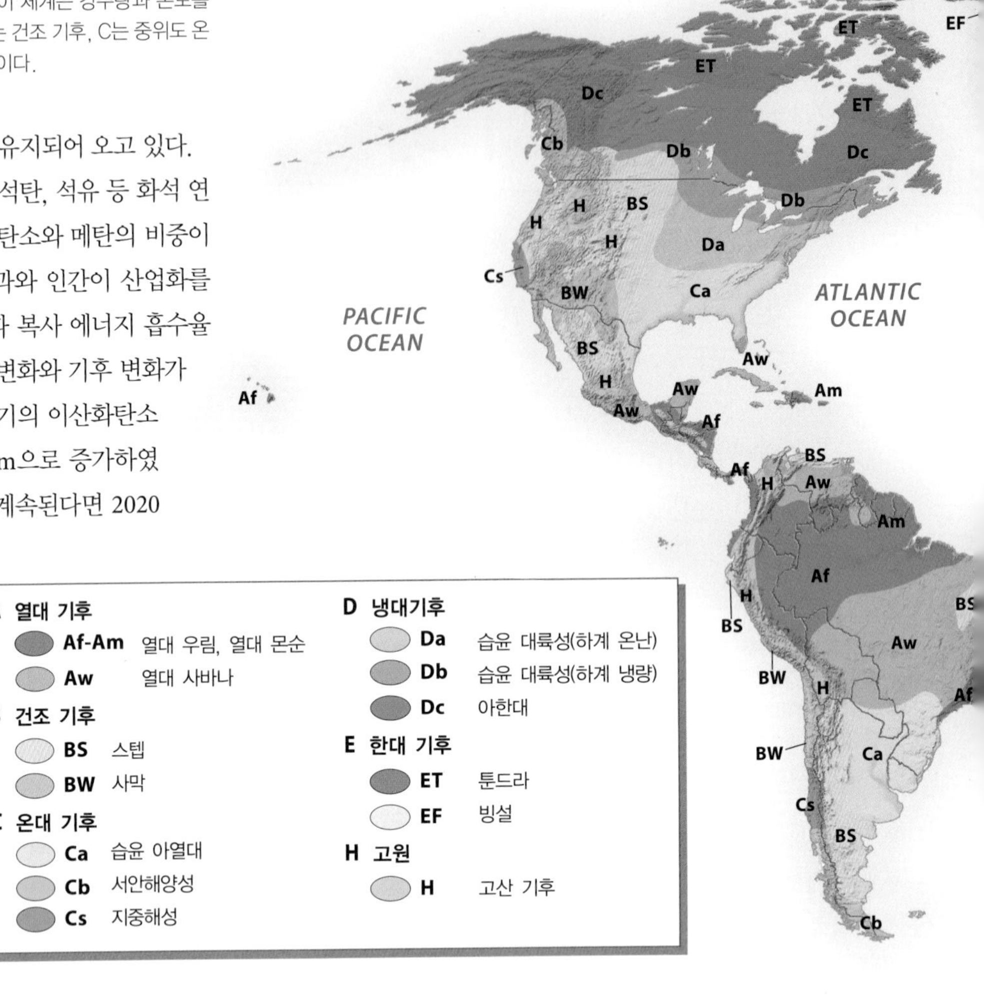

그림 2.16 **세계 기후 지역** 쾨펜 기후 구분은 20세기 초 오스트리아 지리학자의 이름을 따서 명명된 기후 체계로 세계의 다양한 기후를 설명하는 데 많이 이용된다. 알파벳 대문자와 소문자의 조합으로 이루어진 이 체계는 강수량과 온도를 기준으로 기후 유형을 구분하였다. A는 열대 기후, B는 건조 기후, C는 중위도 온대 기후, D는 대륙 및 고위도 지역과 관련된 냉대 기후이다.

전의 최종 빙기 이래로 비교적 안정적으로 유지되어 오고 있다.

그러나 세계 각국의 산업화와 관련하여 석탄, 석유 등 화석 연료의 사용량이 증가하면서 대기 중 이산화탄소와 메탄의 비중이 상당히 높아지게 되었다. 자연적 온실 효과와 인간이 산업화를 통해 배출한 온실 가스로 인해 지구의 장파 복사 에너지 흡수율이 높아지게 되었고 이 결과, 지구의 대기 변화와 기후 변화가 초래되었다. 그림 2.18을 보면, 1860년 대기의 이산화탄소량은 280ppm이었으나 오늘날에는 400ppm으로 증가하였다. 현재의 이산화탄소량의 증가 추세가 계속된다면 2020년에는 450ppm에 달할 것이며, 이렇게 될 경우 지구는 돌이킬 수 없는 기후 변화를 맞게 될 것으로 과학자들은 전망하고 있다.

세계 기후가 변화할 것으로 예측되는 상황에서 세계 기후 시스템의 복합성은 기후 과학자들이 이용하고 있는 첨단 컴퓨터 모델을 통해 어느 정도 명확해지고 있다. 기상 관측 컴퓨터는 2020년 지구의 평균 기온이 현재보다 약 2℃ 상승할

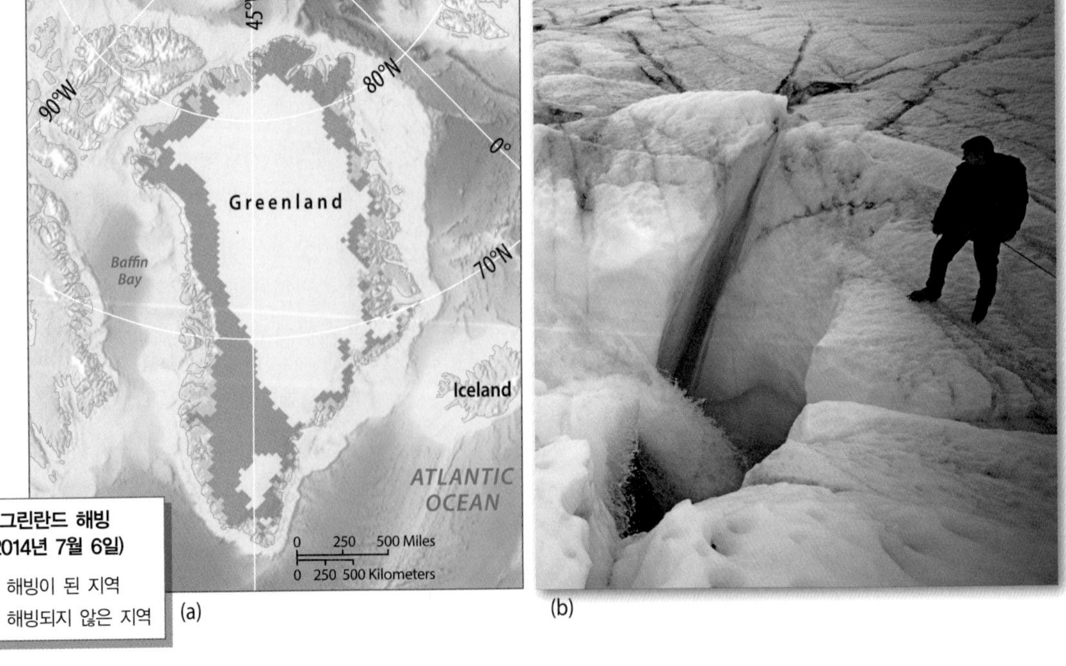

그림 2.17 **그린란드 섬 빙하의 해빙** (a) 지구 온난화 문제의 한 가지는 내륙의 산악 빙하와 극지방의 빙하가 녹아 해수면이 크게 상승한다는 것이다. (b) 빙하 연구 학자가 그린란드 빙하를 관찰하면서 해빙의 현상을 연구하는 모습이다.

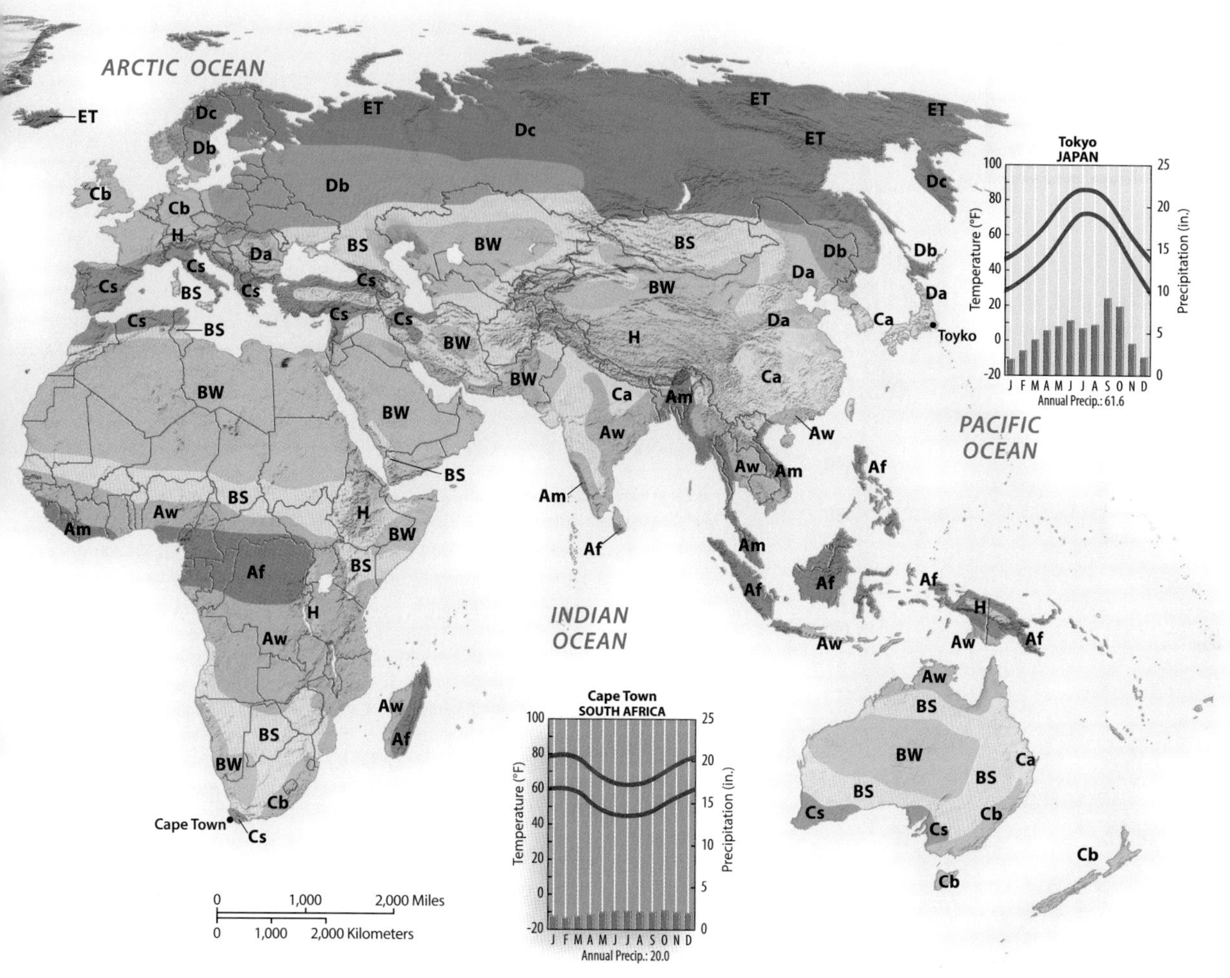

것으로 예측하고 있다. 이러한 변화는 3만 년 전 북아메리카와 유럽 대부분을 뒤덮었던 빙하기의 빙하에 의해 초래된 냉각과 같은 수준의 온도 변화 수치이다. 온실 가스 배출을 줄이기 위한 국제적인 대책이 없을 경우, 지구 온도 증가는 2100년까지 두 배에 이를 것이라고 예측되고 있다. 이로 인해 극지방 빙하와 빙상뿐만 아니라 대륙 산악 빙하의 해빙으로 해수면의 수위가 높아질 것이다. 금세기 말에 해수면이 약 1.4m 정도 상승될 것으로 보고 있다 (그림 2.19; 글로벌 연결 탐색 : 남극, 과학 대륙 참조).

온실 가스 배출 제한을 위한 국제적 노력 기후학자들은 오래전부터 인간의 화석연료 사용으로 인해 자연적 온실 효과가 심각해지는 현상을 경고해 왔다. 그 결과 1988년에 UN은 국제기후변화위원회(IPCC)를 만들어 지구 온난화에 대해 공동으로 연구하기 시작했다. 국제 과학자 단체는 기후 변화에 관한 학문적 평가 보고서를 주기적으로 발표해 오고 있다. 기후변화위원회의 첫 번째 보고서 AR1이 1990년에 보고되었고, 2014년에 AR5가 발표되었다. 이 보고서는 온실 가스 배출량을 줄이지 않을 경우 심각한 기후 변화가 초래되어 연중 가장 더운 시기에 야외 활동을 하는 사람들에게 좋지 않은 영향을 미칠 뿐만 아니라 일부 동·식물종의 멸종, 도서 국가와 주요 도시의 침수, 식량 부족 및 난민 발생 등 심각한 위기에 놓일 수도 있다는 내용을 담고 있다. 더욱이 온실 가스의 배출이 계속된다면 장기적으로 기후 체계의 모든 요인에 영향을 끼쳐 지구 온난화는 지속되고 생태계 및 인류는 심각한 문제에 봉착하게 될 것이다.

온실 가스 배출을 줄이기 위한 국제적인 노력은 1992년에 시작되었다. IPCC의 첫 번째 보고서가 제출된 직후 전 세계 167개 국가는 브라질 리우데자네이루에서 회의를 갖고 온실 가스 배출량을 줄이기로 한 리우 협약에 합의하였다. 리우 협약에 서명한 국가 중 한 국가도 온실 가스 배출을 줄이기 위한 목표치를 달성하지 못했기 때문에 1997년 일본의 교토에서 국제 조약을 제정하기 위한 회의가 개최되었다. 이 회의에서 30개의 서구 선진국은 2012년까지 온실 가스 배출량을 1990년 수준 이하로 감소시키는 데 합의하였다. 자율적인 리우 협약과 달리, **교토 의정서**(Kyoto Protocol)는 국제법으로 강제력을 지니며, 감축 목표치를

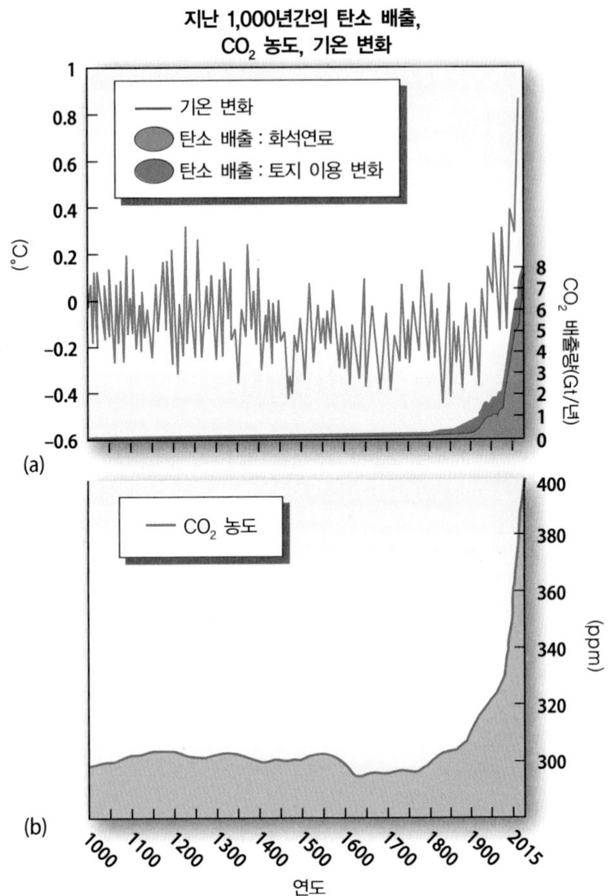

그림 2.18 **이산화탄소량의 증가와 기온 변화** 두 그래프에서 볼 수 있듯이, 대기 중 CO_2의 급격한 증가와 세계 연평균 기온의 상승과는 깊은 상관관계가 있다. 약 1,000년 전 대기 중의 CO_2양과 기온은 안정적이었지만, 산업이 발달해서 화석연료(석탄과 석유)의 사용량이 급증하면서 크게 상승하고 있다.

그림 2.19 **해수면 상승** 지구 온난화의 결과 극지방 빙하의 해빙과 해수의 열팽창으로 인해 해수면이 상승한다. 기후 온난화의 현재 추세 속에서 해수면은 2100년까지 약 1.4m 상승할 것으로 예측된다. 이러한 상승으로 전 세계 연안의 저지대 지역은 침수가 될 것이다. 이 사진은 해수면이 상승하여 어려움을 겪고 있는 방글라데시의 삼각주 지역 주민의 모습이다.

달성하지 못한 국가에 대해서는 제제 조치가 내려지게 되어 있었다. 서명 당시 30개 서명 국가의 온실 가스 배출량은 전 세계 비중의 60% 이상을 차지하고 있었다. 반면 중국과 인도와 같은 개발도상국은 교토 의정서의 배출량 규제를 받지 않았다.

그러나 모든 것이 교토 의정서의 합의대로 진행되지는 않았다. 첫째, 가장 오염 물질 배출량이 많은 미국은 자국의 경제적 파급과 피해를 고려하여 의정서 비준에 반대하였다. 게다가 배출량 규제를 받지 않는 중국의 온실 가스 배출량이 2005년부터 미국을 앞지르게 됨에 따라 배출량 감소를 위한 국제 프로그램에 개발도상국들도 동참해야 한다는 요구가 제기되었다(그림 2.20).

교토 의정서가 2012년에 만료됨에 따라 새롭고 더욱 포괄적인 협약이 필요하게 되었지만, 교토 의정서가 2015년까지 연장되고

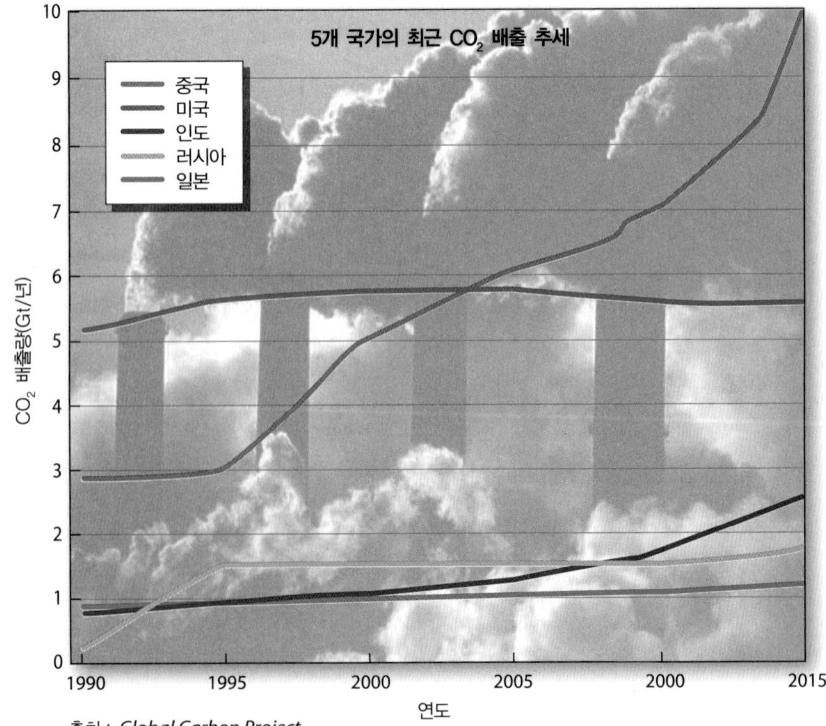

출처 : *Global Carbon Project*

그림 2.20 **이산화탄소 배출량 수위 국가들의 배출량 추이** 중국에서는 수백 개의 새로운 석탄 화력 발전소가 가동 상태가 됨에 따라 연간 CO_2 배출량은 계속 증가하고 있다. 대조적으로, 미국에서는 발전소 연료가 석탄에서 천연가스로 전환되고 있기 때문에 이산화탄소 배출량은 최근에 안정화되고 있다. 구소련의 붕괴 이후 러시아의 배출량은 안정적인 추세이지만, 다소 의문의 여지가 있다. Q : 중국, 미국, 인도의 이산화탄소 배출량 감축 계획의 공통점과 차이점은 무엇인가?

글로벌 연결 탐색

남극, 과학 대륙

Google Earth (MG) Virtual Tour Video: http://goo.gl/nU1gfO

기후 변화 시대에 극지방이 주목을 받고 있다. 왜냐하면 북극과 남극에 우리의 미래가 달려 있기 때문이다. 극지방의 해빙에 따라 전 세계적으로 저지대와 섬들이 얼마나 빨리 침수될 것인지 결정될 것이다. 극지방의 빙하와 담수는 해양 순환 패턴을 변화시킬 것이며, 이는 지구의 중위도 지역의 기후와 기상 상황을 크게 바꾸어놓을 수 있다.

세계화는 국가 간의 경제적 경쟁이 격화되기 때문에 종종 비판을 받는다. 반면, 전 세계 72개국이 과학적 연구를 위해 남극 대륙 조약 시스템(ATS)에 함께 참여하면서 남극 대륙은 국제 협력의 실천 장이 되고 있다. 더욱 놀라운 사실은 이 국제 협약이 1959년 구소련과 미국을 비롯한 세계 초강대국들 간의 냉전 시대에 체결되었다는 점이다. 당시 12개국이 남극 조약에 서명했는데, 이 조약은 영토, 광업, 군사 기지 등으로부터 남극을 보호하고, 국제 과학 연구 중심지로 설정하기 위한 것이었다. 오늘날 이 남극 조약에는 50개의 정회원국과 22개의 준회원국이 가입해 있다.

자연지리 남극은 세계에서 다섯 번째로 큰 대륙이며, 면적은 오스트레일리아의 약 두 배 정도이다. 남극 대륙은 거대하면서도 지리적으로 최상급의 수치도 많이 나타낸다. 즉, 가장 한랭 건조하며, 바람이 많이 불고, 평균 고도가 가장 높은 대륙이다. 남극의 연평균 기온은 -57℃이며 연평균 강수량은 165mm에 불과하다. 그리고 풍속 냉각 지수가 현저히 낮기 때문에 시간당 80~95km의 바람이 끊임없이 분다. 남극 반도 지역만 여름철에 결빙되지 않는다.

남극 대륙의 지형은 매우 단순하다. 대륙 동서 양쪽에 2개의 주요 빙상이 발달해 있으며, 큰 산맥으로 구분된다. 남극 대륙의 대부분을 덮고 있는 빙상은 평균 깊이가 2,400m이지만 가장 두꺼운 부분은 5,000m에 달하는 곳도 있다. 빈슨 산은 해발 4,892m로 가장 높은 지점이다. 또한 몇 개의 거대한 연안 빙붕이 인근 해양 수역까지 뻗어 있다.(그림 2.2.1).

얼음 연구소 남극은 과거부터 원주민이 거주한 적이 없는 대륙이다. 실제로, 대륙 전체에서 가장 친숙한 생명체는 펭귄이다. 이 점이 남극 대륙을 지구상의 다른 어떤 장소보다도 청정하고 순수하게 만든다. 따라서 대기 오염의 영향을 받지 않고 지구의 대기를 조사하는 데 완벽한 조건을 갖추고 있다.

남극 조약이 체결된 직후, 영국의 남극 연구소는 대기상의 오존층을 모니터링하기 시작하여 심각한 오존층 파괴 현상을 밝혀내기도 했다. 오존층은 태양 에너지의 유해한 자외선을 차단하여 지구의 생명을 보호하는 기능을 하는데, 이러한 상층 대기에서 오존층이 파괴된 것이다. 과학자들은 남극 대륙의 오존층

그림 2.2.1 남극 대륙 남극 대륙의 대부분을 구성하는 동 · 서 빙상과 두 빙상을 분리하는 남극 산맥. 미국 남극 연구소인 맥머도 기지는 빅토리아 랜드 북쪽의 작은 지점에 있는 로스 빙붕의 남동쪽에 위치하고 있다.

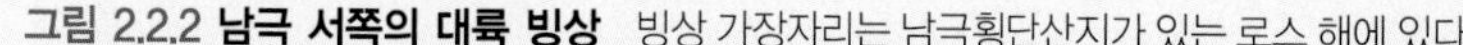

그림 2.2.2 남극 서쪽의 대륙 빙상 빙상 가장자리는 남극횡단산지가 있는 로스 해에 있다.

에 커다란 구멍이 있음을 발견했다. 이 구멍은 상부 대기로 흘러든 특정 화학 물질과 오존이 반응함으로 인해 놀라운 속도로 커졌다는 것이다. 이 연구는 1989년 몬트리올 의정서가 체결되는 데 주요한 요인으로 작용했으며, 국제 협약의 결과로 오존층을 파괴하는 스프레이와 냉매 사용이 금지되었다. 이 조약은 현재까지 국제 과학 연구 및 국제법률 협력의 전형적인 모델로 알려져 있다.

오늘날 남극에서 행해지는 국제 과학의 대부분은 기후 변화에 초점을 두고 있다. 예를 들어, 대륙의 거대한 얼음층에서 추출한 얼음 덩어리는 북반구의 그린란드에서 추출한 얼음 덩어리보다 거의 일곱 배나 더 오래가며, 약 80만 년 전의 과거 기후에 관한 귀중한 정보를 제공해 준다.

남극 대륙은 지구의 과거 기후에 대한 단서를 제공할 뿐만 아니라 대륙의 빙상(그림 2.2.2)이 녹아 없어질 가능성 때문에 현대의 기후 변화 시나리오에서 중요한 역할을 한다. 대륙의 빙상이 녹을 경우 지구의 해수면은 약 33m 이상 높아지게 되고, 이로 인해 해안 연안은 침수될 것이다. 그러나 이러한 재앙은 하룻밤 사이에 발생하지는 않을 것이다. 왜냐하면 빙하의 해빙 과정은 단기간 내에 일어나지 않기 때문이라고 과학자들은 말한다.

1. 남극 대륙에서 가장 높은 해발고도는 얼마인가? 그곳도 얼음층으로 덮여 있는가?
2. 과학자들은 어떻게 남극 빙상의 해빙을 측정하는가?

새로운 과정은 아주 더디게 준비되었다.

2014년에 UN은 교토 의정서와 같은 '하향적' 방식과는 대비되는 다른 방식의 '상향적' 온실 가스 배출 규제 협약을 새롭게 준비하기 시작하였다. UN은 세계 모든 국가에게 자국의 경제와 사회 구조에 맞춰 현재의 기후 변화에 대처할 수 있는 방식을 제출하도록 했다. 이러한 과정을 통해 각 국가는 온실 가스 배출을 줄이려는 국제적 목표에 맞게 정책적 유연성을 가지게 되었다.

'Intended Nationally Determined Contributions, INDC'로 불리는 이러한 국가 계획이 2015년 상반기에 UN 기후변화위원회에 제출되었으며, 프랑스 파리에서 12월에 개최된 기후변화협약의 기초가 되었다. 이 회의에서 새로운 온실 가스 저감에 관한 국제 협약이 체결되었다. 이 계획은 현재 세계 기후 변화에 대한 대책으로 작용하고 있다. 새로운 파리 기후변화협약으로 기후 변화 문제가 해결되지 않을 경우, 세계는 다음과 같은 조항과 조치를 취하게 된다.

파리 기후변화협약의 주요 내용 :

- 이 협약에는 선진국과 개발 도상국가를 포함한 전 세계 195개 국가가 참여하고 있다.
- 2015년 INDC로 제출된 배출량 감축에 대한 이행을 승인하고, 온실 가스 배출량 감축 목표에 도달하기 위해 매 5년마다 INDC를 개정하고 평가를 받아야 한다.
- 협약을 승인한 국가는 가능한 한 온실 가스 배출량 목표를 0으로 설정해야 한다. 이 전략에는 온실 가스 배출량을 상쇄하는 방법으로 나무를 식재하는 것이 가능하다. 이 협약의 중요한 부분은 인도와 브라질과 같은 개발도상국에서도 각 국가에 적합한 유연한 방법으로 배출량을 줄이는 데 있다(그림 2.21). 주요 관심가운데 하나는 어떻게 각 국가의 이행을 측정하고 감축 노력을 모니터하는가와 관련된 투명성의 이슈이다.
- 선진국은 2020년까지 후진국들이 기후 변화에 대응 및 적응하는 데 필요한 자금으로 1,000억 달러의 기금을 기부해야 한다. 해수면의 상승으로 침수가 우려되는 도서 국가는 이 기금을 원조받을 수 있다.

그림 2.21 **인도의 이산화탄소 배출** 인도는 최근 중국과 미국에 이어 세 번째로 이산화탄소를 많이 배출하는 국가다. 인도의 배출 추세는 향후 10년 동안 크게 증가할 것으로 예측된다. 인도는 정치적으로 국가의 경제 발전을 저해할 것이라는 두려움 때문에 배출량을 줄이는 단계를 밟기를 꺼린다. 이 사진은 인도 문다의 최대 규모의 석탄 연료 발전소 모습으로, 인도네시아에서 수입한 석탄을 주요 연료로 사용한다.

확인 학습

2.3 일사 및 재복사에 대해 정의하고, 지구 온난화 현상에 어떻게 영향을 미치는지 기술하라.
2.4 해양과 대륙 기후의 공통점과 차이점에 대해 기술하라. 차이점이 나타나는 이유를 설명하라.
2.5 기상과 기후에 영향을 미치는 지형에 대해 설명하라.
2.6 자연적 온실 효과에 대해 설명하라. 인간의 활동에 의해 어떻게 변화되고 있는지 설명하라.

주요 용어 일사량, 재복사, 온실 효과, 대륙성 기후, 해양성 기후, 극 제트 기류, 아열대 제트 기류, 계절풍, 환경기온감률, 산지 지형 효과, 단열감률 효과, 비그늘, 기후, 클라이모그래프, 기후 변화, 온실가스, 교토 의정서

생태 지역과 생태적 다양성 : 자연의 세계화

지구가 지닌 독특함 중의 하나는 대륙과 해양에 분포하는 동·식물과 같은 생태적 다양성이다. 이러한 **생태적 다양성**(biodiversity)은 지질, 기후, 수문, 생명 등이 함께 연결되어 있는 그린 글루로서 간주해야 한다. 기후 지역과 같이 세계의 생태 자원은 식물종과 동물종과 같은 자연 특성으로 정의된 **생태 지역**(bioregion)으로 폭넓게 범주화될 수 있다(그림 2.22~2.26).

인류는 생태 지역의 상호작용에서 가장 중요한 부분을 차지한다. 이러한 사례는 인간이 특별한 생태 지역인 아프리카 열대 사바나 지역에서 출현한 이후 진화해 오는 과정과 관련되어 있으며, 선사시대부터 오랫동안 동·식물종을 길들여오는 과정과 현대 농업 및 미래의 세계 식량 시스템에서 찾아볼 수 있다.

도시화와 산업화와 관련된 인간의 활동은 자연 식생 생태 지역이 더 이상 존재할 수 있을 것인가 의문이 들 정도로 자연에 엄청난 피해를 주고 있다. 초원 지역과 삼림 지역이 농경지로 바뀌게 되었고, 숲은 목재를 공급하는 장소가 되었다(그림 2.27). 또한 식량과 가죽을 얻기 위해 야생동물을 사냥하였으며 서식처를 파괴하고 있다.

그 결과 지구의 자연 세계에서 인간이 **새로운 생태계**(novel ecosystems)를 지배하는 유일한 존재가 되었다. 다음에 제시된 세 가지 주제는 세계 지역지리학의 중요한 부분으로 생태계 다양성과 생태 지역 측면에서 고려되어야 한다.

자연과 세계 경제

자연 식생과 동물은 세계 경제와 뗄 수 없는 불가분의 관계이며, 식량, 목재, 가죽 등의 형태로 공급된다. 대부분의 세계 교역이 적법하며 환경적 결과를 조절하기는 하지만 어느 정도는 불법적이면서 유해한 환경적 결과를 가져오는 경우도 있다. 불법적인 열대 우림 파괴와 보호받는 동물종의 수렵이 대표적인 사례가 된다.

기후 변화와 자연

자연 생태 지역 세계지도(그림 2.22)와 세계 기후 지역 지도(그림 2.16)가 매우 유사함을 볼 수 있다. 이러한 유사함은 주요 기후 요소인 기온과 강수량이 식물상과 동물상 분포에 매우 중요한 영향을 미치고 있기 때문이다. 그러나 오늘날 지구적 기후 변화는 세계 생태 지역 내 변화를 유발하지만, 동물과 식물은 급변하는 기후 변화에 적절하게 대응하지 못하는 점이 있다. 여기에는 또 다른 연관관계가 작용한다. 식생은 성장하는 동안에 탄소를 흡수하거나 저장하지만, 소멸되면서 이산화탄소를 배출한다. 예를 들어 장구한 시기 동안 삼림 속의 나무는 탄소의 좋은 저장고이며, 대기 배출량 감소 계획의 중요한 부분을 차지하고 있다. 그러므로 경작지나 목축지로 만들기 위해 열대 우림을 벌목하거나 태워버릴 경우 대기 중의 이산화탄소량은 증가하고, 개발도상국 경제적 전략의 논쟁 대상이 된다(**일상의 세계화 : 열대 우림과 초콜릿** 참조)

오늘날 멸종 위기

지구적 기후 변화로 인해 무시할 수 없는 현상 가운데 하나는 일부 식물종과 동물종의 멸종 위기이다. 지난 45억 년의 지구 역사상 다섯 번의 멸종 위기가 있었는데, 모든 위기 때마다 극적으로 생물학적 진화가 이루어지게 되었다. 자연적으로 기후 변화(2만 년 전 빙하기와 같은)가 일어났을 때, 동물종과 식물종은 서식처를 이동하여 적응해 왔다. 그렇지만 오늘날 지구는 인간에 의해 초래된 급속한 기후 변화로 여섯 번째 멸종 위기를 맞이하고 있다. 고속도로와 도시, 농경지 등은 동·식물 이동의 장애물이 되고 있으며, 서식 환경 훼손과 멸종 비율이 심각해지고 있다. 생태학자들은 서식지가 파괴된 결과로 매일 수십여 종의 생물이 사라지고 있으며, 2050년까지 지구 생태종의 50%가량이 사라지게 될 것으로 예측하고 있다. 또한 학자들은 지구 생태 자원의 감소는 잠재적인 재앙으로 이어질 것이라고 전망하고 있다.

확인 학습

2.7 지도를 활용하여 세계 열대 기후 지역의 생태 지역에 대해 위치를 표시하고 특성을 기술하라.
2.8 중위도 지역에 나타나는 삼림의 차이점에 대해 기술하라.
2.9 상록수림과 낙엽수림의 차이점은 무엇인가?

주요 용어 생태적 다양성, 생태 지역

그림 2.22 **세계의 생태 지역** 전 지구적 식물 생태계는 농업과 주거지 확장 및 목재와 종이 펄프 공급 등으로 개간되고 변형이 되어왔지만, 아직까지 열대 우림과 북극의 툰드라 삼림 지역은 세계적인 생태 지역이다. 각 생태 지역에서 중요한 점은 고유한 생태계가 조성되어 있다는 점이다. 또한 이 천연자원이 인간에 의해 사용되면서 보존되기도 하지만, 한편으로는 남용되는 점도 있다.

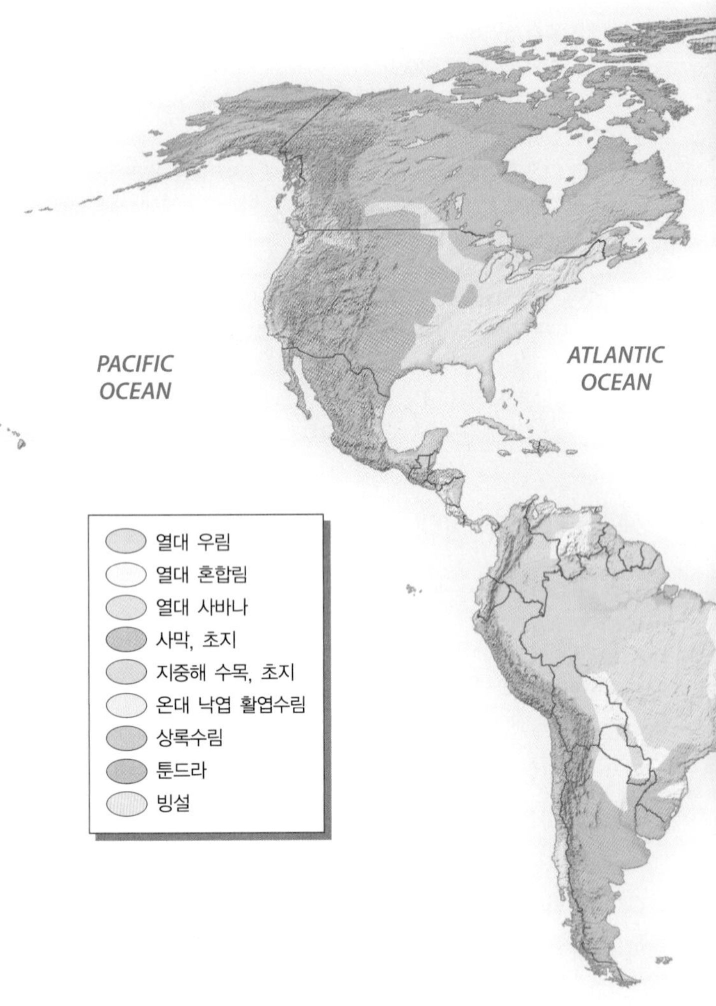

(a)

(b)

그림 2.23 **열대 우림과 사바나** (a) 열대 우림은 다수의 식물층으로 인해 일사량 차이가 만들어진다. 이러한 차이에 적응한 식물군과 동물군의 풍부한 생태계가 구성되어 있다. 이 생태계는 일 년 내내 많은 강우량에 영향을 받는다. 사진의 열대 우림은 인도네시아 보르네오이다. (b) 열대 사바나 생태계는 열대 우림보다 밀도가 낮다. 왜냐하면 우기와 건기로 나뉘어 강수량이 적기 때문이다. 그 결과 초원 지대가 넓게 발달하며 초목은 우림보다 적게 분포한다. 사진은 탄자니아의 유명한 세렝게티 국립공원 모습이다.

그림 2.24 **열대 우림 지역의 삼림 파괴** 인간은 경작과 가축 사육을 위해 열대 삼림을 파괴한다. 사진은 라오스 남부 지역에서 경작하기 위해 삼림을 제거하는 모습이다. 열대 우림을 태우면 농작물 경작과 가축 사육을 위한 목초지를 만들 수 있으며 작물에 영양분을 공급할 수 있다.

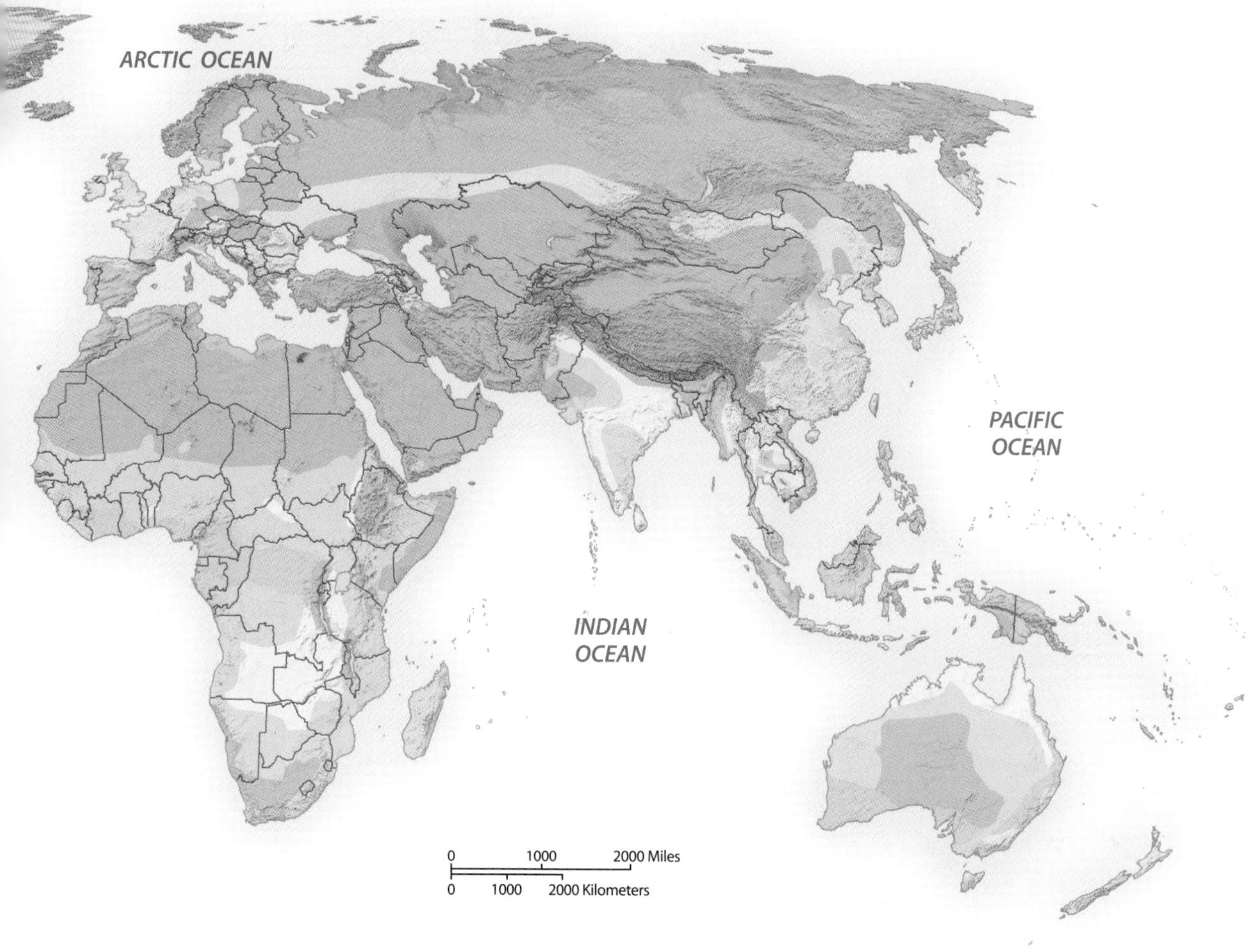

ARCTIC OCEAN

PACIFIC OCEAN

INDIAN OCEAN

0 1000 2000 Miles
0 1000 2000 Kilometers

그림 2.25 **사막과 스텝** (a) 북반구와 남반구에는 회귀선에서 극 방향으로 사막 지역이 발달해 있다. 기후도에서 이들 지역은 아시아(고비 사막), 아프리카, 북아메리카, 남아메리카 및 오스트레일리아에 위치하고 있다. (b) 사진 속의 목초지는 몽골 초원이다. 이 지역은 강우량이 일반적으로 254~381mm로 사막 주변부에 위치한다.

(a)

(b)

(a)

(b)

그림 2.26 **상록수와 낙엽수** (a) 상록수는 대개 잎이 아닌 뾰쪽한 바늘 모양으로 연중 내내 잎이 계속 남아 있어 '상록수'라고 부른다. 대부분의 상록수는 부드러운 재질로 구성되어 있어서 연목이라고도 부른다. 이 사진은 캐나다 브리티시컬럼비아에 있는 상록수 숲이다. (b) 상록수와 대조되는 것은 겨울철에 나뭇잎을 떨어뜨리는 낙엽수이다. 낙엽은 기온이 낮은 겨울에 나무가 추위를 견디기 위한 생리 조절 때문에 발생한다.

일상의 세계화

열대 우림과 초콜릿

여러분이 먹는 초콜릿 바의 원재료는 열대 우림으로부터 나온다. 코코아가 어떻게 자랐는지에 따라 여러분들이 원하는 단맛을 충족시킬 수도 있고 열대 우림을 파괴할 수도 있다. 초콜릿의 주요 성분인 코코아는 적도 밀림에서 자라고 있는 카카오 나무의 열매에서 나온다. 이 나무는 주로 가나를 비롯한 아프리카, 남아메리카의 아마존 분지에 분포한다. 원래 열대 우림의 그늘에서 자라지만 끊임없이 증가하는 초콜릿 수요를 충족시키기 위해 카카오 나무는 이제 열대 우림 지역의 나무가 제거된 햇빛 아래서 짧은 기간 동안 재배된다. 이러한 카카오 재배법으로 인해 아프리카 열대 우림이 심각하게 파괴되고 있다.

그러므로 초콜릿 애호가는 열대 우림을 위해 무엇을 해야 하는가? 쉬운 방법 : 30초 동안 캔디 바 라벨을 읽고 자연 상태의 그늘에서 자랐는지 또는 카카오 농장에서 재배되었는지 확인할 수 있을까? 그것은 당신에게 달려 있다.

1. 열대 우림에서 나온 다른 작물을 확인하고, 그 작물 재배가 숲에 어떤 영향을 미치는지 설명하라.
2. 당신은 어떤 방식으로 초콜릿을 먹는가? 그 코코아는 어디서 재배되었는가?

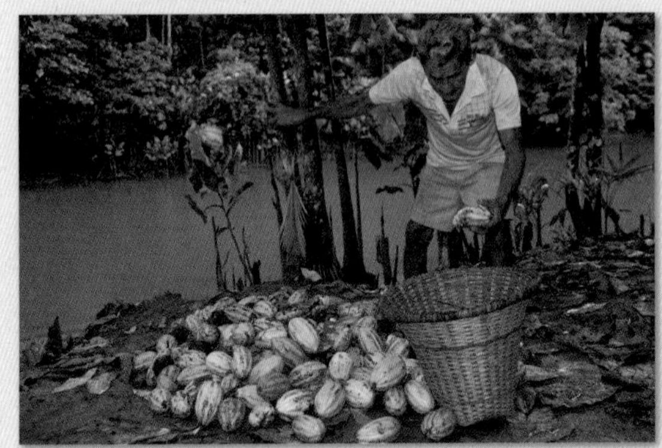

그림 2.3.1 지속 가능한 코코아 농부가 브라질 아마존 지역의 농장에서 수확된 코코아 열매를 분류하고 있다.

그림 2.27 **삼림 벌채** 북반구의 상록수 삼림은 세계의 목재, 펄프 생산의 원천으로 제공된다. 캐나다 브리티시컬럼비아의 항공사진에서 볼 수 있듯이 이 지역은 목재 생산의 효율을 높이기 위해 삼림 종묘장을 관리하고 있다. 이 삼림은 막대한 양의 이산화탄소를 저장하는 곳인데, 목재의 절단과 분쇄 과정에서 이산화탄소가 대기 중으로 방출된다. 또한 삼림 벌채로 인해 야기되는 물리적 · 환경적 영향으로 삼림 보호를 위한 논쟁이 끊임없이 일어난다.

물 : 부족한 세계의 자원

물은 모든 생명의 중요한 부분이다. 지구상의 물 분포는 지역마다 차이가 크다. 어떤 지역에서 풍부하지만 어떤 지역에서는 부족 사태를 겪고 있다. 현재 약 10억 명의 인류가 물을 안정적으로 공급받지 못하고 있다. 물과 관련된 이슈는 단순하게 습윤 또는 건조 환경이 나타나는 세계의 다양한 기후의 영향으로 볼 수 없다. 이 문제는 국지적인 스케일에서 세계적인 스케일에 이르기까지 복잡한 사회 · 경제적인 요인에 의해 발생하고 있다.

지구는 사실 지표면의 약 70%가 물로 이루어진 행성이다. 세계 수자원의 약 97%는 바닷물이고 약 3%만이 담수이다. 이 작은 비율의 담수 중에서도 70% 이상이 극 빙하나 내륙의 산지 빙하 형태로 존재하고 있다. 게다가 세계 담수의 거의 30% 정도는 지하수 형태이다. 세계 담수의 약 1% 정도만이 하천이나 호수 형태로 지표에 분포하고 있다.

담수의 제한된 양을 합산해 보는 또 다른 방법은 전체 지구의 물을 100리터로 간주하여 살펴보는 것이다. 지구 전체의 물 중에서 담수는 3리터에 불과하며, 인간이 사용할 수 있는 물의 양은 약 0.003리터로 티스푼의 절반에도 미치지 못하는 양이다.

수자원 관리자들은 **수자원 스트레스**(water stress) 또는 물 부족 개념을 사용하며 물 문제가 발생하고 있거나 향후 발생하게 될 지역을 지도에 표시한다(그림 2.28). 수자원 스트레스 데이터는 현재와 장래 인구의 수요와 관련하여 사용할 수 있는 담수의 양을 환산하여 만들어진다. 북부 아프리카 지역은 수자원 스트레스가 가장 심한 지역이다. 수문학자들은 2025년에 아프리카 인구의 3/4이 물 부족 문제를 겪을 것으로 예견하고 있다. 또한 중국과 인도, 동남아시아의 여러 지역은 물론 유럽의 몇 개국에서도 이 문제에 봉착할 것으로 보고 있다. 비록 기후 변화로 인해 세계 일부 지역에서는 강수량이 증가할 수도 있지만 지구 온난화로 인한 증발량의 증가로 인해 지구의 물 문제는 더욱 심각해질 것으로 과학자들은 예견하고 있다.

하수 처리

깨끗한 물을 사용할 수 없는 곳에서는, 사람들이 더러운 물을 일상생활 용수로 사용한다. 이로 인해 질병 발병률과 사망률이 높아지는 결과를 가져온다. UN 보고서에 따르면 세계 병원의 병상에 있는 환자의 절반가량은 오염된 물로 인해 질병이 발생한 환자인 것으로 보고되고 있다. 더욱이 해마다 오염된 물로 인한 사망자 수는 전쟁 또는 사고에 의한 사망자 수보다 많은 것으로 밝혀지고 있다. 오염된 물로 사망하는 사람들 중에는 후진국의 영유아나 아동이 높은 비중을 차지하는데, 이들은 오염된 물에 대한 저항력이나 면역력이 약하기 때문에 사망하는 경우가 많다. 유엔아동기금(UNICEF)의 발표에 따르면 하루에 약 4,000여 명

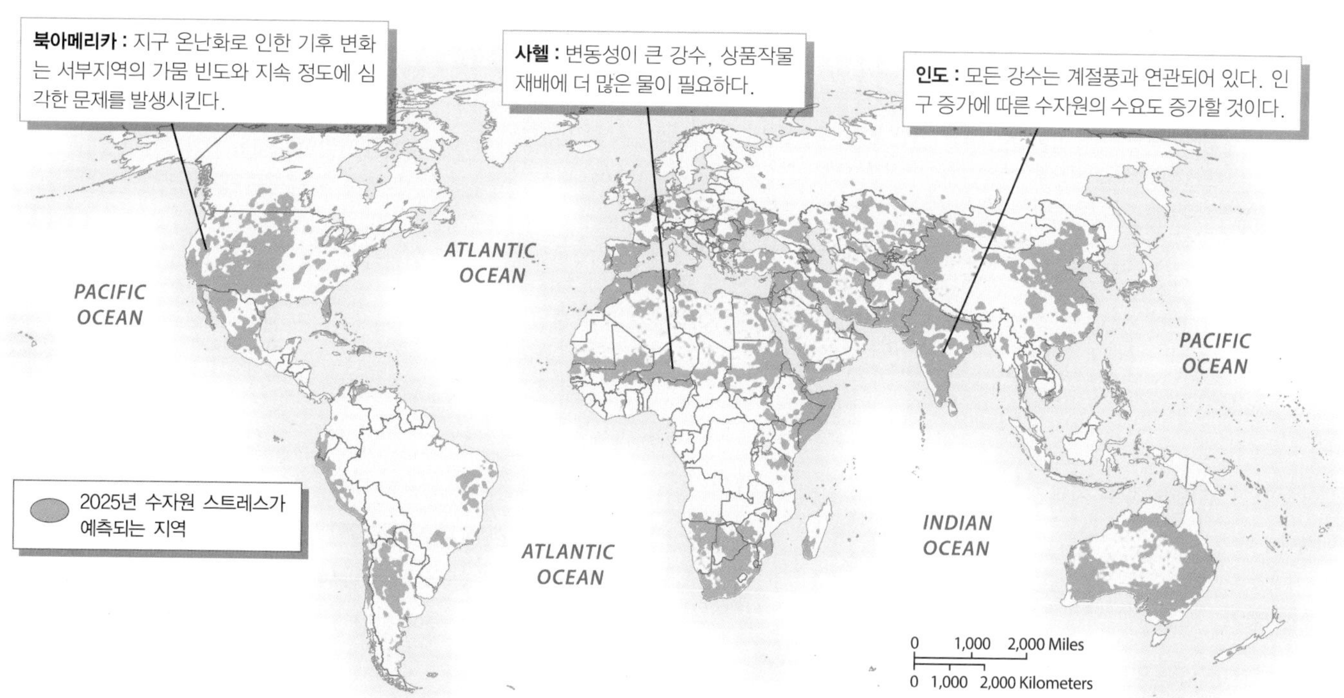

그림 2.28 **세계의 수자원 스트레스** 이 지도는 2025년 심각한 물 부족 문제가 발생할 것으로 예측되는 지역을 보여준다. 가뭄과 강우량 변동이 수자원 스트레스의 주요 원인이지만, 물 공급과 접근을 제한하는 다른 사회 · 경제적 요소도 원인이 될 수 있다. 즉, 북아메리카의 서부, 지중해, 아프리카의 사헬, 남부 아시아 지역의 물 부족 문제는 지구 온난화와 기후 변화로 인한 강수량 감소나 불안정한 강수량과 관계되어 있다.

지속 가능성을 향한 노력
개발도상국에서의 여성과 물

Google Earth (MG) Virtual Tour Video https://goo.gl/oz3E31

대부분의 개발도상국에서 여성과 어린이는 물 문제로 인한 부담을 지고 있다. 어린이는 수인성 질병에 가장 취약할 뿐만 아니라 성인 여성(어머니, 숙모, 할머니, 자매)은 바쁜 하루 일과에도 아픈 어린이를 간병까지 해야 한다.

더 나아가, 대부분의 여성들이 우물이나 하천에서 집안까지 물을 길어온다. 모든 사람들은 수분 공급, 요리, 위생을 위해 하루에 약 18리터의 물을 소비한다. 따라서 가족 수만큼 필요한 물을 매일 길어야 한다. 또한 여성과 어린이는 가족이 먹을 음식을 만드는 데 필요한 물을 길어 와야 한다.

개발도상국 농민 인구의 1/3은 거주지가 수원지로부터 1km 이상 떨어져 있다. 여성들은 물 공급을 위해 하루 일과 중 약 25%를 소비한다. 최근 UN 조사에 따르면 사하라 사막 이남 아프리카에서는 1년에 약 400억 시간이 물을 모으고 운반하는데 소비되는 데, 이는 프랑스 전체 근로자가 1년 동안 소비한 시간과 같다.

시간 소비 외에도, 물은 무겁고 대부분은 손으로 운반한다. 아프리카에서는 150리터의 용기가 일반적이다. 인도 북서부 여성들은 운반 횟수를 줄이기 위해 머리에 20리터 용기 여러 개를 이고 운반하고 있다(그림 2.4.1). (150리터는 일반적인 여행에서 항공사가 허용하는 가방의 무게에 해당한다.) 수년간 용수를 운반한 여성은 일반적으로 만성적인 목과 허리 통증을 앓고 있다. 그리고 출산을 어렵게 하는 문제를 낳기도 한다. 또한 소녀들은 물 운반으로

그림 2.4.1 **머리에 물 항아리를 이고 있는 인도 여성**

인해 종종 학교 교육을 방해받아 중퇴율이 높아져 물 운반은 여성 문맹률을 높이는 원인이 되기도 한다.

해결책을 향해 : 물 운반 도구 미시간 대학교 엔지니어링 신시아 코닉(Cynthia Koenig)은 인도 북서부 반 건조 지역에서 물을 운반하는 여성들의 문제를 연구한 후, 50리터의 물을 운반할 수 있는 웰로 워터휠(Wello WaterWheel)을 발명했다. 인도의 일부 지역에서는 여성들이 물을 운반하는 데 주당 42시간을 써야 했는데, 웰로 워터휠은 이 시간을 주당 7시간으로 줄였다

그림 2.4.2 **물 운반 도구를 사용하는 여성**

(그림 2.4.2). 이 운반 도구를 사용하게 되면서 물을 운반해야 했던 여학생들의 학교 중퇴율도 감소했다. 현재 비영리 단체인 웰로는 뭄바이 공장에서 워터휠을 만들어 인도 시골 가정에 20달러에 제공하고 있다. 작년에 국제 원조 기구가 수천 개의 웰로 워터휠을 구입해 인도 라자스탄 마을에 기증함으로써 지속 가능한 실천을 수행하였다.

1. 마을의 여성과 어린이들이 물 공급의 책임으로부터 벗어나게 할 때 발생하는 사회적 비용에 대해 열거하라.
2. 여성과 어린이가 물을 원거리에서 길어 오는 대신에 깨끗한 물을 쉽게 이용할 수 있도록 하는 사회적 혜택에 대해 열거하라.

의 아동들이 부족한 하수 처리시설과 오염된 물로 인해 사망하고 있다.

수자원 평가

정의에 따르면 자원은 희소하며, 자원에 대한 접근 또한 불확실하다. 수자원의 경우도 여러 형태의 어려움이 있다. 예를 들어 가족들이 하루에 사용할 물을 짊어지고 나르는 여성이나 아동은 멀리 떨어진 우물이나 펌프가 있는 곳까지 가서 긴 줄을 서서 물을 받아야 한다(**지속 가능성을 향한 노력 : 개발도상국에서의 여성과 물**). 작물에 물을 주는 것도 사람의 노동력을 써서 하게 되는데, 어떤 지역에서는 사람들이 식량 자체로부터 얻는 만큼의 칼로리를 작물에 물을 주는 데 고스란히 사용하고 있다는 연구 결과도 있다.

최근 사람들에게 깨끗한 물을 제공하기 위한 국제적 노력은

수자원과 관련한 문제를 더욱 악화시키는 결과를 가져오기도 했다. 역사적으로 국가 내의 물 공급은 공식적이든 비공식적이든 공공 자원의 성격으로 관리되고 조절되어 왔다. 그러나 지난 10여 년 동안 세계은행과 국제통화기금(IMF)은 개발도상국에 경제적 원조 또는 차관을 제공하는 조건으로 수자원의 민영화를 촉구하였다. 이 기구의 목적은 물은 깨끗하고 건강하다는 확신을 갖게 하는 것이었다. 그렇지만 실제로는 현대적 수자원 관리 방식으로 전통적인 수자원 시스템을 개선하는 데 투자한 비용을 회수하려는 국제적인 기술 기업으로 인해 역효과가 발생하였다. 비록 사람들이 깨끗한 물을 가까운 곳에서 쉽게 사용할 수 있게 되었지만, 비싼 사용료를 낼 수 없는 사람들은 오염된 물을 계속 사용해야 되는 문제에 놓이게 되었다.

예를 들어 볼리비아의 코차밤바에서는 수자원 시스템의 민영화로 인해 지난 15년 동안 약 35%의 비용이 상승하게 되었다. 이로 인해 주민들의 강렬한 시위와 비극적인 사태가 발생하기도 했다. 결국 이 지역의 수자원 시스템은 공공재로 전환되었다. 오늘날, 도시 인구의 약 40%는 여전히 물 부족 문제를 안고 있다.

확인 학습

2.10 지구상에 있는 물은 얼마나 되는가? 인간이 사용할 수 있는 물의 양은 얼마나 되는가? 지구상의 물을 100리터로 환산하여 수자원의 유형별로 계산하라.

2.11 수자원 스트레스의 주요 원인이 되는 세 가지 이슈에 대해 기술하라.

2.12 수자원 스트레스가 가장 극심한 지역이 어디인지 말해보라.

주요 용어 수자원 스트레스

세계의 에너지 : 필수적인 자원

세계는 에너지에 의해 작동한다. 태양 빛이 동력으로 자연 세계에 비춰지지만, 현대 인간 세계를 움직이게 하는 에너지는 매우 불균등하게 분포하고 있으며 이를 이용하기 위해서는 복잡한 기술이 필요하다. 또한 이러한 주요 자원을 이용하기 위해서는 탐사, 채굴, 운송 과정 등이 필요하며 경제적 · 환경적 · 지정학적 다이나믹이 복합적으로 작용하고 있다(그림 2.29).

재생 불가능 에너지와 재생 에너지

에너지 자원은 일반적으로 재생 불가능 자원과 재생 자원으로 구분된다. **재생 불가능 에너지**(nonrenewable energy)는 다시 보충되는 속도보다 훨씬 빠르게 소비되는 자원으로 석유, 석탄, 우라늄, 천연가스 등이 있다. **재생 에너지**(renewable energy)는 자연 과정에서 항상 재생되는 자원으로 물, 바람, 태양 에너지 등이 포함된다. 현재 세계적으로 약 91% 정도가 재생 불가능 에너지로부터 동력을 얻고 있다. 반면 약 9% 정도를 재생 에너지로부터 얻고 있는데, 재생 에너지의 사용 비율은 온실 가스 배출량 규제와 더불어 급속하게 증가하고 있는 추세이다. 일반적으로 석유, 석탄, 천연가스가 탄소를 함유하고 있기 때문에 '더러운' 연료로 인식되고 있고, 반면 재생 에너지는 사용되면서 온실 가스를 배출하지 않기 때문에 '깨끗한' 것으로 받아들이고 있다. 더러운 연료 가운데 석탄이 가장 심각하게 오염 물질을 배출하는데, 천연가스가 배출하는 이산화탄소량은 석탄에 비해 약 60% 정도에 불과하다.

그림 2.29 **북아메리카 지역의 석유 수송** 수압 파쇄 기술은 소비자에게 낮은 연료 가격으로 혜택을 주기는 했지만, 북아메리카 석유 공급 과잉을 초래했다. 내륙 지역에서 생산된 석유는 주로 연안 지역에 위치한 정제소로 운반해야 하는데, 이 과정에서 오일을 안전하게 운송하는 데 어려움이 있다. 파이프라인을 통해 북아메리카 지역의 많은 석유가 이동되지만, 철도로 운반하는 경우 철도 정체, 기름 유출, 소음 및 교통 문제 등을 초래한다. 사진은 석유를 운반하는 철도 차량이 미주리 주 캔자스 시 교외를 빠져나가고 있는 모습이다.

지구적 차원에서 석유와 석탄은 주요 연료로서, 에너지 사용량 비중에서 각각 약 36%와 약 33%를 차지한다. 천연가스의 비중은 약 26%이며, 원자력은 약 5% 정도를 차지한다. 최근 추세를 보면 환경 보호 차원에서 석탄 소비보다 천연가스의 소비량이 증가하고 있다. 그러나 북아메리카의 석탄 가격이 하락하면서 몇 개 국가에서는 석탄의 소비가 증가하기도 했다.

화석연료의 부존량, 생산량, 소비량

이 단원의 시작 부분에서도 언급되었듯이, 판구조론과 지질적 힘의 복합체는 수백만 년에 걸쳐 과거의 경관을 형성해 왔다. 그 결과 화석연료는 전 세계적으로 균등하게 분포하지 않으며, 특정한 지역에 특별한 지질적 형태로 분포해 있다. 따라서 이 자원의 국제적인 수요와 공급 패턴은 아주 복잡하게 나타난다. 부록의 표 A2.1에서 세계 에너지의 부존량, 생산량, 소비량에 관한 세계지리 내용을 살펴볼 수 있다. 이 표에는 석유, 석탄, 천연가스의 자원이 매장되어 있는 곳, 자원을 채굴하고 생산하는 국가, 주요 소비 국가 등의 내용이 포함되어 있다. 세계 에너지에 대한 보다 자세한 내용은 이 책의 각 지역 단원에 언급되어 있다.

화석연료를 채굴하는 높은 수준의 기술적 난이도 때문에 에너지 산업은 석유, 석탄, 천연가스에 대해 현재의 경제적 · 기술적 조건으로 분포하거나 채굴 가능한 량을 측정하는 **입증된 부존량**(proven reserves) 개념을 사용한다. 이러한 정의에서 중요한 요소는 '현재의'라고 할 수 있는데, 이유는 자원 채굴과 관련된 경제적 · 법률적 · 환경적 · 기술적 상황이 급변하기 때문이다. 예를 들어 세계 시장에서 석유 가격이 상승한다면, 상대적으로 채굴 비용이 많이 드는 석유 자원도 이윤이 발생하게 됨에 따라 채굴된다. 따라서 석유 매장량은 줄어들게 될 것이다. 반대로 석유 가격이 낮아지게 된다면, 다만 쉽게 접근할 수 있으며 알려져 있는 부존량으로만 남게 될 것이다.

화석연료의 시장 가격은 지속적으로 변화할 뿐 아니라 자원 탐사 및 채굴 기술 또한 계속 발달하기 때문에 알려진 부존량은 바뀌게 된다. 최근 **수압 파쇄**(hydraulic fracturing) 방법이 개발되면서 셰일 암석층에 있는 석유 및 가스의 채굴이 가능하게 되었다(그림 2.30). 현재 북아메리카에서 수압 파쇄 방법으로 석유 및 천연가스 공급이 증가하면서 이전 전통적인 산유국인 러시아, 사우디아라비아, 베네수엘라가 경제적으로 위협을 받고 있다. 2015년 초 전통적인 산유국들은 석유 가격을 떨어뜨리면 북아메리카 셰일 석유 사업이 파산할 것으로 기대하기도 했다. 그렇지만 2015년 후반기에도 그러한 일은 발생하지 않았으며, 여전히 석유 가격은 낮게 유지되고 있다.

그림 2.30 **수압 파쇄** 이 그래픽은 수압 파쇄를 통해 석유 및 가스를 채굴하는 방법을 설명한다. 수압 파쇄 방법은 담수를 이용하기 때문에 지하수 오염 가능성, 폐수 처리 문제, 소음으로 인한 불쾌감 등 보이지 않는 환경 문제를 가져올 수 있다. 또한 이 방법은 특정 지질 구조에서 지진을 유발할 수도 있다.

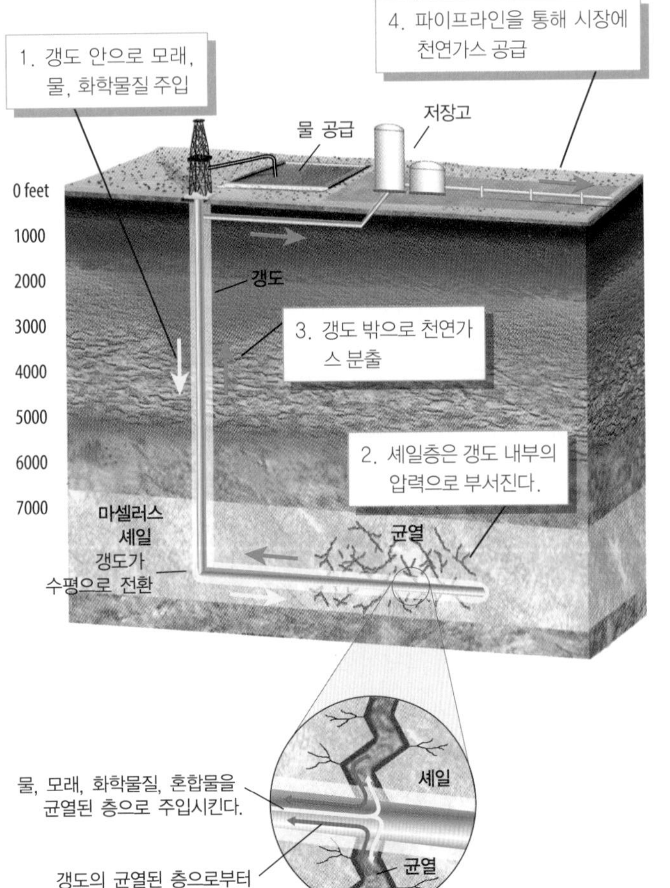

재생 에너지

재생 에너지 자원은 그 에너지를 소비한 것보다 더 빠르게 자연적으로 다시 채워지는 특성을 가지고 있다. 바람, 태양광이 좋은 사례가 된다. 재생 에너지 자원에는 바람, 태양광, 수력, 지열, 조력, 바이오 연료 등이 있다. 바이오 연료는 식물의 탄소를 동력원으로 활용하는 에너지이다.

태양광, 바람, 바이오 연료 등의 활용성이 폭넓어졌음에도 불구하고 재생 에너지는 세계 전체 에너지 사용량에서 약 9%밖에 차지하지 않는다. 하지만 몇 개 나라에서는 중요한 동력원으로 재생 에너지를 활용하고 있다. 예를 들어 아이슬란드에서는 풍부한 수자원과 지열 에너지로 인해 재생 에너지 이용률이 약 95%에 달하고 있다.

유럽의 선진국인 독일에서는 재생 에너지에 대한 사용을 다양하게 유도하고 있다. 풍력과 태양광 에너지 활용을 확대해 나가는 독일의 재생 에너지 이용률은 20%를 넘어서고 있다(그림 2.31). 세계에서 에너지를 가장 많이 사용하고 있는 중국은 재생 에너지 사용 목표를 1/4 정도까지 끌어올리는 계획을 추진하고 있다. 독일과 달리 중국의 재생 에너지는 풍력과 태양광이 급속히 확대되고 있기는 하지만 현재는 대부분 수력이 차지하고 있다.

풍력과 태양광이 재생 에너지로서 매력적이기는 하지만, 선결해야 할 중요한 문제를 내포하고 있다. 풍력과 태양광은 바람이 불지 않거나 날씨가 흐릴 때에는 사용할 수 없는 에너지원이다.

그림 2.31 **독일의 재생 에너지 프로그램** 독일 경제는 재생 에너지로 가동되는 세계 최초의 대규모 산업 경제이다. 10여 년 전에 실시된 첫 번째 단계는 태양력으로 전환한 가구에 인센티브를 제공하는 형식으로 태양광 산업을 지원하는 것이었다. 두 번째 단계는 풍력 발전 부문으로 에너지를 확장하는 것으로, 국가가 재생 에너지의 대부분을 공급하는 기술을 개발하고 있다. 사진은 독일 주택의 가파른 지붕에 설치되어 있는 태양열 판넬의 모습이다.

이러한 문제점을 극복하기 위해 상업적 풍력과 태양광 시설에는 에너지원 공급이 중단되어 시설이 멈춰서는 것을 막아주는 가스 발전기가 함께 설치되어 있다.

대규모 풍력 발전소와 태양광 발전소에는 간헐적인 가동 중단을 막기 위한 에너지 수요와 공급 조절 장치가 설치되어 있다. 태양 또는 풍력으로 만들어진 전력은 오래전 구축된 전력망으로 흡수되어야 한다.

마지막으로, 재생 에너지는 화석연료에 비해 개발 및 설치하는 비용이 높을 수 있다. 이는 재생 에너지는 경제적 보조금이나 세금 인센티브가 석유, 석탄, 천연가스, 원자력에만큼 미치지 못하기 때문이다. 세계적 규모에서 전통적 화석연료는 재생 에너지가 받는 정부의 인센티브 재정 지원을 여섯 배 정도 더 받는 것으로 추정된다. 새로운 기술에 대해 공공의 관심이 모아질 때, 정부로부터 경제적 지원도 받을 수 있다. 중국과 독일에서와 같이 몇 가지 주목할 만한 사례가 나타난다면 재생 에너지는 화석 연료와의 경쟁에서 훨씬 더 많은 재정적 보조를 받을 수 있게 된다.

미래의 에너지

세계의 에너지 수요는 2030년경에 산업화가 더 필요한 중국, 인도, 브라질과 같은 개발도상국에서 40% 이상을 차지할 것으로 예견되고 있다. 현재 에너지 공급 체계에의 접근이 어려운 세계 25%의 인구에게 동력을 공급하기 위한 노력은 계속 이루어지고 있다(그림 2.32). 미국, 유럽, 일본과 같은 선진국의 에너지 수요는 개발도상국의 수요량 변화보다는 천천히 증가할 것으로 예측되고 있다. 또한 에너지 효율성을 높이는 기술적 진보 때문에 선진국의 에너지 수요량 증가 속도는 더욱 낮아질 것이다.

화석연료의 부존량이 미래 에너지 수요와 적절하게 일치할 것으로 가정하는 예측도 있지만, 재생 에너지 기술의 확대는 실제 석탄, 석유, 천연가스의 수요량을 줄이게 될 것이다. 또한 수압 파쇄와 같은 석유 채굴 기술의 발전은 계속 이루어질 것이며, 향후 석유 수요량에 영향을 미치게 될 것이다. 미국에서는 채굴 기술 발달로 셰일 석유나 셰일 가스의 채굴이 이루어지고 있다. 이 과정에서 새로운 기술 개발을 통해 수많은 환경 문제를 해결할 수 있다는 의미가 제시되었다. 만약 이와 같은 과정이 잘 수행된다면('환경적 이슈가 만족스럽게 해결될 수 있는가'라는 견해가 다양하게 있지만), 미국은 이전에 멕시코, 캐나다, 사우디아라비아, 베네수엘라로부터 석유를 수입해 왔지만, 이제 필요한 에너지 수요를 국내의 석유와 천연가스로 대체할 수 있게 된다. 중국과 러시아도 수압 파쇄 방법을 이용한 셰일 석유와 셰일 가스의 채굴이 확대되고 있다. 이들 국가에서도 성공적으로 이루어진다면 세계 에너지 자원과 관련된 새로운 변화가 다양하게 일어나게 될 것이다.

그림 2.32 **아프리카의 소형 태양 전지판** 아프리카의 많은 마을들은 과거에 에너지를 생산하기 위해 가스 또는 디젤 발전기를 사용했지만, 화석연료보다 태양광이 저렴하기 때문에 이제는 소형 태양 전지판을 사용하고 있다. 사진은 한 여성이 태양 전지판을 이용해서 휴대전화를 충전하는 모습이다.

 **확인 학습**

2.13 화석연료의 확인된 부존량은 어떤 의미인가?
2.14 석유, 석탄, 천연가스를 가장 많이 사용하는 세 국가만 적어보라.
2.15 재생 에너지와 관련하여 어떠한 문제가 발생할까?
2.16 수압 파쇄는 무엇인가? 수압 파쇄 방법은 세계 에너지 자원의 변화에 어떠한 영향을 미칠까?

주요 용어 재생 불가능 에너지, 재생 에너지, 입증된 부존량, 수압 파쇄

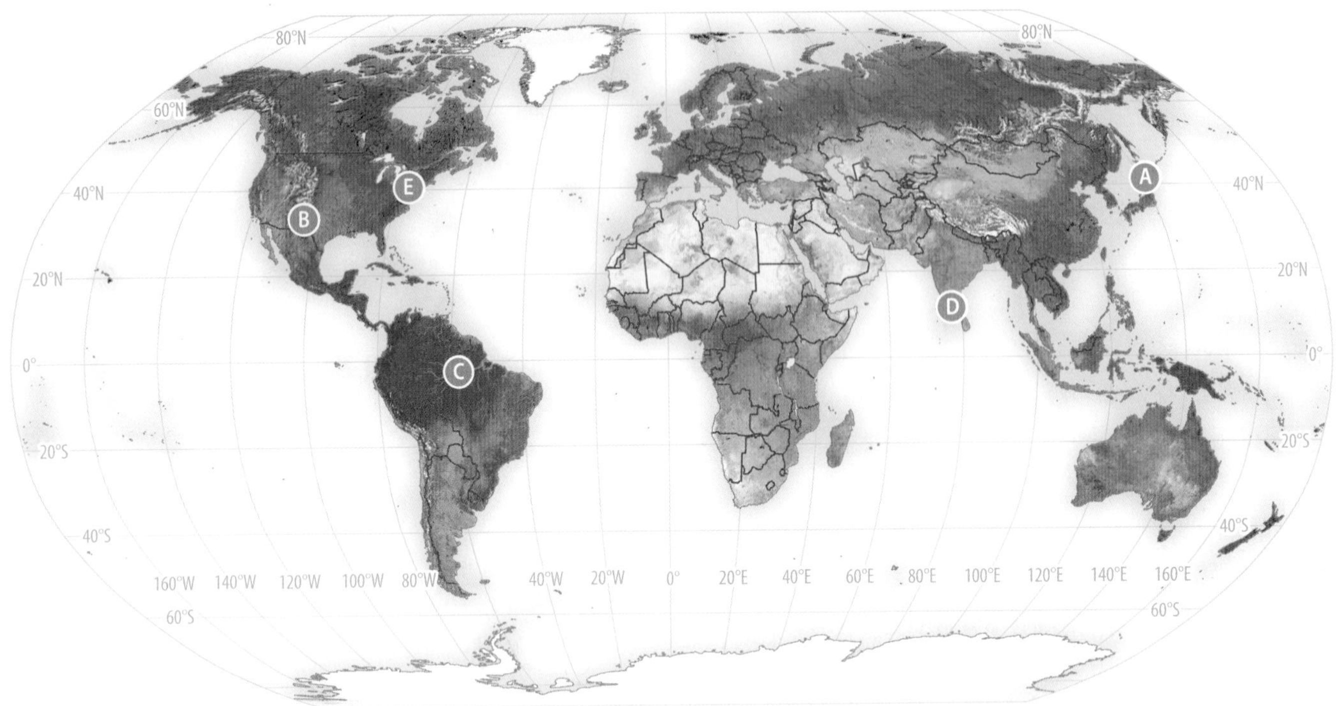

요약

지질 : 끊임없이 변화하는 지구

2.1 **지표 이동에 관한 판구조론의 다양한 측면에 대해 기술하라.**

2.2 **인간 거주지를 위협하는 지진과 화산 활동을 지도에서 확인하라.**

지구상의 판구조 배열은 세계의 다양한 경관에 영향을 미친다. 이 판들의 움직임은 북아메리카, 남미, 아시아 대도시의 수백만 명의 사람들의 안전을 위협하는 지진과 화산을 일으키는 원인이 된다.

1. 대지진이 발생할 우려가 높은 수렴 경계부의 인구 50만 명 이상의 도시 목록을 작성하라. 화산 폭발 및 쓰나미의 피해를 입을 수 있는 섭입대 부근에 위치한 도시 목록을 작성하라.
2. 위 조건에 해당하는 도시를 하나 선택하고, 인터넷 검색을 통해 재난 대비 관점에서 지진 또는 화산 위험의 취약성을 줄이는 방법에 대한 정보를 수집하라.

세계의 기후 : 변화에 대한 적응

2.3 **세계의 기후에 영향을 미치는 기후 인자에 대한 설명과 세계 기후 지역에 대해 기술하라.**

2.4 **기후 변화에 관한 설명과 온실 효과에 대해 정의하라.**

2.5 **기후 변화 문제에 대한 국제적 이슈와 대비 노력을 기술하라.**

현재의 기후 변화는 대기로 배출되는 온실 가스의 결과이며, 과거부터의 인간 활동의 결과물이다. 과거에는 유럽과 북아메리카의 선진국이 온실 가스의 주요 배출국이었다. 그러나 오늘날은 중국과 인도 같은 개발도상국들이 주요 오염원이다.

3. 2015년 세계 온실 가스 감축 협정은 이전의 교토 의정서와 어떻게 다른가? 구체적인 예를 들어 설명하라.
4. 세계 여러 곳에서 기후 변화의 영향 목록을 작성한 다음 해당 지역의 사람들이 그러한 위협에 어떻게 적응 및 대비하고 있는지 조사하라.

생태 지역과 생태적 다양성 : 자연의 세계화

2.6 **세계 주요 생태 지역에 대해 설명하고 지도에서 위치를 확인하라.**
2.7 **지구 생태 다양성을 위협하는 요인을 명명하라.**

전 세계의 식물과 동물은 다양한 인간 활동 때문에 서식지 파괴 및 멸종 위기에 처하기도 한다. 생물자원의 식물 및 동물종의 보고인 열대 우림 지역은 다량의 이산화탄소를 저장 및 방출할 수 있기 때문에 이러한 문제의 대상이 된다.

5. 생물 다양성 손실로 이어지는 다양한 활동에 대해 설명하라. 특정 국가의 사례를 설명하라.
6. 생물 지역과 기후 지역이 어떻게 상호 연결되는지 구체적인 예를 들어 논의하라.

물 : 부족한 세계의 자원

2.8 **세계 수자원 문제의 원인을 정의하라.**

물은 모든 생명체의 필수적인 요소인데, 점점 부족한 자원이 되어 사하라 사막 이남 아프리카, 서남아시아, 북아메리카 서부 지역에서는 심각한 물 부족 문제를 겪을 것이다.

7. 세계 수자원 스트레스 지도를 보고 다른 기후 지역에서 발생하는 여러 종류의 물 문제에 대해 논의하라.
8. 인터넷 사이트를 검색하여 남부 아시아의 댐 건설로 인한 이익과 책임에 대한 논란에 대해 조사하라.

세계의 에너지 : 필수적인 자원

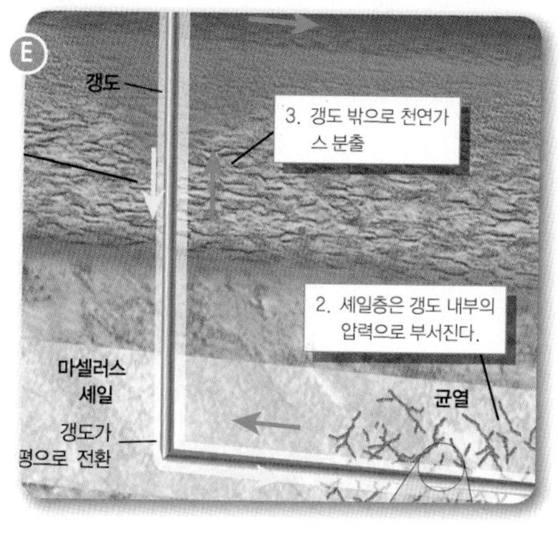

2.9 **화석연료의 생산과 소비에 대해 기술하라.**
2.10 **재생 에너지 자원에 대한 장점과 단점의 목록을 작성하라.**

화석연료(석유, 석탄 및 천연 가스)는 현재 세계 에너지 공급에서 우위를 차지하지만, 신·재생 에너지(풍력, 태양열, 수력, 바이오매스 등)의 성장 속도가 빠르게 증가하고 있다. 선진국의 에너지 수요량 증가 속도는 감소하고 있지만 중국, 인도 및 다른 개발도상국에서는 에너지 수요가 계속 증가하고 있다.

9. 풍력과 태양 에너지의 가능성은 세계 어느 지역에서 가장 높은가? 신·재생 에너지에 대한 환경 조건 외에도 해당 분야의 다양한 에너지 사용을 고려하라.
10. 현재 미국은 에너지 수요를 충족시키기 위해 막대한 양의 석유 수입에 의존하고 있다. 어떤 사람들은 북아메리카 석유 개발이 해외 석유 의존성을 끝낼 수 있다고 말하고 있지만, 이를 반대하는 사람들도 있다. 이 논쟁에 대해 자신의 견해를 밝혀라.

데이터 분석

http://goo.gl/Bf3Ox

각국의 1인당 배출량은 기후 변화에 대한 유용한 척도이다. 냉난방을 하기 위해 많은 에너지가 소모되는 큰 집에 거주하며, SUV 자가용을 타고 다니는 부유한 국가와 에너지 효율이 높은 아파트에 거주하며 대중교통을 이용하는 국가를 비교하라. 두 국가가 같은 인구를 가지고 있다면 부유한 국가의 1인당 배출량이 더 많다. 그러나 현실은 그렇게 간단하지 않다. 세계은행 웹 사이트 (http://data.worldbank.org)로 이동하여 1인당 이산화탄소(CO_2) 배출량 데이터를 찾아보시오. 0.5톤 미만 배출 국가와 15톤 초과 배출하는 국가를 살펴보시오. 두 기준의 국가 순위를 낮은 순위에서 높은 순위로 배열하라.

1. 부유한 국가가 부유하지 못한 국가보다 더 많은 이산화탄소를 배출하는가? (이 교재의 부록에 있는 표는 1인당 GNI 지표를 기준으로 각 국가의 부를 측정한 것이다.)
2. 재생 에너지 대 화석연료의 비율이 1인당 배출량에 영향을 주는가? 화석연료 자원이 풍부한 국가는 자원을 수입해서 사용하는 국가보다 배출량이 더 많은가? (세계 팩트북, https://www.cia.gov에서 국가별 에너지 비율 자료를 찾을 수 있다.)
3. 기후가 어떻게 변화되었는가? 추운 기후 지역의 국가는 따뜻한 기후 지역 국가보다 더 많은 에너지를 사용하고 이산화탄소를 더 많이 배출하는가?
4. 1인당 배출량이 왜 국가마다 다른지를 설명하라. 그런 다음 1인당 이산화탄소 배출량에 관한 기사를 인터넷에서 찾아보고 설명하라.

주요 용어

계절풍
교토 의정서
극 제트 기류
기후
기후 변화
단열감률 효과
대륙성 기후
발산 경계부
변환 경계부
변환 단층
비그늘
산지 지형 효과
생태적 다양성
생태 지역
섭입대
수렴 경계부
수압 파쇄
수자원 스트레스
아열대 제트 기류
암석권
온실 가스
온실 효과
일사량
입증된 부존량
재복사
재생 불가능 에너지
재생 에너지
지구대
클라이모그래프
판게아
판구조론
해양성 기후
환경기온감률

3 북아메리카

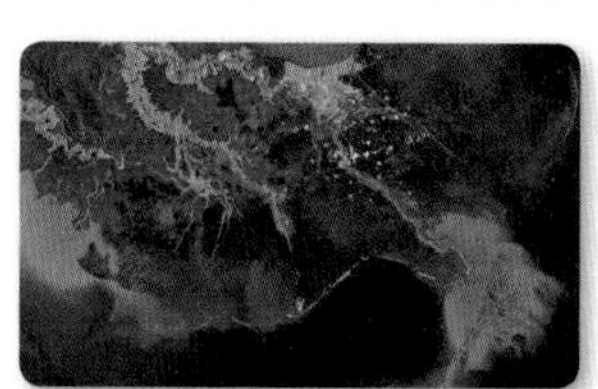

자연지리와 환경 문제

텍사스에서 유콘에 이르는 북아메리카 지역은 매우 다양한 자연 환경이 존재하며, 또한 인간의 정착, 경제 발전으로 광범위하게 변화되었다.

인구와 정주

북아메리카 도시의 정주 체계는 부유하고 이동성이 높은 인구의 다양한 요구들을 반영한다. 스프롤된 교외 지역은 자동차 여행, 대량 소비를 중심으로 설계되는 반면, 많은 전통 도심은 분산된 대도시 내에서 그 역할을 다시 정의해야 하는 어려움을 겪는다.

문화적 동질성과 다양성

북아메리카는 문화 다원주의가 강하다. 현재 4,700만 명 이상의 이민자가 이 지역에 거주하는데, 이는 1990년의 두 배 이상이다. 1970년 이후 히스패닉 및 아시아계 이민자의 엄청난 증가는 이 지역의 문화지리를 근본적으로 재형성하고 있다.

지정학적 틀

문화 다원주의는 이 지역의 정치지리를 계속 형성하고 있다. 미국에서는 이민 정책이 격렬한 논란의 주제가 되며, 캐나다인은 지역 및 원주민 권리와 관련한 쟁점들에 계속 직면하고 있다.

경제 및 사회 발전

북아메리카 경제는 2007~2010년의 혹독한 경제 침체 이후 회복되었다. 그러나 오늘날 이 지역은 여전히 계속되는 빈곤, 젠더의 평등, 고령화, 복지와 관련된 많은 사회적 쟁점들에 직면하고 있다.

◀ 토론토의 거대하고 활력 있는 차이나타운은 세계의 다양한 방문객들과 상당한 수의 이주 인구에게 매력적으로 다가온다.

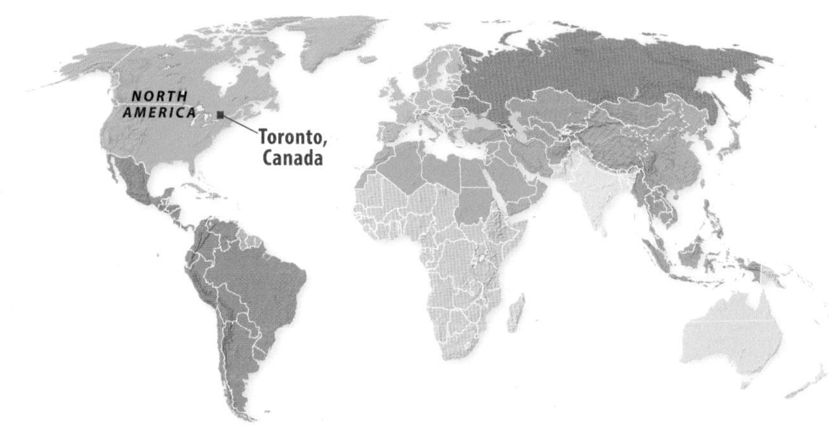

토론토의 거리를 걷다 보면, 당신은 다양한 언어들이 섞인 진정한 하모니를 들을 것이다. 어떤 전문가는 캐나다 최대 도시인 토론토(580만 명)를 '세계에서 가장 다문화된 도시'라 부른다. 토론토 시민의 45% 이상이 해외 출신이다. 대부분의 신규 이민자들은 다양한 아시아 국가 출신이지만, 종종 남부 아시아인, 중국인, 필리핀인은 남아메리카인, 포르투갈인, 이탈리아인과 섞여 있다. 그 결과 세계의 이민자를 계속 유인하는 진정하게 세계화된 북아메리카 도시가 되었다.

> 2개의 고도로 도시화되고 이동성 있는 인구 집단이 거주하는 부유한 지역인 북아메리카는 세계화 과정을 견인하는 것을 도와준다.

토론토의 경제 성공은 강력한 흡인력이 되었다. 많은 이민자들은 젊고, 지적이며, 숙련되고, 사회적으로 상승 이동성이 있는 사람들이다. 어떤 사람들은 도심 근처의 주거를 선택하였는데, 온타리오 호에 인접한 고층 콘도에서의 생활방식을 선호한다. 또한 차이나타운과 같은(도심 바로 서쪽) 오래된 전통 내부도시 커뮤니티는 활력이 있는 반면, 다른 이민자들은 도시의 북동 및 북서 경계지역의 새로운 주택에 정착하였다.

세계화는 북아메리카의 많은 다른 도시뿐만 아니라 토론토를 근본적으로 바꾸어놓았다. 해외 출신 인구는 북아메리카의 많은 지역에서 발견된다. 관광은 수백만 명의 추가 해외 관광객과 수십억 달러의 돈을 가져오며, 이 돈은 라스베이거스, 디즈니랜드 등 모든 곳에서 소비된다. 더욱 미묘한 방식으로, 북아메리카인은 일상생활 속에서 세계화를 인식한다. 그들은 민족 고유의 음식을 먹고, 살사, 세네갈 음악을 즐기며, 세계적으로 연결된 인터넷을 이용한다.

학습목표 이 장을 읽고 나서 다시 확인할 것

3.1 북아메리카의 주요 지형 및 기후 지역을 설명하라.
3.2 북아메리카인이 직면한 주요한 환경 문제를 확인하고, 이들을 이 지역의 자원, 경제 발전과 연결시켜라.
3.3 북아메리카 역사에서 주요한 이주 흐름을 확인하고 추적하기 위해 지도 데이터를 분석하라.
3.4 현대 도시 및 농촌 정주 체계를 형성하는 프로세스를 설명하라.
3.5 북아메리카를 형성하고 있는 이민의 5단계를 목록화하고, 히스패닉 및 아시아 이민의 최근 중요성을 설명하라.
3.6 북아메리카 내에서 주요한 문화적 고향(농촌)과 인종적 근린(도시)들의 사례를 제시하라.
3.7 미국, 캐나다의 특징적인 연방 정치 시스템의 발전을 비교하고, 각 국가의 현재 정치 문제를 확인하라.
3.8 왜 경제 활동이 북아메리카에 입지하는지를 설명하는 주요 입지 요인의 역할에 대해 토론하라.
3.9 21세기 북아메리카인에 직면한 현재의 사회적 쟁점을 목록화하고 설명하라.

세계화는 양방향으로 이루어지며, 북아메리카의 자본, 문화, 권력은 어디에나 있다. 다국적기업의 투자, 세계 교역으로 인해, 북아메리카의 영향은 이 지역 3억 5,500만 명의 인구보다 훨씬 더 크다. 북아메리카의 자동차, 소비재, 정보기술, 투자 자본은 음악, 스포츠, 유행과 함께 세계에서 순환하고 있다.

북아메리카는 지난 2세기 동안 놀라운 경제 발전, 인간에 의한 엄청난 경관 변화를 겪었으며, 문화적으로 다양하고 자원이 풍부한 지역이다(그림 3.1). 그 결과 북아메리카는 세계에서 가장 부유한 지역 중 하나이며, 세계화 과정을 주도하고, 세계 최대의 자원 소비를 하는, 고도로 도시화되고 이동성 있는 2개의 인구 지역(미국, 캐나다)이다. 정말 이 지역은 인문 지리가 현대 기술, 혁신적인 재정과 정보 서비스, 북아메리카와 다른 세계를 지배하는 대중문화에 의해 형성되는 **탈산업 경제**(postindustrial economy)를 예증하고 있다.

정치적으로 북아메리카는 마지막으로 남은 세계 슈퍼파워인 미국의 근거지이다. 그러한 지위는 중동, 남부 아시아, 서아프리카에서 나타날 수도 있는 세계 긴장의 시대에서, 미국이 중심 무대에 있게 하였다. 북아메리카 최대 도시인 뉴욕 시(2,200만 명)에는 UN, 다른 세계 정치 및 금융기관 본사들이 위치하고 있다. 캐나다는 북아메리카의 또 다른 정치 단위이다. 비록 미국보다 면적이 약간 더 넓지만(캐나다 면적은 997만 km^2, 미국 면적은 936km^2), 캐나다 인구는 미국 인구의 11%밖에 되지 않는다.

미국과 캐나다는 흔히 '북아메리카'로 불리는데, 이 지역 용어는 혼동될 수 있다. 자연적 특성으로서 북아메리카 대륙은 멕시코, 중앙아메리카를 포함하며, 종종 카리브 해를 포함하기도 한다. 그러나 비록 미국 남서부에 히스패닉 인구가 증가하고, 두 국

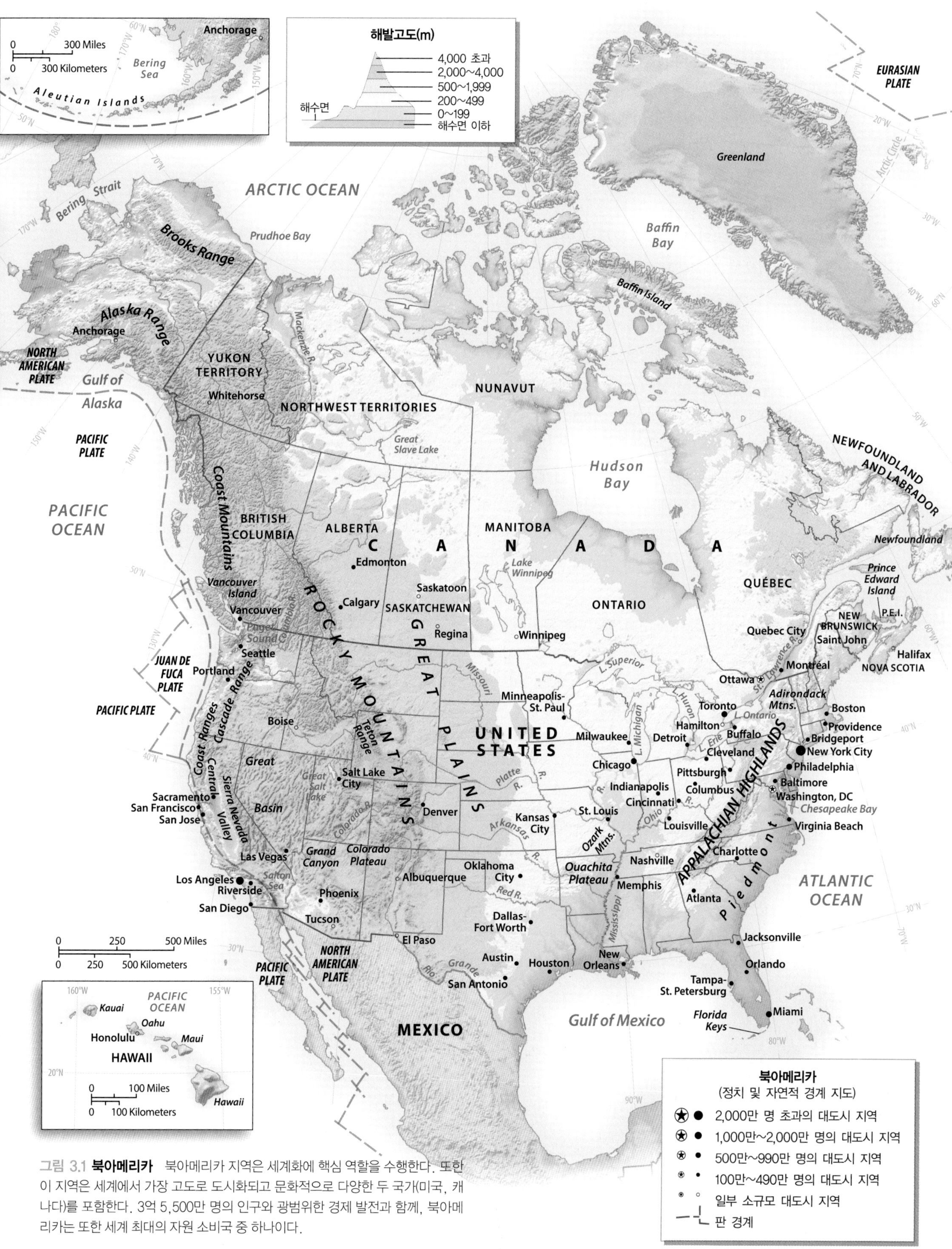

그림 3.1 **북아메리카** 북아메리카 지역은 세계화에 핵심 역할을 수행한다. 또한 이 지역은 세계에서 가장 고도로 도시화되고 문화적으로 다양한 두 국가(미국, 캐나다)를 포함한다. 3억 5,500만 명의 인구와 광범위한 경제 발전과 함께, 북아메리카는 또한 세계 최대의 자원 소비국 중 하나이다.

가 국경을 넘어 매우 밀접한 경제적 연계가 지역 구분에 문제가 있도록 만들지만, 문화적으로 미국–멕시코 국경은 더 나은 경계선으로 보인다. 또한 하와이는 미국의 일부분인 반면(제3장에서 논의됨), 이는 또한 오세아니아의 일부로 여겨진다(제14장에서 논의됨). 마지막으로 그린란드(인구 56,000명)는 종종 북아메리카 지도에 나타나지만 실제로는 덴마크 왕국의 자치령이며, 유용하지만 줄어드는 빙원(ice cap)으로 유명하다.

현재 북아메리카는 경제 발전의 장단점을 모두 보여준다. 한편으로 이 지역은 세계적으로 현대적인 농업, 세계적으로 경쟁력 있는 산업, 뛰어난 교통 및 통신 인프라, 가장 고도로 도시화된 사회라는 장점을 가진다(그림 3.2). 그러나 발전의 대가는 컸다. 원주민은 거의 유럽 정착민으로 대체되었고, 산림은 벌채되었고, 목초지는 농장으로 바뀌었으며, 비옥한 토양은 악화되었고, 많은 종이 멸종되었으며, 자원이 고갈되었다.

그럼에도 불구하고 경제 성장은 많은 북아메리카인의 생활 수준을 엄청나게 향상시켰으며, 북아메리카인은 저개발 세계가 부러워하는 높은 수준의 소비, 다양한 어메니티를 누리고 있다. 그러나 이러한 물질적 풍요 속에 소득, 삶의 질의 격차가 계속 존재한다. 빈곤한 농촌 및 내부도시 인구는 부유한 근린의 풍요에 대비되어 곤란을 겪고 있다.

또한 북아메리카의 문화적 특성은 이 지역을 정의하는데, 식민화라는 공통적인 과정, 앵글로 지배의 유산, 대표 민주주의와 개인의 자유에서의 공유된 믿음을 포함한다. 그러나 또한 이 지역의 역사는 새로운 방식으로 아메리카 원주민, 세계적으로 다양한 출신의 이민자들이 함께 하도록 하며, 그 결과로 2개의 사회가 존재한다.

그림 3.2 **시애틀 항구의 컨테이너 선박** 시애틀과 같은 주요 항구들은 북아메리카와 다른 지역 간에 세계 교역, 경제적 연계의 핵심 연결 지역이다. 표준화된 컨테이너 선박 모듈이 이러한 환경에서 쉽게 저장, 적재, 이동된다.

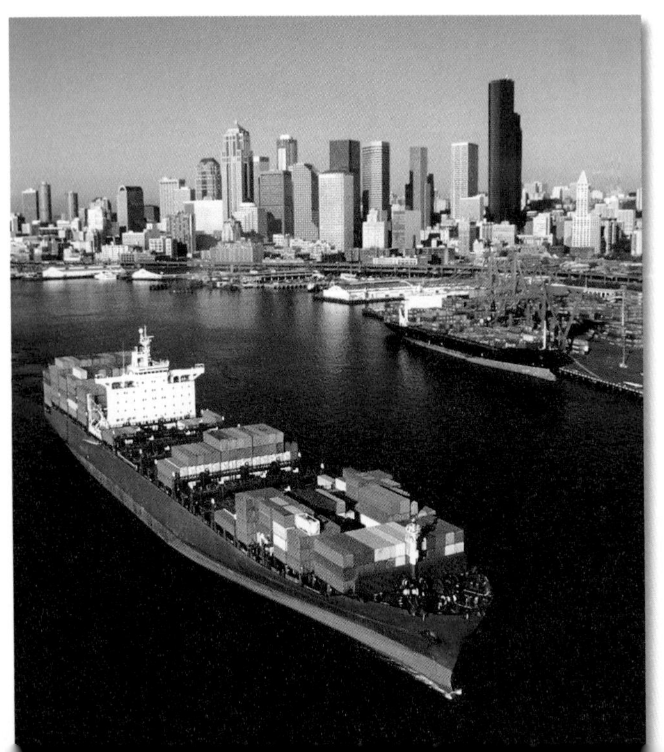

자연지리와 환경 문제 : 취약한 많은 토지

북아메리카의 자연지리 및 인문지리는 매우 다양하다. 또한 이 지역은 과거 10년 동안 복잡한 자연 환경과 인구 간의 밀접한 관련성을 나타내는 자연재해, 환경재해들을 겪었다. 예를 들어 2012년 동해안의 많은 지역이 허리케인 샌디에 의해 강타당했다(그림 3.3). 이 폭풍은 뉴저지 해안을 재배열시켰고, 로어맨해튼 지역을 범람시켰고, 500~600억 달러의 피해를 입혔다. 한편 2014년과 2015년에 캘리포니아 주의 상당 부분이 기록적인 가뭄을 경험하였다. 농부들은 심각한 피해를 입었고, 많은 지자체는 물 소비를 제한하고, 하천 시스템은 심각한 용수 부족을 경험하였다. 이들 사건은 우리에게 자연 및 인문 환경재해 모두의 비용과 영향이 필수불가결하게 지역의 폭넓은 문화 · 사회 · 경제적 특성과 연관된다는 점을 상기시켜 준다.

다양한 자연 환경

북아메리카의 경관은 내륙의 저지대와 서부의 산악 지형으로 특징된다(그림 3.1). 미국 동부의 넓은 해안 분지는 뉴욕 남부에서 텍사스까지 뻗어 있고, 넓은 면적의 저지대 미시시피 계곡을 포함한다. 대서양 해안은 복잡하며, 하천 계곡, 만, 습지, 낮은 고도의 평행사도로 구성된다. 근처의 피드몬트 지역은 거의 평탄한 저지대와 경사진 산악 지대의 점이 지역으로, 저지대보다 더 오래되고 덜 쉽게 침식되는 구릉지와 낮은 산지들로 구성된다. 피드몬트의 서쪽과 북쪽에는 900~1,830m 고도의 높고 험준한 지형의, 내부적으로 복잡한 지역인 애팔래치아 산지가 존재한다. 남서쪽으로 미주리 주 오자크 산, 아칸소 주 북부의 와시토 고원은 애팔래치아 남부와 유사하다.

북아메리카 내륙의 상당 부분은 광활한 저지대로, 동서로는 오하이오 강 계곡에서 대평원까지, 남북으로는 서부 캐나다 중부에서 멕시코 만 근처의 저지대 미시시피까지 이어진다(그림 3.4). 빙하는 특히 오하이오 강, 미주리 강의 북쪽에 위치하며, 환경적으로 복잡한 오대호 지역의 분지들을 포함한 이 저지대의 경관을 한때 활발히 형성 · 재형성하였다.

서부에서는, 산맥 형성(대규모 지진, 화산 폭발을 포함), 고산의 빙하, 침식이 북아메리카 동부와는 매우 다른 이 지역의 지형을 형성하였다. 로키 산맥은 고도 3,050m 이상이며, 알래스카 주

그림 3.3 **허리케인 샌디에 의한 해안 피해** 허리케인 샌디가 2012년 10월 뉴저지에 상륙하였을 때, 이 폭풍은 이 애틀랜틱시티 해변가에 심각한 피해를 입혔다.

의 브룩스 산맥에서 뉴멕시코 북부의 상그레데 크리스토 산맥에 이르기까지 펼쳐져 있다(그림 3.5). 로키 산맥 서부에 위치한 콜로라도 고원은 장관을 이루는 뷰트, 메사로 침식되는 색채 있는 퇴적암이 특징이다. 네바다 주의 희박한 분지와 산맥은 바다로의 출입구가 없는 구조 분지와 남북 방향의 산맥이 번갈아가며 나타나는 것이 특징이다. 북아메리카의 서쪽 국경은 알래스카와, 브리티시컬럼비아 남동부의 산악 지역, 비가 많은 해안(워싱턴 주, 오리건 주, 캘리포니아 주), 퓨젯사운드(워싱턴 주)의 저지대, 오리건 주 윌래밋 계곡, 캘리포니아 주의 센트럴 계곡, 캐스케이드 산맥, 시에라네바다의 복잡한 융기들로 특징된다.

그림 3.4 **미시시피 계곡 저지대의 위성사진** 미시시피 삼각주의 이 경관은 이 지역에 내부 저지대로부터의 퇴적물이 어떻게 퇴적되었는지를 보여준다. 이 깃털 형태의 퇴적(사진 오른쪽)이 멕시코 만으로 확대됨을 주목하라.

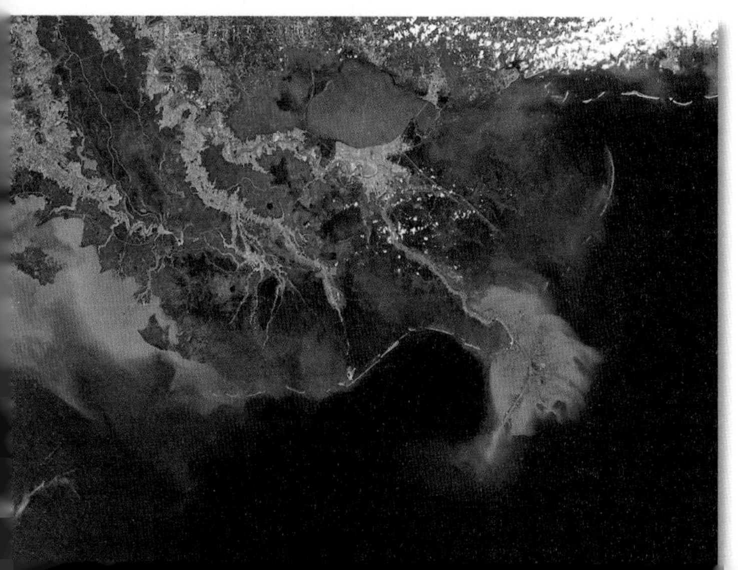

기후와 식생 패턴

북아메리카의 기후와 식생은 이 지역의 크기, 위도의 범위, 다양한 지형에 의해 매우 다양하다(그림 3.6). 텍사스 주 댈러스, 오하이오 주 콜럼버스의 기후 그래프가 보여주는 것처럼, 오대호 남부, 로키 산맥 동부는 연 강수량 750~1,500mm의 긴 성장 계절과, 낙엽 활엽수림(이후 벌목되고 곡물로 대체됨)으로 특징된다. 오대호 북쪽으로부터, 침엽 상록수림 또는 **아한대 산림**(boreal forest)은 북아메리카 내륙에 탁월하다. 허드슨 만 근처, 날씨가 혹독한 북부 지역에는 고위도의 짧은 성장 계절에 잠시 자라는 키가 작은 관목, 목초 등이 혼합되는 **툰드라**(tundra)로 바뀐다. 텍사스 주에서 앨버타 주까지 이르는 건조 대륙성 기후는 계절적으로 기온차가 나며, 연 강수량이 200~750mm의 예측 불가능한 강수로 특징된다. 이 지역 상당수의 토양은 비옥하고, 원래 **프레리**(prarie) 식생을 지원하며, 동부에는 키가 큰 목초지, 서부에는 키가 작은 목초지, 관목이 탁월하다.

북아메리카 서부의 기후와 식생은 산지로 인해 매우 복잡하다. 로키 산맥, 산간 내륙은 전형적인 중위도의 계절적 변이를 보이지만, 기후 · 식생 패턴은 지형의 영향을 상당히 받는다. 많은 건조 내륙은 캐스케이드 산지, 시에라네바다의 건조한 비그늘(rain shadow)에 있다. 멀리 서쪽의 서안해양성 기후는 샌프란시스코에서 탁월한 반면, 여름이 건조한 지중해성 기후는 캘리포니아 중부, 남부에서 탁월하다.

인간에 의한 개입의 대가

북아메리카인은 많은 방식으로 이 지역의 자연 환경을 변화시켰다. 세계화 프로세스, 가속화된 도시 및 경제 성장은 이 지역의 지형, 토양, 식생, 기후를 변모시켜 왔다. 정말로 산성비, 핵폐기물 저장, 지하수 고갈, 유독 화학물 유출과 같은 문제들은 단지 1세기 이전에는 상상하기도 힘들었던 삶의 방식의 징후들이다(그림 3.7).

토양과 식생의 변화 북아메리카는 수천 년 동안 원주민이 점유하여 왔던 반면, 유럽인의 도착으로 밀, 소, 말을 포함한 수많은 새로운 종이 도입됨에 따라, 이 지역의 식물군, 동물군에 엄청난 영향을 주었다. 정착민의 수가 증가함에 따라, 수백만 에이커 면적의 산림이 사라졌다. 목초지는 경작되어 이 지역에 원래 존재하지 않았던 곡물, 사료 작물로 대체되었다. 지속 불가능한 경작, 목축으로 인해 광범위한 토양 침식이 증가하였고, 대평원, 서부의 많은 지역이 계속 피해를 입었다. 또한 세계화는 북아메리카에 새로운 식물, 동물을 도입하였다. 예를 들어 일본이 원산지인 식물인 칡이 토양 침식을 제어하기 위해 남부에 도입되었으나, 현재는 주요한 침입 해충으로, 말 그대로 나무, 헛간, 전신주를 둘러싸고 감는 생태 공포 영화의 주인공이다(그림 3.8).

물 관리 북아메리카인은 엄청난 양의 물을 소비한다. 보존 노력과 기술로 인해 지난 25년 이상 1인당 물 사용률이 약간 감소하였지만, 도시 주민은 여전히 매일 평균 175갤런(1갤런은 3.78리터에 해당된다 — 역주)의 물을 사용한다. 뉴욕 시와 같은 대도시는 낡은 상수도 시스템으로 골치를 앓는다. 대평원 아래에 위치한 오갈라라 대수층의 물은 고갈되고 있다. 즉, 회전식(center-pivot) 관개 시스템은 지난 50년간 이 지역의 많은 곳에서 점진적으로 30m만큼 지하수면을 낮추고 있다. 비록 상수도 관리에 대한 창조적인 접근이 특히 고도가 낮은 지역인 콜로라도 강의 흐름을 향상시키기 위해 이용되지만, 콜로라도 강의 변동이 많은 흐름은 급성장하는 미국 남서부에 거주하는 주민에 만성적인 문제를 야기한다(지속 가능성을 향한 노력 : 콜로라도 강 삼각주의 녹색화 참조).

대기의 변화 북아메리카인은 그들이 숨쉬는 대기를 변화시키고, 대기의 구성뿐만 아니라 로컬 및 지역의 기후를 변화시킨다. 예를 들어 건물이 많은 대도시는 **도시 열섬**(urban heat island) 효과를 만드는데, 종종 도시와 관련된 개발은 야간 기온을 근처 농촌 지역보다 5~12°C 정도 따뜻하게 한다. 로컬 수준에서, 산업, 유틸리티, 자동차는 도시 대기에 일산화탄소, 황, 산화질소, 탄화수소 입자를 제공한다. 이 지역의 최악의 오염 발원지로는 심각한 대기 문제를 겪은 미국 LA, 휴스턴, 캐나다 토론토, 해밀턴, 에드먼턴이다. 북아메리카 도시의 전반적인 대기 질은 지난 수십 년 동안 향상되었지만, 2014년 미국폐암협회는 미국 인구의 약 47%가 높은 수준의 오존과 미세먼지를 포함한 불안전한 수준의 대기 오염이 있는 장소들에서 지낸다고 예측하였다.

북아메리카는 산림을 파괴하고, 호수를 오염시키고, 물고기를 죽이는, 제조업을 통해 생성된 이산화황, 이산화질소가 비와 결합된 대기 속의 **산성비**(acid rain)에 신음한다. 공장, 전력시설, 자동차 등 많은 대기 오염 생산자들은 중서부, 온타리오 주 남부에 위치하며, 여기에 탁월풍이 오염원과 오염 침전물을 오하이오 계곡, 북동부, 캐나다 동부까지 이동시킨다(그림 3.7).

그림 3.5 **로키 산맥** 앨버타 주 밴프 국립공원에 위치한 장관을 이루는 이 호수는 미국, 캐나다에 걸쳐 있는 로키 산맥의 많은 지역에서 발견되는 고산 빙하의 특징을 드러낸다. 그러나 지구 기후 변화로 인해 많은 빙하들이 후퇴하고 있다.

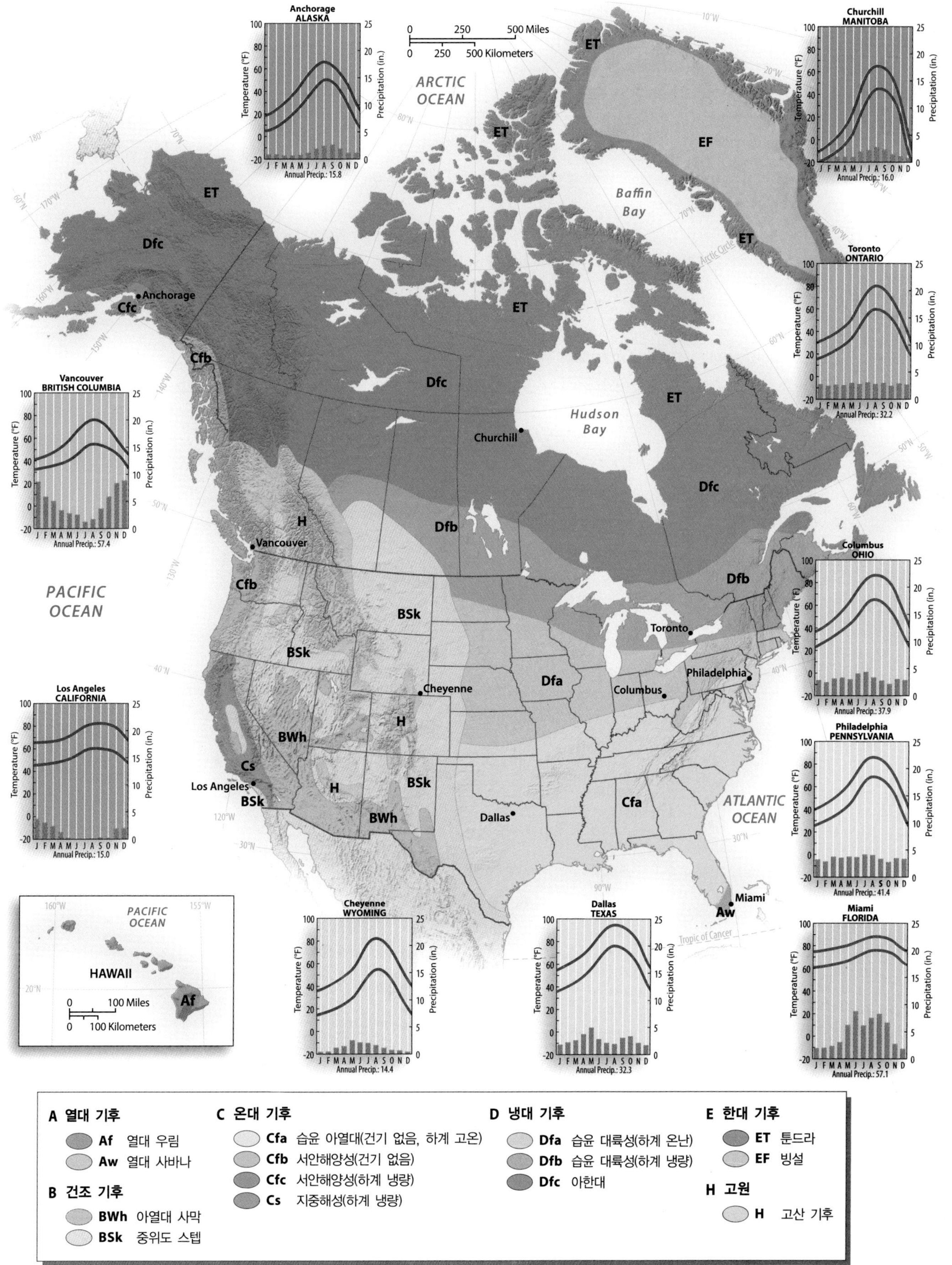

그림 3.6 **북아메리카의 기후지도** 북아메리카 기후는 열대 사바나(Aw)에서 툰드라(ET) 환경에 이르는 모든 기후 지역을 포함한다. 이 지역 최적의 농업 지역과 최고밀도 정주 지역의 대부분은 중위도 온대(C), 냉대(D) 기후 지역에서 나타난다.

지속 가능성을 향한 노력

콜로라도 강 삼각주의 녹색화

조용한 환경의 성공 스토리는 미국-멕시코 접경 근처의 콜로라도 강 저지대를 따라 펼쳐진다(그림 3.1.1). 수십 년 동안, 콜로라도 삼각주는 대륙의 희생 지역(sacrifice zone)으로, 남서부와 멕시코 북부의 댐 건설, 빈약한 수질관리의 희생이 되었다. 후버 댐(1937), 모렐로스 댐(1950), 글렌 캐니언 댐(1963)의 건설은 삼각주로 흐르는 계절성 물을 마르게 하였고, 150만 에이커 이상(60만 헥타르)의 귀중한 습지들을 햇볕에 마른 진흙 바닥으로 변형시켰다. 수십 년 동안 삼각주는 바닥을 드러냈다.

녹색 연합체 형성 그러나 국경 양쪽의 환경 단체들과 정부 주체들의 광범위한 연합체 덕분으로, 수천 그루의 새로운 미루나무들이 버드나무와 메스키트를 따라 뿌리를 내렸다(그림 3.1.2). 철새들이 이 재생된

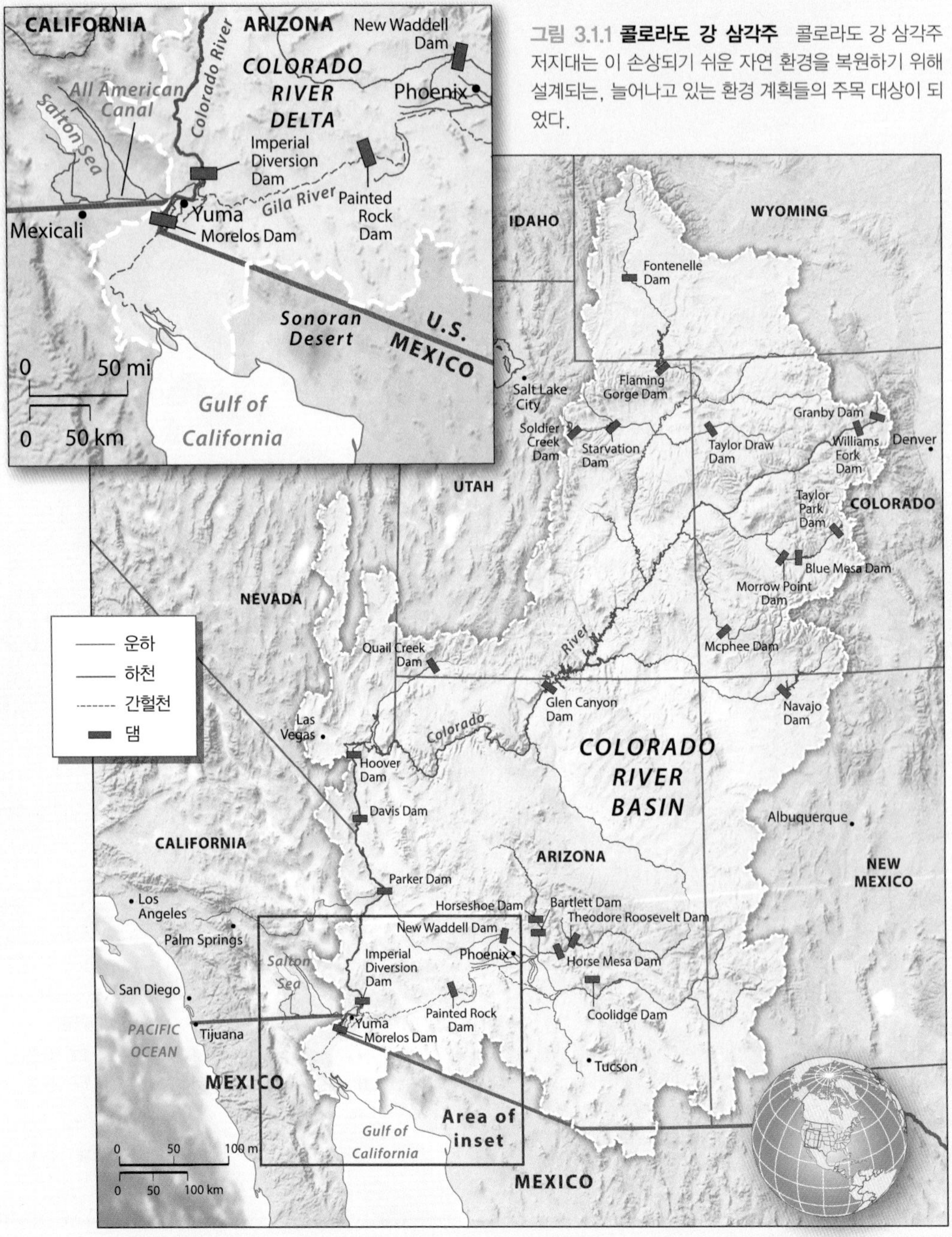

그림 3.1.1 콜로라도 강 삼각주 콜로라도 강 삼각주 저지대는 이 손상되기 쉬운 자연 환경을 복원하기 위해 설계되는, 늘어나고 있는 환경 계획들의 주목 대상이 되었다.

(a) (b)

그림 3.1.2 **콜로라도 강 삼각주의 복원된 수변 서식지** 두 경관은 수변 식생을 복원하는 데 도움을 주기 위해, 콜로라도 강으로 담수의 제한된 흐름을 계획한 최근의 노력 이전(a)과 이후(b)의 이미지를 보여준다.

서식지를 방문하고 있으며, 삼각주 지역이 이전의 영광을 찾을 수 있다는 진정한 희망이 존재한다. 삼각주를 성공 사례로 만들기 위해, 소노란 재단, 야생동물보호협회, 환경보호기금 등 미국을 근거지로 한 환경 단체는 프로나투라와 같은 멕시코 단체와 파트너십을 가졌다. 그들의 행위들은 법률 전쟁(멸종 위협을 받는 새 종의 잃어버린 서식지를 위해 미국 정부에 소송 제기), 이 지역을 재녹색화하는 잠재성을 보여주는 소규모 스케일의 복원 계획(800 에이커 이상으로 새로운 나무 및 야생식물 제공), 그리고 남서부와 멕시코 북부의 수자원 주체들과 긴밀한 로비 노력을 포함한다.

새로운 협정 이들 결합된 계획들은 북아메리카 지역의 가뭄이 계속 진행되는 현실 속에서 성과를 올렸다. 세 수자원 주체(Metropolitan Water District of Southern California, Southern Nevada Water Authority, Central Arizona Project)뿐만 아니라 미국 정부와 멕시코 정부 모두 이 지역에서 (1) 기존 관개와 수자원 저장 인프라의 효율성을 높이고, (2) 삼각주에서 자연 범람을 복제하기 위해 엄청난 양의 물(10만 에이커-피트 이상)을 방류하고, (3) 삼각주의 식물과 야생동물의 생태적 생명선을 유지하기 위해 2017년까지 미래 기반의 흐름(연 5만 에이커-피트의 물)을 제공하기 위해 협정을 맺었다.

손상되기 쉬운 부활 2014년 봄 동안, 콜로라도 강 저지대로 물의 방류는 대규모 생태 르네상스를 촉발시켰다. 인공위성 이미지는 수변 식생이 40% 증가하였고, 지하수면이 상승하고, 새의 수가 증가하였음을 입증하였다. 그러나 전문가는 이러한 복원이 손상되기 쉬우며, 단명할 수 있다고 경고한다. 만일 심각한 가뭄 조건이 콜로라도 분지로 다시 돌아오면, 연 기저유량은 지난 2017년 수준을 장담할 수 없을 것이다. 더욱이 최근 진보를 가능하게 하였던 국제 협력의 잠정적인 정신은 만일 더 많은 물 부족이 나타난다면 사라질지 모른다. 그러나 지금 물의 장기적인 생태적 가치가 자원 관리의 복잡한 계산에서 더욱 충분히 인정될 때, 이 삼각주의 흐릿한 녹색의 아름다움은 무엇이 가능한지에 대한 유력한 증거를 부분적으로 보여주었다.

1. 국가 경계가 잠재적으로 중요한 환경 문제를 복잡하게 하는 북아메리카의 또 다른 상황을 설명하라.
2. 콜로라도 삼각주를 회복하려는 미래 계획은 어떻게 길을 잃을 수 있는가? 예기치 않은 문제의 한 시나리오를 제시하고, 계획 주체가 어떻게 이에 대응할 수 있는지를 설명하라.

Google Earth (MG) Virtual Tour Video
http://goo.gl/cQEuLP

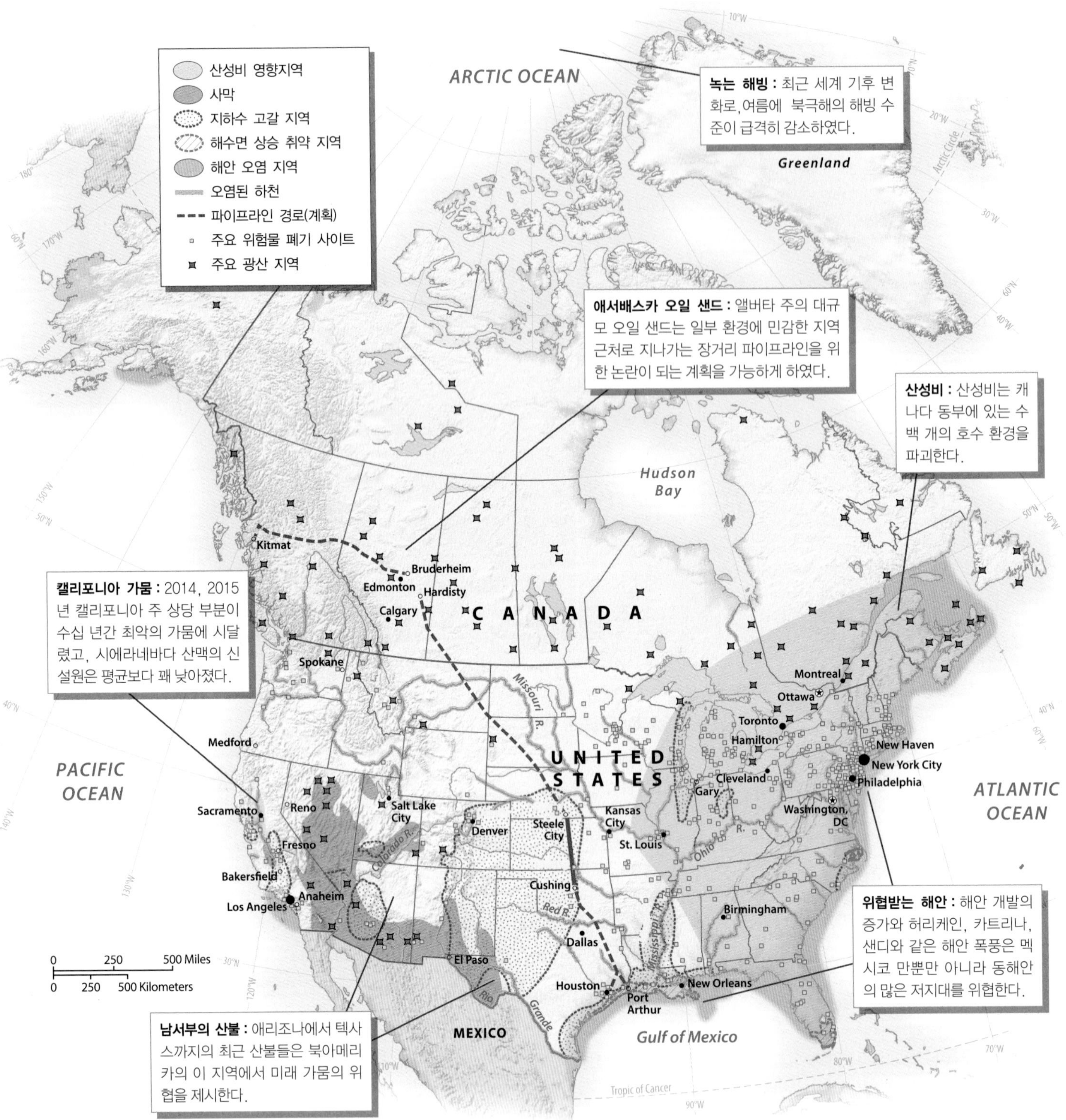

그림 3.7 **북아메리카의 환경 문제** 산성비 피해는 공업 지역에서 바람 부는 방향에 있는 지역으로 확산되고 있다. 다른 곳에서는 광범위한 수질 오염과 높은 수준의 대기 오염을 가진 도시, 지하수 고갈이 가속화되는 지역은 이 지역 주민에게 건강의 위협과 경제 비용을 제시한다. 그러나 1970년 이후, 미국, 캐나다는 이러한 환경 쟁점에 노출된 위험에 점차 대응하고 있다.

환경 인식의 증가

많은 미국, 캐나다 환경 계획은 로컬 및 지역 문제를 제시하였다. 예를 들어, 지난 30년 동안 오대호의 수질 향상은 두 국가가 노력한 성과이고, 두 국가에게 이익을 주었다. 또한 더욱 강화된 대기질 표준은 많은 북아메리카 도시에서 특정 유형의 배출을 감소시켰다.

아마도 가장 중요한 것은 북아메리카는 점차 녹색산업, 녹색기술을 지원하고 있다는 것이다. **지속 가능한 농업**(sustainable agriculture)의 인기 증가는 이러한 경향을 예증하는데, 유기농 농업 원리, 화학물질의 제한된 이용, 곡물과 가축 관리의 통합계획은 생산자, 소비자 모두에게 환경 친화적인 대안을 제공해 주기 위해 결합된다. 미국 주택 공급자들은 주택 건설 프로젝트에 대안 에

그림 3.8 **칡** 동아시아 야생식물인 칡은 미국 남서부에 널리 확산되었으며 종종 반갑지 않은 침습성 식물이다.

너지 기술을 통합하고 있다. 예를 들어 미국에서 두번째로 큰 주택 공급자인 레나 기업은 이제 남서부의 많은 신규 주택에 태양열 판을 설치한다. 주민은 에너지 절감을 누리며, 회사는 이 기술 적용으로 주 및 연방 세금을 절감받는다.

변화하는 에너지 방정식

이 지역의 에너지 소비는 엄청나게 높다(미국은 여전히 지구 온실 가스 배출의 약 20%의 출처이다). 더 많은 에너지 효율 장려책들은 미래의 단위 소비를 낮출 것으로 보인다. 수력, 태양력, 풍력, 지열과 같은 **재생 에너지 자원**(renewable energy sources)의 기술 및 경제적 매력의 증가는 정책 결정자, 산업 기술 혁명가와 소비자들이 지속적인 이용 가능성, 잠재적으로 낮은 환경비용에 다가가도록 함으로써, 곧 북아메리카 경제지리를 근본적으로 변모시킬 것으로 보인다(그림 3.9).

동시에 최근의 증거에 의하면 북아메리카 석유, 천연가스, 타르 샌드가 상대적으로 풍부한 화석연료 기반의 에너지 자원을 제공할지 모른다. 새로운 발견, 시추 기술은 근본적으로 북아메리카의 에너지 상황을 변화시켰다. 노스다코타 주, 몬태나 주의 바켄 지층(Bakken formation)은 새로운 석유 추출 방법 덕분으로 하루 150억~200억 배럴 이상의 석유를 생산하며, 세계의 거대한 에너지 보고(알래스카 주의 노스슬로프 유전과 같은 수준임)이다. 국제에너지기구(IEA)는 미국이 2020년까지 천연가스의 주요 수출국이 될 것이라고 예측한다. 캐나다도 세계 3위로 입증된 매장량을 보유하고 있는데, 약 1,700억 배럴의 석유를 풍부한 오일 샌드로부터 얻을 수 있다. 전반적으로 높은 소비율을 보이지만, 북아메리카는 2035년까지 석유 수출 지역이 될 것이다. 2015년 원유 가격 급락과 같은 여전히 불안정한 세계 에너지 가격은 장기 예측을 어렵게 할지 모르며, 만일 에너지 경제 둔화가 대안 자원(풍력, 태양열 등), 셰일 기반의 화석연료 모두에 투자를 꺼리게 만든다면 특히 그러하다.

또한 많은 환경 쟁점들은 북아메리카의 개발되지 않은 화석

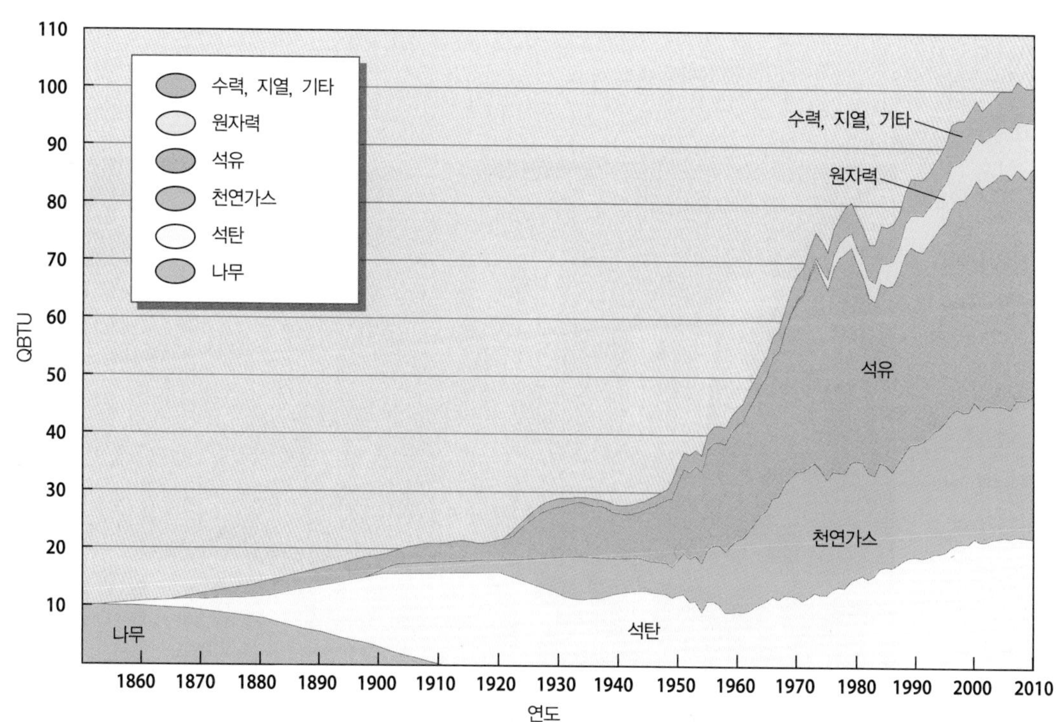

그림 3.9 **미국 에너지 소비** 석탄, 석유, 천연가스가 나무 소비를 대체하였던 19세기 동안, 화석연료의 인기 증가는 미국 에너지 소비에 있어서 분명하다. 원자력 및 다른 재생 에너지 자원은 21세기 동안 더 큰 역할을 수행할 것으로 보인다.

연료의 청정 개발을 복잡하게 한다. 화석연료를 이동시키는 것은 거대한 투자와 위험을 수반한다. 로키 산맥(특히 와이오밍 주와 몬태나 주로부터)에서 태평양 해안까지(아시아 수출을 위해)의 석탄 수송 확장 계획은 반대에 부딪쳤다. 또한 캐나다의 풍부한 애서배스카 오일 샌드에 접근하기 위해 설계된, 키스톤 XL 프로젝트(앨버타 주에서 멕시코 만까지), 노던 게이트웨이 파이프라인(앨버타 주에서 태평양 연안까지)과 같은 논란이 되는 에너지 수송라인은 에너지 생산의 증가(그리고 고용 창출)와 화석 연료를 장거리 이동시키는 데 따르는 잠재적인 위험한 환경 결과 간의 긴장을 보여준다(그림 3.7 참조). 추가로 노스다코타 주에서 펜실베이니아 주까지의 지역에서 **프래킹**(fracking)(수압 파쇄, 천연가스 추출을 위해 물, 모래, 화학물질의 혼합을 지하에 주입하는 시추 기술)의 사용 증가는 지하수를 오염시키고, 근처 주민에 잠재적인 위험을 끼치는 환경 조건을 야기할지 모른다.

기후 변화와 북아메리카

2014년 미국 뉴욕 시에서 40만 명 이상이 기후 변화 반대 행진(People's Climate March)에 참여하였다(그림 3.10). 뉴욕 시 시장 빌드 블라시오를 포함한 이 행진은 이미 많은 북아메리카 환경을 심각하게 재형성한 기후 변화에 대해 더 신속한 국가 및 지구적 대응을 촉구하였다. 2012년에서 2015년까지 이어진 전례 없는 온난화(미국에서 가장 더운 해로 기록됨) 이후에, 많은 전문가들은 더욱 극단적인 기온 · 강수 사건들이 곧 닥쳐올 수 있다고 예측한다. 동반된 가뭄과 산불은 수십억 달러의 비용을 치르게 한다.

북아메리카 기후 변화의 영향으로 지역 패턴이 다양화될 것이라고 예측된다. 미국 남서부, 텍사스 일부, 캘리포니아 남부는 더욱 건조해지는 한편, 북부의 주들은 강수가 더욱 많아질지도 모른다. 특히 대서양과 멕시코 만을 따라 위치한 많은 해안 지역들은 해수면 상승, 더욱 집약적인 해안 폭풍에 취약할 것이다.

고위도에서 북극 지방의 기온, 해빙, 해수면 변화는 해안 침식을 가속화하였고, 고래, 북극곰에 영향을 주었으며, 이누이트의 전통 생활방식을 압박하였다. 동시에, 빙하가 더 없어진 북극해는 상업적인 선박 운행, 자원 개발 잠재력을 더욱 증진시키고, 캐나다 식물 성장 시기의 길어짐은 고위도 곡물 경작을 허용할지 모른다(**글로벌 연결 탐색 : 기후 변화가 전설적인 북서 경로에 호화 크루즈를 보냄** 참조).

특히 북아메리카 서부 산지들은 기후 변화에 민감하다. 확산된 나무좀 해충은 더 온화한 겨울에서 살아남아 소나무에 들끓는다. 장관을 이루는 많은 산지의 빙하들은 빠르게 사라지고 있다. 또한 초봄 산 정상 눈의 해빙은 하류의 어업, 농업, 계절적인 수자원에 의존하는 대도시에 영향을 준다.

많은 주체들은 기후 변화의 실제에 대응하기 시작하였다. 대부분 극적으로 지자체 계획가들은 도시 용수 공급의 변화, 범람의 재해, 보건, 재해 관리의 변화에 대한 가능한 영향에 대해 점점 고려하고 있다. 또한 점차적으로 주와 지방은 기후 변화의 실제에 적응하는 미래 북아메리카 주민을 돕기 위해 장기적인 계획을 개발하고 있다.

확인 학습

3.1 북아메리카의 주요 지형과 기후에 대해 설명하고, 이들 지역의 자연 환경이 정주 체계를 형성한 방식을 제안하라.

3.2 1600년 이래 인간이 북아메리카 환경을 변화시킨 핵심 방식을 확인하라.

3.3 21세기 초반 북아메리카가 직면한 네 가지 주요 환경 문제들을 확인하라.

주요 용어 탈산업 경제, 아한대 산림, 툰드라, 프레리, 도시 열섬, 산성비, 지속 가능한 농업, 재생 에너지 자원, 프래킹

그림 3.10 **2014년 뉴욕 시 기후 변화 반대 행진** 40만 명 이상이 2014년 뉴욕 시 도심에서 기후 변화 반대 행진에 참여하였다.

인구와 정주 : 대륙 경관을 재형성

북아메리카 경관은 과거 12,000~25,000년 전의 시기 동안의 인간 정주의 산물이다. 이 시기 동안의 변화 속도는 보통이었고, 로컬화되었지만, 그러나 지난 400년 동안은 유럽인, 아프리카인, 아시아인, 중앙아메리카인 및 남아메리카인이 이 지역에 도착하였고, 북아메리카 원주민을 파괴하고, 새로운 정주 체계 패턴을 형성함에 따라 변화하였다. 오늘날 이 지역은 3억 5,500만 명의 인구의 근거지이며, 세계에서 가장 부유한 이동성이 높은 인구이다(표 A3.1).

현대 공간 및 인구 패턴

대도시(중심도시와 교외를 포함)는 북아메리카 인구지리의 중요한 특징이며, 불균등한 정주 체계를 형성한다(그림 3.11). 캐나다의 '메인 스트리트' 회랑은 캐나다 도시 인구의 대부분을 포함하며, 토론토(580만 명), 몬트리올(390만 명)이 주도하고 있다. 메

그림 3.11 **북아메리카의 인구 지도** 북아메리카 인구지리는 대도시들의 놀랍도록 클러스터된 패턴과 매우 희박한 정주 지역을 나타낸다. 주목할 만한 집중은 보스턴과 워싱턴DC 간의 동부 해안, 오대호 연안, 플로리다에서 캘리포니아까지의 선벨트 지역이다.

글로벌 연결 탐색

기후 변화가 전설적인 북서 경로에 호화 크루즈를 보냄

Google Earth Virtual Tour Video: http://goo.gl/1ZQEWb

오랜 동안의 기다림 끝에, 세계 기후 변화의 덕분으로 커다란 크루즈 선박이 2016년 북극해 운항을 시작하게 되었다. 이는 앵커리지와 뉴욕 시 간의 새롭게 해동되고, 꽤 수익성이 있는 세계적 수준의 연결을 탐색할 것이다. 북아메리카의 북쪽 경계를 따른 소위 북동 경로를 따라, 고위도 관광객은 (단지 1인당 2만 달러) 북극 야생동물, 원주민 마을, 빙산으로 장식된 장관을 포함한 북극 지방을 즐길 수 있다(그림 3.2.1).

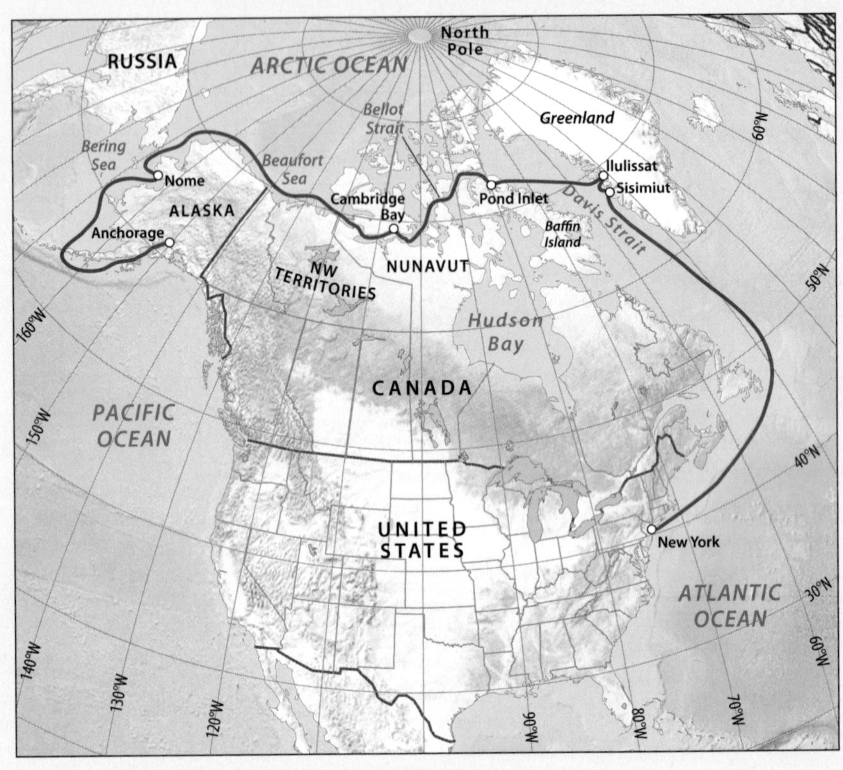

그림 3.2.1 전설적인 북서 경로 현대 크루즈 선이 빙하가 없는 북극해를 통해 전설적인 북서 경로를 따라 감에 따라 북극해 경로를 점차 운항하게 될지도 모른다.

전설적인 경로 전설적인 북서 경로는 신화와 비극 속에 오랫동안 덮여 있었다. 대서양과 태평양 간의 빙하 없는 경로의 개념, 열려 있는 북극해에 대한 아이디어는 수 세대 동안 유럽 탐험가들의 상상력을 촉발시켰다. 16세기 후반 영국 탐험가 마틴 프로비셔(1576), 존 데이비스(1585)는 그린란드와 배핀 섬(Baffin Island) 사이 북극해를 동쪽에서부터 조사하였다. 2세기 후에, 덴마크의 비투스 베링(1741)은 베링 해에 용감히 도전하였고, 영국의 제임스 쿡(1778)은 서쪽에서부터 북극해로 들어갔다. 19세기 후반, 탐험은 죽음과 기근으로 끝이 났으며, 가장 유명한 1840년대 존 프랭클린의 빙하 사이의 여행(HMS Erebus, HMS Terro와 함께 항해)(그림 3.2.2), 노르웨이의 로널드 아문센의 놀랍고 위험한 3년의 여정(1903~1906)은 이 업적을 마침내 완수해 냈다.

Panache와 함께 북극 여행 그러나 오늘날 호화스러운 크루즈 산업과 빙하가 없는 북극은 이 모든 것을 바꾸었다. 2016년 고급의 Crystal 크루즈 회사는 최초의 진정한 북서 경로로 호화선의 상업적 통과를

갈로폴리스(Megalopolis), 즉 미국에서 가장 큰 정주 클러스터는 볼티모어/워싱턴DC(860만 명), 필라델피아(650만 명), 뉴욕 시(2,200만 명), 보스턴(760만 명)을 포함한다. 이 두 핵심 지역을 넘어 다른 스프롤된 도시 중심들은 오대호 남부(시카고 970만 명), 남부 다양한 지역(댈러스 740만 명), 그리고 태평양 해안을 따라(LA 1,790만 명, 밴쿠버 240만 명) 주변에 클러스터되어 있다(그림 3.12).

북아메리카 인구는 유럽 식민화 이래 엄청나게 증가하였다. 1900년 이전에는 높은 출생율이 대가족을 형성하였고, 많은 새로운 이민자들이 이 지역에 도착하였다. 1760년대 캐나다에서 30만 명 미만이었던 원주민과 유럽인이 1세기 후에는 320만 명으로 늘어났다. 미국에서는 식민지 시대 후기인 1770년에는 약 250만 명이었던 전체 인구가 1860년에는 3,000만 명으로 열 배 이상 증가하였다. 비록 1900년 이후 두 국가의 출생률은 점차 하락하였지만, 19세기 후반과 20세기에 매우 높은 이민자 비율을 확인할 수 있다. 제2차 세계대전 이후, 출생률은 두 국가에서 다시 한 번 상승하였고, 그 결과 1946~1965년 사이에 태어난 '베이비 붐' 세대가 나타났다. 그러나 오늘날 북아메리카의 자연 증가율은 연 1% 미만이고, 그래서 전체 인구는 점차 노령화되고, 특히 아이오와 주와 같은 주들에서 더 그러하다(그림 3.13). 여전히 북아메리카 지역은 이민자에게 매력적이다. 이주 인구의 높은 출생률과 함께(텍사스의 사례) 인구의 증가는 최근 전문가로 하여금 장

그림 3.2.2 실패한 프랭클린 탐험(1840년대) 19세기 예술가는 1840년대 프랭클린의 실패한 탐험에서 그 선박인 Terror를 스케치하였는데, 여기서 더욱 추운 북극 환경을 항해하면서 만나게 되는 빙하의 문제들을 볼 수 있다.

준비 중이다. 프로비셔, 프랭클린, 아문센은 감명받을지도 모른다. 단지 32일 내에, 900명 승객이 탑승하는 호화로운 Crystal Serenity는 스파 서비스, 카지노, 작은 골프장을 갖추고, 알래스카 앵커리지에서 뉴욕항까지 여행할 수 있다. 그 일정은 이누이트 마을에서의 수많은 정박, 북극 전문가로부터의 선상 강의, 세계 최북단의 9홀 골프 선택 코스, 바다 카약, 북극곰 관광 등의 기회를 포함한다.

거친 바다 항해? 초기 세대와 같이, 이러한 새로운 북극 항해 시대에 대해 회의적인 시각도 있다. 경제 개발 관료는 원주민을 위한 이 새로운 비즈니스 기회의 잠재력의 장점을 말하는 반면, 어떤 비판자들은 수백명의 부유한 관광객 무리가 크루즈 선에서 작은 북극 마을에 내릴 때의 문제를 우려한다. 크루즈 선은 이미 하선 관광객의 규모를 제한하고, 관광객으로부터의 모든 쓰레기 소각에 동의하였지만, 그러나 시간이 지남에 따라 장기적인 영향이 나타날 수 있다.

다른 관찰자는 빙하가 없는 북극이 항상 이 온화한 기대에 부응하지 않을 수 있다고 우려한다. 즉, 장기 기후의 경향은 항상 예측되지는 않으며, 더 춥고 평소보다 빙하가 많은 여름은 항상 있을 수 있다. 누구도 빙하에 갇힌 호화 크루즈 선을 보고 싶지 않으며, 특히 최악의 시나리오를 준비하여 이미 연습 중인 Canadian Coast Guard도 그러하다. 심지어 Crystal Serenity는 빙하가 두꺼워질 때의 대안한 일정을 가지고 있다. 즉, 하나의 컨팅전시 플랜(Contingency Plan)은 파나마 운하를 통해 북극 관광객들을 데리고 오는 것이다. 그러나 장기적인 경향은 분명하다. 북극곰과 이누이트 마을 둘 다에 조언을 해주어야 한다. 즉, 더 많은 21세기 관광객이 오도록 계획을 수립해야 한다.

1. 이누이트 마을에 대한 대규모 북극 관광의 긍정적 및 부정적인 잠재적 결과를 열거하라.
2. Crystal Serenity의 관광객에 흥미가 될 수 있는 다섯 가지 잠재적인 선상 강의에 대한 간단한 리스트를 작성하라.

기 인구 추계를 늘려 잡도록 하였다(그림 3.13). 미국 센서스국은 2050년 미국 인구를 4억 6,400만 명으로 추계하였는데(미국 4억 2,300만 명, 캐나다 4,100만 명), 이는 보수적인 측면이다.

토지 점유

400년 전 유럽인이 북아메리카를 점유하였을 때, 이들은 비어 있는 땅을 점유하지 않았다. 즉, 북아메리카는 문화적으로 다양한 유럽 출신의 정복자들에 의해 적어도 12,000~25,000년 동안 점유되어 있었다. 북아메리카 원주민은 여러 단계에 걸쳐 북동아시아에서 이주하였고, 북아메리카 지역에 널리 산재하였으며, 많은 자연 환경에 다양한 방식으로 적응하였다. 문화지리학자들은 1500년의 북아메리카 인구를 추정하면서 미국 대륙에는 320만 명, 캐나다, 알래스카, 하와이, 그린란드에는 120만 명으로 추정하였다.

북아메리카 원주민은 많은 다른 계기들을 통해, 유럽 정착 이후 그 수가 90% 이상 감소하였다. 미국, 캐나다 모두에서 어떤 집단은 질병, 전쟁에 의해 멸족되었고, 다른 집단은 그들의 본거지에서 쫓겨나고 보호구역으로 강제 이주를 당했다. 예를 들어 1830년 인디언 이주법의 결과, 수천 명의 북아메리카 인디언들이 남동부에서 악명높은 '눈물의 길(Trail of Tears)'을 따라 인디언 특별보호구(이후 오클라호마 주)로 이주하였다. 또한 어떤 원주민은 유럽인과 혼합되었고, 이 과정에서 그들의 문화 정체성의 일부를 상

그림 3.12 **시카고 마천루** 미시간 호 연안을 따라 위치한 시카고의 장관인 도심 마천루는 거대한 미국 중심업무지구(CBD)의 고전 사례이다.

실하였다. 오늘날 이 지역 원주민의 다수는 실제 도시에 거주하며, 종종 그들 조상의 땅으로부터 꽤 멀리 이주되었다.

누가 북아메리카 원주민을 대체하였는가? 유럽인 정착의 첫 번째 단계는 1600~1750년 일련의 식민지를 형성하였는데, 대부분 북아메리카 동부 해안 지역이었다(그림 3.14). 이들 지역적으로 분명한 사회들은 세인트로렌스 계곡의 프랑스인 정주에 의해 북부에서 시작되었고, 대서양을 따라 남쪽으로 확대되었으며, 일부 개별적인 영국 식민지를 포함하였다. 멕시코 만을 따라, 그리고 남서부의 분산된 개발은 1750년 이전에 나타났다.

북아메리카 경관 유럽화의 두번째 단계(1750~1850)는 대륙의 동쪽 절반에서 더 유리한 농경지의 정착으로 특징된다. 미국 혁명(1783)과 일련의 인디언과의 갈등 이후, 개척자들은 애팔래치아 산맥을 넘어 서쪽으로 몰려들었으며, 농경 정착에 이상적인 내부 저지대를 발견하였다. 또한 온타리오 남부, 캐나다 북부는 1791년 이후 개발되었다.

북아메리카 정착의 세번째 단계는 1850~1910년에 가속화되었다. 이 시기 동안, 이 지역에 남아 있는 농경지의 대부분은 본토 출생과 이민자 농부의 혼합으로 정착되었다. 미국 서부의 정착민들은 캘리포니아 주, 오리건 주, 유타 주, 대평원에서의 기회에 매료되었다. 캐나다에서 수천 명이 매니토바 주, 서스캐처원 주, 앨버타 주의 남부를 점유하였다. 금광, 은광의 발견은 콜로라도 주, 몬태나 주, 브리티시컬럼비아 주의 프레이저 계곡과 같은 지역의 개발로 이어졌다. 믿기 어렵지만, 확장되는 인구가 정착할 새로운 땅을 찾고, 세계 경제가 성장을 견인하는 자원을 요구함에 따라 단지 160년 이내에 북아메리카 경관의 상당수가 점유되었다.

활동적인 북아메리카인

데이비 크로켓, 캘러미티 제인의 전설적인 시대에서, 20세기 존 스타인벡, 잭 케루악의 체류까지 북아메리카인은 활동적이었다. 실제로 약 5명 중 1명의 북아메리카인은 매년 이동하며, 이는 북아메리카 인구가 소득 향상, 삶의 질 향상을 위해 주거지를 기꺼이

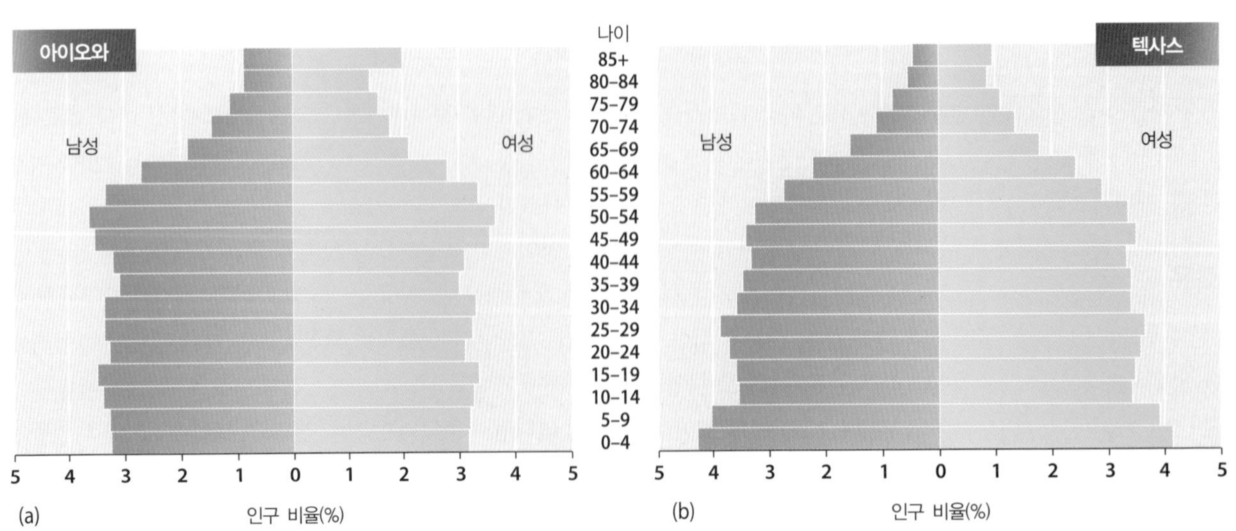

그림 3.13 **인구 피라미드 : (a) 아이오와, (b) 텍사스** 아이오와 주의 노령화 인구는 텍사스의 많은 젊은 층 비율과 대조되는데, 이는 텍사스 주의 높은 출생률과 커다란 젊은 이주민 유입을 반영한다. **Q : 어떻게 베이비 붐 세대가 아이오와 주 인구 피라미드에 반영되는가?**

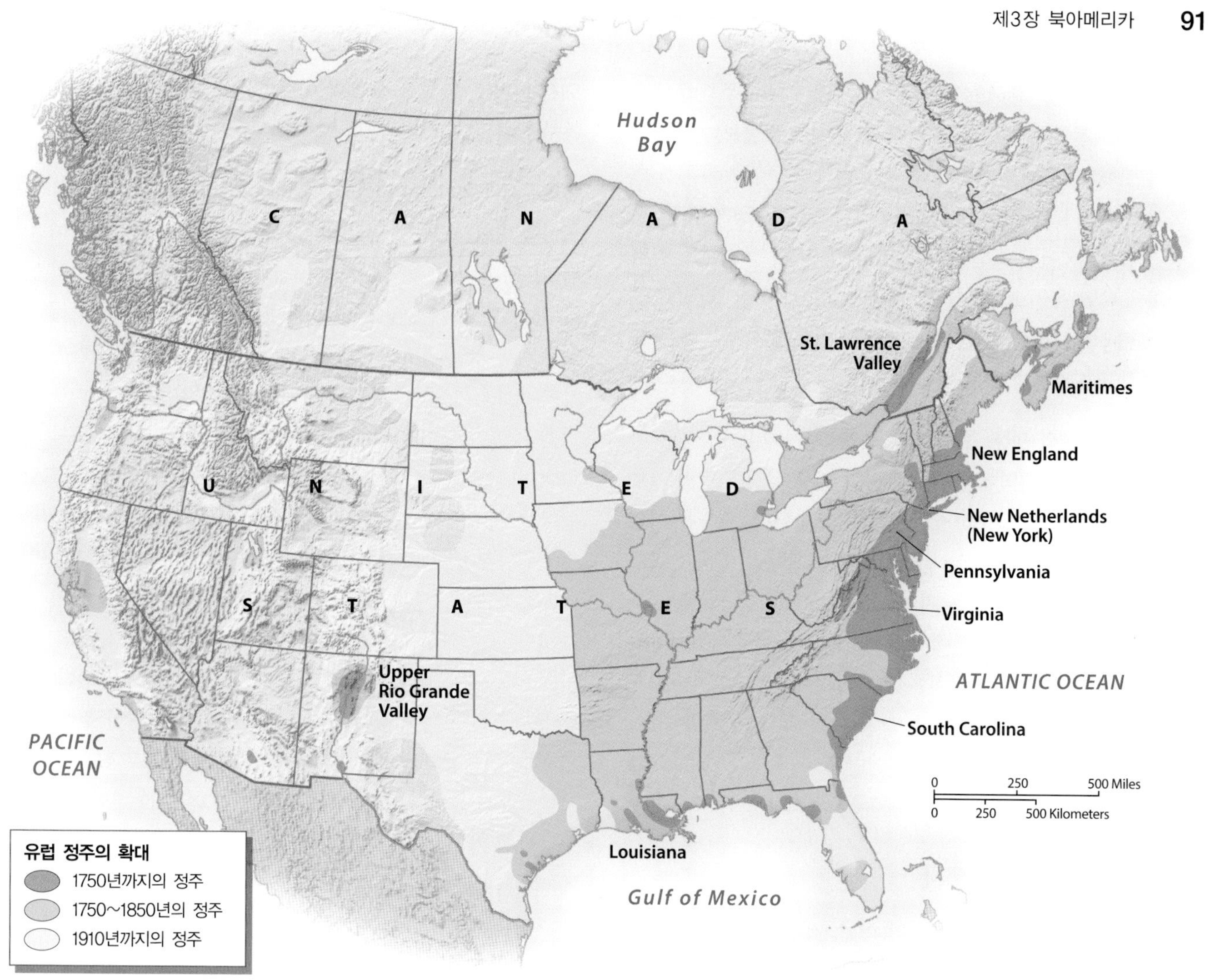

그림 3.14 **유럽인의 정주 확대** 북아메리카 동부 해안, 세인트로렌스 계곡의 거대한 지역은 1750년까지 유럽인에 의해 점유되었다. 가장 주목할 만한 정주는 그다음 세기에 발생하였는데, 유럽인이 방대한 지역을 지배하고 원주민을 철저히 파괴하였다.

바꿀 의지가 있음을 나타낸다. 다음 몇 가지 경향이 특징적이다.

서부로의 이동 가장 지속적인 지역 이동은 서부로 이동하는 경향이었다. 1990년까지, 미국 인구의 절반 이상이 미시시피 강 서쪽에 거주하였고, 이는 식민지 시대로부터 엄청난 변화였다. 1990년 이래로 가장 빠르게 성장하는 지역들의 일부는 미국 서부(애리조나 주, 네바다 주 포함)와 캐나다 서부의 앨버타 주, 브리티시컬럼비아 주이다. 이 경향은 이 지역의 경관, 위락, 은퇴자를 위한 매력뿐만 아니라 첨단 기술, 에너지, 서비스 산업의 신규 고용 창출로 가속화되었다.

남부로부터의 흑인 탈출 흑인은 지역 간 이주의 특징적인 패턴을 발생시켰다. 대부분의 흑인은 남북 전쟁 후 남부 농촌 지역에 경제적으로 매여 있었다. 그러나 20세기 초반 많은 흑인은 농촌 남부에서의 노동력 수요 감소, 북부 및 서부의 산업 고용 기회 증가로 인해 이주하였다. 보스턴, 뉴욕, 필라델피아, 디트로이트, 시카고, 로스엔젤레스, 오클랜드는 남부 흑인의 주요 종착지였다. 그러나 1970년 이래, 더 많은 흑인이 북부에서 남부로 이동하였다. 이제 선벨트의 고용, 연방 시민 권리의 보장은 많은 북부의 도시 흑인을 성장하는 남부 도시로 끌어들인다. 그러나 이 결과는 여전히 1900년부터의 주요한 변화인데, 즉 20세기 초반 흑인의 90%가 남부에 거주하였지만, 오늘날 4,600만 명의 약 55%만이 남부에 거주한다.

농촌에서 도시로의 이주 또 다른 북아메리카 인구 이동의 지속되는 경향은 농촌에서 도시로의 이동이다. 2세기 전에는 북아메리카인의 5%만이 도시에 거주한 반면(2,500명 이상의 도시), 지금은 북아메리카 인구의 80% 이상이 도시에 거주한다. 경제 기회의 변화는 이러한 변화의 많은 것을 설명한다. 즉, 농업 기계화가 노동 수요를 감소시킴에 따라 많은 젊은이들이 도시의 새로운 일자리 기회를 찾아 떠났다.

선벨트 남부의 성장 특히 1970년대 이후 캘리포니아 주부터 텍사스 주에 이르는 남부 주들은 북동부 및 중서부 주들보다 급성장하였다. 1990년대 동안 조지아 주, 플로리다 주, 텍사스 주, 노스캐롤라이나 주 모두 20% 이상 성장하였다. 남부의 경제 확장, 적정한 생활비, 에어컨 도입, 매력적인 위락 기회, 스노벨트 지역 은퇴자에 대한 유인 모두 이러한 성장에 기여하였다. 댈러스-포트워스, 휴스턴, 애틀랜타는 2000년 이래 미국에서 가장 빠른 대도시 성장률을 경험하였다(그림 3.15).

대도시 이외 지역의 성장 1970년대 동안, 북아메리카의 대도시 밖에 위치한 일부 지역에서 괄목할 만한 인구 성장이 있었는데, 이는 이전에 인구가 감소하였던 농촌을 포함한다. **대도시 이외 지역의 성장**(nonmetropolitan growth)의 이 패턴은 사람이 대도시를 떠나 소도시 또는 농촌 지역으로 이동하는 오늘날에도 지속된다. 캐나다와 미국 모두에서 은퇴자의 증가는 이 경향의 일부이지만, 본질적인 수는 더 젊은 생활 스타일을 가진 이주자이다. 전자적으로 연결된 세계 속에서, 그들은 어메니티가 풍부하고, 인지된 도시 문제들로부터 종종 벗어난 소도시 및 농촌에서 고용을 발견하거나 창출한다.

정주 지리 : 분산되는 대도시

북아메리카 도시들은 **도시 분산**(urban decentralization)으로 특징되는데, 대도시는 모든 방향으로 스프롤되고 교외는 전통 도심의 많은 특성을 취하고 있다. 비록 캐나다 및 미국 도시 모두가 분산을 경험하였지만, 특히 내부 도시 문제, 취약한 대중교통, 광범위한 자동차 소유, 지역 스케일의 계획 정책 부재 등이 중심도시 너머로 도시 중산층이 이주하는 것을 부추기는 미국에서 특히 발견된다.

미국 도시의 역사적인 변천 교통 기술의 변화는 결정적으로 미국 도시를 변화시켰다(그림 3.16). 도보/우마차 도시(1888년 이전)는 컴팩트하며, 본질적으로 도심을 중심으로 3~4마일 반경의 범위로 도시 성장이 제한되었다. 1888년 전차의 발명은 도시 경관을 새로운 '전차 교외(streetcar suburbs)'로 확장시켰고, 전차 노선을 따라 확대되어, 종종 도심에서 5~10마일까지 이르렀다. 가장 큰 기술 혁명은 1920년 이후의 자동차 대량 생산이다. 자동차 도시(1920~1945)는 전차의 공간 범위를 넘어, 계속 중산층의 교외를 확대시켰다. 제2차 세계대전 이후 외부 도시(outer city)에서의 성장(1945~현재)은 시가화 지역이 도심에서 40~60마일 범위까지 나타남에 따라 통근로를 따라 더욱 분산된 정주를 촉진하였다.

또한 도시 분산은 도시 토지 이용 패턴을 재구성하였고, 20세기 초와는 매우 다른 오늘날의 대도시권을 생성하고 있다. 1920년대의 도시 토지 이용은 일반적으로 도시의 상당한 소매, 오피스 기능을 포함하는 중심업무지구(CBD)에 고도로 집중된 링 지역들로 조직화된다. 도시가 확대됨에 따라 CBD 너머로 주거지구들이 추가되고, 상류층 집단은 도시화 지역의 외부 에지시티에 더 바람직한 위치를 찾는다.

그러나 오늘날 교외는 주변부 소매(상점가, 쇼핑몰, 대형상점), 공업단지, 오피스 복합물, 위락 시설들의 혼합으로 특징된다. **에지시티**(edge city)라 불리는 이러한 활동의 중심지들은 다른 교외 중심지에서보다 중심지와의 기능적 연계가 덜하다. 버지니아 주 타이슨스 코너(Tysons Corner)는 워싱턴 DC의 서부에

그림 3.15 **휴스턴 도심** 휴스턴의 에너지 기반 경제는 1990년대와 2014년 사이 북아메리카에서 가장 빠르게 성장한 도시로 만들었다.

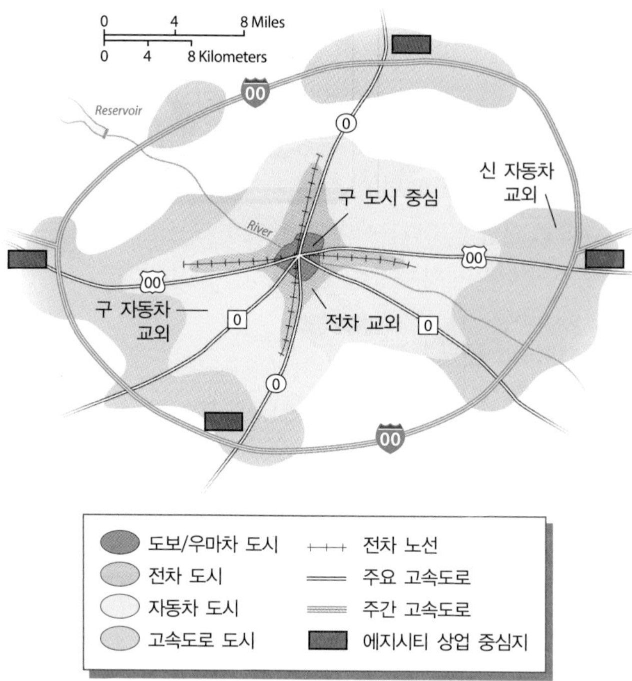

그림 3.16 **미국 도시의 성장** 많은 미국 도시는 도보/우마차, 전차, 자동차, 고속도로 시대를 거쳐 이동함에 따라 점차 분산되었다. 각 시대는 미국 대도시에 분명한 자국을 남겼는데, 도시 주변 지역에 에지시티의 최근 성장을 포함한다.

그림 3.18 **볼티모어의 하버플레이스 개발** 볼티모어의 하버플레이스는 도심 재개발을 예증하며, 주거, 공공 공간, 오피스, 레스토랑, 위락시설의 혼합을 포함한다.

위치하는데, 북아메리카 대도시의 확장되는 주변부에서 에지시티 경관의 뛰어난 사례이다(그림 3.17).

스프롤의 결과 1960년대, 1970년대 교외화가 증가하면서, 많은 내부도시들은 특히 북동부, 중서부에서 절대적인 인구 감소와 과세 기준 하락을 겪고 있다. 빈곤율은 근처 교외와 비교할 때 약 세 배에 달한다. 실업률도 전국 평균보다 높다. 북아메리카의 중심도시는 인종 측면의 긴장의 장소이며, 차별, 분리, 빈곤이 수십 년 동안 누적된 산물이다.

또한 이러한 문제와 함께, 내부도시의 경관은 **젠트리피케이션**(gentrification)을 통해 선별적으로 향상되는데, 이는 고소득 주민이 중심도시 근린의 저소득 주민을 대체(일부는 강제 이주라 함)하고, 낙후된 도시 내부 경관이 향상되고, 선별적인 도심 입지에 쇼핑몰, 스포츠, 위락시설, 컨벤션 센터가 건립되는 것이다. 시애틀의 파이어니어 스퀘어, 토론토의 요크빌, 볼티모어의 하버플레이스는 이러한 공공 및 민간 투자가 도시를 어떻게 형성하는지를 보여준다(그림 3.18). 이러한 노력에 개입된 많은 도시계획자, 개발자는 **뉴어버니즘**(New Urbanism)을 옹호하는데, 이는 고밀도, 혼합 이용, 주민이 직장, 학교, 위락시설에 걸어서 가는 도보 스케일의 근린을 강조하는 도시설계 운동이다.

정주 지리 : 농촌

북아메리카의 농촌 문화 경관은 그 기원을 초기 유럽 정착에 두고 있다. 시간이 지나면서 이들 유럽 이민자들은 북아메리카 경관에 새로운 농장을 형성함에 따라, 분산된 농업 정주 패턴을 분명히 선호하였다. 1785년 이후의 미국 정착 지역에서, 연방정부는 토지의 상당 부분을 측량, 매각하였다. 이러한 측량은 연방정부 타운십-레인지 조사 시스템(캐나다 시스템과 유사)의 간단한 격자형 패턴을 중심으로 조직되었는데, 이 시스템은 6mile^{2}면적

그림 3.17 **버지니아 주 타이슨스 코너** 북아메리카 에지시티 경관은 버지니아 주 타이슨스 코너에서 잘 나타난다. 전통 대도시 도심과는 꽤 다르게, 이 스프롤된 교외 오피스, 상업시설들의 복합체는 21세기에 많은 북아메리카인이 어떻게, 그리고 어디서 살아갈지를 나타낸다.

그림 3.19 **미네소타 주 정주 패턴** 이 미네소타 주 경관의 규칙적인 격자형 모습은 북아메리카 지역의 보편적인 문화 경관이다. 미국에서 타운십-레인지 측량시스템은 북아메리카 내륙의 광활한 지역에 걸쳐 이러한 예측 가능한 패턴을 나타내준다.

의 타운십에서 공용지를 분할, 불하하는 편리한 방식을 제공하였다(그림 3.19).

상업적 농업과 기술 변화는 정주 경관을 더욱 변모시켰다. 철도는 개발 축을 열어놓았고, 상업적 곡물 시장의 접근성을 제공하고, 도시 건설에 도움을 주었다. 1900년까지 여러 대륙 철도 노선들이 북아메리카 전역에 뻗어나갔고, 농업 경제와 농촌 삶의 속도를 급격하게 변모시켰다. 그러나 1920년 이후 더욱 큰 변화는 자동차, 농업 기계, 향상된 농촌 도로 네트워크를 따라 일어났다. 기계화와 더불어 농업 노동력의 필요는 감소하였고, 농부가 자동차, 트럭을 이용하여 더 크고 다양한 도시로 더 멀리, 빨리 이동할 수 있게 됨에 따라 많은 소규모 시장 중심지는 쇠퇴하였다. 전형적으로는 소수의 대규모 농장들이 현대 농촌 경관을 구성하며, 많은 젊은이들이 종종 도시에서의 일자리를 찾아 토지를 떠난다.

어떤 농촌 환경은 성장의 조짐을 보이며, 확대되는 에지시티 효과를 경험한다. 다른 성장하는 농촌은 대도시의 직접적인 영향 너머에 존재하지만 도시 압력이 없는, 어메니티가 풍부한 환경을 추구하는 새로운 주민을 유인한다. 이러한 경향들은 브리티시컬럼비아 주 밴쿠버, 미시간 주 어퍼 페닌슐라에 이르는 정주 경관을 형성하고 있다.

확인 학습

3.4 1900년 이래 지배적인 북아메리카 이주 흐름을 설명하라.

3.5 (a) 중심도시와 (b) 교외/에지시티를 포함하여 현대 미국 대도시 내의 주요한 토지 이용 패턴을 스케치하고 논하라. 어떻게 세계화의 힘이 북아메리카 도시를 형성하였는가?

주요 용어 메갈로폴리스, 대도시 이외 지역의 성장, 도시 분산, 에지시티, 젠트리피케이션, 뉴어버니즘

문화의 동질성과 다양성 : 다원주의의 패턴 변화

북아메리카의 문화지리는 세계적인 영향을 미친다. 동시에 이는 내부적으로 다양하다. 역사와 기술은 세계 최고인 북아메리카의 문화력을 생성하였다. 또한 아직 이 지역은 전통적인 문화 정체성을 보유한 다양한 사람들이 모여 있으며, 그들의 다양한 근원을 축하하고, 이 지역의 다양한 문화 특성을 인식한다.

문화 정체성의 근원

강력한 역사적 힘은 북아메리카 내에서 하나의 공통적이며 지배적인 문화를 형성하였다. 비록 미국(1776)과 캐나다(1867) 모두 영국에서 독립하였지만, 두 국가는 앵글로 기원에 밀접하게 연계되어 있다. 핵심적인 앵글로 법률 및 사회 제도는 많은 북아메리카인이 영국과 공유하고, 궁극적으로 다른 사람과 공유하는 핵심 가치의 공통 집합을 공고히 하였다. 전통적인 앵글로 신념은 대의민주주의 정부, 교회와 국가의 분리, 자유 개인주의, 사생활, 실용주의, 사회적 역동성을 강조하였다. 이러한 공유된 토대로부터 특히 미국 내에서 소비 문화는 1920년 이후 꽃을 피웠고 편의, 소비, 대중매체를 중심으로 지향된 공통 경험들을 형성하였다.

그러나 북아메리카의 문화적 단일체는 다원주의, 즉 특징적인 문화 정체성들의 지속 및 행사와 공존한다. 이는 **민족성**(ethnicity)의 개념과 밀접히 관련되는데 공통의 배경과 역사를 가진 사람이 다른 사람과 동일시하고, 종종 더 큰 사회 내에 소수집단으로 인식된다. 캐나다 퀘벡의 프랑스 식민화와 원주민의 지속적인 힘은 현대 문화지리를 복잡하게 한다. 미국 내에서는 인종 집단들의 엄청난 다양성이 로컬 및 지역 스케일 모두에서 다양한 문화지리를 형성한다.

북아메리카의 인구 분포

북아메리카는 이민자의 지역이다. 분명히 이 지역의 대부분에서 원주민을 대체함으로써, 이민자들은 인종 집단, 언어, 종교의 새로운 문화지리를 탄생시켰다. 비록 그 수는 적지만, 초기 이민자는 상당한 문화적 영향력을 지녔다. 시간이 지나면서 이민자 집단과 이들의 목적지 변화는 북아메리카에서 다양한 문화지리를 형성하였다. 또한 이민자들이 더 커다란 사회로 흡수되는 과정인 **문화 동화**(cultural assimilation)의 속도와 정도는 집단마다 다양하였다.

미국으로의 이민 미국 이민자의 수와 출발지의 변화는 미국사에서 특징적인 다섯 시기를 형성하였다(그림 3.20). I시기(1820년 이

전)에는 영국과 아프리카 이민자의 영향이 탁월하였다. 주로 서아프리카로부터 온 노예는 남부에 문화적 영향을 추가하였다. 그리고 II시기(1820~1870년) 동안 북서 유럽은 이민자의 주요 출발지였다. 그러나 이 시기 동안 아일랜드인과 독일인들이 이민의 흐름을 지배하였고 더 많은 문화적 다양성을 제공하였다.

그림 3.20이 보여주는 것처럼, 이민은 거의 100만 명의 외국인이 미국에 도착하는 1900년경에 절정에 달하였다. III시기(1870~1920년) 이민자의 다수는 남유럽인과 동유럽인이었다. 이 시기 유럽에서는 정치적 갈등과 경제 빈곤이 존재하였고 미국의 이용 가능한 토지와 산업화 확대 소식은 이 어려운 상황에서 탈출하도록 하였다. 그러나 이들 이민자의 극소수만이 고용이 부족한 미국 남부에 정착하였고, 지금도 존재하는 문화적 다양성을 창출하였다.

IV시기(1920~1970년)에 가까운 캐나다, 남아메리카에서 더 많은 이민자가 도착하였지만 전체 수는 급감하였는데, 이는 매우 엄격한 연방 이민 정책(1921년의 이민 쿼터법, 1924년의 국가별 이민 할당법), 대공황, 제2차 세계대전으로부터의 분열에 영향을 받은 것이다. V시기(1970년 이후) 이민은 급증하였고, 이제 연평균 이민자의 수는 1세기 이전 동안의 이민자의 수를 능가한다(그림 3.20). 1970년 이후 대부분의 합법 이민자들은 남아메리카 또는 아시아로부터 온 사람들이었다. 2000년 이민자의 약 60%가 히스패닉이었고 아시아계는 단지 20%였지만 2010년에는 이들이 균형을 이루었는데 다양한 아시아계는 36%이고 남아메리카계는 약 30%를 차지한다. 1970년 이후의 집중은 해외의 경제 · 정치 불안정, 전후 미국 경제 성장, 이민법의 완화에 기인한다. 특히 멕시코로부터의 불법 이민은 1970년 이후 증가하였지만 2008년 이후 그 속도는 상당히 완화되었는데, 대부분은 미국의 고용 감소, 미국 국경의 더욱 엄격한 순찰 때문이다. 오늘날 미국은 1,100~1,200만 명의 불법 이민자가 존재한다.

미국 히스패닉 인구는 계속 증가하고 있으며 북아메리카 문화 및 경제지리를 근본적으로 재형성하고 있다(그림 3.21). 현재 추정된 1,200만 명의 멕시코 출생 인구(멕시코 인구의 약 10%)가 미국에 거주한다. 그러나 향후 25년 이내에 미국 히스패닉 인구의 추정된 증가의 대부분은 신규 이민보다는 미국에서의 출생을 통해 충족될 것이다. 미국 히스패닉의 거의 절반이 캘리포니아 주(캘리포니아 주 인구의 27%가 해외 출생임) 또는 텍사스 주에 거주하지만, 이들은 점차 노스캐롤라이나 주, 위스콘신 주, 캔자스 주 같은 지역으로 이동하고 있다(그림 3.22). 대평원 지역에서, 히스패닉 이민자들은 새로운 교회, 멕시코 식당, 학령 어린이들을 한때 사양화되던 많은 커뮤니티들에 가져오고 있다.

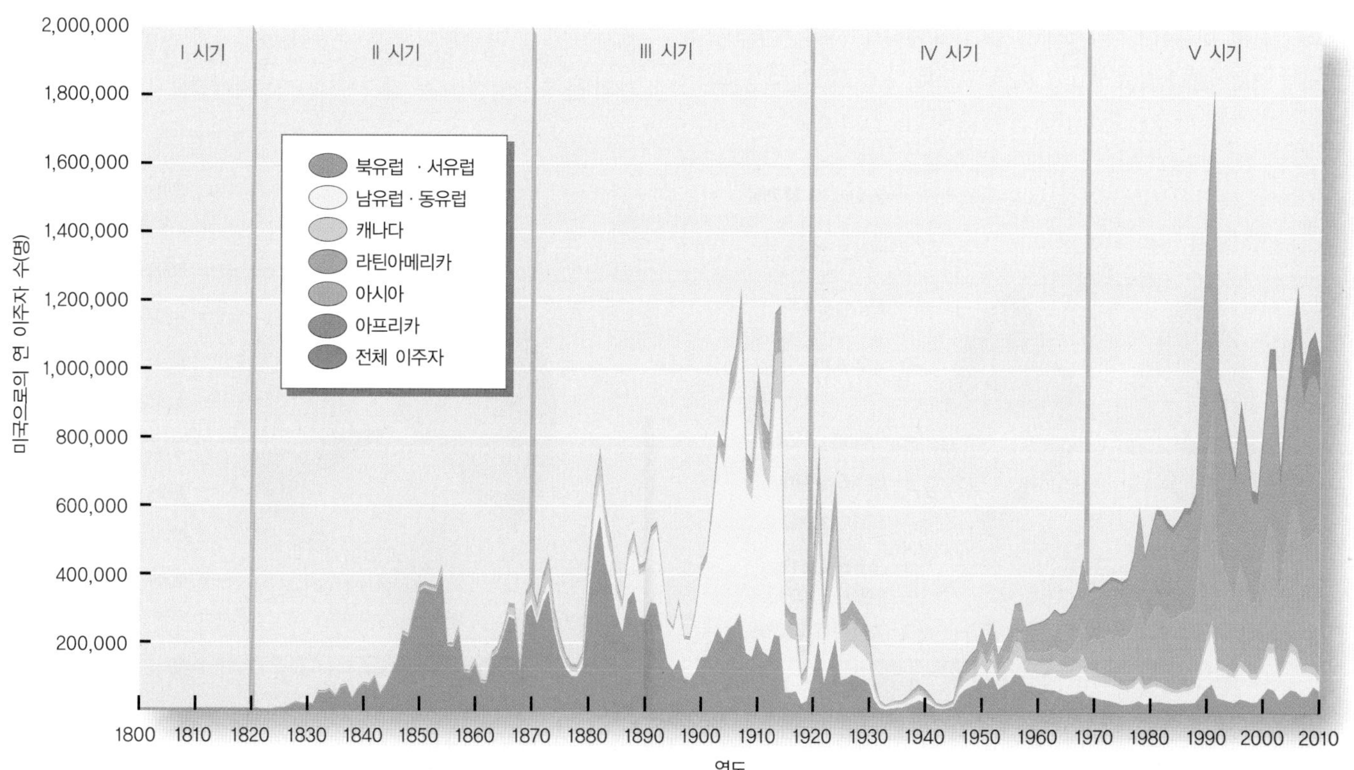

그림 3.20 **미국으로의 이민(연도별, 집단별)** 연 이민율은 1900년경 절정에 달하였고 20세기 초반 감소하였다가 이후 재상승하였는데, 특히 1970년대에 재상승이 시작되었다. 또한 이민자의 출발지도 변화하였다. 현재 유럽인의 역할 감소와 함께 아시아계, 라틴계 이민자의 중요성 증가에 주목하라. Q : 1850년, 1910년, 1980년 미국 인구의 주요 출발지는 어디였는가? 왜 이렇게 변화하였는가?

그림 3.21 **캘리포니아 살리나스 근처의 라틴 농부** 라틴계 인구는 캘리포니아 65만 명의 농부의 다수를 차지한다. 이들 이민 노동자는 살리나스 계곡에서 딸기를 수확하고 있다. 비록 낮이 길지만, 농부 조합은 이제 근무지에서 화장실 이용을 필수로 한다(멀리 오른쪽 위치).

비율의 측면에서 아시아계 이민자들은 가장 빠르게 증가하는 이민자 집단이며, 다양한 아시아 민족성은 (본토 출생, 해외 출생 모두) 미국 인구의 6%와 관련된다. 중국어는 미국에서 세번째로 많이 사용되는 언어이다(영어, 스페인어 순). 인도 이민자는 가장 부유하고 잘 교육받은 집단의 하나이다. 캘리포니아는 새로운 이민자의 주요 입국 지점이며 미국의 아시아계 인구의 1/3의 근거지이다. 다른 15%는 이제 뉴욕, 뉴저지의 대서양 중부 주들에서 거주한다(그림 3.22). 미국에서 가장 많은 아시아계 집단은 중국(400만 명), 필리핀(340만 명), 인도(320만 명), 베트남(170만 명), 한국(170만 명)이다.

미래의 미국 문화지리는 이러한 최근 이민 패턴으로 엄청나게 재정의될 것이다. 2050년까지 아시아인들은 미국 인구의 약 10%가 될지 모르며, 미국인의 약 1/3이 히스패닉일 것이다. 아마도 그때에는 미국 비히스패닉 백인 인구가 소수의 지위일 수도 있다(그림 3.23)

캐나다 패턴 세인트로렌스 계곡에 프랑스인의 도착은 캐나다로의 초기 유럽 이민을 특징짓는다. 1765년 이후, 많은 이민자들이 영국, 아일랜드, 미국으로부터 들어왔다. 1900년 즈음하여 캐나다는 미국에서의 이민자 흐름과 동일한 방향, 재방향을 경험하였다. 그리고 1900~1920년에 300만 명 이상의 외국인이 캐나다로 이주하였는데, 이때 캐나다의 적은 인구를 고려하면 이민자 비율은 미국보다 훨씬 높았다. 동유럽인, 이탈리아인, 우크라이나인, 러시아인이 주를 이루었다. 오늘날 캐나다 이민자의 약 60%는 아시아인이며, 해외 출생 인구 21%는 선진국 중에서 가장 높은 편이다. 예를 들어 밴쿠버에서는 인구의 약 40%가 해외 출생인데, 다양한 인종 근린들의 도시를 생성하며, 특히 아시아와의 강한 연대를 반영한다.

북아메리카의 문화와 장소

문화와 민족 정체성은 종종 장소와 강하게 연결된다. 북아메리카의 문화 다양성은 두 가지 방식으로 지리적으로 표현된다. 첫

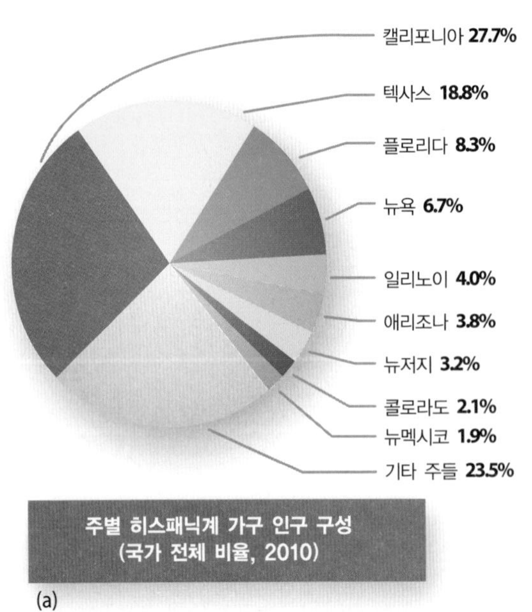

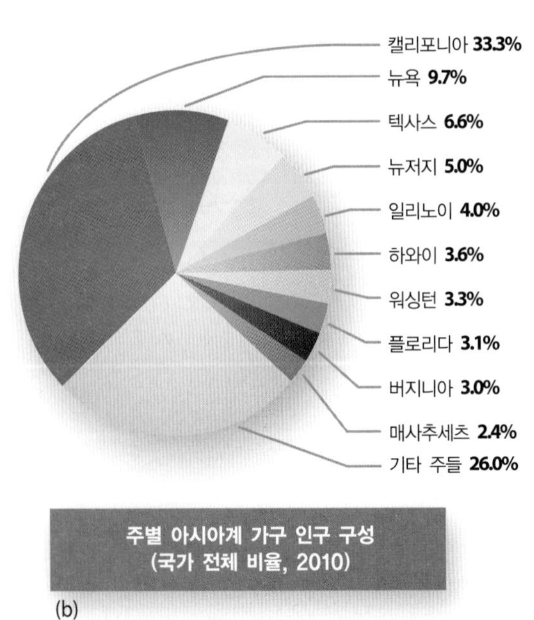

그림 3.22 **2010년 주별 미국 히스패닉 및 아시아계 인구 분포** (a) 캘리포니아, 텍사스, 플로리다는 미국 히스패닉 인구의 절반 이상을 차지하지만, 히스패닉 인구 증가는 다른 곳에서 나타난다. (b) 캘리포니아는 미국 아시아계 인구의 1/3의 근거지이다 **Q : 서부, 남부를 제외하고, 뉴욕, 뉴저지, 일리노이가 이들 이민자에게 왜 주요 목적지라고 생각하는가?**

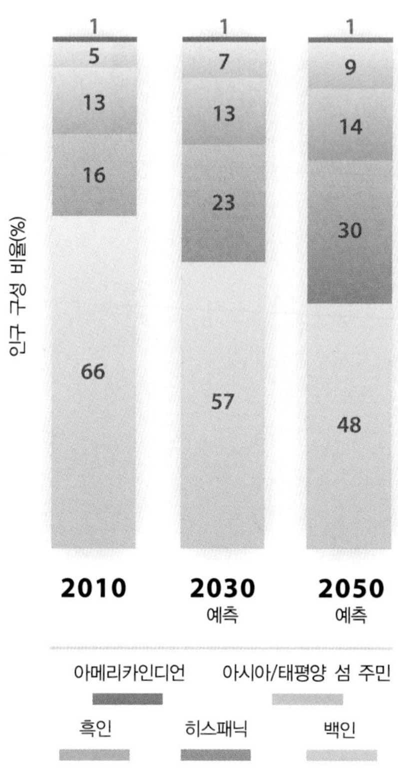

그림 3.23 **미국의 민족적 구성 추계(2010~2050)** 21세기 중반까지, 미국인의 약 1/3은 히스패닉이고, 비히스패닉 백인은 소수 지위를 가질 것으로 추정되며, 미국 인구가 점차 다양화될 것이다.

째, 유사한 배경의 사람들이 서로 몰려 있고, 그들이 함께 점유하는 영역으로부터 의미를 이끌어낸다. 둘째, 이들 특징적인 문화는 그 흔적을 남기는데, 일상의 경관에서 인공물, 습관, 언어, 가치를 남긴다. 보스턴에 있는 이탈리아풍의 노스엔드는 근처의 차이나타운과 다른 경관과 풍취를 가지며, 농촌의 프랑스풍 퀘벡은 애리조나의 호피(Hopi) 마을과는 다른 세계이다.

문화 중심지 캐나다 프랑스풍의 퀘벡은 **문화 중심지**(cultural homeland)의 뛰어난 사례이다. 즉, 퀘벡은 명확한 지리적 영역 내에 문화적 특징이 있는 중심지이며, 그 민족성은 시간이 지남에 따라 살아남았고, 지속되는 개성과 함께 문화 경관을 형성한다(그림 3.24). 퀘벡 인구의 약 80%는 프랑스어를 말하고, 이 언어는 이 중심지를 함께하는 '문화 접착체' 역할을 한다. 1976년 이후 채택된 정책들은 캐나다 방송(CBC)에 의해 국가 2언어 프로그래밍과 학교에서의 프랑스어 교육을 요구함으로써 이 지역 내 프랑스어를 강화시켰다. 많은 퀘벡인은 가장 큰 문화적 위협은 앵글로-캐나다인으로부터가 아니라 이 지역으로의 최근 이민이라고 느낀다. 예를 들어 몬트리올의 남부 유럽인과 아시아인은 프랑스어를 배울 의지를 보이지 않으며, 대신 영어를 사용하는 사립학교에 자녀를 보내고 싶어 한다.

다른 명확한 문화 중심지는 히스패닉 국경 지역이다(그림 3.24). 이 지역은 퀘벡과 면적이 유사하며 총 인구는 더 많지만 문화적, 정치적으로 더 다양하다. 이 중심지의 문화적 기원은 깊으며, 스페인이 이 지역을 유럽 세계에 개방한 17세기로 거슬러 간다. 스페인 지명의 풍부한 유산, 황색의 천주교 성당, 전통적인 히스패닉 정주는 뉴멕시코 주 북부, 콜로라도 주 남부의 고지대에 분포한다. 캘리포니아 주에서 텍사스 주까지 다른 역사적 사이트와 지명 또는 히스패닉 유산을 반영한다.

그러나 퀘벡과는 달리, 20세기 남아메리카로부터의 대규모 이민은 남서부 지역으로의 히스패닉 정주의 새로운 흐름을 야기하였다. 현재 약 5,000만 명의 히스패닉 인구가 미국에 거주하며, 이 중 약 절반이 캘리포니아, 텍사스, 플로리다에 거주한다. 2015년에는 히스패닉 인구는 캘리포니아에서 비히스패닉 백인을 능가하였다. 뉴욕, 시카고, 플로리다 남부의 쿠바인 거주 지역은 이 문화 중심지를 넘어 히스패닉 영향의 핵심 중심지로서 역할을 한다.

또한 흑인은 남부에 문화 중심지를 보유하지만, 전출로 인해 그 중요성이 감소하였다(그림 3.24). 블랙 벨트라 불리는 수십 개의 농촌 카운티들은 여전히 흑인이 다수를 차지하고, 남부는 그 농촌 기원지를 훨씬 넘어 이제는 유명한 음악 형태인 흑인 영가, 블루스를 포함하여 많은 흑인 민속 전통들의 근거지로 남아 있다. 흑인은 남부 이외에 주로 북동부, 중서부, 서부의 도시에 대규모 활력 있는 커뮤니티들을 형성하였으며, 그들의 문화적 영향은 북아메리카 경관에서 이들의 지위가 지워지지 않도록 형성하였다(그림 3.25).

다른 농촌 중심지는 아카디아나(Acadiana)로, 루이지애나 주 남서부의 지속적인 케이준 문화 지역이다(그림 3.24). 19세기에 건설된 이 근거지는 프랑스 정착민들이 캐나다 동부(아카디아로 알려진 지역)에서 쫓겨나 루이지애나로 와서 재정착한 곳이다. 음식, 음악 등을 통해 오늘날 국가 차원에서 알려진 케이준 문화는 루이지애나의 지류, 늪과 강하게 연결되어 있다.

원주민의 특징 또한 원주민은 그들의 근거지와 강하게 연결되어 있다. 정말로 많은 원주민은 그들의 환경과 친숙한 관계를 유지하고, 물질적·정신적 삶에 자연 환경의 요소를 결합하였다. 500만 명 이상의 원주민, 이누이트, 알류트인이 북아메리카에 거주하며, 1,100개 이상의 부족들 연대에 대한 충성을 요구한다. 비록 많은 원주민이 현재 도시에 살지만, 그들은 그들의 근거지와 밀접한 접촉을 유지한다. 지명, 경관 특징, 가족 연대는 사람과 장소간의 이러한 연계를 공고히 한다.

특히 미국 서부, 캐나다 및 알래스카 북부 지역에서, 비록 원주민의 25% 미만이 보호구역에 거주하지만, 또한 많은 사람들이 꽤 넓은 보호구역을 지배하고 있다. 48개 주에서 원주민이 지배하는 가장 큰 지역은 남서부에 위치한 나바호 보호구역이다. 약 30만 명이 나바호 국가에 대한 충성을 요구한다. 북쪽으로, 캐나

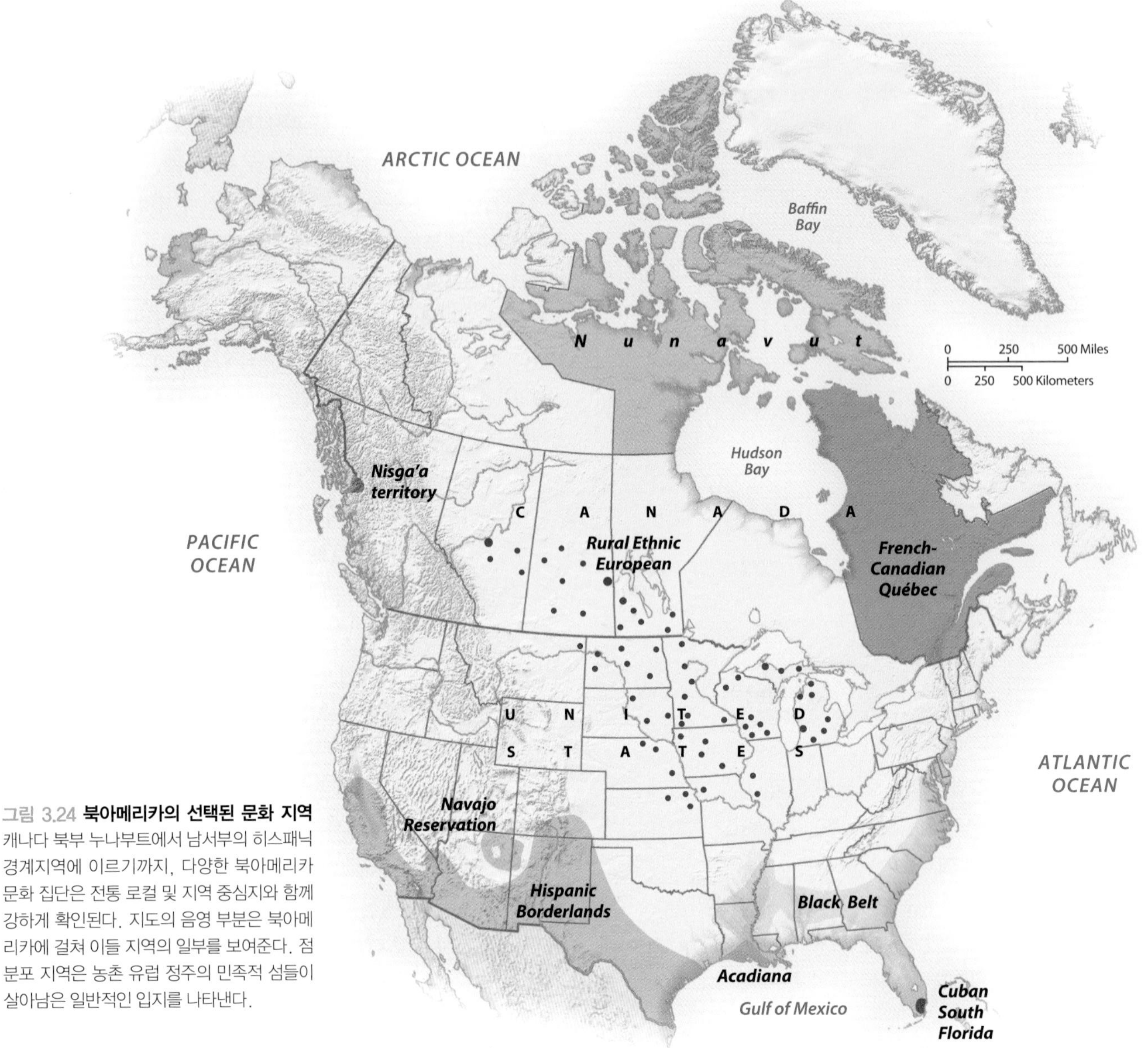

그림 3.24 **북아메리카의 선택된 문화 지역** 캐나다 북부 누나부트에서 남서부의 히스패닉 경계지역에 이르기까지, 다양한 북아메리카 문화 집단은 전통 로컬 및 지역 중심지와 함께 강하게 확인된다. 지도의 음영 부분은 북아메리카에 걸쳐 이들 지역의 일부를 보여준다. 점 분포 지역은 농촌 유럽 정주의 민족적 섬들이 살아남은 일반적인 입지를 나타낸다.

다의 자치령인 누나부트 준주(Nunavut Territory)(인구 35,000명)는 원주민의 문화 영향이 지속적으로 존재하고 이 지역 내 정치 권력이 등장하는 것을 다시 한 번 상기시켜 준다(그림 3.24).

비록 이들 중심지들이 땅에 전통적인 연대를 보존하지만, 또한 그들은 만연하는 빈곤 및 건강 문제를 가지고 있으며, 문화적 긴장도 증가하고 있다(그림 3.26a). 미국 내에서 많은 원주민 집단들은 많은 자본이 유입되는 카지노, 관광시설을 건설하기 위해 그들의 보호구역의 법률적 지위의 이점을 이용하였지만, 또한 전통 생활방식에 문제를 야기한다(그림 3.26b).

민족 근린의 모자이크 북아메리카 문화의 모자이크는 도시 및 농촌 경관 모두를 형성하는 소규모 민족 시그너처에 의해 특징된다(그림 3.24). 농업을 기반으로 한 내륙 지역의 정착이 이루어지는 동안, 이민은 종종 긴밀히 맺어진 커뮤니티를 형성하였다. 이들 간에 독일, 스칸디나비아, 슬라브, 네덜란드, 핀란드 근린이 형성되었고, 공통의 기원, 언어, 종교에 의해 함께 유지되었다. 위스콘신, 미네소타, 다코타, 캐나다 프레리의 농촌 경관들은 민속 건축, 특징적인 정주 패턴의 형태로 이들의 문화적 각인을 보여주고 있다.

또한 민족 근린은 도시 경관의 일부이며, 세계적 규모의 이민 패턴과 북아메리카 이민 패턴 모두를 반영한다. 로스앤젤레스의 민족지리는 경제 및 문화적 힘 모두가 작용하는 사례이다(그림 3.27). 이러한 경제적 팽창 대부분이 20세기 동안 발생하였기 때문에, 도시의 민족 패턴은 더욱 최근의 이민자들의 이동을 반영한다. 도시 남부(컴튼, 잉글우드)의 흑인 커뮤니티는 남부 지역에서부터의 흑인 이주의 유산이다. 히스패닉(로스엔젤레스 동부), 아시아인(알람브라, 몬터레이 공원) 근린들은 로스엔젤레스 도시 인구의 약 40%가 해외 출생임을 보여준다.

그림 3.25 **흑인 랩 예술가들(콜로라도 주 덴버 소재)** 덴버 시 서부에 위치한 이 컬러 벽화는 Tupac Shakur, Biggie Smalls, Easy-E, Krayzie Bone(왼쪽부터의 순서)의 음악 공헌을 축하한다.

북아메리카 종교 패턴

또한 특징적인 종교 전통은 북아메리카 지리를 형성한다. 식민지 기원을 반영하여, 개신교는 미국 내에서 지배적이며 인구의 약 60%를 설명한다(그림 3.28). 어떤 측면에서 융합된 미국 종교는 폭넓은 개신교 기원들로부터 나왔다. 가장 성공적인 것은 모르몬교(Church of Jesus Christ of Latter-Day Saints)인데, 북아메리카 신도가 600만 명 이상이며 유타, 아이다호에 집중되었다고 주장한다. 비록 많은 전통 천주교 근린들이 북동부 도시 지역에서 인구를 잃었지만, 천주교도의 수는 서부, 남부에서 증가하고 있으며, 이는 국내 인구 이동과 히스패닉의 이민과 출생의 높은 비율 모두를 반영한다. 캐나다 인구의 약 40%가 캐나다 연합교회(United Church of Canada)의 개신교도이다(그림 3.28). 프랑스어를 사용하는 퀘벡 주는 천주교 전통의 보루이며, 캐나다 천주교 인구(43%)는 미국(24%)보다 더 많다.

다른 수백만의 북아메리카인은 개신교 또는 천주교 외의 종교를 가지거나 전통 종교와 관련이 없다. 그리스 정교 신자는 북동부 도시 지역에 집중되어 있으며, 여기에 많은 그리스, 러시아, 세르비아 그리스 정교 커뮤니티들이 1890~1920년에 건설되었다. 또한 우크라이나 정교 커뮤니티들이 앨버타, 새스캐처원, 매니토바의 캐나다 프레리 지역에 분포한다. 그리고 500만 명 이상의 유대인이 북아메리카에 거주하는데, 동부와 서해안 도시에 집중되어 있다. 또한 미국에는 많은 이슬람교도(600만 명), 불교도(100만 명), 힌두교도(100만 명)도 거주한다.

미국 문화의 세계화

간략히 말하면, 북아메리카의 문화지리는 점점 북아메리카화(특히 미국에 의해 영향받음)되는 동시에 세계화되고 있다. 그러나 문화 세계화의 과정은 복잡한데, 북아메리카로의 해외 영향의 단순한 흐름 또는 지구의 모든 전통 지역들을 공격하는 미국 문화의 지배라기보다는 21세기 문화 세계화는 점차로 한때 많은 방향에서 흐르던 영향들을 점차 혼합하고 새로운 융합적 문화 창조가 되고 있다.

북아메리카인 : 세계적인 삶 북아메리카인은 일상생활에서 이 지역 너머의 사람들에 이전보다 더욱 노출된다. 북아메리카에 거주하는 4,700만 명 이상의 해외 이민자들과 함께, 다양한 세계적

(a)

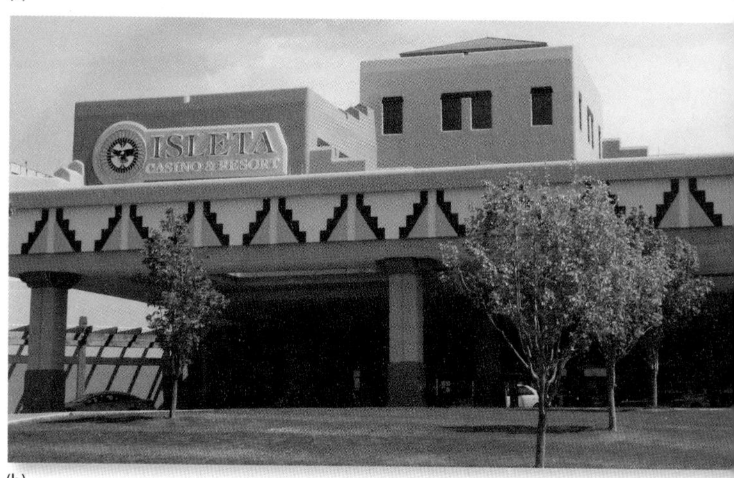

(b)

그림 3.26 **북아메리카 경관** (a) 나바호 소녀와 그녀의 할아버지가 나바호국(Navajo Nation)의 집 앞에 서 있다. (b) 뉴멕시코 주 앨버커키 근처에, 이슬레타 푸에블로(Isleta Pueblo) 인디언 보호구역은 이슬레타 리조트, 카지노를 운영하며 지역 원주민을 위해 많은 새로운 일자리를 제공한다.

영향은 새로운 방식으로 결합된다. 매년 수백만 명의 해외 방문객들이 비즈니스, 즐거움의 목적으로 북아메리카로 온다. 미국 대학에서, 76만 명 이상의 해외 학생들(절반 이상이 아시아 출신)이 교실에 세계적인 풍미를 추가한다.

세계화는 북아메리카인에 대한 도전을 보여준다. 미국에서, 한 핵심 쟁점은 영어와 관련되는데, 이는 종종 국가를 아우르는 사회 접착제로 기술된다. 히스패닉에 의해 영어와 스페인어의 융합적 결합인, **스팽글리시**(Spanglish)의 사용 증가는 북아메리카 세계화의 복잡성을 보여준다. 코드 스위치로서의 스팽글리시는 둘 이상의 언어가 번갈아 섞여 사용되는데, 온라인 대화를 의미하는 'chatear'와 같은 흥미로운 융합어를 포함한다.

북아메리카인은 다른 방식으로 세계화되고 있다. 2015년까지 대부분의 미국인과 캐나다인은 인터넷에 접근하고 사이버 공간에서 멀리 도달하는 여행을 하였다. 많은 북아메리카인을 위해 페이스북, 트위터와 같은 소셜 미디어는 그들의 일상생활을 형성하는 커뮤니티와 네트워크 유형을 재정의하였다. 민족 음식의 인기는 이 지역에 쿠바, 에티오피아, 바스크, 남부 아시아 식당들의 다양성으로 풍미를 제공하였다(그림 3.29). 구찌, 브리오니, 프라다는 유럽 패션에 수백만 명이 관심을 가지는 가정 용어이고, 독일 테크노 밴드, 게일릭(Gaelic) 악기, 라틴 리듬은 생활의 한 부분이 되었다. 전 세계로부터의 프로 운동선수들이 농구, 배구, 축구에서 경쟁하기 위해 북아메리카로 이주한다(일상의 세계화 : NBA의 세계화 참조). 정말로 침술, 마사지 테라피에서, 축구, 뉴에이지까지, 북아메리카인들은 더 커다란 세계에 끊임없이 차용하고 채택하고 흡수한다.

미국 문화의 세계적 확산 같은 방식으로, 미국 문화는 다른 지역의 수십억 명의 삶을 영원히 바꾸어왔다. 비록 미국의 경제력 및 군사력이 1900년까지 두드러졌지만, 제2차 세계대전에 이르러서야 미국의 대중문화는 근본적으로 세계 인문지리를 재형성하였다. 마셜 플랜, 평화유지군 정책은 유럽 식민주의가 약화됨에 따라 세계 무대에서 미국의 존재가 부각됨을 보여주었다. 아마도 가장 두드러진 것은 소비재에 대한 세계적 수요의 증가와, 이 수요를 충족시키고 증대시키기 위해 구조화된 다국적기업의 성장(이 장의 후반부에서 논의됨) 간의 결합이다. 다국적기업의 홍보, 분배 네트워크, 대중 소비는 콜라나 빅맥을 모스크바, 베이징에 도입하고 골프장을 태국 정글에, 미키 및 미니 마우스를 도쿄, 파리에 도입하였다. 수백만 명의 사람들, 특히 젊은이들은 북아메리카인의 개인주의, 소비, 젊음, 이동성에 매료된다.

그러나 미국 문화 통제에 대한 도전은 다양한 세계화의 결과에서 보이고 있다. 영화 제작자들이 자신의 영화 비즈니스를 인도, 남아메리카, 아프리카 서부, 중국 등에서 구축함에 따라 세계 영화산업에 대한 할리우드의 지배는 급격하

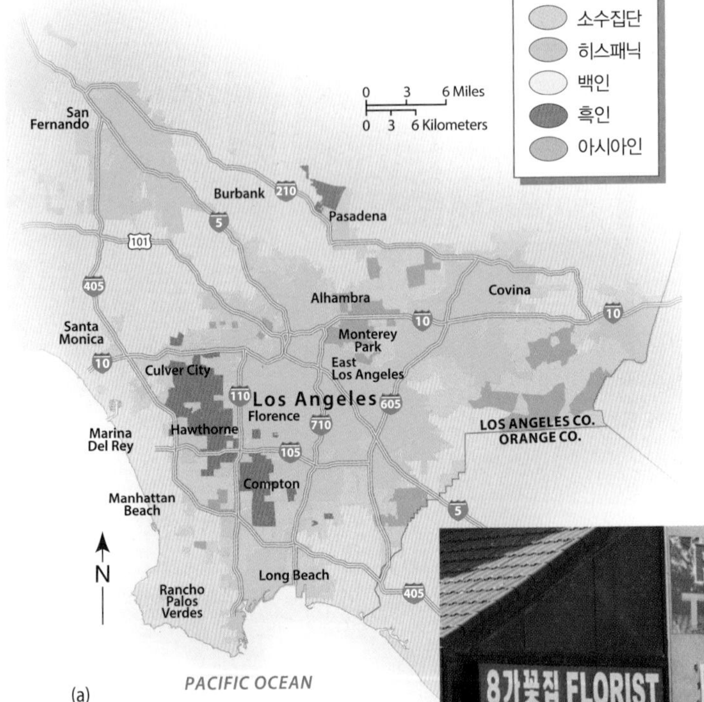

(b)

그림 3.27 **로스앤젤레스의 민족** (a) 로스앤젤레스의 많은 지역에서 다양한 민족 시그너처가 중첩된다. (b) 증가하는 라틴계 인구가 코리아타운의 이 지역을 대체하고 있다.

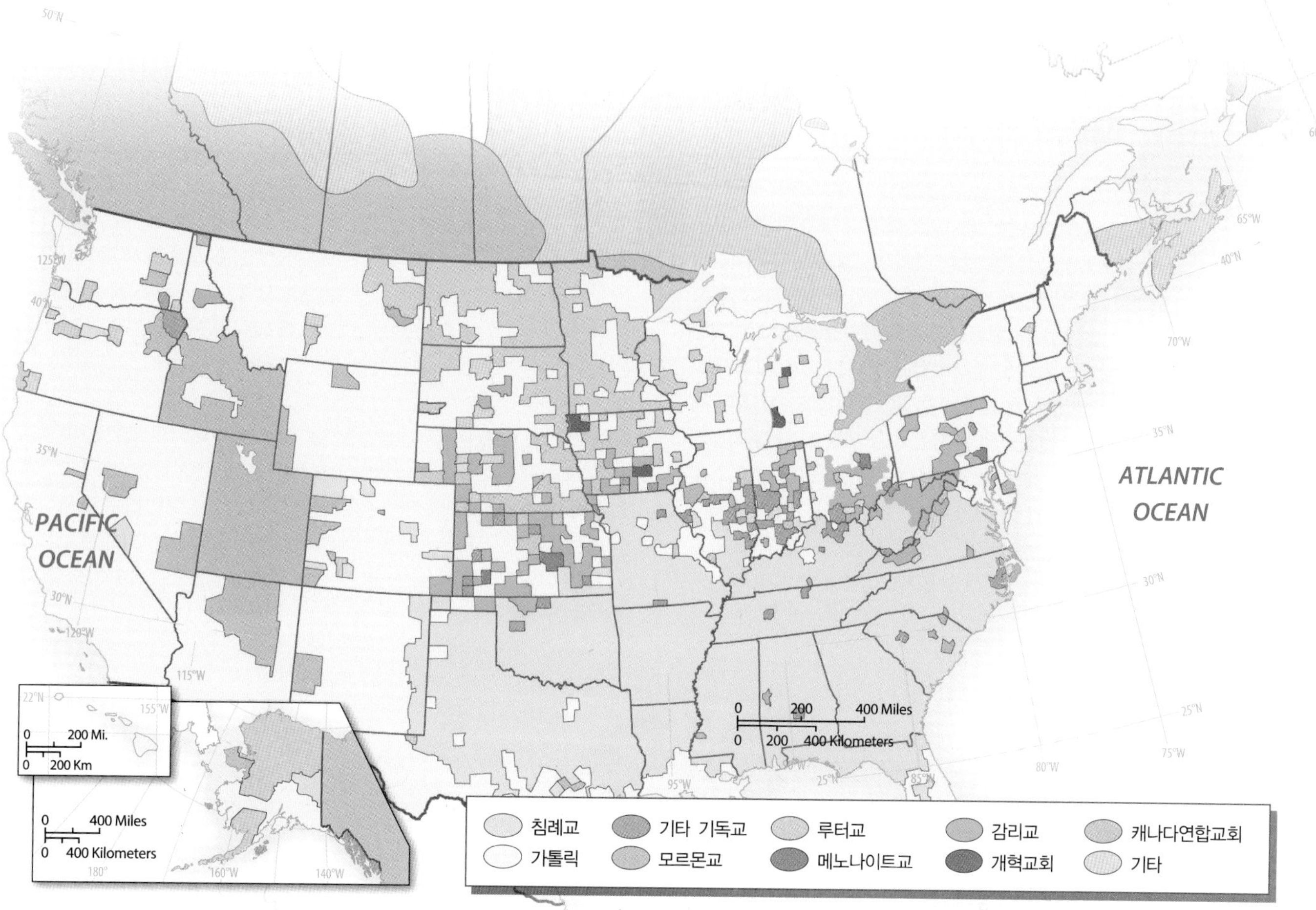

그림 3.28 **북아메리카의 기독교 교파** 비록 북아메리카의 많은 지역들이 엄청난 종교 다양성을 가지지만, 천주교 또는 다양한 개신교 교파들이 지배적이다. 모르몬교에 의해 지배되는 농촌의 유타, 아이다호 지역은 서부에서 단일 종교가 최고로 집중되어 있음을 보여준다.

게 감소하였다. 인터넷의 세계적인 이용이 성장함에 따라, 영어 사용자의 온라인 지배는 급격히 감소하였다. 미국 문화의 영향에 대한 활발한 저항도 두드러진다. 그 예로, 캐나다 정부는 미국 라디오, TV, 영화산업에서 미국 대중문화를 제한하는 노력을 하고, 인터넷과 같은 미디어에서 프랑스는 미국 지배를 비판한다. 비록 최고 박스오피스 히트가 국경을 뚫지만 이란은 위성 TV와 많은 미국 영화를 금지한다.

확인 학습

3.6 미국 역사에서 이민의 특징적인 시기를 확인하라. 그들은 캐나다의 역사와 어떻게 비교되는가?

3.7 네 가지 지속되는 북아메리카 문화 지역을 확인하고, 이들의 핵심 특징을 기술하라.

주요 용어 민족성, 문화 동화, 문화 중심지, 스팽글리시

지정학적 틀 : 지배와 분리의 패턴

북아메리카는 세계에서 가장 큰 두 국가의 근거지이다. 그러나 이들 국가의 생성은 단순하지도 않았고, 미리 예정되지도 않았으며, 그보다는 꽤 다양한 북아메리카 지도를 형성하였던 역사 과정의 결과이다. 일단 설립된 후, 이들 두 국가는 상호 경제 및 정치 의존성의 긴밀한 관계로 공존하였다.

그림 3.29 **뉴욕 시의 인도 식당** 뉴욕 시의 많은 남부 아시아 인구는 매우 다양한 소규모 비즈니스를 가진다.

일상의 세계화

NBA의 세계화

최근의 대학 또는 프로 농구 경기를 TV로 보거나 NBA 팀 선수명단의 일부를 조사해 보자. 의심할 여지 없이, 이 철저한 북아메리카 스포츠는 세계화되었다. 이 세계적인 게임 운영의 상당 부분은 전 NBA 커미셔너인 데이비드 스턴으로부터 시작되었는데, 그는 게임을 해외로 TV 송출하는 것으로 장려하였고(NBA는 이제 43개 언어로 중계된다), 세계의 재능 있는 선수들을 모집하였다. 스턴은 점점 서로 연결되는 세계는 농구를 위한 준비가 되었고, 세계적인 재능은 미국 게임에 활력을 줄 수 있을 것으로 인식하였다.

2007년(28개국 60명의 선수)과 2015년(37개국 101명의 선수) 사이에, NBA의 증가하는 세계적인 수확은 인상적이었다. 최근 최고의 선수들은 마크 가솔, 파우 가솔 형제(스페인), 더크 노비츠키(독일), 히도 터코글루(터키), 마누 지노빌리(아르헨티나)를 포함한다. 미국 경기장을 목적으로 한 세계적인 선수 흐름은 유럽에서 탁월하지만, 인재는 남아메리카, 사하라 사막 이남 지역으로 확대된다(그림 3.3.1). 이러한 경향은 농구 경기의 세계적 인기와 NBA의 수익성 있는 연봉이 증가함에 따라 계속될 것 같다.

1. 세계화된 다른 미국 스포츠 경기를 열거하고, 이러한 패턴을 예증하는 해외 선수 2명을 확인해 보자.
2. 농구에 추가하여, 당신이 경기하거나 보는 것을 좋아하는 스포츠는 무엇인가? 그것은 어디에서 유래되었으며, 당신의 커뮤니티에 어떻게 확대되었는가?

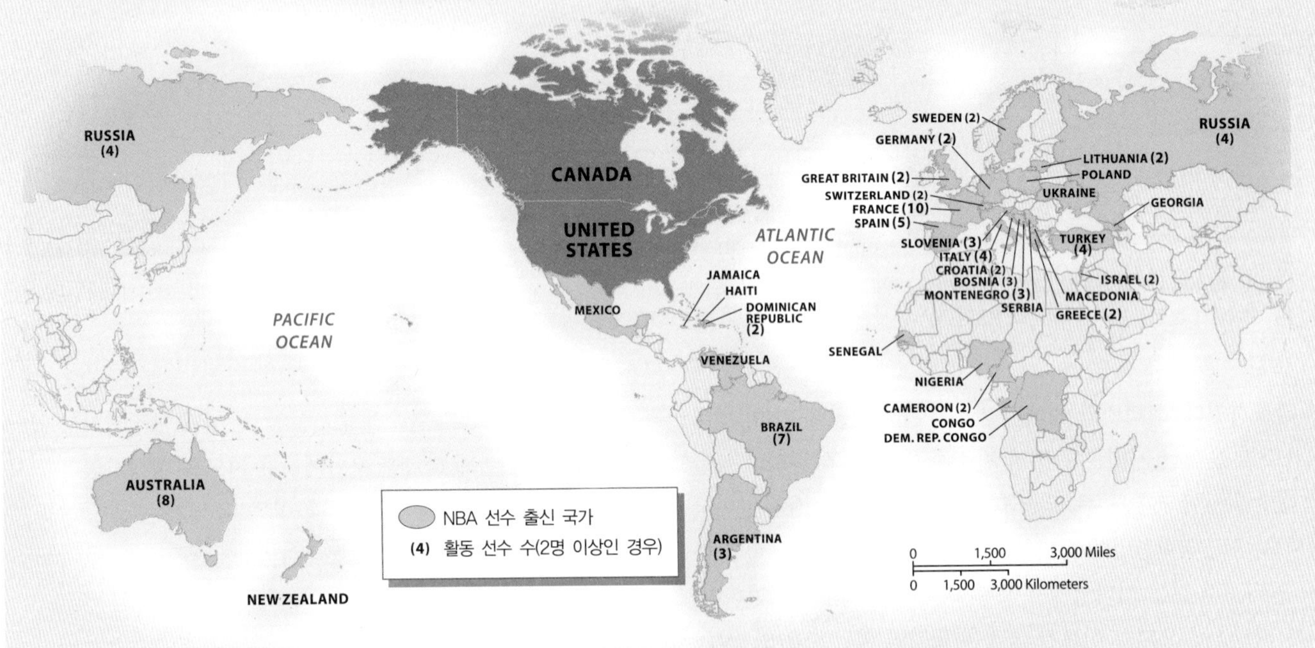

그림 3.3.1 북아메리카 프로 농구의 해외 선수 현황(2015) 이 지도는 미국 이외에서 태어났고 현재 활동 중인 NBA 선수들의 국가 출신을 보여준다. 키가 크고, 숏이 정확한 유럽과 남아메리카의 이주자들이 이 패턴을 지배하지만, 세네갈이나 터키의 망명자도 NBA 유니폼을 입었다.

정치적 공간의 생성

미국과 캐나다는 매우 다양한 정치적 기원을 가진다. 미국은 영국과 분명하고 단호하게 결별하였다. 반면, 캐나다는 영국과의 평화로운 분리로부터 탄생한 편의상의 국가였으며, 그 뒤에 공통의 정치적 운명을 점차 인식한 지역사회들의 결합으로 모였다.

유럽은 미래의 미국 땅에 자신의 정치적 경계를 부여하였다. 13개 영국의 식민지들은, 1750년 이후 공통의 운명을 직감하여 20년 이후 독립 전쟁에서 통합하였다. 루이지애나 매입(1803)은 미국 영토를 거의 두 배로 늘렸고, 1850년대까지 서부의 남은 지역이 추가되었으며, 알래스카(1867), 하와이(1898)의 합병으로 50개 주가 되었다.

캐나다는 꽤 다른 상황에서 형성되었다. 미국 독립 혁명 이후, 영국의 남은 영토들은 영국령 북아메리카 행정가에 의해 통치되었고, 1867년 온타리오, 퀘벡, 노바스코샤, 뉴브런즈윅은 독립 캐나다 연방으로 통일되었다. 10년 이내에 노스웨스트 준주, 매니토바, 브리티시컬럼비아, 프린스 에드워드 아일랜드가 이 연방에 참여하였고, 캐나다의 대륙 모습이 형태를 갖추었다. 이후에 앨버타, 새스캐처원, 뉴펀들랜드가 추가되었다. 누나부트 준주(1999)는 캐나다 정치지리의 최근 변화를 보여준다.

대륙의 이웃

캐나다와 미국 간의 지정학적 관계는 항상 밀접하였다. 8,900km에 이르는 이 두 국가의 국경은 두 국가가 서로 관심을 가지도록 요구하였다. 20세기 동안, 두 국가는 대체로 서로 정치 화합 속에 지내왔다. 1909년 경계수역조약(Boundary Waters Treaty)은 국제공동위원회(International Join Commission)를 구성하였는데, 이는 국경을 넘어 존재하는 수자원, 교통, 환경을 포함한 사안들에 대한 공동 규제의 초기 단계였다. 세인트로렌스 수로(1959)는 오대호 지역을 더 나은 글로벌 무역 연계로 개방하였다. 오대호 수질 관리 협약(1972), 미국-캐나다 대기 관리 협약(1991)과 함께, 두 국가는 오대호 오염을 정화하고, 북아메리카 동부의 산성비를 감소시키기 위한 계획 수립에 협력하였다. 2012년 이 환경 동의들은 갱신되었고, 두 국가 간의 새로운 협력적인 정화 노력의 길을 열었다(그림 3.30).

또한 밀접한 정치적 연대가 무역을 강화하였다. 미국은 캐나다 수출의 3/4, 그리고 수입의 약 2/3를 받아들인다. 반면, 캐나다는 미국 수출의 약 20%, 수입의 15%를 설명한다. 1989년에 서명된 상호 자유 무역 협정이 5년 후의 더 커다란 **북아메리카자유무역협정**(Northern American Free Trade Agreement, NAFTA)의 길을 열었으며, 이는 멕시코와의 연합으로 확대되었다. EU의 성공과 나란히, NAFTA는 세계 최대의 무역 블록을 구축하였고, 4억 5,000만 명의 소비자와 북극-남아메리카에 이르는 거대한 자유무역 지역을 포함한다.

정치적 갈등은 종종 북아메리카를 갈라놓는다(그림 3.31). 복잡한 국경을 초월한 오대호 문제에 추가하여, 많은 배수 시스템들이 국경에 가깝기 때문에, 다른 지역 수자원 문제는 공통적이다. 예를 들어, 캐나다는 노스다코타 주가 북쪽으로 흐르는 레드강(매니토바에 도달함)를 통제하는 계획에 대해 항의하였던 반면, 몬태나 주 주민은 캐나다 브리티시컬럼비아의 벌목 및 광산의 관심이 남쪽으로 흐르는 노스 플랫헤드 강의 오염을 증가시킬 것에 대해 신경이 날카롭다. 공유하는 컬럼비아 분지 내의 댐에 대한 오랜 기간의 협약은 또한 확장된 연어 서식지를 위한 국경 양쪽 원주민 집단의 새로운 요구 가운데 2014년 재협상되었다.

더욱 일반적으로 2009년 이후 미국, 캐나다의 더 엄격한 규제로 인해 어떤 방향이든 국경을 건너는 것이 훨씬 어려워졌다. 미국에서의 안보 문제를 감안하여, 현재 세계에서 가장 긴 '개방된 국경(open border)'에서는 이전보다 더 많은 감시 드론, 국경 요원들을 보게 된다. 이제 국경을 건너는 사람은 멕시코 국경에서처럼 여권 또는 다른 신분 확인 서류를 제시해야만 한다.

농업 및 천연자원의 문제는 두 이웃 국가들 간에 논쟁을 유발한다. 캐나다 가축의 광유병 발생은 미국과 다른 지역으로의 수출을 삭감하였다. 캐나다 밀, 감자 재배자들은 주기적으로 미국 시장으로 그 생산품을 덤핑하였고 그래서 가격 하락 및 미국 농부의 이윤 감소를 하였다는 죄로 기소당하였다. 비록 2006년 두 국가 간의 협약이 긴장을 감소시켰지만, 유사한 문제들이 벌목 산업에서 발생하였다. 마지막으로 케이스톤 XL 파이프라인의 완성에 대한 논쟁은 두 국가 모두에서 다양한 자원 및 환경 구성을 좌절시켰다.

연방주의의 유산

미국과 캐나다는 모두 정부의 하위 단위들에 상당한 정치 권력을 양도하는 **연방국가**(federal state)이다. 프랑스와 같은 다른 국가들은 전통적으로 권력이 국가 수준에서 집중되어 있는 **단일국가**(unitary state)이다. 연방주의는 많은 정치적 결정을 로컬 및 지역 정부에 위임하고, 종종 한 국가 내의 특징적인 문화 및 정치 집단들이 인식되도록 한다. 미국 헌법(1787)은 집중화된 정부를 제한하고, 모든 특정되지 않은 권력을 주 또는 국민에게 양여한다. 반면, 캐나다 헌법(1867)은 의회제도하에서 연방국가를 형성하였고, 대부분의 권력을 중앙정부에 준다. 아이러니하게도, 미국은 점차 강력한 중앙정부로 진화하는 반면, 캐나다의 지정학적 권력의 균형은 더욱 지방 자율권과 상대적으로 약해진 국가정부로 이동하고 있다.

퀘벡의 도전 퀘벡의 정치적 상황은 캐나다에 주요 쟁점으로 남

그림 3.30 **오대호의 인공위성 이미지** 북아메리카의 오대호 지역은 세계에서 가장 환경적으로 복잡한 행정 경계의 하나이다. 캐나다와 미국은 5개의 오대호(서쪽부터 슈피리어 호, 미시간 호, 휴런 호, 이리 호, 온타리오 호)의 생태적 상태를 관리하기 위해 (다양한 로컬, 주, 연방 수준에서) 책임성을 공유한다. **Q: 오대호 중 어떤 것이 국가 경계를 정의하고, 어떤 주가 분리되었는가?**

아 있다(그림 3.31). 앵글로계와 프랑스계 인구 간의 경제 불일치는 두 집단 간의 문화적 차이를 강화하였고, 프랑스계 캐나다인은 종종 온타리오 주의 부유함과 비교할 때 어려움을 겪고 있다. 1960년대 초에, 퀘벡의 분리주의당(Parti Quebecois)은 점차 프랑스계 캐나다 측의 목소리를 냈다. 이 당이 1976년 주 선거에서 승리하였을때, 퀘벡의 공식 언어로 프랑스어를 선언하였다. 퀘벡의 독립을 묻는 공식적인 주 선거가 1980년과 1995년에 이루어졌다. 두 선거 결과는 실패였다. 그때 이후, 분리에 대한 지지가 캐나다 내의 증가된 자율성의 더욱 온건한 전략의 선호로 감소하였다.

원주민과 국가 정치 연방 정치 권력에 대한 또 다른 도전은 두 국가에서 북아메리카 인디언과 이누이트 인구에 대한 것이다. 미국 내에서, 원주민은 1960년대에 그들의 정치 권력을 주장하였고, 동화 정책으로부터 결정적인 전환을 하였다. 1975년 인디언 자치 및 교육 지원법(Indian Self-Determination and Education Assistance Act)의 통과는 원주민의 경제 및 정치적 운명에 대한 스스로의 통제를 강화하였다. 1988년 인디언 도박 허용법(Indian Gaming Regulatory Act)은 많은 부족에게 잠재적인 경제 독립을

그림 3.31 **북아메리카의 지정학적 사안** 비록 캐나다와 미국이 길고 평화로운 국경을 공유하지만, 많은 정치적 사안은 여전히 두 국가를 구분하고 있다. 추가로, 내부의 정치적 갈등도 특히 다문화의 캐나다에서 긴장을 야기한다.

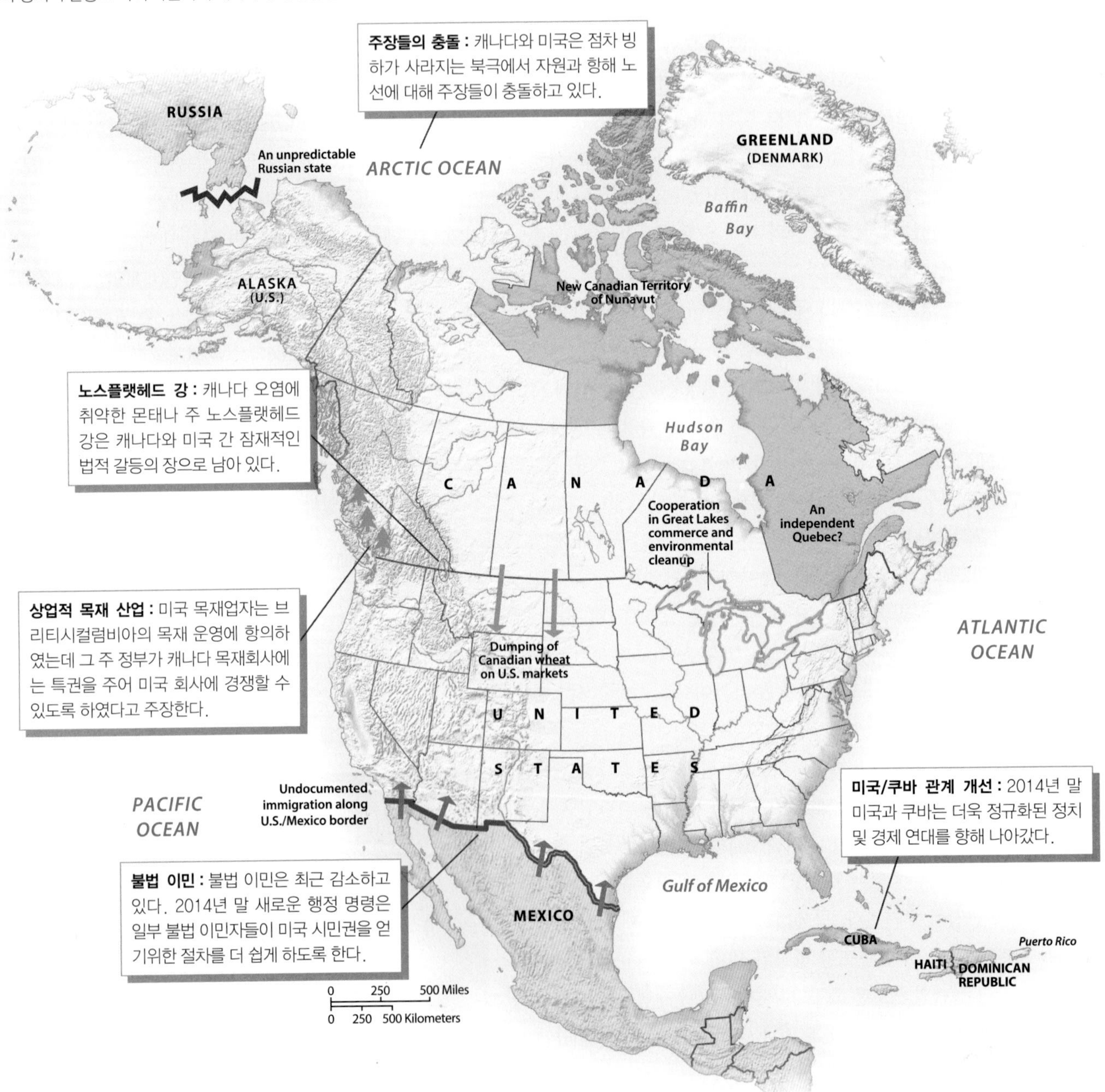

제공하였다. 2014년에, 원주민의 게임 산업 운영(주로 카지노 운영)은 국가적으로 약 270억 달러를 원주민에게 주었다. 원주민이 토지의 약 20%를 통제하는 서부 내륙에서, 부족들은 또한 자원에 대한 그들의 보유를 공고히 하고, 이전의 보호구역 토지를 재획득하고, Native American Fish and Wildlife Society, Council of Energy Resource Tribes와 같은 정치 이익 집단들에 참여하고 있다. 알래스카에서, 원주민은 알래스카 원주민 보상법(Alaska Native Claims Settlement Act)에 의거하여 1971년 1,800만 헥타르의 토지에 소유권을 얻었다.

캐나다에서, 원주민의 야심찬 도전은 극적인 결과를 낳았다. 캐나다는 1975년 원주민 보상청(Native Claims Office)을 설립하였다. 퀘벡, 유콘, 브리티시컬럼비아에서의 원주민과의 협약은 수백만 에이커의 토지를 원주민 소유로 전환하였고, 남아 있는 공공지를 관리하는 데 원주민의 참여를 증대하였다. 가장 야심찬 협약은 1999년 노스웨스트 준주의 동부 지역에 대해 누나부트 지역을 형성하는 것이었고(그림 3.32), 이는 북아메리카에서 새로운 수준의 원주민 자치를 나타낸다. 누나부트는 35,000명(85%가 이누이트)의 근거지이며, 캐나다에서 가장 큰 영역/주 단위이다. 캐나다 의회와 브리티시컬럼비아 부족(니스가) 간의 협정은 원주민 자치를 향한 유사한 움직임이다(그림 3.24).

미국 이민의 정치

이민 정책은 미국에서 뜨겁게 경쟁을 벌인다. 네 가지 핵심 사안은 논쟁의 핵심이다. 첫 번째 사안은 얼마나 많은 합법 이민자들이 이 국가에 허용되어야 하는지이다. 일부는 급감하는 수가 미국의 고용을 보호하고, 기존 외국인의 점진적인 동화를 허용한다고 주장하지만, 다른 사람은 제약 완화가 경제 성장, 비즈니스 확대를 실질적으로 부양할 수 있다고 주장한다.

두 번째 사안은 미국-멕시코 국경을 따라 특히 나타나는데, 불법 이민자들의 일상적인 흐름을 엄격하게 하는 것이다. 많은 사람들은 미국의 남부 국경이 국가의 안보 사안이라고 주장한다. 최근의 연방 법은 추가적인 국경 순찰요원을 의무화하고, 2만 명 이상의 관리들이 국경을 모니터하도록 했다. 1,125km 이상의 펜스들이 건설되거나 보수되었다(그림 3.33).

셋째, 미국과 멕시코의 관계는 국경을 따라 발생한 마약 관련 폭력으로 인해 틀어졌다. 멕시코는 미국에 대한 각성제, 헤로인, 마리화나의 주도적인 근원지이고, 남아메리카에서 출발하여 북동 방향으로 가는 코카인의 핵심 환승국이다. 추가로 국제인권감시기구(Human Rights Watch)에 따르면, 6만 명 이상의 사망(멕시코 북부가 대부분임)이 2006~2013년의 불법 마약 비즈니스와 관련되어 있다. 폭력은 엘파소, 피닉스와 같은 장소들로 북상

그림 3.32 **누나부트의 삶** 이 여성은 ATV를 타고 폰드 인렛 마을의 비포장 도로를 달리고 있다. 이 작은 마을은 캐나다 누나부트 준주의 일부인 배핀 섬의 북쪽 끝에 위치한 지형 기복이 심한 전초기지이다.

하였고, 미국 관리들로 하여금 멕시코 정부가 북쪽 국경의 효과적인 정치적 통제를 상실하였다는 우려를 갖도록 하였다.

마지막으로, 기존 불법 노동자 정책에 대한 정치적 합의가 존재하지 않는다. 2014년 후반, 오바마 행정부는 많은 불법 이민자들에 대한 추방을 효과적으로 연기하고, 또한 5년 이상 미국에 거주하였고, 시민권자의 부모이거나 합법적인 영주권자의 부모인 이민자들에 대한 시민권의 문을 열었던 일련의 행정 명령(의회를 우회)을 발표하였다. 많은 공화주의자들은 일부 불법 거주자의 사면의 길을 부여하였다고 비판한 반면, 다른 사람은 미국 시민권을 추구하고, 이 국가에 남아 있는 더 많은 수백만 명의 요구를 다루는 데 충분치 않다고 느꼈다.

세계적인 영향

특히 미국의 지정학적 영향은 국경을 훨씬 넘어 확대된다.

제2차 세계대전과 그 이후 세계 문제에서 미국의 역할을 영원히 재정의하였다. 미국은 세계의 지배적인 정치 권력 갈등으로부터 등장하였다. 또한 미국은 북대서양조약기구(NATO), 미주기구(OAS)와 같은 다국가의 정치 및 군사 협정을 발전시켰다. 한국(1950~1953)과 베트남(1961~1975)에서의 갈등은 소련과 중국을 넘어 지배권을 확대하려는 공산주의 시도에 맞서 미국의 정치적 이해에 부합하였다. 중앙아메리카, 중동, 세르비아, 코소보 내에서의 갈등에의 직접적인 개입은 미국의 세계적인 아젠다를 예로 보여준다. 최근 논란이 된 이라크(2003~2011), 아프가니스탄(2001~2015)에서의 전쟁들은 미국의 세계에서의 정치적 존재를 더욱 보여주는 증거이다. 2014년과 2015년 ISIL(Islamic State of Iraq and the Levant, 또한 ISIS로 알려짐)을 격파하려는 노력에 대한 미국의 개입은 이 분쟁 지역에서 미국의 존재를 계속 보여주고 있다. 또한 이란, 러시아, 북한과의 긴장은 어떻게 세계적인 장면이 예측 불가능하게 남아 있는지를 상기시켜 주며, 반면

그림 3.33 **국경** 북아메리카 남서부의 경관은 미국과 멕시코를 구분하는 점차 확고해지는 국경에 의해 뚜렷이 나누어진다.

2014년 이래로 쿠바와의 관계 개선은 냉전 시대로부터의 심오한 변화를 보여준다. 2015년 5,800억 달러 이상의 국방비 지출(거의 세계 나머지 모두 합친 것과 비슷한 규모)은 미국이 세계 문제에서 고도로 가시적인 역할을 지속할 것이라는 것을 제안한다.

 확인 학습

3.8 어떻게 미국과 캐나다의 정치적 기원이 다른가?

3.9 미국 이민 정책과 관련한 네 가지 핵심 사안은 무엇인가?

주요 용어 북아메리카자유무역협정, 연방국가, 단일국가

경제 및 사회 발전 : 풍요와 풍부의 지리

북아메리카는 세계에서 가장 강력한 경제와 부유한 인구를 보유한다. 북아메리카의 3억 5,500만 명의 인구는 엄청난 지구 자원을 소비할 뿐만 아니라 세계에서 가장 인기있는 상품과 서비스를 생산한다. 이 지역의 인적 자본은 인구의 기술과 다양성으로, 북아메리카인들이 높은 수준의 경제 발전을 이루도록 하였다(표 A3.2).

풍부한 자원

북아메리카는 개발을 위해 다양한 원자재를 제공하는 수많은 천연자원의 축복을 가진다. 정말로 천연자원의 직접 추출은 여전히 미국 경제의 3%, 캐나다 경제의 6% 이상을 차지한다. 앞서 살펴본 것처럼, 자원의 일부는 세계로 수출되는 반면, 다른 원자재는 이 지역으로 수입된다.

농업은 북아메리카 많은 지역에서 지배적인 토지 이용이지만(그림 3.34), 효과적인 교통, 세계 시장, 농기계에 대한 커다란 자본 투자를 강조하는, 고도로 상업화되고 기계화되고 특화된 형태이다. 농업은 미국(1%), 캐나다(2%) 모두에서 노동력의 매우 작은 비중을 차지하고, 농장의 수는 급감하는 반면, 평균 농장의 규모는 점차 증가하였다.

북아메리카 농업의 지리는 (1) 다양한 환경, (2) 식량에 대한 다양한 대륙 및 세계 시장, (3) 정주와 농업 혁명의 역사적 패턴, (4) **애그리비즈니스**(agribusiness), 즉 기업식 농업의 역할의 결합된 영향을 나타낸다. 애그리비즈니스는 농장에서 식품점까지 음식 생산의 밀접하게 통합된 부문들을 통제하는 대규모 비즈니스 기업과 관련된다. 북동부에서, 낙농업과 트럭 농업은 메갈로폴리스와 캐나다 서부의 주요 도시들에 대한 접근성의 이점이 있다. 옥수수, 콩, 가축 생산은 중서부와 온타리오 주 서부에서 탁월하다. 남쪽으로 오래된 목화 벨트 지역은 아열대 특화 작물, 가금류, 메기, 가축 생산, 상업적 벌목으로 거의 대체되었다. 광범위한 곡물 재배는 캔자스에서 새스캐처원, 앨버타까지 뻗어 있는 반면, 관개는 지표수 및 지하수 자원에 따라 멀리 서부에서 농업 생산을 허용한다. 정말로 관개된 센트럴 밸리에서 대규모의 애그로비즈니스 운영이 활발한 캘리포니아는 미국 농업 경제의 10% 이상을 차지한다.

북아메리카인은 엄청난 양의 다른 천연자원을 생산하고 소비한다. 북아메리카는 EU 전체보다 40% 더 많은 석유를 소비하고, 화석연료의 생산은 증가하고 있다. 석유 및 가스 생산의 핵심 지역은 멕시코 만 해안, 중앙 내륙 지역(노스다코타는 2000년 이후 주요 생산 주가 되었다), 알래스카의 노스슬로프, 캐나다 중부(특히 앨버타의 오일 샌드)이다. 미국에서 가장 풍부한 화석 연료는 석탄(세계 전체의 27%)이지만, 전체 에너지 경제 중 상대적 중요성은 산업 기술 변화, 환경 문제 증가에 따라 20세기부터 감소하였다.

또한 비록 세계 경쟁, 추출 비용 상승, 환경 문제가 경제의 이 부문에 문제를 제기하지만, 북아메리카는 금속의 주요 생산지이다.

대륙 경제의 생성

북아메리카의 유럽 정착 시점은 급격한 경제 변화에 있어서 중요하였다. 이 지역의 풍부한 자원은 경관을 재형성하고 경제를 재구성한 신기술을 보유한 유럽인의 통제하에 있었다. 19세기까지 북아메리카인은 활발히 이들 기술 변화에 기여하였다. 새로운 자원이 내륙에서 개발되었고, 새로운 이민자들이 대규모로 도착하였다. 20세기에 비록 자원이 중요하게 여겨지지만, 산업혁명과 서비스 부문의 많은 고용이 경제 기반에 추가되었고, 미국이 세계적으로 확대되었다.

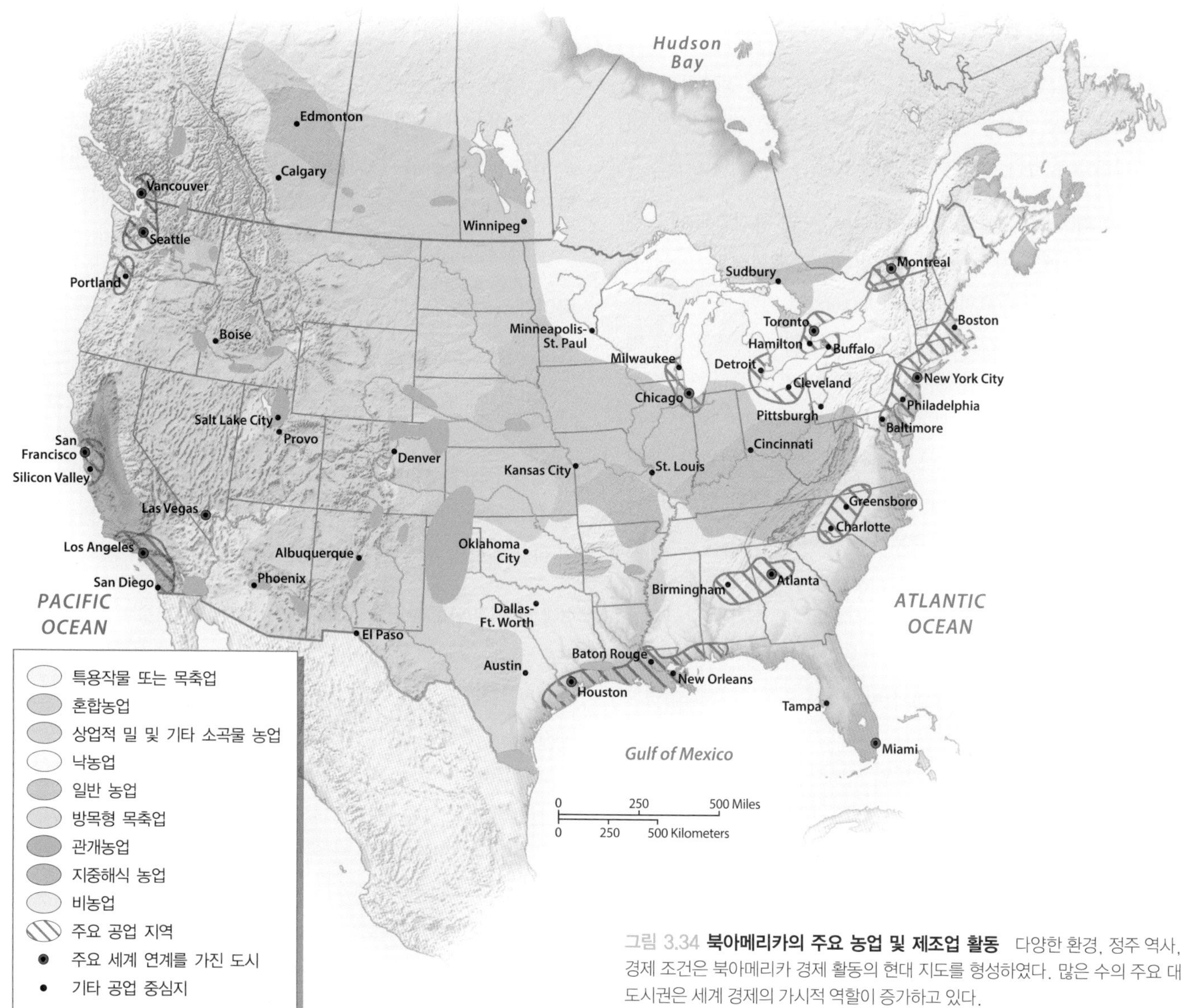

그림 3.34 **북아메리카의 주요 농업 및 제조업 활동** 다양한 환경, 정주 역사, 경제 조건은 북아메리카 경제 활동의 현대 지도를 형성하였다. 많은 수의 주요 대도시권은 세계 경제의 가시적 역할이 증가하고 있다.

연결성과 경제 성장 북아메리카 경제의 성장은 **연결성**(connectivity)의 함수인데, 즉 다양한 입지들이 엄청나게 향상된 교통, 통신 네트워크를 통해 서로 얼마나 잘 연결되었는지이다. 이들 연결은 입지 간의 상호작용을 매우 용이하게 하였고, 사람, 재화, 정보의 이동 비용을 엄청나게 절감하였으며, 그럼으로써 도시화, 산업화, 농업의 상업화를 위한 토대를 마련하였다.

기술 돌파구들은 1830~1920년에 북아메리카 경제지리를 혁명적으로 바꾸어놓았다. 1860년까지, 48,000km 이상의 철도가 미국에 건설되었고, 이 네트워크는 1910년까지 40만 km 이상으로 성장하였다. 중서부, 대평원의 농부들은 수백 마일 떨어진 도시에서 그들의 생산물을 위한 시장을 쉽게 발견하였다. 산업주의자들은 멀리 떨어진 장소로부터 원료를 수집하고 이를 가공하여 최종 목적지까지 가공된 제품을 배송하였다. 전화는 정보와 유사한 변화를 가져왔는데, 장거리 메시지가 1840년대 후반까지 북아메리카 동부에 걸쳐 전달되었고, 20년 이후에는 해저 케이블이 유럽과 연결되었으며, 세계화 과정에서 다른 초석이 되었다.

교통 및 통신 시스템은 1920년 이후 매우 현대화되었다. 자동차, 기계화된 농업 장비, 포장 고속도로, 상업화된 항공 노선, 국가 라디오 방송국, 신뢰할 만한 대륙을 연결하는 전화 서비스는 북아메리카 지역에 걸쳐 거리 비용을 감소시켰다. 아마도 가장 중요한 것으로, 이 지역은 미국 내 및 다른 지역 너머 정보의 흐름을 도와주는 연결망에서 컴퓨터, 위성, 통신, 인터넷 기술을 통합하는 정보화 시대를 주도하였다.

부문별 변화 경제 구조의 변화는 미국의 경제 현대화가 점차 상호 연결되는 사회만큼 확실하다는 것을 보여주었다. **산업 부문의 변화**(sectoral transformation)는 1차 산업(천연자원 추출)의 의존에서, 고용이 더 많은 2차 산업(제조업), 3차 산업(서비스업), 4차 산업(정보 처리) 부문으로 국가 노동력의 변화를 의미한다. 예를 들어, 농업 기계화는 1차 부문 노동자의 요구를 줄였던 반면, 성장하는 제조업 부문의 새로운 기회를 열었다. 20세기에 있어서,

새로운 서비스(무역, 유통), 정보 기반 활동(교육, 정보처리, 연구)은 다른 고용 기회를 창출하였다. 오늘날 3차, 4차 부문은 미국, 캐나다 노동력의 70% 이상을 차지한다.

지역 경제 패턴 북아메리카 산업의 입지는 왜 경제활동이 현재 그 위치에 입지하는지, 경제 활동 패턴이 어떻게 형성되는지를 설명하는, 다양한 **입지 요인**(location factors)에 의해 영향을 받는 중요한 지역 패턴을 보여준다. 산업 입지의 패턴은 이 개념을 예로 보여준다(그림 3.34 참조). 역사적인 제조업 중심지는 메갈로폴리스(보스턴, 뉴욕, 필라델피아, 볼티모어, 워싱턴 DC), 온타리오 남부(토론토, 해밀턴), 중서부 산업 지역을 포함한다. 북아메리카 지역의 천연자원(농지, 석탄, 철광석)에 대한 접근성, 그 연결성의 증대(운하, 철도, 고속도로, 항공교통 허브, 통신센터), 생산성 있는 노동력의 준비된 공급, 공산품에 대한 미국 및 세계 시장 수요는 이 산업 중심지 내에 지속적인 자본 투자를 강화시켰다. 전통적으로 이 중심지는 철강, 자동차, 기계 장비, 농업 장비 생산에 탁월하였고, 금융, 보험 서비스에서 핵심 역할을 수행하였다.

그러나 20세기 후반에, 제조업 및 서비스 부문의 성장은 남부, 서부로 이동하였다. 남부 피드몬트 제조업 벨트 지역(그린스버러에서 버밍엄에 이름)은 1960년대 이후 성장하였는데, 부분적으로는 저렴한 노동비로 기인하였으며, 선벨트 지역의 어메니티는 새로운 투자를 유인하였다. 노스캐롤라이나 주의 '연구 삼각(research triangle)' 지역은 롤리, 더럼, 채플힐을 포함하는데, 미국에서 세 번째로 (캘리포니아, 매사추세츠 다음으로) 큰 바이오기술 클러스터이다. 멕시코 만 해안 제조업 지역은 많은 에너지 정제 및 석유화학 산업에 원료를 제공하는 근처의 화석연료와 매우 밀접하게 연결되어 있다(그림 3.35).

다양한 서부 해안 제조업 지역은 브리티시컬럼비아의 밴쿠버에서 캘리포니아 샌디에이고(그리고 멕시코 북부까지 확대됨)까지 펼쳐져 있고, 태평양 지역 교역의 중요성 증대를 보여준다. 또한 거대한 서부 항공우주 기업들은 입지 요인으로 정부 지출의 역할을 보여준다. 실리콘밸리는 이제 북아메리카에서 제조업 수출을 주도하는 지역이고(그림 3.36), 스탠퍼드, 버클리, 다른 대학과의 접근성은 많은 급변하는 첨단기술산업에서 혁신과 연구의 접근 중요성을 보여준다. 또한 실리콘밸리의 입지는 집적 경제(agglomeration economies)의 장점을 보여주는데, 이는 유사하고, 그리고 종종 통합된 제조 활동의 기업들이 서로 근처에 함께 입지하는 것이다. 프로보(유타), 오스틴(텍사스)과 같은 소규모 장소들은 첨단 산업으로 특화되고, 기업가뿐만 아니라 그러한 어메니티에 이끌린 숙련 노동자들 모두에 있어서 산업 입지 결정을 형성하는 데 있어서 생활 스타일의 어메니티의 역할 증가를 보여준다.

북아메리카와 세계 경제

유럽, 일본, 중국과 함께, 북아메리카는 세계 경제의 핵심 역할을 수행하며, 세계 경제의 핵심 연결지, 의사결정지로서 역할을 하는, 증가하는 수의 진정한 세계도시(global cities)들의 근거지이다(그림 3.34 참조). 세계 경제가 번성할 때 북아메리카는 이익을 얻지만, 세계적인 불안정 시기의 세계화는 이 지역을 경제 불황에 더욱 취약하게 함을 의미한다.

현대 세계 경제의 형성 캐나다 기업의 지원과 더불어, 미국은 새로운 세계 경제의 상당 부분을 형성하고, 그 핵심 기관을 형성하는 데 가공할 만한 역할을 하였다. 1944년 경제 문제를 논의하기 위해 연합된 국가들이 뉴햄프셔의 브레튼우즈에서 만났다. 미국의 주도하에, 이 집단은 국제통화기금(IMF)과 세계은행을 설립하였고, 이들 세계 기구들에 세계 금융 시스템을 방어하는 책임을 부여하였다. 또한 미국은 관세 및 무역에 관한 일반협정(GATT)의 형성(1948년), 그리고 1995년 재명명된 **세계무역기구**(WTO)의 형성을 주도한 세력이었다. 이 기구의 161개 회원국들은 세계 무역 장벽을 낮추는 데 전념한다. 또한 미국과 캐나다는 주요 세계 경제 및 정치 사안들을 논의하기 위해 정기적으로 만나는, 경제 강대국의 연합체인 **G8**(Group of Eight)(일본, 독일, 영국, 프랑스, 이탈리아, 종종 러시아 포함)에 참여한다.

숙련 이민자의 유인 세계 경제에서 북아메리카의 역할은 다른 국가로부터 수천 명의 숙련 노동자를 유인하며, 이 지역의 인적 자본 공급에 추가한다. 미국 국토안전부가 수집한 통계는 고숙련

그림 3.35 **멕시코 만의 석유 정제 시설** 석유 관련 산업은 많은 멕시코 만 지역을 변모시켰다. 휴스턴의 20세기 성장의 상당 부분은 석유 관련 산업의 엄청난 성장에 의해 가능하였다. 휴스턴 항은 북아메리카 석유 정제 및 석유화학의 중심지이다.

그림 3.36 **실리콘밸리** 캘리포니아 주 실리콘밸리의 첨단 산업 경관은 전통 제조업 중심지의 경관과 상당히 대조된다. 여기 유사한 산업들은 복잡한 연계를 형성하고, 서로 그리고 스탠퍼드, 버클리와 같은 인근 대학과의 인접성으로 이익을 얻는다.

이민자의 독특한 공헌을 주목한다. H-1B 비자는 미국에서 일하기 위한 컴퓨터 프로그래머, 의사, 그리고 다른 전문직을 증진시키기 위해 특별한 '임시 숙련 노동자'에게 부여한다. 많은 다른 이민자들은 도시 기업가가 되고, 더 큰 대도시뿐만 아니라 자신의 커뮤니티에 충족되는 새로운 비즈니스를 시작한다(그림 3.37). 밴쿠버, 토론토의 중국인, 마이애미의 쿠바인인지와 상관없이, 북아메리카에서 가장 큰 세계도시의 이민자들은 그들의 채택된 커뮤니티에서 거대 자본과 인적 투자를 하였다. 미국에서 한국 출생의 약 30%, 인도 출생의 20%가 자영업이고, 이는 비즈니스 소유의 강한 척도이다. 이 패턴은 미국, 캐나다 모두의 경제 변화가 숙련 이민자에 긴밀하게 연계되어 있음을 강하게 인식시켜 준다(지리학자의 연구 : 토론토의 중국 기업가 참조).

비즈니스의 세계화 자본 투자와 기업 권력의 패턴은 북아메리카 지역을 세계 교역과 금융 흐름의 중심에 놓았다. 이 지역은 북아메리카 기업의 투자로서뿐만 아니라 국제 기업에 의한 외국 직접 투자(FDI)로, 외국 자본의 유입을 유인한다.

그러나 21세기 다국적기업의 지리는 세계화의 더 넓은 패턴에서 최근의 변화를 보인다. 이 시기의 한 조짐은 세계에서 가장 큰 다국적기업들의 원조국가로서 측정될 수 있다. 2014년 포브스의 '글로벌 2000 기업' 리스트(대체로 수입, 자산, 이익, 시장 가치로 평가됨)는 아시아 674개, 북아메리카 629개, 그리고 유럽 506개였다. 이들 동일한 다국적기업의 상당수는 아프리카, 동남아시아와 같은 저개발 국가에 엄청난 투자를 하고 있으며, 더불어 북아메리카의 통제를 우회하고 있다. 20세기 후반, 다국적기업 통제와 투자의 하향식(top-down) 모델은 전통적으로 북아메리카, 유럽, 일본에 기반하였지만, 기업 통제의 더욱 세계화된 분배 모델에 의해 대체되고 있다. 이 새로운 모델은 많은 기원지, 목적지, 새로운 노동, 자본, 생산, 소비 패턴을 가진다.

북아메리카인은 세계 자본주의에서 이러한 추이로부터 직접적인 결과를 경험하였다. 미국인들은 기업의 생산과 서비스 활동을 종종 해외에 위치한 저비용 지역으로 이전하는 기업 **아웃소싱**(outsourcing)으로 점차 반응하고 있다. 제조업, 섬유, 반도체, 전자 산업에서 수백만 명의 고용은 효과적으로 중국, 인도, 멕시코와 같은 지역으로 이전되었는데, 이는 이들 지역들이 로컬 기업과 외국 기업에 대해 저비용, 규제 완화 정책을 제공하였기 때문이다. 그 결과들은 복잡한데, 즉 북아메리카 소비자들은 값싼 수입품으로부터 이익이지만, 그러한 저렴한 상품으로 인해 기업 재구조화로 인해 그들의 고용이 위협받을지도 모른다.

지속적인 사회적 사안

심오한 경제 및 사회 문제는 북아메리카의 인문지리를 형성한다. 북아메리카의 부에도 불구하고, 커다란 빈부 격차가 존재한다. 특히 미국 내에서 인종은 굉장히 중요한 사안이다. 두 국가 모두 성 불평등과 관련한 사안과 노령화의 문제에 직면한다.

부와 빈곤 이 지역의 경관은 부와 빈곤의 대조적인 측면을 보여준다. 엘리트의 북서부 교외 지역들, 캘리포니아의 폐쇄적 근린들, 고급 쇼핑몰, 고급 스키 리조트는 부유한 북아메리카를 특징짓는 사적이고 독점적인 경관을 나타낸다. 대조적으로 열악한 주택, 버려진 부지, 오래된 인프라, 실업 노동자는 빈부의 차이를 보여준다. 농촌의 빈곤은 캐나다 해안, 애팔래치아 지역, 디프사우스(Deep South), 남서부, 캘리포니아 농업 지역의 주요한 사회적 사안으로 남아 있다. 극빈곤층의 다수가 중심도시에 거주하는 반면, 빈곤은 또한 교외로 이동하고 있다. 2013년 브루킹스연구소 보고서는 더 많은 빈곤층이 중심도시보다는 교외 지역에 거주하고, 빈곤율은 내부도시 또는 농촌보다 교외에서 더 빠르게 성장하고 있다는 것을 보여준다. 전반적으로 미국과 캐나다 인구의 약 13~16%는 빈곤 상황에 있다. 미국에서 흑인과 히스패닉 인구의 약 27%가 최소 생활 수준인 빈곤선 이하에서 살고있다.

그림 3.37 **이민 기업가** 이 베트남 상인들은 플로리다 주 올랜도의 식료품점을 소유하고 있다.

지리학자의 연구

토론토의 중국 기업가

국제 이민자들은 정치적 또는 경제적 이유로 이주하는 경향이 있지만, 캐나다 소재 중국 이민자 비즈니스를 연구하는 요크대학교 지리학자인 루시아 로(Lo)는 "모든 사회 현상은 공간적 재현, 지리적 요소를 가진다."에 주목하면서, '장소와 공간 차원'에 집중한다. 그녀가 지리학에 대해 확신하는 것은 "단지 경제학, 정치학, 역사를 공부하기보다는 다양한 학문들을 통합하는 것이다". Lo는 토론토의 중국 이민자들이 비즈니스 자본을 확보하는 방식, 그들이 입지하는 장소, 비즈니스가 도시 경제에 영향을 주는 방식을 탐색하기 위해 다양한 출처의 데이터를 이용한다. 그녀의 혁신적인 접근은 토론토 중심도시와 교외 모두에서 특정 이민 기업가들에 대한 현지 사례 연구를 캐나다 비즈니스에서 수집된 통계와 결합하는 것이다. Lo는 "사람의 인생 스토리에 대해 이야기하는 것은 항상 흥미롭지만, 우리는 그림을 완성하기 위해 어떤 수치와 기법(지도화, GIS 등)을 필요로 한다. 정성 및 정량 데이터와 함께 다른 사람에게 알리고 새로운 문제를 제기할 수 있다." 고 말한다.

이민자가 도시를 재형성한다 Lo는 무엇을 발견하였는가? 토론토의 중국 이민 기업가들은 다양한 소규모 및 (점차로) 대규모 비즈니스에 자금 지원을 하는데 로컬 및 세계 자본 출처에 가까이 하였다(그림 3.4.1). 그들은 비중국 기업가보다 더 젊고, 교육을 더 많이 받은 경향이 있고, 그들의 비즈니스와 주거 모두 교외로 확장되어 분산화하였다. 대체로, 이들 이민자들은 토론토 경제에 강한 긍정적 영향을 주었다. 또한 Lo는 특히 교외에서 이용 가능한 사회 서비스를 이용하는데 이민자들이 직면하는 문제점을 조사하였고, 어떻게 그들이 주류와 인종 네트워크 모두를 성공적으로 다루는지를 조사하였다. Lo의 연구는 정책 결정자와 이민 기업가들에게 미래 이민 비즈니스 형성을 용이하게 하는 경험적인 증거를 제공한다.

그림 3.4.1 교외 토론토 상점 토론토 교외인 Richmond Hill의 이 중국인 소유 상점은 샥스핀, 전복, 가리비, 해삼을 포함해 건조 해산물 모듬을 소비자에게 제공한다.

1. 정성 및 정량 정보의 사례와 함께, 어떻게 이들의 결합이 연구 프로젝트를 향상시킬 수 있는지 설명하라.
2. 당신의 커뮤니티 또는 근처 도시에서 이민자 소유 비즈니스를 확인하고 기술하라. 그것은 어떤 특별한 장점 또는 단점을 가지는가?

교육의 접근 또한 교육은 미국, 캐나다의 주요 공공 정책 쟁점이다. 비록 정치가 합의를 방해하지만, 대부분의 공무원은 교육 부문에 대한 더 많은 투자가 세계 시장에서의 성공적 경쟁을 위해 북아메리카의 기회를 유일하게 향상시킬 수 있다는 데 동의한다. 두 국가의 졸업 비율의 점진적인 향상에도 불구하고, 많은 빈곤한 도시 및 농촌에서의 엄청나게 낮은 수치는 교육의 지속적인 문제를 제시한다. 인종은 핵심적인 역할은 하는데, 즉 미국 백인은 흑인보다 대학 학위 비율이 두 배에 해당한다.

젠더, 문화, 정치 제2차 세계대전 이래, 미국과 캐나다 모두 여성의 사회적 역할에서 엄청난 향상을 보여왔다. 그러나 **성별 차이**(gender gap)는 연봉, 근로 조건, 정치 권력의 차이에 직면할 때 좁혀져야 한다. 여성은 북아메리카 노동력의 절반 이상을 차지하고, 종종 남성보다 더 교육받지만 그들의 소득은 남성의 약 78% 수준밖에 되지 않는다(그림 3.38). 또한 여성은 미국의 빈곤한 한부모 가정의 거의 대부분의 가장이며, 미국 출생의 40% 이상이 미혼모이다. 캐나다 여성 — 특히 미혼모 정규직 근로자의 경우 — 또한 엄청나게 빈곤하며 캐나다 남성 소득의 약 70%밖에 되지 않는다.

비록 여성이 최근 국가 선거를 결정하는 데 중요한 역할을 하지만, 정치 권력은 대부분 남성의 손에 남아 있다. 캐나다 여성은 1918년, 미국 여성은 1920년 이래로 투표를 하였지만, 21세기 초반의 여성은 캐나다 의회(2014년 25%)와 미국 의회(2014년 18%) 모두에서 철저히 소수에 해당한다.

복지와 고령화 또한 고령화와 복지는 고령화되는 베이비부머의 지역 내에서 핵심 사안이다. 고령화에 대한 최근 보고서는 2030년이 되면 미국 인구의 20%가 65세 이상일 것이라고 예측하였다. 빈곤율 또한 노인들에게 더 높다. 자신의 부모 및 조부모를 부양하는 젊은이들이 줄어들면서, 공무원들은 사회보장 프로그

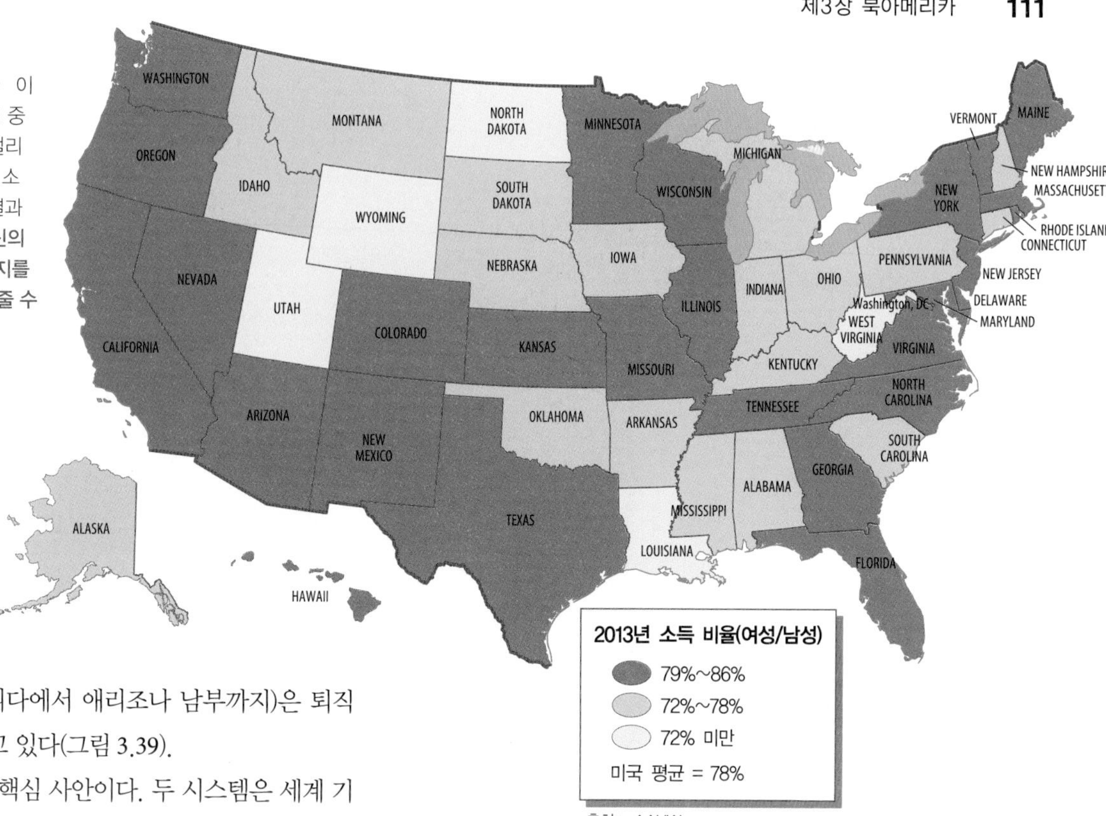

그림 3.38 **미국 성별 소득 비율** 이 지도는 주별 남성과 여성의 상대적 중간 연소득을 보여준다. 북동부, 캘리포니아에서 여성의 상대적인 높은 소득과 남부 및 중서부 일부 지역의 결과가 비교되는 데 주목하자. **Q : 당신의 주가 더 커다란 국가 패턴에 맞는지를 설명하는 데 어떠한 변수가 도움을 줄 수 있는가?**

램의 개혁에 대한 장점에 대해 논쟁한다. 이러한 논쟁의 결과가 어떠하든, 고령화에 대한 지리적 결과는 이미 명백하다. 미국 전체 지역(플로리다에서 애리조나 남부까지)은 퇴직을 중심으로 점차 맞추어지고 있다(그림 3.39).

보건은 두 국가 모두에서 핵심 사안이다. 두 시스템은 세계 기준으로 비용이 많이 든다. 캐나다는 보건에 대해 GDP의 약 12%를 지출하고, 비용은 미국(GDP의 15% 이상)보다 더 높다. 캐나다는 주민(기금 마련을 위해 더 높은 세금을 납부)에게 정부 보조금을 기반으로 보편적인 복지라는 부러운 시스템을 제공한다. 미국은 2010년 법률로 서명한 오바마케어(Patient Protection and Affordable Care Act)를 통해 더욱 보편적인 커버리지(비록 다수가 민간 보험회사의 시스템 내에 있지만)를 향해 점차 나아가고 있다. 비용과 혜택과 관련된 지속적인 사안에도 불구하고, 이 지역의 수명 연장과 낮은 영아사망률(표 A3.2 참조)은 두 국가 모두 이들 현대 보건 시스템으로부터의 많은 보상을 수확한다는 것을 보여준다.

고령화와 관련된 만성 질병(심장병, 암, 심장발작은 사망의 세 가지 주요 원임임)의 발병률 증가는 보건 복지 체계를 계속 압박할 것이다. 시간에 쫓기며 사는 것은 종종 패스트푸드 음식 섭취와 관련되는데, 이는 비만 급증 비율(1980년보다 2000년에 미국인은 하루 평균 603칼로리를 더 섭취함)에 공헌한다. 성인 미국인의 약 2/3는 비만이며, 종종 심장병과 사망에 이르게 한다. 이 지역 보건에 있어서 다른 압박은 알코올 관련 보건 문제와 폭음인데, 종종 폭력, 가정 및 성 학대와 관련된다. HIV/AIDS 희생자를 다루는 비용은 다른 중요한 보건 사안이며, 특히 흑인, 히스패닉 인구에서 그러하다.

확인 학습

3.10 부문별 변화를 정의하자. 어떻게 이것이 북아메리카 경제 변화를 설명하는 데 도움이 되는가?

3.11 다섯 가지 유형의 입지 요인을 인용하고, 당신의 로컬 경제로부터의 사례와 함께 각각을 예를 들어보라.

3.12 어떤 공통적인 사회적 사인이 미국, 캐나다 모두에 직면하는가? 이들은 어떻게 다른가?

주요 용어 애그리비즈니스, 연결성, 산업 부문의 변화, 입지 요인, 세계무역기구, G8, 아웃소싱, 성별 차이

그림 3.39 **내일의 베이비 붐 경관?** 수백의 골프 리조트와 은퇴 커뮤니티들이 1980년 이래 북아메리카 선벨트 지역에 걸쳐 건설되었고, 현재 베이비붐 세대에 점차 맞추어진다. 이것은 애리조나 선시티의 항공사진 경관이다.

요약

자연지리와 환경 문제

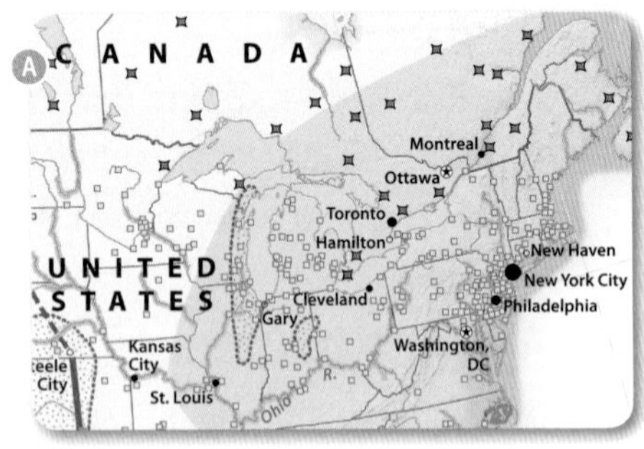

3.1 **북아메리카의 주요 지형 및 기후 지역을 설명하라.**

3.2 **북아메리카인이 직면한 주요한 환경 문제를 확인하고, 이들을 이 지역의 자원, 경제 발전과 연결시켜라.**

북아메리카인은 이들 지역에서 자연의 풍부함을 수확하였고, 이 과정에서 그들은 환경을 변모시켰으며, 고도로 부유한 사회를 형성하였고, 세계적인 경제·문화·정치적 영향을 확대하였다. 북아메리카의 풍요는 상당한 대가를 치러야 하는 것이었으며 오늘날 이 지역은 토양 침식, 산성비, 수질 오염을 포함한 중요한 환경 문제에 직면한다.

1. 지도의 노란 네모 기호는 주요 유해 폐기물 사이트를 나타낸다. 왜 이렇게 많은 사이트들이 주요 하천을 따라, 오대호 근처에 위치하는가?
2. 당신은 당신 지역에서 주요 유해 폐기물 사이트를 확인할 수 있는가? 이 폐기물의 출처는 무엇인가? 이 사이트는 치유되었는가?

인구와 정주

3.3 **북아메리카 역사에서 주요한 이주 흐름을 확인하고 추적하기 위해 지도 데이터를 분석하라.**

3.4 **현대 도시 및 농촌 정주 체계를 형성하는 프로세스를 설명하라.**

놀랍도록 단기간 동안, 세계에서 온 다양한 문화 집단들의 고유한 혼합은 거대하고 자원이 풍부한 이 대륙의 정착에 기여하였고, 이제는 세계에서 가장 도시화된 지역의 하나가 되었다.

3. 1980년 이래 라스베이거스의 급성장의 원인은 무엇인가?
4. 이 혹독한 사막에서(특히 미래 가뭄에 취약), 다음 50~100년 이내에 네바다 주 남부 인구를 유지하기 위한 지속 가능성의 경로를 기술하라.

문화적 동질성과 다양성

3.5 **북아메리카를 형성하고 있는 이민의 5단계를 목록화하고, 히스패닉 및 아시아 이민의 최근 중요성을 설명하라.**
3.6 **북아메리카 내에서 주요한 문화적 고향(농촌)과 인종적 근린(도시)들의 사례를 제시하라.**

북아메리카인은 서로 밀접하게 얽혀 있지만, 분명한 국가 정치 및 문화 사안들을 가진 두 사회를 형성하였다. 캐나다의 정체성은 다문화 특성에 대한 지속적인 도전을 통해, 그리고 대륙의 이웃을 지배하는 인접성의 비용과 이점을 통해 작용함에 따라 문제로 남아 있다.

5. 왜 캐나다 퀘벡 주에서 많은 프랑스어 사용자들이 여전히 발견되는가?
6. 다음 세기에서 프랑스어는 퀘벡 주의 문화적 활력을 보유할 것인가? 이것이 직면하는 핵심 문제는 무엇인가?

지정학적 틀

3.7 **미국, 캐나다의 특징적인 연방 정치 시스템의 발전을 비교하고, 각 국가의 현재 정치 문제를 확인하라.**

캐나다와 미국은 밀접한 정치적 관계를 누려왔지만, 몇 개 사안(종종 환경 관리, 자원, 교역과 관련)은 두 국가 간의 긴장을 생성한다.

7. 멕시코-캘리포니아 국경을 따라 나타나는 것처럼, 정치적인 '국경 지역'의 주요 특징은 무엇인가?
8. 이민은 북아메리카의 핵심 쟁점으로 남아 있다. 미래에 이민을 급감시키는 것에 대한 장단점에 대해 교실 토론 논쟁을 설계하라. 심지어 더 많은 이민자 유입에 이 지역을 개방하면 어떻게 될 것인가?

경제 및 사회 발전

3.8 **왜 경제 활동이 북아메리카에 입지하는지를 설명하는 주요 입지 요인의 역할에 대해 토론하라.**
3.9 **21세기 북아메리카인에 직면한 현재의 사회적 쟁점을 목록화하고 설명하라.**

북아메리카는 엄청난 지역의 풍요를 보여주지만, 빈곤, 보건, 성평등의 지속적인 사안들은 21세기 두 국가에서 계속 문제가 된다.

9. 타이슨스 코너(버지니아 주)와 같은 에지시티에서 어떤 국가 · 세계 경제 경향이 예시되는가?
10. 당신의 근처에 있는 에지시티 또는 주변 교외 쇼핑센터를 확인하라. 이 환경에서 어떠한 경제 활동이 강조되는가?

데이터 분석

http://goo.gl/CH6Ysy

10년마다 통계청은 미국을 대상으로 엄청난 양의 데이터를 수집하고 요약한다. 이들 데이터는 공공 인프라와 사회 서비스의 미래 수요를 예측하기 위해 계획가와 정부에 의해 사용된다. 도시 및 주의 연령, 성별 분포는 이들의 사회 및 경제적 특성에 대한 진정한 통찰력을 제공해 줄 수 있다. 인구 피라미드는 이들 특성들을 시각화하는 편리한 방식이다(그림 3.13 참고). 통계청 웹사이트(www.census.gov)를 접속하여, 주 인구의 요약 및 예측 정보를 엑세스하라.

1. 플로리다 주와 유타 주의 2010, 2030년 인구(추계) 피라미드를 조사하라. 각 연도별 주요한 유사점과 차이점을 기술하라. 그리고 이들 차이에 대한 원인을 요약하라.
2. 매우 다른 인구 구조를 보여줄 수 있는 2개의 주를 추가로 선정하라. 이들의 차이점을 요약하고 설명하라.
3. 계획가 또는 예산 전문가의 견해에서, 당신이 선택한 주들의 다른 인구 구조들이 어떻게 2030년과 그 이후의 미래 지출과 경제 발전의 경향에 영향을 줄 수 있는지 설명하라.

주요 용어

뉴어버니즘
단일국가
대도시 이외 지역의 성장
도시 분산
도시 열섬
메갈로폴리스
문화 동화
문화 중심지
민족성
북아메리카자유무역협정
산성비
산업 부문의 변화
성별 차이
세계무역기구
스팽글리시
아웃소싱
아한대 산림
애그리비즈니스
에지시티
연결성
연방국가
입지 요인
재생 에너지 자원
젠트리피케이션
지속 가능한 농업
탈산업 경제
툰드라
프래킹
프레리
G8

4 라틴아메리카

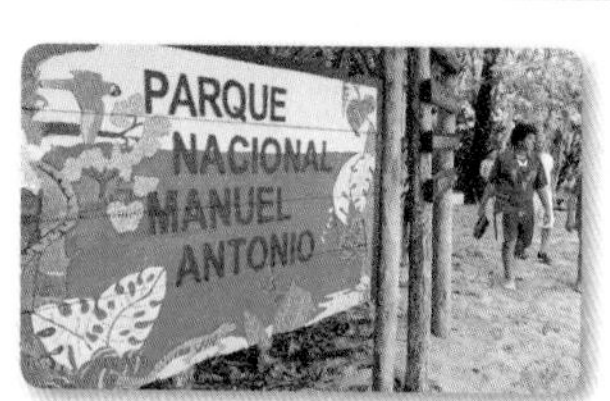

자연지리와 환경 문제

라틴아메리카의 열대 우림, 특히 아마존 분지 지역의 우림은 생물학적 다양성 면에서 지구상에서 가장 위대한 보전 지역이다. 광물 자원을 개발하고 도로 및 댐을 건설하며 삼림을 농경지나 방목지로 전환하고자 하는 사회적 압력이 거세지는 가운데 이러한 생물학적 다양성을 어떻게 유지시킬 것인가 하는 것이 매우 주요한 문제이다.

인구와 정주

라틴아메리카는 개발도상국 가운데 가장 도시화된 지역으로 인구의 78%가 도시에 거주하고 있다. 라틴아메리카에는 인구 규모가 1,000만 명 이상인 거대도시가 4개나 된다. 그러나 라틴아메리카에서 다른 지역으로 이주해 가는 인구의 비율이 매우 높은데, 많은 이들이 북아메리카 지역을 목적지로 삼고 있다.

문화적 동질성과 다양성

라틴아메리카에서는 아메리카 원주민 운동이 활발해지고 있다. 원주민들은 중앙아메리카 및 안데스 산맥, 그리고 아마존에 이르는 넓은 지역에 분포하고 있다. 2016년 브라질 올림픽을 계기로 라틴아메리카의 문화적 정체성이 전 세계적으로 알려지게 되었다.

지정학적 틀

라틴아메리카 국가들이 스페인으로부터 독립한 지는 200여 년이 되었으며 대부분의 국가가 민주적인 정치 체제를 유지하고 있다. 라틴아메리카에서 최근 치러진 선거에서는 자유민주주의 및 민중주의 세력이 득세하였는데, 이들은 국가의 개입을 통해 경제적 불평등의 상황을 개선하겠다고 약속하였다. 라틴아메리카에서는 의석의 1/4 이상을 여성이 차지하는 등 여성의 정계 진출 및 활동이 매우 활발하게 이루어지고 있다.

경제 및 사회 발전

라틴아메리카 지역의 경제는 발전이 이루어지고, 무역량이 증가하고 있으며 극빈층에 속하는 계층이 감소하고 있다. 그러나 경제적 불평등은 여전히 심각한 상태이다. 브라질의 보우사 파밀리아 프로젝트와 같은 복지 프로그램들이 빈곤층 가정의 경제적 복지 및 사회적 복지의 향상을 위해 실시되고 있다. 그러나 특히 중앙아메리카 지역을 중심으로 폭력이 난무하고 치안이 악화되고 있어 많은 사람들이 좀 더 안전한 곳을 찾아 떠나가고 있다.

◀ 파나마 운하 확장 사업은 가장 주요한 사회기반시설 프로젝트이다. 2016년 개통되는 새로운 운하를 통해 더 큰 규모의 선박들이 더 많이 파나마 운하를 이용할 수 있게 되었다. 사진의 왼쪽에는 예전에 비해 훨씬 더 큰 운하가 건설되고 있는 것이 보인다. 사진의 오른쪽에는 건설된 지 100여 년이 된 가툰 운하에 선박이 운항하고 있는 것이 보인다. 사진의 뒤쪽으로 보이는 가툰 호수는 선박들이 운하를 통해 파나마를 가로질러 운항하는 데 필요한 충분한 용수를 확보하기 위해 건설된 것이다.

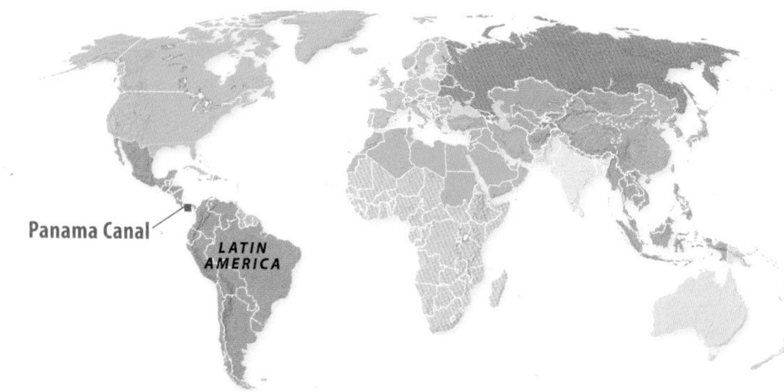

파나마 운하는 세계 무역에서 라틴아메리카가 매우 주요한 역할을 하고 있음을 보여주는 매우 상징적인 시설이다. 파나마 운하는 1914년 미국에 의해 개통되었다. 2000년 이후 파나마 정부가 운하의 관리와 운영을 맡고 있다. 2016년에 새로운 운하가 개통되어 더 큰 선박들이 더 많이 파나마 운하를 이용할 수 있게 되었다. 오래된 운하는 소위 파나맥스(파나마 운하를 통과할 수 있는 최대 규모의 선박)라 불리는 폭 32m 이하, 길이 320m 이하의 선박들만이 운항할 수 있었다. 운하의 관리를 맡고 있는 파나마 운하 관리청에서는 파나마 운하를 이용하는 화물의 양이 해마다 약 3%씩 증가하여, 2025년에는 2005년에 비해 약 두 배의 화물이 파나마 운하를 이용하게 될 것이라고 예상하고 있다. 북아메리카 및 유럽의 항구들은 규모가 더 커진 포스트-파나맥스 선박을 위해 항구시설을 보수하고 있다. 파나마 운하의 확장 시기는 매우 중요한 의미를 지니는데, 앞으로 기후 변화로 인해 북극 항로가 열릴 것으로 예상되며 이후 파나마 운하와 경쟁할 것으로 예상되기 때문이다. 그러나 파나마 운하로부터 북쪽으로 불과 700km 떨어진 니카라과에 중국계 억만장자인 왕징이 새로운 운하 프로젝트를 계획하고 있다. 2014년 니카라과 터널에 대한 승인이 이루어졌고, 이후 홍콩 니카라과 운하 개발 투자사가 출발하였다. 운하의 건설에 약 500억 달러가 들고 건설 기간은 약 5년이 소요될 것으로 예상된다. 니카라과 운하는 길이가 약 270km에 달하는 2개의 운하로 구성될 예정이다. 운하의 기초 공사를 위한 도로 공사가 이미 시작되었으며 지역에서의 반대 시위가 발생하였다. 니카라과 호수, 해안 지역, 열대 우림 지역에서 상당한 환경적 변화가 나타날 것으로 예상된다. 중앙아메리카 지역에서 제2의 운하가 경제적으로 실효성이 있을지에 대한 의구심이 일고 있으며 많은 이들이 이 운하가 과연 공사를 마칠 수 있을지에 대해 의심하고 있다. 그러나 니카라과 정부는 세계 무역에의 참여를 통해 니카라과가 경제적으로 번영할 것으로 예상하고 있으며 운하 건설을 통해 중국과 지속적이고도 다각적인 동반자 관계를 맺기를 희망하고 있다.

멕시코에서부터 남아메리카에 이르기까지 라틴아메리카는 현재 나타나는 다양한 수준의 성장으로 인한 차이보다는 식민 지배의 역사를 통해 형성된 지역적 균일성이 더욱 짙다. 500여 년 전 스페인과 포르투갈은 라틴아메리카 정복 사업을 시작하여 라틴아메리카에 오래되고 확연한 흔적을 남겼다. 예를 들자면, 인구의 2/3 이상이 공용어로 스페인어를 사용하며 나머지는 포르투갈어를 사용한다. 이베리아식 건축 양식 및 도시계획으로 인해 식민지 경관에서도 균질성이 나타난다. 이 지역은 세계에서 로마 가톨릭 신자가 가장 많이 살고 있는 지역이며 2013년에는 아르헨티나 출신의 프란시스 교황이 라틴아메리카 출신의 첫 번째 교황이 되었다.

세계화는
식민주의, 이주, 무역 등을 통해
라틴아메리카에 착근되고 있다.

유럽의 문화는 아메리카 원주민의 다양한 문화와 혼합되었으며 아메리카 원주민들은 아직도 볼리비아, 페루, 에콰도르, 과테말라, 멕시코 남부 지역 등에서 자신들의 문화를 유지하고 있다. 식민 지배가 시작된 이후 이베리아인과 원주민의 혼종 이외에도 아프리카 및 아시아의 문화 집단이 이 지역에 도착하여 혼합됨으로써 세계에서 가장 다양한 인종 집단이 거주하는 지역이 형성되었다.

라틴아메리카를 하나의 뚜렷한 지역으로 인식하기 시작한 것은 약 한 세기밖에 되지 않았다. 이 지역의 경계는 매우 뚜렷해서, 북으로는 리오그란데 강(멕시코에서는 리오브라보 강이라 함)으로부터 남으로는 티에라 델 푸에고에 이른다(그림 4.1). 라틴아메리카라는 용어는 19세기 프랑스 지리학자들에 의해 고안된 것으로, 그들은 라틴어에서 유래한 스페인어 및 포르투갈어를 사용하는 지역과 영어를 사용하는 지역 및 아이티를 구분하기 위해서 이 용어를 고안하였다. 이 지역에는 로망스어 계열의 언어를 사용한다는 점 이외에는 특별히 라틴과 관련된 점이 없다. 이 용어는 지역의 다양한 식민지 역사를 포괄하고 앵글로 아메리카 지역과의 명확한 문화적 차이를 나타내기 때문에 널리 사용되고 있다. 이 장에서는 라틴아메리카를 스페인어 및 포르투갈어를 사용하는 남아메리카 및 멕시코를 포함하는 중앙아메리카 지역의 국가로 한정하였다. 이러한 지역 구분은 라틴아메리카 지역에서의 원주민의 영향력 및 이베리아 반도 지역의 영향력을 강조하고 있으며 카리브 해 지역 및 가이아나 지역(제5장)과의 인구학적 역사 및 식민지사 면에서의 구분을 나타내고 있다.

학습목표

이 장을 읽고 나서 다시 확인할 것

4.1 고원 지역에서의 해발고도와 기후, 농작물 생산 간의 관계를 설명하라.
4.2 라틴아메리카의 주요 환경 문제는 무엇이 있으며 각 국가별로 그에 대해 어떻게 대응하고 있는지를 설명하라.
4.3 라틴아메리카의 주요 인구 문제를 이촌향도 현상, 도시화, 핵가족화, 인구의 해외 유출 등의 문제와 관련하여 간략히 설명하라.
4.4 이 지역에서 유럽인과 원주민 간의 문화적 융합에 대해 설명하고 현재 원주민이 남아 있는 지역은 어느 곳들인지 기술하라.
4.5 해외 이주, 스포츠, 음악, 텔레비전 등을 통해 라티노 문화가 전 세계적으로 전파된 과정에 대해 설명하라.
4.6 이베리아 반도 국가들의 식민지화 과정에 대해 설명하고 식민 지배 경험이 오늘날 이 지역의 국가들을 형성하는 데 어떠한 영향을 미쳤는지를 설명하라.
4.7 라틴아메리카의 주요 무역 블록은 어떠한 것들이 있으며 그 블록들이 라틴아메리카에 미치는 영향력은 어떠한지 기술하라.
4.8 라틴아메리카의 주된 수출 품목의 특성에 대해 농산물, 광물, 목재, 화석연료 등을 중심으로 간단히 설명하라.
4.9 라틴아메리카에 적용된 신자유주의적 경제 개혁에 대해 설명하고 신자유주의가 이 지역의 발전에 어떠한 영향을 미쳤는지 설명하라.

라틴아메리카의 면적은 북아메리카와 비슷하지만 인구는 5억 8,500만 명 정도로 훨씬 더 많고 그 성장 속도도 매우 빠르다. 인구 규모가 가장 큰 국가는 2억 명의 브라질로, 세계 5위의 인구 대국이기도 하다. 다음으로 인구 규모가 큰 국가는 멕시코로, 약 1억 3,000만 명의 인구가 거주한다. 대부분의 라틴아메리카 국가들은 중진국 대열에 속해 있으며 중산층이 뚜렷하게 발달하였다. 도시화율은 80%에 이른다. 라틴아메리카에서는 여전히 계층 간 불평등이 매우 중요한 사회적 문제이며, 인구의 약 10%가 하루 2달러 이하로 생활하고 있다. 세계화는 식민주의, 이주, 무역 등을 통해 라틴아메리카에 착근되고 있다(그림 4.2).

초기 스페인은 귀금속 광산에 집중해 금과 은을 실은 선단을 대서양 너머로 보냈다. 포르투갈인은 천연염료, 설탕, 금 등의 주요 생산자였으며 훗날 커피의 주요 생산자가 되었다. 19세기 후반과 20세기 초반 북아메리카와 유럽으로의 수출로 인해 라틴아메리카 지역의 경제는 활황을 맞았다. 대부분의 국가는 바나나와 커피, 고기와 양모, 밀과 옥수수, 석유와 구리 등 1~2개 생산품에 특화되었다. 이러한 원료 중심의 수출로 인해 국가 경제가 소수의 수출품에 의존하게 되는 불건전한 방향으로 발전했다. 1960년대까지 일부 경제학자들은 원료 수출 중심의 경제 구조로 인해 라틴아메리카 국가들이 경제 발전에 많은 어려움이 있다고 주장했다.

1960년대 이후 라틴아메리카 국가들은 산업화를 시도했고 생산품의 다각화를 시도했으나 여전히 북아메리카, 유럽, 동아시아로의 주요 원료 수출국으로 남아 있다. 오늘날 많은 국가가 신자유주의 정책을 채택함으로써 외국인 투자, 수출품 생산, 민영화 등을 장려하고 있다. 그 결과 일부 국가에서는 상당한 경제 발전을 이루고 있지만 빈부 간의 격차가 증가하고 있다. 라틴아메리카 지역 내의 무역은 남아메리카공동시장(Mercosur, the Southern Cone Common Market)으로 인해 활성화되었으며 북미자유무역협정(NAFTA)과 중앙아메리카자유무역협정(Central American Free Trade Association, CAFTA)의 영향을 받고 있다. 이렇듯 서반구에서의 경제적 통합도가 높아지고 있다. 2014년 브라질의 12개 도시에서 월드컵이 개최되었으며 2016년 리우데자네이루는 올림픽 경기를 개최하였다.

라틴아메리카의 산업화가 진행되고 있지만, 풍부한 천연자원 매장으로 인해 천연자원 채굴에 중점을 둔 산업은 지속적으로 중요한 위치를 차지할 것이다. 라틴아메리카에는 세계에서 가장 거대한 우림이 있으며 가장 거대한 수량을 지닌 강이 흐르고 있고, 막대한 양의 천연가스와 석유, 구리가 매장되어 있다. 라틴아메리카는 범위가 매우 넓고 주로 열대 기후에 속하며 인구밀도가 비교적 낮기 때문에(라틴아메리카는 인도와 비교해서 면적은 일곱 배에 달하지만 인구는 절반밖에 되지 않는다) 이 지역은 생물학적 다양성 면에서 세계에서 가장 거대한 보고이다. 세계적으로 천연자원에 대한 수요가 증가하는 데 대해 생물학적 다양성을 어떻게 유지할 것인지가 라틴아메리카 국가들이 당면한 주요한 과제이기도 하다.

자연지리와 환경 문제 : 신열대구의 환경의 다양성과 환경 악화

라틴아메리카의 대부분은 열대 지역으로 구분된다. 라틴아메리카를 홍보하는 포스터에서는 푸른 숲과 밝은 색조의 앵무새를 보여 주곤 한다. **신열대구**(neotropics)(서반구의 열대 생태계)의 다양성과 고유성은 이 지역의 고유한 동식물군을 이해하고자 열망하는 자연주의자들에게 오랜 기간 매력으로 다가왔다. 찰스 다윈이 2년간 아메리카의 열대 지역을 여행하면서 진화론의 영감을 얻은 것은 결코 우연이 아니다. 오늘날에도 과학자들은 라틴아메리카 전역에 걸쳐 연구를 진행하여 복잡한 생태계를 이해

그림 4.1 **라틴아메리카** 라틴아메리카 지역의 면적은 북아메리카와 비슷하나 인구 규모는 훨씬 더 크고 생물학적 다양성 또한 훨씬 복잡하다. 이 지역에 속한 17개의 국가는 이베리아 반도 국가의 식민 지배를 받았다는 점에서 역사적 공통성을 지닌다. 5억 8,500만 명의 인구 중 75%가 도시에 거주하고 있어 개발도상국 가운데에서 가장 도시화된 지역이다. 1차산업과 제조업의 생산으로 주목받고 있다. 라틴아메리카는 중앙아메리카(과테말라, 엘살바도르, 온두라스, 니카라과, 코스타리카, 파나마)와 안데스 국가군(콜롬비아, 에콰도르, 페루, 볼리비아), 남부 콘 지역(칠레, 아르헨티나, 우루과이, 브라질 남부) 등으로 구성된다.

하고 새로운 종을 발견하는 한편 이를 보호하고, 인간 정주로 인한 영향력, 특히 신열대구 삼림에서의 영향력을 밝혀내고자 노력하고 있다.

라틴아메리카의 모든 지역이 열대 기후대에 속하는 것은 아니다. 주요 인구 중심지는 남회귀선 이남에 집중되어 있으며, 이 지역에는 아르헨티나의 부에노스아이레스, 칠레의 산티아고 등이 주요 도시가 위치하고 있다. 몬테레이를 포함하는 멕시코 북부 지방은 대부분 북회귀선 이북에 속한다. 그러나 라틴아메리카의 열대 기후와 식생은 이 지역의 대중적인 이미지에 많은 영향을 미쳤다. 광활한 영토와 비교적 낮은 인구

그림 4.2 **스페인 식민 지배의 영향** 라틴아메리카 전역에 걸쳐 이베리아 반도 국가들의 식민 지배의 영향력은 스페인과 포르투갈에 의해 건설된 도시와 마을에 남아 있다. 격자 모양의 도로망에 교회와 행정부 건물, 그리고 시장이 들어선 도시 중심의 광장은 이 지역의 전형적인 도시 구조이다. 사진은 베네수엘라의 무쿠치라는 마을로, 17세기 스페인인들에 의해 세워졌다.

밀도로 인해 라틴아메리카의 환경 악화는 동아시아와 유럽에 비해 그 정도가 덜하다. 라틴아메리카의 거대한 면적이 비교적 인간의 발길이 닿지 않은 채 남아 있어 놀라울 정도로 다양한 식물과 동물의 삶의 터전이 되고 있다. 라틴아메리카에서는 국립공원을 설치하여 고유한 식물 및 동물 군락에 대해 보호를 하고 있다. 코스타리카나 브라질과 같은 국가에서는 환경운동이 활발하게 진행되어 환경보호 노력에 대한 대중적 · 정치적 지지를 이끌어내었다. 즉, 라틴아메리카는 세계의 다른 지역에서 행하던 많은 환경적인 실수를 피할 수 있는 진정한 기회를 지닌 채 21세기를 맞고 있다. 동시에 국제 시장 세력은 라틴아메리카 정부가 광물, 화석연료, 삼림, 토양 등을 개발하도록 압력을 행사하고 있다. 천연자원의 관리와 관련해 라틴아메리카가 당면한 가장 큰 문제는 개발로 인한 경제적 이익과 지속 가능한 발전이라는 원칙 간의 균형을 맞추는 일이다. 한편 라틴아메리카 도시의 환경 개선도 이 지역이 당면한 주요한 문제이다.

서부 산맥과 동부의 저지

라틴아메리카는 높은 산맥과 광활한 고원을 포함하는 다양한 지형이 나타나는 지역이다. 판구조론을 통해 이 지역의 기본적인 지형을 설명할 수 있는데, 안데스 산맥과 중앙아메리카의 화산대로 대표되는 이 지역의 산맥은 지질연대상 매우 최근에 형성된 것이다(그림 4.1). 예를 들어 칠레의 비야리카 화산은 안데스에서 가장 활발하게 활동하고 있는 활화산으로, 2015년 폭발했다. 이 지역을 또한 지진이 빈번한 지역으로, 주민들은 인명 피해와 재산 피해를 자주 입는다. 예를 들어 2010년 지진계 8.8의 강진이 칠레의 해안 도시인 콘셉시온에서 발생하여 400명의 사망자가 발생하였으며 태평양 전역에 걸쳐 쓰나미 경고가 내려졌다. 대조적으로 남아메리카의 대서양 측면은 습윤한 저지 사이에 순상지라 불리는 거대한 고원이 산재하고 있다. 브라질 순상지가 가장 대규모이며 파타고니아 순상지, 기아나 순상지 등이 있다. 이 저지를 가로질러 세계적으로 거대한 하천인 아마존 강, 플라타 강, 오리노코 강 등이 자유곡류하고 있다.

역사적으로 라틴아메리카 열대 지역에서 가장 중요한 주거지는 이 지역의 주요 강을 따라 발달한 것이 아니라 순상지, 고원, 비옥한 산지 계곡을 따라 발달했다. 이러한 지점에서는 경작 가능한 토지, 온화한 기후, 충분한 강수량 등으로 인해 라틴아메리카에서 가장 생산성이 높은 농업 지역이 형성되었으며 가장 많은 인구가 거주했다. 예를 들어 멕시코 고원은 시에라마드레 산맥으로 둘러싸인 거대한 고원 지역이다. 이 고원의 남쪽 끝에 멕시코 계곡이 위치하고 있다. 이와 유사하게 용수가 풍부한 브라질 남부 산맥 지역의 고원은 농업에 이상적인 조건을 갖추고 있다. 이 지역은 매우 비옥하기에 대규모의 도시가 입지할 수 있었다. 멕시코시티와 상파울루는 이러한 조건에서 발달했다. 라틴아메리카의 고원 지대 또한 이 지역에 주요한 특성이 되고 있다. 녹음의 열대 계곡이 빙설의 산맥 아래에 펼쳐져 있어 다양한 생태계가 형성되어 있음을 알 수 있다. 이러한 고원 지역에서 가장 극적인 예인 안데스 산맥은 남아메리카 대륙을 남북으로 길게 관통하고 있다.

안데스 산맥 안데스 산맥은 베네수엘라의 북서부에서 시작해 티에라델푸에고까지 이르며, 길이 약 8,000km 정도인 비교적 신생 산맥이다. 안데스 산맥은 생태학적으로나 지질학적으로 매우 다양한 산맥으로, 해발고도 6,000m 이상의 봉우리가 30개가 넘는다. 안데스 산맥은 해양판과 대륙판의 충돌로 인해 형성되었기 때문에 퇴적암들로 이루어진 습곡과 단층 사이에 결정암과 화산암들이 관입해 있다. 산맥에는 귀금속 및 광물의 광맥들이 풍부하게 관입해 있다. 실제로 안데스 주변 국가의 부는 기본적으로 은, 금, 주석, 구리, 철 등의 광산에서 기원했다.

안데스 산맥의 길이가 매우 길어서 북부, 중부, 남부로 구분하곤 한다. 콜롬비아에서는 안데스 북부 산맥이 에콰도르와의 국경과 만나기 이전에 3개의 산맥으로 나뉜다. 중부 안데스 지역은 높은 고원 지대로 빙설의 산봉우리가 특징적이며 에콰도르, 페루, 볼리비아 등이 속한다. 안데스 산맥은 이 지역에서 폭이 가장 넓어진다. 볼리비아와 페루에 위치한 알티플라노 지역은 수목이 살지 않는 높은 고원 지대로 매우 특징적인 지역이다. 이 지역은 해발고도 3,600m에서 4,000m에 이르며 주로 목축이 이루어진다. 페루와 볼리비아의 국경 지역에 위치한 티티카카 호와 볼리비아의 포오포 호는 **알티플라노**(Altiplano)에 위치한 호수이며 많은 광산 또한 알티플라노에 위치하고 있다(그림 4.3). 안데스 산맥에서 가장 높은 봉우리는 안데스 남부 산맥에 위치하고 있는 해발고도 6,958m의 아콩카과 봉으로, 칠레와 아르헨티나에 걸쳐 위치하고 있으며 서반구에서 가장 높은 봉우리이기도 하다.

멕시코와 중앙아메리카의 고지대 멕시코 고원과 중앙아메리카의 화산대는 인간의 거주지로서 라틴아메리카에서 가장 중요한 고원 지대로, 멕시코와 중앙아메리카의 주요 도시의 대부분이 이 지역에 위치하고 있다. 멕시코 고원은 거대한 경동지괴로, 멕시코시티가 위치한 높은 쪽의 고도는 2,500m에 이르고 시우다드후아레스가 위치한 낮은 쪽의 고도는 1,200m 정도이다. 멕시코 고원 남단의 메사센트럴 지역에는 바닥이 평평한 분지가 여러 개 위치하고 있으며, 중간중간 화산 봉우리가 형성되어 있다. 이 지역은 오랜 기간 동안 멕시코에서 가장 주요한 식량 생산 지역이었다(그림 4.4). 또한 이 지역에는 인구 제1의 도시인 멕시코시티와 과달라하라, 푸에블라를 포함하는 멕시코 메가폴리스가 위치하고 있다.

중앙아메리카의 태평양 해안을 따라 일련의 연속적인 화산 봉우리들이 나타나는데, 이 봉우리들은 과테말라에서부터 코스타리카까지 연이어 있다. 중앙아메리카 화산대는 둥그스름한 초록의 언덕과 높은 분지, 반짝이는 호수, 화산 봉우리 등이 어우러져 멋진 경관을 이룬다. 이 지역에는 40개 이상의 화산 봉우리가 자리 잡고 있는데 그중 상당수가 여전히 활동 중이어서 비옥한 화산토를 생산하고 있다. 이 지역 주민들은 비옥한 화산토를 이용해 내수뿐 아니라 수출용의 다양한 작물을 재배하고 있다. 중앙아메리카 인구의 대부분이 이 지역에 집중되어 있는데, 주로 각국의 수도 및 그 주변 지역에 몰려 있다. 농업 용지의 대부분은 육우, 면화, 커피 등을 생산하는 대규모 농장으로 이용되고 있다. 그러나 대부분의 농부들은 규모가 영세한 자급자족농으로 옥수수, 콩, 호박, 과일 등을 생산하고 있다.

그림 4.3 **볼리비아의 알티플라노** 알티플라노는 높은 고도의 고원 지대로, 볼리비아와 페루의 안데스 지역에 산재해 있다. 이 멋진 라구나 카나파 호수는 볼리비아에 위치한 것으로 멀리 안데스 산맥의 높은 봉우리들이 보인다. 이 높고도 거센 바람이 부는 지역에도 많은 아메리카 원주민이 거주하고 있다.

그림 4.4 **멕시코의 중부 탁상대지** 멕시코 중부의 탁상 고원 지대는 오랜 기간 동안 이 나라의 인구 및 농업의 중심지였다. 이 그림에서 보이는 것처럼 할리스코에서는 여러 종류의 아가베를 심는데, 아가베는 테킬라의 원료이다. 테킬라는 멕시코의 전통주로 점차 수출량이 증가하고 있다.

순상지 앞에서 다룬 바와 같이 남아메리카는 3개의 주요 **순상지**(shields)가 위치하고 있는데, 이들 순상지는 아프리카 및 오스트레일리아에서 발견되는 순상지와 유사하게 결정질 암석이 노출된 거대한 고원을 형성하고 있다. 브라질 순상지와 파타고니아 순상지(기아나 순상지는 제5장에서 다룰 것이다)는 고도가 200m에서 1,500m로 지역별 편차가 크게 나타난다. 브라질 순상지는 천연자원의 측면과 정주의 측면에서 매우 중요하다. 브라질 순상지의 지표면은 균일하지 않으며, 브라질 북부의 아마존 분지로부터 남부의 라플라타 분지까지 펼쳐져 있다. 고원의 남동부에는 남아메리카에서 가장 많은 인구가 밀집한 상파울루가 위치하고 있다. 고원의 해안 쪽 끝에는 또 다른 주요 인구중심지인 리우데자네이루와 사우바도르가 위치하고 있는데, 이 도시들은 대규모의 만에 위치하여 포르투갈 식민 시절부터 거주지로 매우 매력적인 곳이었다. 마지막으로, 브라질 순상지의 남쪽 끝에 위치한 파라나 현무암 고원은 **테라로사**(terra roxa)라는 비옥한 붉은색 토양으로 유명한데, 이 지역에서는 커피, 오렌지, 대두 등이 재배된다. 이 지역은 매우 비옥해 상파울루의 경제적 성장은 이 지역 커피의 상업적 재배의 확장에 힘입은 것이었다.

파타고니아 순상지는 남아메리카 대륙의 남단에 위치하고 있다. 파타고니아 순상지는 바이아블랑카의 남부에서 시작되어 티에라델푸에고까지 이르는데, 인구밀도가 낮고 경관이 매우 아름답다. 이 지역은 나무가 없이 관목과 스텝 식생으로 덮여 있으며, 과나코와 같은 야생동물이 살고 있다(그림 4.5). 양은 19세기 파타고니아 지역에 유입되었는데, 이후 이 지역에는 양모로 인한 경제적 붐이 일어났다. 최근 심해 지역에서 원유가 생산되어 파타고니아 지역의 경제적 가치가 제고되고 있다.

그림 4.5 **파타고니아의 야생생물** 스텝 식생에 잘 자라는 과나코는 남아메리카 고유종으로 파타고니아 전역에 걸쳐 발견된다. 사냥 및 외래종 가축과의 경쟁으로 인해 과나코의 개체 수가 급격히 감소하고 있다.

하천 유역 남아메리카 대서양 저지에는 아마존, 라플라타, 오리노코 등 3개의 주요 하천 유역이 분포하고 있다. 아마존 강의 유역 면적은 509만 km^2에 이르며, 아마존은 유량 면에서는 세계 1위, 길이 면에서는 세계 2위의 거대한 수계망이다. 아마존 분지에는 세계에서 가장 거대한 열대 우림이 조성되어 있는데, 분지 내의 어느 지점이건 연평균 강수량이 1,500mm가 넘으며 아마존 분지 내 가장 큰 도시인 벨렘은 연평균 강우량이 2,500mm에 이른다. 거대한 아마존 수계망은 8개 국가에 걸쳐 있으며 전체 수계망 면적의 2/3 이상이 브라질에 속한다. 1960년대 이후 이루어진 브라질 아마존 유역의 개발로 인해 상당한 정도의 인구가 증가했다. 오늘날 브라질 아마존 분지에 거주하는 인구는 약 3,400만 명에 이르며, 이는 남아메리카 전체 인구의 약 8%에 해당하는 것이다. 아마존 분지의 개발은 대부분 도시, 도로, 댐, 농장, 광산 개발의 형태로 이루어지고 있으며 불과 반세기 전만 해도 거대한 열대 자연림이던 곳이 이러한 개발로 인해 완전히 사라지고 있다. 브라질 정부는 아마존 강 수계에 약 30개의 새로운 댐을 건설할 계획이다. 이 중 가장 경쟁력 있는 댐은 아마존 강의 지류인 싱구 강에 건설되는 벨루 몬치 댐이다(그림 4.6).

라틴아메리카에서 두 번째로 거대한 하계망인 라플라타 분지는 열대 지역에서 발원해 중위도대, 즉 부에노스아이레스 근처에서 대서양으로 유입된다. 이 하계망은 파라나, 파라과이, 우루과이 등 3개의 주요 강으로 이루어졌다. 아마존의 경우와는 달리 라플라타 분지의 지역은 대부분 대규모 농업, 특히 대두 생산에 특화되어 생산성이 높은 지역이다. 라플라타 분지에는 대규모 댐들이 건설되어 있는데, 라틴아메리카 지역에서 가장 규모가 큰 수력 발전시설인 파라나 강에 건설된 이타이푸 댐도 이 중 하나다. 이타이푸 댐은 파라과이 전력 소비량 전체와 브라질 남부의 소비 전력 대부분을 생산하고 있다. 라플라타 하계망 지역의 농업 생산성이 증가함에 따라 파라나 강의 일부 구간에서는 강의 화물 수송 및 선박 교통 능력을 개선시키기 위한 준설 작업이 진행되고 있다.

남아메리카 북부 지역에 위치한 오리노코 강은 세 번째로 큰 하계망이다. 오리노코 강의 유역 면적은 아마존의 1/7밖에 되지 않지만 오리노코 강의 유량은 미시시피 강과 비슷하다. 오리노코 강은 베네수엘라 남부 지역 대부분과 콜롬비아 동부 지역 일부에서 자유곡류하며 이 지역에는 야노스라 불리는 열대 초지가 형성되어 있다. 식민 지배 시기부터 야노스에서는 대규모 목우장들이 발달했다. 오늘날 목우는 이 지역에서 여전히 중요한 경제 활동이지만 이 지역은 콜롬비아와 베네수엘라의 주요 석유 생산 지역이 되었다.

라틴아메리카의 기후와 기후 변화

라틴아메리카의 열대 지역에서는 니카라과의 마나과, 에콰도르의 키토, 브라질의 마나우스 등에서 보이는 것처럼 월별 기온 변화가 거의 나타나지 않는다(그림 4.7). 그러나 강우 패턴은 월별로 차이가 나타나며 건기와 우기가 뚜렷이 구분된다. 예를 들어 마나과에서 1월은 전형적인 건기이고 10월은 우기이다. 라틴아메리카의 열대 저지, 특히 안데스 산맥의 동부에서는 열대 습윤 기후가 나타나며 강우량에 따라 열대 우림이나 사바나 식생이 나타난다. 라틴아메리카의 사막 기후는 페루와 칠레의 태평양 연안, 파타고니아, 멕시코 북부, 브라질의 바이아 지역 등에서 나타난다. 열대 지역에 속하는

그림 4.6 **아마존의 댐** 브라질 싱구 강의 벨루 몬치 수력 발전 댐의 공사 초기 모습이 보인다. 이 댐은 파하 주의 알티미라 마을 옆에 위치하고 있다. 이 댐이 완성되면 벨루 몬치는 1만 1,000메가와트의 전력 생산 능력을 갖춘 세계에서 세 번째로 큰 댐이 된다. 이 프로젝트는 2개의 댐, 2개의 수로, 2개의 저수지 그리고 1개의 제방시설로 구성되었다.

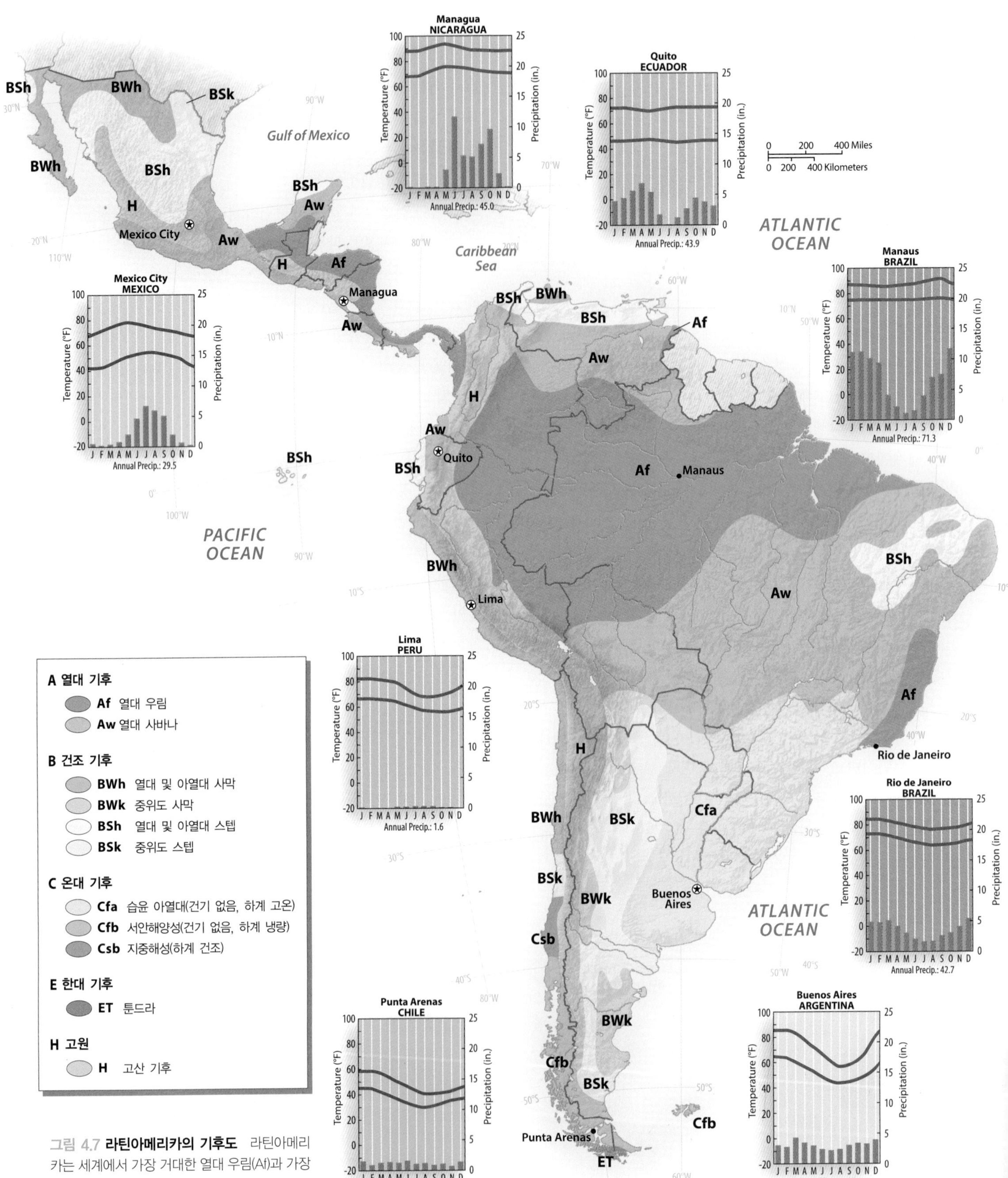

그림 4.7 **라틴아메리카의 기후도** 라틴아메리카는 세계에서 가장 거대한 열대 우림(Af)과 가장 건조한 사막(BWh)이 나타날 뿐 아니라 거의 모든 기후 패턴이 나타난다. 위도, 고도, 강수량은 지역별 기후를 결정하는 중요한 요인이다. 습윤한 키토와 건조한 리마의 강수량 패턴을 비교해 보라.

리마(페루) 등의 연평균 강우량은 40mm 정도에 불과한데, 이는 페루 해안 지역의 극심한 건조함 때문이다. 칠레의 아타카마 사막 일부 지역에서는 강우량이 측정되지 않기도 한다(그림 4.8). 그러나 19세기에 질산염이 발견되고 20세기에 구리 매장이 발견되면서 이 극도로 건조한 지역이 칠레, 볼리비아, 페루 간 분쟁의 원인이 되었다.

더운 여름과 추운 겨울이 나타나는 중위도 대의 기후는 아르헨티나, 우루과이, 파라과이와 칠레 일부 지역에서 나타난다(그림 4.7의 부에노스아이레스와 푼타아레나스의 기후 그래프 참조). 물론 남반구의 중위도 지역의 기온 패턴은 북반구와는 반대이다(7월에는 춥고 1월에는 덥다). 산맥 지역에서는 고도의 변화에 따라 복잡한 기후 패턴이 나타난다. 인간이 열대 기후 지역의 산악 지형에 어떻게 적응했는가를 이해하기 위해서는 **고도별 식생 분포**(altitudinal zonation), 즉 고도가 올라갈수록 기온이 감소하기 때문에 식생의 변화가 나타난다는 점을 이해하는 것이 매우 중요하다.

고도별 식생 분포 식생의 고도별 분포에 대한 학문적 논문을 처음을 출간한 사람은 1800년대 초반 알렌산더 본 홈볼트이다. 식생의 고도별 분포는 라틴아메리카 원주민 정주 지역을 이해하기 위해 매우 중요한 원리였다. 훔볼트는 **기온 체감 현상**(environmental lapse rate)이라 알려진, 고도가 높아질수록 기온이 하강하는 현상을 체계적으로 기록하였다. 훔볼트에 의하면 고도가 1,000m 상승하면 약 6.5℃ 정도 감소한다. 훔볼트는 또한 고도별로 식생의 변화가 나타남을 발견하였는데, 중위대 지역에서 일반적으로 나타나는 식생이 열대 기후대의 고도가 높은 지역에서도 나타나고 있음을 발견하였다. 이렇듯 고도별로 달리 나타나는 식생군을 티에라 칼리엔테(열대 기후 식생대, 고도 0~900m), 티에라 템플라다(온난 식생대, 900~1,800m), 티에라 프리아(한랭 식생대, 1,800~3,600m), 티에라 엘라다(냉대 식생대, 3,600m 이상)으로 구분하였다. 이러한 고도별 기후에 대한 연구로 인해 이후 농학자들이 고산 지역의 야생 식물 및 작물의 다양성에 대해 연구할 수 있었다(그림 4.9).

식생의 고도별 분포 개념은 안데스 산맥의 대부분의 지역에 적용할 수 있으며, 중앙아메리카의 고원 지대와 멕시코 고원에서도 적용된다. 예를 들어 안데스 산맥에 거주하는 농부는 알티플라노 지역의 초지에서 야마와 알파카를 키우고 티에라 프리아 지대에서는 감자와 키노아를 재배하며 그보다 고도가 낮은 지역에서는 옥수수를 키운다. 정복 이전 이 지역에서 번성했던 잉카 및 아즈텍 문명에서는 고도별 기후 및 식생의 차이를 잘 이용하여 다양하고 풍부한 자원을 얻을 수 있었다. 그러나 이러한 복잡한 자연 체계는 극도로 섬세하게 구성되어 있기 때문에 기후 변화가 열대 지역에 미치는 영향력에 대한 연구의 중요성이 날로 높아지고 있다.

엘니뇨 **엘니뇨**(El Niño)(아기 예수라는 뜻)는 라틴아메리카에서 가장 많이 연구된 기후 현상으로 12월 크리스마스 무렵, 에콰도르와 페루 연안에 정상적인 차가운 해류를 따라 태평양의 온난한 해류가 흘러 들어가는 현상을 일컫는다. 이로 인해 해양의 수온이 변화해 억수같이 비가 퍼붓게 되는데 이는 엘니뇨가 나타난다는 일반적인 신호로, 엘니뇨는 몇 년에 한 번씩 나타난다. 2009~2010년 엘니뇨는 라틴아메리카에 특히 심각한 영향을 미쳤다. 엘니뇨와 관련된 홍수 및 태풍으로 인해 수십 명의 사람들이 사망했다. 페루와 브라질에서는 대규모의 홍수가 발생하였다. 페루에서는 폭우로 인해 홍수가 발생하고 잉카 문명의 주요 유적지인 마추피추까지 연결되는 철로가 파괴되었다. 철로가 복구되기 이전까지 주요 관광지인 마추피추에 관광이 제한되었다.

그림 4.8 **아타카마 사막** 이 지역은 세계에서 가장 건조한 곳으로 식생이 거의 자라지 않는다. 많은 방문객들은 이 지역의 경관이 마치 달과 같다고 한다. 그러나 아타카마의 토양은 구리와 니트레이트가 풍부하다. 사진은 칠레 북부에 위치한 '달의 계곡'이다.

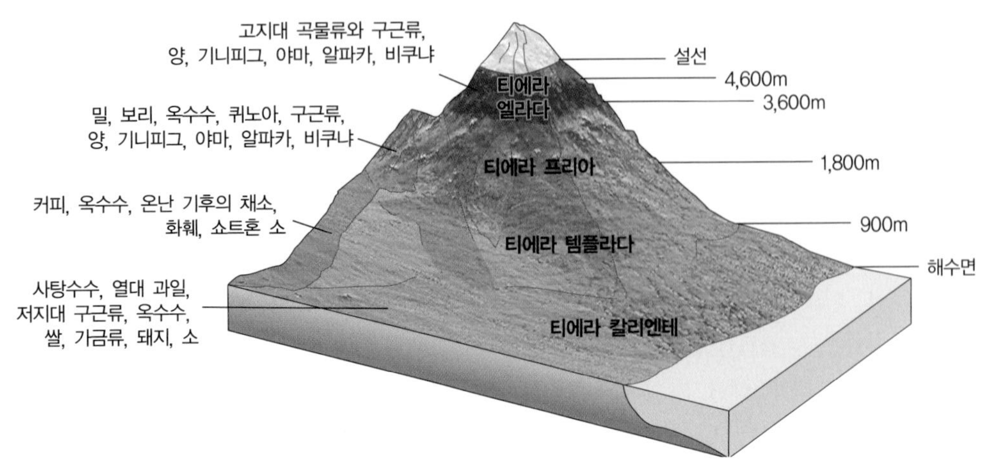

그림 4.9 **고도별 식생 분포** 열대의 고원 지역은 복잡하고도 다양한 생태계를 나타낸다. 예를 들어 한랭 지구(티에라 프리아, 1,800~3,700m)에서는 밀이나 보리 같은 중위도 작물이 자란다. 이 그림에서는 안데스 산맥에서 고도별로 다른 작물과 동물이 자라는 것을 나타내고 있다. **Q : 한랭 지구에서 자라는 안데스 작물인 퀴노아는 최근 20여 년 동안 전 세계적으로 인기 있는 곡물이 되었다. 퀴노아는 이 지역 외에 어느 곳에서 자랄 수 있을까?**

엘니뇨의 결과로 나타나는 홍수에 대해서는 많은 관심을 갖지만 한발에 대해서는 많은 언급이 이루어지지 않는다. 1997~1998년 엘니뇨가 발생했을 때 남아메리카 및 북아메리카의 태평양 지역 즉 콜롬비아, 베네수엘라, 브라질 북부, 중앙아메리카, 멕시코 등은 가뭄과의 전쟁을 겪어야 했다. 농작물과 가축의 유실로 인한 피해가 수십 억 달러에 이르렀으며, 이 외에도 수백 건의 소규모 화재와 삼림 화재가 발생했다. 학자들은 지구의 기후 변화로 인해 엘니뇨 발생 주기에 빈도나 강도 면에서 어떠한 변화가 나타날 것인지 아직 예측하지 못하고 있다.

기후 변화의 영향

전 지구적인 기후 변화는 라틴아메리카에 즉시적인 그리고 장기간에 걸친 영향을 미쳤다. 당장의 가장 주요한 관심사는 기후 변화가 농업 생산성, 용수 사용력, 생태계의 구성 및 생산성, 말라리아 및 뎅기열 등과 같은 매개체 감염 질병의 발생에 어떠한 영향을 미칠 것인가 등이다. 지구 온난화로 인한 변화는 이미 고원 지대에서는 뚜렷이 나타나고 있어 이러한 관심이 더욱 증폭되고 있다. 예를 들어 콜롬비아의 안데스 지역에서는 기온이 상승하고 건기가 길어지면서 지난 5년간 커피 생산량이 감소하였다. 전 지구적인 기후 변화로 인한 저지의 열대 우림계에서 장기적인 영향력은 아직 명확하지 않다. 예를 들어 일부 지역에서는 강우량이 증가할 것이고 어떤 지역에서는 감소할 것이라는 정도이다.

기후 변화에 관한 연구에서는 특히 고원 지대가 지구 온난화에 취약하다고 나타났다. 열대 산맥계에서는 1℃에서 3℃ 정도의 온도 상승이 일어나고 강우량은 줄어들 것으로 예상된다. 이로 인해 다양한 생태계의 고도 한계선이 높아질 것으로 예상되고 농부와 낙농업자가 재배 가능한 작물 및 고도의 한계 범위가 변화할 것으로 예상된다. 지난 50년간의 기록을 살펴본 결과 안데스 빙하에 매우 격렬한 변화가 나타났다. 즉, 일부 빙하는 이미 사라졌으며 일부는 향후 10년 내지 15년 이내에 사라질 것으로 예측된다(그림 4.10). 이는 지구 온난화의 가시적인 지표라 할 수 있으며 인간의 절박한 반향을 필요로 한다. 안데스 지역의 라파스(볼리비아) 등과 같은 대도시 지역뿐 아니라 많은 마을이 용수의 대부분을 빙하 융설수에서 얻는다.

(a) 1966년, 차칼타야 빙하가 적지만 남아 있다.

(b) 2009년, 차칼타야 빙하가 사진의 한 구석에 조그맣게 남아 있을 뿐이다.

그림 4.10 **안데스 빙하의 후퇴** 볼리비아 안데스 지역에서 차칼타야 빙하가 빠르게 녹아버렸다. 이는 열대 고원 지역에서 지구 온난화의 영향이 나타나고 있기 때문이다. 이 빙하는 계절별로 녹아 볼리비아의 라파스 지역에 주요 용수원이었으나 급격히 감소해 버렸다.

기후 온난화로 인한 또 다른 당장의 관심사는 모기를 통해 감염되는 바이러스에 의해 발생하는 뎅기열의 급작스런 증가이다. 한때 뎅기열은 라틴아메리카의 고원지대에서는 흔하지 않은 것으로 알려졌으나 지난 몇 년간 발생 건수가 갑작스레 증가했다. 현재 수만 명의 환자가 발열, 두통, 어지러움, 관절 통증 등을 겪고 있으며, 드문 경우이긴 하나 내부 및 외부 출혈이 일어나 사망에 이르기도 한다. 뎅기열의 갑작스런 증가는 라틴아메리카 고원 지대의 온도 상승으로 인해 수백만 명이 위험에 처했음을 의미한다.

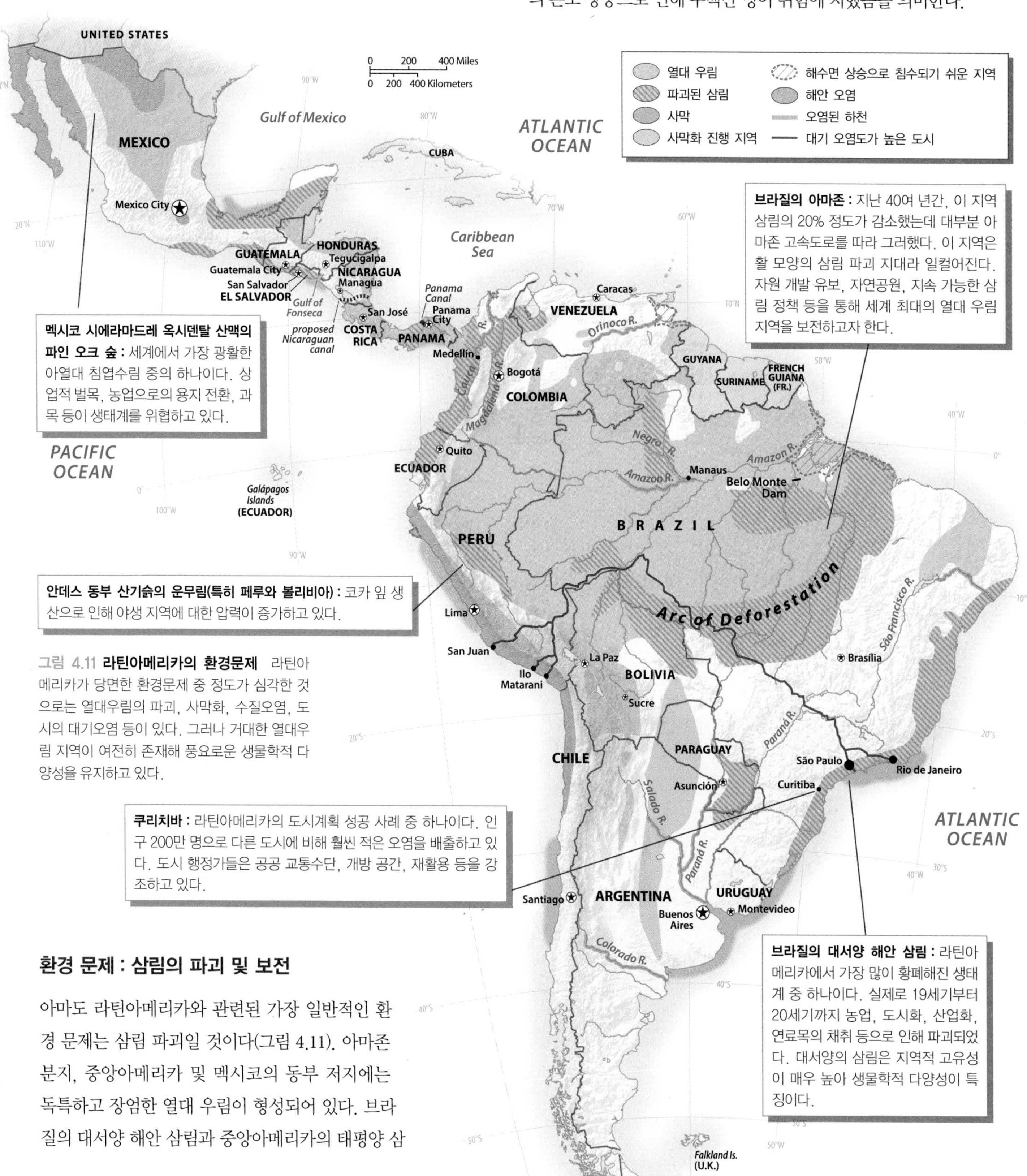

그림 4.11 **라틴아메리카의 환경문제** 라틴아메리카가 당면한 환경문제 중 정도가 심각한 것으로는 열대우림의 파괴, 사막화, 수질오염, 도시의 대기오염 등이 있다. 그러나 거대한 열대우림 지역이 여전히 존재해 풍요로운 생물학적 다양성을 유지하고 있다.

환경 문제 : 삼림의 파괴 및 보전

아마도 라틴아메리카와 관련된 가장 일반적인 환경 문제는 삼림 파괴일 것이다(그림 4.11). 아마존 분지, 중앙아메리카 및 멕시코의 동부 저지에는 독특하고 장엄한 열대 우림이 형성되어 있다. 브라질의 대서양 해안 삼림과 중앙아메리카의 태평양 삼림은 농업, 주거, 농장 등으로 개발되어 거의 사라졌다. 멕시코 북부의 침엽수림 또한 북아메리카자유무역협정의 영향으로 상업적 벌목이 활기를 띠면서 줄어들고 있다. 중위도에 위치한 칠레 남부의 상록 우림(발디비아 숲)은 생물학적 고유성에도 불구하고 벌채되어 나뭇조각의 형태로 아시아에 수출되고 있다.

열대 우림의 손실은 생물학적 다양성의 면에서 가장 두드러진다. 열대 우림은 지구의 6% 정도만 덮고 있지만 지구상의 생물의 50% 이상이 열대 우림의 생물군계에 존재하고 있다. 게다가 아마존은 전 세계에서 가장 거대한 균일 열대림을 보유하고 있다. 동남아시아에서는 경질 재목의 벌목으로 인해 삼림의 파괴가 일어나는 반면 라틴아메리카의 삼림은 농업의 변경 지역으로 인식되고 있어서, 정부 내부에서도 삼림의 토지를 나누어 경지를 소유하지 못한 이들에게 분배하거나 정치적 엘리트에게 보상을 하려는 입장을 취하고 있다. 따라서 삼림을 베어 불을 놓은 후 거주지를 건설하거나, 화전 경작지를 조성하거나, 대규모 목축 농장을 조성한다. 게다가 일부에서는 금을 찾는 과정에서 열대 우림의 벌목이 이루어지기도 하고(브라질, 베네수엘라, 코스타리카 등) 코카인 생산용 코카 잎 재배를 위해 벌목을 하기도 한다(페루, 볼리비아, 콜롬비아).

브라질은 아마존 삼림 정책으로 인해 끊임없는 비판을 받아왔다. 지난 40여 년 동안 브라질 아마존의 1/5가량이 사라졌다. 브라질 서부에 위치한 혼도니아 주에서는 삼림의 60% 가까이가 사라졌다(그림 4.12). 2000년 이후 우림의 제거 속도가 급격히 빨라져 해마다 2만 km^2에 가까운 면적의 숲이 사라지고 있으며 이는 환경론자들과 삼림 거주자들(원주민과 고무 생산자들)의 우려를 자아내고 있다. 브라질 아마존에서의 삼림 파괴 속도가 빨라지고 있는 것은 광산업과 벌목의 확대, 기업농의 성장, 새로운 도로망의 발달, 인간에 의한 야생림의 방화, 지속적인 인구 성장 등 때문이다. 2000년 시작된 브라질 발전 프로그램을 통해 새로운 고속도로, 철로, 가스 수송관, 수자력 발전시설, 송전설비, 하천 운하 건설 등의 공사에 약 400억 달러의 자금이 투입되었고 이로 인해 분지의 먼 오지까지도 닿을 수 있게 되었다. 브라질 정부는 삼림 파괴의 속도를 늦추기 위해 새로운 보전 지역을 설정했으며, 대부분이 아마존 분지의 남쪽 끝을 따라 개발된 농경지인 '활 모양의 삼림 파괴 지대'를 따라 설정되었다(그림 4.11). 그러나 2012년 재개정된 브라질의 삼림법에서는 개인 토지 소유자가 반드시 지켜야 하는 '삼림 보존' 면적이 감소하였다. 자연보전론자들은 이 법의 시행으로 인해 더욱 많은 삼림이 제거되고 파괴될 것이라고 우려하고 있다.

열대림을 초지로 변경하는 것을 **초지화**(grassification)라 하는데 이는 삼림 파괴의 또 다른 형태이다. 특히 멕시코 남부, 중앙아메리카, 브라질 아마존 지역에서는 1960년대부터 시작해 1980년대에 개척지의 정주화를 위해 삼림을 제거하고 목축지를 조성하는 것을 장려해 왔다(그림 4.13). 야노스(베네수엘라, 콜롬비아), 차코(볼리비아, 파라과이, 아르헨티나), 팜파스(아르헨티나) 같은 천연 초지는 가축 사육에 적합하지만, 농장의 건설에 따라 삼림에서 초지로의 급격하고 광범위한 전환이 일어남으로써 환경의 구조까지 파괴되었다. 모순되게도, 열대 우림의 최전선에 위치한 목우 농장은 경제적으로 자립적이지 못하다.

(a) 2000년 7월 30일

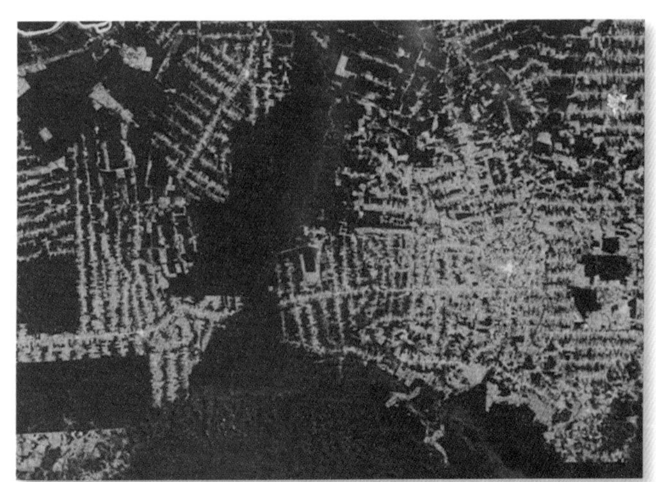
(b) 2010년 8월 2일

그림 4.12 **아마존 열대 우림 지역의 정주** 이 인공위성 사진은 브라질의 혼도니아 주 지역의 부리티스(Buritis) 지역과 도로 BR-364 주변 지역을 (a) 2000년과 (b) 2010년에 촬영한 것으로 10년간 삼림 표면의 뚜렷한 변화가 나타난다. 온전한 숲은 짙은 녹색이고 삼림이 제거된 지역은 밝은 녹색(작물 재배지)이거나 갈색(나지)이다. 처음 개발이 진행될 때에는 도로가 없지만 곧 생선뼈 모양으로 도로를 건설한다. 이후 더 많은 숲이 제거되고 주거지가 성장하면 생선뼈 모양의 패턴이 사라지고 목초지, 농장, 남은 숲 등이 모자이크 모양을 띤다.

그림 4.13 **삼림의 초지로의 변환** 과테말라의 페텐 지역에서 소들이 풀을 뜯고 있다. 1960년대 저지의 열대 우림을 제거하기 시작해 오늘날에도 삼림 제거가 이루어지고 있다. 라틴아메리카에서 목장은 사회적 지위를 상징하는 직업이자 심각한 환경적 대가를 치러야 하는 업종이다. 이 지역에서 생산되는 소고기는 내수와 수출용이다.

그림 4.14 **코스타리카의 국립공원** 태평양 연안에 연하여 열대 우림과 해변이 함께 있는 마누엘 안토니오 국립공원은 국내외 관광객 모두에게 인기가 있다. 열대 우림의 개발에 대한 압력이 거세지만 이로 인해 오히려 급박하게 보호구역을 설정하게 되기도 한다.

미래 세대를 위한 토지 보전 라틴아메리카는 국가에 의해 설정된 보호구역의 면적이 개발도상국가군들 중 가장 많다. 보호구역은 국립공원, 자연보호구역, 야생동물보호구역, 과학보호구 등으로 지정되어 있으며 세계은행의 통계에 따르면 1990년 전체 면적의 10%에서 2010년 20%로 증가하였다. 동기간 브라질의 보호구역 면적은 국토 면적의 9%에서 26%로 증가하였다. 자연보호론자들은 이러한 보호구역의 상당수가 자연 보호 기능이 매우 제한적인 '서류상 공원'에 불과하다고 비판을 하지만 라틴아메리카의 여러 국가가 삼림과 다른 토지들을 보존함으로써 관광객들을 끌어들이고 있다.

코스타리카는 라틴아메리카 내에서 선도적으로 국립공원을 지정하고 생태관광을 진흥시켜 왔다. 1970년대 코스타리카의 자연보호주의자인 마리오 보사(Mario Boza)가 커피 및 바나나 플랜테이션과 목축 농장의 건설로 인해 삼림이 빠르게 유실되는 것에 대하여 국립공원의 지정을 주장하였다. 1990년까지 전 국토 면적의 약 20%가 보호구역으로 지정되었는데, 당시 보호구역으로 지정되지 않은 삼림은 대부분 제거되어 농업용 토지나 주거용지로 전환되었다. 코스타리카의 아름다운 자연, 태평양과 카리브 해의 해변들, 화산, 다양한 생물종 등에 매료되어 코스타리카를 찾는 관광객의 규모는 연간 240만 명에 이른다(그림 4.14). 코스타리카 국민들은 공원을 방문할 때 할인된 비용만을 지불하지만, 이곳을 찾는 관광객들은 공원 유지비 및 자연보전 비용의 명목으로 더 비싼 입장료를 지불해야 한다.

도시 환경 문제

라틴아메리카인들 대부분에게 대기 오염, 용수의 가용성 및 수질, 쓰레기 처리 등의 문제가 일상의 생활에서 영향을 주고 있는 환경 문제이다. 따라서 라틴아메리카의 많은 환경운동가들이 '녹색' 법안을 입안하고 사람들로 하여금 행동으로 옮기게 함으로써 도시 환경을 좀 더 청결하게 만드는 데에 중점을 두고 있다. 라틴아메리카는 개발도상국가군에서 가장 높은 도시화율을 보이고 있으며 이 지역의 도시민들은 아시아나 아프리카의 도시민들에 비해 상수도, 하수도, 전력 서비스를 더 잘 받고 있다. 또한 도시의 거주 밀도가 높아짐에 따라 대중교통 체계가 널리 보급되고 있으며 공공 버스 및 민영 버스 체계가 구축되어 도시에서 이동하는 것이 매우 편리해졌다. 그러나 도시 인구밀도가 높아짐에 따라 도시 환경 문제가 발생하고 있으며 이를 해결하기 위해서는 상하수도망의 현대화나 발전소의 추가 건설 등과 같은 고비용의 정책이 실행되어야 한다. 게다가 통화의 평가 가치 절하, 인플레이션, 외채 등으로 인해 재정 사정이 넉넉지 않은 라틴아메리카 국가들로서는 이러한 정책을 위한 예산을 마련하기가 쉽지 않다. 또한 많은 도시민들이 도시계획지구에서 벗어난 지역의 불량주택에 거주하고 있는 까닭에 주민들에게 상하수도, 전기 등의 도시 서비스를 제공하는 데 더 많은 비용이 들고 공사 또한 어려운 것이 현실이다.

대기 오염 라틴아메리카의 대부분의 도시에서 대기 오염 문제가 발생하고 있지만, 특히 산티아고와 멕시코시티의 대기 오염 정도는 심각하다(**지속 가능성을 향한 노력 : 보고타의 친환경 교통과 시민 편의의 증대** 참조). 대기 오염은 단지 미관상의 문제에만 머물지 않는다. 오염된 공기로 인해 건강상의 문제가 발생하고 있으며 심장 질환, 인플루엔자, 폐 관련 질환으로 인한 사망률이 높게 나타났다. 오염된 공기는 도시민들 사이에서도 다르게 영향을 미친다. 즉, 노인이나 영유아, 빈곤층은 다른 계층보다도 오염된 공기로 인한 피해를 더 심하게 받는다. 다행인 것은, 두 도시 모두 이 어려운 문제를 차근차근 풀어나가고 있다는 점이다.

칠레 중앙 계곡에 위치한 산티아고는 인구 규모가 700만 명에 이르는 대도시로, 해발고도 약 520m에 위치하고 있다. 멕시코시

지속 가능성을 향한 노력

보고타의 친환경 교통과 시민 편의의 증대

Google Earth (MG) Virtual Tour Video http://goo.gl/NqzYx7

대부분의 라틴아메리카 도시들은 4세기 이상 되었고 보행자 중심으로 설계되었기 때문에 차량이 운행되기에 적절치 않다. 20세기 들어 라틴아메리카 도시들의 인구가 급속히 증가하면서 많은 이들이 자동차로 인해 라틴아메리카 도시의 삶이 망가져 버렸다고 한탄했다. 자동차의 보급으로 공공 공간이 부족해지고 공기가 오염되었으며 사람들이 지나다니기에도 어려워졌다. 이 지역의 혁신적인 지도자들은 이와는 다른 것을 상상하였다.

대중교통용 버스 인구가 900만 명에 달하는 콜롬비아의 보고타에서는 2000년 트란스밀레니오(TransMilenio)라 불리는 BRT(bus rapid-transit) 시스템을 도입하였다. 트란스밀레니오는 오랫동안 라틴아메리카의 녹색 도시라는 명성을 유지하고 있는 브라질의 쿠리치바의 버스 수송 시스템의 영향을 상당 부분 받은 것이다. 버스 전용 차선에 대규모의 굴절 버스를 운영하고 수평 승강장을 설치함으로써 빨간색 버스가 주요 교통수단이 되었다(그림 4.1.1). 오늘날 약 1,400대의 버스가 운영되고 수백 대의 지선 버스들이 함께 운행되어 날마다 150만 명의 시민들을 수송하고 있다. 낡아서 오염물질을 많이 배출하는 버스는 사용에서 배제된다. 스마트 교통 카드를 도입하여 버스와 다른 교통수단을 연계하여 사용할 수 있으며 요금도 1달러 이하로 저렴하여 많은 이들이 대중교통 수단을 이용한다. 버스 전용 차선에서 운영되는 BRT 시스템은 지하철보다 훨씬 더 저렴해서 개발도상국가에서 도입을 고려하고 있다.

그림 4.1.2 **보고타의 자전거 이용객** 자전거를 탄 사람이 수녀를 앞질러 가고 있다. 자전거 전용 도로가 충분히 설치된 보고타는 라틴아메리카에서 가장 자전거 친화적인 도시이다. 2000년, 보고타 시장이 '차 없는 날' 캠페인을 시범적으로 도입하였는데, 그 캠페인을 통해 이 복잡한 도시가 자동차 없이도 잘 운영될 수 있다는 것을 보여주었다.

트란스밀레니오는 보고타의 더 넓은 비전의 한 부분으로 이 비전은 사회적 통합, 이동성의 제고, 공공 공간의 확충, 인간을 고려한 도시계획 등에 초점을 맞춘 것이다. 1990년대 엔리케 페냐로사 시장의 주도하에 이루어진 이 계획은 새로운 보행자 지구를 만들고, 공원 및 보도, 자전거 길 등을 개선하며 더욱 통합적이고 효율적인 대중교통 시스템을 구축하는 것을 목표로 한다. 대중교통 시스템이 개선됨에 따라서 자가용 운전으로 인한 편리함이 상대적으로 줄어들었다. 게다가 자동차들은 번호판에 따라 1주일에 이틀씩 교통 혼잡 시간에는 도심에 진입할 수 없다.

그림 4.1.1 **보고타의 트란스밀레니오 시스템** 트란스밀레니오 시스템에서는 빨간색 굴절 버스들이 버스 전용 차선을 따라 활주한다. 버스 전용 차선과 수평 승하차대로 이루어진 이 시스템을 하루에 150만 명의 시민이 이용한다.

자전거 타기 보고타의 계획가들은 의도적으로 자전거를 교통 시스템 내에 포함시켰다. 지난 10여 년간 자전거 도로가 도시 전역에 설치되었으며 교외의 트란스밀레니오 버스 정류장에는 자전거 역도 같이 설치되었다(그림 4.1.2). 보고타는 해발고도 2,600m 정도에 위치하고 있지만 지형이 전반적으로 평평하고 연중 봄 날씨 같은 기후를 나타낸다. 따라서 자전거는 이 도시에서 매우 실용적이고도 깨끗한 운송 수단이다. 오늘날 보고타는 라틴아메리카에서 가장 자전거 친화적인 도시로 손꼽히고 있으며 세계의 대도시들 중 가장 자전거 친화적인 도시 중 하나로 손꼽힌다. 자전거 타기는 콜롬비아에서 매우 인기 있는 스포츠이다. 자전거 타기와 걷기를 진흥시키기 위해 보고타 시는 2000년 처음으로 자동차 없는 날을 선포했는데, 하루 동안 보고타로 자동차와 트럭의 진입이 금지되었다. 주중에 치러진 이 행사는 매우 인기가 있어서 이후 연중행사로 정착되었다.

오늘날 보고타는 어떤 도시가 되었을까? 특히 중심지에서 공해가 크게 감소하였다. 또한 도시의 공기도 눈에 띄게 깨끗해졌다. 매우 많은 사람들이 자전거를 일상적으로 이용하고 사람들이 즐겨 이용하는 활기찬 공공 공간들이 도시 곳곳에 설치되었다.

1. 보고타의 인구 밀도를 고려해 보자. 왜 이 지역에서는 버스 시스템이 잘 운영되는가?
2. 버스 전용 차선의 이점은 무엇인가?

티만큼 고도가 높지는 않지만 분지 지형에 위치한 까닭에 기온 역전 현상이 정기적으로 발생하고 있다. 기온 역전 현상이란 지표면 근처에 위치한 더운 공기층이 차가운 공기층 아래 갇히는 현상을 말한다. 이로 인해 자동차 매연, 공장 매연, 쓰레기, 분뇨에서 발생한 가스 등으로 오염된 공기가 지표 근처에 갇혀서 정체된다(그림 4.15). 기온 역전 현상은 연중 발생하는 경향이 있지만 동절기인 5월에서 8월까지는 매우 심각하다. 겨울에 기온역전 현상이 나타나서 스모그 경계령이 내려지면 학교들은 휴교를 하고 야외 스포츠 활동도 금지된다. 산티아고의 시정부에서는 1980년대부터 자동차에 대한 제한을 통해 이 문제를 해결하고자 하였다. 평일에는 모든 버스, 택시, 자동차들은 번호판 숫자별로 운행을 하기 때문에 약 20%의 차량의 운행이 금지된다. 스모그 경계령이 내려지면 운행 제한이 되는 자동차의 비율이 40%까지 올라간다. 게다가 민영 버스 중 많은 차량을 청정 공공 버스로 교체하였다. 보고타의 버스 시스템과 지하철 시스템은 하루 약 200만 명의 시민이 이용하고 있다. 2010년까지 대기의 질이 뚜렷이 개선되었고 오염 방지를 위한 공공 지원 제도와 공공 교통 시스템이 정착되었다.

멕시코시티의 스모그는 너무나 심각해 최근 이곳을 방문하는 이들은 이 도시가 산으로 둘러싸였다는 것을 알아차리지 못할 정도이다. 대기 오염은 멕시코시티가 고도 성장을 이루기 시작한 1960년대 이후 이 도시의 가장 심각한 문제였다(1950년부터 1980년 사이 멕시코시티의 연평균 성장률은 4.8%였다). 멕시코시티는 대기 오염이 발생하기에 매우 적절한 환경을 지니고 있다. 멕시코시티는 해발고도 2,200m의 고지대에 위치하고 있어 기온 역전이 주기적으로 발생한다. 1980년대 말, 마침내 공장과 차량의 배기 가스를 규제하는 방안이 채택되었다. 멕시코시티 대도시권에 운행 중인 약 400만여 대의 차량은 무연 휘발유를 사용하고 있으며 멕시코에서 판매되는 차량은 반드시 촉매 변환 장치를 장착해야 한다. 오염 배출도가 심한 멕시코 계곡의 공장은 일부 폐쇄 조치되었다. 지난 몇 년간, 멕시코시티 정부는 저공해 버스 차량들을 도입하여 일산화탄소 배출량은 수천 톤 감소시켰다. 2007년에는 도심의 레포르마 대로를 일요일 오전마다 차 없는 거리로 만들고 자전거를 타는 이들에게 개방하였다. 이 정책은 시민들에게 매우 좋은 반응을 이끌어내었으며 이후 시내 일부 구역에서는 시민들의 자전거 이용을 독려하기 위해 자전거 도로를 설치하였다. 장거리 통근자들을 위해서는 교외철도 노선이 건설되어 기존의 지하철 노선을 보완하고 있다. 이러한 정책의 결과가 실제로 나타나고 있다. 멕시코시티의 대기 오염도 배출량이 약 절반 가까이 감소하였으며 멕시코시티는 더 이상 세계에서 가장 대기 오염이 심한 도시로 꼽히지 않고 있다.

그림 4.15 **산티아고의 대기 오염** 산티아고에 스모그가 이불처럼 덮여 있다. 뒤로는 안데스 산맥이 보인다. 겨울인 5월부터 8월까지는 기온 역전 현상이 일어나서 오염원들이 지표 가까이에 갇혀 있게 되고 이는 대기 오염과 관련된 건강 문제를 일으킨다. 교통량을 감소시키고 대중교통 시설을 확충함으로써 대기질이 개선되기도 하였다.

수자원 깨끗하고 믿을 수 있는 물을 제공하는 것은 라틴아메리카 대도시들 대부분이 당면한 주요한 문제 중 하나이다. 멕시코의 비센테 폭스 대통령은 재임 시절 물의 공급 및 수질 모두가 국가 안보의 문제이며 이는 수도뿐 아니라 국가 전체에 걸친 문제라고 선언하기도 했다. 모순되게도 과거 멕시코시티는 풍부한 수자원으로 인해 주거에 적합한 지역으로 여겨졌다. 예전에는 멕시코 계곡에 얕은 호수가 가득 차 있었으나 수 세기에 걸친 농경지의 확대로 대부분의 호수는 개간되었다. 지표수가 부족해 지자 관정을 뚫어 멕시코 분지의 거대한 지하수를 이용했다. 오늘날 멕시코 대도시권에서 사용되는 용수의 70% 정도가 지하수이다. 지하수가 과도하게 개발되어 문제가 되고 있는 한편 지하수가 오염될 위험 또한 있는데, 특히 불량한 하수관에서 오염

물질이 누수되어 토양을 오염시키고 결국 지하수까지 도달할 수 있다. 지하수에 대한 의존도를 낮추기 위해 멕시코시티는 약 160km 떨어진 곳에서 물을 끌어오고 있다.

보고타, 키토, 라파스 같은 안데스 지역의 도시들도 용수 부족을 겪고 제한 급수를 실시하는 사례가 증가하고 있다. 이러한 현상이 발생한 원인으로는 인구 증가를 들 수 있지만 기존의 상수도 시스템이 노후화한 것도 원인으로 꼽히고 있다. 게다가 엘니뇨나 기후 변화로 인한 강수 패턴의 변화로 인해 이들 대도시의 중심지에서는 특히 용수 문제가 심각해지고 있다. 예를 들어 라파스의 경우 대부분의 생활용수를 빙하의 융설수에서 얻고 있다. 볼리비아의 주요 빙하인 차칼타야는 지난 20년간 약 80% 정도가 감소했다. 고원 지대의 평균 온도가 높아짐에 따라 빙하가 후퇴하고 있어, 인구가 200만 명이 넘는 이 대도시 구역의 식수 공급에 관한 관심이 높아지고 있다.

확인 학습

4.1 라틴아메리카의 주요 생태계에 대해 기술하고 인간이 이 환경에 어떻게 적응하고 이 생태계를 변화시켰는지 설명하라.

4.2 라틴아메리카의 주요 환경 문제는 어떠한 것들이 있으며 이를 해결하기 위한 각 국가들의 노력으로는 무엇이 있는가?

주요 용어 신열대구, 알티플라노, 순상지, 고도별 식생 분포, 기온 체감 현상, 엘니뇨, 초지화

인구와 정주 : 도시의 발달

라틴아메리카는 아시아와 같은 하천 유역 문명의 발달이 나타나지 않았다. 사실 라틴아메리카의 거대한 하천은 주거지역으로나 교통망으로는 그 사용 빈도가 놀라울 정도로 낮다. 중앙아메리카와 멕시코의 주요 인구 밀집 지역도 내륙 고원 및 계곡 지역에 위치하고 있고 남아메리카의 내륙 저지 지역은 거의 비어 있다고 할 수 있다. 역사적으로 식민 지배 이전 시기와 식민 지배 시기 대부분의 인구가 거주한 곳은 고원 지역이었다. 20세기 들어 인구가 성장하자 아르헨티나와 브라질의 대서양 저지로의 인구 이주가 일어났고 과야킬, 바랑키야, 마라카이보 등의 안데스 해안 도시들이 성장함에 따라 인간의 거주지로 고원 지대의 중요성은 감소했다. 멕시코시티, 과테말라시티, 보고타, 라파스와 같은 주요 고원 도시는 여전히 그들 국가의 경제를 지배하고 있으나 대부분의 대도시는 해안에 접하거나 해안 가까이에 위치하고 있다(그림 4.16).

여타 개발도상국과 마찬가지로 라틴아메리카는 폭발적인 인구 성장이 일어났다. 1950년대, 라틴아메리카의 인구는 총 1억 5,000만 명이었으며 이는 그 당시 미국의 인구 규모와 비슷했다. 1995년경 라틴아메리카의 인구는 세 배 정도 증가한 반면 미국의 인구는 2006년에서야 3억 명이 되었다. 라틴아메리카의 인구 증가 속도는 미국을 앞질렀는데 이는 라틴아메리카의 유아 사망률이 감소하고 기대수명이 증가했으나 출생률은 미국보다 훨씬 높게 유지되었기 때문이다. 1950년대 브라질인의 기대수명은 겨우 43세였으나 1980년에는 63세로 증가했고 오늘날에는 75세이다. 네 국가의 인구가 라틴아메리카 인구의 약 70%를 차지하는데, 브라질의 인구는 2억 500만 명, 멕시코는 1억 2,700만 명, 콜롬비아는 4,800만 명 정도이고, 아르헨티나의 인구는 약 4,200만 명이다(표 A4.1). 게다가 라틴아메리카 인구의 3/4 이상은 도시에 거주하고 있다.

촌락의 주거 패턴

라틴아메리카 인구의 대부분은 도시에 거주하나 약 1억 2,500만 명 정도는 그렇지 않다. 브라질에서만 약 3,500만 명의 인구가 촌락 지역에 거주한다. 흥미롭게도 현재 촌락에 거주하는 인구의 규모는 1960년대 촌락 인구의 규모와 비슷하다. 그러나 촌락에서의 삶은 명백하게 변화했다. 대부분의 촌락 지역에는 마을에 기반을 둔 자급자족적 생산뿐 아니라 고도로 기계화된 자본 집약적인 농업도 이루어지고 있다. 도시와 촌락 간에 예전에 비해 훨씬 더 많은 교류가 이루어지고 있으며 이로 인해 촌락 지역의 고립은 매우 완화되고 있다. 게다가 국제 이주가 증가하면서 많은 촌락 마을들이 북아메리카 및 유럽의 대도시에 노동력을 보내고 그들이 보내는 송금을 받아 마을의 친척들이 생계를 잇는 형태로 직접적으로 연결되고 있다. 촌락의 경관은 빈곤층과 부유층의 두 부류로 대분되는데, 농촌에서의 사회적 · 경제적 갈등의 원인은 경작 가능한 토지의 불균등한 분배이다.

촌락의 토지 소유 역사적으로 라틴아메리카에서는 토지 소유가 정치적 · 경제적 권력의 기본이 되어왔다. 역사적으로, 식민지 권력자들은 대규모의 토지를 식민 지배자들에게 분배했으며 식민 지배자들은 토지와 함께 원주민의 노동력 제공도 보장받았다. 이들의 거대한 장원이 계곡 저지와 해안 평야의 가장 비옥한 토지를 차지했다. 장원의 소유주는 대개 부재지주로, 대부분의 시간을 도시에서 보냈으며 장원을 운영하는 데 고용 노동력과 노예 노동력을 함께 사용했다. 장원은 세대를 거쳐 상속되어 한 세기 이상 한 집안에서 소유하는 경우가 잦았다. 거대한 구역에 걸친 장원의 성립으로 인해 농부들은 자신만의 토지를 소유할 수 없었고 장원에 고용되어야 했다. 거대한 장원을 오랜 기

그림 4.16 **라틴아메리카의 인구 분포도** 도시 및 해안 지역의 인구 집중이 뚜렷이 나타난다. 멕시코의 중부 및 남부, 중앙아메리카의 인구밀도가 상당히 높게 나타난다. 남아메리카에서는 대부분의 인구가 해안에 인접해 거주하고 있어 대륙 내부의 인구밀도가 매우 희박하다.

간 유지하는 관행을 **라티푼디아**(latifundia)라 한다.

장원의 소유 패턴은 서류로 잘 기록되어 있지만 농부들은 늘 자급자족을 위해 소규모 경지를 경작했다. 이러한 **미니푼디아**(minifundia)의 관행은 이동경작이나 정착 경작의 형태를 띠었다. 소규모 농부들은 자급자족뿐 아니라 판매를 위해서 여러 종류의 작물을 재배한다. 예를 들어 콜롬비아나 코스타리카의 농부들은 옥수수, 과일, 다양한 채소 등과 함께 수출용 커피를 재배한다. 촌락의 인구가 증가하고 토지가 감소함에 따라 미니푼디아 시스템에 대한 부담이 가중되어 농부들은 그들의 토지를 더 작게 나누거나 경작에 적절치 못한 토지나 경사가 매우 급한 지역의 토지까지 경지로 이용하게 된다.

20세기 라틴아메리카에서 나타난 격동의 대부분은 토지 소유와 관련해 일어났는데, 농부들은 **토지 개혁**(agrarian reform)의 과정을 통해 농지를 재분배할 것을 요구했다. 정부는 이러한 관심사를 다른 방식으로 표현했다. 1910년 발발한 멕시코 혁명에서는 공동으로 소유하는 토지 제도인 에히도(ejido)를 만들어냈다. 1950년대 볼리비아는 토지 개혁을 실시했는데, 정부가 대규모 장원을 몰수해 소규모 농부들에게 재분배했다. 1979년 니카라과에서 일어난 산디니스타 혁명에서는 정치 엘리트에게서 몰수한 토지를 공동 농장으로 전환했다. 2000년 베네수엘라의 우고 차베스 대통령은 토지 개혁을 시행했으며 2006년 볼리비아의 에보 모랄레스 대통령은 토지 개혁 프로그램을 도입해 동부 저지대의 토지 소유권을 원주민 공동체에게 주었다. 이러한 프로그램들은 저항에 부딪혔으며 정치적으로나 경제적으로나 시행하기가 어려웠다. 결국 대부분의 정부는 토지를 열망하는 농부들이 개척지를 경작할 수 있도록 했다.

농업 개척자 농업 개척자는 몇 가지 목적에서 형성되었다. 우선 농부들에게 토지를 제공하고, 미개발의 자원을 개발하며, 주민이 거주하지 않는 공간을 메꾸는 것 등이 목적이었다. 촌락에서 도시로의 인구 이주가 주요한 경향이었지만, 촌락에서 촌락으로의 이주 또한 미개발 지역을 농촌 촌락 지역으로 바꾸었다. 농업 개척으로 인한 결과가 두드러진 경우들도 있었다. 페루 정부는 동부 지역의 운무림과 열대 우림 지역으로의 농업 개척자들의 이주를 촉진하기 위하여 이미 40여 년 전에 순환 고속도로를 건설하였다. 가장 최근의 예로는 페루의 항구와 브라질의 항구들을 연결하는 대륙 횡단 고속도로가 2013년 완공되어 페루와 브라질의 아마존 지역에서 새로운 정주 지역이 형성되었다(그림 4.17). 볼리비아, 콜롬비아, 베네수엘라에서는 농업 개척자들을 내륙 저지의 열대 평야에 정착시키기 위한 제도들을 실행하고 있는데 이 제도들은 영세 자영 농부보다는 대규모의 투자자들을 끌어들이기 위한 것이다.

라틴아메리카에서 가장 중요한 개척은 브라질 아마존 지역을 정주지로 개척한 것이다. 1960년대 브라질은 새로운 아마존 고속도로와 새로운 수도인 브라질리아의 건설, 정부가 지원하는 광업회사 등을 통해 개척지 확대를 시작했다. 브라질 군사 정권은 토지를 소유하지 못한 농부들에게 저렴한 토지를 제공하고 이 지역의 수많은 자원을 개발하기 위해 아마존 지역의 개척을 단행했다. 그러나 군사 정권의 계획은 본래 의도와는 다르게 실행되었다. 정부는 토지 소유권과 농업 보조금, 농업 자금 대출 등을 약속했으나 영세 농부에게까지 그 혜택이 돌아가는 데는 오랜 시간이 걸렸다. 그러나 대규모의 목축 농장에는 세금 감면 제도와 토지 개량 계약 등을 통해 너무 많은 자금이 배당되었는데, 여기서 토지의 '개량'이란 토지의 삼림을 제거하는 것을 의미한다. 오늘날 아마존에는 1960년대보다 다섯 배나 많은 인구가 거주하고 있다. 따라서 이 지역에서 인간에 의한 지속적인 개조는 불가피한 것으로 보인다(그림 4.18의 보라색 화살표 참조). 그러나 브라질 아마존의 거주민들은 대부분 마나우스나 벨렝 같은 대도시에 거주하고 있다.

그림 4.17 **아마존의 광산촌** 페루의 작은 금광촌인 마주코(Mazuco)는 개발 붐으로 인해 사람들이 몰려들고 숲이 파괴되었다. 이 마을로는 새로운 대양 간 고속도로가 연결되었다.

라틴아메리카의 도시

라틴아메리카의 인구 분포도를 보면 대부분의 인구가 도시에 집중되어 있음을 알 수 있다(그림 4.16). 1950년대부터 시작된 촌락으로부터 도시로의 이주는 인구학적 변화 중 가장 주요한 것이었다. 1950년대 라틴아메리카 인구의 약 1/4만이 도시에 거주했으며 나머지는 소규모 마을 등의 촌락에 살고 있었다. 오늘날 정주 패턴은 역전되어서 인구의 3/4 정도가 도시에 거주하고 있다. 아르헨티나, 칠레, 우루과이, 베네수엘라 등의 국가는 도시화 정도가 매우 높아 인구의 85% 이상이 도시에 거주하고 있다(표 A4.1). 도시 생활에 대한 선호는 문화적인 원인에서 기원하기도 하지만 경제적인 이유로 인한 것이기도 하다. 스페인의 식민 지배하에서 도시에 거주하던 사람들은 사회적 지위가 높고 경제적 기회가 더 많았다. 식민 초기에는 오직 유럽인만이 도시에 거주할 수 있도록 허락되었으나 이러한 규정이 엄격하게 지켜지지는 않았다. 수세기에 걸쳐 식민 도시들은 교통 및 통신의 중심축이 되었으며 이로 인해 경제 및 사회적 활동의 주요 중심지가 되었다.

라틴아메리카의 도시들은 **수위도시**(urban primacy) 수준이 높은 것으로 잘 알려져 있다. 수위도시란 한 국가에서 가장 인구 규모가 큰 도시가 다른 도시에 비해 세 배 혹은 네 배 이상의 인구를 가진 현상을 말한다. 수위도시의 예로는 리마, 카라카스, 과테말라시티, 산티아고, 부에노스아이레스, 멕시코시티 등을 들 수 있다(그림 4.19). 국가의 자원 대부분이 한 도시에 집중되어 있기 때문에 수위도시는 문제가 있는 것으로 인식되고 있다. 도시 지역의 성장으로 인해 메갈로폴리스가 형성되는 예로는 메사센트럴 고원 지대의 멕시코시티-푸에블라-톨루카-쿠에르나바카 등이 있고, 브라질 남부의 니테로이-리우데자네이루-산투스-상파울루-캄피나스 축이 있으며, 아르헨티나와 우루과이의 라플라타 강 분지 저지대의 로사리오-부에노스아이레스-몬테비데오-산니콜라스 등이 있다(그림 4.16).

도시의 형태 라틴아메리카 도시들은 식민 시기의 기원과 현재의 성장을 반영하는 독특한 도시 형태를 나타낸다(그림 4.20). 대개 오래된 식민 시기 중심지에 깨끗한 중심업무지구가 나타난다. 중심업무지구로부터 동심원을 이루며 원래의 도시지구인 구시가지에 오래된 중산층 및 하류층 주택이 나타난다(이 지역은 여러 수준의 주택과 도시 서비스가 혼재되어 나타난다). 이 모델에

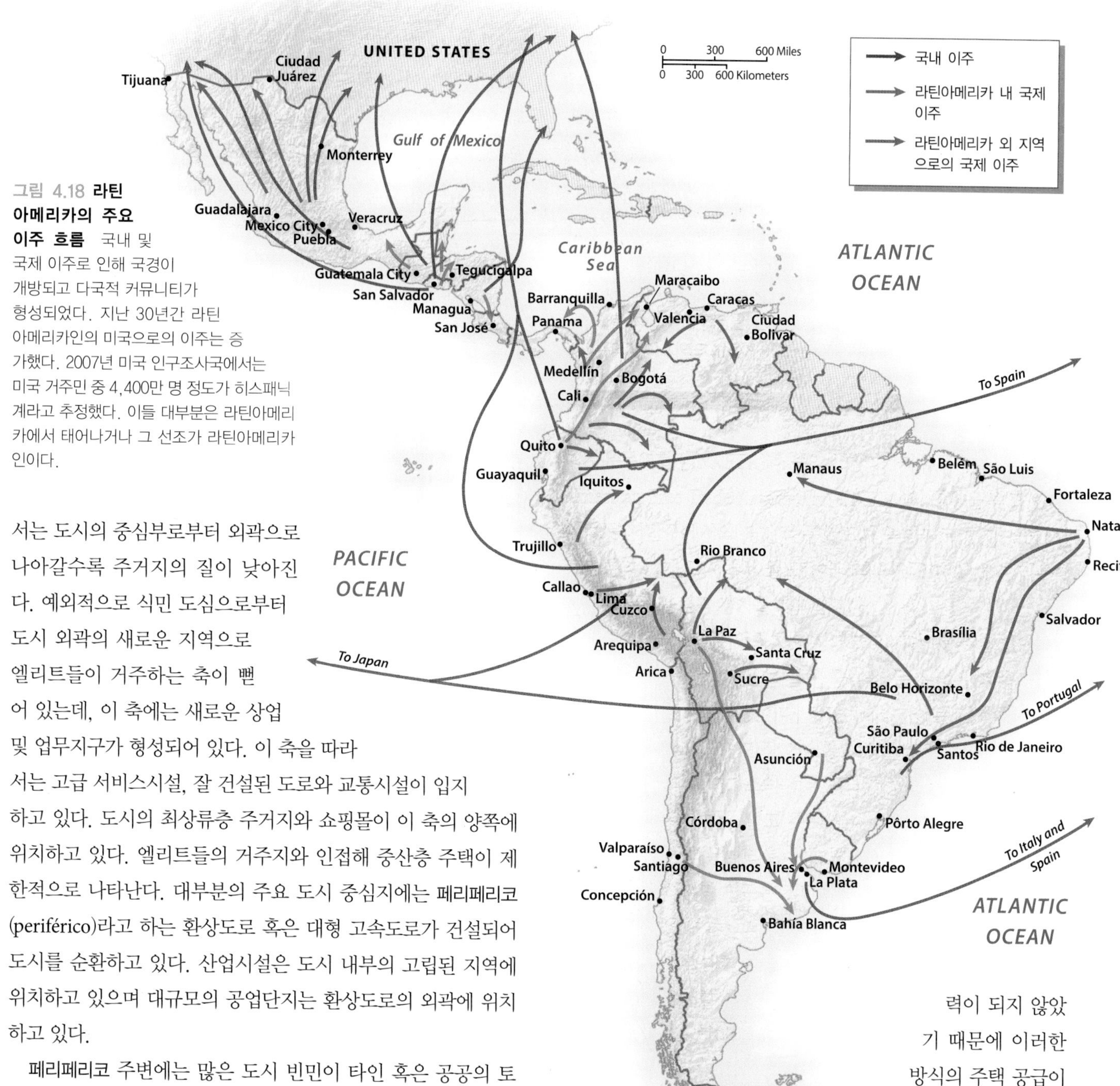

그림 4.18 **라틴아메리카의 주요 이주 흐름** 국내 및 국제 이주로 인해 국경이 개방되고 다국적 커뮤니티가 형성되었다. 지난 30년간 라틴아메리카인의 미국으로의 이주는 증가했다. 2007년 미국 인구조사국에서는 미국 거주민 중 4,400만 명 정도가 히스패닉계라고 추정했다. 이들 대부분은 라틴아메리카에서 태어나거나 그 선조가 라틴아메리카인이다.

서는 도시의 중심부로부터 외곽으로 나아갈수록 주거지의 질이 낮아진다. 예외적으로 식민 도심으로부터 도시 외곽의 새로운 지역으로 엘리트들이 거주하는 축이 뻗어 있는데, 이 축에는 새로운 상업 및 업무지구가 형성되어 있다. 이 축을 따라서는 고급 서비스시설, 잘 건설된 도로와 교통시설이 입지하고 있다. 도시의 최상류층 주거지와 쇼핑몰이 이 축의 양쪽에 위치하고 있다. 엘리트들의 거주지와 인접해 중산층 주택이 제한적으로 나타난다. 대부분의 주요 도시 중심지에는 **페리페리코**(periférico)라고 하는 환상도로 혹은 대형 고속도로가 건설되어 도시를 순환하고 있다. 산업시설은 도시 내부의 고립된 지역에 위치하고 있으며 대규모의 공업단지는 환상도로의 외곽에 위치하고 있다.

페리페리코 주변에는 많은 도시 빈민이 타인 혹은 공공의 토지에 자조 주택을 지어서 거주하고 있는 **불량주택지구**(squatter settlements)가 나타난다. 불량주택지구에 제공되는 도시 서비스와 기반시설은 매우 열악하다. 도로는 포장되지 않고 용수는 급수차로 보급되며 하수도시설은 갖추어져 있지 않다. 라틴아메리카 도시들을 둘러싸고 있는 원형상의 밀도 높은 불량주택지구는 이러한 구역이 형성된 속도와 밀도를 보여준다. 일부 도시에서는 인구의 1/3 정도가 이러한 빈곤한 자조 주택에서 생활하고 있다. 이와 유사한 주거 환경은 아시아와 아프리카 등 개발도상국 도시에서도 대부분 나타나지만 자신의 집을 직접 짓는 라틴아메리카의 '도시 개척자'들의 오랜 관습이라 할 수 있다. 유입민의 규모는 빠른 속도로 늘어났지만 정부는 주택 수요를 감당할 능력이 되지 않았기 때문에 이러한 방식의 주택 공급이 이루어졌고, 결국 정부에서 이러한 주택을 인정하고 토지 소유권과 편의시설을 제공하게 되었으며 그 결과는 의외로 만족스러운 것이었다. 도시 외곽의 이러한 성공적인 주거지가 점점 더 많아지고 있다.

인구의 성장과 이동

20세기에 일어난 라틴아메리카 인구의 급격한 성장은 자연 증가뿐 아니라 인구 유입에 의한 것이다. 1960년대와 1970년대에 높은 출산율과 기대수명의 증대로 인해 인구는 폭발적으로 증가했다. 예를 들어 1960년대 일반적인 라틴아메리카의 여성은 6명 내지 7명의 자녀를 두었다. 1980년대 들어 전형적인 가족 규모는 반으로 줄어들었다. 오늘날 라틴아메리카의 평균 합계 출산율은 2.2명이며 이는 인구 대체율을 조금 웃도는 수준이다(표 A4.1). 이러한 현상은 다음과 같은 이유에서 나타난 것이라 볼 수 있다. 우선 도시에 거주하는 가구가 늘어났는데, 이들은 촌락에서 거주하는 가구에 비해 규모가 작다. 또한 여성이 직장생활을 하는 경우가 증가하고, 여성들이 더 많은 교육을 받게 되었다. 정부도 가족계획을 지원했으며 출산을 조절하는 방법이 더욱 보편적으로 보급되었다.

가족의 규모가 줄어들고 브라질, 코스타리카, 우루과이, 칠레 등의 국가에서는 인구 대체율보다 낮은 출산율이 나타나고 있지만 라틴아메리카는 인구 증가 잠재력을 지니고 있는데, 이는 인구학적으로 젊은 경향이 있기 때문이다. 라틴아메리카의 15세 이하 인구의 비율은 평균 27% 정도이다. 북아메리카의 경우 15세 이하 유소년층의 인구가 전체 인구의 19%를 차지하며, 유럽의 경우 16%에 불과하다. 이는 비교적 많은 비율의 인구가 아직 인구 생산기에 접어들지 않았다는 것을 의미한다.

우루과이와 과테말라의 인구 피라미드를 비교하면, 안정적인 인구 구조와 인구학적 성장세를 나타내고 있는 국가 간의 뚜렷한 대비를 살펴볼 수 있다(그림 4.21). 우루과이는 인구 규모는 작지만 경제적으로 풍요롭고 인간 개발 지수가 높으며 빈곤층의 비중이 적은 국가이다. 우루과이의 여성들은 평균 2명 정도의 자녀를 낳아 인구 대체율을 약간 밑도는 수준의 출산율을 나타내고 있다. 평균 기대수명도 높지만 현재부터 2050년까지 인구 성장은 매우 느리게 이루어질 것으로 예상된다. 대조적으로 상대적으로 더 빈곤한 과테말라는 피라미드의 아래쪽이 매우 넓은 형태를 나타내고 있다. 과테말라의 합계 출산율은 지속적으로 감소하고 있기는 하나 3.8로 여전히 높다. 유소년층의 비중이 높고 평균 기대수명이 높아짐에 따라 과테말라의 인구는 2010년과 2050년 사이 두 배 가까이 증가할 것으로 예상된다.

인구의 자연 증가 외에도, 라틴아메리카로의 이주민의 유입과 라틴아메리카 내의 인구 이동이 인구 규모와 정주 패턴에 영향을 미쳤다. 19세기 초반, 유럽과 아시아 출신의 유입민이 라틴아메리카에 도착함으로써 이 지역의 인구 규모가 증가하고 인종적 다양성이 제고되었다. 최근 국가 간에 대규모 인구 이주가 나타나고 있는데, 멕시코 국경도시의 성장과 볼리비아 동부 저지의 새로운 촌락의 성장은 이러한 예라 할 수 있다. 점점 세계화되고 있는 경제 체제에서 더 많은 라틴아메리카인이 라틴아메리카 이외의 지역에서 거주하며 취업하고 있으며, 특히 미국에서 그러하다.

유럽인의 이주 19세기 스페인과 포르투갈로부터 독립한 이후 라틴아메리카의 새로운 지도자들은 이민을 받아들임으로써 그들의 국가를 발전시키고자 했다. 많은 국가가 '통치란 인구를 늘리는 것이다'라는 확고한 믿음을 갖고 유럽에 이민국 사무실을 설

그림 4.19 **수위도시 부에노스아이레스** 부에노스아이레스는 인구 1,300만 이상의 대도시로 아르헨티나의 수도이자 경제적 · 문화적 중심지이다. 이 북적이는 대로는 시내 중심가를 가로지르는 주요 도로로, 아르헨티나의 독립기념일을 기념하기 위해 7월 9일 대로라 이름 붙여졌다. 20세기 초반 지어진 오벨리스크는 이 도시의 상징물이다. 부에노스아이레스는 거대도시이자 수위도시이다.

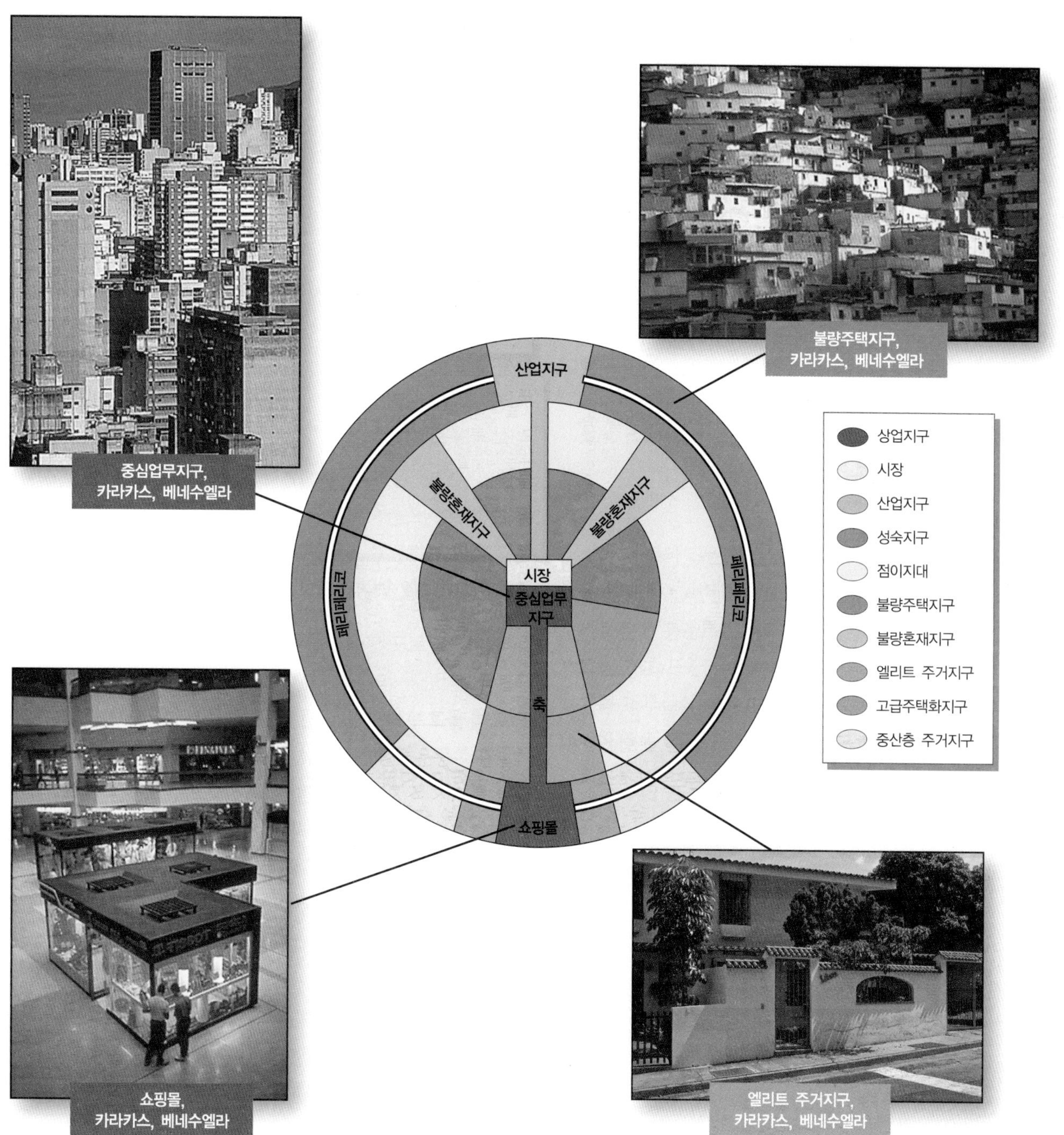

그림 4.20 **라틴아메리카의 도시 모델** 이 도시 모델은 라틴아메리카 도시의 성장과 도시 내부의 계급 간 분리에 중점을 두고 있다. 중심업무지구, 엘리트 거주 축, 주거지구 등에서는 서비스 및 편의시설에의 접근성이 높지만, 도시 외곽의 불량주택지구의 생활 여건은 매우 열악하다[불량주택지구는 지역별로 란초(ranchos), 파벨라(favelas), 바리오스 호베네스(barrio's jovenes), 푸에블로스 누에보스(pueblos nuevos)라 불린다]. 많은 라틴아메리카 도시에서 인구의 1/3 정도가 교외의 불량주택지구에 거주한다. Q : **부유층과 빈곤층의 거주 면에서 라틴아메리카 도시 모델과 북아메리카 도시 모델은 어떻게 다른가? 도시 성장을 주도하는 요인은 무엇인가?**

치했으며, 이는 유럽의 근면한 농부들을 유입해 토지를 경작하고 **메스티소**(mestizo)(유럽인과 아메리카 원주민 간의 혼혈) 인종을 '하얗게 하기' 위해서였다. 1870년부터 1930년 대공황 시기까지 아르헨티나, 칠레, 우루과이 등의 남부 국가와 브라질 남부로 유럽의 이민자가 대거 이주했다. 이 기간 동안 약 800만 명의 유럽인이 도착했는데 대부분 이탈리아, 포르투갈, 스페인, 독일 출신이었으며 식민 기간 동안 유럽에서 이주해 온 것보다 훨씬 많은 유럽인이 라틴아메리카로 이주했다.

아시아계 이주민 유럽인의 이주보다는 덜 알려져 있지만, 아시아계 이주민 또한 19세기와 20세기에 라틴아메리카로 이주했다. 비록 그 규모는 훨씬 작지만 세월이 흐르면서 아시아인은 브라질, 페루, 아르헨티나, 파라과이의 도시에서 주요한 역할을 하

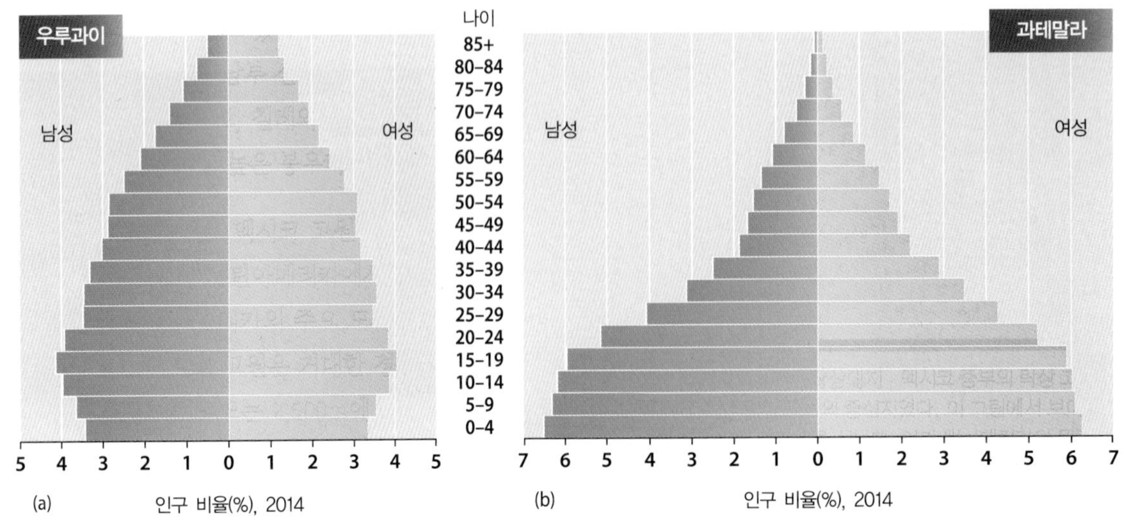

그림 4.21 **우루과이와 과테말라의 인구 구조** 두 국가의 인구 피라미드를 비교해 보면 (a) 우루과이가 더 발전하였고 인구학적으로도 안정적이며 (b) 과테말라는 인구가 더 젊고 빠르게 성장하고 있다는 것을 알 수 있다. 우루과이의 여성들은 평균 2명의 자녀를 출산하지만 과테말라 여성의 합계 출산율은 3.8에 이른다. 이러한 차이로 인해 2050년 우루과이의 인구는 현재보다 두 배 정도 많은 3,000만 명에 이를 것으로 예상된다.

고 있다. 라틴아메리카에 정착한 중국인과 일본인은 19세기 중반부터 브라질 남부의 커피 농장, 페루의 설탕 농장 및 해안 광산에서 일하기 위해 계약 노동자로 이주했다. 시간이 지난 후 이들 아시아계 이주민들은 라틴아메리카 사회의 주요 구성원이 되었다. 예를 들어 페루에서는 일본계 페루인인 알베르토 후지모리(1990~2000년)가 대통령으로 선출되었다.

1908년부터 1978년까지 약 25만 명의 일본인이 브라질로 이주했으며 현재 브라질에는 약 130만 명의 일본인 후손이 거주하고 있다(그림 4.22). 일본인은 하나의 단결된 그룹을 이루며 대두와 오렌지의 생산 확대에 크게 기여하였다. 일본인 이민 2세 및 3세들은 브라질의 도시에서 전문직 및 상업 관련 직종에서 종사하고 있으며 많은 이들이 일본인 이외의 인종과 결혼하였고 일본어를 못하는 이들도 많다. 1990년대 남아메리카의 경제 위기로 많은 수의 일본계 라틴아메리카인이 일본으로 이주했다. 이들은 대부분 브라질과 페루 출신의 일본계로 그 규모는 약 25만 명에 이르며 남아메리카를 떠나 현재 일본에서 근무하고 있다.

그림 4.22 **일본계 브라질인들** 어린 일본계 브라질인들이 브라질의 쿠리치바에서 일본과 브라질의 수교 100주년을 기념하는 공연을 하고 있다. 미국이나 캐나다가 일본인들의 이주를 금지한 이후 1908년 일본의 첫 번째 이민이 농업 이민으로서 브라질을 택하였다. 오늘날 브라질에는 130만 명 이상의 일본계 후손이 거주하고 있는데 특히 상파울루와 파라나 주에 집중되어 있다. 일본인들은 주로 대규모 농장을 운영하거나 도시에서 전문직에 종사하고 있다.

라티노의 이주와 서반구의 변화 라틴아메리카 내의 인구 이동과 라틴아메리카와 북아메리카 간의 인구 이동은 인구 유출지와 인구 유입지 모두에게 상당한 영향을 미쳤다. 라틴아메리카 내의 국제 이주는 경제적 · 정치적 상황의 변화에 의해 발생한다. 예를 들어, 석유 생산으로 부유한 베네수엘라에는 콜롬비아인들이 이주하는데 그들은 대개 가사 노동자나 농업 노동자로 일한다. 아르헨티나는 오랜 기간 볼리비아인과 파라과이인 노동자의 주요 목적지였다. 니카라과인들은 일자리를 찾아 코스타리카로 이주한다. 미국의 농부들은 한 세기 이상 멕시코 출신 노동자에게 의존해 왔다.

정치적 위기는 국제 이주의 주요 원인이기도 하다. 예를 들어 1980년대 엘살바도르, 과테말라에서의 잔혹한 내전으로 인해 많은 피난민이 멕시코나 미국과 같은 이웃 국가로 몰려들었다. 중앙아메리카 북부 지역에서 폭력이 난무하자 많은 사람들이 멕시코와 미국으로 몰려들었다. 2014년 여름에만 약 6만 명의 어린이들이 과테말라, 엘살바도르, 온두라스를 떠나 미국 국경을 넘었는데, 이 어린이들은 미국에 있는 가족들을 만나거나 중앙아메리카 지역의 폭력집단으로부터 벗어나기 위해서 미국으로 향했다. 이들 중 일부는 미국에 남아 있을 수 있었지만 상당수는 중앙아메리카 지역으로 다시 돌아와야 했다. 불법적으로 국경을 넘는 일이 매우 위험한 일이기 때문에 중앙아메리카 국가의 정부들은 어린이들을 미국으로 보내지 말라고 만류하고 있다.

현재 멕시코는 미국에 가장 많은 이민자를 보낸 국가이다. 미국에 거주하는 히스패닉 인구는 약 5,400만 명에 달하며 그중 약 2/3가량은 멕시코계 인구인데 이들 중 약 1,200만 명이 멕시코에서 태어났다. 미국으로의 멕시코인의 노동 이주의 역사는 1800년대 후반까지 거슬러 올라간다. 당시 멕시코의 비숙련 노동력을 모아 미국의 농업, 광업, 철로 건설 등에 투입했다. 오늘날 미국 내 멕시코 출신 이주민은 캘리포니아 주와 텍사스 주에 집중되어 있으나 미국 전역으로 빠르게 확산되고 있다. 미국 내 히스패닉 인구 중 멕시코 출신의 비중이 가장 크지만 엘살바도르, 과테말라, 니카라과, 콜롬비아, 에콰도르, 브라질 등에서 이주한 인구의 비중도 꾸준히 증가하고 있다. 미국에서 거주하는 히스패닉 인구의 대부분은 그 선조가 라틴아메리카 및 카리브 해 지역 출신이다(제5장 참조).

오늘날 라틴아메리카는 이주민 유입 지역이라기보다는 이주민 유출 지역이다. 라틴아메리카는 북아메리카, 유럽, 일본으로 이주하는 숙련 및 비숙련 노동력의 주요 출신지이다. 이들 이주민 중 많은 이들이 고향의 가족을 부양하기 위해 매달 **송금**(remittances)을 하고 있다. 2008년 이주민이 라틴아메리카에 보낸 송금액은 700억 달러로 최고조에 달하였으나 2013년경에는 610억 달러 정도였다. 송금액이 줄어든 것은 지난 10여 년간 미국 정부가 외국인 노동자들을 자국으로 돌려보내려 한 정책의 영향으로 인한 것이라 할 수 있다. 특히 (라틴아메리카에서 가장 많은 이주 노동자를 내보낸) 멕시코인들이 대거 자국으로 돌아가면서 고국으로의 송금액이 감소하였다. 송금의 경제적 중요성에 대해서는 이번 장의 마지막 부분에서 다룰 것이다.

확인 학습

4.3 농업 개혁이나 농업 개척 정책이 이 지역의 자원 개발 및 정주 패턴의 변화가 어떠한 영향을 끼쳤는가?

4.4 라틴아메리카에서 수위도시화 현상이 탁월하게 나타나는 데에 영향을 미친 역사적 · 경제적 원인은 어떠한 것들이 있는가?

4.5 라틴아메리카의 인구 증가는 북아메리카 지역보다 빠르게 이루어졌다. 이러한 빠른 성장에 영향을 미친 요인들은 무엇이 있으며 향후에도 이러한 경향이 지속될 것 같은가?

주요 용어 라티푼디아, 미니푼디아, 토지 개혁, 수위도시, 불량주택지구, 메스티소, 송금

문화적 동질성과 다양성 : 대륙 인구의 재증가

라틴아메리카의 정치와 문화적 동질성은 이베리아 국가의 식민지 경험을 바탕으로 형성되었으며, 이로 인해 오늘날 하나의 지역으로 인식되고 있다. 그러나 이는 대서양 너머 이베리아를 단순히 이식해 놓은 것은 아니다. 원주민 그룹에 스페인 혹은 포르투갈 제국이 더해지는 과정에서 유럽과 원주민의 문화가 섞이는 과정이 펼쳐지곤 했다. 일부 지역의 원주민 문화는 뛰어난 탄력성을 지녔으며 아메리카 원주민의 언어가 존속되고 있는 것을 그 예로 들 수 있다. 사회 전반에 걸쳐 유럽의 종교, 언어, 정치 조직의 강제적인 동화가 이루어졌으며 이 과정에서도 아메리카 원주민 사회가 살아남은 것이다. 이후 1,000만 명이 넘는 아프리카 노예가 유입되는 등 여타 문화가 라틴아메리카, 카리브 해, 북아메리카의 문화적 혼합에 추가되었다. 아프리카 노예의 유산에 관해서는 제5장과 제6장에서 자세히 다룰 것이다. 라틴아메리카인의 입장에서 유럽인의 문화적 점령이 가능했던 원인 중 가장 결정적인 것은 아마도 원주민 인구의 극적인 감소일 것이다.

원주민 인구의 감소

아메리카와 유럽 두 세계의 조우로 인해 어느 정도의 문화적 변화가 일어나고 얼마나 많은 인구가 유실되었는지는 짐작하기 어렵다. 라틴아메리카에서 고고학적 유적지는 유럽과의 접촉 이전 아메리카 원주민 문화가 얼마나 정교했는지를 보여준다. 마야와 아즈텍 문명이 번성하던 멕시코와 중앙아메리카에서 수십 개의 석조 사원이 발견되었으며 이는 이들 사회가 라틴아메리카의 열대 우림과 고원 지대에서 번영한 능력이 있었음을 증명하는 것이다. 마야 도시인 티칼은 과테말라의 저지 삼림에서 번영했으며 인구가 수만 명에 이르렀고 유럽인이 도착하기 수 세기 이전에 의문을 남긴 채 사라졌다(그림 4.23). 안데스 산맥에서는 정교한 아메리카 원주민 문화가 쿠스코, 마추픽추와 같은 정치 중심지에서 나타난다. 스페인인 또한 그들이 보았던 세련됨과 부유함에 놀라워했는데, 특히 오늘날 멕시코시티가 자리한 테노치티틀란에서 그러했다. 테노치티틀란은 아즈텍제국의 정치적 · 제의적 중심지로 약 30만 명이 거주하는 거대도시였다. 그 당시 스페인에서 가장 큰 도시도 이보다 훨씬 규모가 작았다.

인구 규모의 추정 라틴아메리카에 유럽인이 진출하면서 가장 큰 영향력을 미친 분야는 인구학적 분야이다. 유럽인과의 조우 이전 라틴아메리카의 인구는 약 5,400만 명 정도였다고 추정되는데 1500년경 서부 유럽의 인구는 약 4,200만 명이었다. 5,400만 명 중 약 4,700만 명 정도가 현재 라틴아메리카에 해당하는 지

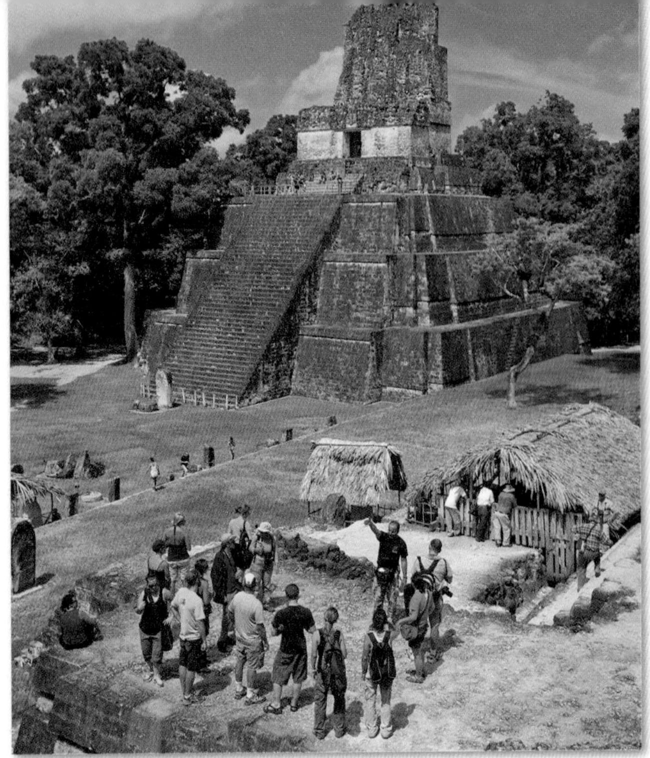

그림 4.23 **과테말라의 티칼** 고대 마야 도시인 티칼은 페텐 저지의 삼림에 위치하고 있는데, 유카탄 반도와 과테말라 지역에서 번성했던 복잡한 도시 네트워크의 한 부분을 이루었던 도시이다. 10세기 와해 이전까지 인구 규모가 약 10만 명에 이르렀다. 오늘날 주요 관광지가 되었다.

역에 거주했고, 나머지 인구는 북아메리카와 카리브 해 지역에 거주하고 있었다. 식민 지배가 시작된 지 150년 정도 지난 1650년경 원주민 인구 규모는 유럽인이 유입되기 이전과 비교해 약 1/10 정도에 불과했다. 그렇게 많은 인구가 감소한 것은 이해하기가 어렵다. 원주민 인구의 약 90% 정도가 감소한 것은 인플루엔자와 천연두의 감염이 가장 큰 원인이지만 전쟁, 강제 노역, 식량 생산 시스템의 붕괴로 인한 기아 등이 급속한 인구 감소의 원인이 되었다.

원주민의 생존 현재 멕시코, 과테말라, 에콰도르, 페루, 볼리비아에는 대규모의 원주민 인구가 거주하고 있다. 이 지역은 유럽인이 처음 도착했을 때에도 원주민의 인구밀도가 높은 지역이었다. 국가적 · 전 세계적 규모의 경제 기제가 서서히 침입하였지만 원주민들은 파나마 동부 지역, 온두라스의 미스키토 해안, 아마존 서부의 오지와 같은 고립된 환경에서 생존할 수 있었다.

많은 경우 원주민의 생존 원인은 가장 중요한 자원, 즉 토지로 귀착된다. 공식적으로는 토지 소유권을 보유함으로써, 비공식적으로는 오랜 기간의 점유를 통해 고유의 영역을 유지할 수 있었던 원주민은 뚜렷한 민족적 정체성을 유지하는 편이다. 정체성과 토지 간의 이러한 밀접한 연관성으로 인해 원주민이 영역에 대한 권리를 주장하는 사례가 늘어나고 있다. 파나마의 원주민 마을 중에는 **코마르카**라고 하는 공동 토지를 구성하고 일정 정도의 자치권까지 획득한 마을이 여럿 있다. 파나마의 카리브 해 지역에 위치한 구나 얄라 코마르카에는 4만여 명의 구나족이 거주하고 있다(그림 4.24). 원주민이 영역을 확고히 하고자 하는 이러한 노력에 대해 정부는 난색을 표하는 편이지만 이러한 사례는 점점 증가하고 있다.

민족과 문화의 분포

원주민 인구의 급감으로 인해 스페인인과 포르투갈인은 라틴아메리카를 유럽과 비슷하게 변화시킬 수 있었다. 열대 지역에서는 새로운 유럽이 구성되는 대신 인종 간의 복잡한 혼종이 일어났다. 유럽과 라틴아메리카의 조우 초기에 유럽인 선원과 원주민 여성 간의 결합으로 인해 인종적 혼합이 시작되었으며 이는 시간이 지나면서 이 지역의 주요한 특성이 되었다. 스페인과 포르투갈의 왕정은 이를 공식적으로 금했으나 이러한 의견이 식민지에서 실제로 적용되지는 않았다.

몇 세대에 걸친 인종 간의 혼인으로 인해 네 가지 정도의 인종이 나타났는데, 백인인 **블랑코**(유럽인들의 후손), **메스티소**(혼혈인의 후손), **원주민**(원주민의 후손), **흑인**(아프리카인의 후손) 등이다. **블랑코**(혹은 유럽인)가 엘리트 계층의 주를 이루지만 대부분의 국민은 혼혈인이다. 이 지역의 콜럼버스데이인 디아 데 라 라사(Dia de la Raza)(인종의 날)는 새로운 메스티소 인종의 등장을 유럽인의 정복의 유산으로서 인식하고 있음을 의미한다. 라틴아메리카에서는 세계 그 어느 지역보다도 혼혈이 일반적으로 일어났으며 이로 인해 인종 혹은 민족 집단 분포의 지도화가 매우 어렵다.

그림 4.24 **파나마의 구나족** 구나족의 한 여인이 네 자녀와 함께 집 앞에 서 있다. 이들은 파나마의 산 블라스 제도의 한 섬에 살고 있다. 예전에는 쿠나족이라 알려졌던 구나족은 1920년대부터 파나마 동부의 구나 얄라의 자신들의 거주지를 지켜내고 있다.

언어 라틴아메리카인의 약 2/3 정도가 스페인어를 사용하며 1/3 정도가 포르투갈어를 사용한다. 이들 식민지의 언어는 19세기에 널리 보급되어서 새로이 독립한 라틴아메리카 국가의 행정과 교육에서 사용되는 공용어로 의심할 바 없이 지정되었다. 실제로 최근까지 많은 국가에서는 원주민 언어의 사용을 저해하고 심지어 억압하기까지 했다. 볼리비아에서는 1990년대 다인종의 유산을 지닌 국가임을 인식하는 헌법 개정이 이루어진 이후에야 초등학교에서의 원주민어 교육의 합법화가 이루어졌다(볼리비아는 인구의 절반 이상이 아메리카 원주민으로 케추아어, 아이마라어, 과라니어가 널리 사용되고 있다(그림 4.25).

스페인어와 포르투갈어가 널리 사용되고 있기 때문에 이 지역에서 원주민 언어의 영향력을 간과하는 경향이 있다. 그러나 원주민 언어의 사용을 지도화해 보면 주요한 원주민 저항 및 생존 지역과 일치함을 알 수 있다. 페루, 볼리비아와 에콰도르 남부에 이르는 중앙 안데스 지역에는 1,000만 명 이상이 스페인어와 함께 케추아어, 아이마라어를 사용하고 있다. 볼리비아 저지와 파라과이에서는 400만 명이 넘는 인구가 과라니어를 사용하며 멕시코 남부와 과테말라에서는 최소 600만 명에서 최대 800만 명에 이르는 인구가 마야어를 사용하고 있다. 소규모의 원주민어 사용자가 남아메리카의 내륙 지역과 중앙아메리카의 고립된 삼림에 산재하고 있으나 이들 중 많은 언어가 사용자 규모 1만 명을 넘지 않는다

종교의 혼재 언어와 마찬가지로 로마 가톨릭이 그 어느 종교보다도 우세하게 나타나고 있다. 대부분의 국가에서는 인구의 90% 이상이 가톨릭교도라고 발표하고 있다. 모든 주요 도시에는 수십 개의 예배당이 있으며 아주 작은 마을에도 중앙 광장에 우아한 예배당이 세워져 있다. 엘살바도르와 우루과이 같은 일부 국가에서는 상당한 비율의 인구가 개신교도이지만 가톨릭은 여전히 이 지역에서 가장 우세한 종교이다(**글로벌 연결 탐색 : 가톨릭교회와 아르헨티나 출신 교황 참조**). 정확히 어떤 원주민이 기독교로 개종했는지는 알 수 없다. 라틴아메리카 전역에 걸쳐 여러 종교의 혼합으로 형성된 **혼합 종교**(syncretic religions)가 번영했으며 이로 인해 애니미즘의 관행이 기독교식 예배에 포함될 수 있었다. 기독교의 성인들이 콜럼버스 이전 시기 숭배하던 신으로 대체되었고, 가톨릭교회가 예배 관행에서의 지역별 변화를 용인함에 따라 개종이 이루어지는 과정에서 이러한 혼재가 받아들여지고 지속되었다. 멕시코와 과테말라에서는 저승의 영혼에게 제물을 바치는 마야식 관습이 가톨릭 성인을 위해 조그맣고 우묵한 사당을 짓고 신선한 꽃과 과일을 바치는 관습으로 이어졌다. 멕시코에서 가장 주요한 종교적 상징은 과달루페 성모인데, 원주민 목동에게 갈색 피부를 가진 성모가 나타났다는 전설에 따라 멕시코의 수호성인이 되었다.

라티노 문화의 세계적 확산

라틴 아메리카에서는 다양하고 뛰어난 문화가 발달하였으며, 오늘날 전 세계적으로 잘 알려져 있다. 관능적인 탱고 리듬으로부터 예술의 경지라 일컬어지는 라티노들의 환상적인 축구 플레이에 이르기까지 라틴아메리카의 문화는 세계화의 과정을 겪고 있다. 예술 부문을 살펴보면, 호르헤 루이스 보르헤스, 가브리엘 가르시아 마르케스, 이사벨 아옌데 등의 라틴아메리카 출신 작가들은 전 세계적으로 잘 알려져 있다. 대중문화 부문에서도 콜롬비아 출신의 샤키라, 브라질의 힙합 삼바 가수 막스 데 카스트루의 음악은 전 세계적으로 유행하였다. 음악, 문학, 미술, 그리고 **텔레노벨라**(텔레비전 드라마) 등의 라틴아메리카의 문화는 전 세계의 열렬한 팬층을 형성하고 있다.

텔레노벨라 텔레노벨라는 라틴아메리카 텔레비전에서 저녁 중심 시간대에 방송하는 인기 드라마이다. 텔레노벨라의 내용은 주로 음모와 배신으로 이루어지며 빠른 전개가 특징이다. 미국의 드라마와는 다르게 텔레노벨라는 100회 이상 구성되는 것이 보통이다. 일반 근로 계층도 시청할 수 있는 저렴한 가격에 공급되기 때문에 대부분의 텔레노벨라는 전국적으로 시청자를 확보한다. 특히 인기 있는 드라마가 방영될 때에는 수백만 명의 사람들이 자신들이 좋아하는 여주인공의 이야기를 보기 위해 텔레비전 앞에 모이기 때문에 거리가 조용할 정도이다. 브라질, 베네수엘라, 멕시코 등의 나라가 각기 텔레노벨라를 생산하지만 멕시코의 텔레노벨라는 국제적으로 크게 흥행하는 경우가 종종 있다.

멕시코의 드라마 제조업체인 텔레비사는 전 세계의 대중을 대상으로 자사의 드라마를 적극적으로 홍보해 왔다. 멕시코에서 제작된 텔레노벨라는 라틴아메리카 전역에서뿐 아니라 크로아티아, 러시아, 중국, 한국, 이란, 미국, 프랑스에서도 인기리에 방영되고 있다. 가난한 하층 계급의 여성이 상류층 남성과 사랑에 빠지고, 그녀를 질투하는 경쟁자와 맞서서 결국에는 승리를 쟁취하는 멕시코 식의 뻔한 신데렐라 이야기는 전 세계 팬들의 심금을 울렸다. 텔레노벨라는 광범위한 팬층을 확보하였을 뿐 아니라 멕시코의 문화 수출 부문에서 가장 큰 사업이다. 할리우드와 뭄바이가 영화를 대량으로 생산해 내고 있지만 멕시코의 엔터테인먼트 산업에서는 이런 대중적인 형태의 상품 생산에 박차를 가하고 있다.

축구 글로벌 스포츠의 전형이라 할 수 있는 축구는 전 세계에 수많은 열성 팬들을 확보하고 있다. 그러나 라틴아메리카, 특히

남아메리카에서 풋볼은 문화의 필수품으로 여겨지고 있다. 축구는 아직까지는 남성들의 스포츠로 여겨지고 있다. 소녀들이 축구를 직접 하는 경우가 늘어나고 있지만 어린 소년이나 젊은 남성들이 늘상 운동장, 해변, 아스팔트 위에서 축구를 하는 모습을 쉽게 볼 수 있으며 특히 늦은 오후나 주말에는 더 많은 이들이 축구를 한다. 부에노스아이레스의 봄보네라나 리우데자네이루의 마라카냐와 같은 초대형 축구장은 축구의 성지라 여겨진다(그림 4.26)(마라카냐 축구장에서는 2016년 올림픽 경기의 개막식이 열렸다). 많은 이들이 자신 국가의 대표팀의 축구 경기 전적을 자신의 인생의 중요한 사건이라고 여긴다.

오늘날, 아르헨티나의 리오넬 메시, 브라질의 네이마르, 우루과이의 루이스 수아레스를 비롯한 다수의 남아메리카 출신 선수들이 유럽의 축구 클럽에서 선수 생활을 하면서 고액의 연봉을 받고 있다. 또한 라틴아메리카 출신 선수들은 미국의 메이저

그림 4.25 **라틴아메리카의 언어 분포도** 라틴아메리카의 주된 언어는 스페인어와 포르투갈어이다. 그러나 원주민어가 남아 있는 지역이 뚜렷이 나타나며 어떤 경우에는 공용어로 인정되고 있다. 중앙아메리카, 아마존 분지, 칠레 남부 등에는 소규모 언어 집단이 남아 있다. **Q : 이 언어 분포도를 통해 볼 때 라틴아메리카에서 살아남은 원주민 집단의 분포 패턴의 특성은 무엇인가?**

리그 축구팀에 할당된 소수의 외국인 선수 지분을 모두 차지하고 있기도 하다. 그러나 대부분의 라틴아메리카 축구 선수들의 꿈은 조국의 국가대표팀에 선발되어 월드컵 무대에서 뛰는 것이다. 월드컵과 관련된 선발전이나 본선 경기가 치러지는 때에는 모든 거리가 쥐 죽은 듯이 고요하기까지 하다. 2014년 브라질은 월드컵을 개최하였으나 준결승전 경기에서 독일에게 패배하였다. 이 경기는 대부분의 브라질 사람들에게는 기억하고 싶지 않은 것이다. 라틴아메리카인들은 (축구 선수로서나 노동자로서나) 다른 지역으로 이주해도 축구에 대한 그들의 열정도 같이 지니고 간다.

확인 학습

4.6 라틴아메리카 지역에서 나타난 인종적 혼종에 영향을 미친 요인들에 대해 설명하고 현재 원주민의 문화가 남아 있는 지역은 어느 곳인지 지적하라.

4.7 이베리아 반도 국가들이 라틴아메리카에 남긴 문화적 유산은 무엇이며 그것들은 어떻게 표현되고 있는가?

주요 용어 혼합 종교

지정학적 틀 : 지도의 재작성

라틴아메리카는 현재보다는 식민지 기간에 지정학적으로 더 높은 통일성을 나타냈다. 콜럼버스 도착 이후 약 300년간 여러 유럽 국가가 라틴아메리카에서 포획 영토를 개척했으나 스페인과 포르투갈만이 성공적으로 정착했다. 19세기에 라틴아메리카의 독립국가가 형성되었으나 지속적으로 외세의 영향하에 있었고 때로는 정치적 압력을 받기도 했는데 특히 미국의 압력이 두드러졌다. 때때로 중립적인 범아메리카적 시각의 관계와 협력이 나타나기도 했으며 이로 인해 **미주기구**(Organization of American States, OAS)가 탄생했다. 현재의 미주기구는 1948년 공식적으로 조성되었으나 그 기원은 1889년까지 거슬러 올라간다. 그러나 미국의 무역, 경제 원조, 정치 발전 등의 정책과 때로는 정치적 개입이 이들 국가의 독립을 저해하고 있는 것으로 비치는 것은 의심할 바 없다.

오늘날 이 지역, 특히 남아메리카에 대한 미국의 지정학적 영향력은 감소하고 있다. 남아메리카 국가와 EU, 중국, 일본과의 교역은 미국과의 교역만큼이나 중요한 비중을 차지하고 있으며 때로는 더 중요해지기까지 하였다. 예를 들어 브라질의 가장 큰 교역 파트너는 중국이다. 라틴아메리카 및 전 세계에서 브라질의 영향력은 계속해서 증대되고 있다. 브라질은 경제 규모 면에서 세계 7위의 국가이며 세계에서 가장 빠르게 성장하고 있는 브릭스(BRICs) 국가군(브라질, 러시아, 인도, 중국)에 속한다. 메르코수르(Mercosur) 및 우나수르(UNASUR) 같은 무역 블록은 교역 및 정치적 관계를 재편성하고 있다.

그림 4.26 **마라카냐 경기장** 리우데자네이루의 축구 경기장으로 전 세계 팬들에게는 상징과도 같은 곳이며 2016년 올림픽 개막식이 열린 곳이기도 하다. 2014년 결승전이 이 경기장에서 열렸는데, 독일이 아르헨티나를 물리치고 우승컵을 안았다.

글로벌 연결 탐색

가톨릭교회와 아르헨티나 출신 교황

Google Earth (MG)
Virtual Tour Video:
http://goo.gl/KpSJhI

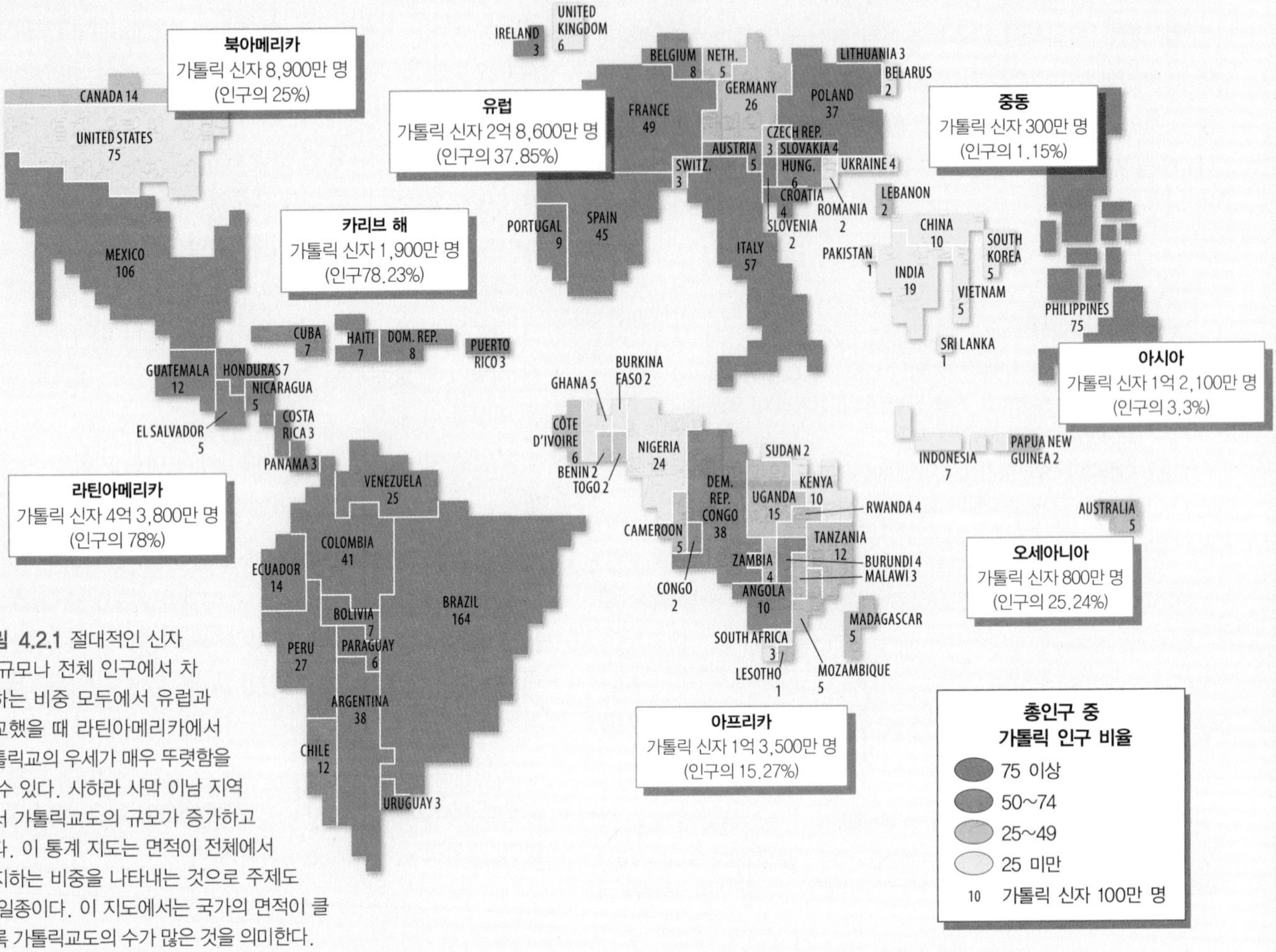

북아메리카
가톨릭 신자 8,900만 명
(인구의 25%)

유럽
가톨릭 신자 2억 8,600만 명
(인구의 37.85%)

중동
가톨릭 신자 300만 명
(인구의 1.15%)

카리브 해
가톨릭 신자 1,900만 명
(인구78.23%)

아시아
가톨릭 신자 1억 2,100만 명
(인구의 3.3%)

라틴아메리카
가톨릭 신자 4억 3,800만 명
(인구의 78%)

오세아니아
가톨릭 신자 800만 명
(인구의 25.24%)

아프리카
가톨릭 신자 1억 3,500만 명
(인구의 15.27%)

CANADA 14
UNITED STATES 75
MEXICO 106
GUATEMALA 12
HONDURAS 7
NICARAGUA 5
EL SALVADOR 5
COSTA RICA 3
PANAMA 3
CUBA 7
HAITI 7
DOM. REP. 8
PUERTO RICO 3
VENEZUELA 25
COLOMBIA 41
ECUADOR 14
PERU 27
BOLIVIA 7
BRAZIL 164
PARAGUAY 6
ARGENTINA 38
CHILE 12
URUGUAY 3
IRELAND 3
UNITED KINGDOM 6
BELGIUM 8
NETH. 5
GERMANY 26
FRANCE 49
POLAND 37
LITHUANIA 3
BELARUS 2
CZECH REP. 3
SLOVAKIA 4
AUSTRIA 5
SWITZ. 3
HUNG. 6
UKRAINE 4
CROATIA 4
SLOVENIA 2
ROMANIA 2
PORTUGAL 9
SPAIN 45
ITALY 57
LEBANON 2
PAKISTAN 1
CHINA 10
SOUTH KOREA 5
INDIA 19
VIETNAM 5
SRI LANKA 1
PHILIPPINES 75
INDONESIA 7
PAPUA NEW GUINEA 2
AUSTRALIA 5
BURKINA FASO 2
GHANA 5
CÔTE D'IVOIRE 6
BENIN 2
TOGO 2
NIGERIA 24
CAMEROON 5
CONGO 2
DEM. REP. CONGO 38
SUDAN 2
UGANDA 15
KENYA 10
RWANDA 4
TANZANIA 12
BURUNDI 4
MALAWI 3
ZAMBIA 4
ANGOLA 10
MADAGASCAR 5
SOUTH AFRICA 3
LESOTHO 1
MOZAMBIQUE 5

총인구 중 가톨릭 인구 비율
75 이상
50~74
25~49
25 미만
10 가톨릭 신자 100만 명

그림 4.2.1 절대적인 신자의 규모나 전체 인구에서 차지하는 비중 모두에서 유럽과 비교했을 때 라틴아메리카에서 가톨릭교의 우세가 매우 뚜렷함을 알 수 있다. 사하라 사막 이남 지역에서 가톨릭교도의 규모가 증가하고 있다. 이 통계 지도는 면적이 전체에서 차지하는 비중을 나타내는 것으로 주제도의 일종이다. 이 지도에서는 국가의 면적이 클수록 가톨릭교도의 수가 많은 것을 의미한다.

이베리아 국가들의 정복과 영토 분할

콜럼버스가 미주 대륙을 스페인의 영역이라고 주장함으로써 스페인인은 가장 먼저 서반구의 활발한 식민화 주체가 되었다. 이와 반대로 포르투갈인이 미주 대륙에 존재할 수 있었던 것은 1493~1494년에 이루어진 **토르데시야스 조약**(Treaty of Tordesillas)의 결과이다. 당시 포르투갈인 항해사들은 아프리카 해안의 대부분에 대한 지도를 작성했으며 동남아시아의 향신료 제도(몰루카 제도)에 대한 해로를 찾고 있었다. 콜럼버스의 도움으로 스페인은 극동 지역으로 향하는 동쪽 항로를 발견했다. 콜럼버스가 아메리카를 발견했을 때 스페인과 포르투갈은 교황에게 이 새로운 영토가 어떻게 분할되어야 하는지를 질문했다. 교황은 다른 유럽 열강의 의견은 듣지 않은 채, 대서양 세계를 반으로 나누어 아프리카 대륙이 속한 동쪽 지역은 포르투갈에게 주고 아메리카 대륙의 대부분이 속하는 서쪽 지역은 스페인에게 주었다. 이 조약으로 인해 형성된 경계선은 실제로 남아메리카의 동쪽 부분을 지났으며 경계선의 동쪽은 포르투갈의 통치하에 놓이게 되었다. 이 조약은 역시 아메리카에서의 영토를 주장하고 있던 프랑스, 영국, 네덜란드 등에게 통보되지 않았으며 포르투갈령 브라질이 성립하는 데 법적 정당성을 부여했다. 브라질은 이후 라틴아메리카에서 가장 넓은 영토와 가장 많은 인구를 지닌 국가가 되었다(그림 4.27).

조약이 조인된 지 6년 후에 포르투갈의 항해사인 알바레스 카

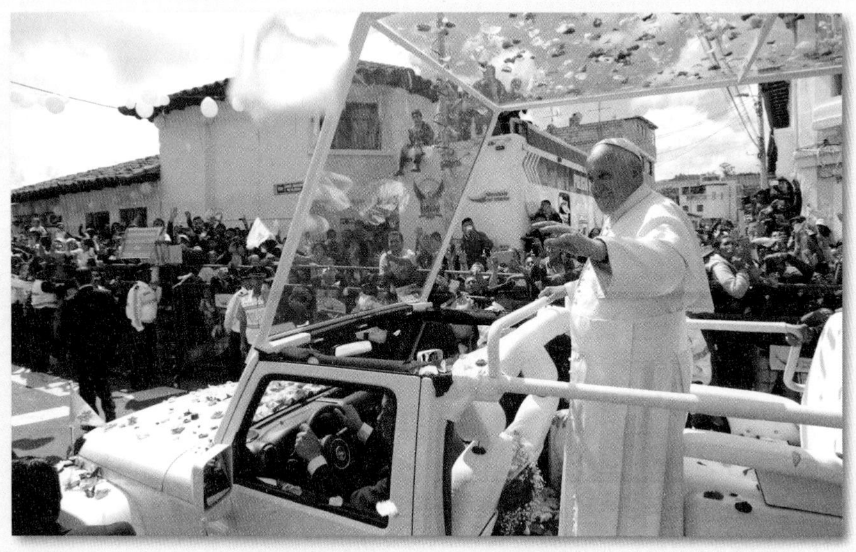

그림 4.2.2 에콰도르를 방문한 프란시스 교황 2015년 에콰도르를 방문한 프란시스 교황이 킨체에서 열렬히 환호하는 대중을 향해 손을 흔들고 있다. 아르헨티나 출신인 교황은 사회 정의와 지구 환경 보호에 대한 적극적인 지지자이다.

2013년 새로운 교황이 선출되었다. 12억 가톨릭교도들의 정신적 지도자로 임명된 그는 아메리카 대륙에서 출생하였다. 호르헤 마리오 베르고글리오 주교였던 프란시스 교황은 이탈리아 이민자의 아들로 아르헨티나의 부에노스아이레스에서 출생하였다. 정치적 지도자이자 예수회 교단의 일원으로서 그는 겸손하고 가난한 자들에게 헌신하는 것으로 유명하였다. 오늘날 가톨릭교회의 지도자로서 그는 로마 교황청으로부터의 그의 인도를 기다리는 전 세계의 교회, 학교, 선교사, 성직자들을 감독하게 되었다.

가톨릭 인구의 변화 프란시스 교황의 선출은 서서히 그러나 극적으로 변화하고 있는 전 세계의 가톨릭 인구 변화를 반영한다. 1900년대, 세계 가톨릭 인구의 대부분은 유럽에 거주하였으나 현재 전 세계 교인의 1/4에 불과하다. 이제 가톨릭교도의 인구학적 중심지는 라틴아메리카가 되었다. 전 세계적으로 가장 많은 가톨릭인구가 거주하는 국가는 브라질(1억 5,000만 명)이며, 그 뒤를 이어 멕시코(1억 600만 명), 필리핀(7,500만 명), 미국(7,500만 명) 순이다. 미국에 가톨릭교도가 많은 것은 가톨릭을 믿는 이주민이 유입된 때문이다(그림 4.2.1). 전 세계 가톨릭교도의 약 절반 정도가 아메리카에 분포하고 있다. 사하라 이남 아프리카, 특히 콩고 민주 공화국과 나이지리아에서 가톨릭교도의 수가 빠르게 증가하고 있는데 이는 식민 지배의 유산과 선교 활동의 영향이다.

빈자를 대변하고 환경을 이야기하다 교황은 근본적으로 정신적 지도자이지만 그는 또한 분명 정치적 지도자이기도 하다. 그의 가르침과 행동에서 그는 빈곤 감소와 미래 세대를 위한 깨끗하고 안전한 세상을 강조하고 있다. 2015년 교황이 에콰도르, 볼리비아, 파라과이 등 라틴아메리카에서 가장 빈곤하고 심각한 환경 파괴 문제에 직면한 국가들을 방문했다(그림 4.2.2). 교황이 이들 국가를 선택한 데 대해, 그리고 그를 통해 프란시스 교황이 전하고자 하는 메시지에 많은 라틴아메리카인들이 감동했다. 아이러니하게도 가톨릭교회의 미래는 북반구가 아닌 남반구의 영향을 더욱 많이 받을 것 같다.

1. 라틴아메리카와 사하라 이남 아프리카 지역에서 가톨릭 신자의 규모가 증가한 과정을 설명하라.
2. 인구학적 특성을 고려한다면 어느 곳에서 가톨릭 신자의 수가 증가할 것 같은가?

브랄은 아프리카 남부로 향하던 항해 도중 우연히 브라질의 해안에 도착했다. 포르투갈인들은 곧 이 영토가 토르데시야스 라인의 포르투갈령에 속함을 깨달았다. 처음에는 향신료도 없고 큰 도시도 없었기에 그들은 브라질이 제공하는 것에 대해 큰 감동을 받지 않았다. 시간이 지남에 따라 그들은 해안 지역이 식량 기지와 브라질 원목의 생산지로 가치가 있음을 깨달았는데, 특히 브라질 원목은 귀한 염료의 원료가 되었다. 16세기 들어 사탕수수 농장이 발달하고 노예 무역이 확대됨에 따라 영토에 대한 포르투갈인의 관심이 고조되었고 17세기에는 브라질 내륙 지방에서 금이 발견되었다.

스페인은 이와 반대로 처음부터 아메리카 대륙의 새로운 영토를 정복하고 인구를 정착시키려 노력했다. 카리브 해에서 소량의 금이 발견되었고 16세기 중엽 이후 스페인은 멕시코 중앙부와 중앙 안데스 지역(주로 볼리비아의 포토시)에서 은 광산을 개발하는 데 주력했다. 점차 농업 생산물이 다변화해 (초콜릿의 원료인) 카카오, 설탕 등의 수출 작물을 재배하고 여러 종류의 가축을 사육했다. 식량의 측면에서 신대륙은 실질적으로 자급자족을 했다. 그러나 스페인령 아메리카 식민지에서는 스페인의 발전을 위해 제조업이 금지되었다.

혁명과 독립 아메리카 대륙에서 스페인의 통치에 위협이 가해진 것은 1810년부터 1826년까지 혁명이 발발한 다음이다. 결국 스페인 왕에게 충성을 다하는 지도자들을 대신해 아메리카 대륙에

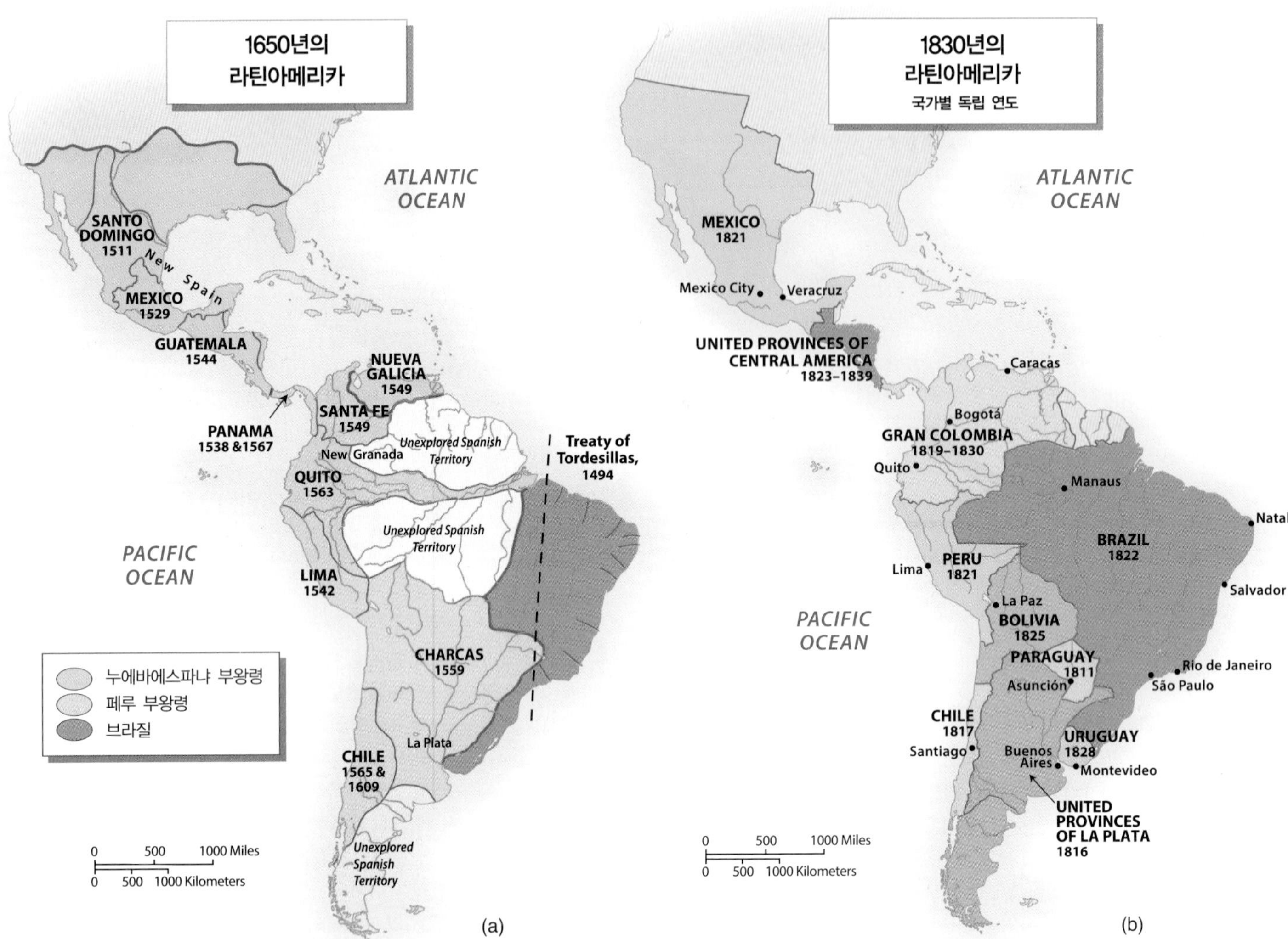

그림 4.27 **정치적 경계의 변화** (a) 라틴아메리카의 정치적 경계의 변화는 1494년 토르데시야스 조약으로부터 시작되었다. 이 조약으로 인해 아메리카의 대부분을 스페인이 차지하고 남아메리카의 일부(브라질)를 포르투갈이 차지했다. 스페인의 영역은 점차 부왕령과 아우디엔시아로 세분되었으며, 이는 다시 현대 국가 간 경계의 기초를 형성했다. (b) 1830년 신생 독립국의 경계는 확정된 것은 아니었다. 이후 볼리비아는 바다로의 출구를 잃었고, 페루는 에콰도르의 아마존 지역을 상당 부분 획득했으며, 멕시코는 북부의 상당 부분을 미국에게 빼앗겼다.

서 출생한 유럽인 후손이 정권을 잡았다. 포르투갈 식민지였던 브라질에서 일어난 독립 혁명은 비교적 느리고 덜 폭력적이어서 약 80년에 걸쳐 진행되었다(1808~1889년). 19세기 브라질은 포르투갈로부터 독립을 선언했으나 군주국이었고, 이후 공화국이 되었다.

아메리카 대륙에 대한 스페인과 포르투갈의 영토 분할은 이후 현대 라틴아메리카 국가의 법치 기반을 제공하는 행정 단위가 되었다(그림 4.27). 스페인 식민지는 처음에는 누에바에스파냐와 페루의 2개의 부왕령으로 분할되었고 이들 내에서 다양한 세부 분할이 이루어졌으며 이들은 나중에 현대 국가로 변화했다(18세기 스페인의 남아메리카 지역의 식민지 전역을 포함하는 행정구역이었던 페루는 라플라타, 페루, 누에바그라나다의 세 부왕령으로 분할되었다). 하나의 식민지에서 하나의 공화국으로 발전한 브라질과 달리 과거 스페인 식민지들은 19세기에 분할의 과정을 겪었다.

오늘날 과거 스페인이 지배하던 아메리카 대륙의 식민지들은 16개 국가를 이루고(이에 카리브 해의 3개 제도가 더해짐), 총인구는 4억 명이 넘는다. 만약 스페인 식민지 영토가 하나의 정치 공동체로 남아 있었다면 아마도 중국과 인도에 이어 세계에서 세 번째로 인구 규모가 큰 국가가 되었을 것이다.

지속적인 국경 분쟁 식민 시기 행정 단위가 국가로 변화했기에 국가 간의 영토가 명확하게 나뉘지 않았으며 국경선이 남아메리카 대륙 내부의 인구 희박 지역을 지나는 경우 더욱 그러했다. 이는 후에 신생국이 국경을 명확히 하고자 함에 따라 분쟁의 발단이 되었다. 19세기와 20세기에 여러 국경 분쟁이 발발했으며 라틴아메리카의 지도가 수시로 변경되었다. 가장 잘 알려진 분쟁으로는 칠레와 볼리비아 사이의 태평양전쟁(1879~1882년)을

그림 4.28 **라틴아메리카의 지정학적 경계 및 무역 블록** 지도에 나타난 5개의 무역 블록 중 남아메리카공동시장과 북아메리카자유무역지대가 가장 활성화되었다. 남아메리카국가연합이 발족하면서 남아메리카공동시장과 안데스 그룹을 합쳐서 하나의 공동시장을 형성하였다. 중앙아메리카공동시장 회원국들은 2004년 중앙아메리카자유무역협정(CAFTA)에 조인했으며, 이후 도미니카공화국도 참여함으로써 CAFTA-DR이라 불리게 되었다. **Q : 무역 블록의 성장과 그 위세가 라틴아메리카가 하나의 지역으로서 기능하는 데 어떠한 영향을 미칠까?**

들 수 있는데, 이 전쟁의 결과 칠레는 북쪽으로 영토를 확장한 반면 볼리비아는 태평양의 영토를 잃고 내륙 국가가 되었다. 1840년대 있었던 미국과 멕시코 간의 전쟁 결과 체결된 이달고 조약(1848년)에 따라 현재와 같은 국경선이 형성되었다. 또한 독립 이후 가장 처절한 전쟁이었던 파라과이전쟁(1864~1870년) 때는 아르헨티나, 브라질, 우루과이가 동맹을 맺어 파라나 강 상류 분지의 영토에 대한 소유권을 주장하는 파라과이를 물리쳤다. 1980년대 아르헨티나는 영국과의 전쟁으로 남대서양에 위치한 포클랜드(Malvinas라고도 함)에 대한 통제권을 상실했다. 비교적 최근인 1998년 페루와 에콰도르는 아마존 분지의 경계에 대한 분쟁으로 전쟁까지 이르렀다(그림 4.28).

민주주의를 향한 진보 라틴아메리카의 17개 국가 대부분은 곧 독립 200주년을 맞게 된다. 여타 개발도상국과 비교해 라틴아메리카는 오랜 기간 독립국의 상태를 유지했다. 그러나 아직도 이 지역은 정치적 안정을 이루지 못하고 있다. 독립 이래로 라틴아메리카의 국가들은 250여 개의 헌법을 공포했으며 군사 정권이 매우 여러 차례 들어섰다. 그러나 1980년대 이래 민주적으로 선출된 국가들이 주를 이루고 있으며, 시장을 개방하고, 정치적 과정에 더 광범위한 대중의 참여가 이루어지고 있다. 한때 독재자가 집권한 국가의 수가 민주적으로 선출된 지도자가 집권한 국가의 수보다 많았으나, 1990년대 이 지역 대부분 국가의 지도자가 민주적으로 선출되었다(쿠바는 예외이며 이는 제5장에서 다룰 것이다).

서서히 진행되는 정치적 · 경제적 개혁에 지친 수백만 명의 사람들에게 민주주의란 충분하지 않을 수도 있다. 많은 조사에서 라틴아메리카인은 그들의 정부와 정치인에게 불만을 표현하고 있다. 최근 선출된 민주적 지도자는 대부분 자유 시장 개혁 노선을 따르고 있으며 식량 보조, 정부의 일자리 제공, 연금 등의 국가가 보장하던 사회적 안전망을 제거하고 있다. 다수의 빈자 및 중산층은 이러한 형태의 민주주의가 그들의 생활을 개선시킬 수 있을지 의구심을 키워가고 있다. 비교적 경제적 상황이 나은 칠레에서조차 2011년부터 2015년 사이 대학 등록금 인하와 고등교육에 대한 공정한 기회와 장학금 혜택을 요구하는 학생들의 시위가 광범위하게 발발하였으며 이는 정치적인 혼란을 가중시켰다. 카밀라 바예호라는 칠레의 지리학과 학생은 강렬한 카리스마로 학생들의 단체 행동을 이끌어내고 도시를 마비시켜서 국제적으로 유명해졌다(그림 4.29). 이러한 분위기 속에서 브라질, 볼리비아, 니카라과, 에콰도르, 페루, 베네수엘라에 등에서 좌파 성향의 대통령이 당선되었다. 좌파 성향의 지도자들은 신자유주의 무역 정책을 철회하지는 않았지만 사회 서비스를 개선하고 소득 불평등을 줄이려 노력하고 있다.

지역 조직

민주적으로 선출된 지도자들은 자국의 긴급 사안들을 처리하는 데 주력했으나, 동시에 그들의 권위에 대한 초국가적 수준 혹은 지역적 수준의 새로운 조직들의 도전에 직면하게 되었다. **초국가적 조직**(supranational organizations)(여러 국가를 아우르는 조직)으로서 가장 많이 논의되는 것은 무역권이다. **지역적 조직**(subnational organizations)(국가 내의 지역이나 대중을 대표하는 그룹)은 인종이나 사상에 의해 형성되곤 하며 범죄조직을 지원하는 경우도 있었다. 토지 소유권을 얻고자 하는 원주민 단체(파나마의 쿠나족과 같은)와 혁명 세력(콜롬비아 무장 혁명군과 같은)은 국가의 권위에 도전했다. 멕시코는 2006년 이후 최근까지 로스 제타스나 시날로아 같은 마약 조직들의 테러 활동으로 인해 극심한 폭력 사태를 겪고 있다.

무역 블록 1960년대 처음 시작된 지역별 무역 연합은 국내 시장을 활성화시키고 무역 장벽을 감소시키기 위한 노력의 일환으로 시작된 것이다. 이미 수십 년 전 라틴아메리카통합연합(Latin

그림 4.29 **칠레의 학생 운동** 카밀라 바예호(가운데)와 다른 칠레 학생운동 지도자들이 칠레의 고등교육 비용이 인상되는 데에 항의하며 5만여 명의 학생들이 참여한 시위를 이끌었다. 칠레학생연합에서는 2011년 교육 개혁 이후 대규모 집회를 개최하고 있다.

American Integration Association)(예전의 LAFTA), 중앙아메리카공동시장(Central American Common Market, CACM), 안데스 그룹 등이 형성되었으나 무역 분야와 경제 성장에 대한 이들 그룹의 영향력은 제한적인 것이었다. 1990년대, **남아메리카공동시장**(MERCOSUR)과 북아메리카자유무역협정(NAFTA)이 발전에 영향을 미칠 수 있는 초국가적 구조로 떠올랐다(그림 4.28). 남아메리카공동시장과 북아메리카자유무역협정으로 인한 교훈은 정치인들로 하여금 지역 간 무역의 가치에 대해 재고할 수 있게 한 점이라 할 수 있다.

북아메리카자유무역협정은 회원국들(멕시코, 미국, 캐나다) 간의 상품 이동을 용이하게 하고 관세를 점진적으로 철폐하기 위한 자유무역지대로서 1994년 발효되었다. 북아메리카자유무역협정으로 인해 지대 내의 무역이 증가했으나 환경 및 고용의 비용에 관해서는 상당한 논쟁이 일고 있다(제3장 참조). 그러나 북아메리카자유무역협정은 산업화된 국가와 개발도상국이 혼재하는 자유무역지대가 가능함을 보여주었다. 2004년 미국, 중앙아메리카 5개국(과테말라, 엘살바도르, 니카라과, 온두라스, 코스타리카)과 도미니카공화국이 **중앙아메리카자유무역협정**(Central American Free Trade Agreement, CAFTA)에 서명했다. 북아메리카자유무역협정과 마찬가지로 중앙아메리카자유무역협정은 회원국 간의 교역을 늘리고 관세를 줄이는 것을 목표로 한다. 협정은 2009년 비준을 완료하였으나 이 협정으로 인해 중앙아메리카 지역의 경제적 발전이 이루어질 것인가에 대해서는 많은 논쟁이 있을 것으로 예상된다.

남아메리카공동시장은 1991년 남아메리카에서 경제 규모가 가장 큰 두 국가인 브라질과 아르헨티나 사이에 체결되었으며 이후 규모가 훨씬 작은 우루과이와 파라과이가 회원으로 가입했다. 남아메리카공동시장이 형성된 이후 회원국 간의 무역은 크게 증가했다. 이어 칠레, 볼리비아, 페루, 에콰도르, 콜롬비아 등이 준회원국으로 가입했으며 베네수엘라는 2012년 정회원국으로서 인준받았다. 남아메리카공동시장은 두 가지 면에서 의미가 있다. 우선 이들 국가의 경제가 성장했으며, 또한 협력을 통한 경제적 이익을 위해서는 오래된 라이벌 관계(특히 아르헨티나와 브라질 간의 오랜 반목)는 제쳐놓을 용의가 있다는 것이다.

2008년 브라질은 남아메리카 12개국의 연합인 **남아메리카국가연합**(UNASUR)의 조직을 발의했다. 일부에서는 브라질이 이 기구를 통해 남아메리카에서의 정치적 · 경제적 영향력을 확대시키고자 한다고 보았다. 이 기구에서는 상임 의장을 선출하였으며 볼리비아(2008년), 에콰도르(2010년), 파라과이(2012년), 콜롬비아(2014년) 등의 정치적 위기 상황에 개입하였다. 북아메리카자유무역협정이나 중앙아메리카자유무역협정과는 달리 남아메리카국가연합은 미국이 아닌 브라질이 주도하는 조직이다. 브라질은 이 기구를 통하여 남아메리카의 발전에 더욱 큰 지정학적 영향력을 미치고자 하고 있으며 나아가 UN 안전보장이사회에서 상임 이사국의 자리를 공고히 하고자 하는 복안을 지니고 있다. 브라질의 야망은 이웃 국가들에게는 반가운 것은 아니었으나 남아메리카국가연합의 강화는 남아메리카의 지정학적 연합의 변화를 의미하며 EU와 같은 공동시장의 형성 가능성을 시사하는 것이다.

마약 카르텔과 폭력 사태 콜롬비아 무장 혁명군(FARC)과 같은 게릴라 단체가 봉기하였고, 나아가 이에 동조하는 조력자의 도움으로 해당 국가 영토의 상당 부분을 통치하고 있으며 절도, 납치, 폭행 등을 자행하고 있다. 콜롬비아 무장 혁명군은 콜롬비아 민족해방군(ELN)과 마찬가지로 마약 거래를 통해 자본과 무기를 구했다. 이에 대항해 민병대 조직(폭동에 대해 동조하는 이들을 공격하는 민간 무장 단체)이 나타났고, 콜롬비아의 폭력 사태는 급격히 악화되었다. 민병대 조직은 해마다 수백 건의 정치적 동기의 살인을 저지르는 것으로 알려져 있다. 1980년대 말부터 약 250만 명의 콜롬비아인이 폭력을 피해 국내에서 이주했으며 대부분이 촌락에서 도시로 이주했다. 다행스럽게도 10여 년의 협상 끝에 2014년 콜롬비아 무장 혁명군과의 정전이 합의되었으며 상황이 상당히 개선되었다. 폭력 상황은 어느 정도 안정되고 있으나 콜롬비아는 여전히 페루와 볼리비아에 이어 세계 최대의 코카인 생산 국가이다(**지리학자의 연구 : 폭력 사태 이후 콜롬비아의 발전** 참조).

멕시코, 과테말라, 엘살바도르, 온두라스, 브라질 등에서 마약 카르텔과 갱단으로 인해 폭력이 거세지고 무법적인 상황이 증가했다. 특히 멕시코는 폭력과 부패로 인해 사회의 불안정성이 극에 달하였다. 마약 카르텔들은 코카인, 마리화나, 메타페타민, 헤로인 등의 불법 생산 및 유통을 통해 수십억 달러의 이익을 얻고 있다. 2006년부터 멕시코 정부는 국경 지역을 중심으로 마약 카르텔들에 의해 자행되고 있는 폭력 및 납치, 협박 등을 막기 위해 군대를 동원하였다. 그러나 마약 카르텔에 의한 폭력 상황은 멕시코 전역과 중앙아메리카 지역으로 확대되었다(그림 4.30). 인권단체의 추계에 의하면 2006년부터 2013년까지 마약 카르텔과 관련되어 발생한 살인 사건이 12만 건이 넘는다고 하며 '실종된' 사람들의 규모도 수천 명에 이른다고 한다. 마약 유입이 아니라 폭력의 방지가 [2012년 멕시코 대선에서는] 가장 큰 이슈 중의 하나였다. 멕시코의 엔리케 페냐 대통령은 폭력 방지의 초점을 군사적 행동에서 정치 및 사법 개혁의 방향으로 전환하였다.

불행하게도, 라틴아메리카에서 가장 폭력의 수준이 높은 국가들은 중앙아메리카의 국가들이다. 온두라스, 엘살바도르, 과테말라의 살인율은 전쟁 지역을 제외하고는 세계에서 가장 높다. 이 빈곤한 세 국가는 오랜 기간 동안 콜롬비아에서 생산된 코카인의 유통 경로였다. 그러나 최근 들어 멕시코의 시날로아 카르텔 및 로스 제타스 카르텔이 지협에서 활동을 시작하면서 지역 주민들에게 마약을 구입하고, 마약 제조 공장을 마련하고 운영함에 따라 이 지역에서의 살인율이 급증하고 있다. 중앙아메리카 지역에서 폭력의 수준이 높은 것은 2014년 멕시코를 통해 미국으로 밀입국하고자 밀려든 청소년들이 보호자도 없이 이 지역을 여행했기 때문이다.

확인 학습

4.8 이베리아 반도 국가들의 식민화 과정이 오늘날 라틴아메리카의 국가 형성에 어떠한 영향력을 미쳤는가?

4.9 라틴아메리카의 주요 무역 블록이 라틴아메리카의 지정학적 위상의 재편에 어떠한 영향을 미쳤는지 설명하라.

주요 용어 미주기구(OAS), 토르데시야스 조약, 초국가적 조직, 남아메리카국가연합(UNASUR), 지역적 조직, 남아메리카공동시장(Mercosur), 중앙아메리카자유무역협정(CAFTA)

경제 및 사회 발전 : 신자유주의를 중심으로

세계은행은 대부분의 라틴아메리카 국가의 경제를 광범위한 중간 소득 범주에 놓는다. 라틴아메리카의 국가들은 명백히 개발도상국에 속하며 사하라 사막 이남 아프리카, 남아시아, 중국보다는 잘산다. 그러나 국가 간, 국가 내의 경제적 격차가 매우 심하다. 일반적으로 남아메리카 남부 지역(브라질 남부는 속하고

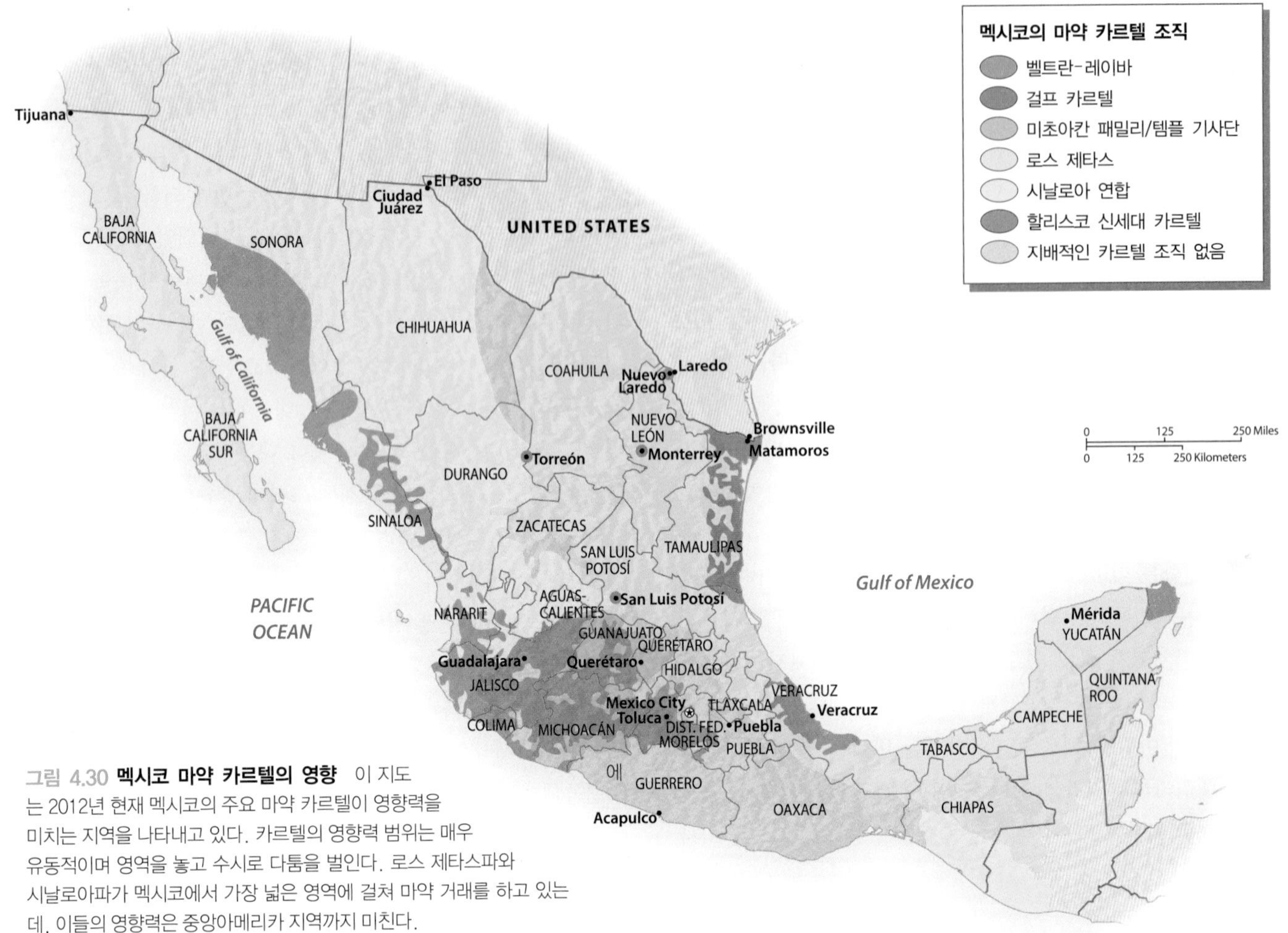

그림 4.30 **멕시코 마약 카르텔의 영향** 이 지도는 2012년 현재 멕시코의 주요 마약 카르텔이 영향력을 미치는 지역을 나타내고 있다. 카르텔의 영향력 범위는 매우 유동적이며 영역을 놓고 수시로 다툼을 벌인다. 로스 제타스파와 시날로아파가 멕시코에서 가장 넓은 영역에 걸쳐 마약 거래를 하고 있는데, 이들의 영향력은 중앙아메리카 지역까지 미친다.

파라과이는 제외되는)과 멕시코가 가장 부유하다. 국민 1인당 구매력 면에서 가장 빈곤한 국가는 니카라과, 볼리비아, 온두라스 등이다. 라틴아메리카 국가들의 1인당 국민소득은 선진국에 비해 매우 낮지만 이 지역에서는 기대수명, 유아 사망률, 문맹률 등과 같은 다양한 사회적 지표 면에서의 꾸준한 향상이 이루어지고 있다. 또한 코스타리카와 같은 일부 소규모 국가에서는 인간 개발 지수가 매우 높게 나타난다(표 A4.2 참조).

브라질과 멕시코는 라틴아메리카의 가장 중요한 경제 단위이다. IMF에 의하면 2015년도 GDP 면에서 브라질의 경제 규모는 세계 7위, 멕시코는 15위였다. 이 지역의 최빈곤 계층의 비중도 감소하여 하루 2달러 이하로 생활하는 인구의 비중이 1999년 22%에서 2008년 12%로 감소하였다. 오늘날 라틴아메리카 인구 10명 중 1명이 하루 2달러 이하로 생활하고 있다.

그러나 라틴아메리카의 경제 발전 방향은 매우 불안정한 것이었다. 1960년대 브라질, 멕시코, 아르헨티나는 선진국의 반열에 드는 듯했다. 세계은행이나 미주개발은행(Inter-American Development Bank, IDB)과 같은 국제기관들이 대륙 간 고속도로, 댐, 농업의 기계화, 발전소 등의 대형 개발 프로젝트에 차관을 제공했다. 경제의 모든 부문이 매우 극적으로 변화했다. 농업 생산량은 '녹색혁명'의 기술 및 기계화의 결과 증대되었다. 국영 기업의 생산품이 수입품을 대체했으며 정부와 민간 부문의 일자리 창출의 결과 서비스 부문이 급증했다. 결국 대부분의 국가가 한두 가지 작물에 높은 의존도를 나타내던 촌락 지배적 사회에서, 경제적으로 다변화되고 도시화된, 높은 산업화가 이루어진 지역으로 변화했다.

1980년대, 외채, 통화의 평가절하, 상품 가치의 추락 등으로 이 지역의 열망은 꺾였으며 현대화를 향한 라틴아메리카의 꿈은 짓밟혔다. 1990년대까지 대부분의 라틴아메리카 정부는 경제 발전 전략을 급격히 전환했다. 국영 산업과 관세 정책은 폐기되고 대신 민영화와 자유무역에 중점을 둔 **신자유주의**(neoliberalism) 정책으로의 변혁이 이루어졌다. 과감한 금융 정책과 무역 증대, 민영화, 정부 지출 삭감 등으로 많은 국가에서 경제적 성장과 빈곤의 감소가 나타났다. 2009년부터 2013년까지 라틴아메리카의

지리학자의 연구

폭력 사태 이후 콜롬비아의 발전

미국 국제개발처에서 근무하는 코리 드러몬드 가르시아는 지리학을 전공한 것이 "여러 많은 직업에 적용 가능한 여러 부문의 배경 지식을 준다."고 하였다. 그녀는 콜롬비아에서 미국 국제개발처의 파트너들(NGO 단체들, 행정부, 계약 단체들)과 폭력 사태의 종식 이후 발전을 위해 일하고 있으며 마을의 사회기반시설이나 농업 프로젝트 등을 모니터링하고 있다(그림 4.3.1). 드러몬드 가르시아는 콜롬비아의 지역적 다양성에 매우 흥미를 느낀다. "콜롬비아는 국가적 자부심이 매우 강한 곳이지만 지역적 정체성도 매우 강해요."

경력 쌓기 드러몬드 가르시아는 버크넬 대학교에서 지리학을 전공하였는데, 그곳에서 그녀는 '언제 어느 곳에서 어떤 일이 일어나든 흥미를 가지고 주목을 해서 살펴볼 수 있도록' 이끌어준 스승을 만났다. 이후 그녀는 지리학이 무엇인지 완전히 다르게 생각하게 되었고 지리학이 세상에 어떠한 영향을 미치는지 다시 생각하게 되었다고 한다. 그녀는 엘살바도르에서 평화봉사단으로 방문할 때 그 스승의 말을 마음에 새겼고 그곳에서 라틴아메리카의 빈곤계층과 함께 하는 일로부터 보람을 느끼게 되었다. 이후 그녀는 범미주진흥재단에서 일하며 조지워싱턴대학에서 지리학으로 석사학위를 받았다. 그녀는 미국 국제개발처에 입사하여 워싱턴 D.C.와 아이티에서 근무하였고 현재는 콜롬비아에서 근무하고 있다.

폭력 사태 종식 이후 콜롬비아의 발전 수십 년에 걸친 폭력 사태를 끝낸 콜롬비아에는 개발 혹은 재개발이 필요한 많은 농촌 지역들이 있다. 약 250만 명으로 추정되는 사람들이 폭력 사태를 피해 피난하였으며 이들에 대해 관심을 갖는 것은 매우 중요한 일이다. 2011년 제정된 법률에서는 폭력으로 인한 희생자들을 돕고 폭력을 피해 이주한 이들이 다시 돌아올 수 있도록 돕도록 되어 있다. 수십 년 동안 많은 사람들이 폭력을 피해 이주하였기 때문이다.

폭력의 시기 동안 국가의 정치 제도는 거의 기능하지 못하였고 몇몇 집단들은 의도적인 혼란 사태를 만들어서 이권을 챙겼다. 이제는 신뢰를 구축하고 지역별 해결책을 찾아야 한다. 한때 폭력 사태에 연루되었다가 다시 찾은 지역에 교육 공원이나 문화 공원을 조성하는 것도 하나의 창의적인 발전 전략이라 할 수 있다. 계획 과정과 반환된 지역에 지역 주민들을 활발하게 참여시키는 것이 지역의 치유와 발전에 매우 중요한 기능을 할 것이다. 드러몬드 가르시아는 "각 마을마다 폭력을 겪은 정도가 상이해요… 우리는 선입견을 형성할 만한 어떠한 말도 미리 듣지 않고 마을에 들어가서 함께 해결책을 찾지요."라고 했다.

1. 폭력 사태 종식 이후 발전을 위한 노력의 특성은 무엇인가?
2. 발전의 현장에 지리학자들이 적용할 수 있는 특기는 무엇이 있는가?

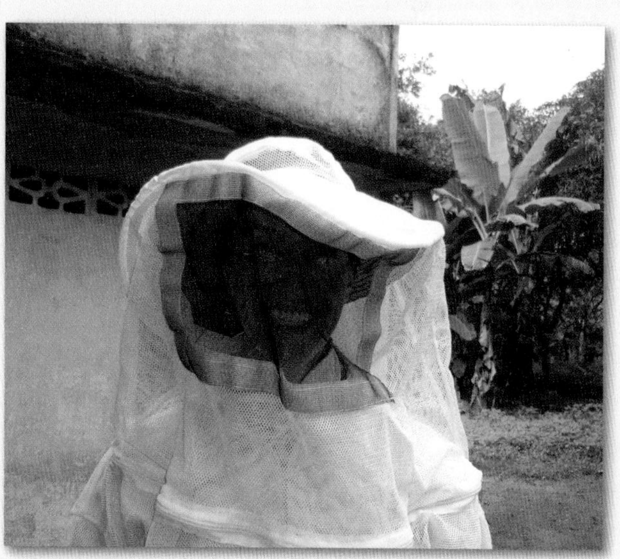

그림 4.3.1 발전 부문에 종사하는 코리 드러몬드 가르시아 콜롬비아 농촌의 양봉 프로젝트를 방문하면서 보호장구를 착용하고 있다.

연평균 성장률은 연평균 3.8%였다. 그러나 일련의 경제적 침체로 인해 신자유주의 정책에 대한 대중적 인기는 매우 낮았으며 정치적·경제적 혼란이 일어났다. 최근 몇 년간의 경제적 성장은 원료 상품의 수출 호황에 따른 것으로 원료 생산을 여전히 이 지역의 경제에 가장 중요한 산업이다.

1차 수출 분야에의 의존성

역사적으로 라틴아메리카는 풍부한 자연자원 덕에 부유했다. 식민 시기 은, 금, 설탕은 식민 지배자들에게 막대한 부를 안겨주었다. 19세기 독립을 맞은 후 원자재의 수출 붐이 일어남에 따라 바나나, 커피, 카카오, 곡물류, 주석, 고무, 구리, 양모, 석유 등이 전 세계로 시장을 넓혔다. 이러한 수출 주도 발전의 영향으로 1~2개의 주요 작물에 집중하는 경향이 나타났으며 이러한 패턴은 1950년대까지 지속되었다. 1950년대, 코스타리카 수출액의 90%는 바나나와 커피의 판매액이었으며 니카라과 수출액의 70%는 커피와 면화, 칠레 수출액의 85%는 구리였고, 우루과이 수출액의 절반가량은 목재 판매에서 비롯되었다. 브라질에서도

일상의 세계화

커피와 함께 시작하는 하루

많은 미국인들은 커피와 함께 아침을 시작한다. 미국인들은 한 해 평균 1인당 4.5킬로그램의 커피를 소비한다. 우리는 라틴아메리카를 우리의 아침식사를 해결해 주는 곳으로 여긴다. 브라질은 한 세기 이상 세계에서 가장 많은 커피를 생산해 왔다. 1990년대까지 콜롬비아는 브라질에 이어 세계 2위의 커피 생산국가였지만 현재 베트남에게 그 자리를 내주었다. 오늘날 라틴아메리카는 세계 커피 생산량의 약 58%를 담당하고 있다. 커피는 쉽게 상하지 않기 때문에 국제적인 거래가 많은 대표적인 농산물이다. 여타 수출용 농산물과 달리 커피는 매우 노동 집약적이다. 국제 커피 기구에 의하면 전 세계적으로 2,600만 명이 커피 생산에 종사하고 있다. 커피 과육은 손으로 수확해야 한다. 출하하기 전 과육을 말리는 작업도 노동 집약적이다(그림 4.4.1). 소규모의 가족 농장에서는 많은 부를 생산하기 어렵지만 열대 고원에서 자라는 커피는 합법적인 작물 중 가장 이윤이 많이 나는 작물이다. **공정 무역**(fair trade) 커피 덕에 점점 더 많은 소농들이 더 높은 이익을 올리고 있는데, 이는 특히 중간 거래상이 줄어들었기 때문이다. 소비자들이 날마다 마시는 커피와 그 커피를 생산하는 농부들 간의 관계를 이해한다면 라틴아메리카의 농촌의 삶은 경제적으로나 환경적으로나 훨씬 더 지속 가능한 것이 될 것이다.

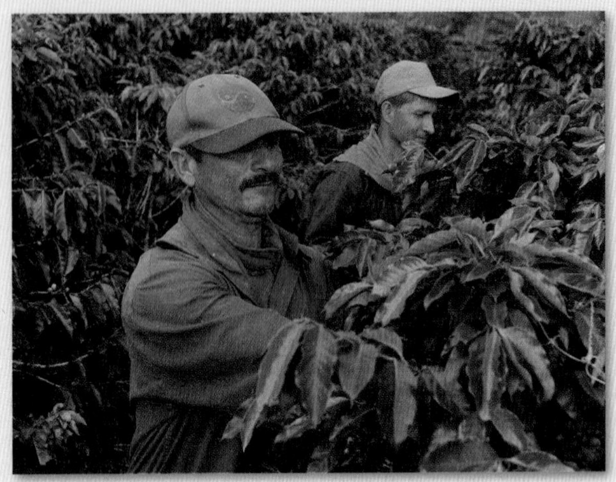

그림 4.4.1 콜롬비아의 커피 수확 리사랄다 커피 수확부에서 농부가 커피를 손으로 따고 있다. 콜롬비아의 커피를 품질이 좋기로 유명하지만 지난 10여 년간 기후 변화와 농촌 지역의 폭력 사태 때문에 수확량이 감소하였다.

1. 공정 무역 커피의 환경적, 경제적 장점은 무엇인가?
2. 만약 여러분이 커피를 마신다면 그 커피가 어느 나라에서 생산되었고 어떻게 생산되었는지를 알아보자.

1955년 수출액의 60% 정도가 커피 판매 대금이었으며 2000년경 커피는 전체 수출액의 5% 이하로 감소했으나 브라질은 여전히 세계 커피 산업을 주도하고 있다(**일상의 세계화 : 커피와 함께 시작하는 하루** 참조).

농업 생산 1960년대 이후 라틴아메리카는 농업을 다변화하고 기계화하고자 노력하고 있다. 특히 브라질과 우루과이 남부, 아르헨티나 및 파라과이 북부, 볼리비아 서부에 해당하는 라플라타 분지에서는 이러한 경향이 매우 두드러진다. 식용유와 가축 사료로 사용되는 대두가 1980년대와 1990년대 초반 이 평원을 바꾸어놓았다. 브라질은 현재 콩 생산에서 세계 2위이며(1위는 미국), 세계 최대의 콩 수출국이다. 그 뒤를 이어 아르헨티나가 3위를 차지하고 있으며 아르헨티나의 콩 수출량은 계속해서 증가하고 있다. 1990년부터 2010년 사이 아르헨티나의 콩 생산량은 세 배로 증가하였다. 매우 놀랍게도 라플라타 지역과 아마존 분지 지역이 빠른 속도로 대두 재배지로 전환되고 있다. 이로 인해 숲과 사바나 초지가 사라지고 있는데 이는 이 지역의 생물학적 다양성에 부정적인 영향을 미칠 뿐 아니라 온실 가스 배출량의 증가에도 영향을 미치고 있다. 그러나 여전히 국제 대두 가격이 높기 때문에 이러한 경향은 지속되고 있다(그림 4.31).

마찬가지로 대규모의 농업 개척이 중앙아메리카의 태평양 사면(면화와 열대 과일류), 칠레의 중앙 계곡과 아르헨티나의 산록 지역(포도주와 과일 생산)에서도 이루어지고 있다. 멕시코 북부 시날로아 주의 계곡에서는 시에라마드레 옥시덴탈 산맥에 건설된 댐에서 공급하는 용수를 이용해 미국으로 수출되는 과일과 채소의 집약적 재배가 이루어지고 있다. 멕시코 북부의 비교적 온난하고 부드러운 바람 덕에 겨울철에도 딸기와 토마토를 재배할 수 있다.

대부분의 경우 농업 분야는 자본 집약적이다. 농기계, 교배종 종묘, 화학비료, 살충제 등을 사용함으로써 대부분의 기업농은 매우 많은 이윤을 얻는다. 그러나 이러한 기업은 적은 규모의 촌락민만을 고용하며 이러한 현상은 인구의 1/3 이상이 농업에 의존해 살아가고 있는 국가에서는 특히 문제가 된다. 최근 흥미롭게도 퀴노아와 같은 전통적인 아메리카 원주민 식품들이 유기농 식품이나 건강식품을 찾는 소비자들에게 인기를 끌고 있으며 소비량도 증가하고 있다. 페루와 볼리비아에서는 퀴노아 생산과

그림 4.31 **브라질의 대두 생산** 브라질의 마투 그로소 주의 파르투라 농장은 대규모 기업농으로, 세계의 주요 대두 생산 지역이자 수출 지역으로 변모한 라틴아메리카를 상징한다.

수출 부문에서 붐이 일어났으며 고원에 위치한 중소 규모의 농장들에서 퀴노아를 생산하고 있다. 볼리비아의 에보 모랄레스 대통령은 2012년을 '퀴노아의 해'로 선포하여 전통적인 원주민 식품을 장려하고 있다.

광업과 임업 은, 아연, 구리, 철광, 보크사이트, 금, 석유, 천연가스 등의 채굴은 다수의 라틴아메리카 국가들에게는 주요 수입원이다. 게다가 지난 10여 년간 다수의 광물 가격이 사상 최고치를 기록함에 따라 외환 수입이 막대하게 증가했다. 칠레는 세계 구리 생산에서 1위를 기록하고 있으며 그 뒤를 따르는 페루 및 미국에 비해 그 양이 월등하게 많다. 2013년 멕시코는 은 생산에서 세계 1위를 차지하였으며 페루는 2위, 볼리비아는 6위였다. 페루는 라틴아메리카에서 제1의 금 생산국이다.

최근 리튬에 대한 전 세계의 관심이 높아지고 있다. 리튬은 강도가 연한 은색의 금속으로, 휴대전화나 노트북 컴퓨터에 사용하는 경량 배터리의 재료가 된다. 오늘날 세계에서 가장 많은 리튬을 생산하는 국가는 칠레이며 볼리비아 알티플라노 지역의 우유니 사막에는 세계 최대의 리튬이 매장되어 있는 것으로 알려져 있다. 우유니 사막 아래에 매장된 리튬의 양은 어마어마해서 볼리비아를 일컬어 리튬계의 사우디라 하기도 한다. 그러나 우유니 사막이 매우 오지에 위치하고 있어 어떻게 그 자원을 개발할 수 있을지가 관건이다.

벌채업은 주요한 자원 기반 활동이다. 일부 국가에서는 가정용 땔감, 펄프, 판자목 등을 공급하기 위해 여러 종류의 소나무, 티크, 유칼립투스 등의 삼림 플랜테이션에서 재배하고 있다. 이러한 삼림 플랜테이션은 단일 수종만을 재배하기 때문에 천연 숲의 생물학적 다양성이 전혀 나타나지 않는다. 그러나 종이나 연료를 위해 재배하는 나무는 다른 삼림 지역에 대한 압력을 감소시키는 효과가 있다. 삼림 플랜테이션계의 선두 주자로는 브라질, 베네수엘라, 칠레, 아르헨티나 등이 있다. 수천 헥타르의 땅에 유칼립투스와 소나무 등의 외래종이 심어져 체계적으로 벌목되고, 판자로 잘리거나, 펄프 제조를 위해 잘게 썰린다. 칠레의 벌목 경제 부문에 동아시아계 자본이 대규모로 투자되었다. 그러나 최근 우드칩 관련 산업의 확대로 인해 천연 삼림의 벌목도 크게 증가하였다.

에너지 분야 주요 산유국인 베네수엘라, 멕시코, 에콰도르, 그리고 브라질 등은 자국 내 연료 수요를 공급할 뿐 아니라 석유 수출을 통해 국가 수입의 상당 부분을 벌어들이고 있다. 2014년 멕시코는 세계 9위의 산유국이었으며 브라질과 베네수엘라도 세계 20위권 내의 석유 생산국가이다. 이 중 베네수엘라는 석유의 수출에 대한 의존도가 매우 높아 외화 수입의 90% 이상을 원유 및 천연가스가 차지하였다. 최근 브라질에서는 매우 거대한 원유 심해 유전이 발견되었다. 지난 10여 년간 브라질의 원유 생산량은 두 배 이상 증가하였으며 이로 인해 세계 석유 수출국들의 순위가 변하였고 브라질에는 외국 자본의 투자가 쏟아져 들어왔다. 라틴아메리카 산유국들은 중동 국가들에 비해 주목을 덜 받고 있지만 베네수엘라는 석유수출국기구(OPEC)의 창설 멤버인 5개 국가 중 하나이며 에콰도르도 1973년도 회원국이 되었다.

남아메리카 지역에서는 천연가스의 생산도 증가하고 있다. 베네수엘라와 볼리비아에서 라틴아메리카 최대의 가스 매장이 확인되었으나 멕시코와 아르헨티나의 생산량이 가장 많다. 최근 아르헨티나의 파타고니아 지역에서 새로운 매장량이 확인되면서 천연가스 생산이 급격히 증가하였다. 2012년 아르헨티나의 언론들은 크리스티나 페르난데스 대통령이 아르헨티나의 주요 석유 및 천연가스 생산업자인 YPF에 대한 장악력을 확보했다는 소식을 헤드라인으로 전했다. 스페인계 자본이 소유한 이 회사는 불필요한 감산 정책에 대하여 불만을 제기한 바 있다. 아르헨티나는 자국에서 생산한 천연가스로 도시 지역의 내수를 대부분 충족할 뿐 아니라 많은 양을 외국으로 수출하고 있어서 감산으로 인해 국내 수요를 충족시키는 데 부족할 뿐 아니라 가격도 오르고 있어서 이에 대한 조치가 필요한 형편이다.

바이오 에너지 부문에서도 브라질은 상당한 성과를 내고 있다. 1970년대 국제 유가가 치솟을 당시 석유가 부족했던 브라질은 자국의 풍부한 사탕수수를 에탄올로 전환하기로 하였다. 몇 년 후 국제 유가가 곤두박질쳤음에도 불구하고 브라질은 에탄올 생산에 대한 투자를 지속하였고 공장을 건설하였으며, 에탄올을 주유소로 배달하는 시스템을 개발하였다. 브라질이 이룩한 주요 기술적 성공 중 하나는 에탄올과 가솔린의 배합 비율에 관계없이 운행할 수 있는 플렉스 차량을 개발한 일이다. 당시 브라질은 원유 매장량이 제한되어 있었기에 바이오 에너지 개발을 시작하였지만 오늘날 바이오 에너지가 이산화탄소 감소의 주요 방법으로서 주목을 받으면서 브라질의 에탄올 개발 전략은 선견지명이 있는 것이었다는 평가를 받는다.

이러한 기술적 진보 덕에 라틴아메리카의 에너지 구성비는 1970년 이후 상당한 변화를 나타내었다(그림 4.32). 40여 년 전 이 지역의 에너지 소비 중 60%는 원유, 20%는 신탄이 차지하였다. 2010년에는 에너지의 종류도 훨씬 다양해졌으며 천연가스, 수력 발전, 바이오 에너지(혹은 버개스 : 사탕수수 찌꺼기) 등의 성장이 두드러졌다. 또한 1970년부터 2010년 사이 인구 증가, 도시의 성장, 교통시설의 개선, 경제 활동의 활성화 등에 의해 에너지 소비량이 다섯 배나 증가하였다.

세계 경제 체제에서의 라틴아메리카

1990년대까지 정부와 세계은행은 신자유주의 정책을 경제 개발의 확실한 방법이라고 생각했다. 신자유주의 정책은 국가의 개입과 자급자족을 강조하던 정책으로부터의 선회를 통한 세계화라 할 수 있다. 라틴아메리카 대부분의 정치 지도자는 신자유주의 정책 및 그로 인한 이점, 예를 들어 무역 증가, 외국인 직접 투자 증가, 채무 상환의 용이성 등을 수용하였다. 그러나 라틴아메리카 전역에 걸쳐 신자유주의에 대한 불만의 징조가 나타나고 있다. 최근 브라질과 칠레에서 발생한 시위에서는 엘리트 계층만을 위한 무역 정책에 대한 민중의 분노가 표출되었다.

마킬라도라와 외국인 투자 외국인 투자 규모의 성장과 외국인 소유 기업의 증대는 신자유주의의 한 예이다. 미국과의 국경 지역을 따라 입지한 멕시코의 조립 가공 업체를 **마킬라도라**(maquiladoras)라 하며 이는 날로 글로벌화되어 가는 경제에서 나타나는 특징적인 제조업 시스템이기도 하다. 마킬라도라 공장은 1960년대부터 국경 지역 산업화 정책의 일환으로 건설되기 시작하였으며 2000년경 3,000개 이상의 공장이 국경을 따라 입지하였다. 북아메리카자유무역협정이 발효됨에 따라 외국인 소유의 제조업 공장이 더 이상 국경 지대에 국한되어 입지하지 않아도 되었고, 이에 몬테레이, 푸에블라, 베라크루스 등의 인구 집중 지역과 인접해 건설되고 있다. 멕시코 중앙 지역에 위치한 아구아스 칼리엔테스는 주요 자동차 생산 도시로 급성장하였는데, 생산되는 자동차의 대부분은 외국계 자동차 회사에서 생산되는 수출용 자동차이다. 미국-멕시코 국경으로부터 네 시간 거리에 위치한 치와와 시는 항공 산업의 중심지로 급성장하였다(그림 4.33). 지난 10여 년간 수십 개의 항공기 회사들이 이곳에 공장을 열었는데, 최근 호황을 맞은 미국의 항공기 생산업계에 많은 양의 부품을 공급하고 있다. 치와와의 인건비는 시간당 6달러 정도로 미국에 비해 훨씬 낮다. 비록 멕시코의 인건비가 중국에 비해 훨씬 높지만 미국과의 높은 접근성을 지니고 있으며 NAFTA 회원국이라는 점에서 멕시코는 여전히 매력적인 생산 입지이다.

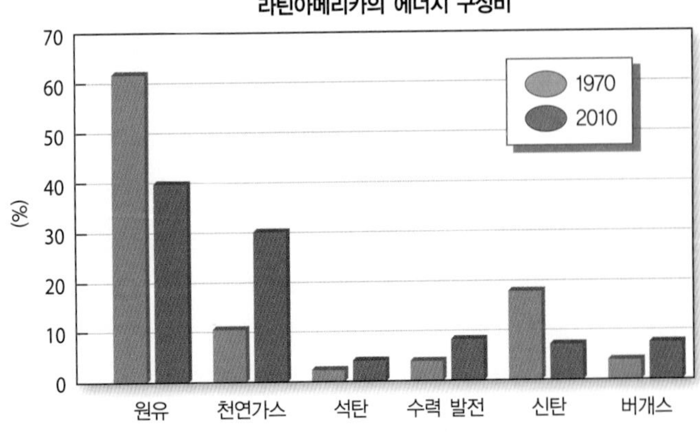

그림 4.32 **라틴아메리카의 에너지 소비 구조 변화(1970~2010)** 라틴아메리카의 에너지원이 확대되고 다변화됨에 따라 신탄에 대한 의존율이 크게 감소하였고 대신 천연가스에 대한 의존율이 높아졌다. **Q : 이 지역에서 신탄의 소비가 감소한 것은 무엇 때문인가?**

국경을 둘러싸고 나타나고 있는 산업화와 관련해 양국에서 상당한 논쟁이 일어나고 있다. 미국의 노동조합은 임금이 높은 제조업 일자리가 저임금의 경쟁자로 인해 사라진다고 불평하며, 환경주의자들은 느슨한 정부 규제로 인해 산업 공해가 심각하다고 지적한다. 멕시코인은 이 공장들이 국가 경제의 여타 부분과 연계되지 않는 점에 대해 염려하고 있으며, 대부분 미혼의 젊은 여성인 노동자들이 이용당하는 것은 아닌지 염려하고 있다.

여타 라틴아메리카 국가는 세금 우대 정책과 낮은 인건비로 외국 기업들을 유인하고 있다. 특히 온두라스, 과테말라, 엘살바도르 등의 조립 가공 공장에는 섬유산업 분야의 외국인 투자가 이루어지고 있다. 엘살바도르의 최근 보고서에 의하면 국내에 입지한 섬유산업체 중 노동조합이 결성된 곳은 한 군데도 없다. 미국계 유명 상품을 제조하는 엘살바도르의 섬유업체 직원은 일주일에 80시간을 일해도 생계를 유지하기 어려우며 아이를 가질 경우 해고된다고 불평을 한다. 그러나 1998년부터 인텔 사의 컴퓨터 칩을 주로 생산하고 있는 코스타리카의 경우 상황이 매우 다르다. 교육 수준이 높은 인구, 낮은 범죄율, 안정적인 정치 상황 등으로 인해 코스타리카는 현재 첨단 기술 업체를 유치하고 있다. 희망에 찬 공무원들은 코스타리카가 바나나 공화국(오랜 기간 바나나와 커피가 이 국가의 수출 상품이었다)으로부터 첨단 기술의 제조업 중심지로 변모하고 있다고 말한다. 2010년부터 2014년까지 코스타리카의 경제는 연평균 4.3%씩 성장했다.

최근에는 교육 수준이 높은 인구로 인해 우루과이가 **아웃소싱**(outsourcing) 기업들에게 남아메리카에서 가장 매력적인 지역

그림 4.33 **치와와의 항공산업** 치와와의 멕시코의 노동자들이 호커비치크래프트 공장에서 미국으로 수출할 비행기 엔진을 조립하고 있다. 치와와는 멕시코에서도 항공 기술 엔지니어와 기술자들이 가장 많이 집중되어 있는 지역이다.

으로 떠오르고 있다. 대부분 인도에서 행해지던 백오피스 기능의 아웃소싱은 기술적 지원, 데이터 입력, 프로그래밍 등으로 이루어지는데 현재 인건비가 더욱 저렴한 지역으로 이동하고 있다. 인도의 다국적 기업인 타타와 제휴한 TCS 이베로아메리카는 최근 우루과이에 남아메리카 최대의 아웃소싱 업체를 창설하였다. 우루과이는 또한 미국의 동부 지역과 시간대가 같다는 점에서 장점을 지니고 있다. 인도의 고위급 엔지니어들이 자는 사이 우루과이의 엔지니어와 프로그래머들이 몬테비데오에 있는 고객들에게 서비스를 제공하고 있다.

(1차 부문 및 2차 부문에서의) 산업과 수출 부문의 성장은 외국인 직접 투자의 증가에 힘입은 것이다. 2013년 라틴아메리카 최대의 외국인 직접 투자국은 브라질(810억 달러), 멕시코(420억 달러), 콜롬비아(160억 달러) 등이었다. 그림 4.34에서는 1990년부터 2011년까지 GDP에서 외국인 직접 투자가 차지하는 비율의 변화를 보여주고 있다. 라틴아메리카의 대부분의 국가에서 GDP 대비 외국인 직접 투자 비율이 상승하였으나 에콰도르의 경우 예외였다. 이 지역에 투자한 지역은 주로 유럽 및 아시아였다. 2012년 중국은 브라질의 최대 무역 대상국이었다. 러시아 및 인도와 함께 브릭스(BRICs) 국가라 불렸던 중국과 브라질은 전략적 동반자 관계의 중요성을 깨달았다. 브라질은 곡물, 광물, 에너지 자원 등을 수출하고 있을 뿐 아니라 브라질의 항공기 제조업체인 엠브라에르는 중국에서 비행기를 제조하고 중국 항공사들에게 판매도 하고 있다.

송금 해외 송금은 또 하나의 주요한 자금 유입 형태로, 라틴아메리카의 이주민이 전 세계의 노동시장에 통합되어 있음을 보여준다. 학자들은 이러한 자금의 유입으로 인해 지속 가능한 발전이 실제로 이루어질 수 있는지, 아니면 단지 생존을 위한 최후의 의지처에 불과한지에 대해 논의를 벌이고 있다. 세계은행의 연구에 의하면 송금의 규모가 2008년 세계 금융 위기 이후 급격히 감소하였으나 2013년 610억 달러 정도로 회복되었다고 한다(그러나 이는 송금액이 최대치를 달했던 2008년의 690억 달러보다는 적은 규모이다). 송금액은 연간 평균 5~10% 씩 증가하고 있으며 많은 경제학자들이 당분간 라틴아메리카에서는 송금이 주요 자금 공급원이 될 것이라고 예측하고 있다.

송금으로 인한 경제적 효과는 실질적이다(그림 4.33). 멕시코는 라틴아메리카 최대 송금 유입국으로 2012년 230억 달러가 유입되었는데, 이는 인구 1인당 평균 200달러씩 송금을 받은 꼴이다. 멕시코보다 인구 규모가 훨씬 작은 엘살바도르와 온두라스는 송금이 국내 경제에 미치는 영향력이 훨씬 더 크다. 인구 규모 640만 명의 엘살바도르에는 2012년 40억 달러의 송금이 유입되었으며 이는 국민 1인당 640달러 가까이 되는 것이었다. 송금은 끊임없이 변화하는 국제 이주 시스템의 영향을 매우 강하게 받지만 많은 라틴아메리카 사람들에게는 빈곤을 완화시키는 가장 확실한 방법이다.

달러화 1990년대 라틴아메리카 전역에 걸쳐 금융 위기가 확산되자 여러 정부는 **달러화**(dollarization)의 경제적 이익을 고려하기 시작했다. 달러화란 한 국가가 전체적으로 혹은 부분적으로 미국 달러를 공식 화폐로 채택하는 것을 말한다. 완전히 달러화한 경제에서는 미국 달러만이 유일한 교환 매체가 되고 해당 국가의 화폐는 더 이상 존재하지 않는다. 2000년 에콰도르는 화폐가치의 평가절하와 연간 1,000%가 넘는 초인플레이션의 문제를 해결하기 위해 달러화라는 극단적인 방법을 택했다. 2001년 엘살바도르는 차관 비용을 줄이기 위해 달러화를 채택했다. 달러화는 새로운 것이 아니다. 이미 1904년, 콜롬비아로부터 독립을 한 바로 이듬해 파나마가 달러화를 도입했다. 그러나 2000년까지 라틴아메리카에서는 오직 파나마만이 완전하게 달러화 정책을 실시했다.

라틴아메리카에서 사용하는 좀 더 보편적인 형태는 제한적인 달러화 정책으로, 미국의 달러가 자국의 통화와 함께 사용되고 유통되는 것이다. 제한적인 달러화는 전 세계 여러 나라에서 실시되고 있지만 라틴아메리카에서 가장 보편화되어 있다. 라틴아메리카 경제의 화폐가치 평가절하 및 초인플레이션의 가능성이 높기 때문에 제한적인 달러화는 일종의 보험인 셈이다. 예를 들어 라틴아메리카의 많은 은행은 자국 화폐가 평가절하되었을 경우 해외로의 자금 도피를 막기 위해 고객이 달러로 계좌를 유지할 수 있도록 허용하고 있다. 다른 국가에서는 자국 통화를 유지하면서 자국의 통화가치를 달러와 1 대 1로 유지하는 정책을 사용하기도 하였다. 이는 1991년 아르헨티나에서 도입된 혁신적인

그림 4.34 **세계적 연계 : 외국인 투자와 송금** 라틴아메리카 자금 유입량 증가는 외국인 투자와 이주민의 영향이다. 지도에서 보이는 바와 같이 1990년부터 2011년 사이 대부분의 국가에서 외국인 직접 투자가 증가했다. 2011년, 해외에서 일하고 있는 노동자들은 610억 달러를 라틴아메리카 지역에 보냄으로써 수많은 빈곤 가구에 매우 요긴한 자금을 제공했다. 과테말라, 엘살바도르, 온두라스의 경우 송금을 받은 액수가 국민 1인당 300달러가 넘는다.

정책이었지만 이후 2001년 심각한 경제 위기의 원인이 되었고 결국 폐지되었다. 달러화는 정도의 차이는 있으나 인플레이션을 완화시키는 효과가 있고 통화가치 하락으로 인한 두려움을 감소시키며 환전 수수료가 없기 때문에 무역의 비용을 감소시키는 효과가 있다.

달러화는 단점도 있다. 가장 뚜렷한 단점은 국가가 통화 정책에 대한 통제력을 상실하고 미국의 연방준비제도 이사회의 결정에 의존하게 된다는 점이다. 정부가 자국의 경제를 달러화하기 위해서 어떠한 허락을 구할 필요는 없다. 또한 미국의 통화 정책 결정이 다른 국가의 경제에 많은 영향을 미침에도 불구하고 미국은 자신의 통화 정책이 전적으로 국내 상황만을 고려하여 결정되는 것이라고 주장한다. 자국 통화 철폐로 인한 국내 정치에의 영향력은 심각하다. 에콰도르의 예가 매우 적절한데, 1999년 하밀 마우아드 대통령이 하이퍼인플레이션을 막기 위하여 달러화를 감행할 계획을 발표한 직후, 군부 및 원주민 운동가들의 연합 세력에 의해 대통령직에서 퇴출당하였다. 그러나 부통령이었던 구스타보 나보아가 대통령직에 오른 이후 경제 상황이 더욱 악화되자 에콰도르의 정치인들이 앞장서서 달러화를 추진하였다. 한마디로, 달러화는 일시적인 경제적 위기 상황에서는 도움이 될 수 있지만 인기 있는 정책은 아니다.

비공식 부문 번영을 구가하고 있는 수도에서조차도 교외로 조금만 나가면 노점상과 가내수공업체가 가득 차 있는, 자조 주택으로 이루어진 거대한 지역이 나타난다. 이러한 경제 활동들을 일컬어 **비공식 부문**(informal sector)이라 하는데, 이는 정부의 규제, 등록, 과세 등을 거치지 않고 상품과 서비스를 제공하는 것을 말한다. 비공식 부문의 사람들은 대부분 스스로 고용되어 있으며 그들이 순이익으로 올린 이익 외에는 임금이나 이익을 받을 수 없다. 가장 일반적인 비공식 부문 활동은 집짓기(많은 도시에서 주민의 절반 정도가 스스로 지은 집에서 거주한다), 소규모 작업장에서의 제조업, 노점상, 운수업(메신저 서비스, 자전거 배달, 개인택시 등), 쓰레기 줍기, 거리 공연, 웨이터 등이다(그림 4.35).

비공식 부문 경제의 규모가 얼마나 되는지는 아무도 알지 못하는데, 이는 공식 부문 활동과 비공식 부문 활동 간의 구분이 어렵기 때문이기도 하다. 리마, 벨렘, 과테말라시티, 과야킬 등을 방문해 보면 비공식 부문이 경제의 대부분을 차지한다는 인상을 받는다. 온 시야를 뒤덮는 자조 주택으로부터 보도에 몰려 있는 노점상에 이르기까지 이들을 막는 것은 불가능해 보인다. 비공식 부문의 이점도 분명 있는데 근무 시간이 자유롭고, 근무 중에 아이들을 돌볼 수 있으며 고용주가 없다는 점 등이다. 무엇보다도 부유층이 아닌 라틴아메리카의 빈곤층이 이 부문에 광범위하게 의존하고 있다는 점에서 비공식 부문은 의의를 지닌다. 이는 라틴아메리카의 공식 부문 경제의 무능함을 반영하는 것으로, 특히 산업 부문이 구직을 하는 많은 이들에게 충분한 직업을 제공하고 있지 못함을 의미한다.

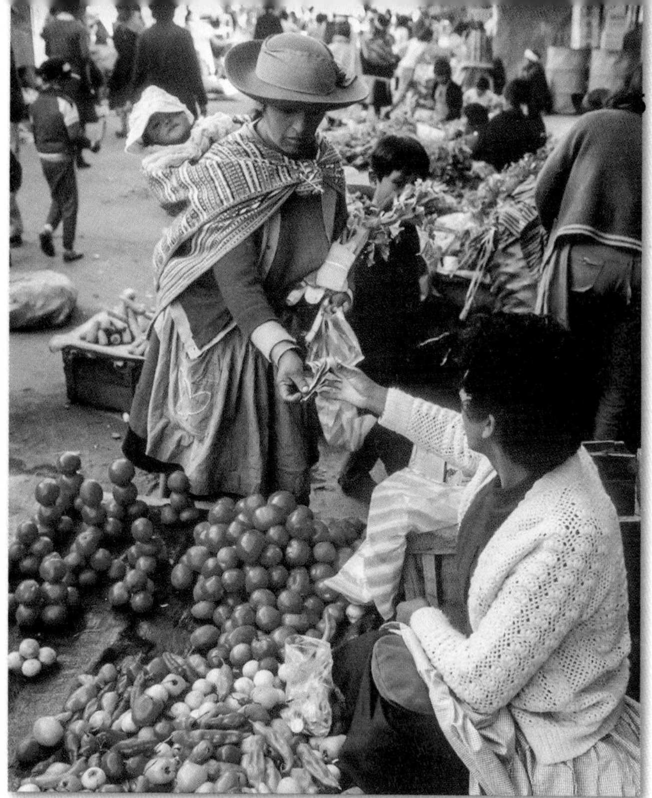

그림 4.35 **페루의 노점상** 페루 우앙카요의 노점상이 장사를 하고 있다. 노점상은 상품의 유통과 수입의 형성이라는 면에서 매우 중요한 역할을 한다. 노점상은 라틴아메리카의 비공식 경제 부문의 가장 대표적인 직업이다.

사회 발전

지난 30년간 라틴아메리카는 기대수명, 유아 생존율, 교육 수준 등에서 괄목할 만한 성장을 이루었다. 가장 인상적인 점은 1990년부터 2007년 사이 유아 사망률이 지속적으로 감소한 것이다(표 A4.2). 이 지표의 증가, 즉 5세 이하 유아의 생존율이 높아졌다는 것은 기본적인 영양 및 보건 수요가 충족되었음을 의미하는 것이기 때문에 중요하다. 또한 이 지수는 여성과 그 자녀의 부양을 위해 자원이 사용되고 있음을 의미한다. 경제적 불황에도 불구하고 라틴아메리카의 사회적 네트워크 덕에 어린이에 대한 부정적인 영향을 줄일 수 있었다.

정부 정책과 민중, NGO의 역할이 결합되어 사회적 복지 개선에 주요한 역할을 하고 있다. 지난 몇 년간 **보우사 파밀리아**(Bolsa Familia) 같은 조건부 현금 제공 프로그램으로 인해 브라질의 극빈층이 감소되었다. 보우사 파밀리아를 지원받을 수 있을 만큼 빈곤한 가정에서는 다달이 정부로부터 수표를 제공받지만 자녀를 학교에 보내고 정기적으로 병원 검진을 받도록 해야 한다. 이러한 프로그램은 빈곤한 가정에 현금을 제공함으로써 당장의 효과를 볼 수 있으며 빈곤 가정 아동들의 교육 기회를 확대하고 의료 서비스를 제공할 수 있다는 면에서 장기적인 효과를 기대할 수 있다. 브라질이나 멕시코보다 재원이 부족한 국가에서는 국제 인권 단체, 선교 단체, 지역 운동가 등이 국가 및 지역 정부가 제공하지 못하는 많은 서비스를 제공하고 있다. 예를 들어 카리타스에 위치한 가톨릭 구호단은 용수 공급, 보건, 교육 등의 개선을 위해 전 지역에 걸쳐 가난한 촌락민과 함께 일하고 있다. 다른 단체들은 정부가 학교를 짓고 빈민촌의 주장을 인지하도록 로비 활동을 한다. 민중 조직들은 협동을 장려하고 스웨터에서 치즈에 이르기까지 모든 것을 시장에 내놓도록 돕는다.

또 다른 주요한 사회 발전 지표로는 기대수명, 성별 교육 평등도, 정수 처리된 물의 공급 등이 있다. 전체적으로, 라틴아메리카 인구의 94%가 정수 처리된 충분한 양의 물을 공급받으며 중등교육을 받는 여성의 비율이 남성보다 조금 더 높고(그림 4.36), 기대수명은 (남성과 여성 모두) 73세 정도이다. 그러나 촌락과 도시 간의 차이가 매우 크고, 지역과 인종 간에 큰 차이가 나타난다.

인종과 불평등 라틴아메리카의 인종 관계에서는 감탄할 부분이 많이 있다. 라틴아메리카는 인종적 복잡성과 인종 간의 혼혈로 인해 다양성을 지니게 되었다. 이는 라틴아메리카의 빈곤한 지역에서는 원주민과 흑인의 비율이 높음을 의미한다. 브라질에서는 예전에 비해 더욱 빈번하게 인종 간 차별이 주요 정치적 문제가 되곤 한다. 주로 흑인인 거리의 아이들에 의한 조직적인 살인에 관한 기사가 신문의 머리기사가 되곤 한다. 수십 년간 브라질은 여러 인종이 혼합된 민주주의에 대한 바람직한 예로 거론되어 왔다. 브라질에서는 인종 간의 주거지 분리가 거의 나타나지 않으며 인종 간의 결혼도 일반적이다. 그러나 사회적·경제적 불평등의 패턴을 설명할 때는 인종이 가장 주요한 설명 인자가 된다.

브라질에서 인종 간의 불평등에 관한 거론은 문제가 된다. 브라질의 센서스에서는 인종에 관해서는 거의 묻지 않으며, 대부분 스스로의 분류에 기반하게 된다. 2000년 센서스에서는 인구의 11% 이하가 자신을 흑인이라 생각했다. 그러나 일부 브라질 사회학자들은 인구의 절반 정도가 아프리카 출신 조상의 후손이며, 브라질은 나이지리아에 이어 두 번째로 거대한 '아프리카 국가'라고 주장한다. 인종적 분류는 언제나 매우 주관적이며 상대적이지만 인종주의를 지지하는 패턴이 항상 존재해 왔다. 흑인계가 주를 이루는 브라질 동북부의 예에서 보면 사망률이 세계의 최빈국 수준에 가깝다. 브라질 전역에 걸쳐, 흑인은 집이 없고 토지가 없는 비율이 높으며 문맹과 실업의 비율 또한 높게 나타난다. 이러한 문제를 해결하기 위해 (보우사 파밀리아 프로그램을 비롯한) 여러 가지 보완 프로그램들이 시행되었다. 주정부부터 공립대학에 이르기까지 흑인계 브라질인의 환경을 개선하기 위해 다양한 쿼터 제도를 시행하고 있다.

라틴아메리카에서는 원주민 문화가 강하게 나타나지만 그들의 사회경제적 지위는 낮다. 대부분의 국가에서 원주민 언어가 널리 사용되는 지역은 빈곤이 만연한 지역과 거의 일치한다. 멕시코 남부의 원주민 마을은 경제적으로 부유한 멕시코 북부 및 멕시코시티와 많은 격차를 나타낸다. 편견은 언어에서부터 시작된다. 멕시코에서 누군가를 **인디오**(Indio)라 부르는 것은 모욕적인 행위이다. 볼리비아에서는 원주민 스타일의 긴 주름치마를 입고 신사 모자를 쓴 여성을 일컬어 **촐라**(cholas)라 부르는데, 이 용어는 시골에 거주하는 메스티소들을 일컫는 것으로 그들의 후진성과 비열함을 내포하고 있는 말이다. 그러나 사회적 지위가 높은 사람은 피부색에 관계없이 촐라나 **촐로**(cholo)라고 불리지 않는다.

인종과 계급을 따로 생각하기도 어렵다. 정복 시절부터 유럽인이라는 존재는 원주민, 흑인, 메스티소에 비해 높은 사회적 계급을 갖는 것을 의미했다. 인종이 개인의 경제적 지위에 대한 필수 조건은 아니지만 분명히 영향을 미친다. 그러나 아메리카 원주민들은 자신들의 정치적 입지를 굳히고 있다. 예를 들어 2006년 볼리비아의 대통령으로 취임한 에보 모랄레스는 볼리비아의 첫 번째 원주민 출신 지도자였다.

그림 4.36 **파나마의 학생들** 공립학교의 교복을 입은 학생들이 파나마시티의 거리를 걷고 있다. 라틴아메리카 국가들은 젊은이들의 문해율을 높이기 위해 지속적인 노력을 하여 97%의 젊은이(15~24세)가 읽고 쓸 줄 알게 되었다. 고등교육 부문에서의 1인당 교육비 지출액은 아직 유럽이나 북아메리카에 비해 한참 뒤떨어져 있다.

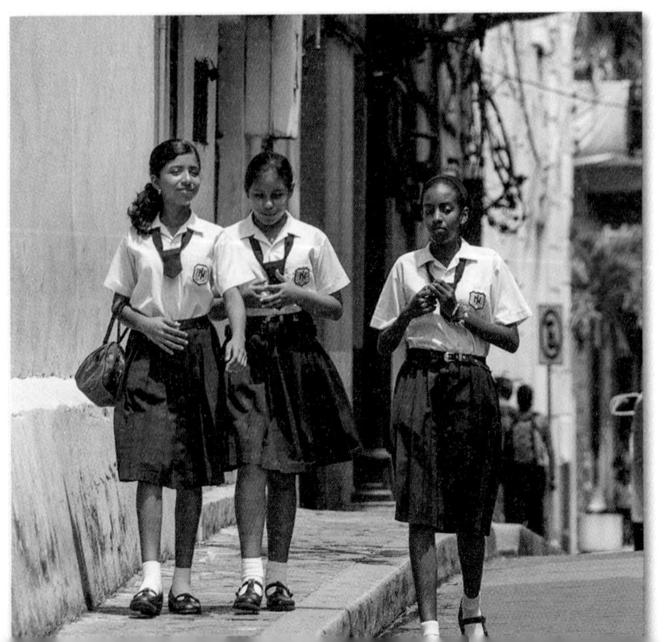

여성의 지위 라틴아메리카 여성의 지위를 둘러싸고 수많은 모순이 존재한다. 많은 라틴아메리카 여성이 나가서 일을 한다. 대부분의 국가에서는 공식 부분의 30~40% 정도가 여성 취업자이며, 이는 다수의 유럽 국가와 큰 차이를 나타내지 않지만 미국에 비해서는 낮은 것이다. 법적으로 여성들은 투표할 수 있고, 재산을 소유할 수 있으며, 대출을 받을 수 있으나 여성들은 남성에 비해 그러한 경향이 적고, 이는 남성 중심 경향의 사회임을 반영한다. 라틴아메리카 대부분의 지역이 본래 가톨릭을 믿지만, 이혼이 합법적이며 가족계획이 장려되고 있다. 그러나 대부분의 국가에서 낙태는 여전히 불법행위이다.

전체적으로, 라틴아메리카에서의 교육의 기회는 여타 개발도상국에 비해서는 양호한 편이며 따라서 문맹률도 낮은 편이다. 성인의 문맹률은 여성이 남성에 비해 조금 높지만 그 차이는 매우 적은 편이다. 오늘날 라틴아메리카의 고등교육 부문에서는 여성과 남성이 평등하다. 그 결과 여성들의 교육, 의료, 법률 분야의 고용이 일반화되었다.

여성들에게 일어난 가장 큰 변화는 핵가족화의 경향, 도시 생활, 남성과 동등한 교육 등일 것이다. 이러한 요인으로 인해 노동력에서 여성의 참여율은 크게 향상되었다. 그러나 촌락 지역에서는 심각한 불평등이 잔재하고 있다. 촌락의 여성은 교육의 기회가 훨씬 적고 대가족에 속하는 경향이 높다. 게다가 남편이 계절적 고용 등으로 집을 비우면 혼자서 남은 가족을 돌보아야 한다. 전반적으로, 촌락 여성이 맞닥뜨리는 상황은 매우 서서히 개선되고 있다.

정치 분야에서 여성의 역할은 점점 더 증가하고 있다. 1990년 니카라과의 야당 신문사의 소유주였던 비올레타 차모로가 라틴아메리카 최초의 여성 대통령으로 선출되었다. 9년 후 파나마에서는 미레야 모스코소가 대통령으로 선출되었다. 2005년에 소아과 의사이자 미혼모이던 미첼 바첼레트가 칠레의 대통령으로 취임함으로써 남아메리카 최초의 여성 대통령이 되었다. 그녀는 2013년 재선에 성공했다. 2011년에는 브라질의 지우마 호세프가 세계에서 일곱 번째로 경제 규모가 큰 국가의 대통령에 선출되었다. 그림 4.37에서 보이는 것처럼 국회에서 여성이 차지하는 비율은 미국보다 라틴아메리카 국가들에서 훨씬 높게 나타난다.

그림 4.37 **여성의 정치 참여** 라틴아메리카 정치계에서 여성들은 활발한 활동을 하고 있다. 평균적으로 국회 의석 수의 25% 정도가 여성이다. 2014년 브라질에서는 여성 의원의 비율이 9% 정도에 그쳤지만 멕시코와 아르헨티나는 37%에 이르렀다. 게다가 6개 국가에서 여성 대통령이 탄생했다(세계은행 개발 지수, 2015년).

라틴아메리카 전역에 걸쳐 여성 및 원주민 그룹이 활동적인 조직체가 되어 조합, 소규모 기업, 노동조합 등에 활발히 참여하고 있다. 그들은 비교적 짧은 기간 내에 경제 및 정치적 의견 분야에서 공식적인 위치를 차지하게 되었다. 게다가 그러한 경향은 지속될 것으로 보인다.

확인 학습

4.10 라틴아메리카에서 수출하는 1차 산업 생산물(식품, 섬유, 에너지) 등이 라틴아메리카의 경제 형성에 어떻게 영향을 미쳤는지 설명하라.

4.11 라틴아메리카의 사회 발전과 관련된 긍정적인 지표들이 의미하는 바는 무엇인가?

주요 용어 신자유주의, 공정 무역, 마킬라도라, 아웃소싱, 달러화, 비공식 부문, 보우사 파밀리아

요약

자연지리와 환경 문제

4.1 **고원 지역에서의 해발고도와 기후, 농작물 생산 간의 관계를 설명하라.**

4.2 **라틴아메리카의 주요 환경 문제는 무엇이 있으며 각 국가별로 그에 대해 어떻게 대응하고 있는지를 설명하라.**

유럽이나 아시아에 비해 라틴아메리카는 자원이 풍부하고 인구밀도는 낮은 편이다. 그러나 인구가 늘어나고 천연자원의 무역량이 증가하면서 환경에 대한 압력이 늘어나고 있다. 열대 우림을 제거하고 새로운 댐을 건설하는 데 대해 특히 많은 우려가 제기되고 있다. 라틴아메리카 국가의 도시들은 대기의 질을 개선시키기 위해 노력하고 있다.

1. 라틴아메리카 도시의 환경의 개선하는 데 도시 교통 정책의 변화가 어떠한 영향을 미쳤는가?
2. 라틴아메리카에서 자원 보존을 위해 노력하는 사례를 들어라. 이러한 노력은 효과가 있었는가?

인구와 정주

4.3 **라틴아메리카의 주요 인구 문제를 이촌향도 현상, 도시화, 핵가족화, 인구의 해외 유출 등의 문제와 관련하여 간략히 설명하라.**

여타 개발도상국들과 달리 라틴아메라카 지역 주민의 3/4 정도가 도시에 살고 있다. 이러한 변화는 일찍이 시작되었으며 지난 식민 시대로부터 기원한 도시의 삶에 대한 선호 문화에서 기원한다. 도시들은 대규모이며 공식 부문의 경제와 비공식 부문의 경제가 혼재된 양상을 나타내고 있다. 촌락 지역에 만연한 빈곤으로 인해 사람들은 도시로 내몰렸으며 일자리를 찾아 다른 나라로 이주해 갔다.

3. 라틴아메리카 도시 모델에서 제시한 지역이 어느 도시의 어느 곳인지를 설명하라(그림 4.20).
4. 라틴아메리카는 왜 인구 유출 지역이 되었는가? 이러한 인구 유출 경향은 지속될 것인가?

문화적 동질성과 다양성

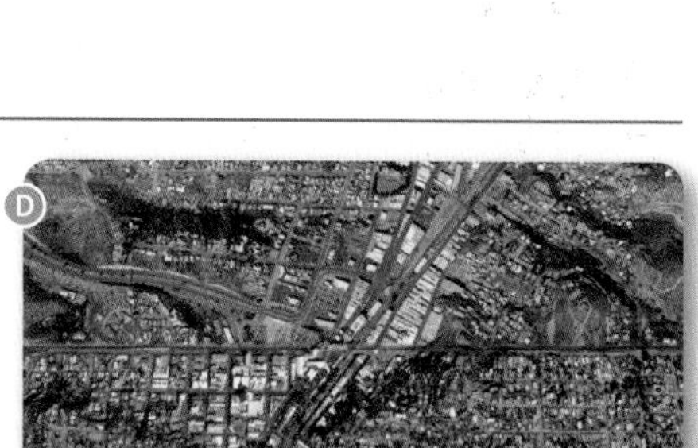

4.4 **이 지역에서 유럽인과 원주민 간의 문화적 융합에 대해 설명하고 현재 원주민이 남아 있는 지역은 어느 곳들인지 기술하라.**

4.5 **해외 이주, 스포츠, 음악, 텔레비전 등을 통해 라티노 문화가 전 세계적으로 전파된 과정에 대해 설명하라.**

라틴아메리카와 카리브해 지역은 영역의 대부분이 유럽의 식민 지배를 받았다. 식민지화의 과정에서 원주민 인구의 90% 이상이 질병, 백인들의 무자비함, 강제 이주 정책 등으로 인해 사망하였다. 원주민 인구가 서서히 회복되고 유럽인들과 아프리카인들이 지속적으로 유입되면서 이 지역에서는 전례 없던 인종 및 문화의 혼종이 일어났다. 오늘날 아메리카 원주민들이 활발한 활동을 하기 시작하였는데, 원주민 단체들은 자신들의 영역과 정치적 위상을 확보하고 있다.

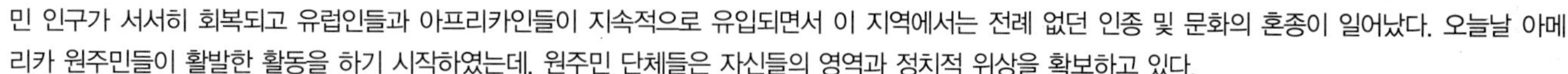

5. 라틴아메리카 지역의 언어 분포에 영향을 미친 요인들에 대해 설명하라.
6. 라틴아메리카 지역의 종교적 관행이 세계화 및 다양성에 어떠한 영향을 미치고 있는가?

지정학적 틀

4.6 **이베리아 반도 국가들의 식민지화 과정에 대해 설명하고 식민 지배 경험이 오늘날 이 지역의 국가들을 형성하는 데 어떠한 영향을 미쳤는지를 설명하라.**

4.7 **라틴아메리카의 주요 무역 블록은 어떠한 것들이 있으며 그 블록들이 라틴아메리카에 미치는 영향력은 어떠한지 기술하라.**

대부분의 라틴아메리카 국가들은 200년 이상 독립국가였다. 그러나 그 기간 동안 유럽 및 북아메리카 지역과 정치적인 면과 경제적인 면에서 종속적인 관계를 경험하였으며 이로 인해 이 지역의 발전이 전반적으로 저해되는 결과가 발생하였다. 오늘날 라틴아메리카의 국가들, 특히 브라질은 예전에 비해 더욱 강력한 지정학적 영향력을 행사하고 있다. 라틴아메리카에서 원주민 집단이나 여성과 같은 새로운 정치적 행위자들이 부상하고 있으며 이들은 기존의 정치 관행에 대해 도전을 하고 있다.

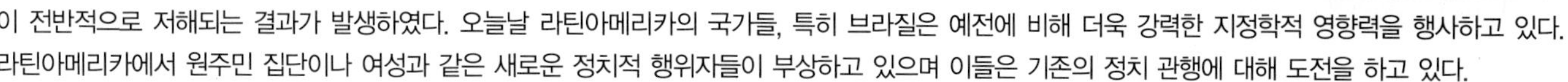

7. 국제 조약이 라틴아메리카 지역의 토지 이용 패턴 형성에 어떠한 영향을 미쳤는가?
8. 남아메리카 공동체의 변화가 남아메리카의 발전에 어떠한 영향을 미치는가?

경제 및 사회 발전

4.8 **라틴아메리카의 주된 수출 품목의 특성에 대해 농산물, 광물, 목재, 화석연료 등을 중심으로 간단히 설명하라.**

4.9 **라틴아메리카에 적용된 신자유주의적 경제 개혁에 대해 설명하고 신자유주의가 이 지역의 발전에 어떠한 영향을 미쳤는지 설명하라.**

라틴아메리카 정부들을 신자유주의 경제 정책을 일찍이 받아들였다. 그 결과 일부 국가들은 번영을 이루었지만 어떤 국가들은 신자유주의 및 세계화로 인한 부정적 영향에 대해 항의하는 시민들로 인해 사회적 불안정성이 더해졌을 뿐이다. 2000년 이후 대부분의 국가들에서는 경제적 성장이 이루어졌으나 이로 인해 물가가 크게 상승한 국가들도 있다. 한편 절대적인 빈곤의 상태는 감소하였으며 사회적 발전 지수들도 개선되었다.

9. 농업 형태 및 무역의 변화로 인해 영향을 받은 상품들은 무엇이 있으며 얼마나 증산되었는가?
10. 신자유주의정책으로 인해 라틴아메리카 지역의 소득 불균형이 증가되었다고 생각하는가 혹은 감소하였다고 생각하는가? 그 이유는 무엇인가?

데이터 분석

http://goo.gl/rJDjBc

커피 생산업은 라틴아메리카 국가들에게 매우 중요한 산업이며 이 지역은 세계에서 가장 많은 커피를 생산하고 있다. 커피는 열대 지역의 대규모 및 소규모 농장에서 생산하던 주요 환금작물이었다. 많은 농가들이 커피 콩을 국제 시장에 내다 팔아 현금 수입을 얻는다. 국제 커피 기구는 전 세계 커피 생산에 관한 통계를 작성하고 있다. 국제 커피 기구의 홈페이지(http://www.ico.org)에 접속하여 2011년부터 2014년까지의 커피 생산량 변화에 대해 알아보자.

1. 2011년 어느 국가가 가장 많은 커피를 생산하였는가? 2014년에는 어느 국가가 가장 많은 양을 생산하였는가? 이러한 변화에 영향을 미친 정치적 혹은 경제적 요인은 무엇인가?
2. 최근 어느 지역에서 커피 생산이 가장 많이 증가하였는가? 어느 지역에서 커피 생산의 감소가 가장 두드러지는가?
3. 커피 생산에서의 두드러진 증가 및 감소가 해당 지역의 환경 및 경제적 발전 잠재력에 어떠한 영향을 미치는지 설명해 보자.

주요 용어

고도별 식생 분포
공정 무역
기온 체감 현상
남아메리카공동시장(Mercosur)
남아메리카국가연합(UNASUR)
달러화
라티푼디아
마킬라도라
메스티소
미니푼디아
미주기구(OAS)
보우사 파밀리아
불량주택지구
비공식 부문
송금
수위도시
순상지
신열대구
신자유주의
아웃소싱
알티플라노
엘니뇨
중앙아메리카자유무역협정(CAFTA)
지역적 조직
초국가적 조직
초지화
토르데시야스 조약
토지 개혁
혼합 종교

5 카리브 해 지역

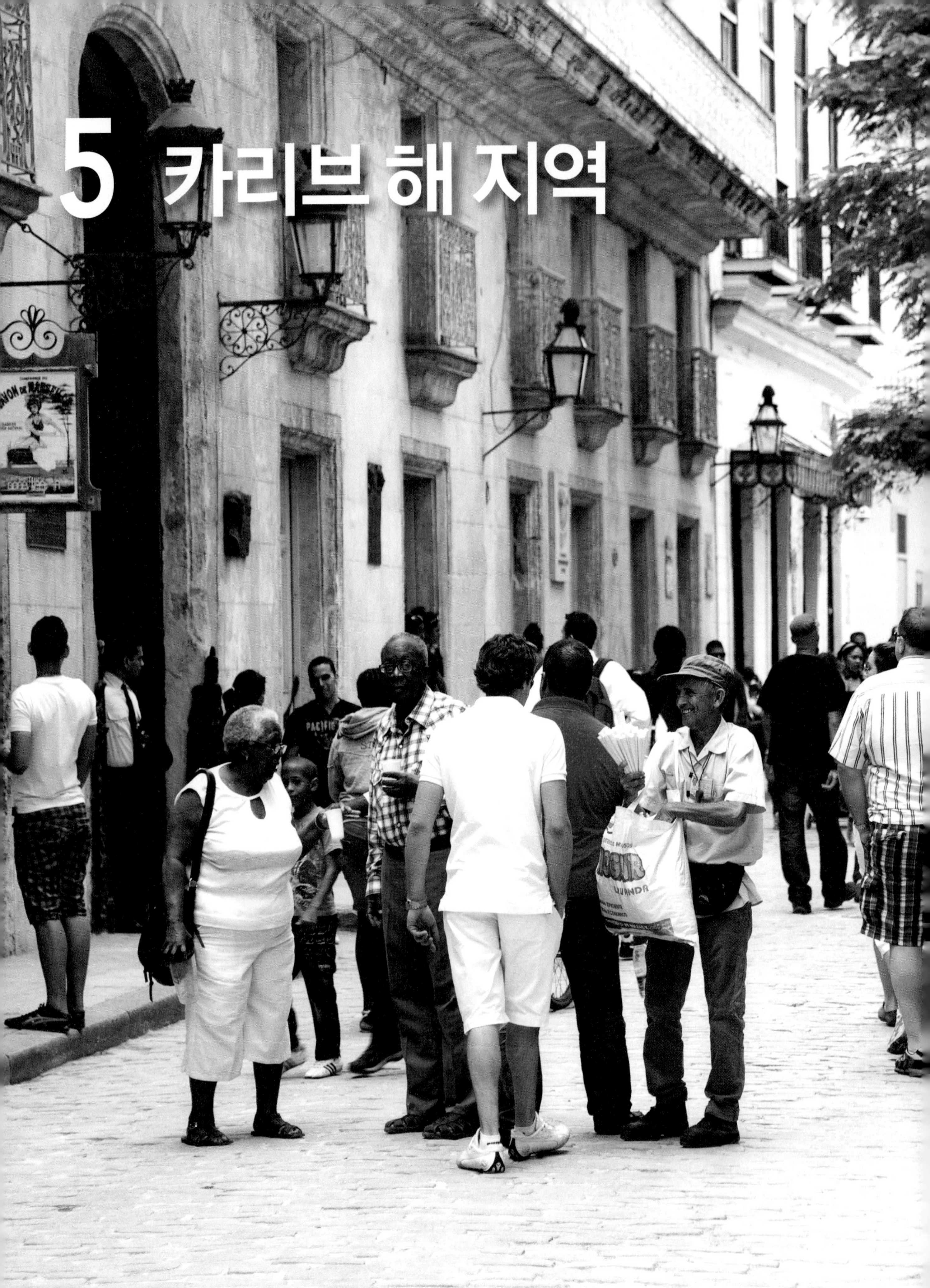

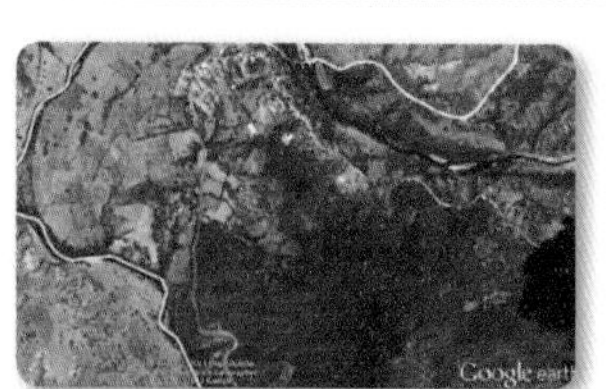

자연지리와 환경 문제

기후 변화는 카리브 해 지역을 위협하고 있다. 허리케인의 강도가 더욱 강해지고 더욱 빈번하게 도래할 것이며, 해수면 상승으로 인해 육지가 감소하고, 산호초가 파괴될 것이라 예상되기 때문이다. 2010년 강력한 지진으로 인해 아이티의 수도인 포르토프랭스가 심각한 피해를 입었는데 이는 카리브 해 지역에서 일어난 최악의 자연재해로 기록되고 있다. 포르토프랭스의 복원은 여전히 요원하다.

인구와 정주

카리브 해 지역에서는 인구학적 변천의 단계를 거쳐 인구 성장률이 낮아졌다. 대규모의 인구가 카리브 해 지역에서 유출되었고 이들 대부분은 경제적 기회를 찾아 떠났으며 고향으로 수십억 달러의 송금을 하고 있다.

문화적 동질성과 다양성

크레올화, 즉 아프리카계 · 유럽계 · 아메리카 원주민계 요소의 혼합은 카리브 해 문화의 다양하고 독특한 특징으로 라라, 레게, 스틸 드럼 밴드 등의 탄생에 주요한 영향을 미쳤다. 카리브 해 스타일의 카니발 축제는 이 지역 사람들이 유럽과 북아메리카로 이주하면서 함께 전파되었다.

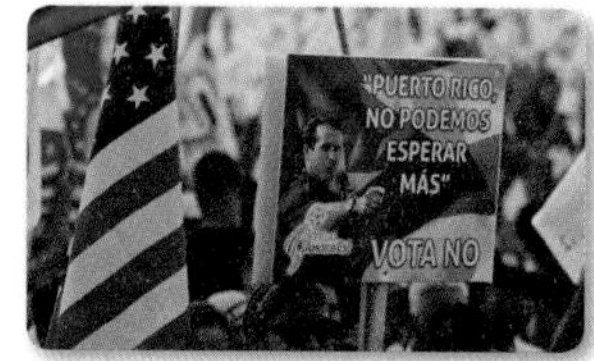

지정학적 틀

일찍이 일부 유럽 국가가 아메리카의 광범위한 영역을 탐험하고 식민지화했으며, 이후 경쟁 관계에 있던 다른 유럽 국가들도 아메리카에 대한 소유권을 주장했다. 20세기 들어서는 아메리카 전반에 걸쳐 미국의 영향력이 강하게 작용했다. 카리브 해의 많은 국가들은 독립한 지 50여 년 정도 되었다.

경제 및 사회 발전

환경적 여건과 경제적 필요성, 입지상의 유리함으로 카리브 해 지역에서는 관광업이 매우 주요한 경제 요소가 되었으며 특히 푸에르토리코, 쿠바, 도미니카공화국, 바하마 등에서 관광업이 발전했다. 최근의 경제 발전에는 제조업 부문의 아웃소싱 업체의 입지와 은행업 등이 주요한 역할을 하였다.

◀ 약 25년 전부터 시작된 쿠바의 관광업은 지속적으로 성장하고 있다. 미국과 쿠바의 관계가 정상화됨에 따라 많은 미국인들이 카리브 해 최대의 섬이자 가장 독특한 문화를 갖고 있는 쿠바를 방문할 것으로 예상된다. 아바나 구시가지 거리에 쿠바인들과 관광객들이 뒤섞여 있는 모습이다.

쿠바는 카리브 해 지역에서 가장 큰 국가이다. 그러나 사회주의 국가로, 경제 및 모든 면에서 예측이 어렵다. 1990년대 초반 이후 현금과 기본적인 물품이 모자라자 쿠바는 꾸준히 관광산업을 발전시켰으며 최근에는 연간 300만 명 이상이 이 섬을 방문하고 있다. 이 섬의 역사적인 건축물, 백사장, 1950년대 미국산 클래식 자동차들, 풍부한 문화적 · 정치적 역사 등에 이끌린 유럽, 캐나다, 라틴아메리카 국가의 관광객들이 이 지역을 방문하고 있다. 2014년 12월 미국과 쿠바 간의 관계가 정상화됨에 따라 50여 년 만에 처음으로 대규모의 미국인들이 이 섬을 방문할 것으로 예상된다. 여행 상품을 통해서 쿠바를 손쉽게 방문할 수 있게 되었는데, 이러한 여행은 교육적인 여행이 될 것이고 쿠바인들에게 도움이 될 것이다. 많은 이들은 이것이 쿠바인들의 미래에 어떤 의미가 될지에 대한 전망을 내놓고 있다. 쿠바의 매력은 그 진정성에 있다. 그러나 카리브 해의 다른 여행지에는 있는 호텔 체인이나 식당, 옷가게 등이 쿠바에는 없다. 피델 카스트로의 동생인 라울 카스트로 대통령은 2010년에야 자영업(cuentapropista)을 허용하였다. 자영업이란 작은 식당, 이발소, 가족이 운영하는 호텔, 철물점, (기독교와 산테리아 종교의) 종교용품 상점 등을 소유하고 운영하는 것이다. 국제 관광객들이 쿠바를 방문하지만 대부분의 쿠바인들에게 해외여행은 금지되어 있고 낮은 소득으로 인해 현대 기술에 대한 접근도 매우 제한적이다. 쿠바의 혁명 지도자들과 쿠바인들은 세계 경제와 정치적 세력에 대응하여 자신들의 조국을 재창조하고자 하고 있다. 먼 미래의 일일지 모르지만, 언젠가는 쿠바도 카리브 해의 다른 섬들과 매우 비슷해질 수도 있다.

카리브 해 지역은
식민 역사가 다양하고 아프리카의 영향력이
뚜렷한 면에서 이베리아 국가들의
영향을 받은 라틴아메리카와는 구분된다.

학습목표

이 장을 읽고 나서 다시 확인할 것

5.1 카리브 해 제도와 외변 지역을 구분하고 이들 지역에 영향을 미치는 환경적 문제를 기술하라.

5.2 인구 성장이 둔화되고 도시화가 심화되며 해외 이주가 지속되고 역이주가 시작되는 현상 등을 중심으로 카리브 해 지역의 인구 변화를 요약하라.

5.3 아프리카인들이 카리브 해로 이주됨에 따라 이 지역에 미친 인구학적 · 문화적 영향력을 밝히고 아메리카 사회에서의 신아프리카 사회의 생성에 대해 기술하라.

5.4 유럽의 식민 지배자들이 카리브 해 지역을 통치하기 위해 왜 그렇게 열성적이었는지 설명하고 이 지역의 독립이 라틴아메리카 지역에 비해 더 서서히 이루어진 이유를 설명하라.

5.5 카리브 해 지역이 세계 경제와 어떻게 연계되어 있는지를 역외 금융, 해외 이주, 관광업 등을 통해 설명하라.

5.6 카리브 해 지역의 사회적 지표가 경제적 지표에 비해 훨씬 더 발전적인 이유를 설명하라.

카리브 해 지역은 유럽인이 아메리카 지역에서 가장 먼저 탐험하고 식민지화한 곳이다. 그러나 현재 이 지역의 정체성은 불분명해 라틴아메리카의 일부로 인식되기도 하고, 별개의 지역으로 보기도 한다. 오늘날 이 지역에는 4,500만 명이 26개 국가 및 속령에 분포해 거주하고 있는데, 인구 규모 3만 6,000명의 영국령 터크스케이커스 제도로부터 아이티와 도미니카공화국으로 이루어진, 인구 규모가 2,100만 명이 넘는 히스파니올라 섬에 이르기까지 다양하다. 또한 카리브 해의 섬과 더불어 중앙아메리카의 벨리즈, 남아메리카 기아나 지역의 세 국가(가이아나, 수리남, 프랑스령 기아나)가 카리브 해 지역을 구성한다. 남아메리카 및 중앙아메리카에 속한 이들 국가는 역사적 · 문화적 이유로 도서국과 같이 취급되며 따라서 카리브 해 지역으로 분류된다(그림 5.1).

역사적으로 카리브 해 지역은 유럽 열강이 열대 지역에 대한 통치권을 놓고 다투던 각축장이었다. 여타 개발도상국에서와 마찬가지로 외국 정부 및 기업에 의한, 카리브 해 지역에 대한 외부로부터의 지배로 인해 경제는 매우 의존적이고 불균형적인 형태를 띠고 있는데 이는 17세기 및 18세기 설탕 경제의 번영, 노예 무역에 대한 의존성, 플랜테이션 농업 등에서 유래한 것이다. 1900년대 초반, 미국이 이 지역에서의 지정학적 지배력을 장악한 이후 일부에서는 이 지역에 신식민주의가 존재하고 있다고 주장하고 있다. 세월이 흐르면서 다른 상품도 경제적 가치를 지니기 시작했는데, 국제 관광산업을 예로 들 수 있다. 각 정부는 금융 서비스와 제조업 등으로 경제를 다각화하고자 노력하고 있으며 농업과 관광업에 대한 의존도를 줄이려 하고 있다.

카리브 해 지역을 세계 지역 구분의 한 지역으로 인식하는 것은 이 지역의 독특한 문화적 · 경제적 역사 때문이다. 문화적으

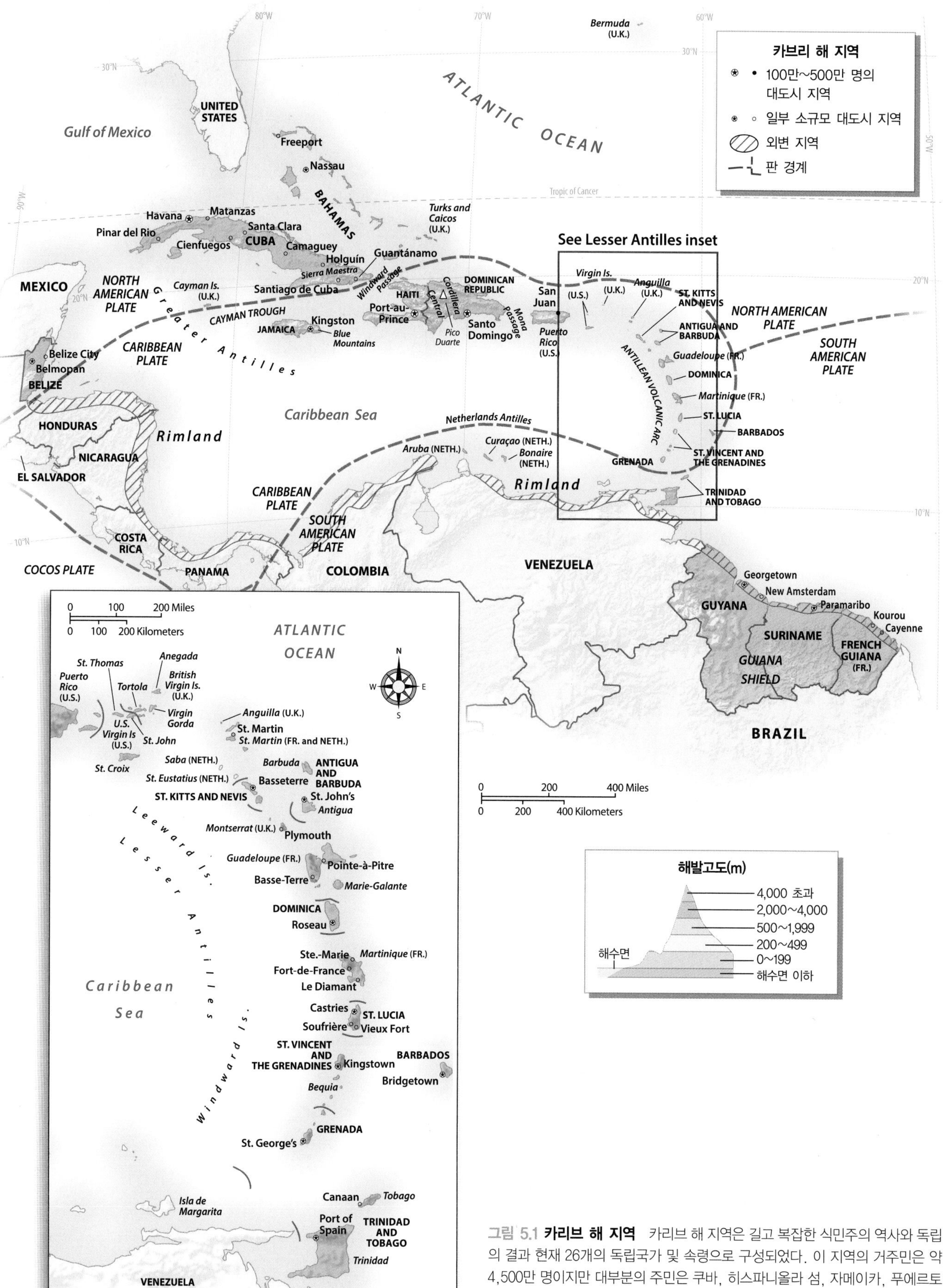

그림 5.1 **카리브 해 지역** 카리브 해 지역은 길고 복잡한 식민주의 역사와 독립의 결과 현재 26개의 독립국가 및 속령으로 구성되었다. 이 지역의 거주민은 약 4,500만 명이지만 대부분의 주민은 쿠바, 히스파니올라 섬, 자메이카, 푸에르토리코 등 4개의 대규모 섬에 집중되어 있다.

로 카리브 해 지역은 다양한 유럽 국가들의 식민 지배의 역사와 강한 아프리카계 문화 유산으로 인해 이베리아 국가들의 영향을 받은 라틴아메리카의 주요 국가들과는 매우 다르다. 이 지역의 사회적 · 경제적 · 환경적 패턴은 수출 지향적인 플랜테이션 농업의 영향을 매우 강하게 받았다.

비록 대부분의 카리브 해 국가들이 개발도상국의 범주에 머물러 있지만 주민들의 기대수명이 70세가 넘고, 유아 사망률이 낮으며 문해율이 높게 나타나고 있다. 수백만 명의 국제 관광객들이 태양과 모래사장, 그리고 즐거움을 찾아 이 지역을 찾는다. 그러나 카리브 해 지역에는 여행 포스터에 그려진 것과는 달리 빈곤하고 경제적 의존도가 높은 지역도 존재한다. 인구 900만 명으로 인구 규모가 세 번째로 큰 아이티는 아메리카 대륙에서 가장 빈곤한 국가이다. 도미니카공화국은 인구 규모가 1,070만 명, 쿠바의 인구는 1,120만 명에 달한다. 이들 주요 국가들도 심각한 경제 문제를 겪고 있으며 빈곤이 만연해 있다.

카리브 해 주민 대부분은 빈곤층에 속하며 북아메리카의 거대한 부의 그늘에서 살고 있다. **고립된 접근성**(isolated proximity)이라는 용어는 이 지역이 국제적으로 지니는 독특한 위치를 설명하는 데 사용되곤 한다. 카리브 해 지역의 고립성으로 인해 이 지역은 문화적 다양성을 유지하고 있으나(그림 5.2) 경제적 기회가 한정되어 있다. 카리브 해 출신 작가들은 이러한 고립성으로 인해 강한 장소감이 형성되고 내부에 초점을 맞추는 경향이 생긴다고 설명했다. 그러나 카리브 해 지역이 지닌 북아메리카(나아가 유럽)와의 상대적 접근성은 국제적 연계와 경제적 종속을 강화시켰다.

해가 거듭할수록 카리브 해 지역은 정체성은 뚜렷해지나 경제적으로는 빈곤한 지역이 되어갔다. 외국계 기업은 이 지역의 저렴한 노동력에 매력을 느끼고 있지만, 주민은 구직 기회를 찾아 다른 지역으로 이주해 나감으로써 카리브 해 지역의 이러한 특성은 더욱 강화되고 있다. 대부분의 카리브 해 국가의 경제적 상태는 안정적이지 못하다. 이러한 불확실성에도 불구하고 우리는 카리브 해에서 무한한 문화적 풍요로움과 지역에 대한 애정을 확인할 수 있으며 이는 이주해 나간 이들이 점차 그리고 갈수록 더 많이 이 지역으로 돌아오고 있는 데 대한 설명이 될 것이다.

자연지리와 환경 문제 : 파멸한 낙원

카리브 해는 남북 회귀선 사이의 열대 지역에 위치하기 때문에 연중 평균 기온이 21℃ 정도이며 수많은 섬과 그림 같은 바다로 이루어져 종종 낙원을 연상시킨다. 콜럼버스는 이 신대륙의 섬에 대해 그가 본 중 가장 경이롭고 아름답고 비옥한 땅으로, 앵무새가 날아다니고 이국적인 식물이 자라며 친절한 원주민이 사는 곳이라고 묘사했으며, 이후 많은 이들이 그러했다. 오늘날의 작가들도 카리브 해 지역의 바다, 모래사장, 바람에 흔들리는 야자나무 등에 매혹되곤 한다.

그림 5.2 **카니발의 드러머** 카니발 도중 드럼을 실은 수레가 이동하는 동안 스틸 팬 드러머가 연주를 하고 있다. 스틸 드럼은 본래 버려진 석유통을 지역 주민들이 윗부분을 망치질하여 표면을 둥글게 함으로써 드럼으로 변화시킨 것이다. 많은 스틸 드럼 밴드들이 여러 국가에서 연주회를 하며 칼립소부터 클래식 음악에 이르기까지 모든 음악을 연주한다.

생태학적 측면에서 카리브 해의 경우와 같이 경관이 완벽하게 변화한 곳을 상상하기도 어렵다. 5세기 가까이 삼림의 파괴와 지속적인 경작으로 인해 여러 종의 카리브 원산 식물과 동물이 사라졌으며, 여기에는 수많은 관목류와 수목류, 조류, 대형 포유류와 원숭이 등이 포함되었다. 이러한 생태 자원의 심각한 고갈은 이 지역이 현재 겪고 있는 경제적 · 사회적 불안정성에서 기인한다. 이 지역의 환경 문제 대부분이 농업 활동, 토양 침식, 연료 부문에서의 과도한 신탄 의존율, 전 세계적 환경 변화의 위협 등과 관련된다. 2010년 발생한 최악의 포르토프랭스 지진은 자연재해로 인해 아이티와 같은 곳이 어떻게 파괴될 수 있는지를 여실히 보여주었다. 그러나 많은 국가들이 국가 수입의 대부분을 관광업에 의존하고 있기에 육지 및 해양의 생물 보호구역이 증가하고 있다.

섬들과 외변 지역

카리브 해 그 자체, 즉 앤틸리스 제도(쿠바에서 시작해 트리니다드로 끝나는 섬들의 큰 호)와 중앙아메리카 및 남아메리카 대륙 사이의 바다가 이 지역 국가들을 연결한다. 역사적으로 바다는 무역로를 통해 사람을 이어주고 어류, 바다거북, 매너티, 바닷가재, 게 등의 해양자원을 사람들에게 식량으로 제공했다. 카리브 해는 그 투명함과 생물학적 다양성의 관점에서 높이 평가되지만 이 지역에서는 대규모 상업적 어업이 발달하지 못했는데, 이는 어느 종의 해양 생물도 개체 수가 그리 많지 않았기 때문이다. 해

그림 5.3 **카리브 해** 고요하고 푸른 바다, 부드러운 바람, 출렁이는 물결 등으로 유명한 카리브 해 바다는 수 세기 동안 선원들에게 피신처를 제공하고 도전의 의지를 불태우게 했다. 이 항공 사진은 벨리스 해안에서 떨어진 잉글리시 케이 섬을 촬영한 것이다.

수면 온도는 23~29℃이며 해양상에 온난한 열대 해양 기단이 형성되어 일기에 영향을 미친다. 이 온난한 바닷물과 열대 환경은 이 지역의 가장 주요한 자원이 되었으며 해마다 수백만 명의 관광객이 카리브 해를 방문하는 동기가 되었다(그림 5.3).

호를 그리며 카리브 해 바다를 가로질러 뻗어 있는 섬들은 이 지역의 가장 특징적인 자연적 특색이다. 앤틸리스 제도는 대앤틸리스 제도와 소앤틸리스 제도의 두 그룹으로 분류된다. 이 지역 주민의 대부분은 이 두 제도에 거주한다. 대륙의 카리브 해 연안 지역을 일컫는 **외변 지역**(rimland)에는 벨리즈와 기아나가 속하고 중앙아메리카와 남아메리카의 카리브 해안 지역이 속한다(그림 5.1). 도서 지역과 달리 외변 지역은 인구 밀도가 낮다.

쿠바를 제외한 대부분의 섬들이 카리브 해 판 상에 위치하고 있는데, 이 판은 남아메리카 판과 북아메리카 판 사이에 위치하고 있다. 카리브 해 판은 세계적으로 가장 활발하게 움직이는 판은 아니지만 지진과 화산 폭발이 일어나고 있다. 2010년 1월 진도 7.0의 지진이 포르토프랭스를 강타하여 카리브 해에서 가장 비극적인 자연재해가 발생하였다.

수 세기 동안 활동을 하지 않던 엔리키요 단층은 매우 가난한 인구가 빽빽이 거주하고 있는 아이티의 수도에 인접해 있었다. 2010년 이 단층이 격렬하게 이동하였으며 이로 인해 불과 몇 킬로미터밖에 떨어져 있지 않은 도시에서 지진이 일어났다. 지진으로 인해 약 300만 명이 피해를 입었다. 집은 안전하지 않게 되었고 물과 전기도 끊겼다. 20만 명이 사망하고 100만 명이 집을 잃었다. 이들에게 구조의 손길을 내밀어야 할 정부 기관들조차 파괴되어 버렸다. 대부분의 건물에 이 정도의 지진을 견딜 수 있는 내진 설계가 되어 있지 않았다는 점에서 아이티 지진의 비극은 근본적으로는 이 나라의 빈곤과 부패 때문이라 할 수 있다. 국제사회 및 외국에 거주하고 있던 아이티 국민들이 즉각 구호 및 재정 지원을 하였다(글로벌 연결 탐색 : 지진 이후 아이티의 위기 지도 참조). 지진이 발생한 이후 120억 달러 이상의 인도주의적 지원 및 발전 지원, 그리고 부채 탕감에 대한 약속이 이루어졌다. 재건은 충분한 시간을 가지고 이루어졌다. 포르토프랭스와 고나이브 간의 2차선 고속도로, 새로운 공항, 수백 개의 새로운 학교 등이 세워졌다(그림 5.4). 100만 명 이상이 거주하던 판잣집들은 지진이 발생하자 모두 무너져버렸다. 그러나 주거 문제는 여전히 해결되지 않고 있으며 수많은 아이티의 빈곤층들은 여전히 살 곳을 마련하기 위해 고군분투하고 있다.

대앤틸리스 제도 **대앤틸리스 제도**(the Greater Antilles)는 쿠바, 자메이카, 히스파니올라 섬(아이티와 도미니카공화국으로 분리된), 푸에르토리코 등으로 구성되었다. 이들 섬에 카리브 해 지역 인구의 대부분이 거주하며, 경작 가능한 토지의 대부분이 속하고 대규모 산맥 또한 여기에 위치한다. 많은 사람이 카리브 해의 해안에 대해 알고 있으나 도미니카공화국의 코르디예라 센트럴 산맥에 해발고도가 3,000m가 넘는 피코 두아르테 봉이 있으며 자메이카의 블루 마운틴 산은 해발고도 2,100m에 이르고 쿠바의 시에라 마에스트라 산은 1,800m가 넘는다는 것을 알면 놀라곤 한다. 역사적으로 플랜테이션 소유주들이 해안 평야와 계곡을 선호했기 때문에 대앤틸리스 제도에 위치한 산들은 경제적으로 큰 주목을 받지 못했다. 그러나 산악 지형은 탈주한 노예에

그림 5.4 **지진 이후 아이티의 재건** 2010년 1월 12일 진도 7규모의 강진이 포르토프랭스를 강타했다. 이 지역 역사상 최악의 자연재해로 기록될 이날의 지진에서는 20만 명이 사망하고 15만 채의 건물이 무너졌다. 포르토프랭스의 중심가에 있는 아이언 시장에는 수천 명의 상인들이 장사를 하고 있는데, 이 건물은 지진이 일어난 이후 가장 먼저 재건된 건축물이다.

글로벌 연결 탐색

지진 이후 아이티의 위기 지도

Google Earth (MG) Virtual Tour Video: http://goo.gl/6naaRN

2010년 아이티의 지진 이후 소셜 미디어, 인권 단체, 위기 지도 제작자들이 힘을 합쳐서 새로운 방식을 제시함으로써 정부 및 시민 사회가 복잡한 인도주의적 재해에 어떻게 대응해야 하는지를 제시하였다. 위기 지도 제작 운동의 선구자 중의 한 명인 페트릭 마이어(Patrick Meier)는 아이티에서 위기 지도 제작 팀을 구성하는 데 결정적인 역할을 하였다. 2013년 마이어는 아이티의 경험에 관한 블로그인 National Geographic Emerging Explorer를 운영하였다.

위기 지도 위기 지도란(문자 및 트위트 같은) 모바일 기반 데이터, 개방형 애플리케이션, 참여 지도(participatory maps), 위성 사진, 클라우드 기반 이벤트 데이터 등을 통해 복잡한 인도주의적 재난에 대해 신속하게 대응하기 위해 만들어진 것이다. 인도주의적 작업에 참여한 이들은 종종 위기에 처한 지역사회가 제공할 수 없는 귀중하고도 실시간적인 정보를 필요로 한다. 위기 지도 제작자들은 보스턴의 외곽에 위치한 터프츠 대학에서 아이티에서 오는 트위터 메시지와 문자 메시지를 우샤이디(Ushahidi)라고 하는 아프리카에서 만들어진 플랫폼을 통해 작업을 하였다. 물론 미국에 거주하고 있는 아이티인들이 트위터와 문자 메시지들을 번역하여 도움을 주었다. 새로운 형식의 세계적 연결이 이루어짐으로써 인명을 구조하는 구조대가 사용하는 지도가 제작되었다.

2개의 오픈 소스 지도 제작 플랫폼인 우샤이디와 오픈 스트리트 맵이 위기 지도가 발전하는 데 중요한 역할을 하였다. 우샤이디는 아프리카의 한 블로거가 2008년 언론에서 다루지 않는 케냐의 선거 후 폭력 사태를 보도하기 위해 만들었다. 스와힐리어로 목격자를 뜻하는 우샤이디는 구글 웹 기반 지도를 사용하며 클라우드 기반으로 보내진 문자 메시지의 폭력 행위들을 지도상에 표기하게 되어 있다. 아이티의 경우 매우 자세하고 쌍방향적인 지도를 제작하기 위해 개방형 거리 지도를 플랫폼에 결합하였고 이 덕분에 사람들이 현장에서 사용할 수 있었으며 개개인이 리포트를 올릴 수 있었다(그림 5.1.1). 이 프로젝트의 성공의 열쇠는 위기 지도 제작자들(초기에는 터프츠대학의 학생들)과 트위터를 검색한 번역자들이 한 팀이 되었던 점이다. 이후 아이티의 거대 모바일 전화 회사와

게 주요한 은신처였으며 자영 농부에게는 중요한 가치를 지니는 지역이었기에 이 지역의 문화사적 측면에서는 중요하다.

대앤틸리스 제도에는 매우 비옥한 경작지가 있는데, 특히 석회암의 영향으로 붉은색 식토[쿠바에서는 만타사나(mantazana)라 함]가 분포하고 있는 쿠바의 중앙 계곡과 서부 계곡의 토지가 비옥하고, 자메이카는 렌드지나(rendzina)라 불리는 흑색 및 회색 토양 덕에 매우 비옥하다. 이 지역의 다른 섬들의 토양은 역사적으로 오랜 기간 동안 농업이 이루어졌기 때문에 산성화되었고 양분이 부족하며 척박한 상태이다.

소앤틸리스 제도 **소앤틸리스 제도**(Lesser Antilles)는 버진아일랜드로부터 트리니다드에 이르는 작은 섬들의 두 줄의 호로 이루어져 있다. 대앤틸리스 제도에 비해 규모도 작고 인구도 적으나 유럽의 식민 열강 세력에게는 초기의 주요한 거점이었다. 세인트키츠로부터 그레나다까지의 섬은 소앤틸리스 제도의 안쪽 호를 구성한다. 산악 지형이 발달한 이 섬들에는 화산 활동으로 인해 형성된 봉우리가 다수 솟아 있는데 대부분 해발고도가 1,200m에서 1,500m에 이른다. 봉우리의 침식과 화산 폭발로 인한 화산재의 축적으로 인해 경작 가능한 소규모의 토지가 형성되었으며 그 경사가 매우 가팔라서 농업이 발달하는 데 어려움이 많다. 화산 활동이 활발한 섬들 중에는 청정한 지열 에너지를 이용하고 있다. 예를 들어 과들루프 서부의 부얀티 발전소는 15메가와트의 지열을 생산하고 있다.

이 호의 바로 동쪽으로는 바베이도스, 앤티가바부다, 과들루프의 동쪽 절반 정도가 속하는 고도가 낮은 섬들의 호가 있다. 이 섬들은 석회암 지역에 화산암 층이 퇴적되었기 때문에 농사에 훨씬 유리하다. 특히 이러한 토양은 사탕수수 재배에 알맞기 때문에 일찍이 플랜테이션 경제가 도입되었으며, 이후 카리브 해 전역으로 퍼져 나갔다.

외변 지역 카리브 해의 외변 지역이란 대륙의 해안 지역을 일컬으며, 벨리즈에서 시작해 중앙아메리카의 해안을 따라 남아메리카 대륙의 북부에까지 이른다. 일반적으로 외변 지역의 생물학적 다양성과 안정성은 카리브 해 지역에 비해 덜 손상되었다. 다른 지역과 마찬가지로 이 지역의 농업은 지역별 지질 및 토양과 매우 밀접한 관련을 갖는다. 벨리즈는 대부분의 영토가 저평한 석회암 지형이다. 건조한 기후가 나타나는 북부에서는 사탕수수가 주로 재배되고 습윤한 중부 지역에서는 시트러스류가 생산된다. 기아나 지역에서는 기아나 순상지의 완만한 구릉지가 특징적인데, 이 지역에서는 결정화된 암석으로 인하여 전반적으로 토양의 질이 낮다. 따라서 기아나 지역의 농업은 대부분 좁은 해안 평야에서 이루어지며 설탕과 쌀이 주요 작물이다. 프랑스 자

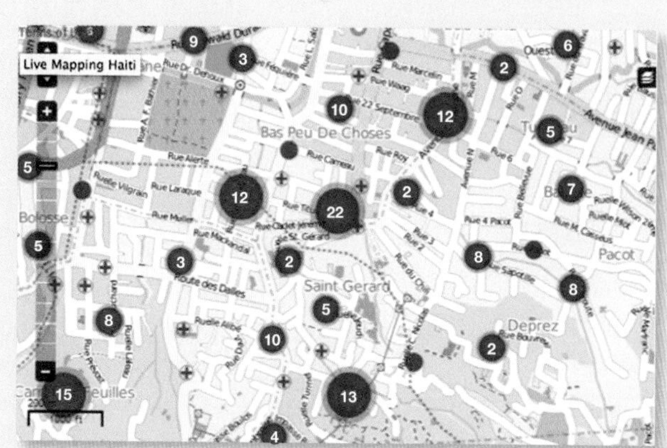

그림 5.1.1 **포르토프랭스의 위기 지도** 지도의 일부는 아이티 지진 발생 며칠 후에 개방형 도로 지도를 사용해서 만들어진 것이다. 원은 특정 지역에서 보고된 개별 리포트들의 숫자를 의미한다.

협력하여 아이티에 있는 누구라도 긴급한 상황을 문자로 보낼 수 있도록 문자 번호를 세팅하였다. 이후 수천 개의 긴급 상황 문자가 쏟아져 들어옴에 따라 미국에 거주하던 아이티인들이 아이티 크레올어로 된 문자 내용을 영어로 번역하고 지도 제작자들은 위치 정보가 부가된 정보들을 지도에 넣을 수 있었다. 실시간 지도의 내용이 증가함에 따라 지도 제작에 기여하는 이들과 사용자들의 규모도 증가하였다. 포르토프랭스의 현장에 나가 있던 미국 해안 경비대 및 해병대, 그리고 여러 인도주의 단체들이 이 지도의 도움을 크게 받았다.

미래의 위기를 지도화하기 위기 지도를 사용한 아이티의 경험 이후 네팔의 지진과 필리핀의 쓰나미 사태 이후에도 비슷한 노력이 있었다. 위기 지도 제작 자원봉사자들이 미래의 위기에 대응하기 위해 다양한 조직을 결성하였다. 페트릭 마이어는 "세상을 지도화한다는 것은 그곳을 안다는 것을 의미한다. 그러나 살아 있는 세계를 지도화하는 것은 너무 늦기 전에 세상을 바꾼다는 것을 의미한다."라고 이야기한다.

출처 : http://www.newswatch.nationalgeographic.com, How Crisis Mapping Saved Lives in Haiti, July 2, 2012에서 발췌.

1. 아이티에서 발생한 것과 같은 인도주의적 위기에 대응할 때 개방형 지도 플랫폼의 장점은 무엇인가?
2. 여러분의 학교에 위기 지도 제작 팀이 있는지 알아보자.

치령인 프랑스령 기아나에서는 대부분의 물품을 프랑스에서 수입하지만 새우와 목재를 수출한다. 프랑스령 기아나의 쿠루에는 유럽 항공 센터가 위치하고 있다(그림 5.5).

카리브 해의 기후와 기후 변화

앤틸리스 제도와 외변 지역의 대부분에서는 연간 강수량이 2,000mm가 넘으며 이로 인해 열대 우림이 형성된다. 연평균 기온은 21~26℃ 정도이다. 히스파니올라 섬 서부의 분지 지역은 비그늘 지역으로 건조하다(그림 5.6).

다른 열대 저지와 마찬가지로 카리브 해 지역의 계절은 온도보다는 강우의 변화에 의해 구분된다. 어떤 지역에서는 연중 비가 내리지만 대개 우기는 7월에서 10월까지이다. 불안정한 대기로 인해 종종 허리케인이 형성되기도 한다. 12월부터 3월까지는 약간 시원한 계절이 되는데, 이 시기에는 강수량이 감소하고 관광객이 가장 많이 방문한다(그림 5.6의 아바나, 포르토프랭스, 브리지타운 참조).

기아나 지역은 전혀 다른 강우 패턴을 나타낸다. 평균적으로 이 지역에는 앤틸리스 제도보다 훨씬 더 많은 비가 내린다. 프랑스령 기아나의 카옌 지역의 연평균 강수량은 3,200mm에 달한다(그림 5.6). 앤틸리스 제도와 달리 기아나의 건기는 9월부터 10월까지 짧게 나타나며 1월은 우기에 해당된다. 또한 기아나 지역은

그림 5.5 **프랑스령 기아나의 쿠루** 유럽우주기구는 프랑스령 기아나의 쿠루에 위치한 우주 센터에서 정기적으로 로켓을 발사한다. 이 프랑스 영토는 적도 및 해안에 근접해 위치해 우주 발사 지점으로 이상적인 조건을 갖추었다. 이 사진에서는 아리안 로켓이 발사대로 옮겨지고 있다.

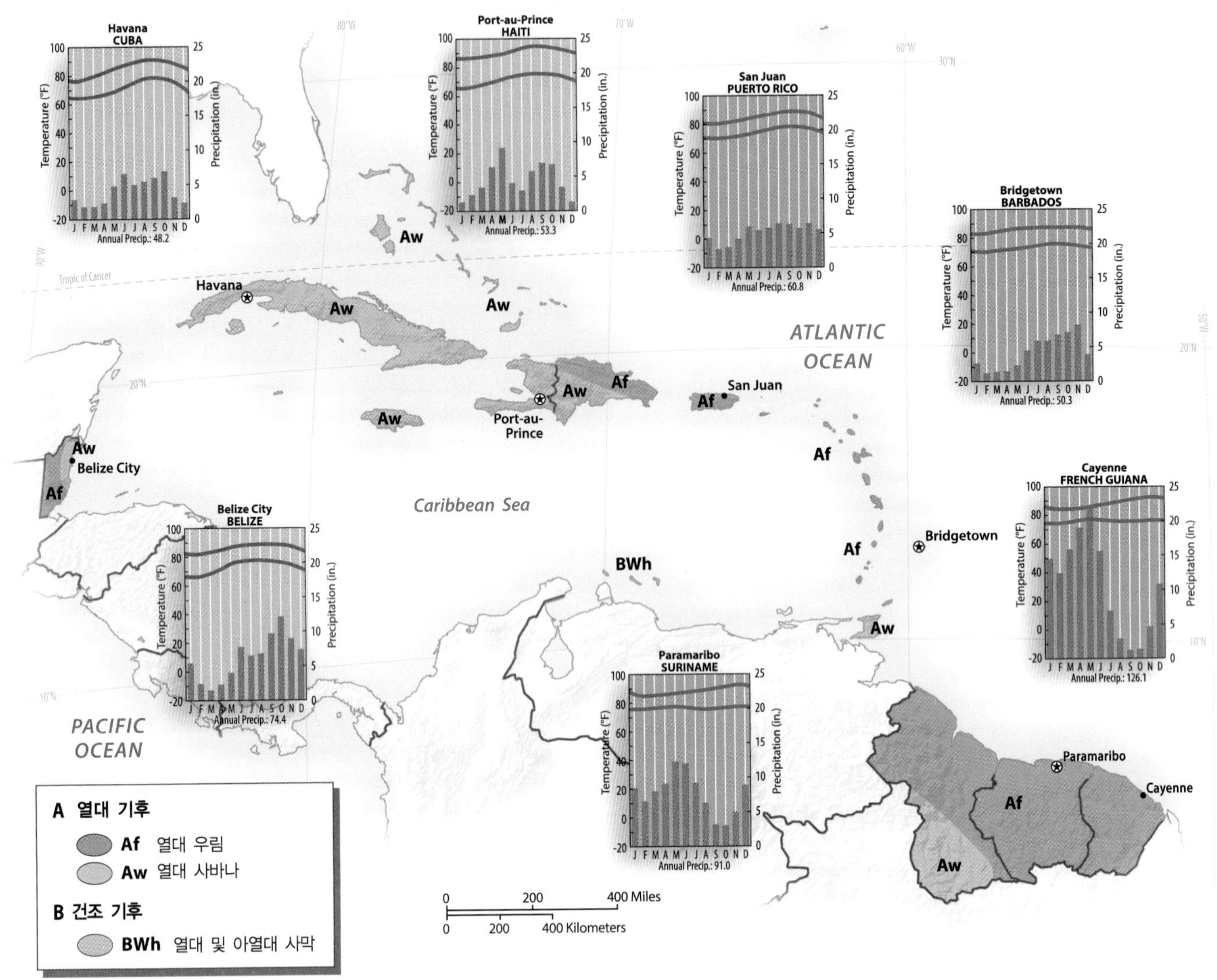

그림 5.6 **카리브 해 지역의 기후도** 카리브 해 대부분의 지역에 열대 우림 기후나 열대 사바나 기후가 나타난다. 기온은 전체적으로 거의 차이 나지 않아 27℃에서 21℃ 사이이다. 강수량은 지역별 차이가 크며, 건기가 나타나는 곳이 있다. 예를 들어 기아나에서는 9월부터 10월까지 건기가 나타나며, 카리브 해의 섬에서는 12월부터 3월까지가 건기이다.

다른 카리브 해 지역과 달리 허리케인의 영향을 받지 않는다.

허리케인 해마다 몇몇 **허리케인**(hurricanes)이 카리브 해 지역뿐 아니라 중앙아메리카와 북아메리카에 폭우와 강풍을 퍼붓는다. 허리케인은 7월부터 시작되는데, 아프리카 서부 해안에서 서쪽으로 이동하던 저기압이 대서양으로 나아가면서 습기를 흡수하고 속도를 높이게 된다. 대개 반경 160km를 넘지 않으며 풍속이 초속 33m(시속 119km)를 넘는 열대성 저기압은 허리케인으로 간주된다. 허리케인은 몇 개의 경로를 통해 이 지역을 지나가지만 대개 소앤틸리스 제도를 통해 이 지역으로 진출하게 된다. 이후 경로를 북쪽이나 북서쪽으로 바꾸어 대앤틸리스 제도, 중앙아메리카, 멕시코, 미국 남부 등을 지나 북동쪽으로 이동한 후 대서양에서 소멸된다. 허리케인이 지나는 영역은 아메리카 대륙의 태평양과 대서양의 적도 바로 위가 된다. 통상적으로 해마다 6개에서 12개의 허리케인이 이 지역을 통과하며 일부 지역에 피해를 입힌다.

물론 예외가 있으나 카리브 해 지역에 오랜 기간 거주하는 이들은 최소한 일생에 한 번 정도는 매우 강력한 허리케인을 겪게 된다. 허리케인의 파괴력은 강력한 바람뿐 아니라 폭우에서도 비롯되는 것으로, 폭우로 인해 심각한 홍수가 발생하고 해안에 매우 높은 파고가 인다. 현대 기술의 발달로 허리케인의 예보 수준이 향상되었으며, 허리케인 경로 지역에 조기 소개령을 내림으로써 재난의 규모는 감소했다. 2012년 허리케인 샌디가 자메이카와 쿠바 동부를 강타하여 지붕이 날아가고 전력 공급선이 휘어졌으며 홍수가 발생하였다. 샌디는 이 지역을 거쳐 미국 동부 해안을 따라 북상하였다(그림 5.7). 이와 비슷하게 2010년 소앤틸리스 제도의 안티구아에 허리케인 얼이 불어 닥쳐 가옥들을 파

그림 5.7 **허리케인 샌디** 2012년 10월 쿠바의 산티아고에서 허리케인 샌디가 지나간 폐허를 주민들이 거닐고 있다. 허리케인 샌디는 쿠바의 동부를 강타하였다. 이 허리케인으로 나무가 쓰러지고 지붕이 날아갔을 뿐 아니라 11명의 주민이 사망하였다. 샌디는 이후 뉴욕 대도시 지역에도 상륙했다.

괴하고 대규모의 홍수를 발생시켰다.

기후 변화 카리브 해 지역이 직면한 환경 문제 중 가장 심각한 것은 기후 변화이다. 카리브 해 지역은 온실 가스의 주요한 배출원은 아니었으나 이 지역은 기후 변화에 의한 부정적인 영향력에 대해 매우 취약하다. 기후 변화로 인해 카리브 해 지역에서 나타나는 현상으로는 해수면의 상승, 허리케인 강도의 증가, 강우의 변화로 인한 홍수 및 가뭄, (삼림과 산호초에서의) 생물 다양성의 감소 등이 있다. 21세기에 지구 온난화로 인해 해수면이 1~3m 정도 상승할 것이라는 것이 과학계의 일반적인 의견이다. 침수로 인한 육지의 유실을 살펴보면, 고도가 낮은 바하마 대부분의 지역이 영향권에 들게 되고, 해발고도 3m 이하인 지역이 바다에 침수될 것으로 예상되며 이는 영토의 30% 정도에 달할 것이다. 침수로 인해 수리남, 프랑스령 기아나, 가이아나, 벨리즈, 바하마 군도 등이 가장 심각한 영향을 받을 것이다. 해수면이 3m 정도 상승하게 되면 수리남 인구의 30%, 가이아나 인구의 25%가 이주해야만 한다.

해수면의 상승으로 인한 육지의 손실 및 인구의 이주와 더불어 강우 유형의 변화 또한 주요한 관심의 대상이다. 강우 유형의 변화로 인해 농작물의 수확량이 감소하고 담수의 공급량이 줄어들게 되며, 허리케인의 파괴력의 증대로 기반시설의 파괴 및 기타 문제가 발생할 것이기 때문이다. 이러한 모든 변화는 관광산업에 부정적인 영향을 미치게 되며 이 지역 국가들의 GDP의 감소로 이어지게 된다. 나아가 매우 심각한 재앙이 예상되기도 한다.

생물의 다양성의 측면에서는 지속적인 해수 온도의 상승으로 카리브 해 지역의 산호초가 부정적인 영향을 받을 것으로 예상되는데, 이 지역의 산호초에는 세계에서 가장 다양한 해양 생태계가 나타난다. 특히 카리브 해의 외변 지역에 위치한 산호초는 수질 오염과 자영 어업 행위에 의해 위험에 처해 있다. 오늘날 해수의 고온화로 인해 산호의 백화 현상과 자연 소멸 현상이 나타나고 있다. 산호초는 여러 해양 생물의 종묘장으로서 역할을 하기 때문에 다양하고 생산적인 생태계를 나타낸다. 건강한 산호는 맹그로브와 습지뿐 아니라 다양한 생물이 서식하는 해안 지역을 보호하는 울타리로 작용한다. 산호초가 생태적으로 더욱 취약해짐에 따라 산호초가 제공하는 많은 이점을 누리고 있는 인간 집단 또한 취약해진다.

카리브 해 지역에서 환경을 보호하고 기후 변화의 영향력에 대해 준비하는 것은 사치스러운 것이 아니라 경제적 호구지책의 문제가 되어 가고 있다. 실제로 카리브공동체(Caribbean Community and Common Market, CARICOM)는 지난 수십 년 동안 기후 변화의 영향력을 주목하고 있다. 온실 가스 문제를 해결하기 위해서 가이아나는 2009년 노르웨이와 혁신적인 협정을 맺었다. 노르웨이는 가이아나에 삼림의 질 저하와 유실 방지를 조건으로 3,000만 달러의 개발 자금을 제공하였다. 이후 노르웨이는 이 프로젝트를 지속적으로 수행하였으나 자금의 관리 및 프로그램의 실행에 관한 평가에서는 2015년 이후 이 프로젝트를 지속할지에 대해서는 확실하지 않다고 하였다.

환경 문제

기후 변화는 카리브 해 지역의 중장기적인 문제이다. 그러나 토양 침식이나 삼림의 감소와 같은 환경 문제들은 이 지역이 오랜 기간 동안 농업에 대한 의존율이 높았던 데서 기인한 것들이다. 또한 카리브 해 지역의 도시화율이 상승하고 관광업에 대한 의존율이 높아짐에 따라 이 지역 정부들은 지역 생태계를 보전하는 것이 환경뿐 아니라 국가 전체의 경제에 이익이 된다는 사실을 깨달았다(그림 5.8).

농업 분야의 삼림 파괴 유산 유럽인이 도착하기 이전 카리브 해 대부분의 지역은 열대림으로 뒤덮여 있었다. 카리브 해 지역 삼림의 대규모 파괴는 17세기 카리브 해 동부 지역의 소규모 섬에서 시작된 유럽인 소유의 플랜테이션에서 비롯되었으며 이후 서부 지역으로 퍼져 나갔다. 섬의 삼림을 베어낸 것은 사탕수수 재배용 경작지를 확보하고 사탕수수 원액을 설탕으로 만드는 데 필요한 연료로 사용하기 위해서이며, 또한 주택, 목책, 선박 등의 재료로 사용하기 위해서였다. 그러나 열대 우림이 제거된 가장 주된 이유는 그 경관이 비생산적으로 보였기 때문이다. 즉, 유럽 식민주의자들은 삼림이 제거된 토지를 더 가치 있는 것으로 여겼다. 삼림 제거로 노출된 열대 토양은 쉽게 침식되었고 몇 차례의 경작 이후에 지력이 쇠했기 때문에 두 가지 토지 이용 정책

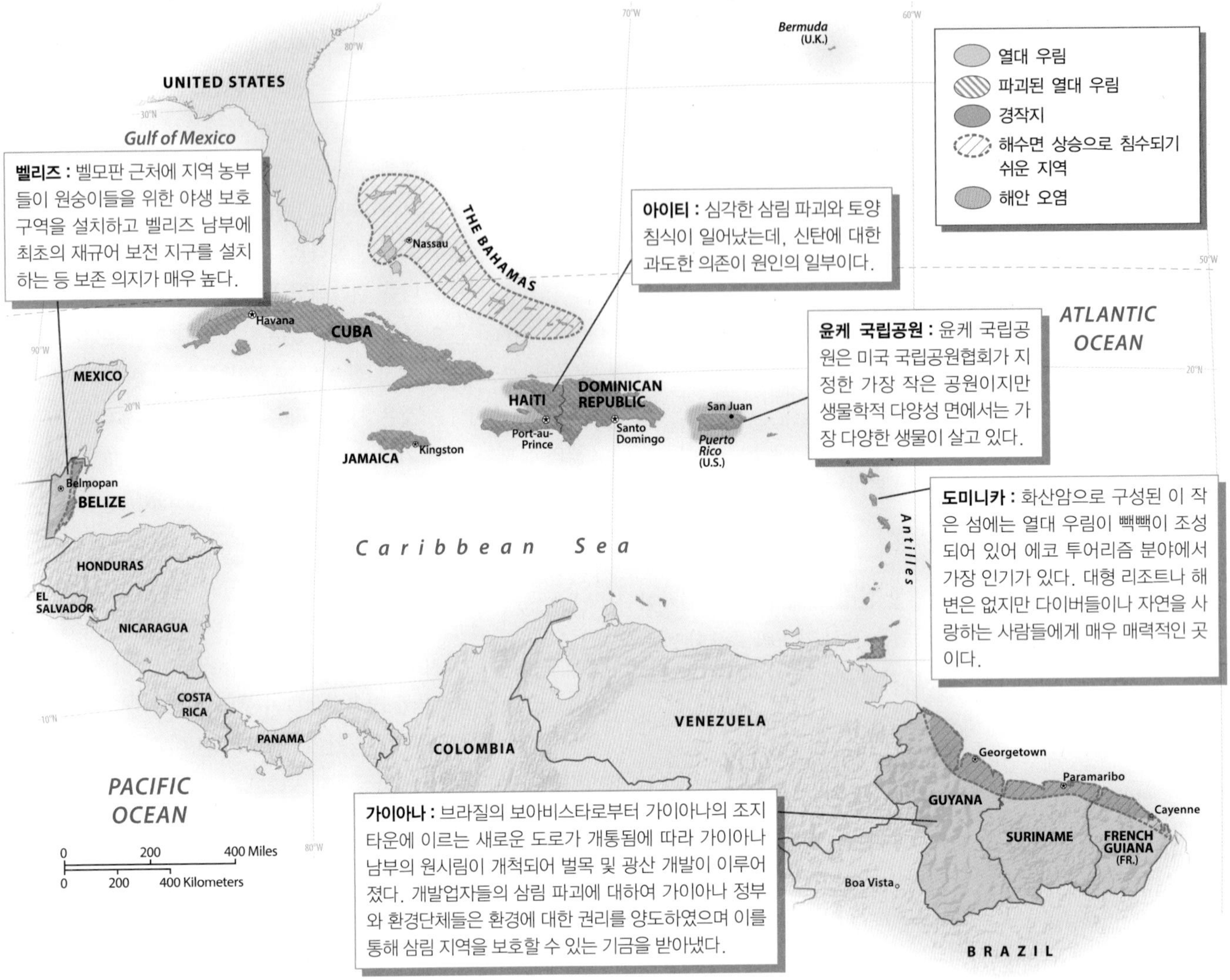

열대 우림
파괴된 열대 우림
경작지
해수면 상승으로 침수되기 쉬운 지역
해안 오염

벨리즈 : 벨모판 근처에 지역 농부들이 원숭이들을 위한 야생 보호 구역을 설치하고 벨리즈 남부에 최초의 재규어 보전 지구를 설치하는 등 보존 의지가 매우 높다.

아이티 : 심각한 삼림 파괴와 토양 침식이 일어났는데, 신탄에 대한 과도한 의존이 원인의 일부이다.

윤케 국립공원 : 윤케 국립공원은 미국 국립공원협회가 지정한 가장 작은 공원이지만 생물학적 다양성 면에서는 가장 다양한 생물이 살고 있다.

도미니카 : 화산암으로 구성된 이 작은 섬에는 열대 우림이 빽빽이 조성되어 있어 에코 투어리즘 분야에서 가장 인기가 있다. 대형 리조트나 해변은 없지만 다이버들이나 자연을 사랑하는 사람들에게 매우 매력적인 곳이다.

가이아나 : 브라질의 보아비스타로부터 가이아나의 조지타운에 이르는 새로운 도로가 개통됨에 따라 가이아나 남부의 원시림이 개척되어 벌목 및 광산 개발이 이루어졌다. 개발업자들의 삼림 파괴에 대하여 가이아나 정부와 환경단체들은 환경에 대한 권리를 양도하였으며 이를 통해 삼림 지역을 보호할 수 있는 기금을 받아냈다.

UNITED STATES
Gulf of Mexico
THE BAHAMAS
Nassau
Bermuda (U.K.)
ATLANTIC OCEAN
Havana
CUBA
MEXICO
HAITI
DOMINICAN REPUBLIC
Port-au-Prince
Santo Domingo
San Juan
Puerto Rico (U.S.)
JAMAICA
Kingston
Belmopan
BELIZE
Caribbean Sea
Antilles
HONDURAS
EL SALVADOR
NICARAGUA
COSTA RICA
PANAMA
COLOMBIA
VENEZUELA
Georgetown
Paramaribo
Cayenne
GUYANA
SURINAME
FRENCH GUIANA (FR.)
Boa Vista
BRAZIL
PACIFIC OCEAN
0 200 400 Miles
0 200 400 Kilometers

그림 5.8 **카리브 해 지역의 환경 문제** 카리브 해 지역처럼 환경이 완전히 변화한 지역을 상상하기도 힘들다. 섬의 삼림의 대부분은 오래전에 농업이나 신탄 획득을 위해 제거되었으며 토양 침식은 오랜 기간에 걸쳐 문제가 되고 있다. 대도시와 산업 지역 주변에는 해안의 오염이 심각하게 나타나고 있다. 그러나 외변 지역의 삼림은 대부분 아직 미개발 상태로 남아 있다. 카리브 해 지역에 서 관광업의 중요성이 증가하면서 동식물군과 함께 해변과 산호초를 보호하고자 하는 노력이 증가하고 있다.

을 사용했다. 쿠바 및 히스파니올라 섬, 대륙에서는 새로운 토지를 계속해서 개간하는 한편 사용한 토지는 버려두거나 휴경지로 둠으로써 사탕수수 재배를 지속했다. 바베이도스나 앤티가 같은 소규모 섬에서는 토지가 한정되어 있기 때문에 노동을 집약적으로 투입해 토양 보전과 지력 유지를 꾀했다. 혹은 국제시장에 팔기 위한 작물을 재배하기 위해 삼림을 제거하기도 했다.

아이티의 경우 대부분의 삼림이 제거된 상태이지만 자메이카 및 도미니카공화국의 경우 국토의 30% 정도가 삼림으로 남아 있다. 도미니카공화국은 국토의 약 40%가 숲으로 뒤덮여 있으며 푸에르토리코는 국토의 절반 이상이 숲이다. 이처럼 숲의 비중이 많은 국가들에서는 농업의 쇠퇴로 인해 일부 농지들이 방치되

그림 5.9 **삼림 파괴의 차이** 한때 삼림이 우거졌던 언덕이 농업 및 연료 채취를 위해 나무가 베어졌다. 이러한 현상은 특히 아이티에서 많이 나타난다. **Q : 노란색 국경 지역에서 어느 쪽이 아이티인가? 아이티와 도미니카공화국의 토지 이용을 비교하면 어떤 차이가 있는가?**

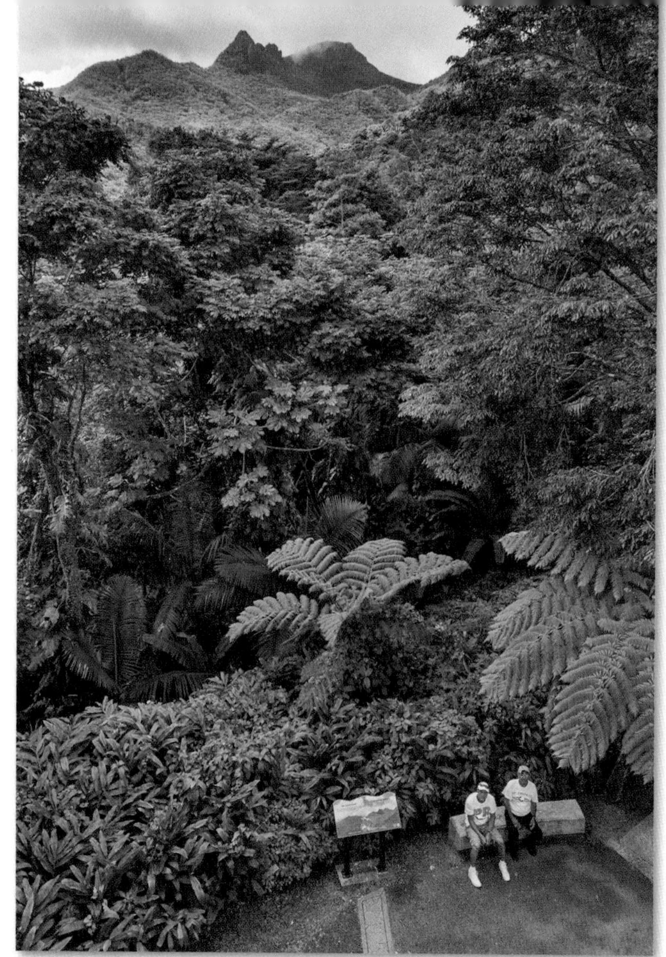

그림 5.10 **윤케 국립공원** 푸에르토리코에서 가장 넓은 열대 우림이 윤케 국립공원에 남아 있다. 방문객들은 공원의 등산로를 걷기도 하고 풍부한 생물학적 다양성을 감상하기도 한다.

어 숲으로 변화하고 있다. 미국령인 푸에르토리코의 경우 섬의 동쪽 편에 위치한 윤케 숲은 생물학적 다양성이 매우 높은 것으로 알려져 있다(그림 5.10).

에너지 수요와 혁신 액화 천연가스와 원유를 수출하는 트리니드 토바고를 제외한 카리브 해의 대부분의 국가들은 원유 수입국이며 에너지 수급 부문에서 외국에 대한 의존도가 매우 높다. 일부 정유시설에서는 원유를 석유 제품으로 가공하여 국내 수요를 충족하고 수출까지 하기도 하지만 해외 에너지에 대한 의존율이 높고 국제 원유가가 요동침에 따라 이 지역 국가들의 소규모 경제는 매우 취약한 상황이다.

따라서 카리브 해 국가들의 재생 에너지에 대한 관심이 높아지고 있다. 여러 면에서 풍력은 카리브 해 경제에서 중요한 역할을 해왔다. 즉, 식민 시대 대서양을 건너 이루어진 모든 무역은 무역풍을 이용한 것이었다. 최근에는 상업용 풍력이 대중화되고 있다. 푸에르토리코는 폰세 시 근처의 나무 해안에 풍력 발전 지역을 새로이 조성하였다. 푸에르토리코 정부는 2015년까지 국내 에너지 소비의 12%를 재생 에너지로부터 얻겠다는 계획을 세우고 있다. 이와 비슷하게 도미니카공화국에서는 최근 증가하고 있는 국내 전력 수요를 충당하기 위하여 로스 코코스 풍력 발전소에 대대적인 투자를 하였다. 카리브 해 지역의 태양력 잠재력 또한 풍부하다.

보전 노력 일반적으로, 생물학적 다양성과 생태계의 안정성은 카리브 해 지역보다는 외변 지역에서 훨씬 더 위협받았다. 따라서 최근의 보전 노력으로 인해 주요한 결과가 나타나고 있다. 벨리즈 국토의 상당 부분이 19세기와 20세기에 마호가니 종에 대한 선별적인 벌목으로 훼손되었음에도 아직도 다양한 종류의 포유류, 조류, 파충류, 식물 등이 울창한 삼림 지역에 남아 있다. 최근 삼림 파괴로 인한 부정적 효과가 널리 알려지면서 많은 수의 자연 보호구역이 벨리즈에 지정되었다. 1980년대 중반, 벨리즈의 버뮤다 랜딩 마을에 커뮤니티가 운영하는 블랙 하울러 원숭이(주민들은 개코원숭이라 부르는) 보호구역이 설정되었다. 주민들은 원숭이의 서식지를 보전하기 위해 단결했으며 이를 위해 토지 이용을 제한하기도 했다. 이 프로젝트의 성공으로 이 자생종 영장류를 가까이서 보기 위해 많은 관광객이 마을을 방문하고 있다(그림 5.11).

느리기는 하지만 카리브 해 국가들을 둘러싼 바다에 대한 보호 조치가 이루어고 있다. 물론 아직 더 많은 진전이 이루어져야 한다. 벨리즈의 경우 산호초 및 환상 산호도의 외곽에 수십 개의 해양 보호구역과 국립공원을 설정하여 이 분야의 선구자로서 역할을 하고 있다. 벨리즈에서는 맹그로브를 보호하기 위하여 상당한 규모의 해양 야생동물 서식지를 조성하였다. 수많은 스쿠버 다이버들이 찾는 보네르 섬은 보네르 해양 공원을 유지하고 있는데 이 공원은 카리브 해 지역에서 가장 효율적으로 운영되는 것으로 알려져 있다.

그림 5.11 **야생동물과 그 서식지 보호** 버뮤다 랜딩의 개코원숭이 보호구역을 방문한 관광객들. 이 보호구역은 개코원숭이의 서식지를 보전하고 개체 수를 늘리기 위해 지역 커뮤니티가 운영하는 것으로, 1985년 설립되어 많은 국내 및 외국 관광객이 방문하고 있다.

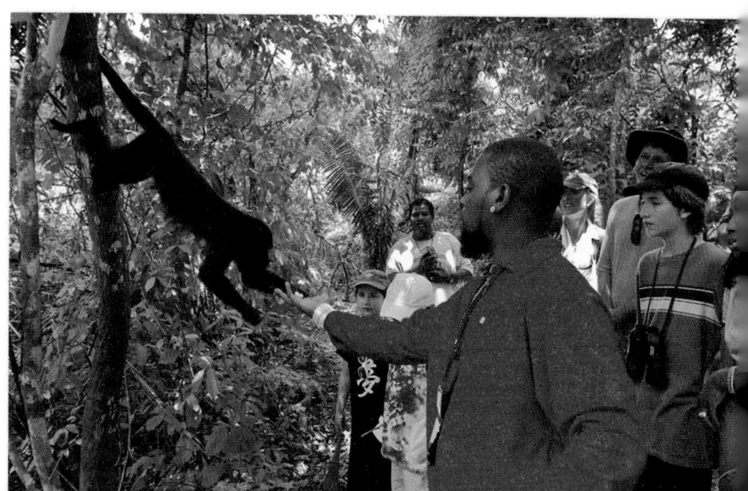

확인 학습

5.1 카리브 해 지역이 주요한 국제 관광지가 된 입지 · 환경 · 기후 요소들을 설명하라.

5.2 최근 카리브 해 지역에 영향을 미친 환경 문제는 무엇인가? 문제 및 가능한 해법을 설명하라.

주요 용어 고립된 접근성, 외변 지역, 대앤틸리스 제도, 소앤틸리스 제도, 허리케인

인구와 정주 : 인구밀도가 높은 도서와 인구밀도가 낮은 외변 지역

카리브 해 지역은 인구밀도가 매우 높고, 이웃한 라틴아메리카 지역과 마찬가지로 도시화율이 증가하고 있다. 이 지역 인구의 85%가 대앤틸리스 제도의 4개의 섬에 집중되어 있다(그림 5.12). 이에 트리니다드의 130만 명과 가이아나의 78만 명을 더하면 카리브 해 지역 인구의 대부분이 6개의 국가와 1개의 미국령(푸에르토리코)에 분포하고 있음을 알 수 있다.

전체 인구의 측면에서 보면 소앤틸리스 제도에 거주하는 인구의 규모는 매우 적다. 그러나 일부 섬에서는 인구밀도가 매우 높게 나타나는데, 바베이도스가 좋은 예이다. 면적이 430km²에 불과한 바베이도스의 인구밀도는 평방킬로미터당 660명에 이르며 워싱턴 D.C. 면적의 1/3에 불과한 버뮤다도 인구밀도가 평방킬로미터당 1,200명에 이른다. 세인트빈센트, 마르티니크, 그레나

그림 5.12 **카리브 해 지역의 인구** 주요 인구 중심지는 대앤틸리스 제도이다. 이곳의 인구 분포 패턴은 여타 라틴아메리카와 마찬가지로 도시화율이 급속히 높아지고 있다. 이 지역에서 가장 큰 도시는 산토도밍고이며, 그다음은 아바나이다. 대조적으로 외변 지역의 국가는 인구밀도가 매우 낮다.

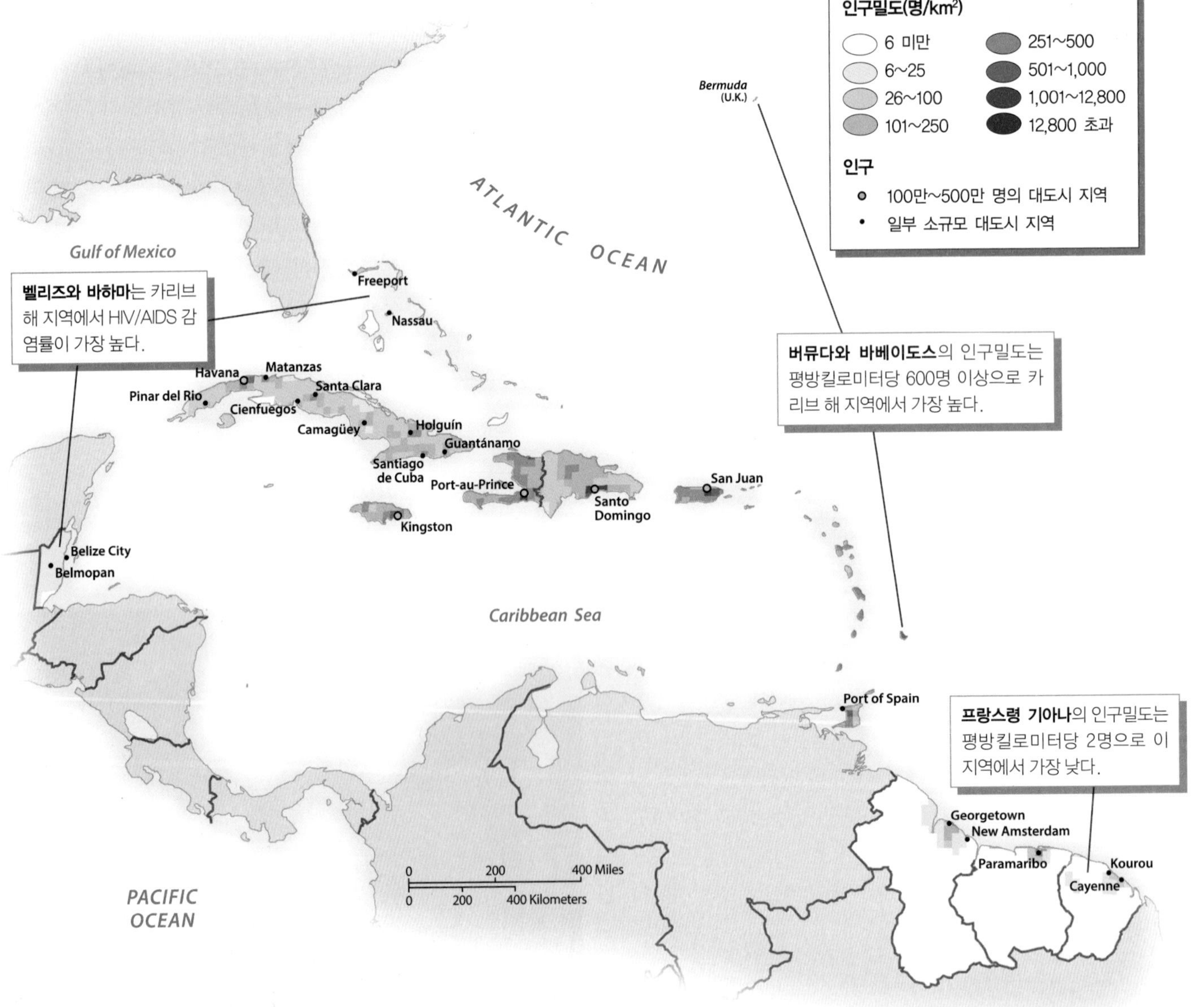

다 등의 인구밀도는 그렇게 높지 않지만 평방킬로미터당 270명 정도다. 경작 가능한 토지가 적기 때문에 섬 중 일부에서는 토지에의 접근 자체가 주요한 자원 문제이다. 인구가 증가함에 따라 토지가 감소하고, 이에 따라 대두된 토지의 희소성으로 인해 많은 사람이 도시나 해외로 이주하게 되었다.

이러한 섬과는 대조적으로 벨리즈와 기아나 지역과 같은 대륙에서는 인구밀도가 희박하다. 가이아나의 인구밀도는 평방킬로미터당 3명이고 벨리즈는 평방킬로미터당 16명에 그친다. 이들 지역의 인구가 희박한 것은 경작 가능한 토지가 부족하고 토양의 질이 낮기 때문에 식민 시기 기업가들에게 별로 매력적이지 못한 지역이었던 점에서 일부 기인한다.

인구학적 경향

유럽인들이 아메리카 대륙과 조우하기 이전에는 홍역, 인플루엔자, 말라리아와 같은 질병이 존재하지 않았다. 제4장에서 다룬 바처럼 이러한 질병들은 아메리카 원주민의 인구 급감의 한 원인이 되었다. 콜럼버스가 신대륙에 도착한 지 50년 이내에 카리브 해 지역에서는 전염병이 빠르게 확산되어 원주민 인구가 사실상 거의 사라졌다. 카리브 해라는 이름에만 한때 이 지역에 주로 거주했던 원주민 부족인 카립(Carib)의 흔적이 남아 있다. 초기에는 유럽의 농장주들은 사탕수수 농장의 노동력으로 백인 계약 노동자를 시범적으로 사용해 보았다. 그러나 유럽에서 온 노동자들은 카리브 해 저지대의 말라리아에 특히 취약해서 정주 1년 차에 약 절반 정도가 사망했다. 당시 생존한 이들은 이 지역에 적응이 된 사람들이라 여겼다. 그와는 반대로 아프리카 주민들은 이전에 말라리아에 노출된 경험이 있기 때문에 어느 정도의 면역력을 지니고 있었다. 물론 그들도 말라리아로 인해 사망하였지만 사망률은 훨씬 낮았다. 물론 말라리아로 인해 이 지역에서 노예 제도가 도입되었다는 말은 아니지만 경제적으로 상당한 정도의 타당성을 제공한 것은 사실이다.

노예 노동력에 기반한 설탕 생산 시기에는 질병, 비인간적인 대우, 영양 부족 등으로 사망률이 매우 높았다. 따라서 인구의 규모를 유지하기 위해서는 지속적으로 아프리카의 노예를 수입해야만 했다. 19세기 중반부터 말엽까지 노예 제도가 폐지되고 건강 및 위생 상태가 점차 개선되면서 인구가 자연적으로 증가하기 시작했다. 1950년대와 1960년대 많은 국가의 인구 증가율이 3.0% 이상이었으며 이로 인해 총인구와 인구밀도가 급속히 높아졌다. 그러나 지난 20년간 인구 성장률은 낮아졌고 안정되었다. 현재 인구는 연간 1.1%의 속도로 성장하고 있으며 2025년 예상 인구 규모는 4,900만 명이다(표 5.1).

출산율 감소 카리브 해 지역에서 나타나는 가장 현저한 인구학적 경향은 출산율의 감소일 것이다. 쿠바, 푸에르토리코, 트리니다드토바고의 인구 증가율은 0.3으로 가장 낮은 편이다. 사회주의국가인 쿠바에서는 여성의 교육과 임신 조절 방법, 낙태 등의 이유로 여성들이 평균 1.7명의 자녀를 생산한다(미국의 경우 2.0명). 그러나 비슷하게 인구의 자연 증가율이 낮게 나타나는 자본주의사회인 푸에르토리코와 트리니다드토바고에서도 출산율이 1.6명 정도이다. 일반적으로 교육 수준의 향상, 도시화, 핵가족 제도에 대한 선호 등으로 인구 성장 속도가 둔화된다. 아이티와 같이 출산율이 높은 국가에서도 가족 규모가 감소하고 있다. 아이티의 총 출산율은 1970년 5.8에서 2009년 3.4로 낮아졌다.

그림 5.13에서는 쿠바와 아이티의 인구 구조가 현격하게 다름

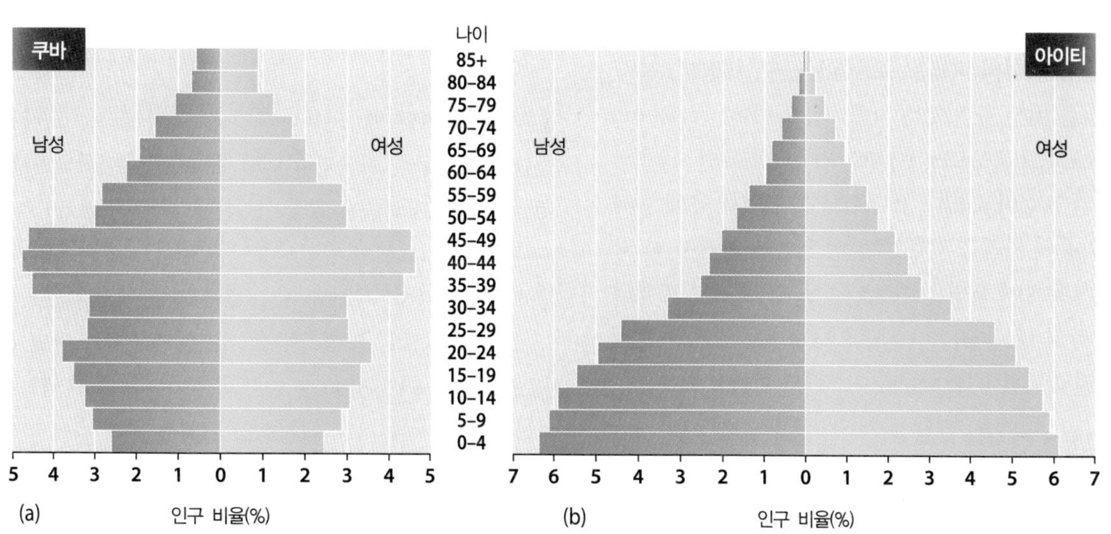

그림 5.13 **쿠바와 아이티의 인구 피라미드** 쿠바와 아이티는 인접한 국가들이지만 인구 구조가 확연히 다르다. (a) 쿠바의 인구는 안정적이고 노년 인구의 비중이 높으며 가족 규모가 눈에 띄게 감소하고 있다. (b) 아이티의 인구는 훨씬 더 젊고 규모가 성장하고 있다. 따라서 인구 구조도 아래쪽이 넓은 피라미드를 나타내고 있다.

을 나타내고 있다. 두 국가 모두 카리브 해 지역의 빈곤한 국가이지만 아이티는 인구의 1/3 이상이 15세 이하인 전형적인 피라미드형 인구 구조를 나타내고 있다. 또한 아이티의 노령 인구 비율은 매우 낮은데, 이는 평균 기대수명이 63세로 낮기 때문이다. 이와 대조적으로 쿠바의 인구 구조는 다이아몬드 모양으로, 35세부터 49세까지의 인구 코호트의 비율이 높다. 이는 쿠바 혁명 및 사회주의의 영향이다. 교육 기회가 확대되고 현대적인 피임법이 보급되면서 가족의 규모가 급속하게 축소되었다. 의료 서비스의 질이 높아지면서 쿠바 사람들의 수명도 길어져서 쿠바인들의 기대수명은 미국인들과 비슷하다(78세). 쿠바의 노령 인구비는 13%, 유소년 인구비는 17% 정도이다. 따라서 쿠바의 인구 증가율은 선진국 수준으로 매우 낮게 나타난다.

HIV/AIDS의 창궐 최근 카리브 해 지역에서의 HIV/AIDS의 감염률은 감소했으나 여전히 북아메리카의 두 배에 달한다. 따라서 HIV/AIDS는 이 지역이 당면한 심각한 문제이다. 물론 사하라 사막 이남 지역의 HIV/AIDS 감염률에 비할 바는 아니지만 2012년 카리브 해 지역의 15세에서 49세 인구 중 1% 이상이 감염자였다. AIDS가 가장 먼저 발견된 지역 중 하나인 아이티에서는 15세에서 49세 인구 중 1.8% 정도가 감염되었다. 자메이카의 감염률은 1.8%이며 벨리즈는 2.3%에 달하고 바하마는 2.8%나 된다.

빈곤, 성차별, 무지, HIV 감염자에 대한 사회적 낙인 등으로 인해 1990년대와 2000년대 감염자가 늘어났다. 이에 더하여 섬들 간에 이루어지는 사람들의 이동과 관광업에 의존적인 경제 구조에서 이루어지는 매춘 등으로 인해 감염이 더욱 확대되었다. 현재 거의 모든 국가에서 HIV 감염과 관련된 교육 프로그램을 실시하여 감염률을 낮추고자 노력하고 있다. 카리브 해 지역에서의 HIV 전파의 주요 경로는 전 세계적인 패턴과 비슷하게 이성 간의 성적 접촉이며, 매춘의 영향력도 큰 것으로 나타나고 있다. 감염자 중 여성의 비율은 절반을 넘는다. 2001년 HIV/AIDS 문제 해결을 위한 카리브 해 파트너십(the Pan-Caribbean Partnership Against HIV/AIDS, PANCAP)이 결성되어 이 질병의 확산을 막고자 노력하고 있다. PANCAP은 협상을 통해 항레트로바이러스 약품의 가격을 낮추었고, 이 덕분에 감염자 중 약 2/3가 이 약을 복용하여 생명을 연장하고 있다. 국가와 지역의 노력으로 모자 감염 방지 정책이 효과를 나타내고 있으며 콘돔이 널리 보급되었고 감염 여부에 대한 테스트도 쉬워졌다.

이주 경제적 기회가 한정된 탓에 1950년대부터 카리브 해 지역 내 다른 국가나 북아메리카 국가, 유럽 등으로의 이주가 시작되었다. 카리브 해 지역 주민이 경제적 이유로 전 세계로 이주해 나아가는 일명 **카리브 해의 디아스포라**(Caribbean diaspora) 현상이 지난 50여 년간 카리브 해의 주민 대부분에게는 삶의 한 방식이 되었다(그림 5.14). 바베이도스인은 대개 영국으로 이주하며, 수리남인 3명 중 1명은 네덜란드로 이동해 주로 암스테르담에 모여 거주한다. 푸에르토리코인은 인구의 약 절반 정도만 섬에 거주하고 나머지는 미국 본토에 거주한다. 1980년대, 약 10% 정도의 자메이카 인구가 합법적으로 북아메리카 국가로 이주했다(미국으로 이주한 인구는 약 20만 명, 캐나다로 이주한 인구는 약 3만 5,000명 정도였다). 쿠바인은 1960년대 이후 주로 마이애미로 가서 현재 마이애미의 가장 주요한 인구 집단을 이루고 있다.

전체적으로 카리브 해의 인구 유출률은 -4.0으로 매우 높다. 이는 해마다 인구 1,000명당 4명꼴로 이 지역을 빠져나간다는 것을 의미한다. 국가별로 살펴보면 일부 국가의 유출률은 더욱 높게 나타나는데, 가이아나는 인구 1,000명당 -15, 푸에르토리코는 인구 1,000명당 -13, 마르티니크는 인구 1,000명당 -10 정도이다(표 A5.1). 이러한 노동력의 이주로 인한 경제 분야의 영향력은 매우 심각하며 이는 이후 다시 설명할 것이다.

촌락과 도시

초기 카리브 해의 정주 패턴은 플랜테이션 농업과 자급 농업의 영향을 받았다. 저지대의 비옥한 토지는 수출 농업을 위해 이용되었고 식민지 엘리트가 지배했다. 오직 적은 양의 토지만이 자영 농업 생산을 위해 할애되었다. 세월이 흐르면서 노예에서 풀려나거나 도망친 이들이 마을을 만들었는데, 주로 오지에 형성되었다. 그러나 대부분의 사람들이 농장에 거주했는데, 이들은 농장주이거나 관리인이거나 노예였다. 식민 지배자들의 행정적·사회적 수요를 충족시키기 위해 도시가 형성되었으나 대부분 규모가 작았고 식민지 인구 중 낮은 비율만이 도시에 거주했다. 카리브 해 지역을 세계 경제와 연계시켰던 식민주의자들의 입장에서는 주요 도시를 발전시킬 필요가 없었던 것이다.

플랜테이션 아메리카 인류학자인 찰스 와글리는 브라질 해안의 중간부터 기아나 지역과 카리브 해를 거쳐 미국의 남동부에 이르는 문화적 지역을 **플랜테이션 아메리카**(plantation America)라고 규정했다. 유럽의 엘리트들이 지배했으며 아프리카 노예 노동에 의존하던 이 사회는 주로 해안 지역에 위치했고 수출용 농산물을 생산했다. 플랜테이션 시스템하에서는 **단일 작물 생산**(mono-crop production)을 했으며 토지는 소수의 엘리트에 집중되어 있었다. 이러한 시스템으로 엄격한 계급 간의 구분이 이루어졌으며, 밝은 피부색을 가진 이가 특권층을 형성하는 다인종 사회가 형성되었다. 플랜테이션 아메리카라는 용어는 아메리카 대륙의 인종 기반의 구분만을 의미하는 것이 아니라 특유의 생태

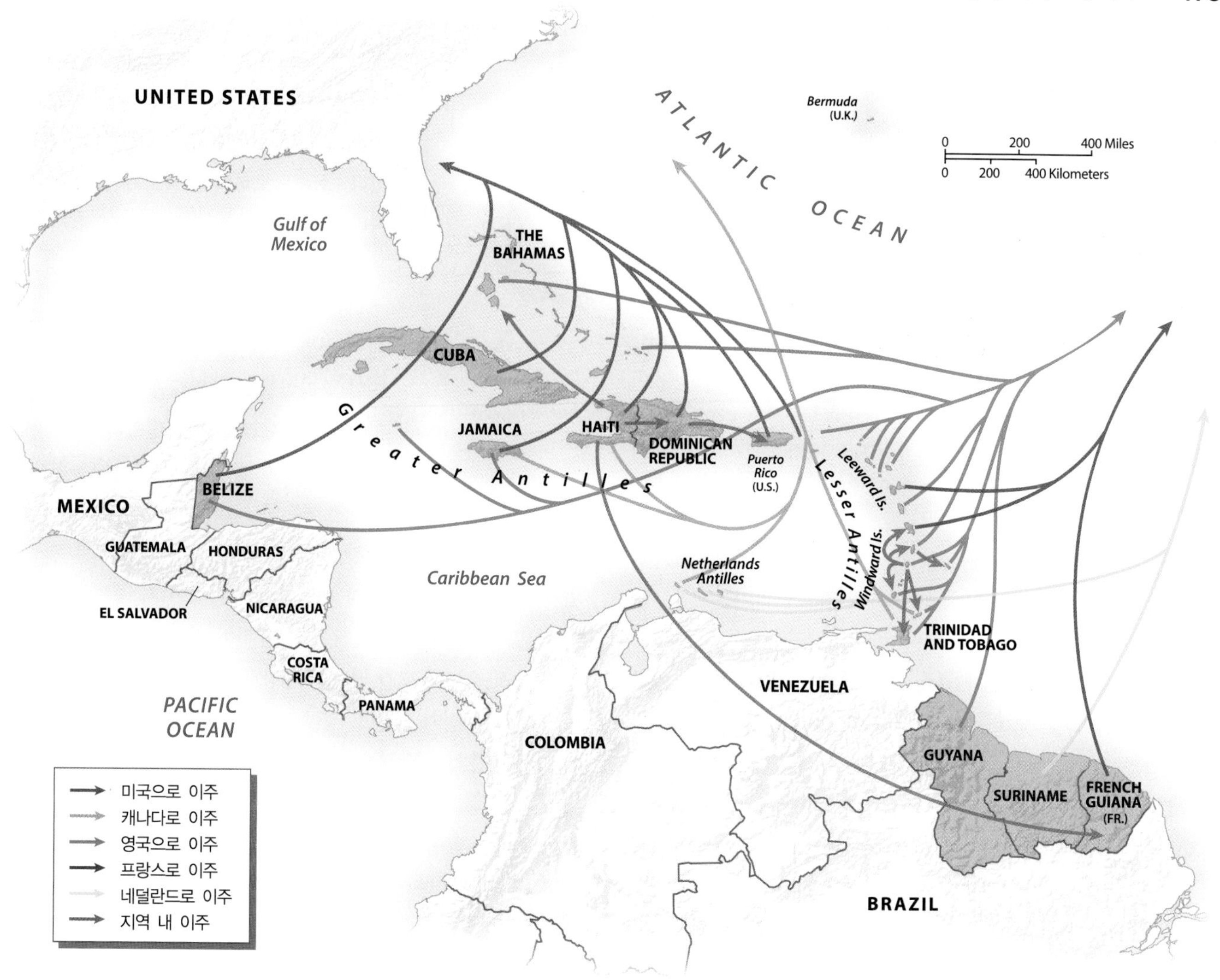

그림 5.14 **카리브 해의 디아스포라** 이주는 오랜 기간 카리브 해 지역 주민에게 삶의 한 방식이었다. 높은 교육 수준에 비해 구직의 기회가 적어 주민들은 북아메리카, 영국, 프랑스, 네덜란드 등으로 이주한다. 지역 내 이주도 일어나는데 아이티 노동자들은 도미니카공화국과 프랑스령 기아나로, 도미니카인은 푸에르토리코로 이주한다. **Q : 이 지도를 그림 5.22와 비교해 보자. 이주민들의 목적지와 기원지에서 사용하는 언어와 이주 물결 사이에는 어떠한 관계가 있는가?**

학적 · 사회적 · 경제적 관계를 형성하게 한 생산 시스템을 의미하는 것이기도 하다(그림 5.15).

오늘날에도 카리브 해 커뮤니티의 구조에는 플랜테이션의 영향력이 많이 남아 있다. 이 지역의 자영 농민 중 다수는 과거 노예의 후손으로, 소규모 토지를 경작하며 농장에서 시간제 노동자로 일하는데, 특히 이러한 현상은 아이티에서 뚜렷이 나타난다. 노예제에 의해 형성된 사회적 · 경제적 패턴의 영향은 경관에서도 뚜렷이 남아 있다. 촌락 커뮤니티는 느슨하게 조직되어 있으며, 일자리는 임시직이고, 산재한 경작 가능 토지에 작은 농가가 위치하고 있다. 남성들이 계절 노동자로서 집을 떠나 있기 때문에 여성 가장 가구가 일반적이다.

카리브 해의 도시 1960년대 이래로 농업의 기계화, 아웃소싱 제조업체의 입지, 급속한 인구 증가 등으로 이촌향도 현상이 나타났다. 도시가 빠른 속도로 성장해 오늘날 66% 정도의 인구가 도시에 거주하고 있다. 규모가 큰 국가 중 푸에르토리코는 대부분의 인구(99%)가 도시에 거주하고, 아이티의 도시화율이 가장 낮다(53%). 카리브 해의 도시는 세계적인 기준에서는 그 규모가 크지 않다. 인구 규모가 100만 명이 넘는 도시로는 산토도밍고, 아바나, 포르토프랭스, 산후안 정도가 있다.

라틴아메리카 지역에서와 마찬가지로 스페인의 지배를 받은 카리브 해 도시는 중앙 광장과 격자형 가로망이 나타난다. 경쟁 관계에 있던 유럽 열강의 기습에 취약했기 때문에 도시에 성벽을 쌓고 고도로 요새화했다. 유럽인이 만든 도시 중 가장 오랜 기간 지속적으로 남아 있는 곳은 도미니카공화국의 산토도밍고를 들 수 있는데, 1496년 형성되기 시작해 오늘날 대도시 구역의 인구 규모가 290만 명이 넘는다. 도미니카공화국에서 유래한 빠른 비트의 댄스 음악인 메렝게가 도시 곳곳에서 밤낮으로 들려온다.

그림 5.15 **담배 플랜테이션** 1840년대 제작된 이 목판화에는 쿠바의 노예들이 담배를 수확하는 모습이 담겨 있다. 그림 한 구석에는 백인 감독관이 담배를 피우며 노예들을 감시하는 모습이 보인다. 담배나 설탕은 농장주에게는 매우 높은 이윤을 안겨주는 작물이었지만 생산 과정에 매우 고된 작업이 필요했다. 이러한 작업은 주로 노예들이 담당하였는데, 수백만 명의 아프리카인들이 강제로 끌려와서 이러한 작물들을 생산하도록 강요당했다.

2009년 산토도밍고에 도시 고속 철도가 개통되었다. 현재 노선이 2개로 늘어나고 30여 개의 역이 운영되어 이 도시의 교통 체증을 감소시키고 있다(그림 5.16).

이 지역에서 두 번째로 큰 도시는 산후안으로 인구 규모가 약 260만 명이다. 산후안에도 식민 시대 도심이 존재하는데(그림 5.17), 현재 도시가 성장하면서 상대적으로 축소되었다. 산후안에는 푸에르토리코에서 가장 큰 항구가 위치하고 있으며 푸에르토리코의 금융, 정치, 제조업, 관광업의 중심이다. 고층 빌딩과 쇼핑몰, 고속도로와 끝없는 해안선이 있는 산후안은 라틴아메리카, 북아메리카, 카리브 해의 도시 경관이 뒤섞인 흥미로운 곳이다.

쿠바의 북쪽에 전략적으로 입지하게 된 도시인 아바나는 좁은 입구 뒤에 큰 만을 지닌 천혜의 항구로 식민시기 스페인의 배들이 오고 가는 가장 중요한 항구였다. 따라서 아바나 구시가지에는 식민 시기, 특히 18세기부터 19세기의 건축물들이 상당량 남아 있으며 유네스코의 세계문화유산으로 지정되었다. 스페인의 식민 시기 건물들과 소련의 영향을 받은 콘크리트 아파트 블록의 현대 도시 구역이 성장하고 있다. 소련으로부터의 원조가 중단된 이후 아바나도 이미지를 쇄신해야 했다(**지속 가능성을 향한 노력 : 아바나의 도시 농업** 참조).

다른 식민 지배 세력도 이 지역의 도시에 자취를 남겼다. 예를 들어 수리남의 수도인 파라마리보는 열대에 위치한, 튤립이 없는 네덜란드라고 알려져 있다. 영국과 프랑스의 식민지에서는 덧문을 달고, 흰색 칠을 한 목재 오두막집을 선호했는데 이러한 경관이 아직도 남아 있다. 그러나 영국과 프랑스 식민 도시는 비계획적으로 건설되었다. 도시는 촌락의 장원을 위해 조성된 것이지 주변의 배후지에 서비스를 제공하기 위해 건설된 것이 아니었다. 이 도시들은 대부분 지난 40여 년간 급속히 성장해 더 이상 작은 농산물 수출항이 아니며 점차 크루즈 정박과 피한을 위해 찾아오는 관광객이 경제의 중심이 되고 있다.

카리브 해 도시와 마을에는 독특한 매력이 있으며, 혼재된 문화의 흔적이 남아 있다. 카리브 해 전반에 걸쳐 주택은 구조가 단순하고(목재, 벽돌, 스투코 등으로 이루어진), 홍수 피해를 막기 위해 다소간 지대를 높였으며, 파스텔 색으로 칠해져 있다. 대부분의 사람이 걷거나 자전거를 타거나 대중교통을 이용해 이동한다. 인근에는 걸어서 갈 수 있는 거리에 작은 가게와 서비스업종들이 위치하고 있다(그림 5.18). 도로는 폭이 좁고, 생활의 속도는 북아메리카와 유럽에 비해 매우 느리다. 마을의 공간이 비좁

그림 5.16 **산토도밍고의 지하철** 도미니카 공화국의 산토도밍고 중심지에서 시민들이 지하철에 올라타고 있다. 이 지하철은 스페인 마드리드 지하철의 기술적 지원을 받아 2009년 개통한 것이다.

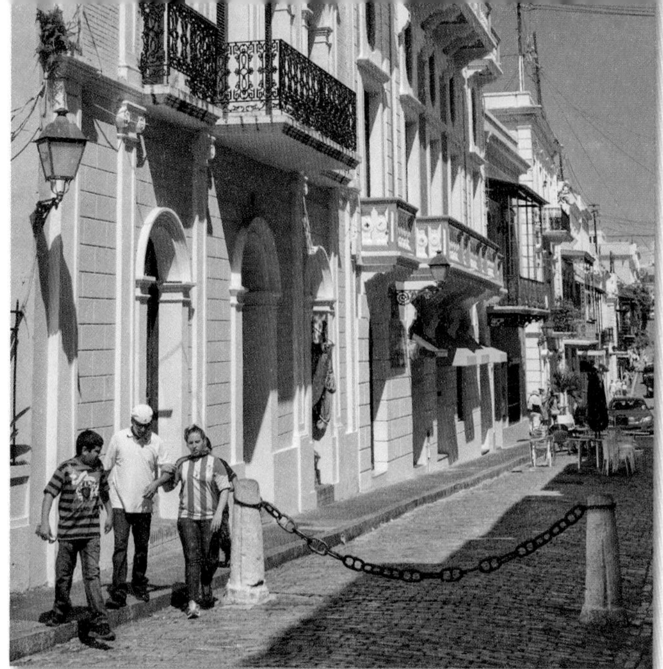

그림 5.17 **산후안 구시가지** 관광객들이 산후안 구시가지의 자갈 포장도로를 걷고 있다. 이 지역은 유네스코가 지정한 세계문화유산 지역으로 18세기 및 19세기에 건축된 건물들이 다수 남아 있다. 많은 건축물들이 아름답게 재건되었다.

더라도 대부분의 주택은 바다에 가까이 지어져서 시원한 바람을 받게 되어 있다. 오후나 저녁에 바닷가를 따라 거니는 것은 매우 일상적인 일이다.

확인 학습

5.3 이 지역의 인구학적 변천의 주요 특성은 무엇이며 이러한 패턴이 나타나는 요인은 무엇인가?

5.4 오랜 기간 이루어진 플랜테이션 중심 경제로 인해 이 지역의 정주 패턴은 어떠한 영향을 받았는가?

주요 용어 카리브 해의 디아스포라, 플랜테이션 아메리카, 단일 작물 생산

문화적 동질성과 다양성 : 아메리카 대륙의 새로운 아프리카

카리브 해 지역은 언어적 · 종교적 · 인종적 측면에서 매우 다양하다. 유럽인의 거류지가 존재하고, 수백만 명에 달하는 아프리카계와 인디아 출신 계약 노동자의 후손이 거주하며, 본토 지역에는 아메리카 원주민의 고립된 거주지가 존재하는 점 등에서 문화적 일관성을 이야기할 수 있다. 공통의 역사적 · 문화적 과정으로 인해 이 지역은 동질성을 지니게 되었다. 특히 이 장에서는 카리브 해 전역에 걸쳐 유럽 식민지의 영향력, 아프리카의 영향, 크레올화(creolization)라고 일컬어지는 유럽과 아프리카 문화의 혼합, 그리고 이 세 문화의 영향력의 공존에 초점을 맞추고자 한다.

그림 5.18 **카리브 해의 오토바이** 수리남 파라마리보의 한 여성이 오토바이를 타고 네덜란드 식민지 풍의 하얀색 건물들 사이를 지나가고 있다. 카리브 해 전역에 걸쳐 오토바이와 자전거는 도시의 주요 교통수단이 되고 있다.

식민지의 문화적 영향

1492년 콜럼버스가 도착한 이후 반세기 내에 일어난 일련의 사건들은 카리브 해 지역의 인구를 거의 감소시켰다. 한때 인구가 300만 명에 이르던 카리브족과 아라와크족의 거주지는 스페인인의 잔혹성, 노예화, 전쟁, 질병 등으로 인구가 거의 거주하지 않는 지역으로 변화해 식민지화에 유리한 상태가 되었다. 16세기 중반까지 유럽 열강은 카리브 해의 영토를 놓고 경쟁했는데, 그들이 차지하고자 싸운 영토의 인구가 실질적으로 거의 사라졌다. 이로 인해 여러 측면에서 그들의 작업이 훨씬 수월해졌는데, 원주민이 토지 소유권을 주장하지도 않았고 아메리카 원주민 사회와 부딪힐 일도 없어졌기 때문이다. 대신 식민주의자들은 카리브 해 지역의 토지를 플랜테이션 기반의 생산 체계에 맞게 재구성했다. 이곳에서 부족한 결정적인 요소는 노동력이었다. 처음에는 아프리카에서 노예 노동력을 들여오고 이후에는 아시아에서 계약 노동자를 들여옴으로써 카리브 해의 소규모 식민지는 놀라울 정도로 많은 이윤을 냈다.

신아프리카의 창조 아프리카 노예의 아메리카 대륙으로의 유입은 16세기에 시작되어 19세기까지 이어졌다. 아프리카인의 아메리카로의 강제 이주는 훨씬 더 복잡한 **아프리칸 디아스포라**(African diaspora)(아프리카인을 그들의 거주지로부터 강제로 이주시키는 일)의 일부일 뿐이다. 아프리카인의 노예 무역은 사하라 사막을 건너 북아프리카 지역으로 확산되었으며 동아프리카의 노예 무역은 중동 지역과 관련이 있다(제6장 참조). 노예 무역 경로는 대서양에서 가장 잘 기록되어 있다. 최소한 1,000만 명의 아프리카인이 아메리카 대륙에 도달했고, 이는 도중에 사망한 200만 명을 제외한 규모이다. 이 중 절반 이상의 노예가 카리브 해 지역으로 보내졌다(그림 5.19).

원주민 인구가 멸종한 자리에 노예가 유입됨으로써 카리브 해

지속 가능성을 향한 노력

아바나의 도시 농업

전 세계의 많은 도시들이 도시 정원에 대해 관심을 높이고 있다. 도시 정원은 마을 주민들의 일체감을 형성하고 식품에 대한 불안감을 감소시키며 영양 상태를 개선시킬 수 있을 뿐 아니라 소득도 얻을 수 있다. 나아가 갈색 도시 공간을 녹색으로 바꿈으로서 도시 환경을 개선하는 효과까지 있다. 쿠바는 도시 농업 부문에서 세계적인 선두주자이며 도시 농장은 특히 아바나 대도시 구역에서 많이 이루어지고 있다. 인구 230만 명의 대도시에 골고루 분포되어 있는 크고 작은 경지에서 도시민들은 채소를 길러 먹고 과일을 수확하며 토끼나 닭, 염소 등을 길러 고기, 계란, 우유 등을 얻는다(그림 5.2.1). 쿠바의 상황은 사회주의의 계획 경제로 가격이 고정되어 있고 시장에의 접근이 한정되어 있다는 점에서 독특하지만 아바나 농부들의 성공 사례는 전 세계 다른 도시들에 영향을 미쳤다.

필요에 의한 농업 1989년 쿠바 정부는 소련으로부터의 식량 및 에너지 원조가 대폭 삭감되자 심각한 식량난을 겪게 되었으며 이후 이러한 상황을 타개하기 위한 수단으로서 도시 농업의 잠재력을 인식하였다. 농업부는 첫 번째 협동 도시 농업 프로그램을 설계하여 도시의 작은 경지를 이용할 수 있게 하였고 농업을 위한 훈련과 연구 서비스를 제공하였으며 농업용품 상점을 열고 판매 상점도 개설하였다. 이러한 정부의 조치들 이외에도 독일, 캐나다, 미국 등의 NGO 단체들이 최선의 도시 농업에 관한 조언과 유기농 기술의 혁신 등에 관한 조언을 제공하였다. 초기부터 집약적인 유기농 농법과 해충 퇴치를 위한 생물학적 방법이 강조되었는데, 이는 수입 비료 및 살충제의 비용을 감당하기 어려웠던 때문이기도 하다.

이들 소규모 농장의 농부들은 자신이 경작하는 경지에 대해 영구적인 소유권을 주장할 수 있으며 재배 작물을 선택할 수 있고 생산물을 시장 가격에 판매할 수 있다. 도시의 공지나 오픈 스페이스에서 농사를 짓고자 하는 주민들은 농사를 짓는 한 그 토지를 무료로 이용할 수 있었다. 도시 농부들이 미사용 공간에 대한 합법적 소유권을 보유할 수 있도록 도시 법을 개정하고 도시의 각 지구에 상담센터를 세우기 위해서 도시농업국을 마련하였다. 이들 상담센터들은 사람들이 이 혁신적인 프로그램에 익숙해지기 이전 단계에서 조언을 제공하고 프로그램에 대한 소개를 하며 농기구, 종자, 퇴비 등을 제공하는 등 가장 혁신적인 역할을 하였다.

농업 도시 아바나 이러한 노력들이 아바나를 변화시켰다. 사람들은 더 신선한 식품을 더 많이 얻을 수 있게 되었고 자영업자로서 고용을 하게 되었으며 새로운 녹지가 형성되었다. 공지에는 묘목이 자라는 모판들이 조성되고 주민들이 토마토, 딸기 등을 재배한다. 주민들은 신선한 계란, 우유, 고기 등을 전보다 더 많이 얻을 수 있게 되었다. 아바나의 도시 공원의 일부도 농경지로 전환되었다. 오늘날 아바나의 식량 부족은 훨씬 완화되었는데, 이는 도시 및 농촌에서의 농업의 실시와 함께 이루어진 시장 기반의 개혁으로 인해 경제 성장이 촉진되고 소규모 기업들이 발전했기 때문이다. 흥미롭게도 국제 관광객들 중에는 아바나의 농업 혁신을 둘러보고자 하는 사람들이 늘고 있다. 이러한 면에서 아바나의 도시 농업은 급속한 도시화 현상을 겪고 있는 전 세계에 많은 시사점을 주고 있다.

1. 아바나의 주민들이 도시 농업의 선구자가 된 것은 무엇 때문인가?
2. 식량의 증산 이외에도 도시에서 식량을 기르는 것으로 인한 장점은 무엇이 있는가?

지역은 아메리카 대륙에서 아프리카계 인구가 가장 집중적으로 모여든 지역이 되었다. 아프리카인의 출신지는 세네갈에서부터 앙골라까지 이르며 노예 구매자들은 인종적 정체성을 약화시키기 위해 의도적으로 출신 부족을 혼합해 노예를 구매했다. 결과적으로 카리브 해 지역으로 종교와 언어가 완전하게 이전되지는 못하고 대신 언어, 의복, 신념 등이 혼합되었다.

마룬 사회 영어로는 **마룬**(maroon), 스페인어로는 **팔렝케**(palenques), 포르투갈어로는 **킬롬보**(quilombo)라고 하는 탈주 노예의 공동체는 대서양을 건너 일어난 아프리카 문화 확산의 좋은 예이다. 도망친 노예의 은신처는 노예제가 실시된 지역에서는 어디든 존재했다. 이러한 은신처는 대개 오래 지속되지 못했지만 일부 마을은 오래 지속되어 아프리카 전통이 보전되었으며 특히 농업 관행, 주택 양식, 공동체 구성, 언어 등에서 그러했다.

수리남의 마룬족은 아프리카 서부와 명백한 연계를 나타내고 있다. 대부분의 마룬 사회는 점차 지역 인구와 혼합되었으나 일부 마룬 사회는 오늘날까지 명확한 정체성을 유지하고 있다. 현재 남아 있는 마룬족의 수는 6개로, 인구 규모 수백 명에서 2만 명에 이른다(그림 5.20). 열대 우림에 거주하는 이들은 200년 동안 비교적 흩어지지 않고 거주하면서 그들만의 종교의식을 형성했는데, 제사장이 존재하고 정령의 존재를 믿으며 주술사가 있다. 최근 현대화와 자원 개발 압력이 증가함에 따라 수리남의 마룬족은 국가 및 민간 기업과 직접적인 충돌을 하고 있다.

아프리카의 종교 아프리카의 종교 및 주술 관행은 마룬 사회와 깊은 연관을 지니며 카리브 해 지역 전역에 일반적으로 보급되

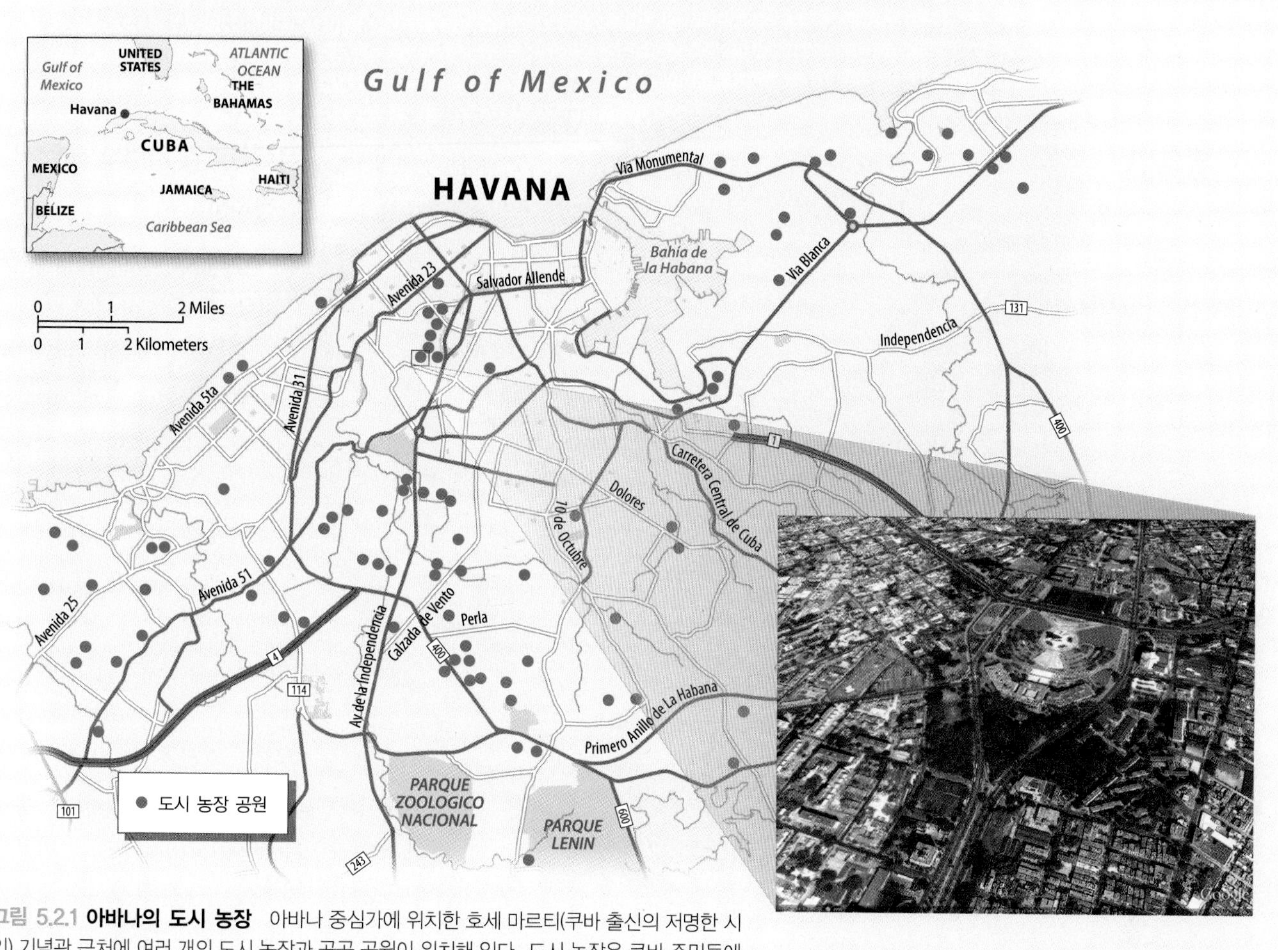

그림 5.2.1 **아바나의 도시 농장** 아바나 중심가에 위치한 호세 마르티(쿠바 출신의 저명한 시인) 기념관 근처에 여러 개의 도시 농장과 공공 공원이 위치해 있다. 도시 농장은 쿠바 주민들에게 신선한 식재료를 제공할 뿐 아니라 부가적인 수입까지 얻을 수 있게 한다.

었다. 아메리카 대륙에서 형성된 새로운 아프리카를 반영하는 이러한 현상은 브라질의 동북부 지역과 카리브 해 지역에서 가장 뚜렷하게 나타난다. 수백만 명의 브라질인이 가톨릭과 함께 아프리카에서 기원한 종교인 움반다, 마쿠바(Macuba), 칸돔블레 등을 믿는다. 이와 비슷하게 카리브 해 지역의 아프리카 기원 종교의 전통은 아프리카 서부와 명백한 연계를 보여주는 독특한 형태로 발전했다. 가장 널리 보급된 것은 아이티의 부두교(Voodoo 혹은 Vodoun), 쿠바의 산테리아(Santería), 자메이카의 오비(Obeah) 등이다. 이들 각 종교는 자체적으로 성직자와 고유한 종교의식을 지니고 있다. 이들 종교의 영향력은 상당해, 아이티의 부자 세습 독재자였던 뒤발리에는 반정부주의자들을 위협하기 위해 부두교 사제를 고용한 것으로 알려졌다.

아시아계 계약 노동자 19세기 중반까지 카리브 해 지역 대부분의 식민지 정부는 노예를 해방시켜야만 했다. 이에 정부는 노동력 부족을 염려해 남부 아시아, 동남아시아, 동아시아 지역에서 **계약 노동자**(indentured labor)(일정 단위의 기간 동안 농장과 노동계약을 체결하는 노동자로, 대개 몇 년 단위로 계약함)를 들여왔다.

계약 노동자의 영향은 수리남, 가이아나, 트리니다드토바고 등에 뚜렷하게 남아 있다. 예전 네덜란드의 식민지였던 수리남에서는 인구의 1/3 이상이 남부 아시아계 후손이며 인구의 16%가 인도네시아의 자바계이다. 영국의 식민지였던 가이아나와 트리니다드에 유입된 계약 노동자들은 대부분 현재 인도 출신으로 가이아나 인구의 절반가량, 트리니다드토바고 인구의 40% 정도가 남부 아시아계 후손이다. 도시와 마을에 힌두교 사원이 세워져 있으며 많은 이들이 가정에서 힌디어를 사용한다. 최근 트리

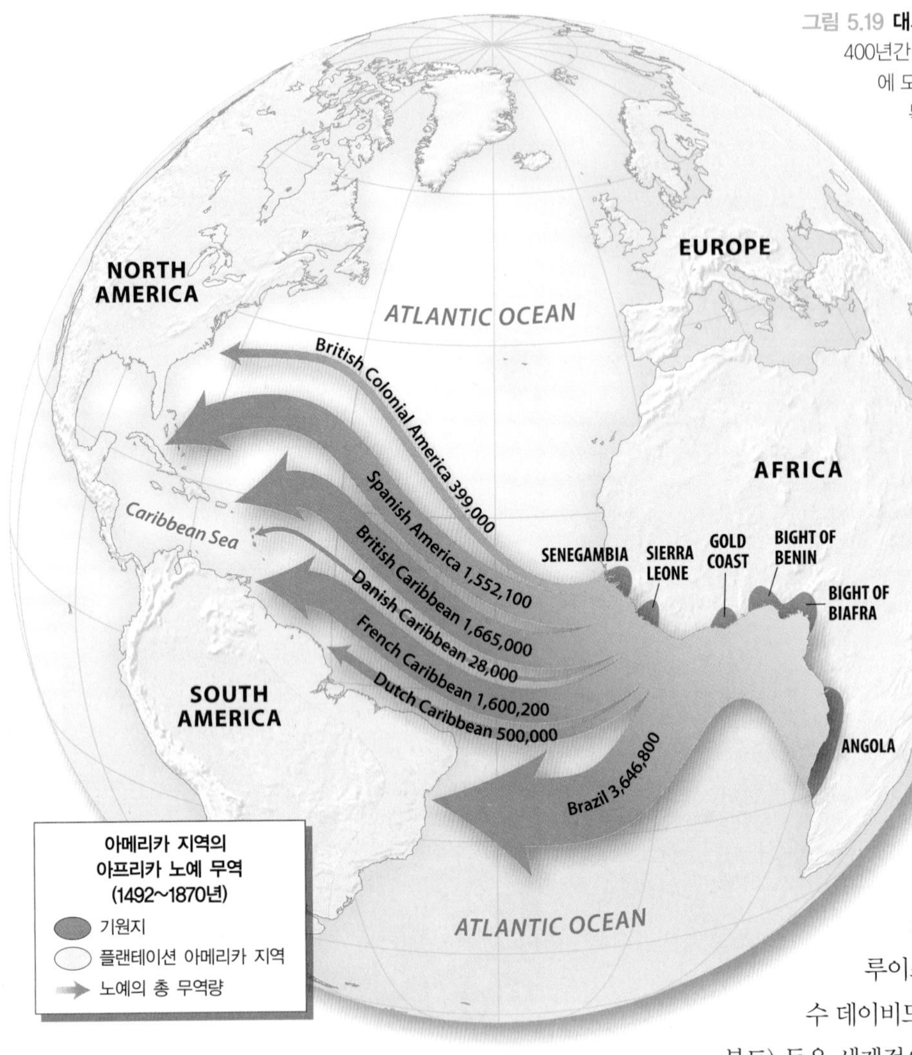

그림 5.19 **대서양의 노예 무역** 대서양의 노예 무역이 이루어진 400년간, 최소한 1,000만 명의 아프리카인이 아메리카 대륙에 도착했다. 노예의 대부분은 서아프리카 출신이었으며 특히 골드코스트 지역(현재 가나)과 비아프라 지역(현재 나이지리아) 출신이었다. 아프리카 남부의 앙골라도 주요한 기원지였다.

니다드토바고의 총리로 임명된 카믈라 퍼사드 비세사르는 인도계 후손이다(그림 5.21).

영국의 식민지였던 국가에서는 중국계 인구의 비율이 2%를 넘지 않는다. 동아시아계 이주민은 노동 계약이 만료된 이후 상인이나 소규모 업체의 소유주가 되어 카리브 해 사회에서 주요한 위치를 차지하고 있다. 쿠바와 수리남에는 카리브 해에서 가장 규모가 큰 차이나타운이 조성되어 있다. 수리남에는 중국인들의 이민이 꾸준히 이어지고 있는데, 한 보고서에 의하면 중국인의 비율이 전체 인구의 10%에 육박한다고 한다.

크레올화와 카리브 해의 정체성

크레올화(creolization)란 카리브 해 지역에서 발견되는 독특한 문화 체계로 아프리카계, 유럽계, 일부 아메리카 원주민계 문화 요소가 혼합되어 형성된 것이다. 오랜 기간 형성된 크레올인의 정체성은 복잡하다. 그들은 카리브 해 지역의 역동적인 문화적 · 국가적 정체성을 상징한다. 오늘날 카리브 해 작가(V.S. 네이폴, 데렉 월컷, 자메이카 킨케이드), 음악가(밥 말리, 리키 마틴, 후안 루이스 게라), 운동선수(도미니카 출신 야구선수 데이비드 오티스, 자메이카 출신 육상선수 우샤인 볼트) 등은 세계적으로 유명하다. 이들은 그들의 각 섬을 대표할 뿐 아니라 카리브 해 문화 전체를 대표한다 할 수 있다.

언어 이 지역의 주된 언어는 유럽어이다. 스페인어 사용 인구는 약 2,500만 명이며, 프랑스어는 1,100만 명, 영어는 700만 명이고 네덜란드어는 약 50만 명이다(그림 5.22). 그러나 이러한 상

그림 5.20 **수리남의 마룬 마을** 파라마리보의 흑인의 날 축제에서 얼굴에 하얀 칠을 한 마룬 여인이 춤을 추고 있다. 마룬인들은 도망쳐 나온 노예들의 후예로, 수리남의 마룬인들은 1월 첫 번째 일요일을 흑인의 날로 지정해서 그들의 문화적 전통을 표현하고 공유한다.

그림 5.21 **남부 아시아의 영향** 트리니다드토바고의 카믈라 퍼사드 비세사르 수상이 인도인들의 트리니다드 도착 165주년 행사에 참여하고 있다. 수상 자신도 인도계 후손이다.

황은 오직 일부만을 설명할 뿐이다. 쿠바, 도미니카공화국, 푸에르토리코에서는 스페인어가 공식 언어이고 일상적으로 사용되고 있다. 다른 나라에서는 공식 언어의 지역적 변형이 이루어졌으며 특히 구어체의 형태로 존재하기 때문에 지역 출신이 아니면 이해하기가 매우 어렵다. 어떤 경우에는 완전히 새로운 언어가 등장하기도 한다. 아루바, 보네르, 퀴라소 등의 섬에서는 파피아멘토(네덜란드어, 스페인어, 포르투갈어, 영어, 아프리카 언어가 혼합된 무역어)라 하는 공용어와 네덜란드어가 사용되기도 하나 네덜란드어의 사용은 감소하고 있다. 비슷하게 파투아(patois)라 하는 크레올식 프랑스어는 아이티에서 공식 언어로 사용되어 왔다. 고등교육, 정부, 법원 등에서는 프랑스어가 사용되고 일상, 가정, 구어 등에서는 아프리카의 영향력이 명확하게 나타나는 파투아가 사용된다.

1960년대에 독립하면서 크레올어는 정치적으로나 문화적으로 국가적 의미를 부여받았다. 대부분의 공교육이 표준어를 기준으로 이루어지지만 크레올어는 방언 특유의 표현력이 풍부하고, 정체성을 심어주기에 적절하다는 점에서 의의를 지닌다. 지역 주민들은 표준어에서 지역 방언으로 전환하는 데 탁월하다. 자메이카인은 관광객과 영어로 대화를 하다 친구가 지나가면 변형된 크레올어로 이야기를 함으로써 외부인을 자신들의 대화로부터 완벽하게 배제한다. 여타 문화에서도 이러한 전환이 나타나지만 카리브 해 지역에서는 매우 보편화되어 있다.

음악 카리브 해의 리듬 비트는 아마도 이 지역이 생산한 가장 유명한 상품일 것이다. 이 좁은 지역에서 레게, 칼립소, 메렝게, 룸바, 주크 등 여러 음악 형식이 생겨났다. 현대 카리브 해 음악의 근원은 아프리카계 리듬과 유럽 형식의 멜로디 및 가사의 혼합

일상의 세계화

카리브 해의 카니발

현대의 카니발은 기독교의 사순절과 아프리카의 음악적 전통이 결합한 것이다. 카니발의 어원은 사순절 동안 육식을 포기한다는 라틴어(carnivale, 고기를 멀리한다는 의미)에서 유래한 것이다. 카리브 해 지역에서는 과거 노예들이 카니발을 특별한 의미로 가득 채웠는데, 이 날이야말로 그들의 천편일률적인 일상의 삶의 부술 수 있는 기회였기 때문이다. 오늘날 카니발은 거의 모든 카리브 해 국가에선 몇 주간에 걸친 국가적인 파티로 기념하고 있으며 수많은 관광객들을 끌어 모으고 있다. 공식적인 카니발 중에는 사순절 기간과 관계없이 연중 다른 기간에 치러지는 것도 있다. 카리브 해 사람들이 이주해 감에 따라 카니발은 북아메리카와 유럽에서 새로운 형태로 기념되고 있다. 토론토에서는 대규모의 카리브 해 이민자들이 매해 7월마다 그들의 전통을 지키고 있으며 이는 북아메리카 지역에서 가장 성대하게 거행되는 카니발 행사이다(그림 5.3.1). 런던, 버밍햄, 래스터 등의 도시에서도 해마다 카니발이 열리고 있다. 문화의 세계화의 관점에서 카니발을 보면 훌륭한 파티는 지역별로 쉽게 전파된다는 것을 알 수 있다.

1. 카니발이 카리브 해 지역민들의 정체성을 표현하는 주요한 수단이 된 이유는 무엇일까?
2. 여러분은 카니발 외에 이러한 종류의 행사를 경험하거나 목격한 적이 있는가?

그림 5.3.1 토론토의 카니발 캐나다에서 가장 크고 문화적 다양성이 높은 도시인 토론토에서는 해마다 여름이면 카리브 해식 카니발 행사가 치러지며 퍼레이드 행렬이 이루어진다.

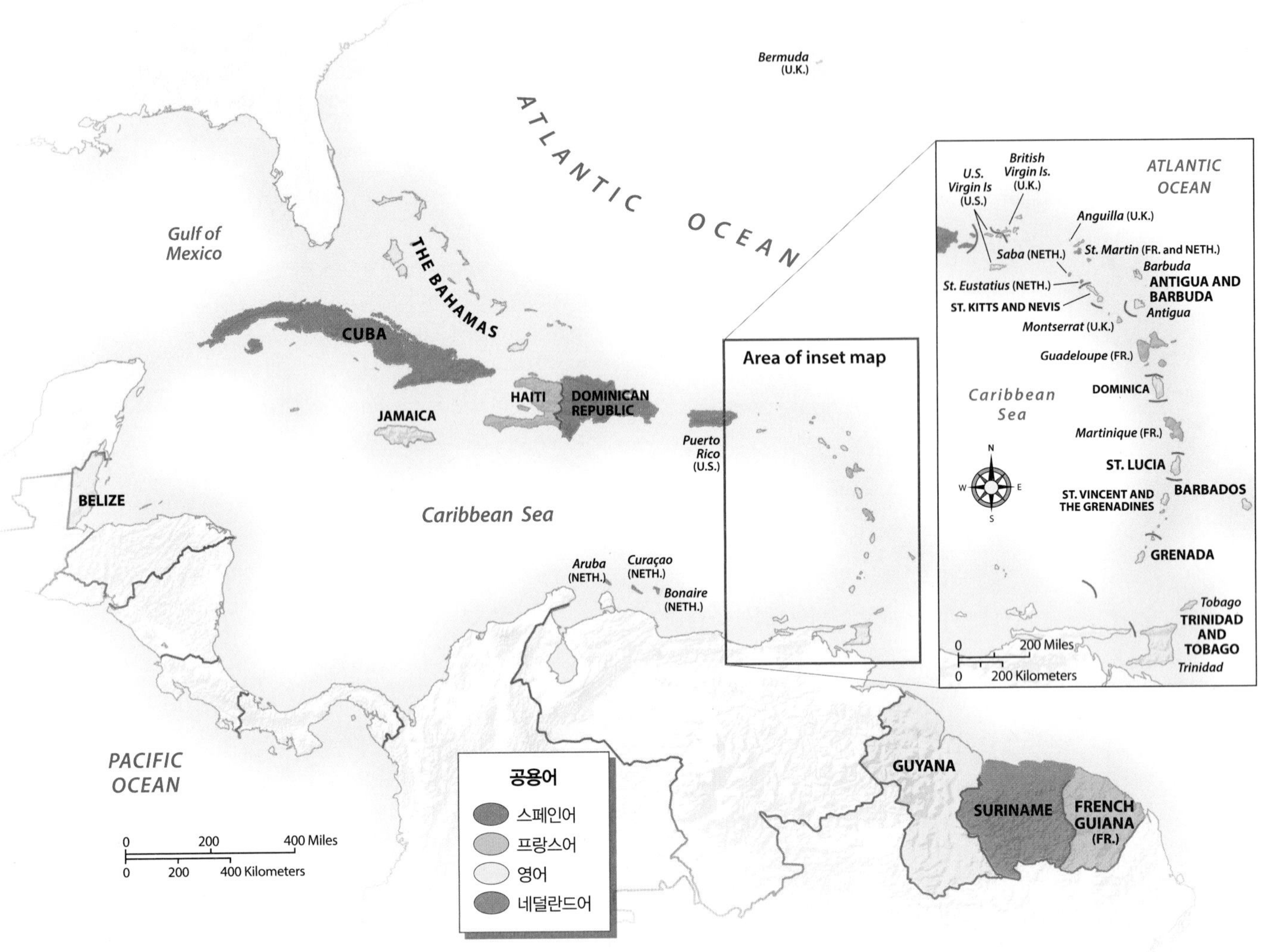

그림 5.22 **카리브 해의 언어 분포도** 카리브 해 지역에는 원주민 인구가 거의 없기 때문에(대륙 제외) 주된 언어는 스페인어(2,500만 명), 프랑스어(1,000만 명), 영어(600만 명), 네덜란드어(50만 명) 등의 유럽 언어이다. 그러나 이들 중 많은 언어가 크레올화해 타 지역의 사람은 이해하기 어렵다. **Q : 카리브 해 지역에서 영어를 사용하는 곳은 어디인가? 이를 통해 이 지역의 초기 식민지화 과정에 대해 설명해 보자.**

에서 비롯되었다. 이러한 다양한 영향력은 오랜 기간의 상대적 고립과 결합해 독창적인 지역적 음악으로 탄생했다. 20세기 들어 카리브 해 인구의 이동이 증가하자 음악도 혼합되었으나 특유의 사운드는 남아 있다.

트리니다드의 유명한 스틸 팬 드럼은 1940년대 이 지역에 주둔하던 미군 부대에서 버린 석유통에서 유래한 것이다. 금속 통의 바닥을 큰 쇠망치로 두드리면 오목한 표면이 생겨나며 이는 정도에 따라 다른 음을 낸다. 카니발 기간에는 스틸 팬을 거리로 끌고 나와 연주하며 댄서들도 같이 따른다. 연주자들은 매우 능숙해 클래식 음악을 연주하기도 하고, 정부기관에서 문제 청소년들의 교화를 위해 스틸 팬 연주를 가르치기도 한다(일상의 세계화 : 카리브 해의 카니발 참조).

특유의 사운드와 정교한 리듬으로 카리브 음악은 인기가 많다. 자메이카의 밥 말리와 웨일러스가 소울 충만한 레게 음악을 들고 세계 음악의 한 장면에 등장하였으며, 빈곤, 불평등, 자유 등을 노래하는 그들의 가사는 전 세계에 울려 퍼지고 있다. 그러나 이는 단순히 좋은 댄스 음악 그 이상으로, 아프리카-카리브계의 종교와 밀접한 연관을 지니며 민중의 정치적 저항의 표현이기도 하다. 리듬감 있는 펑크와 레게식 베이스 사운드를 지닌 아이티의 라라 음악에는 퍼커션과 색소폰, 대나무 트럼펫 등이 덧붙여진다. 노래는 언제나 크레올 프랑스어로 불리는데, 아이티의 아프리카계 조상을 추앙하고 부두교를 숭앙하는 가사가 전형이다. 가사에서는 정치적 억압 및 빈곤과 같은 어려운 주제를 다루기도 한다(그림 5.23).

스포츠 : Baseball에서 Béisbol로 라틴아메리카인들의 축구 사랑은 유명하지만 카리브 해 지역에서는 야구를 가장 좋아한

그림 5.23 **아이티의 라라 음악** 행진을 하면서 파투아로 쓰인 라라 음악을 연주하고 있다. 빈곤층의 음악으로 여겨지는 라라는 위험한 사회적 비판들을 표현하곤 한다. 이 라라 밴드는 워싱턴 D.C.의 민속제에서 연주하고 있다.

다. 미국의 영향력으로 인해 쿠바, 푸에르토리코, 도미니카공화국 등에서는 야구가 인기 종목이다. 사회주의 국가인 쿠바에서도 열정적으로 야구를 좋아해서 미국 팬들의 야구 사랑이 무색할 정도이다. 최근에는 쿠바의 야구선수들이 미국에서 활약하고 있는데, 호세 아브레유, 알렉스 게레로, 아롤디스 채프먼 등이 거액의 연봉으로 계약한 이후 팬들의 기대를 충족시키고 있다. 미국 메이저리그 야구 선수들 중 약 1/4 정도가 외국 출신인데, 2014년 현재 미국 메이저리그 야구선수 중 10%가 도미니카공화국 출신이었다.

도미니카공화국이 메이저 리그로의 주요 선수 배출 경로가 된 데에는 미국 리그 진출을 꿈꾸는 소년들, 경제적 불평등, 탐욕 등이 얽혀 있다. 이 작은 나라에서 수많은 유명 야구선수가 탄생했으며 수십 개의 프랜차이즈 업체들이 이곳의 훈련 캠프에 수백만 달러를 투자하고 있다. 그러나 도미니카인들이 자랑스러워한 뛰어난 야구 실력은 지난 20여 년간 가난한 아이들, 약물 복용, 가짜 서류, 선수들의 보너스를 착취하는 스카우터들 등의 여러 부작용으로 얼룩졌다. 그러나 점점 더 많은 소년들이 학교에 다니기보다는 미래의 야구선수가 되기 위해 스카우터들과 계약을 한다. 소년들은 1만 달러나 2만 달러만 보너스로 받아도 가족들이 살 멋진 집을 지을 수 있다(그림 5.24).

산토도밍고에서 멀지 않은 산페드로데마코리스는 이러한 꿈이 이루어지는 전형적인 곳이다. 사탕수수를 재배하는 이 지역에서는 자전거에 야구 배트와 글러브를 싣고 다니는 아이들이 있고, 사탕수수 공장이 있으며, 먼지 낀 야구장과 유명한 전직 야구선수들의 저택들이 있다. 이곳에는 새미 소사, 조지 벨, 페드로 게레로 등의 집이 있다. 이들 저택들은 야구를 통해 얻을 수 있는 것이 무엇인지를 조용히 보여주고 있다. 이 지역 야구의 이미지를 개선하기 위해 도미니카공화국 메이저 리그 야구협회에서는 약물 복용 및 허위 서류에 대한 조사를 실시하였다. 그러나 재능 있는 소년들과 이 소년들을 압박하는 가족들이 존재하는 한 이러한 시스템은 계속해서 존재할 것이다.

 **확인 학습**

5.5 카리브 해 지역에 남아 있는 아프리카계의 영향은 어떠한 것이 있으며 아프리카계 주민들은 자신을 어떻게 표현하고 있는가?

5.6 크레올화한다는 것은 무엇이며 카리브 해 지역에서 나타나는 다른 문화적 영향력 및 패턴을 어떻게 설명할 수 있는가?

주요 용어 아프리칸 디아스포라, 마룬, 계약 노동자, 크레올화

지정학적 틀 : 식민주의, 신식민주의, 독립

카리브 해의 식민주의 역사는 유리한 열대 영토에 대한 유럽 열강의 각축장이었다. 17세기까지 카리브 해 지역은 유럽인의 야망에 대한 주요한 실험장이었다. 이 지역에 대한 스페인의 지배력은 약화되었으며 경쟁 관계에 있던 유럽 국가들은 서서히 스페인을 밀어냄으로써 스페인의 영역을 차지할 수 있을 것이라는 확신을 가졌다. 많은 영토, 특히 소앤틸리스 제도의 섬이 유럽인의 지배하에 놓였다.

유럽인은 카리브 해 지역이 전략적으로 중요하며 설탕, 럼주,

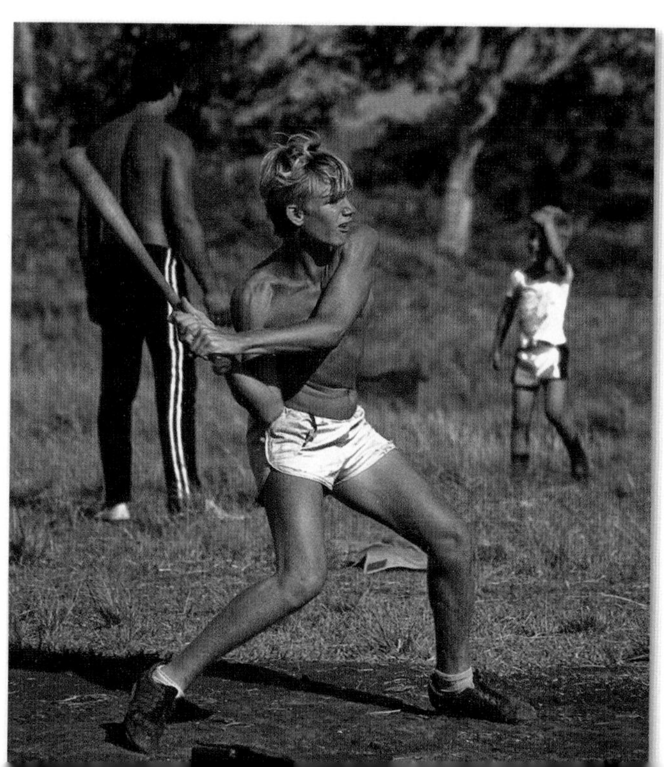

그림 5.24 **카리브 해 지역의 야구** 한 쿠바 소년이 시골에서 열린 즉석 야구 경기에서 공을 치려 하고 있다. 일부 카리브 해 국가들에서는 야구를 국기로 받아들였는데, 특히 도미니카공화국과 쿠바가 그러한 예이다.

향신료 등을 생산하기에 유리한 지역이라고 생각했다. 지정학적으로 경쟁 관계에 있던 유럽 국가들은 그들이 카리브 해 지역에 주둔함으로써 이 지역에 대한 스페인의 지배권이 약화될 것이라고 생각했다. 그러나 카리브 해 지역에 대한 유럽의 지정학적 지배권은 19세기 중반 감소하고 대신 미국의 존재감이 증가하기 시작했다. 서반구에 대한 유럽의 군사적 개입을 좌시하지 않겠다는 미국의 입장을 선언한 **먼로 독트린**(Monroe Doctrine)을 통해, 미국은 카리브 해 지역을 그들의 영향권하의 지역으로서 고려하고 있음을 명백히 했다. 이러한 시각은 1898년 미국-스페인 전쟁에서 잘 드러났다. 이후에도 영국, 네덜란드, 프랑스의 식민지가 일부 남아 있었지만 미국은 이 지역에 대해 간접적으로 때로는 직접적으로 통제권을 행사하며 **신식민주의**(neocolonialism) 시대를 열어갔다. 신식민주의란 한 국가나 지역에 대하여 군사적 통제나 정치적 통치와 같은 직접적인 식민 통치가 아니라 경제적 혹은 문화적 지배를 통한 간접적인 통치를 의미한다.

국제화가 진행되면서 신식민주의로 인한 이윤은 수명이 짧거나 단발적인 경향이 있었다. 카리브 해 지역은 다른 지역에 비해 비교적 적은 수준의 외국인 민간 투자를 유치했을 뿐이며 냉전 시대가 종료됨에 따라 카리브 해 지역의 전략적 중요성도 감소하고 있다. 1990년대 타이완이 카리브 해 지역의 소규모 국가들에 전략적 투자를 하면서 UN에서의 지지를 호소하기도 하였다. 그러나 중국은 이 지역에 훨씬 큰 규모의 자본을 투자함에 따라 타이완을 지지했던 도미니카나 그라나다 같은 국가들이 노선을 변경하여 중국에 대한 지지를 표명하였다.

'미국의 안마당'으로서의 삶

오늘날까지 미국은 카리브 해 지역에 대해 지배적인 태도를 유지하고 있으며, 20세기 초반 이러한 의미로 이 지역을 '미국의 안마당'이라는 용어로 칭했다. 초기 이 지역에 대한 명목상의 외교 정책 목표는 이 지역을 유럽의 지배로부터 해방시키고 민주적 정부를 세우는 것이었다. 그러나 시간이 흐르면서 미국의 정치적 · 경제적 야심은 이러한 목적과는 다르게 나타났다. 시어도어 루스벨트 대통령은 제국주의적 정책을 원칙으로 함으로써 미국의 영향력을 국경선 너머까지 미치고자 함을 분명히 했다. 파나마 운하의 건설이나 공해(公海) 노선의 유지와 같은 정책은 미국에 이익이 되었으나 카리브 해 지역 주민의 사회적 · 경제적 · 정치적 이윤에는 전혀 도움이 되지 않았다. 미국은 이후 선린 외교 정책(1930년대), 진보를 위한 동맹(1960년대), 카리브 지역 개발 촉진 계획(1980년대)과 같은 일련의 개발 정책을 제안했다. 카리브 해 지역에서는 이러한 정책을 걱정스러운 시각으로 바라보았다. 많은 주민이 해방되었다는 느낌을 받기보다는 식민주의에서 신식민주의로 정치적 의존의 종류가 바뀌었을 뿐이라고 믿고 있다.

1900년대 초반, 카리브 해 지역에서 미국의 역할은 주로 군사적이고 정치적인 것이었다. 미국-스페인전쟁(1898)으로 쿠바가 해방되었으며 나아가 스페인이 필리핀, 푸에르토리코, 괌 등을 미국에게 이양했고 푸에르토리코와 괌은 현재까지도 미국의 영역이다. 미국은 또한 1917년 덴마크령 버진아일랜드를 구입해 미국령 버진아일랜드로 존속시키면서 세인트토머스 항을 개발했다. 프랑스, 영국, 네덜란드는 이 지역에서 미국의 패권을 목도하면서도 이러한 상황을 인내했다. 미국은 대외적으로는 식민주의에 반대했지만 매우 제국주의적인 세력이 되어 갔다.

제국이 갖춰야 할 요건으로는 자신의 의지대로 일을 행하는 것을 들 수 있는데, 필요한 경우에는 무력을 동원해 이를 관철시키게 된다. 카리브 해 국가들이 미국의 무역 규정을 따르기를 거부하면 미국의 해군 함정이 항구를 봉쇄했다. 이후 해병대가 상륙하고 미국의 지지를 받은 정부가 들어섰다. 이러한 개입은 오랜 기간에 걸쳐 일어났다. 미국의 군대는 1916~1924년 도미니카공화국을 점령했으며, 1913~1914년 아이티를 점령하고, 1906~1909년과 1917~1922년 두 차례에 걸쳐 쿠바를 점령했다(그림 5.25). 오늘날에도 미국은 카리브 해 지역에 주요한 군사기지를 운영하고 있는데, 쿠바 동부의 관타나모 기지도 이에 포함된다.

카리브 해 지역에서의 미국의 정책에 대해 비평가들은 외교 정책의 결정에서 경제적 이윤이 민주적 원칙에 우선한다고 비판하고 있다. 카리브 해 외변 지역의 해안 평야에 정착한 미국의 바나나 회사들은 마치 독립된 국가처럼 운영을 했다. 미국계의 설탕 및 럼주 생산 회사가 쿠바, 아이티, 푸에르토리코 등의 가장 비옥한 토지를 매입했다. 한편 진정으로 민주적인 기관은 약화되었으며 사회 발전 면에서도 거의 진전이 없었다. 수출이 증대되면서 철로가 건설되었고 항만시설이 개선되었다. 그러나 20세기 전반기에 소득, 교육 수준, 보건 문제 등은 매우 열악한 상태로 남아 있었다.

미국의 자치주 푸에르토리코 푸에르토리코는 미국의 자치주로서의 지위로 인해 카리브 해 지역에 속하면서도 동시에 이 지역으로부터 분리되어 있다. 20세기 전반에 걸쳐 푸에르토리코를 미국으로부터 분리 독립하고자 하는 시도가 여러 차례 있었다. 오늘날에도 주민들은 자신들의 정치적 미래에 대해 다른 생각을 지니고 있다. 또한 동시에 푸에르토리코는 미국의 투자 및 복지 프로그램의 혜택을 받고 있다. 미국의 식량 배급표는 많은 푸에르토리코 가정의 주요한 수입원이다. 자치주로서의 위치로 인해

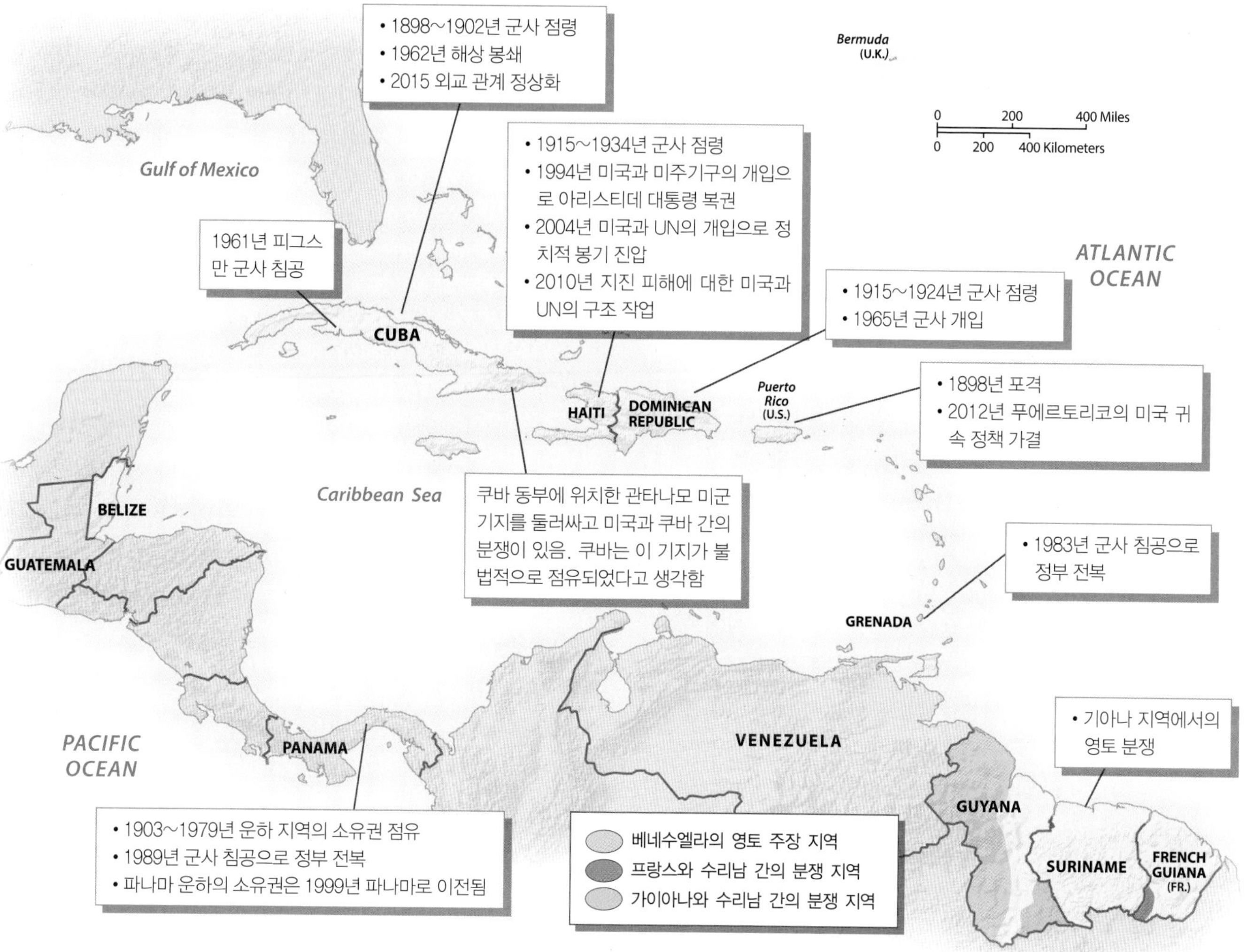

• 1898~1902년 군사 점령
• 1962년 해상 봉쇄
• 2015 외교 관계 정상화

Bermuda (U.K.)

0 200 400 Miles
0 200 400 Kilometers

Gulf of Mexico

• 1915~1934년 군사 점령
• 1994년 미국과 미주기구의 개입으로 아리스티데 대통령 복권
• 2004년 미국과 UN의 개입으로 정치적 봉기 진압
• 2010년 지진 피해에 대한 미국과 UN의 구조 작업

1961년 피그스 만 군사 침공

ATLANTIC OCEAN

• 1915~1924년 군사 점령
• 1965년 군사 개입

CUBA

HAITI

DOMINICAN REPUBLIC

Puerto Rico (U.S.)

• 1898년 포격
• 2012년 푸에르토리코의 미국 귀속 정책 가결

Caribbean Sea

쿠바 동부에 위치한 관타나모 미군 기지를 둘러싸고 미국과 쿠바 간의 분쟁이 있음. 쿠바는 이 기지가 불법적으로 점유되었다고 생각함

BELIZE

GUATEMALA

• 1983년 군사 침공으로 정부 전복

GRENADA

PACIFIC OCEAN

PANAMA

VENEZUELA

• 기아나 지역에서의 영토 분쟁

GUYANA

SURINAME

FRENCH GUIANA (FR.)

• 1903~1979년 운하 지역의 소유권 점유
• 1989년 군사 침공으로 정부 전복
• 파나마 운하의 소유권은 1999년 파나마로 이전됨

베네수엘라의 영토 주장 지역
프랑스와 수리남 간의 분쟁 지역
가이아나와 수리남 간의 분쟁 지역

그림 5.25 **카리브 해의 지정학 : 미국의 군사 개입과 지역 분쟁** 카리브 해 지역에 대해 미국은 지정학적으로 안마당이라 여기고 있으며 20세기 초반 미군의 점거가 자주 일어났다. 국경 및 인종적 분쟁도 발생하고 있는데 대부분의 분쟁은 기아나 지역에서 발생하고 있다.

푸에르토리코인은 미국의 본토를 자유롭게 왕래할 수 있고 자신들의 권리를 주장할 수 있다. 다른 한편으로 푸에르토리코인은 그들의 독립을 상징적으로 표현하고 있다. 예를 들어 국제 스포츠 대회에 그들만의 팀을 내보낸다거나 국제 미인 대회에 미스 푸에르토리코를 출전시키고 있다. 2012년 논란이 많았던 국민투표에서 주민의 대부분이 자치주로서의 위상은 유지하면서 정치적 위상의 변화가 있어야 한다는 데에 투표하였다. 그러나 미국 의회에서는 푸에르토리코의 정치적 위상을 변화시킬 계획이 전혀 없는 것으로 알려져 있다(그림 5.26).

푸에르토리코는 1950년대부터 농업 경제로부터 공업 경제로 변화하기 시작했다. 미국의 관리들은 푸에르토리코를 이 지역의 나머지 국가에 대한 본보기로 삼고자 했다. 푸에르토리코 대통령인 무뇨스 마린은 '오퍼레이션 부트스트랩'(Operation Bootstrap)이라는 산업화 프로그램을 주창했다. 세금 혜택과 값싼 노동비로 인해 수백 개의 미국계 섬유 기업이 푸에르토리코

그림 5.26 **푸에르토리코의 독립 찬반 국민투표** 미국의 51번째 주로의 귀속을 열망하는 신 진보당원들이 플래카드를 들고 투표를 독려하고 있다. 국민투표는 2012년 11월 가결되었으나 푸에르토리코와 미국 간의 관계를 두고 여론이 분열되어 있다. 한편 미국 의회는 푸에르토리코의 귀속에 관해 어떠한 조치도 취하지 않고 있다.

로 이주했다. 20년간 14만 개의 일자리가 창출되어 국민소득이 현저히 증가했다. 1970년대 푸에르토리코가 아시아 의류 생산자들과의 치열한 경쟁에 직면하자 정부는 석유화학과 제약 생산업체를 유치했다. 1990년대까지 푸에르토리코는 카리브 해 지역에서 가장 산업화된 지역이 되었고 소득 수준 또한 다른 국가에 비해 월등히 높았다. 그러나 여전히 광범위한 인구 유출 현상, 낮은 학력 수준, 빈곤과 범죄의 만연 등과 같은 저개발의 징후가 여러 군데에서 나타나고 있다.

쿠바와 지정학 카리브 해 지역에서 미국의 권위에 대한 가장 근본적인 도전은 쿠바와 그 동맹국인 소련이었을 것이다. 1950년대 쿠바에서는 피델 카스트로가 친미 경향의 바티스타 정권에 대항하는 혁명의 조짐이 나타났다. 쿠바의 생산성은 향상되었으나 주민들은 여전히 빈곤에 시달리며 교육도 받지 못하는 상황이었다. 이에 대한 주민들의 분노는 커져 갔다. 평균적인 사탕수수 노동자와 외국인 엘리트의 생활은 너무나도 많은 차이를 나타냈다. 카스트로는 60년간에 걸친 미국의 신식민주의 정책에 대한 쿠바인의 깊은 분노를 분출시켰고 1959년 결국 정권을 잡았다.

카스트로 정부가 미국의 산업체를 국유화하고 모든 외국인 소유 재산의 소유권을 빼앗자, 미국은 쿠바의 설탕 구매를 거부하고 외교 관계를 단절했다. 미국은 쿠바에 대해 50년 이상 다양한 금수 조치(특정 국가와의 무역을 금지하는 법)를 취했다. 1960년대 냉전이 그 절정에 달했을 당시 쿠바가 소련과 강력한 외교적 연대를 형성하자 쿠바는 미국의 주적이 되었다. 소련이 쿠바를 경제적인 면이나 군사적인 면에서 지원함에 따라 미국의 직접적인 쿠바 공격은 매우 위험한 것이 되었다. 1962년 가을, 소련의 미사일이 쿠바 영토 내에서 발견됨으로써 냉전의 역사에서 가장 위험한 시기가 닥쳤다. 결국 소련은 무기를 철수했고 미국은 쿠바를 공격하지 않겠다고 약속했다.

냉전 시기의 종료 이후 소련으로부터 경제적 지원을 받지 못하게 된 쿠바는 관광산업을 발전시키고 외국인 투자, 특히 스페인과 브라질로부터의 투자를 유치함으로써 경제적 재생을 기도하고 있다.

여러 측면에서 쿠바에는 새로운 정치적 시대가 도래하고 있다. 2008년 피델 카스트로가 82세의 나이에 건강 악화를 이유로 권좌에서 물러나고 그의 동생인 라울 카스트로가 대통령직에 올랐다. 수십년 만에 처음으로 라울 카스트로는 쿠바에서 사기업을 진흥시키고자 하였으며 자영업자와 영세기업의 합법적 운영에 대한 허가를 늘려왔다. 2013년 그는 자신의 세 번째 임기에는 대통령직으로부터 내려오겠다고 선언하면서 부통령인 미겔 디아스 카넬을 다음 대통령으로 추대하였다. 많은 사람들이 아직 50대로 젊은 디아스 카넬이 쿠바를 잘 이끌 것이라고 예견하였다. 가장 극적인 변화는 2014년 미국의 오바마 대통령이 양국 간의 외교 관계를 완벽하게 회복하는 데에 합의한 것이다. 미국에서는 송금, 여행, 은행 업무 등에 대한 제한을 완화하는 데에 동의하였으며 쿠바는 좀 더 자유로운 인터넷 접근에 동의하였다. 2015년 현재 무역에 대한 금수 조치는 의회의 동의가 필요한 사항이기 때문에 여전히 존재하고 있다.

독립과 통합

카리브 해 지역의 매우 억압적인 식민지 역사를 고려한다면 이미 200년 전에 정치적 독립에 대한 투쟁이 시작된 것은 놀랄 만한 일이 아니다. 아이티는 1776년 독립한 미국에 이어 아메리카 대륙에서 두 번째로 독립한 국가로, 1804년 독립했다. 그러나 이 지역의 많은 국가에게 정치적 독립이 경제적 독립을 보장해 주지는 않았다. 카리브 해 지역의 많은 국가의 국민은 기본적인 생활을 영위하기도 힘들었다. 오늘날 일부 카리브 해 지역에서는 경제적인 이유로 식민지 상태를 유지하고 있다. 예를 들어 프랑스의 해외 영토인 마르티니크, 과들루프, 프랑스령 기아나의 주민은 프랑스 국민으로서의 권리를 지니고 사회복지 혜택도 받는다.

독립운동 아이티 혁명 전쟁은 1791년 시작해 1804년에 종결되었다. 분쟁의 기간 동안 아이티의 인구는 사망과 이주로 인해 절반으로 줄어들었다. 마침내 노예 출신의 지도자가 탄생했다. 그러나 이 프랑스령 카리브 해의 제왕은 독립 이후에도 계속해서 번영하지는 못했다. 경제적 · 정치적 문제로 인해 발전이 더뎠으며 유럽 열강은 아이티의 존재를 무시했고 1820년대 독립한 스페인령 식민지도 아이티를 받아들이지 않았다.

19세기에는 여러 차례의 혁명이 일어났다. 대앤틸리스 제도에서는 1844년 도미니카공화국이 아이티와 스페인으로부터 통치권을 빼앗은 후 결국 독립했다. 쿠바와 푸에르토리코는 1898년 스페인으로부터 독립했으나 그들의 독립 상태는 더욱 막강한 미국의 개입으로 인해 약화되었다. 영국 지배의 식민지에서도 폭동이 일어났으며 1930년대에 극심했다. 영국 지배의 카리브 해 식민지들은 1960년대에 이르러서야 처음으로 독립했다. 첫 번째로 독립한 것은 자메이카였으며 트리니다드토바고, 가이아나, 바베이도스 등의 순이었다. 다른 영국령 식민지들은 1970년대와 1980년대에서야 독립했다. 네덜란드의 유일한 식민지이자 외변 지역에 위치한 수리남은 1954년 자치령이 되었으나 네덜란드의 일부로 남아 있다가 1975년에야 독립을 선언했다.

제한된 지역 통합 카리브 해 지역이 당면한 가장 어려운 과제는 경제적 통합을 증대시키는 일이다. 대부분의 섬이 흩어져 위치하고 있고 외변 지역으로도 나뉘어 있으며 언어가 다르고 경제적 자원도 한정되어 의미 있는 무역 블록을 형성하기가 어렵다. 과거 프랑스 식민지라든지 영국의 식민지 등 공통의 식민지 배경을 지닌 섬끼리는 경제적 협력의 형성이 용이한 편이다.

1960년대 카리브 해 지역은 경제적 경쟁력의 제고를 위해 무역 연합을 조성하고자 했다. 국가 간 협력의 목표는 고용률을 높이고 지역 내 무역을 촉진하며 궁극적으로는 경제적 종속을 완화시키고자 하는 것이었다. 영어권 카리브 해 국가들이 이러한 발전 전략을 주도했다. 1963년 가이아나는 바베이도스 및 앤티가와의 경제적 통합 계획을 제안했다. 1972년 통합 과정을 더욱 진전시켜 **카리브 공동체**(Caribbean Community and Common Market, CARICOM)를 구성했다. 과거 영국의 식민지였던 국가들로 이루어진 카리브 공동체는 과감한 산업화 계획을 제시하고, 빈곤한 국가들을 보조하기 위한 카리브 해 개발 은행의 발주를 제안했다. 이 그룹은 무역 그룹으로서뿐 아니라 지역의 경제적 정체성을 상징한다는 데 의의를 지녔다. 현재 영어권 카리브 해 국가들과 프랑스어를 사용하는 아이티 등 13개국이 정회원국이며 앵귈라, 터크스케이커스 제도, 버뮤다, 영국령 버진아일랜드 등은 준회원국이다. 현재도 영어 사용 국가들이 주를 이루는 카리브 공동체의 예를 통해 카리브 해 지역에서 언어에 따른 지역적 분리가 심각함을 알 수 있다.

더욱 안정적이고 자족적인 카리브 해 지역을 위한 지역 통합의 꿈은 실현된 적이 없다. 이 지역의 한 학자는 소제도주의를 장해 요소의 하나로 보았다. 예를 들어 섬사람은 바다를 향해 등을 돌리고 있지만, 이웃에게도 등을 돌린다는 말이 있다. 때때로 이러한 고립주의로 인해 이웃 국가에 대해 불신감과 의심을 가지며 심지어 적대감을 지니기도 한다. 경제적 필요로 인해 지역 외부의 파트너와도 관계를 가져야 한다. 카리브 해 지역에서 펼쳐지고 있는 이러한 고립된 접근성이라는 특수한 상황은 불균등한 사회적 · 경제적 발전 경향에서 잘 나타나고 있다.

확인 학습

5.7 카리브 해 지역에 식민지배 국가로서 혹은 신식민 지배 국가로서 영향을 미친 나라들은 어떤 국가들이며 그들은 왜 이 지역에 개입하게 되었는가?

5.8 카리브 해 지역의 정치적 혹은 경제적 통합에 방해가 되는 요인을 설명하라.

주요 용어 먼로 독트린, 신식민주의, 카리브 공동체(CARICOM)

경제 및 사회 발전 : 사탕수수 농장에서부터 크루즈 선까지

미국의 기준에서는 가난하지만 카리브 해 지역의 주민은 전반적으로 사하라 사막 이남 아프리카, 남부 아시아, 중국보다는 경제적으로 부유하다. 카리브 해 지역에도 경제적 불황의 시기가 있었지만 교육, 보건, 기대수명 면에서의 사회적 발전이 이루어졌다(그림 A5.2). 세계 경제와 카리브 해 지역의 연계는 역사적으로는 열대 농산물 수출을 통해 이루어졌으며 관광업, 역외 금융업, 조립 가공업 등과 같은 일부 특화된 산업을 통해서도 이루어졌으나 농산물 중심의 경제 체제는 다른 지역에 의해 위협을 받아왔다. 이러한 산업은 카리브 해 지역이 지닌 북아메리카 및 유럽과의 접근성을 기반으로 발달했으며 저렴한 노동력의 이용 가능성, 외국계 기업이 선호하는 면세에 가까운 세금 혜택 정책 등에 힘입어 발달했다. 불행하게도 이러한 산업 분야의 발달은 촌락에서 이주해 온 노동력에게는 일자리를 제공하지 못해 많은 이들이 일자리를 찾아 북아메리카와 유럽 지역으로 떠나고 있다.

농장에서 공장 및 리조트로

농업은 카리브 해 지역의 경제를 지배해 왔다. 수십 년간 지속된 곡물 가격의 불안정과 과거 식민 모국과 맺은 특별 무역 협정의 퇴조 등으로 농업 분야는 어려움을 겪고 있다. 토양은 생태학적으로 과이용되었으며 생산의 확대를 위해 새로이 개척할 토지도 외변 지역을 제외하고는 남아 있지 않다. 게다가 농산물의 가격은 생산비의 상승과 동반해 오르지 않고 임금과 이윤도 지속적으로 낮다. 트리니다드, 가이아나, 수리남, 자메이카 등의 광물이 풍부한 일부 지역을 제외하고는 대부분의 국가에서 경제의 다변화를 위해 노력하고 있으며 농업에의 의존도를 낮추고 제조업과 서비스 분야의 확대를 꾀하고 있다.

시대별 수출 현황을 비교해 보면 단일 작물에 대한 의존성이 낮아지고 있음을 알 수 있다. 1955년 아이티 외환 수입의 70%는 커피 수출을 통한 것이었으나 1990년 커피는 수출의 약 11%만을 차지했다. 이와 비슷하게 1955년 도미니카공화국의 외환 수입의 60%는 설탕을 통한 것이었으나 1990년에는 그 비중이 20%까지 감소했고 선철의 수출액이 설탕과 비슷한 수준까지 증가했다.

설탕 카리브 해 지역의 경제사는 사탕수수 생산을 제외하고 이야기할 수 없다. 비교적 적은 영토를 지닌 앤티가바부다조차도 18세기 설탕에 대한 무한정한 수요로 인해 많은 이윤을 벌어들였다. 한때 설탕은 사치 작물로 생각되었으나 1750년경 유럽과 북아메리카의 노동자에 의해 인기 있는 필수품이 되었다. 설탕으로 차와 커피의 맛을 달게 하고 딱딱해진 빵에 잼을 발라 먹었다. 설탕은 빈약하고 담백한 일반인의 식단을 꽤 맛깔난 것으로 만들었으며 고칼로리를 제공했다. 설탕은 럼으로 증류되어 대중을 취하게 했다. 오늘날에는 상상하기 힘들지만 1800년대에는 하루에 약 0.55리터의 럼을 소비하는 것이 일반적이었다. 카리브 해 및 라틴아메리카 지역은 여전히 세계 최대의 럼 생산지이다(그림 5.27).

이 지역에서는 내수용과 수출용으로 사탕수수를 재배한다. 그러나 중위도 지역에서 재배되는 옥수수 및 사탕무와의 경쟁이 치열해짐에 따라 그 경제적 중요도가 감소했다. 카리브 해 지역과 브라질은 세계적으로 가장 주요한 설탕 수출 지역이다. 1990년까지 세계 설탕 수출의 60% 이상을 쿠바 한 국가가 담당하였으며 쿠바의 외환 수입의 약 80%가 설탕 생산을 통해 이루어졌다. 쿠바가 설탕 수출 시장에서 우위를 점할 수 있었던 것은 동부 유럽 및 소련이 쿠바산 설탕에 대해 보조를 해주고 일정량 이상의 시장을 보장해 주었기 때문이다. 그러나 1991년, 소련의 붕괴된 이후 쿠바산 설탕의 생산량과 가치는 급락했다.

조립 가공 산업화 농업 분야에서 발생한 실업의 보완을 위해 외국자본의 조립 가공 공장 설립 및 일자리 창출을 유도했다. 이는 1950년대 푸에르토리코에서 시도되어 그 결과가 성공적이었고 카리브 해 지역의 많은 국가에서 이를 모방했다. 오늘날 푸에르토리코 경제의 원동력은 제조업이며 특히 제약업, 섬유산업, 석유화학, 전자제품 등이다. 그러나 NAFTA와 CAFTA가 발효된 이후 푸에르토리코는 임금이 훨씬 더 저렴한 국가들과 경쟁하게 되었다(제4장 참조). 1996년 미국 의회가 세금 면제의 단계적 금지를 의결함에 따라 푸에르토리코는 그 특혜나 산업적 기반을 유지하기가 어려워졌다. 결과적으로 2006년 이후 푸에르코리코의 경제는 침체기를 맞고 있다. 제조업이 여전히 가장 중요한 산업이지만 인구의 1/3 이상이 빈곤선 이하의 생활을 하고 있다.

카리브 해 지역은 **자유무역지구**(free trade zone, FTZ)(외국기업을 위한 세금 면제 및 우대 혜택을 주는 산업 단지)의 실시를 통해 북아메리카 소비자를 위한 매우 매력적인 조립 가공 지역이 되었다. 도미니카 공화국의 제조업 분야는 이러한 생산 경향이 잘 나타난다. 도미니카공화국은 세제 장려금 혜택과 미국이 카리브 지역 개발 촉진 계획에 따라 제공한 미국 시장에의 진입 보장의 혜택을 누리고 있으며 현재 50개의 자유무역지구가 시행되고 있다. 대부분의 자유무역지구가 가장 큰 도시인 산토도밍고와 산티아고 근처에 입지하고 있다(그림 5.28). 미국과 캐나다계 기업이 가장 많은 투자를 하고 있으며 도미니카, 한국, 타이완 기업 등이 그 뒤를 잇고 있다. 이 지역의 전통적인 제조업은 설탕

그림 5.27 **산후안의 바카디 럼주 공장** 럼주는 카리브 해 지역의 가장 대표적인 음료이다. 사탕수수를 원료로 하는 이 술은 5세기 동안 이 지역의 중요한 수출품 중의 하나였다. 이 사진의 바카디 공장은 푸에르토리코의 산후안에 위치한 것으로 매우 인기 있는 관광지이기도 하다.

그림 5.28 **도미니카공화국의 자유무역지구** 카리브 해 지역에서 면세 공업단지가 늘어나는 것은 세계화의 징후이다. 최근 미국, 캐나다, 한국, 타이완 등 외국인이 투자한 기업이 50개 자유무역지구에서 운영되고 있다.

정제와 관련되었으나 자유무역지구는 의류 및 섬유 부문이 주를 이루고 있다. 이들 제조업 지구는 도미니카공화국의 수출의 2/3 가량을 담당하고 있다.

외국계 투자를 통한 수출 주도 정책을 지지하는 정부 및 국제 정책에 따라 제조업의 성장이 이루어졌다. 새로운 일자리가 창출되고 국가 경제가 다변화 과정을 겪은 것은 확실하지만 외국계 기업이 국내 분야보다 더 많은 이윤을 얻는다는 비판의 목소리가 있다. 대부분의 제품이 수입된 부품을 조립하는 것이기 때문에 중간재 생산 부문에 대한 발전은 이루어지지 않는다. 임금의 경우 해당 국가의 평균보다는 높지만 여전히 선진국의 임금보다는 훨씬 낮으며 일일 평균 임금이 2~3달러에 그치는 경우도 있다.

역외 금융 및 온라인 도박 산업 카리브 해 지역에서 역외 금융업이 발달한 것은 바하마의 영향으로, 바하마 역외 금융업의 역사는 1920년까지 거슬러 올라간다. **역외 금융**(offshore banking)이란 외국계 은행과 기업에게 제공하는 편의는 비밀 유지와 세금 면제 혜택이다. 역외 금융업을 실시하는 지역에서는 세금이 아니라 등록비를 통해 이윤을 얻는다. 바하마는 이 분야에서 매우 성공적이어서 1976년까지 세계에서 세 번째로 큰 금융 중심지였다. 자금 세탁과 관련된 부패에 대한 우려가 제기되고 여타 카리브 해 국가, 홍콩, 싱가포르 등의 경쟁국이 등장함에 따라 바하마의 역외 금융업도 쇠퇴하기 시작했다. 1990년대 케이맨 제도가 카리브 해 지역 금융 서비스의 선두 국가로 떠올라서 세계적인 금융 중심지로 성장하였다. 인구 4만 5,000명의 영국 식민지였던 이 왕국에는 5만 개가량의 기업이 등록해 있고 카리브 해 지역에서 가장 높은 소득을 올리고 있다. 아시아, 태평양 제도, 유럽 등에서 경쟁자들이 나타남에 따라 세계 5대 금융 중심지 중의 하나였던 케이맨 제도의 위상은 세계 50위까지 추락하였다.

세계적으로 역외 조세 피난처에 약 20~30조 달러 정도가 숨겨져 있다고 알려져 있으며 카리브 해 지역도 기업 및 부유한 개인들이 자산을 숨기는 곳으로 알려져 있다. 카리브 해 지역의 역외 금융 중심지들은 고객을 유치하기 위해 은행, 보험, 신탁 등의 특별한 금융 서비스를 개발하는 데 힘쓰고 있다. 예를 들어 버뮤다는 재보험 사업 부문이 특히 발달했는데 이는 보험회사가 또다시 보험을 드는 것을 말한다(그림 5.29). 카리브 해 지역은 많은 금융회사의 모국인 미국과의 접근성으로 인해 이러한 서비스 분야의 입지에 매우 유리하며, 이러한 서비스가 필요한 여러 국가와도 접근성이 높고, 지속적인 교통 통신의 발달이 이루어짐으로써 금융 산업이 발달할 수 있었다. 자원이 빈약한 도서국에서는 이러한 금융 서비스를 통해 해외 자금을 들여올 수 있었다. 바하마, 버뮤다, 케이맨 제도 등의 성공을 본받아 앤티가, 아루바, 바베이도스, 벨리즈 등이 국제 금융과의 접근성을 높임으로써 경제적 번영을 이루기를 희망하고 있다. 예를 들어 바베이도스는 역외 지역에 자금을 예치하고자 하는 캐나다인들이 즐겨 찾는 조세 피난처이다.

온라인 도박은 카리브 해 지역의 소규모 국가의 최신 산업이다. 앤티가와 세인트키츠가 이 분야의 선두 국가로, 1999년부터 합법적인 온라인 도박이 시작되었다. 다른 국가도 곧 이들 국가를 따라 2003년 도미니카, 그레나다, 벨리즈, 케이맨 제도 등이 온라인 도박의 주요 도메인 지역이 되었다. 2007년 세계무역기구(WTO)는 미국이 해외 인터넷 도박 사이트에 가한 규제가 불법이라고 판정했다. 매우 작은 규모의 국가인 앤티가는 최근 미국이 앤티가의 사업에 가한 불법적인 규제로 인해 입은 손해에 대해 30억 달러의 보상을 요구하였다.

하지만 인터넷 도박 자체가 수익성 좋은 사업이었기에 미국 내에서 이를 합법화하고자 하는 움직임이 활발하게 진행되고 있다. 2013년까지 델라웨어, 뉴저지, 네바다 주 정부가 온라인 포

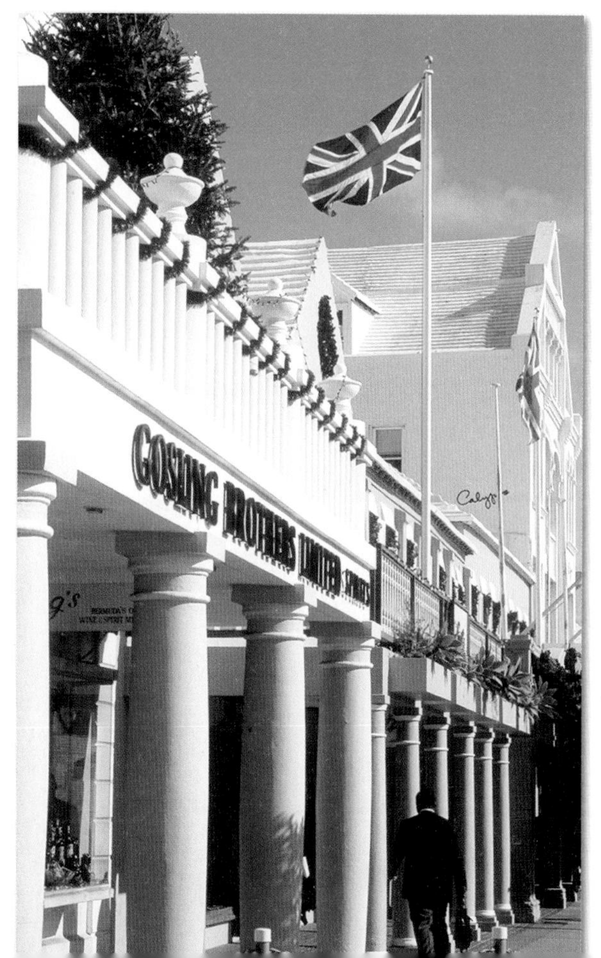

그림 5.29 **버뮤다의 금융 서비스산업** 버뮤다 해밀턴의 중심가는 이 지역이 영국 및 그 속령과 깊은 연계를 지님을 나타낸다. 버뮤다의 부유함은 관광산업과 재보험산업 등 금융 서비스로 인한 것이다.

커를 합법화하였다. 재정난에 처한 다른 주들도 온라인 도박을 매력적인 세수원으로 보고 이에 대한 과세를 하는 법적 절차를 진행하고 있다. 그러나 카리브 해 국가들에게 이는 곧 온라인 도박산업이 곧 쇠퇴할 것이라는 사실을 의미하고 있다.

관광업 카리브 해의 관광업의 발달에는 환경적 · 입지적 · 경제적 요인이 뒷받침되었다. 이 열대 해양의 초기 방문자들은 깨끗하고 빛나는 청록색 바다에 매료되었다. 19세기까지 부유한 북아메리카인은 겨울이 되면 카리브 해로 건너와 건기의 쾌적한 온난함을 즐기곤 했다. 이후 개발업자들은 카리브 해의 건기에는 북반구가 겨울이라는 점에 착안해 이 지역이 해안 리조트의 입지에 이상적임을 발견했다. 20세기까지 관광업 분야에는 리조트 시설과 크루즈 라인이 모두 갖춰졌다. 1950년대까지 이 지역 관광업의 선두 주자는 쿠바였으며 바하마가 그 뒤를 이었다. 그러나 카스트로가 집권함으로써 쿠바의 관광산업은 거의 30년 가까이 이루어지지 않았으며 이로 인해 다른 섬에서 관광업이 발달할 수 있었다.

2011년 카리브 해 지역을 찾은 2,100만 명의 국제 관광객의 2/3가 도미니카 공화국, 푸에르토리코, 쿠바, 바하마, 자메이카, 아루바 등의 6개 지역에 집중되었다(그림 5.30). 푸에르토리코의 관광산업은 1952년 미국의 식민지로서 발달하기 시작하였다. 산후안은 현재 크루즈 항로의 가장 주요한 기착지이며 관광객 면에서 볼 때 세계에서 두 번째로 큰 크루즈 선 경유 항구이다. 도미니카공화국은 2011년 400만 명이 방문하여 카리브 해 지역 최

그림 5.30 **국제적 연계 : 카리브 해 지역의 국제 관광산업** 관광산업은 카리브 해 지역을 세계경제에 직접적으로 연계시킨다. 해마다 1,800만 명의 관광객이 이 지역을 방문하는데 대부분 북아메리카, 라틴아메리카, 유럽인이다. 가장 인기 있는 방문지는 도미니카공화국, 푸에르토리코, 쿠바, 자메이카, 바하마, 아루바 등이다. Q : 기아나 지역이 다른 지역에 비해 관광산업의 발전도가 낮은 것은 어떻게 설명해야 하는가?

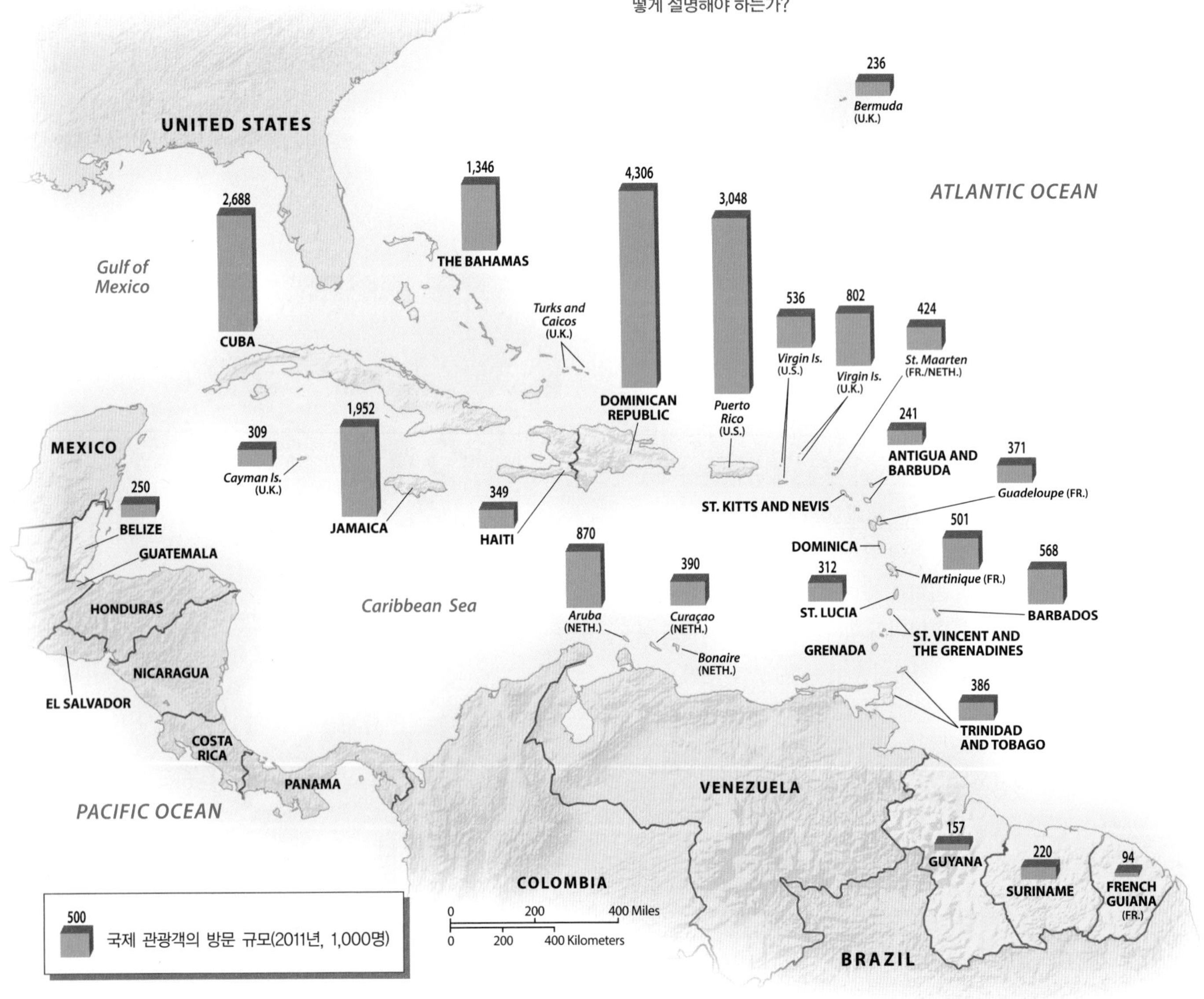

지리학자의 연구

쿠바 교육 관광

대부분의 사람들이 지리학에 대한 흥미를 꽤 늦게 발견하는 데 반해, 텍사스주립대의 조교수인 **사라 블루**는 대학교에 입학하자마자 지리학을 전공하기로 결정하였다. "나는 공해에 대해 무언가 의미 있는 일을 하고 싶었어요. 그리고 지리학자는 그보다 훨씬 더 가치 있는 일이라는 점을 깨달았지요." 그녀는 1996년 스페인어와 살사 댄스를 배우기 위해 쿠바를 처음 찾았고 이후 집으로 돌아와서 쿠바 경제에서 송금의 역할이나 개발도상국에 미치는 쿠바의 영향력과 같은 주제를 공부했다. 2013년 오바마 행정부가 미국인들의 쿠바 여행을 허가했고, 블루는 쿠바로의 학습 여행을 하는 회사인 칸델라 쿠바 투어라는 회사를 시작했다. 그녀가 회사를 차린 것은 쿠바에 있는 친구들에게 무언가를 갚아주고 싶어서였다. 그녀가 조직한 관광 프로그램에는 식량 생산, 문화, 음악, 교육, 보건, 경제 등이 모두 포함되어 있다(그림 5.4.1). 블루의 고객들은 가족이 운영하는 숙소에 머무르며 쿠바인들과 함께 아침식사를 한다[casas particulares(특별한 가정)라는 이 프로그램은 쿠바 정부로부터 허가를 받은 것으로, 쿠바인들이 자신의 집에서 방을 빌려주고 외국 관광객 및 교육 관광으로부터 직접적인 이익을 얻을 수 있는 것이다].

인식의 전환 최근 미국과 쿠바 간의 외교 관계의 변화는 곧 미국인들의 쿠바 방문이 증가할 것이라는 것을 의미하며 특히 교육 관광의 증가가 이루어질 것이다. 블루는 이러한 발전이 "쿠바 경제를 발전시킬 것이지만 변화가 급격하게 이루어지지는 않을 것이다. 실제로 기회가 주어진 쪽은 미국인들이다."고 하였다. 그녀의 지리학적 배경 지식은 쿠바 사회의 변화 가능성을 분석하는 데 도움이 되고 있다. 블루는 "동료들이 내게 이런 말을 한 적이 있어요. 역사는 과거에 관한 학문이지만 지리학은 미래에 관한 학문이다. 전 이 말이 좋아요!"라고 했다. 블루의 미국인 고객들은 쿠바인들이 개방적이고 친절하며 행복한 점에 놀라곤 한다. 그들은 또한 쿠바인들이 문제에 접근하는 또 다른 방식과 정부의 역할에 대한 의견에 감탄한다. 이러한 통찰은 방문객들로 하여금 이 사회와 장소에 대한 의미 있는 반응과 더 깊은 이해를 하게 하는 눈물겨운 또 다른 것을 제공한다. 블루는 "여행은 다른 지역을 이해하는 데 있어 매우 중요하고 지리학에서는 기본적인 것이에요."라고 하며 "여러분이 세계의 다른 지역을 더 많이 알게 될수록 여러분의 지역에 더 많은 반향을 가져오게 돼요."라고 덧붙였다.

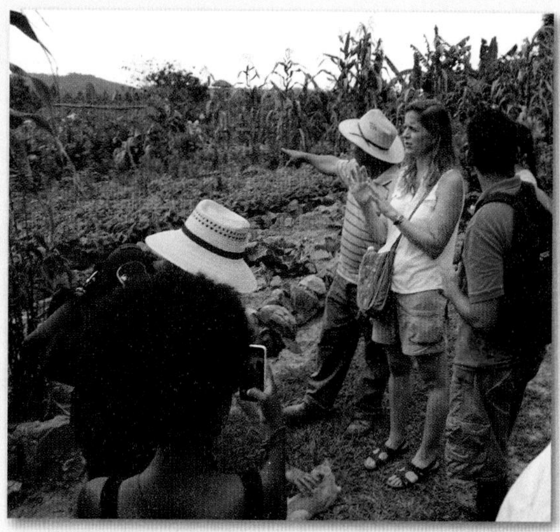

그림 5.4.1 쿠바의 관광산업 사라 블루가 미국인 관광객들에게 식량 생산에 관해 설명하고 있다.

1. 개별 관광은 일반 관광과 어떻게 다른가? 여러분 혹은 여러분 주위의 사람들 중에서 이러한 종류의 여행을 해본 사람이 있는가?
2. 오늘날 세계화가 쿠바 사회를 어떻게 변화시켰는지 생각해 보자. 쿠바인들이 앞으로도 자신들의 독특한 가치를 유지할 수 있을 것이라고 생각하는가?

대의 관광지였으며, 방문객 중 상당수가 해외에 거주하는 도미니카공화국 사람들이었다. 1980년 이후 이 지역을 방문하는 관광객의 규모는 20배 이상 증가하였고 관광산업은 연간 40억 달러 이상의 외화를 벌어들이는 최고의 외화 소득원이 되었다.

바하마는 관광산업으로 인해 경제 성장 및 높은 국민소득을 이루었다. 2011년 130만 명이 바하마의 호텔을 이용하였고 170만 명의 크루즈선 여객이 이 섬을 방문하였다. 바하마는 또 하나의 관광 중심지로 부상하였다. 바하마 인구의 30%가 관광업에 종사하고 있으며 관광산업이 GDP에서 차지하는 비중이 50%에 이른다(그림 5.30).

쿠바는 수십 년간 관광 분야를 경시했으나 최근 필요한 외화를 벌기 위해 관광산업을 부활시켰다. 1980년대 초반 관광으로 인한 수입은 국가 경제의 1% 미만이었다. 2011년 270만 명 이상의 관광객(대부분 캐나다인이나 유럽인 관광객)이 방문해 약 25억 달러 정도를 소비했다. 미국인 관광객이 없는 것이 눈에 띄는데 이는 미국이 쿠바에 가한 제재 조치로 인해 미국인의 쿠바 여행이 금지되었기 때문이다. 그러나 2014년 미국과 쿠바 간의 관계가 정상화됨에 따라 쿠바로의 '교육적' 관광이 성장할 것이라 예상되며, 이는 곧 미국인의 쿠바 방문이 급증할 것이라는 것을 의미한다(지리학자의 연구 : 쿠바 교육 관광 참조).

대규모 섬도 관광산업이 중요하지만 소규모 섬은 관광업이 주된 수입원인 경우가 많다. 버진아일랜드, 바베이도스, 터크스케이커스 그리고 최근에는 벨리즈까지 국제 관광업에 대한 의존도가 매우 높다. 관광 분야가 얼마나 빨리 성장하는지는 다음 예를 통해 알 수 있다. 벨리즈는 1980년대 초반 관광산업을 장려하기 시작했으며 당시에는 연간 약 3만 명 정도가 방문했다. 북아메리카에 가까운 영어권 국가인 벨리즈는 내륙의 열대 우림과 해안의 산호초가 발달해 특히 생태 관광 부문이 특화되었다. 1990년대 관광객의 규모는 30만 명까지 증가했고 관광업 종사자는 전체 노동력의 1/5에 이르렀다. 2000년 크루즈 선박의 기항지가 된 벨리즈시티는 최근에는 크루즈 선박으로부터 쏟아져 들어오는 주간 관광객으로 북적거린다. 그러나 인구 6만 명의 이 빈곤한 도시를 방문하는 주간 관광객들은 이 도시의 기반시설이나 높은 실업률을 개선하는 데 전혀 도움이 되지 못한다.

지난 40여 년 동안 관광업은 카리브 해 경제의 근간이 되어왔으나 최근에는 중동, 남유럽, 심지어 중앙아메리카에 비해 그 성장세가 느려지고 있다. 미국인들은 해외보다는 하와이, 라스베이거스, 플로리다 등의 국내 여행지를 선호하거나 카리브 해 지역보다 더욱 이국적인 코스타리카 같은 지역에 매력을 느끼고 있다. 유럽의 관광객들도 근거리의 여행지를 선호하거나 페르시아만의 두바이나 인도의 고아 같은 새로운 관광지를 찾아 떠나고 있다. 점점 많은 관광객들이 카리브 해에 내리지 않고 크루즈 선상에서 즐기려는 경향이 있다. 이러한 경향으로 관광업으로 인한 지역의 이윤이 감소하고 있는데 이는 자본이 섬의 경제보다는 거대 크루즈 회사로 유입되기 때문이다(그림 5.31).

그림 5.31 **카리브 해의 크루즈선** 거대한 크루즈 선박이 소앤틸리스 제도에 위치한 앤티가의 세인트존스 항구에 정박해 있다. 크루즈선으로 인해 이 작은 섬에 많은 관광객이 방문하지만 비교적 적은 시간만을 보낼 뿐이다.

관광업이 주도하는 발전은 다른 이유에서 바람직하지 못하다. 예를 들어 관광업은 세계 경제의 호황 여부와 최근의 정치적 사건에 크게 좌우된다. 따라서 북아메리카 지역이 불황을 겪거나 국제 관광업이 테러의 위협으로 인해 위축된다면 카리브 해 지역으로 유입되는 외화의 규모는 크게 감소하게 된다. 관광업이 발달한 지역의 주민은 관광객의 삶과 대조되는 자신의 삶에 대해 회의를 느끼기도 한다. 또한 **자본 유출**(capital leakage)이라는 심각한 문제가 발생하기도 하는데 즉, 관광객이 소비한 총액과 카리브 해 지역 주민의 소득으로 연결되는 자본 간의 차이가 커지는 문제가 발생하게 된다. 이는 다수의 방문객이 외지에서 유입된 호텔 체인이나 크루즈 선박에 머물기 때문에 이윤이 외부로 유출되는 데서 발생한다. 한편 관광업은 강력한 환경 법규 및 규제를 조장하는 경향이 있다. 국가들은 곧 그들의 자연 환경이 성공을 위한 기반이라는 점을 깨닫게 된다. 비록 관광업이 대량의 에너지 및 용수 소비, 수입 규모의 증대 등과 같은 문제가 있지만 전통적인 수출 농업에 비해 환경 파괴의 정도가 약하고 현재로서는 이윤이 더욱 높다.

사회 발전

카리브 해 지역 내의 경제 성장은 일관성이 적은 편이지만, 사회 발전의 측면에 관한 관측은 더욱 그러하다. 예를 들어 대부분의 카리브 해 지역 주민의 기대수명은 73세 이상이다(표 A5.2). 문해율 또한 높고, 여성과 남성의 진학률은 비슷하다. 실제로 지난 30년간 자연 증가율이 현저히 낮아진 데는 높은 교육 수준과 외부로의 높은 이주율이 주요한 원인이었으며, 현재 카리브 해 지역의 인구 증가율은 1% 정도이다.

이러한 인구학적 · 사회학적 지수를 살펴보면 카리브 해 지역의 인간 개발 지수가 높은 이유를 알 수 있다(그림 5.32). 대부분의 국가가 인간 개발 지수가 중상위권에 속한다. 바베이도스가 2013년 38위로 가장 높았으며 아이티가 161위로 가장 낮았다. 그림 5.32에서는 자메이카, 가이아나, 세인트키츠 네비스 등 인간 개발 지수가 높은 국가들에서는 해외 거주 주민들이 모국으로 보내는 송금액이 높게 나타남을 알 수 있다. 이처럼 **송금**(remittances)이 이 지역의 사회 및 경제 발전에 있어서 매우 중요한 역할을 한다는 의견이 있어왔다. 사회적 수준이 높은 편이지만, 많은 사람들이 만성적인 실업 상태이며 열악한 주택에 거주하고 있고 해외 송금액에 과도하게 의존하고 있다. 부유층이나 빈곤층 모두 더 나은 기회를 찾아 이 지역을 떠나고자 하는 경향이 짙다.

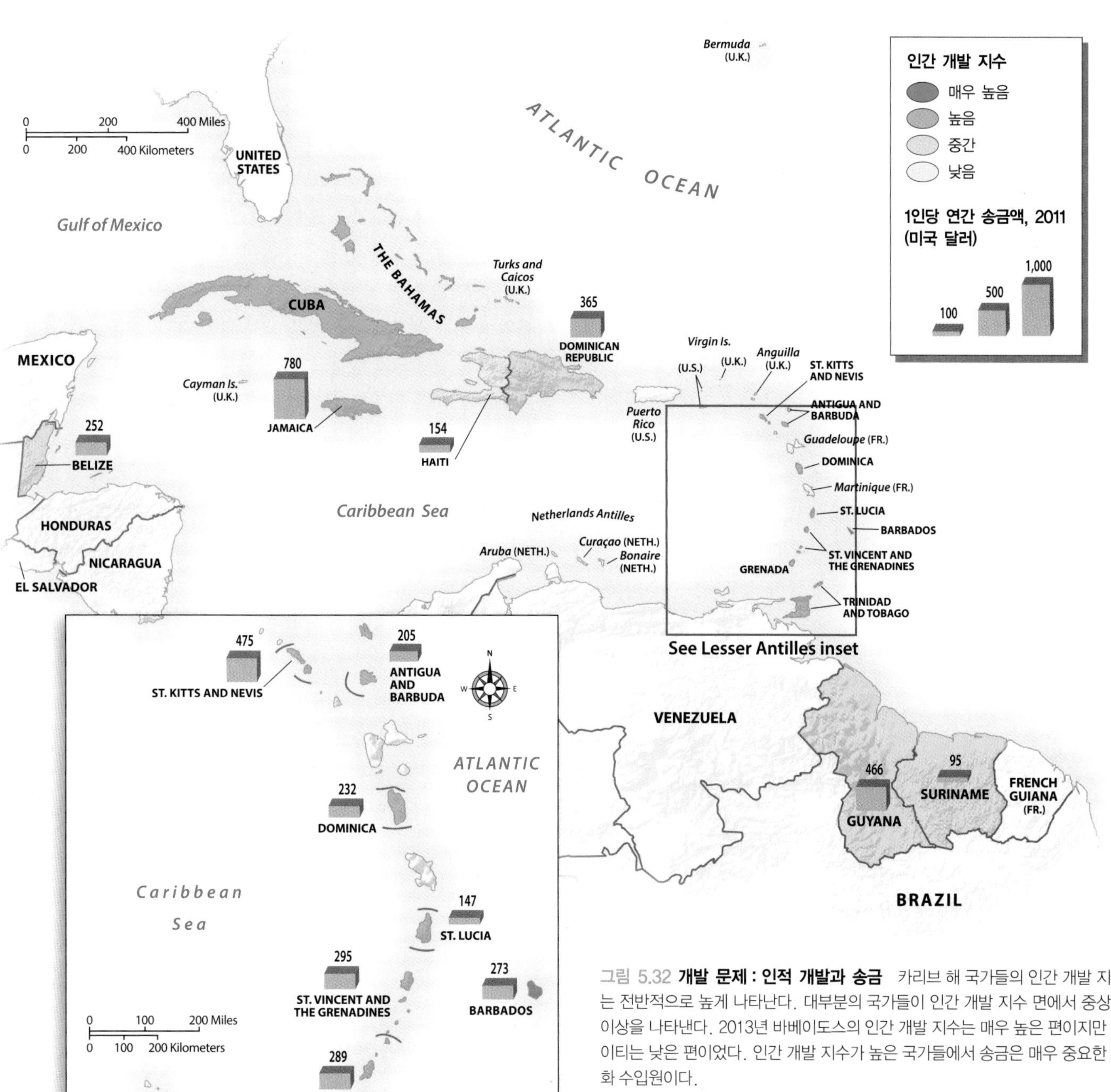

그림 5.32 **개발 문제 : 인적 개발과 송금** 카리브 해 국가들의 인간 개발 지수는 전반적으로 높게 나타난다. 대부분의 국가들이 인간 개발 지수 면에서 중상위 이상을 나타낸다. 2013년 바베이도스의 인간 개발 지수는 매우 높은 편이지만 아이티는 낮은 편이었다. 인간 개발 지수가 높은 국가들에서 송금은 매우 중요한 외화 수입원이다.

젠더, 정치, 문화

카리브 해 지역 가정의 모계 중심제는 이 지역의 두드러진 특성으로 거론되곤 한다. 남성들이 계절 노동자로 집을 떠나 일을 하러 가는 촌락 지역의 관습으로 인해 여성들은 강인하고 자족적인 네트워크를 형성하게 되었다. 즉, 남성이 장기간 부재함에 따라 여성이 집안일과 마을 일에 대한 결정권을 지니게 되었다. 여성이 지역의 권력을 갖게 되었으나 이것이 곧 여성의 지위가 높음을 의미하지는 않는다. 촌락 지역에서 여성의 지위는 현금 경제에서 여성이 상대적으로 배제되는 데서도 짐작할 수 있는데, 남성은 임금을 받는 노동을 하고 여성은 가사를 책임진다.

카리브 해 지역이 도시화함에 따라 많은 여성이 조립 가공 공장(섬유산업에서는 특히 여성 고용을 선호한다), 데이터 입력 회사, 관광업 등에 고용되었다. 새로운 고용 기회가 생성됨에 따라 여성 노동력의 참여가 급격히 증가했으며 특히 바베이도스, 아이티, 자메이카, 푸에르토리코, 트리니다드토바고 등에서는 전체 고용의 40% 이상이 여성이었다. 여성이 현금을 벌어들이는 역할이 점점 더 증가했으며 중등교육을 마치는 비율은 남성보다도 높아졌다. 여성이 정치에 참여하는 현상도 나타나고 있어 최근 자메이카, 도미니카, 트리니다드토바고, 가이아나 등에서는 여성 총리가 탄생했다.

오늘날 남성보다 좀 더 많은 여성들이 미국으로 이주하고 있는데, 이들은 의료계 종사자나 유모, 노인 요양사 등의 보살핌 경제 부문의 일자리를 찾아 이주한다. 다수의 여성학자들은 북아메리카와 유럽에서 보살핌 산업은 점차 유색인종 여성들이 주를 이루게 되었다고 비판하였다. 이러한 노동 시장의 분화는 소득의 불균형, 특정 인종 및 젠더에 대한 선호, 보살핌 산업 종사자의 낮은 사회적 지위 등이 결합되어 나타난 것이다.

미국에서만 약 30만~50만 명의, 대부분 여성인 카리브 해 출신 의료 전문가들이 일하고 있는 것으로 추정된다. 이들 중 절반 이상이 재택 요양사들이며 1/3 정도가 정식 간호사이거나 전문가이다(그림 5.33). 이들 여성들은 안정적으로 송금을 하고 있다. 그러나 이들 여성들은 일자리와 비자 때문에 가족 및 아이들을 고향에 남겨두고 왔다. 많은 카리브 해 국가 정부들은 이러한 현실에 대해 우려하고 있으나 이는 쉽게 해결될 수 있는 문제가 아니다.

교육 많은 카리브 해 국가가 교육 분야에서 성공을 거두었다. 문해 능력은 표준이 되었으며 대부분의 사람이 최소한 고등학교를 졸업한다. 국가 규모와 1960년대의 높은 문맹률을 고려한다면 쿠바의 교육적 성과는 여러 측면에서 매우 인상적인데, 오늘날 대부분의 성인이 문자 독해력이 있다. 히스파니올라 섬은 쿠바의 예와는 정반대의 경우이다. 도미니카공화국이 성인의 문해율에서 놀랄 만한 성과를 나타낸 데 비해(성인의 문해율이 88%에 이른다) 아이티 성인의 50% 정도가 문맹이다. 지난 수십 년간 정치적 안정과 경제적 성장으로 인해 도미니카공화국의 사회적

그림 5.33 **카리브 해 출신의 보건 종사자** 매사추세츠의 한 병원에서 근무하는 자메이카 출신의 간호사

여건이 향상되었으며, 실제로 많은 아이티인이 자신의 고국보다는 형편이 나은 도미니카공화국으로 이주해 간다.

이들 국가에서는 교육에 대해 고비용이 들지만 발전을 위해서는 필수적인 것이라고 생각하고 있다. 모순되게도 많은 국가가 소위 **두뇌 유출**(brain drain)이라 불리는 현상으로 인해 결국 선진국을 위해서 전문가를 훈련하고 있다며 좌절하고 있다. 두뇌 유출은 개발도상국 전반에서 일어나며 특히 과거 식민 지배를 받은 지역과 식민 모국 간에 두드러진다. 1980년대 초반 자메이카의 총리는 새로이 훈련받은 노동력의 60%가 미국, 캐나다, 영국 등으로 유출되고 있다고 한탄했는데 결국 자메이카는 선진국으로부터 받는 원조보다도 더 많은 인적 지원을 선진국에 하고 있는 셈이다. 숙련된 이주민에 관한 세계은행의 연구 보고서에서는 카리브 해 지역을 떠나는 이주민의 40%가 대학 교육을 받은 이들이라고 밝혔다. 가이아나, 그라나다, 자메이카, 세인트빈센트, 그레나딘, 아이티 등의 국가에서는 대학 교육을 받은 이의 80% 이상이 이주해 나간다. 세계 그 어느 지역에서도 고등교육을 받은 이들이 이렇게 많이 유출되지 않는다. 카리브 해의 많은 국가가 인구 규모가 작은 점을 고려한다면 전문 인력의 유출은 지역의 의료 보건 · 교육 · 사업 분야에 부정적인 영향을 미칠 수 있다. 전문 인력의 유출이 지속적으로 높게 이루어지고 있으나 많은 국가에서는 북아메리카 지역과 유럽에서 이주민이 돌아오는 현상인 두뇌 유입 현상을 겪고 있기도 하다. **두뇌 유입**(brain gain)이란 외국에서 얻은 경험을 바탕으로 자국에서의 사회적 · 경제적 발전에 기여할 수 있는 능력을 지닌 귀환자를 일컫는 용어이다.

노동 관련 이주 높은 교육 수준에 비해 고용 기회가 한정적인 카리브 해 국가들은 주민을 수십 년간 유출시켜 왔다. 제2차 세계대전 이후 카리브 해 지역은 교통이 발달하고 비교적 정치적으로 안정되어 있었기 때문에 북아메리카 지역으로 많은 이들이 이주했다. 이러한 경향은 1950년대 초반 푸에르토리코인이 뉴욕으로 이주하면서 시작되어 1960년대에는 그러한 경향이 심화되었는데, 경쟁 관계에 있던 쿠바계 이주민은 약 50만 명에 달했다. 그 이후 대규모의 도미니카인, 아이티인, 자메이카인, 트리니다드인, 가이아나인 등이 북아메리카로 이주했고 이들은 주로 마이애미, 뉴욕, 로스앤젤레스, 토론토 등에 정착했다. 상당한 수의 카리브 해 이주민들이 영국, 프랑스, 네덜란드 등으로 이주했다.

노동력이 남부에서 북부로 이주한 데 비해 송금은 그 반대 방향으로 이루어졌다. 이주민은 고향으로 무엇인가를 보내곤 하는데, 특히 가까운 가족 구성원이 남아 있는 경우 그러하다.

전체적으로 이러한 송금은 증가했다. 해마다 미국에서 도미

니카공화국으로 보내지는 송금액은 약 30억 달러에 이르는 것으로 추정되며 이는 도미니카공화국의 외화 수입원 중 두 번째에 해당하는 것이다. 자메이카와 아이티인은 고국으로 해마다 20억 달러 가까이 송금하며 정부와 개인 모두 송금에 의지하고 있다. 가족들은 해외에서 가장 성공할 가능성이 있는 구성원을 신중하게 선발해, 그가 가족에게 송금을 하고 이후 연쇄 이주가 가능하도록 기반을 닦기를 바란다. 노동 관련 이주는 이 지역의 수만의 가구에서 일어나는 일상적인 관행이자 국제 노동 이동의 명확한 예이기도 하다.

확인 학습

5.9 카리브 해 지역의 농업에 대한 의존도가 낮아짐에 따라 이 지역에서는 어떤 산업이 발달하였는가?

5.10 이 지역의 경제적 발전 수준에 비해 사회적 발전 수준이 높은 편인데, 그 이유는 무엇인가?

주요 용어 자유무역지구, 역외 금융, 자본 유출, 송금, 두뇌 유출, 두뇌 유입

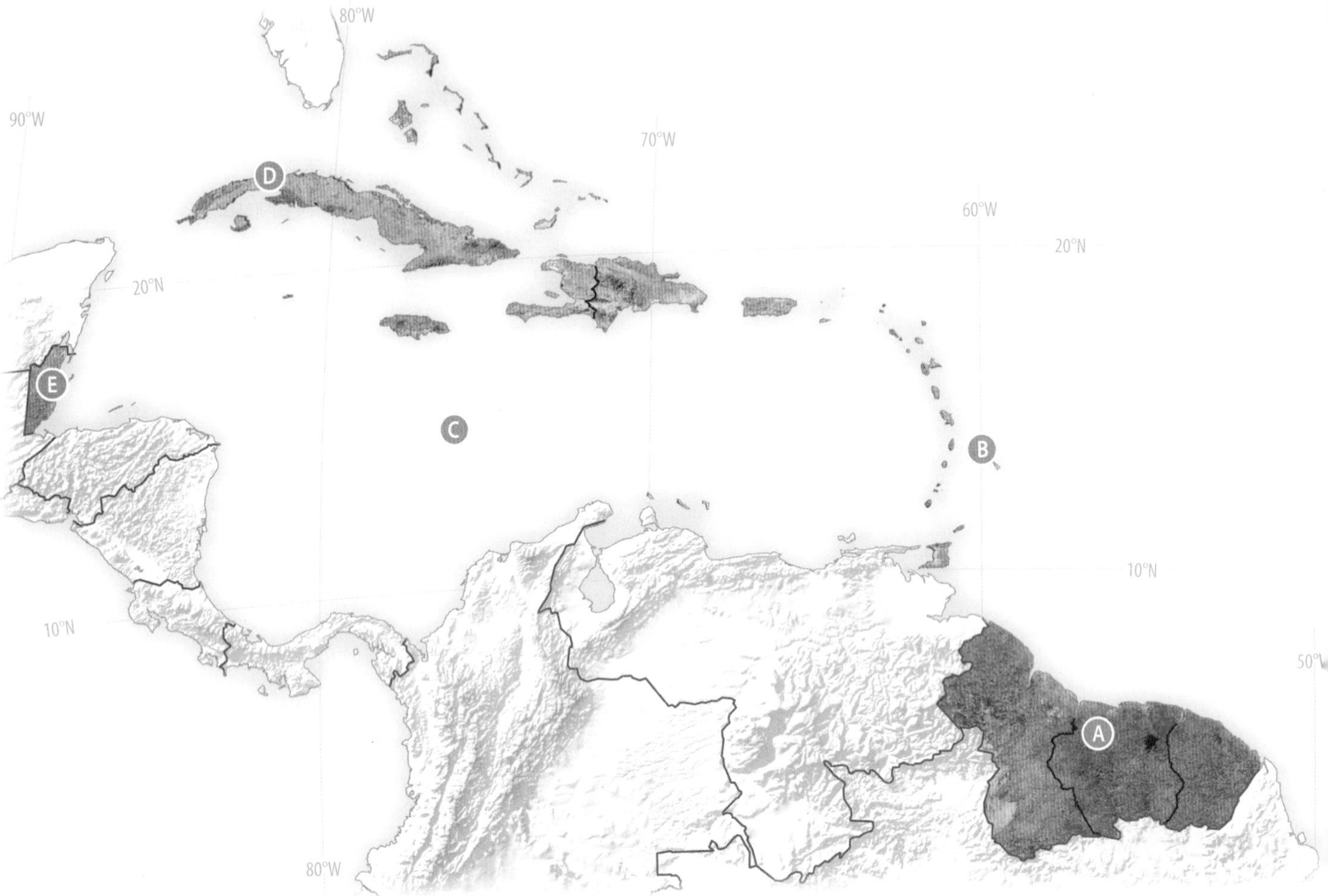

요약

자연지리와 환경 문제

5.1 **카리브 해 제도와 외변 지역을 구분하고 이들 지역에 영향을 미치는 환경적 문제를 기술하라.**

이 열대 지역은 설탕, 커피, 바나나 같은 수출용 작물을 생산하기 위해 부당하게 이용당했다. 온난한 바다와 온화한 기후로 인해 많은 관광객들이 이 지역을 방문한다. 그러나 삼림의 감소, 토양 유실, 용수 오염 등으로 인해 도시 및 촌락 환경의 질이 악화되었다. 기후 변화는 이 지역에 심각한 위협이 될 것으로 예상되는데, 허리케인이 더욱 강해지고 해수면이 상승하는 등의 영향을 이 지역에 미칠 것이다.

1. 카리브 해 국가들의 삼림을 유지하는 데 영향을 미친 요인들은 무엇이 있는가?
2. 기후 변화는 다음 세기 카리브 해 지역에 어떠한 영향을 미칠 것인가?

인구와 정주

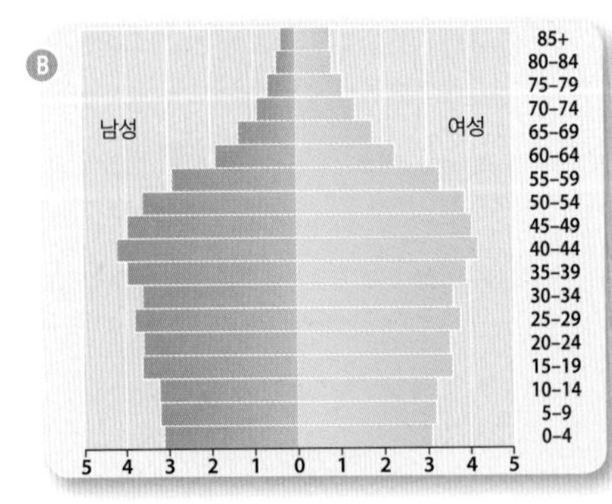

5.2 **인구 성장이 둔화되고 도시화가 심화되며 해외 이주가 지속되고 역이주가 시작되는 현상 등을 중심으로 카리브 해 지역의 인구 변화를 요약하라.**

지난 20여 년간 카리브 해 지역의 인구 성장은 완화되었으며 여성들은 평균 두세 명의 자녀를 출산한다. 기대수명은 매우 높다. 대부분의 카리브 해 주민들은 도시에 거주하지만 이 지역의 도시들은 세계적인 기준에서는 그리 크지 않다. 카리브 해 지역에서는 인구의 유출 현상이 심하게 나타나는데, 특히 전문 기술을 가진 이들이 북아메리카와 유럽으로 이주하는 경향이 뚜렷하다.

3. 카리브 해 지역의 바베이도스의 인구 증가 속도가 느려진 이유는 무엇인가?
4. 그림 5.14에서는 카리브 해 지역 내외의 인구 이동을 나타내고 있다. 특정한 목적지를 선호하는 이유는 무엇인가?

문화적 동질성과 다양성

5.3 아프리카인들이 카리브 해로 이주됨에 따라 이 지역에 미친 인구학적 · 문화적 영향력을 밝히고 아메리카 사회에서의 신아프리카 사회의 생성에 대해 기술하라.

카리브 해 지역은 강제로 유럽인들의 식민 지배를 받아야 했으며 수백만 명에 이르는 아프리카인들이 이 지역으로 강제 이주되었다. 음악, 언어, 종교 등에서의 크레올화로 인해 독특한 문화적 특성이 형성되었다. 일부에서는 카리브 해 지역을 신아프리카라 보기도 하는데, 이 지역에서는 아프리카인들과 그들의 문화, 그리고 일부 지역, 특히 마룬 마을에서는 아프리카식 농업 방식이 널리 나타나기 때문이다.

5. 아프리카에서 카리브 해 지역으로 전파된 종교적 관행으로는 어떠한 것이 있으며, 전파 방식은 어떠한 것이었는가?
6. 카리브 해 지역에서 나타나는 언어의 다양성의 원인은 무엇인가?

지정학적 틀

5.4 유럽의 식민 지배자들이 카리브 해 지역을 통치하기 위해 왜 그렇게 열성적이었는지 설명하고 이 지역의 독립이 라틴아메리카 지역에 비해 더 서서히 이루어진 이유를 설명하라.

오늘날 이 지역에는 26개의 국가 및 식민지가 있다. 냉전 시대가 종료되었지만 쿠바는 여전히 지정학적으로 주요한 국가이다. 최근 미국과 쿠바 간의 관계가 개선되면서 카리브 해 지역의 가장 거대한 이 섬에 정치적 · 경제적 변화가 일 것으로 예상된다. 카리브 해 지역에서 미국의 영향력이 강하지만 베네수엘라, 중국, 영국 등도 이 지역에 주요한 영향력을 행사하고 있다.

7. 오른쪽 사진 D에 보이는 이 항구는 스페인이 카리브 해 지역을 통치하는 데 매우 중요한 곳이었다. 이 항구는 어느 곳에 위치하고 있으며 스페인에게 이 항구가 중요한 이유는 무엇이었는가?
8. 이 지역에서 미국의 활동이 신식민주의라고 인식되는 이유는 무엇인가?

경제 및 사회 발전

5.5 카리브 해 지역이 세계 경제와 어떻게 연계되어 있는지를 역외 금융, 해외 이주, 관광업 등을 통해 설명하라.

5.6 카리브 해 지역의 사회적 지표가 경제적 지표에 비해 훨씬 더 발전적인 이유를 설명하라.

카리브 해 지역은 농산물(특히 설탕) 수출 중심의 경제로부터 서비스 및 제조업 경제로 서서히 전환되어 왔다. 농업에서의 일자리 대신 조립 공장, 관광업, 역외 금융 부문에서의 고용 기회가 증가하였다. 이 지역은 여타 개발도상국들에 비해 사회적 발전 부문, 특히 교육, 보건, 여성의 지위 면에서 높은 발전 정도를 나타낸다.

9. 카리브 해 지역의 관광산업이 발전하는 데에 영향을 미친 환경적 · 경제적 · 입지적 요인으로는 어떤 것들이 있는가?
10. 카리브 해 지역 경제가 송금에 대한 의존도가 높은 것이 이 지역이 고립을 벗어나 세계 경제로 통합된다는 것을 의미하는가?

데이터 분석

http://goo.gl/qEpia

자국민들이 해외에서 보내는 송금은 카리브 해의 많은 국가들에게 매우 중요한 수입원이다. 전체 송금액 규모를 파악하는 것도 중요하지만 송금이 어느 지역으로부터 오는지를 파악하는 것도 중요하다. 세계은행 사이트(http://econ.worldbank.org)를 방문하여 이주 및 송금에 관한 자료를 찾아보자. 가장 최근의 송금액 매트릭스를 골라서 첫 번째 열에는 송금을 받는 국가들을, 그리고 열에는 송금을 내보내는 국가들을 배열하라.

1. 카리브 해 국가들을 5~6개 정도 골라보라. 인구 규모가 작은 국가들과 큰 국가들을 고루 포함시켜야 한다.
2. 주요 송금 송출국들의 표를 만들어서 여러분이 선별한 국가들로 보내진 송금액들을 표시하자. 그러고 나서 이 패턴을 지도화하라.
3. 어느 나라가 송금액을 가장 많이 내보냈는가, 그리고 그 이유는 무엇인가? 어느 나라가 비교적 적은 양의 송금을 받았으며 그 이유는 무엇인가?
4. 여러분이 그린 지도에서는 카리브 해의 이주자들이 주로 향하는 목적지는 어느 나라인가? 2~3개 정도의 국가를 선별해서 비교하고 이러한 패턴을 나타나게 된 문화적 · 지정학적 · 경제적 요인들에 대해 설명하라.

주요 용어

계약 노동자
고립된 접근성
단일 작물 생산
대앤틸리스 제도
두뇌 유입
두뇌 유출
마룬
먼로 독트린
소앤틸리스 제도
송금
신식민주의
아프리칸 디아스포라
역외 금융
외변 지역
자본 유출
자유무역지구
카리브 공동체 (CARICOM)
카리브 해의 디아스포라
크레올화
플랜테이션 아메리카
허리케인

6 사하라 이남 아프리카

When last did you feel this excited about banking?
#appy
UNISA
join us

자연지리와 환경 문제

목재는 이 지역의 주요 에너지원이다. 그린벨트 운동을 통해 이 지역 전역에서 농촌 여성이 수백만 그루의 나무를 심었다. 사헬과 같은 지역에서 나무에 대한 소유권을 주거나 나무 보호를 위한 인센티브를 주는 정책으로의 변화로 나무로 덮인 지역이 늘어났다.

인구와 정주

사하라 이남 아프리카는 인구학적으로 볼 때 젊고 성장하고 있다. 인구는 9억 5,000만 명이며 자연 증가율은 2.6%로, 인구 측면에서 볼 때 세계에서 가장 빠르게 성장하는 지역이다. 또한 일부 국가의 기대수명을 전체적으로 떨어뜨리고 있는 에이즈 바이러스로 인한 타격이 가장 큰 지역이기도 하다.

문화적 동질성과 다양성

이슬람교도와 기독교인의 증가로, 이 지역에서 종교적 삶은 중요하다. 예외가 있긴 하지만, 종교적 다양성과 관용은 이 지역 고유의 특징이었다. 그러나 종교적 갈등, 특히 사헬 지역에서 종교적 갈등이 커지고 있다.

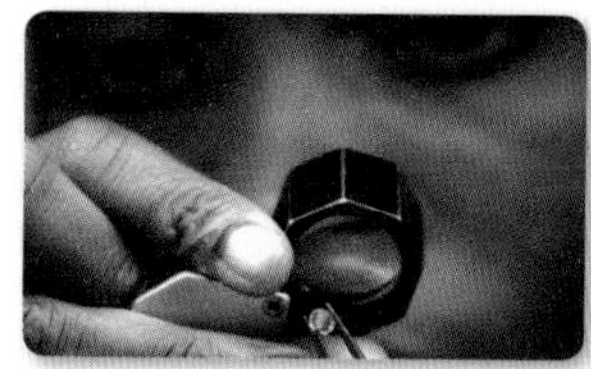

지정학적 틀

대부분의 나라가 1960년대에 독립을 맞았다. 그 이후, 유럽 식민 지배국이 그은 경계선 내에 단일 국가로 통일하고자 하면서, 많은 민족 갈등이 초래되었다. 알카에다와 ISIL 또한 이 지역을 거점으로 하면서 혼란을 일으키고 있다. 지역 내부적으로 추방된 사람들과 난민들이 상당수 발생하고 있다.

경제 및 사회 발전

2015년까지 극심한 빈곤을 감소시키겠다는 유엔의 밀레니엄 발전 목표는 이 지역에 있는 대부분의 국가에서 실현되지 못했지만, 교육, 기대수명과 경제 성장 측면에서는 많은 진전이 있었다. 국제 원조가 증가하고 있으며 동시에 천연자원에 대한 세계적 수요의 증대는 이 지역의 금속 및 화석연료 채굴에 대한 아시아, 아프리카, 북아메리카 지역의 투자를 이끌어내고 있다.

◀ 사하라 이남 아프리카에서 가장 높은 건물인 요하네스버그의 50층 칼튼 센터(Carlton Centre)의 전경은 이곳이 아프리카 대륙의 경제적 엔진 중 하나로서 확장하고 있는 세계 도시임을 보여준다. 소량의 금을 위해 재가공되는 금 트레일이 저 멀리 보이는데, 이는 1880년대 이 도시의 성장에 불을 지핀 자원임을 조용히 상기시키고 있다.

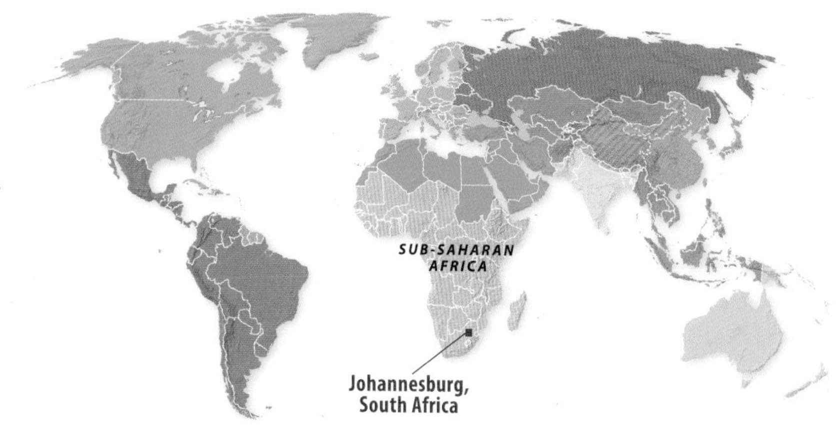

요하네스버그는 남아프리카공화국 금광의 트레일이 많은 광대한 고원을 가로질러 확장하고 있다. 1886년 이곳에서 금이 발견되면서 부를 찾아 세계 곳곳에서 찾아온 수천 명의 사람들로 인해 도시가 성장했다. 요하네스버그는 지속적인 남아프리카공화국의 경제 엔진으로, 남아프리카공화국 사람 7명 중 1명은 요하네스버그 대도시권에 거주하고 있다. 이따금 조지(Jozi)라고 불리는 사하라 이남 아프리카에서 세 번째로 큰 대도시권은 지역 최고의 기반시설을 자랑한다. 하지만 많은 아프리카 도시에서 빠르게 증가하는 인구의 전력 수요를 맞추기 위해 수행하는 순번 정전(rolling blackouts)은 그 도시와 남아프리카공화국 산업에 문제가 되고 있다.

오늘날 요하네스버그 도심은 이 세계 도시의 복잡한 역사를 반영하고 있다. 거리명은 영국인, 아프리카너(Afrikaans), 아파르트헤이트에 반대하는 투쟁을 했던 지도자인 알버티나 시술루와 같은 아프리카 흑인 영웅의 이름을 따서 지어졌다. 도심에는 퀸 엘리자베스 다리와 넬슨 만델라 다리가 철길을 가로질러 있다. 그 근처에는 1900년대 초기 요하네스버그에서 변호사 일을 하면서 시민권을 주장했던, 인도의 무저항 독립운동 지도자 마하트마 간디의 기념물이 있다. 아파르트헤이트 정책이 수행되던 기간 중 요하네스버그 도심은 남아프리카공화국에 사는 백인을 위한 공간이었다. 남아프리카공화국 흑인은 저 멀리 보이는 금 트레일들을 넘어가야 있는 소웨토 같은 흑인거주구역에서 훈련되었다.

지난 20년간 도심은 변화되어 왔다. 대부분의 백인 엘리트와 기업이 이곳을 버리고 북쪽의 신흥 상업 중심지인 샌튼으로 이주하고 이 지역은 남아프리카공화국 흑인과 흑인이 소유한 지역으로 채워졌다. 흑인 기업을 장려하는 정부 프로그램으로 중산층 흑인이 생겨났으며 심지어 조지에 사는 흑인 백만장자도 많아졌다. 하지만 실업과 불평등 문제는 여전히 남아프리카공화국의 문제로 남아 있다.

> 2000년 이후 발전의 긍정적 지표인 사하라 이남 아프리카 국가의 경제는 인구 성장 속도보다 빠르게 성장해 왔다.

학습목표 이 장을 읽고 나서 다시 확인할 것

6.1 이 지역의 주요 생태계를 설명하고 인간이 그 안에서 어떻게 적응하며 살아가는지를 설명하라.

6.2 사하라 사막 남쪽에 있는 아프리카 지역이 직면한 환경 문제를 간략히 설명하라.

6.3 이 지역의 빠른 인구 성장을 설명하고 에이즈와 에볼라와 같은 질병이 이 지역에 끼치는 영향의 차이를 설명하라.

6.4 민족 간 관계, 지역 내 갈등, 평화를 유지하기 위한 전략을 설명하라.

6.5 이 지역 내와 전 세계적으로 아프리카 사람들이 끼치는 다양한 문화적 영향을 요약하라.

6.6 이 지역의 식민지 역사를 추적하고 식민지 정책과 이 지역 내에서 독립 후 갈등을 연결하라.

6.7 아프리카 빈곤의 근원에 접근할 수 있으며 오늘날 왜 세계적으로 빠르게 경제가 성장하는 국가들이 사하라 이남 아프리카에 있는지 설명하라.

6.8 갈등 감소가 어떻게 이 지역에서 교육 및 사회 발전 결과를 개선할 수 있는지 설명하라.

라틴아메리카 및 카리브 해 연안과 비교해서 사하라 이남 아프리카는 더 가난하고, 더 농촌 같으며, 인구는 매우 젊다. 사하라 이남 아프리카에는 9억 5,000만 명 이상의 인구가 거주하며, 48개의 국가와 하나의 프랑스 해외 영토(마다가스카르 앞바다에 있는 레위니옹)가 있다. 이 지역은 세계에서 가장 빠르게 인구가 늘어나는 지역(2.6%의 자연 증가율)이며, 대부분의 아프리카 국가에서 인구의 거의 절반(43%)이 15세 이하이다. 소득 수준은 지극히 낮아 41%의 인구가 하루에 1.25달러 이하로 생활하고 있고, 기대수명은 겨우 57세이다. 이런 통계 수치와 폭력, 질병, 빈곤 등 너무 자주 등장하는 부정적인 표제들은 절망으로 이끌 수 있다. 하지만 이 또한 회복의 영역으로 많은 아프리카인들은 미래에 대해 낙관적이다. 지방 및 국제적으로 활동하는 비정부 조직과 다양한 국가 조직 등이 이 지역 여러 곳의 삶의 질을 개선하고 있다. 이 과정에서 지난 20년 동안 많은 아프리카 국가에서 유아 사망률이 감소했으며, 의무교육이 확대되고, 식량 생산이 증가하고 있다. 가장 빠르게 변화한 것 중 하나는 정보통신 공유를 개선하는 혁신적인 응용 프로그램과 더불어 핸드폰의 빠른 확산이다.

아프리카 대륙 중 사하라 사막 남쪽 부분인 사하라 이남 아프리카는 하나의 세계 지역(world region)으로 여겨진다. 이 지역은 유사한 생활양식 체계를 가지며, 식민 국가의 경험을 공유하기 때문이다(그림 6.1). 종교, 언어, 철학 및 정치 체제로는 이 지역을 하나로 묶을 수 없지만, 이 지역에서 진화된 다양한 생활방

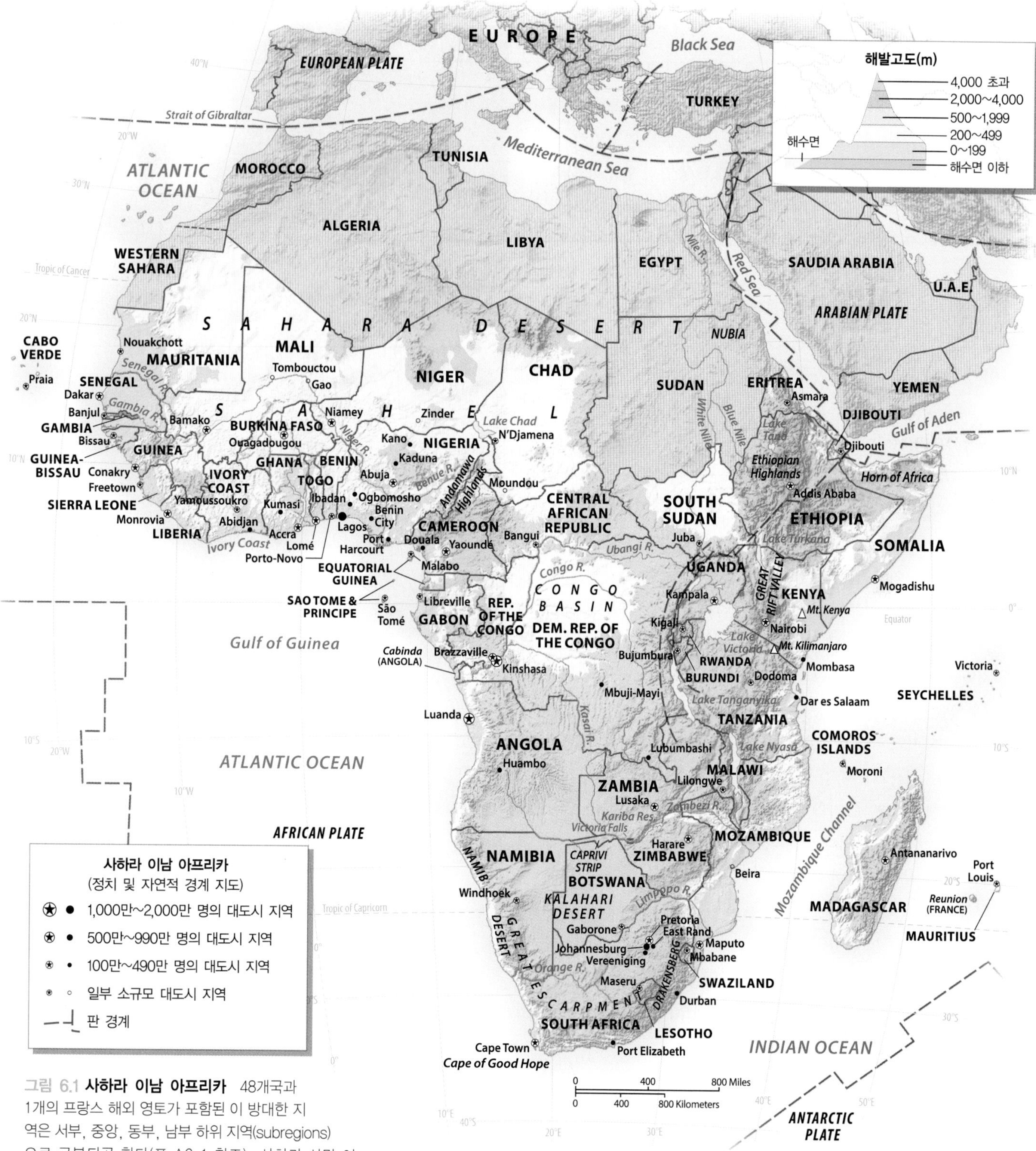

그림 6.1 **사하라 이남 아프리카** 48개국과 1개의 프랑스 해외 영토가 포함된 이 방대한 지역은 서부, 중앙, 동부, 남부 하위 지역(subregions)으로 구분되곤 한다(표 A6.1 참조). 사하라 사막 이남 아프리카에 있는 열대 우림, 사바나, 사막에 9억 5,000만 명 이상의 사람이 살고 있다. 이 대륙의 상당 부분은 고도 500~2,000m에 이르는 방대한 고원으로 이루어져 있다. 빠른 인구 성장에도 불구하고, 사하라 이남 아프리카의 총인구밀도는 낮다. 또한 세계에서 가장 개발이 덜 된 곳 중 하나로 알려진 사하라 이남 아프리카는 천연자원이 풍부한 지역으로 남아 있다.

식과 사상 체계를 기반으로 느슨한 문화적 연계(cultural bonds)가 이루어져 있다. 이 지역의 정체성을 결정하는 데에는 외부의 영향도 있었다. 유럽, 북부 아프리카 및 서남아시아에서 온 노예 무역상들이 아프리카인들을 재산으로 여기는 바람에, 1800년대 중반까지 수백만 명의 아프리카인이 잡혀 다른 지역에 노예로 팔려갔다. 1800년대 후반, 유럽 식민지 권력은 아프리카 대륙 전체를 분할하였는데 그 정치적 경계는 현재까지도 남아 있다. 1960년대부터 시작된 후기 식민지 시대에도 사하라 이남 아프리카 국가들은 수많은 유사한 경제적 · 정치적 도전에 직면하였다.

특정 지역으로 구분하는 데 있어서 중요한 문제는 북부 아프리카를 어떻게 처리할 것인가이다. 일부 학자들은 아프리카 대륙을 하나의 지역으로 고려해야 한다고 주장한다. 아프리카 연합(African Union)과 같은 지역 조직은 대륙 통합의 현대적 사례이다. 그러나 북부 아프리카는 문화적, 물리적으로 서남아시와와 더 긴밀히 연결되어 있다. 북부 아프리카에서는 아라비아어가 주요 언어이고 이슬람교가 주요 종교이다. 따라서 북부 아프리카 사람들은 사하라 이남 세계보다는 서남아시아 내 아랍인들의 생활과 더 잘 연결되어 있다고 느낀다.

이 장은 사하라 이남 국가들에 초점을 맞춘다. 지역 경계를 그을 때 국경을 따라 그음으로써 지중해 연안의 북부 아프리카 국가와 서사하라, 수단은 서남아시아로 다루어진다(제7장). 2011년 수단으로부터 남수단이 독립하기 전 수단은 아프리카에서 가장 큰 국가였다. 인구가 더 많고 더 강력한 북부 지역에서는 이슬람교 지도자들이 문화적, 정치적으로 북부 아프리카 및 서남아시아를 지향하는 이슬람교 국가로 만든 반면, 새로운 국가인 남수단은 사하라 이남 아프리카에 있는 나라들처럼 기독교 및 애니미즘이 더 일반적이다. 모리타니, 말리, 니제르, 차드와 같은 사헬 지역 국가와 함께 남수단 역시 이 장에서 다루는 지역의 북쪽 경계를 형성한다.

아프리카 지역은 문화적으로 아주 복잡하며, 일부 국가는 수십 개의 언어를 쓴다. 따라서 대부분의 아프리카인들은 몇 개의 언어를 구사한다. 아프리카의 국경은 민족 정체성에 따라 그어진 게 아니어서, 1990년대 르완다나 오늘날 나이지리아에서 일어나는 것과 같은 심각한 민족 갈등이 발생하기도 한다. 그럼에도 불구하고 아프리카 전체적으로는 다른 민족 간 평화적 공존이 규범이다. 유럽 식민주의 문화도 무시할 수 없이 중요한데, 유럽의 언어, 종교, 교육 체계와 정치 사상이 도입되고 수정되었기 때문이다. 그러나 일상적인 생활 리듬은 산업사회의 모습과는 괴리가 있다. 대부분의 아프리카인들은 아직도 자급적 환금작물 생산에 종사하고 있다(그림 6.2). 이 지역 밖에 있는 아프리카 사람들이 아프리카에 미치는 영향력은 지대한데, 역사적으로 노예무역을 통해 아프리카인, 종교 시스템, 음악적 전통 등이 서반구 전역으로 건너갔다. 오늘날까지도 아프리카에서 기원한 종교 시스템이 카리브 해 연안과 라틴아메리카 지역에 널리 퍼져 있다.

아프리카 경제는 성장하고 있다. 2009~2013년 기간 동안 이 지역의 연평균 성장률은 4.2%인데, 이는 높은 물가와 국내 수요, 수출 증가와 안정적인 송금 등에 따른 것이다. 하지만 세계은행의 자료에 따르면, 사하라 이남 아프리카에는 세계 인구의 13%가 거주하고 있음에도 경제 생산은 2013년 기준 세계 경제 생산의 2%를 약간 넘는다. 2014년 나이지리아가 남아프리카공화국을 제치고 지역 최대의 경제 국가가 되었다.

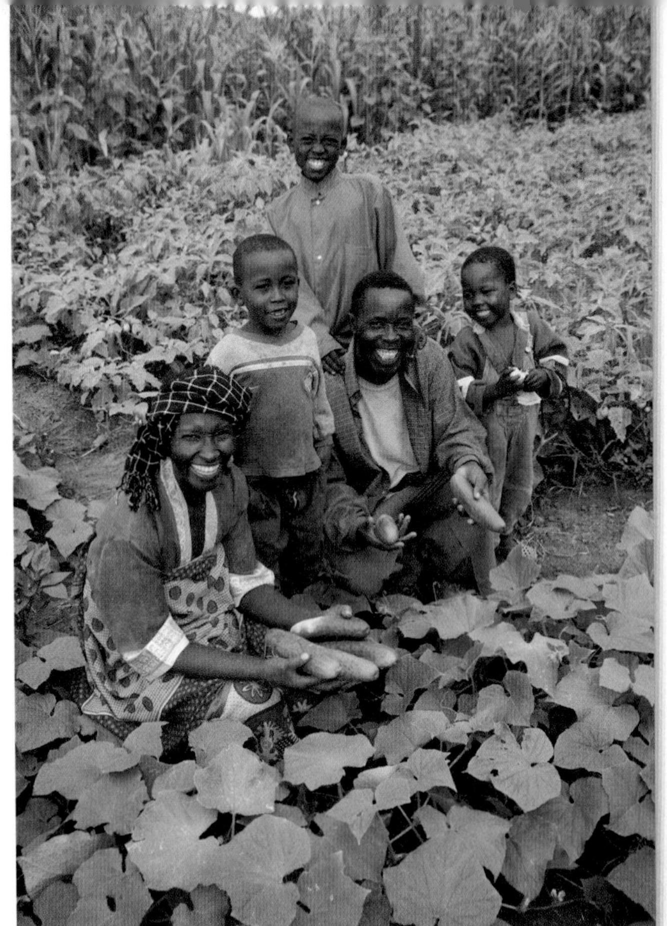

그림 6.2 **탄자니아의 자급자족 농부** 탄자니아 이링가에 사는 가족이 자신들의 정원에 서 있다. 아프리카의 많은 가구는 자급을 위해 작물을 심고 동물을 키우며, 여분은 지방 시장에 내다 판다.

여러 학자들은 사하라 이남 아프리카가 (자발적이고 강요에 의해서) 세계 경제와 통합되었다고 해서 이익을 본 것은 거의 없다고 느낀다. 노예제도, 식민주의, 수출 중심의 광산 및 농업은 다른 지역에 사는 소비자 수요에는 부응했으나, 지역 내부의 식량 공급, 인프라 공급 증대 및 삶의 질 향상에는 실패했다. 아이러니컬하게도 이 지역이 경제적 통합의 이익을 누리지 못하는 것에 대해 우려하는 많은 학자들과 정치가들이 동시에 이 지역에 대한 세계의 부정적인 태도가 방치 패턴을 양산해 왔다고 걱정한다. 사하라 이남 아프리카 지역에 대한 민간 자본 투자는 여타 저개발 지역에 비해 상당히 뒤떨어져 있으나, 이 지역 중 석유가 풍부한 앙고라, 차드, 적도기니 등에 대한 민간 투자는 늘고 있다. 또한 이 지역 투자자로서 중국의 중요성이 커지고 있다.

지난 10년간 이 지역에는 박애주의에 입각한 자원봉사 활동의 유입이 확인되고 있다. 2000년에 문을 연 빌 앤 멜린다 게이츠 재단(Bill and Melinda Gates Foundation)은 사하라 이남 아프리카 지역의 질병 예방, 교육, 빈곤 감소, 의료서비스 지원에 수십억 달러를 들였다. 많은 연구자들은 내부 개혁, 더 나은 거버넌스, 외국 원조, 인프라와 기술에 대한 외국 투자 등의 결합을 통해, 사하라 이남 아프리카에서 경제적 · 사회적 소득이 생기게 할

그림 6.3 **빅토리아 폭포** 잠베지 강은 아프리카 남부 지방에 있는 빅토리아 폭포로 흐른다. 아프리카 고원에 있는 단층대는 110m 정도의 깊이를 가진다. 잠베지 강은 수송용으로는 중요하지 않지만 짐바브웨, 잠비아, 모잠비크의 수력 전기의 핵심적 공급원이다.

수 있을 것이라고 믿는다. 1990년에서 2013년 사이에 아동 사망률이 극적으로 감소하는 등 그러한 사회 발전에 대한 투자가 성과를 내고 있다.

자연지리와 환경 문제 : 고원 대륙

사하라 이남 아프리카는 적도에 걸쳐 있는 가장 큰 대륙이다. 자연 환경을 보면 규모가 크고 매우 아름다우며, 넓은 지역에 걸쳐 지형적으로 융기되어 형성된 고도가 높은 고원 지역이 우세하다. 고도가 가장 높은 지역은 대륙 동부 가장자리에서 나타나는데 그곳에는 **동아프리카 지구대**(Great Rift Valley)라는 호수, 화산 및 깊은 계곡으로 이루어진 복잡한 고지대가 형성되어 있다. 반면 서부 아프리카는 대부분 저지대로 이루어져 있다. 엄청난 종의 다양성, 광범위한 수자원, 귀한 광물이 있음에도 불구하고, 이 지역은 상대적으로 토양이 척박하고, 질병이 만연되어 있으며, 가뭄에 취약하다.

고원과 분지

아프리카 경관의 주를 이루는 것은 일련의 고원과 융기된 분지로, 이 지역 고유의 자연지리적 특성이다(그림 6.1 참조). 일반적으로 대륙의 남쪽과 동쪽으로 갈수록 고도가 더 높아진다. 남부와 동부 아프리카의 대부분은 600m 이상인 지역으로 이루어져 있으며, 많은 지역이 1,500m 이상이다. 이 지역은 전형적인 하이 아프리카(High Africa)라고 불리며, 서부와 중부 아프리카는 로 아프리카(Low Africa)라고 불린다. 고원이 끝나는 곳에는 잠베지 강의 웅장한 빅토리아 폭포가 흐르는 가파른 단애(escarpments)가 형성되어 있다 (그림 6.3). 남부 아프리카 대부분은 **대규모 단애**(Great Escarpment)라고 불리는 비교적 평평한 두 지역과 분리된 절벽 형태의 지형으로 둘러싸여 있는데, 이는 앙골라 남서부 지역에서 시작하여 남아프리카공화국 북동부 지방에서 끝난다. 이러한 지형은 대륙 내부에 유럽 식민지가 정착하는 데 장벽이 되었고, 부분적으로는 식민화 과정을 지연시켰음이 증명되었다.

사하라 이남 아프리카는 융기된 육지임에도 불구하고 높은 산맥은 거의 없다. 넓은 산악 지형 중 하나는 에티오피아에 있는데, 지구대 지역의 북쪽에 위치하고 있다. 우기에 많은 양의 비가 내리기 때문에, 에티오피아 고원에는 몇 개의 중요한 하천의 상류가 형성되는데, 가장 뚜렷한 것이 청나일(Blue Nile)로, 이는 수단의 하르툼에서 백나일(White Nile)과 합류한다. 지구대의 남쪽 절반 부분에는 화산 산맥이 있는데 그중 일부는 상당히 높다. 그 예가 탄자니아의 킬리만자로 산인데, 가장 높은 봉우리가 해발 5,900m에 이른다(그림 6.4). 그러나 이 지역의 높은 고원에는 드라마틱한 산맥의 배열보다는 깊은 계곡이 더 많다.

유역 사하라 이남 아프리카는 다른 지역에서처럼 정주 패턴에 영향을 미치는 넓은 충적 저지대를 가지고 있지 않다. 4개의 주요 하계망이 콩고 강, 나이저 강, 나일 강 및 잠베지 강에 있다

(나일 강에 대해서는 제7장에서 다룰 것임). 남아프리카공화국의 오렌지 강, 모리타니와 세네갈 사이를 흐르는 세네갈 강, 모잠비크의 림포푸 강과 같은 소하천은 지역적으로 중요한 역할을 수행하지만, 유역이 매우 작다. 아이러니하게도 많은 사람들은 사하라 이남 아프리카 지역이 물 부족으로 고생한다고 믿으면서도 이러한 하계망 유역의 규모와 중요성은 무시하는 경향이 있다.

콩고 강(혹은 자이르 강)은 하천의 유역 면적과 유량으로 볼 때, 이 지역에서 가장 큰 유역을 가지고 있다. 연간 유량이 남아메리카의 아마존 강에 버금간다. 콩고 강은 아프리카의 가장 넓은 열대 우림인 이투리를 굽이쳐 흘러 해수면보다 300m 이상 높은 곳에 위치한 상대적으로 평평한 분지를 가로질러 흐른다(그림 6.5). 콩고 강에는 연속적으로 급류와 폭포가 있어 아주 부분적으로만 항해가 가능하기 때문에 이 강을 통해 대서양에서 콩고 분지까지 들어갈 수가 없다. 이러한 제약에도 불구하고, 콩고 강은 콩고와 콩고민주공화국(이전의 자이르) 내에서 이동을 위한 주요 통로로 이용되어 왔는데, 이는 이 두 나라의 수도인 브라자빌과 킨샤사는 하천을 사이에 두고 마주보면서 거의 인구 1,000만 명 정도의 대도시권을 형성하고 있기 때문이다.

나이저 강은 서부 아프리카 전역, 그중에서도 특히 말리와 니제르 같은 매우 건조한 국가의 중요한 물 공급원이다. 습윤한 기니의 고지대에서 발원한 나이저 강은 북동쪽으로 흘러 말리에 거대한 내륙 델타를 만들면서 퍼지다가 말리의 가오(Gao) 근처 사하라 외곽에서 남쪽으로 크게 구부러져 흐른다. 나이저 강 제방 위에 통북투의 역사 도시인 팀북투뿐 아니라 말리의 수도인 바마코와 니제르의 수도인 니아메가 있다. 나이저 강은 사헬 지역을 거쳐 아프리카에서 가장 인구가 많은 국가의 전력 공급을 위해 하천을 일시적으로 막은 카인지 저수지가 있는 나이지리아의 습윤한 저지대로 흘러들어 온다. 이 하천의 끝에는 나이저 삼각주가 있는데 이곳은 나이지리아 석유 산업의 중심지이기도 하다. 이 비옥한 삼각주 지역은 이보족과 오고니족과 같은 민족 집단의 거주지이고 극심하게 가난한 곳이다. 몇십 년 동안 이 지역 갈등의 중심에는 석유로부터 이득을 얻는 사람과 석유 및 가스 추출로 초래되는 심각한 환경 파괴가 있다.

그림 6.5 **콩고 강** 유량을 기준으로 했을 때 아프리카에서 가장 큰 강인 거대한 콩고 강이 콩고민주공화국의 이투리 열대 우림 지역을 통과해 흐르고 있다.

그림 6.4 **킬리만자로 산** 열대 평원에서부터 솟아올라 눈으로 덮인 아프리카의 가장 높은 킬리만자로 산 봉우리는 그 높은 정상에 오르기를 희망하는 관광객들에게 인기 있는 곳이다.

상당히 규모가 작은 잠베지 강은 앙골라에서 발원하여, 동쪽으로 흐르다가 빅토리아 폭포에서 단애로 떨어진 뒤, 마지막에 모잠비크와 인도양에 이른다. 잠베지 강은 이 지역에 있는 다른 강에 비해 더 중요한 상업용 에너지 공급원이다. 사하라 이남 아프리카의 가장 큰 수력 발전 시설 두 곳이 다 이 강에 위치해 있다.

토양 일부 큰 예외가 있긴 하지만, 사하라 이남 아프리카의 토양은 상대적으로 척박하다. 일반적으로 비옥한 토양은 오래되지 않은 토양으로, 최근 지질 연대에 하천, 화산, 빙하, 폭풍우 등에 의해 쌓인 것이다. 오래된 토양, 특히 습윤한 열대 환경에서는 시간이 지나면서 대부분의 식물 영양분이 씻겨나가는 게 자연스러운 과정으로 여겨진다. 이 지역 전역에서 토양을 재생하려는 사람들은 거의 없다.

그러나 사하라 이남 아프리카의 일부 지역은 토양이 비옥한 곳으로 여겨지고 있는데, 이런 곳에는 예외 없이 밀도가 높은 정주 환경이 조성되어 있다. 가장 비옥한 토양은 동아프리카 지구대에 분포해 있는데, 이 지역의 화산 활동 덕분에 토양이 생산성이 높은 상태가 되었다. 예를 들어, 부룬디와 르완다 농촌 지역의 인구밀도가 높은 데에는 고도로 생산적인 토양이 있다는 점도 부분적인 이유가 된다. 이 지역에서 인구가 두 번째로 많은 에티오피아 고지대도 같은 이유로 설명할 수 있다. 빅토리아 호수 저지대와 케냐의 중앙 고지대도 또한 대규모 인구와 생산적인 농업 기반을 가진 곳으로 알려져 있다.

보다 건조한 초지와 반건조 사막 지역은 알피졸(alfisols)이라는 토양이 나타난다. 알루미늄과 철의 함량이 높은 붉은색의 이 토양은 보다 습윤한 지역에서 발견되는 비슷한 토양보다 훨씬 비옥하다. 이는 왜 농부들이 가뭄의 위험을 무릅쓰고 사헬 지역과 같은 더 건조한 지역에 작물을 심는지를 설명해 준다. 많은 농업 경영학자들은 잠비아와 짐바브웨와 같은 남부 아프리카 나라들은 관개를 통해 이러한 토양에 상업적 곡물 생산을 증대시킬 수 있다고 제안한다.

기후와 식생

대부분의 사하라 이남 아프리카는 위도상 열대 지방에 위치해 있다. 대륙의 최남단에만 아열대 기후대가 펼쳐져 있다. 대부분 지역의 연평균 최고 기온은 22~28℃ 정도이다(그림 6.6). 지역의 특징을 나타내는 다양한 식생대를 결정하는 것은 기온보다는 강수량이다. 에티오피아의 아디스아바바와 나미비아의 월비스베이는 평균 기온은 비슷하지만(그림 6.6 기후 그래프 참조), 아디스아바바는 습윤한 고지대에 있어서 매년 약 127cm의 강수가 내리는 반면 월비스베이는 나미비아 사막에 있어서 연 강수량이 2.5cm보다도 적다.

이 지역의 세 가지 주요 식생대는 열대 우림, 사바나, 사막이다.

열대 우림 사하라 이남 아프리카의 중심에는 열대 지방의 습윤한 기후대가 포진되어 있다. 세계에서 두 번째로 큰 적도의 열대 우림 지역인 이투리는 콩고 분지 안에 있는데, 대서양 연안의 가봉에서에서부터 콩고 북부 지역과 콩고민주공화국(자이르)을 포함하여 아프리카 대륙의 약 2/3 정도까지 가로로 펼쳐져 있다. 이 지역은 늘 따뜻하거나 더우며, 연중 강수가 지속된다(그림 6.6의 키상가니 기후 그래프 참조).

상업적 벌목과 농업적 개간으로 인해 이투리 서부와 남부 외곽 지역이 파괴되어 왔으나, 이 방대한 삼림 지역의 대부분은 아직도 그대로 남아 있다. 열대 삼림 파괴 측면에서 볼 때 지금까지 이투리는 동남아시아나 라틴아메리카보다 상태가 훨씬 낫다. 오카피와 비룽가와 같은 주요 국립공원이 콩코민주공화국에 만들어졌다. 아프리카에서 가장 오래된 국립공원 중 하나인 비룽가 국립공원은 이투리 삼림 지역의 동쪽 끝편에 위치해 있으며 멸종위기에 처한 마운틴 고릴라의 거주지이다. 부족한 기반시설과 지난 20년간 콩고민주공화국의 정치적 갈등으로 인해 대규모 벌목이 불가능했지만 동시에 삼림 보존도 어려웠다. 지역 내 갈등에 따라 비룽가 같은 공원은 반복적으로 저항 세력이 차지했으며 공원 관리자들을 죽이면서까지 이루어지는 밀렵이 이 지역 주민의 생계수단이 되었다. 향후 중앙 아프리카의 열대 우림과 야생동물들은 다른 열대 우림 지역에서 나타났던 것과 같은 환경 파괴로 곤란을 겪을 가능성이 있다.

사바나 아프리카의 넓은 열대성 습윤 및 건조 사바나는 커다란 호 모양으로 중앙 아프리카의 열대 우림 지역을 감싸고 있다. 삼림 지역에 인접해 있는 습윤한 사바나 지역에는 나무와 키가 큰 초지가 혼합되어 나타나는 경향이 우세하며, 보다 건조한 사바나 지역에서는 나무는 거의 없고 짧은 초지가 우세하다. 적도 북쪽에서는 일반적으로 5월부터 10월까지가 우기이다. 그보다 더 북쪽으로 갈수록, 총강수량은 점점 더 줄어들고 건기는 더 길어진다. 적도 남쪽의 경우는 10월에서 5월까지가 우기이고 남쪽으로 갈수록 강수량이 감소하는 등 북쪽과 반대로 나타날 뿐 기후 조건은 유사하다(그림 6.6의 루사카 기후 그래프 참조). 습윤한 사바나가 적도 이남에 넓게 존재하는데, 콩고민주공화국 남부, 잠비아, 앙골라 동부 지방에 입지한 광활한 숲을 이루고 있다. 이 사바나 지역은 거대한 동물상(fauna)의 주요 서식지이다(그림 6.7).

사막 주요 사막은 지역의 남부와 북부 경계에 위치해 있다. 사하라 사막은 세계에서 가장 크고 건조한 사막 중 하나로, 대서양

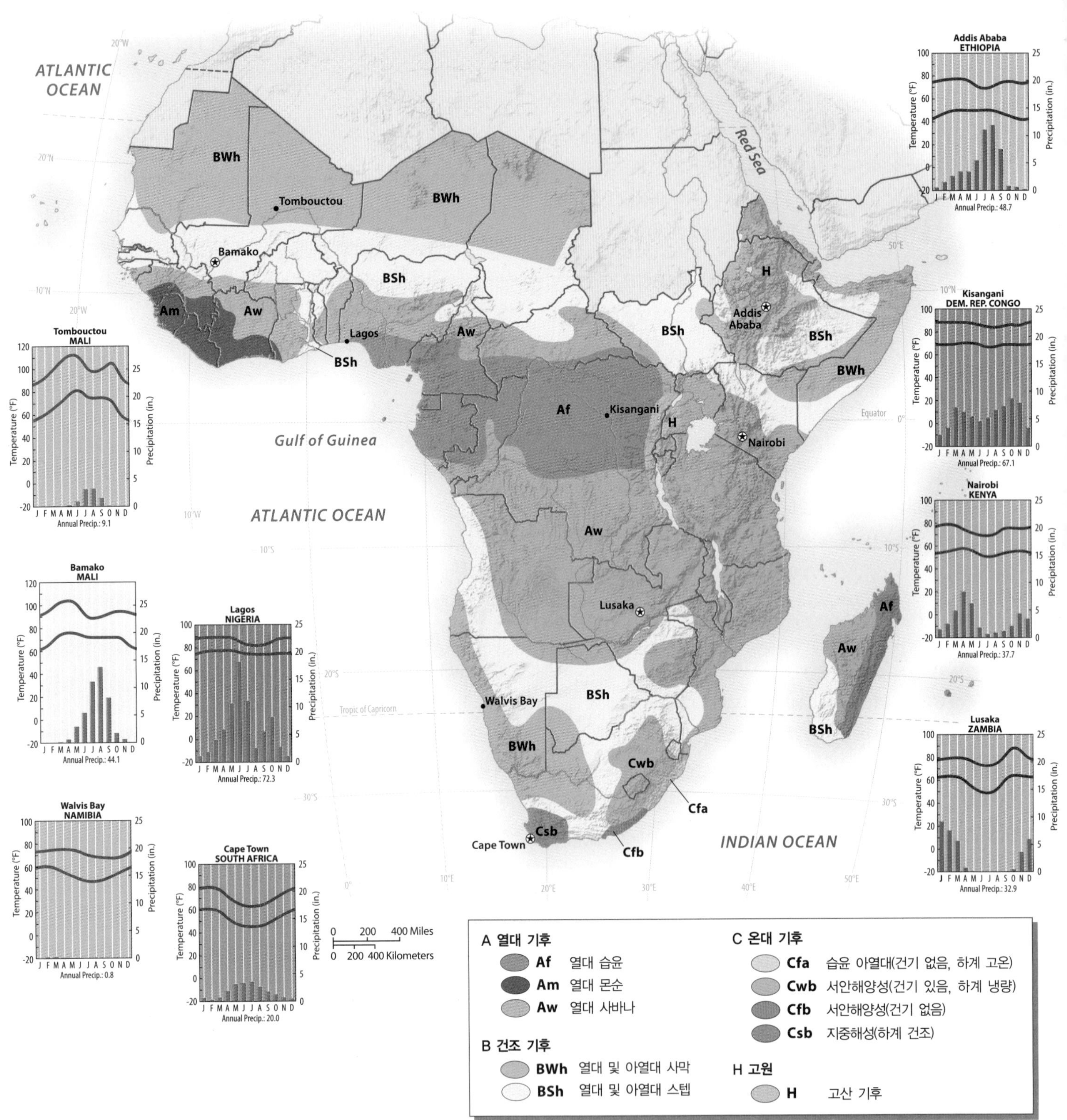

그림 6.6 **사하라 이남 아프리카의 기후 지도** 이 지역의 대부분은 열대 기후 및 건조 기후대에 포함되어 있기 때문에, 계절별 기후변화가 크지 않다. 그러나 강수량은 월별로 다르게 나타나고 있다. 우기가 뚜렷이 구별되는 라고스와 루사카를 비교해 보면, 라고스는 6월에 가장 비가 많이 내리고, 루사카는 1월에 가장 많이 내린다. 중앙 아프리카와 서아프리카에 중요한 열대 삼림이 있다 하더라도(열대 습윤 및 몬순 기후대와 일치하는 곳임), 이 지역의 식생은 대부분 열대 사바나에 속한다.

의 모리타니 해안으로부터 수단의 홍해 연안까지 대륙을 가로질러 있다. 좁은 사막 벨트는 사하라의 동쪽과 남쪽으로 확장되어 **아프리카의 뿔**(Horn of Africa)(에리트레아, 지부티, 소말리아, 에티오피아를 포함하는 북동쪽 모서리에 있는 지역)을 감싸고 있으며, 케냐의 동부와 북부 지방까지 뻗어있다. 나미비아 해안에 눈에 띄게 붉은 언덕인 나미브 사막은 기온은 늘 온난하지만 비가 거의 내리지 않는다(그림 6.8). 나미브 내륙에 칼라하리 사막이 있는데, 이곳은 연 강수량이 약 250mm 정도 되어 이 사막의 대부분은 진짜 사막으로 분류될 정도로 건조하지는 않다. 그러나 우기는 짧고 강수의 대부분은 곧바로 지하로 흡수되는 등 지표수가 거의 없기 때문에 칼라하리는 연중 거의 사막과 같은 경

그림 6.7 **아프리카 사바나** 짐바브웨의 잠베지 국립공원에 있는 물웅덩이에 버팔로가 모여 있다. 남부 아프리카 사바나 지역은 버팔로, 코끼리, 얼룩말, 사자와 같은 대형 포유동물의 서식지로 유명하다.

관을 가진다.

아프리카의 환경 문제

사하라 이남 아프리카에 대한 전형적인 인식 중 하나는 환경 파괴와 자원 부족인데, 이는 방송 매체에서 보여주는 굶주린 아이들과 가뭄으로 황폐해진 지역 이미지로 인해 더욱 강해진다. 빠른 인구 성장이나 식민지 체제에서의 착취와 같은 단일한 설명으로는 아프리카의 환경 문제나 사람들이 심신을 약화시키는 열악한 생태 환경에 적응해 가는 방식의 복잡성을 모두 담아낼 수 없다. 사하라 이남 아프리카의 많은 인구는 토지로부터 직접적으로 생계 수단을 마련하면서 농촌에 거주하기 때문에 갑작스런 환경 변화는 이들의 가계 소득 및 식량 소비에 치명적인 영향을 끼친다.

그림 6.9에 소개되고 있는 것처럼, 삼림 파괴와 함께 인간에 의해 야기된 환경 파괴의 결과로서 사막과 같은 환경이 확장되는 **사막화**(desertification) 등이 일반적으로 나타나고 있다. 사하라 이남 아프리카, 특히 아프리카의 뿔 지역, 남아프리카의 일부, 사헬 지역 등은 가뭄에 취약하다. 많은 과학자들은 세계적인 기후 변화 시나리오 속에서 보면 가뭄이 더 자주 빈발하고 더 길어질 것이라고 우려하고 있다. 그러나 이 지역은 또한 세계에서 가장 인상적인 야생동물 보호지역 중 하나에 속한다. 이는 많은 아프리카 국가의 자부심이자 수입원이다.

사헬과 사막화 **사헬**(Sahel) 지역은 북쪽으로 사하라 사막과 남쪽

그림 6.8 **나미브 사막** 매우 건조한 나미비아는 아프리카에서 인구밀도가 가장 낮은 지역 중 하나이다. 그러나 해안에 있는 언덕은 외국 관광객을 끌어들인다. 나미브-나우크루프트 국립공원의 오렌지 빛깔의 언덕을 오르는 도보 여행자들이 보인다.

의 삼림과 상대적으로 습윤한 사바나 지역 사이의 생태적 점이지대이다(그림 6.9 참조). 사헬 지역은 1970년대 상대적으로 우기였던 기간이 갑작스럽게 끝난 뒤 통제되지 않은 인구 성장의 위험과 인간이 야기한 환경 파괴의 상징으로 유명해졌다. 6년간의 가뭄(1968~1974년)과 그 뒤를 이어 그 땅을 황폐화시킨 두 번째 가뭄이 1980년대 중반에 있었다. 가뭄 기간 동안 이 지역의 하천이 점점 줄어들면서 사막과 같은 환경 조건이 남하하기 시작했다. 불행히도 수천만 명이 이 지역에 거주하고 있었으며, 상대적인 우기에 풍부해진 강수량에 기반해 생활해 왔던 농부와 유목민은 일시적으로 이 지역에서 쫓겨나게 되었다.

사헬 지역에서의 생활은 제한적으로 내리는 강수, 가뭄에 잘 견디는 식물, 가축의 **이목**(transhumance)(우기 및 건기에 따른

그림 6.9 **사하라 이남 아프리카의 환경 문제** 사하라 이남 아프리카는 매우 크기 때문에, 이 지역의 환경 문제를 일반화하는 것은 어렵다. 연료를 목재에 의존하는 지역은 삼림과 나무가 있는 사바나 지역을 파괴하였다. 반건조 지역인 사헬 지역 같은 경우, 인구 압력과 토지 이용 습관이 그 지역을 사막화시키고 있다. 그러나 동시에 사하라 이남 아프리카는 또한 가장 인상적인 야생동물군 특히 지구상에서 대형 포유류의 거주가 가능한 곳이기도 하다.

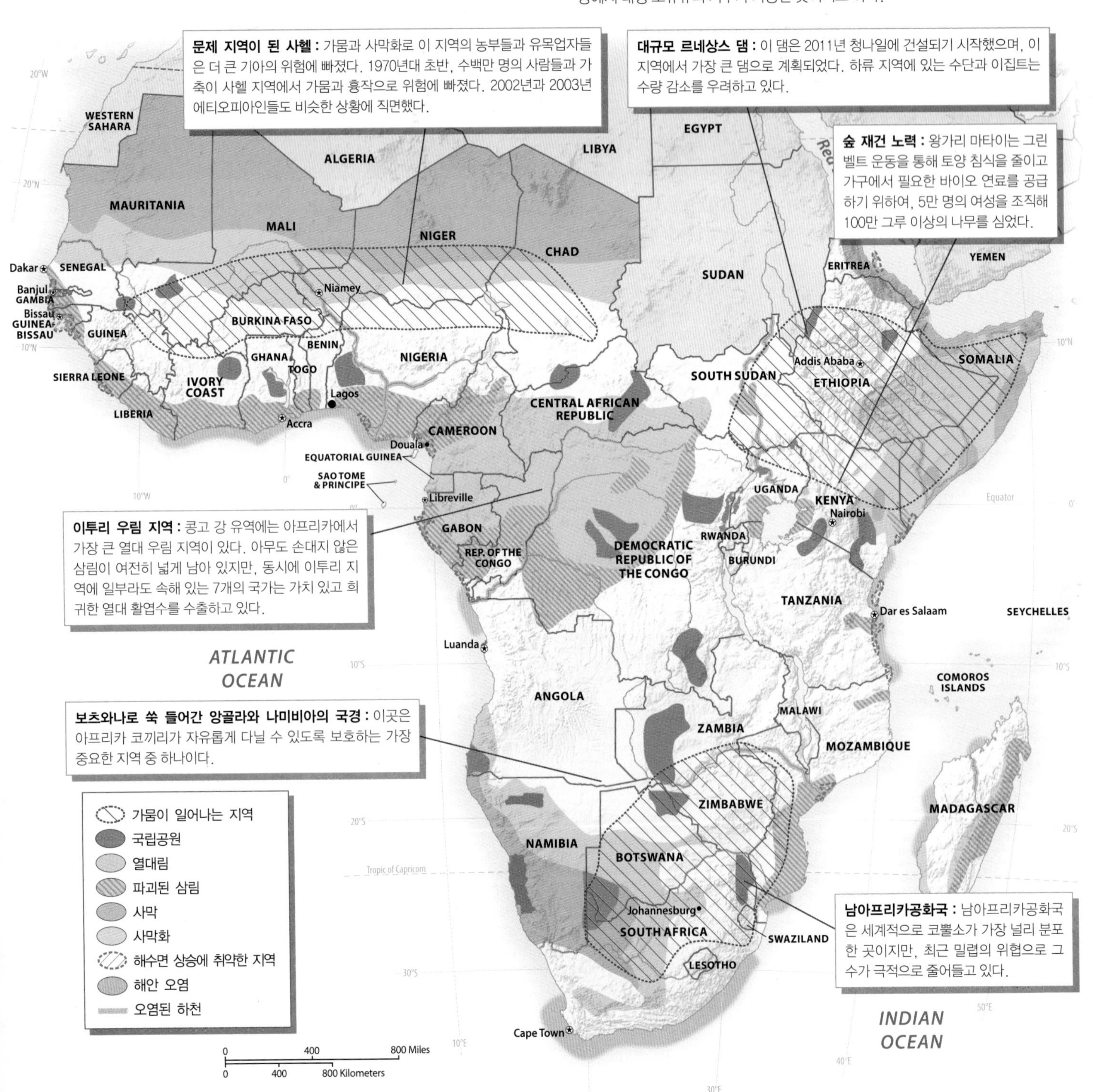

동물의 이동) 사이의 섬세한 균형에 의존한다. 4월이나 5월에 사막 황무지로 보이는 곳은 6월 호우 이후에 생산적인 수수, 사탕수수, 땅콩 밭으로 전환된다. 사헬 지역에서는 그보다 남쪽의 습윤한 지역에서 나타나는 열대병 발병률이 상대적으로 낮고 이 지역 토양이 상대적으로 비옥하다는 사실이 불안정한 강수량 패턴에도 불구하고 많은 사람들이 왜 여전히 그 지역에 사는지를 설명해 준다(그림 6.10).

사헬 지역 사막화의 원인으로 주로 인용되는 것은 토지 비옥도를 떨어뜨리고 자연적인 식생의 손실을 가져오는 농업의 확대와 과도한 방목이다. 예를 들어 프랑스 식민 정부는 농부들에게 수출용 작물로 땅콩을 키울 것을 강요했고, 이 지역이 독립된 이후에도 이 정책은 지속되었다. 그러나 땅콩은 중요한 토양의 영양분을 고갈시키는 경향이 있어서 땅콩밭은 몇 년 동안 경작한 뒤에 버려지고 농부들은 새로운 경작지를 찾아 이동한다. 이 작물의 수확도 건기가 시작될 때 토양을 들어올리는 작업이라 영양가 있는 표층토가 바람에 의해 침식되는 것을 가속화시킨다.

이 지역의 또 다른 전통적인 생산물인 가축의 과도한 방목 역시 사헬 지역의 사막화와 연루되어 있다. 가축 생산을 늘리기를 희망하는 개발 주체들은 1년 중 대부분을 목축으로 사용된 적이 없는 지역에다 매우 깊은 우물을 팠다. 새로운 물의 공급은 그 장소에서 1년 내내 방목을 할 수 있게 했지만 시간이 지나면 견뎌낼 수 없게 했다. 새로운 우물을 따라 그려진 커다란 황무지 서클이 인공위성 사진에도 나타나기 시작했다.

일부 사헬 지역은 농부들의 단순한 활동, 정부 정책의 변화, 늘어난 강수 덕분에 식생이 회복되는 경험을 하고 있다. 니제르에 속해 있는 사헬 지역에서는 지난 35년간 예상치 못할 만큼 녹지가 늘어났다고 보고되고 있다. 더욱 흥미로운 것은 이렇게 수목으로 덮인 지역이 인구가 가장 많이 밀집된 농촌 지역에서 발생했다는 것이다. 1984년 가뭄 이후, 농부들은 마을에서 거의 사라졌던 지력을 증진시키는 비료목(nitrogen-fixing)인 고아(goa) 나무 등 그들의 밭에 난 묘목을 벌목하지 않고 적극적으로 보호하기 시작했다. 우기 동안 고아 나무의 잎사귀가 떨어져 수분이나 태양이 곡물에 닿는 것을 방해하지 않으며, 그 잎사귀 자체는 토양을 비옥하게 한다. 또한 사헬 지역 농부들은 나뭇가지, 꼬투리와 잎사귀를 연료와 동물 사료로 사용한다.

1990년대까지는 모든 나무가 니제르 정부의 자산으로 속해 있었기 때문에, 농부들이 나무를 보호해도 이익이 되는 게 없었다. 이후 니제르 정부는 개인이 나무를 소유하는 것의 가치를 인식하게 되었다. 나무를 보호하는 마을은 그렇지 않은 곳보다 훨씬 푸르고 더 회복력이 있었다. 사헬 지역은 여전히 가난하고 가뭄 경향이 나타나고 있지만 니제르 사례에서 보여주듯 상대적으로 간단한 보호 활동이 긍정적인 효과를 가져올 수 있다.

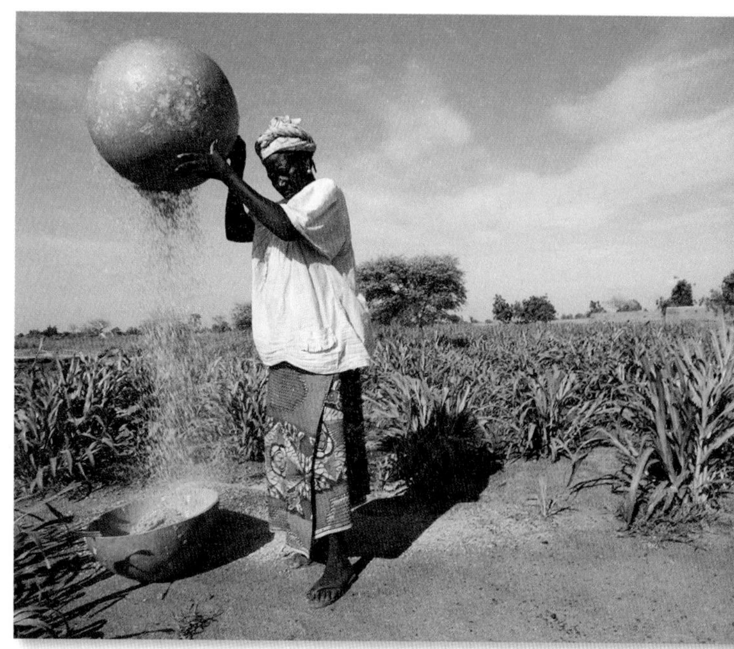

그림 6.10 **사헬 지역의 개화기** 한 여성이 니제르의 마라디라는 도시 근처에서 자란 수수를 곡물로 만들 준비를 하고 있다. 사헬 지역의 토양은 비옥하여 적당히 비가 오면 잉여 농작물을 생산할 수 있다. 그러나 가뭄으로 인한 흉작은 이 지역에 기근을 발생시킬 수 있다.

삼림 파괴 사하라 이남 아프리카에는 아직도 넓은 삼림이 있긴 하지만, 이 지역의 상당 부분은 원래 숲이었다가 초지나 경작지로 바뀐 것이다. 에티오피아 고지대와 같은 곳에 있는 무성한 삼림지는 이미 오래전에 축소되어 일부 지역에만 남았는데, 지역 인구의 일상적 수요를 이러한 삼림 지역에 의지해 해결하고 있기 때문이다. 열대 우림 지역의 북쪽과 남쪽으로 넓게 분포되어 있는 열대 사바나 지역에는 삼림 지대가 흩어져 있다. 이 지역에 사는 많은 사람들에게 사바나 지역의 삼림 파괴는 열대 우림 지역의 상업적 벌목보다 다 큰 걱정이다. 왜냐하면 **바이오 연료**(biofuels)(가정 에너지 수요, 특히 요리를 위해 사용되는 나무와 목탄)가 많은 농촌 정착지의 주요 자원이기 때문이다. 이곳에 나무가 줄어들면 많은 어려움이 생기는데, 특히 하루 중 여러 시간 땔감을 찾아야 하는 여성과 아이들이 더 힘들어진다.

일부 국가에서는 농촌 여성이 지속적인 연료 수요에 부응하기 위해 나무를 심고 그린벨트를 만들고자 커뮤니티 단위의 비정부단체(NGO)를 조직하기도 했다. 가장 성공한 경우 중 하나가 케냐에서 있었는데, 왕가리 마타이의 주도하에 이루어졌다. 마타이의 그린벨트 운동은 4,000개의 지역 커뮤니티 그룹이 함께 하고 있다. 1977년 처음 모임이 시작된 이후, 수백만 그루의 나무가 식재되었다. 이 지역 농촌 여성이 이제 연료를 모으는 데 더 적은 시간이 들게 되었고, 지역 환경도 개선되었다. 케냐의 성공은 다

지속 가능성을 향한 노력

대나무가 아프리카의 삼림 파괴를 줄일 수 있을까?

Google Earth (MG) Virtual Tour Video
http://goo.gl/1PaV3K

가까운 미래에 목재 연료는 아프리카의 주요 에너지 공급원이 될 것이다. 그러나 그린벨트 운동과 같이 더 많은 나무를 심는 것을 넘어 이 지역의 숲에 가해지는 압력을 줄이기 위해 무엇을 할 수 있을까? 대나무 재배가 해결책이 될 수 있다. 대나무는 모든 대륙의 매우 다양한 기후에서 자라며 아프리카에서만 자라는 종도 몇 가지가 있다. 대나무와 등나무 국제 네트워크(International Network for Bamboo and Rattan, INBAR)는 목재와 목탄에 대한 대안으로 대나무를 육성하기 위해 에티오피아와 가나에 새로운 시범사업을 추진하고 있다.

대나무의 장점 대나무는 빨리 자라며 다 자라고 나면(5~6년 후) 수십 년 동안 살아 있는 다년생으로 매년 수확을 할 수 있다. 대나무는 나무보다 더 깔끔하게 탄 뒤 조리 연료로 인기 있는 목탄으로 바뀐다. 연료 수요를 넘어 대나무는 하천 제방이나 언덕에 심으면 토양의 침식을 막아주는 다년생 식물이다. 더 중요한 것은 대나무는 에티오피아와 같이 가뭄이 발생하기 쉬운 국가에서 가장 중요한 자원인 물을 많이 소비하지 않는다는 것이다. 아시아 전역에서 대나무는 가볍지만 매우 강해, 대부분 국내 시장에서 이용되는 건물재나 바닥재로 상업적으로 수확된다. 대나무 바닥과 가구는 선진국에서도 단단한 목재에 대한 '녹색' 대안 혹은 지속 가능한 대안으로 시장에서 팔린다. 그러나 대나무는 사하라 이남 아프리카에서는 상업적으로 중요했던 적이 없었다.

변화하는 태도와 경관 이를 바꾸기 위해 INBAR은 대나무 씨앗을 공급하고 대나무 숲을 관리할 사람들을 훈련시키며 농촌 사람들에게 대나무를 목탄으로 바꾸기 위한 가마를 만드는 법을 가르친다. 대나무 목탄을 연료로 하는 에너지 효율적인 조리용 난로와 같은 이러한 기술의 일부는 중국에서부터 들어왔는데, 목재 연료를 더 구하기 쉬운 가나 같은 곳에서는 이에 대한 문화적 저항이 계속되고 있다. 또한 대나무는 아프리카에서 바이오 연료가 가장 필요한 곳인 가장 건조한 기후에서는 자라지 않는다.

그러나 연료와 건설 자재의 수요가 큰 에티오피아와 모잠비크 같은 나라에서는 대나무가 채택되고 있다(그림 6.1.1). 지속 가능한 직업도 창출되고 있다. 에티오피아에서는 페리 관광을 위해 저렴한 대나무 배가 만들어지고 있으며, 가나에서는 학교, 시장 가판대, 공공 화장실 및 저렴 주택을 건설하는 데 있어서 대나무와 같은 지역 재료 이용을 장려하는 정부 프로그램 덕분에 고용이 늘고 건설 자재의 수입이 줄고 있다.

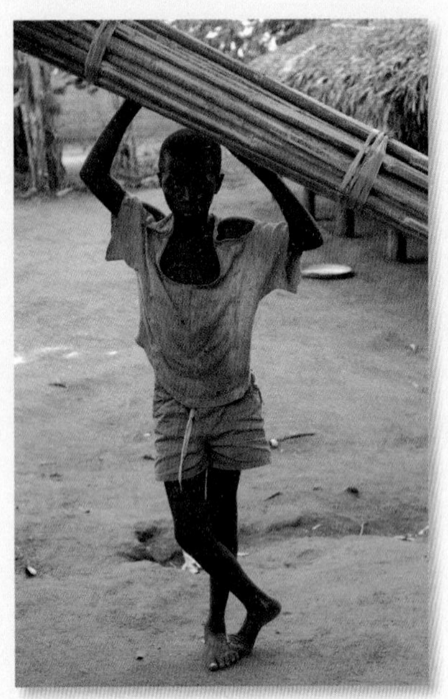

그림 6.1.1 **대나무로 건물 짓기** 모잠비크의 한 어린 소년이 건축 자재인 대나무 막대기를 나르고 있다. 생장이 빠른 대나무는 목재 연료와 목재 가구 의존에 대한 좋은 대안으로 여겨진다.

1. 아프리카의 어느 나라가 늘어나는 대나무 생산으로 이득을 얻을 수 있을까?
2. 대나무는 연료 외에 또 어떤 용도가 있는가?

른 아프리카 나라의 관심을 불러일으켜 바이오 연료 생산, 환경 보호, 여성의 임파워먼트 등에 관심이 있는 비정부단체를 통해 광범위하게 조직된 범아프리카 차원의 그린벨트 운동에 박차를 가하게 되었다. 2004년에 마타이 교수는 지속 가능한 개발, 민주주의 및 평화에 대한 공로를 인정받아 노벨평화상을 받았다. 마타이 교수는 2011년에 세상을 떠났지만 그린벨트 운동은 이 지역에서 가장 강력한 힘을 가진 채 남아 있다.

벌목을 통한 열대 우림 지역의 파괴는 중앙 아프리카의 이투리 언저리(그림 6.9 참조)에서 가장 잘 나타난다. 그러나 이 삼림 지역이 광대하고 그에 반해 상대적으로 적은 수의 사람이 거기 살고 있기 때문에, 다른 대륙의 삼림 지역에 비해 위협이 적은 편이다. 대서양을 따라 시에라리온부터 서부 가나에 이르는 지역과 마다가스카르 섬의 동쪽 해안 지역에 있는 2개의 소규모 우림 지역은 상업적 벌목과 농업용 개간으로 인해 거의 사라졌다. 마다가스카르 서쪽의 건조한 삼림 지역은 지난 30년 동안 심각한 파괴로 고생하고 있다. 마다가스카르의 삼림 파괴는 그 섬이 카리스마 있는 여우원숭이같이 많은 지역 고유의 생물종을 가진 독특한 환경을 형성하고 있는 곳이기 때문에 특히 우려되고 있다. 그러한 지역에서 바이오 연료의 수요를 다루기 위해 한 비정부단체가 대나무를 도입하여 실험 중에 있다(**지속 가능성을 향한 노력 : 대나무가 아프리카의 삼림 파괴를 줄일 수 있을까? 참조**).

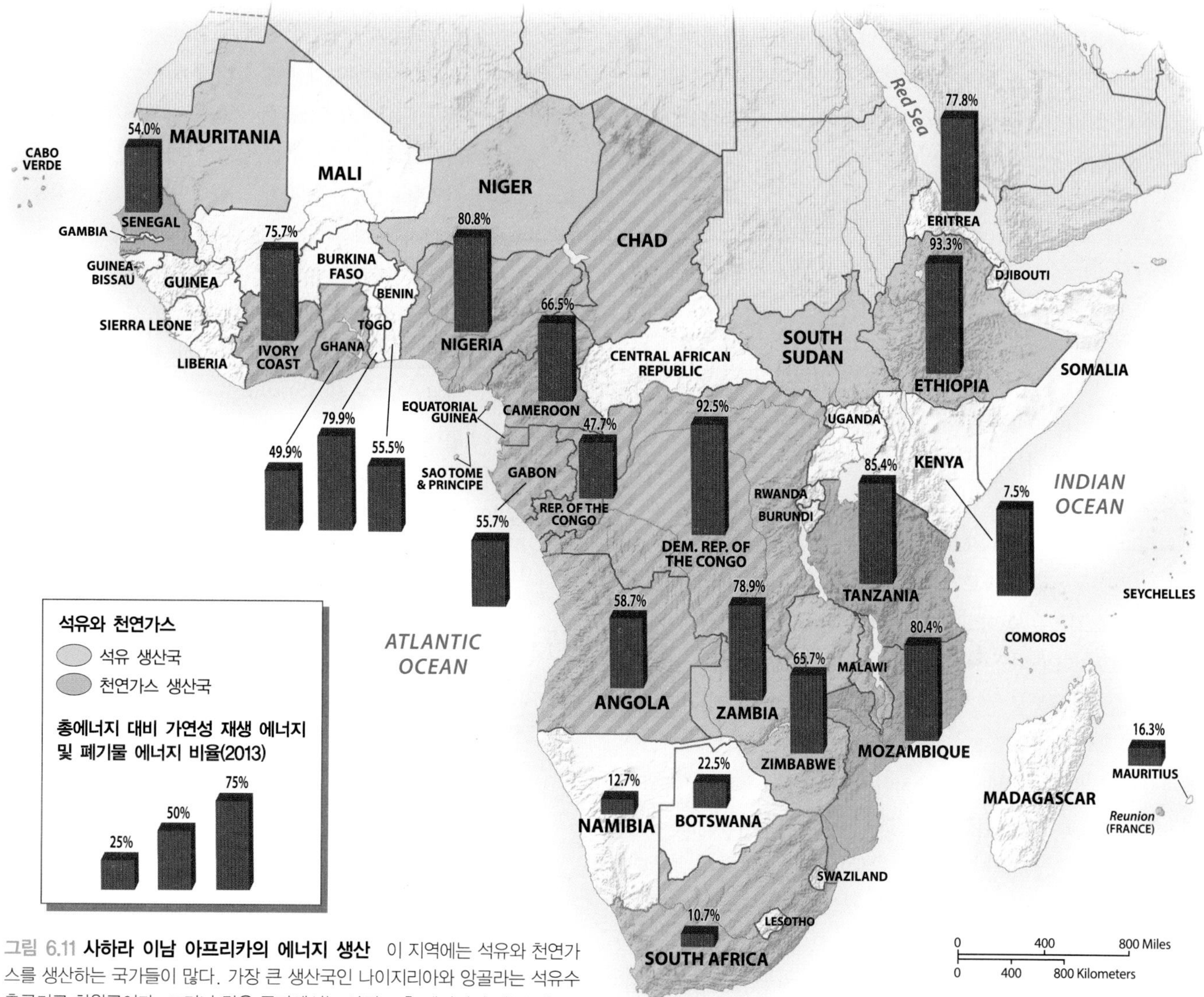

그림 6.11 사하라 이남 아프리카의 에너지 생산 이 지역에는 석유와 천연가스를 생산하는 국가들이 많다. 가장 큰 생산국인 나이지리아와 앙골라는 석유수출국기구 회원국이다. 그러나 많은 국가에서는 아직도 총 에너지의 대부분을 목재와 농업 폐기물을 태운 것에서 얻고 있다. **Q : 이 지역에서 어느 국가가 바이오 연료에 덜 의존하고 있으며, 그 이유는 무엇일까?**

에너지 문제 사하라 이남 아프리카 사람들은 심각한 에너지 부족으로 고생하고 있다. 동시에 외국 투자자는 주로 수출용으로 이 지역의 석유와 천연가스를 적극적으로 개발하고 있다. 많은 사하라 이남 아프리카 국가에는 석유와 천연가스가 매장되어 있는데 나이지리아와 앙골라와 같은 주요 생산국은 석유수출국기구(Organization of Petroleum Exporting Countries, OPEC)(그림 6.11) 회원이기까지 하다. 최근 코트디부아르, 탄자니아, 모잠비크와 같은 나라는 국내 소비와 수출을 위해 매장된 천연가스를 개발하고 있다. 그러나 대부분의 아프리카 국가에서는 목재와 목탄(불이 잘 붙고 재생 가능한 것으로 분류된)이 전체 에너지 생산의 주류를 차지한다. 그림 6.11은 21개 국가에서 이러한 바이오 연료가 국가의 에너지 생산에서 차지하는 비율을 세계은행에서 추정한 것이다. 앙골라는 주요한 석유 생산국임에도 불구하고 바이오 연료가 이 나라 에너지 공급의 절반 이상을 차지한다. 나이지리아에서는 바이오 연료가 전체 국가 에너지 공급의 80% 이상을 차지하며, 에티오피아와 콩고민주공화국과 같은 큰 국가에서는 90% 이상이다. 이것이 많은 국가들이 삼림과 식생에서 에너지를 생산하는 데 커다란 부담을 느끼고, 수력 에너지와 태양 에너지와 같은 대안 에너지를 개발하는 이유이다. 바이오 연료에 의존하는 대부분의 사람에게 있어서 호흡기 질환을 야기하는, 집에 가득한 연기는 또 다른 환경 문제이다.

석유 및 천연가스의 매장지 개발이 확실한 경제 발전의 길이 아니며 어떤 사람들은 이를 사하라 이남 아프리카의 저주라고까지 말한다. 나이지리아의 정치인과 석유 업체 경영자는 석유에서 나오는 수입으로 부유해졌다. 그러나 50년 전에 최초로 석유가 채굴되었던 나이저 삼각주의 많은 지역에는 도로, 전기, 학교가 부족하다. 게다가 부주의하고 통제되지 않은 석유 채굴은 삼각주 지역의 생태계를 극도로 악화시켰다(그림 6.12). 지리학자 마이를 와츠는 이 삼각주에서 석유는 '방치와 끝없는 고통에 대한 어두운 이야기'라고 하였다. 모든 석유 생산이 그런 고통을 가져오는 것은 아니지만 나이지리아 사례는 석유가 가진 발전 촉진 능력의 한계에 대한 교훈적인 이야기이다.

야생동물 보호 사하라 이남 아프리카는 야생동물로 유명하다. 세계 다른 어떤 지역에서도 이런 다양하고 풍부한 포유류를 발견할 수 없다. 이곳에서 야생동물이 생존할 수 있었던 것은 어느 정도는 역사적으로 낮은 인구밀도와 수면병 및 기타 질병이 인간과 가축이 이 지역에서 살기 어렵게 했기 때문이다. 나아가 많은 아프리카인은 야생동물과 성공적으로 공존하는 여러 가지 방식을 개발해 왔으며, 이 지역의 약 12%는 국가가 관리하는 보호지역에 포함되어 있다.

그러나 다른 지역에서와 마찬가지로 사하라 이남 아프리카 지역에서도 야생동물이 빠르게 감소하고 있다. 가장 두드러진 야생동물 보호지역은 동아프리카(케냐와 탄자니아)와 남부 아프리카(남아프리카공화국, 짐바브웨, 나미비아, 보츠와나)이다. 이 보호지역은 야생동물 보호가 필수적인 주요 관광지이다. 남부 아프리카에서 야생동물 보호는 현재 가장 안전한 것으로 보이며 짐바브웨의 코끼리 개체 수를 유지하기 위한 토지에 비해 코끼리가 너무 많다고 여겨지기도 한다. 그러나 사하라 이남 아프리카 전반적으로 많은 국가가 야생동물 관광으로 이득을 얻고 있음에도 불구하고 인구 증가 압력, 정치적 불안정, 빈곤 등은 대규모 야생동물의 생존을 어렵게 한다.

멸종 위기에 있는 종에 대한 국제 무역협정(Convention on International Trade in Endangered Species, CITES)에 따라, 1989년 공식적으로 전 세계적인 상아 무역이 금지되었다. 케냐와 같은 일부 아프리카 국가에서는 금지를 위해 강하게 로비를 한 반면 짐바브웨, 나미비아, 보츠와나 같은 나라에서는 이 동물의 수가 늘어나고 있다고 불평하며 상아 판매 수익금으로 동물 보호 노력을 지원할 수 있다는 사실을 들어 반대했다. 동물보호주의자들은 이 금지를 해제하면 새로운 밀렵과 불법 거래가 생길 것을 우려했다. 그러나 1990년대 후반 이 금지가 해제되어 일부 남부 아프리카 국가들은 밀렵꾼에게 압수한 상아 제품을 팔 수 있게 되었으며, 제한적으로 판매를 계속할 수 있었다. 코끼리 상아에 대한 가장 최근의 합법적 경매는 2008년에 있었는데, 그에 상응한 밀렵 증가로 인해 공무원들은 더 이상의 경매를 꺼리고 있다.

그림 6.12 **나이저 삼각주의 석유 오염** 수천 명의 나이지리아인들이 원유를 훔쳐 정제해서 지역이나 해외에 팔기 위해 석유 파이프라인을 잘라낸다. 이러한 비공식적인 활동이 이 삼각주 지역을 심각하게 오염된 상태로 만들고 나이지리아의 국내 석유 생산을 심각하게 줄어들게 한다.

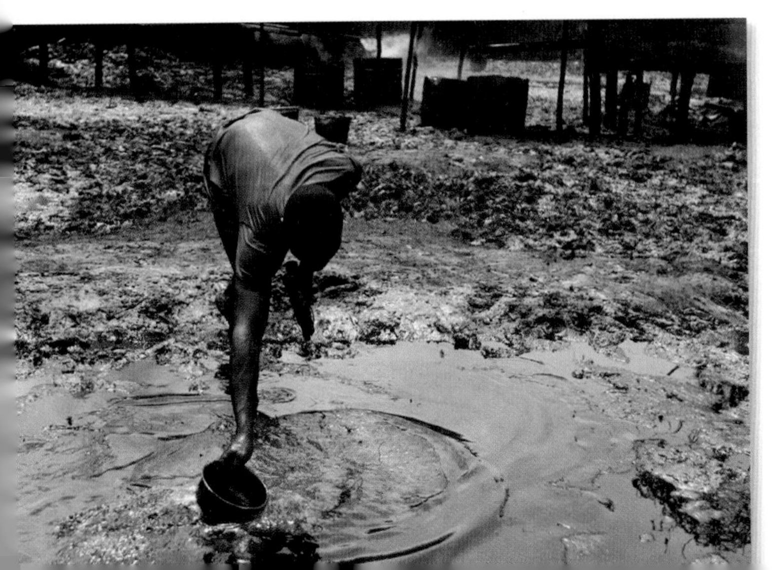

오늘날은 특히 코뿔소가 위험에 빠져 있다. 베트남과 중국의 수요가 대부분인 코뿔소 뿔을 파는 불법 시장이 수익을 내고 있다. 확실치 않은 약효 성분으로 널리 가치를 가지게 된 코뿔소 뿔가루는 암거래 시장에서 킬로미터당 6만 5,000달러를 받을 수 있다. 지리학자인 엘리자베스 런스트럼에 따르면 사하라 이남 아프리카의 코뿔소 중 80%는 남아프리카공화국에 있으며 이들의 절반이 모잠비크와 경계를 맞대고 있는 크루거 국립공원에 있다고 한다(그림 6.13). 2008년 공원 관계자는 이곳에서 총성이 급격히 늘었다고 보고했다. 2013년까지 남아프리카공화국에서 1,000마리의 코뿔소가 죽임을 당했고 그중 600마리는 크루거 국립공원에서 죽은 것이라고 보고되고 있다. 많은 밀렵꾼이 모잠비크에서 공격을 하기 때문에 이는 국내 문제일 뿐 아니라 국제적 문제가 된다. 밀렵 비율이 여전히 증가함에 따라 남아프리카공화국 공무원은 이러한 살육을 막기 위한 시도로 드론과 병력을 배치하고 있다. 이런 자원을 가지고도 현재 위험에 처한 동물을 보호하는 것은 아주 어려운 상황이다.

기후 변화에 대한 사하라 이남 아프리카의 취약성

세계 기후 변화는 빈곤의 확산, 가뭄의 재발, 강수에 과도하게 의존하는 농업 시스템 등의 문제를 가지고 있는 사하라 이남 아프리카를 극도의 위험에 빠지게 한다. 사하라 이남 아프리카는 세계에서 온실가스 방출량이 가장 낮음에도 불구하고 환경 변화에 대한 적응이나 대응을 위해 필요한 지역 자원의 한계로 인해 이 지역은 지구 온난화에 대해 평균보다 훨씬 큰 취약성을 경험하고 있는 듯하다. 가장 취약한 지역은 사헬과 아프리카의 뿔 지역, 일부 초지, 서부 아프리카 및 앙골라의 해안가 저지대와 같은 건조 및 반건조 지역이다.

기후 변화 모델에 따르면, 적도 지역의 중앙 아프리카와 동아프리카 고지대에는 미래에 더 많은 비가 내리게 될 것이라고 예

그림 6.13 **남아프리카공화국의 코뿔소** 흰 코뿔소 한 마리가 전 세계 코뿔소의 절반 이상이 서식하고 있는 크루거 국립공원의 사바나 지역을 가로질러 이동하고 있다. 2008년 이후 갑작스러운 밀렵으로 인해 개체 수가 급격하게 줄어들었다. 2015년 현재 하루에 네 마리의 코뿔소가 죽임을 당하고 있다고 추정된다. 야생에서 멸종의 위험으로 보호를 받고 있는 코뿔소의 운명은 최근 이러한 밀렵 증가로 인해 도전받고 있다.

측된다. 따라서 현재는 농업을 하기 어려운 일부 토지가 미래에 더 생산적이 될 수도 있다. 그러나 이는 남아프리카 초지, 특히 짐바브웨와 잠비아뿐 아니라 사헬 지역의 농업 생산성이 떨어지는 데 대한 상쇄 효과일 뿐이다. 초지대가 더 건조해지면, 성장하는 관광산업의 주요 요소인 야생동물 수가 대폭 감소될 수 있다. 라틴 아메리카에서처럼 열대 지방의 높은 기온은 말라리아와 댕기열과 같은 매개 인자성(vector-bone) 질병이 지금까지는 별로 발생하지 않았던 고지대로 확산될 수도 있다. 아프리카는 상대적으로 고도가 높은 지역이지만 대부분 서부 아프리카 해안가(세네갈, 잠비아, 시에라리온, 나이지리아, 카메룬, 가봉)는 해수면 상승에 따른 부정적 영향을 받게 될 수도 있다.

기후 변화의 위협이 없다 하더라도, 기근이 아프리카의 여러 지역에 만연해 있다. 재난 초기 경고 시스템(Famine Early Warning Systems, FEWS) 네트워크가 개발도상국 전체적으로, 특히 사하라 이남 아프리카 지역의 식량 불안정성을 감시한다. 강우, 식생 피복, 식량 생산, 식량 가격, 지역 갈등을 추적함으로써 그 네트워크는 식량 안정부터 기근까지 식량 안정성을 연속적으로 지도화한다. 그림 6.14는 2013년 서아프리카의 식량 안정성 상태를 보여주고 있다. 식량 불안정성은 말리와 나이지리아 북동부에서 가장 크게 나타나는데, 이는 부분적으로 이 지역의 갈등으로 인한 것이다. 초기 경고 시스템이 진지하게 받아들여질 때, 기근과 사망률은 즉각적인 경감 노력을 통해 줄어들 수 있을 것이다.

확인 학습

6.1 이 지역에서 어떠한 경제적 요소 및 환경적 요소가 바이오 연료에 의존하게 하는가?

6.2 사하라 이남 아프리카인들을 기후 변화에 특히 취약하게 만드는 요소가 무엇인지 요약하라.

주요 용어 동아프리카 지구대, 대규모 단애, 아프리카의 뿔, 사막화, 사헬, 이목, 바이오 연료

인구와 정주 : 젊고 불안정함

사하라 이남 아프리카의 인구는 빠르게 성장하고 있다. 2050년까지 인구는 현재의 두 배가 되어 20억 명에 이를 것으로 예측된다. 인구 또한 매우 젊은 편으로, 선진국의 경우 15세 이하의 인구가 전체 인구의 16%인 것과 비교해 이 지역은 15세 이하가 전체의 43%로 매우 높다. 또한 65세 이상은 이 지역 인구의 3%이다. 또한 대가족이 우세해 한 여성이 평균 5명의 자녀를 두고 있다(표 A6.1). 그러나 동시에 지난 20년간 아동과 산모 사망률 수치가 눈에 띄게 감소했지만 그래도 여전히 높다. 이 지역에서 가장 문제가 되는 지표는 낮은 기대수명으로, 2008년 에이즈 확산 등으로 인해 50세까지 떨어졌다가 현재는 57세로 예측된다. 다른 개발도상국은 기대수명이 훨씬 나은 상황으로 인도가 68세이고 중국은 75세이다. 도시의 성장 또한 이 지역의 주요 추세이다.

그림 6.14 **서아프리카의 식량 불안정성** 강우량과 강수 시기, 식생 피복에 근거해서 식량 불안전성에 관한 지역 예측은 FEWS 네트워크의 임무이다. 1980년대 이후 FEWS는 사하라 이남 아프리카, 특히 사헬 지역의 잠재적인 기근 지역을 지도화했다.

1980년에 인구의 약 23%가 도시에 거주하는 것으로 추산되었으나 현재는 약 38%가 도시에 거주하고 있다.

이러한 인구학적 현실 이면에는 복잡한 정주 패턴, 생활, 신앙 체계, 의료 서비스의 접근성 등에서 복잡한 차이가 있다. 사하라 이남 아프리카는 비록 빠른 인구 성장을 경험하고 있다 하더라도 인구밀도가 높지는 않다. 전체 지역에는 약 9억 5,000명의 인구가 사는데, 이는 면적이 훨씬 더 작은 남부 아시아의 절반 정도 수준의 인구 규모이다. 사실 이 지역의 전체적인 인구밀도(38명/km^2)는 미국의 인구밀도(33명/km^2)와 동일하다. 이 중 나이지리아, 에티오피아, 콩고민주공화국, 남아프리카공화국, 탄자니아, 케냐 등 6개의 국가에 아프리카 전체 인구의 절반이 거주한다. 르완다, 모리타니 같은 몇몇 국가는 매우 높은 인구밀도를 보이는 반면 나미비아, 보츠와나 같은 곳은 인구밀도가 희박하다. 그러나 인구밀도와 전체적인 발전과는 상관관계가 없다. 모리타니는 인구밀도가 높은 도서국가로 잘 관리되고 상대적으로 부유한 국가이며, 보츠와나는 건조하고 인구밀도가 매우 낮은 국가이지만 비슷한 수준으로 발전해 있다고 말할 수 있다. 그러나 인구밀도는 이 지역 내 국가의 상대적인 인구 압력 지표가 되기 때문에 표 A6.1에 포함되어 있다.

인구 변화 추세와 질병의 도전

이 지역의 인구 특성이 변화하고 있다. 한 가지 긍정적인 변화는 일차적인 의료 서비스로의 접근성 증대와 새로운 질병 예방 노력에 따른 아동 사망률의 감소이다. 아동 5명 중 1명이 다섯 살이 되기 전에 사망했던 시절은 사라졌다. 오늘날 아동 사망률 수치는 10명 중 1명 정도로 여전히 세계적인 기준에서 보면 높지만 그래도 상당히 개선된 것이다. 또한 기대수명도 에이즈 바이러스의 엄청난 영향으로 2000년대 바닥을 치고 현재 점차 높아지고 있다. 마지막으로 다른 지역 사람들처럼 아프리카인들도 도시로 이동하고 있는데 이러한 경향이 출산율 감소를 이끌고 있다. 보다 도시화된 대규모 국가 중 하나인 남아프리카공화국의 가족 규모는 사하라 이남 아프리카 지역 평균의 절반이다.

그림 6.15는 에티오피아와 남아프리카공화국의 인구 피라미드를 비교한 것이다. 에티오피아는 인구가 증가하고 있는 젊은 국가에서 나타나는 고전적인 형태인 아래가 넓은 피라미드를 가지고 있다. 대부분의 에티오피아 여성은 4명의 자녀를 출산하며 자연 증가율은 2.3%이다. 남성과 여성은 거의 똑같은 수로 나타나며 인구의 4%만이 65세 이상(현재 기대수명은 64세임)이다. 대조적으로 남아프리카공화국 인구 피라미드는 가족 규모가 작은 것(여성은 평균 2~3명의 자녀를 낳음)이 반영된, 아래가 좁은 형태를 가지고 있다. 이 그래프에서 한 가지 독특한 양상은 30대와 40대 초반의 여성 수가 동일 연령대 남성에 비해 적다는 것이다. 이는 아프리카에서 치명적인 에이즈의 영향이 여성에게 있었기 때문이다(이에 대해서는 뒤에 더 논의할 것이다). 남아프리카공화국은 65세 이상의 노인이 더 많은 편이나(6%) 기대수명은 에티오피아보다 낮은 61세이다. 이 역시 1990년대에 엄청난 힘으로 남부 아프리카를 강타한 에이즈 바이러스의 확산에 기인한 것이다.

가족 규모 지속적인 대가족 선호 사상은 이 지역 인구 성장의 근간이 된다. 여러 저개발국은 1960년대에 합계 출산율(TFRs)이 5.0 이상이었다. 오늘날 사하라 이남 아프리카는 5.1로, 이렇게 합계 출산율이 높은 유일한 지역이다. 문화적 관행과 농촌형 생활양식 및 경제적 현실 등이 결합해 대가족이 되는 것을 부추긴

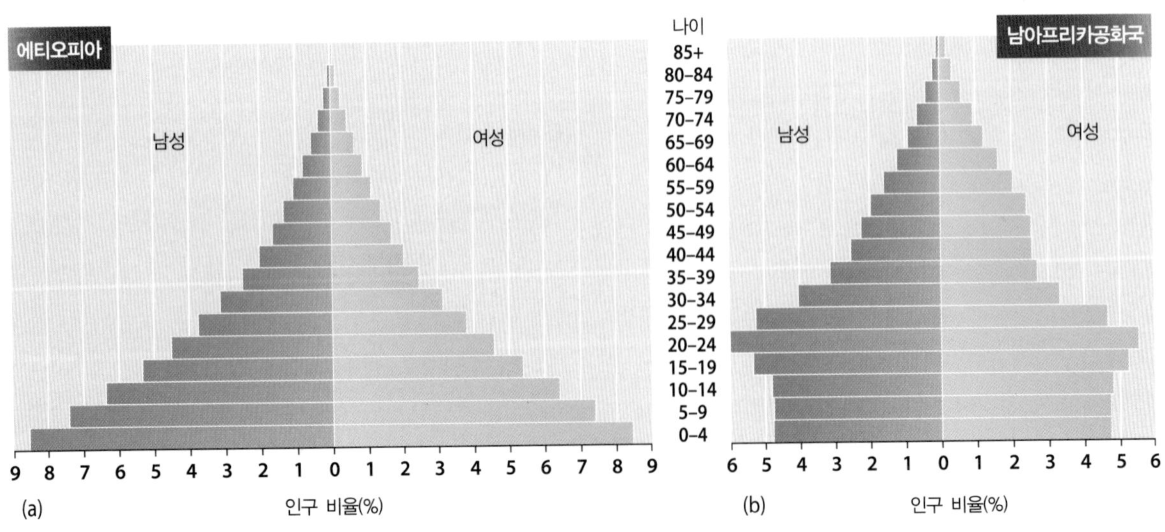

그림 6.15 **에티오피아와 남아프리카공화국의 인구 피라미드** 더욱 농촌적 패턴을 보여 빠르게 성장하는 에티오피아(a)와 더욱 도시화되고 성장이 느린 남아프리카공화국(b)은 대조적인 인구 피라미드 모양을 띠고 있다. 에이즈가 남아프리카공화국 여성에게 불균형적으로 영향을 끼침에 따라 30대 여성 세대의 손실이 눈에 띈다.

그림 6.16 **대가족** 사하라 이남 아프리카 지역의 평균 합계 출산율은 5로, 여성 1명당 자녀가 평균 5명이다.

다(그림 6.16). 그러나 평균적인 가족 규모는 점차 줄어들고 있는데 1996년까지만 해도 이 지역의 합계 출산율은 6.0이었다.

아프리카 전역에서 대가족은 가족의 혈통과 지위를 보장해 준다. 지금까지도 대부분의 여성이 어려서 결혼을 하는데, 전형적으로 10대 때 결혼함으로써 자녀를 낳을 수 있는 기회가 훨씬 많아지게 된다. 인구학자들은 높은 출산율을 발생시키는 또 다른 요인으로 여성의 제한적인 교육 기회를 들고 있다. 종교는 이 지역의 출산율에 큰 영향을 미치지 않는데, 이슬람교, 기독교, 애니미즘 커뮤니티에서 모두 비슷한 수준의 높은 출산율을 보이고 있다.

농촌 생활의 일상적 현실에서는 대가족이 곧 자산이다. 아이들은 곡물을 농사를 짓고 가축을 키우는 것부터 땔감을 모으는 일까지 중요한 노동력이기 때문에 자녀는 가족 경제에 보탬이 된다. 또한 사하라 이남 아프리카와 같은 저개발국의 가장 빈곤한 지역에서는 아이들을 사회 안전망으로 여기기도 하는데, 부모들은 자신이 아프면 자녀가 그들을 돌봐줄 것이라고 생각한다.

국가의 정책이 1980년대에 변화하기 시작했다. 최초로 정부 공무원이 핵가족과 인구 성장의 둔화가 사회경제적 발전을 위해 필요하다는 주장을 했다. 다른 요소도 인구의 자연 증가율을 떨어뜨리고 있다. 아프리카 국가도 점차 도시화되면서, 점차 가구 규모가 감소하고 있다. 그러나 안타깝게도 에이즈의 결과로 자연 증가율도 감소하고 있다.

질병 요소 : 말리리아, 에이즈 바이러스, 에볼라

역사적으로 말라리아와 수면병과 같은 여러 열대병의 위험이 사하라 이남 아프리카의 열대 지역 내에 유럽인의 정착을 제한했다. 1850년대가 되어서야 유럽의 의사들이 날마다 키니네를 복용하면 말라리아를 예방할 수 있다는 것을 발견했고 이로 인해 아프리카의 힘의 균형이 빠르게 바뀌었다. 상인들과 원정 세력이 해안가로부터 내부로 이동했고, 탐험가들은 즉각적으로 대륙 내부로 침투하기 시작했다. 1870년대에 아프리카 식민 분할의 전성기를 이루게 했던 최초의 제국주의자들이 곧 따라 들어왔다(이에 대해서는 이 장의 뒤에서 논의됨).

말라리아 말라리아는 몇 세기 동안 이 지역의 재앙이었다. 말라리아 모기를 통해 감염된 개인에게서 다른 사람에게 전염되는 말라리아는 고열, 심각한 두통, 그리고 최악의 경우에는 사망에 이르게 한다. 세계 보건 기구는 매년 2억 명의 사람들이 말라리아에 걸려 60만 명이 사망한다고 추정하고 있다. 감염과 사망의 대부분은 사하라 이남 아프리카에서 발생한다. 2000년 이후 아프리카 정부, 비정부단체, 해외 원조 단체는 감염의 위험을 줄이기 위해 투입 예산을 증가시켜 왔다. 현재까지 말라리아 백신은 없지만 이 지역 연구가 잘 진행되고 있다. 여러 상황에서 약물 치료가 도움이 되고 있지만 장기적 대안은 아니며 살충제 사용은 화학물질에 내성을 가진 모기를 만들기도 한다. 이 병의 감염을 막을 가장 효과적인 방법은 살충제 처리된 모기장을 아프리카의 수백만 가정에 배포하는 것이다. 신속한 진단과 감염 즉시 치료제 사용으로 2000년 이후 감염으로 인한 사망을 1/3까지 떨어뜨렸다.

가장 가난한 열대 국가들에서 더 높은 감염률을 경험하는 것을 볼 때 말라리아와 빈곤은 사하라 이남 아프리카에서는 매우 밀접한 연관이 있다. 서아프리카와 중앙아프리카는 감염이 가장 많은 곳이다. 콩고민주공화국과 나이지리아는 인도와 함께 전 세계 말라리아의 40%가 발생하는 곳이며 말라리아로 인한 사망의 40%는 이 두 아프리카 국가에서 발생하고 있다.

에이즈 바이러스/에이즈 에이즈가 현대 인간 역사에서 가장 치명적인 질병 중 하나가 된 지도 40년이 되었지만 이제서야 다스려지기 시작하고 있다. 이는 특히 사하라 이남 아프리카에게는 반가운 소식인데 에이즈 바이러스와 에이즈에 걸린 3,500만 명 중 70%가 이곳에 살고 있기 때문이다. 인간 면역 결핍 바이러스(HIV)는 후천성 면역 결핍증(AIDS)을 가져오는 바이러스이다. 인간의 몸에서 면역 결핍 바이러스를 없앨 수는 없지만 항레트로바이러스제는 활동을 억제시킬 수 있으며 에이즈가 되는 것을 막을 수 있다.

이 에이즈 바이러스와 에이즈는 콩고의 삼림 지대에서 발생한 것으로 여겨지며, 1950년대 후반 침팬지에서 인간에게 전이된 것으로 알려져 있다. 그러다 1980년대 후반에 이르러 그 질병의 영향을 처음으로 알게 되었다. 많은 개발도상국에서처럼 사하라 이남 아프리카에서도 이 바이러스는 대부분 피임을 하지 않은 이성 간 성관계나 출산이나 모유 수유 과정에서 모체 감염을 통해 전염되었다. 이 대륙의 인구 밀집 지역에 에이즈의 영향이 널리 퍼지게 되었다. 장기간 계절적 남성 노동의 이동 유형이 이 질병의 확산을 거들었다. 또한 교육 부재, 이 질병 초기의 부적절한 테스트, 여성의 낮은 권리 역시 일조를 했다. 결론적으로 여성은 에이즈 바이러스/에이즈 전염병에 대한 불공평한 부담을 지고 있다. 에이즈 감염자의 약 60%가 여성이며 통상 감염된 사람을 돌보는 간병인들이다. 1990년대 후반까지 많은 아프리카 정부는 이러한 상황의 심각성을 대중에게 알리거나 예방을 위한 필수적인 대응방안을 솔직하게 논의하는 것을 꺼려했다.

남아프리카는 에이즈 감염의 시작 지점이다. 가장 에이즈 확산이 많이 된 국가들(남아프리카공화국, 스와질란드, 레소토, 보츠와나, 나미비아, 모잠비크, 잠비아, 짐바브웨, 말라위)이 모두 이곳에 위치해 있기 때문이다. 남아프리카에서 가장 인구밀도가 높은 국가인 남아프리카공화국에는 700만 명의 사람들(15~49세 사이 인구의 1/5에 해당)이 에이즈 바이러스/에이즈에 감염되어 있다. 인근의 보츠와나, 레소토, 스와질란드는 감염률이 심지어 더 높다. 다른 아프리카 국가의 감염률은 낮지만 여전히 세계 기준에 비해서는 높다. 케냐에서는 15~19세 인구의 6%가 에이즈 바이러스나 에이즈에 걸린 것으로 추정하고 있다. 북아메리카의 동일 연령 집단에서는 0.6%만이 감염자인 것과는 대조적이다.

에이즈의 사회경제적 파급 효과는 엄청나다. 기대수명은 과거 수십 년간 급격히 떨어져, 일부 지역에서는 40세 초반까지 내려가게 되었다. 전형적으로 경제활동이 가장 활발한 인구 집단에서 에이즈 발병률이 높다. 아픈 가족 구성원을 돌보느라 일하지 못하는 시간과 노동자의 보상 수당 비용은 발병률이 높은 지역의 경제 생산성을 떨어뜨리고, 공공 서비스의 대부분이 에이즈 관련 부분에 투입된다. 이 질병은 계층적으로도 차별이 없어서 농부나 의사, 엔지니어, 교사와 같은 교육받은 전문가들도 이 병에 걸려 사망한다. 일부 국가는 에이즈 바이러스의 모체 감염을 막기 위한 항바이러스 약물 사용에 성공했음에도 불구하고, 여전히 신생아 감염률이 높다. 많은 나라에서 에이즈로 부모를 잃은 수백만 명의 아이를 돌보느라 애쓰고 있다.

대단히 파괴적인 30년을 보내고 나서야 희망의 징조가 생겼다. 예방책이 널리 알려졌고 구입할 수 있는 여러 개의 약물을 혼합한 치료를 통해 에이즈는 이제 관리할 수 있으며 에이즈가 더 이상 사형 선고가 아니라는 것을 의미하게 되었다. 국제적 재정 지원과 국가적인 차원의 원조 활동 노력 덕분에 사하라 이남 아프리카에서는 더욱 많은 의료시설에서 현재 에이즈 테스트와 상담을 제공하고 있다. 약 1,500만 명이 수명을 연장하기 위한 약을 받고 있다. 임산부 진료소에서의 예방 서비스는 이 바이러스가 태아에게 전염되는 것을 막기 위하여 임신 중인 에이즈 양성 반응자인 여성 대부분에게 항레트로바이러스제를 제공한다. 정치적 활동과 교육적인 캠페인을 통한 성생활 습관의 변화, 콘돔의 사용, 남성의 포경수술 비율 증가 등은 수많은 에이즈 발생을 막아왔다(그림 6.17).

에볼라 2014~2015년 서아프리카에서의 에볼라 발생은 이 질병이 가진 고도의 전염성과 치명성이라는 특성 때문에 국제적인 관심을 끌었다. 일단 감염되고 나서 집중적인 치료를 받지 않으면 1~2주 내에 사망할 수 있다. 2014년에는 역사상 최대의 에볼라 감염이 발생했으며 서아프리카 여러 나라에 영향을 끼쳤고 약 3만 건의 사례가 확정되었다. 드문 질병인 에볼라는 1976년 콩고민주공화국 에볼라 강을 따라 처음으로 발견되었다. 그 전에는 고립된 형태로 나타나다가 2015년에 라이베리아와 시에라리온에서도 유사하게 나타났으며, 2014년에 발생한 것이 가장 크고 치명적인 형태였다(그림 6.18).

국경 없는 의사회(Madecins Sans Frontieres)와 같은 국제 조직과 여러 정부기관에서는 병이 확산되어 잠재적으로 수백만 명이 감염될 수 있다는 두려움을 주는 이 질병에 대응하기 위한 자금, 의료 인력, 장비를 지원했다. 에볼라 치료제는 없으며 중요한 것은 감염된 사람과 체액이나 혈액을 접촉하지 않아야 한다. 이는 감염자의 격리를 의미하기도 하며 2014~2015년 기니, 시에라리온, 라이베리아에서 기본적으로 취했던 노력이었다. 덕분에 최

그림 6.17 **남아프리카공화국에서의 에이즈 바이러스/에이즈 퇴치 운동** 학생들이 에이즈 환자를 위한 항레트로바이러스제의 배포 프로그램 수립 기념일을 맞아 케이프 타운을 행진하고 있다. 국경 없는 의사회가 운영하는 이 프로그램은 2001년부터 수명을 연장시키는 이 약을 배포하기 시작했다.

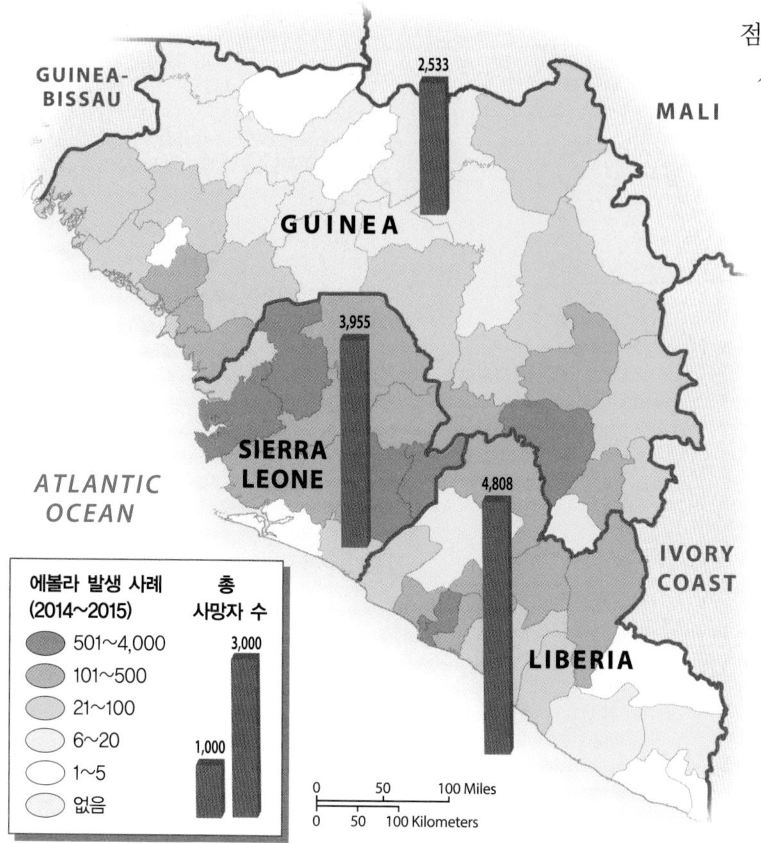

그림 6.18 **서아프리카의 에볼라 발생** 라이베리아, 시에라리온, 기니는 최근의 에볼라 발생으로 가장 큰 영향을 받은 국가이다. 라이베리아에서는 국가 전체적으로 발생했으나 특히 수도인 몬로비아에서 발생했다. 시에라리온의 경우 역시 프리타운(Freetown)과 케나마(Kenama)라는 도시 근처에 집중되었다. 상대적으로 사망자 수가 적었던 기니는 라이베리아 국경 근처 농촌 지역에 발생이 집중되어 있었다.

악의 시나리오는 발생하지 않았다. 어떻게 이런 질병이 확산되고 처리되는가는 가난하지만 발전하고 있는 이 지역의 정주 패턴, 기반시설의 질, 의료 서비스의 유용성에 상당히 많은 영향을 받는다.

정주 체계와 토지 이용

사하라 이남 아프리카는 농촌형 정주 체계가 우세하여, 인구가 지역 전체에 넓게 흩어져 있다(그림 6.19). 인구가 가장 집중된 곳은 서아프리카와 동아프리카 고지대, 그리고 남아프리카공화국의 동편이다. 앞의 두 지역에는 대륙에서 가장 토양 상태가 좋은 지역이 포함되어 있으며, 그곳에서 개발된 그 지역 고유의 영구적인 농업 체계를 유지하고 있다. 남아프리카공화국 내에서 인구밀도가 더 높은 동쪽의 경우는 백인들이 흑인계 남아프리카공화국인을 동쪽으로 몰아낸 결과임과 동시에 광산을 기반으로 도시화된 경제에 의한 것이기도 하다.

더 많은 아프리카인이 도시로 이주하기 때문에 정주 패턴은 점점 더 도시로 집중되고 있다. 한때 식민지 시대 엘리트들이 생활했던 행정 중심의 소도시들이 주요 도시로 성장했다. 아프리카에는 라고스와 같은 자체적인 메가시티도 있는데, 라고스에는 1,300~1,700만 명의 주민이 있는 것으로 추정된다. 아프리카 대륙 전역에서 도시는 농촌 지역보다 빠르게 성장하고 있다. 그러나 사하라 이남의 도시 경관을 고찰하기 전에, 농촌 지역에 대한 보다 상세한 논의가 선행될 필요가 있다.

자급 농업 대부분의 사하라 이남 아프리카 지역에서의 주요 작물은 기장, 수수, 옥수수이며, 그밖에 얌과 같은 덩이줄기나 뿌리채소 작물 등이 있다. 관개로 재배되는 쌀은 서아프리카와 마다가스카르 지역에서 널리 재배된다. 지리학자인 주디스 카니가 쓴 *Black Rice*라는 책에는 어떻게 아프리카 노예가 아메리카에 쌀 재배를 소개했는지가 적혀 있다. 반대로 옥수수는 노예무역을 통해 아메리카에서 아프리카로 소개되었으며 빨리 자라는 특성 때문에 주식이 되었다. 밀과 보리는 남아프리카공화국과 에티오피아의 고도가 높은 곳에서 자란다. 뚜렷한 생태 지역에서 자라는 다양한 수출용 작물(커피, 차, 고무, 바나나, 카카오, 면화 및 땅콩)은 종종 가장 상태가 좋은 토양이 있는 곳에서 혼합 경작이 이루어진다.

매년 곡물 경작이 이루어지는 지역에서 인구밀도가 더 높다. 예를 들어 습윤한 서아프리카에서는 얌이 주요 작물이다. 이보족의 얌 농장 지배는 더 많은 식량을 공급할 수 있게 하고 오늘날 나이지리아의 동남부 지역에 더 높은 밀도로 인구가 정착하는 것을 가능하게 했다. 대부분의 전통적인 이보 문화는 고된 농지 정리, 섬세한 경작, 추수를 기념하는 일 등과 연계되어 있다.

그러나 사하라 이남 아프리카 여러 지역에서는, 농업은 상대적으로 생산성이 떨어지며 인구밀도는 낮게 나타나는 경향이 있다. 척박한 열대 토양에서는 주로 윤작[혹은 **화전**(swidden)]이 일어난다. 이는 옥수수, 콩, 고구마, 바나나, 파파야, 마니옥, 얌, 멜론과 호박 등을 경작하기 위해 자연 식생을 태워 비옥한 재를 만드는 것을 포함한다. 개별적인 경작지는 영양분이 고갈되면 바로 버려진다. 화전 경작은 지방의 환경 조건에 매우 예민하게 적응하는 방식이나, 이를 통해 높은 밀도의 인구를 모두 부양할 수는 없다.

수출 농업 대규모 토지나 혹은 소수의 생산자에 의해 이루어지는 농작물 수출은 아프리카 여러 국가 경제에 필수적이다. 아프리카 국가가 필요로 하는 현대적인 상품과 에너지 자원을 수입하고자 한다면, 그들이 생산한 생산품을 세계 시장에 팔아야만

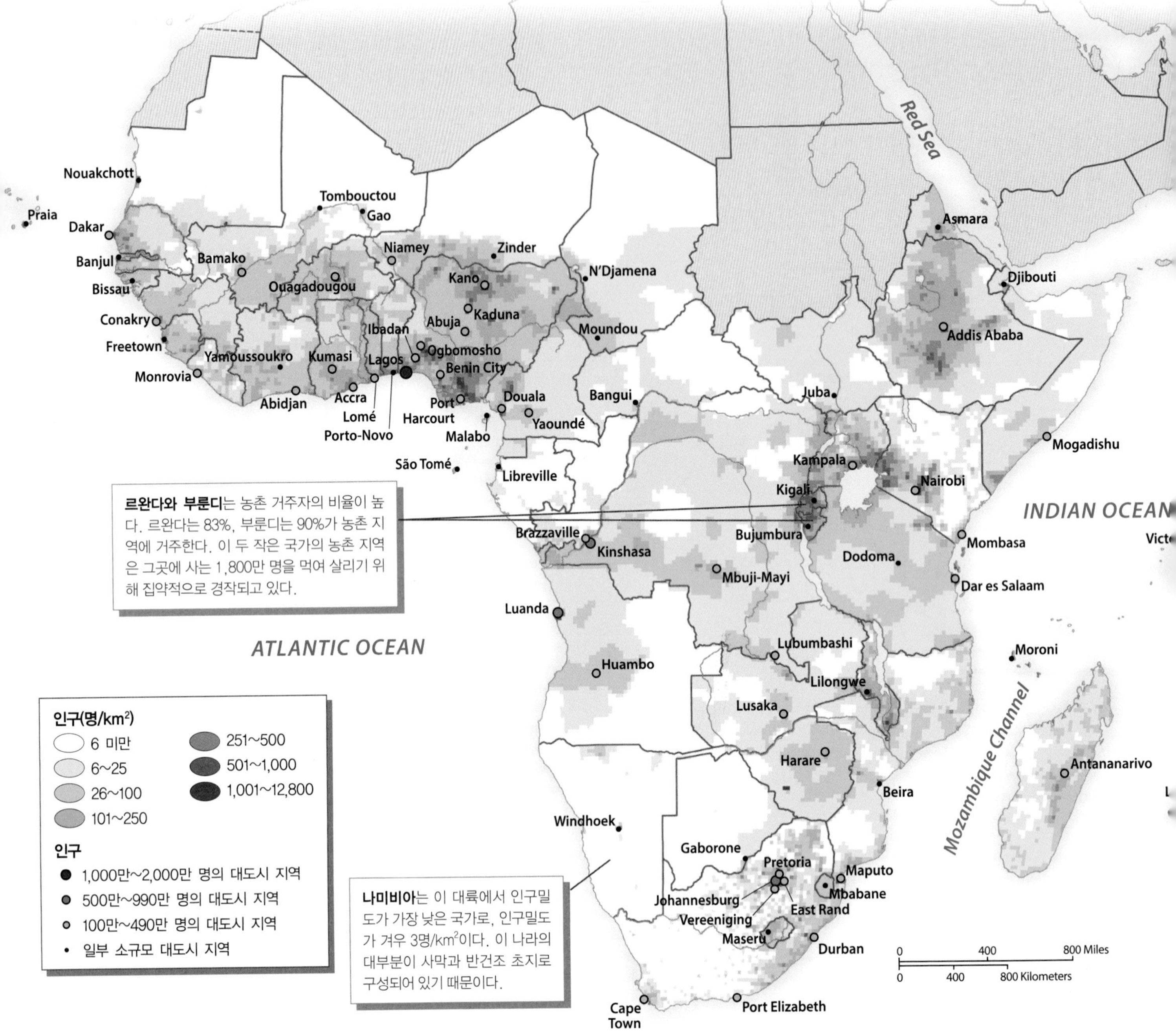

르완다와 부룬디는 농촌 거주자의 비율이 높다. 르완다는 83%, 부룬디는 90%가 농촌 지역에 거주한다. 이 두 작은 국가의 농촌 지역은 그곳에 사는 1,800만 명을 먹여 살리기 위해 집약적으로 경작되고 있다.

나미비아는 이 대륙에서 인구밀도가 가장 낮은 국가로, 인구밀도가 겨우 3명/km²이다. 이 나라의 대부분이 사막과 반건조 초지로 구성되어 있기 때문이다.

인구(명/km²)
- 6 미만
- 6~25
- 26~100
- 101~250
- 251~500
- 501~1,000
- 1,001~12,800

인구
- 1,000만~2,000만 명의 대도시 지역
- 500만~990만 명의 대도시 지역
- 100만~490만 명의 대도시 지역
- 일부 소규모 대도시 지역

그림 6.19 **사하라 이남 아프리카의 인구 지도** 이 지역 사람들의 대다수는 농촌 지역에 거주한다. 그러나 서아프리카와 동아프리카 고지대와 같은 농촌 지역의 일부는 인구밀도가 높다. 주요 도시 중 특히 남아프리카공화국과 나이지리아의 주요 도심에는 수백만 명이 산다. 아프리카에는 1,000만 명 이상의 거주자를 가진 메가시티는 오직 한 곳(라고스)만 있으나, 인구 100만 명 이상이 거주하는 도시는 20개가 넘는다. **Q : 어떤 요소가 아프리카 대륙의 서남부 지역 인구밀도를 매우 낮게 했을까?**

한다. 그러나 아프리카 지역은 경쟁력 있는 산업이 거의 없기 때문에, 농업, 광업, 삼림업 등의 원료가 수출의 상당 부분을 차지하다.

여러 아프리카 국가가 1~2개의 수출 작물에 의존하고 있다. 예를 들면 커피는 에티오피아, 케냐, 르완다, 부룬디, 탄자니아의 주요 수출 작물이다. 땅콩은 역사적으로 사헬 지역의 주요 수입원이었으며, 반면 면화는 남수단 및 중앙아프리카공화국에서 매우 중요한 작물이다. 가나와 코트디부아르는 (초콜렛의 원료가 되는) 카카오를 세계에 공급하는 주요 공급자이며(그림 6.20), 라이베리아는 고무 플랜테이션을 하고, 나이지리아의 많은 농장은 야자유 생산으로 특화되어 있다. 이러한 생산품의 수출은 상품 가격이 높을 때는 적절한 수익을 올릴 수 있게 하지만, 늘 그렇듯 주기적으로 가격이 하락하게 되면 경제의 불안정이 따라오게 된다.

주요한 자본을 투입하고 냉장 항공기에 의존하는 전통적이지 않은 농작물 수출은 최근 20~30년에 나타났다. 하나는 꽃을 심어 파는 화초 원예 산업이다. 케냐, 에티오피아와 남아프리카공화국의 열대 기후 지역 고지대가 유리하다. 남아메리카의 콜롬비아에 이어 케냐는 세계에서 가장 유명한 꽃 재배지이며, 대부분을 유럽으로 수출한다. 유사하게 겨울에 유럽 시장으로의 신선한 채소와 과일 수출도 서아프리카와 동아프리카의 일부 생산자들에 의해 이루어지고 있다.

목축 동물 농사(가축 돌보기)는 사하라 이남 아프리카, 특히 반건조 지대에서 매우 중요하다. 낙타와 염소는 사헬과 아프리카의 뿔 지대에서 기본이 되는 동물이며(그림 6.21), 더 남쪽에는 소가 일반적이다. 많은 아프리카인들은 전통적으로 목축업에 종사하고 있으며, 종종 이웃 농부들과 상호 도움을 주는 관계를 맺어 협력하고 있다. **목축업자**(pastoralist)들의 활동은 전형적으로 수확하고 난 들판 중 건기에 작물의 밑둥이 남아 있는 곳을 중심으로 가축을 방목하고 나서 초지에 풀이 나는 우기가 되면 더 건조하고 경작되지 않았던 지역으로 이동시킨다. 따라서 농부들은 목축업자들이 데려온 가축의 거름으로 경작지를 비옥하게 하고, 목축업자들은 건기에 방목할 좋은 지역을 찾는다. 동시에 유목민들은 마을에 들러 그곳에서 제공되는 곡물이나 다른 재화를 얻기 위해 가축에서 나온 생산물과 거래할 수도 있다. 그러나 특히 탄자니아와 케냐 국경에 사는 마사이족과 같은 동아프리카의 일부 목축업자는 목축에만 극단적으로 의존하며, 일반적으로 농업에는 영향을 받지 않는다고(완전하게 독립적이지는 않음) 알려져 있다.

사하라 이남 아프리카의 상당한 지역이 **체체파리**(tsetse flies)의 습격 때문에 가축 출입이 제한되고 있다. 체체파리는 가축, 인간 및 일부 야생동물에게 수면병을 옮긴다. 특히 체체파리의 생존에 꼭 필요한 삼림 지대나 잡목이 있는 곳에서는 이 병균이 서식함에도 불구하고 그에 대한 면역이 있는 야생동물이 상당수 있다. 그러나 면역력이 약한 가축은 그곳에서 잘 자랄 수가 없다. 현재는 체체파리 퇴치 프로그램이 시행되어 그 위협이 감소되었고 이에 따라 목축업이 과거에 금지되었던 구역으로 점차 확대되고 있다. 이는 아프리카 사람에게는 도움이 되는 일이지만, 많은 야생동물의 생존에는 위협이 될 수도 있다. 많은 수의 사람과 가

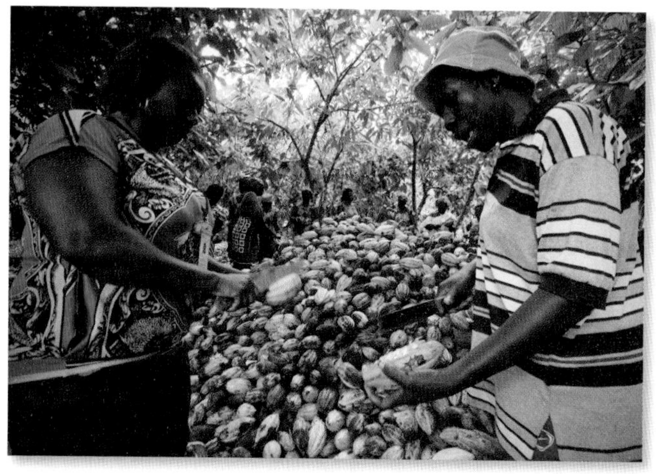

그림 6.20 **코트디부아르의 카카오 재배사** 코트디부아르의 한 지역 카카오 농장 협회 소속 여성들이 쌓여 있는 카카오 꼬투리 사이에서 안에 있는 콩을 빼내기 위해 껍질을 자르는 작업을 하고 있다. 초콜릿의 원료가 되는 카카오 콩은 코트디부아르 농부들의 중요한 수출품이다.

그림 6.21 **아프리카의 뿔 지역에서의 목축** 2명의 에티오피아 소녀가 낙타 한 무리를 이끌고 있다. 낙타는 에티오피아 동편과 소말리아의 건조한 환경에 적당하다. 목축업자들은 우유, 수송, 무역을 위해 낙타에 의존한다.

축이 새로운 지역으로 이동하게 되면, 야생동물을 위한 공간은 필연적으로 줄어들기 때문이다.

도시생활

사하라 이남 아프리카와 남부 아시아 두 지역에 있는 도시는 국가 성장률보다 두 배 빠르게 발전하고 있지만, 그래도 이 두 지역이 가장 도시화가 덜 이루어진 지역이다. 사하라 이남 아프리카 전체 인구의 1/3 이상이 도시에 살고 있다. 이러한 도시 거주 물결의 결과 중 하나는 도시의 무질서한 확장이다. 농촌에서 도시로의 이주, 산업화, 난민의 이동은 아프리카 도시가 더 많은 사람들을 흡수하고 더 많은 자원을 이용하게끔 도시에 압력을 가하는 요인이 되고 있다. 남아메리카에서처럼 이러한 경향은 도시 종주성(primacy)으로 나타나게 되는 데, 이는 하나의 주요 도시가 우세한 경우로 두 번째로 큰 도시보다 적어도 세 배는 더 큰 것을 뜻한다. 케냐의 수도인 나이로비는 1960년에 25만 명의 도시였다가 현재는 350만 명이 살고 있으며 동아프리카 전체에서 교통, 금융, 통신의 중심으로 여겨진다. 최근 10년 간 나이로비는 도시 인구의 절반이 인터넷을 사용하고 많은 창업 기업을 창출하는 첨단 기술을 가진 수퍼스타가 되었다. 이러한 기술의 관대한 수용에도 불구하고 나이로비에는 여전히 실업자와 가난한 사람들이 많다. 도심과 골프 코스 경계 가까이에 20만 명이 거주하는 키베라 슬럼이 있다(그림 6.22). 이곳은 길거리에 쓰레기가 줄을 이루고 범죄가 만연하며 주택은 조잡하고 혼잡하다. 시 공무원은 이 지역 전체에서 충분한 도로를 건설하고 전기, 수도를 공급하며 폐기물을 수거하기 위해 노력하고 있으며, 또한 이렇게 빠르게 성장하는 지역에서 많은 사람들을 고용하기 위해서도 고생하고 있다.

유럽 식민주의는 이 지역의 도시 형태와 개발에 영향을 미쳤다. 도시에 거주하는 인구 비율은 매우 낮았음에도 불구하고 아프리카인은 식민지 시대 이전부터 도시적 전통을 가지고 있었다. 에티오피아의 악숨과 같은 고대도시는 2,000년 전에 번성했던 곳이다. 유사하게 사하라를 통과하는 교역 중심지였던 팀북투와 가오 역시 1,000년 넘게 사헬 지역에 존재하는 지역이다. 동아프리카에서는 이슬람교가 근원이 된 도시 무역 문화가 스와힐리어와 합쳐졌다. 그러나 토속 문화와 이슬람 문화를 모두 반영해 식민지 시대 이전에 가장 발달된 도시 네트워크를 가지고 있었던 곳은 서아프리카다. 도시 네트워크는 오늘날 아프리카에서 일부 가장 큰 도시의 기반이 된다.

서아프리카의 도시 전통 서아프리카 해안에는 북쪽에 있는 세네갈의 다카르로부터 동쪽에 있는 나이지리아의 라고스에 이르기까지 많은 도시가 입지해 있다. 나이지리아 인구의 절반이 도시에 거주하고 있으며, 2015년 나이지리아에는 인구 100만 명 이상인 메트로폴리탄 지역이 8개 있다. 역사적으로 나이지리아 남서부의 요루바족의 도시가 가장 잘 기록되어 있다. 12세기에 개발된 도시인 이바단 같은 도시는 그 중심에 대규모 직사각형의 뜰로 둘러싸인 성과 함께 성벽과 성문이 있었다. 라고스 역시 요루바족의 정착지였다. 베냉 만 연안 섬이 발견되면서, 가장 현대적인 이 도시의 상당 부분이 본토 인근으로 확산되었다. 그 해안선과 천연 항구는 상대적으로 작은 이 도시를 식민지 시대 권력자들에게 매력적으로 여겨지게 했다. 영국이 통치했던 19세기 중

그림 6.22 **키베라 슬럼** 도심과 가까운 곳에 나이로비의 가장 큰 슬럼 중 하나인 키베라에는 최소 20만 명의 사람들이 살고 있다. 키베라는 동아프리카의 가장 오래되고 가장 연구가 많이 된 슬럼 중 하나로 현재 환경 개선과 함께 거주자 강제 이전 과정을 모두 경험하고 있다.

반, 이 도시 규모와 중요성이 커지게 되었다. 나이지리아가 영국으로부터 독립했던 1960년에 라고스는 인구 100만 명의 도시였으며, 현재는 사하라 이남 아프리카 지역에서 가장 큰 도시가 되었다. 이 현대 도시는 1980년대에 유입된 신자유주의 정책을 통해 국제 기업을 끌어들이면서 크게 바뀌고 있다.

대부분의 서아프리카 도시들은 모스크, 빅토리아 시대 건축물, 독립운동 지도자 이름을 딴 도로 등 이슬람, 유럽과 그 나라 특유의 요소까지 결합된 혼합체이다. 가나의 수도인 아크라에는 거의 260만 명이 거주하고 있다. 16세기 가(Ga)족이 정착했던 곳인 이 지역은 1800년대 후반까지 영국 식민지 행정의 중심이 되었다. 금융과 생산자 서비스 분야에 대한 외국인 투자 증가에 따라 '국내 CBD'와 멀리 떨어진 도시의 동편에 '글로벌 CBD'가 만들어졌다. 외국계 기업은 안전한 토지 명의, 새롭게 건설된 현대식 도로, 주차장, 공항과의 접근성이 좋은 안전한 이곳에 군집해 있다. 트라사코 밸리, 에어포트 힐, 부에나 비스타와 같은 이름의 고소득층 빗장 커뮤니티(gated communities)도 이 글로벌 CBD 근처에 형성되었다(그림 6.23). 아프리카의 다른 도시처럼 아크라도 외국 자본의 유입으로 빠르게 변하고 있다. 그 결과 글로벌 단계의 도시 개발과 같은 극도로 분리된 도시 공간을 초래했으며, 이런 곳에서는 식민지나 국가의 힘보다 시장의 힘이 이러한 변화를 주도한다.

남아프리카공화국의 도시 산업 서아프리카와는 달리 남아프리카의 주요 도시는 식민지 시대 때 건설되었다. 잠비아의 루사카와 짐바브웨의 하라레와 같은 도시의 대부분은 행정이나 광산의 중심지로 성장했다. 남아프리카공화국은 아프리카 전체에서 가장 도시화된 국가 중 하나이며 가장 산업화된 곳 중 하나이다. 남아프리카공화국의 도시 경제는 믿을 수 없을 정도로 부유한 광산자원(다이아몬드, 금, 크롬, 플래티늄, 주석, 우라늄, 석탄, 철광석, 망간)에 기반해 있다. 8개의 메트로폴리탄 지역 인구가 100만 명 이상이며, 이 중 가장 큰 곳이 요하네스버그, 더반과 케이프타운이다.

남아프리카공화국의 도시 형태는 **아파르트헤이트**(apartheid)(남아프리카공화국에서 지난 50년간 사회 관계를 형성한 공식적인 인종 분리 정책)의 유산이라 할 수 있다. 아파르트헤이트는 1994년에 폐지됐지만, 아직까지도 경관에 그 증거가 남아 있다. 아파르트헤이트 규칙 내에서 남아프리카공화국의 도시는 인종 범주에 따라 백인과 **유색인**(coloured)(흑인과 유럽계 조상 간 혼혈인), 인도인(남부 아시아), 흑인 등의 주거지역으로 나뉜다. 백인은 도시에서 가장 넓고 가장 가치 있는 부분을 차지하고 있다. 흑인들은 가치가 가장 낮은 지역에 모여 사는데, 케이프타운 외곽의 구굴레투(Gugulethu)와 요하네스버그 외곽의 소웨토와 같은 **타운십**(townships)으로 불리는 곳에 산다. 오늘날 흑인이나 유색인, 인도인은 어디든 원하는 곳에서 살 수 있도록 법적으로 허가되어 있다. 그러나 오랜 시간 편견과 인종 집단 간 경제적 격차가 주거지 통합을 어렵게 만든다.

그림 6.23 **아크라의 엘리트 근린 지역** 아크라 도심 동편의 레곤 지역은 그 도시에서 가장 좋은 주택, 사립학교와 위엄 있는 가나대학이 있다.

상대적으로 도시화된 남아프리카공화국에서도 새로운 도시민을 수용하는 도전은 지속되고 있다. 요하네스버그의 북쪽에 있는 딥스루트(Diepsloot)라는 대규모 흑인 커뮤니티는 계획된 커뮤니티에 어떻게 단시간 내에 높은 밀도로 정착되는지를 설명하고 있다. 딥스루트에서는 정부가 토지를 구획하여 실제로 수천 채의 주택을 건설한 탈아파르트헤이트 프로젝트가 수행되었다. 그림 6.24는 지난 10년간 딥스루트 근린 지역의 거주지 밀도가 증가하고 있는 것을 설명하고 있다. 상대적으로 규모가 크게 구획된 땅은 점차 고철, 목재, 플라스틱으로 만든 소형 판잣집으로 채워졌다. 원래 주택은 상수도, 하수도에 접근하도록 되어 있으나 주택 주변의 비공식적인 거주지는 그렇지 않다. 이후 소규모 상점이 추가되고 나무도 심었지만 이곳에 사는 사람의 상당수는 공식적 고용이 되지 않는다. 수천 명의 인구를 위해 계획된 이 지역은 현재 15만 명이 넘는 사람들의 커뮤니티가 되었다.

확인 학습

6.3 이 지역의 높은 인구 성장률과 빠른 도시화에 기여하는 요소를 설명하라.

6.4 전염성 질병이 인구 추세에 어떤 영향을 미쳐왔으며, 에이즈 바이러스/에이즈, 말라리아와 같은 질병과 싸우기 위해 정부와 지원 조직은 무엇을 하고 있는가?

6.5 이 지역에서 주요한 농촌 생계 수단은 무엇인가?

주요 용어 화전, 목축업자, 체체파리, 아파르트헤이트, 유색인, 타운십

(a)

(b)

그림 6.24 **남아프리카공화국 딥스루트의 인공위성 이미지** 겨우 10년이 지나는 동안 흑인 불량 주거 지역은 딥스루트의 계획된 커뮤니티 안으로 몰려 들어왔는데, 단독 주택 부지에 여러 층의 건축물이 채워졌다. 상점이 들어오고, 나무도 심으면서 이 지역 인구밀도가 크게 증가되었다.

문화적 동질성과 다양성 : 역경을 통한 통합

세계의 어떤 지역도 문화적으로 동질적인 곳은 없으나 과거에는 광범위하게 퍼진 신앙과 의사소통 시스템을 통해 대부분은 어느 정도 통일되어 있다. 아프리카 지역의 거대한 크기를 생각해 본다면, 전통적이고 문화적이며 정치적인 동질성이 부족하다고 해서 놀랄 일은 아니다. 사하라 이남 아프리카는 유럽이나 남부 아시아보다 네 배 이상 크다. 만약 서구 제국주의가 이 지역에 영향을 미치지 않았다면, 서아프리카와 남아프리카는 그들 고유의 세계 지역으로 개발되었을 가능성이 크다.

사하라 이남에서 아프리카의 정체성은 독립과 발전을 위한 투쟁뿐 아니라 노예와 제국주의 역사를 통해 만들어졌다. 더 이야기하자면, 아프리카 사람은 스스로 아프리카인이라고 정의하곤 하는데, 특히 외부 세계 사람에게 그렇게 이야기한다. 사하라 이남 아프리카가 가난하다는 사실은 논란의 여지가 없을 것이다. 그러나 이 사람들의 (음악, 춤, 예술 등에서 나타나는) 문화적 표현은 쾌활하다. 아프리카를 방문하는 사람들이 자주 언급하는 것처럼 아프리카인은 회복력과 낙천적 사고를 공유한다. 이 지역이 문화적으로 다양하다는 것은 명백하나 여러 가지 역경을 이기면서 사람들 사이에 만들어진 일체감이 있다.

언어 유형

다른 과거 식민지 국가에서처럼 대부분의 사하라 이남 국가에서도 부족, 식민지, 국가의 관계를 반영한 여러 언어가 사용된다. 반투어군(Bantu subfamily)에서 파생된 많은 토착 언어는 상대적으로 좁은 농촌 지역 등으로 지역화되어 있다. 스와힐리어나 하우사어와 같이 더욱 널리 쓰이는 아프리카 통상어는 더 넓은 지역의 링구아프랑카(lingua franca)(공통어)로 이용된다. 토착 언어보다 널리 사용되는 것은 인도-유럽어족(영어와 프랑스어)과 아프로-아시아어족(아라비아어와 소말리어)이다. 그림 6.25는 오늘날 아프리카에서 발견되는 복잡한 어족 유형과 주요 언어 분포를 보여주고 있다. 이 큰 지도와 현재의 공용어 분포를 보여주고 있는 삽도를 비교해 보면 대부분의 아프리카 국가가 여러 언어를 사용하고 있다는 것을 알 수 있는데, 이는 국가 내 갈등을 야기하는 원인이 될 수 있다. 예를 들어 나이지리아의 공용어는 영어지만 하우사어, 요루바어와 이보어, 풀어(혹은 풀라니어), 에피크어 등을 쓰는 사람들이 수백만 명이며, 그 외에도 수십 개의 다른 언어 사용자가 있다.

아프리카의 언어 그림 6.25 지도에서 나타난 6개의 언어 그룹 중 3개(니제르-콩고, 나일-사하라, 코이산)는 이 지역 고유의 언어이며, 나머지 3개(아프로-아시아, 오스트로네시아, 인도-유럽)는 세계의 다른 지방 언어와 더 밀접한 관련이 있다. 아프로-아시아어족 중에서도 특히 북부 아프리카에서 우세한 아랍어는 사하라 이남 아프리카의 이슬람 지역에서도 사용되는 것으로 이해된다. 에티오피아의 암하리어와 소말리아의 소말리어 또한 아프로-아시아어족에 속한다. 오스트로네시아어족은 마다가스카르섬에서만 제한적으로 쓰이는 것으로 미뤄 많은 사람들이 이 지역에 약 1,500년 전에 인도네시아의 선원이 처음 정착한 것이라고 짐작한다. 인도-유럽어, 특히 프랑스어, 영어, 포르투갈어와 아프리칸스어(남아프리카공화국에서 쓰는, 네덜란드어에서 발달한 언어 — 역주)는 식민주의의 유산으로 오늘날 널리 쓰이고

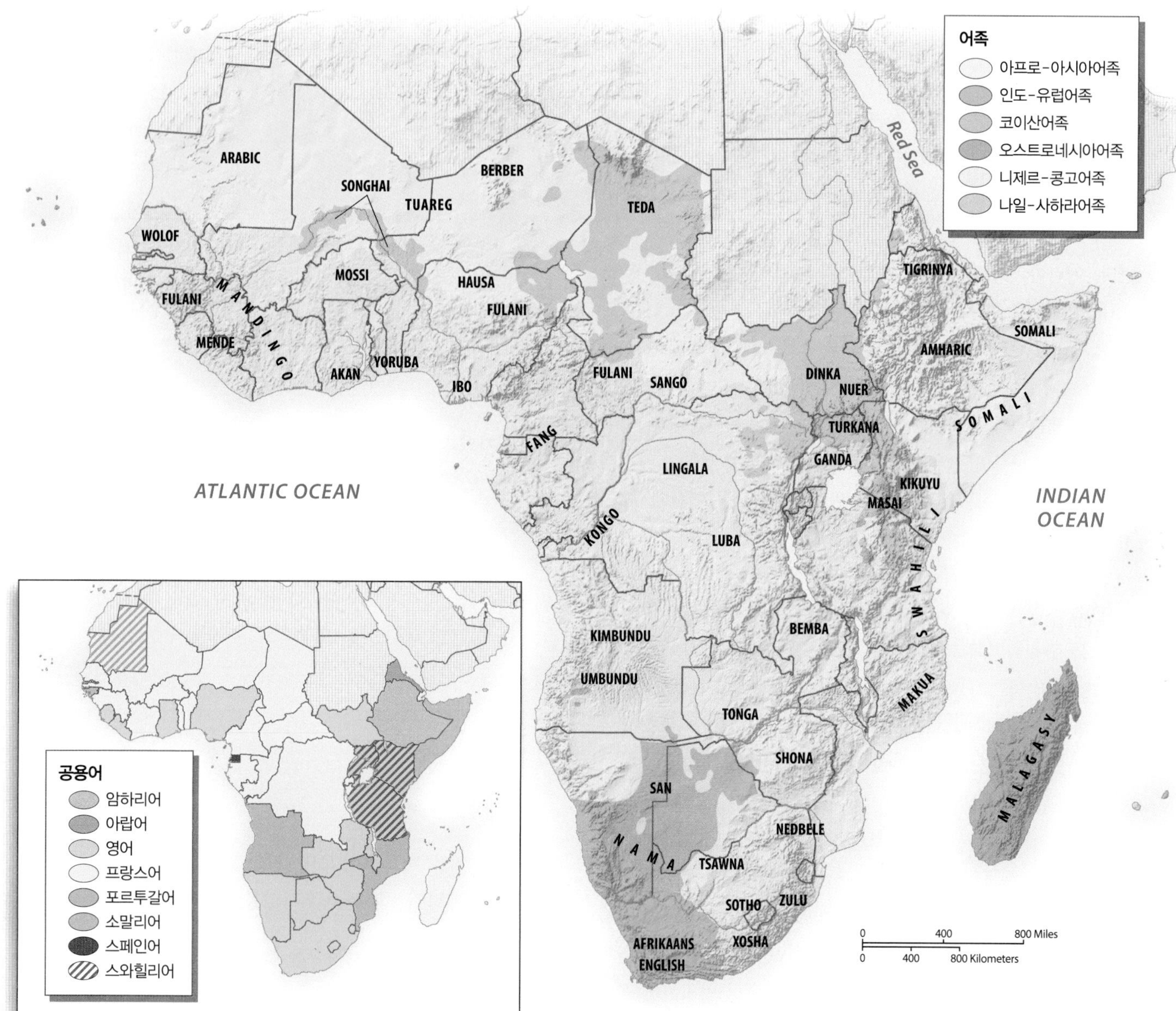

그림 6.25 **아프리카 어족과 공용어** 사하라 이남 아프리카의 언어 지도 그리기는 상당히 복잡한 작업이다. 스와힐리어와 같이 수백만 명의 사람들이 사용하는 언어가 있는가 하면, 고립된 지역에 사는 수백 명의 사람들만 사용하는 언어도 있다. 6개의 어족이 이 지역에 나타난다. 각 어족에는 개별적인 언어가 있다(지도의 명칭을 참조할 것). 대부분의 국가에서 여러 개의 토착 언어를 사용하고 있어서, 식민지 언어가 가끔 공용어가 되기도 한다. 영어와 프랑스어는 이 지역에서 가장 일반적인 공용어이다(삽도 참조). **Q : 이 지역에서 어족의 분포를 생각해 보라. 이 지역 사람과 다른 지역 사람과의 상호 관계에 관해 이 언어 분포는 무엇을 이야기하고 있는가?**

있다.

니제르-콩고어족은 지금까지는 아프리카에서 가장 중요하다. 서아프리카에서 기원한 이 어족은 (여러 만데어 중 하나인) 만딩고어, 요루바어, 풀어(풀라니어), 이보어 등이 포함된다. 약 3,000년 전에 니제르-콩고어족에 속한 반투족 사람들이 서아프리카를 벗어나 적도 지역으로 영역을 넓히기 시작하였다. 반투족은 인류 역사상 가장 멀리 이주한 집단 중 하나로, 중부 및 남아프리카의 넓은 지역에 농업을 보급하기도 했다. 반투어계에 속한 언어 중 하나인 스와힐리어는 사하라 이남 아프리카에서 가장 널리 쓰이는 언어가 되었다. 스와힐리어는 1100년경 아랍으로부터 수많은 상인의 식민지가 건설되었던 동아프리카 해안의 교역에 쓰이는 언어에서 유래했다. 현대 케냐와 탄자니아의 좁은 해안 지대에서 혼합 사회가 성장했는데, 많은 아랍어 단어를 사용하여 반투어 구조를 더욱 풍부하게 했다. 스와힐리어가 이 해안가 벨트에서 1차 언어가 되었으며 교역 언어로서 내륙 쪽으로 확산되었다. 독립 이후, 케냐와 탄자니아는 영어와 함께 스와힐리어를 공용어로 채택하였다. 약 1억 명이 사용하는 스와힐리어는 동아프리카의 링구아프랑카이다. 상당히 방대한 양의 문헌

이 스와힐리어로 작성되었으며, 다른 지역에서 스와힐리어를 배우기도 한다.

언어와 정체성 사하라 이남 아프리카의 많은 지역은 역사적으로 민족의 정체성과 언어학적 연결이 상당히 안정적이지 않다. 전쟁의 위협을 피해 새로운 정착지로 피난 갈 때 다른 장소에서 온 사람들과 섞이게 되는 곳에 새로운 어군이 형성되는 경향이 나타났다. 이러한 상황에서 새로운 언어가 빠르게 생겨났으며, 어군 간 구분이 모호하게 된다. 그럼에도 불구하고 공통의 혈연과 언어를 가진 가족이나 씨족으로 구성되고 그 경계가 분명하게 구별되는 부족이 형성되었다. 유럽의 식민지 통치자는 토착민들을 더 잘 통제하기 위해 고정된 사회 질서를 만드는 것을 좋아했다. 이 과정에서 사하라 이남 아프리카의 문화 지도에 결함이 커지게 되었다. 어떤 부족은 자의적으로 나뉘고, 의미 없는 이름이 붙고, 경계가 잘못 해석되기도 하였다.

민족과 언어 집단 간 사회적 경계는 최근에 더욱 안정적이 되었으며, 수많은 개별 언어가 국가적 수준에서의 의사소통에 특히 더욱 중요해지게 되었다. 세네갈의 월로프어, 말리의 만딩고어, 부르키나파소의 모시(Mossi)어, 나이지리아의 요루바어, 하우사어 및 이보어, 케냐 중부의 키쿠유어, 남아프리카공화국의 줄루어, 코사어, 소토어 등은 모두 국가적 차원에서 수백만 명이 사용하는 중요한 언어이다. 그러나 이 중 어느 것도 그 나라의 공용어의 지위를 가지지는 못하고 있다. 남아프리카공화국에서 아파르트헤이트가 끝나면서, 정부와 산업 부문에서는 여전히 영어가 공통어임에도 불구하고, 공식적으로 11개의 언어를 인정했다. 실제로, 소수의 국가에서만 단일한 언어가 확실한 중심 위치를 가진다. 언어적으로 더욱 동질적인 국가는 소말리아(실질적으로 모두가 소말리어를 사용함)와 르완다, 부룬디, 스와질란드, 레소토 등 아주 작은 국가들이다.

유럽어 식민지 시대에 유럽 국가들은 아프리카 식민지를 관리하기 위해 유럽 언어를 사용하게 했다. 식민지 시대의 교육 또한 제국주의 권력으로서의 언어를 읽고 쓰는 것을 강조했다. 독립 이후 많은 사하라 이남 국가들은 정부와 고등교육을 위해 과거 식민지 시대의 언어를 계속 사용해 왔다. 이러한 신생 독립국은 공용어로 고려할 만한 다수가 사용하는 언어가 없었으며, 다수가 사용하는 언어 하나를 선택하는 것은 다른 언어를 사용하는 사람들의 반대에 부딪힐 수 있었다. 예외적인 곳은 식민지 시대 때 독립을 유지해 왔던 에티오피아이다. 다른 토착 언어도 사용되고 있기는 하지만 이곳의 공용어는 암하리어이다.

현대 아프리카에는 2개의 거대한 유럽 언어 지역이 있다. 하나는 프랑스어를 사용하는 지역으로, 이전에 프랑스와 벨기에의 식민지였던 곳이어서 공식 업무를 프랑스어로 해왔던 곳이다. 다른 하나는 영어를 사용하는 지역으로, 영어 사용이 우세한 곳이다(그림 6.25 삽도를 참조할 것). 초기 네덜란드인이 정착했던 남아프리카공화국에서는 수백만 명의 남아프리카공화국 사람들이 (네덜란드어에 근거한) 아프리칸스어를 사용하고 있다. 모리타니, 에리트레아와 수단에서는 아랍어가 주요 언어로 사용된다. 흥미롭게도 2011년 수단으로부터 독립한 남수단은 그들의 공용어를 아랍어에서 영어로 변경했다.

종교

아프리카의 토착 종교는 일반적으로 애니미즘으로 분류된다. 이는 다소 오해의 소지가 있는 포괄적인 용어로, 몇 개 안 되는 '세계 종교' 중 하나에 포함되지 않는 모든 지방의 신앙을 유형화할 때 사용되는 용어이다. 대부분의 애니미즘 종교는 자연과 조상신을 섬기는 것이 중심이나, 애니미즘의 전통 내에 내부적인 다양성은 상당히 크다. 애니미즘으로 종교를 구분할 때는 무엇이 애니미즘인가보다 무엇이 애니미즘이 아닌가로 이야기한다.

기독교와 이슬람교는 역사적으로 초기에 사하라 이남 아프리카에 들어와 오랜 시간 동안 천천히 발전하였다. 20세기 초반부터 이 두 종교는 세계 다른 어느 지역에서보다 이 지역에서 빠르게 확산되었다. 그러나 수천만 명의 아프리카인들은 여전히 애니미즘 신앙을 따르고 있으며, 많은 사람이 기독교와 이슬람교의 의식과 애니미즘의 관례와 사상을 결합하고 있다.

기독교의 도입과 확산 기독교는 북동부 아프리카에 처음 도입되었다. 에티오피아와 수단 중부에 있는 왕국은 약 300년 경에 기독교로 개종했는데, 로마제국 밖에서 일어난 최초의 개종이었다. 북부와 중부 에티오피아인은 기독교 형태의 콥트교를 채택했고 따라서 역사적으로 다수의 종교 지도자들이 이집트 기독교 출신이다(그림 6.26). 현재는 에티오피아와 에리트레아 인구의 약 절반 정도가 콥트교인들이고 나머지는 이슬람교도이며, 에티오피아의 서부 저지대에는 아직도 애니미즘 커뮤니티가 있다.

1600년대 초반 여타 사하라 이남 아프리카 지역에 유럽에서 온 정착민이나 선교사들이 기독교를 전파했다. 당시 남아프리카공화국을 식민지로 만들기 시작했던 네덜란드인은 그들의 칼뱅주의적 개신교 신앙을 가져왔다. 이후 남아프리카공화국으로 이주한 유럽 이주자들은 가톨릭교뿐 아니라 영국 성공회와 개신교 신앙을 가져왔다. 대부분의 흑인 남아프리카공화국인은 결국 이 중 하나의 기독교로 개종하였다. 사실 남아프리카공화국의 교회는 오랫동안 백인의 인종적 패권에 대항해 싸우기 위한 도구였

그림 6.26 **기도 중인 에리트레아의 기독교인** 콥트교인들이 기독교 성일 중 하나인 성금요일에 에리트레아 아스마라에 있는 세인트메리 교회에 모여 있다. 에리트레아와 에티오피아의 인구 절반이 콥트교를 믿는데, 이들은 이집트 소수파 기독교인과 연대하고 있다.

다. 데스몬드 투투 주교와 같은 종교 지도자는 아파르트헤이트의 부당함을 거침없이 비판했으며, 그 체제를 붕괴시키기 위해 노력했다.

아프리카 다른 곳에서 기독교는 1800년대 중반 이후 도착한 유럽 선교사에 의해 도입되었다. 세계 다른 곳과 마찬가지로 선교사들은 이슬람교가 우세한 곳에서는 거의 선교에 실패했지만 애니미즘 지역에서는 실제로 많은 개종이 이루어졌다. 일반적으로 개신교는 과거 영국 식민지 지역에서 우세한 반면 가톨릭은 과거 프랑스, 벨기에, 포르투갈 영토에서 더 우세하다. 식민지 시대 이후, 아프리카 기독교는 스스로 생명력을 가지게 되어 더욱 확산되었고 외국 선교사의 노력에서부터 독립하였다. 여전히 이 지역에서는 대부분 미국에서 건너온 펜테코스트파(성령의 힘을 강조하는 기독교 교파 — 역주), 복음주의 기독교, 몰몬교 선교사 집단이 활동 중이다. 그러나 아프리카에서 기독교 분포도를 그리는 것은 어렵다. 왜냐하면 기독교는 이슬람교가 전파되어 있지 않은 지역을 따라 불규칙적으로 확산되기 때문이다.

이슬람교의 도입과 확산 이슬람교는 약 1,000년 전에 사하라 이남 아프리카에 도입되기 시작했다(그림 6.27). 북부 아프리카와 사하라에서 온 베르베르(Berber) 거래상들이 사헬 지역에 이 종교를 들여왔으며, 1050년까지 현재 세네갈 지역인 토콜로(Tokolor) 왕

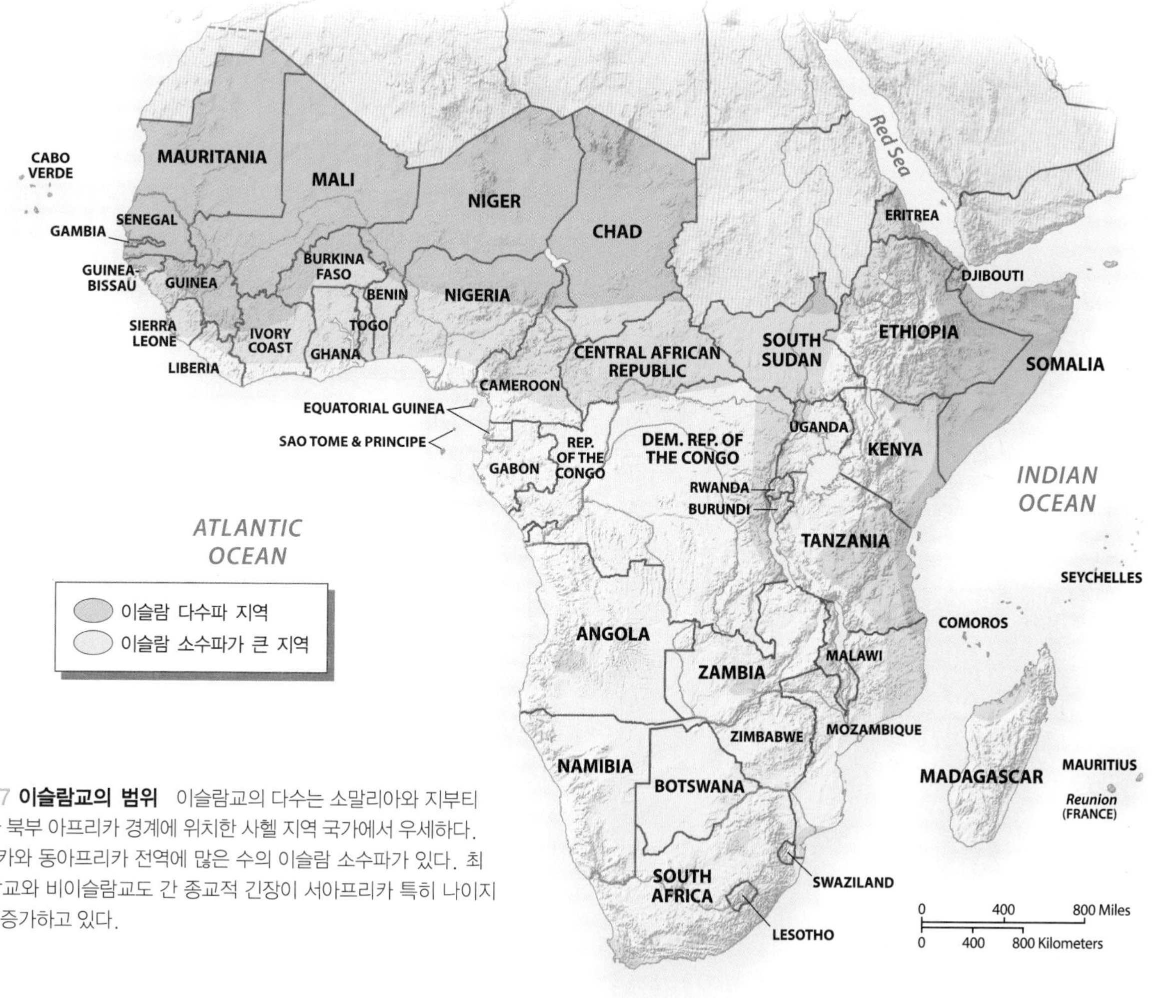

그림 6.27 **이슬람교의 범위** 이슬람교의 다수는 소말리아와 지부티뿐 아니라 북부 아프리카 경계에 위치한 사헬 지역 국가에서 우세하다. 서아프리카와 동아프리카 전역에 많은 수의 이슬람 소수파가 있다. 최근 이슬람교와 비이슬람교도 간 종교적 긴장이 서아프리카 특히 나이지리아에서 증가하고 있다.

국이 최초의 사하라 이남에 있는 이슬람 국가가 되었다. 어느 정도 시간이 지난 후, 가나와 말리 같은 강력한 만데어를 쓰는 무역 제국의 통치 계층도 이슬람교로 개종하였다. 14세기 말리의 황제는 가족과 메카로 성지순례를 가면서 서남아시아 전체에 단기적으로 높은 인플레이션을 가져올 만큼의 엄청난 양의 금을 가지고 가서 이슬람 세계를 깜짝 놀라게 했다.

사헬 지역에서 기니 만에 이르는 이 지역에서 네트워크를 유지하고 만데어를 쓰는 무역상이 서아프리카의 다른 지역에도 점차 이 종교를 전파했다. 그러나 많은 사람이 애니미즘에 헌신적이어서 이슬람교는 천천히, 불안정하게 확산되었다. 오늘날 정통 이슬람교는 사헬 지역 대부분에 걸쳐 우세하다. 더 남쪽에서의 이슬람교는 기독교 및 애니미즘과 혼합되어 있으나, 그 수는 증가하고 있으며 그들의 관습도 정통적이 되는 경향이 있다(그림 6.28).

종교적 전통 간 상호작용 항구 도시에서부터 기독교가 북쪽으로 확산되는 것과 함께 사헬 지역에서부터 이슬람교가 남쪽으로 확산됨으로써 서아프리카의 많은 곳에서 복잡한 종교 전선이 만들어지게 되었다. 나이지리아에서는 하우사족이 확고한 이슬람교도인 반면, 동남쪽의 이보족은 대부분 기독교도이다. 남서부의 요루바족은 기독교와 이슬람교로 나뉘어 있다. 나이지리아의 외곽 지역에는 애니미즘 전통이 강하게 남아 있다. 그러나 이러한 종교적 다양성에도 불구하고 나이지리아의 종교 갈등은 최근까지는 거의 없었다. 그러다 2000년에 7개의 북부 나이지리아 주에서 이슬람교의 샤리아 법을 시행하면서 그 이후로는 간헐적인 폭력 사태가 빚어졌는데, 특히 북쪽의 카두나 시에서 발생했다. 최근 몇 년 동안 보코하람이라 불리는 무장한 지하드 집단이 북동부 나이지리아에 형성되었으며 납치와 살인 등이 발생하면서 남과 북의 폭력 정도가 강해지고 있다. 초기에는 알카에다와 공식적으로 협력하고 있다고 알려진 보코하람은 2015년 ISIL(ISIS라고도 불림. 제7장 참조)와 공식적으로 협력하고 있다고 주장했다. 나이지리아 군대가 2013년 나이지리아 북쪽의 보르노 주에 있는 이 집단을 몰아내기 시작했으나 보코하람은 여전히 통제가 어려운 조직이다.

역사적으로 종교 갈등은 이슬람교도와 기독교도가 오랫동안 서로에 대항해 싸워왔던 북동부 아프리카에서 훨씬 극심했다. 2011년 수단으로부터 남수단이 분리되면서 결국 그러한 충돌이 새로운 국가를 탄생시켰다. 1300년대에 아랍어를 사용하는 목축업자가 침입하면서 수단에 이슬람교가 도입되었는데, 이들은 그 지역에 원래 있던 콥트교 왕국을 파괴하였다. 그 후 수백 년간 중부와 북부 수단이 완전한 이슬람교 국가가 되었다. 그러나 수단의 적도 남쪽 지역은 열대병과 넓은 습지가 아랍의 진행을 막아, 영국 식민지 지배하에 기독교로 개종하거나 아니면 애니미즘으로 남아 있었다.

1970년대, 아랍어를 사용하는 이슬람교도는 북부와 중부 수단 지방에 이슬람교 국가를 건설하기 시작했다. 종교적 차별과 경제적 착취를 경험한 남쪽의 기독교인과 애니미즘을 믿는 사람들이 크게 저항했다. 1980년대 이래 싸움이 보다 격렬해졌으며, 정부는 점차 주요 시내 및 도로를 통제하기 시작했고, 저항 세력은 농촌 지역에서 그 힘을 유지했다. 2003년에 평화안이 중재되면서, 남부 수단은 평화 협정의 일부로서 2011년에 북으로부터 분리 독립을 위한 투표를 약속받았다. 투표가 시행되었고 새로운 국가가 수립되었으며 주바를 수도로 하였다. 그러나 이 내륙국의 영토는 아직도 평화롭지 않다. 2013년 누에르와 딩카라는 부족 간 강력한 싸움이 시작되어 약 200만 명의 사람들이 쫓겨났고 20만 명의 난민이 발생하고 수천 명이 사망했다. 내전 발생 2년 뒤인 2015년에 살바 키르 대통령이 평화 조약에 서명했다. 현재 남수단에서는 종교보다는 민족으로 인한 갈등이 계속 진행될 것처럼 보인다.

사하라 이남 아프리카는 종교적으로 활력의 땅이다. 기독교와 이슬람교가 빠르게 확장되었고 헌신적인 활동이 도시와 농촌 지역의 일상생활이 되어갔다. 애니미즘도 여전히 널리 퍼져 있다.

그림 6.28 **서아프리카의 이슬람교도** 니제르 젠네 지역 주민이 그 도시에서 가장 큰 모스크 앞의 시장에 모여 있다. 많은 사헬 지역이 600년 전에 이슬람교로 개종하였다.

새롭게 혼합된 형태의 종교적 표현도 나타나고 있다. 그러한 신앙의 다양성과 함께 종교가 전형적으로 공공연한 갈등의 원인이 아니라는 점은 다행이라 하겠다.

글로벌화와 아프리카 문화 아메리카 및 유럽과 아프리카를 연결했던 노예 무역은 아프리카 사람과 문화가 대서양을 가로질러 퍼져가는 문화 확산 과정의 유형을 보여준다. 비참하게도 노예제도는 아프리카 사회, 특히 많은 인구가 노예로 끌려간 서아프리카의 인구 및 정치적 장점에 큰 해를 입혔다. 추측하기로는 1,200만 명의 아프리카인이 1500년대부터 1870년까지 노예선을 타고 아메리카로 실려 갔다(그림 6.29). 노예제도는 전체 지역에 영향을 미쳐 아프리카인들은 비단 아메리카뿐 아니라 유럽, 북부 아프리카와 서남아시아로까지 보내졌다. 그러나 대다수는 미국의 플랜테이션 농장에서 일했다.

이러한 비극적인 인간 배치 과정을 통해 아프리카 문화가 아메리카 인디언 및 유럽 문화와 섞이게 되었다. 아프리카 리듬은 룸바에서 재즈, 블루스와 로큰롤에 이르는 다양한 아메리카 음악 스타일의 핵심이다. 남아메리카에서 가장 큰 국가인 브라질은 엄청난 아프리카계 브라질인 인구가 살고 있어서 (나이지리아에 이어) 두 번째로 큰 '아프리카 국가'라고 여겨지기도 한다. 이렇듯 노예가 된 아프리카인들의 강제 이주는 세계 여러 지역에 커다란 문화적 영향을 미쳤다.

마찬가지로 현대 아프리카인의 이동도 세계 많은 지역의 문화에 영향을 미쳤다. 아프리카 혈통 중 가장 유명한 사람 중 하나는 케냐 출신 아버지를 두고 있는 미국의 버락 오바마 대통령일 것이다. 오바마의 유산과 가정교육은 세계화의 힘이 발현된 것이다. 케냐에서는 현대 아프리카의 디아스포라(젊은 전문가가 자녀와 그 지역을 떠나 교육이나 직업을 위해 다른 곳에 정착하는 것)의 한 부분으로 묘사된다. 대중문화에서도 남아프리카공화국의 코미디언 트레버 노아는 2015년 존 스튜어트가 은퇴한 뒤 존 스튜어트의 *Daily Show*를 맡기도 했다. 정치와 사회를 풍자하는 이 코미디 뉴스 쇼의 이름은 남아프리카공화국 이름과 함께 더욱 국제화될 것임이 분명하다.

세계 어디서나 마찬가지인 것처럼 아프리카의 대중문화는 세계와 지방의 영향이 역동적으로 혼합되어 있다. 남아프리카공화국의 대중음악 형식인 콰이토(Kwaito)는 미국의 랩과 상당히 유사하다. 그러나 더 자세히 들어보면, 줄루어와 코사어 가사에 지

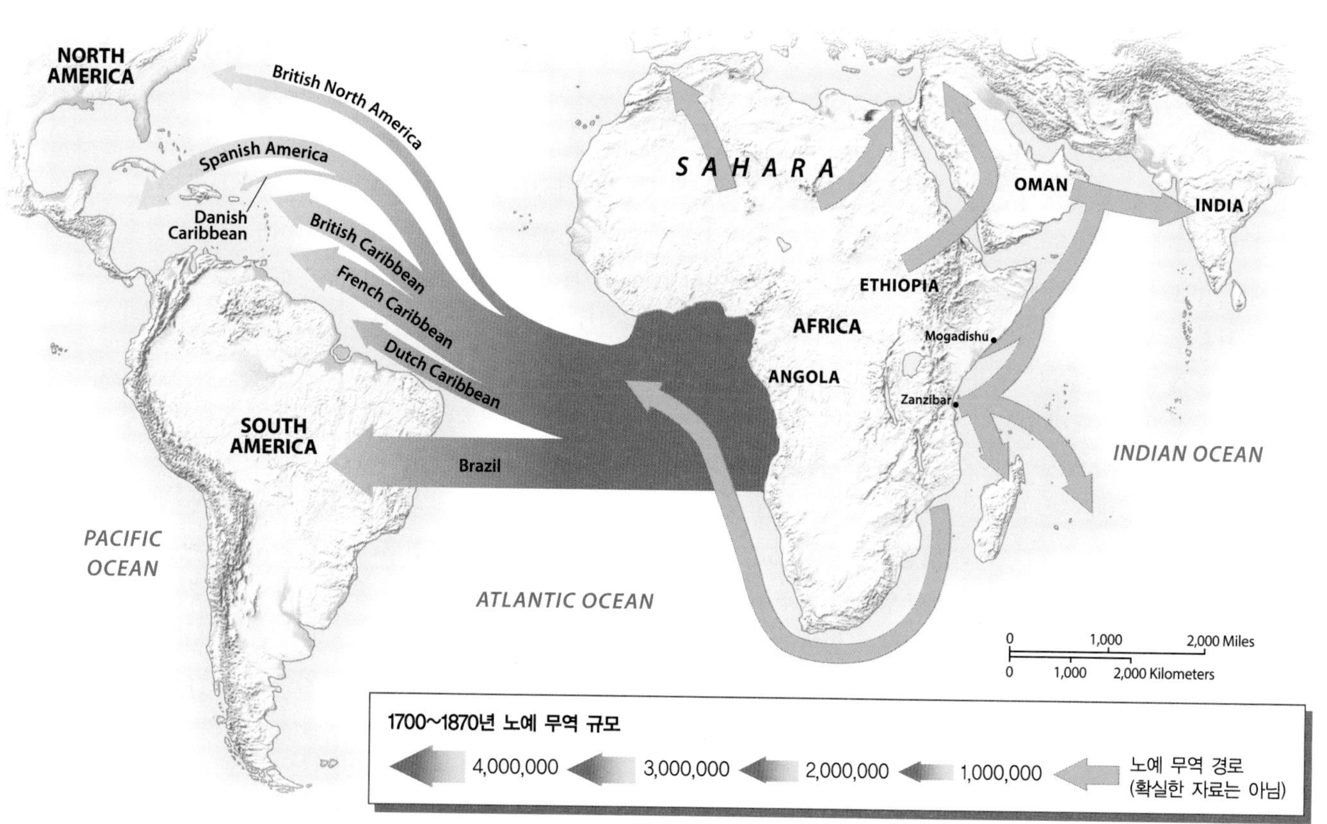

그림 6.29 **아프리카 노예 무역** 노예 무역은 사하라 이남 사회에 엄청난 영향을 미쳤다. 항해 일지에 따르면 1,200만 명의 아프리카인이 설탕, 면화, 쌀 플랜테이션 농업을 위해 아메리카로 보내진 것으로 추산된다. 그중 다수는 브라질과 카리브 해 연안으로 가게 되었다. 또한 데이터를 다소 신뢰할 수는 없으나, 다른 노예 무역 경로도 존재했었다. 사하라 이남 지역의 아프리카인은 북부 아프리카에서 노예가 되기도 하였다. 또 다른 경우는 인도양을 넘어 서남아시아와 남부 아시아 지방으로 거래되기도 했다.

방 리듬이 결합되어 있으며, 아파르트헤이트 이후 타운십에서의 삶에 대한 테마를 다루고 있다. 콰이토 슈퍼스타인 졸라(Zola) 또한 오스카 상을 탄 *Tsotsi*라는 영화에 출현했다. 이 영화는 요하네스버그의 가난한 갱의 삶에 관한 것이다. 하지만 나이지리아는 아프리카 영화산업의 중심으로, 영화 제작 수로 보면 인도에 이어 두 번째이다. 놀리우드(Nollywood) 영화는 아프리카 전역에서 유명하지만 일부 감독은 세계로 진출하려는 야망을 가지고 있다(**글로벌 연결 탐색 : 놀리우드의 영향권** 참조).

서아프리카의 음악 나이지리아는 잘 개발된 세계적인 녹음산업을 갖춘 서아프리카 음악의 중심지이다. 주주(juju), 하이라이프(highlife), 아프로비트와 같은 현대 나이지리아 스타일은 재즈, 록, 레게, 가스펠의 영향을 받았으며 금방 알 수 있는 아프리카 소리가 음악을 이끈다.

더 위쪽으로 나이저 강을 따라 있는 말리의 수도인 바마코는 음악의 중심지로, 많은 아티스트의 음악 녹음이 여기서 이루어졌다. 많은 말리 뮤지션들은 기타와 전통 악기인 **코라**(kora)(하프와 류트의 중간 정도) 중 하나를 연주하는 음악 스토리텔러 계층의 후손이다. 이 음악 스타일은 미시시피 강 삼각주로부터 나온 블루스와 상당히 유사해, 아프리카에서 가장 유명한 뮤지션 중 하나인 알리 파르카 투레는 아프리카의 블루스 가수로 알려져 있다. 매년 1월이 되면 팀북투에서 그리 멀지 않은 곳에 서아프리카와 유럽에서부터 온 음악 팬들이 '사막에서의 축제'를 위해 모여든다. 이 멀리 떨어진 사하라의 한 지역에서 말리 음악과 투아레그 유목민 문화 축제가 서구 관광객, 아프리카 뮤지션 및 유목민을 한자리에 모이게 한다(그림 6.30). 말리에서 최근 갈등이 있었지만(이에 대해서는 뒤에 논의할 것임) 이 축제는 2012년에도 개최되었다. 전투가 격화되면서 군대가 2012년 3월 바마코에 있는 정부를 장악했기 때문에 이 문화 축제의 미래는 이 국가 전체의 미래와 함께 불명확해졌다.

현대 아프리카 음악은 상업적으로도 정치적으로도 중요하다. 나이지리아 가수인 펠라 쿠티(1938~1997)는 진정한 민주주의를 위해 싸우는 나이지리아인의 정치적 양심의 목소리였고 영향력 있는 음악가였다. 엘리트 집안 출신으로 영국에서 교육을 받은 펠라는 재즈와 전통 음악, 대중 음악을 가져와 1970년대 아프로비트 소리로 만들었다. 그의 음악은 너무나 매혹적이었지만 그의 혹독한 가사 역시 주목을 받았다. 군사 정부에 대한 실랄한 비판, 경찰의 괴롭힘에 관한 노래, 국제 경제 질서의 불공평함, 심지어 라고스의 악명 높은 교통에 이르기까지 영어와 요루바어로 노래하는 펠라는 그의 메시지를 대중들에게 전달했다. 하지만 그는 정부의 괴롭힘의 대상이 되었다. 1997년 에이즈 합병증으로 사망했지만 그의 노래와 정치는 여러 상을 받은 브로드웨이 뮤지컬 *Fela*의 주제가 되었다.

그림 6.30 **사막에서의 축제** 투아레그 밴드와 이그바옌(Igbayen)이 말리에서 열린 사막에서의 축제에서 연주하고 있다. 매년 겨울 말리의 에사케인(Essakane)이라는 오아시스 마을에서 열리는 사막에서의 축제에 수천 명의 말리 음악가, 투아레그 유목민, 서구의 관광객들이 참여한다.

동아프리카 달리기 선수에 대한 자긍심 에티오피아와 케냐는 세계에서 가장 훌륭한 장거리 경주 선수를 많이 배출했다. 아베베 비킬라는 1960년 로마 올림픽에서 맨발로 달려, 에티오피아와 아프리카 최초로 올림픽 금메달을 땄다. 그 이후로 모든 올림픽 게임 육상에서 에티오피아와 케냐가 메달을 따 갔다. 2012년 런던 올림픽에서는 케냐 달리기 선수들이 11개의 메달을, 에티오피아 선수들이 7개의 메달을 거머쥐었다. 남아프리카공화국과 함께 이 두 나라는 런던 올림픽에서 사하라 이남 아프리카 최고의 메달 수상 기록을 세운 것이다.

케냐와 에티오피아에서(해발고도 2,200m의 아디스아바바와 1,600m의 고도를 가진 나이로비에서) 달리기는 산소 폐활량을 늘리기 위한 국가적 차원의 오락이다. 과거 메달리스트인 하일레 게브르셀라시에와 데라르투 툴루는 에티오피아 청소년들의 우상이 되면서 국가적인 유명 인사가 되었다. 장거리 경주에서 금메달을 획득한 최초의 아프리카 흑인 여성이었던 툴루는 여성이 달리기용 반바지 유니폼을 입는 것을 금지하는 나라에서 여성의 권리를 위해 강한 목소리를 내고 있다. 2012년 올림픽에서 에티오피아 여성인 티키 겔라나와 티루네시 디바바는 각각 마라톤과 1만 m 달리기에서 금메달을 땄다(그림 6.31).

글로벌 연결 탐색

놀리우드의 영향권

Google Earth (MG) Virtual Tour Video: http://goo.gl/9SM9ER

그림 6.2.1 나이지리아 현지 촬영 영화 제작팀이 라고스에서 촬영 준비를 하고 있다. 놀리우드라는 별명을 가진 나이지리아 영화는 매년 할리우드보다 더 많은 영화를 제작하고 있다.

그림 6.2.2 놀리우드의 여왕 나이지리아 영화배우 오모톨라 잘라데 에케인데는 타임지에서 선정한 2013년 세계에서 가장 영향력 있는 100인 중 한 명이다. 나이지리아의 대표 영화 스타인 그녀는 전 세계 자선사업에 적극적으로 관여하고 있다.

아프리카의 명실상부한 영화 수도는 나이지리아의 라고스이다. 놀리우드라고 불리는 나이지리아 영화산업을 통해 매년 2,500여 편 이상의 영화가 제작되며(주당 50편) 100만 명 이상이 고용되어 있다. 놀리우드가 할리우드보다 많은 영화를 만들고 있다. 상대적으로 저렴한 디지털 비디오 기술 덕분에 대부분의 영화가 며칠 만에 촬영되며 예산은 1만~2만 달러 정도에 불과하다. 종교, 민족, 정치 부패, 마법, 정신세계, 폭력, 부정의 같은 주제가 아프리카 관객의 마음을 울린다. 영화는 거리, 사무실, 집, 농촌 등 거의 늘 야외에서 촬영된다. 놀리우드 영화는 잔인하고 착취적일 수도 있지만 동시에 공공연하게 복음주의적이고 토착 신앙보다 기독교를 장려할 수도 있다. 많은 영화들이 영어로 제작되지만 요루바어, 이보어, 하우사어로 된 영화도 있다(그림 6.2.1).

DVD 시장 놀리우드 영화의 대부분은 극장에서 상영되기보다 DVD로 바로 제작되기 때문에 아프리카 밖에서는 잘 볼 수가 없다. 이러한 영화의 수명은 상대적으로 짧다. 제작사로서는 해적판 유통으로 이윤이 없어지기 전에 투자한 돈을 빠르게 회수할 필요가 있다. 실제로 2만 달러짜리 영화는 몇 주 만에 DVD 판매를 통해 50만 달러까지 벌 수 있다. 따라서 영화 배포는 라고스 외곽의 배포 센터를 가지고 있는 알라바 카르텔이라는 이보족 사업가들이 꽉 잡고 있다. 그러나 이는 아프리카 중산층이 극장에 가고 감독이 나이지리아를 넘어서 고품질의 영화를 만들기를 원하도록 하는 변화의 시작이다.

놀리우드의 여왕 *OmoSexy*로 잘 알려진 오모톨라 잘라데 에케인데는 놀리우드 여왕으로 군림하고 있다. 이 능력 있는 영화배우이자 가수는 300편의 영화에 출연했고 나이지리아에서 청소년 역량 강화 프로그램을 수행하면서 UN 아프리카 지부에서 일하고 있는 박애주의자이다(그림 6.2.2). 로스앤젤레스에서 부분적으로 촬영되는 *Ijé*라는 영화의 줄거리를 보면 오모톨라는 남편을 포함하여 남자 셋을 살해한 죄로 기소된다. 영화는 나이지리아에 있는 언니가 미국에 있는 감옥에 방문하여 이야기하는 형태로 진행된다. 그런 초국경적 흥미는 세계로 진출하려는 놀리우드 흐름의 한 부분이다.

1. 나이지리아의 영화 제작을 증가시키는 데 어떤 기술 변화가 작동했는가?
2. 나이지리아 영화를 본 적이 있는가? 있다면 북아메리카에서 제작된 영화와 비교할 때 어떠한가?

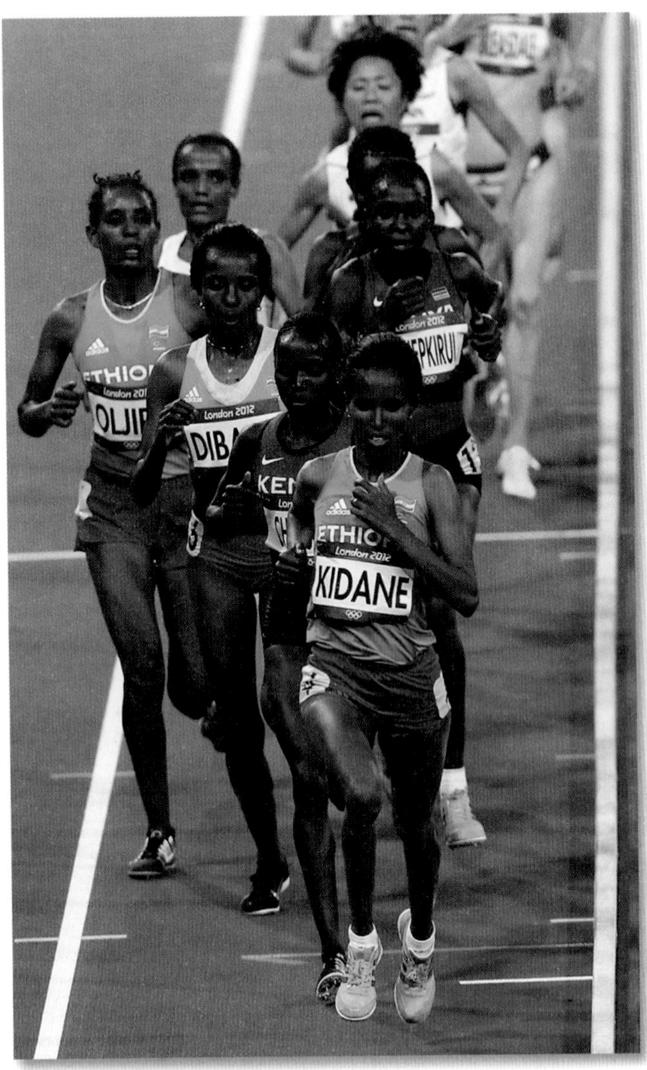

그림 6.31 **동아프리카의 장거리달리기 선수들** 2012년 런던 올림픽 1만 m 경주에서 에티오피아 선수와 케냐 선수가 선두를 달리고 있다. 에티오피아인 티루네시 디바바(앞에서 세 번째)가 금메달을 땄으며 케냐인인 Sally Jepkosgei Kipyego와 Vivian Jepkemoi Cheruiyot가 은메달과 동메달을 땄다.

확인 학습

6.6 사하라 이남 아프리카에서 우세한 종교는 무엇이며, 이 지역 전체에 어떻게 확산되었는가?

6.7 아프리카인이 아프리카를 넘어 세계 다른 지역에 영향을 끼치는 방식에 대해 설명하라.

지정학적 틀 : 식민주의의 유산과 갈등

사하라 이남 아프리카의 인간 정주 지역이 존속된 방식은 다른 지역과는 다르다. 인류의 기원에 대한 증거가 이 지역에서 보이며, 지난 수천 년 동안 아주 다양한 민족 집단이 이 지역에서 형성되었다. 비록 집단 간 갈등이 존재하고 있다 하더라도 다른 민족 간 공존도 이루어졌다.

약 2,000년 전 악숨 왕국이 북부 에티오피아와 에리트레아 지역에서 생겨났다. 이 두 나라는 이집트와 아라비아의 정치 형태에 상당한 영향을 받았다. 최초의 아프리카 고유의 국가가 약 700년경에 사헬 지역에서 발견되었다. 이후 수백 년을 거치면서 다른 다양한 나라가 서아프리카에서 출현하였다. 1600년대 기니만 근처에 입지한 국가들은 소위 유럽으로 노예를 판매하는 노예 무역의 기회를 이용했다(그림 6.32).

따라서 유럽 식민지 이전의 사하라 이남 아프리카는 왕국, 국가, 부족사회의 복합적 모자이크로 표현되었다. 유럽인의 유입은 사회조직과 민족 관계 유형을 영속적으로 변화시켰다. 유럽인이 자신들의 제국주의적 야망을 대륙에 새기기 위해 서두름에 따라, 민족 간 긴장을 높이고 적대감을 조장하는 다양한 관리 체계를 수립했다. 현재 많은 종교 갈등은 식민지 시대로 그 근원을 거슬러 올라갈 수 있으며, 특히 정치적 경계를 그었던 시점으로 올라간다.

유럽의 식민화

상대적으로 빠르게 진행된 아메리카 대륙의 식민화와는 달리, 유럽인들은 사하라 이남 아프리카를 효과적으로 통치하기 위해 수백 년이 필요했다. 포르투갈 무역상들은 1400년대에 서아프리카 해안에 도착했으며 1500년대에서야 동아프리카에도 자리를 잡았다. 초기 포르투갈은 많은 이윤을 남겼으며, 일부 지방 통치자를 기독교로 개종시키고 몇 개의 방어적인 무역항을 건설하고 동쪽에 스와힐리 무역 도시의 통치권을 얻기도 했다. 그러나 그들은 너무 드문드문 퍼져나갔기 때문에 다양한 식민지화 활동을 하는 데는 실패했다. 단지 현대 앙골라와 모잠비크 해안을 따라서만 일정 규모 이상의 아프리카인과 포르투갈의 혼혈인 인구가 출현했고 포르투갈이 권력을 유지했다. 스와힐리 혹은 동부 해안의 포르투갈인은 결국 오만 출신 아랍인에 의해 축출되었으며, 이 지역은 아랍인들이 무역에 기반한 제국을 건설하였다.

포르투갈이 실패한 주요 이유 중 하나는 아프리카의 질병 환경 때문이다. 말라리아 및 다른 열대병에 대한 저항력이 없었기 때문에, 아프리카 본토에 남아 있던 모든 유럽인 중 거의 절반이 1년 이내에 사망했다. 아프리카 군대와 그들의 땅에서 발생하는 질병으로 인한 보호 덕분에, 아프리카 국가들은 1800년대에는 유럽 무역상과 모험가에 비해 유리한 위치를 잘 유지할 수 있었다. 토착민들을 황폐화시켰던 서구 세계 질병을 가져옴으로써 유럽인의 정복이 용이했던 아메리카 대륙과는 반대로(제4장과 제5장 참조) 사하라 이남 아프리카에서는 풍토병이 19세기 중반까지 유럽인의 정착을 제한했다.

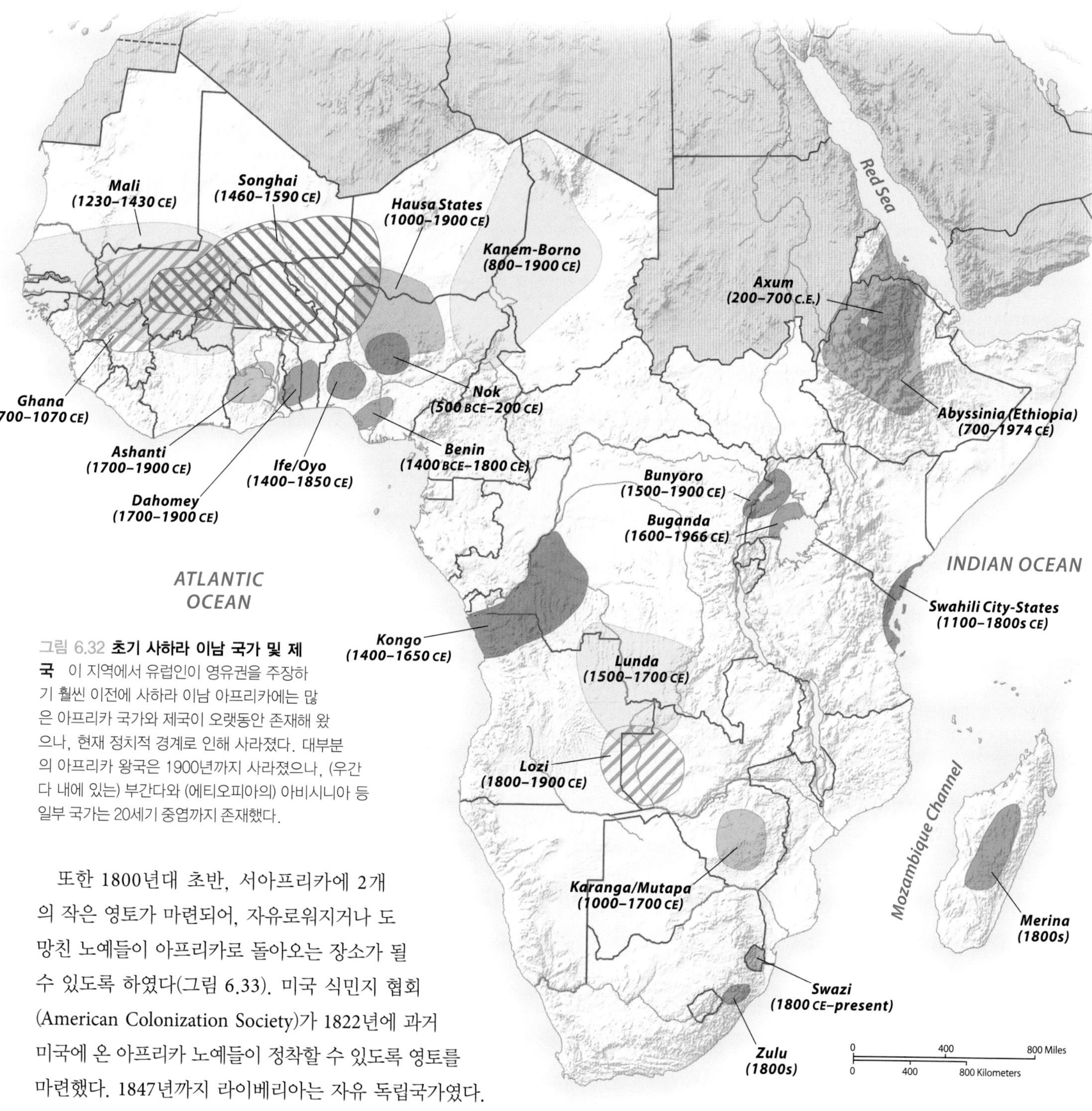

그림 6.32 **초기 사하라 이남 국가 및 제국** 이 지역에서 유럽인이 영유권을 주장하기 훨씬 이전에 사하라 이남 아프리카에는 많은 아프리카 국가와 제국이 오랫동안 존재해 왔으나, 현재 정치적 경계로 인해 사라졌다. 대부분의 아프리카 왕국은 1900년까지 사라졌으나, (우간다 내에 있는) 부간다와 (에티오피아의) 아비시니아 등 일부 국가는 20세기 중엽까지 존재했다.

또한 1800년대 초반, 서아프리카에 2개의 작은 영토가 마련되어, 자유로워지거나 도망친 노예들이 아프리카로 돌아오는 장소가 될 수 있도록 하였다(그림 6.33). 미국 식민지 협회(American Colonization Society)가 1822년에 과거 미국에 온 아프리카 노예들이 정착할 수 있도록 영토를 마련했다. 1847년까지 라이베리아는 자유 독립국가였다. 시에라리온 역시 영국령 카리브 해에서 과거 노예였던 사람의 정착을 위해 만들어졌으나, 1960년대까지 영국의 섭정 체계가 유지되었다. 이 영토를 만들었던 본래의 의도에도 불구하고, 그들 역시 식민지였다. 특히 라이베리아는 그들의 새로운 '아프리카' 지도자를 경멸하는 기존 토착민 문제를 가지게 되었다.

아프리카 쟁탈전 1880년대 이 지역에 대한 유럽 식민주의는 소위 아프리카 쟁탈전이라 불리면서, 빠른 속도로 가속화되었다. 그때까지 기계총의 발명으로 어떤 아프리카 국가도 유럽의 힘에 오랫동안 저항하지 못했다.

아프리카의 식민화가 격렬해지면서, 영국, 프랑스, 벨기에, 독일, 이탈리아, 포르투갈, 스페인 등 식민지 국가 간 긴장이 더욱 커졌다. 위험스러운 전쟁 대신, 13개 국가는 1884년 독일의 비스마르크 주재로 열린 **베를린 회의**(Berlin Conference)로 알려진 이 회의를 위해 베를린에서 모였다. 회의에는 어떤 아프리카 지도자도 참석하지 않은 상태에서 무엇이 영토에 대한 '효율적인 통치' 방식일 것인가를 결정하기 위한 규칙이 만들어졌고, 사하라 이남 아프리카는 모노폴리 게임에서의 재산처럼 분할되고 거래되었다(그림 6.33 참조).

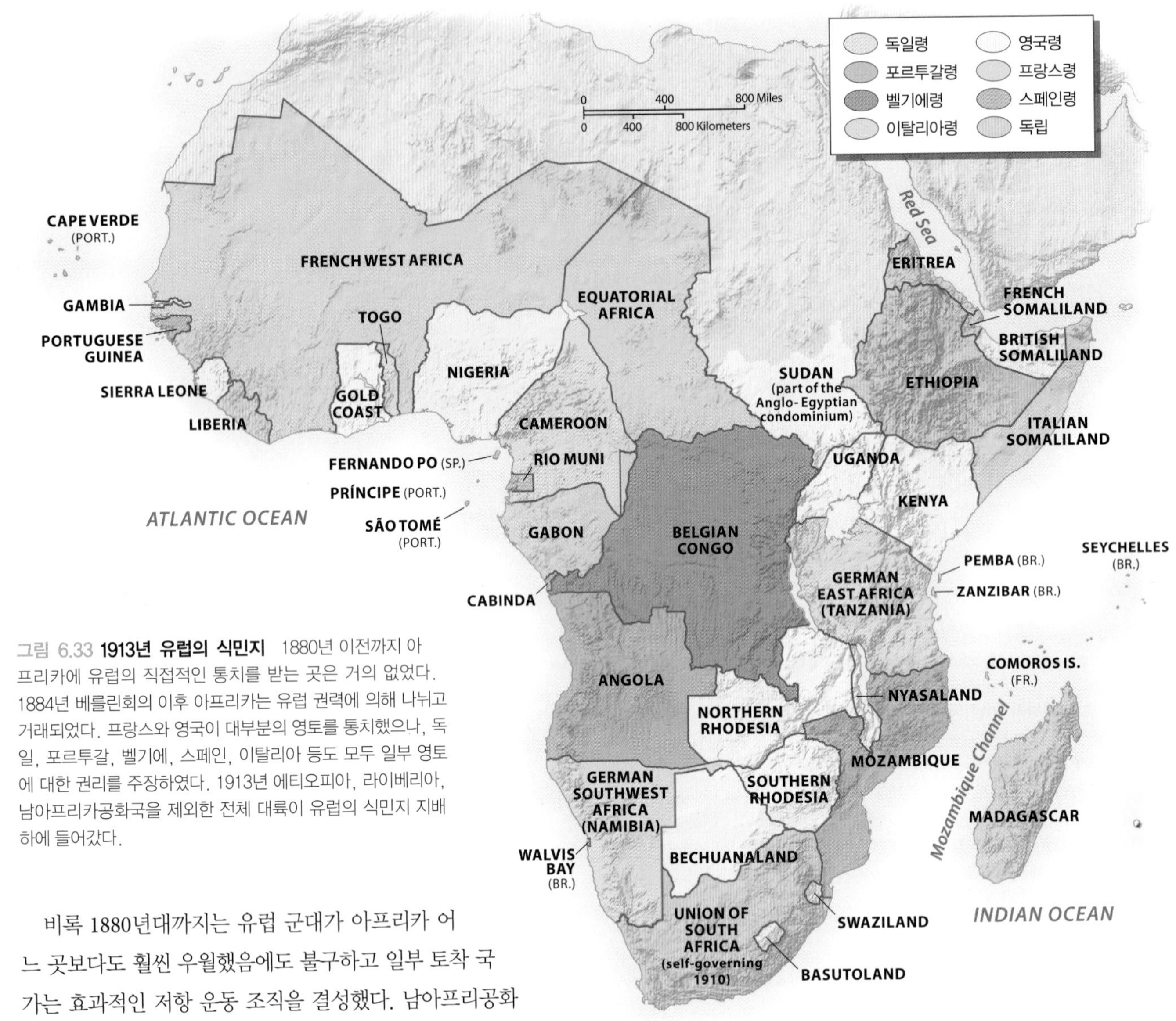

그림 6.33 **1913년 유럽의 식민지** 1880년 이전까지 아프리카에 유럽의 직접적인 통치를 받는 곳은 거의 없었다. 1884년 베를린회의 이후 아프리카는 유럽 권력에 의해 나뉘고 거래되었다. 프랑스와 영국이 대부분의 영토를 통치했으나, 독일, 포르투갈, 벨기에, 스페인, 이탈리아 등도 모두 일부 영토에 대한 권리를 주장하였다. 1913년 에티오피아, 라이베리아, 남아프리카공화국을 제외한 전체 대륙이 유럽의 식민지 지배하에 들어갔다.

비록 1880년대까지는 유럽 군대가 아프리카 어느 곳보다도 훨씬 우월했음에도 불구하고 일부 토착 국가는 효과적인 저항 운동 조직을 결성했다. 남아프리공화국에서 줄루족 전사는 앵글로-줄루 전쟁(1879~1896)이 일어났던 땅에 대한 영국의 침략에 저항했다. 실제로 유럽 군대는 에티오피아를 제외한 모든 곳에서 우세했다. 이탈리아는 1890년까지 멀리 북부 고지대(현재 에리트레아)와 홍해 연안을 정복했으며, 그들의 관심을 빠르게 아비시니아라는 에티오피아 왕국으로 돌렸다. 아비시니아는 수십 년 동안 활발하게 영토를 확장시켜 온 곳이었다. 그러나 1896년 아비시니아는 침략하는 이탈리아 군대를 격퇴시켰으며, 유럽 권력의 관심을 받게 되었다. 1930년대 파시스트 정부인 이탈리아가 초기의 패배를 회복하기 위해, 에티오피아로 이름을 바꾼 이곳을 침략해 독가스와 항공 포격으로 속전속결로 승리했다. 그러나 에티오피아는 1942년에 자유를 되찾았다.

독일은 아프리카 쟁탈전의 주요 선동국이었으나 제1차 세계대전의 패배로 어려움을 겪은 후 식민지를 모두 잃었다. 영국과 프랑스는 독일이 가지고 있던 아프리카 식민지의 대부분을 분할해 나눠 가졌다. 그림 6.33은 1913년 독일이 식민지를 잃기 이전의 이 지역 식민지 상태를 보여주고 있다.

유럽 국가들이 아프리카 통치를 공고히 하는 동안 남아프리카공화국은 적어도 백인 인구를 위한 정치적 독립에 한 발짝 나아갔다. 남아프리카공화국은 사하라 이남 아프리카에서 가장 오래된 식민지 중 하나였으며, 1910년 최초로 유럽으로부터 정치적 독립을 얻게 되었다. 그러나 정형화된 차별과 인종차별주의 체계로 인해 이 독립이 자유의 상징이라고는 볼 수 없었다. 아이러니하게도 보어인이 1948년에 소개된 **아파르트헤이트**(apartheid)(혹은 인종 분리) 정책을 통해 백인이 아닌 인구를 정치적, 사회적으로 더욱 공고히 통제하는 사이, 대륙의 나머지 지역에서는 유럽으로부터 정치적 독립을 준비하고 있었다.

탈식민지화와 독립

사하라 이남 아프리카의 탈식민지화는 1957년에 다소 빠르고 평화적으로 시작되었다. 그러나 독립운동은 대륙 전체에서 싹텄으며 이는 1900년대 초반까지 거슬러 올라간다. 노동조합과 독립신문 등이 아프리카인들의 불만과 자유에 대한 희망을 표현하는 목소리가 되었다.

1950년대 사하라 이남 아프리카 내 정치적 수요와 유럽 내 태도 변화로 인해 후반 영국, 프랑스, 벨기에의 지도자들은 더 이상 아프리카에 제국을 유지할 수 없었다는 것을 알게 됐다. (이탈리아는 제2차 세계대전 동안 그들의 식민지를 이미 잃었고, 대신 영국이 소말리아와 에리트레아를 얻었다.) 일단 탈식민화가 시작되고 나자, 그 과정이 빠르게 진행되었다. 1960년대 중반까지 실질적으로 전체 지역이 독립을 이루었다. 남부 아프리카를 제외한 대부분의 지역에서 이러한 전환이 상대적으로 평화롭고 부드럽게 진행되었다.

역동적인 아프리카 지도자들은 독립 이후 초기 몇십 년간 지역에서 많은 일을 수행했다. 예를 들어 케냐의 조모 케냐타, 코트디부아르의 펠릭스 우푸에부아니, 탄자니아의 줄리어스 니에레레, 가나의 콰메 은크루마 등은 새로운 국가를 만들어 강력한 아버지 이미지를 가지게 되었다(그림 6.34). 아프리카에 대한 은크루마 대통령의 비전은 가장 대범한 것이었다. 1957년 가나의 독립을 도운 이후, 그의 궁극적인 열망은 아프리카의 정치적 통일이었다. 그의 꿈은 실현되지 않았으나, 1963년 아프리카통일기구(Organization of African Unity, OAU)의 창설을 위한 장을 마련했다. 아프리카통일기구는 2002년에 **아프리카연합**(African Union, AU)으로 이름을 바꾸었다. 아프리카연합은 대륙 차원의 조직으로, 주요 역할은 인접 국가 간 분쟁을 조정하는 것이었다. 1970년대와 1980년대에는 남아프리카공화국의 다수결 원칙에 대한 지속적인 반대의 목소리를 냈으며, 아프리카연합은 남부 아프리카의 민족 갈등과 인도주의적인 긴급 상황에 개입하였다.

남아프리카에서의 독립 투쟁 남아프리카의 독립은 쉽게 이루어지지 않았다. 남로디지아(현재 짐바브웨)에서는 25만 명의 백인 거주자가 이 지역 대부분의 대규모 농장을 소유하고 있었던 것이 문제였다. 그 국가에 있는 다수의 흑인에게 권력을 넘기고 싶지 않았던 약 600만 명의 정착민들이 1965년 스스로를 독립된 백인 우월 국가의 통치자라고 선언했다. 그러나 흑인 거주자는 저항을 계속했으며, 1978년에 로디지아 정부는 권력을 포기할 것을 강요받았다. 짐바브웨로 이름을 바꾼 이 나라는, 남아 있는 백인이 여전히 경제적으로 특권층을 형성하고 있기는 하지만, 그 이후 다수의 흑인이 통치하였다. 1990년대 중반 이래 정부의 토지 개혁에 대한 논쟁(백인이 소유하고 있던 대부분의 상업용 농장을 분할해 흑인 농부들에게 주는 방안)과 로버트 무가베 대통령의 강점 정치는 국가 경제의 붕괴뿐 아니라 심각한 인종적 · 정치적 갈등을 초래했다.

과거 포르투갈의 식민지는 폭력적인 방법으로 독립을 맞았다. 다른 제국주의 권력과는 달리 포르투갈은 1960년대 식민지를 양도하는 것을 거부했다. 그 결과 앙골라와 모잠비크 국민들은 무장투쟁으로 전환했다. 가장 강력한 저항운동 조직은 사회주의자 입장을 채택했으며, 소비에트연방과 쿠바의 지원을 받았다. 그러나 1974년 새로운 포르투갈 정부가 권력을 잡으면서 아프리카 식민지에서 갑작스레 철수했다. 이에 따라 모잠비크와 앙골라에서 마르크스주의 정부가 재빨리 정권을 잡게 되었다. 미국과 남아프리카공화국은 새로운 정부에 반대하는 반란 집단에게 무기를 공급함으로써 위협에 대응했다. 앙골라와 모잠비크에서의 싸움은 30년을 질질 끌었다. 두 나라의 농촌 지역은 현재 거의 사용할 수 없는 정도로 지뢰가 쌓여 있다. 그러나 냉전 시대가 끝나면서 외부인들은 이 오랫동안 지속됐던 갈등의 의미를 잃었으며, 평화가 정착될 수 있도록 협상의 노력을 시작했다. 모잠비크는 1990년대 중반 이후 평화를 찾았다. 앙골라는 수차례 평화를 위한 시도가 실패한 후, 2002년 반란군과 앙골라 군대가 함께 평화협정에 서명함으로써 30만 명 이상이 죽고 300만 명의 앙골라 사람을 강제로 쫓아냈던 27년간의 갈등이 종식되었다. 평화와 함께 앙골라에 매장된 상당량의 석유가 중국 투자에 의해 채굴되고 있다.

남아프리카공화국의 아파르트헤이트 종식 과거 포르투갈의 영역이었던 곳에서 싸움이 지속되는 동안,

그림 6.34 **줄리어스 니에레레 동상** 1961년부터 1985년 대통령 직을 그만둘 때까지 독립 지도자였던 줄리어스 니에레레는 탄자니아의 창시자이다. 이 동상은 도도마에 있는데 이곳은 1996년부터 수도였다. 예전 수도였던 다르에스살람은 아직도 가장 큰 도시이며 여러 정부 청사가 있다.

남아프리카공화국 역시 커다란 전환 과정을 겪었다. 1948년부터 1980년대를 거치면서 남아프리카공화국 정부는 공고한 백인 우월주의를 유지하고 있었다. 아파르트헤이트 정책에 따라, 오직 백인만이 진정한 정치적 자유를 누렸고, 흑인은 자신의 나라에서 시민권을 얻는 것조차 거부되었다. 기술적으로 이들은 흑인 자치구역(homelands)의 시민이었다.

남아프리카공화국은 제1차 세계대전이 끝난 후 섭정(다른 나라의 정부 밑에 정치적으로 종속되어 있는 형태)을 해왔던 나미비아로부터 철수했던 1990년에 이 지역에서 최초의 변화가 일어났다. 남아프리카공화국은 현재 아프리카에서 유일하게 백인이 더 많은 국가이다. 몇 년 후, 아프리카너가 지배적인 정당의 지도자는 변화에 대한 국내외적 압력에 더 이상 저항할 수 없다고 결정했다. 1994년 자유선거를 통해 구체제하에서 27년간 투옥되었던 흑인 지도자인 넬슨 만델라가 아프리카국가의회(African National Congress) 정당 출신의 신임 대통령이 되었다. 흑인과 백인 지도자는 과거는 뒤로 하고 새로운 다인종 국가인 남아프리카공화국을 건설하기 위해 함께 하자고 약속했다. 그 이후로 규칙적으로 선거를 치러, 타보 음베키가 두 차례(1999~2009) 선출됐다. 제이콥 주마는 2014년 선거에서 승리해 두 번째 임기를 수행 중이다.

그러나 불행히도 아파르트헤이트의 잔재는 쉽게 청산되지 않았다. 주거지 분리는 공식적으로 불법이지만, 근린 지역은 여전히 인종을 따라 정확하게 구분되어 있다. 다인종 정치 체계하에 흑인 중산층이 생겨났지만, 대부분의 흑인은 여전히 극도의 가난 상태에 있으며 반면 대부분의 백인들은 부유하다. 폭력 범죄가 증가하고 있고, 농촌 이주자와 이민자가 남아프리카공화국 도시로 몰리면서, 특히 요하네스버그에서 인종 혐오주의자 같은 사람들의 이주민 반대 등 반발이 생기고 있다. 즉, 정치의 변화가 중요한 경제적 전환과 일치하지 않음에 따라 많은 사람들의 희망이 좌절되고 있다.

정치적 갈등 감내하기

대부분의 사하라 이남 국가가 상대적으로 평화적인 독립을 맞았음에도 불구하고, 실질적으로 모든 국가는 독립과 함께 정치적, 제도적으로 어려운 문제에 직면했다. 일부의 경우 구정권은 식민지에서 독립하는 데 거의 아무것도 하지 않았다. 독립 정부에서 제도적 틀의 부재로, 콩고민주공화국과 같은 나라는 시작부터 혼란스러운 상황을 맞았다. 고등교육을 받은 콩고인은 극히 일부였기 때문에 행정 관료직을 위해 알아서 훈련하게끔 되어 있었다. 고유의 아프리카 정치 체계는 식민지가 되면서 모두 파괴되었고 대부분의 경우는 정치 체계가 그 지역에 만들어지지 않았다.

장기적으로 더욱 문제가 되는 것은 신생 독립국들의 정치지리학이었다. 공무원들은 늘 교육될 수 있고, 행정 시스템도 갖추어질 수 있지만 이 지역의 기본적인 정치 지도를 다시 짜는 일은 거의 할 수 없었다. 문제는 유럽의 식민지 권력이 아프리카 영토를 구분하거나 제국의 영토 내에서 행정 조직을 세분하는 일 등에 있어서 아프리카의 고유한 문화적 · 정치적 경계를 무시해 왔다는 사실이다.

독재의 지도 아프리카 전역에서 다양한 민족 집단이 다양한 언어와 종교적 배경이 다른 사람과 같은 국가 내에서 살도록 강요받았으며, 이들 중 상당수는 최근 서로 적이 되기도 했다. 동시에 지역에서 일부 대규모 민족 집단의 영토가 둘 이상으로 구분되어 있는 것을 발견할 수도 있다. 예를 들어 서아프리카의 하우사인은 (이전 프랑스 영토였던) 니제르와 (이전 영국 영토였던) 나이지리아로 나뉘었으며, 각각은 과거 적대적인 집단과 함께 하나의 나라로 묶이게 되었다.

외부인이 그은 정치적 경계로 인해 많은 아프리카 국가가 상식적인 국가 정체성이나 안정적인 국가 제도를 만들기 위해 고전하고 있다는 것은 의심의 여지가 없다. **종족의식**(tribalism) 혹은 국가보다는 민족 집단에 대한 충성심은 아프리카 정치 생활의 골칫거리로 나타난다. 특히 농촌 지역에서 종족의 정체성은 국가 정체성보다 훨씬 중요하다. 왜냐하면 거의 모든 아프리카 국가가 식민지 시대에 그어진 부적절한 국경을 이어받았기 때문에, 토착민의 정체성에 근거해 새로운 정치 지도를 그리면 더 잘 그릴 것이라고 가정할 수도 있다. 그러나 신생 독립국의 모든 지도자가 깨달은 것처럼 그런 전략은 불가능하다. 새로운 국경 구분은 승리자와 패배자를 만들어내게 될 것이고 따라서 더 많은 갈등을 초래하게 되었을 것이다. 게다가 사하라 이남 아프리카의 민족 구성은 전통적으로 유동적이고 많은 민족 집단이 상호 혼합되어 있기 때문에 정확하게 구분하는 것은 매우 어려웠을 것이다. 마지막으로 대부분의 아프리카 민족 집단은 독자적으로 생존 가능한 국가를 형성하기에는 너무 작다고 여겨진다. 그런 복잡함을 가지고 있었기 때문에, 새로운 아프리카 지도자들은 1963년 아프리카통일기구(OAU)를 결성하기 위한 회의에서 식민지 시대의 국경을 그대로 유지하는 것에 대해 동의했다. 이 원칙을 위반하면 국가 간 무의미한 전쟁과 국가 내 끝없는 시민 간 투쟁을 가져오게 될 것이었다.

기존 정치적 경계 내에서 새로운 국가를 건설한다는 아프리카 지도자의 결정에도 불구하고, 국가에 대한 도전이 독립 직후 시작되었다. 그림 6.35는 2005년 이래 아프리카의 일부를 불구로 만들어온 정치적 · 민족적 갈등을 지도화한 것이다. 이러한 혼동으로 사람들이 지게 된 비용은 수백만 명의 난민과 국내 피난민들이다. **난민**(refugees)은 인종, 민족, 종교 혹은 정치적 성향으로 박해를 받을 두려움으로 인해 자신의 국가를 떠난 사람들이다. UN에 따르면 2013년 말 거의 360만 명의 사하라 이남 아프리카인이 난민인 것으로 알려져 있으며 총 인구의 1/3이 난민인 소말리아를 포함한 것이다. 이 수치에 더해 760만 명의 **국내 피난민**(internally displaced persons, IDPs)이 있다. 이들은 갈등으로 살던 곳을 떠났지만 자신의 나라에는 거주하고 있는 사람들이다. 콩고민주공화국은 국내 피난민의 수치가 300만 명으로 가장 많으며, 중앙아프리카공화국이 90만 명으로 그 뒤를 따르고 있다. 말리와 남수단의 국내 피난민 수 또한 증가하고 있다. 이들은 엄밀히 따져서 난민으로 포함되지 않아 인도주의적인 비정부기구나 UN에서 이들을 돕는 데 어려움을 느끼게 만든다.

민족 갈등 1990년대 아프리카 지역에 있는 국가의 거의 2/3는 민족 갈등을 경험했으며 르완다의 경우는 심지어 대량 학살을 경험했다. 그림 6.35에서 보여주는 것처럼, 2005년 이후 많은 갈등이 사헬 지역과 중앙아프리카에서 발발했다. 다행히 최근 몇 년간 시에라리온, 라이베리아, 코트디부아르, 앙골라 등 1990년대부터 2000년대 초반까지 많은 수의 난민을 발생시켰던 국가에 평화가 돌아왔다.

많은 사람들은 시에라리온과 라이베리아에서 폭력의 악순환은 재정적 갈등의 수단인 다이아몬드의 유용성 탓이었다고 본다. 비록 자원과 갈등과의 관계가 복잡하지만 **불법 거래되는 다이아몬드**(conflict diamonds)라는 말은 1990년대 서아프리카의 다이아몬드 거래에 대한 논의로부터 나왔다(일상의 세계화 : 아프리카에서의 다이아몬드 약혼 반지의 유래 참조). 불법 거래되는 다

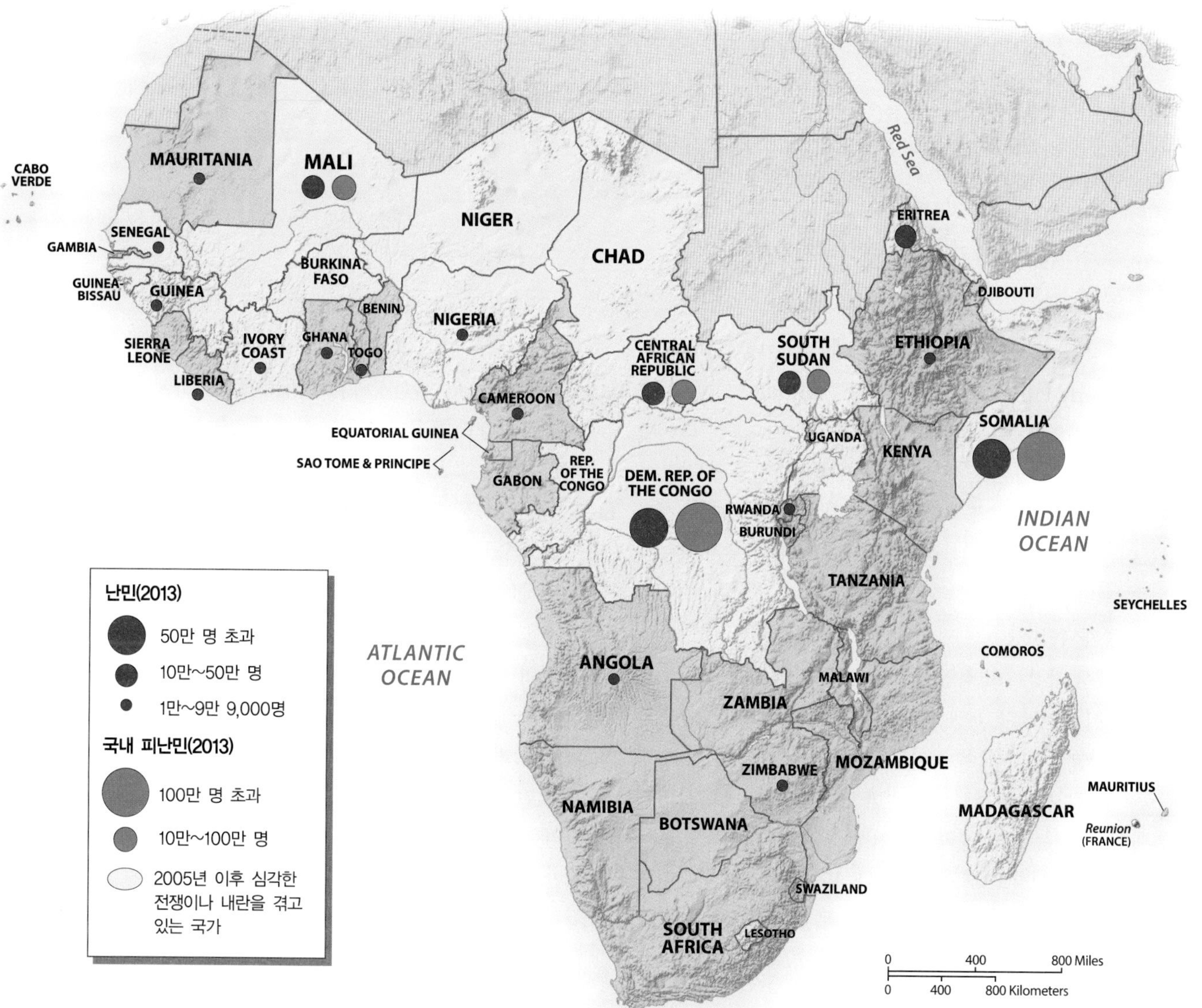

그림 6.35 **지정학적 이슈** 2005년 이래 많은 사하라 이남 국가에서 전쟁과 심각한 내란을 경험했다. 이 국가에서는 난민과 국내 피난민이 발생되었다. 2013년 현재 360만 명의 아프리카인이 난민이었고, 760만 명이 국내 피난민이다. 오늘날 가장 큰 우려가 있는 곳은 콩고민주공화국, 남수단, 소말리아, 중앙아프리카공화국과 말리이다.

일상의 세계화

아프리카에서의 다이아몬드 약혼 반지의 유래

다이아몬드 약혼 반지의 전통은 20세기 남아프리카공화국의 거대한 다이아몬드 시장을 주도했던 남아프리카공화국 기업인 드비어스의 뛰어난 광고 효과에서 비롯되었다. 드비어스 연합 광산(DeBeers Consolidated Mines)이 1888년에 설립되었으며 보츠와나, 나미비아, 캐나다에 있는 금광까지 안정적으로 확장되었으며, 전 세계 다이아몬드 거래의 90%를 통제했다(그림 6.3.1). 드비어스의 천재적 전략은 세 단계로 되어 있는데, 질 높은 다이아몬드의 공급을 늘리고, 세계 시장을 통제하며, 늘어나는 중산층에게 다이아몬드는 사랑의 상징이라는 확신을 심어주는 것이다. 드비어스는 1920년대 유럽에서 서서히 판매하다가, 구혼자에게 다이아몬드 반지를 위해 한 달 월급을 쓰라고 설득하는 전략과 함께 미국에서 판매를 시작했다.

불법 거래되는 다이아몬드 드비어스는 러시아가 주요 다이아몬드 생산자가 되었던 1990년대에 드비어스 상품 사슬의 밖에서 팔리고 있는 정체 불명의 다이아몬드를 추적했다. '불법 거래되는 다이아몬드'라는 사고가 또한 당시에 나타났는데 아프리카 다이아몬드의 이미지를 훼손시키는 것이었다. 오늘날 다이아몬드 인증 과정은 진품 다이아몬드에 대한 우려는 덜어주었지만 드비어스의 시장 점유력 또한 떨어지게 했다. 비록 남아프리카에서 여전히 주요 사업자이지만 드비어스는 현재 다이아몬드 생산의 40% 정도를 차지한다.

그림 6.3.1 다이아몬드 거래 젊은 다이아몬드 세공사가 보츠와나 가보로네 지역에서 다듬은 2캐럿짜리 다이아몬드를 체크하고 있다. 2008년 다이아몬드 생산국인 보츠와나 정부는 새로운 직업과 소득을 위해 드비어스와 제휴하여 고유의 다이아몬드 거래 기업을 시작했다.

1. 세계화가 드비어스의 다이아몬드 시장 통제를 어떻게 약화시켰는가?
2. 다이아몬드 반지가 아직도 약혼하는 사람에게 인기가 있는가? 최근 미디어에서 본 다이아몬드 반지 광고를 설명해 보자.

이아몬드에 대한 공공의 우려에 대한 결과 중 하나로 킴벌리 프로세스(Kimberly Process)라고 하는 인증 계획이 2002년에 채택되었다. 이 계획의 목표는 세계 시장에서 불법 거래되는 다이아몬드를 없애고 다이아몬드 사업의 이미지를 더럽히지 않도록 하는 것이다. 2002년 라이베리아로부터 확산된 폭력 사태로 시작된 갈등이 일어났던 코트디부아르에서는 북쪽의 뉴포시즈(New Forces)라는 반란 집단과 정부가 통치하던 남부 간에 2007년 평화협정이 중재되었다.

이 지역에서 가장 치명적인 민족적 및 정치적 갈등은 콩고민주공화국에서 일어났다. 1998년부터 2010년 사이에 약 540만 명의 사람이 사망한 것으로 추정되고 있다. 물론 이들 중 많은 경우는 총이나 칼보다는 전쟁으로 인한 기아와 질병으로 사망했다. 현재 UN에서는 50만 명의 난민이 발생했으며 300만 명의 국내 피난민이 발생했다고 보고하고 있다. 1996~1997년 우간다와 (투치족이 이끄는) 르완다에서 온 느슨한 무장 세력 동맹은 콩고에 있는 다른 군대와 연합하였으며, 로랑 카빌라를 대통령으로 취임시키면서 그 나라 전역으로 진격했다. 2001년 암살로 끝날 때까지 카빌라의 불안정하고 무자비한 통치하에서, 반란 세력이 다시 르완다와 우간다로부터 침략해 콩고민주공화국의 북쪽과 동쪽 지방을 통치하였다. 반면, 킨샤사에 근거를 둔 정부는 서부와 남부 지역을 느슨하게 통치했다.

카빌라가 사망한 뒤, 그의 아들 조세프가 통치했으며 2002년 반란 세력과 평화조약을 맺었다. 2003년 반란 지도자가 과도정부에서 역할을 하면서, UN과 아프리카연합, 서구 사회의 도움을 받아 불안정한 평화가 자리 잡았다. 놀랍게도 2006년에 선거에서 조세프 카빌라가 대통령으로 당선되었으며 2011년 재당선되었다. 하지만 사하라 이남 아프리카에서 영토가 가장 큰 이 국가는 민주주의에 대한 경험이 거의 없었으며, 그곳에 살고 있는 거의 7,500만 명의 주민에게 실제 필요한 도로라든가 쓸 수 있는 기반시설은 거의 없었다. 게다가 무장한 군대가 국가 전역에 흩어져서 대규모 강간, 고문, 살인과 같은 심각한 범죄를 저지르고 있다. 이런 장기간의 갈등으로 인해 공식적인 경제는 소규모이고 비공식 경제가 우세하다. 폭력 수준은 현재 낮아졌지만 여전히 아프리카에서 가장 문제가 많은 국가 중 하나이다.

북부 말리에서는 2012년 아자와드 해방을 위한 투아레그 민족운동(Touareg-based National Movement for the Liberation of Azawad, MNLA)이 만데어를 사용하는 사람들이 지배하는 남쪽의 바마코 정부로부터의 독립을 주장하면서 강도가 낮은 민족 분쟁으로 가열되었다. MNLA는 아랍의 봄으로 인한 카다피 정부의 붕괴 이후 리비아로부터 돌아온 무장한 투아레그 전사들에 의해 2011년에 만들어졌다. 전투가 심화되면서 바마코 수도에 있던 쿠데타 군이 2012년 3월 투레 대통령을 자리에서 축출했다. 쿠데타 지도자는 국가의 무능력에 불만을 품고 리비아로부터 무기를 받아 대담해진 투아레그 반란군과 싸웠다. 아프리카연합은 이러한 행동을 맹렬히 비난하고 말리가 아프리카연합의 조직이 되는 것을 유예시켰다. 하지만 UN이 추정한 바에 따르면 약 50만 명의 사람들이 계속되는 갈등으로 살던 곳에서 쫓겨나고 있으며 북쪽에 있는 수백만 명의 사람들이 식량 부족에 직면해 있다.

투아레그 독립 혹은 자치 이념은 수십 년 동안 지속되어 왔다. 최근 갈등이 북부 아프리카와 민족 간 경쟁에서 나타나는 정치적 사건에 의해 발생한 것처럼 보이지만 일부 다른 사람들은 농민과 유목민 간 전통적인 자원 이용 패턴을 어렵게 하는 기후 변화와 가뭄에 의해 발생된 생태적 압력을 갈등의 원인으로 지적한다. 자원 부족과 민족 간 충돌 사이의 명확한 연계는 없지만, 나이지리아에서 말리까지, 남수단에서 소말리아까지 이 지역에서 현재 발생하는 몇몇 갈등은 가뭄과 기근으로 더욱 취약해지고 있는 반건조 지역에서 발생하고 있다.

분파주의 운동 문제가 되는 아프리카의 정치적 경계는 종종 영토의 분리 독립 시도와 새로운 국가 형성을 가져오기도 했다. 당시 자이르의 한 주였던 샤바(혹은 카탕가) 주는 독립 직후 자이르로부터 벗어나기 위해 노력했다. 샤바 지역에서는 프랑스와 벨기에의 도움으로, 반란이 시작된 후 몇 년간 지속되었다. 비슷한 경우로, 석유가 풍부한 나이지리아 동남부의 이보족은 1967년 비아프라에서 하나의 독립국가를 선언하였다. 짧지만 잔인했던 전쟁으로 비아프라 지역을 굶겨서 항복을 받아내고 결국 나이지리아는 하나로 통일되었다.

1991년에는 소말리아 정부가 해체되었다. 그 영토에서는 그 뒤로 내전이 지속되고 있으며, 정치적 통제 부족으로 해적이 성장했다. 소말리아 해적은 인도양과 아덴 만에서 몸값을 챙기기 위해 배를 공격했다. 영토는 씨족 단위 군 지도자와 그들의 민병대가 통치했다. **씨족**(clans)은 종족의 한 갈래로, 가족보다 더 넓은 민족 집단인 사회적 단위이다. 갈등의 초기에는 소말리아 북부 지방은 소말리란드라는 새로운 국가로 독립을 선언했다. 소말리란드는 헌법, 기능적인 의회, 정부 부처, 경찰력, 사법부와 대통령까지 갖추고 있다. 또한 고유한 화폐와 여권도 만들었다. 그러나 아직도 이 영토는 국가로 인정받지 못하고 있다. 1998년 이웃 국가인 푼틀란드(Puntland)도 자치를 선언했지만 독립을 요구하지는 않는다. 한편 무장한 민병대를 거느린 이슬람 반란군은 모가디슈 인근 남쪽을 통제하고 있다. 지난 3년간 UN 평화유지군과 케냐 및 에티오피아 군대가 이 지역을 재탈환하기 위해 이 반란군과 싸우고 있다. 안전에 대한 요구가 지난 4년간의 가뭄으로 악화되었으며 인도주의적 긴급 구제가 필요하게 되었다. 2012년 소말리아 정부가 재조직되었으나 여전히 갈등 상황은 진행 중이다. 2013년 6월 모가디슈를 통치하고 있는 폭력적인 신생 이슬람 조직인 샤밥(Shabab)이 그 도시의 UN 시설을 폭파시켰다(그림 6.36).

이 지역에서 오직 두 지역만이 성공적으로 분리 독립했다. 1993년에 에리트레아는 20년간의 시민 투쟁 후에 에티오피아로부터 독립을 얻어냈다. 이 지역의 분리 독립이 놀라웠던 것은 에티오피아가 홍해로 가는 접근권을 포기하고 스스로를 내륙국으로 만들었기 때문이다. 그러나 에리트레아라는 국가의 형성이 평화롭게 이루어진 것은 아니었다. 수년간의 투쟁 후에, 에리트레아의 독립으로의 전환이 확연하게 잘 이루어지기 시작했다. 그러나 불행히도 이 두 국가 간 국경 분쟁이 1998년에 분출하여 10만 명이 사망하는 결과를 초래했다. 2000년에 평화에 대한 합의를 이끌어낸 뒤 싸움을 멈추었다. 두 번째는 남수단으로, 약 30여 년

그림 6.36 **소말리아 갈등** 샤밥 반란군이 2013년 6월 모가디슈에 있는 UN 시설을 공격한 뒤 소말리아 정부군이 그 도시의 거리를 순찰하고 있다. 이 나라는 25년이 넘는 기간 동안 고통받고 있다.

간의 북쪽 이슬람교도와 아랍인과 남쪽의 기독교와 애니미즘 간 폭력적인 갈등이 있고 난 뒤, 2011년 투표를 통해 수단으로부터 독립하게 되었다. 그러나 평화가 늘 이런 새로운 영토를 만들어 내는 것은 아니어서 2013년에 분출된 민족 간 긴장으로 인해 많은 수의 국내 피난민이 생겼다. 남수단과 에리트레아 같은 신생국이 경험하는 어려움은 아프리카 정치 지도의 큰 변화를 기대하기는 어렵다는 것을 말해준다.

 확인 학습

6.8 사하라 이남 아프리카의 정치 지도 뒤에 어떤 과정이 있으며, 왜 1960년대 이후에는 상대적으로 국경선의 변화가 적은가?

6.9 이 지역에서 최근 주요 갈등은 무엇이며 어디서 발생하고 있는가?

주요 용어 베를린 회의, 아파르트헤이트, 아프리카연합(AU), 종족의식, 난민, 국내 피난민(IDP), 불법 거래되는 다이아몬드, 씨족

경제 및 사회 발전 : 발전을 위한 몸부림

거의 어떤 수치를 보더라도 사하라 이남 아프리카는 세계에서 가장 가난한 지역이다. 세계은행 자료에 따르면 1993년에는 아프리카 인구의 61%가 극도의 빈곤 상태였으나, 현재는 인구의 41%가 극도의 빈곤 상태에 있으며 하루에 1.25달러 미만의 돈으로 생존하고 있다. 빈곤과 낮은 기대수명 때문에 아프리카 지역의 거의 모든 국가가 인간 발전 지수 부문에서 가장 낮은 순위를 차지하고 있다. 보츠와나, 적도기니, 모리셔스, 세이셸, 남아프리카공화국과 같은 인구가 적거나 자원이 풍부한 국가는 구매력 지수로 조정된 1인당 국민소득(GNI-PPP)이 더 높게 나타난다. 하지만 이 지역 평균은 2013년 약 3,300달러였다(표 A6.2). 비교하자면 세계에서 두 번째로 가난한 남부 아시아는 5,000달러였다.

2000년 이래 강력한 상품 가격, 새로운 기반시설, 향상된 기술(인구 전체가 거의 휴대전화 가입자임)로 인해 이 지역의 경제 전망은 밝다. 지난 10년 동안 1인당 실질소득이 20~30% 늘어났는데 그 전 20년 동안은 실질적으로 감소했었던 것과 대조적이다. 이 지역에 대한 가장 낙관적 전망은 민주주의의 강화, 더 커진 시민 참여, 폭력의 감소, 지역 내외에서의 투자 증대 등이다. 미국의 경제학자 제프리 삭스는 이 지역이 빈곤의 덫에서 벗어나기 위해서는 새로운 외국 원조와 투자의 실질적인 증가가 필요할 것이라고 제안한다.

아프리카 빈곤의 뿌리

과거 외부인들은 아프리카의 빈곤을 식민지 역사, 적절히 계획되지 않은 개발 정책, 부패한 통치 탓으로 돌렸다. 환경 탓으로 설명하는 사람은 지역의 척박한 토양, 불규칙적 강수 패턴, 항해가 가능한 하천의 부족, 독성이 있는 열대병 등이 이 지역의 저개발 원인으로 지적했다. 그러나 아프리카 빈곤에 대한 가장 적절한 설명은 현재는 환경적인 상황보다는 역사적 · 제도적 요소에서 찾는 것이다.

수많은 학자가 사하라 이남 아프리카의 경제생활을 쇠약하게 하는 데 영향을 미친 것으로 노예 무역을 꼽는다. 아프리카의 여러 곳에서 인구가 줄어들었으며, 많은 사람들이 가난하고 구매력이 없는 난민으로 전락했다. 식민주의는 아프리카 경제에 또 다른 치명타였다. 유럽 권력은 기반시설, 교육, 공중보건에는 거의 투자하지 않았으며, 자국의 이익을 위해 광물자원 개발과 농업자원 개발에만 주로 관심을 가졌다. 일부 플랜테이션 농업과 광업 지대만 식민지 체제하에서 약간 번영했으나, 강력한 국가 중심의 경제 발전은 실패하였다. 거의 모든 경우, 기본적인 교통과 통신 체계가 주변 지역과 연결되기보다는, 식민지 권력을 가진 국가로 직접 자원을 빼낼 수 있도록 특정한 지역과 행정 중심지를 연계하는 방식으로 설계되었다. 결과적으로 독립 이후 사하라 이남 아프리카 국가들은 정치 문제만큼이나 풀기 어려운 경제 및 기반시설의 문제에 직면했다.

실패한 개발 정책 독립 후 처음 10년은 많은 아프리카 국가에게 상대적인 번영과 낙관적 전망을 하던 시기였다. 대부분 광물 및 농업생산품 수출에 과도하게 의존했으며, 1970년대에는 상품 가격이 일반적으로 높게 유지되었다. 일부 외국자본은 이 지역에 매력을 느꼈고, 많은 경우 유럽 경제는 실제로 탈식민지 시대 이후에 성장했다.

1980년대 상품 가격이 하락하기 시작하자, 대부분의 사하라 이남 국가는 외채 부담에 짓눌리기 시작했다. 1990년대까지 대부분의 국가에서 경제 쇠퇴 상황을 겪고 있었다. 극심한 에이즈 위기뿐 아니라 1980년대와 1990년대 경제와 채무 위기는 국제통화기금과 세계은행으로부터의 **구조 조정 프로그램**(structural adjustment programs)을 유도했다. 이 프로그램은 정부 지출을 축소시키고 식량 지원을 삭감시키며, 민간 부문의 주도를 장려한다. 그러나 이 정책이 가난한 사람들, 특히 여성과 아동을 더 어려움에 빠뜨리는 원인이 되며, 주로 도시에서 사회적 저항을 가져온다. (남아메리카와 같은) 다른 저개발국과 비교해 볼 때 낮은 수치이긴 하지만, 경제 생산에 대한 비율로 보면 사하라 이남 아프리카의 채무가 세계에서 가장 높은 수준이다.

많은 경제학자는 사하라 이남 아프리카 정부가 역효과를 낳는 경제 정책을 수행했으며, 따라서 고통의 일부는 자초한 것이

라고 주장한다. 스스로 경제 기반을 닦고 과거 식민지 권력에 대한 종속성을 줄이고자 하는 열망으로, 모든 아프리카 국가는 경제에 대한 국가주의 코스를 따랐다. 더 구체적으로 말하면, 그들은 경쟁력이 없는 철강소와 여타 중공업을 육성했다. 지역의 화폐는 인위적으로 높게 유지되었는데 이는 수입상품을 소비하는 엘리트에게는 득이 되는 일이지만 수출은 악화시키는 것이었다.

부패 비록 부패가 대부분의 세계 어디든 널리 퍼져 있다 하더라도, 몇몇 아프리카 국가에서는 특히 더 확산되어 있는 것처럼 보인다. 이는 부분적으로 투명하고 대표적인 행정이 부족하고 공무원들은 월급과 전문성이 부족한 것이 원인이 된다. 한 국제적인 경영 전문 잡지의 조사에 따르면, 나이지리아가 세계에서 가장 부패한 나라이다. (그러나 회의주의적 시각에서는 경제적으로 큰 성공을 거둔 중국과 같은 일부 아시아 국가에서도 부패 정도가 높은 것으로 여겨져, 아프리카의 문제가 비단 부패만의 문제는 아니라고 지적한다.)

이 지역으로 수백만 달러의 대출과 원조가 쏟아져 들어오면서, 직위 고하를 막론하고 많은 공무원은 뭔가 떼어가고 싶은 유혹을 받아왔다. 과거 콩고민주공화국과 같은 일부 아프리카 국가에는 **도둑 정치**(kelptocracy) 국가라는 이름이 붙여졌다. 도둑 정치 국가는 부패가 제도화되어 있어서 대부분의 정치가와 행정 관료가 높은 비율의 국가 부를 해외로 빼돌리는 나라를 뜻한다. 1965년부터 1997년까지 (과거 자이르였던) 콩고민주공화국을 통치했던 모부투 대통령은 전설적인 도둑 정치가였다. 그의 국가가 엄청난 외채 위에 올라앉아 있는 동안 그는 벨기에 은행에 반복적으로 수십억 달러를 비축해 두었다.

경제 성장의 신호

이 지역 대부분의 경제는 성장하고 있다. 2000년부터 2009년까지 사하라 이남 아프리카의 평균 경제 성장률은 5.7%였다. 2009년 이후 4.2%로 속도가 줄어들고 있지만 여전히 1990년대 성장률보다 높은 수치이다.

일부 정책 결정자는 극빈곤층의 감소를 목표로 하는 국내외 원조가 지역의 경제 및 사회 발전에 기여해 왔다고 주장한다. 2015년 현재 극빈곤층에 속한 사람들의 비율이 줄어들고 있으며 더 많은 학생이 학교에 다니며 에이즈 바이러스/에이즈와 말라리아를 없애기 위한 전쟁에서 엄청난 성과를 거두었다. 이곳은 여전히 심각한 문제를 가지고 있는 세계에서 가장 가난한 지역이지만 세계와의 연결은 더 깊어지고 있으며 많은 경우 유익했다.

이 지역 경제에서 한 가지 밝은 점은 휴대전화와 디지털 기술의 성장이다. 유선 전화선이 매우 드물어서 지역 평균 100명당 1개의 전화선이 공급되어 있다. 그러나 휴대전화 이용자는 급등해 왔다. 2007년에 세계은행이 추산한 내용에 따르면 사하라 이남 아프리카에는 인구 100명당 23명이 휴대전화를 이용하고 있으며, 2013년까지 이 수치는 세 배가 되어 인구 100명당 66명이 이용할 것으로 보고 있다. 다국적 공급자가 현재 휴대전화 고객을 확보하기 위해 경쟁하고 있다. 관련 부서 전문가와 기업에서는 고객을 잡기 위한 마이크로 금융뿐 아니라 교육 도구, 날씨 및 건강 문제에 관한 업데이트를 해주는 어플리케이션을 제공하면서 새로운 휴대전화와 스마트폰 이용자를 찾고 있다(그림 6.37).

케냐에서는 인구의 39%가 인터넷을 이용하며, 사하라 이남 아프리카 전체 평균은 17%이다. (남아프리카공화국에 근거지를 둔) *Africa Good News*라는 웹사이트는 사하라 이남 사람들이 그들의 커뮤니티를 개발하고 세계와 보다 잘 연결될 수 있는 새로운 방법에 초점을 맞추고 있다.

새로운 기반시설의 급증 제한적인 포장도로와 철도는 국가 경제를 제약했지만 대규모 기반시설 설치 프로그램이 진행 중이다. 남아프리카공화국이 아프리카 국가 중 유일하게 국가 전체가 현대식 도로망을 갖추고 있는 곳이다. 최근 케냐는 나이로비에서 티카(Thika)까지 연결된 42km의 8차선 수퍼 고속도로를 개통했다. 이 고속도로는 이 도로 인근에 있는 많은 소도시를 변화시켰을 뿐 아니라 이 지역에 대한 중국의 투자가 늘어나고 있음을 보여주고 있다. 중국계 기업인 우이(Wu Yi) 사가 엔지니어링과 건설의 상당 부분을 담당하고 있기 때문이다.

지역 철도망을 개선하기 위한 2개의 주요 프로젝트가 현재 진행 중이다. 동아프리카에서는 기존 철도의 보수, 철도 궤도의 표준화, 케냐의 몸바사 항구까지 연결된 새로운 철도의 건설에 수

그림 6.37 **아프리카의 휴대 전화** 한 여성이 카메룬 야운데(Yaounde) 시장에서 휴대전화를 이용하고 있다. 엄청난 통신기술 향상과 함께 사하라 이남 아프리카에서 휴대전화 가입자는 2007년에서 2013년 사이에 세 배가 되었다.

십억 달러가 투자되고 있다. 르완다의 키갈리에서 출발하는 새로운 철도가 현재 건설 중이며 우간다까지 연결한 뒤에 케냐까지 확장될 예정이다. 또한 동아프리카 철도망을 남수단, 에티오피아, 콩고민주공화국의 동부 지역까지 확장할 계획도 있다. 이 4,800km 철도망을 위해 엄청난 엔지니어링 기술과 자금 일부가 중국에서부터 들어왔다(그림 6.38). 2015년 7개의 서아프리카 국가(코트디부아르, 가나, 토고, 베냉, 나이지리아, 부르키나파소, 니제르)에서 광물 및 기타 주요 생산품의 수출을 용이하게 하기 위해 3,000km의 철도를 보수, 건설, 통합하려는 계획을 발표했다. 내륙국인 부르키나파소와 니제르는 이 프로젝트 덕분에 교통 비용을 크게 줄일 수 있다.

마지막으로 주요 수자원과 에너지 프로젝트가 이 지역에서 진행 중이다. 에티오피아는 청나일에 르네상스 댐을 건설 중이다. 2017년 완공되는 이 댐은 아프리카 최대 규모가 될 것이다. 이 프로젝트의 규모에 대해 논란의 여지가 없었던 것은 아니다. 이집트의 하류 지방에서는 그 댐이 나일 강의 총 유량을 감소시킬 것이라고 깊이 우려하고 있다. 다른 국가에서는 추정되는 연간 에너지 생산량이 시간당 1만 5,000기가와트인 댐의 규모가 에티오피아에서 필요한 것보다 훨씬 더 크다는 점과 또한 이 댐이 환경에 끼치는 영향에 대해 제대로 고려되지 않았음을 불평하고 있다. 이 지역의 태양 에너지 잠재력 또한 매우 크다. 2014년 사하라 이남 아프리카 최대의 광발전 태양 에너지 프로젝트가 남아프리카공화국 킴벌리 근처에서 시작되었다. 이 광발전 태양열 프로젝트인 재스퍼 발전소는 매년 시간당 18만 메가와트를 생산할 수 있는데 이는 8만 가구에 전력을 공급할 수 있는 만큼의 양이다(그림 6.39). 이 재생 에너지 프로젝트는 전 세계에 태양열 발전소를 건설하는 Solar Reserve에 의해 개발되었다. 이 지역의 여러 다른 국가는 남아프리카공화국이 이끄는 태양열 발전 방식을 따르고 동시에 지역 고유의 특성을 고려한 발전 방식을 찾는 데 관심을 가지고 있다(지리학자의 연구 : 서아프리카에서의 지속 가능한 개발을 위한 비전 참조).

그림 6.38 **동아프리카 철도 건설** 케냐 노동자들이 새롭게 표준화된 철도 궤도를 놓고 있다. 이는 나이로비의 수도와 케냐의 항구인 몸바사 사이의 철도를 현대화하는 사업인, 중국이 자금을 댄 지역 철도 프로젝트의 한 부분이다. 동아프리카 전체에 있는 철도를 개선하는 계획이 수립 중이다.

그림 6.39 **태양 에너지** 남아프리카공화국의 포스트마스버그에 새롭게 건설된 재스퍼 태양 에너지 발전소는 8만 가정에 전력을 공급할 수 있다. 미국계 회사인 Solar Reserve가 건설한 이 발전소는 이 지역에서 지속 가능한 청정 에너지를 위한 모델이 되기를 희망한다.

세계 경제와의 연결

세계와 사하라 이남 아프리카의 무역 관계를 살펴보면, 사하라 이남 아프리카는 세계 경제의 2% 이내를 차지하며 제한적으로 이루어지고 있다. 전반적인 무역 수준은 지역 내외에서 모두 낮게 나타난다. 전통적으로 많은 수출품이 EU로 들어가는데, 특히 과거 식민지 권력을 가졌던 영국과 프랑스로 유입된다. 미국은 두 번째 수출품 유입국이다. 그러나 무역 패턴이 빠르게 변하고 있는데 아직 집단적으로는 EU 국가와 사하라 이남 아프리카 사이의 교역이 더 크지만 단독으로는 중국이 이 지역에 대한 최대 무역국이다. 2000년대 처음 10년간 중국과 사하라 이남 아프리카의 교역이 매년 평균 30%가 늘었다. 같은 시기에 인도 및 브라질과 사하라 이남 아프리카 사이의 교역 수준은 매년 20% 이상 성장했다.

사하라 이남 아프리카에서 최대 무역 파트너이자 투자자인 중국의 등장은 자원이 풍부하지만 저개발 지역인 이 지역에 대한 중국의 영향력에 대한 지정학적 논의를 불러일으켰다. 2013년에 중국의 시진핑 주석이 중국-아프리카 관계를 통해 상호 이익을 증진시키고자 탄자니아, 남아프리카공화국과 콩고민주공화국을 방문했다. 현재 사하라 이남 아프리카에서 일하고 있는 중국인 수는 여러 가지로 추정된다. 가장 높은 숫자는 중국에서 나온 자료로 100만 명 이상의 중국인 이민자가 이 지역에 자리를 잡았다고 주장하며, 가장 적게는 1/4 정도로 추산하고 있다. 중국인이 가장 많은 곳이 남아프리카공화국이라는 데에는 대부분이 동의하고 있는데, 중국인 이주민이 대략 20만~40만 명이다.

지리학자의 연구

서아프리카에서의 지속 가능한 개발을 위한 비전

펜다 아키우미는 늘 자신의 나라인 시에라리온의 환경과 발전에 대해 관심이 있었다. 영국에서 수문지질학을 공부한 아키우미는 시에라리온 농삼림부에서 수자원 개발 및 관리 컨설턴트로서 10여 년간 일했다. 그러나 그녀의 '유레카 순간'은 지리학을 공부하면서 자연과학과 사회과학 사이를 연결할 수 있는 다리를 발견했던 그 뒤에 다가왔다. "지리학이 왜 그렇게 중요한가에 대해 당신이 반드시 알아야 하는 것 한 가지는 우리가 무엇을 하든 어느 분야에 있든 궁극적으로 그것의 핵심은 인간에게 있다는 것입니다. 당신이 무엇을 하든 사람을 도울 수 있는 큰 기회를 갖는다는 겁니다"라고 아키우미는 말한다.

아키우미가 가장 좋아하는 것 중 하나는 우물 설치, 쌀 생산을 위한 습지 규제, 기초 수문지질학에 대해 남성 기술자 훈련 등을 수행하는 답사였다. 광산이 시에라리온 경제에 매우 중요했기 때문에 광산 부지 컨설턴트로도 일했다. 그 일을 하는 동안 그녀는 농촌 주민들은 이 프로젝트들에 대해 어떻게 생각하는지 궁금해졌다. "우리나라는 그런 투자를 할 때 사람들과 그들의 장소를 고려하지 않고 받아들여요."

1991년 발발한 피의 다이아몬드 전쟁으로 아키우미는 미국으로 이주하게 되었다. 거기서 한동안 가르치면서 자연지리와 문화지리를 포함하는 발전을 위해 총체적 접근을 하고자 했다. 결국 그녀는 텍사스주립대학에서 지리학 박사 학위를 받았다.

현재 플로리다 대학 부교수인 아키우미는 서아프리카에 대한 연구와 일을 계속하고 있다(그림 6.4.1). 그녀는 지리학 공부가 인문 환경의 동학, 특히 지역 주민이 종교 의식과 장례 등을 위해 이용하는 성지(상당한 문화적 의미를 지닌 하천, 호수, 개울)와 관습적 생활과의 상호 연계를 연구하는 것이 도움이 됐다고 말한다. 시에라리온 정부가 이러한 공간이 있음을 인식하고는 있지만 광산권을 따라오는 갈등이 생겼을 때 토착민의 주장은 종종 무시된다. "광산 산업이 지속 가능하고 갈등이 없는 광산으로 남기 위해 반드시 문화 유산을 존중하고 커뮤니티 참여를 촉진해야 합니다."라고 아키우미는 주장한다.

서아프리카가 직면한 가장 큰 도전 중 하나는 토착 시스템을 공평하게 생각하는 방식이 늘어나고 있는 것이다. 왜냐하면 식민지 정책이 식민지 이후의 정책과 법에 아직도 남아 있기 때문이다. 하지만 아키우미는 그녀가 함께 일하고 있는 농촌 주민들의 회복력에 대해 낙관적이다. "외부로부터의 영향과 압력에도 불구하고 그들 문화의 중요한 측면을 유지하는 방법을 발견하고 있다"고 그녀는 이야기한다.

그림 6.4.1 지속 가능성에 대한 토론 (오른쪽에서 네 번째 노랑과 초록이 섞인 옷을 입고 있는) 펜다 아키우미 교수가 시에라리온 농촌 지역에서 자원 실천 과정에 대해 마을 여성들과 이야기를 나누고 있다. 아키우미 교수는 현재 사우스플로리다대학교에서 지리학을 가르치고 서아프리카 연구를 수행한다.

1. 서아프리카에서 개발은 문화적 실천과 어떤 갈등이 있는가?
2. 현재 살고 있는 지역에서의 생활에 영향을 끼치는 개발 프로젝트의 사례를 들어보자.

원조 대 투자 여러 가지 방법으로 사하라 이남 아프리카는 상품의 흐름을 통해서라기보다는 재정 및 대출 자금의 흐름을 통해 세계 경제와 연계되어 있다. 그림 6.40에서 보는 것처럼 2013년 부룬디, 라이베리아, 말라위 같은 일부 국가에서 원조는 국민총소득의 20%를 넘는다. 이 원조의 대부분은 소수의 선진국에서부터 나온다(유럽, 북아메미카, 일본). 같은 해 이 지역에 대한 외국 개발 지원은 470억 달러 가치에 이른다. 보츠와나, 남아프리카공화국, 앙골라, 나이지리아 같은 나라는 상대적으로 지원을 거의 받지 않는데, 이는 이들 국가의 경제 규모가 크고 석유 및 광물자원이 풍부하기 때문이다.

많은 아프리카 국가에서 원조는 극도로 중요한 것임에도 불구하고 이 지역의 외국인 직접 투자가 점진적으로 증가하여 1995

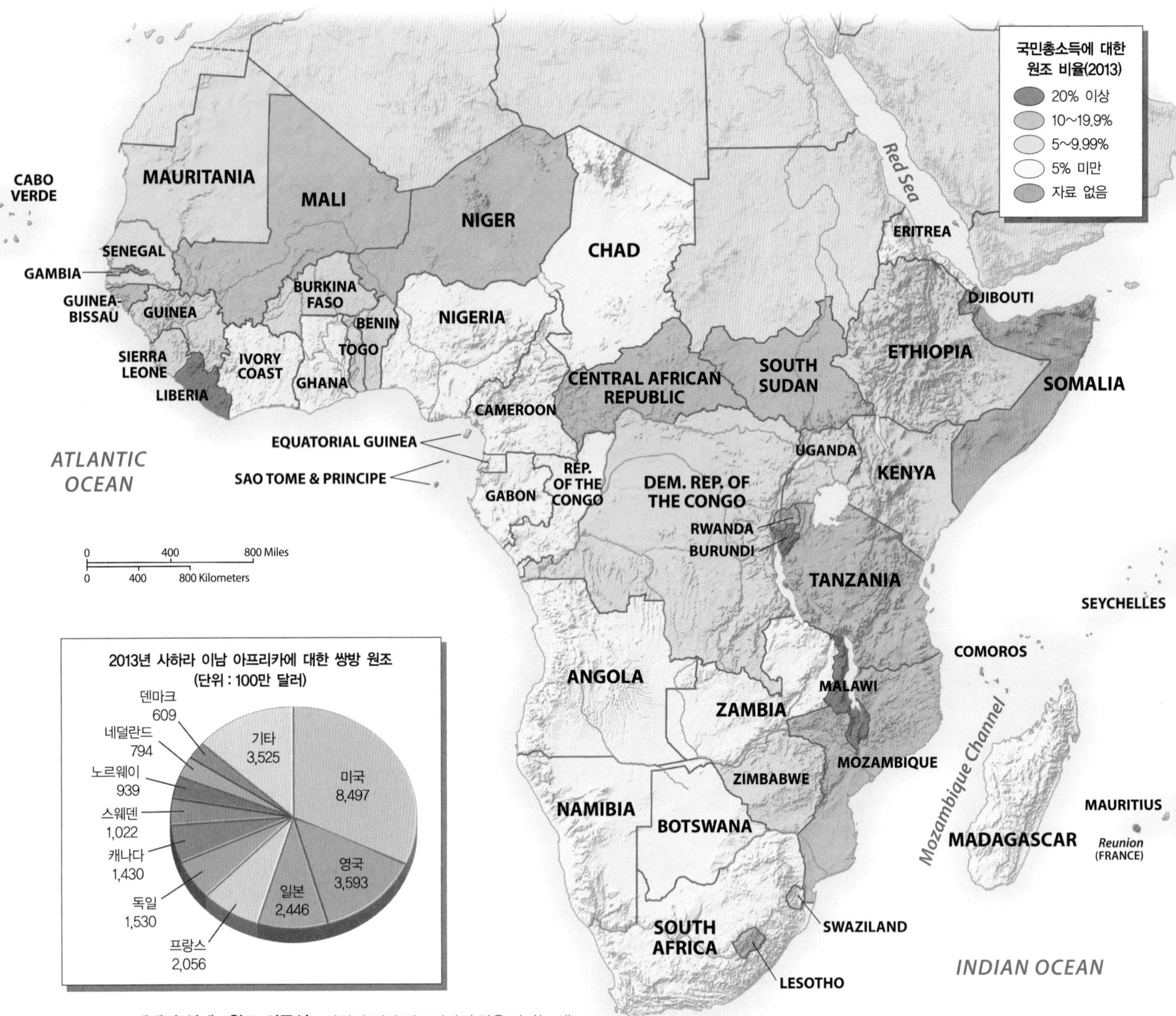

그림 6.40 **세계적 연계 : 원조 의존성** 사하라 이남 아프리카의 많은 나라는 세계 경제와 가장 중요한 연계 방식인 외국 원조에 의존하고 있다. 이 그림은 국민총소득에 대한 원조 비율을 지도화한 것으로, 1% 미만부터 거의 31.5%에 이르는 말라위까지 있다. Q : **이 지역에서 외국 원조에 가장 많이 의존하고 있는 국가와 가장 적게 의존하는 국가를 비교하라. 그 두 국가 그룹 간 차이는 무엇인지 설명하라.**

년에 45억 달러에 불과했던 것이 2013년에 380억 달러로 증가했다. 그러나 전체적으로 외국 투자 수준이 다른 저개발 지역에 비해 상대적으로 낮다. 2014년 외국인 투자의 최대 수혜국은 앙골라, 나이지리아, 모잠비크, 가나와 남아프리카공화국이다. 미국과 EU가 긴급 구호와 테러와의 싸움에 집중하는 사이 중국이 이 지역의 주도적인 투자자가 되었다. 중국은 대량 산업 경제에 필요한 광물과 석유를 안전하게 확보하기를 원하고 있다. 그 대신 중국은 상대적으로 적은 관계를 맺으면서 사하라 이남 아프리카 국가에 도로, 철도, 주택, 학교를 건설하기 위한 자금을 제공한다. 일부 아프리카 지도자는 중국을 이데올로기적이거나 정치적인 의제가 없이 상업적인 관계만을 원하는 새로운 종류의 글로벌 파트너로 본다. 중국이 상당히 많이 투자하고 있는 나라인 앙골라는 중국에 석유를 가장 많이 공급하는 국가 중 하나이다. 하지만 모든 투자가 수익을 가져다주는 건 아니다. Nova Cidade de Kilamba라 불리는 앙골라 루안다 외곽의 대형 부동산 개발 지역이 2012년에 대규모로 공실이 발생했는데 이는 아파트 매매 가격이 앙골라인의 평균 수입을 훨씬 넘었기 때문이다(그림 6.41).

부채 탕감 이 지역을 변화시킬 수 있는 또 다른 발전 전략은 부채 탕감이다. 세계은행과 국제통화기금은 1996년 큰 빚을 지고 있는 가난한 국가의 부채 수준을 낮춰줄 것을 제안했는데, 이 중

그림 6.41 **중국의 앙골라 투자** 앙골라 루안다 외곽에 중국의 건설 프로젝트인 Kilambi Kiaxi라는 대규모 주택 개발지에 있는 농구장에서 아이들이 놀고 있다. 이러한 아파트는 앙골라 노동자들이 구입하기에 너무 비싸서 대부분이 공실로 남아 있다.

많은 나라는 사하라 이남 아프리카에 있었다. 대부분의 사하라 이남 국가들은 (남아메리카나 동남아시아의 경우과 같은) 시중 민간은행이 아니라 세계은행과 같은 공식적인 채권자에게 빚을 지고 있다. 세계은행/국제통화기금 프로그램하에 '유지 불가능한' 채무 부담을 가지고 있다고 여겨지는 사하라 이남 아프리카 국가를 대상으로 실질적인 채무 경감이 이루어질 것이다. 예를 들어 모리타니는 의료보호에 지출하는 금액보다 빚을 갚는 데 여섯 배나 많은 돈을 지불하고 있다.

각 국가는 빈곤 해결 전략에 따라 다양한 수준의 빚 경감 자격을 얻는다. 우간다는 이 프로그램을 통해 2000년에 최초로 경감 자격을 얻은 국가인데, 채무 변제에 들어갈 비용으로 초등학교 교육을 확대했다. 2004년 부채 경감 자격을 얻은 가나는 35억 달러의 경감 패키지를 받았다. 그밖에 부채 경감 혜택을 받은 나라는 탄자니아, 모잠비크, 에티오피아, 모리타니, 말리, 니제르, 나이지리아, 세네갈, 부르키나파소와 베냉이다. 더 많은 아프리카 국가들도 변제해야 할 부채를 기반시설 설치와 기본적인 의료 및 교육 서비스를 증진하는 데 돌리는 것이 가능할 것이다.

아프리카 내 경제적 차이

대부분의 다른 지역에서처럼, 사하라 이남 아프리카 내에서도 사회적 · 경제적 발전 수준에서 상당한 차이가 지속되고 있다. 여러 측면에서 모리셔스와 세이셸이라는 작은 섬 국가는 아프리카 본토와 공통점이 거의 없다. 높은 1인당 국민소득, 70대 초반의 평균 기대수명, 관광산업을 기반으로 하는 경제 등을 특징으로 가지고 있는 이 나라들은 인도양에 있지 않았더라면, 카리브 해 지역과 더 잘 맞았을 것이다.

석유가 풍부해서 1990년대 석유 개발을 시작한 것으로 알려져 있는 소규모 아프리카 국가는 인구 200만 명의 가봉과 인구 100만 명 미만의 적도기니이다. 2013년 이 두 나라의 구매력 평가 기준 국민총소득(GNI-PPP)이 각각 1만 7,230달러와 2만 3,270달러이다. 그러나 석유를 생산한 지 20년이 지난 지금, 종종 있는 경우인 것처럼 이 국가의 예산이 국민에게 투자되지 않고 소수 엘리트의 주머니로 들어가고 있는 듯하다. 반면 사하라 이남 아프리카 본토에 사는 인구의 2/3가 하루에 2달러 이내로 살아가고 있다. 일부 국가만이 구매력 평가 기준 1인당 국민총소득이 약 5,000달러 수준인데, 이들 대부분이 사하라 이남 아프리카에 있다.

아프리카 대륙의 규모로 볼 때, 이 국가 조직들이 지역 내 교환과 개발을 용이하게 하기 위한 무역 블록을 형성한 것이 놀라운 일은 아니다(그림 6.42). 이 중 가장 활동적인 지역 조직은 **남아프리카발전공동체**(SADC)와 **서아프리카국가경제공동체**(ECOWAS)이다. 둘 다 1970년대에 창설되었으나 1990년대에 더욱 중요해졌다. SADC와 ECOWAS는 지역 내 남아프리카공화국과 나이지리아라는 2개의 대규모 경제 지역에 기반을 두고 있다. 다른 지역 거래 블록으로는 중앙아프리카국가경제공동체(ECCAS)와 그보다 작지만 더 효과적인 동아프리카공동체(EAC) 등이 있다.

남아프리카공화국과 남아프리카발전공동체(SADC) 남아프리카공화국은 사하라 이남 아프리카에서 가장 발전한 대규모 국가로, 구매력 평가 기준 1인당 국민총소득이 1만 2,500달러이다. 강력한 광산 경제를 가지고 있는 보츠와나와 나미비아는 1인당 소득 측면에서 볼 때 잘사는 곳이다. 남아프리카발전공동체를 통해 회원국은 기반시설 통합과 개선 노력을 해왔다. 그러나 오직 남아프리카공화국만이 발전되고 균형을 이룬 산업 경제를 가지고 있다. 또한 건강한 농업 부문을 자랑하며, 더 중요한 것은 세계

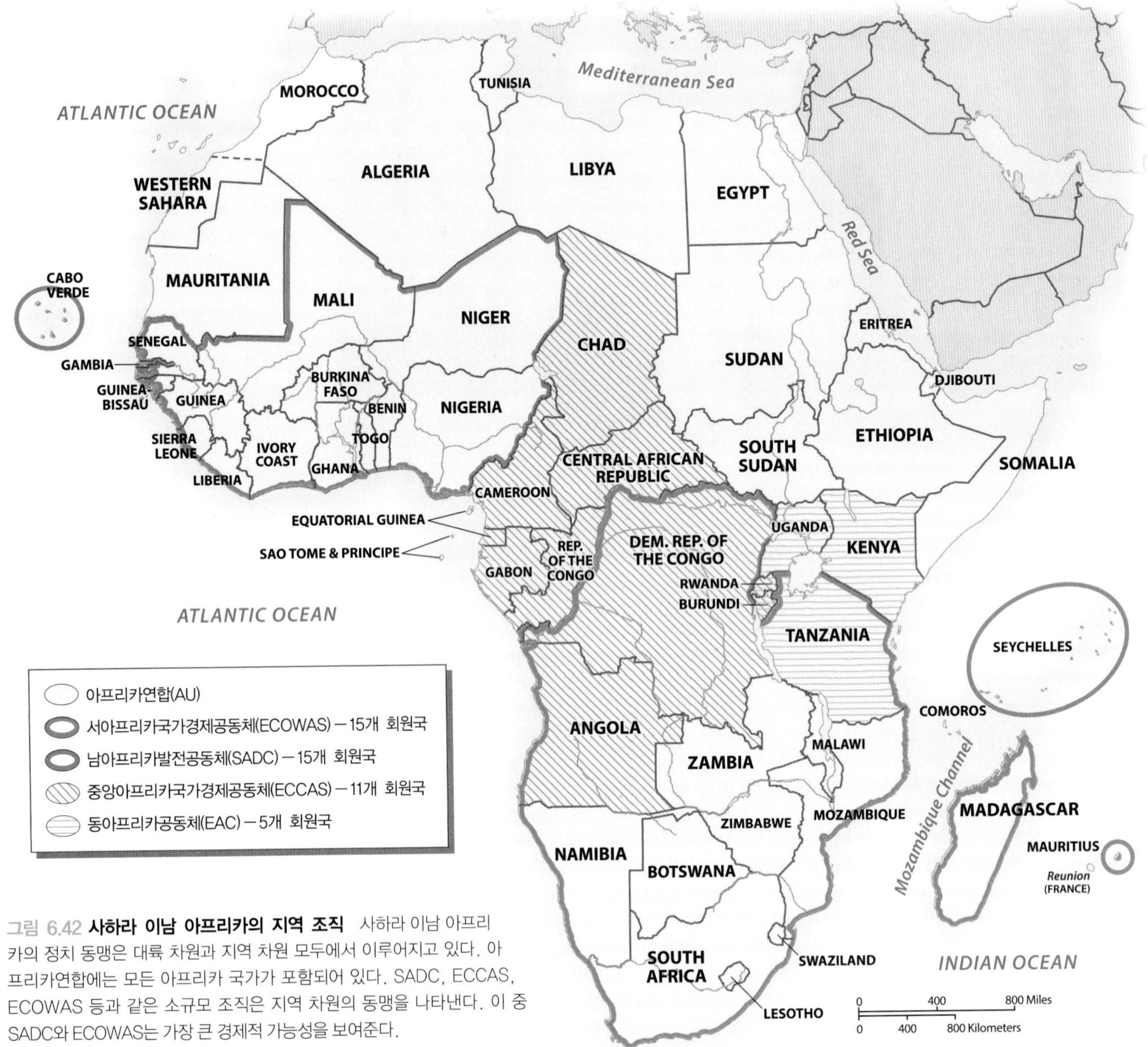

그림 6.42 **사하라 이남 아프리카의 지역 조직** 사하라 이남 아프리카의 정치 동맹은 대륙 차원과 지역 차원 모두에서 이루어지고 있다. 아프리카연합에는 모든 아프리카 국가가 포함되어 있다. SADC, ECCAS, ECOWAS 등과 같은 소규모 조직은 지역 차원의 동맹을 나타낸다. 이 중 SADC와 ECOWAS는 가장 큰 경제적 가능성을 보여준다.

광업 부문에서 초강대국 중 하나라는 점이다. 남아프리카공화국은 금 생산에서는 독보적인 위치로 남아 있으며 다른 광물과 다이아몬드를 포함하는 보석 생산도 선두이다. 2010년에는 아프리카 국가로서는 처음으로, 현대적인 선진국이 되었음을 상징하는 월드컵도 개최했다.

ECOWAS의 지도자 나이지리아는 아프리카에서 가장 인구가 많고 경제 규모가 가장 큰 국가이며, ECOWAS 핵심국이다. 나이지리아는 사하라 이남 아프리카에서 가장 많은 양의 석유자원을 보유하고 있으며, OPEC 회원국이기도 하다. 그러나 이런 천연자원에도 불구하고 2013년 구매력 평가 기준 1인당 국민소득은 5,360달러로 낮다. 오일달러가 나이지리아를 악명 높은 비효율과 부패를 가진 국가로 만들었다고 논의된다. 나이지리아에서는 생산적 활동에 종사하기보다는 시스템을 조작함으로써 소수의 사람만 더 많은 부를 엄청나게 모으고 있다. 그러나 82%의 나이지리아 사람들은 하루 2달러 이하를 버는 빈곤 상태에 있다.

ECOWAS에서 두 번째와 세 번째로 인구가 많은 국가인 코트디부아르와 가나 또한 농업과 광물 수출에 의존하여 발달한 중요한 상업 중심이다. 1990년대 중반 코트디부아르의 경제가 성장하기 시작했다. 국가 내 지지자들은 [동아시아의 성공적인 '경제 호랑이(economic tigers)' 개념과 비교하면서] '아프리카 코끼리'의 등장이라고 불렀다. 그러나 1990년대 후반 정치적 혼란으로 2002년에 나라가 둘로 나뉘었고 북부 지방은 반란 세력의 통치로 경제에 부정적 영향을 미쳤으며 50만 명이 피난하는 상황이 발생했다. 2007년에 평화협정이 체결되었으나 아직 1990년대 경제 성장 수준까지는 이르지 못하고 회복되는 중이다. 과거 영국의 식민지였던 가나 또한 1990년대에 경제 회복 조짐이 보이기 시작했다. 2001년에는 거의 60억 달러에 이르는 외채를 줄이기 위해 국제통화기금과 세계은행과 협상을 하였다. 2009년부터 2013년 사이 가나는 타코라디 시 인근 연안에서 석유를 시추하면서 아프리카의 석유 생산국으로 떠오르고 있다.

동아프리카 동아프리카에서 오랫동안 상업과 통신의 중심이었던 케냐는 1990년대 경제 쇠퇴와 정치적 긴장을 경험했다. 그러나 2009년부터 2013년까지 연평균 6%의 경제 성장을 이루었고 구매력 평가 기준 1인당 국민소득이 2,780달러였다. 케냐는 아프리카 기준으로 볼 때 좋은 기반시설을 자랑하며 100만 명 이상의 외국 관광객이 매년 야생동물의 경이로움과 자연의 아름다움을 보기 위해 찾아온다. 화훼 같은 비전통적 수출품뿐 아니라 전통적인 커피와 차와 같은 농산품 수출이 경제를 주도하고 있다.

케냐는 또한 동아프리카의 기술 주도국이다. 2009년 정부는 나이로비로부터 동남쪽으로 60km 떨어진 곳에 기술 지향적 개발을 위한 걷기 좋은 콘자 시티라는 계획을 착수했다. 외주 정보통신 서비스를 성장 사업으로 만들기 위함이다. 케냐는 영어 사용국으로 청소년(15~24세)의 82%가 교육을 받았다. 만약 케냐가 민족 간 경쟁으로 인한 정치적 혼란을 피할 수 있다면 동아프리카에서 더 나은 경제 통합을 이끄는 국가가 될 수 있을 것이다.

케냐의 이웃나라인 우간다와 탄자니아의 정치적·경제적 지표 또한 나아지고 있는데 연평균 경제 성장률이 각각 5.9%와 6.6%이다(표 A6.2 참조). 두 국가 모두 농산물과 광물(특히 금) 수출에 의존하고 있으며 2000년대 부채 탕감 협약으로 이득을 보았다. 이들은 부채를 교육 및 의료보호를 위한 기금으로 돌렸다.

사회 발전 측정

세계적 기준으로 볼 때, 사하라 이남 아프리카의 사회 발전 수치는 극히 낮다. 그러나 특히 아동 생존율, 청소년 교육, 성평등과 관련된 긍정적 수치는 희망을 보여준다(표 A6.2 참조). 이 지역 여러 국가 정부는 현대의 아프리카 디아스포라(현재 유럽과 북아메리카에 살고 있는 경제 이주민과 난민)에 관심을 보여왔다. 세계의 여타 지역에서 아프리카 이민자 조직이 학교와 의료를 개선하기 위해 일해 왔으며 과거 이주해 나갔던 사람들이 사업과 부동산에 투자하기 위해 되돌아오고 있다. 이 지역에서 송금이 경제에 끼치는 영향은 적지만 점차 증가하고 있다.

영유아 사망률과 기대수명 영유아 사망률의 감소는 개선된 사회 발전의 대리 지표이다. 왜냐하면 대부분의 아이들이 5세가 될 때까지 생존한다는 것은 기본적인 의료와 영양분이 적절하다는 것을 뜻하기 때문이다. 1,000명당 200명이라는 영유아 사망률이라는 것은 아동 5명 중 1명은 5세가 되기 전에 사망한다는 것을 의미한다. 표 A6.2에 보이는 것처럼 이 지역의 대부분 국가는 1990년에서 2013년 사이에 영유아 생존율이 보통 이상으로 크게 증가했다. 에리트레아, 라이베리아, 마다가스카르, 말라위, 르완다에서 영유아 생존율이 극적으로 높아짐을 경험했다. 그러나 소말리아나 콩고민주공화국과 같이 갈등이 지속되고 있는 나라는 거의 개선되지 않았다. 1990년 아프리카 지역의 영유아 사망률이 1,000명당 175명이었으나 2013년에는 92명으로 떨어졌다. 따라서 높은 영유아 사망률은 아직도 이 지역의 주요 문제로 남아있으나 비율이 지속적으로 감소하고 있는 것은 아프리카에 사는 가족에게는 중요한 의미이다.

사하라 이남 아프리카의 기대수명은 겨우 57세이다. 에이즈 바이러스나 지역 분쟁의 영향을 강하게 받은 나라들의 기대수명은 40세 이하로 뚝 떨어졌다. 예를 들어 스와질란드의 2008년 출생 시 기대수명은 33세로 처참하기까지 하다. 이 수치에도 불구하고 기본적인 의료보호 접근이 개선되고 그에 따라 점차 기대수명이 높아지는 과정에 있다. 영유아 사망이 전체적인 기대수명을 더 떨어지게 한다는 점을 기억해야 한다. 성인이 될 때까지 살아난 사람들의 평균 기대수명은 훨씬 더 높기 때문이다.

기대수명이 낮은 이유는 일반적으로 극심한 빈곤, (가뭄과 같은) 환경적 위험, 다양한 환경 관련 전염병(말라리아, 콜레라, 에이즈, 홍역) 등과 관계가 있다. 종종 이러한 요소는 결합되어 나타난다. 예를 들어 말라리아로 매년 50만 명의 아프리카 어린이가 사망하는데, 이 질병에 의한 사망은 빈곤의 영향을 받는 것이기도 하다. 왜냐하면 영양실조에 걸린 어린이들이야말로 고열에 가장 취약하기 때문이다. 안타깝게도 홍역과 같은 예방 가능한 질병은 백신을 구할 수 없어서 발생하는 것이다. 게이츠 재단과 같은 비영리단체와 함께 국가 및 국제보건기구는 백신, (말라리아를 예방하기 위한) 모기장, 기본적인 의료 서비스의 공급을 늘리기 위해 노력하고 있다. 이러한 노력이 차이를 만들어내고 있다.

교육 수요에 대한 대응 기초 교육은 이 지역의 또 다른 도전이다. 누구나 초등학교를 다니게 한다는 것은, 전체 인구의 43%가 15세 이하인 이 지역에서는 달성하기 어려운 목표이다. UN에서는 아프리카 어린이의 75%가 초등학교에 다니고 있으나, 해당 연령 인구의 23%만이 중고등학교에 다니는 것으로 추정하고 있다. 15세 이하 세계 인구의 1/6이 사하라 이남 아프리카에 살고 있으며, 세계적으로 교육받지 못하는 아동의 절반이 이곳에 산다. 여아의 경우 학교에 가는 비율이 남아보다 더 낮다. 차드, 니제르, 코트디부아르와 같은 서아프리카 국가에서는 여아의 비율이 확실히 낮다.

2000년부터 교육에 새로운 초점을 맞출 수 있었던 것은 기초 교육, 의료보호, 깨끗한 물 공급 등에 중점을 두어 극심한 빈곤을 줄이기 위한 UN의 노력이었던 **밀레니엄 발전 목표**(Millennium Development Goals) 덕분이다. 비록 2015년까지 구체적인 목표치에 달성하지 못했지만, 정부와 비영리단체에서 제공하는 자원이 학교로 투입되고 있다. 더 많은 학교가 이 지역 전역에 건설되고 있으며, 더 많은 아이들이 학교에 다니고 있다(그림 6.43).

그림 6.43 **아프리카 청소년 교육** 보츠와나 프란시스타운에서 학생들이 루터 신학 세미나라는 수업을 듣고 있다. 공공 기관뿐 아니라 종교 단체도 교육을 제공함에 있어서 중요하다. 2013년 보츠와나 청소년(15~24세)의 96%가 문자를 읽고 쓸 수 있다.

여성과 발전

아프리카 여성의 경제적 기여가 없다면, 아프리카에서는 개발 이익을 낼 수가 없다. 공식적으로 여성은 지방 및 국가 경제에 보이지 않는 기여를 한다. 농업 부문에서 여성은 농업 노동력의 75%를 차지하는데, 이 지역에서 소비되는 식량의 절반 이상이 여성 노동력으로 생산된다. 실질적인 경작지 관리, 추가적인 가사, 지방 시장에서의 잉여 생산물 판매 등은 모두 가구 수입에 보탬이 되는 것이다. 그러나 이러한 활동의 상당 부분이 비공식적인 경제 활동으로 고려되어, 경제 활동으로 계산되지 않는다. 그러나 많은 수의 아프리카 빈곤층들에게 비공식 부문은 경제 활동의 장이며, 이 부문에서는 여성이 대다수이다.

여성의 지위 여성의 사회적 지위는 사하라 이남 아프리카에서는 측정하기 어렵다. 예를 들어 서아프리카에서 여성 무역가는 상당한 정치적·경제적 권한을 가지고 있다. 여성 노동 참여율과 같은 수치를 보면, 많은 사하라 이남 아프리카 국가들에서 상대적으로 성평등이 이루어지고 있다. 또한 대부분의 사하라 이남 사회의 여성은 여성이 집 밖에서 일하거나 사업을 계약할 때, 혹은 부동산을 소유할 때, 남부 아시아, 서남아시아, 북부 아프리카에서 접하는 전통적인 사회적 제약으로 인해 고통을 당하지는 않는다. 2006년에는 엘렌 존슨 설리프가 아프리카 최초의 여성 지도자로 선출되어 라이베리아의 대통령으로 선서를 했다. 2012년에는 조이스 반다가 말라위 여성 대통령으로 선출되기도 했다. 사실 2012년 이 지역 전역에서 여성 국회위원 비율이 22%였다. 르완다에서는 의회의 절반 이상이 여성으로 채워져 있다(그림 6.44).

그러나 일부다처제의 보급, '혼인지참금' 관습, 남자에게 재산을 상속하는 경향 등과 같은 수치 자료를 보면 아프리카 여성이 차별에 시달리고 있음을 알 수 있다. 여성의 지위와 관련해 아마도 가장 쟁점이 되는 문제는 여성 할례 혹은 여성의 성기 절단 관습일 것이다. 일부 서아프리카뿐 아니라 에티오피아, 소말리아, 에리트레아에서는 대부분의 소녀가 이 관습을 따라야 했는데, 이는 극도로 고통스럽고 심각한 건강상 문제를 가져온다. 그러나 이 관습이 전통적인 것으로 여겨지기 때문에, 많은 아프리카 국가에서는 금지하기를 꺼린다.

그들의 사회적 지위가 무엇이건 간에 아프리카 여성은 여전히 교육 및 취업의 기회가 제한적이고, 대가족을 돌보는 일에 많은 시간과 노력을 들여야 하는 외진 농촌 마을에서 산다. 교육 수준이 높아지고 도시 사회가 확장됨에 따라 (또한 유아 사망률이 낮아지면서 더 안전함을 느끼게 됨에 따라) 출산율이 점차 낮아질 것으로 기대할 수 있다. 정부는 산아제한 정보와 저렴한 피임약 제공을 통해, 또한 더 많은 돈을 여성의 보건과 교육에 투자함으로써 이 과정을 가속화시킬 수 있다. 여성의 경제 활동의 중요성이 국내 및 국제 조직으로부터 더 많은 주목을 받게 되면서 더 많은 프로그램이 그들에게 제공되고 있다.

내부로부터의 건설

조사 결과에 따르면 사하라 이남 아프리카 사람들 중 다수는 그들의 미래에 대해 낙관적이라고 한다. 실제 발전에서 이 지역이 직면한 많은 장애를 고려해 보면 이 조사 결과는 외부 관찰자를 놀라게 하는 것이다. 그러나 1990년대 동안 사하라 이남 아프리카가 경험한 갈등 수준, 식량 불안정, 방치 등을 생각하면 아마 지난 10년간의 발전은 희망을 가질 이유가 된다. 대부분의 아프리카 국가는 독립한 지 50년 정도밖에 되지 않는다. 그 기간 동안 이 국가는 일당 독재 국가에서 다수당이 활동하는 민주주의로 전환하였다. 모자 사망률이나 말라리아 예방과 같은 매우 결정적인 지표를 설명하는 구체적인 대상자 원조 프로젝트는 그 효과성이 증명되었다. 여성의 지위 향상에서부터 소액 신용대출을 통한 소기업 지원까지 시민 사회 활동 역시 활발하다. 심지어 아프리카 디아스포라로 이곳을 떠났던 사람들이 다시 돌아와 자신의 나라

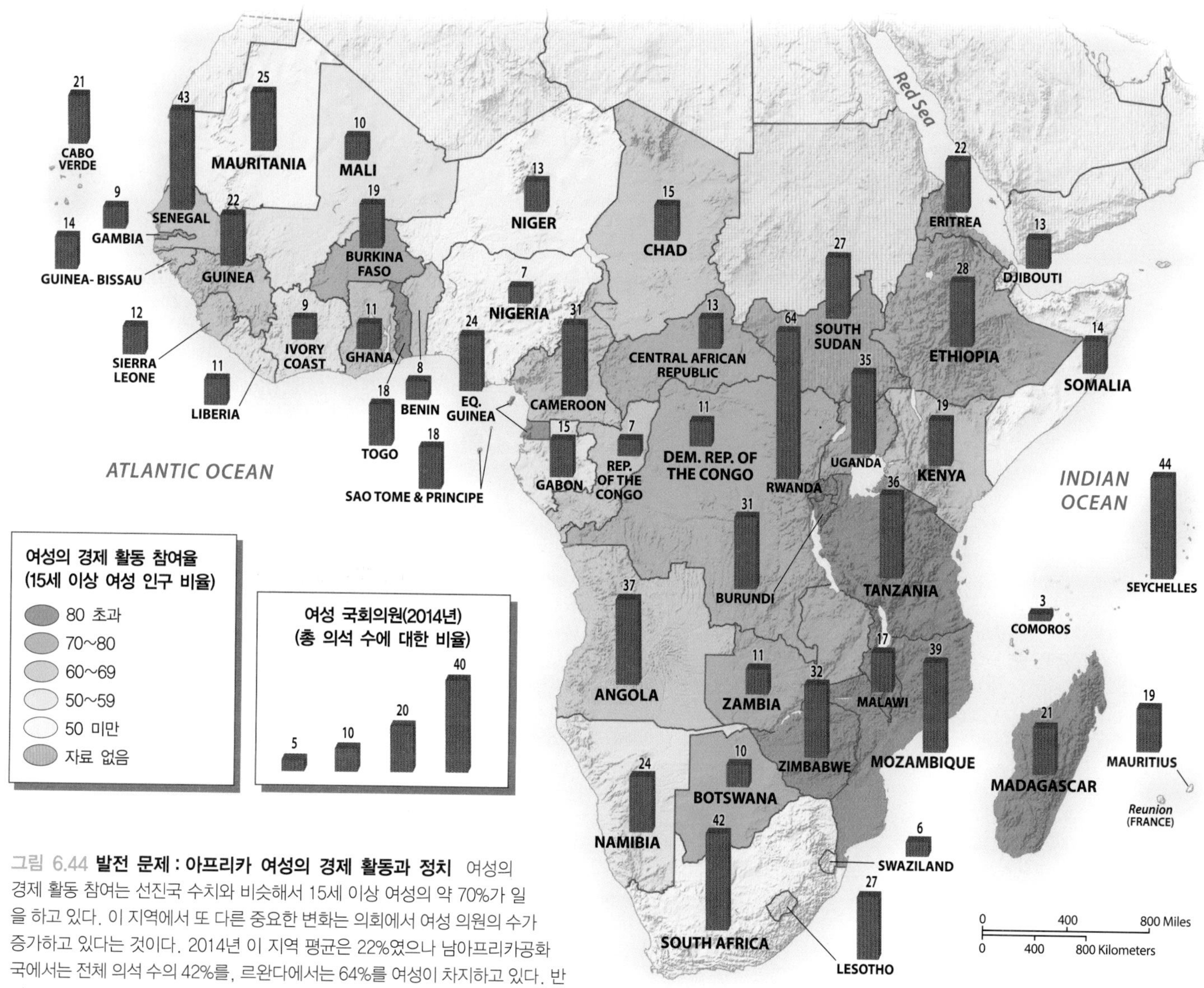

그림 6.44 **발전 문제 : 아프리카 여성의 경제 활동과 정치** 여성의 경제 활동 참여는 선진국 수치와 비슷해서 15세 이상 여성의 약 70%가 일을 하고 있다. 이 지역에서 또 다른 중요한 변화는 의회에서 여성 의원의 수가 증가하고 있다는 것이다. 2014년 이 지역 평균은 22%였으나 남아프리카공화국에서는 전체 의석 수의 42%를, 르완다에서는 64%를 여성이 차지하고 있다. 반대로 아프리카에서 가장 큰 국가인 나이지리아에서 여성 국회의원은 전체의 7%에 머문다.

에 투자를 하기 시작했다. 이 지역에서 휴대전화 기술에 대한 급속한 적용과 적응은 대륙 내 국가끼리 그리고 세계와 더 잘 연결되기 위한 사하라 이남 아프리카인의 희망을 설명하는 것이다.

확인 학습

6.10 이 지역에서 빈곤을 설명하기 위해 소개된 역사적 · 구조적 · 제도적 이유는 무엇인가?

6.11 어떠한 기술 및 기반시설 투자가 이 지역 발전에 영향을 미치고 있는가?

주요 용어 구조조정 프로그램, 도둑 정치, 남아프리카발전공동체(SADC), 서아프리카국가경제공동체(ECOWAS), 밀레니엄 발전 목표

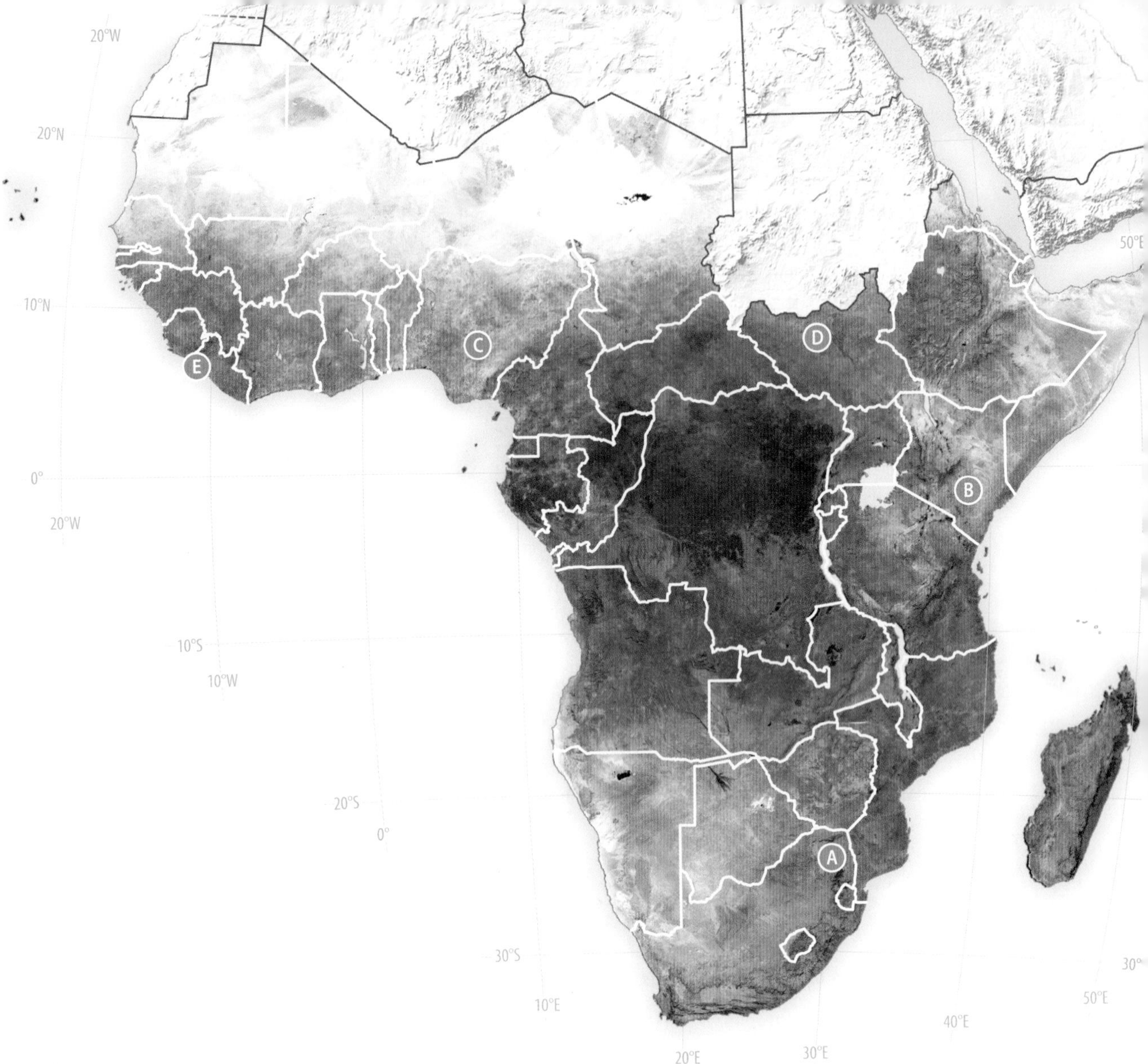

요약

자연지리와 환경 문제

6.1 **이 지역의 주요 생태계를 설명하고 인간이 그 안에서 어떻게 적응하며 살아가는지를 설명하라.**
6.2 **사하라 사막 남쪽에 있는 아프리카 지역이 직면한 환경 문제를 간략히 설명하라.**

적도에 걸쳐 있는 가장 큰 대륙인 아프리카는 광범위하게 융기된 평원이 대부분을 차지한다. 이 열대 지역이 직면한 핵심적인 환경 문제는 사막화, 삼림 파괴와 가뭄이다. 동시에 이 지역에는 엄청나게 다양한 야생동물이 서식하고 있다.

1. 사하라 이남 아프리카는 야생동물, 특히 대형 포유류가 살고 있는 곳으로 알려져 있다. 사하라 이남 아프리카 중 어느 나라에서 대형 포유류를 만나게 될 가능성이 크며 왜 그럴까?
2. 그림 6.9를 보고 어떤 지역에서 열대 삼림 파괴가 일어나고 있으며 그 이유가 무엇인지 설명하라.

인구와 정주

6.3 **이 지역의 빠른 인구 성장을 설명하고 에이즈와 에볼라와 같은 질병이 이 지역에 끼치는 영향의 차이를 설명하라.**

9억 5,000만 명이 거주하고 있는 사하라 이남 아프리카는 인구학적 측면에서 볼 때 가장 빠르게 성장하는 지역이다. 그러나 또한 가장 가난한 지역으로 인구의 2/3가 하루에 2달러 이하로 살아가고 있다. 게다가 평균 기대수명은 57세로 세계에서 가장 낮다.

3. 지도에 나타난 아프리카 지역의 인구밀도를 어떤 요소로 설명할 수 있을까?
4. 도시화의 증가가 사하라 이남 아프리카의 전반적인 인구 구조에 어떤 영향을 끼치는지 설명하라.

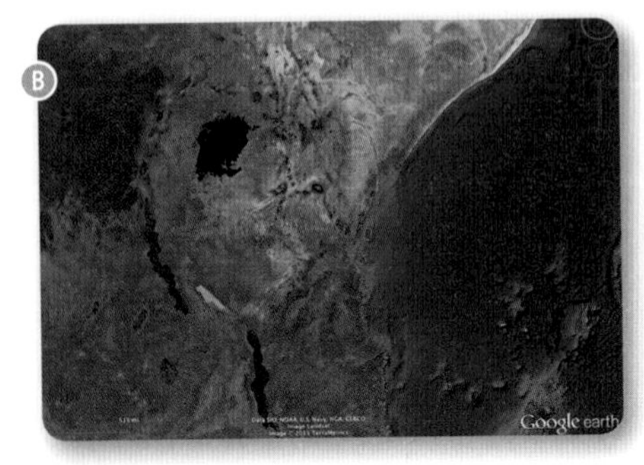

문화적 동질성과 다양성

6.4 민족 간 관계, 지역 내 갈등, 평화를 유지하기 위한 전략을 설명하라.

6.5 이 지역 내와 전 세계적으로 아프리카 사람들이 끼치는 다양한 문화적 영향을 요약하라.

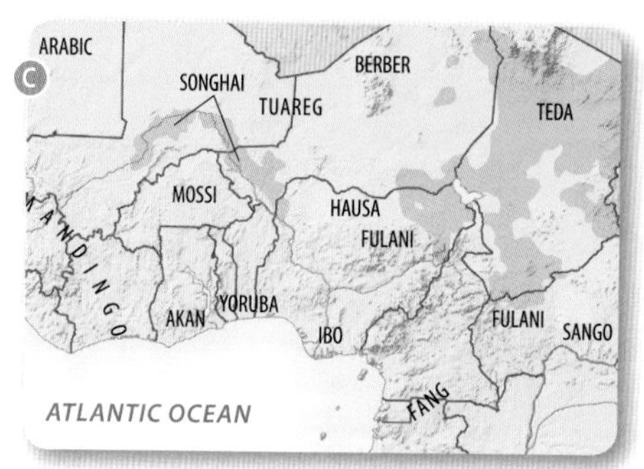

문화적으로 사하라 이남 아프리카는 지극히 다원화된 지역으로, 다민족 및 다종교 사회가 일반적이다. 일부 예외가 있으나 종교적 다양성과 관용은 이 지역만의 특성으로 여겨진다. 대부분의 국가는 약 50년간 독립된 상태였으며, 그 당시에 다원화되고 독특한 국가 정체성이 만들어졌다. 음악, 춤, 종교 같은 다양한 아프리카 문화 표현 방식은 이 지역을 넘어 다른 곳으로 영향을 끼쳤다.

5. 나이지리아는 언어적으로 다양하다. 이 국가의 특징적인 어족이 이 지역의 정주에 대해 어떤 것을 말해 주고 있는가?
6 사하라 이남 아프리카에서 부족주의의 역할을 유럽에서의 민족주의의 역할과 비교해 보자.

지정학적 틀

6.6 이 지역의 식민지 역사를 추적하고 식민지 정책과 이 지역 내에서 독립 후 갈등을 연결하라.

1990년대 이 지역에서는 처참한 민족 및 정치 갈등이 많았다. 다행스러운 것은 앙골라, 시에라리온, 라이베리아 같은 갈등에 시달리던 지역에 이제는 평화가 찾아왔다는 것이다. 그러나 여전히 소말리아, 콩고민주공화국, 남수단, 말리에서 지속되는 민족 및 영토 분쟁으로 수백만 명의 국내 피난민과 난민이 계속 양산되고 있다.

7. 남수단을 생각해 보자. 어떤 지역 무역 블록에 이 나라가 가입해야 한다고 생각하는가?
8. 역사적으로 사하라 이남 아프리카는 어떻게 세계 경제에 편입되어 왔는가? 다른 저개발 지역들과 역할이 유사한가?

경제 및 사회 발전

6.7 아프리카 빈곤의 근원에 접근할 수 있으며 오늘날 왜 세계적으로 빠르게 경제가 성장하는 국가들이 사하라 이남 아프리카에 있는지 설명하라.

6.8 갈등 감소가 어떻게 이 지역에서 교육 및 사회 발전 결과를 개선할 수 있는지 설명하라.

확산된 빈곤은 이 지역에서 가장 시급한 문제이다. 2000년 이래 사하라 이남 아프리카의 경제가 성장하고 있는데, 이는 부분적으로 높아진 상품 가격, 커진 투자, 오랫동안 지속됐던 갈등의 종식 등에 의한 것이다. 사회 발전 지수 또한 좋아지고 있는데, 이는 국제 커뮤니티의 관심 증가, 의료 서비스와 에이즈 바이러스/에이즈 치료 등에 대한 더 높아진 접근성 등에 따른 것이다.

9. 아래 사진은 시에라리온에서 찍은 것이다. 어떤 경제 활동에 참여하고 있는 것이며 어떠한 경제적 환경적 결과가 있을까?
10. 미국 및 유럽에 의해 추진되던 개발 모델과 중국에 의해 이루어지는 개발 모델을 비교해 보자. 이 지역에 대한 중국의 영향력이 사하라 이남 아프리카의 개발 과정을 바꾸게 될까?

데이터 분석

http://goo.gl/yY2id3

사하라 이남 아프리카는 에이즈 관련 사망자와 에이즈 바이러스/에이즈 관련 질병을 가지고 살아가는 사람들이 세계 다른 지역에 비해 더 많다. 국가의 특정 데이터는 이 질병의 영향과 그것의 지리학에 대한 정보를 준다. UN의 에이즈 정보 웹사이트(www.//aidsinfo.unaids.org)를 방문하여 1990~2014년까지 국가 수준의 데이터와 인터랙티브 지도에 접근해 보자. 한 나라를 당겨 데이터를 살펴보고 특정 시기의 데이터를 검색하기 위해 시간 바를 아래로 내려가면서 적용시켜 보자. 왼쪽 열(column)에서 변수를 선택할 수 있다. 사하라 이남 아프리카 국가 중 동, 서, 중앙, 남아프리카 지역의 국가들을 적어도 하나 이상씩 포함하여 총 6~8개 국가를 선택하라.

1. 에이즈 바이러스/에이즈 환자를 성인 남성과 성인 여성으로 구분하여 비교해 보자. 여성의 수가 어디가 더 높으며 그 이유는 무엇인가?
2. 새로운 감염이 줄어들고 있으나 모든 지역에서 그런 것은 아니다. 새로운 에이즈 바이러스 감염을 살펴보고 1990년과 2000년 수치를 2014년 수치와 비교해 보고 그 추세를 설명하라.
3. 에이즈 관련 사망자(성별로 구분하여 비교)를 새롭게 설명해 보고 에이즈로 인한 고아 수를 예측하라.
4. 분석한 데이터를 이용하여 젠더, 치료, 목숨을 잃는 것이 아프리카 전체와 그 소지역 각각에 어떠한 영향을 끼치는지에 대해 몇 단락으로 기술하라.

주요 용어

구조조정 프로그램
국내 피난민(IDP)
난민
남아프리카발전공동체(SADC)
대규모 단애
도둑 정치
동아프리카 지구대
목축업자
밀레니엄 발전 목표
바이오 연료
베를린 회의
불법 거래되는 다이아몬드
사막화
사헬
서아프리카국가경제공동체(ECOWAS)
씨족
아파르트헤이트
아프리카연합(AU)
아프리카의 뿔
유색인
이목
종족의식
체체파리
타운십
화전

7 서남아시아와 북부 아프리카

자연지리와 환경 문제

인구 증가, 급격한 도시화, 농업용 토지 수요의 증가가 이미 제한적인 물 공급을 더욱 압박함으로써 21세기 초반 건조한 이 지역 전체의 물 부족으로 인한 취약성이 커질 것이다.

인구와 정주

이 지역 내 여러 곳에서 빠른 인구 성장이 지속되고 있다. 특히 빠르게 인구가 성장하는 대도시뿐 아니라 인구가 조밀한 농촌 지역에서도 이러한 인구 압력으로 취약해진 상태가 나타난다.

문화적 동질성과 다양성

이슬람은 이 지역 내에서 필요한 문화적·정치적 힘을 유지할 것이다. 그러나 이 세계 안에서 증가하는 균열은 더욱 문화적으로 규정된 정치적 불안정성을 유도해 왔다.

지정학적 틀

2010년대 초반에 발생한 반란인 아랍의 봄이 튀니지, 이집트, 리비아, 예멘과 바레인의 과거 지정학적 상태를 거칠게 흔들었다. 내부적인 불안정성과 ISIL의 성장으로 시리아와 이라크에 광범위한 유혈 사태가 빚어졌다. 이스라엘과 팔레스타인 사이의 평화에 대한 전망은 밝지 않으며 이란의 커져가는 정치적 역할은 지역 내외 모두에게 상당한 위협으로 보인다.

경제 및 사회 발전

불안정한 세계 석유 가격과 예측할 수 없는 지정학적 상황은 이 지역 내 많은 국가에 대한 투자와 관광을 저해하고 있다. 사회 변화의 속도, 특히 여성을 위한 변화의 속도가 빨라지고 있으며 다양한 지역 차원의 대응도 활발하다.

◀ 이 좁은 길은 레바논의 베카 밸리에서부터 베이루트 북동쪽에 있는 아름다운 레바논 산맥까지 여행객을 끌어들이고 있다.

베이루트 북동쪽에 있는 레바논 산맥의 봄은 1년 중 아름다운 시기로 산꼭대기에 쌓인 눈더미가 조금씩 녹으면서 꽃이 피고 고지대 목초지에 처음으로 녹색의 기운이 드러난다. 점차 이 산맥은 개발로부터 보호되고 있으며 그 일부는 유네스코의 생물권보전지역으로 지정되어 있다. 이곳은 놀랄 만큼 다양한 종류의 포유류(야생 돼지, 회색늑대, 마운틴 가젤 등)의 서식처임과 동시에 희귀 수종(레바논 삼목)의 서식처이다. 현재 지속가능한 관광에 초점을 두는 것은 이 지역의 경제적 혼란과 정치적 대변동을 풀어내려는 아주 작은 낙관론이다.

> 다양한 언어, 종교, 민족 정체성은 오랫동안 북부 아프리카와 서남아시아의 토지와 삶의 모양을 만들어왔다.

레바논 산맥과 같은 장면이 지역의 다양성을 상기시키는 것이라면 기후, 문화, 석유자원이라는 이 지역에서 널리 공유되는 패턴으로 볼 때 서남아시아와 북부 아프리카 지역은 동일한 특징을 가진다고 정의할 수 있다. 역사적으로 유럽, 아시아와 아프리카가 만나는 지점에 위치한 이 지역에는 수천 km^2의 건조한 사막과 바위투성이의 고원, 오아시스 같은 하천 계곡이 있다. 모로코의 아틀라스 해안가부터 파키스탄과 경계를 맞대고 있는 이란까지 6,400km 규모의 크기이다. 20여 개 국가가 이 권역에 포함되어 있으며 그중 인구가 가장 많이 모인 곳은 이집트, 터키와 이란이다(그림 7.1).

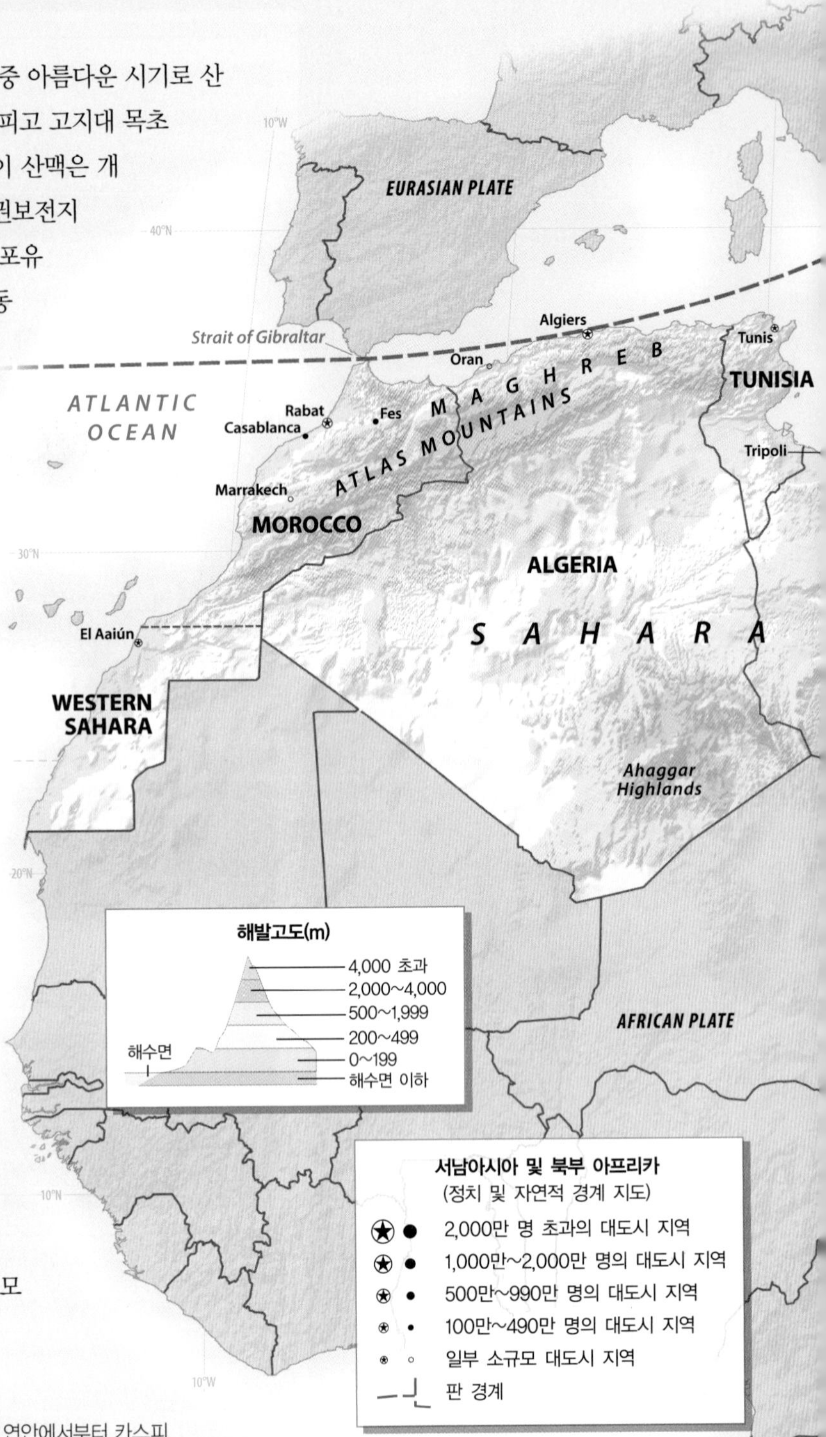

그림 7.1 **서남아시아와 북부 아프리카** 이 방대한 지역에는 대서양 연안에서부터 카스피해까지 포함된다. 이 경계 내에서의 주요한 문화적 차이와 세계적으로 중요한 석유 비축이 최근의 정치적 갈등의 요인이 되어왔다.

학습목표 이 장을 읽고 나서 다시 확인할 것

7.1 위도와 지형이 어떻게 이 지역 고유의 기후 패턴을 만들어내는지 설명하라.
7.2 이 지역의 취약하고 건조한 환경이 어떠한 현대 환경 문제를 형성하는지를 설명하라.
7.3 지역의 건조한 환경에 적용하기 위해 습득한 이 지역 농업 관습 네 가지를 설명하라.
7.4 최근 이 지역 내에서 일어나고 있는 이민 패턴을 형성한 주요 요인을 요약하라.
7.5 이슬람교 확산 유형과 주요 특성을 열거하라.
7.6 핵심적인 현대 종교와 이 지역에서 우세한 어족을 찾아라.
7.7 북부 아프리카, 이스라엘, 시리아, 이라크와 아라이아 반도에서의 핵심적인 지역 갈등을 이해함에 있어서 문화적 다양성의 역할을 설명하라.
7.8 이 지역에서의 석유와 가스 매장량에 대한 지리를 요약하라.
7.9 이슬람 여성이 수행하는 전통적인 역할을 설명하고 최근 변화의 예를 제시하라.

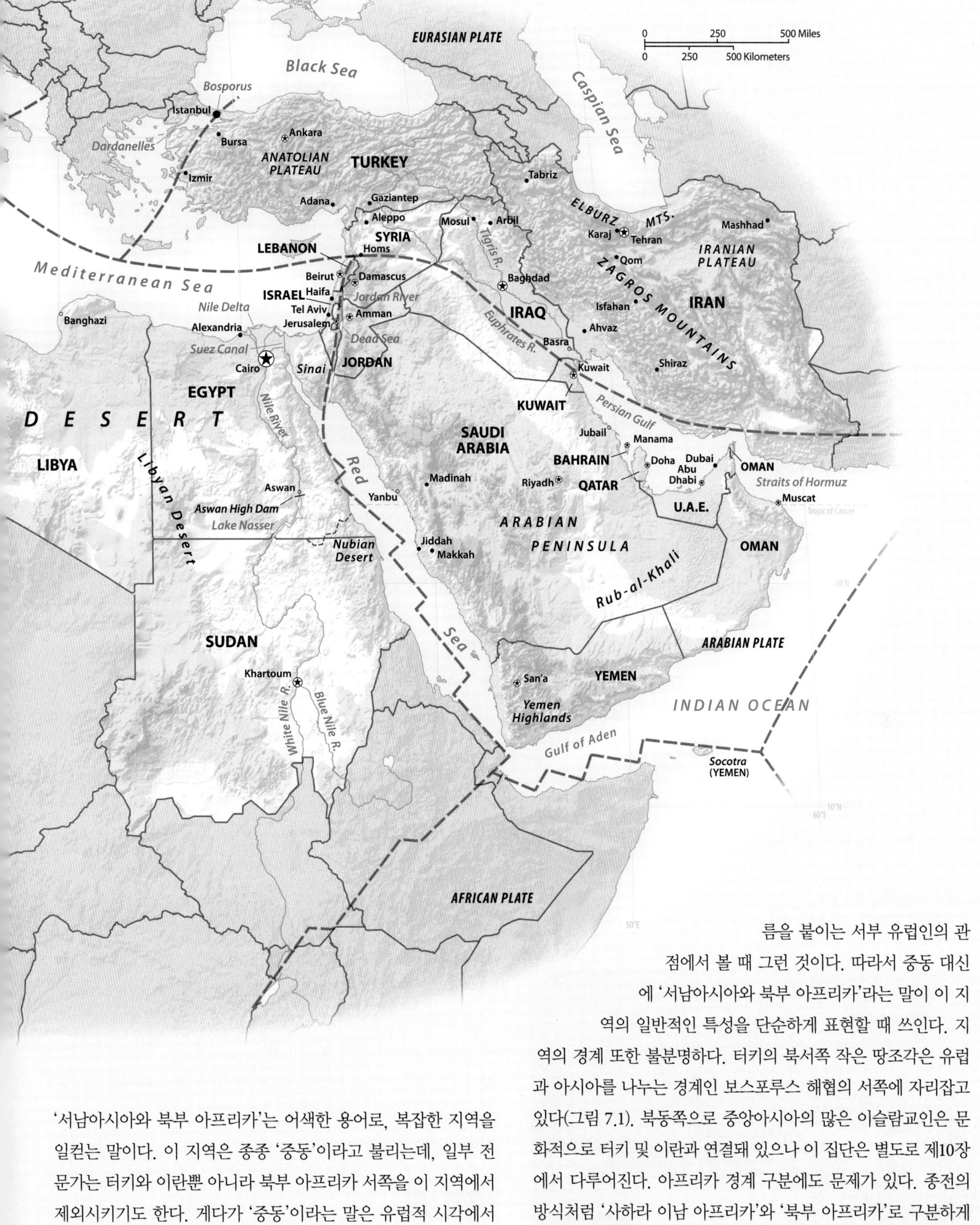

름을 붙이는 서부 유럽인의 관점에서 볼 때 그런 것이다. 따라서 중동 대신에 '서남아시아와 북부 아프리카'라는 말이 이 지역의 일반적인 특성을 단순하게 표현할 때 쓰인다. 지역의 경계 또한 불분명하다. 터키의 북서쪽 작은 땅조각은 유럽과 아시아를 나누는 경계인 보스포루스 해협의 서쪽에 자리잡고 있다(그림 7.1). 북동쪽으로 중앙아시아의 많은 이슬람교인은 문화적으로 터키 및 이란과 연결돼 있으나 이 집단은 별도로 제10장에서 다루어진다. 아프리카 경계 구분에도 문제가 있다. 종전의 방식처럼 '사하라 이남 아프리카'와 '북부 아프리카'로 구분하게 되면 그 경계가 현재의 모리타니, 말리, 니제르, 차드를 관통하게 된다. 제6장에서 이러한 점이지대 국가에 대해 논의하고 있다. 수

'서남아시아와 북부 아프리카'는 어색한 용어로, 복잡한 지역을 일컫는 말이다. 이 지역은 종종 '중동'이라고 불리는데, 일부 전문가는 터키와 이란뿐 아니라 북부 아프리카 서쪽을 이 지역에서 제외시키기도 한다. 게다가 '중동'이라는 말은 유럽적 시각에서 본 용어이다. 즉, 레바논이 '동편의 중간'에 있다는 것은 이 지역을 식민화했고 오늘날에도 여전히 자신들의 관점에서 세계에 이

단의 분리 역시 복잡함을 가져온다. 2011년에 신설된 남수단도 제6장에서 다루어지나 ('이슬람 공화국'으로서) 수단은 이슬람 세계에 여러 가지로 결속되어 있기 때문에 이 장에서 다룬다.

다양한 언어, 종교, 민족 정체성은 수 세기 동안 그 지역 내에서 깊은 사회적 · 정치적 함의를 가지는 방식으로 사람과 장소를 강하게 결합시키면서 토지와 생활에 녹아들었다. 이스라엘을 둘러싸고 있는 전통적인 갈등 지역 중 하나인 중동 지방은 유대교인, 기독교인과 이슬람교인이 오랫동안 차이를 해결하고자 하는 지역이다. 근본적인 정치 및 경제 개혁을 요구하는 소셜 미디어에 의해 일어난 일련의 대중적 저항이자 반란인 **아랍의 봄**(Arab Spring) 운동은 이 지역에서 일부 정부를 무너뜨렸으며 다른 지역에서의 정치적 · 경제적 변화를 가속화하도록 압박했다. 그러나 전체적으로 이러한 반란은 많은 민주적 개혁이나 더 안정적인 정치 제체를 만들어내는 데는 실패했다.

동시에 **종파 간 폭력**(sectarian violence)의 순환(민족, 종교, 종파에 따라 나뉜 사람들 간의 갈등)은 이 지역을 반복적으로 괴롭혔다. 예를 들어 장기간의 차이는 다양해진 이슬람교 종파 간, 유대교와 이슬람교 간 충돌을 야기했다. 시리아와 이라크에서는 최근 **ISIL**(Islamic State of Iraq and the Levant)(ISIS로도 알려져 있음)이라는 수니파 극단주의자 조직으로 인해 더욱 불안정한 폭력적인 환경이 조성되었다. ISIL은 그 영향력을 확장시키고 있으며 이 지역에서 새로운 종교 국가(칼리프가 다스리는 국가)를 수립하고자 이미 전쟁으로 폐허가 된 지역을 더욱 불안정하게 만들고 있다(그림 7.2). 전문가 추산에 따르면 (대부분이 서남아시아와 북부 아프리카 인근이기는 하나) 전 세계로부터 들어온 타지역 출신 군인 2만 명 이상이 ISIL에 고용되어 있다.

이 지역의 **이슬람 근본주의**(Islamic fundamentalism)는 이슬람교 내에서 더욱 전통적인 관습으로 회귀할 것을 주장한다. 이 지역 근본주의자들은 그들의 교리 내에서 영구적인 신앙을 보수적으로 고수해야 한다고 주장하며 변화에 강하게 반발한다. **이슬람주의**(Islamism)로 알려져 있는 이슬람 내 정치 운동은 세계 대중문화의 잠식에 도전하며 이 지역의 많은 정치 · 경제 · 사회 문제에 대한 식민주의적 · 제국주의적 · 서구적 요소를 비난한다. 이슬람주의자들은 서구 사회가 그들의 세계에서 빈곤을 창출하는 역할을 한다고 주장하며 이에 분개하고 있다. 또한 많은 이슬람주의자들은 행정 권한과 종교 권한을 합할 것을 주장하며, 현대적이고 서구적인 소비 문화의 특성을 거부하고 있다.

서남아시아와 북부 아프리카 지역은 세계화라는 주제에 가장 적합한 사례 지역이라 할 수 있다. 핵심적인 세계 **문화중심**(culture hearth)인 이 지역은 세계의 다른 곳으로 널리 확산된 새로운 문화적 사상을 많이 생산해 냈다. 초기 농업의 중심이자, 뛰어난 문명의 발상지이며, 세계 3대 보편 종교의 발상지인 이 지역은 수천 년 동안 인류의 주요 교차로였다. 주요 장거리 무역로는 북부 아프리카를 통해 지중해 및 사하라 이남 아프리카와 연결되어 있다. 서남아시아는 또한 역사적으로 유럽, 아대륙인 인도, 중앙아시아 등과 역사적으로 연계되어 있다. 이런 이유로 이 지역에서의 새로운 사상은 그 경계를 넘어 쉽게 널리 확산되었다.

특히 지난 100년 내 세계화의 과정과 이 지역의 전략적 중요성이 이 지역을 외부 세력에 더욱 개방적이 되게끔 했다. 20세기 미국과 유럽의 대량 투자로 시작된 석유산업의 발전은 이 지역의 석유 매장량이 많은 국가의 경제 개발에 지대한 영향을 미쳤다. **석유수출국기구**(Organization of the Petroleum Exporting Countries, OPEC)의 핵심적인 회원국이 이 지역 내에 있으며, 이 국가들은 석유 생산 수준과 생산 가격에 지대한 영향을 미친다.

그림 7.2 **자타리 난민 캠프** 시리아 내전과 갈등은 난민 인구의 증가를 가져왔다. 2015년 현재 7만 9,000명 이상의 시리아 난민이 요르단의 자타리 난민 캠프에서 살고 있다.

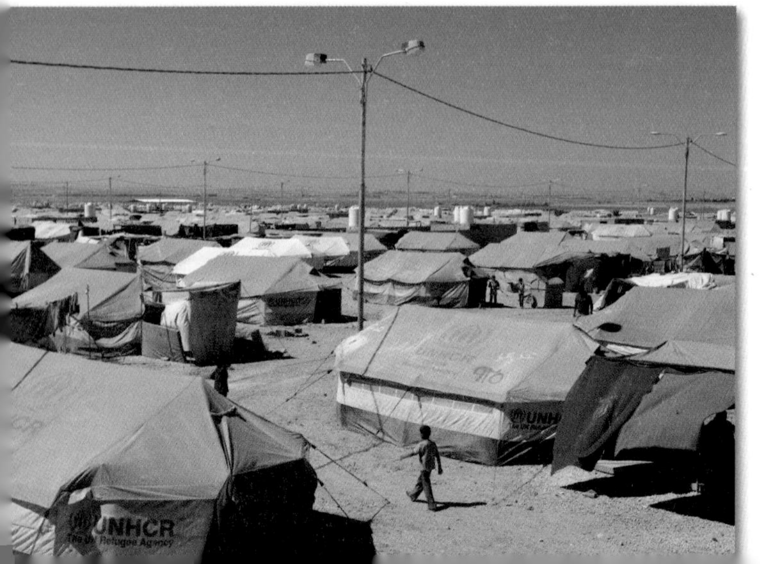

자연지리와 환경 문제 : 취약한 세계에서의 생활

서남아시아와 북부 아프리카의 대중적인 이미지는 이동하는 모래언덕으로 된 땅, 타는 듯한 더위, 간간이 있는 오아시스이다. 이 고정관념에서의 이미지도 확실히 현실 세계에 존재하지만, 실제 물리적 환경은 훨씬 더 복잡하다. 그중에서도 한 가지 우세한 것이 있는데, 이는 오랫동안 만들어진 인간 정주 환경의 유산이 취약한 환경 속에 남게 되었다는 것이며, 전 지역이 점차 어려운 생태적 문제에 직면하고 있다는 것이다.

지역의 지형

서남아시아와 북부 아프리카를 여행하다 보면 환경과 지형이 놀랄 만큼 다양하다는 것을 알 수 있다(그림 7.1). ('서쪽 섬'이라는

그림 7.3 **아틀라스 산맥** 모로코 내륙 쪽으로 기복이 심한 아틀라스 산맥이 널리 펼쳐져 있다.

그림 7.5 **예멘 고지대** 가파른 고지대와 좁은 계곡이 암석이 많은 예멘 내륙 지방의 대부분을 차지한다.

뜻을 가진) 북부 아프리카의 **마그레브**(Maghreb) 지역에는 모로코, 알제리, 튀니지 등이 포함되며, 아틀라스 산맥이 지중해 해안선 근처의 특징으로 나타난다. 암석으로 이루어진 아틀라스 산맥은 북쪽으로는 좁은 해안 평원 위에 일련의 섬처럼 솟아 있으며, 남쪽으로는 사하라 사막 저지대가 방대하게 펼쳐져 있다(그림 7.3). 북부 아프리카 내륙 쪽인 아틀라스 산맥의 동쪽과 남쪽은 암석으로 된 고원과 넓은 사막 저지대가 다양하게 나타난다. 아프리카 동북부의 나일 강은 수단과 이집트를 가로질러 북으로 흐르면서 지역의 유역 패턴을 형성한다(그림 7.4).

그림 7.4 **나일 강 계곡** 나일 강 계곡의 인공위성 이미지는 물이 북부 아프리카 사막에 미치는 영향을 보여준다. 카이로는 지중해 쪽으로 넓게 펼쳐지기 시작하는 곳인 나일 강 삼각주 남단에 위치해 있다. 해안 도시인 알렉산드리아는 삼각주 저지대의 북서쪽 끝자락에 입지해 있다. 니제르 호는 위성사진(중앙의) 아래 부분에 보인다.

서남아시아는 북부 아프리카보다 산지가 더 많다. 지중해 동쪽 지역 혹은 **레반트**(Levant) 지역에는 바다로부터 30km 이내에 산지가 있고 레바논 고지대는 높이가 3,000m 이상이다. 더 멀리 남쪽으로 아라비아 반도는 경동 지형의(tilted) 방대한 평원으로 되어 있는데, 약 1,500m 이상인 서쪽 고지대에서 점차 페르시아만 지역의 방대한 동쪽 저지대 쪽으로 기울어져 있다(그림 7.5). 아라비아 반도의 북쪽과 동쪽에는 이란 평원과 아나톨리아 평원이라는 서남아시아의 거대한 두 고지대가 있다(**아나톨리아**는 거대한 터키 반도를 뜻하며, 소아시아라고도 불린다. 그림 7.1 참조). 평균 고도가 1,000~1,500m인 이 두 평원은 지형학적으로 볼 때 활동 중이고 지진에도 취약하다. 이란의 밤(Bam) 시 근처에서 있었던 지진(2003년)으로 3만 명 이상이 사망했다고 알려져 있다.

소규모 저지대는 서남아시아에서 나타나는 또 다른 지형적 특징이다. 카스피 해 근처 이란의 엘부르즈 산맥 북쪽뿐 아니라 터키의 남쪽(지중해) 및 북쪽(흑해) 해안가를 따라 위치해 있는 레반트에서는 좁고 긴 해안 지형이 일반적이다. 이라크에는 서남아시아에서 가장 넓은 충적 저지대가 있는데, 이는 동남부로 흘러 페르시아 만으로 빠져나가는 티그리스 강과 유프라테스 강의 영향으로 생긴 것이다. 그보다 더 작지만, 이스라엘, 요르단, 시리아라는 전략적인 경계를 지나 남쪽의 사해로 흐르는 요르단 강에도 또한 눈에 띄는 저지대가 있다(그림 7.6).

기후 유형

서남아시아와 북부 아프리카는 '건조한 세계'라고 흔히 불리지만, 좀 더 자세히 들여다보면 이 지역은 훨씬 복잡한 기후 유형을 가지고 있다(그림 7.7). 위도와 고도가 함께 영향을 미치기 때문이다. 건조 기후가 이 지역의 대부분에서 우세하다(그림 7.7에서 카이로, 리야드, 바그다드, 테헤란 참조). 거의 연속적인 벨트 형태로 이루어진 사막 토지는 북부 아프리카 내륙을 가로지르고 아라비아 반도를 거쳐 이란의 중심과 동부 지역에 이르기까지 동쪽으로 펼쳐져 있다(그림 7.8). 이 거대한 건조 지대 전체에서 식물과 동물은 극한 상황에 적응해 왔다. 깊고 널리 퍼지는 뿌리 체계를 가진 이 지역의 사막 식물은 제한된 수분을 공급받는 지역에서 생존하기에 더 유리했다. 동물 역시 효과적으로 물을 저장하고 밤에 사냥을 하며, 최악의 건기를 피해 계절적으로 이동

그림 7.6 **요르단 계곡** 이 요르단 계곡 사진에서는 관개로 경작된 포도밭과 대추야자 플랜테이션의 풍부한 혼합 경작을 보여주고 있다.

그림 7.7 **서남아시아와 북부 아프리카 기후 지도** 서부 모로코와 동부 이란까지 건조기후대가 지배적이다. 이 기후대 내 아열대 고기압대에서만 제한적으로 강수 기회가 있다. 그밖의 지역에는 습윤한 겨울을 가진 온화한 중위도 기후대가 지중해 분지와 흑해 주변에서 나타난다. 남쪽은 열대 사바나 기후대로 남수단이 여기에 속해 습윤한 여름을 가진다.

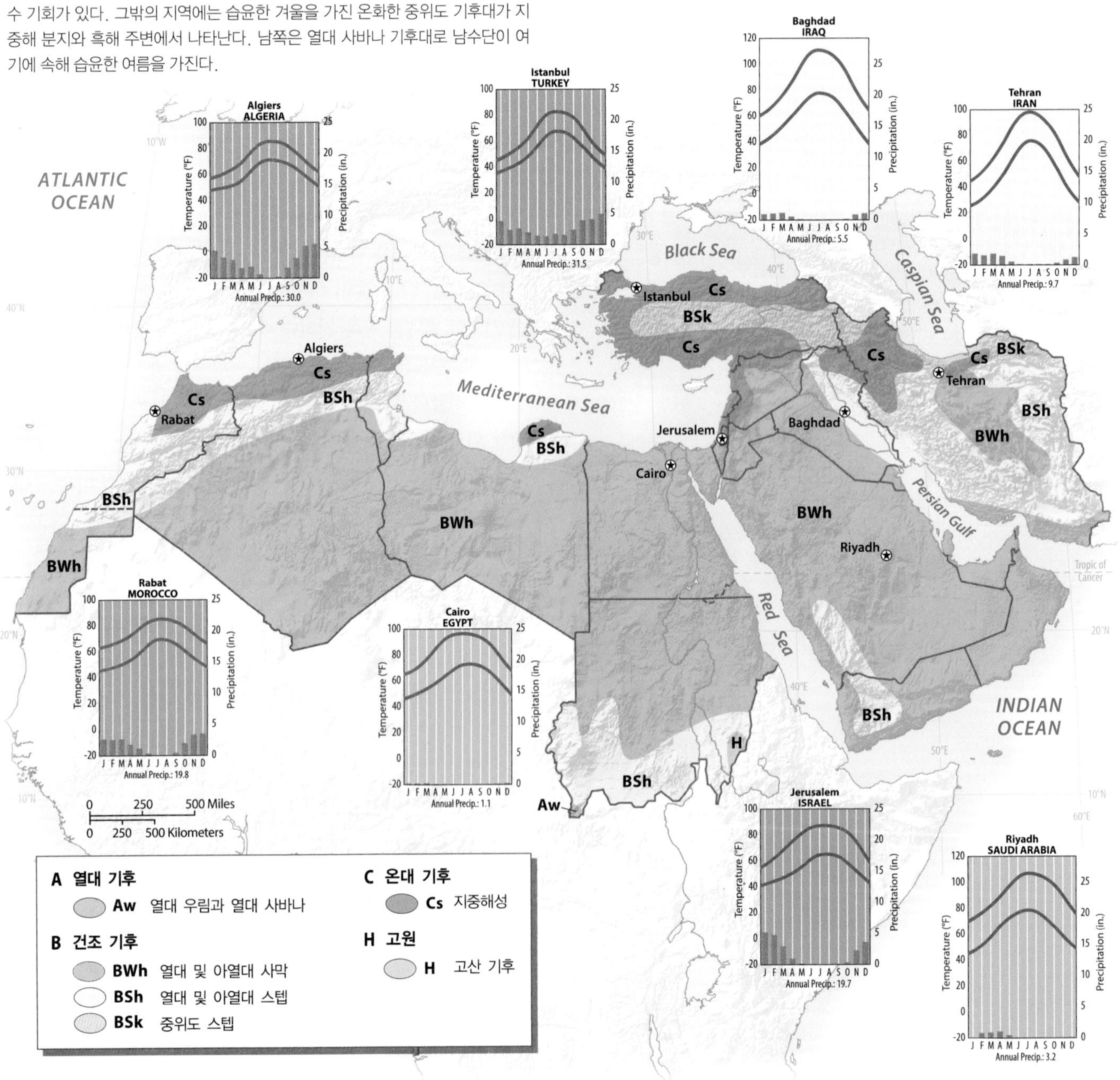

A 열대 기후
- Aw 열대 우림과 열대 사바나

B 건조 기후
- BWh 열대 및 아열대 사막
- BSh 열대 및 아열대 스텝
- BSk 중위도 스텝

C 온대 기후
- Cs 지중해성

H 고원
- H 고산 기후

그림 7.8 **건조한 이란** 중부 이란에서 찍은 이 광경에는 식생이 아주 드물게 보일 뿐이다. 이 경관은 고립된 산맥과 건조한 내륙 고원의 특징을 보여준다.

함으로써 적응해 왔다.

또 다른 곳에서는 고도와 위도가 놀랄 만한 기후적 다양성을 만들어내기도 한다. 아틀라스 산맥과 근처 모로코, 알제리, 튀니지 북쪽 저지대는 지중해성 기후대에 속하여 건조한 여름과 선선하고 습윤한 겨울을 번갈아 맞는다(라바트와 알제 기후 그래프 참조). 이 지역의 경관은 스페인이나 이탈리아 남부 근처와 비슷하다(그림 7.9). 두 번째 지중해성 기후대는 레반트 연안을 따라 전개되어 근처 산맥과 북쪽으로는 시리아 북부 지방, 터키 땅 대부분을 포함하고 이란 북서부까지 이어진다(예루살렘과 이스탄불 기후 그래프 참조).

위태로운 경관이라는 유산

서남아시아와 북부 아프리카의 환경적 역사는 그곳을 점유하고 있는 인간의 근시안적인 관습과 지혜로운 관습을 모두 담아내고 있다. 환경 문제로 버려진 지역에는 장기간의 인간 정주생활의 위험이 한계 토지 위에 그대로 나타난다(그림 7.10). 소코트라 섬은 이 지역의 위태롭고 위험한 환경을 잘 보여주며, 세계화 과정이 지역의 생태적 건전성을 얼마나 위협하는지를 보여준다. 소코트라의 암석으로 된 산비탈은 예멘 남동부 부근 인도양의 물 밖으로 올라와 있다. 이 섬 고유의 자연 및 문화적 역사가 최근 세계의 주목을 받게 되었다. 아라비아 반도로부터 수백만 년 동안 분리되어, 소코트라의 환경은 고립적으로 진화했다. 이 섬은 지구상의 다른 곳에서는 볼 수 없는 수백 가지 식물종의 서식처이다. 섬의 건조하고 암석으로 이루어진 언덕에 이국적인 용혈수가 많으며, 수십 가지 다른 수종에 대해서도 최근에서야 식물학자들이 분류하였다(그림 7.11).

그림 7.9 **알제리 북부 지역의 지중해성 기후 경관** 알제리 북부의 습윤한 지중해성 기후대에서는 이탈리아나 스페인 남부와 유사한 농업 경관을 가지고 있다. 겨울 우기는 이 지역의 다른 곳에서 발견되는 사막 기후와는 아주 대조적인 경관을 만들어낸다.

2008년 UN의 세계문화유적지로 지정되었으며 EU에서는 소코트라의 독특한 생태지리를 보호할 것을 주장하고 있다. 몇 년 후 UN 기금으로 소코트라 관리와 종 다양성 프로젝트를 통해 이 섬의 관광과 경제 개발을 규제하는 시도를 하고 있다. 그러나 동시에 이 섬 고유의 식물종을 불법적으로 채취하는 문제에 대한 해결은 여전히 취약하다. 게다가 예멘 정부는 국제적인 정유회사를 초청해 이 섬 연안의 석유와 가스 잠재력을 살펴보도록 했으며, 이 섬의 특성을 영원히 바꿀 수 있는 일련의 고급 호텔 개발에 관한 대규모 계획을 기획해 왔다. 심지어 좋은 의미를 가진 생태 관광도 장작 수집, 산호초 파괴, 도로 건설 등을 증가시키고 있다. '인도양의 갈라파고스'라고 일컬어지기도 하는 소코트라는 환경 보전과 경제 발전 사이의 충돌에 대한 흥미로운 연구 사례이다. 최근 혼합 용도 계획과 새롭게 포장된 활주로는 개발이 불가피하다는 것을 보여준다.

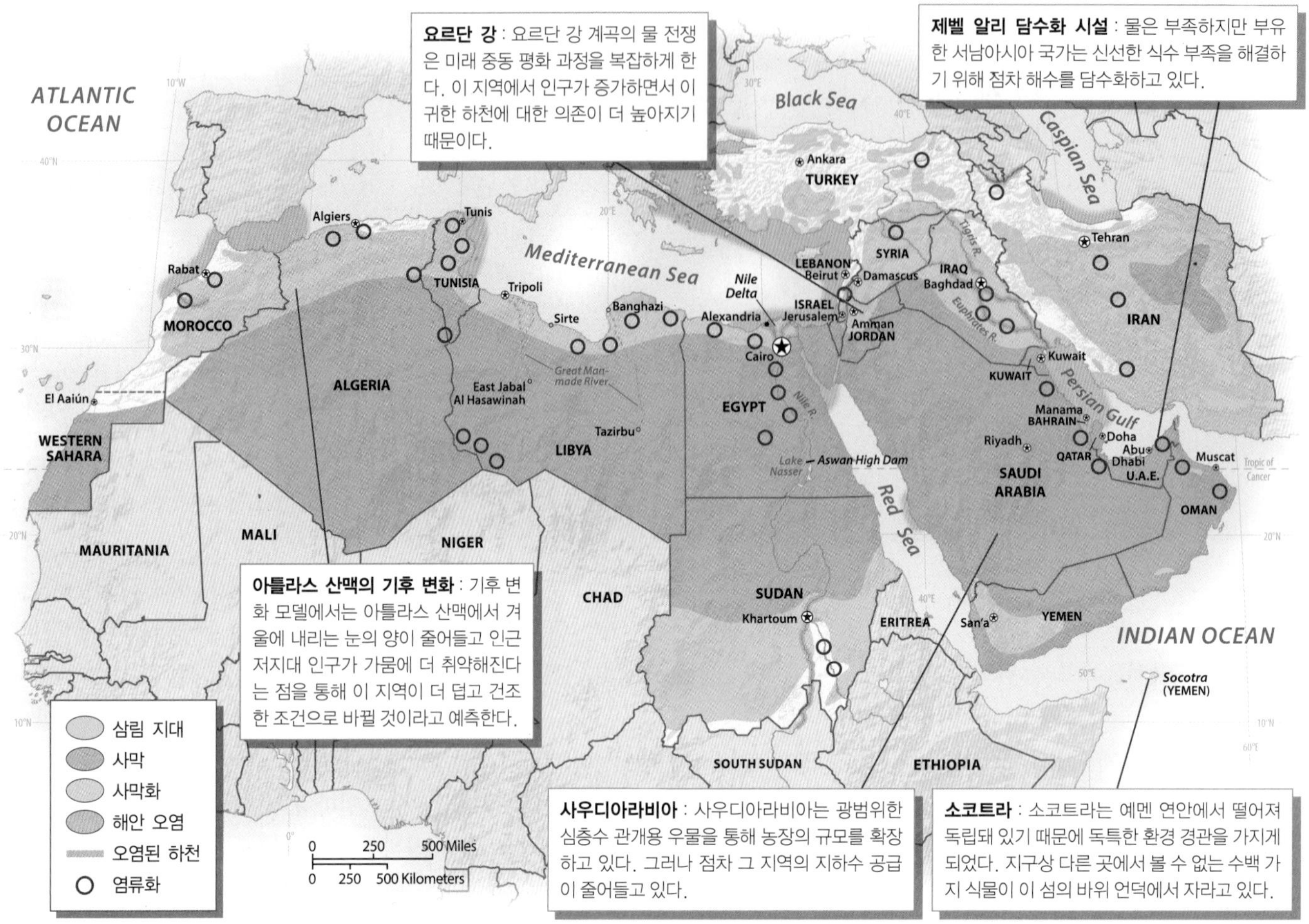
요르단 강 : 요르단 강 계곡의 물 전쟁은 미래 중동 평화 과정을 복잡하게 한다. 이 지역에서 인구가 증가하면서 이 귀한 하천에 대한 의존이 더 높아지기 때문이다.
제벨 알리 담수화 시설 : 물은 부족하지만 부유한 서남아시아 국가는 신선한 식수 부족을 해결하기 위해 점차 해수를 담수화하고 있다.
아틀라스 산맥의 기후 변화 : 기후 변화 모델에서는 아틀라스 산맥에서 겨울에 내리는 눈의 양이 줄어들고 인근 저지대 인구가 가뭄에 더 취약해진다는 점을 통해 이 지역이 더 덥고 건조한 조건으로 바뀔 것이라고 예측한다.
사우디아라비아 : 사우디아라비아는 광범위한 심층수 관개용 우물을 통해 농장의 규모를 확장하고 있다. 그러나 점차 그 지역의 지하수 공급이 줄어들고 있다.
소코트라 : 소코트라는 예멘 연안에서 떨어져 독립돼 있기 때문에 독특한 환경 경관을 가지게 되었다. 지구상 다른 곳에서 볼 수 없는 수백 가지 식물이 이 섬의 바위 언덕에서 자라고 있다.
삼림 지대
사막
사막화
해안 오염
오염된 하천
염류화
0 250 500 Miles
0 250 500 Kilometers
ATLANTIC OCEAN
Black Sea
Caspian Sea
Mediterranean Sea
Red Sea
Persian Gulf
INDIAN OCEAN
Ankara
TURKEY
Algiers
Tunis
Rabat
TUNISIA
Tripoli
MOROCCO
Sirte
Banghazi
Alexandria
Nile Delta
LEBANON
Beirut
SYRIA
Damascus
IRAQ
Baghdad
Tehran
IRAN
ISRAEL
Jerusalem
Amman
JORDAN
Cairo
Kuwait
KUWAIT
Great Man-made River
El Aaiún
ALGERIA
East Jabal Al Hasawinah
EGYPT
Nile R.
Tigris R.
Euphrates R.
Manama
BAHRAIN
Doha
QATAR
Abu Dhabi
U.A.E.
Riyadh
Muscat
OMAN
WESTERN SAHARA
Tazirbu
LIBYA
Lake Nasser
Aswan High Dam
SAUDI ARABIA
Tropic of Cancer
MAURITANIA
MALI
NIGER
CHAD
SUDAN
Khartoum
ERITREA
San'a
YEMEN
Socotra (YEMEN)
SOUTH SUDAN
ETHIOPIA

그림 7.10 **서남아시와와 북부 아프리카 환경 문제** 증가하는 인구, 경제 발전에 대한 압력, 광범위한 건조 지역 등은 총체적으로 지역 전체 환경을 위협한다. 인간 활동의 오랜 역사는 삼림 파괴, 관개농업으로 인한 염류화, 사막화의 확장 등을 야기해 왔다. 사우디아라비아의 심층수 우물, 이집트의 아스완하이 댐 등은 모두 최근 인간의 정주 환경을 늘리기 위한 기술적 시도이나, 장기적으로는 높은 환경 대가를 치러야 할 수도 있다. **Q : 이 지도를 그림 7.7과 비교해 보자. 어떤 기후 유형이 사막화와 가장 강한 연관이 있는가?**

삼림 파괴와 과도한 방목 삼림 파괴는 이 지역의 오래된 문제이다. 비록 이 지역의 상당 부분이 나무가 자라기에는 너무 건조하지만, 지중해에 접하고 있는 더 습윤한 고지대에는 한때 울창한 삼림이 있었다. 인간 활동이 이 지역의 상당한 삼림을 줄여 관목이나 초지로 바꾸는 방식으로 자연 조건에 대응해 왔다. 지중해의 삼림은 때로는 아주 천천히 자라고, 불에 아주 취약하며, 과도한 방목의 영향으로 전반적으로 열악해졌다. 특히 양과 염소가 풀을 찾아 돌아다니는 것은 종종 이 지역의 삼림 소실을 유발한다고 비판받았다. 삼림 파괴는 이 지역의 물 공급을 장기간에 걸쳐 천천히 악화시키고, 토양 침식을 가속화하는 결과를 가져왔다.

그림 7.11 **소코트라의 용혈수** 소코트라 섬에서만 자라는 희귀종인 용혈수는 이 섬이 환경적으로 고립되었다는 것을 보여주는 것이다. 이 섬 생태계의 한 부분으로 진화하고 있는 이 나무는 이 지역의 열대 건조 기후대에서 생존한다.

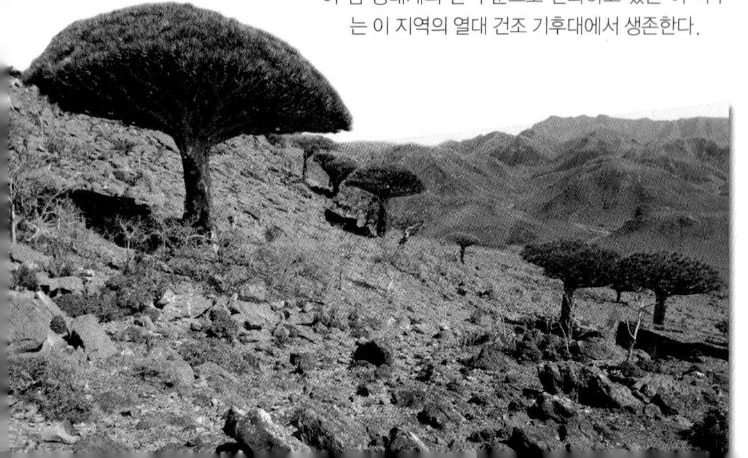

염류화 독성 염분이 토양에 축적되는 것을 의미하는 **염류화**(salinization)는 수 세기 동안 관개가 관습적으로 이루어졌던 이 건조한 지역이 가지고 있는 또 다른 오랜 환경 문제이다(그림 7.10 참조). 이 지역 내에 있었던 수십만 헥타르의 한때 비옥했던 농장은 파괴되거나 염류화되었다. 이 문제는 특히 이라크에서 심각하다. 이라크는 수 세기 동안 티그리스 강과 유프라테스 강을 따라 운하 관개를 실시해 토양의 질이 심각하게 나빠졌다. 유사한 상황이 이집트, 이란 중심부, 이집트와 기타 북부 아프리카

관개 지역에서도 발생했다.

물 관리 물은 이 지역에서 수천 년 동안 관리되고 다루어져 왔다. 전통적인 시스템은 지방 차원에서 지표수와 지하수 자원을 관리하고 보존하는 것을 강조했었다. 그러나 지난 반세기 동안 환경 변화의 범위가 상당히 광범위해졌다. 한 가지 확실한 예는 1970년에 카이로의 남쪽 나일 강에 완공된 이집트의 아스완하이 댐이다(그림 7.10 참조). 상류 저수지에 저장 용량을 증가시킴으로써 더 많은 토지와 물이 농업에 활용될 수 있게 했으며 이 지역에 필요한 청정 전기를 생산하고 있다. 그러나 새로운 관개시설은 물이 평지에서 빠르게 흘러 내려가지 않기 때문에 토지의 염류화를 증가시킨다. 새로운 시스템은 또한 비용이 많이 드는 비료 사용이 증가한다는 것을 의미한다. 댐 뒤편에 있는 나세르 호는 퇴적물로 채워지고 있고, 과거 하천 토사의 유입으로 영양분이 풍부했던 지역인 나일 강 삼각주 주변 지중해에서 이루어지던 어업이 붕괴되고 있다.

다른 지역에서는 다른 물 확보 전략이 유용하다는 사실이 증명되었다. 초기에 보다 습윤한 기후를 가지고 있던 당시, 지하에 저장되어 있던 수자원이나 **화석수**(fossil water)를 뽑아올리고 있다. 예를 들어 사우디아라비아는 심층수 우물을 개발하여 식량 생산을 크게 늘일 수 있도록 많은 금액을 투자해 왔다. 불행히도 이러한 지하수 공급 체계는 지하수가 다시 모이는 것보다 훨씬 빠른 속도로 감소케 하는 역할을 하기 때문에 물 프로젝트는 장기적으로는 지속 가능성이 떨어진다. 다른 곳에서는 해수 담수화 작업이 인기 있는 대안이 되고 있다(**지속 가능성을 향한 노력 : 두바이 제벨 알리 발전소에서의 사막 담수화** 참조).

더 극적인 **물 전쟁**(hydropolitics) 혹은 하천 자원 이슈와 정치의 상호작용으로 하천의 배수분지를 공유하는 국가 간 긴장이 야기되었다. 예를 들어 중국 자본과 전문 기술의 도움으로 에티오피아에서는 최근 나일 강 지류에 테케제(Tekeze) 댐을 건설했다. 이미 '아프리카에 있는 중국 싼샤 댐'이라고 이야기되는 이 논란 많은 프로젝트는 하류에 있는 북부 아프리카의 관개 및 어업을 방해할 조짐이 보인다. 유사하게 (또 다른 나일 강 지류에서 이루어지는) 수단의 메로웨(Merowe) 댐 프로젝트는 인근에 있는 이집트의 우려를 사고 있다.

서남아시아에서는 터키가 티그리스 강과 유프라테스 강 상류에 22개의 댐과 19개의 수력 발전소를 완성하는 등 개발을 확대함으로써(동남부 아나톨리아 프로젝트 혹은 GAP) 이라크와 시리아의 반발을 불러일으켰다. 이라크와 시리아는 '그들의' 물을 가두는 것이 도발적인 정치적 행동이라고 이해할 수도 있다(그림 7.12). 터키는 주기적으로 유프라테스 강의 유량을 조절하는

그림 7.12 아나톨리아 동남부 프로젝트 세계에서 가장 큰 댐 중 하나인 터키의 아타튀르크 댐은 1990년에 완공되었으며 아나톨리아 동남부 프로젝트의 핵심 사업이다.

방식으로 시리아로 흐르는 물을 가두어 둠으로써 저항을 야기했다. 또한 2013년에 NASA 인공위성 데이터를 가지고 수행된 한 연구에서는 티그리스 강과 유프라테스 강 유역 분지 내의 전체적인 유량을 측정하여 2003년 이래 물 손실이 가속화되고 있다는 것을 발견했다. 이웃 국가에서 흘러 들어오는 지표수가 감소하고 있기 때문에 이라크 농부들은 1,000개의 새 우물을 팠으며 이는 지하수 공급에 심각하게 영향을 미치고 지역 전체의 수위를 낮추게 하고 있다.

물은 자원일 뿐 아니라 이 지역의 필수적인 교통로이기도 하다. 지역의 자연지리는 오랫동안 지속되는 **요충지**(choke point)를 만들어냈는데, 좁은 수로는 군사적 봉쇄나 붕괴에 취약하다. 예를 들어 (지중해 관문인) 지브롤터 해협, 터키의 보스포루스와 다르다넬스, 수에즈 운하는 모두 역사적으로 핵심적인 요충지이다(그림 7.1 참조). 이란이 전 세계 원유선이 지나가지 못하게 (페르시아 만 동쪽 끝에 위치한) 호르무즈 해협을 봉쇄하겠다는 반복적인 위협은 물의 전략적인 역할이 이 지역에서 계속 작동하고 있다는 것을 말해준다(그림 7.13).

그림 7.13 호르무즈 해협 이 인공위성 사진은 이 지역 최대 요충지인 호르무즈 해협이 있는 페르시아 만 입구를 보여주고 있다.

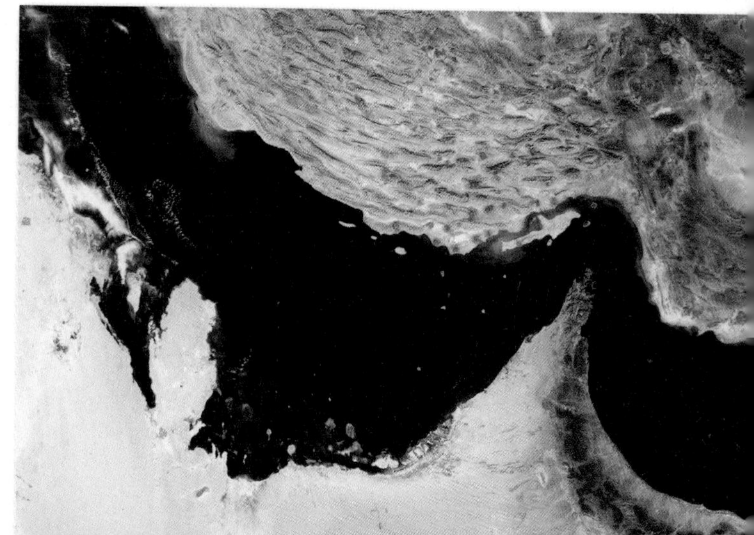

지속 가능성을 향한 노력
두바이 제벨 알리 발전소에서의 사막 담수화

세계적으로 12억 명 이상의 사람들이 만성적으로 물이 부족한 지대에 살고 있으며 그 수치는 2025년에 18억 명으로 증가할 것이라 예상된다. 북부 아프리카와 서남아시아의 건조 지대, 특히 기후 변화 시나리오에서 언급된 지역은 더욱 건조해질 것이며 동시에 그곳 인구는 과거 어느 때보다 많아지고 더 갈증을 느끼게 될 것이다.

해수의 담수화는 건조한 세계에서 이러한 물 위기에 대한 해결책 중 하나이다. 사우디아라비아, 아랍에미리트, 이스라엘과 같은 부유한 나라는 해수를 식수로 효과적으로 전환시키는 새롭게 떠오르는 담수화 기술에 큰 투자를 하고 있다. 세계 담수화 시설의 절반이 이 지역에 있으며 향후 20년간 총 수치는 늘어날 것이다.

그림 7.1.1 **제벨 알리 담수화 시설** 아랍에미리트와 이 지역의 다른 국가는 담수화 기술에 큰 투자를 하고 있다. 제벨 알리 발전소는 이 지역에 전기도 공급하고 있다.

제벨 알리 발전소 2013년 (아랍에미리트에 있는) 두바이에 세계에서 가장 큰 담수화 및 수력 발전 시설 중 하나가 페르시아만 연안 제벨 알리에서 가동되었다(그림 7.1.1). 페르시아 만까지 연결되어 있는 거대한 파이프는 하루에 수십억 갤런의 물을 끌어들인다. 해수는 효과적인 천연가스와 디젤 연료 보일러에서 가열되어 수증기를 생산하고 하루 2,000메가와트 이상의 전기를 공급한다. 최근 독일 기업인 시멘사가 건설 중인 새로운 발전소(2019년 완공 예정)가 추가되면 2,700메가와트 이상으로 공급량이 늘어날 것이다. 발전소 운영자는 열 효율성에 대한 기술은 세계 최고 중 하나라고 이야기한다.

지속 가능한 접근 세계에서 가장 큰 8개의 디젤 전력 담수화 시설에서는 이 지역 주민을 위해 해수를 식수로 바꾸고 있다. 현재 이 발전소에서는 하루 1억 6,800만 갤런의 식수를 생산할 수 있다. 석회와 함께 다른 화학 약품을 물에 첨가해 사람들이 마실 수 있도록 더 입에 맞게 만든다. 발전소 운영자는 그들의 전력과 물 생산량을 계절에 따라 조절한다(여름에는 공급량을 늘리고 겨울에는 낮추는 방식). 이 발전소가 이 지역의 온실가스 배출을 감소시키는 것을 도울 수 있다고 주장한다. 또한 발전소는 21세기 중반에 사람의 부를 증가시키면서 동시에 이산화탄소 배출량을 줄이기 위한 두바이의 책임감을 상징하는 것이라고 주장한다.

1. 두바이에서 담수화 시설이 잘 관리되고 있지만 다른 지역에서 유사한 발전소를 건설할 때는 어떤 특별한 도전이 있는가?
2. 당신이 매일 마시는 식수는 어디서 공급되는가?

서남아시아와 북부 아프리카의 기후 변화

2014년 제10차 기후 변화에 관한 정부 간 협의체(Intergovernmental Panel on Climate Change, IPCC) 보고서에서는 21세기 서남아시아와 북부 아프리카의 기후 변화는 기존에 있는 환경 문제를 더욱 악화시킬 것이라고 했다. 기온의 변화는 강수량의 변화보다 이 지역에 더 막대한 영향을 미치게 될 것이라고 예측된다. 이미 건조한 지역이나 반건조 지역은 상대적으로 건조한 채 남아 있겠지만 평균 기온의 상승은 몇 가지 중요한 결과를 가져오게 될 가능성이 크다.

- 높은 증발율과 낮은 토양 습도는 작물, 초지 및 다른 식생에 압력을 가하게 될 것이다. 북부 아프리카의 마그레브 지역 내 반건조 토양이 더 취약하다. 특히 관개에 의존할 수 없는 건초지 재배 시스템의 경우 더 취약하다.
- 더 더워지는 날씨는 하천의 순유출량을 감소시켜 수력 발전 잠재력과 이 지역의 증가하는 도시 인구가 이용할 수 있는 물의 양도 줄어들 수 있다. 아틀라스 산맥에 적설량이 줄어들면 융수로 관개를 하여 살던 인근 농부들에게 스트레스가 될 것이다.
- 더 극단적으로 기록을 갱신할 정도로 더운 여름 기온은 특히 도시에서 고온과 관련된 죽음을 더 많이 발생시킬 수도 있다.

그림 7.14 **이집트 알렉산드리아** 북부 이집트 알렉산드리아의 저지대 해안가의 해변 경관은 해수면 상승과 함께 심각하게 변할 수도 있다.

해수면 변화는 나일강 삼각주에 특히 위협을 주게 될 것이다. 북부 이집트 지역은 넓고 낮은 정주 체계, 농장, 습지대로 이루어져 있다. 해수면 변화를 모델링한 연구에서는 이 지역의 상당 부분이 침수, 침식 혹은 염류화로 소실될 것이라고 말하고 있다. 약간의 해수면 변화에도 10만 헥타르 이상의 농경지 유실이 일어날 가능성이 크다. IPCC는 1m의 해수면 상승은 이집트의 거주 가능한 땅의 15% 정도에 영향을 끼칠 수 있으며 해안가 삼각주 지역에 사는 800만 명의 이집트인이 쫓겨날 운명에 놓일 수 있다고 예측했다. 이집트의 알렉산드리아에서는 해수면 상승으로 도시의 주거지 및 상업지뿐 아니라 근처 대형 리조트 산업이 파괴될 수 있기 때문에, 약 300억 달러의 손실이 생길 수 있다고 예측한다(그림 7.14).

전문가들은 또한 잠재적 기후 변화가 더 광범위한 정치적 · 경제적 비용과 연결이 될 것이라고 예측한다. 이 지역의 정치적 불안정으로 인해 특히 여러 나라가 걸쳐 있는 지역에서는 상대적으로 적은 수량 변화가 나타나더라도 정치적 갈등 잠재력이 훨씬 커질 수 있다. 게다가 이스라엘이나 사우디아라비아와 같은 더 잘사는 나라가 예멘, 시리아, 수단처럼 더 가난하고 저개발된 국가보다 기후 변화나 극단적인 상황에 대해 계획, 적용, 적응하는 데 필요한 자원을 더 많이 가질 수 있다.

확인 학습

7.1 베이루트의 동부 지중해 연안에서 예멘 고지대를 따라 여행을 한다고 했을 때 경험할 수 있는 기후 변화에 대해 설명하라. 이러한 변화를 설명할 수 있는 핵심적인 기후 변수들은 무엇인가?

7.2 서남아시아와 북부 아프리카 환경에 대해 인간에 의한 중요한 변형 다섯 가지에 대해 토론하고 이러한 변화가 이 지역에 이익이 되고 있는지를 평가하라.

주요 용어 아랍의 봄, 종파 간 폭력, ISIL, 이슬람 근본주의, 이슬람주의, 문화중심, 석유수출국기구(OPEC), 마그레브, 레반트, 염류화, 화석수, 물 전쟁, 요충지

인구와 정주 : 변화하는 농촌과 도시 세계

서남아시아와 북부 아프리카의 인문지리에서는 인간 생활과 물이 아주 밀접한 연계를 맺고 있다고 설명한다. 그 패턴은 복잡하다. 예를 들어 인구 지도에 나타나는 넓은 지역이 항구적인 정주 지역이 아닌 곳으로 남아 있는 반면, 물을 이용하는 것이 가능한 토지는 혼합과 인구 과밀의 문제로 점차 고통을 겪고 있다(그림 7.15).

인구지리

오늘날에는 약 5억 명 이상의 인구가 서남아시아 및 북부 아프리카에 거주하고 있다(표 7A.1 참조). 이 인구 분포는 눈에 띄게 다양하다(그림 7.15 참조). 북부 아프리카는 아틀라스 산맥의 습윤한 경사 지역과 근처 더 많은 물이 공급되는 연안 지역에 수세기 동안 인구가 밀집해 있으며, 산맥의 동쪽과 남쪽의 비어 있는 토지와는 극명한 대조를 보인다. 인구가 거의 없는 이집트의 사막 지대는 나일 강을 따라 혼잡하고 관개가 이루어져 있는 지역과 명백한 대조를 이루고 있다. 서남아시아에서 많은 주민들은 물 공급이 좋은 해안 지대, 습윤한 고지대 환경, 사막 지대에서도 물 이용이 가능한 하천이나 지하 대수층 근처에 거주한다. 인구밀도는 지중해 동부(이스라엘, 레바논, 시리아), 터키, 이란의 용수 공급이 원활한 곳에서 높게 나타난다. 이 나라들의 전반적인 인구밀도는 그다지 높지 않지만, 경작 가능한 토지 면적당 인구수를 의미하는 **지리적 인구밀도**(physiological density)는 세계적 기준으로 볼 때 상당히 높다. 이 지역 전체 인구의 2/3 이하만이 도시에 거주하지만 많은 국가는 (예를 들어 이집트의 카이로, 터키의 이스탄불, 이란의 테헤란과 같은) 대도시에 인구가 집중된다. 이 대도시들은 다른 저개발 국가에서 발견되는 것과 같은 도시 혼잡의 문제가 발생된다(그림 7.16).

물과 생활 : 농촌 정주 환경 패턴 서남아시아와 북부 아프리카의 농촌 정주 환경에서 물과 생활은 밀접한 관련이 있다(그림 7.17). 실제로 서남아시아는 세계에서 가장 오래된 **가축화**(domestication)의 중심지 중 하나이다. 이 지역에서 식물과 동물은 원하는 특성을 가질 수 있도록 의도적으로 선택되고 교배된다. 약 1만 년 전에 시작된 정착 농업이 이루어지도록 다양한 야생종의 밀과 보리에 대한 실험을 했으며 후에 가금류, 양, 염소와 같은 가축도 포함되었다. 초기 대부분의 농업 활동은 **비옥한 초승달**(Fertile Crescent) 지역에 몰려 있었다. 비옥한 초승달 지역은 생태적으로 다양한 지대로, 내륙으로는 레반트로부터 시리아 북부의 비옥한 언덕을 거쳐 이라크에까지 펼쳐져 있다. 약 5,000~6,000년 전 사이에 관개 기술에 대한 상당한 지식과 강력한 국가 정치력을 기반으로, 티그리스 강과 유프라테스 강 계곡

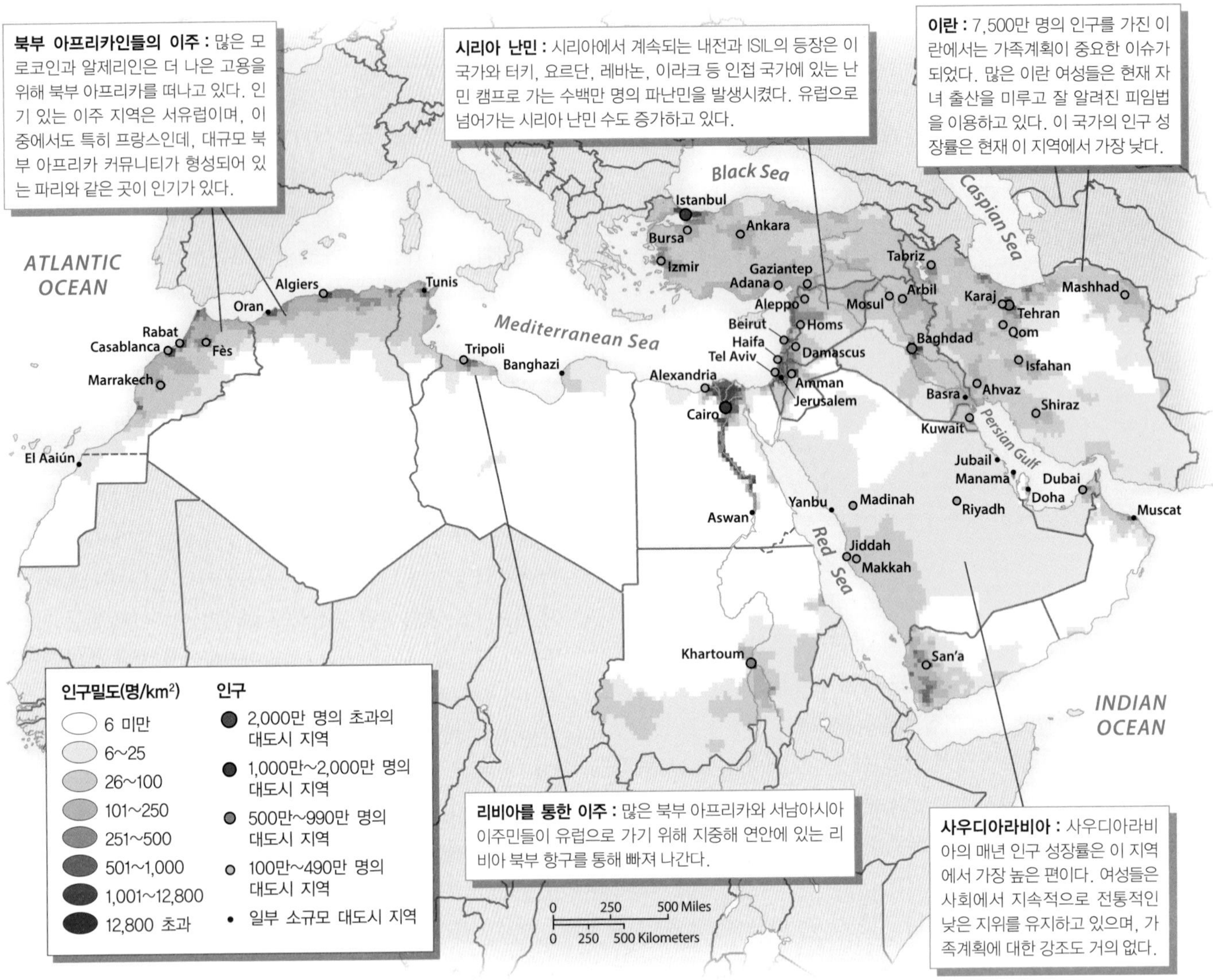

북부 아프리카인들의 이주 : 많은 모로코인과 알제리인은 더 나은 고용을 위해 북부 아프리카를 떠나고 있다. 인기 있는 이주 지역은 서유럽이며, 이 중에서도 특히 프랑스인데, 대규모 북부 아프리카 커뮤니티가 형성되어 있는 파리와 같은 곳이 인기가 있다.

시리아 난민 : 시리아에서 계속되는 내전과 ISIL의 등장은 이 국가와 터키, 요르단, 레바논, 이라크 등 인접 국가에 있는 난민 캠프로 가는 수백만 명의 피난민을 발생시켰다. 유럽으로 넘어가는 시리아 난민 수도 증가하고 있다.

이란 : 7,500만 명의 인구를 가진 이란에서는 가족계획이 중요한 이슈가 되었다. 많은 이란 여성들은 현재 자녀 출산을 미루고 잘 알려진 피임법을 이용하고 있다. 이 국가의 인구 성장률은 현재 이 지역에서 가장 낮다.

리비아를 통한 이주 : 많은 북부 아프리카와 서남아시아 이주민들이 유럽으로 가기 위해 지중해 연안에 있는 리비아 북부 항구를 통해 빠져 나간다.

사우디아라비아 : 사우디아라비아의 매년 인구 성장률은 이 지역에서 가장 높은 편이다. 여성들은 사회에서 지속적으로 전통적인 낮은 지위를 유지하고 있으며, 가족계획에 대한 강조도 거의 없다.

인구밀도(명/km²)	인구
6 미만	2,000만 명의 초과의 대도시 지역
6~25	1,000만~2,000만 명의 대도시 지역
26~100	500만~990만 명의 대도시 지역
101~250	100만~490만 명의 대도시 지역
251~500	일부 소규모 대도시 지역
501~1,000	
1,001~12,800	
12,800 초과	

0 250 500 Miles
0 250 500 Kilometers

그림 7.15 **서남아시아와 북부 아프리카의 인구 지도** 거의 인구가 분포하지 않는 대규모 사막 지대와 물을 이용하기가 용이하여 인구가 더 밀집되는 지역 간 대조가 분명하게 나타난다. 나일 강 계곡과 마그레브 지역은 북부 아프리카에서 인구가 가장 많은 곳인 반면, 서남아시아의 인구는 고지대와 수량이 풍부한 지중해 연안을 따라 밀집해 있다.

그림 7.16 **이스탄불** 터키에서 가장 큰 이 도시에는 현재 1,300만 명이 살고 있다.

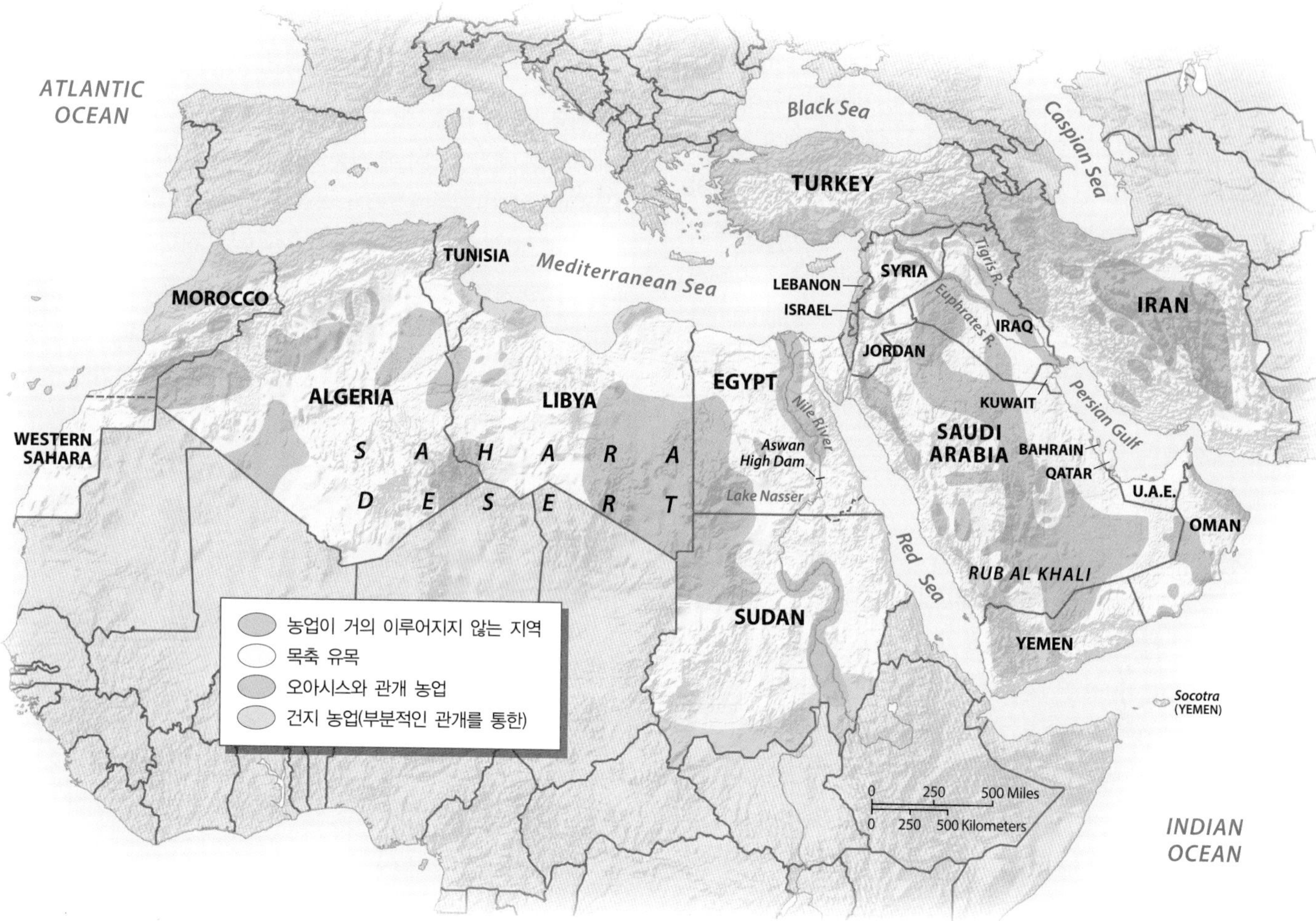

농업이 거의 이루어지지 않는 지역
목축 유목
오아시스와 관개 농업
건지 농업(부분적인 관개를 통한)

그림 7.17 **서남아시아와 북부 아프리카의 농업 지역** 중요한 농업 지대는 물을 이용할 수 있는 오아시스와 관개 농업을 포함한다. 그 밖에는 부분적 관개를 통한 건지 농업이 중위도 지방에서 수행되고 있다.

(메소포타미아)과 북부 아프리카 나일 강 계곡 등과 같은 근처 저지대로의 농업 확산이 장려되었다.

목축 유목 이 지역의 건조한 곳에는 생계 유지를 위해 가축을 계절에 따라 이동시키는 **목축 유목**(pastoral nomadism)이 전통적인 자급 농업의 형태로 나타난다. 목축 유목민의 정주 환경은 낙타, 양, 염소 등을 계절적으로 한 장소에서 다른 장소로 이동시키기 때문에 이동성과 유연성에 대한 목축 유목민들의 수요가 반영된다. 아틀라스산맥이나 아나톨리아 고원 등 고지대 근처에서 유목민들은, 가축을 위해 보다 선선하고 더 풀이 많은 높은 지역의 방목지로 여름에는 올라갔다가 가을, 겨울에는 방목을 위해 저지대와 계곡으로 되돌아오는, 즉 계절별로 이동하는 **이목**(transhumance)을 한다. 그 밖의 지역에서는 수십 가구가 소집단을 이루어 넓은 사막 지역을 계절별로 이동하기도 한다. 오늘날 이 지역에는 1,000만 명 이내의 목축 유목민이 남아 있다.

오아시스 생활 건조한 지역에서는 지하수와 심층수 우물에서 어느 정도의 물 공급이 이루어지는 곳을 중심으로 영구적인 오아시스 정착지가 흩어져 있다(그림 7.17과 7.18). 빽빽하게 모여 있고 때로는 소규모에 집약적으로 경작되고 있는 농지 인근에 담

그림 7.18 **오아시스 정착지** 대추야자와 관개된 평야가 모로코 중앙에 위치한 비옥한 오아시스 정착지인 티네히르(Tinehir) 주변 경관을 형성하고 있다.

장을 쌓은 마을이 입지해 있다. 이 지역은 지하수로 나무와 곡물 경작에 필요한 용수를 공급하고 있다. 더 최근에 만들어진 오아시스 정착지는 콘크리트 블록과 조립식 주택이 더해져 현대적인 모습을 갖추고 있다. 전통적인 오아시스 정착지는 가까운 친척들로 구성되어 있어서 관개시설을 갖춘 구역에서 일하며, 부재지주의 땅을 함께 돌본다. 오아시스 정착지가 통상적으로 작지만, 사우디아라비아 동쪽의 호푸프 오아시스는 1만 2,000헥타르에 이른다. 일부 농작물은 지역 내에서 소비하기 위해 재배되지만, 무화과나 대추와 같이 세계적 수요가 증가하는 작물은 유럽인이나 북아메리카인의 식탁에 올라가게 됨으로써, 이 외딴 지역도 세계 경제 내에 편입된다.

외래 하천 수 세기 동안 서남아시아와 북부 아프리카의 가장 밀도가 높은 농촌 정착지는 거대한 하곡과 그 하천의 주기적 범람과 비옥한 영양분 공급 등과 연관이 있었다. 이러한 환경 속에서, **외래 하천**(exotic rivers)은 귀중한 물과 영양분을 보다 습기 있는 토지에서부터 관개 농업으로 자원을 활용하는 건조한 지역으로 운반한다(그림 7.19). 나일 강과 티그리스 강, 유프라테스 강 주변에는 이러한 활동에 필요한 땅이 널리 펼쳐져 있으나, 오랫동안 이 계곡에서의 관개 사업은 염류화를 초래했다. 유사한 정착지가 이스라엘과 요르단 사이에 있는 요르단 강, 아틀라스 산맥의 구릉지, 아나톨리아와 이란 평원 주변에서도 발견된다. 이러한 지역은 상당한 인구가 살 수 있는 조건임에는 분명하나 과도한 이용과 염류화에 취약하다. 농촌의 삶 역시 그런 환경에서 변화하고 있다. 이집트, 이스라엘, 시리아, 터키와 기타 지역에서의 새로운 댐과 운하 건설 계획이 하계망의 저장 능력을 높여 더 많은 연중 경작을 가능하게 한다.

그림 7.19 **나일 강 계곡 농업** 관개로 경작된 벼는 이집트의 비옥한 나일 강 계곡의 주요 산물이다.

건조 지역 농업의 과제 이 지역의 지중해성 기후 지대에서는, 농업에 필요한 계절별 강수에 의존하는 다양한 형태의 건지 농업이 가능하다. 이 지대는 마그레브 북쪽의 해안 저지대와 유량이 풍부한 계곡, 지중해 동쪽의 연안에 있는 토지, 아나톨리아와 이란 고원을 가로지르는 고지대 등도 포함한다. 임목, 곡물, 가축의 혼합이 이러한 환경에서 나타난다. 기계화, 특화, 비료의 사용 등은 이러한 농업 환경을 바꾸어 인근 남부 유럽에서 초기에 정착했던 패턴을 따랐다. 지역적 · 세계적 중요성이 커지는 농작물 중 하나는 모로코에서 잘 자라는 해시시 경작이다. 8만 헥타르 이상의 대마초가 모로코 북쪽의 케타마 근처 구릉 지대에서 경작되며 매년 20억 달러 이상이 불법적으로 (주로 유럽으로) 수출되고 있다(그림 7.20).

다층적 경관 : 도시에 새겨진 자국

서남아시아와 북부 아프리카 인문지리에서 도시는 핵심적 역할을 수행한다. 실제로 세계에서 가장 오래된 도시가 이 지역에 있다. 오늘날에는 정치적, 종교적, 경제적으로 주변 농촌 지역과 도시를 지속적으로 연결해 준다.

그림 7.20 **모로코의 대마초 밭** 모로코 케타마 인근에서 해시시 다발이 야외에서 건조 중이며, 대마초 밭이 인근 언덕에 덮여 있다. 이 지역의 해시시 경작은 유럽과 연결되어 있다.

그림 7.21 **콤 사원** 테헤란 남부 성스러운 이란 도시인 콤의 하즈라티 마수메(Hazrati Masumeh) 성지로 매년 수천 명의 시아파 교도가 방문하고 있다.

오래된 도시 유산 이 지역 도시는 지방과 장거리 무역의 핵심지일 뿐 아니라 정치적 · 종교적 기능의 중심지로서 전통적으로 중요한 역할을 수행해 왔다. 메소포타미아 지역(현재 이라크)의 도시화는 대략 기원전 3500년에 시작되었고, 에리두와 우르 같은 도시는 인구가 2만 5,000명에서 3만 5,000명에 달했다. 기원전 3000년 이집트에도 유사한 중심지로 멤피스와 테베가 생겨났는데, 나일 강 계곡 중부 지역에 있는 주요 지역이었다. 그러나 기원전 2000년에는 지중해 동부와 중요한 육지 무역로를 따라 다른 종류의 도시가 생겨났다. 시리아 근처의 다마스쿠스뿐 아니라 베이루트, 티레, 시돈과 같은 중심지는 무역의 역할이 증가하면서 도시 경관을 형성하게 된 경우이다. 항구시설, 도매지구, 상업적 근린지구의 확장 등은 어떻게 무역과 상업이 이러한 도시지역을 형성하는가를 보여주며, 초기 중동 지방의 무역 도시가 현재까지 그 모습을 지키고 있다.

이슬람교 또한 도시에 오랜 흔적을 남겼는데, 이는 도시의 중심이 전통적으로 이슬람의 종교적 권한과 교육의 장소로 이용되었기 때문이다. 바그다드와 카이로는 모두 종교 기관의 소재지였다. 북부 아프리카에서 터키에 이르기까지 도시 지역은 이슬람교의 영향을 받았다. 실제로 무어인이 이슬람교를 스페인으로 들여옴으로써, 코르도바와 말라가와 같은 중심지에 이슬람교의 건축과 문화 경관이 형성되었다.

이슬람 도시의 전통적 특징은 성곽으로 두른 도심부 혹은 **메디나**(medina)라고 하는 곳이 있는데, 이곳은 중앙에 모스크가 있고 관련된 종교적 · 교육적 · 행정적 기능이 포함되어 있다(그림 7.21). 근처의 바자 혹은 수크라는 곳은 도시와 농촌의 생산품을 거래하는 시장 기능을 한다(그림 7.22). 주택지구는 좁고 구불거리는 미로와 같은 거리로 이루어져 있는데, 이는 그늘을 최대로 만들어주고 주민, 특히 여성의 프라이버시를 유지한다는 장점이 있다. 주택은 작은 창문을 가지고 있고 주로 막다른 거리의 끝에 위치하며, 사적인 뒷마당이 있는 것이 전형적인 형태이다.

최근에는 유럽 식민주의의 영향으로 일부 도시에 또 다른 도시 경관이 더해졌다. 특히 북부 아프리카의 식민지 도시에는 영국 및 프랑스로부터 건너온 많은 건축양식이 적용되었다. 빅토리아식 건물 블록, 프랑스식 맨사드 지붕, 교외 주거지구, 넓은 유럽식 상업용 대로 등이 알제리와 카이로 같은 도시 경관에 그대로 남아 있다.

세계화의 특징 1950년대 이래, 서남아시아와 북부 아프리카 도시는 세계 경제의 관문이 되어왔다. 공항, 상업 및 금융지구, 공업단지, 고급 관광시설 등의 확장은 세계 경제 영향력의 결과이다. 알제, 이스탄불 같은 여러 도시에서 최근 인구가 두 배 이상 증가했다. 복잡한 카이로에도 현재 1,500만 명 이상의 주민이 있다. 주택에 대한 수요 증가는 외관이 보기 싫고 좁은 고층 아파트 건물을 양산해 낸 반면, 다른 곳에서는 수요 증가에 따라 주택이나 공공 서비스의 질이 낮은 대규모의 무허가 불량 주택촌이 공급되었다. 뉴 카이로 시티에서 도심 동편의 새로운 고밀도의 교외는 늘어나는 도시주택 공급을 위해 시도된 것이다(그림 7.23).

그림 7.22 **구 카이로** 이집트의 수도인 카이로의 좁고 구불구불한 거리는 쇼핑객과 거리를 걷는 사람들로 붐빈다.

그림 7.23 **뉴 카이로 시티** 도심 동편에 최근 건설된 이곳은 카이로 외곽에 매우 다른 경관을 창출하고 있다.

페르시아 만에 있는 석유가 풍부한 국가의 도시 경관이 가장 큰 변화를 보이고 있는 건 의심할 여지가 없다. 20세기 이전에 이 지역의 도시 전통은 상대적으로 미약했고, 1950년에도 사우디아라비아는 인구의 18%만이 도시에 거주했다. 그러나 모든 것이 변해 현재 사우디아라비아는 미국 등을 포함해 다른 산업화된 국가들보다 도시가 더 많다. 특히 1970년대 이래 아랍에미리트의 두바이, 카타르의 도하, 바레인의 마나마, 쿠웨이트의 쿠웨이트시티와 같은 도시들이 우후죽순으로 생겨났는데, 도심의 스카이라인은 미래 지향적 건축양식을 특징으로 한다(그림 7.24).

이동 중인 지역

목축 유목민이 서남아시아와 북부 아프리카를 오랫동안 넘나드는 동안, 세계 경제와 최근 정치적 사건에 따라 새로운 이주 형태가 만들어져 왔다. 많은 다른 저개발국에서 볼 수 있는 농촌에서 도시로의 광범위한 이주가 이 지역 인구 유형에서 다시 나타나고 있다. 사우디아라비아와 같은 사례는 지역 내 다른 나라에서도 나타난다. 카사블랑카에서 테헤란까지 많은 도시가 농촌 지역으로부터 유입된 이주민으로 인해 인구가 증가하는 현상을 경험하고 있다.

외국인 노동자들도 거대한 노동력 수요가 있는 지역으로 이주했다. 특히 페르시아 만 국가들은 이주 노동력을 지원하는데 이들은 전체 인구의 상당 부분을 차지하기도 한다. 페르시아 만 국가 총인구의 40% 이상이 외국이 고향인 노동자이다. 이러한 인구 유입은 아랍에미리트와 같은 국가에서 경제적, 사회적, 인구적으로 중요한 함의를 가진다. 아랍에미리트는 민간에서 일하는 노동자의 90%가 외국에서 이주한 사람들이다. 이 이주민의 출신국은 다양하지만 대부분은 남부 아시아와 지역 내 이슬람 국가, 혹은 이 지역 밖에서 오기도 한다(그림 7.25). 두바이에는 파키스탄 출신 택시 운전사와 필리핀 출신 유모, 인도 출신 가게 점원이 외국인 노동력의 전형적인 특징을 보여주며 140만 이주민의 다수를 차지한다. 페르시아 만에서 일하는 많은 외국인 노동자는 고국으로 월급을 보낸다. 인도, 이집트, 필리핀, 파키스탄과 방글라데시는 이러한 송금을 받는 핵심적인 지역이다.

일부 거주자는 세계의 다른 지역으로 이주하기도 한다. 강력한 경제와 가까운 입지 때문에 유럽이 이들을 강력하게 끌어당긴다. 200만 명 이상의 터키 이주 노동자가 독일에 살고 있다. 알제리와 모로코는 둘 다 서유럽, 특히 프랑스로 대규모 이주가 일어나고 있다. 더 최근에는 정치적 불안정이 난민의 이동을 부추겨왔다. 2003년 이래 수단 서쪽의 불안정한 다르푸르 지역에서 많은 사람들이 차드 근처에 있는 수십 개의 난민 캠프로 이주해

그림 7.24 **바레인의 마나마** 페르시아 만에서 내려다 본 마나마의 변화하는 스카이라인은 고층 건축 프로젝트의 결과다.

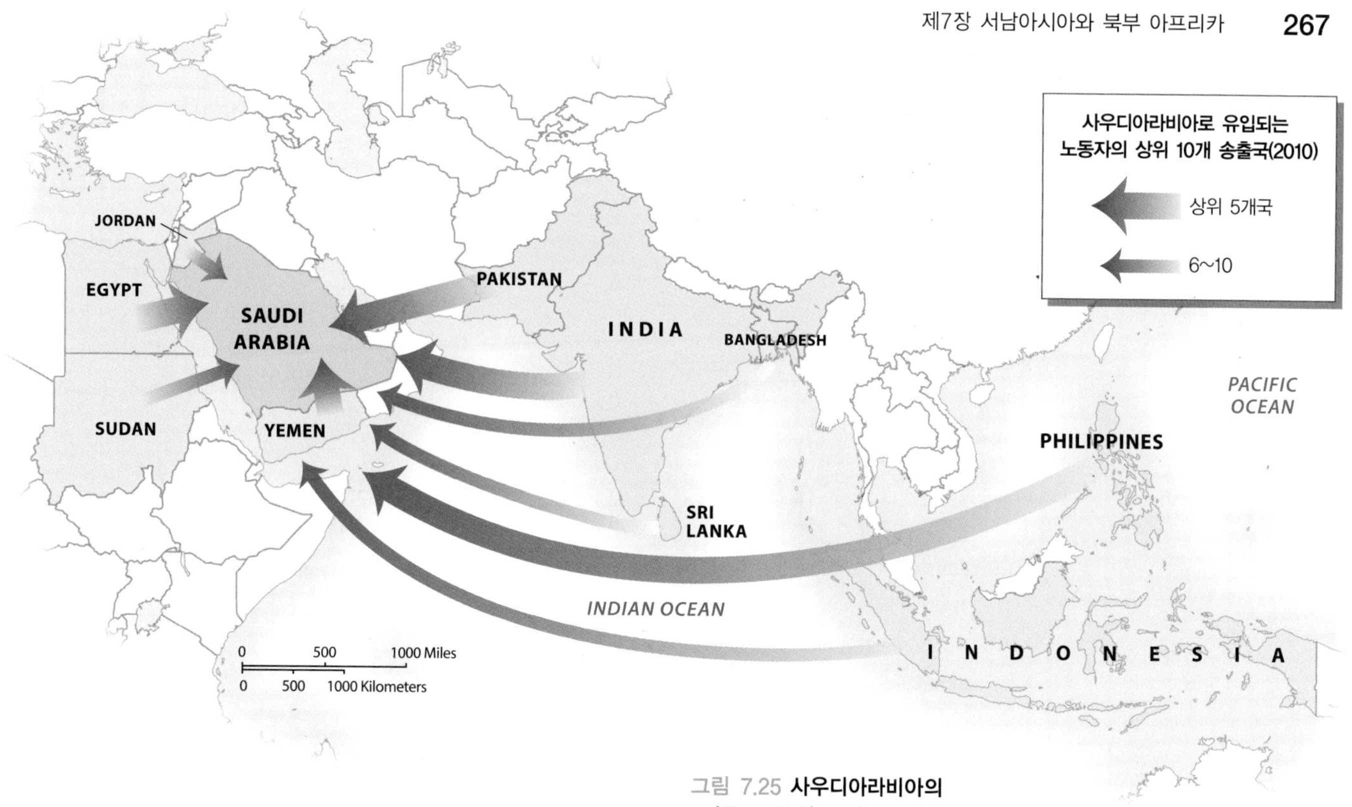

그림 7.25 **사우디아라비아의 이주 노동자(2010)** 사우디아라비아로 들어오는 이주 노동자의 대부분은 이슬람교도다. 많은 사람들이 북부 아프리카와 서남아시아 내 인근 지역에서부터 유입되나, 일부 노동자는 인도네시아와 필리핀과 같은 먼 지역에서부터 이동하기도 한다.

왔다. 그밖에도 수천 명의 아프가니스탄 피난민이 이란 동부 지역에 남아 있다.

시리아 내전과 분파 갈등은 시리아 인구의 절반 이상이 피난했던 대규모 난민 위기를 만들어냈다. 2015년 말까지 거의 800만 명의 국내 피난민이 그들의 집을 떠나 시리아 다른 지역에서 살고 있다. 약 450만 명의 시리아인들은 난민으로 다른 나라에서 살고 있다. 인근의 터키, 요르단, 레바논과 이라크는 다수의 시리아 난민을 받아들였지만 점차 많은 수의 시리아인이 새로운 기회를 찾아 이 지역을 떠나 유럽과 그 너머로 향하고 있다. 예를 들면 2016년 초까지 15만 명 이상의 시리아인이 독일에서 난민이 되었으며, 2015~2017년까지 유럽으로 유입될 것으로 추산되는 300만 명 이상의 사람들이 전쟁으로 피폐해진 지역에서 들어오게 될 것이다. 많은 수의 난민들은 지중해 동부를 거쳐 그리스를 통해 유럽으로 건너온다. 또 다른 난민들은 리비아에서 유럽으로 넘어온다(글로벌 연결 탐색 : 유럽으로 가는 리비아 하이웨이 참조).

인구학적 패턴의 변화

높은 인구 성장이 서남아시아와 북부 아프리카 전역에 중요한 문제로 남아 있는 동안 인구학적 패턴은 변화하고 있다. 1960년대 한결같이 높은 인구 성장률을 보이던 것이 다양한 지역적 패턴을 가지는 것으로 바뀌었다. 예를 들어 튀니지와 터키는 총출산율이 급격하게 감소하여 현재 여성 1명당 평균 3명 이하의 자녀를 출산한다(표 A7.1 참조). 이러한 변화는 여러 가지 요소로 설명될 수 있다. 도시적이고 소비 지향적일수록 아이를 적게 낳는 경향이 있다. 많은 아랍 여성은 현재 결혼을 20대 중반에서 30대 초반까지로 점차 미루고 있다. 가족계획도 많은 나라로 확대되어 튀니지, 이집트, 이란에서는 가족계획 프로그램을 통해 피임약, 자궁 내 피임기구(IUDs), 콘돔 등 피임기구를 상당히 쉽게 구할 수 있도록 했다.

흥미롭게도 근본주의적인 이란에서 지난 20년간 빠른 출산율 감소가 나타났다(그림 7.27). 출산율이 1970년대 중반 여성당 평균 6.6명에서 현재 1.9명까지 떨어졌다. 이란의 가족계획 프로그램이 1979년 근본주의 혁명 이후 초기에 해체되었던 반면(서구 사상으로 보였기 때문), 최근 이란 지도자는 인구를 제한하는 지혜로 인식했다.

여전히 웨스트뱅크, 가자, 예멘과 같은 지역은 세계 평균보다 인구가 훨씬 빠르게 증가하고 있다. 빈곤과 전통적인 농촌 생활방식이 상당히 높은 인구 증가의 원인이 되며, 심지어 도시화된 사우디아라비아의 연평균 인구 증가율도 거의 2%이다. 이러한 증가는 높은 출생율과 매우 낮은 사망률이 결합된 결과이다. 이집트에서는 출생률은 낮아지고 있음에도 불구하고, 이 나라의 청소년층 인구를 따라가기 위해서는 노동시장에서 향후 10~15년간 매년 50만 명 이상의 신규 노동자를 유입시켜야 한다(그림 7.27 참조).

그림 7.26 **시리아 난민 지대와 일부 난민 캠프(2015)** 터키, 요르단, 이라크, 레바논 등 인접 지역에는 2012년 이후 난민이 몰려들었으며 점차 많은 수의 난민이 이 지역을 떠나 유럽과 그 너머로 이동하고 있다.

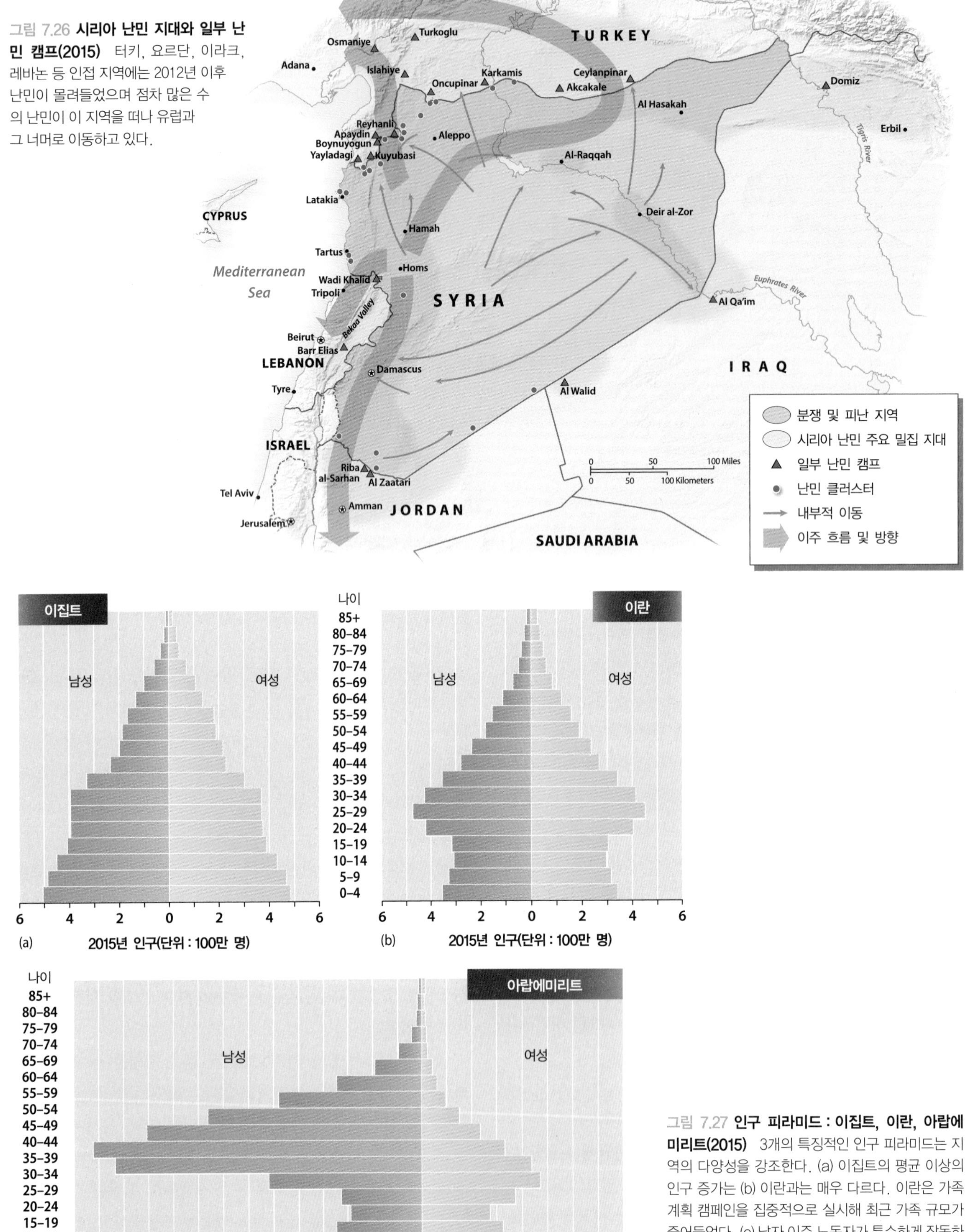

그림 7.27 **인구 피라미드 : 이집트, 이란, 아랍에미리트(2015)** 3개의 특징적인 인구 피라미드는 지역의 다양성을 강조한다. (a) 이집트의 평균 이상의 인구 증가는 (b) 이란과는 매우 다르다. 이란은 가족계획 캠페인을 집중적으로 실시해 최근 가족 규모가 줄어들었다. (c) 남자 이주 노동자가 특수하게 작동하여 아랍에미리트의 인구 피라미드 패턴을 비대칭으로 만들었다. **Q : 각각의 보기에서 각 국가에서 잠재적으로 발견할 수 있는 인구학적 혹은 문화적 주제를 들어보라.**

확인 학습

7.3 목축 유목, 오아시스 농업, 건지에서 이루어지는 밀 농장 등이 서남아시아 및 북부 아프리카 지역의 환경에 어떻게 특징적으로 적응한 것인지 토론해 보자. 이러한 농촌 생활이 어떤 특징적인 정주 패턴을 만들어내는가?

7.4 이 지역의 도시 경관에 (a) 이슬람, (b) 유럽 식민지, (c) 최근 세계화가 어떻게 특징적으로 기여했는지 설명하라.

7.5 이 지역 내외에서 이주가 이루어지는 핵심 패턴과 동인에 대해 요약하라.

주요 용어 지리적 인구밀도, 가축화, 비옥한 초승달, 목축 유목, 이목, 외래 하천, 메디나

문화적 동질성과 다양성 : 복잡한 구조

서남아시아와 북부 아프리카는 이슬람과 아랍 세계의 중심으로 남아 있음에도 불구하고, 문화적 다양성 또한 이 지역의 특징이라 할 수 있다. 이슬람교도는 다양한 방식으로 종교를 실천하는데, 종종 종교적 관점이 상당히 다르기 때문이다. 다른 곳에서는 다른 종교가 이 지역의 문화지리를 복잡하게 만든다. 언어학적으로 아랍어는 중요한 문화 핵심을 형성하고 있으나 페르시아어, 쿠르드어, 터키어 등과 같은 비아랍어 또한 이 지역의 한 부분을 차지하고 있다. 이러한 문화지리의 다양한 패턴은 우리가 이 지역의 정치적 긴장을 이해하는 것을 도우며, 왜 이 지역의 많은 사람들이 세계화 과정에 저항하는가를 아는 데도 도움이 된다.

종교 유형

종교는 서남아시아와 북부 아프리카 대부분 사람에게 중요한 삶의 일부이다. 상당히 의례적인 아침 기도든 아니면 현재 정치 및 사회 문제에 관한 토론이든 간에 종교는 카사블랑카에서 테헤란까지 대부분의 이 지역 거주자의 삶의 일상으로 남아 있다.

유대-기독교 전통의 중심 유대교와 기독교는 둘 다 그들의 종교적 뿌리를 지중해 동부 중심에서 찾는다. 유대교의 뿌리는 오랜 과거로 거슬러 간다. 약 4,000년 전 유대인 전통에서 볼 때 초기 지도자였던 아브라함은 그의 백성을 메소포타미아에서 지중해 연안의 가나안(현재 이스라엘)으로 이끌었다. 성경의 구약으로 재해석되는 유대인 역사는 하나의 신에 대한 신앙[**일신론**(monotheism)], 강력한 윤리적 행동 규칙, 지금까지도 지속되고 있는 강력한 민족 정체성 등에 초점이 맞춰져 있다. 로마제국 시대 동안 많은 유대인은 로마의 박해를 피해 지중해 동부 지역을 떠났다. 그러한 강제 이주 혹은 디아스포라는 유대인들이 멀리 유럽과 북부 아프리카의 한 귀퉁이에서 살게 했다. 그러다 지난 세기에 세계에 널리 퍼져 있던 상당수의 유대인이 자신들의 종교 성지로 돌아왔고, 1948년 유대인 국가인 이스라엘이 만들어진 후 그 이주에 속도가 붙었다.

유대교에서부터 뻗어 나온 기독교는 약 2,000년 전에 생겨나 지중해 동부를 여행했던 예수와 그 제자들의 가르침에 기반하고 있다. 많은 기독교 전통은 유럽 역사와 결합되어 있지만, 초기 기독교 형태는 여전히 종교의 중심지 근처에 남아 있다. 예를 들면, 콥트교는 이집트 인근에서 전개됐으며, 레바논에서는 마론교(Maronities)가 독립적인 문화적 정체성을 유지하고 있다.

이슬람교의 출현 이슬람교는 622년경 서남아시아에서 기원하여 세계적으로 중요한 또 하나의 문화중심을 형성했다. 오늘날 이슬람교도는 북아메리카에서부터 남부 필리핀에 이르기까지 살고 있지만, 여전히 서남아시아가 이슬람 세계의 중심으로 남아 있다. 많은 서남아시아와 북부 아프리카 사람들은 여전히 종교적 교리를 따른다. 이슬람교의 창시자인 마호메트는 약 570년경 메카에서 태어나 메디나 근처에서 가르쳤다(그림 7.28). 그의 신앙은 유대교-기독교 전통과 아주 유사하다. 이슬람교도는 모세와 예수가 둘 다 선지자이며 히브리어 성경(혹은 구약성경)과 기독교 신약이 불완전하긴 해도 기본적으로 정확하다고 믿는다. 그러나 궁극적으로 이슬람교도는 마호메트를 통해 알라로부터 받은 경전인 **코란**(Quran)이 인류에게 전하는 가장 고결한 종교적이고 도덕적인 신의 계시라고 믿는다.

이슬람교의 기본적 신앙은 민족적 · 종교적 삶에 필요한 청사진을 제시한다. 이슬람교는 글자 그대로 '신의 의지에 복종함'이라는 뜻이고 이 종교의 관습은 다음의 5개 의무 사항에 기초하고 있다. 첫째, 신앙고백을 반복한다('알라 외에 다른 신은 없고, 마호메트는 그의 선지자이다'). 둘째, 메카 쪽을 향해 하루에 5번 기도한다. 셋째, 자선 활동을 한다. 넷째, 라마단 기간 동안 해가 떠서 지는 사이에는 금식을 한다. 다섯째, 평생 한 번은 **하지**(Hajj)라고 하는 종교 순례를 통해 마호메트의 고향인 메카를 방문한다(그림 7.29). 또한 이슬람 근본주의자는 오늘날 이란과 같은 **신권국가**(theocratic state)를 주장하는데, 신권국가에서 종교 지도자(ayatollahs)는 정부 정책을 만든다.

중요한 종교적 분화가 632년경 마호메트의 사망 직후부터 이슬람교를 둘로 나누었고 오늘날까지 이어지고 있다. 하나의 분파는 현재 **시아파**(Shiites)로, 마호메트의 가족 특히 마호메트의 사위였던 알리가 권력을 이어받아야 한다는 것을 주장했다. **수니파**(Sunnis)로 알려진 대부분의 이슬람교도는 존경받는 성직자에게 권력이 승계되는 것을 옹호했다. 수니파가 크게 승리하여 알리는

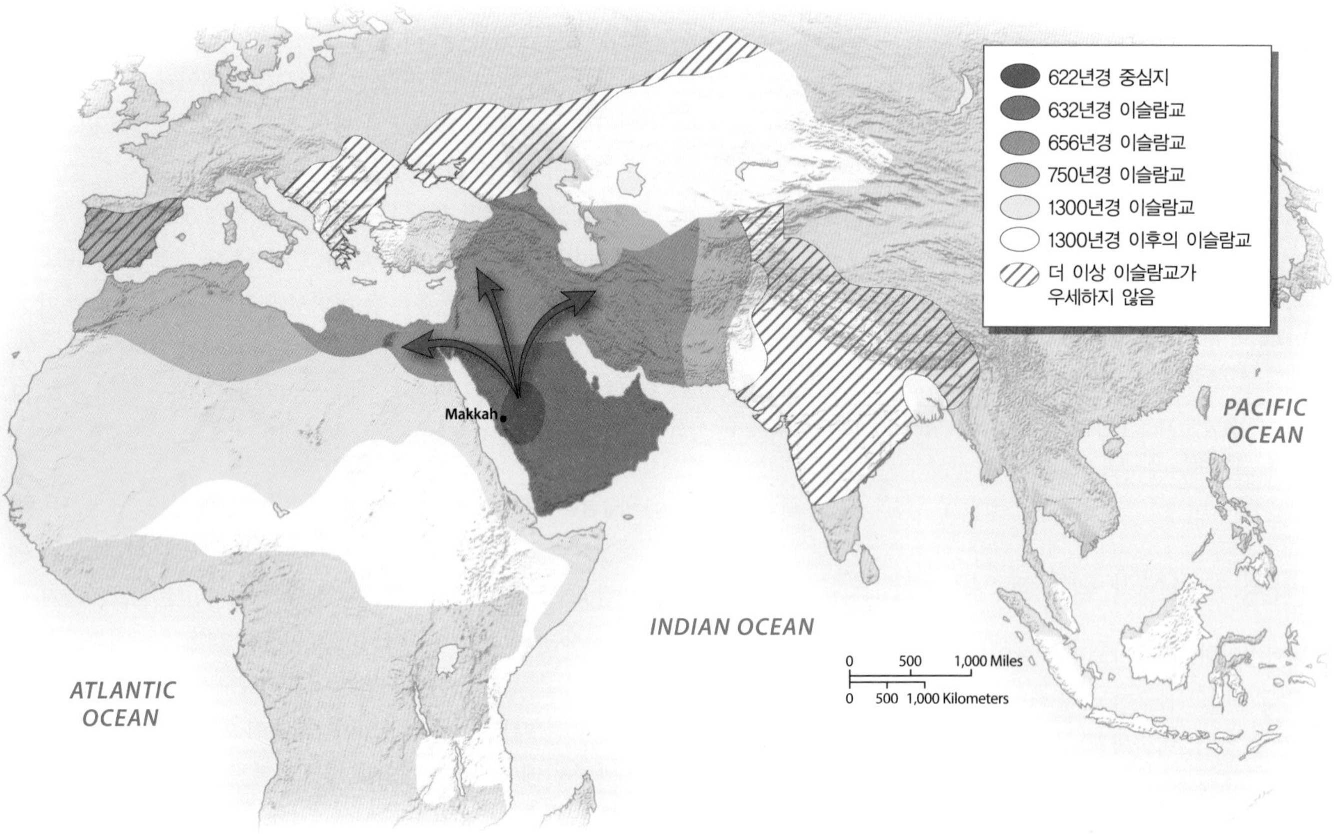

그림 7.28 **이슬람교의 확산** 이슬람교의 탄생과 빠른 확산이 이 지도에 나타난다. 스페인에서 동남아시아까지 이슬람교 유산은 서남아시아 중심부로부터 가장 가까운 곳에 가장 강하게 남아 있다. 일부 환경에서는 이 종교의 영향이 약화되어 기독교, 유대교, 힌두교 등 다른 종교와 갈등 상황을 맞기도 한다.

그림 7.29 **메카** 수천 명의 신실한 이슬람교도가 메카의 그랜드 모스크에 모인다. 이는 성스러운 장소로 순례하는 과정의 일부로 매년 수백만 명이 방문한다. 이 도시의 상업지구 일부와 호텔군이 멀리 보인다.

죽임을 당하고 시아파 추종자들은 지하로 숨어들었다. 그 이후 수니파 이슬람교도는 이 종교의 주류를 형성했고, 시아파 이슬람교도는 반복적이고 때로는 강력하게 수니파에게 도전했다.

이슬람교는 아라비아 반도의 서쪽에서부터 낙타 이동로를 따라 아랍 군대 조직에 의해 빠르게 확산되면서 그 지리적 영역을 넓히고 수천만 사람들을 개종시켰다(그림 7.28 참조). 632년경 마호메트가 사망하고 나서 아라비아 반도 사람들은 그 기치하에 단결했다. 그 이후 곧 페르시아제국이 이슬람 권력으로 넘어가고, 동로마제국(비잔틴제국)이 그 영토의 대부분을 이슬람 영향권에 빼앗겼다. 약 750년까지 아랍 군대는 북부 아프리카를 소탕하고, 스페인과 포르투갈의 대부분을 정복했으며 중부 및 남부 아시아에 발판을 마련했다. 13세기에는 이 지역 대부분이 이슬람교를 믿었으며, 기독교와 유대교 같은 더 오래된 종교가 소수 신앙이 되었다.

1200~1500년 사이에 이슬람교는 일부 지역에서는 확대되고, 일부에서는 축소되면서 영향을 미쳤다. 많은 무어인의 (이슬람적인) 문화적 · 건축적 특징을 남겼던 이베리아 반도(스페인과 포르투갈)는 1492년에 기독교로 환원되었다. 동시에 이슬람교도는 그 영향력을 아프리카 남쪽과 북쪽으로 확장시킨 반면, 터키 이슬람교도는 1100년 이후 서남아시아에서 그리스 기독교의 영향력을 대체했다. 터키 조직 중 하나는 아나톨리아 고원으로 옮겼고, 결

국 1453년에 비잔틴제국을 정복했다. 이 터키인들은 곧 거대한 **오스만제국**(Ottoman Empire)(지도자 중 한 사람인 Osman의 이름이 붙여짐)을 세웠다. 이 제국에는 (현재 알바니아, 보스니아, 코소보를 포함하는) 남동부 유럽과 서남아시아와 북부 아프리카 대부분이 포함되었다. 19세기 후반과 20세기 초반에 분열되기 전까지 오스만 제국은 이 지역 내 이슬람교도의 정치적 힘의 진원이 되었다.

현대 종교의 다양성 오늘날 이슬람교도는 서남아시아와 북부 아프리카에서 유대인이 주를 이루는 이스라엘을 제외한 모든 국가의 대부분 지역에 거주하고 있다(그림 7.30). 그러나 여전히 이슬람 내 분파는 이 지역의 핵심적인 문화적 차이를 만들어내고 있다. 이 지역에서 최근에 일어나는 많은 갈등은 수니파와 시아파 사이에서 나타난다. 비록 특정 문제는 종교적 차이보다는 권력, 정치, 경제 정책에 더 초점이 맞춰져 있기는 하다.

이 지역의 대부분(73%)은 수니파 이슬람교도이나, 시아파(23%) 역시 현대 문화 혼합에 있어서 중요한 요소로 남아 있다. 예를 들어 나자프, 카발라, 바스라 일원인 이라크 남부 지방에서는 2003년 사담 후세인 축출 뒤 시아파가 문화적 · 정치적 권력을 가지고 있다고 주장한다. 시아파는 이란과 바레인에서도 다수라고 주장하며 레바논, 사우디아라비아, 예멘, 이집트 등에서 중요한 종교적 소수파를 형성하고 있다. 1980년 이후 급진화된 많은 시아파 집단은 이 지역 전체에서 정치적, 문화적으로 이슬람 근본주의 의제를 강조해 왔다. 그러나 최근 수니파 근본주의자 또한 등장했는데, 이라크, 시리아 등지에서 성장한 ISIL이 확실한 증거이다. 주류 수니파에는 이 지역 주민의 대다수가 속해 있으며, 급진적인 문화적, 정치적 전망에 대해 거부하고 서구의 가치와 전통을 수용할 수 있도록 협력하는 현대 이슬람교를 주장한다.

시아파와 수니파의 분리가 이슬람 세계를 크게 나누고 있는 반면, 다른 다양한 종류의 이슬람 분파도 이 지역에서 발견된다. 하나의 분파는 **수피교**(Sufism)로 알려진 신비적 성향을 가지는 이슬람교의 한 형태로, 주류 이슬람의 전통과 분리되어 있다. 수피교는 특히 알제리와 모나코의 아틀라스 산맥을 포함하는 이슬람 세계의 주변 지역에서 더 유명하다. 레바논의 드루즈교는 또 다른 변형된 이슬람교 관습을 따른다.

서남아시아는 또한 비이슬람 커뮤니티의 근거지이기도 하다. 이스라엘에는 유대인의 비율이 압도적인 가운데(77%), 약 16%의 이슬람교도가 살고 있다. 심지어 이스라엘의 유대인 커뮤니티도

그림 7.30 **현대 종교** 이슬람교는 이 지역 전체에서 계속 우세한 종교로 남아 있다. 대부분의 이슬람교도는 수니파에 속하며, 시아파는 이란과 이라크 남부와 같은 지역에서 발견된다. 그러나 일부 지역에서는 기독교와 유대교가 주요 종교로 남아 있다.

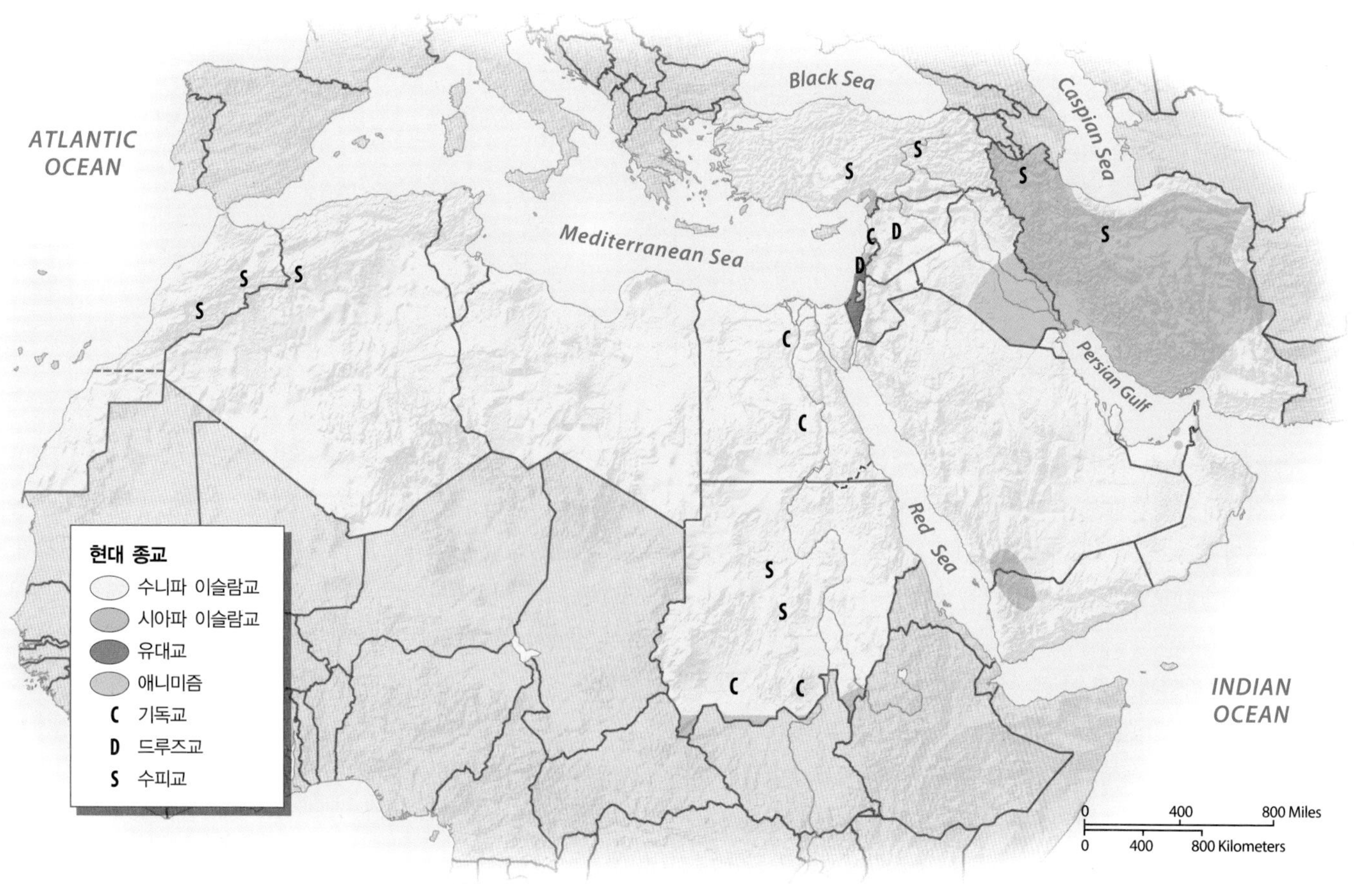

글로벌 연결 탐색

유럽으로 가는 리비아 하이웨이

Google Earth (MG) Virtual Tour Video: http://goo.gl/Mb0mHp

혁명은 많은 경우 의도치 않은 결과를 가져온다. 리비아 독재자 무아마르 알 카다피 정권이 2011년 무너지고 나서 그 일이 난민들에게 그렇게 극적으로 새로운 길을 터주고 세계에서 가장 다양한 이동 경로를 만들어 줄 것이라고 믿은 사람은 거의 없다. 새롭게 형성된 리비아 하이웨이는 시리아와 나이지리아부터 이탈리아와 스웨덴에 이르기까지 확실한 국제적 의미를 가진다(그림 7.2.1).

난민을 위한 하이웨이 이 하이웨이 조성에서 모든 결정적 변화는 2014년에 일어났다. 첫 번째로 리비아는 특히 국가에 대한 정부의 통치가 끝나고 권력을 다투던 여러 정치 세력으로 나뉘면서 철저히 소멸되었다. 이민자와 밀수업자는 정부의 간섭에 대한 두려움 없이 자유롭게 넘나들었다.

두 번째는 규제되지 않은 법 영역 밖의 산업이 지역을

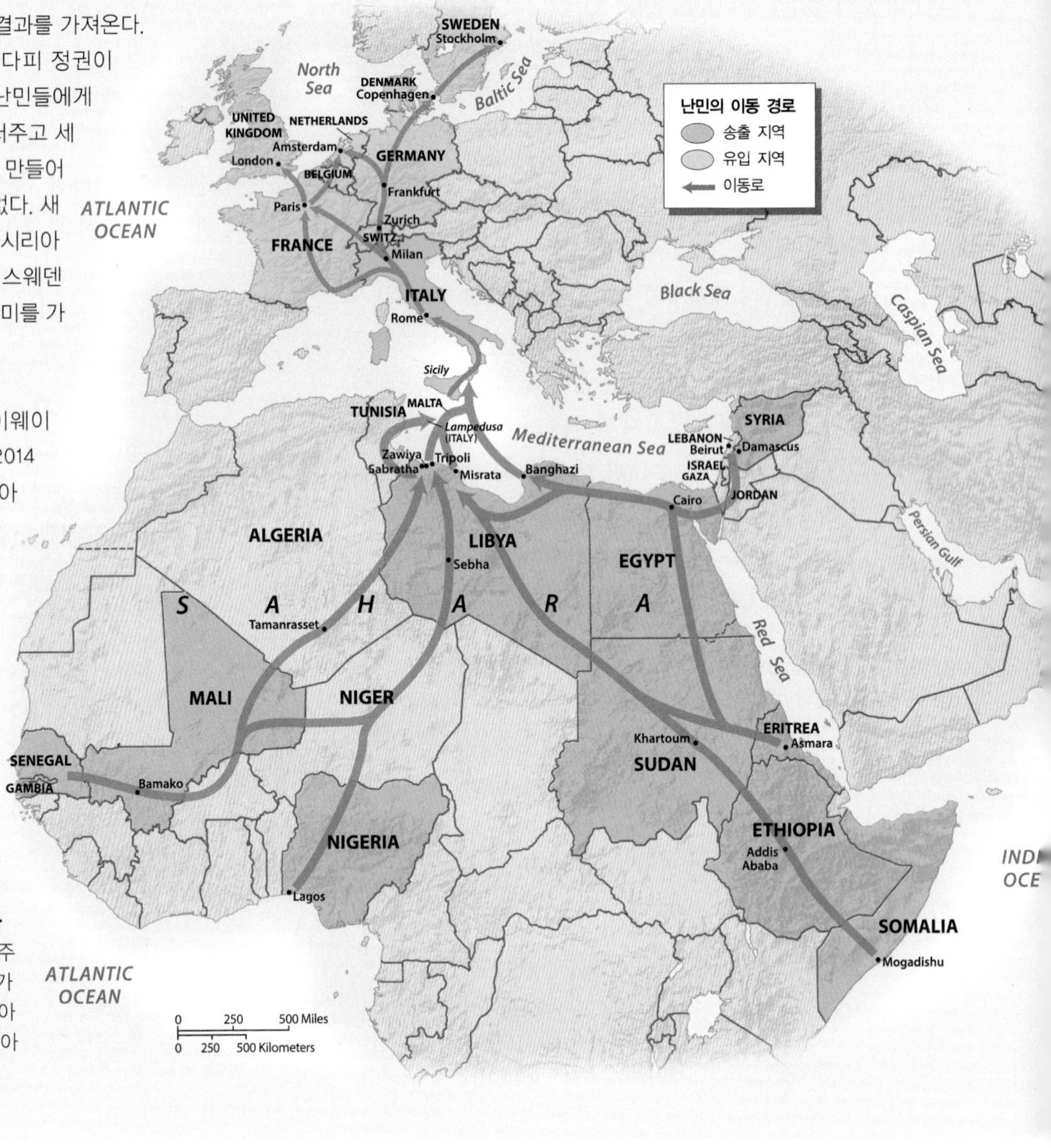

난민의 이동 경로
송출 지역
유입 지역
이동로

그림 7.2.1 유럽으로 가는 리비아 하이웨이 이 지도는 절망적인 이주민이 유럽으로 지중해를 가로질러 가기 위해 선택하는 일반적인 경로뿐 아니라 리비아 항구로 모여드는 북부 아프리카 내 육로를 보여주고 있다.

유대교 근본주의자와 다수의 개혁 성향의 유대인으로 나뉘어 있다. 인접국인 레바논에서는 1950년까지만 해도 기독교인(마론교와 정교)이 근소한 차이지만 다수였다. 그러나 기독교인의 유출과 높은 이슬람교도의 출생률로 오늘날에는 이슬람교도가 60% 이상이 되었다.

현재 이스라엘의 수도인 예루살렘은 일부의 집단에게는 종교적으로 중요한 의미를 가지며, 또한 지중해 동부 지역의 정치적으로 핵심 문제 지역이기도 하다(그림 7.31). 실제로, 이 신성한 고대 도시는 상처 입고 나뉘어 있다. 유대인들은 이 오래된 도시 내 약 220에이커의 토지에 대해 중요하게 여기는데 특히 (로마 시대 사원 부지였던) 오래된 통곡의 벽을 명예롭게 여긴다. 기독교인은 예수의 무덤이라고 알려진 성묘 교회를 성스럽게 여기며, 이슬람교도는 (선지자인 마호메트가 하늘로 올라간 것으로 여겨지는 장소가 속해 있는) 도시의 동편 지구를 신성한 종교 부지로 여긴다. 인근의 교외 커뮤니티 또한 아랍인과 이스라엘 주민들 간 주도권 경쟁이 있다. 이 지역은 새롭게 건설된 유대인 정착지를 포함하여 불안정하게 서로 붙어 있다.

넘어 확장되는 절망적인 난민을 대상으로 생겨났다. 이 새로운 지리학은 단거리로 유럽(대부분 이탈리아 남부 지방과 몰타)에 갈 수는 있지만 위험한 비정기적이고 혼란스러운 선박(위험한 고무 보트에서 곧 부서질 듯한 어선까지)뿐 아니라 (검문소, 밀수업자 이주 대행사, 집결지 등을 가진) 리비아를 지나는 육로를 포함했다(그림 7.2.2). 시실리 남쪽의 람페두사라는 이탈리아 섬은 많은 이주민들의 최초 목적지였다.

세 번째는 서아프리카(말리, 감비아, 나이지리아), 아프리카의 뿔(에리트레아, 소말리아), 서남아시아(시리아, 가자), 리비아 등에서 암울해진 삶을 벗어나 제대로 살기 위한 목적지로서 유럽은 밝게 빛나는 곳이었다. 독일, 이탈리아, 스웨덴과 스위스는 대부분의 난민을 받아들여 왔다. 절망에 빠진 시리아 난민 중 대부분이 이런 나라를 향하는 것은 놀라운 일이 아니다. 전문가 추산에 따르면 2014년 북부 아프리카에서 유럽으로 이주해 온 사람이 21만 9,000명을 넘으며, 대부분은 리비아 하이웨이를 따라 온다. 2015년에 과도하게 많은 사람이 탄 배가 가라앉아 900명 이상이 사망하는 등 비극적인 사건이 보고되고 있음에도 불구하고 북쪽으로의 이주는 계속되었다. 지금까지도 50만~100만 명의 사람들이 대부분 리비아 북부 벵가지와 트리폴리 사이에 머물면서 더 나을 삶을 찾아 배를 타기를 기다린다. 그곳의 환경은 최악이지만 그래도 난민으로 그 위험한 여행을 시작했던 곳에서보다는 나은 삶이었다.

그림 7.2.2 지중해를 건너는 난민(2015) 2015년 시칠리 해협에서 구조된 이 난민들은 리비아 해안에서 겨우 30마일 떨어진 곳에 있었다. 배에 탄 많은 이주민 대부분은 에리트리아나 시리아 출신이다.

도전에 대해 생각하기 EU 내 일부 관계자들은 어떻게 효과적으로 리비아 하이웨이에 장애물을 놓을 것인지, 아니면 최소한 어떻게 이러한 이동 흐름을 안전하게 통제할 것인지 고민해 왔다. 단기적으로 EU 국가는 2015년 거의 1,000명의 목숨을 앗아간 것과 같은 재해 위험을 줄이기 위해 지중해에서 구조 노력과 순찰을 강화하자는 데 동의했다. 또한 이민자들이 압도적으로 가고자 하는 이탈리아에 의해 제안된 계획으로, 일단 난민들이 EU 관할권으로 들어오면 그들을 위한 광범위한 재정착 계획을 수립하자는 움직임도 있다. 여전히 많은 유럽인의 관심, 특히 반이민 정책을 지향하는 정당의 관심은 간단히 리비아 하이웨이를 막아버리기를 원한다. 그러나 장기적으로 리비아에 안정적인 시민정부가 생기고 난민을 양산하는 광범위한 지역 상황이 우선적으로 개선될 때에만 리비아 하이웨이는 통제될 수 있다. 둘 다 금세 이루어지기는 어려워 보이므로 당분간 이 위험한 북로는 절망적인 이들의 이동 통로로 더 많이 이용될 것이라고 예측된다.

1. 앞에서 언급된 이주민 송출 지역 리스트에서 2개 국가를 골라 각각에 대해 왜 그 지역 주민들이 그런 여행을 하려고 하는가에 대해 한 단락으로 설명하라.
2. 유럽은 다양한 이주민을 환영해야 하는가 아니면 줄여가야 하는가? 왜 그렇게 생각하는지 설명하라.

언어의 지리

비록 이 지역은 주로 '아랍 세계'라고 불리기는 하지만, 언어학적인 복잡성은 서남아시아와 북부 아프리카 전역에 중요한 문화적 다양성을 만들어낸다(그림 7.32).

셈어족과 베르베르어 아프로-아시아어족은 이 지역에서 우세한 언어이다. 이 어족 내에서, 셈족이 쓰는 아랍어가 페르시아 만에서부터 대서양과 남으로는 수단까지 퍼져 있다. 아랍어는 이슬람교도에게 특별한 종교적 중요성을 가지는데, 이는 신이 마호메트에게 메시지를 전달할 때 사용한 신성한 언어였기 때문이다. 전 세계 이슬람교도 대부분은 아랍어를 할 줄 모르지만, 신실한 이슬람교도는 아랍어로 된 기도를 외운다. 또한 많은 아랍어 단어가 이슬람 세계의 다른 주요 언어 속에 녹아 있다.

또 다른 셈족 언어인 히브리어는 이스라엘의 재건과 함께 이 지역에 재소개되었다. 히브리어는 레반트에서 기원했으며, 약 3,000년 전 고대 이스라엘인이 사용했다. 오늘날 현대 버전의 히브리어가 유대인의 성스러운 언어로 남아 있으며, 비록 이스라엘의 비유대인 인구 대부분은 아랍어를 씀에도 불구하고, 히브리

그림 7.31 **구 예루살렘** 예루살렘의 역사적 중심에는 다양한 종교적 유산이 녹아 있다. 유대인, 기독교인, 이슬람교도의 성스러운 장소가 모두 구 시가지 내에 입지해 있다. 고대 유대교 사원의 유적인 통곡의 벽이 이슬람의 알 아크사 사원과 바위 돔 위에 들어서 있다.

어가 이스라엘의 공용어이다.

오래된 아프로-아시아어족의 일부가 멀리 떨어진 아틀라스 산맥과 사하라 사막의 일정 지역에서 쓰이고 있다. 전체적으로 베르베르어로 알려진 이 언어들은 서로 연관이 있으나 상호 쉽게 이해할 수 있는 것은 아니다. 베르베르어는 북부 아프리카 내륙 지방에 널리 확산되었으며 특히 고립된 농촌 환경에서 쓰였다(그림 7.33). 대부분의 베르베르어는 문자로 쓰인 적이 없으며, 의미 있는 문자를 만들어내지 못했다. 실제로, 코란의 베르베르어 버전은 1999년이 되어서야 완성되었다.

페르시아어와 쿠르드어 비록 아랍어가 서남아시아 지역에서 안정적으로 확산되고 있지만, 이란 고원과 근처 산맥의 많은 지역에서는 오래된 인도-유럽어족이 지배적이다. 비록 10세기 이래로 페르시아어는 아랍 문자 및 아랍 단어의 영향을 받았으나, 여전히 이곳의 주요 언어이다.

이라크 북쪽, 이란 북서부, 동부 터키에 쿠르드어 사용자가 있어 언어의 지역적 패턴이 더욱 복잡해진다. 약 1,000~1,500만 명이 이 지역에서 인도-유럽어족의 하나인 쿠르드어를 사용한다.

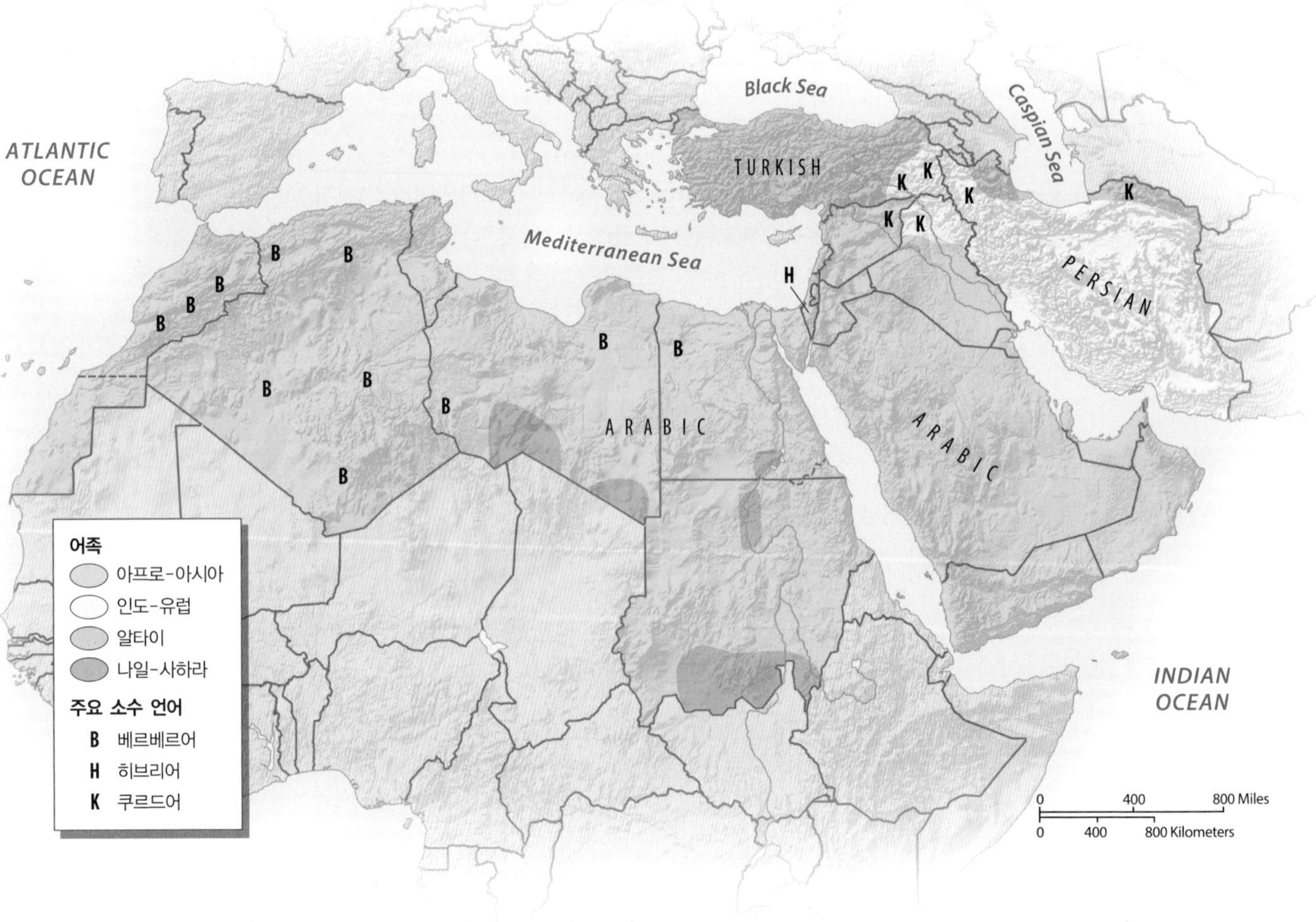

그림 7.32 **서남아시아와 북부 아프리카의 언어 지도** 셈어족의 아프로-아시아어족의 하나인 아랍어는 이 지역의 문화지리를 주도하고 있다. 그러나 터키인, 페르시아인, 쿠르드족은 예외이며 이 지역 내에서 그 차이가 오랫동안 지속되는 정치적 결과를 가져왔다. 이스라엘이 최근 히브리어를 재도입함으로써 이 지역의 언어지리는 더욱 복잡해지고 있다. **Q : 그림 7.30을 참조하여 아랍어를 사용하지 않는 지역 중 이슬람교가 우세한 곳이 어디인지 예를 들어보라.**

그림 7.33 **베르베르 커뮤니티** 공유 문화 역사와 특징적인 언어는 그 지역에서 베르베르 커뮤니티를 구별하게 해준다. 북부 아프리카 내륙 지방에 있는 자신의 텐트 밖에서 베르베르인이 포즈를 취하고 있다.

쿠르드족은 문화적 정체성에 대한 강한 공감대를 가지고 있다. 실제로 '쿠르드족'은 독자적인 정치 체제를 가지고 있지 않은 나라 중 가장 큰 나라로 불리기도 한다. 2003년 이라크 전쟁 당시, 쿠르드족은 이라크 북쪽 지방에 모였으며, 현재 보다 더 많은 정치적인 자율권을 얻었다. 그러나 근처 터키 동부 지역에 살고 있는 쿠르드족(전체 터키 인구의 20%)은 점차 민주주의화되고 있는 이 국가에서 개인적인 자유를 누리고 있기는 하지만 지역의 정치적 자율성을 향한 그들의 희망은 억압되어 왔다.

터키어의 흔적 터키어는 현재 터키 대부분의 지역과 북부 이란에서 다양하게 쓰인다. 터키어는 중앙아시아에서 발생한 알타이어족에 속한다. 터키는 서남아시아에서 이 어군이 우세한 나라 중 가장 규모가 큰 나라이다. 서남아시아와 중앙아시아의 다른 나라에 사는 수천만 명이 아제르바이잔어, 우즈베크어, 위구르어와 같은 알타이어족에 속하는 언어를 사용한다.

세계적 맥락에서의 지역 문화

많은 문화적 연계가 이 지역을 세계 다른 지역과 연결시킨다. 이러한 지구적 차원의 연결은 미묘하고 복잡하며, 흥미롭지만 예측할 수 없는 방향으로 나타난다.

이슬람교의 국제화 이슬람교는 지리적, 종교적으로 나뉘어 있지만 모든 이슬람교인은 이슬람교는 기본적으로 통합되어 있다고 인식하고 있다. 이러한 종교적 통합은 서남아시아와 북부 아프리카까지 확산돼 있다. 이슬람 커뮤니티는 중국의 중앙부, 러시아 중 유럽에 속한 지역, 중부 아프리카와 인도네시아, 필리핀 남부 지역에까지 잘 형성되어 있다. 오늘날 이슬람교 신자는 서부유럽과 북아메리카의 주요 도시에서도 빠르게 확장되고 있다. 그러나 이렇듯 세계적 차원에서 확장되고 있음에도 불구하고 이슬람교는 여전히 서남아시아와 북부 아프리카의 종교 발상지와 성스러운 장소를 중심에 두는 경향이 남아 있다. 이슬람교 신자수가 늘어나고 지리적 범위가 넓어지고 있지만, 성지 순례라는 종교적 전통은 메카를 21세기에도 계속 세계적인 중요성을 가진 도시가 되게 할 것이다. 최근 이슬람 근본주의자와 이슬람주의의 세계적인 증가도 이 지역에 초점을 맞추게 한다. 게다가 많은 이슬람교 국가가 석유를 통해 축적한 부를 이슬람교를 유지하고 촉진시키는 데 사용하고 있다. 사우디아라비아 같은 나라는 이슬람 계열 은행과 경제적 벤처기업에 투자하며 전 세계적으로 이슬람 문화 조직, 대학, 병원 등에 기부하고 있다. 예를 들어 사우디아라비아에서 나온 자금은 서남아시아 지역 내 몇몇 이슬람 구역에 건설되고 있는 사원과 같이 새로운 이슬람 사원을 짓는 데 사용된다.

세계화와 기술 이 지역은 세계 경제에서의 역할 증대가 전통적인 문화적 가치를 어떻게 변화시키고 있는가를 가지고 투쟁 중이다. 유럽 식민지 역사는 오래된 식민지 도심 경관에서 발견되는 건축물뿐 아니라 서구 교육을 받은 엘리트들 사이에 널리 사용되는 영어와 프랑스어 등을 통해 자신들의 문화 유산을 남겼다. 석유로 부유해진 국가에서는 거대한 자본 투자가 중요한 문화적 영향을 끼쳤다. 특히 급격히 늘어난 외국인 노동자와 부유한 청년층이 서구 스타일의 음악, 문학, 옷과 같은 요소를 받아들였다. 이슬람 근본주의자와 이슬람주의는 오히려 외부의 문화적 영향으로 발생하는 위협에 대한 다양한 방식의 대응이다. 이 위협이란 특히 소위 유럽 식민주의라는 악마, 미국과 이스라엘 권력, 그리고 서구에 팔려나가는 것처럼 보이는 지방정부와 문화 조직 등을 의미한다.

기술 또한 이 지역의 문화적 · 정치적 변화에 기여하고 있다. 특히 2011~2012년 아랍의 봄 항쟁 시기 동안 이 지역 내외에 사는 수백만 명의 청년들은 인터넷, 휴대전화, 다양한 소셜 미디어 형태를 통해 자신을 세계와 연결시켜 왔다(그림 7.34). 휴대전

그림 7.34 **이집트 카이로 시위 최전선에서의 통화** 2011년 카이로의 타흐리르 광장에서 시위를 하는 동안 한 젊은 이집트 여성이 휴대전화로 통화 중이다.

그림 7.35 **이라크 축구 스타 유니스 마흐무드** 2013년 걸프컵 토너먼트 전에서 쿠웨이트를 상대로 골을 성공시킨 유니스 마흐무드가 크게 기뻐하고 있다.

화, 블로그, 이메일, 트위터는 시위대가 행사를 기획하고 그들의 동맹 세력과 전략을 짜기 위한 정보의 이동을 용이하게 했다. 스마트폰과 핀홀 카메라를 이용해 촬영한 비디오는 정부의 학대를 기록하고 (시리아와 같은 환경에서는) 국가의 지원을 받은 폭력이 확산되는 데 대한 증거를 제공하는 유일한 통로가 되기도 했다. 또한 이러한 정보의 세계적 확산은 정치적 담론의 국제화를 촉진시켰고 지역 갈등에 대한 이야기를 확산시키고 다른 저항운동과의 공통점을 찾는 것을 더 쉽게 만든다. 유사한 방식으로 근본주의자인 ISIL 운동은 페이스북과 트위터와 같은 소셜 미디어를 통해 (유럽과 미국을 포함하여) 세계적으로 새로운 개종자를 자신들의 조직으로 모집하는 데 큰 성공을 거뒀다고 주장한다. 한 가지 관련성은 이 지역 인구의 약 60%가 30세 이하라는 것이다. 30대 이하란 확실히 이러한 기술을 사용하는 것을 가장 좋아하는 그룹이며 자신들 방식의 변화를 거부하는 묵묵부답의 정부에 가장 실망하는 그룹이다.

스포츠의 역할 스포츠는 이 지역 내 일상생활에서 매우 중요한 문화적 역할을 수행한다. 축구는 모두가 보는 스포츠로서도, 많은 젊은이들이 즐기는 활동으로서도 지배적이다. 많은 나라에서 지역 및 국제(FIFA) 리그전에 참여하는 국가축구협회가 있다. 아랍연합축구협회는 사우디아라비아의 리야드에 본부를 두고 있으며 많은 지역전을 개최하고 일부는 알자지라 스포츠 네트워크를 통해서도 방송된다. 좀 더 작은 규모로 걸프컵 국가전도 라이벌끼리 불꽃 튀게 싸운다. 대형 축구장은 현대 도시 경관에서 나타나는 공통적인 부분으로, 2만 8,000석이 마련된 쿠웨이트시티의 사바 알살렘 경기장 같은 것을 들 수 있다. 최근에는 알제리, 튀지니, 이란, 이스라엘에서 세계적으로 상위에 랭크되어 있는 강력한 팀을 지원하고 있다. 이라크의 골 슈팅 베테랑인 유니스 마흐무드와 같이 세계적이 아닌 지역 선수 또한 슈퍼스타가 될 수 있다(그림 7.35).

확인 학습

7.6 이슬람의 핵심적 특징을 설명해 보고 왜 수니파와 시아파 분파가 오늘날 존재하는지 설명하라.

7.7 이 지역에서 현대 언어 지도와 종교 지도를 비교하고 이슬람교가 우세한 비아랍어권 지역 세 곳을 찾아보라.

주요 용어 일신론, 코란, 하지, 신권국가, 시아파, 수니파, 오스만제국

지정학적 틀 : 끝없는 갈등

서남아시아와 북부 아프리카는 여전히 지정학적으로 높은 긴장 상태에 있다(그림 7.36). 아랍의 봄 반란이 일어난 2010년 후반부터 지역 운동이 시작된 튀니지, 이집트, 리비아, 예멘의 정부가 권력을 잃었다(그림 7.37). 확산된 시위가 한때 안정적인 국가였던 바레인 같은 곳을 휩쓸었으며 시리아에서는 더욱 장기간에 걸친 내전으로 분출되어 대규모로 지속적인 난민 위기를 만들고 있다. 다른 국가에서는 보다 짧고 간헐적인 반정부 시위가 목격되었다. 다양한 수준으로 발생한 이러한 반란은 (1) 정부 부패 확산에 대한 비난, (2) 민주주의와 자유 선거에 대한 제한적 기회, (3) 빠르게 상승하는 식량 가격, (4) 확산되는 빈곤과 높은 실업이 계속되는 현실 등에 초점이 맞추어졌는데 특히 30대 이하의 사람들이 참여했다.

최근에는 시아파와 수니파 사이의 분파 갈등이 지정학 지도에서 우세하게 나타난다. 대부분이 시아파인 이란과 대부분이 수니파인 사우디아라비아는 각자의 지원자들에게 자금 지원을 하는 주요한 역할을 지역에서 수행하고 있다. 예를 들어 이란은 (시아파 이슬람교의 한 분파인 알라위를 형성하고 있는) 시리아의 아사드 정권뿐 아니라 수니파 극단주의자들인 이슬람국가에 대항해 싸우고 있는 시아파 중심의 이라크 정부를 지원하고 있다. 이런 관점에서 사우디아라비아는 근처 시아파 극단주의자가 이

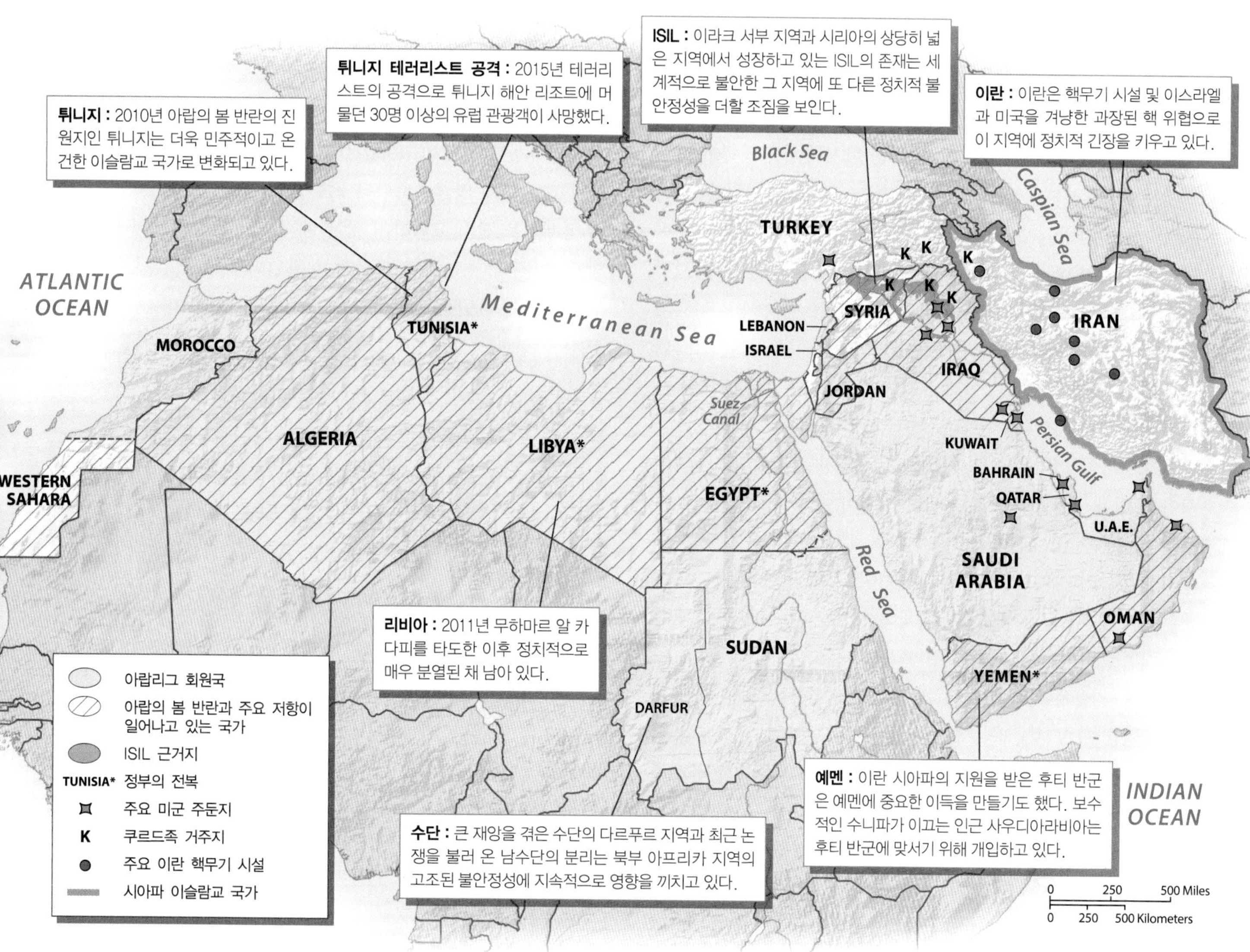

그림 7.36 **서남아시아 및 북부 아프리카의 지정학적 이슈** 정치적 긴장이 이 지역 전체에서 계속되고 있다. 아랍의 봄 반란이 그 이후 변화를 만들어냈으며 ISIL의 등장은 이라크, 시리아와 여타 지역에서의 삶을 혼란에 빠뜨렸다. 이스라엘과 팔레스타인의 갈등 또한 문제의 중심으로 남아 있다.

끄는 예멘을 원치 않음을 명확히 하며 2015년 예멘의 갈등에 직접적으로 개입하기 시작했다.

이러한 최근 갈등에 더해, 이스라엘과 팔레스타인 관계는 미래에도 지속적으로 문제가 된다. 이런 긴장은 매우 오래된 문화지리 패턴이나 혹은 유럽 식민주의와 관련이 된다. 식민지 권력이 현대 국경선을 그으면서 생겼기 때문이다. 거기에다 빈부의 지리가 지정학적 주제와 섞여 있다. 일부 주민은 원유 자원으로 이익을 얻고 산업을 확장한 반면 일부는 가족을 먹여 살리느라 고생하고 있다. 결과적으로 이 지역은 정치 기후가 긴장 상태에 있고 이곳에는 폭탄의 폭발음과 총성이 모두에게 흔한 일상적인 특징으로 남게 되었다.

식민지 시대의 잔재

유럽 식민주의는 서남아시아와 북부 아프리카에서는 상대적으로 늦게 시작되었음에도 불구하고, 이 지역의 현대 정치지리에 중요한 흔적을 남겼다. 1550~1850년 사이 이 지역은 오스만제국의 지배를 받고 있었는데, 이 제국은 터키의 중심지에서부터 레반트 부근 지역, 아라비아 반도 서쪽, 오늘날의 이라크뿐 아니라 북부 아프리카의 많은 지역을 흡수하면서 확장했다. 오스만제국의 영향력이 제1차 세계대전(1918) 이후 대규모의 서구 식민지 세력으로 전환되기까지 1세기가 걸렸다.

프랑스와 영국은 이 지역의 주요 식민지 통치국이었다. 북부 아프리카에서 프랑스가 관심을 가진 곳은 튀니지와 모로코였다. 추가적으로 프랑스령 알제리에는 많은 수의 유럽 이민자가 모여들었다. 제1차 세계대전 이후 프랑스는 레반트에 더 넓은 식민지 영토(시리아와 레바논)를 가지게 되었다. 영국인은 아시아와 유럽 간 해상무역을 통제하기 위해 그들의 제국에 쿠웨이트, 바레인, 카타르, 아랍에미리트, (예멘 남쪽에 있는) 아덴 등의 지역을 느슨하게 연결시켰다. 근처 이집트 또한 영국의 주목을 받았다. 1869년 영국이 설계하고 건설한 **수에즈 운하**(Suez Canal)가 지중해와 홍해를 연결하자, 유럽의 은행과 무역회사가 이집트 경제에 더 많은 영향을 끼치게 되었다. 서남아시아에서 영국과 아랍 군대는 제1차 세계대전 동안 터키를 몰아내기 위해 연합했다. 사우디가는 아라비아 반도의 사막 불모지에 나라(사우디아라비아)를 건설해야 한다고 영국을 설득했고, 사우디아라비아는 1932년에 완전히 독립하게 되었다. 영국은 나머지 영토를 3개로 나누었는데, 지중해 연안을 따라 팔레스타인(현재의 이스라엘), 요르단강 동쪽의 트랜스요르단(현재 요르단), 그리고 3번째 지역이 나중에 이라크가 되었다.

페르시아와 터키는 유럽에 의해 점령되었던 적이 없다. 페르시아 독립을 인정하면서도 영국과 러시아는 이 지역을 둘로 나누어 영국은 남쪽에, 러시아는 북쪽에 경제적 영향을 미치는 데 동의했다. 1935년 페르시아의 현대화된 통치자인 레자 샤 팔레비는 국명을 이란으로 바꿨다. 근처 터키에서 유럽 권력은 제1차 세계대전 이후 오스만제국의 구 핵심을 둘로 나누고자 했다. 터키인들은 유럽에 의한 통치에 대한 저항에 성공했으며, 이는 케말 아타튀르크의 지도력에 힘입은 것이었다. 아타튀르크는 유럽 국가를 모방해 현대적이고 문화적으로 단일한 비종교적 국가를 수립하기로 결정했다.

제2차 세계대전이 일어나기 전, 유럽의 식민지 권력이 일부 서남아시아와 북부 아프리카 식민지로부터 철수하기 시작했다. 1950년대까지 이 지역에 있는 대부분의 국가가 독립했다. 북부 아프리카에서는 영국 군대가 수단과 이집트로부터 마지막으로 1956년에 철수했다. 리비아(1951), 튀니지(1956), 모로코(1956)는 같은 시기에 평화적으로 독립을 맞았으나, 프랑스 식민지였던 알제리는 큰 문제가 되었다. 수백만 명의 프랑스 국민이 그 지역에 살고 있었고, 프랑스는 그냥 철수할 생각도 없었다. 독립을 위한 유혈 전투가 1954년에 시작되어 프랑스는 1962년이 되어서야 알제리의 독립을 인정했다.

서남아시아도 1930~1960년에 식민지 상태를 벗어났다. 이라크가 1932년에 영국으로부터 독립을 하게 되었으나, 후에 문화적 정체성을 전혀 고려하지 않은 채 강제적으로 그어진 국경 문제가 이 지역 불안정에 부분적인 원인이 되었다. 유사한 경우로 프랑스가 레반토 영토를 2개의 독립국가인 시리아와 레바논(1946)으로 나눔으로써, 이 지역의 아랍인들은 엄청나게 분노했는데, 이는 미래 이 지역 정치적 불안정의 불씨를 제공한 것이었다. 마론파 기독교 교인의 요청으로 프랑스는 레바논을 아랍의 시리아와 완전 분리시켰으며, 심지어 마론교에서 중앙정부를 법적으로 통제할 수 있도록 보장해 주었다. 이는 지속적으로 레바논 인접국에 영향을 미치는 시리아뿐 아니라 레바논을 문화적으로 구분시켰다.

현대 지정학 이슈

서남아시아와 북부 아프리카의 지정학적 불안정성은 오늘날에도 계속되고 있다. 대서양 해안으로부터 중앙아시아 국경까지 이 지역 전체를 살펴보면 21세기 초반에 이러한 갈등이 어떻게 다양한 상황을 야기하는지 알 수 있다.

북부 아프리카 전역 다양한 북부 아프리카 지역에서는 최근 극적인 정치적 변화를 볼 수 있다(그림 7.36 참조). 아랍의 봄 진원지인 튀지니에서는 온건한 이슬람 정부가 퇴위된 독재자였던 제인 엘아비디네 벤 알리를 대신할 선거를 치렀다. 그러나 이 나라는 지하드 극단주의자들에 의한 테러 공격에 대한 방어 체계가 없어서 2015년 해변가 관광지에 있던 영국 관광객이 테러 공격을 당하기도 했다.

인근 리비아에서는 2011년 무하마르 알 카다피 대령의 집권이 막을 내린 것에 환호했지만 이를 위해 연대했던 2개의 군사동맹이 국가를 나눔에 따라 현재 2개의 의회가 있다. 한 집단은 트리폴리 인근 서쪽에 집중되어 있으며, 다른 한 집단은 북동쪽 베이다에 있다. 리비아의 정치 권력 공백은 이 지역이 북부 아프리카에서 ISIL 동조자들의 근거지가 되게 했다.

바로 옆 이집트에서는 2011년

그림 7.37 **타흐리르 광장** 지역의 정치 시위 중심지인 카이로 타흐리르 광장이 2011년 11월 대규모 집회에 참석한 시위대로 꽉 차 있다.

호스니 무바라크의 실권에 이어 정치적으로 불안정한 상태가 되었다(그림 7.37 참조). 2012년 국회의원 선거와 대통령 선거를 통해 모하메드 무르시 대통령 주도하에 잠시 동안 이슬람 우애동맹의 통치가 있었다. 이집트 정부는 새로운 헌법을 채택했으나 이집트 일반 대중은 무르시가 너무 빠르게 변화시키려고 하며 민주적으로 보장된 시민의 권리를 무시했다고 느꼈다. 또한 이런 불안정한 상황(특히 콥트교 기독교인에게)은 근본주의 이슬람 극단주의자의 가시화를 더욱 커지게 했다. 2013년 이집트 군대가 쿠데타를 일으켜 무르시 정부가 물러났다. 그 이후 이집트의 정치적 안정은 강력한 군대의 영향을 받는 권위주의 정부의 그늘 속으로 가려졌다.

수단 역시 매우 벅찬 정치적 문제에 직면해 있다. 1989년 군사 쿠데타 이후 수니파 이슬람 국가가 된 수단은 이슬람 율법을 도입했으며, 그 과정에서 남쪽의 기독교인이나 애니미즘을 믿는 많은 비이슬람교도뿐 아니라 온건한 수니파 이슬람과도 적대적인 관계가 되었다. 1998~2004년 사이에 일어난 북쪽의 이슬람교도와 남쪽의 기독교 및 애니미즘 간 오랜 내전으로 (대부분 남쪽 지방에서) 200만 명 이상의 사상자를 냈다. 2005년에 임시 평화협약이 이루어져 남수단 독립을 위한 투표를 성공적으로 할 수 있는 길이 열렸다. 2011년 2개의 국가로 나뉘긴 했지만 이 두 나라 사이 특히 석유가 풍부하고 경쟁이 치열한 남쪽 경계는 여전히 갈등이 집중된 채 남아 있다.

그 외에도 수단 서쪽에 있는 다르푸르 지역은 여전히 아수라장이다(그림 7.36 참조). (하르툼에서 중앙정부와 많은 연대를 가지고 있는) 잘 무장된 아랍 주도의 민병 조직이 수백 개의 흑인 밀집 마을을 공격하여, 30만 명 이상이 사망하고 250만 명이 자신들의 마을에서 쫓겨났다. 이처럼 민족, 인종, 영토 조정 등이 이 이슬람 지역에서 분쟁의 핵심인 것으로 보인다.

아랍과 이스라엘의 갈등 1948년 유대인 국가인 이스라엘의 생성은 지중해 동부를 지속적인 문화적 · 정치적 갈등 지역으로 만들었다(그림 7.38). 유대인의 팔레스타인으로의 이주는 제1차 세계대전에서 오스만제국이 패배한 이후 증가했다. 1917년 영국이 '유대인을

그림 7.38 이스라엘의 진화 현대 이스라엘의 복잡한 진화는 1940년대 후반 (a) 초기 영국 식민지 주둔과 (b) 유엔의 분할계획에 의해 시작되었다. (c) 그 후 근처 아랍국가들과의 수차례 전쟁을 통해 이스라엘은 가자, 웨스트뱅크, 골란 고원 등을 얻어냈다. (d) 이스라엘과 인접한 국가 및 그 지역 내 팔레스타인 거주자는 이 지역 각각에서 최근까지도 계속 얽혀 있다.

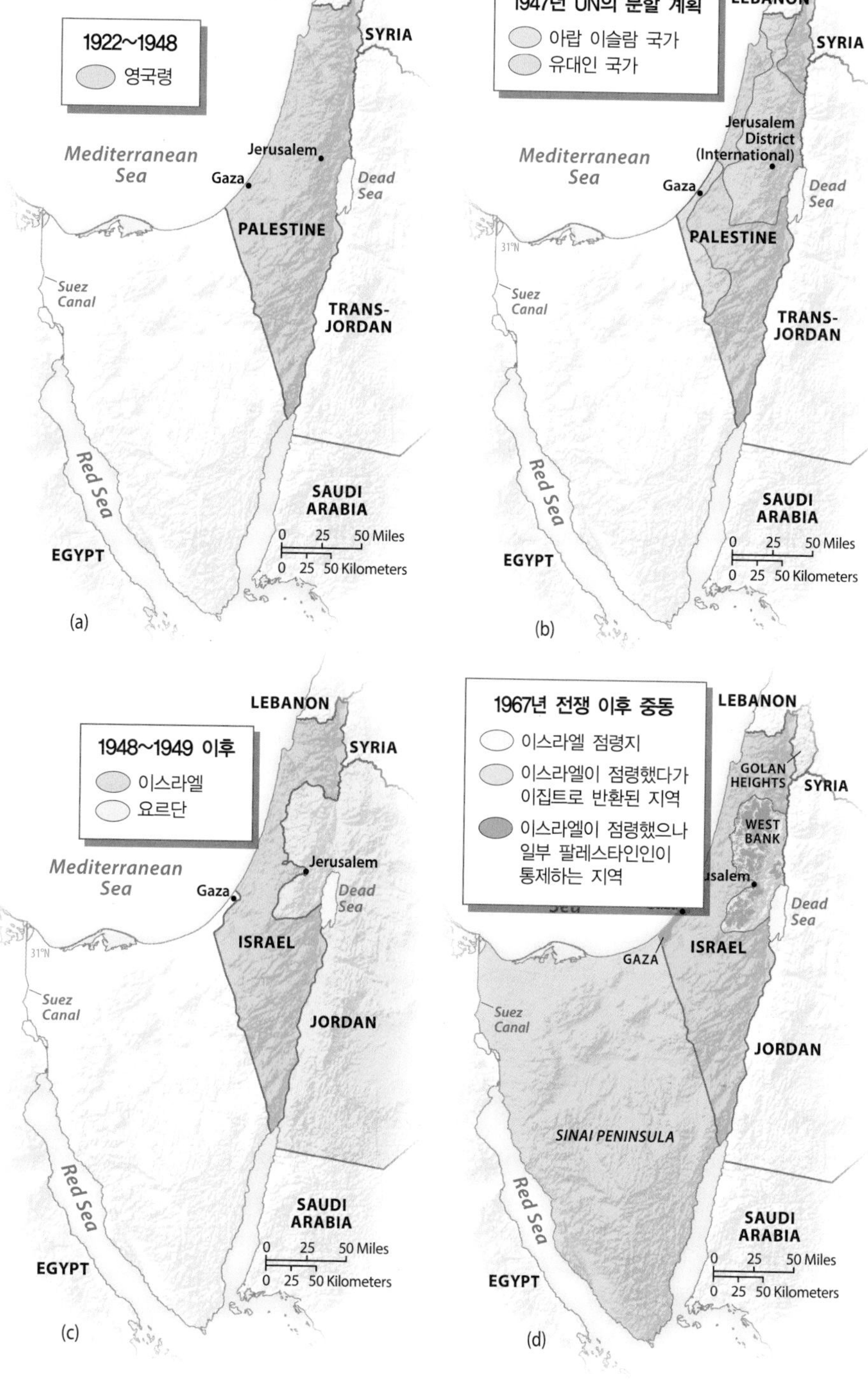

위한 고향으로서의 팔레스타인 건설'을 지원한다는 약속인 밸푸어 선언을 공표했다. 제2차 세계대전 이후 UN은 이 지역을 2개의 국가로 나누었다. 하나는 유대인이 지배적인 곳이고, 다른 하나는 원래 이슬람 지역인 곳이다. 원래 그 지역에 거주하던 아랍 팔레스타인인들은 이 분할을 거절했고 전쟁이 시작되었다. 이스라엘 군대가 승리했고, 1949년까지 이스라엘은 실질적으로 규모를 키웠다. 웨스트뱅크와 가자지구를 포함하는 팔레스타인에 남아 있는 사람들은 각각 요르단과 이집트로 넘어갔다. 수십만 팔레스타인 난민이 이스라엘을 떠나 이웃 국가로 이주했으며, 그 중 상당수는 임시 수용소에서 산다. 이러한 조건하에서, 팔레스타인 사람들은 이스라엘이 된 영토에 그들 자신의 국가를 만들 이상을 키웠다.

이스라엘과 인접 국가와의 관계는 여전히 좋지 않다. 아랍 통합 지지자와 이슬람 연대는 팔레스타인을 측은히 여겼으며, 이스라엘에 대한 적대감을 키웠다. 이스라엘은 1956년, 1967년, 1973년에 추가적으로 전쟁을 일으켰다. 영토적인 의미에서 1967년 6일 전쟁은 가장 중요한 싸움이었다(그림 7.38). 이집트, 시리아, 요르단과의 전투에서 이스라엘은 시나이 반도, 가자지구, 웨스트뱅크, 골란 고원 등 새로운 영토를 얻게 되었다. 이스라엘은 과거 나뉘었던 예루살렘 시의 동쪽 부분을 합병했는데, 이는 특히 팔레스타인 사람들에게는 큰 고통을 주었다(그림 7.31 참조). 이스라엘은 이집트와의 평화조약으로 1982년 시나이 반도를 반환했으나, 여전히 이스라엘 통치하에 있는 땅에서는 긴장이 발생한다. 지정학적으로 권한을 강화하기 위해 이스라엘도 웨스트뱅크와 골란 고원에 유대인 정착지를 건설했고 이는 팔레스타인 거주자를 분노케 했다.

1990년대 이르러 팔레스타인과 이스라엘은 주거지에 대한 협상을 시작했다. 예비 협상에서는 가자지구와 웨스트뱅크에 걸친 지역에 준독립적인 팔레스타인 국가를 요구했다. 1998년 후반 임시 협약으로 가자지구와 웨스트뱅크 지역에서 **팔레스타인 자치 정부**(Palestinian Authority, PA)의 잠재적인 통제력이 강화되었다(그림 7.39). 그러나 팔레스타인의 이스라엘 공격이 증가하고 이스라엘이 점령지역, 특히 예루살렘과 베들레헴 및 그 인근 지역 개발을 포함하는 웨스트뱅크의 새로운 주거지 건설을 계속함으로써, 2000년에 긴장이 다시 고조되고 폭력의 악순환이 이루어졌다. 팔레스타인 지도자들은 특히 이스라엘 수도 부근에 새로운 유대인 정착지 건설을 계속하는 것을 거칠게 비판했다.

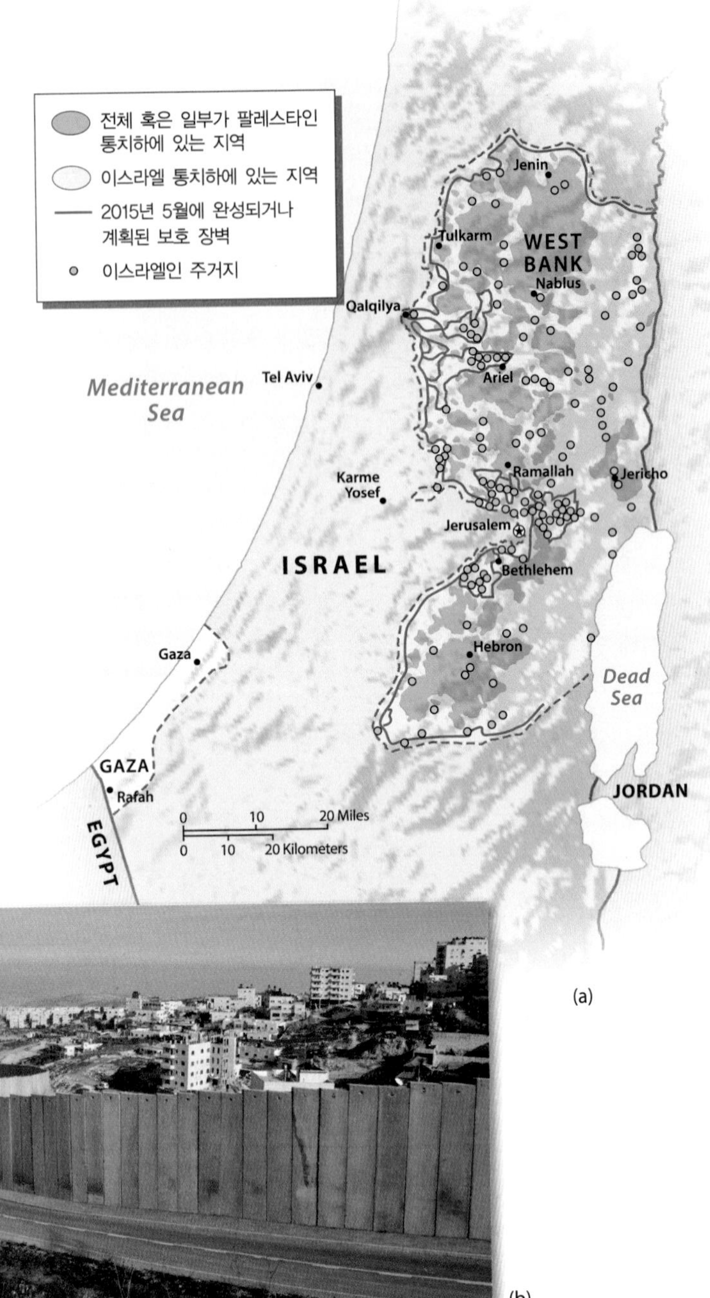

그림 7.39 **웨스트뱅크** (a) 웨스트뱅크는 1990년대 팔레스타인 통치로 되돌아갔지만 이스라엘이 일부 지역에 대해 권리를 주장하고 있으며 2000년 이후로 보호 장벽 건설을 확장하고 있다. 새로운 이스라엘 주거지는 명목상 이스라엘이 관할하고 있는 곳으로 웨스트뱅크 지역 전체에 흩어져 있다. (b) 이 사진에서는 이스라엘 보호 장벽이 한 부분이 보인다. Q : 지도의 축척을 보고 예루살렘과 헤브론 사이 거리를 측정한 뒤 자신이 살고 있는 곳에서 이와 비슷한 정도로 떨어진 두 지역을 찾아보자.

더욱 위협적인 것은 계속되는 보호장벽의 건설이었다. 부분적으로 완성된 콘크리트 벽, 전기 울타리, 참호와 효과적으로 설계된 감시탑 등은 웨스트뱅크의 방대한 지역에 걸쳐 팔레스타인 사람들로부터 이스라엘인들을 분리, 보호하기 위해 계획되었다(그림 7.39 참조). (완성되면 644km 이상이 될) 이 장벽을 지지하는 이스라엘 사람들은 자살 폭탄 테러와 테러리스트의 공격으로부터 시민들을 보호하기 위해서는 이것이 유일한 방법이라고 생각한다. 팔레스타인 사람들은 이를 토지 갈취, 즉 이스라엘 국경을 따라 그들의 주거지를 경제적, 사회적으로 고립시키도록 계획한 것으로 '아파르트헤이트 장벽'으로 비유한다.

팔레스타인의 정치적 분열은 이후 이 지역의 정치적 불확실성을 가중시켰는데, 2006년 팔레스타인 자치 정부가 파타와 하마스라는 정당으로 분열되었다. 하마스는 이스라엘 사람들에게 극단적이고 폭력적인 팔레스타인 정당으로 여겨지는 반면, 파타 정당은 이스라엘과 보다 평화적으로 협력할 의사가 있는 것으로 여겨진다. 2007년 하마스는 가자지구 내 팔레스타인 자치구역의 통제권을 얻게 되고, 파타는 웨스트뱅크 지역 전체에 엄청난 영향력을 끼치게 되었다. 하마스가 통치하는 가자지역에서 이스라엘로 쏘는 로켓은 반복적으로 이스라엘의 반격을 유발하고 있으며, 이는 가자지구의 경제를 약화시키고 있다.

한 가지 확실한 것은 이 지역의 지리적 이슈가 지역 갈등의 핵심이 될 것이라는 점이다. 이스라엘은 이 지역에서 정치적 온전함을 지킬 수 있도록 안전한 국경을 지키는 일을 계속하고 있다. 대부분의 팔레스타인인은 '2국가 해법'을 요구하고 있는데, 이는 그 안에서 자치를 보장 받는 것이다. 그러나 최근 그 세력이 커지고 있는 소수의 팔레스타인인들은 교착상태에 대해 좌절하면서 '1국가 해법'을 고려할 것을 제안하고 있다. 이는 이스라엘로 하여금 팔레스타인을 동등하게 인식할 것을 강요하는 것이다.

시리아와 이라크에서의 불안정성 이 지역의 다른 곳 중 시리아의 정치적 불안정은 2011년 내전과 함께 분출되었다. 대부분 수니파 이슬람교도인 반란군은 (소수파인 알라위 분파의 일원이었던) 바샤 하페즈 알 아사드 대통령의 독재 체제에 대항하는 극도의 흥분 상태의 저항이 있었으며 정부군은 수천 명의 민간인을 죽이고 일련의 폭력적 충돌 상황에서 화학무기를 사용했다. 대규모 지역의 아랍 커뮤니티에서는 아사드에 반대하기 위해 시리아를 **아랍리그**(Arab League)(아랍의 단합과 발전에 초점을 둔 지역 정치 및 경제 조직으로 그림 7.36 참조)에서 탈퇴시키고, 이 위기에 대한 국제적 해결책을 강력히 권고했다. 2014년 이후 시리아 동쪽 ISIL의 출현과(그림 7.36 참조) 그로 인한 온건한 아랍 국가, 쿠르드족 전사, 미국의 폭격 등 군사적 대응은 시리아의 정치적 분열이 더 커지게 했다. 러시아는 대부분 아사드 정부를 돕기 위해, 또한 이 지역에서 러시아의 영향력을 높이기 위해 시리아에 대해 더 큰 개입을 했다. 2015년까지 22만 명 이상이 이 폭력으로 사망하였으며 수백만 명의 사람이 살던 집을 떠나게 되었다(지리학자의 연구 : 중동을 어떻게 정의하는가? 참조).

이웃에 있는 이라크는 식민지 시대에 만들어진 지정학적 문제를 가지고 있는 또 다른 민족국가이다. 1932년 영국 제국이 이 국가를 세웠던 당시에 이미 문화적인 문제의 불씨를 안고 있었다. 이라크는 문화적으로 복잡한 곳이다(그림 7.40). 대부분의 시아파는 바그다드 남쪽의 티그리스 강과 유프라테스 강 저지대 계곡에 살고 있다. 실제로 바스라 인근 지역에는 세계에서 가장 성스러운 시아파 성지가 있다. 북부 이라크에는 확연히 다른 문화를 가진 쿠르드족이 사는데, 그들은 고유의 민족 정체성과 정치적 열망을 가지고 있다. 많은 쿠르드족은 바그다드로부터의 독립을 열망하며, 이라크 중앙정부로부터 상당한 자율권을 누릴 수 있는 연방 지역을 건설하고자 한다. 한편 수니파는 세 번째로 중요한 소지역에 거주하는데, 팔루자 및 티크리트와 같은 북쪽 및 서쪽의 영토뿐 아니라 바그다드 지역에도 거주한다. 이라크의 석유는 주로 시아파와 쿠르드족이 통제하는 지역에 매장되어 있다. 이는 이 국가의 다수인 수니파가 오랫동안 문제로 인식하는 걱정스러운 사실이다.

2004년 이라크 지도자가 그들의 새로운 국가를 통치하게 되었을 때 다른 이라크 분파와 커진 분파 간 갈등으로 인해 이라크의 특정 지역에서 내전이 일어나게 되었다. 경쟁적인 수니파와 시아파는 상대 조직 내 이라크인들에게 폭력을 행사했다. 2011년 이라크에서 철수하기 전에 미군은 이라크의 폭력 수준을 낮추기 위해 이라크 군대와 성공적으로 작업해 왔다. 그러나 2014년 시리아 근처에서 ISIL이 성장하면서 이라크 내 지역의 세력 균형이 파괴되었다. ISIL이 북서쪽에 영향력을 끼치는 영역을 확장함에 따라 미국과 여타 국가(특히 이란이 지원하는 시아파 군대)로부터 군사적 대응이 증가했다. 이러한 상황으로 볼 때 이라크는 향후 예측 가능한 미래 동안 분파적 폭력과 테러리즘으로 발목 잡힌 정치적 전쟁터로 남아 있게 될 것이다.

아라비아 반도의 정치 변화는 아라비아 반도도 휩쓸었다. 사우디아라비아에서는 보수적인 알 사우드(Al Saud) 왕가가 통치했다. 이 정권은 국가의 정치 구조를 민주화하고자 하는 젊은 가족 구성원에게 권한을 넘겨주고 있다. 사우디아라비아는 안정적 석유 생산과 테러와의 싸움을 위해 공식적으로 미국을 지원하고 있으나, 그 이면에는 알 카에다와 같은 급진적인 반미 조직을 지원하고 있다. 대부분이 수니파 아랍인인 사우디인들은 민주적이고 개방적인 사우디 사회를 만들기 위해 (또한 그로 인해 생기는 경제적 안정성을 위해) 사우디 왕가에 협력하는 집단과 서방 사회에 대한 지속적인 불신을 강화하는 집단으로 나뉘어 있다. 다수의 수니파는 와하비 종파 회원인데, 이들은 급진적인 이슬람 철학을 바탕으로 반미 감정을 가지고 있다. 나아가 대규모 외국인 노동자의 유입과 미국의 지속적인 군사적 · 경제적 주둔(알 카에

지리학자의 연구

중동을 어떻게 정의하는가?

그림 7.3.1 **카렌 쿨카시**

카렌 쿨카시는 중동이 낯설지 않다. 웨스트버지니아대학 지리학자인 쿨카시는 아랍 세계라는 과목을 가르치면서 학생들을 요르단과 아랍에미리트의 수탈 지역을 포함한 지역으로 데려간다(그림 7.3.2). 이것은 학생들에게 이 지역의 복잡한 문화 모자이크뿐 아니라 다양한 자연 환경을 모두 경험할 기회가 된다. 이러한 지리적 시각은 중요하다고 쿨카시는 강조한다. "다른 전공에서는 설명하지 않는 공간적 요소는 강력합니다." 이는 이 지역의 정치를 들여다보면 더욱 정확하다. "지정학은 그냥 아무 데서나 생겨나는 게 아니라 그 장소가 지정학에 영향을 끼치는 겁니다."라고 설명한다.

쿨카시는 '중동'에 어떻게 지역적 사고가 전개된 것이며 지도상에 어떻게 나타나는지를 설명한다. 그녀는 고지도에서 '중동'이 어디를 가리키는지를 (대부분은 대영제국에서 나온다) 발견했다. 그리고 그 지역을 다니면서 지역 주민과 전문가들에게 그들도 이 말을 사용하는지 물었다. [아랍 본토(Arab Homeland)라는 말이 더 일반적으로 사용된다.] '중동'이란 말은 유럽 및 아메리카 정치가들이 이 복잡하게 얽힌 장소와 주민을 구획화하고 단순화하기 위해 주로 사용된 말이라고 쿨카시는 결론내렸다.

그림 7.3.2 **난민 캠프** 쿨카시 교수는 최근 연구를 위해 요르단에 있는 시리아 난민 캠프로 가서 여성들과 그들의 최근 경험에 대한 인터뷰를 했다.

난민 경험 더 최근 쿨카시는 난민, 특히 여성 난민이 직면한 도전을 조사해 왔다. 그녀는 미국과 그 지역 내에 있는 팔레스타인 사람들과 그들의 고국에 대한 인터뷰를 했다. 그들은 어떻게 지도에 그 위치를 그리고 그 특성을 설명하는가? 그녀는 요르단에 있는 시리아 여성 난민과 시간을 보내면서 이 믿을 수 없는 분열로 갑작스레 바뀌게 된 삶의 방식을 이해하려고 노력하고 있다. 관련 자료를 뒤지든 난민 캠프에서 사람들과 일을 하든 쿨카시는 지리학을 자신의 연구 방법으로 여긴다. "제 지도 교수님은 비판적 시각을 키우고 문제의식을 가지는 걸 도와주셨어요. 그리고 그 밑바탕에 있는 지리학의 다양성과 광범위함이 도움이 됐어요."

1. 서남아시아와 북부 아프리카 백지도에다 '중동'이라고 생각되는 곳에 선을 긋고 그렇게 생각하는 이유를 한 단락으로 적은 뒤 옆 사람과 지도를 비교해 보라.
2. '뉴 잉글랜드', '남 캘리포니아', '팬핸들'과 같은 특정 지역에서 사용되는 지역 명칭을 선택하라. 5명이 모여 이 지역을 그 지역의 백지도에 표시해 보고 왜 그렇게 생각하는지 토론해 보자. 토론 내용을 요약하고 설명하라.

다의 전 지도자였던 오사마 빈 라덴의 주요 불만 사항)은 정치적 불안정성을 심화시키는 요인이 된다.

근처 예멘은 정치적 갈등으로 인해 분열되었다. 알리 압둘라 살레 대통령은 자리에서 쫓겨났다가 2012년 선거를 통해 다시 집권하였다. 민주적 개혁에 대한 요구가 이 나라에 있는 지속적인 분파주의로 복잡해졌다. 분파에는 이란과 친밀한 관계를 맺고 있는 후티라는 시아파 무장단체도 포함된다. 수도인 사나를 통치하는 등 예멘에서 후티의 정치적 힘은 점차 커졌으며, 이는 2015년 사우리아라비아의 군사적 보복을 불러왔는데 이는 이 지역에 대한 이란의 이해가 커지는 것을 우려했기 때문이다. 이렇게 뒤섞인 와중에 이 나라 한 곳에 테러리스트 훈련소를 짓는 등 알카에다의 영향력도 더해지고 있다.

부상하는 이란? 이란은 점차 세계적인 주목을 받고 있다. 이슬람 근본주의는 독재자이자 미국과 정치경제적으로 우호적이었던 친서방 성향의 샤 팔레비를 전복시키면서 시아파 이슬람교도

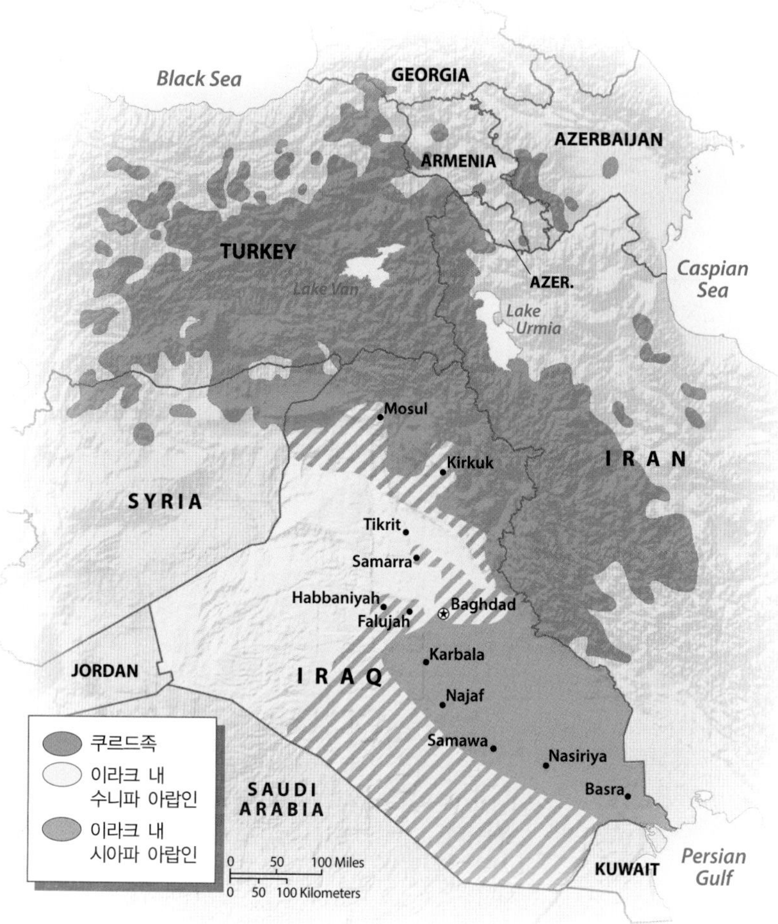

그림 7.40 **이라크의 다문화** 이라크의 복잡한 식민지 역사는 다양한 민족적 특징을 가진 국가를 만들어냈다. 시아파는 바그다드 남부에서 우세하며, 수니파는 서부 트라이앵글 지역을 차지하고 있고, 다수의 쿠르드족은 북쪽의 석유자원이 풍부한 키르쿠크와 모술 지역 주변에 살고 있다.

성직자들이 1978년 정치계에 극적으로 등장했다. 이 새로운 지도자는 종교 관료가 성직과 정치를 모두 관리하는 이슬람 공화국을 선포했다.

오늘날 이 지역에서 이란의 영향력은 점점 커지고 있다. 이란은 예멘의 후티, 이라크와 시리아의 우호적인 정권, 레바논의 헤즈볼라 운동을 포함하여 이 지역 전체에서 시아파 이슬람교 원리를 지지하고 있으며, 반복적으로 이스라엘을 위협해 왔다. 지역을 더욱 불확실하게 하는 것은 이란의 지속적인 핵무기 개발 프로그램인데, 이란 정부의 주장에 따르면 단지 발전소의 기능 고려한다고 한다(그림 7.36 참조). 그러나 이스라엘 및 사우디아라비아, 아랍에미리트, 이집트와 같은 아랍 국가는 이란의 지배력을 두려워한다. 미국을 포함한 다른 서방 국가는 이란과 협상을 통해 핵물질 개발 능력을 제한적으로 허가해 주어야 하며 이란에 대한 경제 제재를 끝내야 한다는 쪽으로 의견이 모아지고 있다.

이란 내에 다양한 정치적·문화적 자극이 있음은 분명하다. 젊고 부유하고 더 세계화된 많은 이란인은 세계 무대에서 덜 고립되기를 희망한다. 대중적 관심은 근본주의에 대해 우려하고 있으며 많은 이란인이 실제로 좀 더 세속적인 라이프스타일로 바뀌어 왔다. 동시에 대부분의 이란인은 핵무기 프로그램을 지지하는데, 그들도 파키스탄이나 인도처럼 이 자원을 개발할 권리를 가지고 있다고 주장한다. 강경한 노선의 종교적 극단주의자 또한 핵심적인 정부 입장을 통제하고 있으며 시아파 성직자는 서방의 제재를 강력하게 비난하며 이 나라에 대한 간섭을 의심하고 있다.

터키의 긴장 터키 역시 핵심적인 지정학적 물음표로 떠올랐다. 다양하고 때로는 모순적인 지정학적 세력이 전략적으로 위치되어 있기 때문이다. 예를 들면 터키 내 많은 친서방파는 EU에 가입하는 데 열정적이다. 그렇게 하기 위해 터키는 민주주의에 대한 약속을 설명하기 위해 구상된 개혁 의제를 활발히 실행시켰다. 반면 터키 내 이슬람교도(주로 수니파)는 유럽과 너무 가까워지는 것을 경계하고 있다.

터키의 지역 문제는 여전히 중요하게 남아 있다. 동쪽으로 터키의 핵심적인 문화 소수집단으로서 쿠르드족은 터키 정부로부터 자율권을 확보하고 더 많은 인정을 받기 위해 지속적으로 압박을 가하고 있다(그림 7.40). 게다가 시리아의 정치적 분열은 터키 남쪽에 커다란 난민 문제를 만들었으며, 터키는 절망적인 시리아 이주민의 유입을 통제하기 위해 문제가 되는 이웃국가와의 국경을 폐쇄했다(그림 7.26 참조).

확인 학습

7.8 서남아시아와 북부 아프리카의 현대 정치 지도가 형성되는 과정에서 프랑스와 영국이 어떤 역할을 했는지 설명하라.

7.9 수니파와 시아파의 분열이 최근 이 지역에서 나타나는 종파 간 폭력에 어떤 역할을 했는지 토론하라.

7.10 민족 다양성이 지난 50년간 이라크의 정치적 갈등을 어떻게 형성해 왔는지 설명하라.

주요 용어 수에즈 운하, 팔레스타인 자치 정부, 아랍리그

경제 및 사회 발전 : 부와 가난의 땅

서남아시아 및 북부 아프리카는 상상할 수 없을 만큼의 부와 어마 어마한 빈곤이 공존하는 지역이다(표 A7.2). 어떤 국가는 풍부

한 석유와 천연가스 매장으로 엄청난 번영을 누리는가 하면, 어떤 국가는 세계에서 가장 낙후된 곳이기도 하다. 계속되는 정치적 불안정은 이 지역이 경제적으로 고전하게끔 하고 있다. 시리아, 이라크, 리비아 내의 내전과 내부적 갈등은 이 지역 경제를 붕괴시켰다. 가자지구와 웨스트뱅크 지역에 사는 팔레스타인인 또한 이스라엘 내에서 정치적 소수자로 고생하고 있다. 그 밖에도 최근 경제 제재가 이란 경제에 심각한 타격을 주고 있다. 석유가 이 지역의 미래 경제에 중요한 역할을 할 것은 확실하지만 이 지역의 일부 국가는 농업 생산량 증대, 새로운 산업에 대한 투자, 경제 기반 확대를 위한 관광산업 촉진 등에도 초점을 맞추고 있다.

화석연료의 지리학

석유 및 천연가스에 대한 세계적 분포를 보면, 이 지역 내에서도 석유자원이 매우 불균등하게 분포하고 있으며 또한 세계 석유 경제에서 이 지역은 계속 중요한 역할을 할 것임을 알 수 있다(그림 7.41). 페르시아 만뿐 아니라 북부 아프리카(특히 알제리와 리비아)는 많은 양의 석유와 가스를 보유하고 있다. 반면, 다른 지역(예를 들면 이스라엘, 요르단, 레바논 같은)은 주요 화석연료 매장 지역 밖에 있다. 사우디아라비아, 이란, 이라크, 쿠웨이트, 아랍에미리트 등은 많은 석유를 보유하고 있으며, 이란과 카타르는 가장 많은 천연가스를 보유한 지역이다. 화석연료의 분포를 보면, 이 지역에서 이 자원이 바로 고갈될 것 같지는 않다. 전체적으로 세계 인구의 7%가 사는 이 지역은 세계 석유 매장량의 절반이 넘는 압도적인 양을 보유하고 있다. 지역적으로도, 세계적으로도 사우디아라비아가 그 핵심적인 위치에 있다는 것도 분명하다. 3,000만 명의 주민이 세계 석유의 20%를 공급하는 땅 위에 살고 있다.

세계 경제와의 관계

서남아시아와 북부 아프리카는 세계 다른 국가들과 긴밀한 경제적 협력을 유지하고 있다. 석유와 가스가 국제적인 경제적 연대를 주도하는 주요한 상품이지만 제조업과 관광산업의 성장 또한 세계에서 이 지역의 역할을 재고하게 한다.

변화하는 석유수출국기구의 재산 석유수출국기구(OPEC)는 더 이상 세계적인 수준에서 석유 및 가스 가격을 통제하지는 않지만 선진국 및 저개발국 내에서 석유 및 가스에 드는 비용 및 이용 가능성에는 여전히 영향을 미친다. 미국은 자국의 석유 및 천연가스 생산을 통해 중동에 대한 상당한 에너지 독립성을 가지게 된 반면, 서유럽, 일본, 중국 및 상대적으로 산업화가 덜 된 많은 국가는 여전히 이 지역의 화석연료에 의존한다.

그러나 2014년 후반부터 2015년까지 에너지 가격의 하락은 석유수출국기구의 재산 변화에 대한 신호였을지도 모른다. 가격 하락은 미국, 캐나다와 같은 비석유수출국기구 국가에서 세계적인 에너지 생산을 늘렸기 때문이다. 이는 더 많은 경쟁을 제안한 것이었는데 이로 인해 국제 무대에서 석유수출국기구의 중요성이 떨어지게 될 수 있다. 석유수출국기구가 많은 양의 석유 생산을 유지하려는 것은 (특히 사우디아라비아가 그러한데) 특히 시추시설 운영에 많은 비용이 드는 북아메리카와 같이 생산 비용이 많이 드는 생산자를 이 사업에서 떠나가게 하려는 데 관심이 있기 때문이다. 그러나 한편으로 낮은 가격은 이미 이 지역 내 많은 석유수출국기구 회원국의 예산에 압력을 가해왔다. 정부 프로그램 예산이 줄어들고 많은 거주자들이 많은 서비스에 더 많은 돈을 내야 하는 사실에 분개하고 있다. 국제통화기금에서는 2015년 페르시아 만의 주요 석유 생산국에서 총예산 부족분이 국내 총생산의 6% 이상이 될 것이라고 예측하고 있다.

기타 국제적 및 지역적 연계 세계 경제와 서남아시아 및 북부 아프리카 사이의 장래 상호 관계는 석유수출국기구를 넘어서는 경제협력에 대한 의존이 커지는 것으로 나타날 수 있다. 예를 들어 터키는 섬유, 식량 생산품, 공산품 등을 주요 무역 파트너인 독일, 미국, 이탈리아, 프랑스, 러시아 등에 수출한다. 튀니지는 그 나라 수출품의 60% 이상을 (대부분 옷, 식량 생산품과 석유) 인근 프랑스와 이탈리아로 보낸다. 이스라엘의 수출은 그 국가가 고급 기술 노동력을 가진 곳이라는 점을 강조한다. 생산품은 다이아몬드 세공, 전자제품, 기계 부속품 등으로 이를 미국, 서부 유럽과 일본 등으로 보낸다.

세계 경제와 서남아시아 및 북부 아프리카와의 미래 상호 연계는 석유수출국기구를 넘어서 협력적인 경제적 계획이 증가하는 것에 좌우될 수 있다. EU와의 관계는 특히 중요하다. 1996년 이래 터키는 EU와 긴밀한 경제적 연대를 누려 왔으나, 최근 EU에 가입하기 위한 시도는 실패했다. 그 밖에도 EU와 지중해 연안에 있는 서남아시아 및 북부 아프리카 국가 간에 소위 유로-메드 협약을 맺었다.

그러나 많은 아랍 국가는 유럽의 지배력이 너무 커지는 것에 대해 우려하고 있다. 2005년 모든 지역 내 무역 장벽을 철폐하고 경제적 협력의 박차를 가하기 위하여, 17개 회원국을 가진 **대아랍자유무역지대**(Greater Arab Free Trade Area, GAFTA)가 설립되었다. 추가적으로 사우디아라비아는 이슬람 개발은행과 경제 및 사회 발전을 위한 아랍 기금과 같은 조직에서 지역 경제 발전을 위한 핵심적 역할을 수행하고 있다. 많은 이러한 금융 관련 조직은 샤리아 법과 같은 이슬람 율법을 준수하는 서비스를 제공한

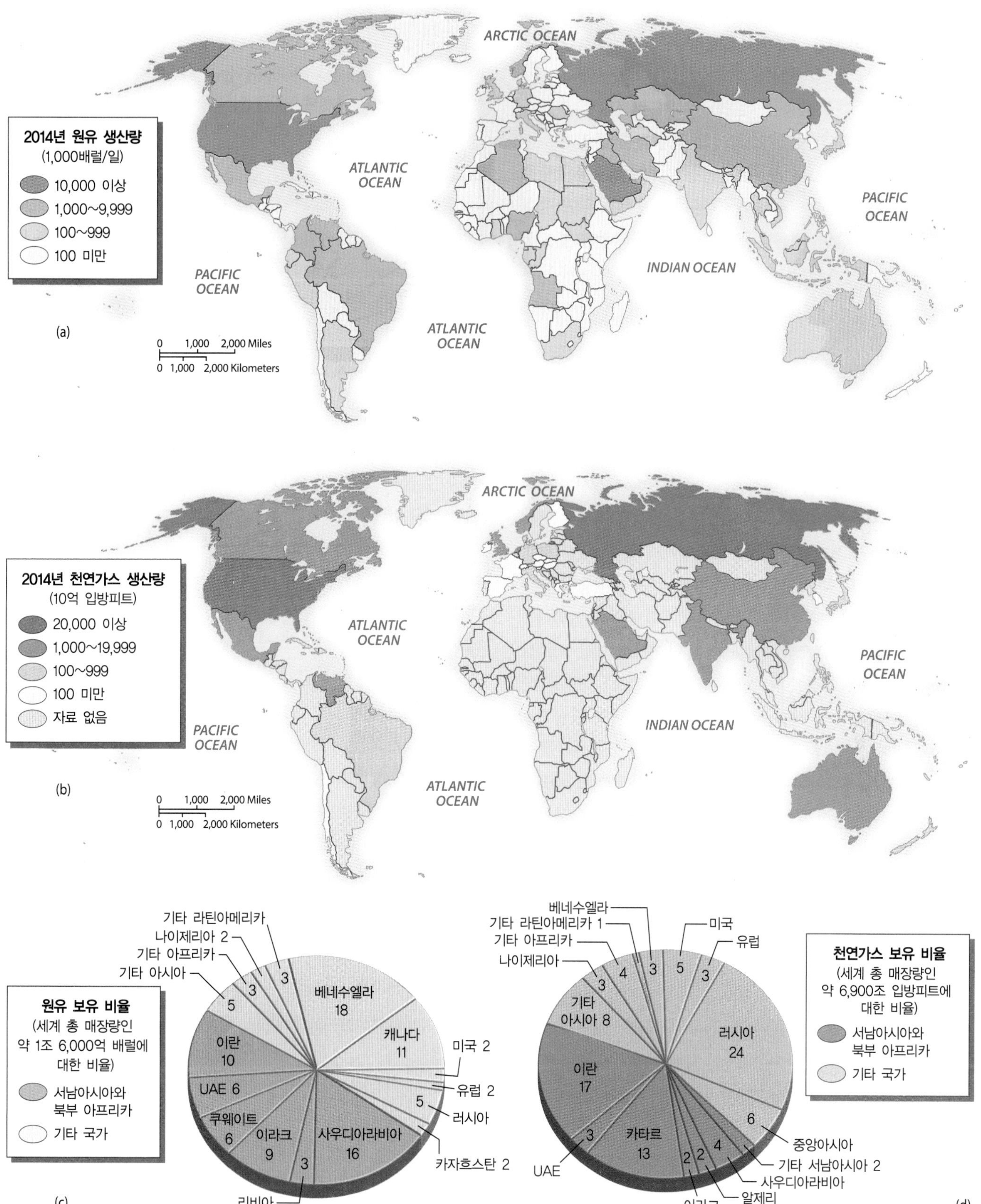

그림 7.41 원유와 천연가스 생산 및 보유 세계적으로 이 지역은 (a) 원유 생산과 (b) 천연가스 생산에서 핵심적인 역할을 수행한다. 또한 (c) 원유 및 (d) 천연가스의 풍부한 보유 상황으로 볼 때 이러한 패턴은 지속될 것이다.

다. 이러한 이슬람 은행 자산은 2015~2018년 사이에 매년 약 20%씩 늘어나고 있는 추세이다.

지역의 경제 유형

국가 간 엄청난 경제 격차가 서남아시아와 북부 아프리카의 특징 중 하나이다(표 A7.2 참조). 일부 부유한 산유국은 1970년대 이래 엄청나게 발전해 왔으나, 여러 차례 석유 가격의 변동, 정치적 혼란, 빠른 인구 성장 등은 미래 경제 성장 가능성을 감소시켜 왔다.

고수입의 석유 수출업자 서남아시아와 북부 아프리카에서 가장 부유한 국가는 많은 석유 매장으로 부를 축적한 나라들이다. 사우디아라비아, 쿠웨이트, 카타르, 바레인, 아랍에미리트 같은 국가는 화석연료 생산과 상대적으로 적은 인구로 이윤을 냈다. 교통망, 도심, 석유 관련 산업에 대한 대규모 투자는 그 지역의 문화 경관을 재형성했다. 정유 및 운반 중심지인 페르시아 만의 주바일과 홍해의 얀부는 단순한 원유 채취를 넘는 사우디아라비아 경제의 기반을 넓히는 체계라 할 수 있다(그림 7.42). 새로운 학교, 의료시설, 저렴한 주택, 현대화된 농업에 수십억 달러를 쏟아 부음으로써 지난 40년간 생활 수준을 높였다.

그러나 여전히 문제는 남아 있다. 석유 및 가스 수입에 의존하는 구도에서는 석유 가격이 하락하는 시기에는 경제적 고통이 생기게 된다. 이러한 세계 석유 시장의 변동은 미래에도 필연적으로 지속될 것이며 이러한 변동은 건축 프로젝트를 중단시키고 이민자를 대규모로 해고하며, 이 지역의 경제 및 사회 인프라에 대한 투자 속도를 느려지게 한다. 또한 바레인, 오만 같은 국가는 향후 20~30년 이내에 석유자원이 고갈되는 문제에 직면해 있다.

저수입의 석유 수출업자 이 지역 내 어떤 국가들은 석유 무역에서 중요한 부차적 역할을 하지만 다른 정치적 · 경제적 변수가 그들의 지속적인 경제 성장을 가로막아 왔다. 예를 들어 북부 아프리카 알제리의 석유와 천연가스는 이 나라의 압도적인 수출품이지만, 지난 20년 동안 정치적 불안정과 소비자 재화의 부족 현상이 커졌다. 인근 리비아의 정치적 분열은 심각한 경제적 결과를 가져왔는데 석유 및 가스 생산이 급격하게 줄어들고 이는 심각한 경제적 붕괴를 초래했다.

이라크도 커다란 도전에 직면해 있다. 전쟁은 이미 열악해진 이라크의 기반시설의 상당 부분을 사용 불능 상태로 만들었으며 지속적인 정치적 불안정은 경제 재건을 더욱 어렵게 만들었다. 이라크는 높은 실업으로 고전하고 있는데, 인구의 20% 이상이 영양실조 상태이며 국가의 25%만이 믿을 수 있는 곳으로부터 전기를 제공받고 있다. 석유 생산은 2009년 이후 증가하고 있지만

그림 7.42 **사우디아라비아의 얀부** 구글 어스 이미지는 이 지역의 도로가 얀부로 모이고 있는 모습을 보여준다. 얀부는 사우디아라비아 서부에 있는 인구 20만 명의 석유도시이다. 홍해가 왼쪽 아래에 있다.

종파 간 갈등이 억제될 수 있어야만 경제 회복 잠재력이 생길 것이라 보고 있다.

이란의 상황도 어렵다. 이란은 면적도 크고 인구도 많으며 이미 경제가 다각화되어 있다. 이란의 석유 및 가스 매장량은 상당하지만 상대적으로 빈곤하고, 불황의 부담을 지고 있으며 삶의 질이 점차 떨어지고 있다. 이는 1980년 이래 이란의 근본주의 지도자들이 서구로부터 원치 않는 문화적 영향의 수입을 두려워해, 소비재와 서비스에 대한 국제 무역의 역할을 경시했기 때문이다. 핵무기 개발 프로그램으로 인한 이란 석유 구매에 대한 국제적 제재가 경제를 더욱 악화시켰다. 그러나 경제적으로 긍정적인 면도 있다. 중앙아시아의 에너지 개발에 참여해 이란에서 이익을 얻고 있으며 이와 함께 시골에서의 교육을 강조하면서 점차 교육받는 비율(특히 여성 교육)이 증가하고 있다는 것이다.

석유 없는 번영 석유자원이 부족한 일부 국가들은 경제적 부를 증가시킬 방법을 끊임없이 찾았다. 예를 들어 이스라엘은 정치적 도전 상황에도 불구하고, 이 지역에서 생활 수준이 가장 높은 국가 중 하나이다(표 A7.2 참조). 이스라엘인과 외국인은 생산성이 높은 산업 기반에 많은 양의 자본을 투자했다. 이를 통해 세계 시장에 필요한 생산품을 다량 생산하고 있다(**일상의 세계화 : 이스라엘산 알약** 참조). 게다가 이스라엘은 하이테크 컴퓨터와 정보통신 제품 생산을 위한 세계 거점으로 성장해 왔다. 이스라엘은 빠른 속도와 고도의 기업 문화를 가지고 있으며 이는 캘리포니아의 실리콘 밸리와 유사하다. 이스라엘은 경제적 문제를 극복하고 있다. 그러나 팔레스타인 및 인접국과의 끝없는 투쟁은 그들의 발전 잠재력을 약화시킨다. 방어에 드는 비용을 위해 높은 세율이 필수적이며, 방어에 드는 비용은 국가총소득(GNI)의 상당

일상의 세계화

이스라엘산 알약

미국의 의사들은 매년 25억 개의 처방전에 일상적인 의약품 이름을 적는다. 이 많은 약이 실제로 서남아시아 특히 이스라엘에서 제조된다는 것을 아는 사람은 거의 없다. 일반적인 항생제(아목시실린), 진통제(옥시코돈)이나 소염제(나프록센)는 지구 반바퀴 뒤에서 만들어져 우리에게까지 이르는 것이다. 이스라엘은 7개의 연구 대학이 있으며 제약업계의 혁신과 생물과학에 집중하고 있는 기업을 초청하고 있다.

이스라엘의 의약품 산업 중 최대로 큰 곳은 테바 제약회사이다(그림 7.4.1). 이 회사는 매년 730억 개의 약을 생산하고 있으며 미국 내 6장 중 1장의 처방전은 테바(히브리어로 '자연'이라는 뜻임) 제품들로 채워지고 있다. 오늘날 테바는 세계 최대의 글로벌 제약회사이며 특허 의약품을 가진 혁신적인 생산자이다. 이는 이스라엘이 세계적으로 저렴한 의약품에 대한 끝없는 수요를 따라 성장하는 산업의 핵심적인 위치를 차지하고 있음을 보여주는 결과이다.

1. 의약품이 세계지리에 좌우됨으로 인해 미국 대중에게 생기는 이익과 손해가 무엇인지 설명하라.
2. 동네 약국에 가서 진열대 앞에 전시된 약을 2개 고른 뒤, 그 약이 어느 회사에서 제조된 것이며, 어느 나라에서 만들어진 것인지 찾아보라.

그림 7.4.1 이스라엘 페타 티크바의 테바 본사 수천 명의 기술직 노동자를 고용하고 있는 테바 제약산업은 세계에서 가장 많은 의약품을 생산하며 자체적으로 특허권을 가진 의약품도 증가하고 있다.

부분을 차지한다. 이 지역에 거주하는 팔레스타인 사람들, 특히 최근 폭력 사태로 더 많이 파괴된 가자지구와 웨스트뱅크에 거주하는 팔레스타인인의 빈곤과 실업은 더욱 커지고 있다.

터키의 소득은 지역 평균에 겨우 미치는 수준이지만 경제는 다원화되어 있다. 터키는 다양한 농작물과 수출용 산업 제품을 생산한다. 인구의 24%가 여전히 농업에 종사하고 있으며, 국가의 주요 상업용 제품은 면화, 담배, 밀, 과일 등이다. 산업경제는 1980년 이래 꾸준히 성장하고 있는데, 섬유, 가공식품, 화학약품 수출 등이 포함된다. 터키는 또한 하이테크도 발전하여 터키인의 약 44%가 인터넷을 사용하며 수십 개의 글로벌 인터넷 창업 기업을 위한 적절한 환경을 제공하고 있다. 이 창업 기업의 상당수는 온라인 게임이나 가상 게임 회사로서 세계 경제뿐 아니라 젊은 터키인과도 적절히 연결되어 있다. 터키는 매년 600만 명 이상의 방문객이 찾아오는 중요한 관광지이다.

지역의 빈곤 유형 이 지역 내 가난한 국가가 가진 문제는 세계 다른 저개발국이 가지고 있는 문제와 동일하다. 예를 들어 수단, 이집트, 시리아, 예멘은 각각 고유한 경제 문제를 가지고 있다. 수단에서 계속되는 정치 문제는 그 나라의 발전을 막고 있는데, 특히 내전이 식량 부족의 주요 원인이 되고 있다. 수단의 교통과 통신 시스템에는 신규 투자가 거의 이루어지지 않고 있으며, 상급 학교 진학률은 여전히 낮다. 반면 수단의 비옥한 토양은 더 많은 경작을 가능하게 하며, 수단의 경제 발전을 위해 새로운 석유 생산의 확대를 제안하고 있다.

이집트의 경제 전망 또한 불분명하다. 무바라크가 실권한 2011년 이후 실업률이 급증하고 관광객이 줄어들었으며 이 국가의 불확실한 정치 환경으로 인해 외국인 투자는 조심스러운 상태이다. 최근 이집트 지도자들이 상대적으로 안전한 정치 환경을 만드는 일을 추진하고 있지만, 많은 이집트인들은 여전히 빈곤하게 살고 있으며 빈부 격차 심화 역시 지속되고 있다. 이집트는 똑똑한 젊은 인재가 더 나은 직업을 위해 미국이나 서구 유럽으로 떠나는 **인재 누수**(brain drain) 현상을 겪고 있으며, 문맹률도 증가하고 있다.

시리아는 한때 안정적인 정치 체계와 성장하는 경제를 구가했었다. 지금은 둘 다 잃어버렸는데, 계속되는 내전과 분파 갈등이 경제를 훼손시켰기 때문이다. 스스로를 시리아 중산층이라고 생각했던 수백만 명의 사람들이 완전한 빈곤 상태에 빠지게 되었고 절망적인 난민으로 바뀌기도 했다. 더욱 정상적인 경제 상태로 복구되기까지는 여러 해가 걸릴 전망이다(그림 7.43).

예멘은 아라비아 반도에서 가장 가난한 국가로 남아 있다. 서남아시아에서 주요 석유 매장 지역과 가장 멀리 떨어진 예멘은 사하라 이남 아프리카에 있는 빈곤한 많은 나라들과 비슷한 수준의 낮은 1인당 국민소득을 기록하고 있다. 넓은 농촌 지역은 한계 생산이 이루어지는 자급 농업이 주를 이루며, 많은 산지와 사막은 외부 세계와 효과적으로 연결되는 것을 막고 있다. 커피, 면화, 과일 등은 상업용 농작물이며, 적당량의 석유 수출로 필요

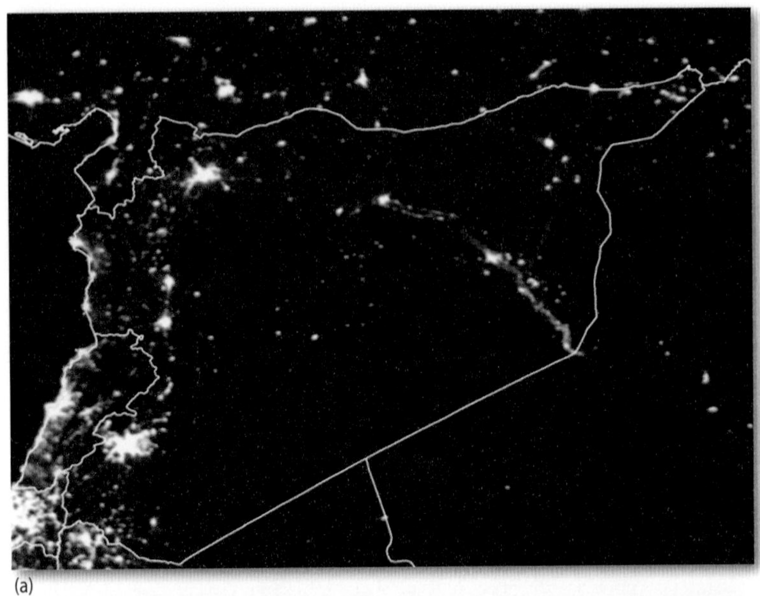

(a)

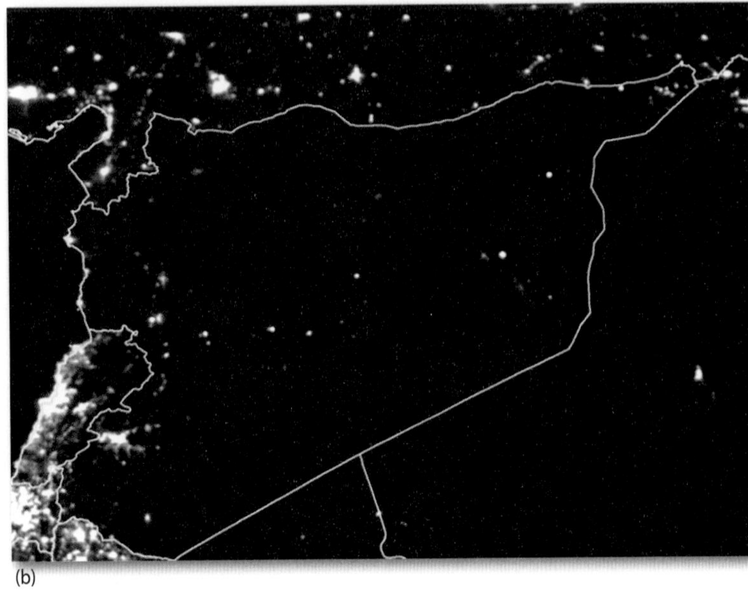

(b)

그림 7.43 **어둠에 빠진 시리아** 야간 촬영된 이 위성사진들은 시리아 내전과 계속되는 ISIL의 존재가 끼친 무서운 정치적 · 사회적 영향력을 보여주고 있다. 사진 (a)는 갈등이 발생하기 전의 모습이며 사진 (b)는 적개심이 이 국가를 치고 난 뒤의 모습이다.

한 외화를 벌어들인다. 그러나 전체적으로 높은 실업률과 높은 유아 사망률은 이 지역에서의 복잡한 환경 요소와 어려운 사회적 · 경제적 조건과 연결된 의료보호 체계의 실패를 의미한다(그림 7.44). 최근의 정치적 변동으로 나라의 경제 전망은 더욱 어둡기만 하다.

여성의 변화하는 세계

이슬람교가 널리 퍼진 서남아시아와 북부 아프리카에서 여성의 역할은 주요한 사회 문제로 남아 있다. 여성의 노동 참여율이 세계에서 가장 낮은 지역 중 하나이며, 남성과 여성 간 교육 격차도 매우 크다. 보수적인 지역에서는 여성이 집 밖에서 일을 하는 경우는 거의 없다. 심지어 서구의 영향을 널리 받고 있는 터키의 일부 지역에서조차 농촌 여성이 시장에서 물건을 팔거나 거리에서 차를 운전하는 것은 보기 드문 광경이다. 이 지역에서 최근 여성 권리에 대한 여론조사에 따르면 이집트, 이란, 사우디아라비아가 가장 낮았고 오만, 쿠웨이트, 요르단, 카타르가 높았다. 카타르에서 여성은 투표를 할 수 있고 공직에도 진출할 수 있지만 운전 면허를 받기 위해서는 여전히 남편의 동의가 필요하다. 이란의 더욱 보수적인 지역에서는 온몸을 베일로 가리는 것이 의무 사항이지만, 많은 이란 여성 특히 젊은 여성은 서구화된 옷을 입고 더욱 세속적인 모습으로 다닌다(그림 7.45). 일반적으로 이슬람 여성은 남성보다 더 개인적인 생활을 하는데, 이들을 위한 집 내부 공간은 벽과 차양으로 가려진 창문 등으로 외부 세계와 단절되어 있으며, 그들이 공적 공간에 나설 때는 얼굴을 가리는 **니캅**이나 **차도르**(온몸을 가리는 베일)를 사용하여 외부와 단절시킨다.

그러나 일부 지역에서, 심지어 이러한 규범을 지키는 더 보수적인 이슬람 사회에서도 여성의 역할이 변화하고 있다. 튀니지에서부터 예멘에 이르기까지 여성은 아랍의 봄 반란에 광범위하게 참여했으며 매우 대중적인 방식으로 그들의 새로운 정치적 주장을 가시화시켰다. 쿠르드족 여성은 이라크와 시리아에서 벌어지는 ISIL과의 전투에 자원하여 참여하고 있다. 이러한 정치적 · 사회적 변화의 지역적 결과는 복잡하다. 자유화된 리비아에서 젊은 이슬람 여성은 카다피 통치하에 금지됐던 관습인 공공 장소에서의 니캅 착용을 이제 자유롭게 만끽한다. 한편 여성들은 공직 출마 등 정치적 사안에 대해 보다 적극적인 역할을 수행하도록 장려된다.

알제리 여성 역시 유사한 패턴으로 설명된다. 많은 연구에 따르면 젊은 세대가 부모 세대보다 더욱 종교적이고 전통적인 종교 의상으로 머리부터 몸까지 덮고 다닌다. 그러나 동시에 이들은 더 교육을 많이 받고 있으며, 과거 어느 때보다 더 적극적으로 직업 활동을 하고 있다. 오늘날 알제리 변호사의 70%, 판사의 60%가 여성이다. 대학생의 대다수가 여성이며 여성이 보건의료 분야에서 우세하다. 이러한 새로운 사회적 · 경제적 역할은 왜 이 나라에서 출산율이 감소하고 있는가를 설명해 준다. 이스라엘에서 여성은 보다 더 가시화된 사회적 위치를 차지하고 있다. 하지

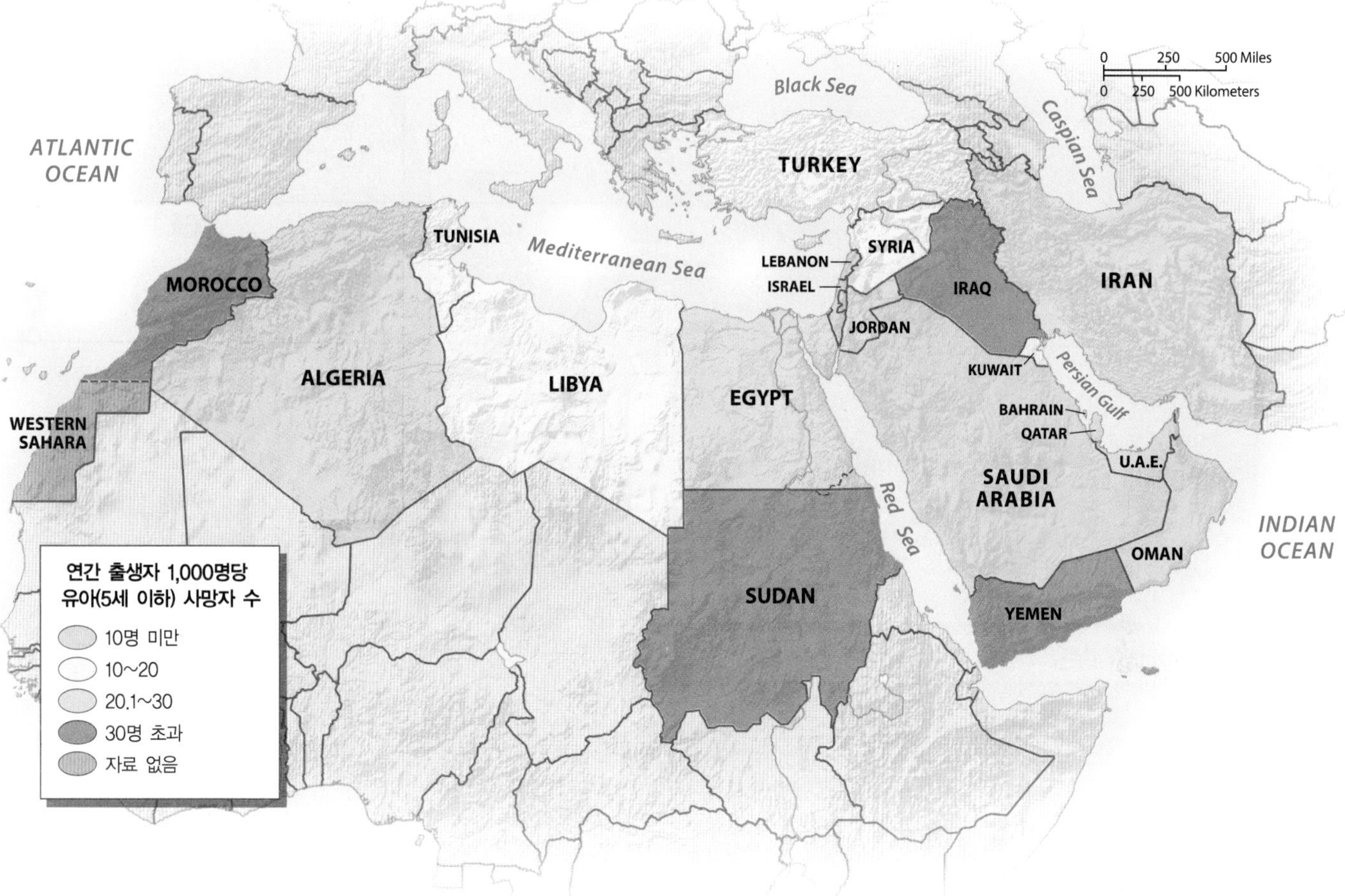

연간 출생자 1,000명당 유아(5세 이하) 사망자 수

- 10명 미만
- 10~20
- 20.1~30
- 30명 초과
- 자료 없음

그림 7.44 **유아 사망률** 이스라엘, 아랍에미리트와 같은 부유한 국가에서는 매우 낮은 유아 사망률을 보이고 있으나 수단, 모로코, 이라크와 같은 가난한 국가에서는 여전히 높은 유아 사망률과 씨름하고 있다. **Q : 유아 사망률이 적절한 발전 지표라는 데 논란이 될 수 있는 이유는 무엇인가?**

만 근본주의 유대인 커뮤니티는 제외되는데 이곳의 보수적인 사회 관습이 여성에게 전통적인 가정에서의 역할을 하도록 제한하고 있기 때문이다.

확인 학습

7.11 이 지역 전체의 석유자원 분포에 대한 지리를 설명하고 천연가스 자원의 지리적 패턴과 비교하라.

7.12 사우디아라비아, 터키, 이스라엘, 이집트와 같은 국가에서 최근 이루어지는 경제 발전 전략의 차이를 찾아보자. 그들은 어떻게 성공하였으며 어떻게 세계화와 연결되어 있는가?

주요 용어 대아랍자유무역지대(GAFTA), 인재 누수

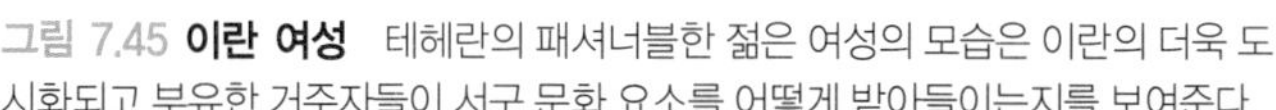

그림 7.45 **이란 여성** 테헤란의 패셔너블한 젊은 여성의 모습은 이란의 더욱 도시화되고 부유한 거주자들이 서구 문화 요소를 어떻게 받아들이는지를 보여준다.

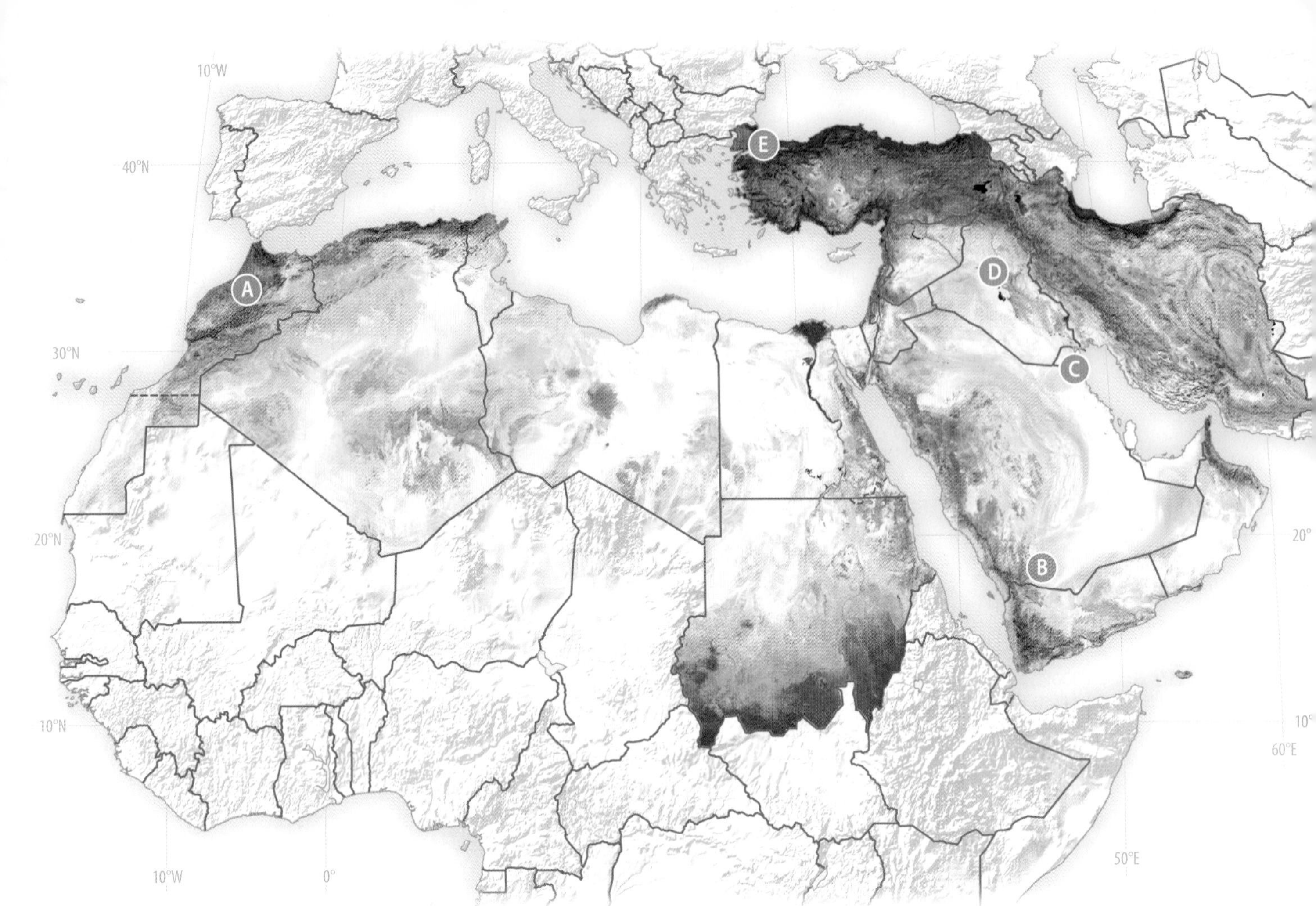

요약

자연지리와 환경 문제

7.1 **위도와 지형이 어떻게 이 지역 고유의 기후 패턴을 만들어내는지 설명하라.**
7.2 **이 지역의 취약하고 건조한 환경이 어떠한 현대 환경 문제를 형성하는지를 설명하라.**
7.3 **지역의 건조한 환경에 적용하기 위해 습득한 이 지역 농업 관습 네 가지를 설명하라.**

이 지역 내 많은 국가가 중요한 환경 문제와 제한된 농지 공급에 따른 문제로서 증가하는 인구 압력, 물 공급에 대한 압력에 직면해 있다. 아틀라스 산맥의 토양 침식에서부터 나일 강을 따라 과도하게 경작된 토지까지 그 결과는 토지가 수용할 수 있는 용량 이상을 초과하여 인구가 증가하게 될 때 지불해야 하는 환경 비용을 보여준다.

1. 만약 인구가 북부 아프리카의 오아시스 정착지의 물 공급량을 초과한다면 주민들은 어떻게 적응할까?
2. 어떤 현대 기술로 이 지역 물 부족을 해결할 수 있는지 방법을 나열해 보자. 이러한 접근은 제약인가 도전인가?

인구와 정주

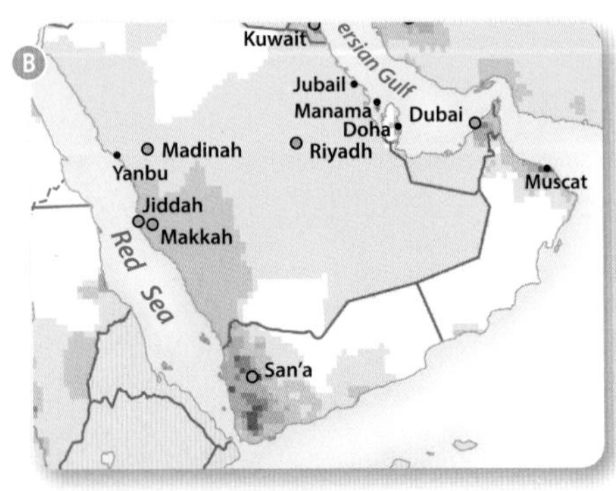

7.4 **최근 이 지역 내에서 일어나고 있는 이민 패턴을 형성한 주요 요인을 요약하라.**

서남아시아와 북부 아프리카 인구지리는 심각하게 불균형적이다. 강우량이 높고 외래 하천이 있는 지역은 지리적 인구밀도가 매우 높으며 주변 건조 지대는 거의 빈 땅으로 남아 있다.

3. 사우디아라비아의 리야드와 예멘의 사나 지역을 비행기 유리창으로 내다본다고 했을 때, 보이는 인구밀도와 토지 이용 패턴에 대해 약술하라.
4. 사우디아라비아, 리비아, 알제리와 같은 국가에서 효과적인 정치적 통제를 하는 데 있어서 매우 낮은 인구밀도가 어떤 특수한 문제를 야기시키는가?

문화적 동질성과 다양성

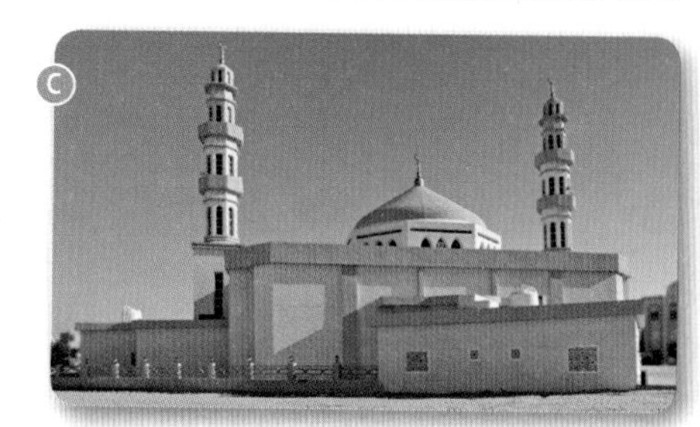

7.5 **이슬람교 확산 유형과 주요 특성을 열거하라.**
7.6 **핵심적인 현대 종교와 이 지역에서 우세한 어족을 찾아라.**
7.7 **북부 아프리카, 이스라엘, 시리아, 이라크와 아라이아 반도에서의 핵심적인 지역 갈등을 이해함에 있어서 문화적 다양성의 역할을 설명하라.**

문화적으로 이 지역은 기독교의 중심지이고, 이슬람교의 공간적 · 정신적 핵심이자 현대 유대교의 정치적 · 영토적 중심으로 남아 있다. 게다가 종교적 전통 내에서도 장기간의 언어적 차이뿐 아니라 분파적 구분(특히 수니파와 시아파의 분리)이 이 지역의 문화지리 및 지역 정체성을 형성하는 데 지속적으로 작동하고 있다.

5. 왜 이슬람교는 이 지역에서 문화적으로 강력히 통합하려는 힘과 분리하고자 하는 힘을 동시에 가지고 있을까?
6. 왜 사우디아라비아는 이슬람 세계에서 중심으로 남아 있을까?

지정학적 체계

7.8 **이 지역에서의 석유와 가스 매장량에 대한 지리를 요약하라.**

정치적 갈등은 이 지역 전체에 걸쳐 경제 발전을 저해해 왔다. 내전, 분파 폭력, 국가 간 갈등, 국지적 차원의 긴장은 더 나은 협력 추진과 무역 활동에 지장을 주었다. 무엇보다 중요한 것은, 이 지역은 앞으로 이스라엘-팔레스타인 갈등에 대한 지속적인 해결책을 찾아야 한다는 것이며, 나아가 서구 문명과 이슬람에 대한 근본주의적 해석 사이의 근본적 불일치에 대응해야 한다는 것이다.

7. 이라크의 문화 및 종교적 균열은 향후 5~10년 뒤에 얼마나 치유될 수 있을까?
8. 이라크 경제에서 재개된 석유 붐이 그 국가 내 분파 간 폭력 수준을 높이는 데 작동할 것인지 혹은 낮추는 데 작동할 것인지에 대해 토론하라.

경제 및 사회 발전

7.9 **이슬람 여성이 수행하는 전통적인 역할을 설명하고 최근 변화의 예를 제시하라.**

글로벌 경제가 지속적으로 화석연료에 계속 의존하고 있다는 사실과 함께 이 지역의 풍부한 석유 및 천연가스는 이 지역이 여전히 중요한 세계 석유 시장으로 남을 것이라는 점을 확신시켜 준다. 또한 이 지역은 경제적 다양성과 통합성이 동시에 나타나게 되는데, 이는 이 지역이 유럽 및 다른 세계 경제 참여자들과 점차 더욱 가까워질 수 있다는 것을 의미한다.

9. 터키 이스탄불과 같은 환경에서 향후 10~20년 뒤 경제 성장의 주요 동력은 무엇일까?
10. 2020년과 2030년 사이 터키와 사우디아라비아에서 지속적인 경제성장을 위한 도전을 비교하는 글을 작성하라.

데이터 분석

http://goo.gl/oSK5Fa

의료보호는 세계의 가장 발전된 곳에서는 기본적인 인간의 권리로 고려된다. 하지만 서남아시아와 북부 아프리카의 많은 곳에서는 의료보호 제공 수준이 열악하다. 세계보건기구는 인구 1,000명당 의사 수 데이터를 모으고 있는데 사회 발전뿐 아니라 의료보호 접근을 측정하는 수단으로 사용될 수 있다. 최근 데이터에 따르면 미국은 인구 1,000명당 의사가 2.5명이며 독일은 약 3.9명이다. 세계보건기구 웹사이트(www.who.int)를 방문해서 인구 1,000명당 의사 수를 데이터 및 지도 페이지에서 찾아보자.

1. 서남아시아와 북부 아프리카 전체의 의료보호 접근에 대한 지역 패턴을 보여주는 지도와 표를 작성해 보자.
2. 작성한 자료로 추세와 일반적 패턴을 요약해서 글로 작성해 보자. 이 지역 전체에서 관찰되는 주요 변동을 어떻게 설명할 것인가?
3. 그림 7.44에 나오는 유아 사망률에 대한 자료와 직접 작성한 지도에 있는 의사 수 패턴을 서로 비교하여 설명해 보자. 어떻게 이 2개의 지표가 미래 사회 발전을 측정하는 좋은 도구가 될 수 있을까? 또한 어떻게 정치적 안정성을 예측할 수 있을까?

주요 용어

가축화
대아랍자유무역지대(GAFTA)
레반트
마그레브
메디나
목축 유목
문화중심
물 전쟁
비옥한 초승달
석유수출국기구(OPEC)
수니파
수에즈 운하
시아파
신권국가
아랍리그
아랍의 봄
염류화
오스만제국
외래 하천
요충지
이목
이슬람 근본주의
이슬람주의
인재 누수
일신론
종파 간 폭력
지리적 인구밀도
코란
팔레스타인 자치 정부
하지
화석수
ISIL

8 유럽

자연지리와 환경 문제

다양한 유럽의 환경은 아열대 지중해에서 북극의 툰드라에 이르기까지, 온건 대서양 연안에서 내륙 대륙 기후에 이르기까지 다양하다. 유럽은 오염, 재활용 및 재생 에너지에 관한 강력한 조치를 취한 '가장 친환경적'인 세계 지역 중 하나이기도 하다.

인구와 정주

유럽은 인구의 자연 성장률이 매우 낮고 내부 이동성 및 국제 이주율이 매우 높다. 현재의 국제 이주 대부분은 아프리카와 서남아시아의 분쟁으로 인한 난민이다.

문화적 동질성과 다양성

유럽은 언어와 종교의 내적 차이와 연관된 문화적 긴장의 오랜 역사를 가지고 있다. 그러나 오늘날의 긴장은 주로 세계의 다른 지역으로부터의 이민과 관련이 있다.

지정학적 틀

두 차례의 세계대전과 오랜 냉전은 20세기 유럽을 전쟁터로 분열시켜 끊임없이 변화하는 새로운 국가들의 지도를 만들어 냈다. 유럽은 통합되고 평화로운 지역이지만, 마이크로 민족주의와 분권과 관련된 지정학적 긴장이 현재 지배적이다.

경제 및 사회 발전

반세기 동안 유럽연합(EU)은 이 지역의 다양한 경제와 정치 체제를 성공적으로 통합하여 유럽을 세계 초강대국으로 만들었다. 그러나 오늘날에는 국내의 경제 및 사회 문제들이 이 통합에 도전하고 있다.

◀ 스코틀랜드 독립의 상징인 에든버러 성은 스코틀랜드 수도의 스카이라인을 지배한다. 성은 12세기부터 17세기 초의 왕실 거주지였으며, 그 후 군 수비대가 되었다. 스코틀랜드에서 가장 많이 방문한 관광지 중 하나인 이 성은 1995년에 유네스코 세계문화유산으로 지정되었다.

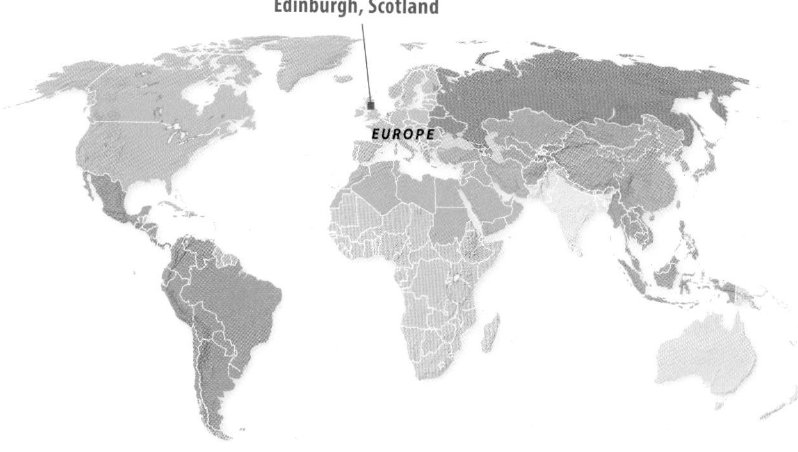

스코틀랜드의 역사적인 왕국의 수도인 아름다운 에든버러는 평범한 가정에서 스코틀랜드 의회에 이르기까지 유럽의 과거와 현재의 복잡한 지리적 현상을 내재하고 있다. 접미사 'burg'는 요새화된 독립적인 장소, 보호벽으로 둘러싸인 요새 도시를 의미한다. 이 개념은 스코틀랜드에 고유한 것은 아니며, 유럽 전역에 걸쳐 오랫동안 공유되어 온 개념으로, 많은 장소 이름들에 사용되어 왔다. 예를 들어, 독일의 함부르크, 프랑스의 스트라스부르, 스페인의 부르고스 등인데, 모두 정치적으로 혼란한 대륙에서 역사적으로 안전을 탐색해 온 것을 이해할 수 있는 단초들이다. 1950년대 수 세기의 민족주의 전쟁, 경쟁, 충돌을 거친 후 유럽은 **유럽연합**(EU)을 통해 경제적 · 정치적 · 사회적 통합의 의제를 실행하였다. 이는 오늘날 초국가적인 28개국으로 구성된 조직이 되었다. 비록 유럽의 경제와 정치적 생활의 많은 측면을 결합하고 통합하는 데 매우 성공적이었으나, EU의 미래는 분리주의와 정치적 전환의 긴장된 지리학으로 인해 의문에 빠져들었다.

그림 8.1 **바스크 분리주의** 스페인 동북부와 프랑스 남서부의 바스크 사람들은 오랫동안 스페인과 프랑스로부터 자치와 독립을 추구해 온 독특한 문화 집단이다. 바스크 분리주의 무장세력은 때때로 폭력과 테러를 사용하여 그들의 목적을 이루려 한다. 이 사진은 최근 프랑스에서의 바스크 시위대가 테러 단체로 의심되는 2명의 바스크 활동가에 대한 지지를 보이는 장면이다.

유럽 내부 및 유럽 외부로부터의 인구 이동은 이 지역에 새로운 긴장을 가져왔다.

에든버러로 돌아가 보자. 스코틀랜드가 영국과의 307년 관계를 끊을 뻔하게 최근의 국민투표에서 독립에 간신히 반대하는 결과를 내었지만, 강력한 스코틀랜드의 분리운동은 여전히 살아 있다. 또한 아이러니하게, 영국 자신이 EU 회원 유지에 대한 국민투표를 앞두고 있어, 유권자에게 통일 유럽에 대해 묻고 있다. 강력한 반EU 정당들이 있는 다른 나라들(덴마크, 프랑스, 그리스, 헝가리)도 같이 움직일 수 있다. 마찬가지로, 기존 국민국가 내의 작은 지역 사람들(프랑스의 브르타뉴, 벨기에의 왈룬, 스페인의 바스크와 카탈루냐) 역시 그들 스스로의 독립 투표를 통해 스코틀랜드의 선례를 따를 수 있다(그림 8.1). 이 분리주의 활동은 통합 유럽의 생존에 의문을 던진다.

유럽은 북아메리카보다 훨씬 작은 지역에 매우 여러 종류의 사람과 장소가 있는, 세계에서 가장 다양한 지역 중 하나이다. 이 지역의 5억 명 이상의 사람들이 프랑스, 스페인, 독일로부터 소규모 국가인 안도라, 모나코(그림 8.2)까지 다양한 크기의 42개 국가에 살고 있다. 유럽은 일반적으로 서부, 동부, 남부(혹은 지중해 연안), 북부(혹은 스칸디나비아) 유럽 등 4개의 지역으로 나뉘며, 이 용어는 이 장에서 계속 사용된다. 유럽은 세계적 기준으로 보아 비교적 부유하고 평화로운 지역이다. 그러나 소득과 고용에 격차가 있고, 이에 따라 유럽 내 그리고 유럽 외부로부터의 인구 이동이 있으며, 이들이 새로운 긴장을 가져온다.

학습목표

이 장을 읽고 나서 다시 확인할 것

- 8.1 유럽의 지형, 기후 및 수문학적 특성을 기술하라.
- 8.2 유럽의 주요 환경 문제와 그 문제를 해결하기 위한 조치를 기술하라.
- 8.3 자연 성장률이 다른 국가의 사례를 제시하라.
- 8.4 유럽 내에서의 내부 이주 패턴과 이 지역으로의 외국 이주의 지리적 특성을 설명하라.
- 8.5 유럽의 주요 언어와 종교에 대해 설명하고 지도로 표시하라.
- 8.6 지난 100년 동안 유럽 국가의 지도가 어떻게 변했는지를 기술하라.
- 8.7 냉전 기간 동안 유럽이 왜, 어떻게 분리되었는지, 그리고 오늘날 지리적 시사점은 무엇인지 설명하라.
- 8.8 EU가 주도하는 유럽의 경제적 · 정치적 통합에 대해 설명하라.
- 8.9 유럽의 현재 경제 위기 및 사회적 위기의 주요 특징을 기술하라.

그림 8.2 유럽 대서양의 아이슬란드에서 동으로 러시아까지 뻗어 있는 유럽은 프랑스와 독일 같은 큰 국가로부터 리히텐슈타인, 안도라, 산마리노, 모나코 같은 작은 국가에 이르는 42개 국가를 포함한다. 현재 이 지역의 인구는 약 5억 3,100만 명이다. 유럽은 크게 보아 서부, 동부, 남부(또는 지중해), 북부(또는 스칸디나비아)의 네 부분으로 나뉜다. 표 A8.1 및 A8.2는 이 하위 영역을 전체의 부분으로 보여준다.

자연지리와 환경 문제 : 인간에 의한 다양한 경관의 변화

작은 크기에도 불구하고 유럽의 환경적 다양성은 대단하다. 북부 스칸디나비아의 북극 툰드라에서 지중해 섬의 반건조 구릉까지의 놀라운 경관들이 북부 이탈리아의 폭발형 화산들과 노르웨이 및 아이슬란드의 빙하 해안과 함께 발견된다.

다음의 세 가지 요소가 이 놀라운 환경 다양성을 설명한다.

- 서쪽으로 뻗어 있는 유라시아 대륙은 지질학적 복잡성이 있다.
- 북극에서 지중해 아열대에 이르는 유럽의 광범위한 위도 범위는 기후, 식생 및 수문학에 영향을 미친다(그림 8.3). 그러나 유럽의 고위도는 빙 둘러선 발트해, 지중해, 흑해뿐만 아니라 대서양과 멕시코 만류의 완화 영향에 의해 변화된다.
- 수천 년에 걸친 인간 정주의 오랜 역사는 근본적인 방식으로 유럽의 경관을 변화시키고 변형시켜 왔다.

지형 지역

유럽은 4개의 일반적인 지형 지역으로 나눌 수 있다. 유럽 저지대는 남부 프랑스에서 폴란드의 북동 평야에 이르는 아크 모양을 형성하며, 거기에 더해 영국 남동부도 포함한다. 알프스 산맥 체계는 서쪽의 피레네 산맥에서부터 남동부 유럽의 발칸 산맥까지 이어진다. 중앙 고원 지대는 알프스와 유럽 저지대 사이에 위치한다. 마지막으로 서부 고원 지대는 스페인에 있는 산들과 영국 제도들과 스칸디나비아의 고원 지대를 포함한다(그림 8.2 참조). 유럽의 일부로 의심할 여지 없는 아이슬란드는 노르웨이의 서쪽 1,500km에 위치하여 그 자신의 독특한 지형을 가지고 있으며, 2개의 다른 지각판을 가로지르고 있다.

유럽 저지대 북유럽 평원이라 불리는 이 저지대는 높은 인구밀도, 집약적인 농업, 큰 도시와 주요 산업 지역 등의 특징을 갖는, 의심의 여지 없는 서부 유럽의 경제 핵심이다. 비록 완전한 평면은 아니나, 이 저지대의 대부분은 해발고도 150m가 채 안 된다. 유럽의 주요 강(라인, 루아르, 템스, 엘베)이 이 저지대에 굽이쳐 흘러 대서양에 이르기 전에 넓은 강어귀를 형성한다. 유럽의 가장 바쁜 항구인 런던, 르아브르, 로테르담, 함부르크 등이 이 저지대권에 있다. 라인 강 델타는 빙하 작용을 받지 않았던 남부 유럽의 저지대를 (약 1만 5,000년 전까지 홍적세 얼음판으로 덮여 있어) 빙하 작용을 받았던 북부 평원으로부터 자연스럽게 구분한다. 이 대륙 빙하로 인해 네덜란드, 독일, 덴마크, 폴란드를 포함하는 북부 저지대는 벨기에, 프랑스의 빙하 작용을 받지 않았던 부분보다 훨씬 덜 비

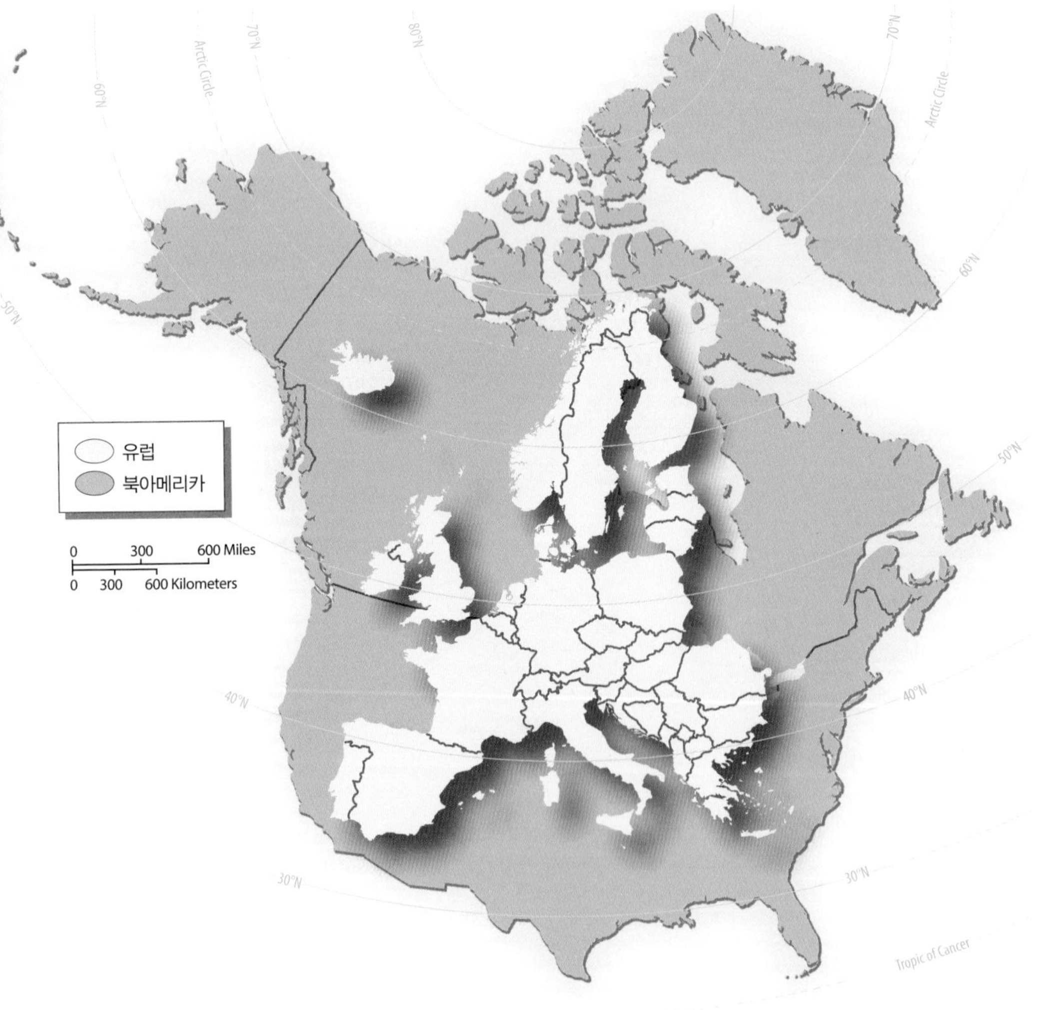

그림 8.3 **유럽의 크기와 북방 위치** 이 지도 비교에서와 같이, 유럽은 북아메리카의 대략 2/3 크기이다. 또 하나의 중요한 특성은 이 지역의 북방 위치 특성이며, 이로 인해 기후, 식생, 농업이 영향을 받는다. 그림에서 보는 바와 같이, 유럽의 대부분은 캐나다와 같은 위도이다. 심지어 지중해마저도 미국-멕시코 국경보다 훨씬 더 북쪽에 있다. **Q : 유럽의 어느 부분이 북아메리카의 당신의 위치와 같은 위도인가?**

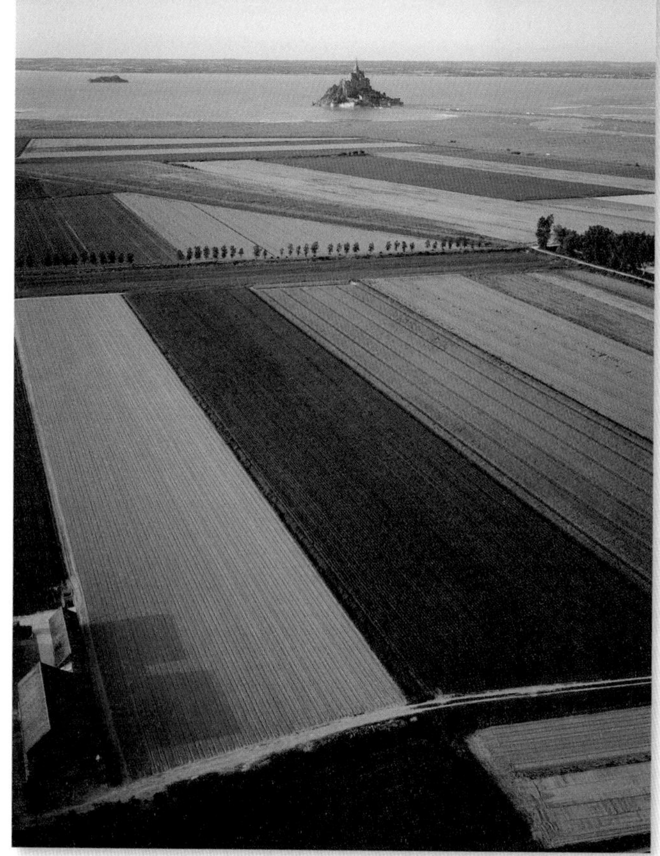

그림 8.4 **유럽 저지대** 북유럽 평야라고도 하는 이 거대한 저지대는 프랑스 남서부에서 독일 북부와 폴란드 동쪽으로 이어진다. 수많은 강이 이 지역을 건너 유럽 전역을 배수함으로써 해안선을 따라 큰 항구 도시가 생겨난다. 이 사진은 프랑스 서부에 있는 노르망디 지역의 사진이다. 작은 섬인 몽생미셸은 역사적으로 요새화된 수도원이다.

옥하다(그림 8.4). 스칸디나비아에 있는 바위 진흙 물질(rocky clay materials)은 빙하에 의해 침식되고 남쪽으로 운반되었다. 기후가 온난해져서 빙하가 퇴각할 때, 빙하 파편 더미는 독일과 폴란드의 평원에 남게 되었다.

알프스 산맥 알프스 산맥은 유럽의 지형적 중추를 형성하며, 동서로 대서양에서 흑해 및 남동 지중해에 이르기까지 이어지는 일련의 산으로 구성된다. 이 산맥은 피레네 산맥, 알프스 산맥, 아펜니노 산맥, 카르파티아 산맥, 디나르알프스 산맥, 발칸 산맥과 같이 별개의 지역 이름을 가지고 있지만 지질학적 특징을 공유한다.

피레네 산맥은 스페인과 프랑스 사이의 정치적 경계를 형성하고 안도라라는 작은 나라를 포함한다. 이 바위투성이의 경계는 대서양에서 지중해까지 약 480km를 뻗어 있다. 산 범위 내에서 3,350m에 이르는 빙하 봉우리는 넓은 빙하로 새겨진 계곡과 번갈아가며 나타난다.

이 지질학적 지역의 중심은 프랑스에서 동부 오스트리아까지 800km 이상 뻗은 전형적인 산지 지역인 알프스이다. 이 웅장한 산맥은 서쪽이 가장 높아 프랑스–이탈리아 국경의 몽블랑에서 4,600m 이상으로 솟아 있다. 알프스 산맥은 오스트리아에서는 훨씬 더 가라앉아 3,000m를 초과하는 봉우리는 거의 없다. 비록 오늘날에는 긴 터널과 계곡을 가로지르는 다리를 통해 차나 기차로 쉽게 지나다니지만, 역사적으로 이 산맥은 북쪽의 서유럽과 남쪽·중앙의 지중해 연안을 문화적으로 가르는 중요한 장벽 구실을 해왔다.

아펜니노 산맥은 알프스 산맥의 남쪽에 위치하고 있으며, 주로 이탈리아에 있다. 그러나 두 산맥은 프랑스와 이탈리아 리비에라의 언덕이 많은 해안선에 의해 물리적으로 연결되어 있다. 이탈리아의 등뼈를 형성하는 아펜니노 산맥은 알프스에 비해 낮고, 진정한 알프스의 웅장한 빙하 산봉우리와 계곡이 없다. 그러나 남쪽으로 더 내려가면 아펜니노 산맥은 그 자신의 독특한 특징을 보여주는데, 나폴리 바깥의 (1,200m를 겨우 넘는) 베수비오 폭발성 화산과 시실리 섬에 있는 (3,350m인) 훨씬 더 높은 에트나 산 등이 그것이다.

동쪽으로는 카르파티아 산맥이 유럽의 알프스 산맥의 동쪽 경계를 정한다. 이 산맥은 오스트리아 동부에서 철문(Iron Gate) 협곡으로 이어지는 쟁기 모양의 고지대 지역으로, 루마니아와 세르비아의 국경이 만나는 곳의 도나우 강을 따라 흐르는 좁은 통로를 형성하고 있다.

중앙 고지대 서유럽에서는 훨씬 더 오래된 고원 지대가 알프스와 프랑스와 독일의 유럽 저지대 사이에 호를 이룬다. 이 산들은 알프스 산지보다 훨씬 낮은데, 최고봉이 1,800m이다. 약 1억 년 전에 형성된 이 고지대 지역의 대부분은 해발 1,000m에 달하는 경관을 특징으로 한다.

유럽의 산업 지역을 위한 원자재를 보유하고 있으므로 이 고지대 지역은 서유럽에 중요하다. 예를 들어, 독일과 프랑스에서는 이 고지대 지역이 각국의 철강산업에 핵심적인 철과 석탄을 공급해 왔다. 동쪽으로 보헤미아 고원의 광물자원은 독일, 폴란드, 체코의 주요 산업 지역에 연료를 공급해 왔다.

서부 고원 서부 고원 지대는 유럽 아대륙의 서쪽 끝을 정의하는데, 남쪽의 포르투갈로부터 뻗어 영국 제도를 거쳐 멀리 북쪽의 노르웨이, 스웨덴, 핀란드의 고원 중심 지대에 이르게 된다. 이들은 약 3억 년 전에 형성된 유럽에서 가장 오래된 산맥이다. 다른 많은 나라를 가로지르는 다른 고지대 지역과 마찬가지로 이 산맥의 구체적인 이름은 나라마다 다르다. 서부 고원 지대의 일부는 잉글랜드, 웨일스, 스코틀랜드의 고지대를 이루며, 그림 같은 빙하 경관이 대략 1,200m 정도의 고도에서 발견된다. 이러한 U자 모양의 빙하 골짜기는 노르웨이의 고지대에서도 나타나, 알래스카와 뉴질랜드의 해안선과 흡사한 **피오르**(fjords)의 화려한 해안선이나 범람한 계곡 입구를 형성한다(그림 8.5).

지질학적으로 유럽의 먼 서쪽 가장자리는 아이슬란드이며, 유

그림 8.5 **노르웨이 피오르** 홍적세 시대에 대륙 빙상과 빙하는 노르웨이의 해안선을 따라 깊은 U자 모양의 계곡을 조각했다. 얼음판이 녹고 해수면이 상승하면서 대서양 바닷물이 이 계곡을 물에 잠기게 하여 화려한 피오르를 만들어냈다. 많은 피오르 정착촌은 노르웨이의 광대한 페리 시스템에 의해 외부 세계와 연결된 보트로만 접근할 수 있다.

라시아 및 북아메리카 지각판으로 나뉜다. 다른 판 경계와 마찬가지로, 아이슬란드에는 때때로 화산재를 대기 중에 쏟아 붓는 활화산들이 많은데, 이들이 유럽과 북아메리카 간의 극심한 항공 교통에 종종 심각한 문제를 일으킨다.

바다, 강, 항구

많은 면에서 유럽은 주변 바다와 밀접한 관계를 갖는 임해 지역이다. 오스트리아, 헝가리, 세르비아, 체코공화국과 같은 내륙국조차도 항해가 가능한 강과 운하의 광범위한 네트워크를 통해 해양과 바다에 접근할 수 있다.

유럽의 바다 고리 4개의 큰 바다와 대서양은 유럽을 둘러싸고 있다. 북쪽의 발트 해는 스칸디나비아와 북-중부 유럽을 분리한다. 덴마크와 스웨덴은 발트 해를 북해에 연결하는 좁은 스카게라크 해협과 카테가트 해협을 오랫동안 통제해 왔는데, 이는 주요 어장임과 동시에 심해 시추 플랫폼에서 채취한 유럽의 석유와 가스의 핵심 원천이다.

영불 해협(프랑스어로 La Manche)은 유럽 대륙과 영국 제도를 구분한다. 그 가장 좁은 곳에 도버 해협이 있는데, 단지 32km의 넓이이다. 영국은 해협을 보호 해자로 간주했지만, 그것은 상징적 장벽이었다. 왜냐하면 대륙의 노르만계 프랑스인이나 북쪽의 바이킹 침략자도 막지 못했기 때문이다. 제2차 세계대전 동안에는 그것이 나치 독일에게만 어마어마한 장벽이 되었다. 1993년 이래로 그리고 영국인에 의한 수십 년 동안의 저항 끝에 영국 제도는 50km의 유로터널을 통해 프랑스와 연결되어 고속철도 시스템이 승객, 자동차 및 화물을 운송해 왔다.

지브롤터는 지중해의 서쪽 입구에서 아프리카와 유럽 간의 좁은 해협을 지키고 있으며, 이 경로에 대한 영국의 문지기 역할은 한때 위대했던 해상 제국의 지속적인 상징으로 남아 있다. 마지막으로, 유럽의 남동쪽 측면에는 보스포루스 해협과 다르다넬스 해협이 있는데, 이 좁은 수로가 지중해 동부와 흑해를 연결한다. 수세기에 걸쳐 분쟁을 일으킨 이 중요한 수로는 이제 터키에 의해 통제된다. 이 해협은 종종 유럽과 아시아의 물리적 경계로 생각되지만 터키 내부, 유럽과 동남아시아 간 트럭과 철도교통을 권장하기 위해 여러 곳에서 쉽게 연결된다.

강과 항구 유럽은 운항 가능 하천의 지역으로, 운하와 수문의 체계로 연결되어 있으며, 이는 발트 해와 북해로부터 지중해까지, 서유럽에서 흑해까지 내륙 바지선 통행을 가능하게 한다. 루아르, 센, 라인, 엘베, 비스와 등 유럽 저지대의 많은 강들이 대서양과 발트 해로 흘러간다. 그러나 유럽에서 가장 긴 강인 도나우 강은 동과 남으로 흐르는데, 라인 강으로부터 불과 몇 마일 떨어진 독일 서남부의 흑삼림 지대에서 나타나 남동 방향으로 흑해까지 흐르면서, 유럽의 중부와 동부의 한 가운데를 연결한다(그림 8.6). 마찬가지로, 론 강의 원류는 스위스의 라인 강의 원류와 가까운 곳에서 나오지만, 남쪽으로 흘러 지중해에 이른다. 도나우와 론 모두는 유럽 저지대의 강으로 향하는 수문과 운하로 연결되어 바지선이 유럽을 둘러싼 바다와 해양들 사이 모두를 오가는 것이 가능하게 한다.

언급한 바와 같이, 주요 항구는 내륙 수로, 철도, 트럭 네트워크에서의 환적 지점으로서 기능하는 대부분의 서유럽 하천 하구에 있다. 남쪽에서 북쪽으로, 이러한 항구들로는 가론 강 하구의 보르도, 세느의 르아브르, 템스의 런던, 라인 하구의 로테르담(톤수로 보아 세계 최대 항구), 엘베의 함부르크, 그리고 동으로 폴란드의 오데르의 슈체친, 비스툴라의 그단스크 등이 있다.

유럽의 기후

세 가지 주요 기후 유형이 유럽을 특징짓는다(그림 8.7). 대서양 해안을 따라 해양의 영향으로 수정된, 온화하고 습윤한 **서안해양성 기후**(marine west coast climate)가 지배적이다. 멀리 내륙에는 뜨거운 여름과 추운 겨울인 **대륙성 기후**(continental climate)가 지배적이다. 마지막으로, 건조한 여름의 **지중해성 기**

그림 8.6 **도나우 바지선 통행** 1992년 유럽에서 가장 긴 도나우 강이 운하에 의해 라인 강과 연결되어 상업용 바지선 통행이 유럽 전역 및 북해-흑해 간 이동이 가능하게 되었다. 내륙수로교통(inland water traffic, IWT)이 육로 운송보다 80% 저렴하고, 동유럽에서 산업화가 진행되고 있기 때문에 지난 10년 간 바지선 교통량은 상당히 증가했다. 세르비아의 도나우 강에 있는 바지선을 예인선이 끌고 가고 있다.

후(Mediterranean climate)는 스페인에서 그리스에 이르는 남부 유럽에 존재한다.

가장 중요한 기후 컨트롤 중 하나는 대서양이 하고 있다. 유럽의 대부분이 상대적으로 높은 위도에 있지만(예를 들어, 잉글랜드의 런던은 브리티시컬럼비아의 밴쿠버보다 약간 더 북쪽에 있지만), 더 따뜻한 대서양 멕시코 만류의 연속인 온화한 북대서양 해류가 아이슬란드와 노르웨이에서 남으로 포르투갈까지 해안의 온도를 온화하게 한다. 이러한 바다의 영향으로 서유럽은 유사한 위도에 있지만 따뜻한 해류의 온화한 영향을 갖고 있지 않은 다른 지역들보다 3~6℃ 더 따뜻한 기후를 갖는다. 그 결과, 서안해양성 기후 지역에서는 겨울에 차가운 비, 진눈깨비, 때때로의 눈보라 등이 자주 있기는 하나, 평균 기온이 영하인 달이 없다. 수분이 바다로부터 유입되면서 여름에는 자주 흐리고 구름이 뒤덮어 잦은 연우와 비가 내린다.

해양으로부터 멀리 떨어진 내륙(혹은 스칸디나비아에서와 같이 산맥의 연속이 바다의 영향을 제한하는 곳)에서는 육괴의 가열과 냉각이 더 뜨거운 여름과 더 추운 겨울을 만들어내는 등 강력하게 기후를 지배하게 된다. 사실, 모든 대륙성 기후는 겨울에 적어도 한 달은 평균 기온이 영하이다.

유럽에서 해양성 기후와 대륙성 기후 사이의 전환은 프랑스와 독일의 라인 강 국경 가까운 곳에서 일어난다. 스웨덴 및 기타 인근 국가들은 발트 해의 온화한 영향 가까이에 있지만 멀리 북쪽 위도 지역은 노르웨이의 산맥의 차단 효과와 결합하여 진정한 대륙성 기후의 차가운 겨울 기온 특성을 나타낸다.

지중해 기후는 여름 동안 뚜렷한 건조 계절이 있는데, 이는 대서양(혹은 아소르스) 고기압 영역의 호온성(好溫性) 확장의 결과이다. 이 따뜻한 공기가 30~40도의 위도 사이로 급강하하여, 여름 강우를 억제한다. 이같은 현상은 캘리포니아, 서부 호주, 남아프리카 공화국의 일부, 칠레 등의 지중해성 기후를 생성한다. 이러한 비가 오지 않는 여름이 북부 유럽으로부터 관광객을 유치할 수 있지만, 계절 가뭄은 농업에 문제가 된다. 아랍, 무어, 그리스, 로마 문명 같은 전통적인 지중해 문화가 관개 기술의 주요 발명자였음은 우연이 아니다.

환경 문제 : 국지적, 전역적

농업, 자원 추출, 산업 제조, 도시화의 오랜 역사로 인해, 유럽은 환경 문제(그림 8.8)를 갖고 있다. 공해는 정치적 경계 내에 머무는 경우가 거의 없기 때문에 상황은 더 복잡하다. 예를 들어, 잉글랜드로부터의 대기오염은 스웨덴에 심각한 산성비 문제를 초래한다. 마찬가지로, 라인 강 상류의 스위스 공장 하수는 라인 강 물이 도시의 식수로 공통 사용되는 강 하류의 네덜란드에 중요한 문제들을 초래한다. 국경을 넘어선 이러한 많은 환경 문제의 결과로, EU는 지역의 환경 문제를 제기하는 데 앞장서 왔으며, 환경 감성에 있어 심지어 북아메리카를 능가할 정도로 세계 주요 지역 중 오늘날 아마도 가장 친환경적일 것이다.

그러나 최근까지 동유럽 국가들은 서유럽보다 훨씬 더 심각한 환경 문제로 홍역을 치러왔는데, 이는 경제 계획이 환경 보호를 희생시키며 단기간의 산업 산출을 강조한 그 지역의 소비에트 지배 역사에 기인한다(제9장 참조). 예를 들어, 전하는 바에 따르면 폴란드에서 산업 폐수는 국가의 하천의 90%에 있는 모든 수생 생물을 전멸시켰으며, 대기 오염으로 인한 손상은 국가의 숲의 절반 이상에 영향을 미쳤다. 소비에트 시대로부터의 비슷한 전통은 체코, 루마니아, 불가리아에서 보고되었다. 그러나 오늘날 동유럽에서의 이러한 환경 문제의 대부분은 EU로부터의 자금 지원과 국가 환경법의 강화를 통해 해결되었다.

유럽의 기후 변화

지구 온난화의 증거는 유럽 전역에서 발견된다. 감소하는 바다 얼음, 녹고 있는 빙하, 스칸디나비아 북극 지역의 희박한 눈 표면

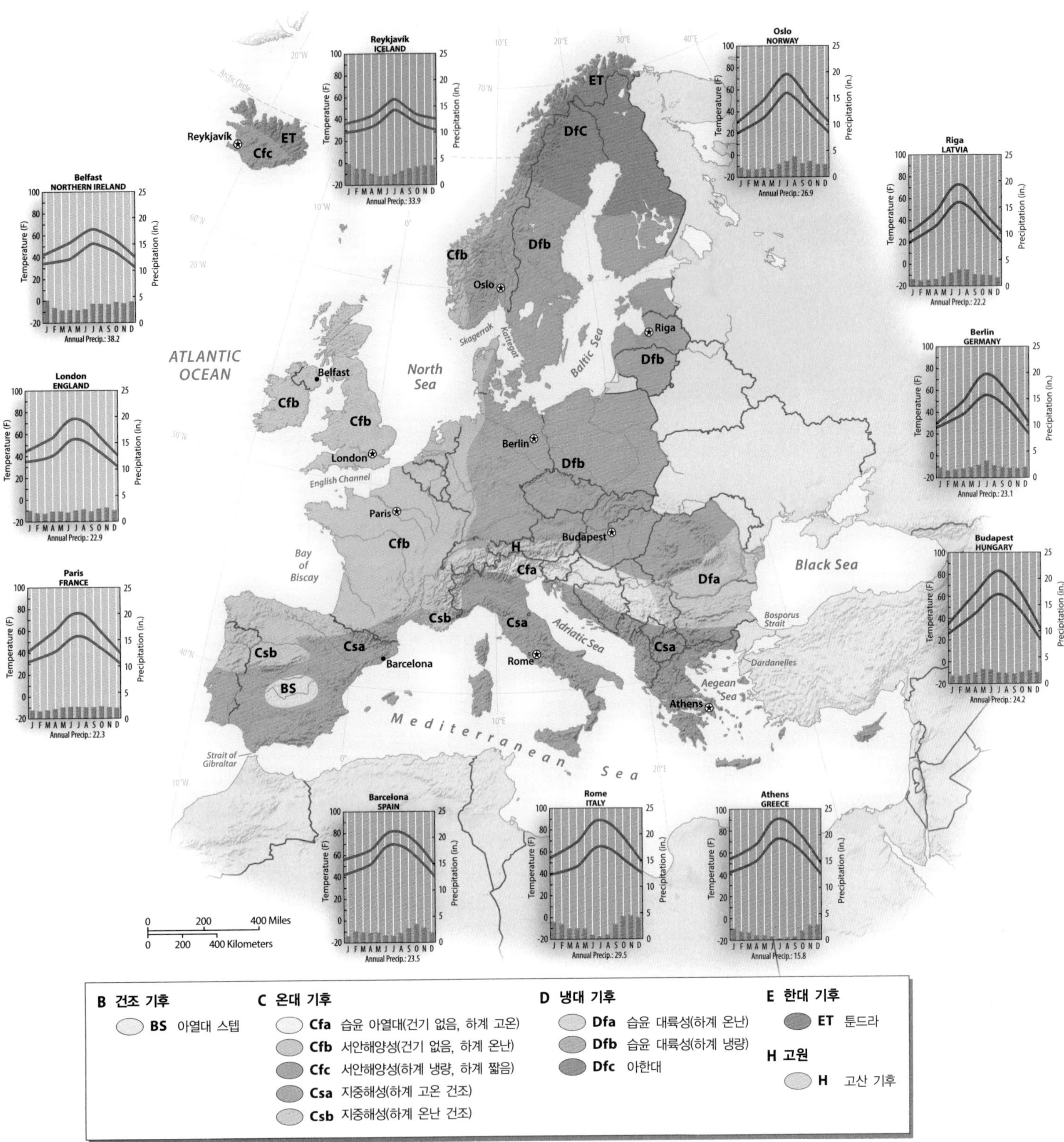

그림 8.7 **유럽의 기후** 세 가지 주요 기후대가 유럽을 지배한다. 대서양 가까이에 있는 서안해양성 기후는 1년 내내 시원한 계절과 꾸준한 강우량을 유지한다. 내륙의 대륙성 기후는 적어도 한 달 이상 평균 기온이 영하이고, 더운 여름이 있으며, 따뜻한 계절에는 최대 강수량이 발생된다. 남부 유럽은 건조한 여름의 지중해성 기후이다.
Q : 유럽에서 북아메리카에서의 기후와 비슷한 기후가 있는 곳은 어디인가?

등으로부터 물 부족의 지중해 지역에서의 더 잦은 가뭄 등이 그 것이다. 더욱이, 미래 기후 변화에 대한 예측은 불길하다. 알프스의 세계적인 스키 리조트는 적은 적설과 따뜻한 겨울이 예측되는 반면, 저지대에서는 더 따뜻한 여름 온도가 아마도 2003년과 2015년과 같은 열파를 더 자주 만들어낼 것이고, 이는 농민이나 도시민 모두에게 동일하게 영향을 미칠 것이다. 또한 북극의 빙

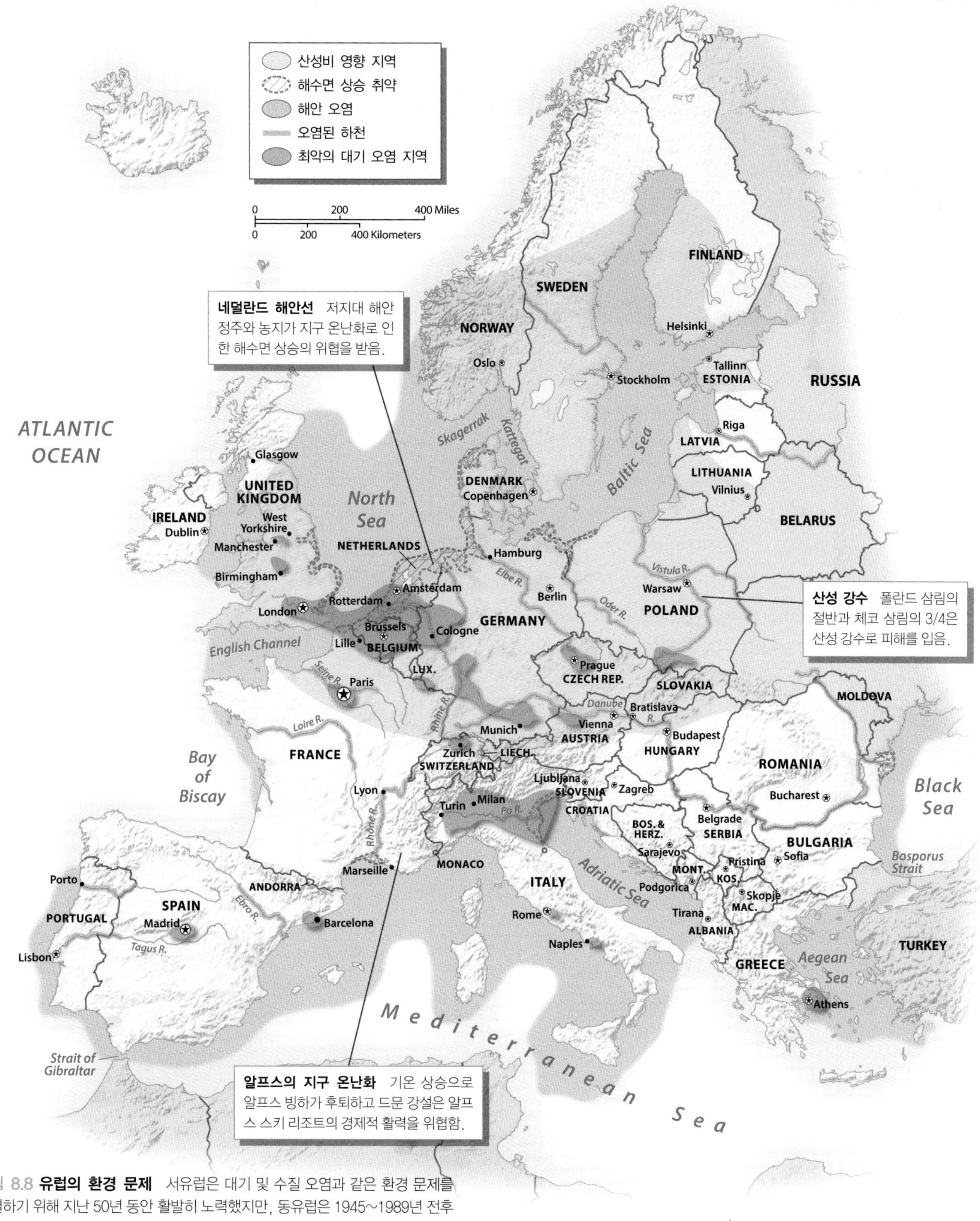

그림 8.8 **유럽의 환경 문제** 서유럽은 대기 및 수질 오염과 같은 환경 문제를 해결하기 위해 지난 50년 동안 활발히 노력했지만, 동유럽은 1945~1989년 전후 공산주의 기간 동안 환경 보호가 최우선 순위가 아니었기 때문에 조금 뒤처져 있다. 그러나 현재의 노력은 매우 희망적이다.

상이 녹아 해수면이 높아지면 실제로 해수면보다 낮은 제방 땅에 인구 다수가 살고 있는 네덜란드(그림 8.9)를 위협할 것이다. 이러한 위협 때문에, 유럽은 기후 변화를 다루는 데 강경한 입장을 견지해 오고 있으며, 그 결과 유럽은 온실 가스(GHG) 배출량을 줄이기 위해 다양한 정책과 프로그램을 시행해 왔다.

EU는 지역의 활동이 개별 국가의 활동보다 더 중요하다는 철학을 강조하는 혁신적 틀을 갖고 1997 교토 의정서 기후 협상에

그림 8.9 **해수면 상승으로부터 저지대 유럽 보호하기** 반세기 전에 생각한 네덜란드 델타워크(Dutch Deltaworks)는 원래 네덜란드 남서부에서 바다 폭풍 해일과 라인 강 유출을 막기 위해 지어졌다. 그러나 현재 지구 온난화로 인한 해수면 상승에 대한 전망을 고려할 때 델타워크는 현재 해수면 아래에 있는 네덜란드의 50%를 보호하기 위해 리엔지니어링 및 고도화 작업이 필요하다.

참여하게 된다. 여기서 EU는 전체 EU의 1990년 온실 가스 배출 수준의 8% 감소 목표를 설정하였다. 이 전체 틀 안에서, 다수의 EU 회원국들은 매우 급격한 배출 가스 감축을 요구받는 반면, 그리스나 스페인 같은 나라들은 오히려 배출 가스 증가를 허용받기도 하였다. 요점은 독일, 프랑스, 영국의 전통적인 산업 핵심에 배출 가스 감축을 요구하면서 유럽의 가난한 국가의 성장과 산업 발전을 촉진하는 것이었다. 주목할 만한 점으로, 원래 교토 협약이 만들어졌을 때 15개 회원국이던 EU가 오늘날 28개국으로 늘었음에도 이 전체 틀은 계속 유지된다. 2013~2020의 교토 의정서 2기에서, EU는 1990년 수준으로부터 20% 감축을 위해 노력하고 있다.

에너지와 배기 가스 온실 가스 배출량은 각국의 에너지 믹스 및 인구 규모와 밀접한 관련이 있다. 당연히 EU 내에서 가장 많은 온실 가스 배출은 가장 큰 인구를 갖고 대부분의 화석연료를 태우는 회원 국가들로부터 나온다. 약 8,300만 인구의 유럽 최대 국가인 독일은 해마다 9억 입방톤의 오염물질을 배출한다. 그다음으로 약 6,000만의 인구를 가진 영국, 이탈리아, 프랑스는 각각 독일의 절반 정도의 배출을 한다. 놀라운 것은, 독일의 현재 CO_2 배출량은 교토 의정서의 기준 년도인 1990년에 비해 약 30% 감소된 것이다.

유럽의 연료 믹스에 대해 대략적으로 말하면, 이 지역은 주로 석탄, 가스, 석유 등 화석연료를 중심으로 한다. 유럽의 초기 산업화는 석탄을 기반으로 하지만, 이러한 자원은 이제 서유럽에서는 적게 이용되고, 실제 EU의 배출 가스 감축의 대부분은 1990년대 영국과 독일의 석탄광 폐쇄에 기인한다. 석탄을 대체하기 위하여 유럽은 대부분 러시아로부터 수입되는 가스와 석유에 크게 의존한다. 북해의 가스와 석유 유정으로부터 얻는 유일한 역내 공급은 영국과 노르웨이에 의해 개발되었다.

EU의 배출 감축 목표를 보완하는 정책은 전체로서의 EU가 2020년 수력, 풍력, 태양력, 바이오 연료로부터 전력의 20%를 생성하는 시점까지 지역의 신재생 에너지 자원을 증가시키는 것이다. EU 전체로서 지난

그림 8.10 **유럽의 풍력** 유럽은 이산화탄소 배출량을 줄이려고 노력할 뿐만 아니라 바람, 태양 및 바이오 연료로부터 재생 가능한 에너지를 생산하는 것에서도 세계를 선도한다. 이 대형 풍력 발전단지는 덴마크에 있다.

몇 년 동안 풍력과 태양력의 확장과 함께 알프스 및 스칸디나비아 국가의 기존 수력 발전시설을 고려하면 이 목표는 달성 가능한 것으로 보인다. 독일, 이탈리아, 스페인은 이미 재생 가능 자원으로부터 에너지의 20% 이상을 생산한다. 유럽 전역에 걸쳐 풍력 발전은 가장 빠른 성장을 보이는 재생 가능 에너지 부문으로, 2015년에는 EU 발전의 9%를 공급하고 있고, 2020년까지는 그 두 배를 예상하고 있다(그림 8.10).

EU의 배출권 거래제도 교토 의정서의 배출 가스 감축 전략의 일환으로, EU는 2005년에 세계 최초의 탄소 거래제도를 출범하였다. 이 계획에 따르면, 구체적인 연간 배출 상한이 EU 최대의 온실 가스 방출체들에 기준하여 설정되었다. 만일 이들 방출체가 정해진 상한을 초과하면, 그들은 탄소 배출 등 가치를 사들이거나 혹은 EU의 탄소 시장에서 크레디트를 구입해야 한다. 이 상한－거래제도의 목적은 공해 배출 기업이 비즈니스에 더 많은 비용을 지불케 하고 탄소 쿼터 이하를 유지하는 기업에는 보상을 제공하는 데 있다. 이 거래제도가 만들어진 최초 10년간은 매우 많은 문제들이 있었으나, 2015년까지 문제들 대부분이 해결되었으며, 결국 EU의 탄소－거래제도는 세계 최대의, 가장 성공적인 상한－거래 계획이 되었다.

확인 학습

8.1 유럽의 주요 저지대 및 산악 지대를 지도에 표시하라.
8.2 유럽의 세 가지 주요 기후 지역은 어디에 위치한 무엇인가?
8.3 내륙의 바지선 교통이 라인 강 입구에서 도나우 강 삼각주까지 어떻게 이어지는지 설명하라.
8.4 지난 20년 동안 유럽이 이산화탄소 배출량을 줄이는 데 왜 그렇게 성공적이었는지 설명하라.

주요 용어 유럽연합(EU), 피오르, 서안해양성 기후, 대륙성 기후, 지중해성 기후

인구와 정주 : 낮은 인구 증가와 이민 문제

매우 낮은 자연적 인구 성장, 고령화, 몇몇 EU 국가들의 심각한 인구 손실을 초래하는 광범위한 국내 인구 이동, 아프리카와 서남아시아로부터의 대규모의 합법 및 불법 국제 인구 이동 등은 유럽의 인구와 정주의 지리학에서 중요한 의제들이다. 매우 도시화되고 산업화된 비교적 부유한 서유럽의 핵심부는 남부 잉글랜드, 북부 프랑스, 벨기에, 네덜란드, 서부 독일인데, 이들이 대부분의 국내와 국제 인구 이동 모두의 목적지이다(그림 8.11).

낮은 (혹은 제로의) 자연 성장

사망률이 출생률을 초과함에 따른(표 A8.1) 자연 인구 성장의 부재가 아마도 유럽 인구학의 가장 눈에 띄는 특징일 것이다. 몇몇 큰 국가들, 특히 독일과 이탈리아는 실제로 자연 인구 성장에서 마이너스 성장을 보이며, 앞으로 수십 년간 인구 규모가 줄어들 수 있는데, 21세기의 중반까지 독일은 600만 명, 이탈리아는 200만 명이 줄어들 것으로 예측된다. 라트비아, 리투아니아, 불가리아, 루마니아, 세르비아, 포르투갈 등 많은 작은 유럽 국가들 역시 앞으로의 수십 년 동안 인구가 감소할 것으로 예상된다.

유럽의 인구는 일본이나 심지어는 미국과 같이, 인구 변천(제1장에서 논의)의 다섯 번째 단계 혹은 후기 산업화 단계라 일컫는, 출산율이 대체 수준 이하로 떨어지는 것으로 특징지어진다. 국가 인구 규모가 쪼그라들어 노동력 부족, 작은 내수 시장, 고령 인구에 필수적인 (은퇴 연금과 같은) 사회적 서비스 지원을 위한 세수의 감소 등 심각한 결과를 낳을 수 있다. 1950년과 2020년의 독일 인구 피라미드는 젊은 인구 기반의 축소와 인구의 전반적인 노화라는 면에서 이러한 인구 구조 변화를 표현하고 있다(그림 8.12).

인구 성장 장려 정책 인구 감소의 우려를 해결하기 위해, 많은 유럽 국가들은 다양한 프로그램과 정책을 통해 인구 성장을 촉진하려고 한다. 낙태 금지와 피임약 판매(헝가리)에서 소위 **가족 친화적 정책**(family friendly policies)(독일, 프랑스, 스칸디나비아)에 이르기까지 다양하다. 이들 국가에서의 인구 성장 장려 정책에는 부모 모두에게 주어지는 완전 유급 출산 휴가, 휴가 이후 업무 복귀 보장, 직장 부모를 위한 완전한 탁아시설, 육아를 위한 전면적인 현금 보조금, 자녀에 대한 무상 혹은 저가 공공교육과 직업훈련 등이 있다. 그러나 이러한 가족 친화적 정책에도 불구하고 총 출산율이 인구 대체 수준인 2.1을 초과하는 국가는 유럽에서 하나도 없음을 주목할 필요가 있다. 따라서 인구가 성장하는 곳이 있다면 그것은 순전히 인구 유입에 의한 것이다.

유럽 내 이민 1957년 출범 이래로, EU는 더 큰 유럽 공동체 내에서 사람과 상품 모두의 자유로운 이동이라는 목표를 향해 일해왔다. 그 결과, 28개 EU 회원국 주민은 그들이 원하는 대로 이동할 수 있다. 그리고 그들은 실제 그렇게 하고 있다. 예를 들어, 지난 10년간 약 1만 6,000명의 리투아니아 사람들이 당시 활황 상태의 이익을 보기 위해 아일랜드로 이주하였고, 이로 인해(총인구 330만 명인) 그들의 고향 국가는 경제적으로 약해지게 되었다. 더욱 최근에, 아일랜드 붐이 사라졌을 때, 이들 EU 이민자의 거의 절반이 리투아니아로 돌아가거나 EU의 다른 곳으로 옮겨

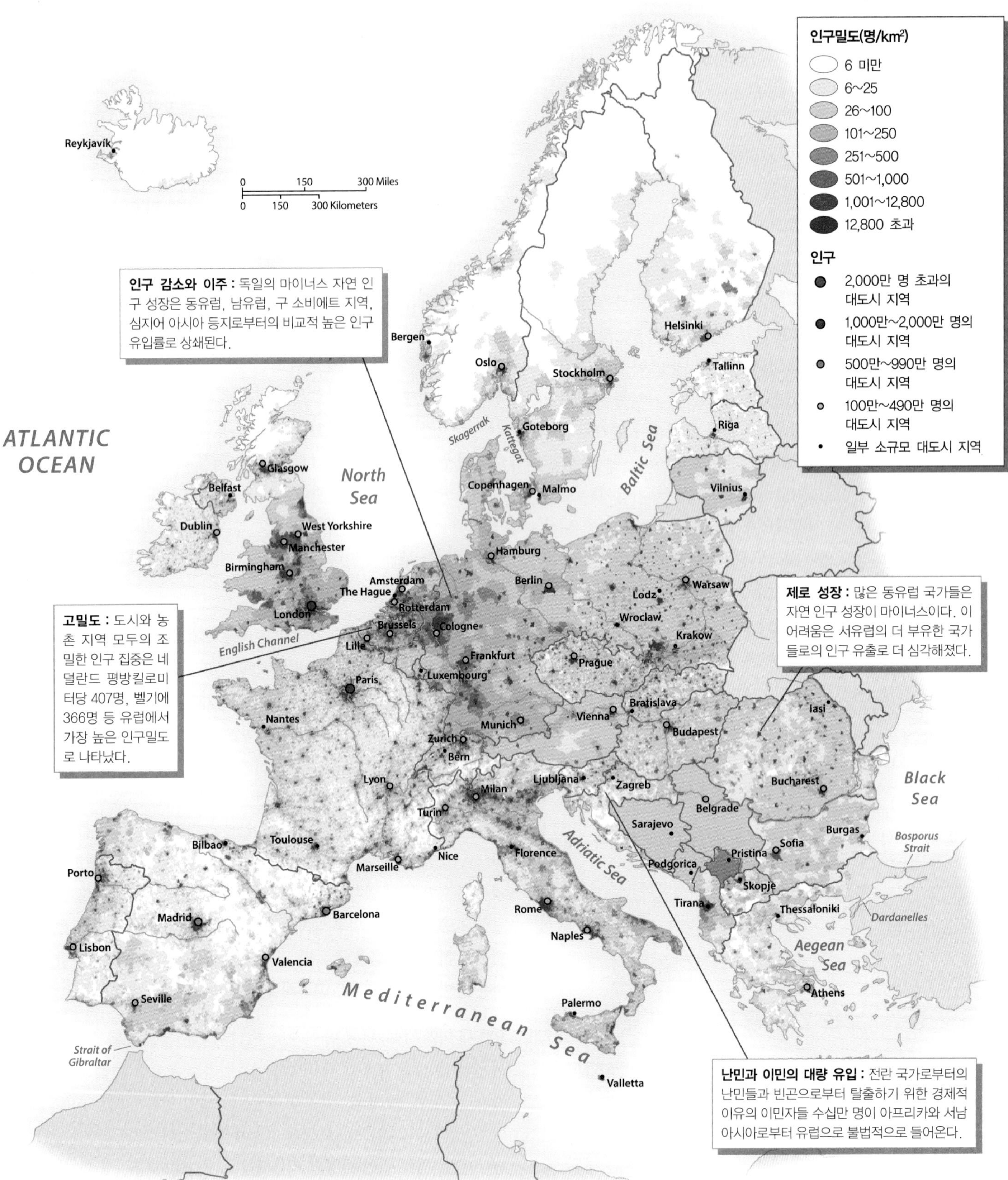

그림 8.11 **유럽의 인구** 유럽 지역에는 약 5억 4,000만 명이 거주하며, 그중 많은 지역이 서유럽 및 동유럽의 대도시에 밀집되어 있다. 이 지도에서 볼 수 있듯이, 인구밀도가 가장 높은 지역은 영국, 네덜란드, 벨기에, 서부 독일, 북부 프랑스, 알프스 너머의 북부 이탈리아이다. **Q : 동유럽과 서유럽의 인구밀도 차이를 가장 잘 설명하는 것은 무엇인가?**

갔다. 최근의 순인구이동 통계에 따르면, 아일랜드는 인구 유출로 인구 감소가 계속되며, 리투아니아와 다른 두 발트 국가인 라트비아와 에스토니아 역시 마찬가지이다. 다른 중요한 인구 유

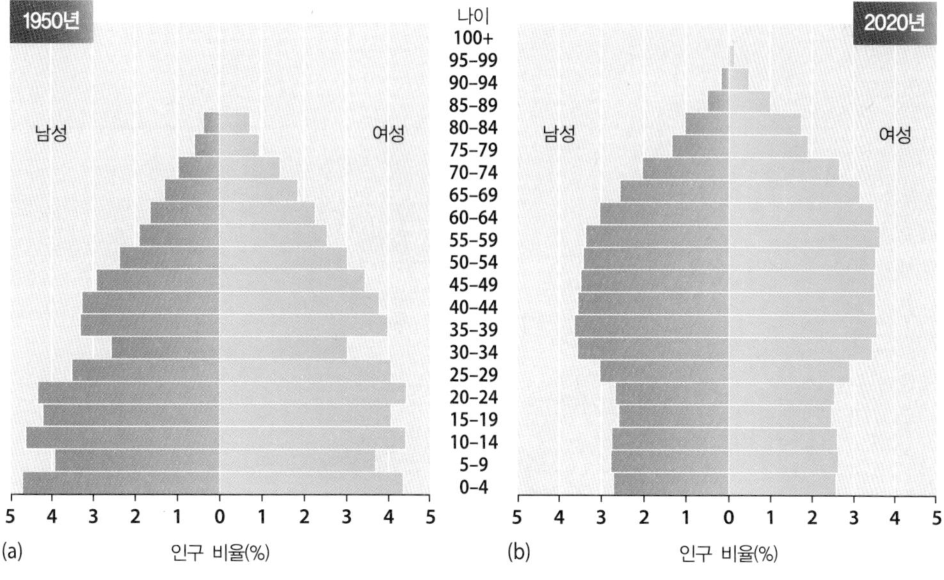

그림 8.12 **독일의 인구 피라미드** 이 두 인구 피라미드는 유럽의 일반적인 고령화를 보여준다. (a) 2050년에 독일의 비교적 젊은 인구 구성 및 이와 대조되는 (b) 2020년 독일의 예상 인구 구성. 다른 큰 유럽 국가인 프랑스, 스페인, 이탈리아, 영국 등도 유사한 패턴이 나타날 것이다.

출 지역으로는 발칸 반도와 지중해 국가들이 있다. 스페인과 그리스는 이렇게 인구 이주로 인구가 줄어드는 가장 큰 국가들 중 둘이다. 인구 유입 국가로서는 독일이 선호 목적지이며, 영국과 기타 더 작은 국가들로서 노르웨이, 룩셈부르크, 오스트리아 등이 이에 해당한다(**지리학자의 연구 : 디지털 시대의 이민** 참조).

셴겐 협정 이 새로운 유럽 내 이동성이 뜻하는 바는 공식적인 입법 행위로서 유럽의 역사적 국경들을 무너뜨리는 것이었다. 룩셈부르크 도시의 이름을 따서 명명된 **셴겐 협정**(Schengen Agreement)은 1985년에 서명되었다.

셴겐 이전에 유럽 국경을 통과할 때에는 여권과 자동차 보험 서류, 자동차 검사 기록 등등을 보여주어야 했다. 그러나 오늘날 셴겐 국가들 간을 통행할 때에는 국경 검문소가 아예 없거나 매우 형식적인 절차만이 있을 뿐이다(그림 8.13). 셴겐 이전의 유럽을 아는 나이 든 유럽인들에게는 국경을 자유롭게 통과하는 것은 놀라운 경험이다.

그러나 오늘날 셴겐 협정은 빈번해진 테러에 대한 공포와 불법 국제 이주의 결합으로 인해 점점 더 논란이 되고 있다. 일단 이탈리아나 그리스 같은 셴겐의 주변 국가 안으로만 들어오면, 불법 이민자는 이론적으로는 EU 시민과 완전히 똑같이 국경을 자유롭게 넘어 다닐 수 있다. 실제로는, 심지어 공식적인 국경 통과 지점이 없더라도 대부분의 국가들은 아직도 일종의 국경 경찰 조직을 유지하고 있어 불법 이민을 막으려 하지만, 그러한 노력은 대체로 비효과적이다. 이 사실로 인해 일부 셴겐 국가들은 공식적인 국경 통제가 있던 셴겐 이전의 시대로 돌아가는 것을 심각하게 고려하고 있다. 영국이 1985년 셴겐을 탈퇴하고 그 이유로 역사적 섬 위치를 내세운 사실은 이러한 조심성을 뒷받침한다. 새로운 국경 통제에 대한 현재의 논의는 불법 행위(테러와 조직적 범죄)에 대한 합당한 우려를 동일한 정도의 신민족주의, 문화적 배타주의, 정치적 기회주의 등 이 장의 후반부에 논의될 주제들과 동일시하는 듯하다.

유럽으로의 합법 이민 서유럽은 오랜 동안 국제 이민을 받아왔다. 특히 스페인, 네덜란드, 프랑스, 잉글랜드와 같은 구 식민종주국들은 외국 시민권자들에게 비자와 거주허가를 주었다. 따라서 역사적으로 남아시아인들은 잉글랜드로, 인도네시아인들은 네덜란드로, 아프리카인들은 프랑스

그림 8.13 **셴겐 국경** 괴리츠(Görlitz)시의 폴란드-독일 간 이동 시 서류 확인 없이 걸어서 국경을 넘어 다닐 수 있다. 과거 폴란드가 2007년 말 셴겐 협약에 가입하기 전에는 이 국경은 유럽과 비셴겐 국가 간 철저한 경찰 통제가 있어, 여권과 비자 검사가 엄격했었다. 현재 이러한 셴겐 국경은 프랑스, 독일 등 유럽의 핵심 국가들로 초법적인 진입을 시도하는 이민자들에게 관심의 초점이 되어왔다.

지리학자의 연구

디지털 시대의 이민

그림 8.1.1
베로니카 쿠섹 박사

노스미시간대학의 지리학 조교수인 베로니카 쿠섹은 폴란드에서 성장했지만 미국에서 대학 및 대학원을 다녔다. 그 동안 그녀는 스스로를 이민자라고 생각하지 않고, 언젠가는 폴란드로 분명히 돌아갈 국제 학생으로 생각하였다. 그러나 미국에서의 10년간의 생활과 일로 인해 그녀는 스스로의 정체성을 다시 따져보기 시작하였는데, 이는 부분적으로는 그녀가 이민자와, 디지털 시대에 이민자 네트워크가 어떻게 급격히 바뀌어왔는지를 공부하기 때문이다.

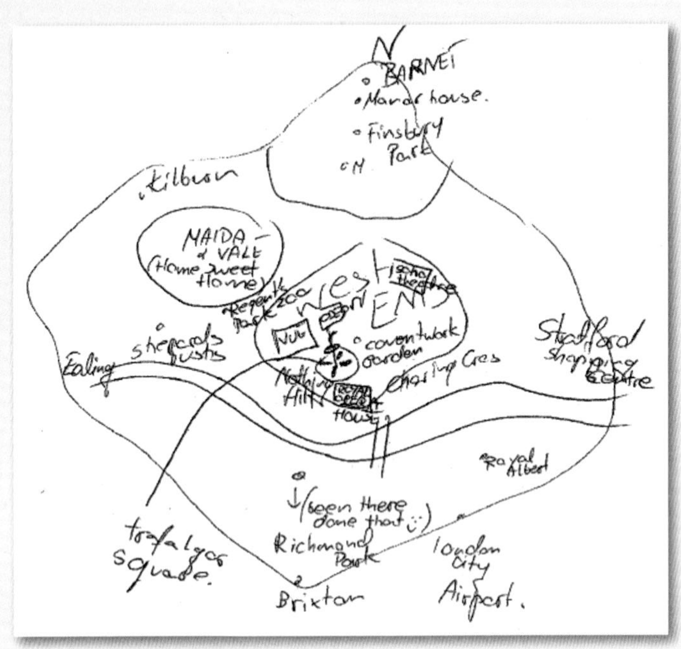

그림 8.1.2 **런던의 심상 지도** 새로운 장소에 대한 이민자의 적응에 대해 배우는 하나의 방법은 해당 지역의 심상 지도를 그려달라고 하는 것이다. 지도에는 이민자들이 일하고 생활하고 쇼핑하고 레크레이션하는 중요한 부분을 표시한다. 이것은 쿠섹 박사의 런던에 대한 인상의 하나이다.

일상의 지리학 쿠섹의 지리학에 대한 관심은 일찍 시작하였는데, 4학년 때 지리학을 소개한 폴란드 학교 커리큘럼에 기인하며, 여행과 국제적 경험을 중요하게 여긴 부모님에 의해 강화되었다. 그녀는 다음과 같이 말한다. "지리학은 일상생활에 적용하기 매우 용이하다. 당신은 다른 문화나 세계의 다른 부분의 사람과 교류하며, 따라서 다른 지역과 문화에 대한 기본적인 이해는 어떤 진로에서라도 매우 중요하다." 쿠섹의 가족은 그녀가 고등학교 때 한 미국 학생을 초대하였다. 이로 인해 오하이오로의 여름 휴가를 톨레도의 대학에서의 3학기로 연장하게 되었다. 처음에는 대학을 가기 위해 폴란드로 돌아갈 계획이었으나, 쿠섹은 톨레도대학에서 학사와 석사를 마치고 계속하여 켄트주립대학에서 지리학으로 박사학위를 받게까지 되었다.

고향과의 유대 쿠섹은 잉글랜드에서의 현장 연구를 기초로, 일부 이민자 집단은 매일매일의 전화, 스카이프, 기타 미디어 등을 통해 그들의 고향과 강력한 유대를 유지함으로써 현지 문화로의 동화의 전통적 과정에 저항한다고 한다(그림 8.1.2). 예를 들어, 런던의 많은 폴란드 이민자들은 항상 모든 휴가를 폴란드에서 보내며 가족이나 친구와의 유대를 강화한다. 이러한 새로운 문화적 행태와 그 지리적 특성은 디지털 시대 이전의 이민자 사회가 그들의 고향 문화와 어떻게 상호작용했는지와 매우 큰 대조를 보인다. 그럼 폴란드에 대한 그녀 자신의 유대는 어떤가? 그녀가 연구한 사람들과 똑같이 쿠섹은 자주 스카이프를 하며 해마다 최소한 한 번씩 폴란드를 찾는다.

1. 당신은 인터넷 이전 시대의 이민자를 알고 있는가? 그렇다면, 그들은 그들의 가정 및 가족과 어떻게 접촉을 유지했는지 문의하라.
2. 당신은 일종의 '디지털 이민자'인가? 즉, 당신은 당신의 고향과 접촉을 유지하기 위해 인터넷을 사용하는가?

로, 남아메리카인들은 스페인으로 건너갔다.

제2차 세계대전의 파괴로부터 도시와 공장이 재건되면서 유럽의 문은 전후 노동력 부족을 해결하기 위해 더욱 열렸다. 예를 들어, 구 서독은 공업, 건설, 서비스 업종에서 유럽의 농촌과 더 빈곤한 주변부인 이탈리아, 구 유고슬라비아, 그리스, 심지어 터키 출신 노동자에게 크게 의존하였다. 이후 1991년의 소비에트 붕괴로 구 위성국가들로부터의 이민자가 서유럽으로 쏟아져 들어와 러시아와 동유럽 국가들에서의 경제적 혼란으로부터의 안정을 찾으려 하였다. 이 냉전 후의 이주는 구 유고슬라비아의 전란 지역 특히 보스니아와 코소보로부터의 난민도 포함한다.

그림 8.14 **유럽으로의 이민 유입** 2015년에는 100만 명에 달하는 이민자가 초법적인 방식으로 유럽에 입국했다. 대부분은 전쟁으로 피폐해진 시리아, 아프가니스탄, 이라크, 에리트레아로부터 정치적 사면을 요구하는 난민이었지만, 일부는 자국에서의 빈곤으로부터 탈출하고자 하는 경제적 이민자였다.

이러한 여러 가지 인구 이동 흐름의 결과로서, 외국인은 이제 EU 인구의 약 5 %를 차지하게 되었다. 가장 큰 국가인 독일은 가장 높은 외국인 비율(10%)을 갖고 있으며, 프랑스와 영국은 약 5%를 각각 갖는다(비교하자면, 미국 인구의 11.7%가 외국인).

비합법적 이민, 구멍 난 국경, 그리고 '유럽 요새'

어떤 측면에서는 합법과 불법 이민 간의 차이가 분명히 보일 수도 있으나, 이주는 적절한 입국 서류를 갖고 있을 수도 아닐 수도 있다. 오늘날의 상황은 훨씬 더 복잡한데, 이는 지구적인 정치적 · 인종적 박해로부터의 난민을 보호하는 이 지역의 **망명법**(asylum laws) 때문이다. 오늘날의 망명법은 제2차 세계대전 후

그림 8.15 **그리스의 국경 장벽** 서남아시아의 문제를 겪고 있는 국가들과 가까운 위치 때문에, 그리스는 시리아와 이라크 출신의 초법적 이민자들에게는 유럽의 주요 진입 지점이었다. 수천 명이 터키에서 그리스로 불법적으로 건너갔다. (EU의 암묵적 지지를 얻은) 그리스는 터키 국경의 일부를 필사적으로 요새화하였는데, 이는 특히 헝가리 등 다른 유럽 국가들이 국경에 동일한 작업을 하는 전례가 되었다.

인도주의적 노력에 기인하는데, 전쟁으로 추방된 지역의 난민들과 1945~1991년 대륙을 정치적으로 분리한 냉전에 의해 추방된 난민들을 돌보려 한다.

그러나 오늘날 유럽은 주로 멀리 아프리카와 서남아시아로부터의 망명 신청자로 넘쳐난다. 이론적으로는 본인의 나라에 있으면서 유럽으로의 망명 신청을 하는 것이 가능하나, 박해의 본질적 특성으로 인해 이것은 불가능하고, 대부분의 망명 신청자는 유럽으로 비합법적으로 들어오려 한다. 일단 유럽에 도달하면 난민은 당국에 정치적 망명을 신청할 수 있다. 2015년 유럽에의 난민과 이민의 숫자는 100만에 가까운데, 이는 지난 몇 년간의 비합법적 이민자 수를 훌쩍 뛰어넘은 것이다. 이러한 증가는 조직된 범죄 집단들이 인신매매를 시작한 것과 함께, 전란국가의 상황이 더 심각해진 결과라 생각된다.

그러나 유럽 땅에 들어가는 것은 간단하지도, 저렴하지도, 안전하지도 않다. 난민들은 유럽으로 가는 위험한 육로나 해로에 대해 밀수업자들에게 수천 달러를 지불한다고 한다. 많은 이들이 그 과정 중에 죽는다. 유럽에 들어오더라도, 이들은 유럽 당국이 합법적인 케이스로 받아들일 때까지 과밀한 재배치 캠프에서 수개월(혹은 수년) 동안 기다릴 것이다. 의사결정이 내려지기까지 또다시 수개월(혹은 수년)이 지나는데, 이는 박해에 저항하는 합법적 클레임과 소위 경제적 이민자를 구분하는 것이 어렵고 시간이 많이 걸리는 일이기 때문이다. 만일 난민에게 망명이 허용되면 이들을 받아주는 유럽 국가로 보내지는데, 거기서는 또 새로운 문화와 환경에 적응해야 하는 어려움을 겪을 것이다. 만일 망명이 허용되지 않으면, 그들은 즉석에서 자신의 모국으로 돌려보내지게 된다.

스웨덴과 노르웨이는 (원주민) 1인당 망명이 허가된 이민자를 가장 많이 받아들인 국가들이다. 독일은 그 수효가 가장 많다(2014년까지 4만 500명 이상). 프랑스는 1만 5,000명, 영국은 1만 명을 받아들였다. 최근 EU는 쿼터 제도를 만들었는데, 이 제도는 28개 회원국이 매년 정해진 숫자의 난민을 받도록 되어 있다. 이탈리아, 그리스, 스페인의 재배치 캠프로 밀려드는 이민자의 정체를 해소하기 위해, EU는 망명 요청을 받는 비지중해 국가들로 이민자를 보내는 계획을 수립하는 작업도 하고 있다. 이는 이러한 난민들이 그러한 국가에 반드시 체류해야 한다는 것을 뜻하는 것은 아니다. 만일 그들의 망명 신청이 유효하다면, 그들은 셴겐 국가들 중 원하는 곳으로 이동할 수 있다.

EU 주변부 국가인 그리스, 이탈리아, 몰타의 국경 단속을 돕기 위해 EU는 그들이 경비를 두거나 곳에 따라 불법 진입을 막기 위한 물리적 국경 장벽을 설치하는 등 국경을 강화하는 데 필요한 기금을 제공해 왔다. 추억이 오랜 사람들에게는, 이러한 요새화가 유럽을 동서로 나눈 냉전의 철의 장막을 불안하게 연상시킨다(그림 8.15).

오늘날 일부 관측통들은, 주변부는 비판하는 이들(그리고 반이민 집단들)이 '유럽 요새'라고 부르는 하드한 경계로 구성된 반면 내부 경계는 셴겐 협정에 의해 의도적으로 소프트하고 구멍이 숭숭 뚫려 있는 하나의 지리적 체계로 분열되었다고 묘사한다. 그러나 불법 국제 이민 문제가 해결되기까지, 그러한 소프트한 셴겐 내부 경계들은 점점 더 논쟁거리가 될 것이며 '경계 없는 유럽'이라는 앞서의 정치적 · 경제적 목표를 어렵게 할 것이다.

유럽 도시

유럽은 매우 도시화되어 있다. 전체 인구의 거의 3/4이 도시에 산다. 실제, 유럽에는 기본적으로 도시국가인 모나코 (일명 몬테카를로), 몰타, 바티칸시티 등 소규모 국가들이 있다. 그러나 도시화 자료는 상이한 경관을 만들어낼 수 있다. 예를 들어 벨기에는 99%가 도시이나, 이는 거대 메가시티라기보다는 연결된 중규모 타운들의 경관으로부터 얻어진 결론이다. 아이슬란드를 여행하는 사람은 누구도 이 나라가 95%의 도시화 국가라고 생각하지 않을 것이다. 왜냐하면 그 나라의 유일한 도시인 레이캬비크를 제외하고는 농촌과 야생의 경관밖에 없다. 정반대 스케일로는 보스니아-헤르체고비나와 코소보가 있는데, 이들은 도시화율이 50% 미만인 단 2개의 발칸 국가들이다. 실제로, 농촌적 경관이 이러한 인식을 강화시킨다.

유럽 최대의 국가들인 독일, 프랑스, 영국, 이탈리아는 이 지역의 대부분에 대해 더욱 전형적이다. 광대한 농촌 경관에 퍼져 있는 수많은 대도시들로 인해 3/4이 도시지역이 되어 있다.

지속 가능성을 향한 노력

유럽의 문화적 경관 보호

Google Earth (MG) Virtual Tour Video http://goo.gl/R74RBL

유럽은 역사적 기념물을 보호하는 오랜 전통을 가지고 있지만, 최근 이 보존 의식은 농촌과 도시 모두의 문화 경관으로 확장되었다. 교회는 여기, 궁전은 거기 식으로 기념물 보호법이 특정한 지점들을 보호하지만, 문화 경관들은 그 다양한 측면들로 인해 보존이 더 어렵다. 몇 가지 사례들이 이러한 경관 법칙이 왜 작동하거나 작동하지 않는지를 보여준다.

세계유산 지점 오스트리아 잘츠부르크의 '올드 타운'은 중세와 바로크 건물의 빼어난 조화로, 어떻게 보아도 역사적 · 건축적 일품이라 하겠다. 많은 개별 건물들이 19세기 법에 따라 역사적 기념물로 보호되었지만, 1967년에 이 도시는 유럽 최초로 문화 경관 규제법을 만들어, 그 독특한 장소감을 갖는 도심 경관 전체를 보호하였다. 이러한 창조적인 경관 법률은 기존 건물을 보호할 뿐만 아니라 도심의 어떠한 새로운 건물도 따라야 하는 적절한 형태, 재질, 색깔에 대한 구체적인 지침을 제공한다. 반대론자들은 본질적으로 성장하는 도시가 현대화하는 것을 막아 도시적 다양성에 재갈을 물리는 것은 비현실적인 것이라 주장하였으나, 보호론자들은 결국 성공하여 2006년 도심이 UN 세계유산 지역으로 선정되는 보상을 받았다. 잘츠부르크 모델에 이어 유럽의 많은 다른 도시들 특히 독일의 파사우, 로젠버그, 드레스덴, 잉글랜드의 바스, 이탈리아의 시에나 등은 그들 자신의 문화 경관 보호 법률을 통과시켰다.

오스트리아는 농촌 문화 경관 보존을 선도하고 있다. 가장 좋은 예 중 하나는 도나우 강을 따라 바하우 지역의 경관을 보호하는 법규인데, 40km 길이의 계곡은 여러 개의 타운들과 몇몇 작은 와인 마을들, 수천 에이커의 생산 중인 포도원 등으로 구성되어 있다(그림 8.2.1). 바하우는 빼어나게 아름답지만, 가시적인 문화 경관의 모든 측면을 규제하는 것은 중요한 행정적 어려움이다. 그러나 잘츠부르크와 같이, 바하우는 어떻게든 길을 찾아 모든 지역이 세계문화유산 지역이 되었다.

그림 8.2.1 **오스트리아 바하우 지역** 이 아름다운 경관은 지역 주민과 지주들이 문화 경관이 도나우 강의 40km 길이를 따라 어떻게 보호되고 관리되어야 하는지에 대한 합의에 이른 후 2000년에 세계문화유산 지역이 되었다.

불행하게도 성공적이지 못한 결과를 얻은, 아직도 더 큰 도전은 북동부 독일의 엘베 강 계곡을 보호하기 위한 시도이다. 여기서 보존주의자들은 강기슭 계곡 경관과 함께 드레스덴의 역사적인 도심 경관을 묶었다. 드레스덴은 제2차 세계대전 당시 완전히 파괴된 후 건축학적 완결성을 갖고 완전히 재건되었었다. 2004년 처음에는 세계문화유산 지역으로 선언될 정도로 성공적이었던 이 지역은 이후 수년 후 드레스덴 시 정부가 심각한 도시 간 통행량 문제를 풀기 위해 엘베 강을 가로지르는 건축학적으로 현대적인 교량을 건설하면서 이러한 부러움의 지위를 잃어버린 최초의 유럽 도시로서 당혹감으로 고통 받았다 (그림 8.2.2).

그림 8.2.2 **드레스덴의 발트슐뢰스헨(Waldschlosschen) 다리** 독일의 아름다운 엘베 강 계곡과 역사적 드레스덴은 전통 문화경관을 세계문화유산 지역으로서 보호하였는데, 이후 지역의 교통체증을 완화하기 위해 이 현대식 교량이 건설되었다. 결국 지역의 세계문화유산 보호는 2009년에 취소되었다.

드레스덴과 엘베 계곡의 이 불행한 추방은 우리에게 다음을 말해준다. 전통 문화 경관을 보호하는 많은 이익이 있으나, 도시 문제에 대한 현대적 해결책을 금지시키는 부정적인 면도 존재한다. 예를 들어, 잉글랜드의 바스는 계획된 현대적 주택 프로젝트가 세계 문화유산 지역의 지위를 위협할만한 것인지에 대한 주민투표를 요구하고 있다.

1. 당신 주변에 보호 문화 경관이 있는가? 그 중요성은 무엇인가?
2. 세계문화유산 지역이 되는 것이 어떤 부정적 측면이나 불이익이 있는지를 확인할 수 있는지 인터넷을 검색하라.

잔존하는 과거 북아메리카에서 온 방문자들은 유럽의 도시들에 대해 훨씬 더 많은 흥미를 갖는데, 이는 역사적 경관과 현대적 경관 모두가 있는 모자이크 때문이다. 중세 교회와 광장이 고층 건물과 현대적 백화점과 뒤섞여 있는 것이다. 3개의 역사적 시기의 흔적을 대부분의 유럽 도시들에서 볼 수 있다. 중세(900~1500년), 르네상스-바로크(1500~1800년), 산업화(1800~현재) 시기는 유럽 도시 경관에 그들 각각의 족적을 남겼다. 역사적 성장의 세 단계를 인식하는 것을 배움으로써, 유럽 도시 방문자들은 과거와 현재 모두에 대한 매력적인 통찰력을 얻게 된다(그림 8.16).

중세 경관(medieval landscape)은 길에 바싹 붙은 3, 4층의 벽돌 건물로 꽉 차 있는 좁고 바람 부는 거리에 있다. 트인 곳이 거의 없는 이러한 빽빽한 경관에는 교회와 시청 주변이 예외인데, 역사적인 중세의 야외 노천 시장을 위해 공공의 광장이나 공원이 필요하기 때문이다.

우리가 오늘날 중세 시대 도시 구역들이 그림 같다 생각할 때, 이들의 좁고 붐비는 길거리와 오래된 주택들은 현재의 주민들에게 어려움을 주고 있다. 현대식 배관과 난방이 종종 부재하며, 방과 복도는 오늘날의 기준으로는 작고 답답하다.

많은 도시들은 그들의 역사적인 중세 경관을 복원하고 보호하는 법률을 제정해 왔다. 이 움직임은 1960년대 후반 파리 중심부 마레 지구에서 시작되어 도시의 중세 섹션에 의해 제공되는 독특한 장소감을 보존하는 문화 작업으로서 유럽 전역에 점점 더 대중화되어 갔다. 복원에 비용이 많이 들기 때문에, 이러한 프로젝트들은 인구 구조의 변화를 종종 초래한다. 고정된 낮은 수입의 사람들은 더 높은 집세를 낼 수 있는 사람들에 의해 대체된다. 더욱이 역사적 지역은 종종 관광객을 끌어모으는데, 보행 통행량이 늘어나면 길거리의 상점들 역시 종종 동네 상대의 가게들에서 관광객을 상대하는 것으로 바뀐다. 도시계획가들은 젠트리피케이션이라는 단어를 사용하여 역사적 도시 지구에서의 이러한 변화를 묘사한다(**지속 가능성을 향한 노력 : 유럽의 문화적 경관 보호** 참조).

그림 8.16 **역사적 경관** 이탈리아 그로세토의 이 조감도는 역사적인 중세 도시가 정착지 보호를 위해 어떻게 르네상스-바로크 양식의 요새화로 둘러싸이게 되었는지를 보여준다. 오늘날은 공원과 공공 건물이 이전의 벽과 해자를 대신하여 자리 잡고 있다.

비좁고 조밀한 중세의 경관과는 대조적으로, **르네상스-바로크 시대**(Renaissance-Baroque period)에 지어진 도시의 지역은 훨씬 더 개방적이고 넓어, 광대한 기념비적 건물과 광장, 기념물, 장식 정원, 그리고 호화로운 저택이 줄지어 있는 넓은 가로수 길 등을 갖추고 있다. 이 기간 동안(1500~1800년), 도시계획의 새로운 예술적 감각이 유럽에서 생겨나 많은 유럽 도시들이 재구조화되었다. 넓은 가로수 길이 오래되고 조밀한 주거 지역을 대체한 파리나 빈 같은 큰 수도는 특히 그러했다. 이들 변화들은 무엇보다도 왕족과 부유한 상인 등 새로운 도시 엘리트들의 이익이 되었다.

르네상스-바로크 시기 동안, 도시 요새는 이러한 도시의 확장을 제한하였으며, 따라서 내부의 과밀을 악화시켰다. 공격적 포병의 출현으로 유럽의 도시들은 방어벽의 광범위한 체계를 건설하여야만 했다. 일단 이 벽으로 둘러싸이면, 도시들은 바깥으로 확장할 수 없다. 대신에, 도시 내 공간에 대한 요구의 증가로 기존의 중세식 주택에 몇 개의 층을 새롭게 올리는 것이 일반적인 해법이었다.

산업화는 유럽 도시의 경관을 급격히 바꿔놓았다. 19세기 초부터 공장은 도시에 함께 모여서 큰 시장과 노동력에 의해 기획되고, 바지선과 철도를 통해 운반된 원재료를 공급받았다. 공장과 노동자 공동주택의 산업지구는 이러한 교통 라인을 중심으로 성장하였다. 유럽 대륙에서는 많은 도시가 그들의 방어벽을 19세기 말까지 유지하였고, 새로운 산업지구는 종종 역사적인 도시 중심으로부터 떨어져 이전의 도시 벽 바깥에 위치하게 되었다. 도시가 이러한 방어벽을 제거하면, 그 공간은 내부 도시를 빙 두르는 보통 순환도로로 변환되었다. 오스트리아의 빈과 프랑스의 툴루즈가 그 좋은 예이다.

제2차 세계대전 이후 유럽 도시들에 생긴 변화들은 간과되어서는 안 된다. 이들은 전쟁의 파괴로부터 재건되어 전후 시대의 정치경제적 요구에 적응하였다. 북아메리카의 도시들과 같이, 사람들이 근교의 농촌 환경에서 저밀도 주택을 찾느라 교외 확장이 많은 유럽 국가들에서 문제가 되었다. 그러나 대부분의 북아메리카 도시들과는 달리 유럽의 도시 지역은 일반적으로 대중교통 시스템을 잘 발전시켜 와서, 승용차로 통근하는 것에 대한 매력적인 대안을 제시하고 있다.

확인 학습

8.5 유럽에서 인구 증가율이 가장 높은 국가와 가장 낮은 국가는?
8.6 유럽에서 가장 높은 해외로의 인구 유출률과 국내로의 인구 유입률의 국가들은?
8.7 솅겐 조약은 무엇이며 인구 이동과 어떤 관련이 있는가?
8.8 현재 유럽으로의 대규모 불법 인구 유입의 이유는?
8.9 요즘도 유럽 도시 경관에서 흔히 볼 수 있는 역사적인 도시 개발의 3단계를 열거하라.

주요 용어 가족 친화적 정책, 솅겐 협정, 망명법, 중세 경관, 르네상스-바로크 시대

문화적 동질성과 다양성 : 차이의 모자이크

유럽의 풍부한 문화지리는 여러 가지 이유로 우리의 관심을 끈다. 첫째, 유럽을 특징짓는 매우 다양한 언어, 관습, 종교, 생활양식의 모자이크는 지역의 정체성 형성에 큰 영향을 끼쳤을 뿐 아니라 충돌의 불을 지피기도 했다. 그러한 역사적 충돌의 불씨가 오늘날 여러 지역에서 아직도 타고 있다.

둘째, 유럽의 문화는 유럽 식민주의가 세계 모든 지역의 언어, 종교, 정치 체제, 경제 · 사회적 가치의 변화를 불러와 세계화에서 선도적 역할을 했다. 파키스탄의 크리켓 게임, 인도의 하이티, 남아프리카의 네덜란드식 건축, 적도 아프리카의 수백만의 프랑스어 사용 주민 등은 그 예이다.

그러나 오늘날 세계 문화의 물결은 유럽으로 도로 밀려들고 있어, 어떤 유럽인들은 이러한 변화를 포용(혹은 수동적으로 묵인)하고, 또 다른 이들은 이에 적극 저항한다. 예를 들어 프랑스는 많은 경우, 지구적 대중문화와 거대한 무슬림 이민 인구의 다문화적 영향 모두에 저항한다(그림 8.17).

그림 8.17 **유럽의 이슬람교도** 역사적으로는 발칸 반도와 스페인에서, 보다 최근에는 아시아와 아프리카에 대한 식민지 관계로 인해 서유럽에서, 오랫동안 소수의 이슬람교도들이 살아 왔다. 더욱이, 전후의 외국인 노동자 프로그램으로 인해 많은 독일 도시에서 터키 공동체가 창설되었다. 독일에 있는 이 2명의 이슬람교도 여학생들은 터키 출신이며 아마도 독일 시민이기까지 하다. 현재 민족주의적인 반이민자 집단들은 서남아시아와 아프리카로부터의 많은 초법적 이민자들로부터 초래된 유럽의 '이슬람화'에 대한 우려를 제기하고 있다.

언어의 지리학

언어는 항상 유럽에서 민족주의와 그룹 정체성의 중요한 요소였다. 오늘날, 아일랜드인과 브르타뉴인과 같은 일부 소규모 인종 집단들은 그들의 지역 언어를 지키기 위해 매우 노력하고 있으나, 수백만의 다른 유럽인들은 여러 언어, 특히 영어를 배우기에 바쁘며, 따라서 그들은 문화적 · 민족적 경계를 넘어 더 잘 소통할 수 있다.

가장 광범위한 규모로, 대부분의 유럽인들은 인도-유럽어족의 언어를 사용한다. 핀란드, 에스토니아, 헝가리 언어만 인도-유럽어가 아니다(그림 8.18). 유럽 인구의 90%가 사용하는 모국어는 게르만어, 로만어, 또는 슬라브어이며, 이들 모두는 인도-유럽어족 내의 언어 집단이다. 게르만어와 로만어 사용자는 유럽 지역에서 각각 거의 2억 명에 달한다. 슬라브어 사용자는 러시아와 그 인접 국가를 포함하여 4억 명에 달하지만, 유럽만의 슬라브어 사용자는 8,000만 명뿐이다.

게르만어파 게르만어는 북알프스의 유럽을 지배한다. 오늘날 약 9,000만 명이 자신의 모국어라 주장하는 독일어는 독일, 오스트리아, 리히텐슈타인, 룩셈부르크, 동부 스위스, 알프스 이탈리아의 여러 작은 지역들에서 사용된다.

영어는 약 6,000만 명의 사용자가 모국어로 학습하는, 두 번째로 큰 게르만 언어이다. 더욱이 많은 유럽인들이 영어를 제2의 언어로 배우는데, 많은 사람들이 원어민 수준으로 유창하다(**일상의 세계화 : 영어, 유럽의 새로운 제2언어** 참조). 언어학적으로, 영어는 북해 연안을 따라 사용된 저지대 독일어에 가장 가깝다. 이는 영어의 초기 형태가 북유럽 연안 사람들과의 접촉을 통해 영국 제도에서 진화했다는 이론을 강화시켜 준다. 그러나 독일어로부터 구분되는 영어의 하나의 독특한 특성은 영어 어휘의 거의 1/3이 11세기 노르만의 프랑스 정복 동안 영국으로 전해진 로만어 단어들로 만들어졌다는 것이다.

게르만어 지역의 다른 곳으로, 더치(네덜란드)와 플라망어(벨기에 북부)는 합해서 또 다른 2,000만 명의 사용자로 계산되는데, 이는 덴마크, 노르웨이, 스웨덴의 매우 가까운 언어들을 사용하는 스칸디나비아인의 수와 거의 같다. 아이슬란드어는 더욱 독특한 언어인데, 이는 그 나라의 스칸디나비아 뿌리로부터 지리적으로 고립된 이유 때문이다.

로망스어파 프랑스어, 스페인어, 이탈리아어를 포함한 로망스어는 로마제국 내에서 사용된 저속한 (또는 일상의) 라틴어에서 진

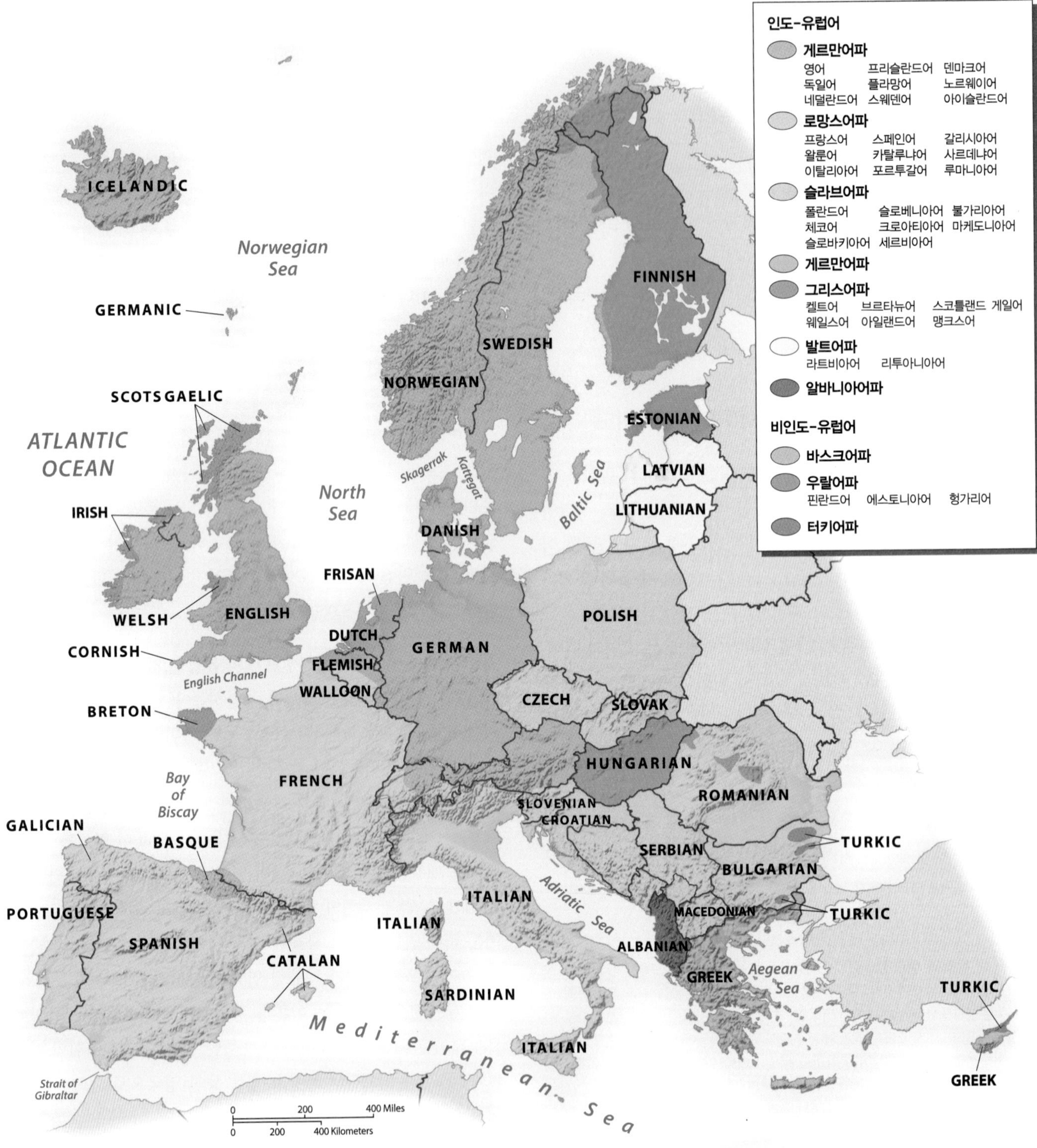

그림 8.18 **유럽의 언어** 유럽인의 90%는 인도-유럽어를 쓰며, 이는 게르만어, 로만어, 슬라브어 중 하나이다. 유럽인 9,000만 명은 모국어로 게르만어를 사용하는데, 이는 6,000만 명이 영어를 모국어로 하는 것보다 많다. 그러나 유창한 영어를 제2언어로 사용하는 유럽인이 많기 때문에 영어가 현대 유럽의 지배적인 언어라 할 수 있다.

화하였다. 오늘날 이탈리아어는 이러한 로망스어가 가장 넓게 사용되는 것인데, 약 6,000만 명의 유럽인이 이를 모국어로 사용한다. 이탈리아에서 사용되는 것 외에도, 이탈리아어는 스위스의 공식 언어이며 프랑스 섬 코르시카에서도 사용된다.

프랑스어는 프랑스, 서부 스위스, 남부 벨기에(거기서는 왈룬어라 알려짐)에서 사용된다. 오늘날 약 5,500만 명의 프랑스 원어민이 유럽에 있다. 다른 언어와 마찬가지로, 프랑스어에는 매우 강한 지역 방언들이 있다.

스페인어도 매우 강한 지역 편차가 있다. 약 2,500만 명이 카스티야 스페인어를 사용한다. 이는 스페인의 공식 언어이며, 그

일상의 세계화

영어, 유럽의 새로운 제2언어

영어는 유럽의 새로운 국제어로서, 지역 인구의 2/3가 이 언어의 최소한의 실용적 지식을 갖고 있다. 이 매우 최근의 발전은 EU가 초등과 중등 학교에서 의무적인 외국어 교육을 권장하기 때문이다. 결과적으로, 유럽의 공통 언어가 되기 위한 경쟁에서 영어는 프랑스어, 독일어, 러시아어를 대체하게 되었다.

최근의 EU 보고서는 94%의 중등학교 학생과 83%의 초등학교 학생이 제1외국어로서 영어를 배우고 있다고 하였다. 영국과 아일랜드에서만 프랑스어가 학교에서 가장 많이 배우는 외국어이다.

역설적이게도, 영어는 영국이 EU를 탈퇴할 것을 고려하고 있을 때 유럽 전체에서 점점 더 대중적이 되고 있다. EU는 이제 아일랜드의 460만 명에 의해서만 모국어인 공통 언어를 갖게 될 것으로 전망된다. 그리고 영어는 그 나라의 2개의 공식 언어 중 아일랜드어를 제외하고는 단 하나 남은 언어이다.

참고로, 덴마크인이 영어를 가장 유창하게 하며(94%), 이탈리아인이 스스로가 유창하다고 생각하는 비율이 단지 10%로 가장 적다.

1. 세계의 다른 어떤 지역에서 영어가 제2언어인가? 영어가 제2언어가 아닌 지역에서는 어떤 것이 제2언어인가?
2. 당신은 어떤 외국어를 공부했었는가? 배운 것을 외국에서 사용해 보았는가?

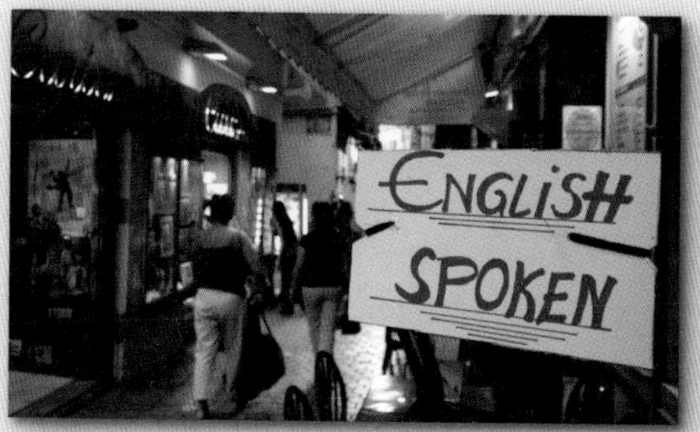

그림 8.3.1 영어 사용 파리의 한 프랑스 가게 밖에 있는 이 표시는 영어 원어민에게 그들이 그들의 언어로 일을 편안하게 할 수 있다는 것을 약속하는 것은 물론 비프랑스어 사용자들이 유럽의 새로운 국제어로 소통하도록 초대하기까지 한다.

큰 나라의 내륙과 북부 지역을 지배한다. 그러나 어떤 사람들은 완전히 분리된 언어라 주장하는 카탈루냐 형식은 동부 해안 끝자락을 따라 스페인의 제2도시인 바르셀로나를 중심으로 사용된다. 이 독특한 언어는 카탈루냐 주에게 스페인 내에서 자치의 지위를 부여하게 만든 강력한 문화적 분리성을 강화한다.

포르투갈어는 포르투갈 및 스페인 북서부의 1,200만 명이 사용한다. 남아메리카의 구 포르투갈 식민지인 브라질에서는 훨씬 더 많은 사람들이 이 언어를 사용한다. 마지막으로는 루마니아어가 로망스어파의 동쪽 끝을 나타낸다. 루마니아의 2,400만 명이 사용한다. 비록 의심할 여지 없는 로망스어이지만, 루마니아어는 많은 슬라브어 단어들도 포함한다.

슬라브어파 슬라브어 사용자는 전통적으로 북부와 남부 그룹으로 분리되어 있으며, 이들은 비슬라브어 사용자인 헝가리와 루마니아로 나뉘었다.

북쪽으로 폴란드는 3,500만 명의 사용자가 있는데, 체코와 슬로바키아 사용자를 합해 약 1,500만 명이다. 앞서 언급한 바와 같이, 이 숫자는 북부 슬라브어 사용자의 수에 비하면 적은 것인데, 우크라이나, 벨라루스, 러시아의 사용자를 합치면 쉽게 1억 5,000만 명 이상이 된다. 남부 슬라브어파는 세 그룹을 포함한다. 세르비아와 크로아티아의 1,400만 명 사용자(이들은 이제 서로 분리된 언어로 간주되는데, 이는 세르비아와 크로아티아 간 강력한 정치적 · 문화적 차이들에 기인한다), 1,100만 명의 불가리아 혹은 마케도니아어 사용자들, 그리고 200만 명의 슬로베니아어 사용자들 등이다.

2개의 독특한 알파벳의 사용은 슬라브어의 지리학을 더욱 복잡하게 한다. 폴란드와 체코 같은 강력한 로마 가톨릭 문화유산을 갖는 나라들에서는 라틴 알파벳이 사용된다. 반대로, 동방정교회와 가까운 유대가 있는 불가리아, 몬테네그로, 마케도니아, 보스니아-헤르체고비나 일부, 세르비아 같은 나라들은 그리스어로부터 유래한 **키릴 문자**(Cyriilic alphabet)를 사용한다(그림 8.19).

종교의 지리학, 과거와 현재

오늘날 수많은 민족 긴장들이 역사적 종교 사건의 결과이기 때문에 종교는 유럽의 문화 일관성과 다양성의 지리학을 구성하는 중요한 요소이다. 예로, 발칸 반도와 동유럽의 중요한 문화적 경계들은 11세기 기독교가 동과 서의 교회로 분리한 것과 기독교와 이슬람 간의 구분 등에 기인한다. 구 유고슬라비아에서 1990년대에 있었던 많은 민족 청소 테러는 이러한 종교적 차이에 근거한다.

서유럽에서는 17세기 기독교의 로마 가톨릭과 개신교로의 분리로부터 초래된 긴장으로 인해 북아일랜드에 여전히 때때로 피가 뿌려진다. 이러한 오늘날의 긴장들을 이해하기 위해서는 유럽 종교의 역사지리학을 간단히 살펴볼 필요가 있다(그림 8.20).

그림 8.19 **키릴 문자** 불가리아 소피아 시내의 방향 표시는 키릴 문자와 로마 알파벳을 모두 사용하여 지역 주민과 방문객을 안내한다.

동서 교회의 분열 동남유럽에서 초기 그리스의 선교사들은 발칸 반도와 도나우 강 하류에 기독교를 확산하였다. 이 그리스어 선교사들이 서구 유럽의 로마 가톨릭 주교의 통제를 거부하였기 때문에, 서기 1054년에 서쪽 기독교와 정식 분할이 있었다.

이 동방 교회는 이어서 특정 국가와 민족으로 강하게 연계되는 여러 정통파들로 분열되었다. 오늘날 그리스 정교회, 불가리아 정교회, 러시아 정교회 교회들은 모두 조금씩 다른 의식과 의례를 갖는다.

개신교 혁명 동서 교회 간의 구분 외에, 기독교 내의 다른 큰 분할은 가톨릭과 개신교 간에 있다. 이 분할은 16세기 유럽에서 생겼으며, 그 이래로 지역을 나누어왔다. 그러나 북아일랜드의 '말썽'을 제외하고, 이 두 주요 그룹 간의 오늘날의 긴장은 과거 이들 종교적 차이들이 초래한 오랜 기간의 전쟁보다는 훨씬 덜 문제적이다.

이슬람과의 역사적 충돌 동서의 교회 모두는 유럽의 남쪽과 동쪽으로 향한 이슬람제국의 도전으로 고전했다. 과거 이슬람이 정복한 땅에서 기독교에 대해 어느 정도 관대했으나, 기독교 유럽은 이슬람 제국주의를 훨씬 덜 수용했다. 투르크족으로부터 예루살렘을 찾아오자는 1차 십자군은 1095년에 일어났다. 오스만 투르크가 1453년 콘스탄티노플을 정복하고, 보스포루스 해협과 흑해에 대한 통제권을 얻은 후 그들은 발 빠르게 움직여 발칸 반도 전역으로 무슬림제국을 확장하였는데, 16세기 중반에는 빈의 문 앞에까지 다다랐다. 기독교 유럽은 거기서 굳건히 서서 이슬람이 서유럽으로 더 이상 들어오는 것을 막았다.

그러나 남동부 유럽의 오스만 통제는 20세기 초 제국의 붕괴 때까지 지속되었다. 이슬람의 이 역사적 존재는 이슬람교, 정교회, 로마 가톨릭의 상호 혼합된 지역으로서 발칸 반도에서 종교의 현재의 공존을 설명하고 있다.

8세기에서 스페인 북동부의 가톨릭 왕국이 이베리아 반도에 대한 통제권을 확대한 17세기까지 이슬람은 포르투갈과 대부분의 스페인의 지배적인 종교와 문화였다.

유대교의 지리학 유럽은 오랫동안 유대인들에게는 고난의 집이었는데, 이는 로마 시대 동안 팔레스타인을 강제로 떠나야 했기 때문이다. 그 시기 작은 유대인 정착촌들이 지중해 전역의 도시들에 지어졌다. 이후 서기 900년까지 약 20%의 유대인 인구가 이베리아 반도의 무슬림 땅에 모였는데, 거기서 이슬람은 기독교도보다 훨씬 더 큰 관대함을 유대인에게 보여주었다. 그러나 기독교도의 이베리아 재정복 이후, 유대인은 다시 한 번 격심한 차별을 받아, 스페인으로부터 서유럽과 중부 유럽의 더 관대한 국가들로 도망했다.

유대인 구역(Jewish Pale)이라 알려지게 된 동유럽의 한 지역은 이 탈출의 하나의 초점이다. 중세 시대 말에, 폴란드 왕국의 초청으로, 유대인들은 지금의 동부 폴란드, 벨라루스, 우크라이나 서부 및 북부 루마니아의 도시와 작은 마을들에 정착했다. 유대인들은 진정한 유럽의 고향 땅을 건설한다는 희망으로 수 세기 동안 이 지역에 모였다.

북아메리카로의 이민이 1890년대에 시작될 때까지, 전 세계 유대인 인구의 90%는 유럽에 살았으며, 대부분은 유대인 구역에 모여 살았다. 비극적이게도, 나치 독일은 유대인 구역에서의 말살 활동에 집중함으로써 이 인종적 클러스터를 황폐화하였다.

1939년의 제2차 세계대전 전야에, 950만 명의 유대인, 또는 세계의 유대인 인구의 약 60%가 유럽에 살았다. 전쟁 중에 독일 나치는 공포의 홀로코스트에서 약 600만 명의 유대인을 살해하였다. 오늘날 전 세계 유대인 인구의 약 10%인, 200만 명이 채 안 되는 유대인들이 유럽에서 살고 있다.

그림 8.20 **유럽의 종교** 지도는 북부의 개신교와 남부의 로마 가톨릭으로 나뉜 서유럽을 나타낸다. 역사적으로는 이 구분이 오늘날보다 훨씬 중요했다. 제2차 세계대전 중 나치에 의해 황폐화된 과거 유대인 지역의 위치를 주목하라. 오늘날 종교적인 함축이 있는 민족적 긴장은 발칸 국가들에서 빈번히 발견되는데, 이곳에서는 로마 가톨릭, 동방 정교회 및 이슬람교 신봉자들이 서로 가까이 있다. **Q : 이 지도를 유럽 언어 중 하나와 비교한 후(그림 8.18), 어족과 종교가 서로 관련되는 영역을 열거하라.**

현대 종교의 패턴 현대 유럽의 종교적 소속의 추정치는 2억 5,000만의 로마 가톨릭, 1억 미만의 개신교, 1,300만의 무슬림 등이다. 일반적으로, 가톨릭 신자들은 아일랜드와 폴란드에서 상당수를 제외하고, 지역의 남쪽 절반에 살고 있다. 개신교는 대부분 북부 독일(남부 독일에서 더 강한 로마 가톨릭과 함께), 스칸디나비아 국가들과 영국에 널리 퍼져 있다. 그것은 네덜란드, 벨기에, 스위스에서는 로마 가톨릭과 혼합된다. 이슬람교는 역사적으로 알바니아, 코소보, 보스니아-헤르체고비나, 불가리아에서 확인된다. 전후 터키와 북부 아프리카로부터의 이민으로 유럽 무슬림 인구가 늘어나, 오늘날 독일에 480만, 프랑스에 470만이 있다. 이민과 일반적으로 더 높은 자연 성장률의 와중에 실질 기독교인들 수의 정체와 함께, 이슬람은 유럽의 더 빨리 성장하는 종교이다.

유럽의 종교 전쟁과 긴장의 오랜 역사 때문에 EU의 유럽 통합 의제는 명시적으로 세속적이다. 이 입장은 그 자체로 오늘날의 문화적 긴장들을 초래한다. 예를 들어, EU의 공통 화폐인 유로는, 헝가리와 폴란드와 같이 민족주의 감정이 가톨릭으로부터 구분 불가능한 나라들의 분노에 매우 중요한 기독교의 십자가와 성인들의 모든 국가적 상징들을 추방하였다. 아마도 당연히 EU의 세속주의는 구 소비에트 위성국가들에서 받아들이기 특히 어려울 것이다. 공산주의 시기 동안 그들의 교회는 폐쇄되었고 막혔으며, 최근에야 집회와 신앙의 장소로 다시 열렸다.

이러한 긴장에도 불구하고, 성당, 교회, 수도원, 수녀원, 그리고 다른 종교적 장소와 구조의 다양한 층을 갖는 유럽의 종교 경관은 국제 및 유럽 내 여행객 및 관광객의 주요 명소이다.

가톨릭 교회의 화려한 성당과 성상에 대한 역사적인 개신교의 대응으로 인해, 북부 유럽의 개신교 경관은 가톨릭 유럽의 많은 종교적 장소와 대조적으로 다소 침착하고 차분하다. 영국의 큰 성당과 종교적 기념물은, 역사적으로 가톨릭과의 강력한 유대를 갖고 탄생한 성공회와 우선적으로 관련이 있다. 런던의 세인트 폴 성당과 웨스트민스터 사원은 그 예이다. 많은 서유럽 도시들에서 오늘날 많이 볼 수 있고, 늘어나는 신도들을 수용하기 위해 더 많이 계획되고 있는 무슬림 사원들은 유럽의 종교적 경관에 새롭게 추가되었다(그림 8.21).

이민과 문화

아프리카, 아시아, 남아메리카로부터의 새로운 이민자의 흐름은 유럽의 역동적인 문화지리학에 심대한 영향을 미치고 있다. 불행하게도, 유럽의 몇몇 영역에서는 이러한 최근의 문화적 교류의 산물이 매우 큰 골칫거리이다.

이민자들이 뭉침으로써, 종교적 근린이나 심지어 게토까지도 만들어지는데, 이것이 이제는 서유럽의 도시와 마을들에서 일반적이다. 예를 들어, 파리 교외의 고밀도 아파트 건물들은 높은 실업률과 빈곤, 인종차별 등의 수렁에 빠진, 프랑스어를 사용하는 수많은 아프리카인과 아랍 무슬림에게는 집이다. 결과적으로, 길거리와 법정 모두에서 문화적 투쟁은 오늘날 많은 유럽 도시들에서 흔하다. 예를 들어, 2004년 프랑스 지도자들이 국가와 종교의 헌법적 분리를 논하였는데, 교육 과정에 방해되기 때문에 공립학교의 여학생은 보수적 무슬림 생활의 중요 상징인 머리의 스카프(히잡)를 쓰지 못하게 하였다. 그리고 2010년에는 얼굴을 모두 덮는 베일은 공공장소에서 금지되었다. 법규의 또 하나의 논리는 이민자는 오늘날의 프랑스 사회에 뒤섞여야 하는데, 전통 무슬림 복장이 동화 과정을 막는다는 것이다. 다른 유럽 국가들은 무슬림 복장을 제한하기 위해 그들 스스로의 독특한 노력을 해왔다. 테러에 대한 걱정으로부터 히잡과 몸을 두르는 것으로부터 유래된 안전치 못한 운전 여건에 이르기까지 다양한 합리화의 포트폴리오를 갖고 있다.

여기서 명확한 문제는, 최근까지 비교적 동질적인 유럽 문화로 무슬림이 이주하는 것에 대한 사회적 불안이다. 최근의 퓨재단 조사는 유럽인들에게 그들의 무슬림에 대한 태도를 물었다. 놀랍게도, 프랑스 인구의 3/4은 실제로 무슬림에 대해 호의적이다. 유럽 최대의 무슬림 인구가 있는 독일에서는 호의적 태도가 전체 인구의 60%이다. 그러나 스페인, 그리스, 폴란드는 인구의 절반 이하가 무슬림에 대해 호의적인 태도를 보인다. 흥미롭게도, 무슬림에 대한 태도는 일반적인 정치적 지향성을 반영한다. 우파는 무슬림에 대해 중도나 좌파에 비해 심각하게 더욱 불친절하다.

이 정치적 차이는 그리 놀랍지 않은 것이, 유럽 전역의 극우와 신민족주의 정당들이 반이민, 반이주, 반망명의 입장을 갖기 때

그림 8.21 **독일의 이슬람교도 모스크** 독일 뒤스부르크의 메르케즈 모스크는 비이슬람교도 국가에서 가장 큰 모스크라 한다. 독일 북서부의 루르 공업 지역에 있는 50만 인구의 도시인 뒤스부르크에는 8만 5,000명의 터키 출신 인구가 살고 있다.

문이다.

유럽의 스포츠

축구(미국인은 soccer라 하지만, 유럽인은 football이라 부르는)는 의심할 여지 없이 유럽의 국가 스포츠이다. 모래판에서 스타디움까지 어디서든, 남녀 모두, 가족 피크닉에서 여러 수준의 프로리그까지 모든 수준에서 경기가 이루어진다(그림 8.22).

가장 높은 프로 레벨에 있는 축구팀들은 10만 명이 들어가는 경기장으로 군중을 안내한다. 3만~4만 좌석의 작은 축구 경기장은 모든 유럽 도시에서 볼 수 있다.

전 세계에 걸쳐 많은 스포츠와 마찬가지로 축구는 국제화된 문화와 불가역적으로 연결되어 있다. 해당 지역과는 아무 관련이 없는 국제적 선수들로 대부분이 구성된 지역 팀을 향해 조직된 열광적인 팬들이 그것이다. 그러나 이러한 역설이 있다 해도 축구 팬들은 그들의 지역 팬들과 함께 유럽의 국경을 넘어 라이벌 지역이나 도시로 원정 다니는 것을 막지는 못하며, 종종 팀에 대한 충성은 폭력적으로 변하기도 한다. 축구 훌리거니즘은 불행하게도 유럽 반이민 인종주의와 외국인 혐오증의 공통의 표현 방식이 되어왔다.

축구와 럭비 같은 자체 개발 스포츠 외에도, 유럽은 농구, 야구, 미식축구 등 북아메리카 스포츠에 어느 정도의 관심을 갖는다. 농구는 의심의 여지 없는 유럽의 인기 미국 스포츠이다. 농구 코트는 지역의 체육관과 운동장에서 점점 더 자주 볼 수 있다. 남녀 모두에 대한 모든 수준의 프로리그가 있으며, 대부분의 유럽 도시는 최소한 한 프로팀을 지원한다. 미국 여자국가농구협회(WNBA) 선수들이 유럽의 프로팀을 위해 오프 시즌에 경기하러 와서 그들의 부족한 WNBA 수입을 채우는 것은 이제 일반적인 현상이 되었다. 점점 더 많은 (남녀 모두의) 유럽 농구 선수들이 북아메리카 대학과 프로팀에서 뛰는 것 역시 흔한 일이다(제3장 일상의 세계화 참조).

야구는 유럽에서 매우 인기가 있다. 전후 미군에 의해 씨가 뿌려져서 자라면서 이제 여러 개의 프로리그가 있다. 오늘날 일군의 야구 아카데미가 독일과 프랑스에서 발전되어 북아메리카의 메이저리그 야구(MLB)에서 뛰기를 희망하는 선수들을 훈련시킨다. 그들의 목표는 MLB에 들어가서 남아메리카와 일본인들이 수십 년 전에 걸었던 길을 걷는 것이다. 미식축구는 유럽의 대부분에서 여전히 새로운 것이다. 국가미식축구리그(NFL)가 영국과 독일에서 프리시즌 전시 경기 일정을 갖고 있기는 하다. 유럽인들은 터치다운 이후 점잖게 박수를 치지만, 대부분은 NFL 미식축구는 매우 잦은 타임아웃으로 인해, 축구의 논스톱 액션에 익숙한 문화의 관심을 얻는 데 실패했다는 것에 동의한다.

그림 8.22 **유럽의 여성 스포츠** 아마추어와 프로페셔널 수준 각각에서 여성 축구팀과 여성 농구팀은 유럽 전역에서 흔하다. 최근의 독일 월드컵 경기에서 독일(흰색)과 프랑스(파란) 국가대표팀의 축구 선수들이 경합하고 있다.

확인 학습

8.10 유럽 내 세 가지 주요 언어 그룹인 게르만어, 로망스어, 슬라브어의 일반적인 위치를 설명하라.
8.11 로마 가톨릭, 개신교, 유대교, 이슬람교의 유럽 내 역사적 분포를 요약하라.
8.12 유럽에서 언어와 종교가 겹치는 현상을 설명하라.
8.13 어느 국가에서 이슬람교도가 가장 많은가? 문화적 갈등은 어떤 결과를 가져왔는가?

주요 용어 **키릴 문자**

지정학적 틀 : 역동적 지도

유럽의 독특한 특징 중 하나는 상대적으로 작은 지역 안에 42개의 독립국가가 조밀하게 얽혀 있는 것이다. 민주주의 **민족국가**(nation-state)의 이상(민족국가 개념에 대한 논의에 대해서는 제1장을 참조)은 유럽에서 일어나, 시간이 지남에 따라 봉건 영지와 독재적 충성에 의해 통치되는 제국을 대체했다. 프랑스, 이탈리아, 독일, 영국은 주요한 사례이다.

그러나 여러 가지 측면에서 유럽의 독특한 지정학적 경관은 희망만큼이나 많은 문제들이 되어 왔다. 지난 세기 두 번에 걸쳐 유럽은 정치적 경계를 다시 그리기 위해 피를 흘렸다. 지난 수십 년 동안 9개의 새로운 국가가 등장했는데, 이들 중 절반 이상이 폭력적인 전쟁을 통해 탄생하였다. 일반적으로 말해, 오늘날 대부분의 유럽의 지정학적 핫스팟은 새로운 민족국가를 만들어내기보다는 지역자치를 만들어내고 있다(그림 8.23).

전쟁으로 인한 유럽 지도 재편

두 차례의 세계대전은 근본적으로 20세기 유럽의 지정학적 지도를 재편하였다(그림 8.24). 제1차 세계대전은 '모든 전쟁을 종료하는 전쟁'이라고 불렸지만, 유럽의 지정학적 문제를 해결하는 데는 훨씬 못 미친 것이었다. 대신, 많은 전문가에 따르면, 평화조약은 실제로 다른 세계의 전쟁을 불가피하게 하였다.

독일과 오스트리아-헝가리가 1918년에 항복할 때 베르사유 조약은 두 가지 목표를 갖고 유럽의 지도를 새로 그리고자 하였다. 첫째, 영토의 손실과 비참한 금전적 배상을 통해 패전국을 징벌할 것, 둘째, 여러 개의 새로운 민족국가를 만듦으로써 대표되지 않는 사람들의 민족주의적 감정을 인식할 것 등이다. 그 결과로 새로운 국가 체코슬로바키아와 유고슬라비아가 생겨났다. 또한 폴란드는 재건되었으며, 핀란드, 에스토니아, 라트비아, 리투아니아 등 발트 국가들도 재건되었다.

조약의 목표는 훌륭하였으나, 그 결과로서의 지도에 만족하는 국가는 거의 없었다. 새로운 국가들은 그들의 시민들의 일부가 새로 그려진 국경의 밖에 놓여지게 되자 분개하였다. 이것은 **민족통일주의**(irredentism)의 유행을 만들어, 국가 정책은 잃어버린 영토와 사람들을 되찾는 방향을 향했다.

이러한 불완전한 지정학적 해법은 1930년대 세계적 경제 침체에 의해 크게 악화되었다. 높은 실업률, 식량 부족, 심지어는 더욱 심해진 유럽의 정치적 불안정성 등이 그것이다.

서구 민주주의(와 자본주의), 동유럽에 대한 소비에트 혁명으로부터의 공산주의, 이탈리아의 무솔리니와 독일의 히틀러에 의한 파시스트 전체주의 등 세 가지 경쟁 이데올로기는 유럽의 시급한 문제에 대한 자신들의 해법을 제안했다(제1장의 정치적 이데올로기의 기술 참조). 서유럽에서의 기록적인 산업 실업률, 극우 파시즘의 극단적 해법과 극좌 공산주의와 사회주의 간 대중의 의견은 크게 출렁였다. 1936년 이탈리아와 독일은 로마-베를린 '주축' 합의를 통해 군사력을 합했다. 제1차 세계대전과 마찬가지로 이 연합은 프랑스, 영국, 소비에트연방 간의 상호 보호 조약과 맞서게 되었다. 제국주의 일본이 독일과 함께 조약에 서명하여, 상황은 제2차 세계대전을 준비하였다.

나치 독일은 독일 민족을 보호한다는 구실하에 히틀러의 탄생 국가인 오스트리아를 병합하고 이어서 체코슬로바키아를 병합함으로써 1938년의 유럽의 결의를 시험하였다. 독일이 소비에트연방과 불가침조약을 맺고 나서, 히틀러의 군대는 1939년 9월 1일 폴란드를 침공하였다. 2일 후 프랑스와 영국은 독일에 대한 전쟁을 선포한다. 1개월 내로, 소비에트연방은 동부 폴란드, 발트 국가, 핀란드로 진입하고 제1차 세계대전의 평화조약으로 잃어버린 영토를 수복한다.

나치 독일은 다음으로는 잉글랜드를 침공할 준비를 시작한 후 서쪽으로 이동하여 덴마크, 네덜란드, 벨기에, 프랑스를 점령했다.

1941년, 전쟁은 여러 가지 놀라운 새로운 변화를 가져왔다. 6월, 히틀러는 소비에트 연방과의 불가침조약을 깨고, 붉은 군대를 습격하여 제압하였으며, 발트 국가들을 점령한 후 소비에트 영토 깊숙이 들어갔다. 일본은 1941년 12월 하와이 진주만의 미국 해군 함대를 공격했으며, 이로부터 미국은 태평양과 유럽 모두에서 전쟁에 참가하였다.

1944년 초까지, 소비에트 군대는 영토 손실의 대부분을 회복했고 동유럽의 독일에 대항하여 진군하여, 1945년 4월에는 베를린에 도달하고 유럽 동쪽 부분에 대한 오랜 기간의 공산주의 지배를 시작하였다. 그 당시, 연합군은 라인 강을 건너 독일 점령을 시작하였다. 히틀러의 자살 직후 독일은 1945년 5월 8일 항복하였다. 소비에트 군은 그럼에도 동유럽에 굳건히 버티면서, 제2차 세계대전의 군사적 싸움은 공산주의와 자본주의 간의 이데올로기적 **냉전**(Cold War)으로 즉각 대체되어 1991년까지 이어졌다.

동서로 분단된 유럽

1945년부터 1991년까지, 유럽은 제2차 세계대전을 끝내는 평화협정 직후 내려진 악명 높은 철의 장막에 의해 2개의 지정학적, 경제적 블록인 동과 서로 분할되었다(그림 8.25). **철의 장막**(Iron Curtain) 경계의 동쪽인 소비에트연방은 정치 · 경제 · 군사 · 문화적인 모든 활동에 공산주의의 무거운 자취를 각인했다. 서쪽 유럽은 전쟁의 파괴로부터 재건하면서 새로운 연합과 기구들이 유럽에서의 소비에트 존재에 대항하기 위해 만들어졌다.

냉전의 지리학 영국, 소비에트연방, 미국의 지도자들이 전후 유럽의 모양을 계획하기 위해 만난 1945년 2월 얄타 회담에서 냉전의 씨앗은 심어졌다. 소비에트 군대는 이미 동유럽에 있었으며 베를린으로 신속하게 이동했기 때문에, 영국과 미국은 소련이 동유럽을 차지하고 서부의 연합군은 독일의 일부를 차지할 것에 동의하였다.

그러나 더 큰 지정학적 문제는 자신의 영토와 서유럽 사이의 **완충지대**(buffer zone)에 대한 소비에트의 욕망이었다. 이 완충지대는 소비에트연방에 의해 정치적 · 경제적으로 지배받는 위성국가의 광대한 블록으로 구성되어 서유럽으로부터의 가능한 공격에 대항한 소비에트의 심장부에 대한 쿠션 역할을 할 수 있었다. 동유럽에서 소비에트연방은 발트 국가들, 폴란드, 체코슬로바키

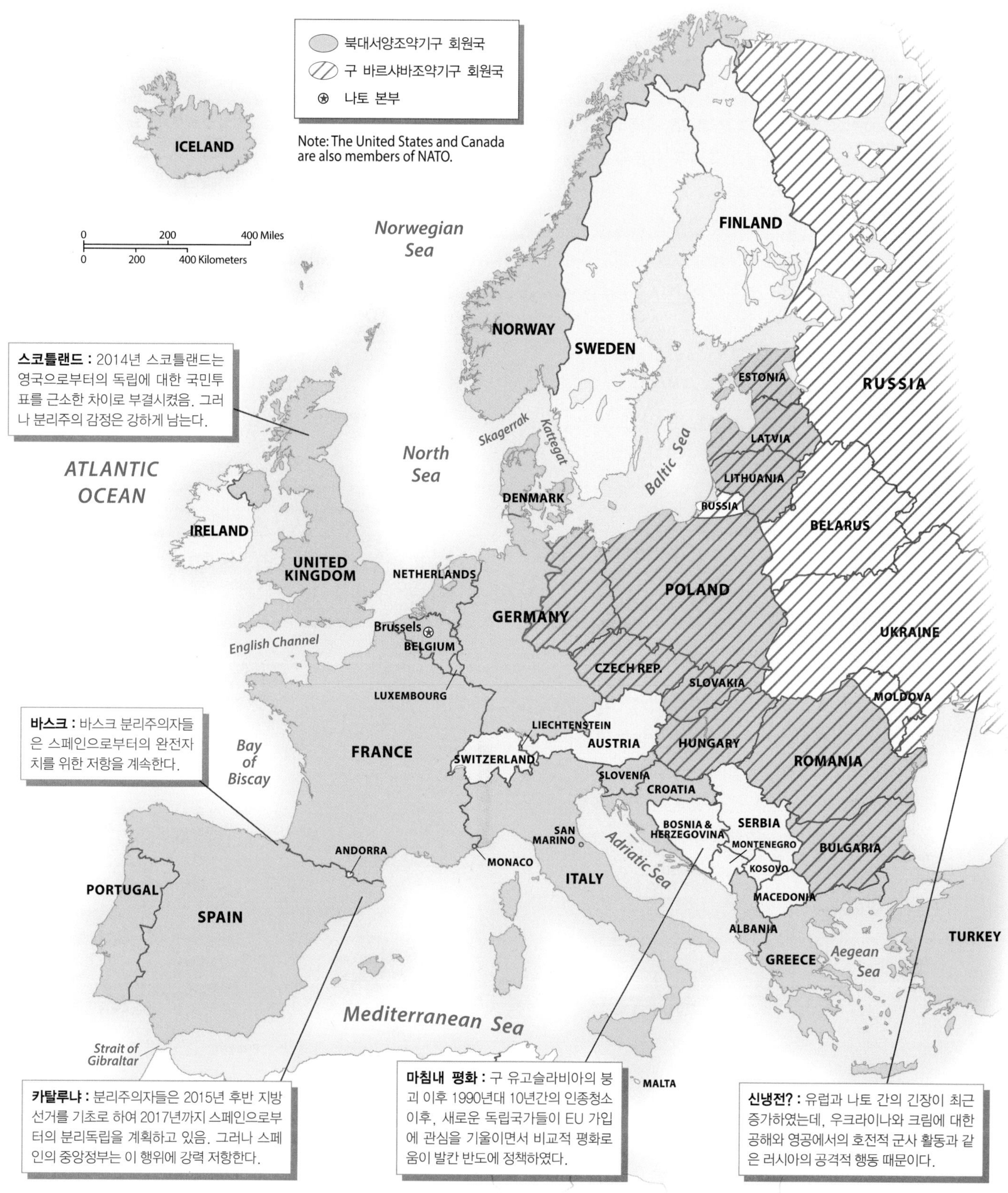

그림 8.23 **유럽의 지정학적 이슈들** 21세기 초의 주요 지정학적 문제가 동유럽과 서유럽을 EU로 통합하고 있지만, 극소 민족주의와 종족적 민족주의의 수많은 이슈들 또한 지정학적 분열을 야기한다. 스페인, 프랑스, 영국과 같은 유럽의 다른 지역에서는 민족국가 구조 내의 국지적 민족자치 요구가 중앙정부에 도전하고 있었다.

아, 헝가리, 불가리아, 루마니아, 알바니아, 그리고 간단하게 유고슬라비아를 통제하였다. 오스트리아와 독일은 4개의 (구)연합국 세력에 의해 점령된 섹터로 나뉘었다. 양쪽 모두, 소비에트연방은 국가의 동쪽 부분을 지배하였으며, 여기에는 수도 베를린과 빈을 포함하였다. 두 수도들은 다시 프랑스, 영국, 미국, 소비에트 섹터로 나뉘었다.

그림 8.24 **한 세기 동안의 지정학적 변화** (a) 20세기 초, 중부 유럽은 독일, 오스트리아-헝가리(또는 합스부르크), 러시아제국에 의해 지배되었다. (b) 제1차 세계대전 이후, 이 제국들은 대체로 민족국가들의 모자이크로 대체되었다. (c) 소련이 이 지역을 서유럽과의 완충지역으로 돌림으로써 제2차 세계대전 이후 더 많은 국경 변경이 이루어졌다. (d) 1990년에 소비에트 헤게모니가 붕괴됨에 따라 더 많은 정치적 변화가 일어났다. **Q : 정치적 변화와 언어 및 종교와 같은 문화적 요인 간의 가장 강력한 관계는 어디에 있는가?**

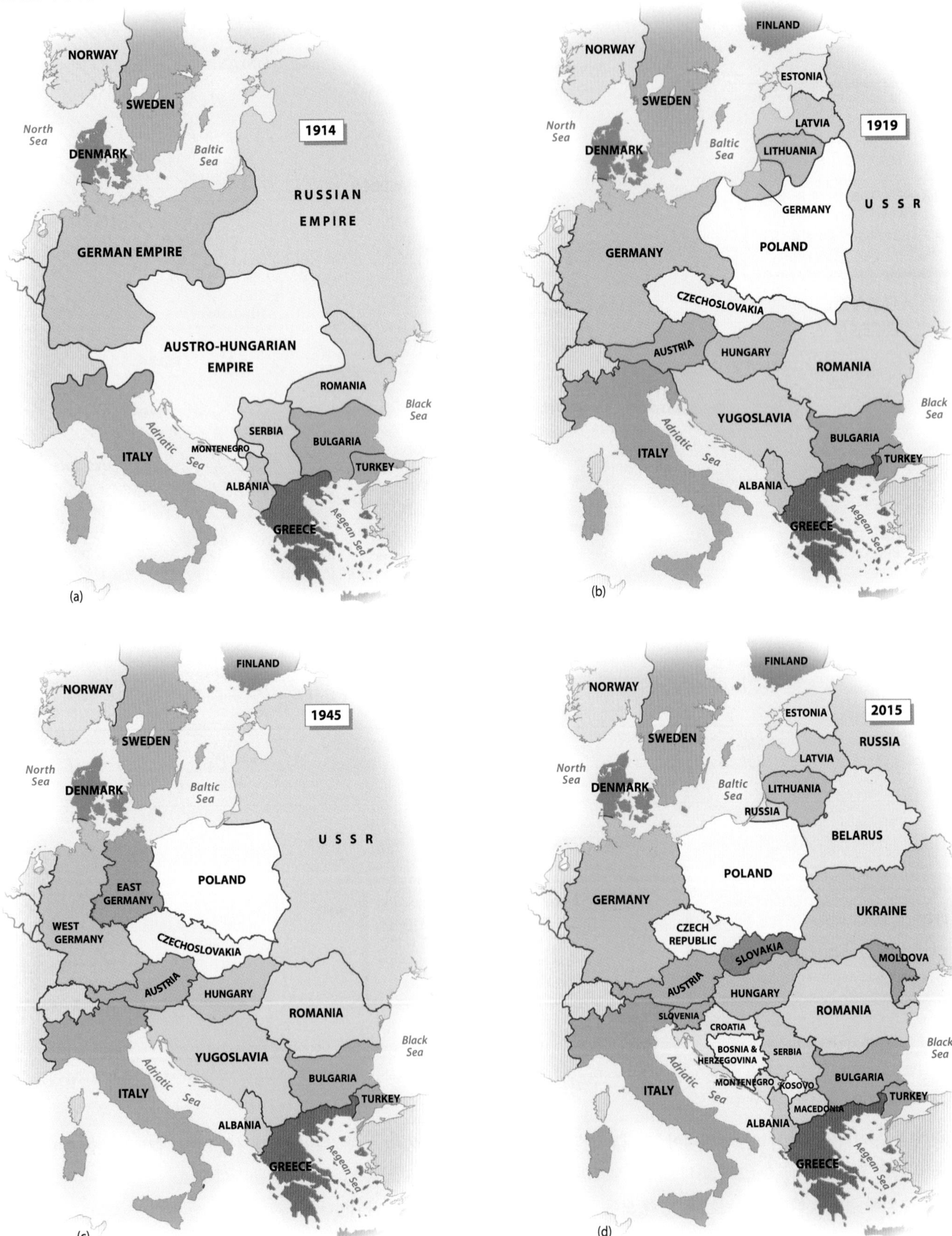

1955년, 독립적이고 중립적인 오스트리아의 탄생으로, 소비에트는 자신의 섹터에서 철수하여 철의 장막을 동쪽 헝가리-오스트리아 국경으로 실제 이동하였다. 그러나 독일은 서독과 동독이라는 2개의 국가로 신속히 진화하여, 1990년까지 분리된 채로 남았다.

동과 서 사이의 국경을 따라 2개의 적대적인 군사력이 거의 반세기 동안 서로를 마주하였다. 양측은 유럽을 분할하는 철조망을 가로질러 상대방이 침략할 것을 대비하고 예상하였다. **북대서양 조약기구**(North Atlantic Treaty Organization, NATO)와 소비에트 동부 유럽의 **바르샤바 조약**(Warsaw Pact) 국가는 핵무기로 무장하여, 유럽을 악몽 같은 제3차 세계대전의 불씨로 만들어버렸다.

베를린은 두 차례에 걸쳐 싸우는, 전쟁에 가까운 이 힘을 가져다주는 인화점이었다. 1948년 소비에트는 서방이 동독 군 지대를 가로질러 베를린에 이르는 것을 막아 도시를 봉쇄하였다. 이는 서유럽으로부터의 식품 수송을 막아 도시가 굶주림으로 복종하게 하려는 시도였으나, NATO가 식품과 석탄을 논스톱 공수함으로써 좌절되었다. 다음으로, 소비에트는 1961년 베를린 장벽을 세워 서독에서 정치적 피난처를 찾는 동독인의 흐름을 막아보려 하였다. 이 벽은 단단히 나뉜 전후 유럽의 강고한 상징이 되었다. 벽이 세워지고 서방이 그것을 부수고자 고심하는 수일 동안 NATO와 바르샤바 조약의 탱크와 군인들은 무기를 가득 싣고 표적을 똑바로 겨눈 상태에서 대치하였다. 전쟁은 피했지만, 벽은 1989년까지 서 있었다.

냉전 유럽에서 냉전의 상징적 끝은 동서 베를린 시민들이 망치와 손 도구들을 가지고 와서 베를린 장벽을 힘을 합해 무너뜨린 1989년 11월 9일에 찾아왔다(그림 8.26). 1990년 10월까지 동서독은 공식적으로 재통합하여 하나의 국민국가가 되었다. 이 기간 동안 다른 모든 소비에트 위성국가들은 발트 해에서 흑해까지 중요한 지정학적 변화를 거쳐 손익이 혼재된 결과를 얻는다. 냉전은 소비에트연방의 붕괴로 1991년 말에 완전히 끝난다.

냉전의 끝은 동유럽에서의 반란으로부터는 물론 소비에트연방 내에서의 여러 문제들로부터 찾아왔다(제9장에서 논의). 1980년대 중반까지, 소비에트의 지도부는 내부 경제 구조조정을 찬성하고 서방과의 더욱 열린 대화의 필요성을 인식하였다. 불행하게도 보다 최근에 서방과의 협력의 시대는 끝난 듯하다(**글로벌 연결 탐색 : 새로운 냉전** 참조).

냉전 종식의 결과로 유럽의 지도는 다시 한 번 바뀌었다. 독일의 통일, 체코와 슬로바키아의 평화로운 '벨벳 이혼', 발트 국가들의 재출현 등이 그렇다. 발칸 지역은 더 문제가 되는데, 구 유고슬라비아가 몇몇 독립국가들을 폭력적으로 분쇄하였다.

발칸 반도 : 지정학적 악몽으로부터 깨어나기

발칸 반도는 오랫동안 언어, 종교, 민족적 유대가 복잡하게 섞여 있는 문제 지역이었다. 역사 내내 이 유대는 작은 국가들을 자주 바꾸는 지리학을 유도하였다(그림 8.27). 사실, **발칸화**(balkanization)라는 용어는 민족적 단층선에 기초한 소규모의 독립운동의 지정학적 프로세스를 기술하는 데 쓰인다.

20세기 초 오스트리아-헝가리와 오스만제국의 몰락 이후, 지역의 대부분은 구 유고슬라비아 국가의 정치적 우산 아래 통일되었다. 그러나 1990년대에 유고슬라비아는 인종적 분파주의로 붕괴되고 민족주의가 10년여의 폭력, 소요, 독립전쟁을 가져와 유럽, EU, NATO, 세계의 지정학적 악몽을 만들어냈다. 그러나 오늘날 여러 지역에서의 지속적인 긴장에도 불구하고 발칸 반도 국가들이 평화와 안정의 새로운 시대로 움직인다는 신호들이 있다. 2개의 발칸 국가 슬로베니아와 크로아티아가 EU 회원국이며, 몇몇 다른 국가들은 EU 회원국 후보이다.

발칸 반도의 독립전쟁 1990년 유고슬라비아의 여러 공화국에서 선거가 치러졌는데, 모국으로부터의 탈퇴의 문제였다. 탈퇴주의자 정당은 슬로베니아와 크로아티아에서 집권하였으나, 세르비아 유권자는 지속적인 유고슬라비아 통일을 택했다. 그럼에도 불구하고 슬로베니아와 크로아티아는 1991년 독립을 선언하였고, 1992년 4월에는 마케도니아와 보스니아-헤르체고비나가 독립을 선언하였다. 유고슬라비아군이 슬로베니아를 공격하였을 때, 발칸 반도 상황은 유럽의 최대 관심이었으며, 협상이 이루어진 결과 슬로베니아는 독

그림 8.25 **철의 장막** 1945년부터 1989년까지 유럽은 동유럽의 소련 위성국가를 서유럽과 분리한 철의 장막으로 정치적으로나 물리적으로 나누었다. 이 사진은 Vacha시 근처에서 동독과 서독의 이전 국가를 나누는 국경이다. 철의 장막 그 자체 외에, 동쪽의 국경 지대는 넓이가 일반적으로 수 마일에 이르렀고 민간인 운동에 심각한 제한을 가하는 군사 요새화가 포함되었다.

(a) 베를린 장벽, 1961

(b) 베를린 장벽, 1989

그림 8.26 **베를린 장벽** 1961년 8월, 동독은 공산주의 통치에서 탈출하는 난민의 흐름을 막기 위해 동베를린 국경을 따라 콘크리트 철조망을 만들었다. 이 벽은 실패한 소비에트연방이 동유럽에 대한 통제를 포기한 1989년 11월까지 동서 냉전의 가장 눈에 띄는 상징이었다. (a) 브란덴부르크 문 (동 베를린은 왼쪽)의 벽 구역 범위. (b) 베를린 시민들은 과거 사살 명령으로 국경 지역을 지키던 동독 경찰과 함께 벽의 마지막을 축하한다.

립하였다. 그러나 보스니아-헤르체고비나는 세르비아 민병대가 1995년까지 지속된 전쟁에서 무슬림과 크로아티아인에 대한 인종청소의 흉포한 전쟁을 수행하였다. 당시에 복잡한 정치적 조치가 내려져 세르비아 공화국과 무슬림-크로아티아 연방이 창설되었으며, 모두는 같은 법률과 대통령에 의해 통치되었다. 크로아티아 역시 세르비아 민족주의자들에 저항하여 엄청나지만 성공적인 독립전쟁을 치렀다.

(현재 구 유고슬라비아라 불리는) 세르비아의 남쪽에 있는 코소보는 세르비아인과 무슬림 사이의 오랜 긴장이 있는 또 하나의 문제 지역이었다. 코소보는 구 유고슬라비아 내에서 여러 가지 수준의 자치권을 즐겼으나, 이 자치권은 1990년 세르비아 소수 인구를 보호하기 위하여 베오그라드에 의해 제거되었다. 무슬림 코소보 반군은 당연하게도 1991년 코소보 독립을 선언하는 것으로 대응하였다. 이 조치는 세르비아로부터의 격한 반발을 샀으며, 무슬림을 축출하고 코소보를 순수히 세르비아 지방으로 만들기 위해 계획된 폭력적인 인종청소 프로그램으로 반응하였다. 코소보에서 전쟁이 심해지자 NATO(미국 포함)가 1999년 세르비아가 타결된 협상을 받아들이도록 압박할 목적으로 베오그라드를 폭격하기 시작했다. 1999년에서 2008년까지 코소보는 보호국으로서 UN에 의해 관리되었다. 이 조치는 30개의 국가들로부터 온 약 5만 명의 평화유지군에 의해 강제되었다.

비록 세르비아는 여전히 지속적으로 코소보 반납을 원하며, 그 독립을 어쩔 수 없이 인정하나, 다른 대부분의 문제에 있어서는 정부는 더 온건하고 덜 민족주의적이다. 이로 인해 세르비아는 UN과 유럽의회에서 부활하였으며 EU의 공식적인 후보가 되었다.

오늘날 유럽의 권력 이양

제1장에서 언급한 바와 같이, 지정학적 **이양**(devolution)의 개념은 멀리 중앙당국으로부터의 권력의 탈중심화를 가리킨다. 이것이 유럽에서는 많은 형태를 취하는데, 중앙정부가 더 큰 연합 내에서 작은 국가들과 권력을 공유하는 것에서, 더 큰 정치적 실체로부터 분리와 독립을 요구하는 것까지 다양하다. 이는 나라의 정해진 부분 내에 존재하는 그들 스스로의 모국어와 독특한 문화적 정체성을 갖는 소수집단에 의해 흔하다. 국가정부와 지방정부(프랑스에서) 혹은 *Länder*(독일에서 미국의 주와 동등) 간 권력을 공유하는 독일과 프랑스는 스펙트럼의 한쪽 끝을 보여준다. 스페인은 또 하나의 권력 공유의 사례이다. 스페인의 1978년 헌법은 민족국가 내에서 17개의 자치 커뮤니티를 인지한다.

권력 이양 스펙트럼의 정반대에는 스코틀랜드의 영국으로부터의 독립에 관한 역사적 2014 국민투표가 있다. 이 투표에서 스코틀랜드 유권자는 "스코틀랜드는 독립국이어야 하는가?"에 대한 찬반을 물어보는 간단한 질문에 답을 하는 것이었다(그림 8.28). 영국의 오랜 투표 역사상 가장 높은 투표율로 반대가 55%로 이겼다. 스코틀랜드 독립에 대한 반대가 런던으로부터 마지막 순간의 지원을 받았음은 주목할 만하다. 영국의 3대 정당 모두가 2015년 말까지 스코틀랜드 의회에 '광범위한 새로운 권한'을 양도할 것을 약속하였다. 스페인에서는 국가 경제의 19%를 차지하는 카탈루냐 역시 스페인 정부가 반대하는 독립에 대한 국민투표를 요청하고 있다.

유럽의 많은 나라들에서 EU로부터 탈퇴하거나 최소한 권한

글로벌 연결 탐색
새로운 냉전

Google Earth MG Virtual Tour Video: http://goo.gl/GOP0Z7

점을 연결해 보자. 러시아는 크림을 병합했다. 미국의 제트 전투기는 리투아니아에 나타난다. 노르웨이는 구 해군 기지를 입찰로 매각하여 북극 탐험에 쓰일 수 있게 한다. 러시아의 잠수함들이 들어온다. 리투아니아는 스웨덴으로 가는 수중 케이블을 건설함으로써 전력 비용을 줄이기 원한다. 러시아 해군이 발트 해에 나타난다. 그리스는 독일에 대한 부채를 갚을 능력이 없는데, 러시아 은행이 돕고자 나선다. 영국이 러시아 군의 우크라이나 간섭에 항의하고, 러시아 폭격기는 영국 연안에서의 훈련을 자제한다. 가공의 트위터는 거대한 화학물질이 샌피터스버그에 있는 러시아 해커들과 연계되기 때문에 루이지애나 주민들에게 대피소로 이동하도록 경고한다. 스위스 당국은 부패한 세계 축구 경영진을 체포한다. 크렘린은 러시아의 2018년 월드컵 유치를 방해하는 음모를 꾸민다고 미국을 위심한다.

무슨 일인가? 이는 러시아와 서방세계 간의 신 냉전인데, 세계의 강대국들이 지구 멸망의 위기로 서로를 밀쳐내는 1960년대의 무서운 날들로 돌아갈 수도 있다.

그림 8.4.1 영국 영공의 러시아 폭격기 러시아는 NATO의 유럽 방어를 점점 더 많이 테스트해 보고 싶은 듯하다. 그 방법은 비행기를 국가의 영공에 보내고 러시아 배를 국가 연안의 수로로 보내는 것이다. 여기서 영국의 전투기가 러시아의 폭격기를 에스코트하여 영국 영공 밖으로 안내했다.

나토의 팽창 유럽과 구소비에트연방에서 수십 년간의 탈무장화를 본 1차 냉전의 종식 이후, 러시아와 서방세계 간 긴장은 9개의 구소비에트 위성국가(폴란드, 체코, 슬로바키아, 헝가리, 불가리아, 루마니아, 리투아니아, 라트비아, 에스토니아)가 EU에 참여하는 2009년에서 2013년으로 가면서 매우 크게 증가했다. 러시아에게 더 우울한 것은, 모든 9개의 이 바르샤바 조약 국가들이 북대서양조약기구(NATO)에 가입한 사실이다. 나토는 유럽에서의 소비에트의 야심을 억제시키는 1949년에 만들어진 국제 군사기구이다. 서방과 중심부 사이의 완충지대 대신, 러시아는 3개의 발트 NATO 국가(에스토니아, 라트비아, 리투아니아) 및 과거에는 신뢰하였지만 이제는 서방에 기댄 동맹국인 우크라이나와 국경을 함께해야 한다. 지난 수십 년간 NATO와 러시아 간 많은 협력과 심지어는 합동 군사훈련까지 있었으나, 이러한 상호 교류는 러시아 군이 우크라이나에 개입한 2014년 4월부터 '유예' 되었다(제9장 참조).

최근의 사고 그 이후로 냉전 2.0이 상승하고, 위험하고 민감한 사고들이 1960년대 이전에는 볼 수 없었던 수준으로 늘어난다. 러시아 비행기는 서유럽의 항공 방어(그림 8.4.1)를 테스트하고 있으며, 러시아 해군은 노르웨이의 연안과 발트 해에서의 국제 수로에 대한 권리를 주장하고 있다. 2015년 11월 NATO 회원국인 터키는 자국의 영공을 침범한 이유로 러시아 폭격기를 격추하였다. 그리고 러시아의 강력한 항의 이후, 마케도니아와 몇몇 다른 발칸 반도 국가들이 새로운 NATO 회원국이 될 것을 초대받았다. 발트 해에서 러시아 배가 리투아니아와 스웨덴 사이의 해저 케이블의 건설 지역에 모여, 해당 지역 전체에서 닻을 '우연히' 끌어당기는 식으로 케이블을 위협하고 있다. 리투아니아가 스웨덴의 수력 발전에 새로운 연결을 세우고 반면에 러시아의 천연가스 소비를 차단하는 것은 냉전 2.0의 다른 많은 측면들을 모두 대변하고 있다.

1. 어떤 유럽 국가나 지역에서 길거리의 사람들이 새로운 냉전으로부터 어떤 방식으로 영향을 받는가?
2. 신냉전의 표현이 세계의 다른 어떤 지역에서 쓰이는가?

을 다시 찾기 위한 운동이 있는데, 이들은 서로 조금씩 다르지만 복잡하기는 마찬가지다. 예를 들어 영국 수상 데이비드 캐머런 2017년 말까지 EU 회원국 자격 유지에 대한 국민투표를 포함하는 정치 일정을 갖고 재선되었다. EU 정치가들이(오바마 행정부 역시) 당연하게도 영국의 탈퇴를 반대하지만, 모든 EU 회원국은 일종의 반EU 정당을 갖고 있다. 이들 정당은 보통 프랑스의 반이민 국민전선같이 극단적으로 보수적인 이데올로기와 관련이 있다. 지방과 중앙 권력이 EU의 유럽 통합과 표준화의 의제에 의해 가로채였다는 공통의 불평들이 있다.

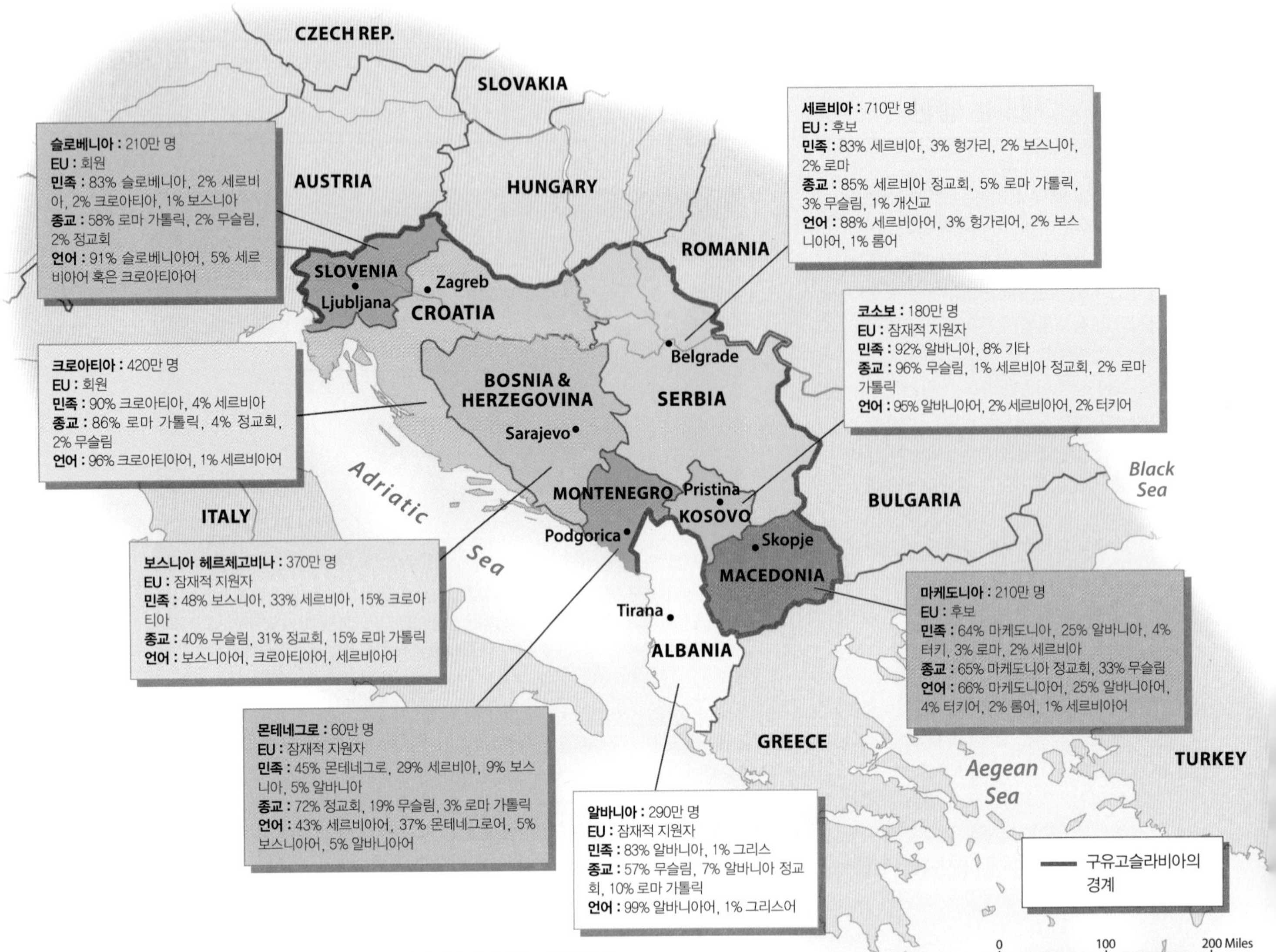

CZECH REP.
SLOVAKIA
AUSTRIA
HUNGARY
ROMANIA
SLOVENIA
Ljubljana
Zagreb
CROATIA
Belgrade
BOSNIA & HERZEGOVINA
SERBIA
Sarajevo
Adriatic Sea
ITALY
MONTENEGRO
Pristina
KOSOVO
BULGARIA
Black Sea
Podgorica
Skopje
MACEDONIA
Tirana
ALBANIA
GREECE
TURKEY
Aegean Sea
Mediterranean Sea

슬로베니아 : 210만 명
EU : 회원
민족 : 83% 슬로베니아, 2% 세르비아, 2% 크로아티아, 1% 보스니아
종교 : 58% 로마 가톨릭, 2% 무슬림, 2% 정교회
언어 : 91% 슬로베니아어, 5% 세르비아어 혹은 크로아티아어

세르비아 : 710만 명
EU : 후보
민족 : 83% 세르비아, 3% 헝가리, 2% 보스니아, 2% 로마
종교 : 85% 세르비아 정교회, 5% 로마 가톨릭, 3% 무슬림, 1% 개신교
언어 : 88% 세르비아어, 3% 헝가리어, 2% 보스니아어, 1% 롬어

크로아티아 : 420만 명
EU : 회원
민족 : 90% 크로아티아, 4% 세르비아
종교 : 86% 로마 가톨릭, 4% 정교회, 2% 무슬림
언어 : 96% 크로아티아어, 1% 세르비아어

코소보 : 180만 명
EU : 잠재적 지원자
민족 : 92% 알바니아, 8% 기타
종교 : 96% 무슬림, 1% 세르비아 정교회, 2% 로마 가톨릭
언어 : 95% 알바니아어, 2% 세르비아어, 2% 터키어

보스니아 헤르체고비나 : 370만 명
EU : 잠재적 지원자
민족 : 48% 보스니아, 33% 세르비아, 15% 크로아티아
종교 : 40% 무슬림, 31% 정교회, 15% 로마 가톨릭
언어 : 보스니아어, 크로아티아어, 세르비아어

마케도니아 : 210만 명
EU : 후보
민족 : 64% 마케도니아, 25% 알바니아, 4% 터키, 3% 로마, 2% 세르비아
종교 : 65% 마케도니아 정교회, 33% 무슬림
언어 : 66% 마케도니아어, 25% 알바니아어, 4% 터키어, 2% 롬어, 1% 세르비아어

몬테네그로 : 60만 명
EU : 잠재적 지원자
민족 : 45% 몬테네그로, 29% 세르비아, 9% 보스니아, 5% 알바니아
종교 : 72% 정교회, 19% 무슬림, 3% 로마 가톨릭
언어 : 43% 세르비아어, 37% 몬테네그로어, 5% 보스니아어, 5% 알바니아어

알바니아 : 290만 명
EU : 잠재적 지원자
민족 : 83% 알바니아, 1% 그리스
종교 : 57% 무슬림, 7% 알바니아 정교회, 10% 로마 가톨릭
언어 : 99% 알바니아어, 1% 그리스어

구유고슬라비아의 경계

0 100 200 Miles
0 100 200 Kilometers

그림 8.27 **발칸 지역의 민족** 발칸 지역의 민족적 다양성의 다채롭고 복잡한 패턴은 최근 수십 년 동안 지정학적 분열을 가져왔다. 이 지역은 로마 가톨릭, 동방정교회, 이슬람교도들을 위한 만남의 장이 될 뿐만 아니라 복잡한 언어적 경계가 민족적 · 국가적 정체성을 복잡하게 한다. 불행히도, 민족적 집단 간의 차별과 보복의 오랜 역사는 현대 민족적 정체성에 담겨 있다.

확인 학습

8.14 유럽의 지도가 1918년에 베르사유 조약에 따라 어떻게 달라졌는지 간략하게 설명하라.

8.15 냉전 기간 동안 어떤 유럽 국가들이 소비에트의 위성국가로 간주 되었는가?

8.16 구유고슬라비아를 구성한 국가는?

8.17 현대 유럽의 정치적 계승의 여러 형태를 예를 들어 논의하라.

주요 용어 민족국가, 민족통일주의, 냉전, 철의 장막, 완충지대, 북대서양조약기구(NATO), 바르샤바 조약, 발칸화, 이양

그림 8.28 **스코틀랜드 독립 찬반 투표** 유럽 전역에 걸쳐 많은 서로 다른 분리주의 운동이 있지만, 2014년 9월 영국으로부터의 독립에 대한 주민투표를 가짐으로써 스코틀랜드는 이 문제에 한 걸음 더 들어갔다. 유권자의 55%가 독립에 반대했지만, 영국과의 완전한 분리운동은 여전히 강력하다. 사진에서 한 여성이 스코틀랜드 기장이라 불리는 스코틀랜드 국기를 흔들며 독립에 찬성하는 투표를 지지하고 있다.

경제 및 사회 발전 : 통합과 전환

산업혁명이 시작된 곳으로서 유럽은 산업자본주의의 현대 생태계를 만들어낸 곳이다. 유럽이 20세기 초 산업의 리더였지만 두 차례의 세계대전과 10여 년의 세계 경제 침체 그리고 가깝게는 냉전과 그 후에 일어난 일들로 인해서, 나중에는 일본과 미국에 의해서 그 빛이 가려진다. 현재 장기간에 걸친 금융 위기는 유럽의 경제 구조에 문제로 남아 있다.

하지만 전반적으로 지난 반세기의 경제 회복과 통합은 대체적으로 성공적이었다(표 A8.2). 사실 서유럽의 국가 간 경제를 통합하려는 노력은 성공을 거두었고 세계에 지역 협력에 대한 새로운 모델을 제시했고 라틴아메리카와 아시아가 이를 따라가고 있는 중이다. 동유럽은 상대적으로 덜 잘한 편인데 그 이유는 40년간의 소비에트 계획 경제가, 좋게 말해서 혼재되어 있기 때문이다.

서유럽의 경기 번성에 동반해서 전에 일찍이 경험한 적 없는 수준의 사회 발전이 근로자 혜택, 보건시설, 교육, 문맹률 등에 나타나고 있다(표 A8.2 참조). 발전된 사회 서비스가 세계에 부러움을 살 만한 수준에 이르기는 했지만 오늘날 비용을 절감하려는 정치인과 기업인들은 이러한 서비스 비용이 기업의 비용을 증가시켜서 많은 유럽 상품들이 국제 시장에서 경쟁할 수 없다고 주장한다. 사실 전통적으로 이어지던 혜택들 중 상당수(예를 들면 고용 보장이나 장기간의 휴가 기간)가 점점 줄어들고 있다. 여기에 덧붙여 특히 젊은이들의 높은 실업률은 문제로 남아 있다.

유럽의 산업혁명

유럽은 현대 산업주의의 요람이다. **산업혁명**(Industrial Revolution)을 가능하게 만든 두 가지 근본적인 개혁이 있었는데, 첫째는 기계가 생산 과정에서 인간의 노동력을 대신했다는 것이고, 둘째 이러한 새 기계들이 사용하는 동력이 생물이 아닌 것들(물, 증기, 전기, 석유)로부터 얻어진다는 것이다. 영국은 이 새 시스템의 탄생을 1730년에서 1850년 사이에 이루어냈지만 19세기 말경 새 산업주의는 유럽 전체에, 수십 년 이내에 전 세계로 퍼졌다.

변화의 중심 페나인 산맥 옆에 위치한 영국의 섬유산업은 초기 산업혁명의 중심이었다. 요크셔주는 페나인 산맥의 동쪽에 위치하는데 역사 깊은 양모산업의 중심지였다. 바로 주변지역의 값비싼 양떼로부터 원자재를 얻어서 실을 잣기 전에 깨끗한 계곡의 물을 이용해서 양모를 씻어냈다. 원래 물레바퀴는 빠르게 흐르는 페나인의 계곡물의 낙차를 이용해서 기계화된 베틀에 동력을 주는 방식이었다. 하지만 1790년 증기 엔진이 동력으로 더 선호되었다(그림 8.29). 증기 엔진은 연료가 필요했고 지역의 나무 공급은 빠르게 소진되었다. 19세기 초 철도가 발전해서 석탄을 합리적인 가격에 이동시킬 수 있게 될 때까지 발전은 늦춰졌다.

유럽 대륙의 산업 지역 유럽 대륙에서 첫 번째 산업 지대는 1820년대에 나타났는데 탄전과 가까운 곳이었다(그림 8.30). 영국 밖에 나타난 첫 산업 지역은 상브로-뫼즈 지역이다. 상브로-뫼즈는 프랑스와 벨기에 국경 사이에 흐르는 2개의 강이 있는 계곡의 이름을 딴 것이다. 영국 중부와 같이 이곳도 가내 공업 기반의 울 섬유 제조의 오랜 역사를 갖고 있는 곳이었고 재빠르게 증기에서 동력을 얻는 기계화된 베틀을 사용하는 새 기술로 바꿨다.

1850년경에는 유럽 전체에서 (영국 포함) 가장 우세한 산업 지역은 라인 강 근처, 독일 북서부에 있는 루르 지역이었다. 지표와 가까운 곳에 묻힌 풍부한 석유 매장량은 작은 섬유공업 지역이었던 루르를 쇠와 강철을 제조하는 중공업 지역으로 바꾸어놓았다. 수십 년 후에 루르 공업 지대는 나치 독일의 전쟁 기계들을 공급하는 공업의 능력과 동의어가 되었고 제2차 세계대전 기간 동안 중요한 폭격 대상이 되었다.

전후 유럽 재건하기

1900년대에 산업 세계의 리더였던 유럽은 세계 제조 물품의 90%

그림 8.29 **산업혁명의 핵심지역** 유럽의 산업혁명은 잉글랜드 페닌 산맥의 사면에서 시작되었다. 이곳에서 빠른 속도로 흐르는 물줄기는 기계화된 직기에 동력을 전달해 면과 양모를 짜게 했다. 후에 철도가 개발되면서 이들 초기 공장들의 상당수가 석탄 발전으로 바뀌었다.

그림 8.30 **유럽의 공업 지역** 영국에서의 산업혁명은 프랑스-벨기에 국경에 위치한 상브르-뫼즈 지역에서 시작하여 독일의 루르 지역으로 확산되면서 유럽 대륙으로 퍼졌다. 쉽게 접근할 수 있는 지표석탄층이 이러한 새로운 산업 분야를 지원했다. 일찌감치, 철강 제조를 위한 철광석은 지역 매장층에서 나왔으나, 나중에는 스웨덴 및 스칸디나비아 방패국가(shield country)의 다른 지역에서 수입되었다. 오늘날 트럭, 철도 및 바지선 수송 네트워크가 밀집되어 있어, 새로운 산업 지역은 원자재보다는 숙련 노동력에의 접근이 주요 요소인 도시 지역과 밀접하게 연결되어 있다.

를 생산했다. 하지만 1945년 이후 40여 년간 이어진 전쟁과 경제공황 때문에 유럽의 산업은 비틀거렸다. 셀 수도 없이 많은 도시와 공업 지대는 폐허가 되었고 유럽 인구의 대다수는 사기가 꺾였고, 집을 잃고 굶주렸다. 전후의 유럽이 경제 · 정치 · 사회적 안정감을 얻기 위해서는 새로운 길을 모색해야만 했다.

EU의 진화 1950년 서유럽의 지도자들은 모여서 새로운 형태의 경제적 통합 방안을 논의하기 시작했다. 그들은 역사적으로 경험했던 국수주의적 독립이 산업 분야에서도 나타나려 하자 이를 막고자 했다. 프랑스의 외교부 장관이었던 로베르 쉬망은 타고난 식견으로 급진적인 아이디어를 제안했다. 그는 각각의 나라에서 철강을 만드는 시설들을 따로 짓지 말고 유럽이 천연자원을 공유할 것을 제안했다. 1952년 프랑스, 독일, 이탈리아, 네덜란드, 벨기에, 룩셈부르크가 함께 모여서 유럽석탄철강공동체(European Coal and Steel Community, ECSC)에 참여하는 조약을 비준했다. 5년 뒤 ECSC의 성공에 힘입어 이 6개국은 상품, 노동력, 자본이 자유롭게 이동할 수 있는 유럽 공동 시장을 만드는 노력을 함께 하기로 합의했다. 로마 조약이 통과되어 유럽경제공동체(EEC)가 세워졌다.

유럽은 한층 더 높은 목표를 세웠다. 1991년 유럽연합(European Union, EU)은 초국가적인 조직이 되어서 유럽의 문제에 더 깊게 관여할 수 있게 되어서 농업 생산물과 그 가격에 대한 규제도 세울 수 있게 되었다. 2004년 EU는 동유럽의 구 소비에트의 통제를 받던 공산주의 위성국가를 포함해서 10개국을 새롭게 편입시켜서 서유럽으로부터 확장해 나갔다. 이때 포함된 새로운 회원국들은 라트비아, 에스토니아, 리투아니아, 폴란드, 슬로바키아, 체코공화국, 헝가리, 슬로베니아, 말타, 사이프러스이다. 이들을 포함함으로써 총 25개 회원국이 되었다. 불가리아와 루마니아는 2007년, 크로아티아는 2013년 편입되어 현재 EU에는 28개국이 있다. 아이슬란드, 세르비아, 몬테네그로, 마케도니아, 알바니아, 터키는 EU 지원국으로 공식 인정되었다. 2015년 현재 코소보와 보스니아-헤르체고비나는 잠재 지원국이다(그림 8.31).

동유럽의 경제적 분화와 전환

역사적으로 동유럽은 서유럽에 비해서 경제적 발달이 늦었다. 그 이유는 부분적으로는 단순히 동유럽은 서유럽만큼 천연자원이 풍부하지 않았다는 사실로 설명될 수 있다. 뿐만 아니라 그나마 있는 천연자원도 국내 개발을 위해서 사용되지 못하고 외부의 이익을 위해 착취되었다. 이러한 양상은 오스만제국과 합스부르크제국이 동유럽과 발칸을 지배한 19세기에 시작되었다. 이후에 동유럽은 나치 독일, 더 가깝게는 소비에트연방의 전후 중앙 계획 경제에 의해 착취되었다.

소비에트 경제 정책은 표면상으로는 자원 사용을 효과적으로 편성해서 동유럽 경제를 발전시키는 것을 목표로 삼고 있었지만 실제로는 소비에트 국내의 이익을 추구하기 위해서 노력했다. 이 시스템을 40년 이상 운용한 결과 소비에트연방이 1991년 무너질 때 동유럽은 사회경제적 혼란에 빠졌다. 그 이후에 일어났던 회복과 발전은 어렵게 진행됐다. 몇몇 나라는 다른 나라들보다 조금 더 빠르게 그리고 충분히 정상 상태로 돌아왔고 그 결과 현재는 동유럽 전반에 걸쳐 부유한 나라와 가난한 나라가 들쭉날쭉 혼재되어 있다(그림 8.32).

1991년 이후의 변화 소비에트의 조정과 보조금이 차지했던 자리는 곧 고통스러운 경제 체제 변화 과정이 차지했고 그것은 많은 동유럽 국가들에게 전면적인 혼란이었다. 소비에트연방이 눈을 내부로 돌려 국내의 경제 정치적 혼란에 집중하자 값싼 천연가스와 석유를 동유럽에 수출하던 것을 멈추었다. 대신에 러시아는 그 연료를 국제 시장에서 팔아 경화를 벌어들였다. 값싼 에너지가 없어지자 많은 동유럽 산업체들은 더 이상 가동할 수 없었고 문을 닫을 수밖에 없어졌고 수백만 명의 노동자들이 일자리를 잃게 되었다. 예를 들면 체제 변화가 일어난 첫 두 해 동안 폴란드에서는 산업 생산이 35% 떨어졌고 불가리아에서는 45% 떨어졌다. 설상가상으로 확보된 것과 다름 없었던 소비에트의 시장은 갑자기 사라져버려서 동유럽 경제의 붕괴를 더욱 가속화시켰다.

복구를 위해 이 나라들은 그들의 경제를 서유럽으로 향하게 전환하였다. 그러나 이는 국가 소유 및 통제의 사회주의 경제 체제를 개인 소유와 자유 시장의 자본주의 경제 체제로 이동시키는 것을 의미한다. 소비에트의 지원과 보조 없이, 동유럽의 국가들은 완전히 새로운 경제 체계를 세우고 새로운 세계 시장에서 경쟁하는 것이 필요했다. 폴란드, 체코공화국, 슬로베니아, 슬로바키아 등의 몇몇 나라들은 그 전환을 빠르게 하였으며, 주로 발칸 반도 국가들과 같은 다른 나라들은 일이 더뎠다(그림 8.33).

유로존의 다짐과 문제

국가 주권의 전통적인 측면은 자신의 통화 시스템을 제어할 수 있는 능력이며, 실제로 20여 년 전까지의 유럽은 그러했다. 20세기 동안에 독일의 통화는 도이치마르크, 프랑스는 프랑, 이탈리아는 리라, 스페인은 페세타 등등이었다. 그러나 오늘날, 대부분의 유럽 국가들은 국가 화폐를 공통 화폐인 유로로 바꾸었다. 이 변화는 1999년에 시작되었으며, 15개 EU 회원국 중 11개가 동참하여 **경제통화동맹**(Economic and Monetary Union, EMU)을 구성하면서부터이다. 2002년, 새로운 유로 동전과 지폐가 EMU 국가의 국가 화폐를 대체하였다. 이는 유럽의 경제적 세부 지역을 창출하여 흔히 **유로존**(Eurozone)이라 불리었다. 오늘날 EU의 28개 회원국 중 19개 회원국이 유로를 사용한다.

공통 화폐를 채택함으로써, 유로존 회원국들은 다른 화폐들에 주어지는 지불 관련 비용을 제거함으로써 국내와 국제 비즈니스 모두의 효율성을 높이려 하였다. 비록 많은 전통적 경제학자들이 이 공통 통화 체계에 대해 불안해했고(아직도 불안해하지만), 공통 통화를 통한 유럽 통합의 정치적 목표는 달성되었다. 1999년 몇몇 유럽 회원국들은 그들의 국가 화폐 시스템에 대한 통제력을 상실하는 데 저항하였고 유로존을 탈퇴하였다. 이에 따라 영국

그림 8.31 **유럽연합** 유럽의 경제 및 정치 통합의 원동력은 1950년대에 지역의 석탄 및 철강 산업 재건에 초점을 둔 6개 회원국으로 시작한 유럽연합(EU)이었다. 2015년 현재 EU 회원국은 28개국이다. 터키, 세르비아, 마케도니아, 아이슬란드 등 공식 지원국 외에도 몇몇 발칸 국가들이 EU에 신청할 준비를 하고 있다. 노르웨이는 EU의 회원국이 아닌데, 그 주된 이유는 회원국이 노르웨이의 어업을 규제할 것이기 때문이다. Q : 스위스는 왜 EU 회원국이 아닌가?

은 아직도 전통 화폐인 파운드를 사용하며, 덴마크의 크로네와 스웨덴의 크로나 역시 그렇다.

불가리아, 크로아티아, 체코공화국, 헝가리, 폴란드, 루마니아의 비유로 EU 회원국들은 법적으로 어떤 미래의 날짜에 유로존에 가입할 의무가 있다. 그러나 이 확장 프로세스로는 EMU의 단점을 조명한, 길고 논쟁적인 재정 위기로 인해 최근 둔화하고 있다.

2015년 그리스 채무 위기와 유로존에 대한 시사

유럽은 오랫동안 풍요한 나라들과 가난한 나라들의 다양한 모자이크로 구성되어 있다. 역사적으로, 이 차이는 부유한 공업 중심지 — 잉글랜드, 프랑스, 독일, 네덜란드, 벨기에, 북부 이탈리아 — 와 가난한 지중해 농업 주변부 — 스페인, 포르투갈, 남부 이탈리아, 발칸 반도, 그리스 간이었다. 이 경제 불균형을 완화하기 위해, EU의 창립 가정은 부유한 국가들이 금융 대출과 보조금을 통해 가난한 국가를 도와야만 통합이 가시화할 것이라고 했다. 1999년 EMU의 창설은 이 과정을 더 진행시켜 새로운 공통 통화 시스템에서 상대적으로 저렴한 대출이 가능토록 하였다.

처음에, 그리스, 포르투갈, 스페인이 기존의 부채를 갚고 실업

(a)

(b)

그림 8.32 **폴란드의 오래된 것과 새것** (a) 바르샤바의 구도심은 비스와 강안에 최초 13세기에 설립되었다. 오늘날 그것은 역사적인 폴란드의 상징일 뿐 아니라 국가의 자존심과 복원력의 증거이기도 하다. 1938년에 구도심은 히틀러의 폴란드 침공 기간 동안 나치 독일 폭격기에 의해 파괴되었다. 폴란드 시민들은 저항의 상징으로 구도심을 재건했지만 1944년 바르샤바 봉기 이후 나치에 의해 다시 한 번 체계적으로 파괴되었다. 가장 최근에는 전후 기간에 구도심이 재건되어 1994년 세계문화유산이 되었다. (b) 바르샤바의 구도심에서 도보로 10분 거리에 있는 바르샤바 신도심 내 이 나라의 새로운 상업 중심지가 있다. 오른쪽에는 1999년에 세워진 바르샤바 금융센터, 가운데에는 48층의 바르샤바 인터컨티넨탈 호텔, 그리고 왼쪽에는 2014년에 완공된 54층 주거 빌딩인 즈워타 44가 위치해 있다. 다른 3개의 주요 고층 건물은 이 신도심 지역에 건설 중인데, 이는 과거 소비에트 위성국가에서의 경제 활성화의 징표이다.

을 줄이고 소비자 기반을 확장하기 위해 돈을 빌릴 때는 이 프로세스가 잘 작동하는 듯 보였다. 그러나 2008년 세계 금융 위기의 충격파가 유로존을 강타하며, 채무국들은 부채로 절망적이 되는 안타까운 사실이 나타났다. 이 시점에서 검소한 것으로 유명한 두 부유한 나라 독일과 네덜란드가 이끄는 채권국들은 채무국들이 긴축 프로그램을 이행하기 위해 정부 지출을 줄이고 세수를 늘여 수익을 높일 것을 요구하였다. 결과적으로 일자리가 사라지고 연금이 줄며 사회적 서비스가 증발하고 세금이 늘며 식품 및 기타 필요 상품 가격이 치솟으면서 과거 은행가들의 금융적 추상 개념이었던 것이 이제는 인도주의적 위기가 되었다.

EMU 이전, 금융 문제를 겪는 국가들은 그들의 통화를 가치 하락을 통해 조정하였는데, 이는 부채를 벗어나는 흔한 방법이다. 그러나 이는 EMU하에서는 허용되지 않는다. 유로는 유럽중앙은행(ECB)이 통제하는 공통 통화이기 때문이다. 따라서 고통은 지속되었다. 수천 개의 포르투갈과 스페인 사람들은 솅겐 내의 새로운 이동성의 이점을 취해, 그들의 집을 떠나 독일, 네덜란드, 영국, 벨기에의 직장으로 향했다. 그리스에서는 사람들이 길거리로 나가 폭동과 시위에 참여하고 정부를 자주 바꾸었다(그림 8.34). 2015년의 초여름까지, 그리스는 경제 붕괴 직전에 있었으며 유로 위기의 초점이 되었다. 35억 유로의 부채 상환이 7월까지였고 정부는 그것을 갚을 방법이 없었다. 은행은 문을 닫고, ATM 기계들은 돈이 말랐다. 식품이나 의약품과 같은 필수 수입품은 오도 가도 못했다. 그리스의 여름 경제의 주 고객인 관광객은 떠나버렸다.

그리스의 옵션은 제한되었다. 그리스는 ECB로부터 더 많은 돈을 빌리고 최선을 기대하거나, 혹은 그 대안으로 파산을 선언하고 유로존을 떠나 전통의 화폐(드라크마)를 다시 만들고 그럭저럭 어떻게든 해낼 수 있다. ECB로부터 더 많은 돈을 빌리는 협상은 구차했다. 570억 유로를 그리스에 빌려준 독일은 분노했고, 그리스의 방탕(돈 낭비의 점잖은 말)을 의심했다. 독일은 더 이상의 대출을 거부했을 뿐 아니라 그리스에게 유로존에서 나가라고 요구했다. 그리스에게 430억 유로를 빌려준 프랑스는 이해가 살짝 높아, 일이 되도록 할 것을 제안했다. 긴축을 통해 수지를 성공적으로 꼭 맞춘 국가들인 네덜란드, 핀란드, 아일랜드는 독일의 강경 입장을 지지했다. 잠재적인 유로 국가인 폴란드, 불가리아, 루마니아는 그들의 유로존 회원을 보류하였다. 심지어 러시아는 그리스의 채무 탕감을 제안하기도 하였는데(비록 전문가에 따르면 러시아는 그런 금융적 수단을 갖고 있지도 않지만), 그 제안은 지정학적 의미 때문에 NATO 본부를 오싹하게 하였다.

마지막으로, 말 많던 수개월의 협상 이후, 그리스와 유로존은 2015년 8월에 제3차 긴급 구제기금에 대한 합의에 이르렀는데, 많은 사람들이 단지 임시 해법이라 믿었다.

그럼에도 불구하고, 이 오랜 협상은 여러 가지 방향으로 유로존의 미래에 대한 논의를 변화시켰다.

- 유럽의 부유한 국가들이 지역의 가난한 국가들에게 보조금을 줄 것이라는 가정은 수정되어야 한다.
- 유로존이 살아남아야 한다면, 그것 역시 수정되어 개별 국가들이 국내 금융을 관리하는 데 좀 더 유연성을 허용해 주어야 한다.
- 그리스가 유로존을 떠난다는, 전에는 생각할 수 없던 일이 이

그림 8.33 **유럽의 발전 문제 : 경제 격차** 이 지도는 북유럽과 지중해 사이(노르웨이와 포르투갈), 전통적인 서유럽과 동유럽의 옛 소비에트 위성국가들 사이(프랑스와 루마니아 및 불가리아와 독일)에서 현저한 차이를 보이는 오늘날 유럽의 빈부 격차가 여전함을 나타낸다. 그러나 일부 주목할 만한 구소련 위성국가들(폴란드, 체코, 슬로베니아)은 다른 국가들(라트비아, 불가리아, 루마니아)보다 더 잘하고 있다. Q : 구소련 위성국가들 사이의 오늘날 경제적 격차를 설명할 수 있는 요소는 무엇인가?

제는 유로존의 미래에 대한 대화에서 받아들여지게 되었다. EU를 향한 그러한 이민의 비용은 수정하여 저하되었다.

- 국제통화기금은 과거 유로존 부채를 지속적으로 비판하는데, 현재의 해법이 불안정하다고 보았기 때문에 그리스 부채의 실질적인 감소에 가장 강력한 옹호자가 되었다.

유럽의 사회적 발전 : 성 문제

여성 정치 지도자의 가시성과 유럽은 세계에서 가장 발전된 지역 중 하나로 간주된다는 사실에도 불구하고, 성평등 문제는 정부, 기업, 국내 생활에 지속된다. 예를 들어, 전체 EU 국가의 경우 남

그림 8.34 **유로존 위기에 대한 반발** 그리스는 유로 위기로 인해 심각한 고통을 겪었고, 구제금융에 의한 재정 정책에 대항하여 주민이 격렬히 항의했다. 그리스 아테네의 노동조합은 이 정책들에 항의한다. 트로이카라는 용어는 원래 소비에트 시대 세 부분으로 된 리더십을 묘사하는 데 사용된 러시아어인데, 여기서는 그리스, 유럽연합, 유럽중앙은행 및 국제통화기금(IMF) 등 그리스에 대한 구제금융을 관리하는 세 기관에 대한 어울리지 않는 지칭이다.

그림 8.35 **유럽 비즈니스 세계의 여성** 유럽의 노동력에서 여성의 고용은 국가와 지역에 따라 크게 다르다. 예를 들어, 스칸디나비아는 고위직에서 여성 비율이 가장 높다. 이것은 지중해 국가에서의 가장 낮은 비율과 대조된다. 이 사진은 독일 베를린에서의 한 비즈니스 회의 장면이다.

성의 고용은 여성보다 21% 높고, 일하는 여성은 일반적으로 남성보다 25% 덜 번다.

그러나 국가, 도시, 농촌, 이주 문화가 뒤섞여 있는 유럽의 복잡성하에서 성 문제의 본질과 범위는 국가와 지역에 따라 많이 다르다. 예를 들어, 28개의 EU 국가들 내에서 의회의 약 1/4은 여성이다. 스웨덴은 대표성이 가장 높아서 장관의 절반 이상이 여성인 반면, 사이프러스는 하나도 없다. 마찬가지로, 비즈니스 세계에서는 유럽의 가장 큰 회사 중 11개만이 최고경영에 여성이 있으나, 노르웨이에서는 최고경영의 거의 1/3이 여성이며, 룩셈부르크의 단지 1%와 비교된다(그림 8.35).

한 가지 흥미로운 패턴은 노동력에서 여성의 참여가 동유럽과 발칸 반도 국가들에서 일반적으로 더 높다는 것이다. 2개의 서로 관련된 요인이 이를 설명한다. 첫째, 1945년에서 1990년 기간 동안 여성은 이들 나라의 공산주의 경제에서 일할 것이 기대되었다. 둘째, 1991년 소비에트 연방의 붕괴를 따른 경제 체제 변화 동안 가족은 생존을 위해 둘이 벌어야 할 필요가 잦았다. 이유가 어떻든 그 결과는 놀랄 만하다. 오늘날 불가리아는 모든 EU 국가 중 여성 CEO의 비율(21%)이 가장 높다. 과거 사회주의 유고슬라비아의 부분이었던 슬로베니아는 남녀 간 소득 격차가 가장 적은 나라이다.

여성은 스칸디나비아 국가에서 정부와 기업 모두에서 잘 대표되나, 동유럽이나 발칸 반도에서와는 매우 다른 이유로 그렇다. 스칸디나비아의 성평등의 기초는 충실한 탁아, 남녀의 출산 휴가 이후 고용 안정과 경력 향상을 보장하는 자유로운 가계 수입, 2인 소득 가정에 중과하지 않는 조세 체계 등의 결합으로부터 얻어진다는 데 일반적으로 동의한다. 결국, 노르웨이와 스웨덴은 노동력에서 가장 높은 여성 비율을 갖고 있다. 포르투갈은 71%로 세 번째로 높은 비율인데, 힘든 경제 상황 때문에 여성이 선택보다는 보통 필요에 의해 일을 하며, 이로 인해 조부모와 다른 가족 구성원이 육아를 돕는다. 이는 스칸디나비아에서 일반적인 정부 지원 육아와는 다른 것이다.

유럽의 거대한 이민 문화와 원주민 문화 내에서 매우 복잡한 성 문제가 간과되어서는 안 된다. 프랑스의 국가 정책이 무슬림의 성과 문화 선호와 어떻게 얽히게 되었는지는 앞서 언급되었다. 이러한 복잡성의 다른 예는 독일에서 찾을 수 있는데, 국가가 문화적 긴장에 휩쓸려 있다. 이는 가사를 넘어서는 여성의 자유 증가에서 터키의 부정 여인 살해 집행까지 다양하다. 터키의 젊은 여성은 부모의 동의 없이 데이트나 결혼을 하는 등의 행동으로 인해 목숨을 잃는데, 이는 독일의 문화에서는 흔한 것이지만 전통 터키 문화에서는 용인될 수 없는 것이다.

확인 학습

8.18 유럽의 초기 산업의 위치를 나타내는 지리적 요인에 어떤 것이 있는가?

8.19 EU 목적의 기원과 진화에 대해 기술하라.

8.20 왜 그리고 어떻게 동유럽이 지난 20년 동안 경제를 재건했는가?

8.21 유럽의 노동력에서 여성의 지리학적 가변성을 설명하는 요인을 논하라.

주요 용어 산업혁명, 경제통화동맹(EMU), 유로존

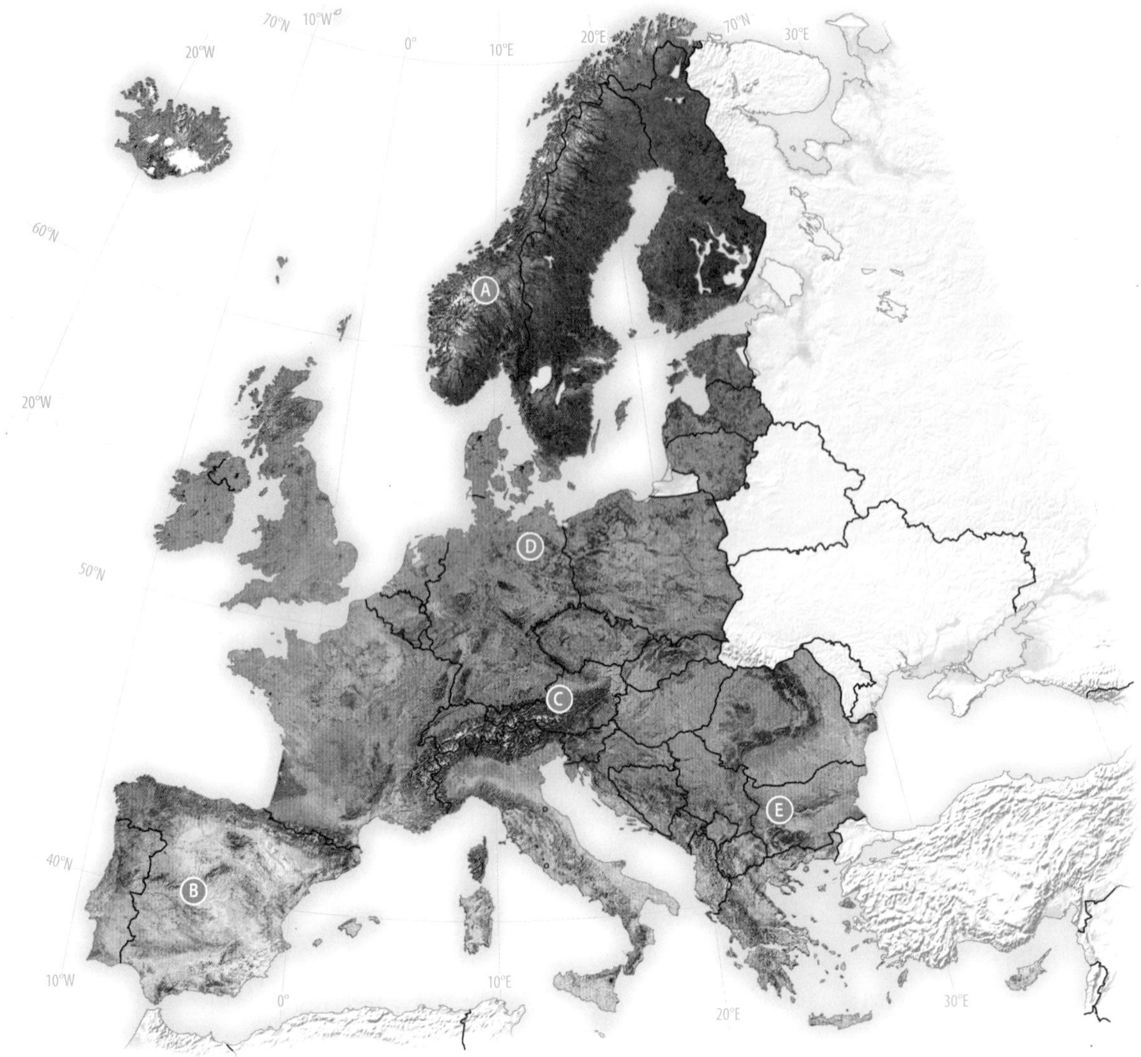

요약

자연지리와 환경 문제

8.1 **유럽의 지형, 기후 및 수문학적 특성을 기술하라.**
8.2 **유럽의 주요 환경 문제와 그 문제를 해결하기 위한 조치를 기술하라.**

대규모의 위도 확장으로 인해 유럽에는 북극의 툰드라에서 건조한 여름 지중해의 수목 지대까지 다양한 기후와 경관이 존재한다. 환경 문제와 관련하여 EU의 지도력은 서유럽과 동유럽 모두에서 국경을 넘나드는 물, 공기 및 독성 위험의 문제들을 해결하는 데 중요한 역할을 해왔다. 또한 유럽은 배출권 거래제도를 통해 대기 배출량을 줄이는 데 주도적인 역할을 하고 있다.

1. 노르웨이 해안을 따라 존재하는 주된 지형과 그를 만들어낸 지형 작용은 무엇인가?
2. EU는 2020년까지 1990년 배출 가스 수준의 20% 이하로 CO_2를 줄이겠다고 제안하였다. 어떻게 이것이 추진되는가?

인구와 정주

8.3 **자연 성장률이 다른 국가의 사례를 제시하라.**
8.4 **유럽 내에서의 내부 이주 패턴과 이 지역으로의 외국 이주의 지리적 특성을 설명하라.**

아일랜드라는 눈에 띄는 예외 말고는, 모든 유럽 국가들은 자연적 인구 성장에 관해 대체 수준을 밑돌고 있다. 가족 친화적 정책을 통해 이것이 바뀌지 않는다면 미래 인구 성장(혹은 감소)은 전적으로 유입 이민에 의해 결정될 것이다.

3. 이 스페인 지도에서 서로 다른 인구밀도에 대한 이유를 설명하라.
4. 표 A8.1 (인구) 자료를 이용하여, 이민으로 인해 어느 나라가 인구가 늘고 어느 나라가 줄어드는지를 보여주는 단순한 지도를 그려라.

문화적 동질성과 다양성

8.5 유럽의 주요 언어와 종교에 대해 설명하고 지도로 표시하라.

역사적으로, 유럽의 다양한 문화지리학은 무엇보다 언어와 종교의 산물이다. 그러나 오늘날 이는 더욱 복잡해졌는데, 그것은 이민 문화와 상호 교류하는 확산된 전 지구적 영향 때문이다. 전통적 · 지구적 · 인종적 문화의 복잡한 혼합은 그 결과이다. 한 예로, 프랑스가 미국의 영어 사용 미디어와 길거리의 아프리카 이민들의 대화 현실에서 전통의 프랑스어를 지키기 위해 어떻게 노력하고 있는지를 보라.

5. 이 오스트리아 잘츠부르크의 문화 경관의 사진이 당신에게 이 나라의 문화지리학에 대해 무엇을 말하고 있는가?
6. 프랑스의 무슬림 인구의 출생률과 사망률에 대한 정보를 찾아라. 이들이 이 나라의 원주민의 그것과 어떻게 비교되는가? 이것이 프랑스의 문화지리학에 어떻게 영향을 끼치겠는가?

지정학적 틀

8.6 지난 100년 동안 유럽 국가의 지도가 어떻게 변했는지를 기술하라.
8.7 냉전 기간 동안 유럽이 왜, 어떻게 분리되었는지, 그리고 오늘날 지리적 시사점은 무엇인지 설명하라.

유럽의 국경은 두 차례의 세계대전, 1990년의 냉전 종식, 구 유고슬라비아의 권력 이동 등으로 인해 20세기 동안 종종 바뀌었다. 오늘날 여러 정도의 분리주의가 있는데, 여기에는 스페인 바스크와 카탈루냐에게 주어진 자치권으로부터 스코틀랜드가 영국으로부터 분리될 매우 실제적인 가능성까지 여러 가지가 있다.

7. 이 표시는 베를린의 상징에 있다. 왜인가?
8. 독립 스코틀랜드가 재정 · 무역 · 국방 문제를 어떻게 풀어나갈지를 결정하는 2014년 스코틀랜드 독립투표에 대한 정보를 인터넷에서 검색하라.

경제 및 사회 발전

8.8 EU가 주도하는 유럽의 경제적 · 정치적 통합에 대해 설명하라.
8.9 유럽의 현재 경제 위기 및 사회적 위기의 주요 특징을 기술하라.

수십 년의 전후 경제 성장 이후, 유럽은 이제 골칫거리인 재정 위기의 수렁에 빠졌다. 유럽의 공통 통화 프로그램에 대한 문제 제기와, 유럽의 부유한 나라들과 그리 부유하지 않은 나라들 간의 경제적 · 사회적 불균형이 악화되고 있는 것 등이다.

9. 불가리아의 사회적 · 경제적 상태에 관한 표 A8.1과 A8.2의 자료를 검토한 후, 소피아의 이 길거리를 따라 일어나는 활동들이 1990년 이래로 어떻게 변화해 왔는가에 대한 짧은 설명을 기술하라.
10. 영국이 EU에 잔류하는 것에 대한 논쟁을 논의하고 비판하라.

데이터 분석

http://goo.gl/dSEMCq

유럽에서 정치적 망명을 찾는 법외 이민자의 유입은 이 지역을 압도한다. 이 연습문제는 당신이 이러한 이민 위기를 더 잘 이해할 수 있도록 기획되었다.

1. EU의 Eurostat 웹사이트에 가서 망명 통계를 보고 자료 표 오른편 열과 왼편의 해당 텍스트 내용을 살펴보라. 망명 희망자는 많은 나라로부터 온다는 사실에 주목하고 모든 서로 다른 EU 국가에서의 망명 신청 현황을 정리하라.
2. 이제, 서로 다른 이민 유출 국가들을 서로 다른 유럽 국가들로 연결하는 지도나 바 차트를 작성하라. 각 EU 국가별로 1개나 2개의 가장 핵심적인 유출 국가를 연결하면 이를 가장 간단히 작성할 수 있다. 무엇을 발견했는지 1~2문단으로 요약하라.
3. 다음으로, 자료 표로 가서 이민자들의 망명 신청이 성공적이었는지를 확인하라. 즉, 이민자가 망명을 허가받고 유럽에 머물렀는지 혹은 원래 국가로 돌려보내졌는지를 확인하라. 다시 한 번, 여러분이 발견한 것을 지도나 표의 형태로 표현하라.
4. 어느 국가들이 망명 신청을 가장 잘 받아주고 어느 국가들이 그렇지 않은가? 국가의 부(1인당 국내총생산으로 측정), 실업률, 자연 출산율, 종교와 언어 등의 문화적 요인 등 사회적 요인들을 고려하라. 당신의 발견 내용과 그 논리적 이유를 설명하는 요약 에세이를 작성하라.

주요 용어

가족 친화적 정책
경제통화동맹
냉전
대륙성 기후
르네상스-바로크 시대
망명법
민족국가
민족통일주의
바르샤바 조약
발칸화
북대서양조약기구
산업혁명
서안해양성 기후
솅겐 협정
완충지대
유럽연합
유로존
이양
중세 경관
지중해성 기후
철의 장막
키릴 문자
피오르

9 러시아 권역

자연지리와 환경 문제

러시아 권역의 여러 지역은 소비에트 시대(1917~1991) 동안 심각한 환경 피해를 입었다. 오늘날 대기, 수질, 독성 화학물질, 핵 오염이 이 지역의 많은 부분에 걸쳐 퍼져 있다.

인구와 정주

러시아 권역 내의 도시 풍경은 러시아제국, 사회주의 그리고 전후 공산주의의 혼합된 발자취들을 놀랍게 보여주고 있다. 러시아 권역 내의 대도시들은 북아메리카와 서유럽의 대도시에서 보여지는 것과 같은 스프롤과 탈집중화의 추세를 보여주고 있다.

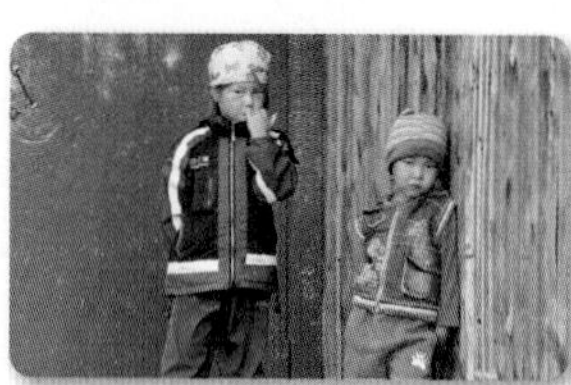

문화적 동질성과 다양성

러시아 권역은 슬라브 문화의 영향이 지배적이기는 하다. 그러나 시베리아에 있는 토착민들이나 코카서스 산맥을 중심으로 퍼져 있는 다양한 인종적 그룹 또한 러시아 권역의 문화적 · 정치적 지형을 이루고 있다.

지정학적 틀

블라디미르 푸틴 대통령 치하의 러시아의 권력은 중앙집중화되어 왔다. 그 결과 이웃하고 있는 우크라이나와 갈등이 지속되고 있으며 러시아 자체의 민주주의적 자유 또한 제한되고 있다.

경제 및 사회 발전

에너지 가격의 하락, 러시아에 대한 경제 제재, 우크라이나의 전쟁으로 인해 러시아의 경제 상황은 최근 어려움을 겪고 있다.

◀ 우크라이나의 내전으로 인해 동우크라이나에 있는 드발체프는 황폐화되었다. 러시아군과 우크라이나군이 드발체프를 전쟁터로 만들면서 수많은 거주민들이 도시를 떠났다.

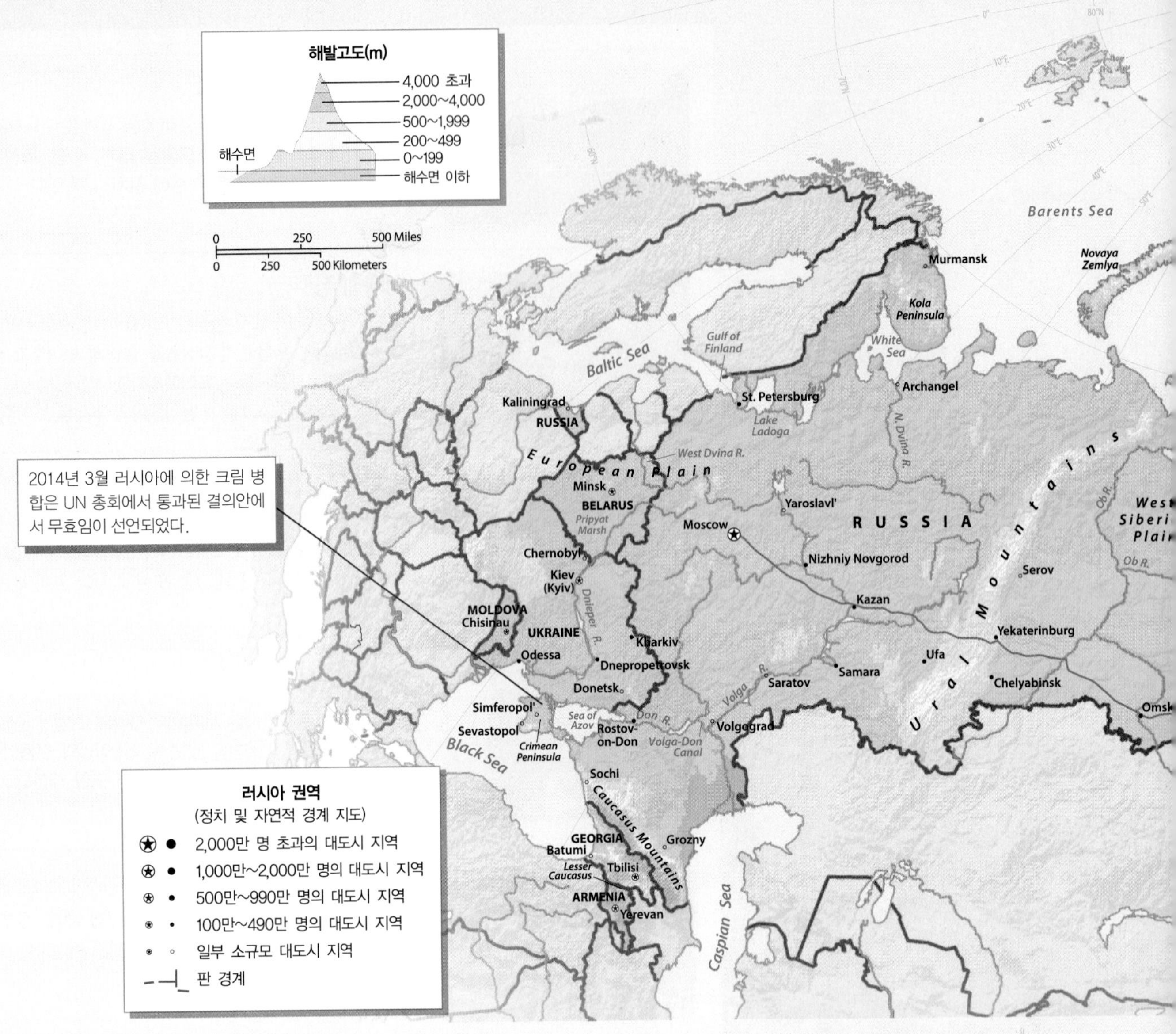

우크라이나 동쪽에 위치한 드발체프의 황폐화된 거리는 유럽의 최근 정치적 상황의 심각성을 보여준다. 폐쇄된 공장과 학교들, 버려진 가정집, 폭력의 협박은 2014년에 내전이 발발한 이래로 우크라이나 동부 거의 대부분의 지역에서 찾아볼 수 있다. 러시아가 지원하는 반군, 특히 루한스크와 도네츠크 지역은 키예프로부터 독립을 선언하며 새로운 '인민공화국'을 세웠다. 루한스크, 도네츠크, 드발체프와 같은 도시들은 집중 포화를 받고 있다. 이 중앙정부로부터 떨어져 나온 지역에서 러시아의 지원을 받는 반군들은 자신들의 정치적 독립을 지키려고 노력하고 우크라이나군은 중앙국가의 권위를 되찾으려 하고 있기 때문이다. 결과적으로 전쟁으로 황폐화된 이 지역의 풍경은 21세기 유럽이라기보다는 제2차 세계대전 이후의 풍경에 더 가깝다.

최근의 불안정한 분위기가 새로울 것은 아니다. 1991년에 러시아 지역은 소비에트연방의 완벽한 붕괴를 목격했다. **소비에트연방**(또는 소비에트사회주의공화국연방, USSR)은 1917년 이래로 러시아 지역을 지배해 온 공산주의 국가이다. 15개의 이전 '공화국들'이 USSR 아래 모였다. 현재는 독립되어서 각각의 공화국은 소련 이후의 세계에서 살길을 모색하기 위해 노력하고 있다. 크기로 보나 정치적 영향력으로 보나 러시아공화국이 가장 우세하며 새로운 러시아 권역에서 핵심을 형성하였다. 오늘날 러시아 권역은 러시아뿐만 아니라 우크라이나, 벨라루스, 몰도바, 조지아, 아르메니아를 아우르고 있다(그림 9.1). **권역**이라는 용어는 다른 다섯 나라에 대한 러시아의 지속적인 영향력을 의미한다. 슬라브 러시아, 우크라이나, 벨라루스가 이 권역의 핵심을 이룬다. 비옷하고 있는 몰도바와 아르메니아는 러시아의 지정학적 궤도의 바깥쪽에 남아 있다. 러시아와 조지아는 긴장 관계를 유지한다. 조지아 내에 최근 일어난 갈등으로 인해 러시아군이 그 작은 나라에 들어왔다.

2개의 중요한 지역이 옛 소련의 일부였다가 현재 러시아 권역

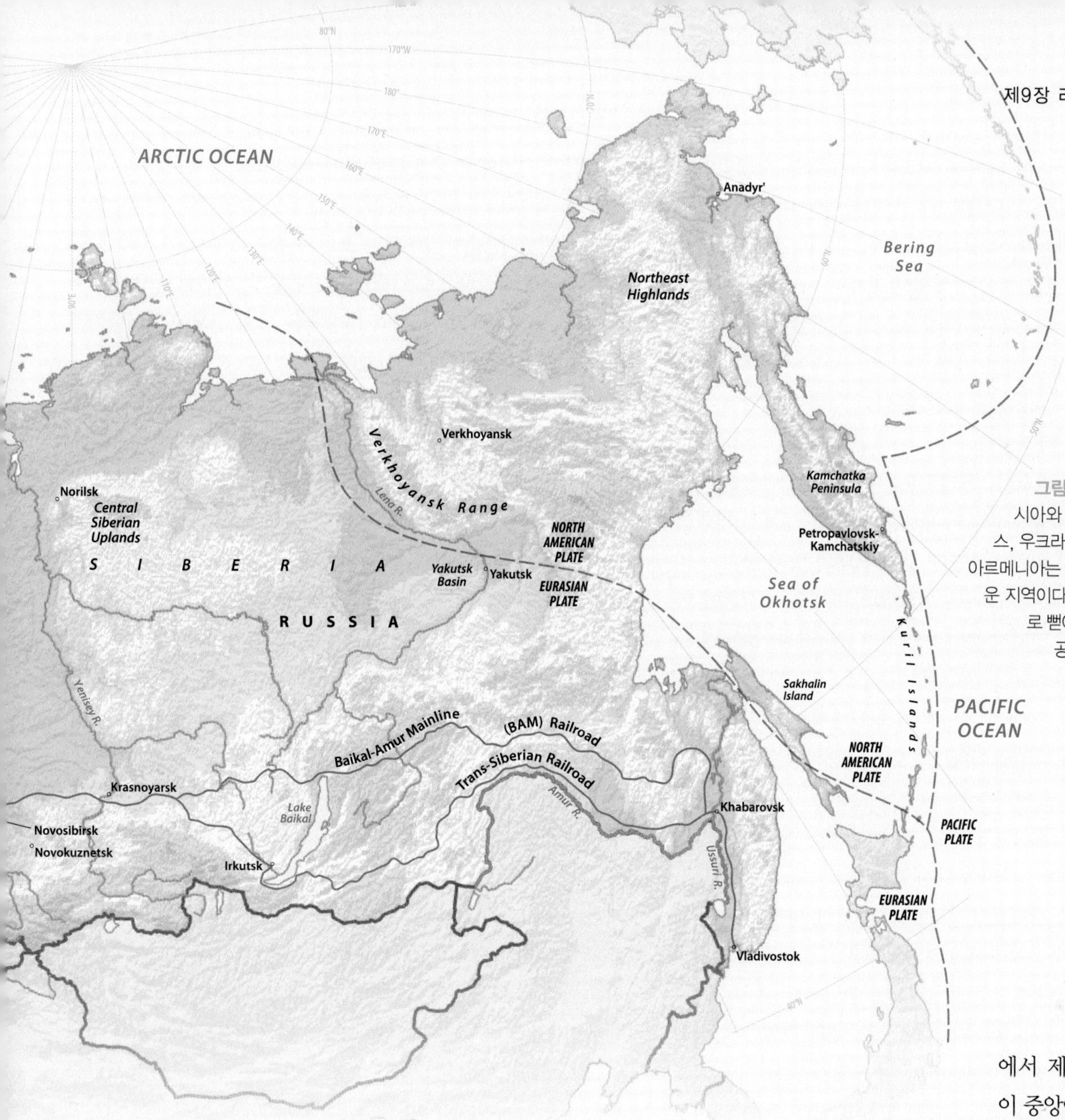

그림 9.1 러시아 권역 러시아와 그 주변 국가인 벨라루스, 우크라이나, 몰도바, 그루지아, 아르메니아는 역동적이고 예측이 어려운 지역이다. 발트 해에서 태평양으로 뻗어 있는 이 지역은 거대한 공업 중심지, 광대한 농경지, 정주 인구가 희박한 툰드라를 포함한다.

에서 제외되었다. 대부분이 중앙아시아와 코카서스의 무슬림 국가들(카자흐스탄, 우즈베키스탄, 키르기스스탄, 투르크메니스탄, 타지키스탄, 아제르바이잔)이다. 이들은 러시아와의 관계를 유지하기는 하지만 중앙아시아 지역의 세계의 일원이 되었다(제10장 참조). 한편 발트 국가들(에스토니아, 라트비아, 리투아니아)은 유럽으로 구분된다(제8장 참조).

> 외국인 투자의 새로운 패턴과 새로운 인구 이동은 러시아 권역의 소비에트 이후 국제적 연계의 예측 불가의 특징을 보여준다.

학습목표

이 장을 읽고 나서 다시 확인할 것

9.1 러시아의 위도, 지역 기후 및 농업 생산 간의 긴밀한 연관성을 설명하라.
9.2 이 지역에 영향을 미치는 주요 환경 문제를 기술하고 기후 변화가 고위도 지역에 어떻게 영향을 미칠 수 있는지 논하라.
9.3 소비에트와 포스트 소비에트 시대 모두에서 이 지역의 주요 이주 패턴을 확인하라.
9.4 모스크바와 같은 대도시의 주요한 도시 토지 이용 패턴을 설명하라.
9.5 유라시아 전역에서의 러시아 확장의 주요 단계를 설명하라.
9.6 언어 및 종교적 다양성의 주요 지역 패턴을 확인하라.
9.7 이 지역의 현대 지정학적 시스템의 역사적 뿌리를 요약하라.
9.8 이 지역의 최근 지정학적 갈등의 예를 제시하고 이들이 지속적인 문화적 차이를 어떻게 반영하는지 설명하라.
9.9 에너지를 포함한 천연자원이 이 지역의 경제 발전을 좌우하는 주요 방법을 설명하라.
9.10 소비에트와 포스트 소비에트 시대의 지역 경제의 주요 분야를 기술하고 최근의 지정학적 사건들이 미래 경제 성장 전망에 어떻게 영향을 미치는지 논하라.

러시아 권역은 최상급이 넘치는 지역이다. 광활한 시베리아의 땅, 끝없는 천연자원, 무자비한 카자크 전사들에 대한 전설, 무력 전쟁과 혁명에 대한 이야기들은 모두 이 지역의 지리적 · 역사적 신화를 이룬다. 진정 러시아 문명의 전개는 미국의 이야기와 놀라울 정도로 비슷하다. 두 문화 모두 시작은 작았다. 하지만 19세기에 모피 교역, 골드 러시, 대륙 횡단 철도로부터 일어난 제국주의적인 권력으로 성장했다. 또한 두 나라 모두 20세기에 산업화를 거쳐 극적으로 바뀌었다.

그러나 최근에는 러시아 지역은 특히 더 놀라운 변화를 목격했다. 1991년 소련이 붕괴되면서 새로운 정치적 · 경제적 변화들이 일상생활을 다시 바꾸어놓았다. 1990년대의 경제 붕괴는 이 지역 전반의 생활 수준을 크게 떨어뜨렸다. 지역 내에서뿐만 아니라 인접 국가와의 정치적 불안정성이 커져만 갔다. 2000년 이후 러시아 내에서 강하고 중앙집권화된 리더십이 러시아 권역을 다른 길로 이끌었다. 높아진 에너지 가격 덕분에 (러시아는 기름과 천연가스의 주요 수출국이다) 이 지역은 경제적 상황이 나아졌다.

2013년 이후에는 러시아 권역에 정치 · 경제적 불안정성이 다시 파도처럼 밀려왔다. 러시아 대통령인 블라디미르 푸틴은 자국에 대한 통치력을 강화했다. 그는 정치적 자유와 언론의 독립을 제한했다. 게다가 우크라이나 지역의 정치적 불안정을 계기로 2014년 러시아는 크림 반도를 불법적으로 합병한다. 우크라이나 동쪽에서 일어나고 있는 반군에 대한 러시아의 지원은 긴장을 더 고조시키고 있다. 이에 따라서 미국을 포함한 많은 서방 국가들은 러시아에 대해서 경제적 제재를 가하고 있다. 또한 2014년과 2015년에 뚝 떨어진 에너지 가격으로 인해 러시아의 수출은 축소되었고 경제적 어려움은 깊어만 갔다.

러시아 지역에서 국제화 과정은 복잡하게 진행되었다. 이 지역과 그 외 나머지 다른 세계와의 관계는 20세기의 마지막 10년 동안 바뀌었다. 중앙집권적인 소련의 통제하에서 이 지역은 막대한 산업적 생산량으로 인해 철, 군사 무기, 석유의 주요 생산국이었다. 소련의 정치 · 군사적 영향력은 세계 전체에 뻗어나가서 미국에 버금가는 초강대국이었다.

1991년 갑자기 공산주의 질서가 사라졌다. 소련 통제가 붕괴하자 이 지역은 성장하고 있던 서유럽과 미국의 영향력에 노출되었다. 세계 경제의 기회와 경쟁의 압력에 모두 드러나게 된 것이다. 그 결과 세계는 관계도를 다시 그리게 되었다. 해외 투자와 이주 흐름에 새로운 패턴이 생겨나게 되었고 소련 시대 이후 러시아 지역이 세계와 갖는 관계의 예측 불가능성이 드러났다(그림 9.2). 러시아와 우크라이나 간의 최근에 빚어지는 갈등, 러시아에 대해 높아져가는 경제 제재, 요동치는 에너지 가격은 불확실성이 아직 남아 있다는 것을 보여준다.

슬라브 러시아 (인구 1억 4,200만)가 이 지역을 차지하고 있다. 이전 소련의 3/4 크기밖에 되지 않지만 러시아 권역은 여전히 지구에서 가장 큰 국가이다. 1,700만 km^2에 이르는 지역은 심지어는 캐나다조차 작아 보이게 만든다. 러시아의 시간대는 넓게 펼쳐져 있어서 태평양에 면해 있는 블라디보스토크가 새벽을 맞을 때, 모스크바는 여전히 저녁이다.

소련의 종말은 거의 75년에 걸친 공산주의의 지배를 끝낸 것이다. 10여 년의 정치 · 사회적 혼란기(1991~2000) 이후에 러시아는 새 세기 초반에 놀라운 성장을 이루었다. 강한 지도자라는 평판을 만든 푸틴 러시아 대통령(2000~2008, 2012~)은 러시아의 경제적 성장을 강조해 왔다. 경제 성장의 대부분은 성장하는 중산층과 전문가 계층이 비교적 더 나은 생활 수준을 즐기고 있는 러시아의 도시 지역에 돌아갔다. 그러나 대부분의 시골 지역은 가난에 고통받고 있는 상태다. 또 다른 문제는 푸틴은 부와 권력에 대한 욕망만큼이나 좀 더 중앙집권화된 정치적 통제에 대한 욕망도 크다는 것이다. 소수의 부유한 개인 경영인으로 이루어진, 러시아의 **과두제**(oligarchs) 집권층은 (조직적 범죄행위와 함께) 러시아 경제의 중요한 부분들을 결정한다. 푸틴은 이들과 긴밀한 협력 관계를 맺고 있으면서 그의 행

그림 9.2 **모스크바의 국제 비즈니스** 모스크바 시티라고 알려진 국제 비즈니스 센터는 수도의 서쪽 스카이라인을 지배하며 유럽에서 가장 높은 건물군으로 구성되었다.

그림 9.3 **몰도바 치시나우** 인구 100만 명에 달하는 몰도바의 수도는 이 작은 동유럽 국가에서 경제적으로 가장 풍요로운 지역이다. 그 경관은 여전히 소비에트 시기의 계획과 도시 디자인의 영향을 반영한다.

동에 대한 의구심을 높이고 있다. 여기에 더해서 최근에 우크라이나를 공격하면서 다른 이웃 나라들 (벨라루스와 카자흐스탄)과는 좀 더 긴밀한 경제적 관계를 맺기 위한 새로운 협정을 맺으면서 중앙집권화된 정부에 대한 러시아의 욕망이 소련과 함께 없어진 것은 아니라는 것을 보여주고 있다.

인접 국가인 우크라이나, 벨라루스, 몰도바, 조지아, 아르메니아는 불가피하게 그들의 거대 이웃의 발전에 얽매이지 않을 수 없다. 특히 우크라이나는 유럽의 주요 국가로 성장할 수 있는 충분한 규모, 인구, 자원을 갖고 있다. 그러나 독립 이후에 진정한 정치경제적 변화를 이끌어내기 위해 고전하고 있다. 4,300만의 인구와 풍부한 천연자원을 갖고 있는 우크라이나는 면적이 프랑스와 비슷한 60만 4,000km^{2}이다. 우크라이나에서 지난 수년간 고조되어온 정치적 불안정성으로 인해 러시아의 크림 반도 점령이 일어나게 되었고 이 나라의 동부에서는 (러시아의 지원을 받는) 반군에 의한 내전도 일어나게 되었다.

이웃하고 있는 벨라루스는 더 작다(20만 8,000km^2). 인구는 950만 명 정도로 러시아에 경제적으로나 경제적으로 밀접하게 연관되어 있다. 오늘날 특히 두드러지는 권위주의와 외국인을 배척하는 분위기는 옛 소련 제국주의를 반영한다.

350만의 인구를 갖는 몰도바는 루마니아와 문화적 관계를 갖는다. 그러나 러시아와 경제적 정치적으로 연결되어 있다(그림 9.3). 러시아 남부와 코카서스 산맥과 연한 국경 너머에는 몰도바와 크기가 비슷한 아르메니아와 조지아가 있다. 이들 나라들은 북쪽에 이웃한 슬라브 나라들과는 문화적으로 다르다. 또한 이 두 나라는 현재 중대한 정치적 변화에 직면해 있다. 아르메니아는 아제르바이잔과 적대적으로 대치하고 있다(제10장 참조). 조지아는 인종적 다양성과 이웃하는 러시아와의 다툼이 그 정치적 안정성을 위협하고 있다.

자연지리와 환경 문제 : 광활하고 도전적인 국토

이 지역의 물리적인 지리적 특성은 그 경제적인 발전에 근본적인 영향을 미치고 있다. 예를 들면, 러시아 국토의 광활한 크기는 보기 드문 도전거리를 제시하지만 또한 그것이 갖는 천연자원은 경제 발전에 혜택을 주기도 한다. 동시에 소련 시대(1917~1991) 전대미문의 경제적 발전을 이루었지만 또한 그것은 지역의 환경에 해를 미치기도 했다. 이 지역은 여전히 그 시대의 상처를 간직하고 있다.

다양한 물리적 환경

러시아는 위도상 북쪽에 위치해 있으며 이것이 기후, 식생, 농업을 결정한다(그림 9.1 참조). 실제로 러시아 영토는 계절에 따른 극심한 온도차와 짧은 재배 기간에 의해 결정되는 사람의 정착 가능한 지역 등 세계에서 가장 큰 규모의 고위도의 대륙성 기후의 예가 되고 있다(그림 9.4). 위도의 측면에서 보자면 모스크바는 알래스카의 케치칸이나 심지어는 캐나다의 대호수보다 북쪽에 있는 우크라이나의 수도인 키예프보다도 더 북쪽에 위치해 있다. 따라서 흑해 근처에 있는 아열대 지역을 제외하고 이 지역은 극심하게 추운 겨울과 제한된 농업 가능성 등 전형적인 대륙성 기후를 보여준다.

유럽 지역인 서부 러시아 영토의 서쪽 지역을 비행기를 타고 지나가면 광대하고 거의 변화가 없는 경관을 볼 수 있다. 러시아의 유럽 지역, 벨라루스, 우크라이나는 프랑스의 남서쪽에서 우랄 산맥에까지 이르는 거대한 유럽 대평원의 동쪽 부분을 차지하고 있다. 러시아의 유럽 부분이 갖는 지리적 장점은 현재 모두 운하로 연결된 여러 다른 강들이 4개의 독립된 배수 지역으로 흐른다는 점이다. 그 결과 교역품들은 쉽게 다양한 지역으로 흘러갈 수 있다. 드네프르 강과 돈 강은 흑해로 흐르고, 서드비나 강과 북드비나 강은 발트 해와 백해로 각각 흘러 들어간다. 유럽에서 가장 긴 볼가 강은 카스피 해로 흐른다.

러시아의 유럽 지역 대부분은 북아메리카 지역의 기준으로 볼 때, 추운 겨울과 시원한 여름을 갖고 있다. 모스크바를 예로 들면, 겨울에는 대략 미니애폴리스만큼이나 춥다. 하지만 7월에는 따뜻하다고도 하기 힘들다. 우크라이나의 키예프는 온화한 편이다. 하지만 흑해 근처에 있는 심페로폴은 겨울 평균 온도가 섭씨

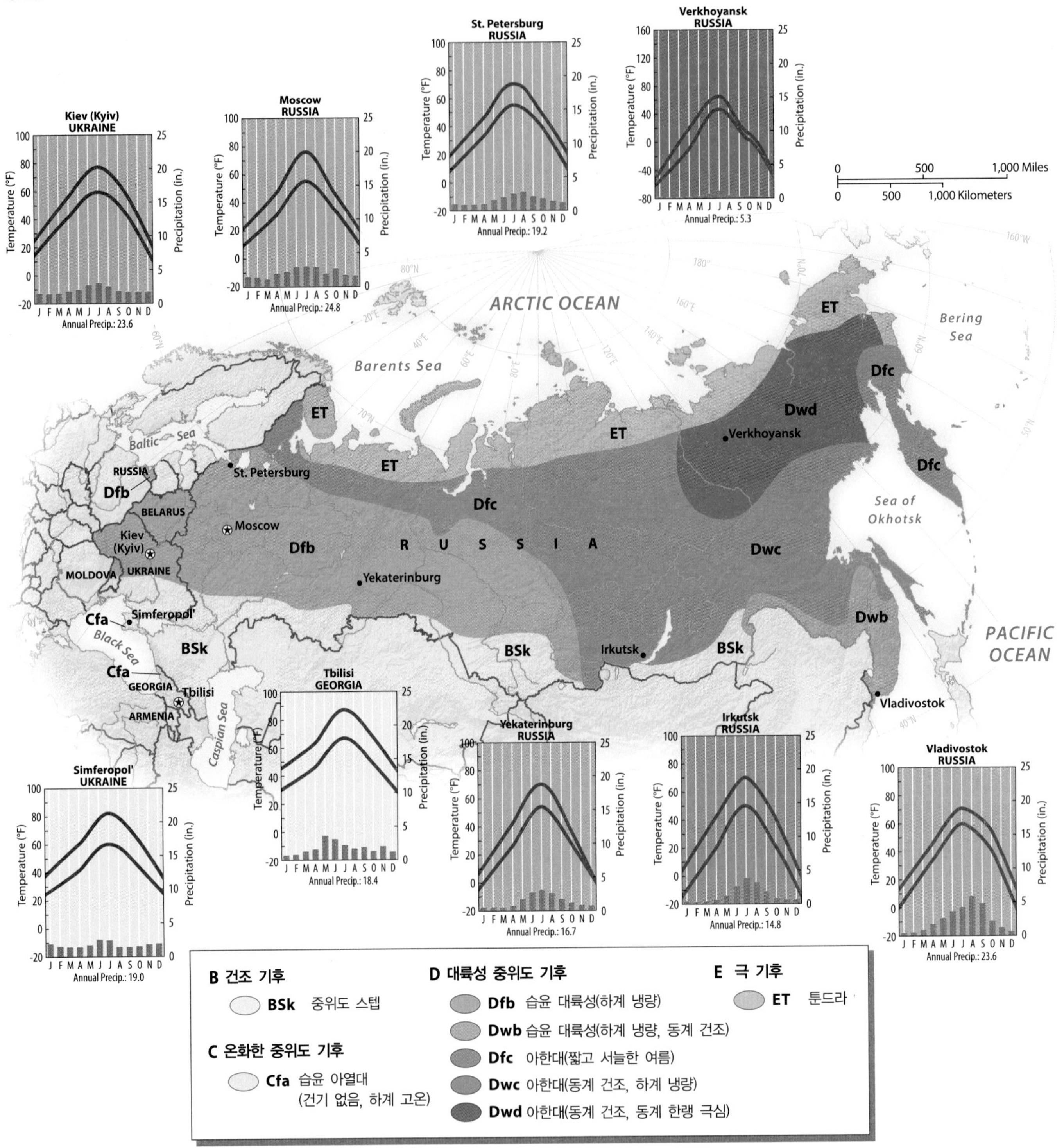

그림 9.4 **러시아 영역의 기후 지도** 이 지역의 북쪽 위도와 큰 대륙은 대륙 기후가 지배적인 것의 이유가 된다. 실제로, 농업은 이 지역 대부분의 짧은 작물 성장 계절로 인해 크게 제한된다. 건조 기후는 또 다른 제약이다. 온화한 중위도 기후의 일부 소규모 지역들만이 흑해의 따뜻한 해안을 따라 존재한다.

11도 이상으로 모스크바의 겨울보다 따뜻하다(그림 9.4 기후 그래프 참조).

유럽에 속하는 서부 지역에서 농업은 세 가지 특징적인 환경에 의해서 결정된다(그림 9.5). 모스크바 북쪽과 상트페테르부르크의 척박한 토양, 낮은 기온은 농업을 심각하게 제한한다. 이 지역의 북쪽에 있는 숲은 광범위하게 벌목되었다.

벨라루스와 유럽의 러시아 지역 중부는 상대적으로 긴 성장기를 갖는다. 그러나 산성인 **포드졸 토양**(podzol soils)은, 북방의 산림 지역에서 나타나는 전형적인 토양으로서 농업 경제의 생산성을 제한하는 요인이 되고 있다. 농업의 다양화 결과 곡류(호밀, 귀리, 밀)와 감자 재배, 돼지 사육과 고기 생산, 낙농업이 이루어지고 있다.

그림 9.5 **농업 지역** 혹독한 기후와 척박한 토양의 결합으로 러시아의 많은 지역이 농업 활동에 제한을 받는다. 더 나은 농지는 우크라이나 남부와 유럽 러시아 남부에서 발견된다. 남부 시베리아 일부는 밀 생산이 가능하나 풍족하지 않다. 러시아 극동 지역에서는 더 따뜻한 기후와 더 나은 토질로 농업 생산성을 높일 수 있다. Q : 주요 농업 지대와 기후 지도상의 패턴 간 관계를 설명하라(그림 9.4).

위도 50도의 남쪽은 러시아의 남부와 우크라이나에 걸쳐 농업 조건이 나아진다. 숲은 점차적으로 스텝 지역에 자리를 내어주어 초지와 비옥한 '흑토', **체르노젬 토양**(chernozem soils)이 나타난다. 이것은 상업적 가치를 갖는 밀, 옥수수, 사탕무의 재배와 상업적인 고기 생산에 중요한 조건으로 증명되었다.

우랄 산맥과 시베리아 우랄 산맥은 유럽의 러시아와 시베리아를 물리적으로 나눈다. 지형적으로 우랄 산맥은 특별히 인상적인 규모는 아니다. 그럼에도 이 산맥의 오래된 암석은 귀중한 광물 자원을 갖고 있다. 또한 산맥 자체는 전통적으로 유럽 러시아 문화의 동쪽 경계가 되어왔다. 2013년 초에 우랄 산맥 남쪽에 위치한 첼랴빈스크는 잠시 전 세계적으로 악명을 떨친 적이 있었는데, 그 도시의 바로 위에서 거대한 유성이 터졌기 때문이다. 수백 명이 부상을 당했고 수천 개의 건물이 피해를 입었다(글로벌 연결 탐색 : 러시아의 유성 조각이 전 세계에 떨어지다 참조).

우랄 산맥의 동쪽에 있는 시베리아는 수천 마일에 걸쳐서 펼쳐진 경관을 보여준다. 북극 끄트머리에 있는 오비 강, 예니세이 강, 레나 강(그림 9.1 참조)으로부터 수백만 평방마일에 이르는 국토의 북쪽 지역(시베리아 서부 평야, 중앙 시베리아 고지대의 언덕과 고원, 바위투성이의 고립된 동북쪽의 산악 지대)의 물이 흘러나간다. 태평양을 따라서 위치한 캄차카 반도는 장관을 이루는 화산 지대의 경관을 보여준다(그림 9.7). 그러나 겨울의 기후 조건은 시베리아 지역 전체에 걸쳐서 혹독하다.

시베리아의 식물과 농업은 기후 조건을 반영한다. 북쪽은 나무가 성장하기에는 너무 춥다. 대신에 이끼, 지의식물, 지표에 붙어서 꽃을 피우는 식물로 특징되는 툰드라 식물의 성장을 돕는다. 툰드라 지역의 대부분은 영구 동토층이다. 한랭 기후에서 토양은 불안정하고 계절에 따라서 어는데 그 밑에는 영구히 얼어

그림 9.6 **우크라이나 스텝 지역** 북아메리카 대평원과 마찬가지로 남부 우크라이나의 대부분은 집약적인 상업 작물 생산 지역이다.

그림 9.7 **캄차카 반도** 러시아의 태평양 연안에는 다양한 화산 경관 특성을 비롯한 많은 자연 장관들이 있다.

그림 9.8 **코카서스 산맥의 위성 이미지** 흑해(왼쪽)와 카스피 해(오른쪽) 사이에 정렬된 험준한 눈 덮인 카프카스 산맥은 문화적으로 다양하고 정치적으로 논란이 되는 러시아 남부와 조지아 사이의 국경을 쉽게 넘나드는 것을 막고 있다.

있는 층이 깔려 있다. **영구 동토층**(permafrost)은 식물의 성장을 제한시키고 철로 건설에 문제를 일으킨다. 툰드라의 남쪽에는 러시아의 **타이가**(taiga) 즉, 침엽수림 지대가 있어서 러시아 국토의 큰 부분을 차지한다. 이웃한 일본과 중국에서 목재에 대한 수요가 크기 때문에 타이가의 동쪽 지대는 허가받은 벌목과 불법 벌목에 의해서 모두 위협받고 있다.

러시아 극동 러시아 극동 지역은 태평양과 가깝고 위도상 좀 더 남쪽에 위치하며, 아무르 강과 우수리 강 같은 비옥한 하곡 지대가 있어서 특징적으로 구분되는 소지역이다. 뉴잉글랜드와 같은 위도에 위치하여 이 지역은 농업 가능한 시기가 더 길고 서쪽이나 북쪽에 있는 지역에 비해서 기후가 더 온화하다. 이곳에서 대륙성 기후의 시베리아 내륙은 동아시아의 계절적 우기를 만난다. 이곳은 생태가 만나는 흥미로운 지역이다. 타이가의 침엽수가 단단한 나무들과 섞이며, 순록, 시베리아 호랑이, 표범이 공존하는 지역이다.

코카서스 산맥과 트랜스 코카시아 유럽의 러시아에서 가장 남단에 코카서스 산맥이 흑해와 카스피 해 사이에 뻗어 있다(그림 9.8). 이 산맥은 러시아의 남쪽 경계가 되고 큰 지진으로 특징된다. 더 남쪽으로 가면 트랜스 코카시아와 자연 환경이 구분되는 조지아와 아르메니아가 있다. 코카서스 산맥과 트랜스 코카시아의 기후와 지형에서 찾아볼 수 있는 유형은 모두 매우 복잡하다. 강수량은 서쪽이 더 많은 반면에 동쪽의 계곡은 반건조 지대이다. 강수가 적당하거나 관개가 가능한 곳이라면 농업은 상당히 발전할 수 있다. 조지아는 특히 과일, 야채, 꽃, 와인을 생산한다(그림 9.9).

황폐해진 환경

소련의 붕괴, 그리고 그 이후에 해당 지역을 전 세계의 일반인에게 개방한 것으로 인해서 세계에서 가장 심각한 환경적 피해 중 하나가 일어났다(그림 9.10). 70여 년에 걸쳐 일어났던 소련의 극심하고 급속한 산업화는 이 지역 전체에 걸쳐서 환경 문제를 일으켰다.

대기와 수질 오염 유해 환경은 여전히 이 지역을 뒤덮고 있다. 나쁜 공기 질은 러시아 전역에 걸쳐서 수백 개의 도시와 산업단지에 영향을 미친다. 소비에트연방 시기에 몇몇 산업 집중 지역에 대규모 산업 처리시설 또는, 제조시설을 건설하는 것에 대한 정책은 환경에 대해 최소한의 조치만 취한 것이고 결과적으로 벨라루스에서 러시아의 시베리아에 이르기까지 오염된 도시들의 집합체가 생겨나게 되었다(그림 9.10 참조). 시베리아 북부의 광산과 제련 도시인 노릴스크는 러시아에서 가장 더러운 도

그림 9.9 **포도 수확, 아열대의 조지아** 흑해 및 그보다 더 남쪽의 위도의 영향은 조지아의 습윤 아열대 농업의 작은 지역을 만든다.

글로벌 연결 탐색

러시아의 유성 조각이 전 세계에 떨어지다

Google Earth (MG) Virtual Tour Video: http://goo.gl/BDsepG

이것은 문자 그대로 전 세계에 울려 퍼진 소리였다. 2013년 2월 15일 아침 9시 20분, 지난 100년간 (1908년에 시베리아의 퉁구스카 지역은 비슷한 사건을 겪었다.) 지구의 대기에 진입한 가장 큰 물체(7000~1만 1,000톤가량)가 우랄 산맥 남쪽에 위치한 러시아의 첼랴빈스크 상공에서 폭발했다(그림 9.1.1). 첼랴빈스크 근처에서는 수천 개의 창문이 부서졌고, 1,200명 이상이 부상을 당했는데, 대부분이 날아오는 유리조각에 의한 부상이었다. 이 불덩이는 지역 주민들을 경악하게 만들었고 사건 동영상은 즉시 전 세계 곳곳에 퍼져 나갔다.

눈 속에 묻힌 보물 폭발 이후 수일 동안 유성 조각들은 지역 주민들의 열성적인 노력에 의해서 발견되었고 곧 세계 곳곳으로 여행을 시작했다. 소문에 의하면 학교 학생들은 사방에서 작고 까만 돌조각들을 찾으며 눈 속을 파헤쳤다고 한다. 어떤 여인은 나무로 지어진 창고에서 주먹만 한 크기의 돌을 발견했는데, 그것은 천장을 뚫고 들어왔다고 한다. 며칠 후에는 못 보던 사람들이 나타나기 시작했다. 그들은 지갑 가득 루블화와 유로를 갖고 왔다고 한다. 그들은 조용히 (러시아 당국은 암시장에서 유성을 거래하는 것을 금지한다.) 하늘에서 떨어진 보물들을 사기 시작했다. 곧 이베이 경매에서는 유성 조각들이 나왔고, 유성 거래 온라인 사이트(www.star-bits.com)에는 첼랴빈스크에서 갓 발견된 것들이 소개되었다. 국제유성수집가협회(International Meteorite Collectors Association, IMCA)의 웹사이트는 전 세계의 방문객들이 모이기 시작했다(그림 9.1.2).

수집의 긴 역사 첼랴빈스크에서 일어난 현상은 새로운 것은 아니다. 지난 수천 년 동안 사람들은 유성을 수집했다. 이집트의 상형문자 중에는 '하늘에서 떨어진 철'이 있고, 몇몇 고고학자는 고대 이집트인이 사막에서 발견한 철과 니켈이 풍부한 유성으로부터 고대 공예품을 만들었다고 믿기도 한다. 실제로 사막 환경은 유성 사냥에 도움이 된다. 2008년 어떤 이탈리아의 지질학자는 북아프리카의 사막에서 특이한 특징을 발견했다고 믿으면서 구글 어스를 탐색하고 있었다. 과연 그것은 분명 150피트 너비의 유성 분화구였다. 그리고 그는 그 고립된 지역에서 수천 개의 유성 조각들을 찾아냈다. 그러나 그가 다음 해에 그곳에 돌아가 보았을 때, 그 자리가 훼손된 것을 발견했다. 곧 이집트의 유성 조각들은 프랑스의 수집가를 위한 쇼에서 판매용으로 나왔다.

현재 첼랴빈스크의 유성 조각들은 전 세계에 흩어져 있다. IMCA의 회원 명단은 마치 UN 회원국의 명단과도 같이 전 세계를 아울러서 독일, 뉴질랜드, 모로코, 중국, 필리핀, 브라질, 아일랜드, 그리고 당연하게도 러시아를 포함한다. 2월 어느 날 아침 하늘에서 떨어져서 지구에 떨어진 것이 순식간에 인간으로부터 의미와 물질적 가치를 갖게 되고 그 자체의 작지만 마술과도 같은 방법으로 더 큰 세계 경제의 조각들이 되었다.

그림 9.1.2 첼리야빈스크 근처에서 유성 조각들이 발견되다 우랄 산맥 남쪽에 위치한 이 지역의 많은 주민들은 유성 조각들을 거래하는 수익성이 좋은 글로벌 시장에서 현금을 벌어들였다.

그림 9.1.1 2013년 첼랴빈스크 상공에 떨어지는 유성 2013년 2월 15일, 거대한 유성이 도시 위에서 폭발하자 놀란 첼랴빈스크 주민들이 상공을 바라보았다.

1. 수집할 만한 물건이나 물질 중에 그 자체의 특징적인 양상으로 세계적으로 이동하고 재분배되는 다른 예로 무엇이 있는가?
2. 상대적으로 적은 인구와 고립된 특징을 갖고 있는 러시아에서는 지구로 떨어지는 유성과 자주 만나게 되는 이유는 무엇일까?

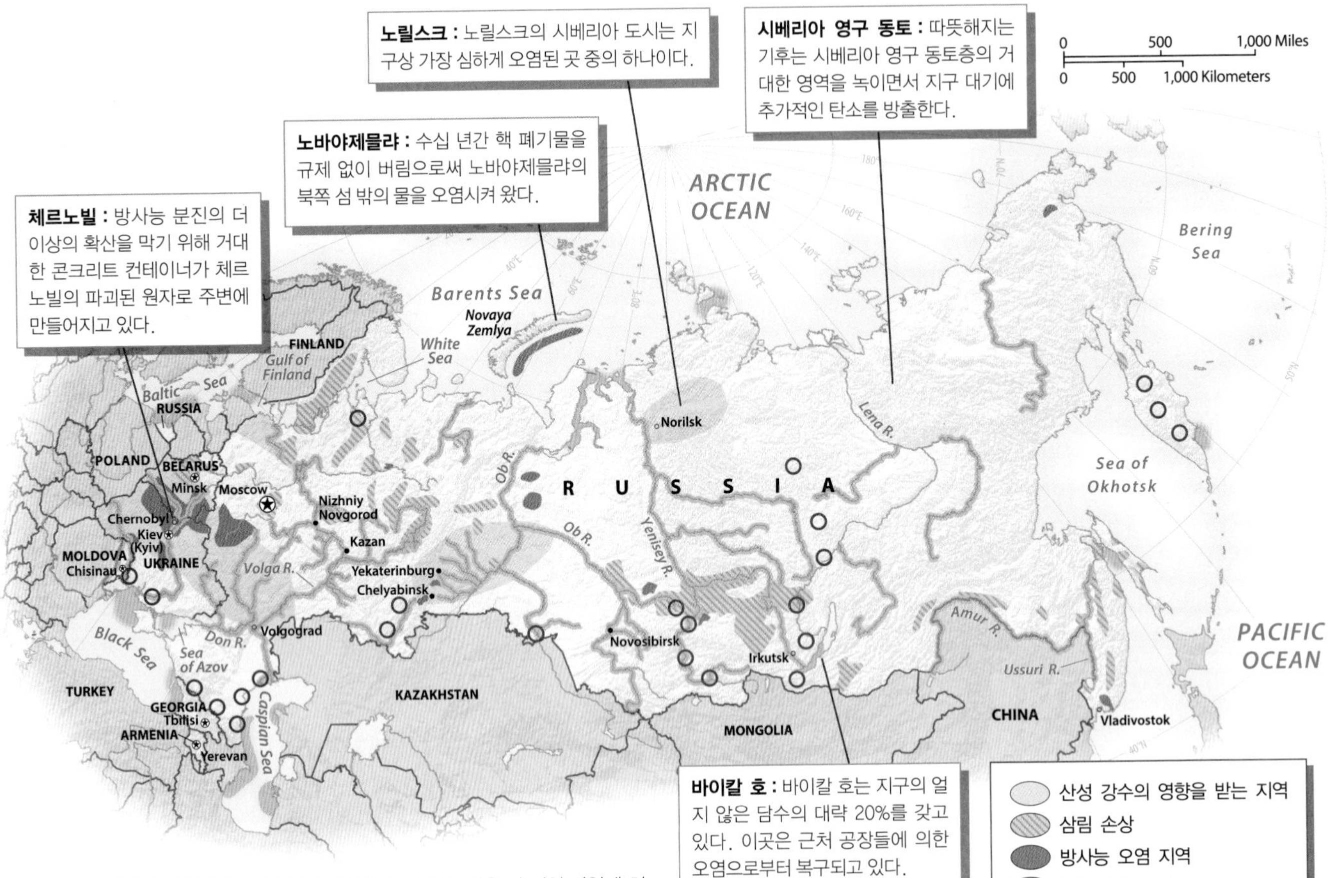

노릴스크 : 노릴스크의 시베리아 도시는 지구상 가장 심하게 오염된 곳 중의 하나이다.

시베리아 영구 동토 : 따뜻해지는 기후는 시베리아 영구 동토층의 거대한 영역을 녹이면서 지구 대기에 추가적인 탄소를 방출한다.

0 500 1,000 Miles
0 500 1,000 Kilometers

노바야제믈랴 : 수십 년간 핵 폐기물을 규제 없이 버림으로써 노바야제믈랴의 북쪽 섬 밖의 물을 오염시켜 왔다.

체르노빌 : 방사능 분진의 더 이상의 확산을 막기 위해 거대한 콘크리트 컨테이너가 체르노빌의 파괴된 원자로 주변에 만들어지고 있다.

바이칼 호 : 바이칼 호는 지구의 얼지 않은 담수의 대략 20%를 갖고 있다. 이곳은 근처 공장들에 의한 오염으로부터 복구되고 있다.

- 산성 강수의 영향을 받는 지역
- 삼림 손상
- 방사능 오염 지역
- 해안 오염
- 오염된 하천
- 염류화

그림 9.10 **러시아 영역의 환경 문제** 다양한 환경적 위험은 이 지역 전역에 치명적인 유산을 남겼다. 경관은 핵 폐기물, 중금속 및 대기 오염으로 가득하다. 오염된 호수와 강은 많은 지역에서 추가적인 문제를 만들어낸다. 현재의 경제적 어려움과 정치적 불확실성으로 인해 21세기에 이 지역의 환경의 질을 개선하는 데 따르는 값 비싼 도전이 필요하게 되었다.

그림 9.11 **노릴스크** 노릴스크 시에 있는 거대한 노릴스크 니켈 공장 지대. 광범위한 대기 및 수질 오염은 이 공업 운영의 바람직하지 않은 결과이다.

시의 하나로서 블랙스미스협회가 제공하는 '세계에서 가장 오염된 10개 지역'에 그 이름을 올림으로써 악명을 얻게 되었다(그림 9.11). 게다가 이 도시의 동쪽에 낙엽송이 주종을 이루는 숲에서 거대한 띠 모양으로 숲이 죽었는데 이 거대한 오염 지역은 120km 이상 뻗어 있다. 노릴스크 니켈(이 지역의 거대 산업 오염원)은 해로운 이산화황 배출을 2015년에서 2020년 사이에 극적으로 줄일 수 있기를 희망한다. 이 외에도 자가용을 소유하는 비율이 늘어나면서 자동차와 관련된 오염도 늘고 있다. 오늘날 모스크바의 대기 오염의 원인 중 90%가 모스크바의 늘어나는 자동차 교통과 관련되어 있다.

수질 악화도 또 다른 위험 상황에 있다. 도시의 수도 공급은 산업 오염, 미처리 하수, 처리 한도를 초과하는 수요 등에 취약하다. 원유 유출은 서부 시베리아 평야와 오비 강 유역의 툰드라와 타이가 지역의 수천 평방마일을 오염시켰다. 수질 오염은 또한 볼가 강, 흑해, 카스피 해의 해안, 러시아 북쪽 해안의 북극해, 뿐만 아니라 세계에서 가장 큰 담수 보호지인 시베리아의 바이칼 호수에 영향을 미쳤다(그림 9.12).

핵 위협 핵 시대는 이 지역에 위험을 더 가지고 왔다. 소련의 핵무기와 에너지 프로그램은 종종 환경 안전에 관한 문제를 무시했다. 예를 들면, 시베리아는 대기권에서 테스트가 행해질 때마다 정기적으로 낙진으로 고통받았다. 핵폭발은 또한 댐 건설 공사에서 흙을 옮길 때에도 사용되었다. 한때 자연 그대로였던 깨끗한 러시아 극지대는 오염되었다. 노바야제믈랴 섬 근처 지역은 소련 시대에 규제되지 않은 핵 폐기물 폐기 장소로 이용되었다. 노화되어 가는 원자로들이 지역의 경관에 점처럼 박혀 있다. 이 원자로들은 종종 플루토늄 누출로 근처의 강들을 오염시키고 있다. 원자력 공해는 특히 우크라이나 북쪽, 1986년 체르노빌 원자력 발전소가 대재앙을 불러일으킨 사태를 겪었던 지역에서 특히 공식적으로 언급된다.

그림 9.12 **바이칼 호** 남부 시베리아의 바이칼은 세계 최대의 깊은 수심의 호수 중 하나이다. 산업화는 1950년 이후 펄프 및 제지 공장에서 폐기물을 호수로 쏟아부어 수질을 황폐화시켰다. 최근의 정화 노력이 도움이 되었으나, 환경적 위협은 여전히 남아 있다.

환경 위기 문제를 다루기

지역의 지도자들이 환경 위기에 대해서 반응하기 시작했다. 체르노빌의 경우, 2017년이나 2018년까지 원자로 전체 지역을 거대한 보호용 지붕으로 덮기 위한 계획이 제안되었다(**지속 가능성을 향한 노력 : 체르노빌에 뚜껑 씌우기** 참조). 시베리아의 경우 바이칼 호수를 성공적으로 청소한 것은 이 지역에 환경에 대한 의식이 커졌다는 것에 대한 신호로 볼 수 있다(그림 9.12 참조). 바이칼 호수는 지구의 얼지 않는 지표의 담수 중 20%를 차지하고 있는데, 지난 소련 시절에 어려움을 겪었다. 1950년대와 1960년대에 거대한 펄프 공장과 제지소가 호수 근처에 세워졌다. 불행히도 이 산업시설들은 오염원을 호수와 주변 환경에 방출했다. 1990년대 초반부터 좀 더 강력해진 규제가 산업 오염을 줄였고 호수의 수질은 개선되었다. 바이칼 호수는 러시아의 환경 운동에 있어 상징적인 존재가 되었다.

이 외에도 러시아의 아무르 강 근처에 있는 표범 국립공원에 또 다른 성공적인 이야기가 완성되고 있다. 2015년의 조사에 따르면 불과 10년도 채 안 되는 시기에 멸종 위기에 처했던 아무르 표범은 세계에서 가장 희귀한 큰 고양이였지만 현재 놀라운 수준으로 돌아오고 있다고 한다. 이 희귀한 고양이의 개체 수는 지난 8년 동안 배가 되었고 이것은 러시아의 국립공원이 번식을 위한 소중한 보호지역으로서 역할을 하고 있다는 것을 보여준다. 다음 단계는 아마도 중국에 있는 비슷한 생태계를 아울러서 국경을 초월한 자연 보호지역을 함께 관리하는 것이 될 것이다.

러시아 지역에서 기후 변화

그 위도와 대륙성 기후를 감안할 때 러시아 지역은 온난화 기후로부터 이익을 얻을 수 있는 지역으로 종종 거론되기도 한다. 그러나 이러한 해석은 이미 이 지역에서 일어나고 있는 전 세계적 기후 변화에 대한 자연과 지구의 복잡한 반응을 지나치게 단순화한다.

잠재적 이익 낙관론자들은 유라시아 지역이 더 따뜻해질 경우 얻게 될 수도 있는 경제적 이익을 지적한다. 몇몇 모델에 따르면 러시아 서북부의 경우 1℃씩 온도가 상승할 때마다 곡류의 북방 재배 한계지역이 극지 쪽으로 100~150km씩 이동할 것이라고 예상한다. 겨울이 덜 혹독해지면 극지의 에너지와 광물 개발에 비용이 덜 들어가게 될지도 모른다. 전 세계에서 개발되지 않은 기름의 15%(그리고 개발되지 않은 천연가스자원의 30%)가 이 지역에 있을 것으로 추정되며 러시아는 이 지역의 소유권을 주장해 왔다. 북극해와 바렌츠 해의 경우 온도가 올라가서 바다의 얼음이 줄어들 경우, 이것은 상업적 어업 활동과 더 용이해진 항해, 더 고위도에서의 무역 활동, 북부 러시아에 덜 어는 항구를 갖게 되는 것을 의미한다. 2010년 이후로 시베리아 북쪽 연안을 따라서 **북해 노선**(northern sea route)을 따라 항해하는 상업 선박의 숫자가 늘어나고 있다. 무르만스크와 같은 북쪽에 위치한 항구는 이러한 극지방의 온난화로 이익을 얻을 수도 있다(그림 9.13).

잠재적 위험 이러한 장밋빛 전망에도 불구하고 이 지역이나 세계가 지불해야 하는 장기적 비용은 이익을 초과할 것인가? 우선 여름에 더 뜨거워지면 들불이 일어날 위험이 더 높아진다. 2010년 여름, 마치 앞으로 일어날 일의 징조처럼 주로 모스크바의 남쪽과 동쪽에서 수백여 차례의 화재가 일어났다. 이 화재들로 인해서 48만 4,000에이커가 넘는(19만 6,000헥타르) 지역이 불에 타서 밀 밭과 수백 채의 구조물들을 태웠다. 이때 모스크바의 하늘은 연기로 가득 찼고 방문자와 주민들은 기록적인 열기를 겪었다.

두 번째로 생태학적으로 민감한 극 지역과 그 주변 지역의 생태계에 일어난 변화들은 이미 북부 러시아 지역의 야생동물과 토착민들에게 큰 혼란을 일으키고 있다.

북극곰의 예를 들어보자. 북극곰에게 서식처를 제공하는 북극 지역의 바다 얼음이 줄어들면서 곰들은 먹이를 얻기 위해 더 넓은 지역을 돌아다녀야 했다. 그 결과 곰들은 극지방의 마을에 더 자주 출몰하게 되었고 전통적인 사냥 관습에 혼란을 일으켰다. 밀렵꾼들은 불법적인 사냥으로 인한 수확이 늘어나게 되면서 이익을 보고 있다.

셋째, 지구의 해수면이 상승하면서 낮은 지역에 있는 곳들을 강타할 것인데 특히 발트 해와 흑해의 피해가 심할 것이다. 러시아에서 두 번째로 큰 도시인 상트페테르부르크의 관계자들은 발트 해의 상승하는 해수면 관리에 들어가는 비용에 대해서 이미 계산하고 있다.

마지막으로 잠재적으로 세계에 가장 큰 변화를 끼칠 것으로 예상되는 변화는 시베리아의 영구 동토층이 녹는 것이다. 러시아 북부의 상당 지역은 이미 녹기 시작한 영구 동토층으로 덮여 있다. 바로 이 지역이 1950년 이후 가장 지속적인 대규모 지구 온난화를 목도하고 있는 곳이기도 하다. 따라서 온도의 작은 상승이라고 할지라도 이 지역에는 중대하고 되돌릴 수 없는 결과를 초래할 수 있다. 큰 지형의 변화(이류, 땅 꺼짐, 침식, 메탄 방출에 의한 분화구 발생)나 배수(연못이나 강의 크기와 모양), 식생이 그 예가 될 수 있다. 기존의 물고기나 야생동물은 생존하기 위해서는 변화에 적응할 필요가 있을 것이다. 건물, 길, 파이프라인과 같이 사람이 만든 인프라 또한 상당한 수정이 필요할 것이다.

그러나 정작 잠재적으로 가장 큰 충격은 현재 영구 동토층 환경에 저장된 막대한 양의 탄소의 배출이 될 것이다. 영구 동토층은 녹게 되면 재빨리 분해되는 많은 양의 유기물을 포함하고 있다. 지구 행성의 동토층 대부분은 다가올 100년 이내에 현재 저장되어 있는 탄소를 배출할 수 있다. 그 양은 80년 동안 화석연료를 태우는 것에 맞먹는다. 전 세계의 탄소 발생에 이만큼 기여하게 되면 아마 지구 온난화는 더 가속화될 것인데, 이것은 세계 기후 변화 모델에 이제 막 도입되기 시작했을 뿐이다. 시베리아의 영구 동토층이 유지될 수 있는지의 여부는 지구 온난화를 가속화시키느냐 속도를 늦추느냐에 결정적 역할을 것이다.

러시아 북쪽의 삼림도 또한 지구 기후 변화에 결정적 역할을 한다(그림 9.14). 러시아는 세계 삼림의 20%를 보유하고 있으며

그림 9.13 **무르만스크** 북부 러시아의 무르만스크 항구는 지구 온난화로 북극해의 얼음 없는 해로를 더 많이 만들어내어 항만시설의 건실한 성장 및 확장을 볼 것이다.

그림 9.14 **북방림** 북부 러시아의 북방림은 세계의 상업용 목재 시장을 위해 수확된다. 이들의 장기간의 고갈은 지구 대기상의 이산화탄소 축적을 일으킬 수 있다.

지속 가능성을 향한 노력

체르노빌에 뚜껑 씌우기

이것은 2016년 4월 26일은 우크라이나 북쪽에 위치한 체르노빌 원자력 발전 사고의 30주년이 되는 날로, 정신이 번쩍 들게 하는 기억이다(그림 9.2.1). 체르노빌은 세계에서 가장 끔찍한 핵의 악몽이며 지금까지 있었던 환경 재앙 중 가장 큰 사건 중 하나였다. 핵 발전소의 폭발과 원자로 노심의 용융으로 인해서 수천만 명의 유럽인들을 늘어난 양의 방사선에 노출시켰고, 인근 주민 수천 명을 죽였고, 시설 주변의 광활한 땅을 오염시켰다. 토양, 가축, 야생동물, 인간의 건강에 미치는 장기 효과는 여전히 조사가 진행 중이다. 2010년에 뉴욕 과학 학회에 의해서 발표된 연구에 따르면, 체르노빌이 지금까지 누적적으로 건강에 미친 영향의 결과 전 세계적으로 98만 5,000명 이상이 죽음에 이르렀을 것으로 예상하고 있다. 2,600km^{2}에 이르는 출입 금지구역이 발전소를 에워싸고 아직도 존재하고 있다. 잡초로 가득한 도시의 거리와 버려진 농지는 21세기에 인간이 살지 않는 지역으로 남아 있다. 사고가 일어나고 바로 직후에 콘크리트 구조물(석관이라고 불리는)이 현장의 방사능 물질들을 담기 위해서 황급히 만들어졌다. 그러나 이것도 문제에 대한 장기적인 해결책으로 여겨지지는 않았다.

그러나 마지막으로 더 지속 가능한 해결책이 현장의 장기적 위험을 관리하기 위해서 취해지고 있다(그림 9.2.2). 3만 2,000톤의 강철과 콘크리트로 이루어진 이 놀라운 아치는 15억 달러 이상의 비용으로 만들어졌는데 근처에서 조립되고 있는 중이다. 건설이 계획대로 이루어진다면, 이 비현실적인 90m 높이의 구조물은 2017년이나 2018년에 발전소 위로 옮겨질 것이다. 자리를 잡게 되면 아치의 끝은 닫힐 것이다. 그러면 미래에 일어날 수 있는 방사능 먼지를 효과적으로 담을 수 있는데 이것은 특히 그 안의 불안전하고 노후화되고 있는 구조물이 붕괴될 경우에 효과적일 것이다. 발전소 자리가 안전하게 지켜지면 주변의 환경에 대한 정화 작업도 더 이루어질 수 있을 것이다. 엔지니어들은 이 아치 구조물이 100년 이상 버텨낼 수 있기를 희망하고 있다.

여전히 풀어야 할 문제들은 남아 있다. 무엇보다도 건설 현장의 작업자들의 안전을 확보하는 것이 중요하다. 아치를 유지하는 것도 문제가 있다. 이것과 같은 강철로 지지하는 구조물은 녹을 방지하기 위해서 15년마다 도색을 새로 해야 한다. 그러나 그 자체가 건강에 부가적인 위험 요소를 불러올 수 있다. 대신에 값비싼 녹이 슬지 않는 스테인레스 철이 사용되었고 특수 습기 제거기가 볼트와 주요 부분들이 습해지는 것을 막을 것이다. 좀 더 장기적으로 해결해야 하는 문제는 현장에 남아 있는 연료 제거이다. 연료가 제거되어야 방사선이 지하수로 새는 것을 막을 수 있다. 그렇지 않다면 근처에 있는 키예프가 잠재적으로 위험에 처하게 된다. 그러나 무엇보다도 가장 위협적인 요소는 이 나라의 정치 환경의 불안정성으로 인해서 다국적기업들이 발전소를 봉쇄하고자 하기 위해서 취하는 노력들을 더 어렵고 위험하게 만든

그림 9.2.2 **원자로 근처에 아치형 구조물 설치** 체르노빌의 새로운 안전 구조물이 절반으로 나뉘어 조립되고 있다. 이 광경(2015년)은 아치 구조물이 원자로 근처에서 건설되고 있음을 보여준다.

그림 9.2.1 **체르노빌 지역** 이 지도는 체르노빌이 드네프르 강과 키예프가 가까운 거리에 있음을 보여준다.

다는 것이다. 많은 사람들은 우크라이나가 경제적 위기에 빠지게 된다면 아치의 유지 비용을 누가 지불할 것인지를 묻는다. 이것은 우크라이나가 현재 직면하는 문제들을 감안한다면 실제 가능성이 있다. 그럼에도 여전히 아치는 30년 전에 지구의 한 구석을 통째로 바꿔 놓은 대재앙을 다룰 수 있는 인간의 능력과 독창성을 증명하는 증거물이다.

1. 원자력 발전은 오늘날 안전한 에너지 원인가? 자신의 주장을 뒷받침하라.
2. 자신의 대학 캠퍼스가 나와 있는 지역의 지도를 구하라. 대학 주변에 100평방마일(10마일×10마일)의 지역을 그려 체르노빌의 '제한구역'의 크기를 이해할 수 있을 것이다. 지역의 어떤 부분들이 포함되는가?

이 삼림은 막대한 양의 이산화탄소를 흡수한다. 그러나 현재는 삼림 유지에 대한 정책이 지속 가능하지 않으며 불법적인 목재 채취가 늘고 있다. 2045년까지 이 삼림 지대가 갖는 혜택이 무시된다면 대기 중의 이산화탄소는 더 빠른 속도로 쌓이게 될 것이다.

확인 학습

9.1 러시아 유럽 서부의 기후, 식생 및 농업 조건을 시베리아 및 러시아 극동의 기후, 식생 및 농업 조건과 비교하라.

9.2 러시아 영역 내 산업화의 높은 환경 비용을 기술하고 이러한 문제 중 일부를 해결하기 위한 노력의 최근 사례를 인용하라.

주요 용어 소비에트연방, 과두제, 포드졸 토양, 체르노젬 토양, 영구 동토층, 타이가, 북해 노선

인구와 정주 : 도시 지역

러시아 지역에는 2억 명의 주민들이 거주한다(표 A9.1 참조). 이들은 유라시아에 걸쳐서 넓게 퍼져 있지만, 대부분은 도시에 거주한다. 러시아 인구의 지리적 분포는 천연자원의 분포에 의해서 영향을 받았고 또한 국토의 서부에 위치한 전통적인 인구 밀집 지역으로부터의 이주를 장려하는 국가 정책에 의해서도 영향을 받았다.

인구 분포

시베리아 중부와 북쪽에 걸쳐서 발견되는 사람이 거주하기 힘든 지역보다는 농사짓기 수월한 서쪽의 유럽 지역에 더 많은 사람들이 살고 있다. 지난 한 세기 동안 인구를 분산시키려는 러시아인의 노력이 있었지만 인구는 여전히 서부에 심하게 집중되어 있다(그림 9.15). 러시아의 유럽 지역에는 1억 명 이상의 인구가 거주하고 있지만 시베리아는 훨씬 넓은 지역임에도 4,000만 명 정도의 인구만이 거주하고 있다. 벨라루스, 몰도바, 우크라이나에 거주하는 6,000만 명의 인구를 더하면 동부와 서부의 불균형은 더 심각해진다.

유럽 지역의 중심 팽창하는 모스크바와 그 인근의 도시화된 지역은 1,600만 명 이상의 거주민을 수용하는 대도시 정착지의 중심을 이룬다. 이 지역의 거주민 중 대다수는 도시의 내부 중심부 바깥쪽에 거주한다(그림 9.16). 밀입국자들을 포함하는 비공식적 추산에 따르면 인구는 더 늘어난다. 러시아의 대표 도시 모스크바는 나라의 전체 부의 20%를 생산해 낸다. 모스크바는 바람직한 속도로 성장을 이어갈 것으로 예상된다. 2014년도에 러시아 정부 공무원은 지속적인 인구 분산과 자동차에 기반한 팽창(특히 남부 지역으로)을 중심으로 하는 야심 찬 도시 계획을 수용했다(그림 9.17). 정부 공무원들은 이러한 조치가 도시의 밀집된 중심 지역의 압력을 줄여서 좀 더 살 만한 곳으로 만들기를 희망하고 있다.

발트 해 연안에 있는 상트페테르부르크는 전통적으로 서부 유럽과 상당히 많은 접촉을 가졌었다. 1712년에서 1917년까지 상트페테르부르크는 러시아제국의 수도로서 역할을 수행했다. 보기 좋은 빌딩, 다리, 운하는 서부 유럽의 대도시에 비견될 만한 도시 경관을 보여준다(그림 9.18). 이 외에 다른 도시 지역들은 볼가 강 하류와 중류를 따라서 위치한다. 이러한 도시들로는 카잔, 사마라, 볼고그라드가 있다. 주요 석유 비축고가 위치해 있기도 한 볼가 강은 매우 상업화된 하천 통로로서 다양한 산업 기지 역할을 수행한다. 근처에 있는 천연자원이 풍부한 우랄 산맥 지역에는 희뿌연 산업 지대의 경관을 갖는 예카테린부르크(140만 명)와 첼랴빈스크(110만 명)가 있다.

이 외의 인구 밀집 지역은 벨라루스와 우크라이나에서 찾아볼 수 있다(표 A9.1 참조). 민스크(180만 명)는 벨라루스의 수도로서 그 중심을 차지하고 있다. 이 도시의 풍광은 이전 시대인 소련 스타일의 생기 없는 건축물들을 연상시킨다. 우크라이나의 수도, 키예프(280만 명)는 드네프르 강을 사이에 두고 양쪽에 있다. 키예프의 도시 경관은 전통적인 건축물과 고층 아파트의 혼재를 보여준다(그림 9.19). 우크라이나의 동부에 있는 주요 도시들은 광범위한 지역에 걸쳐 인구 감소와 경제적 혼란을 겪어왔다. 2014년에서 2015년까지 지속됐던 내전으로 인해서 이 지역에서

벨라루스의 인구 감소 : 벨라루스의 인구는 1993년에 최고치였다(1억 20만 명). 오늘날은 약 950만 명이 살고 있다.

모스크바 : 모스크바의 인기 인력 시장과 문화적 매력은 지속적으로 이민자를 유인한다. 많은 사람들이 중앙아시아로부터 왔다.

하바로프스크의 중국인 : 러시아 도시 하바로프스크는 점점 더 많은 중국 이민자를 유인해 왔으며, 이것이 이 동쪽의 시베리아 도시에 문화적 복잡성을 더한다.

동부 우크라이나 : 어려움을 겪는 동부 우크라이나는 전통적으로 노령화와 인구 감소의 지대인데, 지역의 내전으로 인해 최근 유출 이민이 가속화되고 있다.

인구밀도(명/km²)

- 6 미만
- 6~25
- 26~100
- 101~250
- 251~500
- 501~1,000
- 1,001~12,800
- 12,800 초과

인구

- 2,000만 초과의 대도시 지역
- 1,000만~2,000만 명의 대도시 지역
- 500만~990만 명의 대도시 지역
- 100만~490만 명의 대도시 지역
- 일부 소규모 대도시 지역

그림 9.15 **러시아 권역의 인구 지도** 이 지역의 인구는 주로 우랄 산맥의 서쪽에 밀집되어 있다. 우크라이나, 벨라루스, 상트페테르부르크 및 모스크바 남쪽의 서부 전역에서 고밀도의 농업 정착지, 광범위한 산업화 및 대규모 도심지가 발견된다.

그림 9.16 **메트로폴리탄 모스크바** 거대 모스크바의 확장은 모스크바 강 양쪽의 도심을 넘어 80km 이상 확장된다. 대도시 지역에는 1,600만 명이 넘는 인구가 살고 있으며, 도시 경제의 상대적 강점으로 인해 이 나라의 이주민들이 계속 유입하여 인프라에 더 많은 압력이 가해지고 있다.

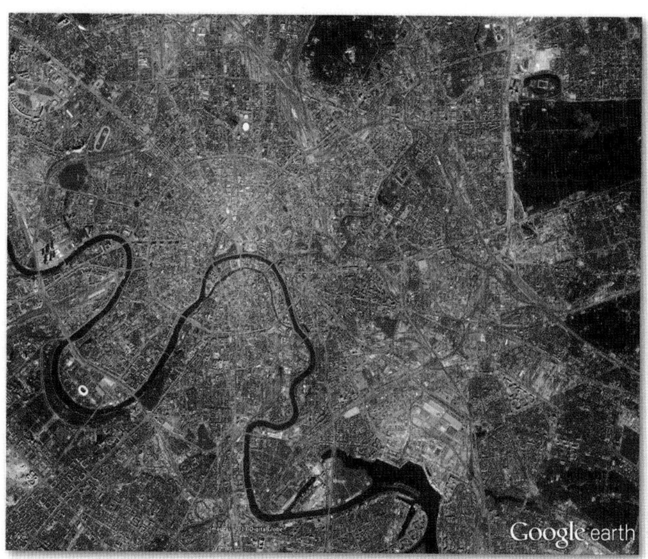

그림 9.17 **모스크바 교통** 수도의 순환 도로(MKAD)는 북아메리카 스타일의 인터체인지와 교통 정체를 특징으로 한다.

그림 9.18 **상트페테르부르크** 러시아의 가장 아름다운 도시라 불리는 상트페테르부르크의 도시 디자인은 다양한 정원, 열린 공간, 수로 및 다리가 특징이다. 이 보기는 1907년에 완성된 구세주 보혈 성당의 건축 양식(가운데)을 보여준다.

대학살이 일어났기 때문이다.

시베리아의 산악 지대 우랄 산맥 남쪽을 떠나 시베리아로 향하는 기차를 타는 여행자라면 목적지에 가까워질수록 정착지가 드물게 나타난다는 것을 눈치챌 수 있다(그림 9.15 참조). 도시 간 거리는 점점 멀어지고 그 사이에 나타나는 시골 풍경은 점점 농장에서 숲으로 바뀌어간다. 1904년에 완성되어 태평양으로 향하는 주요 철로인 **시베리아 횡단 철도**(Trans-Siberian Railroad)를 따라 남쪽으로 향하면 고립되기는 했어도 상당한 크기의 도심들이 연이어 나타나는 것을 볼 수 있다. 동쪽을 향하는 여행자라면 열차가 이르티시 강을 건널 때 옴스크(110만 명)를 만나게 되며, 오비 강과 합류하는 지점에서는 노보시비르스크(150만 명)를, 바이칼 호 근처에서는 이르쿠츠크(60만 명)를 만나게 된다. 항구도시인 블라디보스토크는 시베리아 횡단 철도의 종착지이며 태평양으로 연결한다. **바이칼 아무르 철도**(Baikal-Amur Mainline Railroad)(1984년 완성)를 따라 북쪽을 향하면 거주지들이 드문드문 나타난다. 바이칼 아무르 철도는 이전 노선과 평행해서 달리지만 바이칼 호에서 아무르 강까지 더 북쪽을 달린다. 바이칼 아무르 철도에서 북극까지는 거의 텅 빈 시베리아의 중앙과 북부가 풍경을 지배한다. 이 지역에서는 아주 드물게 작은 거주지가 있을 뿐이며 이들도 천연자원을 얻기 위해서 그 근처에 모여 있는 경우가 많다(그림 9.11 참조)(지리학자의 연구 : 러시아 북극의 변화하는 도시 경관 탐험 참조).

그림 9.19 **키예프와 드네프르 강** 키예프 페체르스크 라브라의 화려한 돔 (동방 정교회의 역사적 중심지 중 하나)은 드네프르 강의 동안에 건설된 많은 새로운 건물(멀리 있는 곳)을 포함하는 이 도시의 전망의 일부이다.

지역별 이주 패턴

지난 150년 동안 러시아 지역에서는 수백만 명의 사람들이 이주가 있어왔다. 러시아의 주요 이주는 강요되었든 자발적이든, 과거 유럽과 아프리카로부터 북아메리카 대륙 전역으로 정착민을 퍼트렸던 대이동에 비견될 만큼 인간의 광범위한 이동 능력을 드러낸다.

동쪽으로 이주 유럽 후손의 정착민들이 천연자원을 탈취하고 토착민들의 자리를 빼앗아가면서 북아메리카 대륙을 횡단해서 서부로 이동했던 것과 같이 러시아의 유럽인들은 시베리아를 횡단해 이동했다. 이러한 시베리아로의 이주는 수 세기 전에 시작되었음에도 불구하고 19세기 말에 시베리아 횡단 철도가 놓이면서 가속화되었다. 농부들은 (남부) 시베리아에서 얻을 수 있는 농업 기회와 1917년 이전 러시아제국을 다스렸던 독재자인 **차르**(tsars) 치하에서보다 더 많이 누릴 수 있는 정치적 자유에 이끌렸다.

정치적 동기 정치적 동기는 러시아 권역에서의 이주 양식을 결정했다. 특히 러시아의 경우 제국주의 시대와 소련 시대의 지도자들 모두 사람들을 강제적으로 이동시켜서 러시아의 정치 · 경제적 힘을 유라시아 대륙으로 확장시키려고 하였다. 소련 시대 반체제 인사나 문제적 인물들은 수용소 군도로 추방당했다. **수용소 군도**(Gulag Archipelago)는 거대한 정치 감옥의 집합체로서 여기에 갇힌 사람들은 가족이나 마을에서 제거되어 이곳에서 수년을 보내거나 종종 사라지기도 했다.

소련의 비러시아 지역에 러시아인들을 이주시키는 소련의 정책인 **러시아화**(Russification) 종종 해당 지역의 인구지리를 바꾸어놓았다. 수백만 명의 러시아인들이 소련의 다른 지역으로 이주해서 정치적 · 경제적 우대를 받았다. 이것은 소련의 상당한 비율을 차지하는 외곽 지역에 대해서 러시아의 지배를 강화하기 위한 조치였다. 그 결과 소련 시대가 끝날 무렵에는 러시아인들이 이전 소비에트공화국 내에서 상당한 규모[카자흐스탄(러시아인 30%), 라트비아(30%), 에스토니아(26%)]의 소수민으로 자리 잡게 된다.

2014년 이후에는 다른 이유의 정치적 이주가 지역을 휩쓸고

지리학자의 연구

러시아 북극의 변화하는 도시 경관 탐험

그림 9.3.1 지리학자인 드미트리 스트렐레츠키는 기후 관측소를 관리하면서 알래스카 인근의 데드호스의 영구 동토층의 온도를 측량한다.

"저는 항상 야외 활동과 하이킹이 끌렸어요."라고 **드미트리 스트렐레츠키**는 말한다. 그는 현재 기후 변화가 러시아 북극 지역에 위치한 도시 거주에 미치는 영향을 연구하고 있다. "제가 지리학을 시작하게 된 이유는 지리학에서는 현장이 제일 중요하다고 생각했기 때문입니다. 모두 야외에 관한 거잖아요." 그는 또한 여행도 좋아했다. "관광객은 다른 장소에 가려면 돈을 내잖아요. 하지만 지리학자와 전문가는 여행하고 돈을 받아요!" 모스크바 대학에서 지리학으로 석사 학위를 마치고 나서 스트렐레츠키는 델라웨어대학에서 기후학에 대한 박사 과정을 마치기 위해서 미국으로 또 한 걸음 내디뎠다. 현재 조지워싱턴대학에 적을 두고 스트렐레츠키는 영구 동토층의 온난화가 알래스카와 러시아 북극 지역의 인간 활동에 미치게 되는 영향을 연구한다.

기후 변화의 영향 국립과학재단의 지원을 받는 스트렐레츠키의 작업은 이가르카나 노릴스크와 같은 러시아 북극 지역에서 기후의 변화가 끼치는 영향에 대한 연구를 하는 것이다(그림 9.3.2). 덕분에 그는 러시아 북극 지역의 다양한 거주지를 다녀야 했다. 극지방의 거주민 중 대부분은 사실 밀집된 도시 지역에서 산다. 이들은 에너지와 천연자원과 관련된 산업에 종사한다. 스트렐레츠키는 1970년대에 지어진 건물들의 기초 대부분은 녹고 있는 영구 동토층과 같은 기후 변화의 영향이 초래할 수 있는 피해에 대비해서 지어지지 않았기 때문에 불안정해진 건물의 기반과 도로와 그 외 다른 기반시설들에 영향을 미친다는 사실을 발견했다. 그는 또한 지역에 따라서 영구 동토층의 악화가 다르게 나타난다는 사실을 발견했는데 그 이유가 지역의 위치와 기후 조건이라는 것도 알아냈다.

스트렐레츠키는 기후 변화, 지리정보시스템, 도시의 지속 가능성과 공학 전공자들과 함께 작업하면서 다양한 기후 변화의 시나리오에 기반해서 미래를 예측하고 고위도 환경에서 도시의 지속 가능성을 개선하기 위한 방법들을 제안한다. 그의 작업의 상당 부분이 그를 실내에 머물게 하기는 하지만 스트렐레츠키는 여전히 야외에 머무르며 지리학자의 눈으로 경관을 이해하는 것을 즐긴다. "나는 저 강이 왜 이 방향으로 흐르는지 알아요. 왜 저 산이 저기 있는지 알고요. 나는 일들이 어떻게 일어나는지 이해하는 것을 좋아해요."

1. 인간이 초래한 기후 변화의 영향 외에 극지의 영구 통도층이 불안정해지거나 악화될 수 있는 다른 방법이 있겠는가?
2. 본인의 지역적 상황에서 단기적 또는 장기적으로 지역이 기반시설이나 건물에 영향을 미칠 수 있는 기후적 위험을 기술하라.

그림 9.3.2 **영구 동토층의 악화가 시베리아 경관을 바꾼다** 시베리아에 위치한 마을인 이가르카는 인근의 자원 산업이 쇠퇴하면서 인구의 대부분을 잃었다. 마을의 건물들 중 상당수는 영구 동토층의 악화와 관련된 과정들에 의해 피해를 입고 있다.

지나간다. 러시아 반군과 우크라이나군의 교전으로 전쟁이 할퀴고 지나간 우크라이나 동부 지역은 전체 인구의 1/3에 이르는 인구를 잃는다. 이들 중 절반은 우크라이나 내의 다른 지역으로 이주했다. 나머지 반(대부분이 러시아인)은 근처의 러시아로 떨어져 나가 난민들로 국경이 가득 차게 되었다.

새로운 국제적 이동 이 외에도 최근에 국경을 넘는 이동이 있다(그림 9.20). 소련 시대 이후에 러시아화는 종종 역으로 일어나고 있다. 새롭게 독립한 비러시아 국가들은 언어와 시민권에 엄격한 제한을 두고 있어서 러시아 거주자들로 하여금 떠나게 하고 있다. 다른 경우 러시아인들은 다양한 차별을 겪고 있다. 러시아 정부 또한 세계에 퍼져 살고 있는 러시아인들에 대한 본국 귀환 프로그램들을 개발하고 있어서 러시아어를 하는 이주민들이 자신들의 문화적 모국으로 돌아올 경우 인센티브를 제공한다. 결과적으로 한때 소련의 일원이었던 중앙아시아 발트 해 국가들의 경우 1991년 이후로 러시아인의 숫자가 20%에서 30% 정도로 급감하고 있다.

러시아로 이주하는 사람들의 수는 늘어나고 있다. 이들 중 상당한 수를 차지하는 밀입국자들은 일자리를 찾아 시골로 간다. 이 이야기는 어쩐지 친숙하게 들린다. 1,100만 명 이상의 밀입국자들이 러시아에 있는 것으로 추정된다. 대부분은 젊은 남성들로서 더 나은 수입을 찾아 온 사람들이다. 러시아 정부는 최근 국경을 건너는 것을 제한하는 더 강력한 조치를 취했고 불법 이민자를 고용하는 사업장에 대해서 더 강력한 처벌을 마련했다. 적정한 수의 합법적인 외국인 노동자는 어느 정도가 되어야 할지, 또는 밀입국자는 사면되어야 하는지에 관련한 토론은 점점 더 뜨겁게 진행 중이다.

밀입국자들의 실제 유입은 상당히 복잡하다. 대부분의 입국자들은(합법적이든 아니든) 이전에 소련의 일원이었던 지역, 특히 인종적으로 비슬라브 계통인 중앙아시아 지역에서 들어온다(그림 9.21). 러시아 전체 밀입국자의 1/3에 달하는 사람들은 일거리가 풍부한 모스크바 지역에서 산다. 이들 중 많은 사람들은 러시아에서 번 돈을 자신의 본국에 송금한다. 타지키스탄 전체 경제의 20~30%가 러시아에서 일하는 해외 노동자가 송금한 돈이라고 추정하는 사람도 있다.

또한 러시아의 극동 지역으로 유입되는 인구는 중국 북부에서 들어오는데 해당 지역의 경제적 · 문화적 지형을 바꿔놓고 있다. 블라디보스토크나 하바로프스크와 같은 러시아 도시를 걸어보라. 거리의 간판들이 러시아어와 중국어로 병기되어 있는 것을 볼 수 있을 것이다. 동네 전체가 이민자들로 이루어져 있다. 중국 어린이들은 학교에서 러시아어를 배우고 있고 러시아인들은 중국 기업을 위해 일하고 있는 자신을 발견한다. 민족주의자들의

그림 9.20 **러시아 영역으로의 최근의 인구 이동** 인종적 러시아인들은 구소비에트공화국에서 돌아왔고, 다른 러시아인들은 경제 · 문화 · 정치적 이유로 이 지역으로부터 밖으로 이주했다. 러시아 내에서 정치적 · 경제적 힘이 모두 작동하여, 사람들이 이주하도록 촉진한다. 이러한 유입과 유출 모두가 모스크바를 중심으로 얼마나 많이 일어나고 있는지 주목할 필요가 있다.

그림 9.21 **모스크바의 중앙아시아 이민자** 타지키스탄 출신의 이민자들이 모스크바 키예프 철도역 근처의 야외 시장에서 일하고 있다.

심각한 반발이 일어난 적도 있었다. 중국인들은 때때로 공격당하고, 중국인 가게 주인들은 러시아 경찰에 의해서 영업을 방해받는다고 불평한다. 또한 최근 중국인들의 사업체 운영을 어렵게 하는 법안도 만들어졌다. 다른 한편으로는 중국인들을 환영하는 러시아의 젊은이들도 많이 있으며 이 지역에서 러시아와 중국인들의 합작 회사들의 수도 늘어나고 있다. 그리고 무엇보다 중국인과 러시아인 간의 결혼이 늘어나고 있다.

러시아의 국경이 더 개방되면서 주민들이 이 지역을 떠나는 것도 더 쉬워지고 있다(그림 9.20 참조). 경제적 상황 점점 더 악화되고, 예측 불가능한 정치 상황으로 인해 많은 사람들이 떠나고 있다. 젊고, 교육을 받은 신분이 상승하는 러시아 이민자 집단의 '두뇌 유출'은 이미 상당히 진행되었다. 때때로 인종적 관계로 역할을 할 때가 있다. 예를 들어, 러시아에서 태어난 핀란드계 사람은 핀란드 근처로 이주한다. 핀란드 정부로서는 실망이 아닐 수 없을 것이다. 러시아의 유대인 인구도 줄어들고 있다. 이러한 양상은 소련 시대 말부터 시작되었다. 이들은 주로 이스라엘이나 미국으로 이주한다.

러시아 도시 안쪽

오늘날 러시아 권역의 대부분의 사람들은 도시에 거주한다. 도시는 도시 성장과 이주의 한 세기가 만들어낸 결과물일 것이다(표 A9.1 참조). 러시아의 대도시는 도심, 또는 중심 지역을 갖고 있는데 이 지역에는 우수한 교통망, 최고급품을 갖춘 상류층의 백화점과 상점, 좋은 집, 가장 중요한 사무실(정부기관이나 사기업 모두) 등이 있다(그림 9.22). 모스크바나 상트페테르부르크와 같은 거대 도심의 경우는 여기에 더해 대규모의 공공 공간과 기념비적인 건축물들도 자랑한다. 이들 도시의 내부를 보면 대개 독특한 원형으로 이루어진 토지 사용 구간의 패턴을 볼 수 있다. 이 구간들은 나중에 지어진 것일수록 중앙에서 밖으로 이동해 나간다. 사실 이와 같은 원형의 도시 형태는 특별한 것은 아니다. 그렇지만 소련 시대 관료 도시 계획가가 가졌던 막강한 힘의 결과 이들 도시의 형태는 세계의 다른 도시들에 비해서 좀 더 특징적으로 발전할 수 있었던 것으로 보인다.

역사가 오래된 도시들의 중심부는 소련보다 앞서서 건설되었다. 1900년 이전에 지어진 석조 건물들이 보통 이들 도시의 구심을 장악한다. 이 건물들 중 몇몇은 개인이 소유하는 대저택이었다가 관공서로 바뀌었거나 공산주의 기간 동안 나뉘어서 아파트로 사용되었다. 하지만 지금은 다시 사유화되었다. 그렇지만 이 오래된 건물들 중 많은 건물들은 특히, 모스크바 도심 지역과 같이 빠르게 성장하는 구역 내에 있는 경우 주변의 수준에 맞추어 가고 있는 중이다. 이 오래된 구조물들에 소매점들이 들어서고 있으며 근처의 나이트클럽이나 바는 즐거움을 찾는 사람들이나 외국인 방문객이나 관광객들과 어울리는 도시의 전문직 엘리트들로 채워지고 있다.

도심으로부터 더 떨어진 곳은 1970년대와 1980년대 소련의 주택 사업을 일컫는 **마이크로디스트릭트**(mikrorayons)이다. 마이크로디스트릭트는 9에서 24층 높이의 표준화된 아파트로 이루어진 육중한 건물들로 특징지어진다. 이것 중 가장 큰 규모는 10만 명까지 수용한다. 소련의 도시 계획가들은 마이크로디스트릭트가 공동체 의식을 높일 것이라고 기대했다. 그러나 현재 대부분은 대도시 지역을 위한 베드타운과 동의어가 되고 있다.

러시아의 도시 성장은 대도시의 주변부에서 가장 빠르게 일어났는데 이것은 북아메리카 지역에서 일어난 것과 유사하다. 예를 들어 모스크바는 점점 자동차가 중요해지고 있는데, 이 도시의 생활 권역은 도심에서 한참 떨어진 곳으로 확장되었다. 지대와 세금도 도시 중심보다 비교적 낮다. 새로운 교외의 쇼핑과 1인 가구로 특징되는 주거지들이 교외에 나타나고 있다. 덕분에 고소득

그림 9.22 **모스크바 도심** 쇼핑객들이 모스크바 도심의 쾌적한 아르바트 거리를 산책하고 있다. 고급 상점, 레스토랑 및 유흥가가 관광객과 지역 주민 모두를 끌어들인다.

그림 9.23 **모스크바 교외의 새로운 싱글 가구 주택** 모스크바 외곽의 이 새로운 고급 주택 개발은 INKOMNedvizhimost에 의해 지어졌다. 크고 깔끔하게 울타리 친 집터와 넓은 집은 북아메리카 전통의 교외의 취향과 디자인에 기반하여 지어졌다.

층의 거주민들은 도심에 갈 필요 없이 주거와 쇼핑을 해결할 수 있게 되었다.

인구통계학적 위기

러시아는 최근 인구 손실을 국가적으로 해결해야 할 중요한 문제로 파악한다. 정부와 UN은 2100년까지 러시아 인구가 4,500만 명까지 떨어질 수 있다고 추정한다. 이 지역 내의 다른 국가들이 맞고 있는 상황도 비슷하다(표 A9.1 참조). 제2차 세계대전이 시작하면서 크게 늘어난 사망자 수가 낮은 출산율과 겹치면서 상당한 인구의 손실을 빚어냈다. 1950년대에 인구가 늘기는 했지만 1970년경에 성장은 이미 줄어들었고 이미 1990년대 초반에 사망률이 출생률을 추월하기 시작했다. 2개의 인구 피라미드는 이 불편한 이야기를 들려준다(그림 9.24). 첫 번째 인구 피라미드는 성인의 인구가 눈에 띄게 나타나기는 하지만(남자 노인과 제2차 세계대전 시 출생률 추락은 제외하고) 태어나는 아이들은 상대적으로 적은 것을 보여준다.

푸틴 대통령은 인구 감소를 러시아가 직면한 '가장 심각한 문제'라고 지적한다. 푸틴 대통령은 출생률을 높이고 사람들이 일반적으로 인식하는 외동 가정에 대한 인식을 바꾸기 위한 프로그램들을 추진하고 있다. 이러한 계획하에서 다자녀를 둔 여성들은 현금 지원이나 더 긴 출산 휴가, 다양한 보육 보조 등을 받을 수 있다. 몇몇 러시아 도시들에서는 심지어 기업으로부터 후원을 받는 대회를 열어서 자동차 같은 경품을 걸고 아이를 출산하도록 격려하고 있다.

이와 같이 변화하는 정부 정책 덕분인지 최근에 러시아의 출생률은 조금 오르고 있다. 러시아의 출생률은 현재 독일, 이탈리아, 일본보다 상당히 높은 수준이다. 특히 비러시아계 인종 국가(코카서스 지역과 시베리아 지역)에서의 출생률이 러시아 인종의 국가에 비해서 두드러지게 올라가고 있다.

미래의 인구 성장에 대해서는 여전히 불확실성이 많이 남아 있다. 지역 내에 현재 진행되는 경제 침체나 정치적 불안정성은 출산율을 낮출 수 있다. 더욱이 선진국에 비해서 사망률이 상당히 높고 의료 보건 분야가 해결해야 할 문제도 산적해 있다. 여기에 더해 인구 구조상 가까운 미래에 러시아 권역에서 가임기 여성의 수가 줄어들 것으로 예측되어 현재의 증가 추세를 유지하기 어려울 것이다.

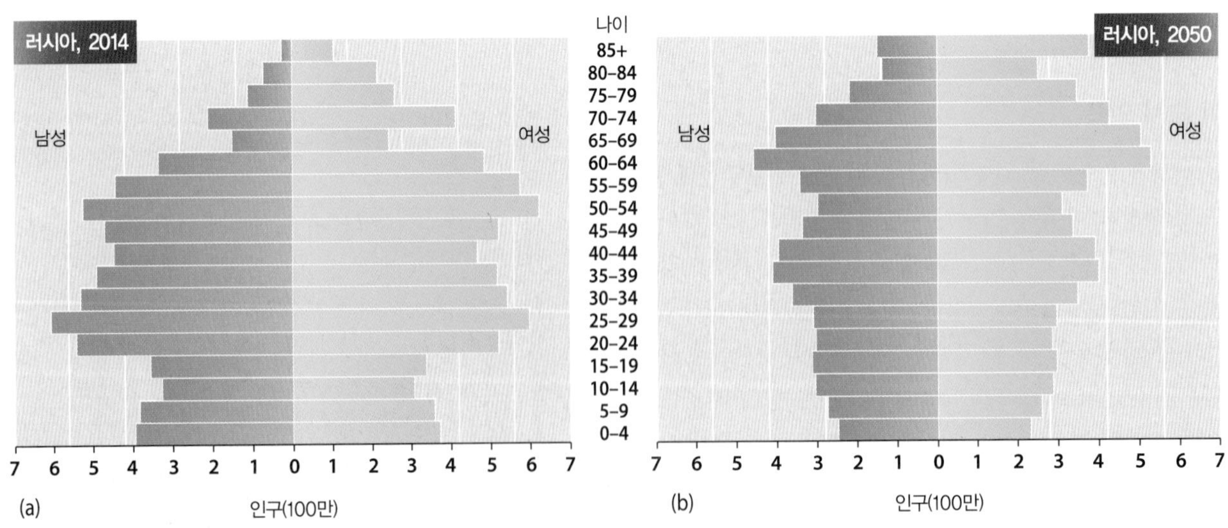

그림 9.24 **러시아의 변화하는 인구 구조** 2개의 인구 피라미드로 러시아 인구 구조의 (a) 최근 개요(2014)와 (b) 예측 패턴(2050)을 볼 수 있다. 현재의 추세는 러시아의 인구는 계속 증가할 것인데, 상대적으로 큰 비율의 노인 인구를 부양해야 하는 청년 인구의 비율이 상대적으로 줄어드는 것을 예상한다. **Q : 러시아 남성 중에 있는 과거 전쟁의 영향과 사망률 증가의 증거는 무엇인가?**

 확인 학습

9.3 주요 강 및 철도 회랑이 이 지역의 인구 및 경제 발전의 지형을 어떻게 형성했는지 토론하라. 구체적인 예를 제공하라.

9.4 러시아 영역 내의 소비에트와 소비에트 이주 패턴을 대조하고 노동력의 변화를 기술하라.

9.5 현대 러시아 도시의 주요 토지 이용 구역을 설명하고 그러한 환경에서 소련 시대 계획의 영향을 이해하는 것이 왜 중요한지 논하라.

주요 용어 시베리아 횡단 철도, 바이칼 아무르 철도, 차르, 수용소 군도, 러시아화, 마이크로디스트릭트

문화적 동질성과 다양성 : 슬라브 지배가 남긴 유산

러시아어를 구사하는 슬라브 민족은 이들의 초기 정착지였던 러시아의 중앙 유럽 지역으로부터 지난 수백 년 동안 영향력을 확장해 왔다. 러시아의 문화 양식과 사회 관습은 슬라브족의 확장기에 널리 퍼졌고 러시아제국의 지배하에서 계속 생활했던 비러시아계 인종들에게 영향을 끼쳤다. 이러한 확산의 유산은 지금까지 계속되고 있으며 특히 러시아인들에게 풍부한 문화적 정체성을 주었다. 이러한 역사적 배경은 현재 러시아인들이 국제화 세력을 어떻게 대처하는지 또는 비러시아계의 문화가 이 지역에서 어떻게 발전해 왔는지 이해하는 데 틀을 마련해 준다.

러시아제국의 유산

러시아제국의 확장은 서유럽의 확장과 비슷하게 이루어졌다. 스페인, 포르투칼, 프랑스 영국이 해외에 제국을 확장하려고 노력했던 것과 같이 러시아는 유라시아 대륙의 동쪽과 남쪽에 걸쳐서 확장해 나갔다. 러시아 제국의 기원은 인도-유럽어족의 북쪽 가지를 차지하는 슬라브 민족의 초기 역사에서 시작한다. **슬라브족**(Slavic peoples)의 정치적 힘은 서기 900년경 **바랑**(Varangians), 또는 **루시**(Rus)라고 알려진 스웨덴으로부터 남방으로 이동하는 전사들과 결혼을 하면서 커져갔다. 한 세기도 안되어서 루시의 지휘는 키예프(당시 수도)로부터 발트 해 인근까지 확장되었다. 이 키예프-루시 국가는 그리스의 비잔틴제국와 교류했고 그 영향으로 이 지역에 기독교와 키릴 문자가 들어오게 된다. 심지어 러시아인들은 동유럽과 연결된 기독교의 한 형태인 **동방 정교회**(Eastern Orthodox Christianity)로 개종하고 콘스탄티노플(현재 이스탄불)에 있는 교회 지도자들과 교류했다. 점차 서쪽에 있는 슬라브족의 이웃들(폴란드, 체코, 슬로바키아, 슬로베니아, 크로아티아)도 가톨릭교를 받아들였다. 초기 러시아 국가는 이후 쇠락해졌고 몇몇 공국으로 나뉘게 되었고 이들은 후에 침략하는 몽고와 타타르인들에 의해서 지배당한다.

14세기에 북방 슬라브족이 타타르의 지배에서 벗어나서 확장하는 슬라브 국가를 세운다(그림 9.25). 이 새로운 러시아제국의 핵심은 이전 고대 루시 국가의 동쪽 주변에 위치했다. 점차적으로 이 지역의 언어는 새 중심지에서 사용되는 언어로부터 갈라지게 되어서 우크라이나와 러시아는 2개의 구별되는 민족으로 발전한다. 비슷한 발전이 북서부의 러시아인들에게도 일어나서 폴란드의 지배를 수 세기 동안 겪은 후에 벨라루스로 알려진 확연히 구분되는 민족으로 변형된다.

러시아제국은 16세기와 17세기에 놀랍게 확장한다. 볼가 계곡(카잔 근처)에 위치한 이전 타타르의 국경은 1500년대 중반에 러시아 영토로 들어온다. 러시아인들은 또한 반유목민인 **코사크**(Cossacks)와 동맹을 맺는다. 이들은 일찍이 아직 지배받지 않은 스텝 지역에 자유를 찾아 이주해 온 슬라브어를 구사하는 기독교인들이다. 이 동맹 덕분에 러시아인들은 17세기에 시베리아에 대한 영토 확장을 수월하게 할 수 있었다. 모피와 귀금속이 이 지역의 주산물이었다.

서쪽으로의 확장은 더디고 어려웠다. 피터 대제(1682~1725)가 1700년대 초기에 스웨덴을 물리쳤을 때, 그는 발트 해에 발판을 마련했다. 그곳에 그는 상트페테르부르크에 새로운 수도를 건설했다. 이 도시는 서유럽에 다가갈 수 있는 전초 기지가 되었다. 18세기 후반 러시아는 폴란드와 투르크를 동시에 물리쳐서 오늘날의 벨라루스와 우크라이나를 모두 얻을 수 있었다. 카타리나 여제(1762~1796)는 특히 우크라이나를 식민지화했고 러시아제국에 흑해의 따뜻한 연안을 가져다주었다는 점에서 중요하다.

19세기 러시아는 확장의 마지막 단계에 접어든다. 이 시기 확장은 주로 중앙아시아에서 이루어졌는데, 이 지역에서 한때 힘을 발휘했던 무슬림 국가들은 더 이상 러시아 군대에 대항할 수 없었다. 산악 지대인 코카서스는 거주민들이 바위투성이의 지형을 국토를 방어하는 데 잘 활용했기 때문에 어려웠다. 그러나 코카서스 남쪽에서 기독교도인 아르메니아와 조지아인들은 러시아를 별다른 저항 없이 받아들였다. 그들은 페르시아나 오스만제국에 의해 지배를 받는 것보다는 러시아의 지배를 받는 것이 낫다고 생각했기 때문이었다.

언어지리

이 지역에서는 슬라브어가 지배적이다(그림 9.26). 벨라루스 사람들의 지리적 양상은 상대적으로 간단하다. 대부분의 벨라루스 사람들은 벨라루스에 거주하고 벨라루스에 사는 사람들은 대부분 벨라루스인들이다. 우크라이나의 사정은 좀 더 복잡하다(그

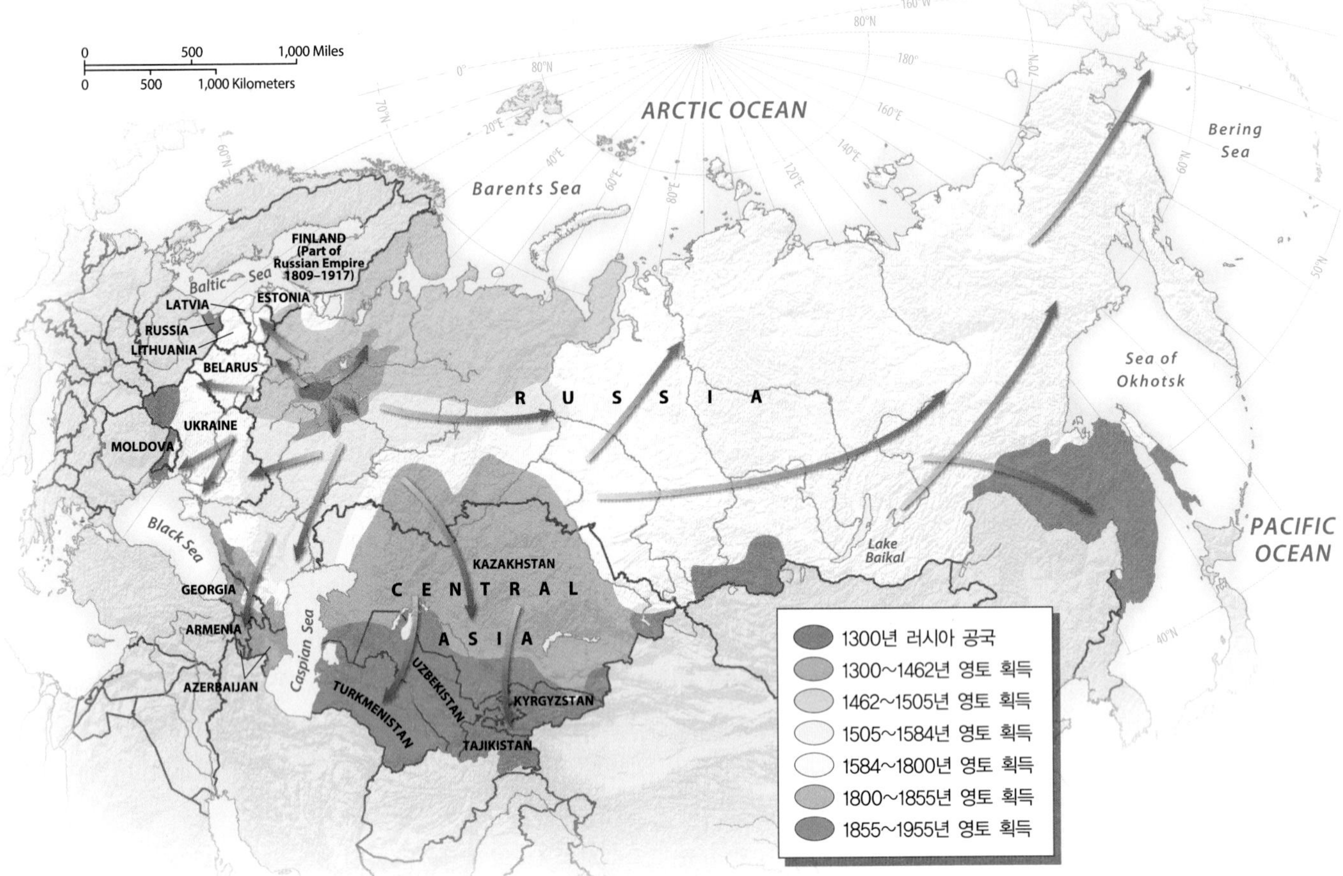

그림 9.25 **러시아제국의 성장** 오늘날 모스크바의 근처에 위치한 곳의 작은 공국으로 시작한 러시아제국은 14세기와 16세기 사이에 형성되었다. 1600년 이후 러시아의 영향력은 동유럽에서 태평양으로 뻗어 나갔다. 후에 제국은 극동 지역, 중앙아시아 지역 및 발트 해와 흑해 근처 지역을 추가하였다.

림 9.27). 러시아어를 구사하는 사람들이 역사적으로 우크라이나의 대부분 지역을 장악해 왔으며 그곳에서 (러시아군의 지원을 받는) 반란군의 기반을 제공한다. 그러나 우크라이나 서부에는 상대적으로 러시아어를 구사하는 사람의 수가 적다. 비슷하게 크림 반도는 우크라이나의 일부분으로 여겨지기는 하지만 러시아와 인종적 · 역사적으로 오랜 관계를 유지해 왔고 이러한 특성은 2014년 이 지역에 대한 러시아의 장악을 용이하게 했다.

러시아인들은 대부분 러시아의 유럽 지역에 거주하며 전체 인구의 80%를 차지한다. 러시아인들이 차지하는 지역은 시베리아 남부를 거쳐 동해에까지 미친다. 드문드문 거주하는 시베리아 중부와 북부에서는 러시아인들이 다양한 토착민들과 지역을 공유한다.

몰도바는 루마니아어(로망스어)를 사용하는 사람들이 지배적이지만 러시아계와 우크라이나계도 전체 인구에서 13% 정도를 차지한다. 오늘날에는 러시아, 우크라이나, 몰도바가 뚜렷하게 구분되는 독립된 나라들이기 때문에 소수 인종 문제는 이 지역에서 중요한 긴장 요인이 되었다.

다른 비슬라브계 민족들도 문화적 지형을 이룬다. 피노-우그르어족은 핀란드어를 사용하는 정착민들로서 비러시아의 북쪽 지역에서 상당한 부분을 차지한다. 알타이어족은 러시아의 언어 지형을 더 복잡하게 만든다. 알타이어족에는 카잔에 주로 모여 사는 볼가 타타르족을 포함한다. 자신들의 인종적 정체성을 지켜나가는 이 투르크어를 구사하는 타타르족은 러시아 이웃들과 활발하게 혼인을 맺고 있다. 시베리아 동북쪽에 있는 야쿠트와 에벤키족도 투르크어를 사용한다(그림 9.28). 동쪽의 바이칼 호 근처에는 40만 명 정도의 부랴트인들이 살고 있다. 이들은 중앙아시아와 문화적 · 역사적으로 연결되어 있다.

시베리아의 중부와 북부에서 겪었던 원주민들의 곤경은 미국, 캐나다, 오스트레일리아의 상황과 비슷하다. 지방에 거주하고 가난한 원주민들은 지배적인 유럽의 문화와는 확연히 구분된 상태를 유지해 왔다. 원주민들은 내부적으로는 다양하고 서로 연결되지 않는 독립적인 어족으로 구분되기도 한다. 시베리아의 많은 민족들은 다른 지역의 원주민들이 문화적 · 정치적 동화의 압력을 받았던 것처럼 러시아화 정책에 의해 자신들의 전통 방식이 망가지는 것을 보아왔다.

트랜스코카시아 지역은 압도적으로 다양한 언어들을 갖고 있다(그림 9.29). 러시아로부터 코카서스 산맥의 북쪽 경사면을 따라서, 조지아와 아르메이나까지의 흑해 동쪽까지, 굴곡진 역사

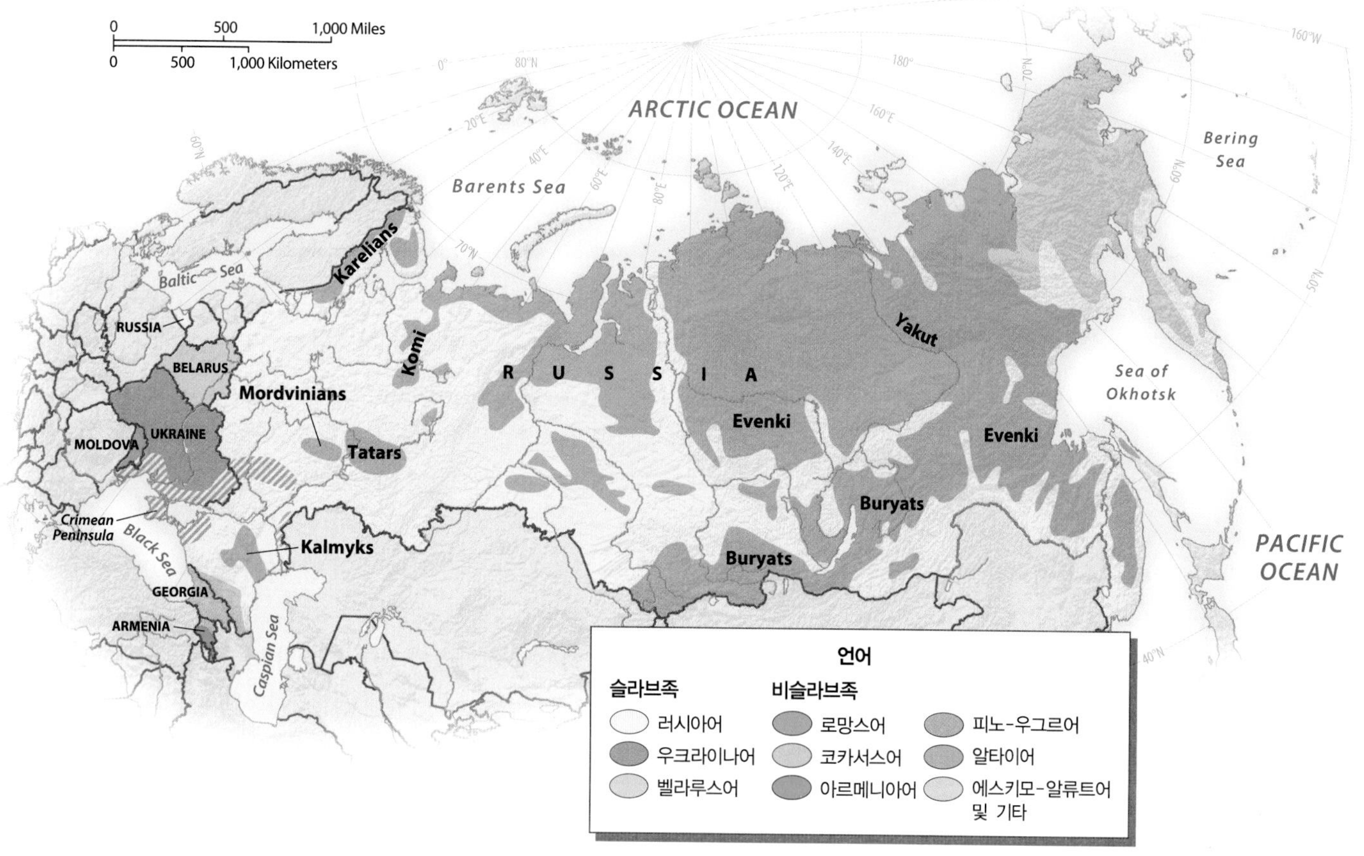

그림 9.26 **러시아 권역의 언어** 많은 언어 소수족들이 있지만, 슬라브어 러시아인이 이 지역을 지배한다. 시베리아의 다양한 원주민들은 그 지역에서 문화적 다양성을 더한다. 남서쪽에는 코카서스 산맥과 그 너머의 땅이 이 지역의 가장 복잡한 언어 지형을 형성한다. 우크라이나인들과 벨라루스인들은 러시아 이웃들과 슬라브어의 유산을 공유하면서 러시아 서부에서의 다양성을 더하고 있다.

그림 9.27 **우크라이나의 러시아 언어** 우크라이나 동부와 크림 반도에는 우크라이나의 현대 인류지리학을 계속 복잡하게 하는, 긴 문화적 · 정치적 연계 기능을 갖는 수많은 러시아어 화자들이 계속 살고 있다.

와 험한 자연 환경은 세계에서 가장 복잡한 언어 지도를 만드는 데 일조했다. 오하이오보다 작은 지역에서도 여러 개의 언어가 발견되기도 한다. 각 언어들은 소수의 문화적으로 고립된 사람들에 의해서 사용된다.

종교지리

대부분의 러시아, 벨라루스, 우크라이나인들은 동방 정교회에 속한다. 수백 년 동안 러시아제국에서 동방 정교회는 문화적으로 중요한 자리를 차지해 왔다. 교회와 정치는 1917년 제국이 무너질 때까지 밀접하게 융합되었다. 소련의 지배하에서 모든 종교는 지양되었고 박해받았다. 그러나 소련이 붕괴하자 러시아 권역 대부분의 지역에 종교적 부흥의 바람이 일었다. 현재 7,500만의 러시아인들이 동방 정교회의 일원이며 나라 전체에 500개의 수도원이 퍼져 있다.

다른 형태의 기독교도 존재한다. 우크라이나 서부에 사는 사람들은 수백 년간 폴란드의 지배를 겪어왔고 그 결과 가톨릭교 또는 우크라이나의 그리스 정교회를 받아들이게 되었다. 우크라이나 동부는 정교회에 여전히 남아 있다. 이러한 종교적 분열은 우크라이나 동부와 서부 간의 문화적 차이를 더 강화시키고 있

그림 9.28 **에벤키 소수민족** 러시아의 원주민 에벤키 인구는 알타이어를 사용하며 다른 세계 지역의 원주민이 직면한 것과 같은 많은 어려운 과제들에 직면하고 있다. **Q : 북아메리카와 오스트레일리아의 많은 토착민들과 에벤키가 공유할 수 있는 사회적 · 경제적 문제는 무엇인가?**

다. 이 외에도 아르메니아는 오래된 기독교의 전통을 이어가고 있다. 그러나 이들은 동방 정교회나 가톨릭과도 다소 다른 모습을 갖고 있다. 복음주의 개신교도 성장하고 있다.

비기독교 종교도 문화적 지형을 이루고 있다. 이슬람은 비기독교 종교 중 가장 큰 집단을 이루고 있다. 러시아에는 7,000개의 모스크와 대략 2,000만 명의 신도가 있다(그림 9.30). 대부분이 수니 무슬림이고 이들은 코카서스 북방, 볼가 타타르, 카자흐스탄 국경 근처의 중앙아시아인들이 대부분이다. 러시아의 무슬림 인구의 증가세는 비무슬림계 인가 증가율의 세 배이다.

이슬람 근본주의도 인기를 끌고 있다. 특히 코카서스 지역의 무슬림 중 러시아 정부의 실력 전술이나 탄압 정책에 대한 저항을 강화해 가는 무슬림들의 인기가 높아간다. 러시아의 타타르스탄에 거주하는 젊고 보수적인 무슬림 살라피스트의 수가 많아지고 있는데 이들은 자기 자신을 그 지역의 전통적인 수니파와 다르다고 명확하게 선을 긋고 있다. 이들의 이러한 태도로 인해서 두 그룹 간의 인종적 · 종교적 갈등이 커지고 있다. 러시아의 지도자들뿐만 아니라 지방 정부도 커가는 살라피스트의 영향력을 제안하는 법을 제안해 왔다. 그러나 이러한 조치는 지역 내의 불만을 품고 있는 젊은이들에게 살라피스트의 주장을 더 설득력 있게 만들 뿐이라는 지적이 있다.

러시아, 벨라루스, 우크라이나에는 100만 명 이상의 유대인들이 거주하고 있으며 특히 이들은 유럽 지역의 대도시에 거주하고 있다. 유대인들은 차르와 공산주의 정권하에서 모두 심각한 박해를 겪었다. 새로운 정치적 자유를 얻고자 최근에 밖으로 나가는 이민자들로 인해서 이 나라들의 유대인 수는 더 줄어들고 있다. 불교 신자들도 이 지역에서 찾아볼 수 있는데, 주로 러시아 내륙의 칼미크족과 부랴트족이다. 불교는 최근 새로운 부흥기를 맞고 있으며 약 100만 명의 신자가 아시아의 러시아를 중심으로 있는 것으로 알려져 있다.

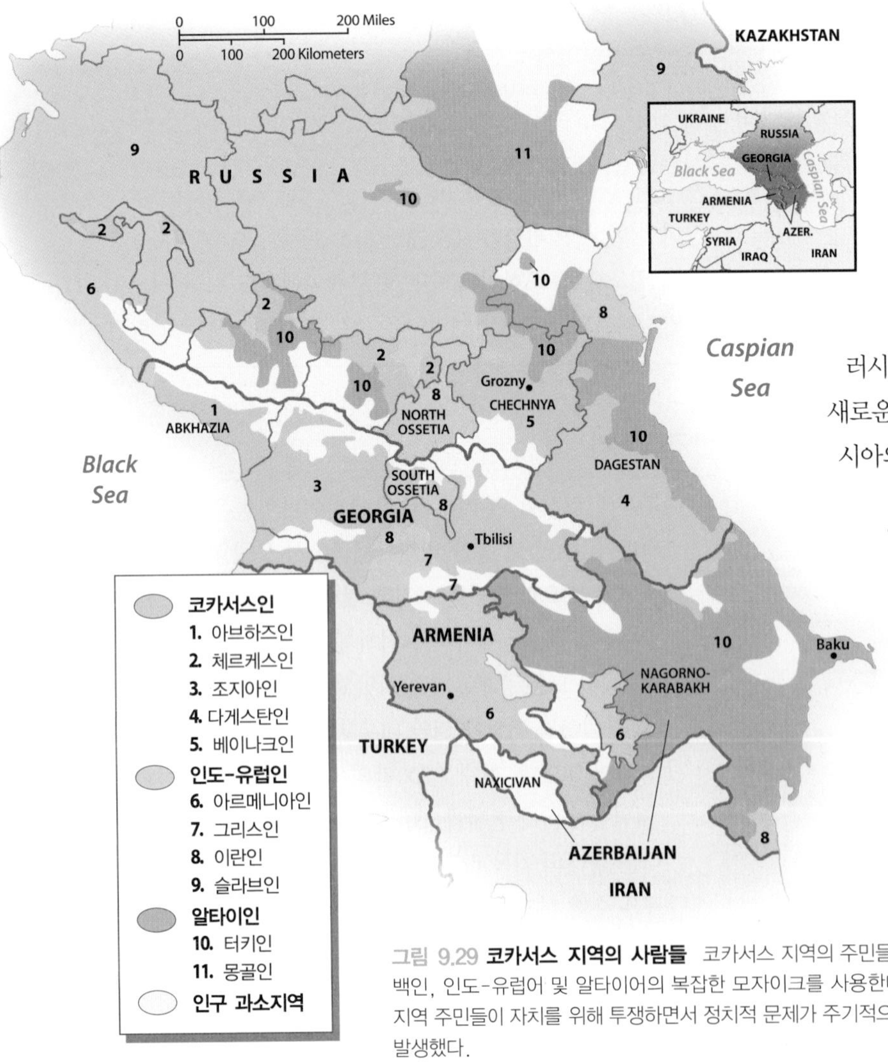

그림 9.29 **코카서스 지역의 사람들** 코카서스 지역의 주민들은 백인, 인도-유럽어 및 알타이어의 복잡한 모자이크를 사용한다. 지역 주민들이 자치를 위해 투쟁하면서 정치적 문제가 주기적으로 발생했다.

국제적 맥락에서 러시아의 문화

러시아 문화는 자신만의 구별되는 전통과 상징을 발전시켜 왔으며 동시에 서유럽에 의해서 많은 영향을 받아왔다. 19세기까지 러시아의 소작농들은 바깥 세계와 거의 교류하지 못했다고 하더라도 러시아의 상류 문화는 깊숙하게 서양화되었으며 러시아의 작곡가, 소설가, 극작가들은 유럽과 미국에서 상당한 명성을 얻었다.

소련 시대 소련 시대, 새로운 문화적 영향들이 사회주의 국가를 형성했다. 초기에는

그림 9.30 **모스크바의 모스크 사원** 모스크바의 증가하는 이민자 인구에는 구 소련의 일부, 특히 중앙아시아에서 온 많은 이슬람교도들이 포함된다. 오늘날 그들의 존재는 수도의 문화적 경관에서 점차 더 많이 눈에 띄는 요소가 되었다.

마르크스주의의 수사학에 의해서 도입된 유럽 스타일의 새로운 예술이 소련에 넘쳐났다. 하지만 1920년대 말, 소련의 지도자들은 모더니즘을 자본주의 세계의 퇴폐적인 표현이라고 보면서 모더니즘에 등을 돌렸다. 실제로 국가의 지원을 받는 소련의 예술작품들은 **사회주의적 사실주의**(socialist realism)로 집약된다. 사회주의적 사실주의는 자연에 도전하거나 자본주의에 대항해서 싸우는 노동자들을 사실적으로 묘사하는 데 중점을 두는 스타일이다. 그럼에도 전통적인 상류층의 예술 분야, 즉 고전음악, 발레는 국가로부터 지원금을 넉넉하게 받았고 이들은 오늘날까지도 세계적인 명성을 누리고 있다.

서방으로 눈을 돌리다 1980년대에 이르면 공산주의에 기반한 새로운 소련의 문화를 만들려는 시도는 실패했다는 것이 명백해졌다. 젊은 세대는 서방에서 들어온 패션과 록 음악에 더 영향을 받았다. 미국의 대중문화는 특히 더 매력적으로 다가왔다.

소련의 붕괴 이후 모스크바와 같은 대도시 내에서 특히 국제적인 문화의 영향력이 늘어났다. 서방의 서적과 잡지가 상점에 넘쳐 들어왔으며 도시민들은 집 담보 대출이나 콘도 구입에 대한 정보를 찾아 다녔고, 가짜 샤넬 백이나 맥도널드 햄버거와 같은 새롭게 발견된 즐거움을 즐겼다. 사람들은 이전의 지도자들이 수 세대에 걸쳐서 경고했던 세계를 받아들였다. 국경을 넘어 들어온 문화적 영향들 모두가 서방에서 유입된 것은 아니었다. 홍콩과 뭄바이(봄베이)에서 들어온 영화와 라틴아메리카의 TV로 극화된 로맨스 소설 등은 미국보다도 오히려 러시아에서 더 인기를 끌기도 했다.

음악 분야 젊은 세대들은 대중음악을 받아들였다. 그들의 미국이나 유럽의 음악인들에 대한 열정과 국내에서 성장해서 막 꽃피우려는 음악산업에 대한 이들의 지지는 소련 세대 이후의 변화하는 가치를 상징한다. 현재 러시아의 MTV는 러시아의 젊은 시청자들 대부분에게 전달된다. 소니 뮤직과 같은 국제적인 미디어 회사는 소련 이후 시대에 러시아에 기업을 세웠다. 유니버스도 러시아의 음악가들이 해외로 진출할 길을 열었다.

모스크바에서 유로비전 대회를 개최한 적이 있었다. 유로비전은 유럽 지역에서 유럽의 다양한 나라에서 새로운 음악적 재능을 가진 사람을 발굴하기 위한 대회이다. 2015년 오스트리아 빈에서 열렸던 60회 유로비전 송 콘테스트에는 각 지역의 가장 젊은 세대들이 출전했다. 러시아 대표는 Polina Gagarina였다. Gagarina는 모스크바 출신으로서 그의 곡인 'A Million Voices'는 싱글과 뮤직 비디오 모두 영어권 국가들에서 널리 인기를 끌었다. 또 다른 강력한 후보는 수많은 여자들의 가슴을 설레게 하는 우크라이나 출신의 Eduard Romanyuta였다. (우크라이나는 정치적 상황으로 인해 기권했기 때문에) 그는 이 대회에서 몰도바를 대표해서 'I Want Your Love'라는 곡을 불렀다. 이 곡은 미국 스타일의 팝 발라드로서 이미 우크라이나와 그 외의 지역에

그림 9.31 **Polina Gagarina와 Eduard Romanyuta** (a) 모스크바 출신인 Gagarina는 2015 유로비전 송 콘테스트에서 러시아를 대표했다. (b) 우크라이나의 가수 Eduard Romanyuta는 몰도바를 위해 노래했다.

(a)

(b)

서도 10대 소녀들 사이에서 인기를 끌고 있다.

확인 학습

9.6 러시아제국이 부상할 때의 식민지 확장의 주요 단계는 무엇이었으며, 이들 각각은 러시아 국가의 범위를 확대시켰는가?

9.7 러시아와 인접 국가에서 주요 소수민족 집단(언어와 종교에 의해 정의됨)을 확인하라.

주요 용어 슬라브족, 동방 정교회, 코사크, 사회주의적 사실주의

지정학적 틀 : 지역 전반에 커져가는 불안정성

소련의 지정학적인 유산은 여전히 러시아 권역에 영향을 미치고 있다. 어찌되었든 '소비에트사회주의연방'이라는 굵은 글씨는 20세기 내내 유라시아의 지도에 크게 써져 있었고 이 나라의 정치적인 영향은 세계 곳곳으로 미쳤다. 푸틴 대통령 아래에서 러시아가 2000년 이후 정치적으로 다시 일어서는 것은 이 지역에 소비에트 시절 지정학적 영향력을 다시 회복하려는 신호로 여겨진다(그림 9.32). 최근 우크라이나와 이웃하는 나라에서 일어난 사건들은 러시아가 그 지역에서 자신의 위치를 재천명하려는 의지가 분명하다는 것을 보여준다. 그러나 이에 대한 서방 국가들의 신랄한 반응은 러시아가 주류 국제사회에서 정치적 주도권이나 제도에서 고립될 것이라는 것을 암시한다. 이에 대한 대응으로 러시아는 동양으로 축을 옮겨서 중국과의 관계를 구축할 수 있다.

구소련의 지정학적 구조

소련은 1917년 무너진 러시아제국의 잿더미에서 일어났다. 러시아의 차르는 시골을 현대화하거나 소작농들의 생활을 개선하기 위해서 아무 일도 하지 않았다. 차르가 무너지고 난 뒤, 몇몇 정치적 기반을 대표하는 정부는 권력을 잡았다. 그러나 산업 노동자들을 대표하는 러시아 공산당원의 한 분파인 **볼셰비키**(Bolsheviks)가 권력을 장악했다. 그들은 **공산주의**(communism)를 신봉했다. 공산주의는 노동자들에 의한 자본주의 전복, 대규모 사유재산 제거, 국유화, 계획 경제를 주장하는 칼 마르크스의 서적에 근거를 두는 신념이다. 볼셰비키는 또한 일당 독재 체제를 지원했다. 러시아 공산주의의 지도자는 블라디미르 일리치 울리아노프였고 그는 레닌이라는 이름을 사용했다. 레닌은 소련의 건설자가 되었다. 이 새 공산주의 국가는 유라시아의 정치·경제적 지형을 급진적으로 바꿔놓았다.

정치 조직 만들기 레닌과 그 외 소련의 지도자들은 새 국가를 조직하는 데 중요한 문제에 직면했다는 사실을 깨닫고서 국가의 국경을 유지하기 위한 지정학적인 해결책을 내놓고서 비러시아 국민들의 권리를 이론적으로 인정했다. 각각의 주요 국적들은 러시아의 경계선 바깥에 위치해 있기만 하면 '연방공화국'의 위치를 받았다(그림 9.33). 결과적으로 15개의 공화국이 세워졌고, 소비에트연방이 만들어지게 되었다. 이러한 공화국들과 **자치구**(autonomous areas)들이 있었음에도 1920년경에 이르면 소비에트연방은 러시아의 수도인 모스크바에서 주요 결정 사항들이 모두 정해지는 중앙집권화된 나라가 되었다.

이러한 정치적 통합의 주요 설계자는 이오시프 스탈린이었다. 스탈린은 권력을 중앙집권화하고 러시아의 권력을 강화하기 위한 모든 노력을 기울였다. 이 스탈린 시대(1922~1953)에는 또한 소비에트연방이 크게 확장된다. 제2차 세계대전에서 승리를 거두고 러시아는 일본으로부터 태평양의 섬, 발트 해의 공화국들(에스토니아, 라트비아, 리투아니아)과 동유럽의 일부를 얻게 되었다. 발트 해 지역에 전술적으로 중요한 곳도 하나 얻게 되었는데 그것은 동프러시아의 북쪽 지역(칼리닌그라드 항)이다. 이곳은 이전에 독일에 속해 있었다. 이곳은 작지만 여전히 러시아의 전술적 **고립 영토**(exclave)이다. 고립 영토란 한 국가의 육지에 연결되지 않고 바깥에 놓여 있는 영토를 일컫는다.

제2차 세계대전 이후 소비에트연방은 그 영향력을 동유럽으로 뻗쳐나갔다. 영국의 지도자인 윈스턴 처칠의 말에 따르면 소련은 그들의 동유럽 연합국과 더 민주화된 서유럽의 국가들 사이에 **철의 장막**(Iron Curtain)을 펼쳤다. 동유럽이 철의 장막 뒤

그림 9.32 **러시아 대통령 블라디미르 푸틴** 2000년 이래 푸틴 대통령의 러시아 영역에서의 영향력은 엄청났다. 러시아 내에서 (대통령과 총리로서의) 푸틴은 시민의 자유를 제한하면서도 심대한 경제 회복을 이루어냈다. 러시아를 넘어, 푸틴 대통령은 이 지역의 지정학적 지위를 세계 무대에 재건했다.

로 숨자 소비에트연방과 미국은 1948년부터 1991년까지 군사 경쟁에서 **냉전**(Cold War)을 펼치는 적대 관계가 되었다.

소비에트 체제의 끝 역설적으로 레닌이 제안했던 문화적 차이를 기반으로 하는 공화국 체제는 소비에트연방 붕괴의 씨앗이 되었다. 공화국들에게 진정한 자유가 주어졌던 적은 한 번도 없었지만 공화국 체제는 구분되는 문화적 정체성을 살아남게 하는 토대를 제공했다. 소비에트 지도자들의 기대와 다르게 인종에 기반한 국가주의는 제2차 세계대전 후 소비에트 체제가 점차 덜 억압하게 되자 더 뚜렷하게 나타났다. 1980년대 소비에트 대통령 미하일 고프바초프가 **글라스노스트**(glasnost), 즉 대개방 정책을 제안하자 몇몇 공화국들—특히 리투아니아, 라트비아, 에스토니아의 발트 해 국가들—이 독립을 주장했다. 여기에 더해서 고르바초프의 **페레스트로이카**(perestroika) 정책, 즉 중앙 계획 경제의 수정은 소비에트 경제가 서유럽과 미국의 경제보다 뒤처져 간다는 것을 인정하는 것과 다르지 않았다. 아프가니스탄 전쟁에서의 패배와 동유럽 국가들의 정치적 저항이 점점 거세지자 고르바초프의 문제도 커져갔다.

1991년에 이르면 고르바초프는 정치 분권화와 경제 개혁에 대한 거세지는 압력으로 통치력을 점점 잃게 된다. 그해 여름 고르바초프 정권은 개혁주의 성향의 보리스 옐친이 러시아공화국의 대표로 당선되면서 더 큰 위기를 맞게 된다. 12월 말 소비에트연방을 구성하는 15개 구성 공화국들이 모두 독립적 국가가 되었고 소비에트연방은 사라지게 되었다.

현재 지정학적 상황

소비에트 이후 러시아와 인근의 독립 공화국들의 정치적 지형은 소비에트연방의 붕괴 이후 극적으로 바뀌었다(그림 9.34). 이전 공화국들은 모두 이웃 국가들과 안정적인 정치 관계를 만들기 위해서 힘들게 노력하고 있다.

러시아와 구소비에트 공화국들 한동안 이전 공화국들 간에 좀 더 느슨한 정치적 연합이, **독립국가연합**(Commonwealth of Independent States, CIS)이라 불리는, 소비에트연방의 잔해들로부터 나타날 것처럼 보였다. 하지만 CIS는 곧 그 중요성을 잃었다. 최근에 러시아는 **유라시아경제연합**(Eurasian Economic Union, EEU)을 지원하고 있다. EEU는 EU와 같은 관세 동맹으로서 교역을 지원할 뿐만 아니라 회원국들 간의 좀 더 밀접한 정치적 연맹도 공고히 하기 위해 만들어졌다. 2015년에 만들어진 EEU에는 현재 5개국(러시아, 벨라루스, 카자흐스탄, 아르메니

그림 9.33 **소비에트연방의 지정학적 시스템** 소비에트 시대에 15개 국내 공화국의 경계는 종종 주요 민족 분파를 반영했다. 소비에트제국이 붕괴됨에 따라 과거의 공화국은 정치적으로 독립국가가 되었고 지금은 러시아 주변의 위성국가들로 불안한 고리를 형성하고 있다.

그림 9.34 **러시아 권역의 지정학적 문제들** 1992년 러시아연방 조약은 소수민족 다수를 인정하는 새로운 내부 정치 체제를 창안했다. 그러나 최근 러시아 당국은 권력을 중앙집중화하고 지역의 반대 의견을 제한하는 방향으로 움직여왔다. 러시아와 몇몇 인근 국가, 특히 우크라이나와의 관계는 여전히 긴장 상태에 있다. Q : 여기에 나와 있는 러시아 내부의 공화국과 지역별 언어 지도(그림 9.26) 간의 유사점을 열거하라.

아, 키르기즈스탄)이 참여하고 있다.

러시아가 이 조직을 발트 해에서 중앙아시아까지 뻗었던 이전의 소비에트 스타일의 제국이 갖는 요소들을 더 공식적인 방법으로 재건하기 위해서 사용할 것이라고 주장하는 사람들도 있다.

우크라이나의 위기 2014년 이후로 이 지역의 지정학적 지도에서 우크라이나의 위기가 정세를 지배하고 있다(그림 9.35). 우크라이나에 왜 이런 일이 일어났는가? 현재 문제에 대해서는 세 가지 이유를 찾을 수 있다. 첫째, 1990년대 독립국가가 될 때부터 우크라이나는 분열되고 정치적으로 불안정한 나라였다. 오랜 시간 러시아(그리고 구소비에트연방)와 가졌던 정치적·경제적 관계로부터 떨어져 나와서 NATO와 EU와 더 강한 관계를 맺으면서 서쪽으로 흘러나오려는 강한 열망이 있었다. 러시아와 푸틴 대통령과 가까운 관계를 가졌던 빅토르 야누코비치가 2010년 우크라이나의 대통령이 되었다. 야누코비치가 2013년 EU와 가까운 관계를 갖는 것을 고려해 보라는 요구를 거절했을 때, 시위자들은 그 이듬해에 그를 권좌로부터 내쫓았다. 우크라이나인들은 러시아의 영향력으로부터 벗어나는 것을 옹호했던 페트로 포로셴코를 2014년 대통령으로 선출했다.

둘째로, 우크라이나가 갖고 있는 오래된 지역적인 문화 격차가 우크라이나인과 러시아인 사이에 존재한다. 이 문화 격차는 크림 반도에 있는 러시아인과 모스크바와 더 긴밀한 관계를 맺어야 한다고 생각하는 우크라이나 동부인에게 특히 더 강화되었고 이들에 의해서 정치적 차이가 더 드러났다. 이 환경에 있는 거주자 중 대다수는 키예프가 서방으로 돌아가려는 신호만 보여도 불만이 커져간다.

셋째, 이 지역에서 러시아가 갖고 있는 지정학적으로 확장하려는 야망은 푸틴 대통령이 우크라이나 상황에 대해서 보인 호전적인 반응에서도 엿볼 수 있다. 러시아의 야망은 2014년 러시아의 불법적인 크림 반도의 점령을 촉발시키기도 했다. 러시아는 또한 우크라이나 동부에서 반란군을 경제적·군사적으로 지원하고 있다(1만 명 이상의 러시아군이 우크라이나에 있는 것으로 추정된다). 이들은 독립된 국가를 만들거나 또는 확장된 러시아 연방이

그림 9.35 **우크라이나의 지정학적 분쟁 지역** 이 지도는 2014 년 러시아군의 크림 반도 점령을 나타낸다. 러시아가 지원하는 반군의 영향하에 있는 우크라이나 동부의 분쟁 지역도 표시되었다.

일원이 되기 위해서 키예프로 독립하는 것을 주장하고 있다.

그 결과는 우크라이나 동부에 폭력적이고 경제적으로는 대재앙을 일으킨 내전으로 이어졌다. 2015년 중반까지 이 충돌 속에 6,000명 이상의 사람들이 사망했고 대부분 전쟁의 상흔을 입은 우크라이나 동부 지역의 150만 명에 달하는 주민들이 자신의 집에서 쫓겨났다. 동부의 반란군이 점령한 지역은 특히 충돌이 심했던 루한스크와 도네츠크 지역에서는 주민들이 전투를 피해 도망가서 부분적으로 과소 지역이 되었다(그림 9.35 참조). 수차례 있었던 정전협정은 실패로 돌아감에 따라 우크라이나 동부는 한동안 정치적으로 불안정한 충돌 지역으로 남아 있게 될 가능성이 높아 보인다.

그 외 지정학적 분쟁 지역 벨라루스의 정치 지도자들은 서유럽과 중앙유럽에서 정치적 · 경제적 기회를 잡는 데 느리게 대처해 왔다. 벨라루스는 러시아의 정치적 궤도 안에 안정적으로 남아 있다. 2010년 두 나라는 '연합국가'로 나아가기로 약속했으며 합동 군사 훈련을 확장하기로 했다. 2012년 (종종 유럽의 마지막 독재자로 불리는) 벨라루스 대통령, 알렉산더 루카셴코는 자유로운 인터넷 사용에 대해 세계에서 가장 제한적인 정책을 승인해서 '해외' 웹사이트의 사용을 강하게 막고 있다. 정치적 반체제 인사 대부분은 여전히 감옥에 갇혀 있다.

작은 몰도바도 역시 소비에트 시대 이후에 정치적인 긴장을 겪고 있다. 몰도바의 동부에 있는 트란스니스트리아 지역에서는 지속적으로 충돌이 일어나고 있다. 이 지역에는 러시아군이 남아 있고 또한 루마니아어를 사용하는 몰도바인들이 장악하는 중앙정부로부터의 독립을 요구하는 슬라브 분리독립주의자들이 있다. 2014년 말에 있었던 몰도바 의회의 선거 결과는 앞으로 서유럽을 지향하는 움직임이 있을 것으로 예상되고 있어 문제가 복잡해질 것으로 보인다. 트랜스코카시아도 불안정할 것으로 보인다. 2003년 이래로 조지아 정부는 서방에 더 가까운 관계를 맺는 쪽으로 이동했다.

2008년 조지아가 아브하즈공화국과 남오세티야에 대한 통치권을 되찾으려 하자 러시아는 침공해 들어왔다. 이 두 독립된 지역은 대부분 러시아에 동조하는 사람들로 이루어져 있다. 이 충돌로 대략 1,000명에 달하는 사망자가 발생했으며 3만 명이 넘는 사람들이 집에서 쫓겨났다. 이 상황은 오늘날까지도 풀리지 않고 있으며 조지아는 여전히 아브하즈공화국과 남오세티야에 대한 통치권을 주장하고 있으며 러시아는 이 두 극소국가의 독립을 인정하고 있다.

아르메니아 근처 지역에 기독교 아르메니아인과 무슬림 아제르바이잔인들의 영토가 서로 복잡하게 얽혀 있다. 아제르바이잔 영토의 최남서단 영토(Naxicivan)는 사실상 아르메니아의 나머지 영토에 의해 분리되어 있다. 한편 아르메니아어를 사용하는 중요 구역인 나고르노카라바흐는 공식적으로는 아제르바이잔의 자치 지역의 한 부분이다. 1994년 아르메니아가 성공적으로 나고르노카라바흐의 대부분을 차지한 이후에 두 나라 간의 충돌은 많이 줄어들었다. 평화조약에 서명을 한 적은 없으며 아제르바이잔은 영토를 돌려줄 것을 요구하고 있다.

러시아 내의 지정학 러시아 내에서 지방분권화나, 좀 더 지역에 맞는 정치적 통제에 대한 압력이 높아졌고 그 결과 1992년 3월 러시아 연방 조약을 체결하게 되었다. 이 조약은 내부의 공화국에 대해 자치권을 보장하고 행정 조직은 줄이는 것을 보장했다. 또한 천연자원과 해외 교역에 대한 통제권을 더 줌으로써 정치 · 경제 · 문화적 자유도 포함했다(그림 9.34의 내부 공화국 지도 참조). 이것은 반대로 세금을 걷고 여러 내륙 지역에 대한 정책을 만드는 것에 대한 모스크바의 중앙집권적 통치력을 약화시켰다. 인종에 따라서 나뉜 21개 지역은 연방 내의 공화국과 같은 지위를 갖고서 이제는 종종 국가의 권한에 반대하는 제도를 유지하기도 한다.

2000년 이후 러시아의 지도자들, 특히 푸틴은 중앙집권화된 통제력을 강화하기 위해 노력했다. 푸틴의 명성은 오랫동안 지속되고 있다. 그는 대통령으로서 두 차례 임기를 마쳤고(2000~2008) 이후 총리를 역임했으며(2008~2012) 2012년 3월에 다시 대통령으로 선출되었다. 소비에트 시절에 KGB의 요원이었던 푸틴은 나라의 힘을 강화했고 러시아의 에너지 경제를 기반으로 강한 경제 성장을 이루었으며 러시아의 정치적 · 군사적 역할을 지역에서의 패권으로서뿐만 아니라 세계에서도 다시 천명하고 있다. 2014년 푸틴의 크림 반도 점령은 러시아에서 좋은 반응을 얻어서 나라는 경제 침체에 빠지고 있기는 해도 국내에서 그의 입지를 더욱 다져놓았다.

시민의 권리에 대한 러시아의 도전 그럼에도 불구하고 2009년 이후로 반복해서 일어나는 시민들의 저항은 푸틴의 권위에 도전하고 있다. 2012년 선거 이후 수천 명의 시위자들이 모스크바와 상트페테르부르크의 거리에서 행진했고 수백 명이 체포되었다. 불만에 가득 찬 도시의 중산층과 (푸틴은 모스크바에서 절반 이하의 표를 받았다.) 인권운동가들, 반대 정당들은 푸틴이 움켜쥐고 있는 권력에 분노한다. 시위 참가자들은 더 자유로운 언론과 민주주의, 더 투명한 선거, 경제 성장을 위해 더 광범위하게 힘쓸 것을 요구한다. 그들은 푸틴의 강압적인 스타일의 리더십과 **실로비키**(siloviki)(국가의 군사와 안전을 위한 조직)와 점차 더 가까워지는 관계를 비판해 왔다.

이러한 저항은 중앙정부가 시민의 자유에 대해서 강하게 탄압한 데 대한 반응으로 일어난 부분도 있다. 소비에트연방이 무너지자마자 러시아는 민주주의의 자유가 꽃피는 것을 만끽했다. 다수정당 시스템, 독립적인 언론, 늘어만 가는 지방정부의 선거로 뽑힌 공직자들의 숫자 등은 소비에트 시절의 독재의 유산으로부터 진정으로 탈출하는 듯 보였다.

2002년 이후에는 그러나 어렵게 성취했던 시민의 자유가 사라져갔다. 정치력을 강화하기 위한 푸틴의 활동에 의해 희생자들이 발생했고, 중앙 권력이 커져갔으며, 언론의 자유는 제한되고, 논평가들은 침묵했다. 현재 러시아 대통령은 수십여 명의 러시아 공직자와 시장직에 대한 임명 권한과 추천권에 대한 직접적인 권한을 갖는다. 다수의 러시아 언론 매체들은 자율성을 잃었고 현재는 정부가 언론을 직접 소유하고 영향을 미친다. 정부에 대해 쓴소리를 마다하지 않는 언론인들은(안나 폴리코브스카야와 같은) 의심쩍은 상황에서 사망했거나 살해당했다. 최근 러시아 정부는 인터넷에 대한 감시와 제재를 강화했다. 반대파의 입을 막으려는 다른 움직임이다.

그림 9.36 **푸시 라이어트** 이 러시아 펑크록 밴드 멤버들은 저명한 러시아 정교회 성당에 나타나 푸틴 대통령의 통치에 항의하는 노래를 부른 훌리건 행동으로 인해 투옥되었다.

2012년 러시아의 여성 펑크록 밴드인 푸시 라이어트는 국제적으로 헤드라인을 장식했다. 러시아에서 가장 큰 숭배의 장소 중 하나인 모스크바의 구세주 그리스도 대성당에서 푸틴 대통령을 비판하는 곡을 연주했기 때문이었다(그림 9.36). 형광색 스타킹으로 치장하고 "신의 어머니시여, 축복받은 성녀님, 푸틴을 몰아내주소서!"를 부른 밴드의 멤버들은 '폭력 행위'로 기소당하고 감옥으로 갔다. 이 여성들은 자신들의 행위는 정치적 저항이었다고 주장했지만 장기 복역을 선고받았고 (1명은 나중에 풀려났다) 이것은 정부에 대한 대중의 분노에 불을 붙였다. 더 불편한 사건은 푸틴에 대한 대표적인 비판가 중 하나인 보리스 넴초프가 2015년 초 모스크바의 붉은 광장에서 총살당한 사건이었다. 전국에 걸쳐 시위는 더 거세졌다.

변화하는 국제 상황

1991년 이후부터 동양과 서양 모두와의 정치적 관계가 복잡해졌고 이러한 상황은 러시아에게 여러 가지 문제를 던져주었다. 동아시아에서 러시아는 서양과의 흔들리는 관계를 만회하기 위해서 중국과 더 가까운 정치적 관계를 맺기 위해 노력하고 있다. 러시아는 또한 북한의 핵에 대한 야망을 통제하는 데 중요한 역할을 하고 있다. 이러한 노력의 일환으로 러시아는 이 극동의 이웃에게 우라늄과 무기 개발 프로젝트를 제한하기 위해 힘쓰고 있다. 영토 분쟁 — 특히 쿠릴 열도를 둘러싼 — 은 러시아와 일본과의 관계에 지속적으로 영향을 미친다.

서방으로 눈을 돌려보면, 러시아는 NATO의 확장에 대해 우려하고 있다. 대부분의 러시아 지도자들이 NATO에 폴란드, 헝가리, 체코가 포함되는 것이 불가피하다는 사실을 받아들이고 있지만 발트의 공화국(에스토니아, 라트비아, 리투아니아)들이 이 점점 강력해지는 기구에 들어가는 것에 대해서는 강하게 반발하고 있다. 고립 영토인 칼리닌그라드(인구 95만 명)는 특히 민감한 지역이다. 2004년 이후 이 지역은 NATO와 EU 국가(폴란드, 리투아니아)에 의해 둘러싸이게 되었는데, 이러한 상황은 러시아에게 골치 아픈 문젯거리다.

오늘날 푸틴 대통령은 국제 정치 사회에서 러시아의 위치를 재천명하려고 노력하고 있다. 러시아는 UN 상임이사국의 자리를 보유하고 있다. 러시아의 핵무기고는 비록 그 크기가 줄어들기는 했지만, 여전히 미국과 서유럽의 강한 관심 대상이다. 러시아는 국제적 갈등 해결책이 필요한 상황에서 종종 미국에 대한 평형추로서 역할한다. 푸틴은 외교 정책에서 점점 더 미국에 반대되는 위치를 취하고 있으며, 이것은 러시아에서 상당한 인기를 끌고 있다. 이 지역의 지정학적 역사를 살펴보면 국제사회에서 더 강하고 중앙집권적 국가로 다시 부상하는 것은 앞으로 다가올 것들에 대한 신호가 된다.

확인 학습

9.8 오늘날의 지정학적 충돌은 지역 내 오랫동안의 문화적 차이들을 어떻게 반영하고 있는가?

9.9 블라디미르 푸틴 러시아 대통령이 2000년 이후 러시아의 권력 강화에 어떻게 핵심적인 역할을 해왔는지 기술하라.

주요 용어 볼셰비키, 공산주의, 자치구, 고립 영토, 철의 장막, 냉전, 글라스노스트, 페레스트로이카, 유라시아경제연합(EEU), 실로비키

경제 및 사회 발전 : 커져가는 지역의 문제에 대처하기

러시아 권역에서 미래의 경제를 예측하는 것은 상당히 어렵다(표 A9.2 참조). 2010년 중반 이 지역의 대부분은 심각한 경제적 역풍과 급속한 경기 침체기를 맞았다. 우크라이나는 내전에 시달렸으며, 러시아의 에너지 수출에 기반한 경제는 낮은 가격에 적응해야만 했고, 세수는 적어지고, 화폐 가치가 떨어졌다. 뿐만 아니라 서방 세계의 경제 제재와 커져가는 정치적 긴장 상태는 교역에 방해가 되었고 러시아 권역에 대한 외국인 투자를 축소시켰다.

소비에트 경제의 유산

공산주의 시기에 현재 경제 기반시설의 대부분이 세워졌다. 새로운 도심과 산업 개발, 현대적인 교통망과 통신망이 이때 건설되었다. 스탈린과 같은 공산주의 지도자들은 1920년대와 1930년대 권력을 집중시켰다. 그들은 러시아의 산업과 농업을 국유화시켰으며 **중앙 계획 경제**(centralized economic planning)라는 체제를 만들었다. 이 체제하에서 국가는 생산의 목표와 산업 결과물들을 통제했다. 소비에트는 경공업보다는 중공업(철, 무기류, 화학, 발전)을 강조했다. 1920년대 말 스탈린은 농경지를 거대한 국유 농장으로 바꾸었다.

러시아 권역의 기초적인 기반시설 대부분－도로, 철도, 운하, 댐, 통신망 등－은 소비에트 시기에 만들어졌다(그림 9.37). 댐, 운하 건설은 강들을 사실상 서로 연결된 저수지의 연결망으로 바꿔놓았다. 볼가-돈 운하(1952년 완성)는 이 2개의 강을 연결했고 원자재와 제조된 상품의 이동을 매우 용이하게 만들었다(그림 9.38). 시베리아 횡단 철도는 현대화되었고 중앙 시베리아를 연결하는 BAM선이 추가되면서 완성되었다. 더 북방으로 가면 시베리아 가스 수송관이 지어져서 극지방의 에너지가 풍부한 지역을 유럽의 커져가는 수요 지역과 연결하였다. 전체적으로 전후 시대에 소비에트 국민들을 위한 실질적인 경제적 · 사회적 개선이 이루어졌다.

이러한 성공들에도 불구하고 1970년대와 1980년대 문제들이 생겨났다. 소비에트의 농업은 여전히 비효율적이었다. 제조업의 질은 서방의 기준을 맞추지 못했다. 똑같은 문제로 소비에트연방은 미국, 유럽, 일본을 개조시켰던 기술적 혁명에 충분히 동참하지 못했다. 소비에트의 엘리트와 일반인 간의 격차는 더 커져서 일반인들은 거의 자유를 누리지 못했다. 1980년대 말 소비에트연방은 경제적 · 정치적 교착 상태에 빠지게 된다.

소비에트 이후의 경제

1991년 이후 러시아 권역에는 근본적인 경제 변화가 일어난다. 이러한 변화는 특히 러시아가 심하게 겪었는데, 중앙집권화된 정부가 통제하는 경제는 국영기업과 사기업의 경제가 혼재된 상태로 바뀌게 되었다. 소비에트연방의 붕괴는 이전 소비에트 공화국들과의 관계가 단일한 중앙정부에 의해서 통제되지 않는다는 것 또한 의미했다.

지역 경제 연대 관계에 대한 재정의 소비에트연방이 붕괴되고 난 이후 러시아는 구 소비에트 공화국들과의 경제적 관계를 유지하기 위해 노력해 왔다. 2015년에 세워진 EEU의 확장은 EU의 성장에 대응하기 위한 조치였다. EEU를 통해서 러시아 권역 내의 무역 장벽을 낮추고 회원국들(러시아, 벨라루스, 카자흐스탄, 아르메니아, 키르기스스탄)간의 경제적 협력을 도모한다. 우크라이나는 다른 길을 걷고 있다. 우크라이나는 경제 원조와 무역 기회를 얻기 위해서 서방에 의지하고 있다. 조지아는 EU의 회원국 자격을 얻기 위해 활발하게 노력하는 등 우크라이나와 비슷한 길을 따르고 있다.

민영화와 국가 통제 소비에트 시대 이후 경제적 불안정성이 증폭

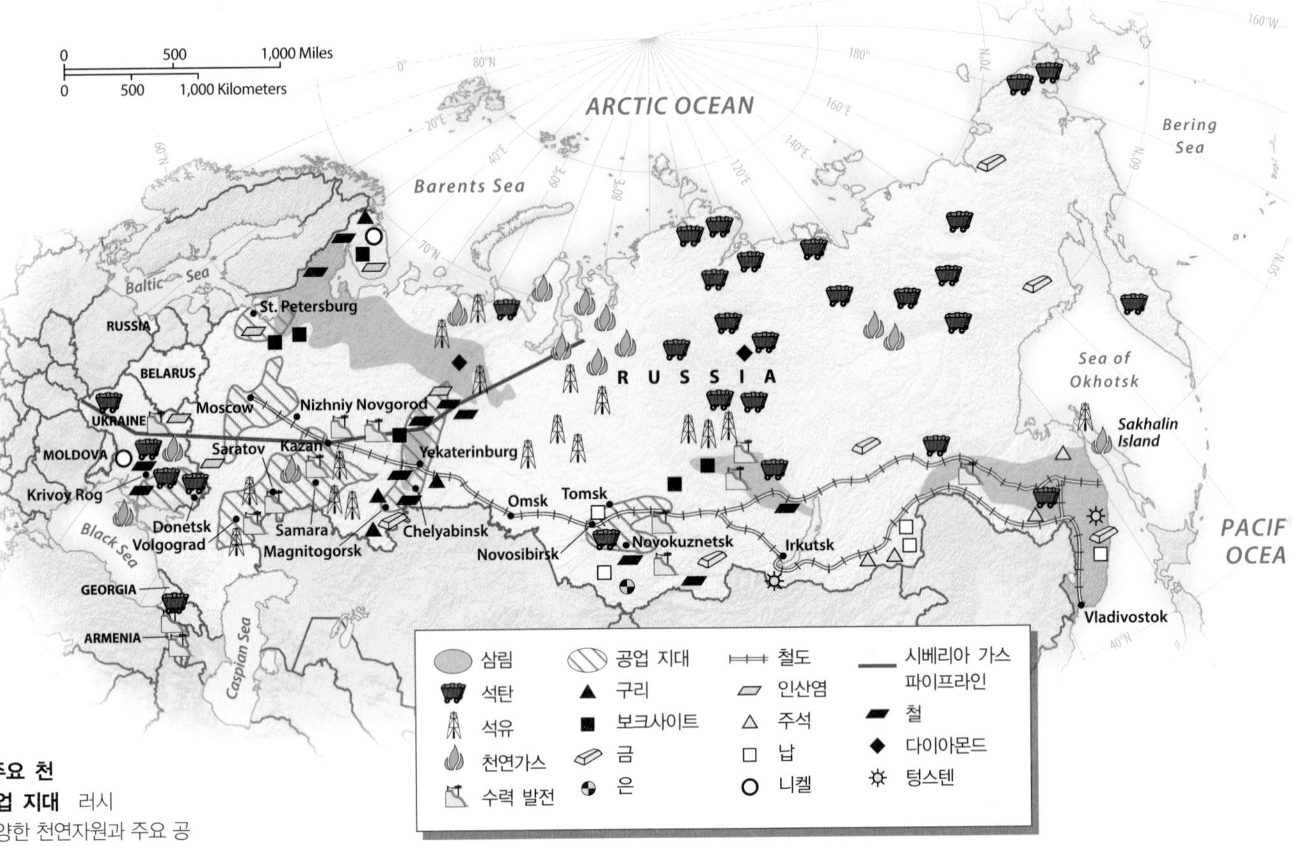

그림 9.37 **주요 천연자원과 공업 지대** 러시아 영역의 다양한 천연자원과 주요 공업 지대는 널리 분포되어 있다. 화석연료는 시장과의 거리가 특별한 비용을 초래하기는 하지만, 매우 풍부하다. 시베리아 남부에서 철도 회랑은 많은 광물자원에 접근할 수 있게 한다. 모스크바의 산업력이 시장과 자본과의 근접성과 관련이 있는 동안, 미네랄이 풍부한 우랄 산맥과 우크라이나 동부 지역에서의 천연자원에 대한 근접성은 산업 팽창을 촉발시켰다. **Q : 지도를 볼 때, 왜 러시아의 규모가 축복과 동시에 저주라고 할 수 있을까?**

되었다. 러시아는 1993년 국가 경제를 개조하기 위한 거대 계획을 시작하였다. 국가 경제를 개인이 주도하는 사업이나 투자에 부분적으로 개방하였다. 불행히도 법적 · 재정적 안전망이 부족했기 때문에 이용당하거나 새로운 시스템의 부실과 부패로 이어졌다.

그림 9.38 **볼가-돈 운하** 소비에트 시대에 건설된 볼가-돈 운하는 남부 러시아의 경제적 통합을 촉진하는 중요한 상업적 연결로서 존재한다. 볼고그라드 근처의 이 전망은 운하가 갖는 지속적인 경제적 중요성을 보여준다.

2003년에는 거의 90%의 러시아 농장이 민영화되었다. 많은 농부들은 소비에트 체제하에서와 같은 경지 면적을 얻기 위해서 자발적으로 협동조합을 만들었다. 개인 소매업체 수천 개도 나타나서 이들이 경제의 해당 분야를 담당하고 있다. 여기에 더해 오랜 역사의 '비공식적 경제'도 지속해서 번성하고 있다. 소비에트 시절에도 수백만 명의 시민들이 비공식적으로 서방의 소비재, 제조 식품, 보드카를 팔거나 컴퓨터나 자동차 수리 같은 숙련된 서비스를 제공해서 추가 수입을 얻었다. 오늘날에도 교환 경제와 비공식적 현금 거래는 경제에서 거대한 부분을 차지하고 있으며 이 부분은 정부에 신고되지 않는다.

러시아의 천연자원과 중공업 분야는 처음에는 민영화되어 있었다. 그러나 최근 몇 년간 푸틴의 집권 이후 정부가 운영하는 기업들이 나라의 에너지 자원과 인프라에 대한 통제를 되찾고 있다. 러시아의 거대 천연가스 회사인 가스프롬은 1994년에 민영화되었지만 2005년 이후로 이 회사의 활동에 대한 정부의 통제가 점점 더 커지고 있다.

특히 러시아에서, 더 심하게는 러시아의 도시에서, 새로운 경제의 성공은 경관에서 점점 더 눈에 띈다. 호화로운 쇼핑몰, 오피스 빌딩, 부유층의 거주지는 중산층이 모스크바와 같은 도시에서 성장하면서 새로운 도시 경관의 일부가 되었다. 다른 한편으로는 도시의 부유함과 시골의 심화되는 빈곤 간의 격차는 점점 더 커지고 있다. 2015 월 스트리스트 저널에 따르면 110명이 러시아 전체 부의 35%를 차지하지만 인구 절반이 가구 평균 수입인 875달러 이하의 수입을 얻고 있다.

부패의 문제 러시아 지역 전체에 걸쳐서 부패는 여전히 만연하다. 사업을 운영한다는 것은 정부 공무원, 기업 내부자들, 무역 대표자들의 주머니를 채워주는 것을 의미한다. 범죄 조직은 여전히 러시아 도처에 있다. 범죄 조직과 러시아 정보 조직 간의 연결 관계도 여전히 남아 있다. 국가 부의 상당량이 해외 은행 계좌로 빠져나가고 있다. 다양한 지역 기반의 범죄 조직은 국가 경제의 상당 부분을 차지하고 국제 불법 조직과 연계되어 있다. 폭력과 갱 스타일의 살해가 여전히 모스크바 거리에서 자행되고 있어서 정부 관리가 당혹감을 느끼게 한다.

보건 의료와 알코올 중독 보건 의료는 러시아 권역에서 중요한 사회 문제이다. 보건 의료 지출은 여전히 소비에트 시절의 지출에 비해 매우 적다. 국제적 기준에서 문제를 살펴보면, 러시아인은 대부분의 미국인이 한 해 의료에 사용하는 금액의 13% 이하를 지출한다(1,043달러 대 7,960달러). 러시아 남성의 사망률은 특히 암울하다. 러시아 남성 3명 중 1명이 은퇴 이전(60세)에 사망한다. 고지방식이나 신체 활동 부족과 연결되는 심혈관계 질환은 높아진 사망률에 중요한 기여 요인이다. 흡연은 여전히 널리 유행하고 있다(의사의 54%가 흡연한다). HIV-AIDS도 또한 중요한 문제이다. 러시아에서 70만 명 이상이 이 병을 가진 채 살고 있다.

러시아에서 알코올 사용(1년에 1인당 15리터 이상)은 국제 평균(6.13리터)보다 훨씬 많다. 러시아의 지도자들은 2010년에 음주를 막기 위한 캠패인을 시작하면서 이것은 '국가적 재앙'이라고 지칭했다. 10년 이내에 알코올 소비를 50% 줄이겠다는 야심찬 목표도 세웠다. 그럼에도 폭음이나 만성적 알코올 섭취는 러시아 지역 전체에서 수백만 명의 생명을 여전히 위협하고 있다.

젠더, 문화, 그리고 정치

여성들은 보수적이고 가부장적인 사회 특징을 갖는 러시아 권역에서 기본적인 인권을 위해 힘겹게 싸우고 있다. 종종 남성보다 더 좋은 교육을 받은 여성들이 동일한 일을 수행하고도 현저하게 적은 돈을 번다. 여성들은 기업이나 정치 조직에서 미약한 지위를 차지하며 미국이나 서유럽 수준의 정당한 대우를 받지 못하고 있다. 여성에 대한 폭력은 구 소련 지역에서 폭넓게 보고되고 있다. 구타와 강간도 흔히 일어난다.

인신매매(human trafficking)(여성들이 납치되어서 성매매로 끌려가는 것)도 널리 퍼진 문제이다. 아르메니아, 우크라이나, 몰도바, 러시아의 시골 지역은 유럽과 중동에서 매춘을 강요받는 젊은 여성들의 주된 공급처이다. 이것은 대규모의 조직 범죄와 수십만 명의 젊은 여성들이 관련된 수십억 달러 규모의 사업이다. 우크라이나의 대규모 국내 성 관광 산업에 더해 수천 명의 여성들이 서유럽과 미국에 성 노동자로 수출되고 있다고 추정되고 있다. 2008년 이후 우크라이나의 페미니스트 기구인 FEMEN은 국제 매체의 헤드라인을 장식했다. 자국의 섹스 산업에 저항하기 위해 회원들은 세간의 이목을 끄는 토플리스 저항을 했다(이들의 구호는 "우크라이나는 사창가가 아니다."이다)(그림 9.39). 이 지역은 또한 전 세계를 대상으로 하는 인터넷 신부와 데이트의 주된 공급처이기도 하다. 인터넷 신부나 데이트는 여성들에 대한 폭력의 다른 창구가 되기도 한다.

세계 경제에서 러시아 권역

러시아 권역과 그 너머의 세계 간의 관계는 공산주의가 끝나고 난 뒤에 크게 달라졌다. 소비에트 시대 동안 이 지역은 세계 경제 시스템으로부터 상대적으로 고립되었다. 그러나 소비에트연방이 무너지고 난 뒤에 세계 경제와의 관계가 크게 늘어났다. 그렇지만 최근 러시아에 대한 경제 제재는 미래 세계 경제와의 관계가 가야 할 길에 그림자를 드리우고 있다.

점점 더 세계화되어 가는 소비자들 소비에트연방의 붕괴 뒤에 수입 소비재가 쏟아져 들어오면서 주민들의 생활은 바뀌었다. 국제적인 자본주의의 상징들은 모두 모스크바의 중심에서 발견할 수 있으며 점차적으로 러시아 권역 전체에 걸쳐 다른 많은 환경에서 찾아볼 수 있다. 서방의 사치품은 소수의 열광적인 러시아 엘리트층에서 시장을 찾을 수 있었다. 이들은 BMW, 롤렉스, 그 외 다양한 신분을 상징하는 물건들에 대한 헌신적인 사랑으로 알려져 있다. 이것은 또한 쌍방의 통로다. 이 지역의 소프트웨어 엔지니어와 게임 개발자들은 세계의 관련 시장에 커다란 영향을 미친다(일상의 세계화 : 어떻게 러시아 지역이 가상 세계를 만들었

그림 9.39 **페미니즘 저항** 이 우크라이나 페미니스트 집단은 자국 및 세계의 여성 착취에 적극적으로 항의했다.

나? 참조).

해외 투자의 흐름이 바뀌다 소비에트 이후, 해외 투자는 이 지역의 정치적 안정성에 따라 들어오고 나가기를 반복했다. 2000년 이후 푸틴 대통령이 집권한 이후 그는 성공적으로 해외 특히, 미국, 일본, 서유럽으로부터 투자 유치를 늘려 나갔다. 수년 동안 러시아의 성공적인 주식 시장과 상대적으로 안정적이었던 금융 분야는 해외 투자를 이끌어냈다. 그러나 2014년 이후 러시아 화폐인 루블화 가치의 하락, 우크라이나의 전쟁, 더해가는 경제 제재는 해외 투자를 급감하게 만들었다. 경제 제재의 내용 중에는 해외의 러시아 예금을 동결시키고 러시아에 대한 유럽의 다수 국가와 미국의 상품(특히 에너지와 기술 관련 산업 분야에서) 수출을 금지시키는 조치가 포함되었다. 러시아로부터의 자본 유출은 2014년에 극적으로 증가했다. 다수의 러시아 투자자들이 미래에 불확실성이 커질 것을 우려했기 때문이다.

제재에 대한 대응으로 러시아는 미국과 유럽으로부터 들어오는 다수의 수입 물품에 대해서 금지 조치를 내렸다. 대상 물품들은 대부분 음식과 소비재였다. 화폐 가치가 떨어져서 달러나 유로에 결정되는 상품들은 더 비싸졌고 그 결과 소비자의 수요는 꺾였고 인플레이션이 심해졌다.

국제화와 러시아의 석유 경제 러시아의 거대 석유 · 가스산업은 어려운 경제 상황을 피해 가지 못했다. 소비에트 시절 이후 대부분의 시간 동안 에너지 경제는 이 지역에 실질적으로 큰 도움을 주었다. 통계는 이를 여실히 보여준다. 러시아의 에너지 생산은 전체 경제의 1/4을 차지하고 전체 수출량의 2/3에 이른다. 러시아는 세계 전체 천연가스 매장량의 26%를 가지고 있고(대부분 시베리아에) 현재 세계 최대 가스 수출국이다. 석유에 대해서 살펴보면 러시아는 현재까지 밝혀진 것만 750억 배럴을 보유하고 있으며 시베리아, 볼가 계곡, 극동, 카스피 해 등지에 거대 생산 기지를 갖고 있다. 러시아 석유 생산물의 최종 목적지는 압도적으로 서유럽으로 이동해 있다.

시베리아 석유 파이프라인은 멀리 떨어진 아시아를 우크라이나를 거쳐 서유럽과 잇고 있다(그림 9.37 참조). 이것은 벨라루스(the Yamal-Europe Pipeline)와 터키(the Blue Stream Pipeline)를 통하는 파이프라인을 통해 보충되고 있다. 발트 해 아래를 지나는 해저 파이프라인(Nord Stream, 2011년과 2012년 완성됨)은 석유를 북유럽으로 배달한다. 남쪽으로는 거대 석유 수출 터미널이 노보로시스크(흑해에 위치)에 2001년 문을 열었다. 이곳을 통해 카스피 해의 석유가 문제 많은 체첸 공화국을 파이프라인을 통해 지나 세계 시장으로 공급된다(그림 9.40). 바쿠(카스피 해에 위치)와 흑해, 지중해를 지나 아제르바이잔과 조지아를 통과하는 석유 파이프라인이 근처에 있다.

중국과 일본은 추가적인 파이프라인 건설을 위한 로비를 열심히 하고 있다. 러시아는 시베리아와 아시아 시장을 연결하기 위한 시베리아 태평양 파이프라인을 새로 건설하고 있다. 중국은

일상의 세계화

어떻게 러시아 지역이 가상 세계를 만들었나?

미국의 모든 대학생들이 알겠지만 비디오 게임과 온라인 게임의 지형은 러시아인 알렉세이 파지노프가 1984년 Soviet Academy of Sciences에서 테트리스를 개발한 이후로 완전히 바뀌었다. 이만큼 자명하지는 않지만 러시아 권역과 수십억 달러 규모의 비디오 게임 산업 사이에는 오래된 관계가 있다(그림 9.4.1). 러시아는 게임을 지배한다. 1990년대 게임 산업의 초기 창업자 중 하나였던 보리스 누랄리예프는 1C Company (종종 러시아의 마이크로소프트로 불리는)라는 회사를 창립했다. 1C는 비즈니스 소프트웨어를 개발하는 평범한 회사였다가 게임 분야로 뛰어들었다(Theater of War, Kings Bounty: The Legend, Pacific Fighters, etc.). 모스크바에 있는 1C는 오늘날 1,000여 명(이 중 250여 명이 게임 개발자)을 고용하고 있는 러시아에서 가장 큰 게임 개발 회사이다. 벨라루스, 우크라이나, 러시아 출신의 수십 명에 이르는 다른 개발자들이 현재 우리의 가상 세계를 건설하고 있다.

1. 현재 친구나 자신이 즐기는 인기 있는 비디오 게임을 찾아보라. 그 게임의 개발자는 어느 회사이고 그 회사는 어디에 위치해 있는가?
2. 그 비디오 게임에서 그 게임의 장소(실제이든 상상의 것이든)는 어떻게 묘사되고 있으며 게임에서 그 장소는 어떠한 역할을 하는가?

그림 9.4.1 러시아에서 꽃피는 가상 세계 이 러시아 어린이들은 모스코바에서 열린 인터렉티브 엔터테인먼트 전시회인 GameWorld에서 가상 게임 세계를 열심히 탐험하고 있다.

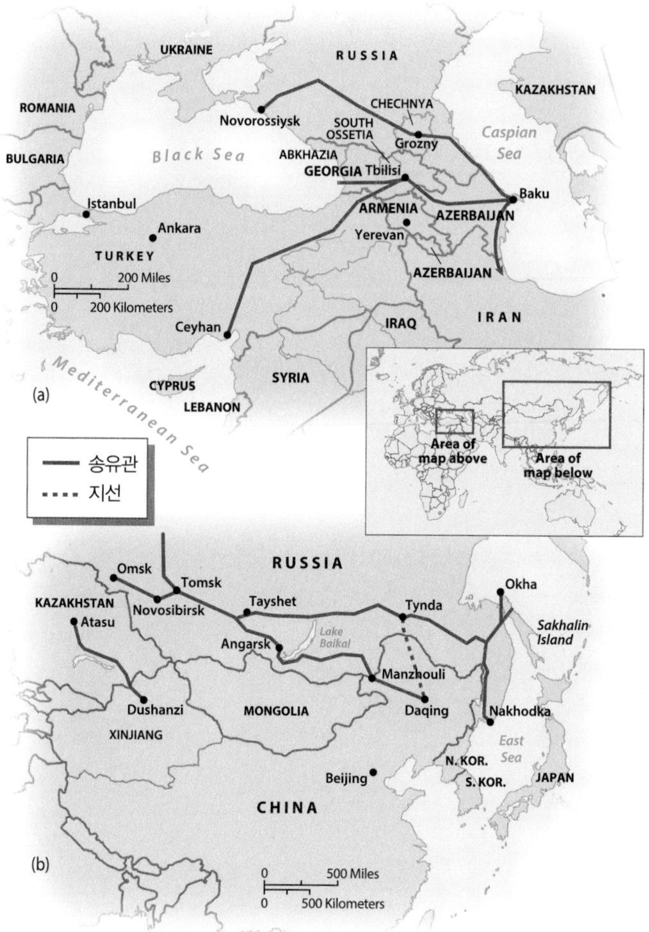

그림 9.40 **러시아의 팽창하는 송유관** 신규 및 계획 중의 송유관은 세계 석유 경제에서 러시아의 입지를 확장하기 위해 고안되었다. (a) 카스피해 근처의 프로젝트는 정치적으로 불안정한 지역을 관통하는 송유관을 이용한다. (b) 러시아 극동의 프로젝트는 중국과 일본 부근에서 혜택을 볼 것이다.

러시아의 석유가 다칭으로 흘러 들어와서 처리되어 시장으로 나갈 수 있게 되기를 원한다. 일본은 태평양의 나홋카 항에 거대한 새 시설을 갖기를 원한다. 이것은 일본에 석유를 공급하고 러시아에게는 태평양을 통과해서 국제 시장으로 쉽게 접근할 수 있는 좋은 위치를 점하는 곳이다. 이외에 다른 연결 지점은 사할린 섬이 있는데, 이곳에는 이미 상당한 수의 주요 에너지 프로젝트

그림 9.41 **사할린 섬** 외국과 러시아의 이해에 부합하는 대규모 투자는 에너지가 풍부한 사할린 섬에 집중되어있다. 이 지역은 수년 내에 석유와 천연 가스를 생산하게 될 것이다.

가 완성되었다(그림 9.41 참조).

그러나 러시아의 에너지 부분은 몇 가지 문제를 직면하고 있다. 첫째, 2014년 석유와 가스 가격의 폭락은 세수를 급감시켰다. 둘째, 경제 제재는 이 분야에 대한 신규 투자를 더 힘들게 만들어서 자본과 시설에 대한 거래가 말라버렸다. 로스네프트와 같은 러시아의 거대 에너지 회사는 크게 타격을 받았다. 셋째, 서방의 제재와 낮은 에너지 가격으로 인해 좌절감을 느낀 푸틴 대통령은 에너지와 관련된 투자를 손보고 있다. 흑해를 횡단하는 South Stream Gas Pipeline은 2014년 갑자기 취소되었다. 새로운 정치적 현실을 감안해서 푸틴은 공격적으로 에너지 거래의 중심을 동쪽으로 옮기고 있다. 특히 중국과 화석연료와 재생 가능한 에너지에 대한 계획을 추진하기 위해 합의를 구축해 나가고 있다.

확인 학습

9.10 중앙집중적 계획이 구소비에트연방 전역에 새로운 경제지리를 창출 한 방법을 설명하라. 그 지속적인 영향은 무엇인가?

9.11 소비에트연방 후 러시아 경제의 주요 강점과 약점을 간략히 요약하고 세계화가 어떻게 진화했는지 논하라.

주요 용어 중앙 계획 경제, 인신매매

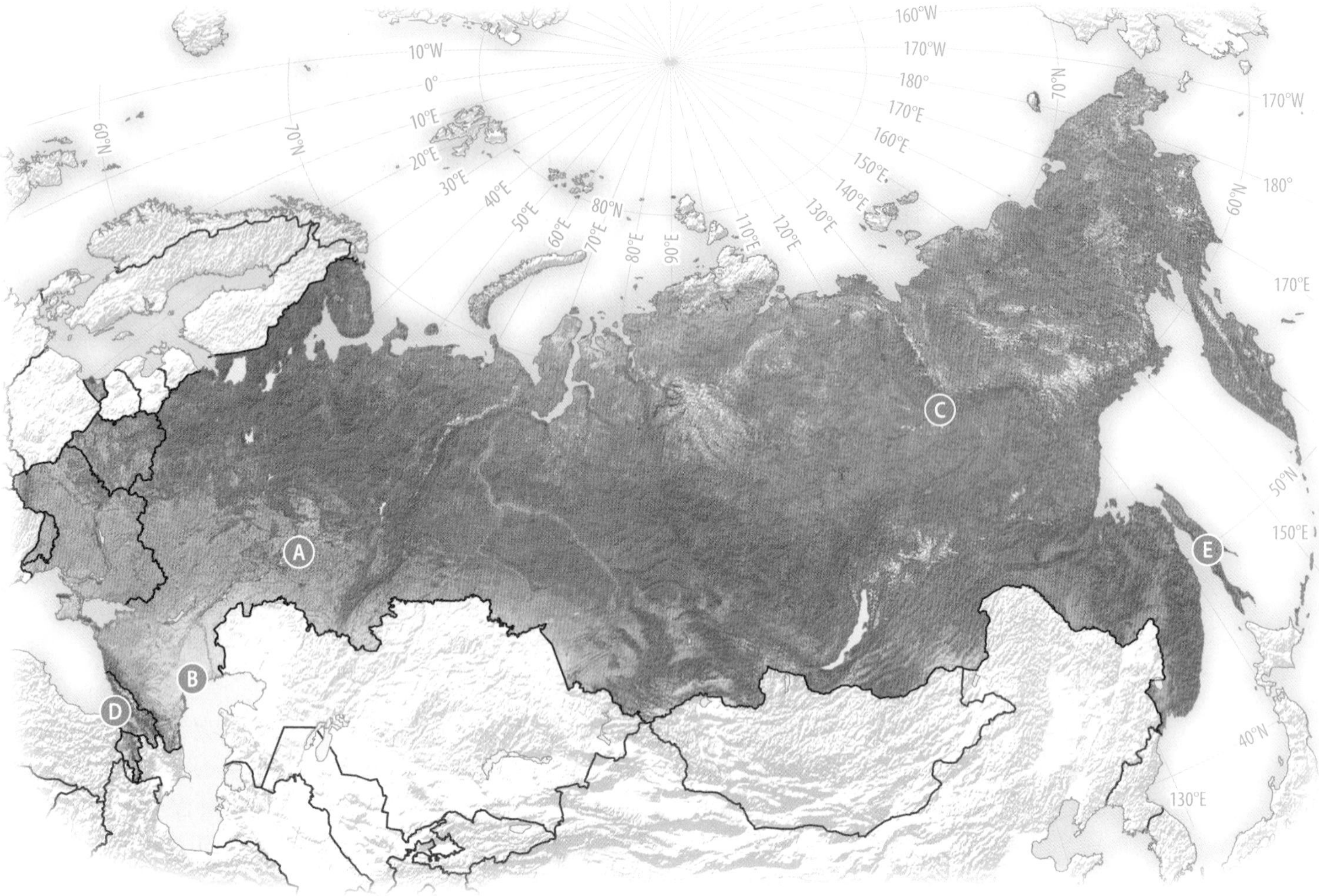

요약

자연지리와 환경 문제

9.1 **러시아의 위도, 지역 기후 및 농업 생산 간의 긴밀한 연관성을 설명하라.**

9.2 **이 지역에 영향을 미치는 주요 환경 문제를 기술하고 기후 변화가 고위도 지역에 어떻게 영향을 미칠 수 있는지 논하라.**

큰 환경 문제가 러시아 권역에 남아 있다. 소비에트 시대의 유산은 오염된 강과 해안선, 열악한 도시 대기질, 독성 폐기물과 핵 위험의 무서운 측면을 남겼다.

1. 볼가 강은 왜 러시아 버전의 미시시피라 불리는가?
2. 러시아의 자연 환경이 그 나라의 가장 큰 자산 혹은 가장 큰 부채라는 질문에 대한 논쟁의 상반된 입장의 집단 중 하나에 참여하라.

인구와 정주

9.3 **소비에트와 포스트 소비에트 시대 모두에서 이 지역의 주요 이주 패턴을 확인하라.**

9.4 **모스크바와 같은 대도시의 주요한 도시 토지 이용 패턴을 설명하라.**

감소하고 고령화하는 인구는 이 지역의 대부분에 대한 냉정한 현실의 일부이다. 일부 지방은 (주로 도시 지역 확장으로 인한) 인구 유입에 따른 약간의 인구 성장을 보이나, 많은 농촌 지역과 경쟁력이 떨어지는 산업 지대는 지속적인 인구 유출과 매우 낮은 출생률을 보일 것이다.

3. 전통적으로, 볼고그라드 이남의 러시아의 큰 지역은 왜 그렇게 인구가 희박한가?
4. 카스피 해 부근의 최근의 경제 발전으로, 이 지역 인구가 왜 미래에 증가할 수 있는가?

문화적 동질성과 다양성

9.5 유라시아 전역에서의 러시아 확장의 주요 단계를 설명하라.
9.6 언어 및 종교적 다양성의 주요 지역 패턴을 확인하라.

러시아 권역의 본질적인 문화지리학의 대부분은 슬라브어, 동방 정교회, 오늘날 경관을 지속적으로 복잡하게 하는 많은 소수민족들의 복잡한 혼합으로부터 수 세기 전에 형성되었다. 이에 더해 생산, 기술, 전통적인 문화적 가치들과 자주 충돌하는 습성 등 새로운 지구적 영향들이 지역을 변화시킨다.

5. 당신은 지역의 어디에서 야쿠트어를 사용하는 사람들을 만날 것 같은가?
6. 야쿠트족의 생활양식과 북아메리카 원주민의 생활양식의 비교에서 당신이 발견할 수 있는 몇몇 중요한 유사성과 차이점을 열거하라.

지정학적 틀

9.7 이 지역의 현대 지정학적 시스템의 역사적 뿌리를 요약하라.
9.8 이 지역의 최근 지정학적 갈등의 예를 제시하고 이들이 지속적인 문화적 차이를 어떻게 반영하는지 설명하라.

이 지역의 정치적 유산은 러시아제국에 뿌리를 두는데, 이는 1600년 이후 러시아의 영향력을 크게 확대하고 소비에트연방이 그 영향력을 넓힐 때 다시 나타난 식민지적 팽창의 토지 기반 시스템이다. 겨우 그러한 제국의 잔존물만 생존하였으나, 이는 아직도 러시아 국가주의의 언어를 규정하고 지속적인 방법으로 지역의 지정학적 특성을 각인해 왔다.

7. 이 지역의 남오세티아는 왜 조지아 정부의 골칫거리인가?
8. 러시아는 왜 남오세티아를 독립국가로 간주하는가?

경제 및 사회 발전

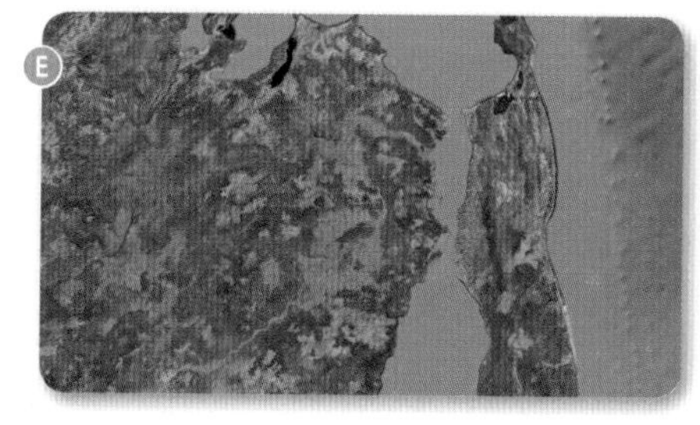

9.9 에너지를 포함한 천연자원이 이 지역의 경제 발전을 좌우하는 주요 방법을 설명하라.
9.10 소비에트와 포스트 소비에트 시대의 지역 경제의 주요 분야를 기술하고 최근의 지정학적 사건들이 미래 경제 성장 전망에 어떻게 영향을 미치는지 논하라.

지역, 특히 러시아의 미래 경제지리학은 예상치 못할 지구의 에너지 경제의 미래와 연계되어 있다. 최근 러시아에 가해진 경제 제재와 우크라이나에서의 지속적인 충돌은 가까운 미래의 경제 예상을 어둡게 한다.

9. 러시아의 사할린 섬에서 생산되는 석유와 천연가스에 의해 지구적 에너지 시장은 무엇을 제공받게 될 것인가?
10. 사할린과 같은 급격한 에너지 개발의 지역이 직면하는 중요한 환경적 · 문화적 어려움들은 무엇인가?

데이터 분석

외국인 직접투자(FDI)는 한 나라의 경제 활동의 유의미한 척도가 될 수 있다. 자료는 종종 유입 FDI(그 나라로 들어오는 투자 자본)와 유출 FDI(그 나라를 떠나는 해외 자본) 모두에 대해 수집된다. OECD는 FDI의 연간 통계치를 갖고 있다. 웹사이트에 들어가 러시아연방에 대한 통계 프로파일을 접근해 보라.

1. 자료 표에 보이는 연도들에 대한 FDI의 유출 및 유입 흐름을 보여주는 간단한 차트를 만들라.
2. 당신이 관찰한 일반적인 패턴과 경향을 간단히 요약하라. 해당 기간 동안 벌어진 중요한 변화들을 당신은 어떻게 설명할 것인가?
3. 러시아의 현재 경제 및 정치적 상황하에, 유입과 유출 FDI의 어떤 패턴이 올해나 앞으로의 3년간과 유사하겠는가? 당신의 답을 설명하라.
4. 유입 FDI의 변화 비율이 국내 및 국제 인구 이동 패턴에 어떻게, 왜 영향을 주겠는가?

주요 용어

고립 영토
공산주의
과두제
글라스노스트
냉전
동방 정교회
러시아화
마이크로디스트릭트
바이칼 아무르 철도
볼셰비키
북해 노선
사회주의적 사실주의
소비에트연방
수용소 군도
슬라브족
시베리아 횡단 철도
실로비키
영구 동토층
유라시아경제연합(EEU)
인신매매
자치구
중앙 계획 경제
차르
철의 장막
체르노젬 토양
코사크
타이가
페레스트로이카
포드졸 토양

10 중앙아시아

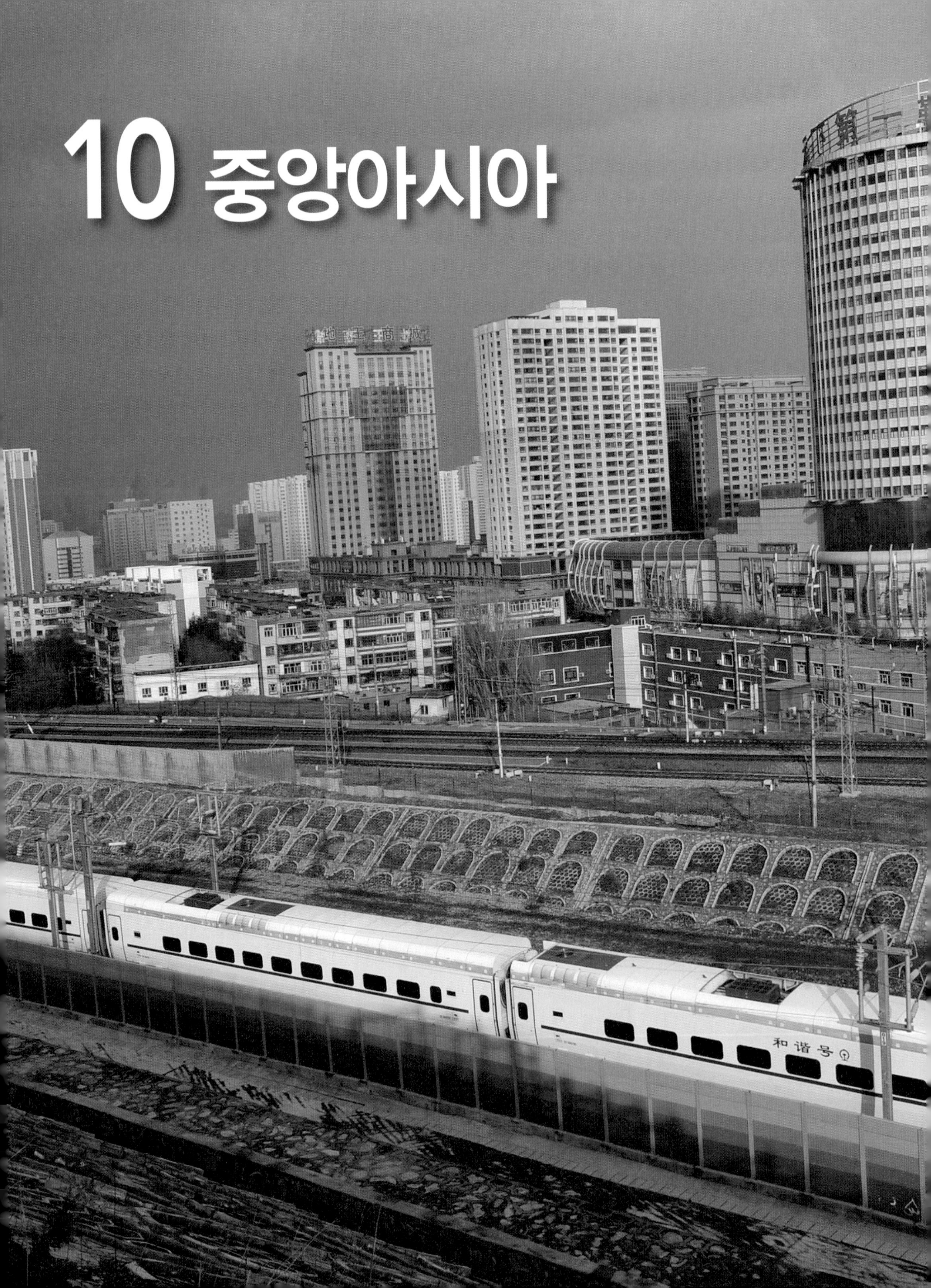

자연지리와 환경 문제

중앙아시아 사막 지역으로 흘러 들어가는 강을 따라 형성된 집약적 농업은 많은 호수와 습지대가 말라가면서 나타난 심각한 물 부족 현상에 따른 것이다.

인구와 정주

중앙아시아의 전통적인 생활방식인 유목 생활은 사람들이 도시에 정주하면서 점차 사라지고 있다.

문화적 동질성과 다양성

중앙아시아 동부 지역에서 나타나는 중국 한족 인구의 증가는 티베트와 위구르 원주민 문화의 생존에 위협이 되고 있다.

지정학적 틀

아프가니스탄과 북부 인근 국가는 급진적인 이슬람 근본주의와 비종교적 정부 간 분쟁의 최전선에 있다.

경제 및 사회 발전

중앙아시아는 풍부한 자원에도 불구하고 가난하지만 상대적으로 높은 수준의 사회 발전을 영위하고 있다.

◀ 최근 중국의 하부구조 투자는 중앙아시아에 많은 혜택을 안겨주고 있다. 이 기차는 2014년 11월 11일 시험 가동 중이며, 우루무치를 관통하여 스피드를 내고 있다. 이 구간은 1,776km에 달하는 란신 고속철도의 일부 구간이다.

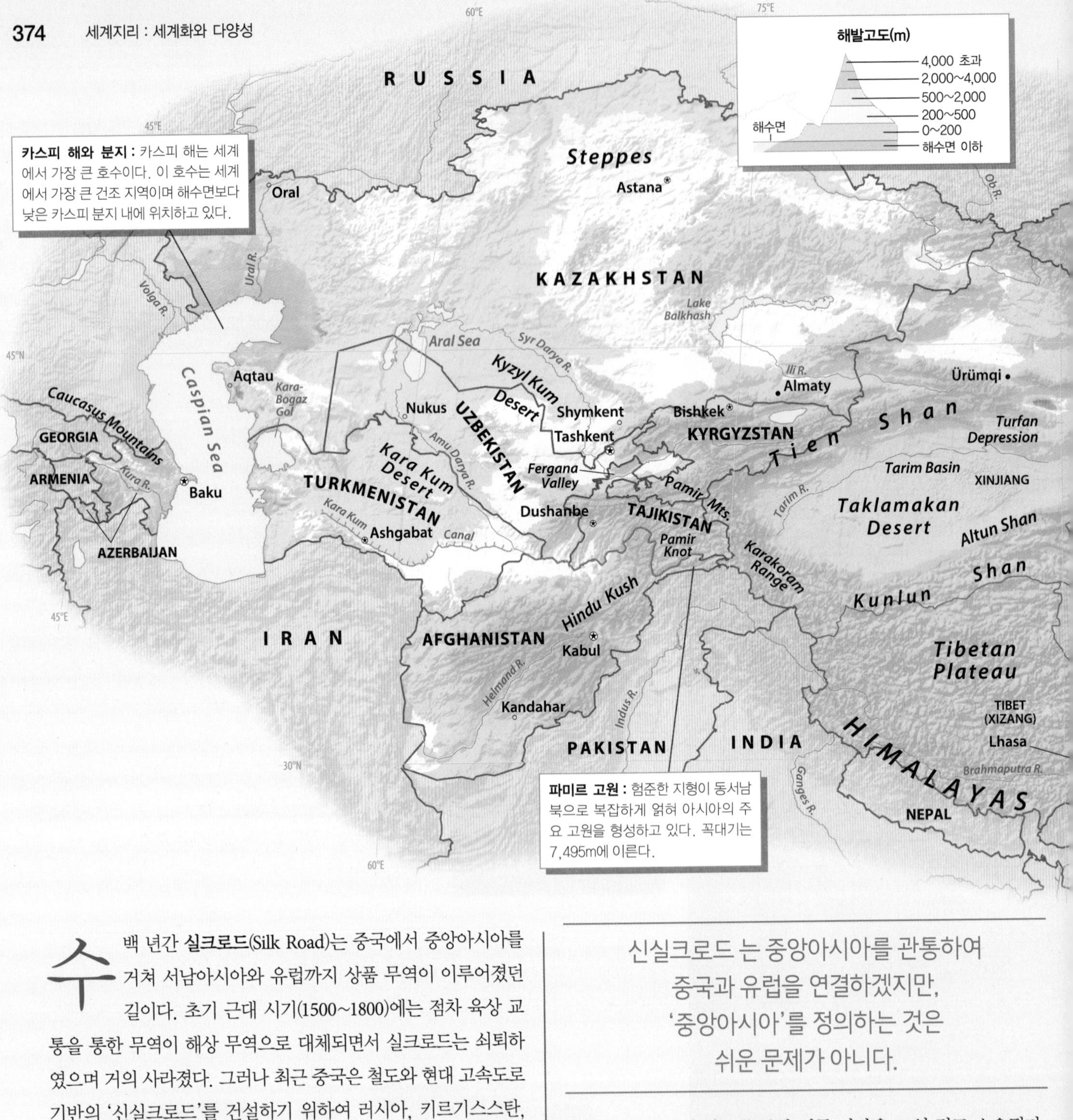

해발고도(m)
4,000 초과
2,000~4,000
500~2,000
200~500
0~200
해수면 이하
해수면

카스피 해와 분지 : 카스피 해는 세계에서 가장 큰 호수이다. 이 호수는 세계에서 가장 큰 건조 지역이며 해수면보다 낮은 카스피 분지 내에 위치하고 있다.

파미르 고원 : 험준한 지형이 동서남북으로 복잡하게 얽혀 아시아의 주요 고원을 형성하고 있다. 꼭대기는 7,495m에 이른다.

RUSSIA
Steppes
Astana
Oral
KAZAKHSTAN
Lake Balkhash
Aral Sea
Syr Darya R.
Caspian Sea
Aqtau
Kara-Bogaz Gol
Kyzyl Kum Desert
Ili R.
Almaty
Ürümqi
Caucasus Mountains
GEORGIA
ARMENIA
Kura R.
Baku
AZERBAIJAN
Nukus
UZBEKISTAN
Shymkent
Tashkent
Bishkek
KYRGYZSTAN
Tien Shan
Turfan Depression
Kara Kum Desert
Amu Darya R.
TURKMENISTAN
Fergana Valley
Pamir Mts.
Tarim Basin
XINJIANG
Kara Kum Canal
Ashgabat
Dushanbe
TAJIKISTAN
Tarim R.
Taklamakan Desert
Altun Shan
Pamir Knot
Karakoram Range
Hindu Kush
Kunlun Shan
IRAN
AFGHANISTAN
Kabul
Tibetan Plateau
Helmand R.
Kandahar
Indus R.
TIBET (XIZANG)
Lhasa
PAKISTAN
INDIA
HIMALAYAS
Brahmaputra R.
Ganges R.
NEPAL
Volga R.
Ural R.
Ob R.
60°E
75°E
45°E
45°N
30°N

수백 년간 **실크로드**(Silk Road)는 중국에서 중앙아시아를 거쳐 서남아시아와 유럽까지 상품 무역이 이루어졌던 길이다. 초기 근대 시기(1500~1800)에는 점차 육상 교통을 통한 무역이 해상 무역으로 대체되면서 실크로드는 쇠퇴하였으며 거의 사라졌다. 그러나 최근 중국은 철도와 현대 고속도로 기반의 '신실크로드'를 건설하기 위하여 러시아, 키르기스스탄, 카자흐스탄, 그 외 중앙아시아 국가들과 협력 관계를 맺고 있다.

대부분의 글로벌 무역은 대체적으로 비용의 문제로 여전히 바다를 통해 이루어지고 있다. 중국에서 유럽으로 컨테이너를 트럭 또는 기차를 통해 이동하는 비용이 미화 9,000달러인 데 비해 해상을 통해 이동하는 비용은 약 미화 4,000달러이다. 그러나 육상 교통의 비용이 하락하고 있으며, 중앙아시아 계획 프로젝트가 완료된다면 앞으로 더 하락할 것으로 전망된다. 그러나 유행이 급속도로 변하고, 신제품에 대한 소비자의 수요가 아주 빨라지고 있기 때문에 종종 가격보다 타이밍이 더 중요할 수 있다. 최근 중국에서 유럽으로 바다를 통한 상품 운반 기간은 약 60일 소요되는 데 비해 철도를 통한 이동 기간은 14일 정도 소요된다. 중국 정부는 유럽까지의 소요 기간을 몇 년 이내에 10일로 단축할 수 있을 것으로 기대하고 있다.

> 신실크로드 는 중앙아시아를 관통하여 중국과 유럽을 연결하겠지만, '중앙아시아'를 정의하는 것은 쉬운 문제가 아니다.

그러나 유라시아 횡단 철도의 급격한 성장과 중국, 러시아, 카자흐스탄의 거대한 야망에도 불구하고 신실크로드는 큰 문제에 직면하고 있다. 러시아, 카자흐스탄, 그 외 여러 중앙아시아 국가들의 경제 성장은 저유가에 의해 위협받고 있다. 이와 더불어 높은 수준의 부패 역시 신실크로드 프로젝트에 부정적인 영향을 끼치고 있다는 비판도 제기된다.

신실크로드는 중앙아시아를 관통하여 중국과 유럽을 연결하

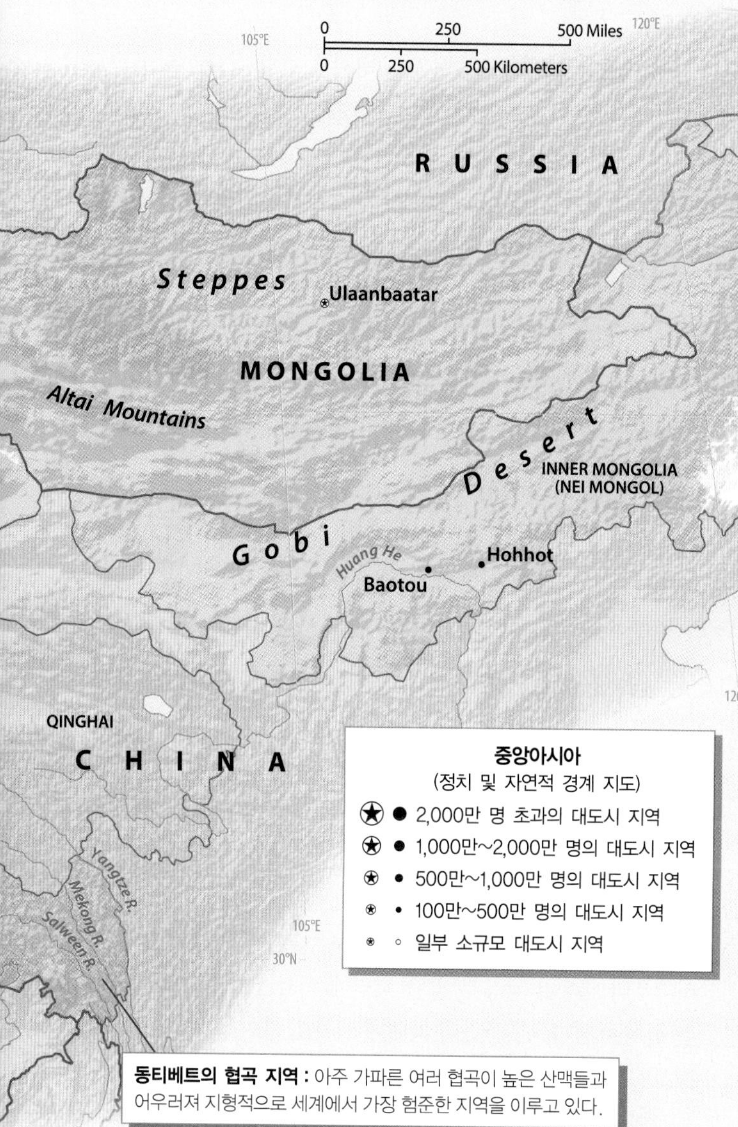

그림 10.1 **중앙아시아** 유라시아 대륙의 중앙에 위치한 중앙아시아는 건조 평야, 분지, 높은 산맥, 고원으로 이루어져 있다. 8개의 독립국가 – 카자흐스탄, 투르크메니스탄, 우즈베키스탄, 키르기스스탄, 타지키스탄, 아제르바이젠, 몽골 – 가 중앙아시아의 주요 국가이다. 또한 문화 및 환경적으로 중앙아시아와 유사하며 인구가 희박한 중국의 서부 지역도 중앙아시아에 포함된다.

기 위해 디자인되었지만, '중앙아시아'를 정의하는 것은 쉬운 문제가 아니다. 대부분은 행정 관료는 중앙아시아가 5개의 전 소비에트연방국인 카자흐스탄, 키르기스스탄, 우즈베키스탄, 타지키스탄, 투르크메니스탄을 포함하는 데 동의한다. 본 장에서는 중앙아시아에 이 5개 이외의 전 소비에트 국가뿐만 아니라 몽고와 아프가니스탄을 포함시켰다. 이와 더불어 중국 서부 자치구(티베트와 신장)이 중앙아시아와 동아시아의 일부로 추가되었으며, 내몽골과 같은 중국 서부 지역들이 본 장에서 언급된다(그림 10.1).

이와 같은 지역이 중앙아시아에 추가된 것은 논쟁의 여지가 있다. 아제르바이잔은 종종 코카서스 지역(조지아와 아르메니아)의 인접 지역으로 분류되고, 중국의 서부 지역은 정치적 범주로 명백히 동아시아의 일부이며, 몽골 또한 지리적 위치와 중국과의 역사적 연계로 미루어 동아시아로 분류된다. 아프가니스탄은 주로 남부 아시아 또는 서남아시아(중동)로 분류된다.

그러나 우리가 중앙아시아를 이와 같이 정의한 분명한 이유가 있다. 그 이유는 깊은 역사적 연대와 유사한 환경 및 경제적 조건에 기인한다. 예를 들어, 아제르바이잔은 문화 및 경제적으로 아르메니아와 조지아보다 중앙아시아에 보다 더 밀접하게 연계되어 있다. 또한 중앙아시아는 여러 국가들이 유사한 정치적 상황에 직면하고 있기 때문에 점점 지정학적인 단위로 고려된다. 그러나 중앙아시아가 타당한 세계 지역으로 남아 있을 것인지 명확하지 않다. 예를 들어, 티베트와 특히 신장으로의 중국 한족의 이주는 이들 지역이 동아시아의 문화적 체계에 포섭될 수 있다.

학습목표 이 장을 읽고 나서 다시 확인할 것

10.1 중앙아시아 사막 지역, 산악 및 고원 지역, 스텝 지대 간의 주요 환경 차이를 밝힐 수 있고, 이러한 차이점을 인간의 정주와 경제 발전에 연계시켜 설명하라.
10.2 중앙아시아에서 수자원이 아주 중요한 이유를 요약하라.
10.3 아랄 해가 소멸하는 이유를 제시하고, 이로 인한 경제 및 환경적 결과에 대해 설명하라.
10.4 중앙아시아의 인구가 극도로 불균등하게 분포하는 이유를 설명하라.
10.5 중앙아시아의 역사적으로 오래된 도시와 과거 100년 이내에 건설된 도시 간의 차이를 기술하라.
10.6 중앙아시아가 종교적으로 어떻게 분리되었는지를 제시하고, 이러한 종교적 다양성이 중앙아시아의 역사에 끼친 영향을 기술하라.
10.7 문화의 세계화가 중앙아시아에 어떠한 영향을 끼쳤는지를 검증하고, 이러한 문화의 세계화가 여러 지역에서 논란이 되는 이유를 설명하라.
10.8 중앙아시아에 대한 중국, 러시아, 미국의 지정학적 역할을 요약하고, 과거 수십 년간 중앙아시아가 지정학적 긴장 지역이 되었던 이유를 설명하라.
10.9 인종 갈등으로 인한 아프가니스탄의 불안정에 대해 기술하고, 인종 갈등이 중앙아시아 그 외 지역을 불안하게 할 수 있는 가능성에 대한 입장을 제시하라.
10.10 중앙아시아의 경제 및 사회적 불균등 발전에 대한 석유 및 천연가스 생산과 교역, 석유 가격 변동의 역할을 설명하라.

자연지리와 환경 문제 : 스텝, 사막, 위협받는 호수

중앙아시아는 육지로 둘러싸여 있다는 점에서 세계에서 아주 독특한 지역이다. 세계에서 가장 큰 육괴의 중심부에 위치한 중앙아시아는 여름과 겨울의 기온차가 극단적인 대륙성 기후의 특성을 지니고 있다. 또한 중앙아시아는 척박한 여러 사막을 보유하고 있는 건조 지역에 해당한다. 그러나 중앙아시아는 지형적으로 험준하고 눈으로 덮인 산악 지역으로 다양한 환경을 보유하고 있다. 이러한 고원은 중앙아시아의 건조 지대에 생명을 불어넣은 강의 원천이 된다.

중앙아시아의 자연 지역

중앙아시아의 물 분쟁을 이해하려면 지역의 자연지리를 고려해야 한다. 일반적으로 중앙아시아는 중남부와 동남부의 높은 고원과 산맥, 북부의 초원 지대, 남서부와 중부의 사막 분지로 분류된다.

중앙아시아 고지대 중앙아시아 고지대는 아시아판과 인도판의 충돌로 형성된 지역으로 지구 역사상 가장 거대한 지질 현상이라 할 수 있다. 이 충돌로 인해 남부 아시아와 중앙아시아 접경을 따라 세계에서 가장 높은 히말라야 산맥이 형성되었다. 히말라야산맥은 북서쪽으로 카라코람과 파미르 산맥과 합쳐진다. 파미르고원부터 파키스탄, 아프가니스탄, 타지키스탄이 만나는 곳에 산맥이 복잡하게 여러 방향으로 뻗어 있다. 힌두쿠시 산맥이 아프가니스탄 중앙에서 남서쪽으로 뻗어 있고, 쿤룬 산맥이 동쪽으로 뻗어 있으며, 톈산 산맥이 중국 신장 방향으로 뻗어 있다. 이 모든 산맥의 해발고도는 6,000m 이상이다.

그림 10.2 **티베트 고원** 티베트 고원은 산맥과 염호가 분포한 고지대 초원과 툰드라로 이루어져 있다. 여름에 티베트 고원의 목초는 티베트 유목민의 가축 사료로 이용된다. 그러나 티베트 북부 지역은 고도가 너무 높아 방목을 할 수 없어 사람이 살 수 없다.

이 산맥들보다 더 광대한 것은 티베트 고원이다(그림 10.2). 티베트 고원은 동서로 약 2,000km, 남북으로 약 1,200km의 크기이다. 이 티베트 고원의 고도는 크기만큼 괄목할 만하며, 전 지역의 해발고도는 약 3,700m 이상이다. 티베트 고원의 대부분은 인간이 거주할 수 있는 최대 높이에 형성되어 있다. 이 고원은 동서를 잇는 수많은 산맥과 분지가 번갈아 가면서 형성되어 있어 평탄하지 않다. 고원 동남부는 강수량이 풍부하지만 대부분의 티베트는 건조하다(그림 10.3). 티베트 고원의 겨울은 추우며, 여름의 오후는 따뜻한 한편 밤은 쌀쌀하다(라싸의 기후 그래프를 참조).

평원과 분지 중앙아시아의 산맥이 다른 지역보다 높고 크지만, 대부분의 지역은 평원과 분지로 형성되어 있다. 중앙아시아의 저지대는 중앙 사막 지대와 북부 반건조 스텝으로 구분될 수 있다.

중앙아시아 사막 지대는 톈산과 파미르 산맥을 기준으로 두 지역으로 분리된다. 투르크메니스탄, 우즈베키스탄, 남부 카자흐스탄이 위치한 서쪽에는 카스피 해와 아랄 해 분지의 건조한 평원이 펼쳐져 있다(그림 10.4). 가장 건조한 지역에는 식생이 거의 자라지 않고, 거대한 사구가 형성되어 있다. 이 지역은 대륙성 기후로 여름에는 건조하고 더운 한편, 겨울의 평균 기온은 영하이다(그림 10.3의 타슈켄트와 알마티의 기후 그래프 참조). 중앙아시아 동부 사막 지대는 파미르 고원의 줄기에 위치한 중국 서부 지역부터 내몽골 남동부 말단 지역에 이르기까지 약 3,200km가량 펼쳐져 있다. 이 중국의 지역에 신장의 타림 분지에 위치한 타클라마칸 사막과 중국 내몽골 경계에 위치한 고비 사막이 있다.

중앙아시아 사막의 북부 지역은 점차 강우량이 증가해 초지 또는 **스텝**(stepps)으로 변화했다. 이 지역의 북부 인근 지역과 시베리아 타이가 외부 지역에는 나무가 자라기 시작했다. 그 결과, 초지는 중앙아시아 전 지역에 걸쳐 동서로 약 6,400km가량 확대되었다. 북부 스텝의 여름은 대체적으로 평화롭지만, 겨울은 극단적으로 추울 수 있다.

주요 환경 문제

중앙아시아는 대체적으로 인구밀도가 낮아 상대적으로 청정한 환경을 보유하고 있다. 그러나 산업 공해는 우즈베키스탄의 타슈켄트와 아제르바이잔의 바쿠와 같은 대도시의 심각한 문제로 대두되었다. 그러나 건조 환경의 전형적인 문제는 척박한 토양으로 인해 사막이 확대되는 **사막화**(desertification), 토양에 소금이 농축되는 염류화, 호수와 습지대가 마르는 탈수 현상을 들 수 있다(그림 10.5).

아랄 해의 파괴 20세기 후반에 가장 비극적인 환경 문제는 카자흐스탄과 우즈베키스탄의 경계에 위치한 거대한 소금 호수인 아

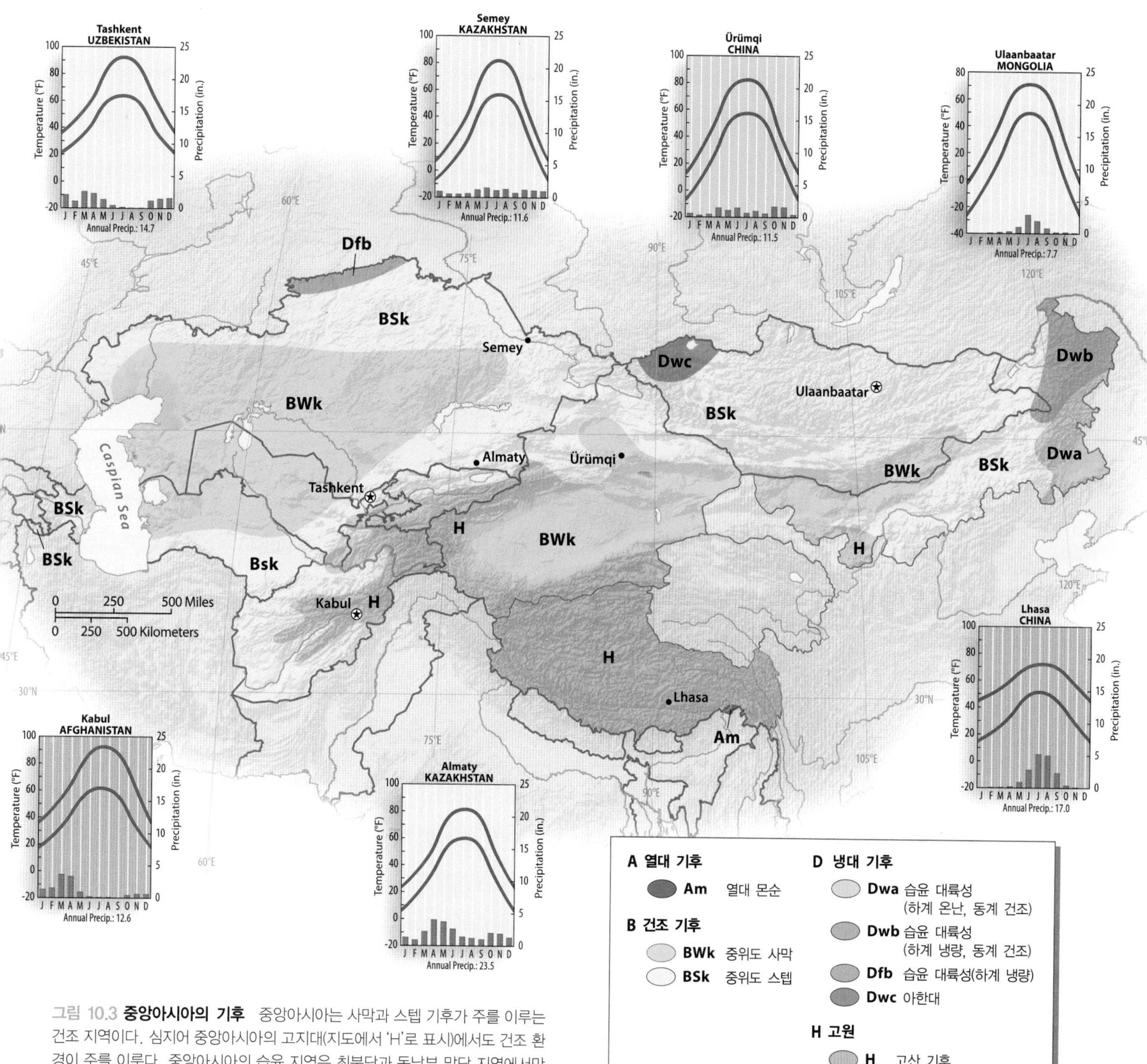

그림 10.3 중앙아시아의 기후 중앙아시아는 사막과 스텝 기후가 주를 이루는 건조 지역이다. 심지어 중앙아시아의 고지대(지도에서 'H'로 표시)에서도 건조 환경이 주를 이룬다. 중앙아시아의 습윤 지역은 최북단과 동남부 말단 지역에서만 조금 발견된다. 중앙아시아는 거대한 대륙의 내부에 위치하기 때문에 겨울과 여름의 기온차가 크게 나타난다.

랄 해(최근까지 미시간 호의 면적보다 넓었음)의 파괴를 들 수 있다. 아랄 해의 수원지는 파미르 산맥에서 흘러나오는 아무다리야 강과 시르다리야 강이다. 이 두 강은 수천 년간 주로 관개용수로 이용되었으나, 1950년 이후 용도 전환의 규모가 크게 확대되었다. 두 강의 계곡은 소비에트연방의 최남단 농업 지대를 형성해 쌀과 면화의 주요 공급지가 되었다. 소비에트는 '사막의 꽃을 만들기' 위해 건조 지역에 물을 공급하는 대규모 프로젝트를 시행했다.

불행히도 작물을 생산하기 위해 공급된 물로 인해 아랄 해의 담수 유입이 크게 감소했으며, 이로 인해 아랄 해의 수심이 급격하게 얕아지기 시작했다. 담수 유입이 감소하면서 호수의 염도가 높아졌고, 이로 인해 물고기의 양이 크게 감소했다. 또한 새로운 섬이 나타나기 시작했으며, 1987년에 아랄 해는 2개의 호수로 분리되었으며, 2000년대 초반에는 3개의 호수로 분리되었다(그림 10.6).

아랄 해의 축소는 경제 및 문화적 손실을 가져왔을 뿐만 아니라 심각한 생태 문제를 가져왔다. 4만 명의 어부가 일자리를 잃

그림 10.4 **중앙아시아 사막** 대부분의 중앙아시아는 사막과 건조 지역이 지배적이다. 특히, 투르크메니스탄의 카라쿰 사막은 식생이 거의 살 수 없을 정도로 건조하다.

었으며, 농업은 피폐해졌다. 아랄 해가 후퇴하면서 호수 바닥에는 거대한 소금층이 드러났다. 호수 바닥에 드러난 소금층에 아랄 해로 유입되었던 엄청난 양의 농약이 농축되었으며, 농축된 소금은 거센 바람에 날려 인근 지역에 퇴적되었다. 그 결과 농작물의 양은 감소했고, 사막화는 가속화되었으며, 공중 위생은 점점 열악해졌고, 여름철의 더위와 겨울철의 추위는 점점 더 극단으로 치달았다.

최근 아랄 해를 회생시키기 위한 노력은 2개의 분리된 호수 중 북쪽에 위치한 작은 호수에서 이루어지고 있다. 세계은행과 카자흐스탄 정부의 지원으로 건설된 제방과 댐으로 호수의 수위는 8m 이상 높아졌다. 또한 개선된 수질은 야생동물을 다시 살렸으며 상업적 어업을 가능하게 하였다. 2014년 북부 소아랄 해라 불리는 곳에서의 어획량은 5,595톤이었다. 그러나 아랄 분지에서 가장 큰 남쪽 아랄 해는 이와 같은 회복 현상이 나타나지 않았다. 2014년 아랄 해의 남동부 분지는 600년 만에 완전히 말라버렸다.

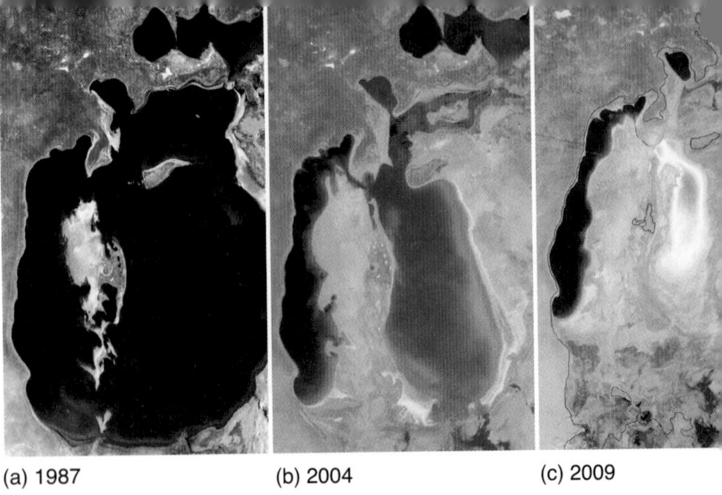

그림 10.6 **축소되는 아랄 해** 위성사진은 아랄 해가 (a) 1987년부터 (b) 2004년과 (c) 2009년에 이르기까지 지속적으로 축소되고 있는 모습을 보여준다. 아랄 해는 1970년대 거대한 호수였다. 현재는 여러 개의 작은 호수로 분리되었다. Q : 북쪽의 아랄 해는 다른 아랄 해와 달리 그 수량을 유지할 수 있었던 이유는 무엇이며, 남동쪽의 아랄 해가 거의 사라진 이유는 무엇인가?

호수의 또 다른 변화 중앙아시아 서부는 바다로 방류되는 물이 없으며, 산과 습윤 지역으로 둘러싸여 있는 저지대로 형성되어 있기 때문에 많은 호수가 있다. 예를 들어, 카자흐스탄 남동부에 위치한 발하슈 호는 세계에서 열다섯 번째로 큰 호수이다. 아랄

그림 10.5 **중앙아시아의 환경 문제** 중앙아시아의 사막화는 다른 어떤 지역보다도 심각하다. 토양 침식과 과잉 방목이 중국 서부와 카자흐스탄의 사막화를 가속화시켰다. 중앙아시아 서부에서 가장 심각한 환경 문제는 농업용수 활용을 위한 강물의 용도 전환과 호수의 건조와 연관된다.

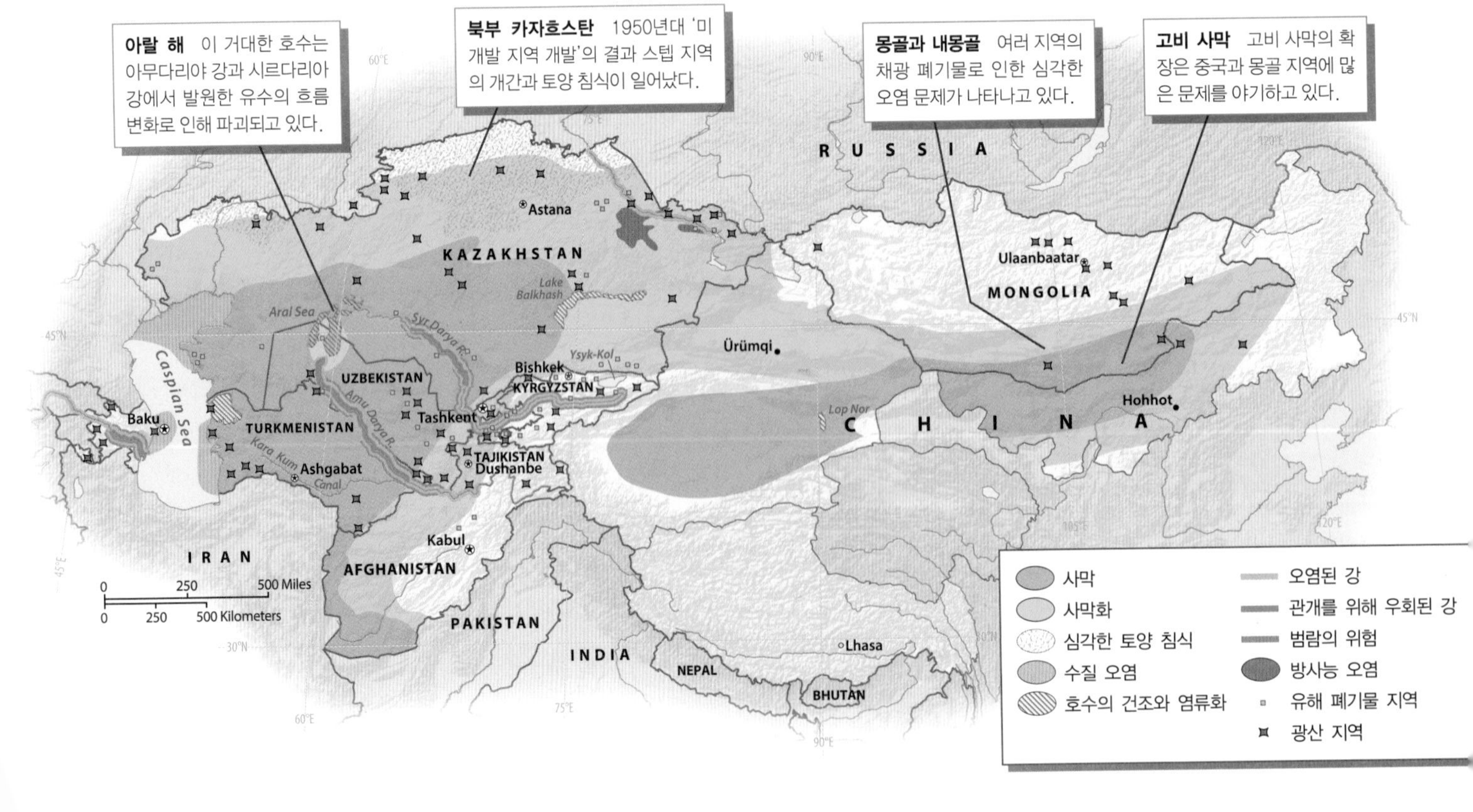

아랄 해 이 거대한 호수는 아무다리야 강과 시르다리아 강에서 발원한 유수의 흐름 변화로 인해 파괴되고 있다.

북부 카자흐스탄 1950년대 '미개발 지역 개발'의 결과 스텝 지역의 개간과 토양 침식이 일어났다.

몽골과 내몽골 여러 지역의 채광 폐기물로 인한 심각한 오염 문제가 나타나고 있다.

고비 사막 고비 사막의 확장은 중국과 몽골 지역에 많은 문제를 야기하고 있다.

RUSSIA
KAZAKHSTAN
Astana
Lake Balkhash
Aral Sea
Caspian Sea
Syr Darya R.
Amu Darya R.
Kara Kum Canal
UZBEKISTAN
TURKMENISTAN
Baku
Tashkent
Ashgabat
Bishkek
Ysyk-Kol
KYRGYZSTAN
TAJIKISTAN
Dushanbe
Ürümqi
Lop Nor
Ulaanbaatar
MONGOLIA
Hohhot
CHINA
IRAN
Kabul
AFGHANISTAN
PAKISTAN
INDIA
NEPAL
BHUTAN
Lhasa
0 250 500 Miles
0 250 500 Kilometers

사막
사막화
심각한 토양 침식
수질 오염
호수의 건조와 염류화
오염된 강
관개를 위해 우회된 강
범람의 위험
방사능 오염
유해 폐기물 지역
광산 지역

지속 가능성을 향한 노력

내몽골 사막의 녹지화

Google Earth (MG) Virtual Tour Video https://goo.gl/vhEgwx

사막화는 오랫동안 중국 내몽골 자치주의 심각한 문제였다. 광대한 내몽골 지역은 건조부터 반건조 기후대를 보유하고 있으며, 과거에는 녹지로 뒤덮인 지역이었다. 그러나 과잉 방목과 잘못된 이용으로 인해 사구와 식생이 자라지 못하는 소금층이 점차 확대되었다. 특히 사구는 사방으로 퍼져 목초와 작물을 질식시키기 때문에 많은 피해를 끼친다. 바람이 해로운 내몽골 지역에서 먼지 폭풍을 일으켜 베이징보다 더 먼 지역으로까지 모래 먼지를 옮기기 때문에 내몽골 사막화의 부정적인 효과는 내몽골 지역을 벗어나 크게 확대되었다.

내몽골의 사막화 방지 최근 중국 정부는 지방 관료 및 사업가와 함께 내몽골 대부분 지역에서 일어나고 있는 사막화에 대한 문제를 해결하기 위해 노력하기 시작했다. 2010년부터 2015년까지 중국은 1,000만 헥타르에 달하는 사막화된 토지를 재생하고자 하였다. 이 사업의 핵심은 모래 언덕에 건조 기후에 잘 적응하는 초목을 심는 것이었다. 만일 성공한다면, 그 나무의 뿌리는 모래의 움직임을 막아 사구의 이동을 방지할 수 있다. 그러나 그 초목들이 자리를 잡기까지는 몇 가지 도움이 필요하다. 최상의 방법은 대략 집 크기의 정사각형 모양 밀짚으로 모래를 덮는 것이다. 그 밀짚은 밀짚이 썩어서 새로운 초목이 뿌리를 내리고 필요한 초목의 영양분을 공급할 때까지 모래를 일시적으로 안정화시킨다.

쿠부치 사막의 성공 사막화 재생의 가장 성공적인 사례는 내몽골 쿠부치 사막에서 찾아볼 수 있다(그림 10.1.1). 이 사업의 주요 참여자는 1990년대 중반 이후 불모지를 다시 녹화시키기 위해 지방정부와 함께 사업을 추진해 왔던 중국의 민간기업인 엘리온 자원 그룹이다. 엘리온 그룹은 원래 소금층에서 발견된 광물을 추출하는 기업이었다. 엘리온 그룹의 연구원들은 많은 노력과 실패 끝에 건조 기후에 잘 적응하는 관목을 조림하여 모래를 안정화시키는 방법을 알게 되었다.

전 사구에서 빨리 잘 자라나는 초목은 감초였다. 오래전에 엘리온 그룹은 제약업뿐만 아니라 캔디 제조에도 사용되는 감초 뿌리의 판매를 통해 이익을 얻을 수 있다는 것을 알았다. 엘리온 그룹은 태양력 이용과 온실, 효율적 관개농업 시스템, 연구실험실 조성 등과 같은 광범위한 지속 가능한 프로젝트에 투자하기 시작하였다. 심지어 관광산업이 성공적으로 활성화되기도 하였다. 현지 주민의 연소득이 열 배 이상 증가하면서 약 10만 개의 새로운 직업이 생겨났다. 2012년에 엘리온 그룹의 회장 왕 웬뱌오는 UN환경개발회의에서 시상하는 상을 수상하였다.

1. 이들 사막 외에 심각한 사막화를 경험하는 곳은 어디인가? 중국에서 개발된 기술이 세계 다른 지역에서도 성공적으로 적용 가능한가?
2. 사막화 방지를 위해 노력하는 민간기업 의존에 대한 장점과 단점을 기술하라.

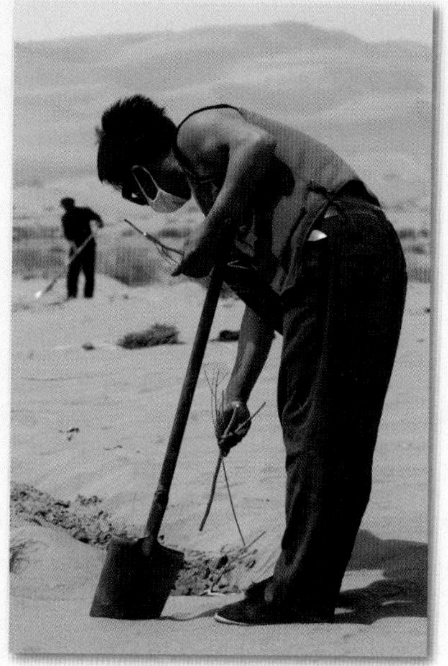

그림 10.1.1 **내몽골 사막화와의 전투** 사막화는 중앙아시아 많은 국가들이 안고 있는 주요 문제이다. 중국 내몽골 자치구 북부 지역에 사구 확산 방지를 위한 광범위한 조림 캠페인이 시행되고 있으며, 그 결과 농업 및 방목지가 보존되고 있다. 사진 속의 현지 마을 주민들은 쿠부치 사막의 사구를 안정화시키기 위해 나무를 심고 있다.

해와 같이 발하슈 호도 과거 수십 년간 점점 축소되어 염도가 높아지고 있다. 20세기 중후반에 볼가 분지 농업용수 개발사업의 확대로 인해 카스피 해에 유입되는 담수량이 감소하여, 결국에는 수위가 낮아져 호수의 바닥이 크게 드러나게 되었다. 호수의 수량이 감소하고 염도가 높아지면서 카스피 해의 생태계는 파괴되기 시작했다.

1970년대 후반에 카스피 해의 수위는 저점에 달했으며, 그 저점에서 카스피 해 유역 분지의 강우량이 증가하면서 호수의 수위는 다시 높아졌다. 1990년대 후반에 이르러 호수의 수위는 2.5m 상승했다. 이로 인해 볼가 삼각주에 범람이 발생하는 문제가 나타났다. 그러나 2007년부터 2015년까지 호수는 다시 축소되었으며, 호수의 수위도 약 0.5m 낮아졌다. 무엇보다 최근 카스피 해 환경에 가장 심각한 위협은 호수 규모의 변화보다 석유산업으로부터 배출되는 공해이다.

사막화 중앙아시아의 호수가 축소되면서 호수의 마른 바닥이 새로운 사막 토지로 변화하였다. 또한 사막화는 과잉 방목과 열악한 농사법의 결과라고 할 수 있다. 중앙아시아 동부 지역의 고비 사막은 인구 집약도가 높은 북동부 중국의 토지를 황폐화시키면

그림 10.7 **타지키스탄의 누렉 댐** 타지키스탄의 누렉 댐은 높이 300m로 세계에서 두 번째로 높은 댐이다. 1980년 소비에트연방 체제하에서 완공된 누렉 댐은 주로 수력 발전을 통한 전기 공급을 위해 디자인되었지만, 관개 및 홍수 조절을 위해서도 이용되었다.

서 점점 남쪽으로 확대되고 있다. 녹지화에 이용되는 나무와 작물의 뿌리는 토양을 안정화시키고, 사구의 움직임을 방지하기 때문에 중국인은 사막의 확대를 방지하기 위해 대규모 녹지화 사업을 단행했다(지속 가능성을 향한 사업 : 내몽골 사막의 녹지화 참조).

댐 건설과 물 분쟁 중앙아시아 서부의 담수 중 약 80%는 산악 지형 국가인 키르기스스탄과 타지키스탄에 의해 관리된다. 두 국가는 모두 수자원과 전기를 생산하기 위해 대규모의 댐 건설 프로젝트를 단행하고 있다. 현재 러시아의 지원으로 건설되고 있는 타지키스탄의 로군 댐이 완공되면 세계에서 가장 높은 댐이 된다. 우즈베키스탄, 카자흐스탄, 투르크메니스탄은 키르기스스탄과 타지키스탄이 홍수기에 너무 많은 물을 방출하고 건조기에는 물을 전혀 방출하지 않을까 하는 경계심을 가지고 이들의 댐 건설을 주시하고 있다. 우즈베키스탄, 카자흐스탄, 투르크메니스탄, 키르기스스탄, 타지키스탄의 지도자들은 물 공유 협정을 맺기 위해 여러 차례 회담을 가졌으나 지금까지 제대로 협정이 이루어지지 않았다.

기후 변화와 중앙아시아

대부분의 기후 변화 전문가들은 중앙아시아가 지구 온난화로 많이 더워질 것으로 예상하고 있다. 지구 온난화는 티베트의 기후를 크게 상승시켰으며, 이로 인해 티베트 고원의 영구 동토층의 면적은 크게 감소했고, 빙산도 급격히 후퇴했다. 중국에서 석탄을 사용하는 공장과 티베트 빙하 지역에 위치한 발전소에서 나오는 검댕이 쌓이면서 몇몇 지역은 축소되는 속도가 빨라졌다. 몇몇 전문가는 향후 20년 이 지역들의 주요 강들은 약 25% 감소할 것이라고 예견하였다.

또한 기후 변화는 서부 중앙아시아 건조 저지대의 강수량을 감소시킬 것이다. 최근 아프가니스탄을 강타한 극심한 가뭄은 향후 기후가 보다 건조해질 수 있는 가능성을 보여주었다. 그 결과, UN 정부 간 기후 변화 위원회는 21세기 중반에 중앙아시아의 작물 생산량이 약 30% 감소할 것으로 전망했다. 2012 보고서는 이미 이상 기온과 새로운 밀 녹병균의 확산을 연계하여 중앙아시아의 밀 산출량이 감소했다고 보고했다. 그러나 세계 어디에서나 마찬가지로 지구 온난화가 중앙아시아의 모든 지역에 이와 같은 영향을 끼치지는 않을 것이다. 고비 사막과 티베트 고원과 같은 몇몇 지역의 강우량은 증가할 수 있다.

확인 학습

10.1 중앙아시아가 거대한 호수를 가질 수 있는 이유는 무엇이며, 많은 거대한 호수들이 이렇게 심각하게 위협을 받는 이유는 무엇인가?

10.2 세계에서 가장 큰 육괴의 중심부 근처와 지질 구조판의 충돌 경계에 위치한 중앙아시아의 입지는 기후와 지형에 어떠한 영향을 끼치는가?

주요 용어 실크로드, 스텝, 사막화

인구와 정주 : 공한지에 위치한 인구 밀집 지역 오아시스

대부분의 중앙아시아는 인구가 희박하다(그림 10.8). 중앙아시아의 많은 지역은 너무 건조하거나 너무 높아 인간이 거주하기에 부적합하다. 심지어 인간이 살 수 있는 지역조차 생존을 위해 가축을 키우는 **유목민**(pastoralists)만이 거주하고 있다. 미국 텍사스 주의 두 배 이상의 면적을 가진 몽골의 인구는 약 300만 명에 불과하다. 그러나 대부분의 건조 지역과 마찬가지로 좋은 토양과 음용할 수 있는 물을 공급할 수 있는 저지대는 아주 희박하다.

고지대 거주민과 생활양식

티베트 고원의 환경은 매우 가혹하다. 높은 지대의 기후에서 살아남는 목초와 식물은 아주 희박해 인간이 생존하기에는 어려운 환경이 조성된다. 이와 같은 환경에서 생활할 수 있는 유일한 방법은 고도에 적응한 야크 유목뿐이다. 수십만 명의 유목민이 광대한 거리를 누비며 야크를 방목하면서 살고 있다.

대부분의 티베트 고원에는 유목민이 주를 이루고 있지만, 티베트인의 대다수는 정착 농민이다. 티베트에서의 농사는 상대적으로 고도가 낮고, 좋은 토양과 충분한 강우 또는 지역 하천 기반의 관개 시스템을 가진 아주 제한된 지역에서만 가능하다. 티베트의 주요 정착지는 이와 같은 조건을 갖춘 남부 말단 지역이다.

중앙아시아 산악 지역은 인접 저지대에 살고 있는 주민이 이주

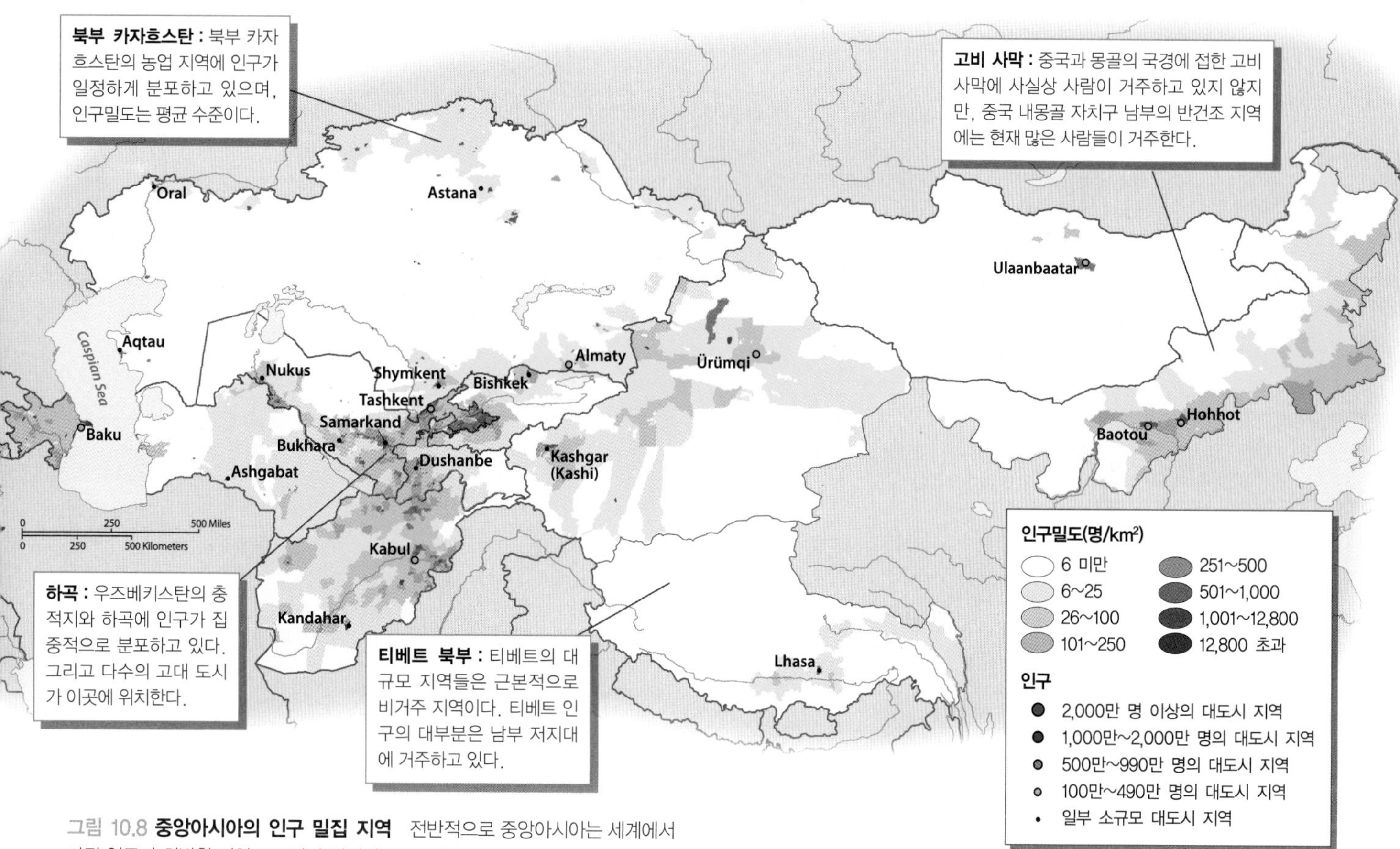

그림 10.8 **중앙아시아의 인구 밀집 지역** 전반적으로 중앙아시아는 세계에서 가장 인구가 희박한 지역으로 남아 있지만, 두드러진 인구 밀집 지역이 존재한다. 중앙아시아 대부분의 대도시는 인구 밀집 지역과 주요 강 인근에 입지하고 있다.

유목민이든 정주 농민이든 간에 그들에게는 아주 중요하다. 저지대가 건조하고 더울 때 고원 초지는 풍부한 목초를 제공하기 때문에 여름에 고원 지대는 많은 가축의 목장으로 이용된다. 키르기스스탄인은 양 떼를 겨울에 저지대 목초지에서 여름에 고원 지대 목초지로 이동시키는 **이목**(transhumance) 기반의 전통 경제를 영위하고 있다.

저지대 거주민과 생활양식

중앙아시아 사막 대부분의 거주민은 산맥이 분지 및 평원과 만나는 곳에서 살고 있다. 분지 내륙 지역과 같이 이 지역은 충분한 물을 공급하며, 토양은 염분과 알칼리 성분을 함유하고 있지 않다. 예를 들어, 중국 타림 분지의 인구분포 패턴은 거의 완벽한 원형 구조를 이루고 있다(그림 10.9). 산맥에서 발원한 하천은 분지의 가장자리를 따라 있는 농지와 과수원의 관개용수로 활용된다.

전 소비에트 중앙아시아의 인구는 고원 지대와 평원 사이의 점이지대에 집중적으로 분포하고 있다. 산맥에서 발원한 하천으로 인해 퇴적된 부채꼴 형태의 **선상지**(alluvial fans)에서 집약적 농업이 오랫동안 이루어져 왔다(그림 10.10). 이 지역은 바람에 날려와 쌓인 침니 토양인 **뢰스**(loess)가 풍부하며, 겨울 강수량은 자연 강우에 의한 농작을 할 정도로 충분하다. 또한 이 지역의 큰 계곡은 비옥하고 쉽게 관개할 수 있는 농지를 제공한다. 인구 밀집 지대인 시르다리야 강 상류의 페르가나 계곡은 우즈베키스탄, 키르기스스탄, 타지키스탄의 국경과 접해 있다.

중앙아시아 북부 스텝은 전통적인 유목민의 땅이다. 20세기까지 이 지역에서 농업 활동이 이루어진 적이 없다. 오늘날 몽골과 같은 초원 지대는 유목 생활이 일상적인 삶의 양식이다(그림 10.11). 그러나 이 지역의 많은 유목민들은 정주 생활양식을 받아들여야 할 운명에 처해 있다. 1900년대 중반 소비에트 체제는 국가의 곡물 공급을 증대시키기 위해 카자흐스탄 북부 지역에 가장 생산적인 목초지를 밀밭으로 변경했다. 결과적으로 북부 카자흐스탄은 스텝 지역에서 가장 인구밀도가 높은 지역이 되었다.

인구 문제

중앙아시아는 전반적으로 인구밀도가 낮지만, 인구밀도가 크게 높아지고 있는 지역도 있다. 지난 30년간 중국 서부 지역이 인구 성장은 중국 한족의 이주에 기인한다. 2006년 중국은 베이징과 티베트의 수도 라싸 구간의 고속철도를 완공했으며, 이로 인해 이 지역으로의 이주와 관광이 증가했다. 이 고속철도는 높은 고지대를 통과하기 때문에 승객들은 보조 산소를 공급받는다.

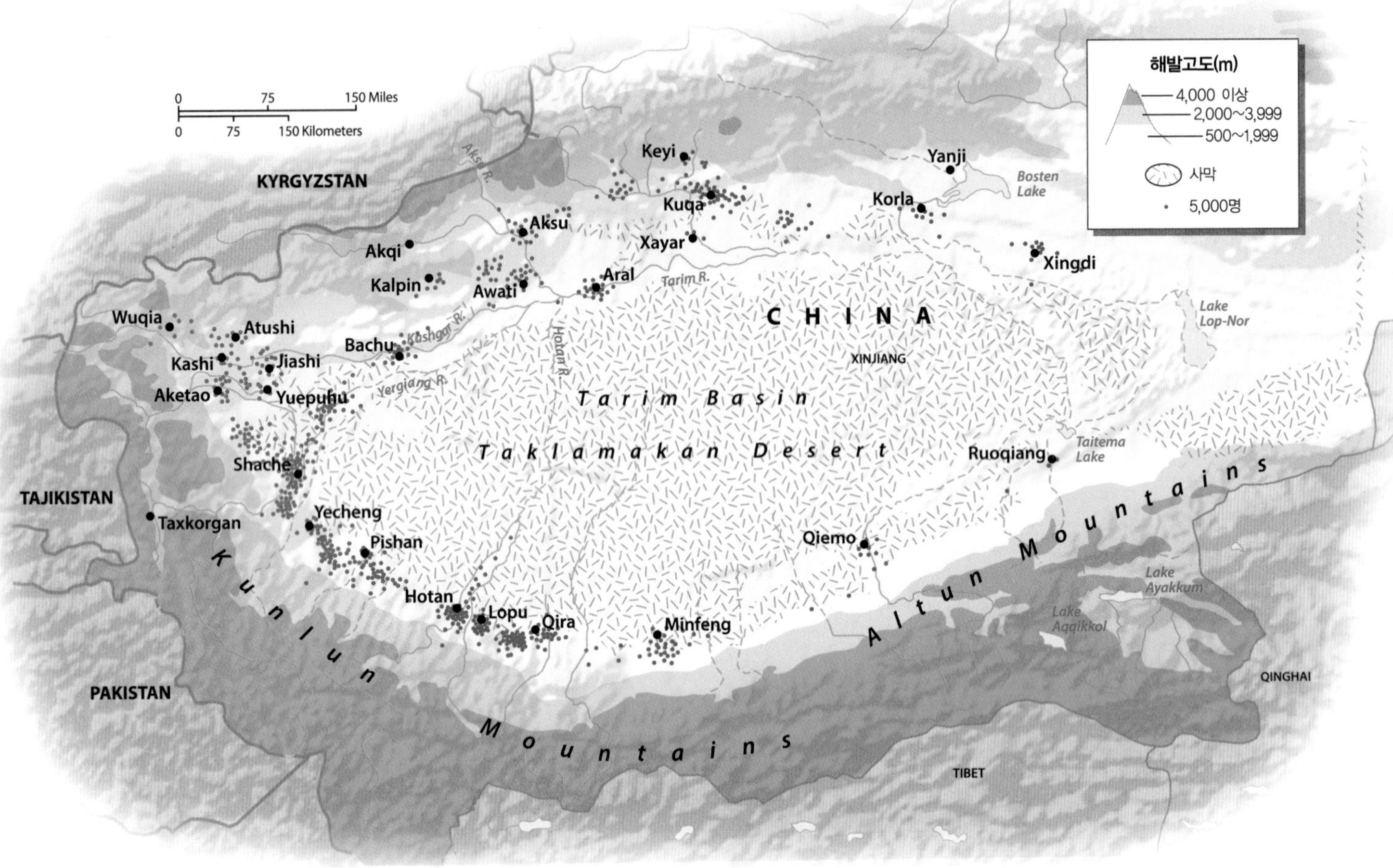

그림 10.9 **신장 타림 분지의 인구 패턴** 타림 분지의 중심부는 사람이 거주하지 않는 지역으로 거대한 사구와 소금 사막으로 이루어져 있다. 그러나 분지의 외곽에는 분지를 둘러싸고 있는 산맥에서 발원한 하천으로 집약적 농업이 가능한 농업 밀집 지역과 도시 정주 지역이 위치하고 있다. 타림 분지에서 가장 큰 오아시스 공동체는 분지 서남 외곽을 따라 위치하고 있다.

그림 10.10 **인구 집약적인 충적 선상지** 카자흐스탄의 텐트(Tente) 강은 산에서 발원하여 상대적으로 평평한 지형을 따라 흐르기 시작한 충적 선상지를 형성한다. 너비가 가장 넓은 곳이 약 20km에 달하는 광대한 충적지의 비옥한 토양이 많이 쌓였다. 여러 개의 도시와 마을이 충적지 외곽 끝을 따라 보인다. 철도 트랙이 충적지 북동부 지역을 똑바로 가로지르고 있다.

그림 10.11 **몽골의 유목 생활** 많은 몽골인들은 여전히 광대한 지역을 옮겨 다니는 유목민으로서의 삶을 유지하고 있다. 전형적으로 이러한 유목민들은 게르(또는 유르트)로 알려진 이동식 텐트에서 살고 있다. 사진에서 2개의 게르를 볼 수 있다. Q : 다른 나라에 비해 몽고에 유목민들이 넓게 분포하는 이유는 무엇인가?

중앙아시아아의 전 소비에트연방 국가 대부분은 출생률의 증가로 인구가 완만하게 증가하고 있다. 1990년대 이후 이 지역들은 티베트와 신장과는 달리 인구가 유출되는 현상을 보이고 있다. 유출되는 인구의 대부분은 러시아 본국으로 귀환하는 러시아계였다. 2000년 이후 러시아 경제가 붐을 이루자 수십만 명의 중앙아시아 사람들이 일자리를 찾아 러시아로 이주하였다(글로벌 연결 탐색 : 타지키스탄인의 해외 송금 의존 경제 참조).

중앙아시아 국가의 출생률 패턴은 다양하게 나타난다(표A 10.1). 중앙아시아에서 출생률이 가장 높은 국가는 가장 낙후되고 남성우월주의 국가인 아프가니스탄이다. 대부분의 전 소비에트 지역 국가의 출생률은 중간 수준이다. 최근 2000년까지 카자흐스탄의 출생률은 총인구를 유지하기 위해 필요한 출생률인 인구 보충 출생률보다 낮지만 다시 증가하기 시작했고 현재 출생률은 2.5 이상이다. 카자흐스탄 러시아계의 출생률은 카자흐스탄 원주민보다 훨씬 낮다. 반대로 아제르바이잔의 출생률은 인구 보충 출생률보다 조금 낮다. 결론적으로 아제르바이잔과 카자흐스탄의 인구 피라미드는 확연히 반대 현상을 보이고 있다(그림 10.12).

중앙아시아의 도시화

현대 이전 중앙아시아 북부 스텝 지역에 실질적인 도시는 없었지만, 수천 년간 하곡은 부분적으로 도시화되어 있었다. 과거 실크로드의 주요 기점이었던 우즈베키스탄의 사마르칸트와 부하라와 같은 도시는 중세 유럽에서 호화로운 건축 양식으로 유명한 곳이었다(그림 10.13). 결국 두 도시는 유네스코 세계유산으로 지정되었다. 이 두 도시의 건축 양식은 러시아/소비에트 통치하에 건축된 건축 양식과는 확연히 대비된다. 예를 들어, 우즈베키스탄 타슈켄트의 건출물은 소비에트 건축 양식이어서 부하라의 건축 양식과는 다소 상이하다. 카자흐스탄의 전 수도인 알마티와 같은 주요 도시는 러시아 식민 통치 이전에 형성된 소수 정주 도시이다. 전 소비에트 도시 전역에는 중앙집권적인 소비에트 도시 계획과 디자인의 영향이 잘 남아 있는 것을 볼 수 있다.

중앙아시아 일부 지역은 최근에 실질적인 도시화를 경험했다. 새로운 주요 도시인 아스타나는 1997년에 카자흐스탄의 수도로 지정되었다. 아스타나에 초현대적 건물이 즐비한 것을 보면 아스타나는 주변부에 정치 및 경제적 권력을 강화하기 위해 기존 주변부 지역에 새로운 수도를 건설하는 **전진형 수도**(forward capital)의 좋은 사례이다(그림 10.14).

그 외 중앙아시아 도시 역시 급속도로 팽창하고 있다. 심지어

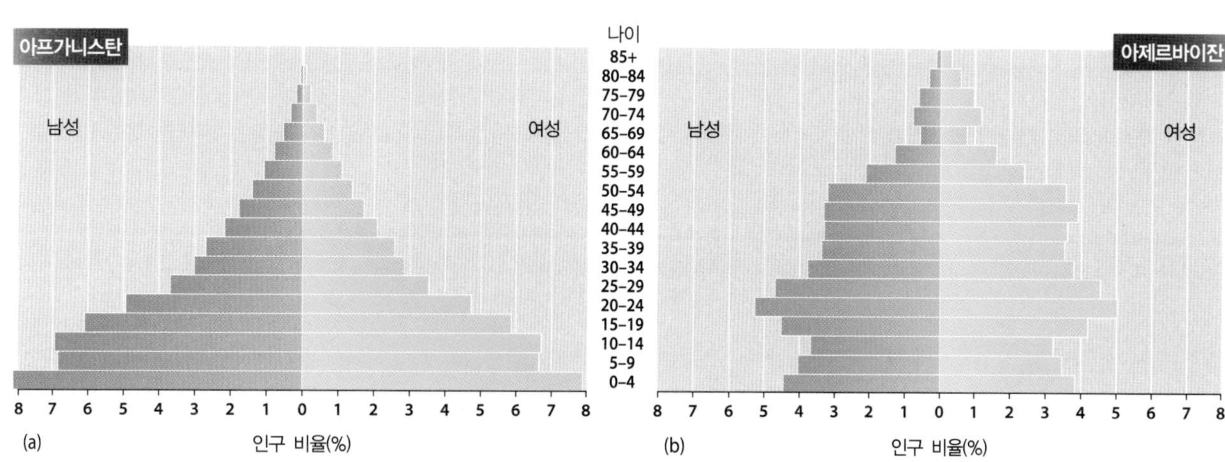

그림 10.12 **아프가니스탄과 아제르바이잔의 인구 구조** 아제르바이잔의 상대적으로 균형 잡힌 인구 피라미드는 인구가 거의 안정화되었다는 사실을 반영하는 것이다. 그러나 아제르바이잔의 연령층별 출생률을 살펴보면 '10~14세'보다 '0~4세'의 출생률이 높은 것으로 보아 최근 아제르바이잔의 전반적인 출생률은 증가하고 있다. 보편적인 현상이지만 아제르바이잔(b)의 여자는 남자보다 오래 산다. 반대로 아프가니스탄(a)의 높은 사망률에 조응하는 높은 출생률은 보다 전형적인 삼각 피라미드 구조를 이룬다. 이러한 열악한 현상에서 노인 남성과 여성의 수는 모두 희박하다. Q : 아프가니스탄에 '0~4'세의 연령층이 '5~9세' 연령층의 인구보다 훨씬 더 많은 이유는 무엇인가?

글로벌 연결 탐색

타지키스탄인의 해외 송금 의존 경제

Google Earth (MG) Virtual Tour Video: http://goo.gl/K3j0Zx

일반적으로 가난하고 격리되어 있는 산악 공화국인 타지키스탄은 세계에서 가장 송금에 의존하는 국가로 간주된다. 2013년 타지키스탄인 소득의 42%가 해외에서 일을 하는 이주민들의 송금액이다. 그 뒤를 이어 키르기스스탄은 경제 생산의 31.5%가 해외로부터의 송금에 기인한다. 이 두 나라의 경우, 해외로부터의 송금 대부분은 러시아에서 일을 하는 이주민들로부터 나온 것이다. 타지키스탄 인구 820만 명 중 100만 명 이상이 러시아에서 살면서 일하고 있는 것으로 알려졌다(그림 10.2.1).

타지키스탄은 세계 다른 나라로 수출을 거의 하지 않기 때문에 해외로부터의 송금에 크게 의존한다. 타지키스탄은 알루미늄을 정제해서 수출하고 인접 국가에 직접 전력을 판매할 수 있는 충분한 수력을 보유하고 있다. 그러나 전반적으로 타지키스탄의 수입액은 수출액의 약 세 배이다. 해외로부터의 송금이 시민과 산업이 요구하는 상품을 수입할 수 있게 해주는 유일한 방법이다.

러시아로부터의 송금에 대한 타지키스탄의 의존으로 인해 국가는 더욱 불안정한 상황이 되었다. 이러한 상황으로 인해 타지키스탄은 러시아로부터 아주 큰 정치적 영향을 받게 되었다. 타지키스탄 정부가 러시아를 자극하는 어떤 것을 할 때 러시아 지도자는 타지키스탄 노동자들에게 아무렇지도 않게 추방 위협을 가한다. 예를 들어, 이러한 위협은 2013년 타지키스탄에 위치한 러시아 군사 기지 임대 재협상이 연기되었을 때 절정에 이르렀다.

또한 타지키스탄의 송금에 대한 의존은 러시아의 경제가 어려울 때마다 타지키스탄의 경제는 아주 어려워진다는 것을 의미한다. 2014년 후반에 석유 가격이 하락하자 러시아의 경기는 후퇴하였으며, 외국 노동자 수요가 급격히 감소하게 되었다. 그 결과, 세계은행은 2015년에 타지키스탄으로 송금액의 흐름이 40%까지 감소할 것으로 추정하였다. 또한 타지키스탄의 러시아 수출이 감소하여 국가 경제에 큰 압박을 가져왔다.

타지키스탄은 러시아로부터의 송금이 감소하자 중국과의 경제 연대를 더욱 강화하였다. 2014년 중국은 타지키스탄에 향후 3년간 타지키스탄 연평균 외국인직접투자액의 열 배 이상인 미화 60억 달러를 투자할 것이라고 발표하였다. 대부분의 중국 투자는 가스 파이프라인, 철도 및 그 외 운송 프로젝트, 시멘트 제조업을 중심으로 이루어진다. 그러나 이와 같은 중국의 투자가 송금 감소를 대체할 수는 없을 것으로 보인다. 또한 중국 투자는 타지키스탄이 중국 경제에 의해 지배될 것이라는 두려움을 수반한다.

그림 10.2.1 러시아의 타지키스탄 노동자 타지키스탄의 경제는 러시아에 살고 있는 타지키스탄 노동자의 임금 송금에 크게 의존하고 있다. 그러나 이 노동자들은 러시아에서 가혹한 처우를 받기도 하며, 러시아의 경제가 좋지 않을 때에는 많은 노동자들이 타지키스탄으로 강제로 쫓겨나기도 한다. 사진은 타지키스탄 이주 노동자들이 모스코바 인근 시장에서 일을 마친 후에 그들의 숙소 지붕 위에서 휴식을 취하고 있는 장면이다.

1. 타지키스탄과 키르기스스탄이 해외로부터의 송금에 많이 의존하는 이유는 무엇인가? 이러한 상황을 지리적 입지와 역사적 발전과 연계시켜 보라.
2. 해외로부터의 송금에 의존하는 것이 이 국가들에게 큰 문제인가? 만일 그렇다면 이들 국가는 이와 같은 의존성을 줄이기 위해 어떤 노력을 해야 하는가?

많은 정주 도시가 존재하지 않았던 몽골에서도 촌락보다 도시에 더 많은 사림이 거주하고 있다. 최근 몽골의 수도 울란바토르는 건설 붐이 한창이었다. 그러나 중앙아시아 고원 지역은 상대적으로 도시가 적고 격리되어 있다. 예를 들어, 타지키스탄 인구의 1/4만이 도시에 거주하고 있다. 최근 중국 한족이 티베트의 도시로 많이 이주해 도시화가 나타나고 있지만, 티베트도 타지키스탄과 유사하게 여전히 촌락이 지배적이다.

중국 한족의 이주에 조응한 새로운 개발 프로젝트가 중국 중앙아시아 전체 도시를 변화시키고 있다. 이에 따른 여러 가지 논쟁이 뒤따르고 있다. 예를 들어, 2010년과 2014년 사이에 중국 정부는 실크로드의 주요 거점이었던 신장 카스의 65,000 가구를 철거하였다. 카스 구도시의 주요 철거 이유는 공식적으로 지

그림 10.13 **사마르칸트의 전통 건축** 우즈베키스탄의 실크로드 도시는 1400년 경의 호화로운 이슬람 건축 양식으로 유명하다. 이 도시는 위대한 중세 정복자 티무르가 만든 제국의 수도였으며, 풍부한 건축 유산을 보유하고 있다.

진으로부터의 안전이었다. 그러나 이러한 행위는 대부분의 현지 주민을 격앙시켰으며, 중국이 장려하고 있는 관광에도 악영향을 끼쳤다. 세계 각 처에서 이에 대한 탄원서가 유네스코에 전달되었으며, 그 결과 유네스코는 카스를 세계유산으로 지정할 수 없다고 선언하였다.

확인 학습

10.3 중앙아시아 몇몇 지역은 인구가 밀집되어 있는 반면에, 많은 지역의 인구가 희박한 이유는 무엇인가?

10.4 중앙아시아의 도시 환경이 급격히 변화하는 이유는 무엇인가?

주요 용어 유목민, 이목, 선상지, 뢰스, 전진형 수도

문화적 동질성과 다양성 : 다양한 전통이 만나는 장소

중앙아시아 지역은 특정 환경적 유사성을 보유하고 있지만, 문화적 동질성을 지니고 있는지는 의문이다. 중앙아시아 서부 지역의 절반이 이슬람교를 숭배하고 종종 서남아시아로 분류되지만, 몽골과 티베트인은 전통적으로 티베트 불교를 숭배하고 있다. 티베트는 문화적으로 남부 아시아와 동아시아와 밀접하며, 몽골은 역사적으로 중국과 밀접하지만 두 국가 중 어떤 국가도 세계의 다른 어떤 지역으로 쉽게 분류되지 않는다.

역사적 개요 : 변화하는 언어와 인구

중앙아시아의 하곡과 오아시스는 초기 정착 농업 공동체였다. 고고학자들은 아무다리야와 시르다리야 계곡에서 기원전 8000년경 신석기시대에 농촌 마을이 존재했던 충분한 증거를 발견했다. 기원전 4000년경 말의 가축화 이후, 스텝 지역에 가축 사육 기반의 유목 생활이 출현했으며, 유목민은 권력을 쥐게 되었다.

최초로 기록되었던 중앙아시아 언어는 인도-유럽어족에 속한다. 투르크어군과 몽골어군을 포함하는 알타이어족이 1,000년 이전부터 스텝 지역에서 인도-유럽어족을 대신해 사용되었다. 하곡 공동체에서도 투르크족의 힘이 중앙아시아 대부분 지역으로 확산되면서 투르크어가 (페르시아와 밀접히 관련된) 인도-유럽어족을 대신해서 사용되기 시작했다.

현대 언어와 민족 지리학

오늘날 투르크어와 몽골어를 사용하는 사람은 대부분 중앙아시아에 거주한다(그림 10.15). 고원의 주요 언어가 티베트어인 한편, 소수 인도-유럽어는 남서 지역에 제한적으로 남아 있다. 서부 지역에서는 러시아가 주로 이용되고 있는 한편, 동부 지역에서는 중국어가 점점 중요한 언어로 부상하고 있다.

티베트어 일반적으로 티베트어는 중국-티베트어족에 속하며, 이는 역사적으로 중국인과 티베트인이 언어를 공유했음을 보여준다. 그러나 몇몇 티베트 학생은 이 두 언어 간에 어떠한 관계도 형성된 적이 없다고 주장한다.

티베트어는 아주 독특한 여러 방언으로 나누어지지만, 많은 언어학자들은 분리된 별개의 언어로 간주한다. 이와 같은 티베트어는 티베트 고원 전역에서 이

그림 10.14 **카자흐스탄의 수도 아스타나** 전진형 수도인 아스타나는 최근 거대한 국가 중심부 인근에 새로운 메트로폴리스로 부상하면서 급속도로 성장하였다. 아스타나는 석유로부터 획득한 부를 기반으로 확대되고 있다.

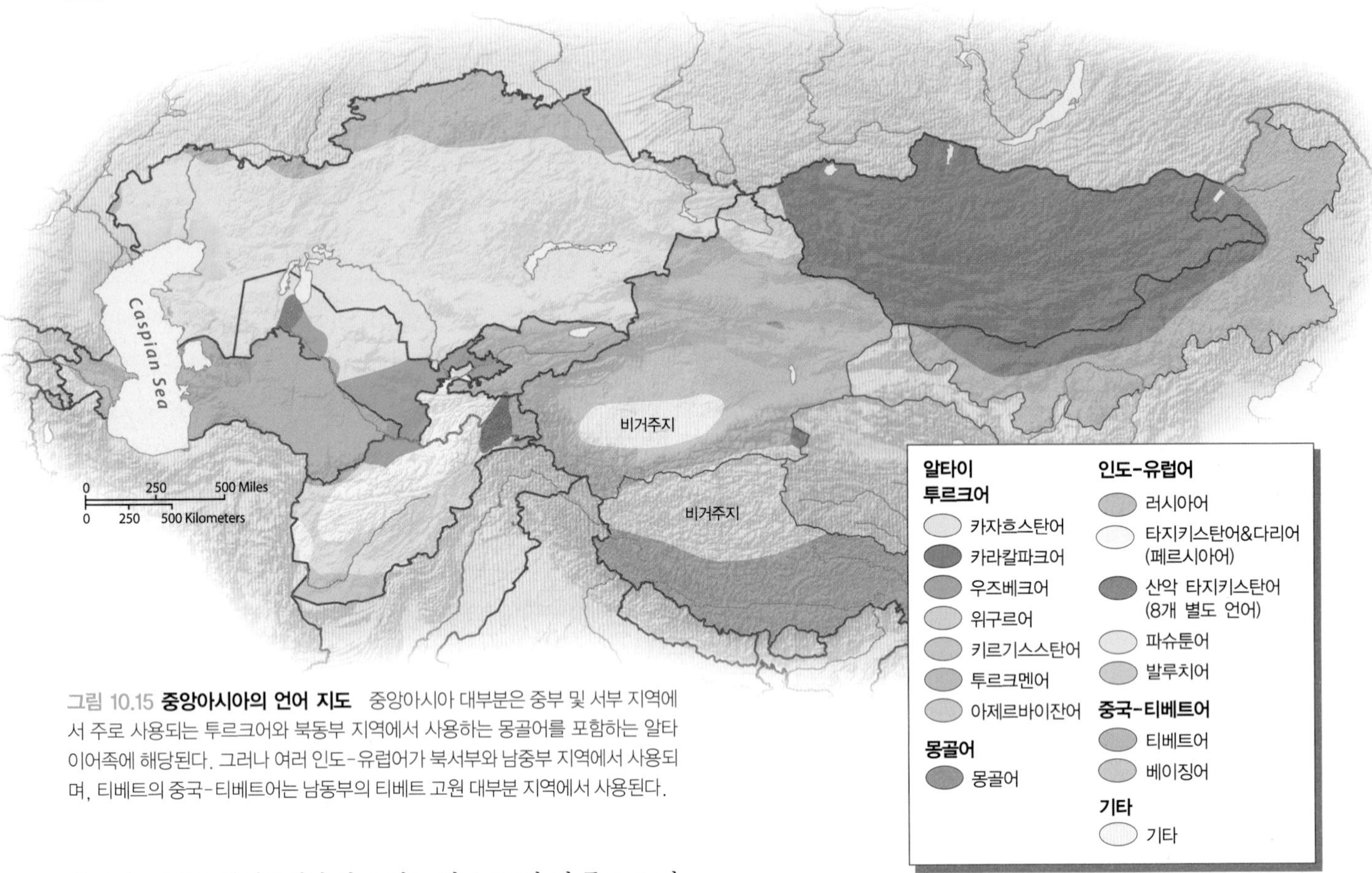

그림 10.15 **중앙아시아의 언어 지도** 중앙아시아 대부분은 중부 및 서부 지역에서 주로 사용되는 투르크어와 북동부 지역에서 사용하는 몽골어를 포함하는 알타이어족에 해당된다. 그러나 여러 인도-유럽어가 북서부와 남중부 지역에서 사용되며, 티베트의 중국-티베트어는 남동부의 티베트 고원 대부분 지역에서 사용된다.

용된다. 티베트 자치주에서 살고 있는 인구 300만 명 중 90% 이상이 티베트어를 사용하고 있지만, 티베트어를 사용하는 나머지 300만 명은 중국 칭하이 성과 쓰촨 성 고원 지대에 살고 있다. 또한 티베트어를 사용하는 작은 공동체들이 중국과 인접하고 있는 인도, 네팔, 부탄 곳곳에서 발견되었다.

몽골어 몽골어를 사용하는 인구는 약 500만 명이며, 서로 밀접하게 연관된 여러 방언으로 구성되어 있다. 몽골 독립국과 중국 내몽골에서 사용되는 표준어는 할하어(Khalkha)이다. 몽골어는 약 800년 전부터 자체 활자를 보유하고 있었지만, 1941년에 몽골 스스로가 현 러시아 문자의 모체인 키릴 문자를 수용했다. 최근 몽골은 과거 자신의 문자를 재생하기 위해 많은 노력을 기울이고 있다.

몽골어는 투르크어를 사용하는 카자흐스탄이 가장 큰 소수 그룹이지만(지리학자의 연구 : 몽골의 카자흐스탄 이주민 참조), 몽골 인구의 약 90%가 사용하고 있다. 중국 내몽골 자치구에서는 지난 100년간 중국 한족이 이 지역으로 이주를 해 지금은 중국어를 사용하는 사람의 수가 몽골어를 사용하는 사람의 수보다 많으며, 최근 내몽골 인구 2,500만 명 중에서 약 17%만이 몽골인이다. 그러나 상대적으로 내몽골의 인구가 많기 때문에 내몽골은 여전히 몽골어를 사용하는 사람이 몽골보다 더 많이 거주한다.

투르크어 중앙아시아인은 몽골어와 티베트어보다 투르크어를 훨씬 더 많이 사용한다. 투르크어파는 서부의 아제르바이잔에서부터 동부의 중국 신장 자치구까지 확장되어 있다.

전 소비에트 중앙아시아 6개 국가 중 5개 국가 – 아제르바이잔, 우즈베키스탄, 투르크메니스탄, 키르기스스탄, 카자흐스탄 – 의 대부분의 인구가 투르크어를 사용한다. 아제르바이잔 인구의 약 90%가 아제르바이잔어를 사용하며, 우즈베키스탄 인구의 약 74%가 우즈베크어를 사용하고, 투르크메니스탄 인구의 약 72%가 투르크멘어를 사용한다. 2,400만 명이 사용하는 우즈베크어가 중앙아시아에서 가장 널리 사용되는 언어이다. 그러나 우즈베키스탄 북단의 아무다리야 삼각주에 살고 있는 대다수의 사람은 카라칼파크어(Karakalpak)라는 상이한 투르크어를 사용하고 있는 한편, 우즈베키스탄 사막에서는 카자흐어를 사용한다. 키르기스스탄 인구의 약 72%가 키르기스스탄어를 모국어로 사용하고 있는 한편, 카자흐스탄은 총인구의 약 63%가 카자흐어를 사용하고 있다. 카자흐스탄 거주민의 1/4 이상이 러시아어와 우크라이나어와 같은 유럽어를 사용한다. 일반적으로 카자흐인과 그 외 원주민은 카자흐스탄 중앙과 남부에 주로 거주하는 한편, 러시아인들은 북부 농업 지역과 동남부 도시 지역에 살고 있다.

중국 신장에서 사용되는 위구르어는 거의 2,000년을 거슬러 올라간다. 위구르인의 인구는 거의 1,100만 명이며, 대부분이 신

지리학자의 연구

몽골의 카자흐스탄 이주민

미네소타의 매캘러스터대학의 지리학자 **홀리 바커스**는 "몽골에서의 생활에서 지리학과 타 학문 분야의 연계는 더욱 흥미롭다"고 지적했다. 바커스는 텍사스 A&M대학교의 인류학자인 신시아 워너와 공동으로 몽골의 소수민족인 카자흐스탄의 인구를 연구했다. 그는 "지리학은 전 세계뿐만 아니라 모든 학문 분야와 소통 가능하게 한다."고 했다. "지리학자는 역사, 정치, 자연환경에 대한 이해를 기반으로 모든 세계와 학문과 소통한다." 바커스와 워너는 냉전 이후에 몽골의 카자흐스탄인의 약 절반이 카자흐스탄으로 이주한 이유, 이들 중 많은 카자흐스탄인이 다시 몽골로 이주한 이유, 그 외 카자흐스탄인이 몽골에 그대로 정착한 이유를 알고 싶었다(그림 10.3.1).

이주 연구 지리학에 대한 바커스의 열정은 학교 강의에서 토론되었던 주제와 실세계의 연계, 그리고 이러한 연계가 이루어지는 과정을 이해하면서 시작되었다. 바커스는 "그때 비로소 나의 연구가 능동적으로 이루어지기 시작했다."고 했다. 2004년 바커스는 서부 몽골의 초국적 이주에 대한 장기 연구 과제를 시작했다. 바커스와 워너는 카자흐족이 1991년 이후 몽골 밖으로 쫓겨나지 않았지만, 카자흐스탄에서 카자흐족의 인구 비중을 증가시키려고 했으며, 카자흐족 이주민을 지원할 충분한 광물과 화석연료를 보유하고 있었던 카자흐스탄 정부에 의해 유인되고 있었음을 발견하였다. 카자흐스탄으로 처음 떠났던 6만 명 중 약 1/3이 몽골로 다시 돌아간 이후 이주는 순차적으로 진행되었다. 몽골에서 카자흐스탄으로 이주한 일부 카자흐족은 카자흐스탄 정부가 그들을 외딴 촌락으로 이주시키고 카자흐스탄에서 여전히 중요한 언어인 러시아어를 사용하지 않는다고 차별하는 것에 대한 불만을 토로하였다. 최근 몽골의 젊은 카자흐족은 보다 나은 교육과 취업 기회를 가지기 위해 카자흐스탄으로 떠나고 있다.

바커스와 워너는 카자흐족 몽골인은 일반적으로 지리적인 의사결정에 전형적인 틀이 있음을 발견했다. 몽골에 거주하고 싶은 마음은 그들의 출생지와의 결속력에 의해 강화되지만, 카자흐스탄으로의 이동은 '원 고향'이라는 생각에 기인한 것이다. 바커스는 "환경은 본질적으로 우리 자신의 정체성과 그 정체성이 국가주의와 이주 결정에 어떻게 작동하는가와 연관되어 있다."고 했다.

바커스는 학생들에게 "사람들은 이동하고, 세계 경제에는 많은 변화가 일어나고 있다. 사람들은 끊임없이 밖으로 나가 관계를 맺고 있다."고 하면서 여행을 권장하였다. 또한 그녀는 학생들에게 지리학은 모든 범위의 직업을 보완할 수 있는 실질적인 실용 학문이며, 대학생 수준에서 지리학은 학생들의 좋은 반려자이며, 지리학은 학생들이 하고 싶어 하는 모든 것의 기준이 된다고 했다.

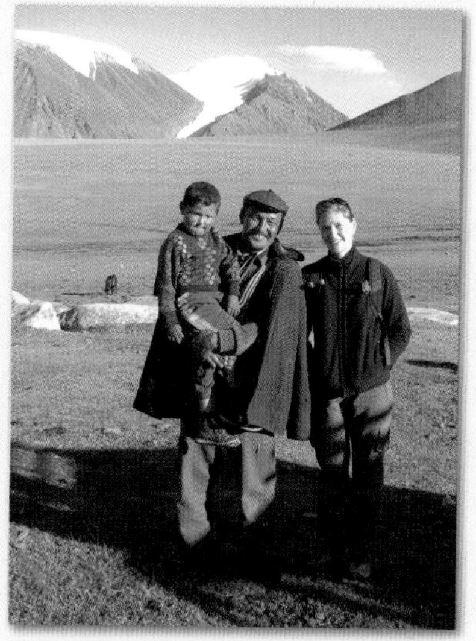

그림 10.3.1 **몽골의 카자흐스탄 이주민** 지리학자 Holly 바커스는 서부 몽골의 카자흐족 가족을 방문하였다. 바커스 박사는 2004년 이후 이 지역에서 이주에 대한 연구를 하고 있다.

1. 어떠한 문화적 · 역사적 · 환경적 요인이 몽골에서 카자흐스탄으로 그리고 다시 몽골로의 재이동과 연계되어 있는가?
2. 여러분은 모국으로 귀국했거나 또는 돌아가기를 원하는 이주민을 알고 있는가? 그들의 결정에 영향을 끼치는 흡입 및 배출 요인을 기술하라.

장에 살고 있다(그림 10.16). 신장에서 위구르인의 인구 비중은 중국 한족의 이주로 인해 약 80%였으나, 2009년에는 그 비중이 46%로 감소했다. 공식 통계에 따르면, 신장에서 중국 한족의 인구 비중은 약 39% 정도이지만, 위구르 행동주의자는 한족 비중이 더 높을 것으로 생각하고 있다. 또한 신장에 카자흐어를 사용하는 인구 약 150만 명이 살고 있다.

그림 10.16 **위구르 모스크** 중국 북서부 지역에 위치한 신장의 위구르인은 투르크어를 사용하며 수니 이슬람교를 따른다. 사진 속에 있는 카스의 이드카흐 모스크는 약 1만 명을 수용할 수 있는 중국에서 가장 큰 모스크이다.

타지키스탄 및 아프가니스탄 언어의 복잡성 전 소비에트 중앙아시아의 여섯 번째 공화국인 타지키스탄은 주로 인도-유럽어를 사용한다. 타지크어는 페르시아어의 방언으로 간주될 정도로 페르시아어와 깊은 관계를 가지고 있다. 타지키스탄 인구의 약 80%가 타지크어를 그들의 모국어로 사용하고 있다. 타지키스탄의 격리된 동부 산악 지역에서는 다양하고 독특한 인도-유럽어가 사용되며, 이 언어는 때때로 '산악 타지크어'로 불린다. 그 외 타지크인은 우즈베크어 또는 다양한 소수 언어를 사용한다.

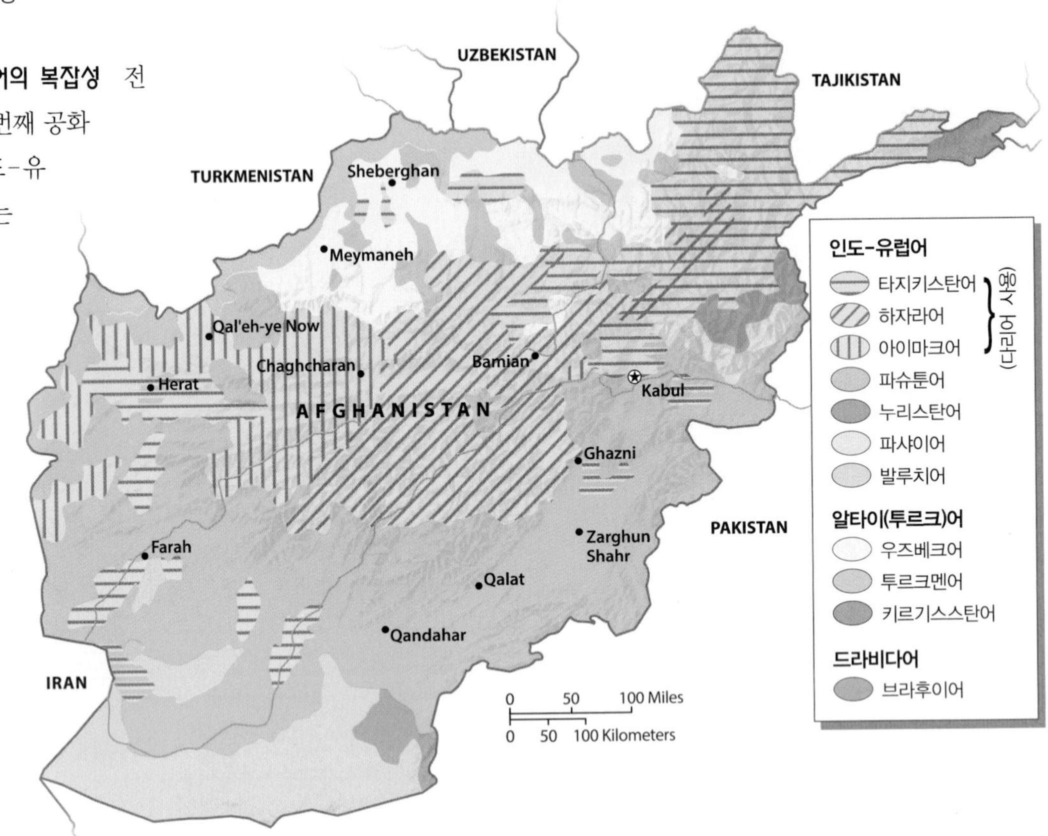

그림 10.17 **아프가니스탄의 다양한 민족 사회** 아프가니스탄은 민족적으로 세계에서 가장 복잡한 국가 중 하나이다. 아프가니스탄의 가장 큰 민족 집단은 대부분 남부 지역과 파키스탄 국경 인접 지역에 살고 있는 파슈툰족이다. 그러나 아프가니스탄 북부 지역에는 우즈베크인, 타지크인, 투르크멘인이 주로 거주하고 있다. 타지크인과 같이 아프가니스탄 중앙 산지의 하자라족은 페르시아어를 사용한다. 그러나 하자라족은 다른 아프가니스탄의 민족과 달리 수니파보다는 시아파에 속하기 때문에 분리된 민족 집단으로 분류된다.

아프가니스탄 언어의 지리는 타지키스탄보다 복잡하다(그림 10.17). 1700년대 아프가니스탄은 파슈툰족(아프가니스탄 남동부와 파키스탄 북서부에 거주하는 민족)의 주도 아래 국가로 형성되었다. 그러나 아프가니스탄의 통치자들은 파슈툰족의 절반이 파키스탄에 살고 있기 때문에 파슈툰족을 중심으로 국민국가를 건립하려고 하지 않았다. 아프가니스탄에서 파슈툰어를 사용하는 인구 비중은 약 40% 정도로 추정된다. 아프가니스탄에서 파슈툰어를 사용하는 사람들은 대부분 힌두쿠시 산맥 남쪽 지역에 거주하고 있다.

대략 아프가니스탄인의 절반이 페르시아어 방언인 다리어(Dari)를 사용하고 있다. 다리어를 사용하는 사람은 서부 도시, 중앙 산지, 타지키스탄의 국경 인접 지역에 집중적으로 분포하고 있다. 다리어를 사용하는 사람은 2개의 민족으로 분리된다. 서부와 북부 지역에 거주하는 민족은 타지크인으로 분류되지만, 중앙 산지에 거주하는 민족은 하자라 민족으로 분류되며, 12세기에 침공한 몽골 정복자의 후예로 일컬어진다. 마지막으로 아프가니스탄 인구의 10% 정도는 투르크어, 특히 우즈베크어를 사용한다.

종교의 지리

중앙아시아는 종교적으로 아주 복잡하다. 중앙아시아를 가로지르는 주요 육상 무역 경로는 동서를 잇는 교두보로서 국제 무역과 종교의 전래를 활발하게 했다. 그러나 1500년경 중앙아시아는 중부와 서부 지역에서 지배적인 이슬람교와 티베트와 몽골에서 지배적인 티베트 불교로 분리되었다.

중앙아시아의 이슬람교 중앙아시아인은 이슬람교를 다양하게 해석하고 있다. 아프가니스탄의 파슈툰족은 이슬람 사상을 엄격히 해석한다. 예를 들어, 공공장소에서 여성의 얼굴 노출을 절대 허용하지 않는다. 이와 같은 파슈툰족의 율법은 종교적 관습보다는 민족적 관습에 더 많이 기초하고 있다. 이와는 반대로 카자흐인과 키르기스스탄인과 같은 북부 스텝 지역의 유목민은 전통적으로 종교적 신앙과 관행에 다소 관대하다. 이 지역 대부분의 이슬람교는 수니파에 속하지만, 중부 아프가니스탄의 하자르족과 아제르바이잔의 아제르인은 시아파에 속한다.

중국, 소비에트연방, 몽골 공산주의 통치하에서 모든 종교는 박해를 받았다. 1960년대 후반과 1970년대 초반 문화혁명 기간 동안 신장의 이슬람교는 중국 관료와 과격파 학생에게 의해 억압을 받았다. 현재 중국 이슬람교는 기본적인 신앙의 자유를 누리고 있지만, 여전히 정부는 중국 통치에 저항하는 종교적 표현을 예의 주시하고 있다. 2014년 신장의 수도 우루무치 지방정부는 공공장소에서 이슬람교의 얼굴 가리개 착용을 금지하였다.

또한 소비에트 중앙아시아에서 이슬람교도에 대한 탄압이 발생했으며, 1970년대까지 많은 사람들은 이슬람교가 이 지역에서 서서히 사라질 것이라고 보았다. 그러나 종교적 표현은 쉽게 진압되지 않았다. 1970년대와 1980년대 전 소비에트 중앙아시아에서 이슬람교에 대한 관심이 커지기 시작했다. 후기 소비에트 체제에서 사람들이 문화적 뿌리를 찾으려고 노력하면서 이슬람교는 지속적으로 희생되었다. 신장에서 이슬람교는 위구르인의 사회적 · 정치적 정체성의 진원지가 되었다. 그러나 위구르 지도자들은 그들의 신앙이 급진적 근본주의가 아니라고 주장했다. 급진적인 이슬람 근본주의는 아프가니스탄, 타지키스탄의 일부 지역, 우즈베키스탄의 페르가나 계곡 등지에서 강력한 정치 활동을 해왔다.

티베트 불교 몽골과 티베트에는 티베트 불교의 관행이 유지되고 있다. 불교는 오래전에 인도에서 티베트로 전래되었고, 티베트의 토속신앙인 본(Bon)교와 결합되었다. 토속신앙과 본교의 결합은 다른 어떤 불교 종파보다도 신비주의 지향적이며, 보다 엄중하게 조직화되어 있다. 라마 사회의 수장은 달라이 라마이다. 티베트가 중국에 정복당하기 이전에는 정치적인 권한뿐만 아니라 종교적 권한을 지닌 달라이 라마가 지배하는 근본적인 **신권정치 국가**(theocracy)였다.

티베트 불교는 1959년 중국이 티베트를 참략한 이후 박해를 받았으며, 티베트 불교는 많은 티베트인에게 중국 통치에 저항하도록 많은 영향을 끼쳤다. 1959년 티베트를 떠나 인도로 간 달라이 라마는 국제사회에 티베트 저항운동을 알리는 강력한 지지자였다. 1960년대와 1970년대 약 6,000여 개로 추정되는 티베트 불교 사원이 파괴되었고 수천 명의 스님이 피살되었으며, 오늘날 활동하고 있는 스님의 수는 중국이 침략하기 이전의 5%에 불과하다. 중국 정부는 불교 사원의 재개를 허용했지만 활동에 제한을 가했으며 늘 예의 주시하고 있다(그림 10.18).

그림 10.18 **티베트 불교 사원** 티베트는 한때 정치 및 종교적 권위체로서 자리를 잡았던 불교 사원으로 잘 알려져 있다. 간덴 사원은 티베트 3대 '대학 불교 사원' 중 하나이다.

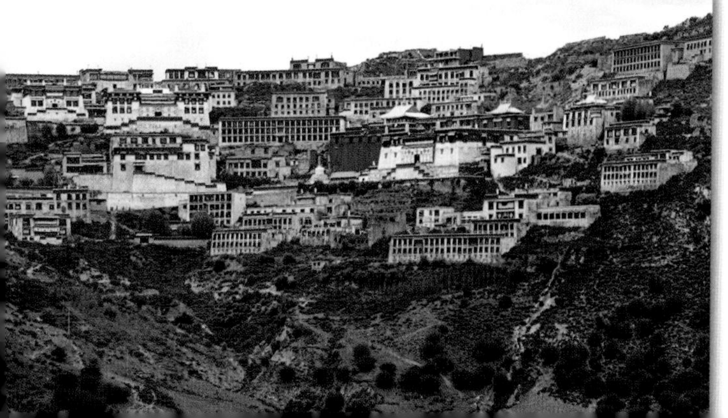

글로벌 맥락에서 중앙아시아 문화

문화적 측면에서 중앙아시아 서부 지역은 러시아와 깊은 관계가 있는 한편, 동부 지역은 중국과 깊은 관계가 있다. 동부 지역의 주요 문화 이슈는 심각한 민족 갈등의 원인이 된 중국 한족의 이주이다. 이와는 반대로 서부 지역에서 러시아 문화의 영향은 점차 사라지고 있다.

소비에트 통치하에서 러시아어는 중앙아시아 서부 지역까지 광범위하게 확산되었다. 러시아어는 공용어와 고등교육 언어로 사용되었다. 중앙아시아인이 일정 지위에 오르기 위해서는 러시아어가 유창해야 했다. 러시아어를 사용하는 사람은 중앙아시아의 주요 도시에 거주했으며, 이들의 영향력이 컸다. 그러나 1991년 이후 러시아어를 사용하는 많은 사람들이 러시아로 이주하였으며, 이 지역에서 러시아인들은 점차 감소하였다. 그러나 러시아어는 이 지역에서 인종 간 소통을 위한 필수 언어로 남아 있다.

중앙아시아는 지리적으로 격리되어 글로벌 문화에 거의 편입되지 않았으며, 세계화에 많은 영향을 받지 않았다. 그럼에도 불구하고 중앙아시아에서 영어의 중요성이 높아지고, 미국 문화의 영향력이 확대되는 현상은 중앙아시아가 글로벌 문화에서 고립되지 않았음을 보여준다. 이러한 영향력은 미국 석유 노동자 유입이 있었던 바쿠와 같은 카스피 분지의 석유 도시에서 아주 잘 나타난다(그림 10.19). 비록 수는 적지만, 중앙아시아에서 글로벌 소통이 가능한 사람들을 원하기 때문에 컴퓨터 기술을 가지고 영어를 사용하는 사람들의 가치는 점차 높아지고 있다.

확인 학습

10.5 중앙아시아의 종교 유형에 따른 차별적 지역 구분에 대해 설명하고, 종교가 중앙아시아 지역의 긴장감을 증가시키는 원인이 되는 이유에 대해 설명하라.

10.6 중앙아시아에서 언어지리학의 패턴이 과거 20년간 어떻게 변화되어 왔는가?

주요 용어 신권정치 국가

지정학적 틀 : 정치적 재각성

중앙아시아는 지난 수백 년간 세계 정치 문제에 늘 주변부 역할을 했다. 1991년 이전에 몽고와 아프가니스탄을 제외한 모든 중앙아시아 국가는 소비에트와 중국의 직접적인 통치하에 있었다.

그림 10.19 **바쿠에 위치한 미국 스타일의 레스토랑** 아제르바이잔의 바쿠는 세계 경제와 문화 네트워크와 깊은 관계를 가지며, 점점 세계적인 도시로 변모하고 있다. 사진 속의 카페는 지역 소비자와 외국인 모두에게 커피와 와인을 서비스하고 있다. Q : 바쿠 시가 다른 중앙아시아 도시에 비해 국제적 스타일의 레스토랑을 많이 보유하고 있는 이유는 무엇인가?

더욱이 몽고는 소비에트와 긴밀한 동맹국이었으며, 심지어 1970년대 후반 아프가니스탄이 소비에트의 지배하에 들어갔다. 물론 오늘날 중앙아시아 남부 지역은 여전히 중국의 일부이다. 그리고 소비에트연방의 붕괴가 6개 새로운 중앙아시아 국가의 출현을 가져왔지만, 이들 국가는 여전히 러시아와 긴밀한 정치적 연대 관계를 가지고 있다(그림 10.20).

스텝의 분리

1500년경 이전에 중앙아시아는 훨씬 더 인구가 많은 아시아와 유럽의 정주 국가를 위협하던 강력한 지역이었다. 그러나 새로운 무기 개발로 보다 부유한 농업 국가가 유목 국가를 정복할 수 있게 되자 기존에 유지되었던 힘의 우위에 변화가 나타났다. 1700년대 유목민의 군대는 패배했으며, 그들의 영토도 침탈당했다. 이 전쟁에서 승리한 국가는 스텝을 경계로 양립된 중국과 러시아였다.

1700년대 중반에 중국제국은 몽골, 신장, 티베트, 현 카자흐스탄의 일부 지역을 포함한 역사상 가장 광대한 영토를 차지했었다. 1700년대 후반 이후 중국은 힘의 정점에서 급격히 쇠퇴하기 시작했다. 1912년 청나라가 몰락했을 때, 중국이 여전히 내몽골의 광대한 국경을 통치했음에도 중국과 러시아 사이에서 **완충 국가**(buffer state)로 기능하면서 몽골은 독립국가가 되었다.

러시아는 1800년대 중반 남부 스텝 지역에 압박을 가하기 시작했으며, 1900년경 중앙아시아 서부 지역 대부분을 정복했다. 러시아는 영국을 견제하기 위해 중앙아시아 서부 지역으로 진군했다. 영국은 아프가니스탄을 정복하려고 했으나 실패했다. 그 결과, 러시아제국과 영국령 인도 사이의 독립된 완충 국가로서 아프가니스탄의 지위를 보장받게 되었다.

공산주의 통치하의 중앙아시아

중앙아시아 서부 지역은 1917년 소비에트연방국의 출현 이후 바로 공산주의의 통치를 받게 되었다. 몽골은 1924년에 공산주의 통치를 받게 되었다. 1949년 중국 혁명 이후 신장과 티베트도 공산주의 체제하에 편입되었다.

소비에트 중앙아시아 새롭게 건설된 소비에트연방은 러시아제국의 중앙아시아 영토를 모두 흡수했다. 궁극적으로 새로운 체제는 소비에트연방의 거대한 영토를 하나로 결합한 소비에트 사회를 구축하고자 했다. 중앙아시아의 지도자들은 공산당 주요 관료로 대체되었으며, 러시아 이주가 장려되었고, 지역 언어는 아랍 문자가 아니라 키릴(러시아) 문자를 사용해야만 했다.

초기 소비에트 지도자는 새로운 소비에트 국가성이 창출될 것이라고 생각했지만, 지역 인종의 다양성은 하룻밤 사이에 사라지지 않을 것이라는 것도 인식하고 있었다. 따라서 소비에트 지도자는 소비에트연방을 국가의 조합으로 구성되는 '연방 공화국'으로 설정하고, 지역별 문화적 자치를 일정 정도 허용했다. 1920년대에 카자흐스탄, 키르기스스탄, 타지키스탄, 우즈베키스탄, 투르크메니스탄, 아제르바이잔은 소비에트연방에 편입되었다.

공식적인 의도와 달리, 새로운 공화국은 소비에트의 정체성 개발보다는 지역 국가의 정체성 개발에 초점을 두었다. 또한 소비에트 결속의 약화는 중앙아시아와 러시아와의 경제적 격차가 계획했던 만큼 감소하지 않아 소비에트 결속이 약화되었다. 더욱이 중앙아시아 지역의 높은 출생률은 소비에트연방이 투르크어를 사용하는 이슬람에 의해 지배될 것이라는 두려움을 가져왔으며, 결국 이는 소비에트연방의 붕괴에 영향을 끼치게 되었다.

중국의 지정학적 질서 정치 및 경제적 혼란 이후 1949년 중국은 통일된 국가로 재등장했다. 새로운 공산주의 정부는 1900년대 초기에 중국의 지배에서 벗어난 대부분의 중앙아시아 영토 반환을 요구했다. 중국의 새로운 지도자는 이들에게 정치적 자율권과 문화적 자치권을 약속했다. 그 결과, 신장에서 이를 지지하는 많은 지지자가 나타났다. 티베트의 통치권을 획득하는 것은 더욱 어려웠다. 중국은 1950년 티베트를 장악했지만, 티베트인은 1959년에 중국에 저항하기 시작했다. 이러한 현상이 극도에 달했을 때 달라이 라마와 약 10만 명의 추종자는 인도로 망명했다.

중국은 소비에트 모델을 따르면서 중국인이 아닌 사람이 살고 있는 신장, 티베트[중국어로 시짱(Xizang)], 내몽골 지역에 자치구를 건설했다. 그러나 이러한 자치권은 거의 의미가 없었으며,

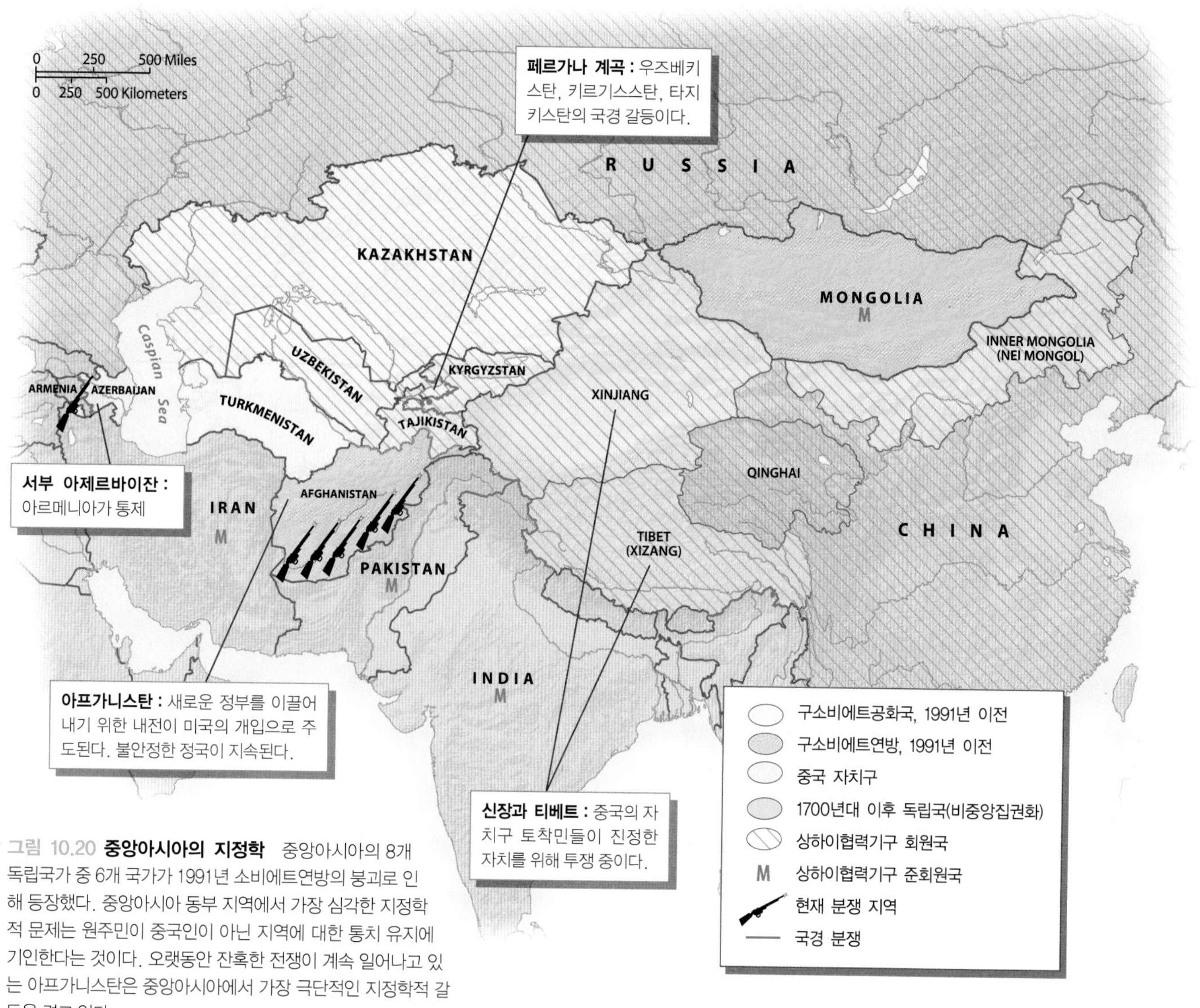

그림 10.20 **중앙아시아의 지정학** 중앙아시아의 8개 독립국가 중 6개 국가가 1991년 소비에트연방의 붕괴로 인해 등장했다. 중앙아시아 동부 지역에서 가장 심각한 지정학적 문제는 원주민이 중국인이 아닌 지역에 대한 통치 유지에 기인한다는 것이다. 오랫동안 잔혹한 전쟁이 계속 일어나고 있는 아프가니스탄은 중앙아시아에서 가장 극단적인 지정학적 갈등을 겪고 있다.

한족의 이주를 막지는 못했다. 중국에 속해 있는 거의 모든 중앙아시아 지역은 실질적인 자치권을 부여받지 못했다. 예를 들어, 티베트, 내몽골, 칭하이 성은 중국에 속한 채 남아 있다.

최근의 지정학적 갈등

중앙아시아 서부 지역은 다소 순탄하게 독립국가가 되었지만, 여전히 많은 갈등을 겪고 있다. 중국에 속해 있는 많은 중앙아시아 지역도 불안하지만, 중국은 이 지역에 강력한 정치적 제재를 가하고 있다. 불행히도 아프가니스탄은 계속해서 일어나는 잔혹한 전쟁으로부터 어려움에 처해 있다.

전 소비에트연방의 독립 타지키스탄에서 발발한 시민전쟁이 1997년까지 지속되었지만, 1991년 이후 중앙아시아에서 소비에트연방의 분열은 대체로 평화롭게 진행되었다(그림 10.21). 그러나 새롭게 독립한 6개 국가는 오랫동안 소비에트 체제에 의존적이었기 때문에 국가 고유의 행동 방침을 계획하는 것은 단순한 문제가 아니었다. 대부분 구질서에 뿌리를 둔 행정 관료가 권력을 유지했고, 서서히 반대 그룹의 세력을 약화시켰다. 중앙아시아의 민주주의는 다른 구 소비에트연방보다 발전하지 못했다.

또한 새롭게 독립한 국가는 부분적으로 소비에트연방에 의해 형성된 복잡한 정치적 분열로 인해 수많은 국경 분쟁에 직면했다. 특히, 이러한 문제는 비옥하고 인구가 밀집한 우즈베키스탄, 타지키스탄, 키르기스스탄의 접경 지역인 페르가나 계곡에서 더욱 심각하게 나타났다(그림 10.22). 이곳의 국경은 구불구불하게 복잡한 형태를 띠고 있고 이를 둘러싸고 있는 국가들 간의 갈등의 근원지로 남아 있다. 더욱이 타지키스탄과 키르기스스탄은 우즈베키스탄이 국경 설정에 합의하지 않는 태도에 불만을 나타내기도 했다. 이는 우즈베키스탄과 타지키스탄 및 키르기스스탄 간의 긴장 관계에서 기인한 것이다. 타지키스탄은 우즈베키스탄에 살고 있는 많은 타지크인이 우즈베키스탄의 정체성 수용을 강요받는 것에 크게 반대했다.

그림 10.21 **중앙아시아에 대한 소비에트 통치의 종말** 1991년 타지키스탄 수도인 두샨베에서 넘어져서 목이 부러진 레닌 동상을 한 노인이 바라보고 있다. 1991년 소비에트연방이 붕괴했을 때, 여러 지역에서 구체제의 상징들이 즉각 파괴되었다. **Q : 처음에 전 소비에트 중앙아시아 국가에 그렇게 많은 레닌 동상이 세워진 이유는 무엇인가?**

그러나 최근 이슬람교의 극단주의적 해석과 관련된 안보 문제로 인해 페르가나 계곡 지역에 지정학적 긴장감이 조금 나타났다. 2015년 초에 우즈베키스탄은 타지키스탄의 수도인 두샨베에 새로운 상업적 항공 루트를 개설하겠다는 호의적 제스처를 보냈다. 또한 우즈베키스탄은 경제 및 정치적 충돌이 진행 중인 에너지 빈국 키르기스스탄에 천연가스 판매를 재개하였다.

중국 서부 지역의 분쟁 중국 서부 지역의 티베트와 신장의 많은 원주민은 독립 또는 적어도 정치적 자치권을 원했다. 중국은 중국에 속해 있는 중앙아시아의 영토는 근본적으로 중국 국가 영토의 일부라고 주장했으며, 분리주의 단체를 단호하게 다루었다. 신장에는 많은 단체에 의한 동부 투르키스탄 독립운동이 조장된다. 어떤 단체는 급진적 이슬람주의 지향적이며, 어떤 단체는 중국과 미국에 의해 테러리스트 조직으로 분류된다. 그 외 조직은 종교보다는 민족성과 영토 주장에 기초한 비종교적 단체이다.

분리주의 단체에 의한 주기적인 테러에 중국은 신속한 보복을 감행했다. 2009년 7월에 신장의 수도인 우루무치에 심각한 민족 폭동이 발생했으며, 중국은 인터넷 서비스를 즉시 차단하고 휴대전화 사용도 제한하였다(그림 10.23). 2014년 중국은 이 지역에 이슬람교도에게 라마단 기간의 금식을 금지하는 등 이슬람교도의 종교 의식에 대한 제재를 더욱 강화하였다. 폭력적 분리주의자들은 중국 정부와 중국 한족에게 지속적으로 심각한 공격을 가하기 시작했으며, 이는 중국의 가혹한 군사적 보복을 가져왔다. 2014년 한 해에만 소위 신장의 분쟁에서 약 500명이 사망한 것으로 추정된다.

티베트의 반중국 시위대는 가혹하게 억압을 받았으나 티베트인은 달라이 라마를 통해 그들의 투쟁을 세계에 알렸다. 중국은 티베트의 저항과 인도와 접한 국경지대의 전략적 중요성 때문

그림 10.22 **페르가나 계곡 주변의 정치적 경계** 세계에서 가장 복잡한 정치적 국경은 페르가나 계곡 주변에서 찾아볼 수 있다. 페르가나 계곡의 중앙은 산맥으로 분리되어 우즈베키스탄에 속한다. 페르가나 계곡 남부는 고원으로 분리되어 있으며 타지키스탄의 일부에 속한다. 계곡 북부는 키르기스스탄에 속한다. 특히 우즈베키스탄이 키르기스스탄에 둘러싸여 있다.

그림 10.23 **신장의 인종 분쟁** 중국 한족 이주민에 반대하여 과거 몇 년간 수차례에 걸쳐 발생한 위구르 원주민의 폭동은 신장의 여러 주요 도시로 확산되었다. 중국의 시위 진압군이 위구르 시위대를 가혹하게 진압하고 있다.

에 수십만 명의 군대를 이 지역을 파견했다. 2008년 3월에 티베트 라싸 시위대는 많은 중국 기업을 불태우고 폭동을 일으켰다. 이에 대해 중국은 수백 명의 스님을 체포했고, 그 외 사람에게는 '애국 교육'을 강요했다. 현재 달라이 라마는 중국의 일부로 남아야 한다는 데 동의했지만, 중국의 통치자는 달라이 라마가 요구한 정치적 자치권을 거부했다. 최근 수많은 티베트 스님과 여승들은 중국 정책에 항의하기 위해 스스로의 몸을 태웠다. 2015년 3월 약 135명의 티베트인들이 죽음으로 자기희생을 하는 데 동조했다.

아프가니스탄 전쟁 아프가니스탄에서 일어나고 있는 분쟁은 전 소비에트연방과 중국 서부 지역의 어떠한 분쟁과도 비교할 수 없을 정도로 심각하다. 아프가니스탄 문제는 소비에트 지원 군대인 '혁명평의회'가 권력을 장악한 1978년에 시작되었다. 새로운 사회주의 정부는 많은 저항을 불러일으키면서 종교를 억압하기 시작했다. 아프가니스탄의 마르크시스트 정부가 붕괴할 즈음에 소비에트연방은 아프가니스탄에 대규모 침공을 단행했다. 소비에트연방의 힘에도 불구하고 소비에트 군대는 아프가니스탄의 험준한 지역을 장악할 수 없었다. 더욱이 파키스탄, 사우디아라비아, 미국은 반소비에트 세력이 철저히 무장되어 있다고 확신했다. 결군 지친 소비에트 군대가 1989년에 철수하자, 지역 군사령관이 국가 대부분의 권력을 장악했다.

1995년에 탈레반이라는 새로운 운동이 아프가니스탄에 유입되었다. 젊은 이슬람교 학생들에 의해 만들어진 탈레반은 엄격한 이슬람 교리 집행이 정도라고 믿었다. 탈레반은 수많은 군인을 유인했으며, 그 결과 2001년 9월에는 아프가니스탄 북동부 말단 지역을 제외한 대부분의 아프가니스탄은 텔레반에 의해 장악되었다. 그러나 200년경, 일상생활에서 탈레반이 강요하는 아주 엄격한 규제로 인해 대부분의 아프가니스탄 사람은 탈레반 단체에 등을 돌리고 있었다. 이와 같은 규제는 주로 여성에게 강요되었으나, 남성도 탈레반의 수많은 교리를 복종하도록 강요받았다. TV 시청, 영화, 음악 심지어는 연날리기와 같은 대부분의 레크리에이션은 불법화되었다.

2011년 9 · 11 테러로 인해 아프가니스탄의 힘의 균형은 완전히 변화했다. 아프가니스탄의 반탈레반 세력을 지지하는 미국과 영국은 탈레반 정부를 공격해 단시간에 승리했다. 그 후 민주주의 아프간 정부가 건설되었으나, 평화는 돌아오지 않았다. 새로운 정부는 대부분 지역의 안보 구축에 실패했으며, 부패하고 무능한 정부였다.

2004년경, 탈레반은 파키스탄에 안전한 피난처를 구축하고 다시 단체를 규합했다. 아프가니스탄의 신정부는 북대서양조약기구(North Atlantic Treaty Organization, NATO)가 주도하는 국제안보지원군(International Security Assistance Force, ISAF)에 의존해야만 했다. 그러나 수만 명 규모의 군대에도 불구하고 국제안보지원군은 탈레반 무장 저항군을 저지할 수 없었다(그림 10.24). 2008년경, 아프가니스탄 작전은 거의 실패 직전이었다. 2009년에 새로운 미국 정부는 아프가니스탄에 1만 7,000명의 군대를 추가로 파병했다. 미군은 계속해서 탈레반의 고위 간부를 축출하기 위해 종종 그들의 은신처를 폭격했다. 이러한 전략은 탈레반의 지위 구조를 약화시켰으나, 많은 시민이 희생하면서 지역 주민의 지지가 약해졌다. 아프가니스탄 북부의 대부분 지역은 상대적으로 안전하지만, 남부는 전투의 상흔이 있는 전쟁 지역이다.

2014년 미국 정부는 향후 몇 년간 아프가니스탄에 주둔하고 있는 미국 군대를 점차 감축시켜 나갈 것이라고 발표하였다. 2016년까지 미국 대사관을 방어하기 위한 소규모의 군대만이 남

그림 10.24 **아프가니스탄의 탈레반 대항군** 탈레반 군대는 상대적으로 열악한 군사 무기에도 불구하고 계속해서 아프가니스탄 정부에 대항하여 싸우고 있다. 정부 대항군들은 2008년 남부 아프가니스탄의 격리된 도시에 집결했을 때와 마찬가지로 종종 모터사이클로 지역과 지역을 이동한다.

아 있을 것으로 계획되어 있다. 그러나 탈레반이 다시 재점령한다면 이 계획은 언제든지 바뀔 수 있다. 여론조사에 따르면 대부분의 아프가니스탄 사람들은 탈레반의 재집권을 원하지 않지만 아프가니스탄의 약한 정부는 탈레반의 군사 공격을 감당하기 어려울 수 있다.

국제적 차원의 중앙아시아 분쟁

1991년 소비에트연방의 붕괴와 함께 중앙아시아는 지정학적 분쟁의 주요 각축장으로 등장했다. 중국, 러시아, 파키스탄, 이란, 인도, 미국과 같은 주요 국가가 중앙아시아에 대한 영향력을 장악하기 위해 경쟁하고 있다. 또한 이슬람의 정치적 회생으로 국제적인 지정학적 이슈가 나타났다.

러시아와 중앙아시아의 경제 및 군사적 연대는 소비에트연방이 붕괴될 때 사라지지 않았다. 러시아는 군사 기지를 타지키스탄과 키르기스스탄에 그대로 남겨두었으며, 여전히 중앙아시아의 주요 수출국으로 남아 있다. 더욱이 서부 중앙아시아의 철도가 연결되어 가스 및 석유 파이프라인이 대부분 러시아로 향하고 있다.

1990년대 후반, 러시아와 중국 지도자는 2001년 9 · 11 테러 이후 미국이 우즈베키스탄, 키르기스스탄, 아프가니스탄에 군사 기지를 구축하면서 중앙아시아에 대한 미국의 영향력이 커지고 있음을 우려하기 시작했다. 그 결과, 중국, 러시아, 카자흐스탄, 키르기스스탄, 타지키스탄, 우즈베키스탄으로 구성된 **상하이협력기구**(Shanghai Cooperation Organization, SCO)가 창설되었다. 상하이협력기구의 목적은 테러리즘과 분리주의와 같은 안보 이슈에 관한 협력과 무역 활성화이다. 상하이협력기구는 러시아가 주도하여 벨라루스, 아르메니아, 카자흐스탄, 키르기스스탄, 타지키스탄, 우즈베키스탄과 함께 구성한 군사기구인 **집단안보조약기구**(Collective Security Treaty Organization, CSTO)와 협정을 체결했다. 이 기구는 2005년 우즈베키스탄에 위치한 미군 기지를 폐쇄하기 위해 미국을 압박하였으며, 2014년에 키르기스스탄의 미군 기지는 키르기스스탄의 군대에 이양되었다(그림 10.25).

투르크메니스탄은 상하이협력기구와 집단안보조약기구에 가입하지 않았다. 이와 같은 투르크메니스탄의 정치적 소외는 모든 시민에게 자신을 구세주로 숭배하게 했던 전 대통령 사파르무라트 니야조프의 독재에 기인한다. 2006년 니야조프의 죽음 이후에 투르크메니스탄은 보다 개방적인 국가가 될 것이라고 생각했지만, 이러한 희망은 대부분 좌절되었다. 최근 투르크메니스탄 정부는 수도 아슈하바트를 대부분의 공공 건축물을 대리석으로 보수하는 '화이트 시티'로 변모시키기 위해 미화 수십억 달러의 비용을 지출하고 있다. 2015년 초에 투르크메니스탄은 검은색 승용차의 수입을 금지했다.

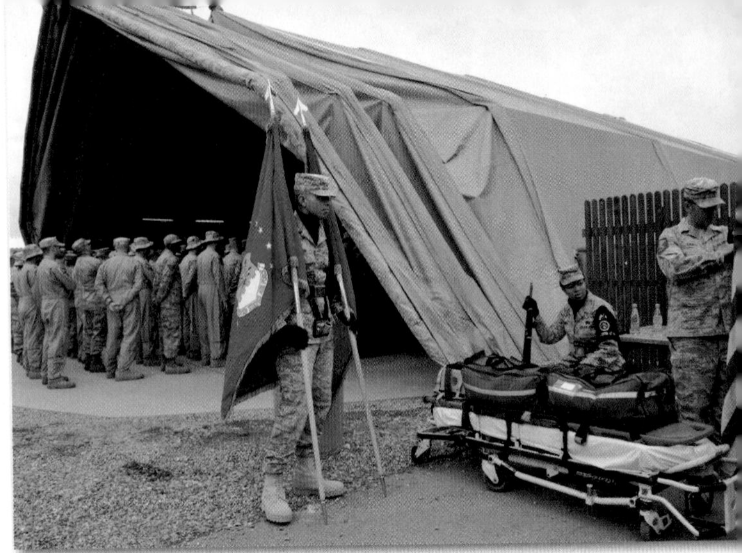

그림 10.25 **키르기스스탄의 미국 군사 기지 이양** 2014년 공식적으로 마나스 수송센터로 알려진 키르기스스탄의 미국 기지는 키르기스스탄 정부로 이양되었다. 사진 속은 미국 군인들은 미국 군사 기지 이양식을 준비하고 있다. 2001년부터 2014년까지 이 기지는 아프가니스탄의 국책 노선에 대비하여 주요 역할을 했다.

중앙아시아의 로컬 지도자들은 이슬람 급진주의가 아프가니스탄에서 자신들의 국가로 확산되는 것을 두려워하기 때문에 아프가니스탄의 혼란스러운 상황은 중앙아시아에서 가장 심감한 지정학적 쟁점이라 할 수 있다. 또한 인도는 아프가니스탄에 대해 관심을 두면서 영향력을 가지려고 했다. 그러나 파키스탄은 인도가 파키스탄의 영토 점령을 시도하고 있다고 경계하면서 이러한 인도의 움직임을 예의 주시하고 있다.

2015년 초에 우즈베키스탄의 관료는 우즈베키스탄 시민 300명 이상이 시리아와 이라크에서 싸우고 있는 극단주의 테러주의 성향을 가진 이슬람 근본주의 무장단체에 가입한 것에 주목하면서, 이라크-레반트 이슬람국가(ISIL) 또는 이라크-시리아 이슬람국가(ISIS)가 우즈베키스탄의 영토를 공격해 왔다고 주장했다. 그 결과, 우즈베키스탄은 아프가니스탄과의 국경에 대한 안보를 강화하기로 하였다. 키르기스스탄 정부는 ISIS가 페르가나 계곡 공격을 위해 미화 7,000만 달러의 예산을 할당했다고 주장하면서 이와 비슷한 조치를 취하였다.

확인 학습

10.7 1991년 소비에트연방의 붕괴가 중앙아시아의 지정학적 구조를 어떻게 변화시켰으며, 러시아는 중앙아시아에 대한 영향력을 유지하기 위해 어떠한 조치를 취하였나?

10.8 아프가니스탄의 지정학적 상황이 중앙아시아의 다른 국가들과 다른 점이 무엇이며, 정치적 역사가 인접하고 있는 국가들과 아주 다른 이유는 무엇인가?

주요 용어 완충 국가, 상하이협력기구, 집단안보조약기구

경제 및 사회 발전 : 풍부한 자원, 파괴된 경제

중앙아시아는 세계에서 가장 빈곤한 지역 중 하나이다. 특히 아프가니스탄은 세계에서 가장 높은 유아 사망률을 기록하면서 거의 모든 경제 및 사회적 지표 항목에서 최하위를 차지하고 있다. 그러나 21세기 초반에 여러 중앙아시아 국가는 10% 이상의 연 경제 성장률을 기록하는 경제적 호황을 경험했다. 2008~2009년의 세계 경제 위기로 중앙아시아의 경제는 하락하였으나, 대부분의 국가는 신속하게 회복했다. 최근 석유 및 다른 상품 가격의 하락으로 인해 중앙아시아 대부분 국가의 성장이 둔화되었으며, 특히 카자흐스탄의 경제가 악화되었다.

후기 공산주의 경제

공산주의 체제하에서 경제 계획가들은 소비에트연방 모든 지역에서 경제 발전을 이루려고 시도했다. 이러한 노력으로 중앙아시아의 소외된 지역까지 투입 비용과는 상관없이 대규모의 공장 건설이 단행되었다. 그 결과, 중앙아시아의 공업은 소비에트 정부 보조금에 크게 의존하게 되었다. 이러한 소비에트 정부 보조금이 중단되자 해당 지역의 생활 수준은 크게 낮아졌고, 공업 지역은 붕괴되었다. 그러나 소비에트연방의 몇몇 국가는 공산주의 몰락 이후 크게 부유해지기 시작했다.

21세기 이후 카자흐스탄, 아제르바이잔, 투르크메니스탄은 풍부한 에너지 자원 공급으로 경제적으로 큰 혜택을 입었다. 오늘날 카자흐스탄은 농업 부문도 생산성이 높고, 석유 및 천연가스의 매장량은 각각 세계 12위, 세계 18위로 중앙아시아에서 가장 발달한 국가가 되었다. 중앙아시아에서 가장 오래된 화석연료 산업은 최근에 많은 해외투자를 유치하고 있는 아제르바이잔에 입지하고 있다(그림 10.26). 아제르바이잔은 최근 경제가 급성장했지만, 여전히 하부구조가 열악한 가난한 국가이다. 투르크메니스탄은 세계에서 네 번째로 천연가스가 많이 매장되어 있음에도 불구하고 가혹한 정부 정책으로 국가는 여전히 가난하다.

우즈베키스탄의 화석연료 매장량은 카자흐스탄과 투르크메니스탄보다 훨씬 적지만, 여전히 경제적으로 중요한 국가이다. 우즈베키스탄의 인구밀도는 다른 주변 국가보다 높으며, 많은 인구가 많은 환경 문제를 겪고 있는 농장 지대에 살고 있다. 우즈베키스탄은 여러 측면에서 구 소비에트 명령 경제(시장 지향적 민간 기업보다는 국가 주도형 산업)를 유지하고 있다. 그러나 우즈베키스탄은 세계에서 네 번째로 큰 면화 수출국이며, 금과 기타 광물자원이 풍부하게 매장되어 있어 일정 정도의 경제 수준을 유지하고 있다.

또한 면화는 투르크메니스탄과 타지키스탄의 주요 작물이다.

그림 10.26 **아제르바이잔의 석유 개발** 석유가 아제르바이잔의 경제에 일정 정도의 부를 가져다주었지만, 심각한 공해 문제도 함께 가져왔다. 대부분의 석유가 카스피 해 인접 지역 또는 해저에 매장되어 있는 까닭에 카스피 해(실질적으로 세계에서 가장 큰 호수)는 점점 오염되고 있으며, 수산업은 점점 쇠퇴하고 있다.

제9장에서 살펴본 바와 같이, 면화 재배에 필요한 거대한 관개시설은 아랄 해의 파괴와 더불어 여러 지역에서 나타난 심각한 환경 문제의 주범이다. 불행히도 중앙아시아의 면화 생산은 인권 학대와도 관련이 있다. 우즈베키스탄에서는 100만 명 이상의 학생, 교사, 정부 피고용인들이 매 수확기마다 최저 인건비와 끔찍한 환경에서 강제로 면화를 수확해야 한다. 이를 거부하는 사람들은 종종 일자리를 잃거나 학교에서 쫓겨난다(그림 10.27).

중앙아시아에서 가장 험준한 산악 국가인 타지키스탄과 키르기스스탄은 대규모의 댐 건설로 풍부한 수자원을 보유하고 있다. 그러나 타지키스탄은 격리된 댐의 입지, 험준한 지형, 열악한 하부 구조 등으로 경제적으로 빈약하다. 타지키스탄의 1인당 국내총소득은 불과 미화 2,000달러에 불과해 절대 빈곤에 시달리는 사람이 전체 인구의 2/3에 달하는 유라시아 국가에서 가장 가난한 국가 중 하나이다(표 A10.2).

키르기스스탄은 아주 가난한 국가여서 대부분의 경제가 농업과 금광업에 의존하고 있다. 쿰토르 금광 하나가 키르기스스탄 국내총생산의 12%와 공업 생산량의 약 절반을 차지한다. 1990년대 시장 지향적 개혁에도 불구하고 키르기스스탄의 경제는 거의 성장하지 않았다. 키르기스스탄은 타지키스탄이 2013년에 세계무역기구에 가입하기 이전까지 전 소비에트 중앙아시아에서 세계무역기구에 속해 있는 유일한 국가였다. 2015년 키르기스스탄 정부는 국가에서 생산되는 재화와 서비스의 40%를 차지하고 있는 지하 경제의 규모를 축소하기 위해 새로운 이니셔티브를 발표하였다.

소비에트연방의 공산주의 동맹국이었던 몽골도 역시 소비에트연방이 사라진 이후에 일어난 1990년대 경제 붕괴로 어려움을 겪고 있다. 이와 같은 상황은 혹독한 겨울과 여름 가뭄이 몽

그림 10.27 **우즈베키스탄 면화 농장의 아동 노동자** 우즈베키스탄은 강제 노동, 특히 면화 작물을 운반하는 아동의 강제 노동에 대하여 혹독한 비판을 받고 있다. 사진 속의 우즈베키스탄 소년은 타슈켄트에서 남쪽으로 약 70km 떨어져 위치한 알라마 인근 면화 농장의 원면 한 포대를 운반하고 있다. Q : 우즈베키스탄의 면화 수확에 아동 강제 노동이 광범위하게 이용되는 이유는 무엇인가?

골 경제의 전통적인 대들보인 가축을 몰살시켰던 2000~2002년에 더욱 악화되었다. 그러나 몽골은 풍부한 구리, 금, 기타 광물이 매장되어 있어, 경제가 2010년에서 2013년 사이에 10% 이상 성장하였다. 그러나 2014년 중국으로부터의 수요가 감소하자 광물 붐이 약화되었다. 2015년 초 몽골 정부는 경제를 안정시키기 위해 국제통화기금에 지원을 요청하였다.

중국령 중앙아시아의 경제 중앙아시아 대부분의 지역과는 다르게 중국령 중앙아시아 지역은 1990년대에 경제 위기를 겪지 않았다(일상의 세계화 : 내몽골의 희귀 광물 참조). 중국 경제의 핵심지역이 모두 연안 지역에 입지하고 있지만, 중국은 전반적으로 세계에서 가장 빠른 경제 성장을 경험하고 있다. 그러나 1991년 이전에 중국은 러시아보다 훨씬 가난해 중국령 중앙아시아 전역이 빈곤에 시달렸다는 것은 놀라운 사실이 아니다.

특히 티베트의 경제는 자급자족 농업이 주를 이루어 아주 가난했다. 그러나 대부분 티베트인은 적어도 그들의 기본 요구치를 충족시킬 수 있었으며, 중국 본토에서 나타나는 과밀 현상에도 시달리지 않았다. 더욱이 중국은 티베트의 관광을 활성화하기 위해 빠른 속도로 도로 및 철도 건설을 진행하고 있다(그림 10.28). 공식 통계에 따르면, 2010년부터 2015년까지 티베트의 경제는 연평균 12%의 성장률을 기록했다. 중국 정부는 티베트 정부에게 많은 보조금을 지원하고 면세 혜택을 제공하였다. 그러나 티베트인은 최근 대부분의 경제적 이익은 티베트 원주민보다 중국 한족 이주자에게 돌아간다고 비판한다.

신장은 중국에서 석유 매장량이 가장 많을 뿐만 아니라 어마어마한 규모의 광물자원을 보유하고 있다. 신장의 농업 부문은

일상의 세계화

내몽골의 희귀 광물

희귀 광물은 세계 전역의 일상생활에 영향을 끼치면서 첨단 기술 경제의 아주 중요한 구성 요소이다. 예를 들어, 디스프로슘(회토류 금속의 일종)은 고출력의 마그넷과 레이저를 개선하고, 이트륨(회토류 원소)은 마이크로웨이브 필터, 에너지 효율이 좋은 백열전구에 사용되고, 가돌리늄(회토류 금속 원소)은 의료 및 컴퓨터 메모리 응용 기기에 이용된다.

17개 희귀 광물은 추출하기가 쉽지 않다. 인도, 브라질, 남아프리카 공화국, 미국은 한때 희귀 광물 주요 생산국이었지만, 2010년경 중국이 세계 전체 희귀 광물 생산량의 95%를 차지하였다. 대부분의 중국 희귀 광물은 몽골 국경 인근에 위치한 내몽골 바이윈어보 광산 지구에서 나온다(그림 10.4.1). 바이윈어보는 거대한 먼지량, 독소, 방사성 폐기물이 채굴 과정에서 생성되기 때문에 환경 재난 지역으로 간주된다. 중국의 희귀 광물 준독점으로 인해 미국, 캐나다, 브라질, 탄자니아, 오스트레일리아, 베트남, 말레이시아 등과 같은 국가들이 그들의 매장된 희귀 광물을 개발하게 되었다.

1. 미국이 매장된 희귀 광물을 채광하는 것이 중요한가? 만일 그렇다면, 미국 정부는 희귀 광물 채광을 어떤 방식으로 장려해야 하는가?
2. 여러분이 가지고 있는 물건 중에서 회토류 원소를 보유하는 것은 무엇인가?

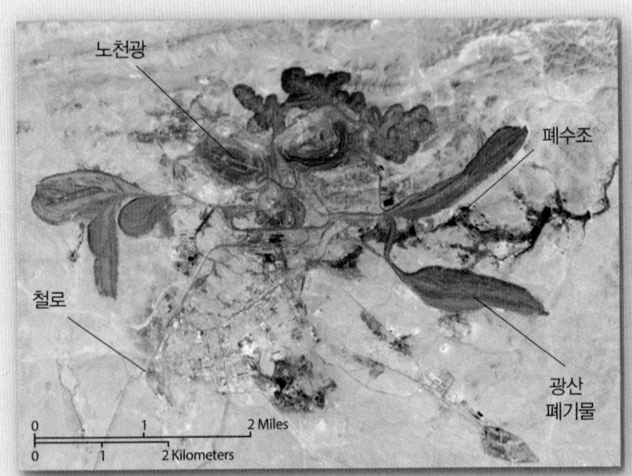

그림 10.4.1 내몽골의 희귀 광물 광산 중국은 첨단 기술 제조업에 아주 중요한 여러 희귀 광물을 많이 보유하고 있다. 중국 희귀 광물 생산의 약 절반이 내몽골에 입지한 바이윈어보 광산에서 이루어진다. 적외선으로 찍은 바이윈어보의 위성사진에서 식생은 빨간색, 녹지는 옅은 갈색, 암석은 검은색 물은 초록색으로 표현되었다. 2개 원형의 노천광, 수많은 인공호, 선광 부스러기 더미 등이 보인다.

상당히 제한적이기는 하지만 아주 생산적이다. 새로운 고속도로와 철도의 연계는 지역에 경제적 혜택을 가져다주었을 뿐만 아니라 중국 동부로부터의 이주를 촉진하였다. 2014년 신장은 중국 전체 경제 성장률보다 높은 10% 이상의 경제 성장률을 경험하였다. 그러나 많은 이슬람교인은 티베트인과 마찬가지로 정부와 한족 이주민이 지역의 부를 많이 앗아간다고 믿고 있다.

아프가니스탄의 비극 아프가니스탄은 석유와 광물자원이 풍부하지만 아주 가난한 국가이다. 해외 원조와 손으로 짠 모피가 공식 경제의 주를 이루고 있다. 공식 통계는 2011년에서 2013년 사이에 아프가니스탄의 경제는 급속한 성장을 보여주었지만, 전쟁, 부패, 범죄, 열악한 하부구조는 많은 사람들이 실질적인 성장을 경험하지 못하게 하였다. 더욱이 2015년에 아프가니스탄 경제는 해외 원조와 외국인 투자의 감축으로 인해 심각하게 쇠퇴하였다.

1990년대 후반에 아프가니스탄은 세계 마약 시장의 주요 공급처로 부상했다. 헤로인을 생산하는 데 이용되는 세계 아편의 90% 이상이 아프가니스탄에서 재배되고 있다. 아편은 아프가니스탄의 남부 및 서부 대부분 지역의 주요 현금 작물이다. 아편은 많은 이윤을 창출하고 운송이 편리하며 상대적으로 물 사용량이 적다. 아편으로 획득한 약 미화 1억 달러의 수익은 주로 아프가니스탄의 아편 재배 지역에서 활동하는 탈레반에 지원되는 것으로 추정된다. 그 결과 북대서양조약기구와 아프가니스탄 정부는 그 마을 주민에게 대체 작물을 재배하도록 설득했으며, 2007년에서 2010년 사이 아프가니스탄의 아편 생산량은 감소하였다. 그러나 2012년에 아편 생산량이 다시 증가하기 시작했다. 2014년의 아편 수확량은 6,400톤으로 새로운 기록이다.

아프가니스탄은 주요 광물자원을 보유하고 있다. 이미 중국은 세계에서 가장 큰 광산 중 하나가 될 것으로 예상되는 아이나크 구리 광산에 크게 투자하였다. 아이나크 구리 광산이 완전하게 운영되면 약 2만 명의 아프가니스탄 사람들을 고용할 수 있다. 그러나 탈레반 반란군은 종종 이와 같은 외국 기업을 목표로 삼기 때문에 아프가니스탄의 외국인 투자가 크게 감소한다.

그림 10.28 **칭하이-티베트 철도** 중국은 서부 지역으로 도로와 철도를 확장하기 위한 대규모의 프로젝트를 단행하고 있다. 사진에 보여진 바와 같이, 최근 티베트 고원을 연결하는 칭하이-티베트 철도가 완공되었다. 이 철도는 티베트의 관광을 크게 활성화시켰다. **Q : 철도 트랙이 하상 위로 높게 건설된 이유는 무엇인가?**

글로벌 맥락에서 바라본 중앙아시아 많은 국가는 중앙아시아를 단순히 석유와 천연가스 매장지로 생각하고 있다. 메이저 석유회사는 세계에서 가장 규모가 큰 미개발 화석연료 매장지를 보유할 수 있다고 판단해 아제르바이잔과 카자흐스탄에 대단위 시설을 건설했다. 그러나 경제적으로 실용적인 화석연료 매장 지역에 거대한 파이프라인 시스템이 건설되어야만 한다(그림 10.29). 기존의 파이프라인은 대부분 러시아를 경유하기 때문에 높은 수송비용을 지불해야 한다. 국제 컨소시엄은 이를 대체할 수 있는 루트를 발굴하기 위해 카스피 분지에서 지중해의 터키 항구까지 수송할 수 있는 대규모의 바쿠-트빌리시-세이한 파이프라인을 건설했다. 이 파이프라인은 미화 39억 달러의 비용이 투입되어 2006년부터 가동되기 시작했으며, 세계에서 두 번째로 긴 석유 파이프라인이다.

중앙아시아의 천연자원에 큰 관심을 가진 중국은 투르크메니스탄, 우즈베키스탄, 카자흐스탄과 중국 시장을 이어주는 중앙아시아-중국 가스 파이프라인 예비 건설 단계에서 주도권을 잡았다. 이 프로젝트의 세 번째 라인은 2014년에 완공되었으며, 네 번째 라인의 건설은 몇 년 이내에 시작할 것으로 예상된다. 또한 카자흐스탄이 운송 네트워크를 개선하려고 하자 중국은 지역 하부 구조에 큰 투자를 하였다. 현재 중국은 카자흐스탄, 키르기스스탄, 타지키스탄, 투르크메니스탄의 가장 큰 무역 파트너이다.

러시아는 중앙아시아의 전 소비에트 공화국을 러시아의 영향권 안에 두려고 희망하고 있다. 이를 위한 러시아의 주요 전략은 2015년에 발효되는 강력한 무역 블럭인 **유라시아경제연합**(Eurasian Economic Union, EEU)이다. 이 경제연합은 러시아, 벨라루스, 아르메니아, 카자흐스탄, 키르기스스탄으로 구성되어 있다. 타지키스탄은 가입 협상 중에 있으며, 우즈베키스탄과 투르크메니스탄은 경제연합 가입을 거부하였다.

중앙아시아의 사회적 발전

중앙아시아의 사회적 조건은 경제적 조건보다 다양하다. 아프가니스탄은 거의 모든 사회적 개발 부문에서 최하위를 차지하고 있지만, 다른 전 소비에트연방국과 비교해 보건 및 교육 수준은 상대적으로 높다. 최근 티베트와 신장의 사회적 조건은 중국 본토의 경제 발전과 보조를 맞출 정도는 아니지만 꾸준히 향상되고 있다. 몽골은 상대적으로 사회적 발전 수준이 높을 뿐만 아니라 성평등 수준도 높다. 1980년대 이후 몽골대학교의 여학생 수가 남학생 수를 추월하였으며, 많은 여성들이 정부 고위직에 있다. 대표적으로 몽골의 환경부 장관인 산자수렌 오윤

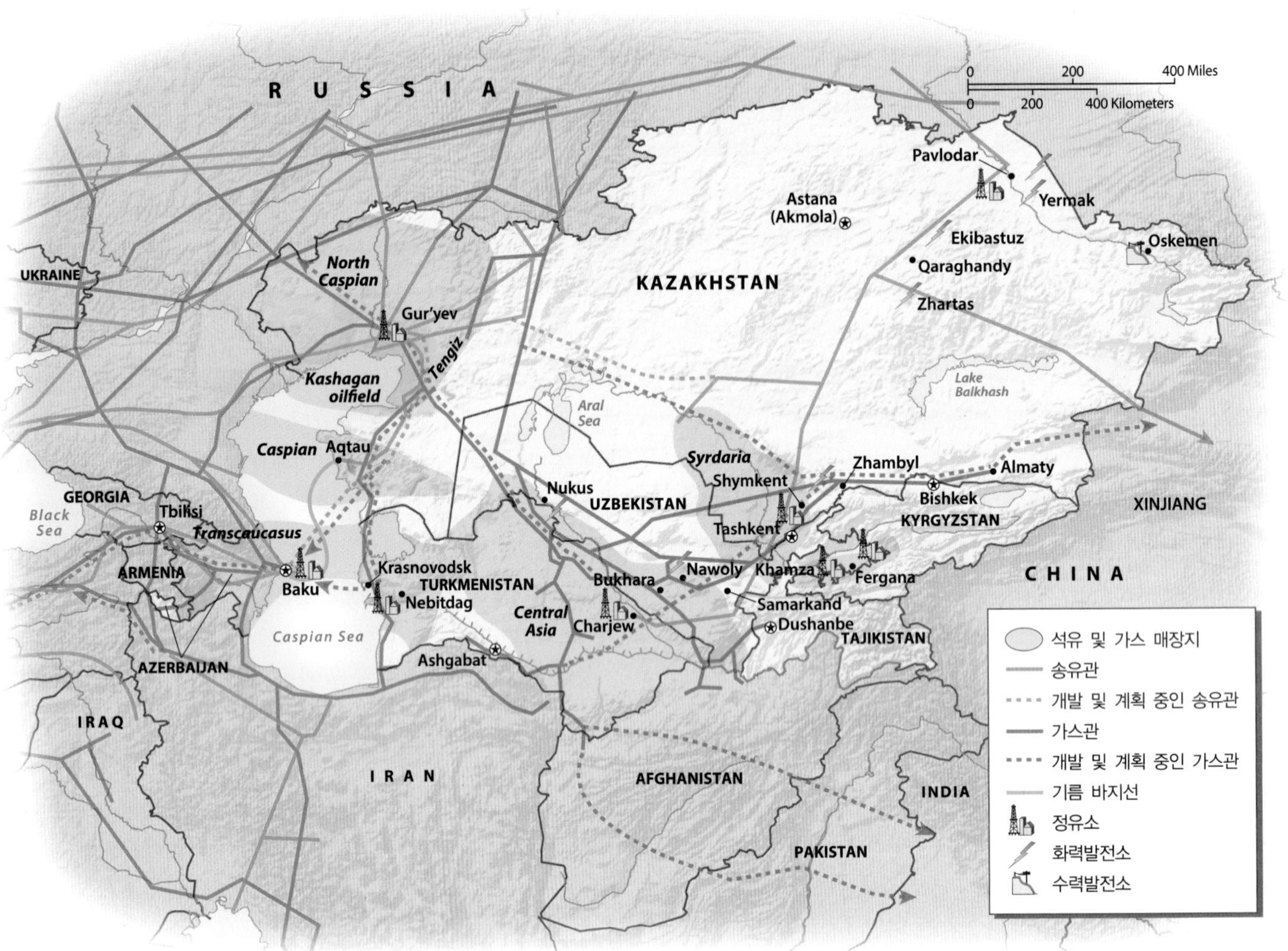

그림 10.29 **석유 및 천연가스 파이프라인** 중앙아시아는 세계에서 가장 큰 석유 및 천연가스 매장지이며, 최근 자원 시추와 탐사의 주요 센터로 부상하고 있다. 중앙아시아는 격리된 입지로 인해 석유제품을 쉽게 수출할 수 없다. 이러한 문제점을 해결하기 위해 파이프라인이 건설되었으며, 현재 많은 파이프라인 건설이 계획되고 있다. 그러나 파이프라인의 여러 잠재 루트가 미국의 제재 아래에 있는 이란을 경유하기 때문에 파이프라인 건설은 분쟁의 여지가 있는 이슈이다.

(Sanjaasuren Oyun)이 UN환경계획(UNEP) 의장으로 선정된 사례를 들 수 있다.

아프가니스탄의 사회적 조건과 여성의 지위 아프가니스탄의 평균 기대수명은 44세로 세계에서 가장 낮은 국가 중 하나이다. 영아 및 유아 사망률도 최하위이다. 아프가니스탄은 지속적인 복지를 유지하지 못할 뿐만 아니라 험준한 지형으로 기초적인 사회적 서비스와 의료 서비스를 제공하지 못하고 있다. 문자 해독률은 평범한 수준이다. 특히 문자를 읽을 수 있는 성인 여성의 비율은 12%에 불과해 세계에서 가장 낮은 수준이다(표 A10.2 참조).

전통 아프가니스탄 사회, 특히 파슈툰 사회의 여성은 자유가 거의 없다. 탈레반이 아프가니스탄의 정권을 장악하던 1990년대에 여성의 행위에 대한 규제가 강화되었다. 탈레반은 여성이 직장을 가지지 못하도록 규제했으며, 학교에 다니지 못하게 하고, 심지어 의료 서비스도 받지 못하도록 했다. 탈레반이 실각한 후에도 탈레반은 아프가니스탄 남부 지역의 여학교를 파괴하는 등 계속해서 여성 교육을 반대했다.

2004년에 승인된 새로운 아프가니스탄 헌법은 국회 의석의 25%를 여성을 위해 지정했다(그림 10.30). 그러나 여성의 사회적 지위는 수도 카불을 제외하고는 거의 상승하지 않았다. 아프가니스탄 여성의 80% 이상이 가정 폭력으로 고통을 받는다고 했다. 아프가니스탄 전체, 특히 카불의 많은 여성들은 그들이 만든 약간의 혜택마저 없애버릴 수 있는 탈레반이 재집권하는 것에 대해 두려워하고 있다.

몽골 및 전 소비에트 중앙아시아의 젠더 이슈 전통적인 중앙아시아에서 여성의 사회적 지위는 아주 다양하다. 일반적으로 북부 스텝 유목 사회의 여성이 남부 농업 및 도시 사회 여성보다 더 많은 자율권이 있다.

그러나 전통 키르기스스탄 사회는 유괴된 여성이 유괴한 남성과 강제로 결혼해야 하는 '신부 유괴' 관습이 있었다. 이러한 유괴는 신부 예정자의 승인으로 발생하지만, 가끔은 실제로 유

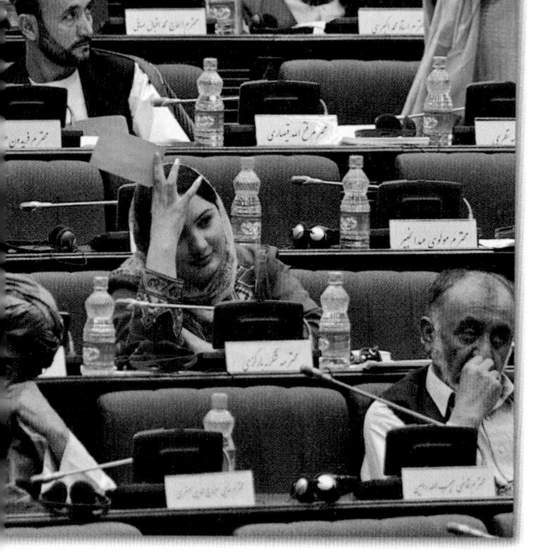

그림 10.30 **아프가니스탄의 여성 국회의원** 일반적으로 아프가니스탄의 여성은 사회적 지위가 낮으며, 많은 제약으로 고생하고 있다. 특히 농촌 지역이 더 심하다. 아프가니스탄 국회는 여성을 위해 할당된 의석이 있지만, 여성 국회의원은 그들의 실질적 권한이 거의 없다고 비판하고 있다.

괴하는 경우도 있었다. 최근 이러한 관습의 재출현은 키르기스스탄 여성 단체를 분노하게 하였다. 2013년 초에 키르기스스탄은 신부 유괴에 대하여 최고 징역을 7년으로 늘리는 법을 승인하였으나, 한 보도에 따르면 2014년에만 결혼을 목적으로 약 1만 2,000명의 젊은 여성과 소녀들이 유괴되었다.

소비에트연방은 중앙아시아 여성들의 커리어 개발에 대한 한계에도 불구하고, 이들 여성을 교육하여 작업장으로 내보냈다. 중앙아시아 국가의 여성들은 여전히 상대적으로 높은 수준의 교육을 받았으며, 세계경제포럼에서 발간하는 '글로벌 성차별 리포트 2012'에 따르면 카자흐스탄, 키르기스스탄, 몽골 여성 전문직장인과 대학생의 수가 남성을 능가하는 것으로 나타났다.

소비에트 중앙아시아 지역의 상대적 평등이 미래에도 지속될 수 있을 것인지에 대한 의문이 들지만, 이와 같은 성과는 소비에트의 교육 투자에 기인한 것이다. 중앙아시아 국가들은 정부에 여성 할당제를 도입함으로써 과거 여성에 대한 관심사를 유지하고자 하였다. 키르기스스탄과 우즈베키스탄에서는 법적으로 국회의원의 30%가 여성이어야 한다. 그러나 현지 여성 단체들은 정부에서 여성의 실질적인 권력은 제한되어 있다고 주장한다.

또한 중앙아시아의 인구학적 이슈가 여성의 지위에 영향을 끼친다. 특히 타지키스탄에는 아주 많은 남성들이 직업을 좇아 러시아로 다시 가기 때문에 여성들이 주로 가구를 책임진다. 동시에 현지 여성들은 근본주의 이슬람교의 성장으로 인해 전통적인 성역할을 해야 한다는 압박을 받고 있다. 카자흐스탄의 국민당은 국가의 인구 증가와 카자흐 인구 비중 증가를 위해 여성의 피임을 금지하려고 하였다.

확인 학습

10.9 화석연료의 차별적 분포는 중앙아시아의 경제 및 사회적 발전에 어떠한 영향을 끼쳤는가?

10.10 중앙아시아 여성의 지위가 아주 다양한 이유는 무엇인가? 그리고 이와 같은 측면에서 아프가니스탄이 특히 문제가 되는 이유는 무엇인가?

주요 용어 유라시아경제연합

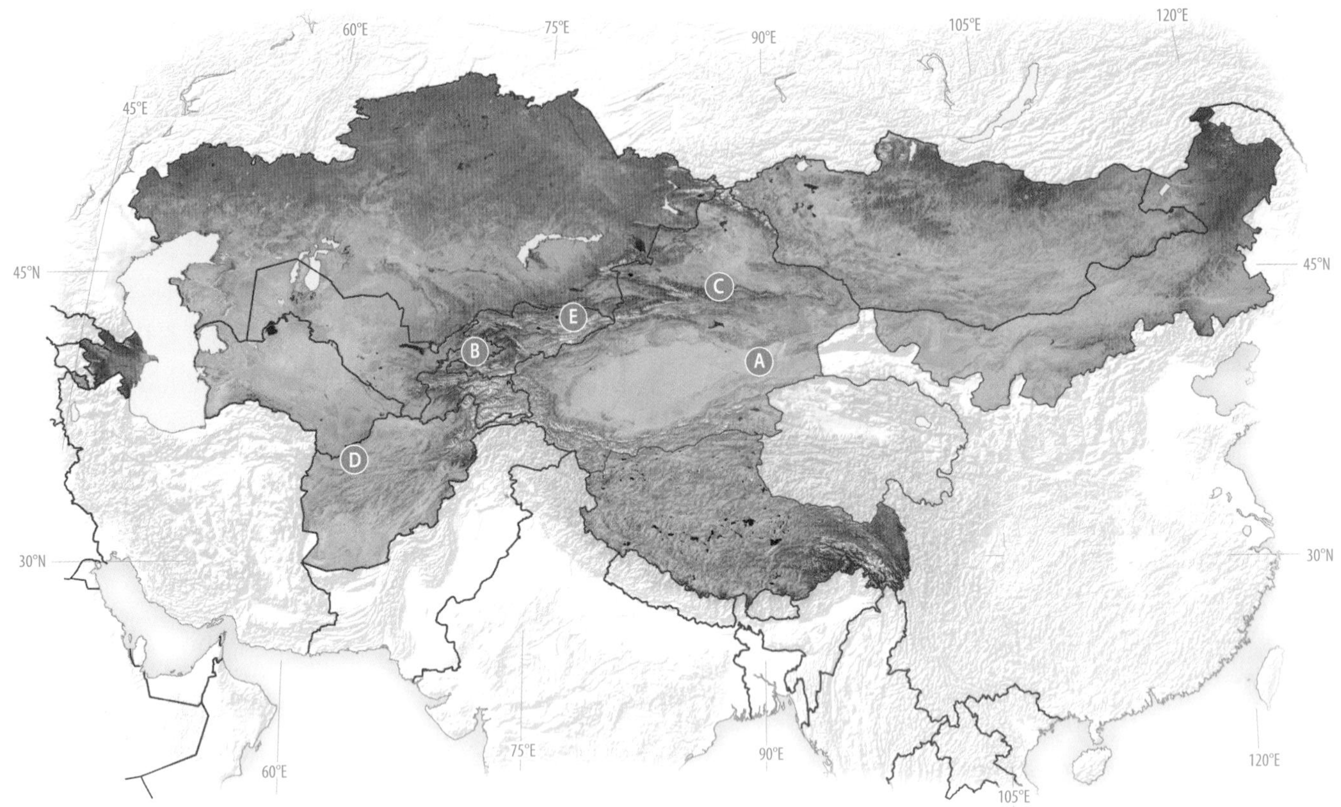

요약

자연지리와 환경 문제

10.1 **중앙아시아 사막 지역, 산악 및 고원 지역, 스텝 지대 간의 주요 환경 차이를 밝힐 수 있고, 이러한 차이점을 인간의 정주와 경제 발전에 연계시켜 설명하라.**

10.2 **중앙아시아에서 수자원이 아주 중요한 이유를 요약하라.**

10.3 **아랄 해가 소멸하는 이유를 제시하고, 이로 인한 경제 및 환경적 결과에 대해 설명하라.**

중앙아시아의 환경 문제는 세계의 주목을 가져왔다. 아랄 해의 파괴는 세계에서 가장 심각한 환경 재앙 중 하나이며, 중앙아시아의 많은 호수들이 이와 유사한 문제를 경험하고 있다. 사막화는 많은 지역을 황폐화시키고, 석유 및 가스 산업의 붐은 그 자체의 환경 문제를 창출하였다. 그러나 여러 지역에서 사막화 방지를 위한 성공적인 노력이 진행되고 있다.

1. 중국 신장 자치구의 로프노르는 한때 호수였으나, 지금은 핵실험과 세계에서 가장 큰 칼륨 비료 공장을 보유하고 있는 메마른 소금층이 되었다. 로프노르 호수가 사라진 이유는 무엇이며, 중국이 이 메마른 호수를 핵실험과 칼륨 공정에 이용하는 이유는 무엇인가?
2. 중앙아시아 호수의 건조 방지를 위해 이용되는 전략은 무엇인가?

인구와 정주

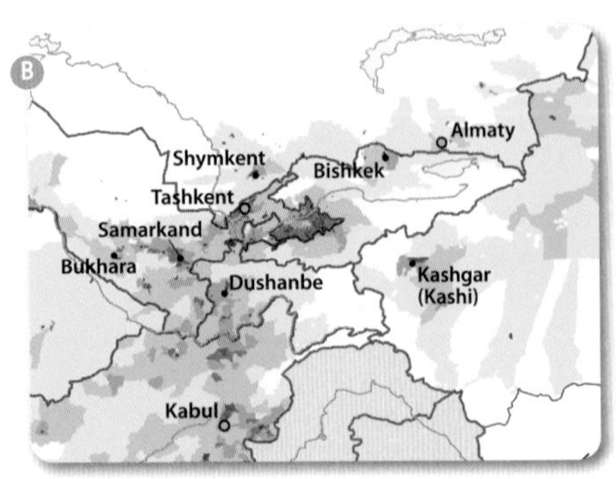

10.4 **중앙아시아의 인구가 극도로 불균등하게 분포하는 이유를 설명하라.**

10.5 **중앙아시아의 역사적으로 오래된 도시와 과거 100년 이내에 건설된 도시 간의 차이를 기술하라.**

인간의 대이동은 중앙아시아의 많은 부분을 특징지었다. 티베트와 신장으로 중국 한족의 이주는 그 지역의 원주민을 소수민족으로 바꿔놓았다. 전 소비에트 중앙아시아를 떠나고 있는 러시아어 사용 가능자의 이주는 큰 변화를 가져왔다. 타지키스탄과 키르기스스탄에서 넘어온 수십만 명의 이주 노동자들이 러시아에 살고 있다. 아프가니스탄의 전쟁과 계속되는 혼돈으로 수많은 난민이 발생하였다.

3. 높은 인구 밀집 지역이 지도 중앙 인근에서 발견되었다. 특정 지역에 인구가 밀집된 이유는 무엇이고, 인구 밀집 지역이 인구 희박 지역에 둘러싸여 있는 이유는 무엇인가?
4. 이와 같은 인구 급경사가 중앙아시아의 정치적 긴장과 경제 발전에 끼친 영향은 무엇인가?

문화적 동질성과 다양성

10.6 **중앙아시아가 종교적으로 어떻게 분리되었는지를 제시하고, 이러한 종교적 다양성이 중앙아시아의 역사에 끼친 영향을 기술하라.**

10.7 **문화의 세계화가 중앙아시아에 어떠한 영향을 끼쳤는지를 검증하고, 이러한 문화의 세계화가 여러 지역에서 논란이 되는 이유를 설명하라.**

최근 종교 갈등이 중앙아시아 대부분 서부 지역의 주요 문화 이슈로 부상하였다. 급진적 이슬람 근본주의는 아프가니스탄의 남부 및 서부 지역과 우즈베키스탄, 타지키스탄, 키르기스스탄 페르가나 계곡의 군소 지역에 이르기까지 강한 세력으로 남아 있다. 온건 이슬람교가 대부분의 지역에서 지배적이지만 중앙아시아 지도자들은 억압적 정책을 유지하기 위한 종교적인 폭력의 두려움을 이용한다.

5. 최근 중국은 우루무치에서 여성들의 이슬람 얼굴 가리개 착용을 금지하였다. 중국 정부가 이러한 정책을 시행한 이유는 무엇이며, 이러한 정책이 어떠한 결과를 가져오게 될지 논하라.
6. 세계 다른 국가에서 이와 유사한 정책이 시행된 적이 있는가? 만일 그렇다면 현지 주민들은 그 정책을 어떻게 받아들였는가?

지정학적 틀

10.8 **중앙아시아에 대한 중국, 러시아, 미국의 지정학적 역할을 요약하고, 과거 수십 년 간 중앙아시아가 지정학적 긴장 지역이 되었던 이유를 설명하라.**

10.9 **인종 갈등으로 인한 아프가니스탄의 불안정에 대해 기술하고, 인종 갈등이 중앙아시아 그 외 지역을 불안하게 할 수 있는 가능성에 대한 입장을 제시하라.**

중국은 티베트와 신장을 장악하고 있지만, 중앙아시아 나머지 지역은 주요 지정학적 경쟁 지역이 되었다. 특히 러시아와 중국은 중앙아시아 전 지역에 영향력을 유지하고자 한다. 아프가니스탄은 평화가 유지될 조그마한 가능성도 없이 전쟁으로 피폐해져 있다. 전반적으로 대부분 중앙아시아의 정치체제는 권위주의적으로 남아 있다.

7. 아프가니스탄에 대한 소비에트 침공과 점령(1979~1989)으로 소비에트연방은 엄청난 비용을 지출하였다. 소비에트 지도자들이 아프가니스탄 침공을 강행한 이유는 무엇이며, 소비에트의 아프가니스탄 점령이 실패한 것으로 판명된 이유는 무엇인가?
8. 아프가니스탄에 대한 소비에트와 미국의 경험을 연계시키는 것이 합리적인 것인가? 소비에트와 미국 경험의 유사점과 차이점은 무엇인가?

경제 및 사회 발전

10.10 **중앙아시아의 경제 및 사회적 불균등 발전에 대한 석유 및 천연가스 생산과 교역, 석유 가격 변동의 역할을 설명하라.**

중앙아시아 국가들은 그들의 풍부한 광물자원과 신실크로드 건설을 이유로 점차 개방하여 세계와 연계하고 있다. 그러나 중앙아시아는 세계 무역량이 적고, 화석연료 부문의 외국인 투자 유치를 거의 하지 않았기 때문에 여러 번에 걸쳐 심각한 경제적 어려움에 처하게 될 것이다. 아프가니스탄의 아편 재배와 헤로인 제조는 심각한 문제이다.

9. 키르기스스탄에 위치한 캐나다 소유의 쿰토르 금광은 키르기스스탄 경제에 아주 중요하지만, 점점 역전 현상이 나타나고 있다. 키르기스스탄의 많은 사람들이 이러한 특정 부문의 경제 발전에 반대하는 이유는 무엇인가?
10. 금과 같은 특정 천연자원 중심의 경제 개발 계획을 하는 국가가 직면할 수 있는 잠재적 불이익은 무엇인가?

데이터 분석

http://goo.gl/cu7rtk

장관을 이루는 산악 경관과 풍부한 역사는 중앙아시아의 대단한 잠재적 관광 상품이다. 우즈베키스탄의 사마르칸트와 같이 잘 보존된 실크로드 도시는 관광에 아주 적합한 곳이다. 그러나 중앙아시아의 국제 관광은 활성화되지 않았다. 국제 관광 통계에 접근하려면 세계은행 웹사이트(http://data.worldbank.org)를 방문하라.

1. 최근 중앙아시아 각 국가의 관광 수입액을 적어라. 만일 특정 국가에 대한 통계가 없다면, 2010년 이후 중앙아시아 국가들의 바 그래프를 위한 데이터를 활용하라. 똑같은 방법으로 여러 중앙아시아 국가와 역사 및 문화적 특징을 공유할 수 있는 외부 국가인 터키의 관광 수입액을 구하라.
2. 환경 · 인구 · 문화 · 지정학 · 경제적 요인을 토대로 그래프에 나타난 차이에 대한 이유를 제시하라.
3. 중앙아시아 국가들은 관광을 크게 활성화시킬 수 있을 것인가? 이를 가능하게 하는 방법은 무엇인가?

주요 용어

뢰스
사막화
상하이협력기구
선상지
스텝
신권정치 국가
실크로드
완충 국가
유라시아경제연합
유목민
이목
전진형 수도
집단안보조약기구

11 동아시아

자연지리와 환경 문제

중국은 오랫동안 심각한 산림 벌채와 토양 침식이 있었으며, 최근 경제 발전으로 인해 세계에서 가장 심각한 환경 문제가 야기되고 있다. 그러나 일본, 남한, 타이완은 산림을 확대하고 있으며, 상대적으로 깨끗한 환경을 보유하고 있다.

인구와 정주

최근 중국은 가난한 내륙 농촌 지역에 거주하고 있는 수천만 명의 농민이 동부 연안 도시 지역으로 이주하면서 큰 변화를 겪고 있다. 저출생률과 고령화는 동아시아 전역에서 나타난다.

문화적 동질성과 다양성

동아시아는 문화적 동질성을 보유하고 있음에도 불구하고, 뚜렷하게 차별화된 여러 문화권으로 구분된다. 그러나 역사적으로 동아시아 전 지역은 대승불교, 유교, 중국 문자 체계와 연관되어 있다.

지정학적 틀

중국 파워의 성장은 다른 동아시아 국가들과의 긴장 관계를 가져온 한편, 한국은 남한과 북한으로 분단되어 있다. 중국의 글로벌 영향력이 커지자 일본, 남한, 타이완은 미국과의 관계 결속을 강화하면서 대응하고 있다.

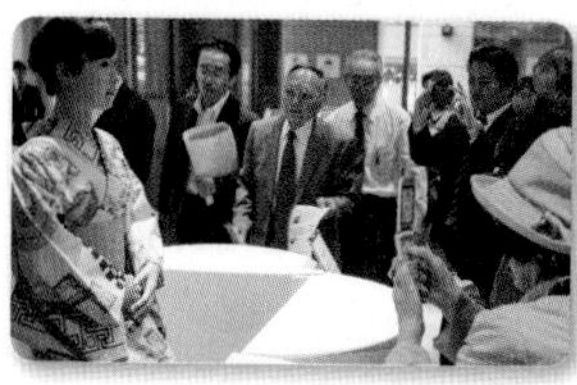

경제 및 사회 발전

과거 수십 년간 동아시아는 세계 경제의 주요 지역으로 부상했으며, 특히 중국은 세계에서 가장 빠른 경제 성장을 경험하고 있다. 그러나 북한은 절대 빈곤 국가로 남아 있다.

◀ 한반도 남쪽에 위치한 제주도는 한국인들이 좋아하는 관광지이다. 제주도는 아열대 기후이며, 아름다운 산과 바다, 그리고 독특한 문화적 관습이 있다. 사진 속 관광객들은 제주 성산일출봉을 올라가고 있다.

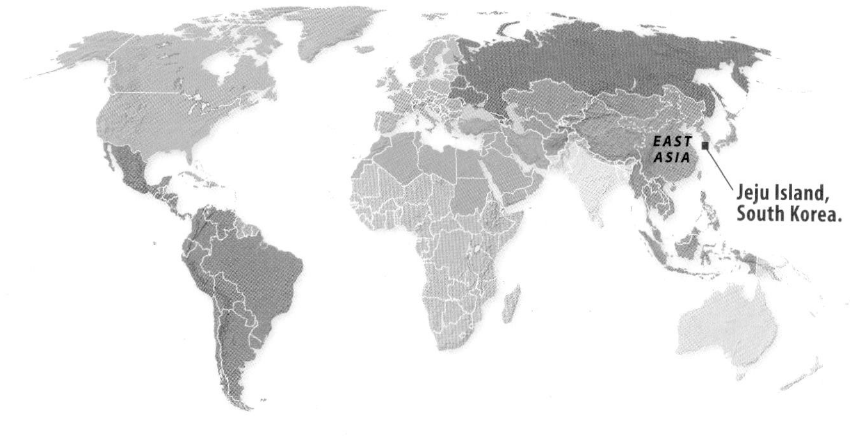

한국의 제주도는 오랫동안 온난한 기후, 화산 경관, 여성의 사회적 명성으로 주목받아 왔다. 초기 제주도의 가난함은 남자들로 하여금 육지로 일자리를 찾아 떠나게 하였으며 그 결과 여성 지배적인 가족 구조가 되었다. 또한 제주도는 바다에서 전복과 소라를 따서 가계를 꾸리는 직업 다이버인 해녀로 유명하다. 보다 최근 제주도의 명성은 매년 600만 명이 방문하는 관광지로 이어졌다. 한국의 신혼부부들이 많이 방문하고 있다.

그러나 최근 제주도 방문객의 절반이 중국인이다. 많은 중국인들이 제주도의 부동산을 구매하였으며, 중국 사업가들은 제주도에 많은 투자를 하고 있다. 제주도 지방정부와 중앙정부 모두 콘도 구매자에게 영주권을 부여하고 의료 및 고용 혜택을 허용하면서 외국인 투자를 장려하고 있다. 2014년에 미화 24억 달러 규모의 카지노 리조트 프로젝트가 발표되었으며, 여기에 테마파크, 쇼핑몰, 3개의 호텔이 들어설 계획이다. 중국 관광객을 유인하기 위해 싱가포르와 홍콩과 합작하여 대규모 콤플렉스를 디자인하였다.

중국의 관광과 투자로 인해 제주도에 많은 자본이 유입되었음에도 불구하고, 제주도 현지에 부정적인 영향을 가져왔다. 2014년 조사에 따르면, 제주도 현지 주민의 약 2/3가 중국인의 유입을 부정적인 시각으로 바라보았으며, 중국인에게 토지를 판매하는 행위를 '국가를 배신하는 행위'로 보았다. 그러나 중국의 경제가 성장하고 중국인의 해외여행이 증가하면서 관광객과 투자의 흐름은 보다 더 증가할 것이며, 이는 제주도에 보다 많은 압박을 가하게 될 것이다. 그러나 중국의 급속한 성장이 동아시아 및 세계 전역의 국제 관계를 바꿔놓았기 때문에 이와 같은 이슈는 제주도에만 국한된 것은 아니다.

> 중국의 급속한 성장은 동아시아 및 세계 전역의 국제 관계를 바꿔놓았다.

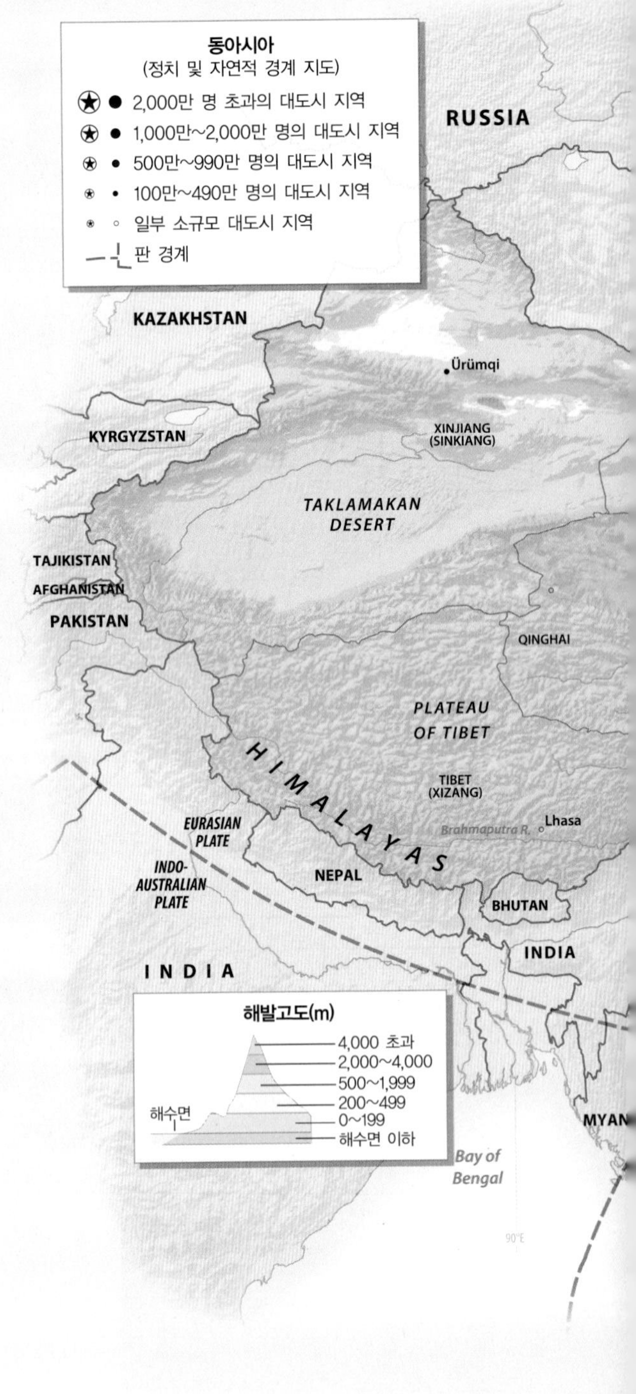

학습목표 이 장을 읽고 나서 다시 확인할 것

11.1 동아시아의 섬(일본과 타이완)과 대륙의 주요 환경적 차이를 정의하라.

11.2 오늘날 중국이 직면한 주요 환경 문제를 기술하고, 이러한 문제를 한국, 일본, 타이완이 직면한 주요 환경 문제와 비교하라.

11.3 중국의 인구가 아주 불균등하게 분포한 이유를 설명하라.

11.4 동아시아 지도에서 주요 도시 지역 분포를 보이고, 동아시아에서 가장 큰 도시들이 계속해서 성장하는 이유를 설명하라.

11.5 동아시아가 종교와 신앙에 의해 통합 및 분리되는 이유를 기술하라.

11.6 언어를 중심으로 중국 한족과 소수민족의 차이와 지리적 분포를 설명하라.

11.7 냉전 시기 동아시아의 지정학적 분열을 기술하고, 그 당시의 분열이 지금의 동아시아의 지정학에 어떠한 영향을 끼치고 있는지에 대해 토론하라.

11.8 최근 수십 년간 동아시아의 급속한 경제 성장에 내재된 주요 원인을 알아보고, 과거와 같은 성장을 유지하는 데서 나타날 수 있는 한계에 대해서 토론하라.

11.9 경제 및 사회 발전의 측면에서 중국과 동아시아 전역에서 나타난 지리적 차이를 요약하라.

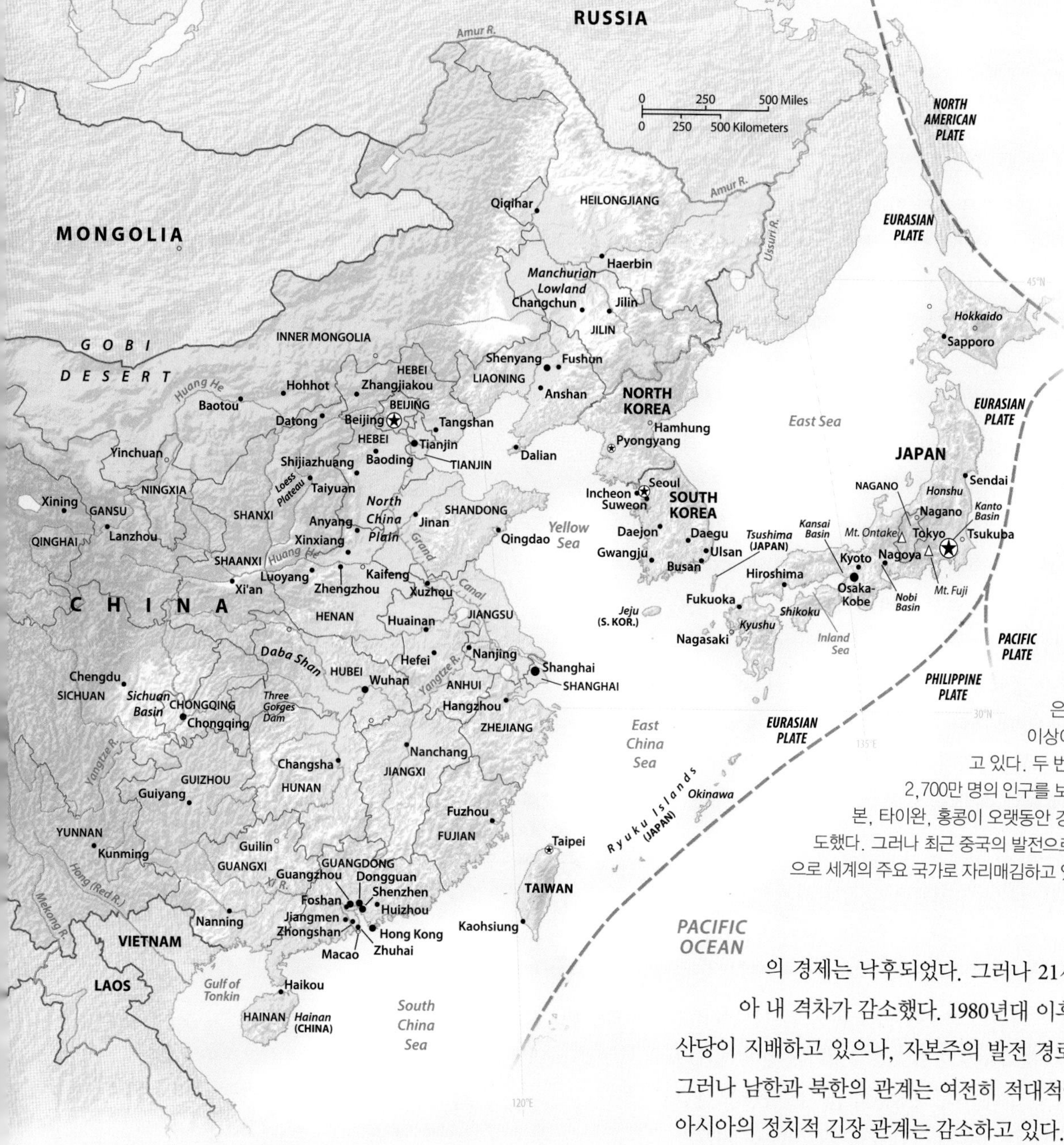

그림 11.1 동아시아 동아시아 지역은 한국, 북한, 중국, 일본, 타이완을 포함한다. 세계에서 인구가 가장 많은 중국의 인구는 10억 명 이상이며, 동아시아를 주도하고 있다. 두 번째로 큰 국가는 인구 1억 2,700만 명의 인구를 보유한 일본이다. 한국, 일본, 타이완, 홍콩이 오랫동안 경제적으로 동아시아를 주도했다. 그러나 최근 중국의 발전으로 중국은 정치 및 경제적으로 세계의 주요 국가로 자리매김하고 있다.

동아시아는 중국, 타이완, 일본, 남한, 북한으로 구성되어 있으며, 선진화된 경제 및 거대한 인구 규모로 인해 세계 경제의 핵심지역이다. 13억 명 이상의 인구가 거주하는 중국은 남부 아시아를 제외하고 세계에서 가장 많은 인구가 거주하는 지역이다. 한국, 일본, 타이완은 세계 주요 무역 국가이다. 보다 최근에 중국은 글로벌 무역국으로 부상했으며, 주요 군사 대국으로도 부상했다. 어떤 통계에 따르면, 이미 중국의 경제는 미국 경제 규모와 거의 맞먹는다.

역사적으로 동아시아는 공통된 문화적 특징을 가지고 있지만, 동아시아의 정치적 체제는 20세기 중후반 이후 중국과 북한의 공산주의 체제와 일본, 한국, 타이완, 홍콩과 같은 자본주의 체제로 분리되었다. 일본이 세계 경제를 주도하기 시작하자 중국의 경제는 낙후되었다. 그러나 21세기 초반에 동아시아 내 격차가 감소했다. 1980년대 이후 중국은 여전히 공산당이 지배하고 있으나, 자본주의 발전 경로를 걷기 시작했다. 그러나 남한과 북한의 관계는 여전히 적대적이지만 전반적인 동아시아의 정치적 긴장 관계는 감소하고 있다.

어떤 측면에서 동아시아는 구성 국가(constituent countries)로 쉽게 정의할 수 있다. 그러나 타이완의 정치적 상황이 모호하다. 비록 타이완이 실질적인 독립국가이지만, 중국(공식적으로 중화인민공화국)은 타이완이 중국 영토의 일부라고 주장한다. 결론적으로 타이완은 일부 국가에 의해서만 주권국가로 인식된다. 문화적인 측면에서 동아시아의 영토, 특히 중국 서부 지역과 관련해 보다 복잡한 문제가 있다. 이러한 지역의 영토 규모는 거대하지만, 인구 희박 지역이다. 중국인의 약 95%가 동부 지역에 거주하고 있다[때로 **중국 본토**(China proper)라고 불림]. 문화 및 역사적으로 중국 서부 지역의 원주민은 동아시아보다 중앙아시아와 보다 밀접하게 연계되어 있다. 따라서 중국의 서부 지역은 제10장에 대부분 다루어지고, 본 장에서는 중국 서부 지역을 정치적인 측면에서만 살펴보고자 한다.

자연지리와 환경 문제 : 인구 밀집 지역의 자원 압박

동아시아의 많은 환경 문제는 많은 인구, 엄청난 산업 발전, 자연지리에 기원한다. 급경사와 많은 비로 인해 많은 지역이 토양 침식과 토석류에 취약해지고, 지진이 활성 중인 지역은 지진의 위협을 안고 있다. 따라서 동아시아 지역의 자연지리에 대한 세밀한 조사는 동아시아가 직면한 환경 문제를 해명해 준다.

동아시아의 자연지리

동아시아는 남북으로 미국보다 훨씬 넓게 걸쳐 있지만, 미국과 거의 동일한 위도대에 위치하고 있다. 중국 최북단의 정점은 퀘벡 중부에 해당하지만, 최남단 지점은 멕시코시티와 동일한 위도에 위치하고 있다. 따라서 중국 남부 지역이 기후는 대체로 카리브 해의 기후와 비슷한 한편, 북부 지역은 캐나다의 중남부 지역과 유사하다(그림 11.2)(특히, 홍콩, 충칭, 베이징, 선양의 기후 그래프를 참조). 일본은 중국보다 훨씬 작지만, 위도상으로 넓은 범위에 걸쳐 위치하고 있다. 따라서 남부 큐슈와 류큐 열도에 위치한 일본의 최남단 지역은 아열대 지역에 속하는 반면에 홋카이도는 거의 아북극 기후대에 속한다.

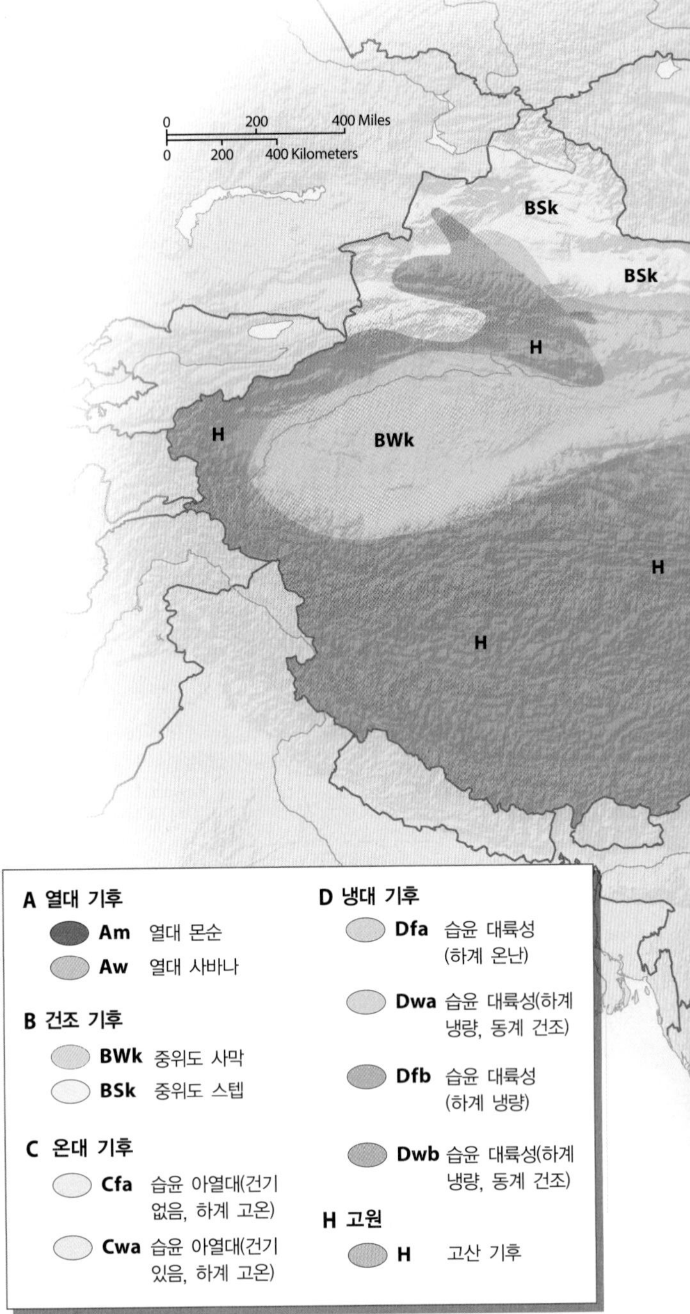

일본의 자연 환경 대부분의 일본은 사계절이 뚜렷한 온대 기후대에 속하며 미국 동부 지역과 유사하다. 예를 들어, 도쿄의 강수량은 워싱턴보다 훨씬 많지만, 기후는 비슷하다(그림 11.2의 기후 그래프 참조).

일본 태평양 연안은 일련의 산맥에 의해 동해와 구분된다(그림 11.3). 일본은 전 국토의 85%가 산으로 구성되어 있어 세계에서 가장 척박한 국가 중 하나이다. 대부분의 산지는 울창한 산림으로 덮여 있다(그림 11.4). 일본의 산림이 울창한 이유는 기후가 따뜻하고 강수량이 많고, 자연 보호의 역사가 길기 때문이다. 수백 년 동안 중앙정부와 마을 공동체는 목재 및 장작 벌목이 나무의 성장과 균형을 이루도록 엄격한 산림 보호 규제를 감행했다.

일본의 작은 충적 평야는 해안을 따라 입지해 있고, 산맥 사이에 산재하고 있다. 이러한 지역은 오랫동안 관개 농법을 통해 집약적 농업을 해 왔다. 일본에서 가장 큰 저지대는 도쿄 북부에 위치한 가로 130km 세로 160km 규모의 간토 평야이다. 그 외의 주요 저지대는 오사카 주변에 위치한 간사이, 나고야 중심에 입지한 노비 평야가 있다.

한국의 경관 한국은 험준한 산과 큰 강에 의해 중국 북동부 지역과 부분적으로 분리된 반도이다. 한국의 최북단은 러시아 극동 지역과 접하고 있고, 미국의 메인 주와 기후가 비슷한 반면 최남단은 캐롤라이나와 비슷하다. 한국은 일본과 같이 산재된 충적 분지와 함께 많은 산으로 이루어진 국가이다. 남부 반도 지역은 북부 지역보다 넓고 농업에 유리하다. 그러나 북부 지역은 보다 풍부한 천연자원을 보유하고 있다. 북한의 고지대는 삼림이 심하게 벌채되어 있는 반면에 남한 삼림은 제2차 세계대전 종전 이후에 광범위한 재식림을 통해 녹지화되어 있다.

타이완의 환경 국토의 넓이가 좁고, 나무로 가득 찬 산악 국가인 타이완은 자연지리 측면에서 한국 및 일본과 유사하다. 메릴랜드 규모의 섬인 타이완은 중국 대륙 말단부에 위치하고 있다. 섬 서쪽에 위치한 타이완 해협의 수심은 약 60m에 불과한 한편 동쪽 바

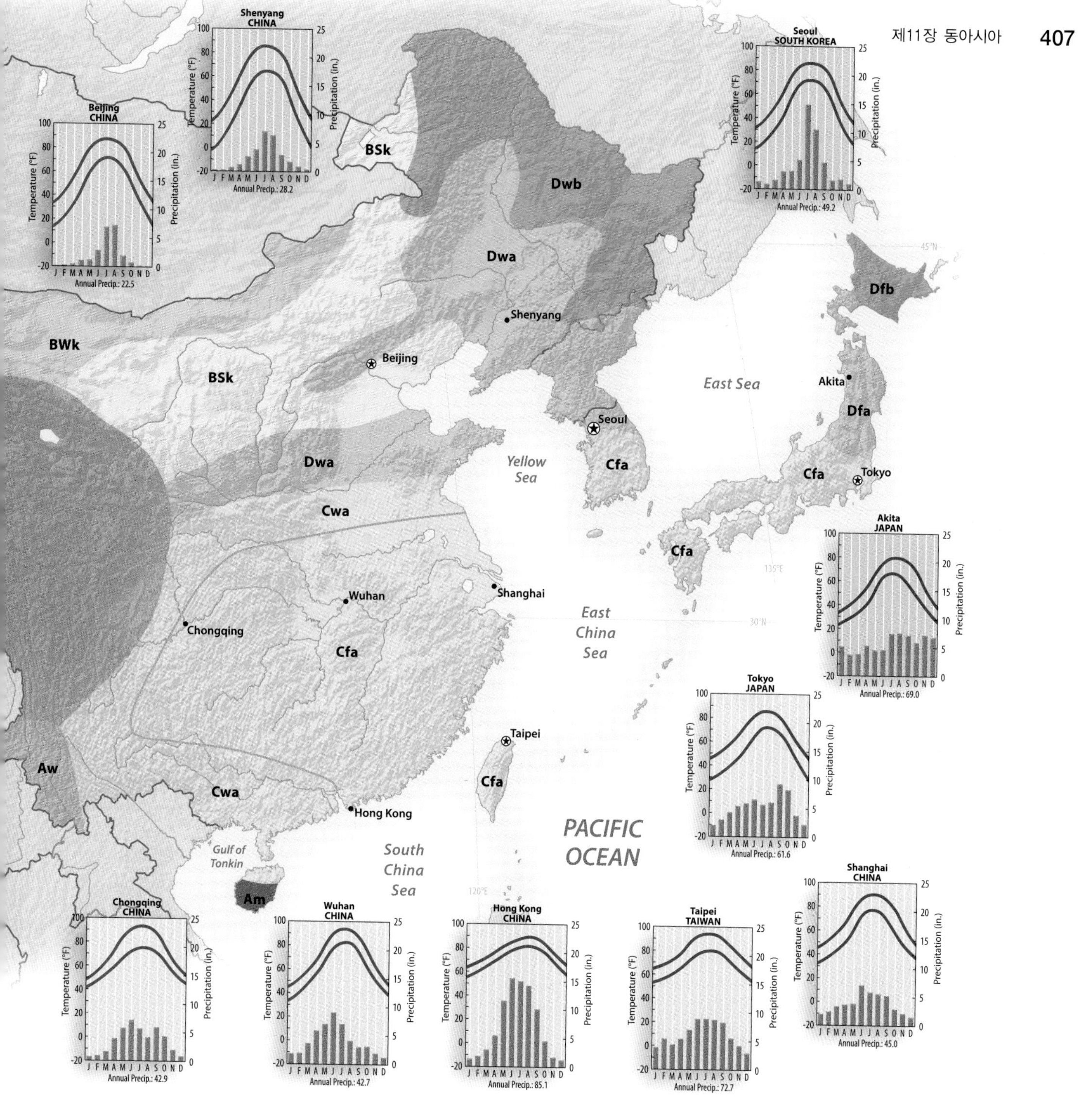

그림 11.2 **동아시아의 기후도** 동아시아와 북아메리카는 거의 동일한 위도대에 위치하고 있어 기후가 유사하다. 중국의 최북단 지점은 퀘벡과 거의 동일한 위도에 위치하고 있는 한편, 최남단 지점은 플로리다의 기후와 거의 동일하다. 일본의 기후는 바다의 영향으로 따뜻하다.

다의 수심은 수천 m에 이르며, 약 16~32km 연안까지 이어진다.

타이완의 중부와 동부 지역은 척박한 산지 지형인 한편, 서부 지역은 저지대 충적 평야로 이루어져 있다. 북회귀선으로 양분되는 타이완의 겨울 기후는 따뜻하지만, 가을에 종종 태풍의 영향을 직접적으로 받는다. 인근 중국 본토 지역과는 달리 타이완은 여전히 중부와 동부 지역이 고지대에 울창한 산림 지대를 보유하고 있다.

중국의 다양한 환경 중앙아시아에 해당하는 중국의 성을 제외한다고 하더라도 중국은 다양한 환경 지역을 보유한 광대한 국가이다. 중국은 크게 양쯔 강 북부 지역과 양쯔 강 남부 및 그 외 남부 지역으로 구분된다.

큰 계곡과 낮은 고도의 고원이 열대성 또는 아열대성 기후인 남부 말단 지역에서 나타난다. 중국 동남부 해안 지역은 척박하고 농업이 잘 이루어지지 않는다(그림 11.6). 양쯔 강 북부 지역의 기후는 춥고 건조하다. 여름 강수량은 대체로 충분하지만 그

그림 11.3 **일본의 자연 환경** 일본의 저지대 평야는 주로 척박한 산악 지형 및 고지대와 함께 해안선을 따라 위치하고 있다. 일본은 3개의 주요 구조판(지각을 구성하는 기본 블록)이 수렴하는 곳에 입지하기 때문에 지진과 화산 폭발이 빈번히 발생한다. 더욱이 대부분의 일본 해안은 태평양 지진으로 발생하는 대규모이 지진 해일의 피해를 입을 수 있는 치명적인 약점이 있다.

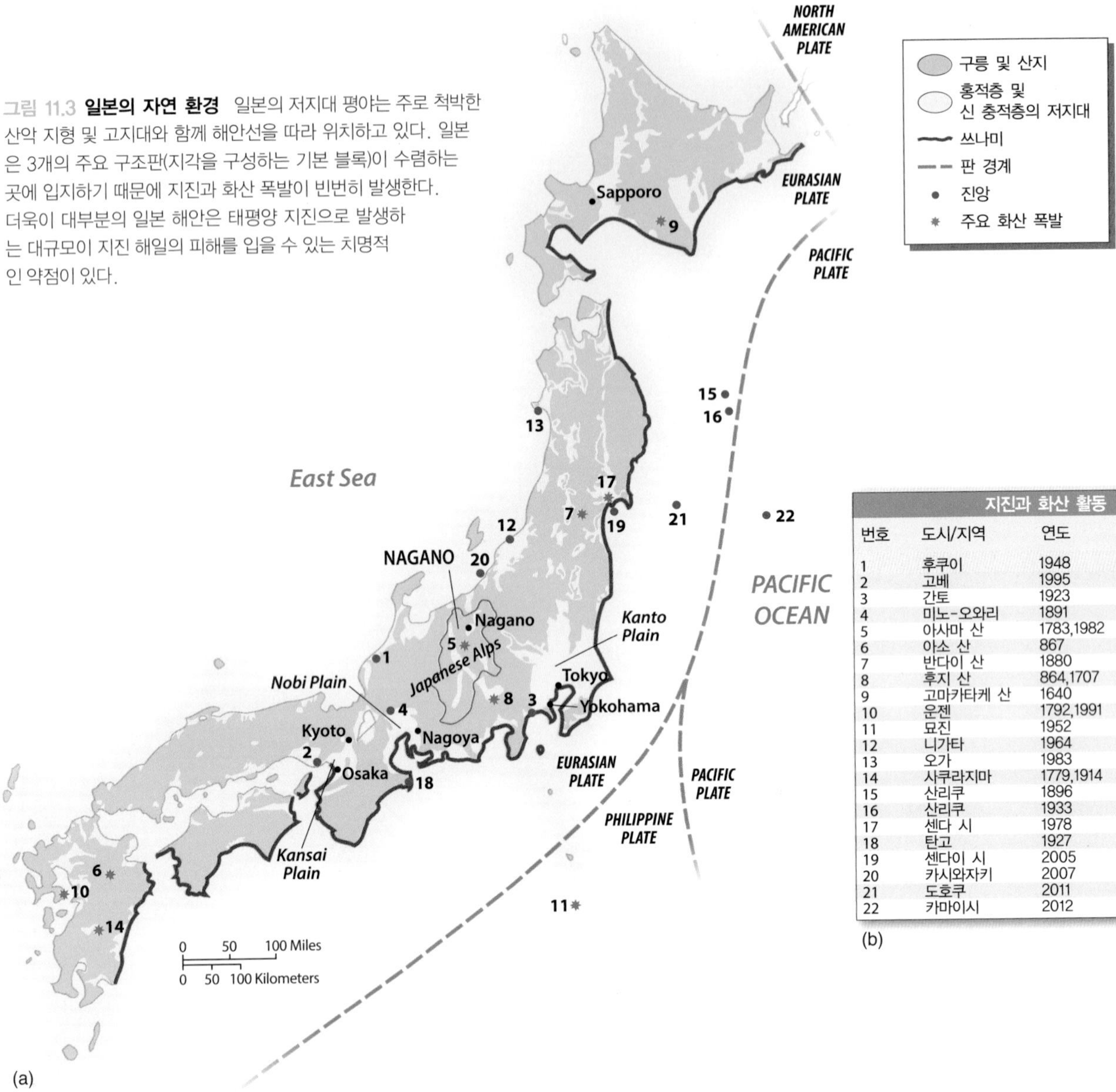

구릉 및 산지
홍적층 및 신 충적층의 저지대
쓰나미
판 경계
진앙
주요 화산 폭발

(a)

지진과 화산 활동

번호	도시/지역	연도	리히터 규모
1	후쿠이	1948	7.3
2	고베	1995	7.2
3	간토	1923	7.9
4	미노-오와리	1891	8.4
5	아사마 산	1783,1982	
6	아소 산	867	
7	반다이 산	1880	
8	후지 산	864,1707	
9	고마카타케 산	1640	
10	운젠	1792,1991	
11	묘진	1952	
12	니가타	1964	7.7
13	오가	1983	7.7
14	사쿠라지마	1779,1914	
15	산리쿠	1896	7.6
16	산리쿠	1933	8.5
17	센다 시	1978	
18	탄고	1927	8.0
19	센다이 시	2005	7.2
20	카시와자키	2007	6.8
21	도호쿠	2011	9.0
22	카마이시	2012	7.3

(b)

그림 11.4 **일본의 삼림** 일본은 세계에서 가장 많이 산으로 둘러싸인 국가이며, 대부분의 고지대는 울창한 삼림을 보유하고 있다. 풍부한 강수량, 온난한 기후, 오랜 자연 보호의 역사는 일본 대부분의 지역에서 나무가 잘 성장할 수 있도록 해 준다. 사진은 일본 중부 지역 도치기 현에 위치한 게곤 폭포의 전경이다.

그림 11.5 **북한의 삼림 벌채** 대부분의 북한 고원 지대는 오랜 기간 과잉 벌목으로 인해 삼림이 거의 없다. 북한의 남부 지역 황해도에서 볼 수 있듯이, 북한의 고원과 산은 관목과 발육이 잘 되지 않은 나무로 덮여 있다. 재식림이 광범위하게 이루어진 남한과는 확연히 대비된다.

그림 11.6 **중국 푸저우 해안** 푸저우는 중국 동남부 지역의 척박한 해안 지역이다. 해안 평원이 좁고, 아름다운 절경을 만들어내는 톱니 모양의 해안선을 보유하고 있다. 이 지역의 해안선은 지역형이 척박해 농업 지역으로 적절하지 않기 때문에 주민은 주로 어업에 종사하고 있다.

그림 11.7 **중국 북부 지역의 가뭄** 황허 강은 역사적 중요성으로 인해 때때로 '중국 문명의 요람'이라 불린다. 농업 및 공업용수의 이용이 증가하면서 강 하류는 종종 말라버린다. 사진 속 아이들이 중국 허난 성의 말라버린 하상에 있는 배에서 놀고 있다.

외의 계절은 건조하다. 황허 강을 지나 크고 평평하며 비옥한 토양으로 이루어진 중국 북부 평원 지대는 겨울에 춥고 건조한 한편, 여름에 덥고 습윤하다. 총 강수량은 다소 낮고 예상할 수 없지만, 중국 북부 평원 지대의 몇몇 지역은 종종 모래와 먼지 폭풍을 가져오는 **사막화**(desertification)의 위험에 처해 있다. 관개시설의 철폐와 산업이 발달함에 따라 많은 지역에서 주기적으로 물 부족 현상이 점점 심각해지고 있다(그림 11.7). 따라서 중국은 양쯔 강에서 중국 북부 지역의 평야로 물을 끌어오기 위해 대규모의 물줄기 방향 전환 사업을 하고 있다.

일반적으로 영어를 사용하는 사람들 사이에서 만주로 알려진 중국의 북동부 지역은 북한, 러시아, 몽골과의 접경을 따라 뻗어져 있는 산맥과 고원 사이에 끼인 넓고 비옥한 저지대이다. 겨울의 기후는 매우 춥지만, 일반적으로 여름은 습윤 온난하다. 만주 고원 지대는 중국에서 삼림 보존과 야생동물 보호가 가장 잘된 지역이다.

지진과 쓰나미 동아시아 대부분의 지역은 지질학적으로 지진이 활발하게 진행되고 있다. 이와 같은 지질학적 현상은 일본에서 가장 많이 발생하지만, 중국이 보다 파괴적이다. 2008년 5월 중국의 중부 지역에서 발생한 쓰촨 지진으로 약 7만 명이 사망하고, 400만 명이나 노숙자 신세가 되었다. 2014년 상대적으로 작은 중국의 지진으로 367명의 사망자가 발생했다.

일본은 긴 해안선과 3개의 지질 구조판이 수렴하는 곳의 인근에 위치하고 있기 때문에 일반적으로 수중 지진에 의해 생성된 거대한 해일인 **쓰나미**(tsunamis)에 특히 취약하다. 2011년 일본 북동부 지역의 도호쿠 지진과 쓰나미는 수많은 마을을 파괴시켰고, 1만 5,000명 이상의 사망자가 발생했다(그림 11.8). 또한 후쿠

그림 11.8 **도호쿠의 쓰나미** 2011년 3월 11일에 발생한 도호쿠 지진과 쓰나미는 세계에서 가장 심각한 자연재해 중의 하나이다. 쓰나미의 최고 높이는 마을 전체를 완전히 쓸어내 버리기에 충분한 40m 이상이었다. 사진은 제방을 무너뜨리고 이와테 현 미야코 시로 범람하는 쓰나미를 보여준다. 이 쓰나미로 인해 1만 5,000명 이상의 사망자가 발생했다. AFP PHOTO / JIJI PRESS **Q : 2011년 도호쿠 지진과 쓰나미가 일본의 경제와 정치적 시스템에 심각한 영향을 끼친 이유는 무엇인가?**

시마 다이치 원자력 발전소에 심각한 피해를 입혀 많은 양의 방사성이 누출되었으며, 20만 명 이상의 지역 주민이 대피하였다.

동아시아의 환경 문제

동아시아에서 가장 심각한 환경 문제는 많은 인구, 급속한 산업 발전, 독특한 자연지리 특성을 가진 중국에서 발견된다. 중국은 세계에서 가장 심각한 대기 오염과 수질 오염으로 시달리는 국가이다. 반면에 한국, 일본, 타이완은 환경 보호에 많은 투자를 하여 자연 환경이 과거에 비해 많이 쾌적해졌다(그림 11.9).

도시 오염 중국의 산업 기반이 확장되면서 도시 환경 문제가 점점 심각해졌다. 자동차의 수의 증가로 악화된 고유황 석탄의 연소는 심각한 대기 오염을 가져왔다. 대부분의 중국 도시는 스모그로 꽉 차 있으며, 종종 대기가 안정되는 겨울에 더욱 심하다. 최근 보도에 따르면, 중국의 대기 오염은 매년 35만 명 이상의 조기 사망 원인이 된다. 더욱이 중국의 오염물질은 한국과 일본뿐만 아니라 미국 서부 해안까지 이동한다(그림 11.10). 또 다른 심각한 문제인 수질 오염은 매년 약 6만 명의 사망 원인이 된다고 보도되었다.

그러나 중국은 오염 문제를 다루는 데 있어 진일보했다. 이산화황 배출은 2006년에 정점을 찍었고, 현재 중국은 인도보다 이산화황 배출량이 적다. 2015년 'Under the Dome'이라는 중국의 대기 오염에 대한 영상물이 중국을 포함한 전 세계에 입소문이 나면서 단 며칠 만에 수억 명 이상이 이 영상물을 시청했다. 이렇게 결정적인 영상물이 검열되지 않았던 사실은 중국의 지도부가 결국 오염 문제를 국가 긴급 사안으로 간주했다는 것을 보여주는 것이다. 그러나 이 영상물의 대중적 인기로 인해 공무상의 관심이 유발되어 이 영상물은 일주일 만에 중국 모든 비디오 사이트에서 삭제되었다.

한국, 일본, 타이완은 인구밀도와 산업 발전의 수준에 비해 상대적으로 청정 환경을 보유하면서 오염 관리에 큰 발전을 이루었다. 일본의 가장 집약적인 산업 발전 시기인 1950~1960년대에 일본은 세계에서 가장 열악한 수질 및 대기 오염으로 시달렸다.

그림 11.9 **동아시아의 환경 문제** 동아시아 대부분의 지역은 자연의 영향으로 인해 심각한 환경 문제를 보유하고 있다. 중국에서 가장 심각한 환경 문제는 산림 벌채, 홍수, 물 관리, 토양 침식이다.

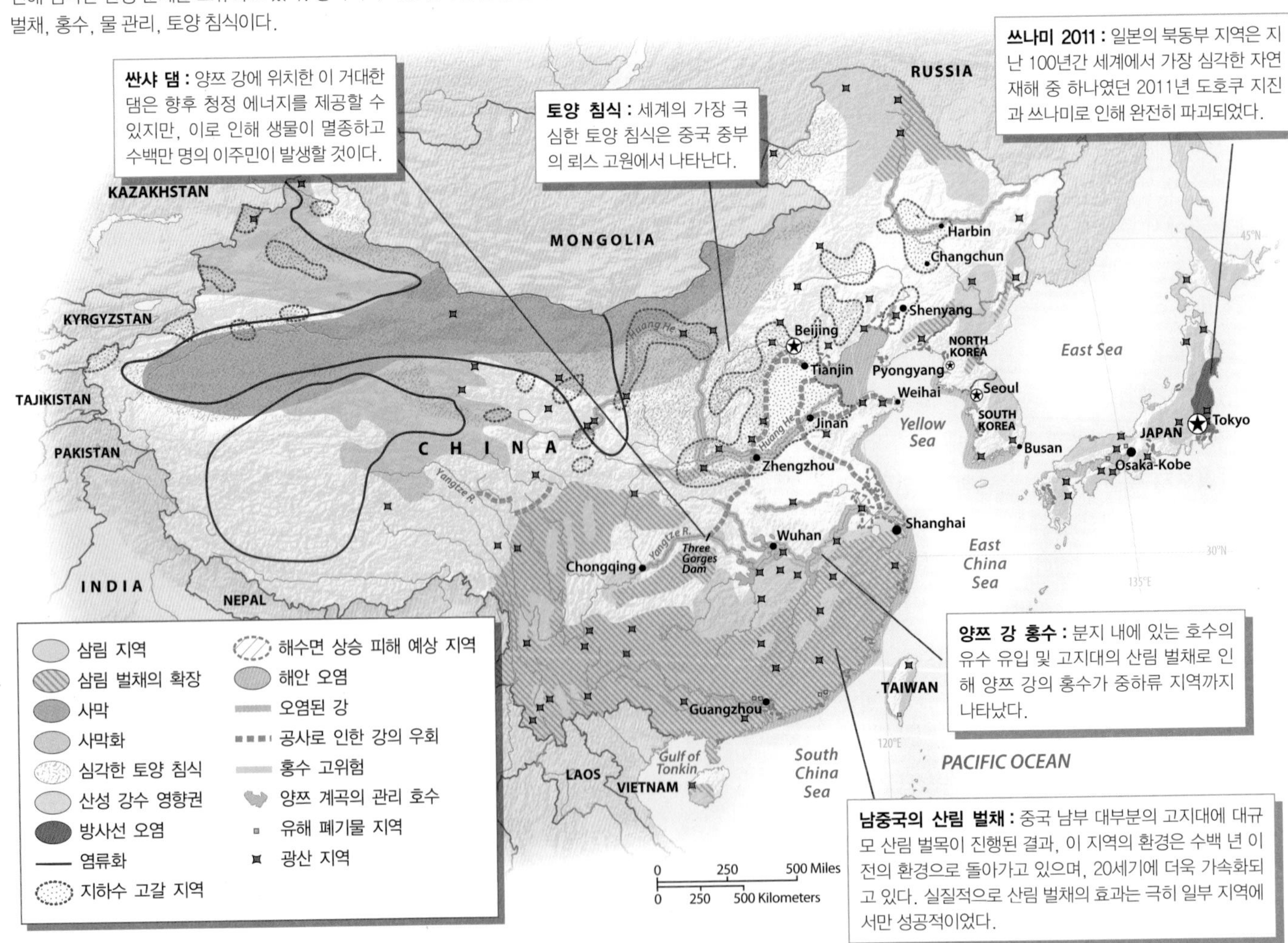

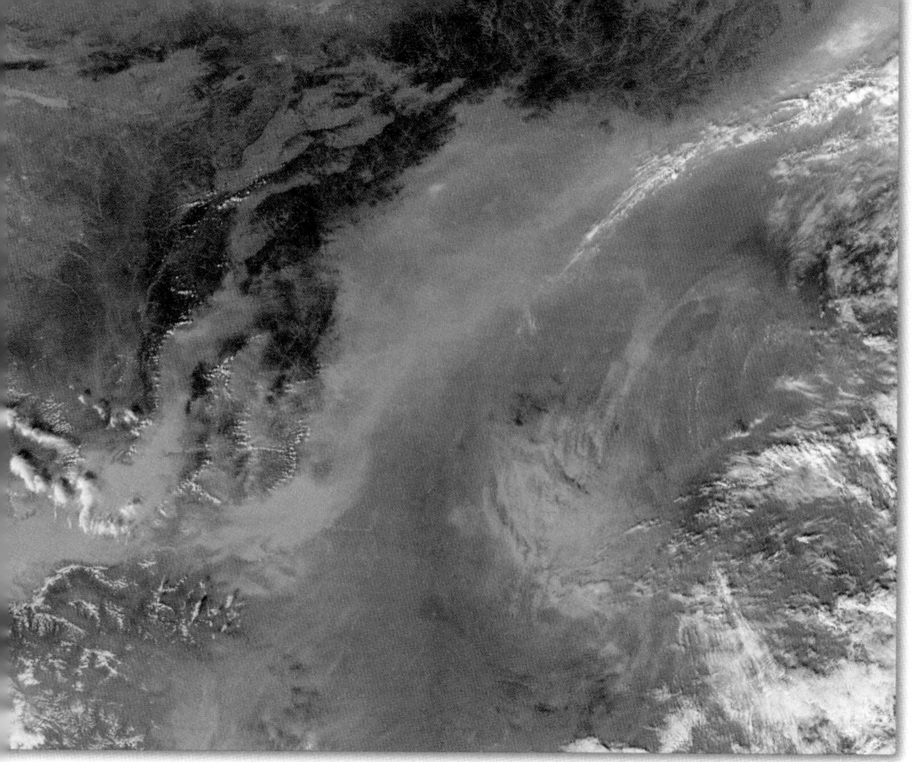

그림 11.10 **중국의 대기 오염** 중국의 대기 오염은 아주 심각하여 우주에서도 쉽게 볼 수 있다. 2009년 10월 28일 나사의 분광 복사기 사진에 두꺼운 회갈색이 중국의 북부 평야 지역의 서쪽 절반을 덮는 현상이 나타난다. 또한 이 오염이 줄을 이어 황해를 건너 한국과 일본으로 이동한다. 심지어 이러한 중국의 대기 오염물질은 태평양을 건너 미국 서부 지역까지 이동한다.

그 이후 일본은 엄격한 환경법을 제정하였다. 수십 년 후에 한국과 타이완도 이와 비슷한 경험을 하였다.

일본의 환경이 깨끗한 이유는 일반적으로 바람이 스모그를 형성하는 화학물질을 바다 쪽으로 운반하기 때문이다. 즉, 일본은 입지의 영향으로 환경 오염이 완화되었다고 볼 수 있다. 또한 이에 대한 다른 이유로 **오염 수출**(pollution exporting)을 들 수 있다. 일본의 높은 생산비와 엄격한 환경법 때문에 많은 일본 기업은 오염 유발 공장을 중국과 동남아시아와 같은 지역으로 이전하고 있다. 이러한 현상은 미국과 서유럽이 과거에 이행했던 것을 답습한 것이면, 일본의 오염이 부분적으로 가난한 국가로 이전되고 있음을 의미한다.

산림과 벌목지 중국과 북한 대부분의 고원 지대에서는 목초, 관목 식물 등이 주로 서식한다. 중국은 일본과 달리 산림 보호의 역사가 짧다. 중국 남부의 많은 지역에서는 고구마, 옥수수, 기타 작물 등이 경사가 가파르고 쉽게 토양이 침식되는 산비탈 지역에서 수백 년간 경작되고 있다. 개발의 시대에 접어든 이후, 많은 고원 지대에서는 산림을 이룰 수 없을 정도의 많은 토양이 소실되었다.

중국 정부가 재식림 프로그램을 개시했음에도 불구하고 대부분 실패했다. 오늘날 지속적으로 중국에 남아 있는 산림은 추운 기후로 인해 산림이 빨리 성장할 수 없는 북부 말단 지역, 티베트 고원의 동부 경사 지역, 상업 삼림자원이 제한된 지역에서만 찾아볼 수 있다. 그 결과, 중국은 심각한 산림자원의 부족에 시달리게 되었다. 중국의 경제가 크게 성장함에 따라 재목, 펄프, 종이 등을 수입하는 주요 국가가 되었다.

중국의 홍수, 댐, 토양 침식

역사적으로 중국의 가장 심각한 환경 문제는 홍수와 토양 침식으로 인한 것이다. 중국 정부는 이와 같은 문제를 해결하기 위해 열심히 노력하고 있다. 이에 대해 가장 심각한 물의를 일으켰던 해결책은 양쯔 강에 싼샤 댐 건설이었다.

양쯔 강과 싼샤 갈등 양쯔 강은 동아시아에서 가장 중요한 자연적 특성을 지닌 강이다. 세계에서 세번째로 큰 양쯔 강은 티베트 고원에서 발원해 싼샤의 웅장한 협곡을 지나 쓰촨 분지로 흘러간 후 중국 중부 저지대를 거쳐서 상하이 인근의 거대한 삼각주가 있는 바다로 흘러간다(그림 11.11). 역사적으로 양쯔 강의 아름다움은 중국의 고문헌에 잘 기록되어 있다. 중국 정부는 홍수를 방지하고 전기를 공급하기 위해 양쯔 강을 관리하고 있다. 이를 위해 싼샤 지역에 세계에서 가장 거대한 댐을 건설하기 시작해 2006년에 완공했다. 미화 390억 달러의 비용이 투입된 이 댐은 저수지 길이가 약 560km로 세계에서 가장 큰 수력 발전 댐이다. 이 댐의 건설로 인해 양쯔 강에 서식하고 있는 돌고래와 여러 생물종이 멸종의 위기를 맞이했고, 주요 경관이 수몰되었으며, 100만 명 이상의 이주민이 발생했다.

싼샤 댐은 중국 전력 총 소비량의 약 3%를 공급한다. 중국은 산업화되면서 전력 수요가 급격히 증가하고 있다. 현재 중국 에너지 전체 공급량의 4/5가 심각한 대기 오염을 유발하는 석탄 연소에서 발전된다. 싼샤 댐이 이러한 대기 오염을 어느 정도 감소시킬 수 있지만, 대부분의 환경주의자들은 비용이 이익을 상회할 것이라고 주장한다. 중국 정부의 계획가들은 싼샤 댐이 필수 전력을 공급하고, 양쯔 계곡 중간 지대와 저지대에 상시적으로 나타나는 범람의 위험을 감소시킬 것이라고 주장하면서 환경주의자들의 주장을 외면하고 있다. 그러나 중국 북부 지역의 황허 강 댐 건설은 그 지역의 물 관리에 따른 문제를 해결하지 못하고 있다.

중국 북부 지역의 범람 중국 북부 평원은 역사적으로 오랫동안 가뭄과 홍수로 큰 피해를 입어왔다. 이 지역은 연중 건조하지만 여름에 때때로 심한 폭우가 내리기도 한다. 고대 이후 제방과 운

(a)

(b)

그림 11.11 **양쯔 강 싼샤** (a) 수려한 경관의 양쯔 강 싼샤에는 (b) 100만 명 이상의 주민을 이주시켜 논란이 많은 홍수 통제 댐이 위치하고 있다. 이들을 이주시키는 데 소요되는 인적 비용뿐만 아니라 수중 생물종을 관리하는 생태 비용도 아주 높다.

하는 홍수를 통제하고 관개로 이용되었다. 그러나 물을 관리하는 데 어느 정도의 노력이 투입되었는지 상관없이 완벽하게 범람이 방지되었던 적은 없었다.

중국 북부 지역 최악의 홍수는 중국 북부 평원을 가로지르는 황허 강 또는 양쯔 강에서 발생한다. 황허 강은 상류에서 침식이 일어나기 때문에 세계에서 가장 흐린 강이 되며, 진흙, 실트, 모래를 포함한 거대한 **퇴적물**(sediment load)을 운반하게 된다(그림 11.12). 강이 낮은 평원으로 진입할 때 유속은 느려지고, 강의 퇴적물은 하저에 쌓이게 된다. 그 결과 강의 수위가 점차 상승하여 저지대에 범람이 일어나 바다로 흐르는 새로운 강줄기를 만들게 된다. 역사 시대에 황허 강의 줄기는 26회나 변경되었으며, 수많은 인명을 앗아갔다. 고대 이후, 중국은 끊임없이 이어지는 제방을 쌓아 그 강둑 내에서 강을 유지하려고 했다. 그러나 하저가 높이 상승하면서 강물이 둑을 범람하게 되었다. 그 결과, 한 번에 수백만 명의 인명을 앗아가기도 했다. 1930년대 이후 황허 강의 줄기는 변하지 않았지만, 대부분의 지리학자들은 또 다른 변화가 필연적으로 나타날 것이라고 주장하고 있다.

뢰스 고원의 침식 황허 강 퇴적물의 기원은 중국 북부 평원에 위치한 뢰스고원의 침식 토양이다. **뢰스**(loess)는 후빙기에 고지대에 퇴적한 비옥한 황토 풍적토이다. 이 지역에 뢰스가 수백 피트 이상의 두께로 쌓여 있다. 뢰스는 비옥한 토양이지만, 흐르는 물에 노출되면 쉽게 씻겨 나간다. 경작하기 위해서는 밭을 갈아야 하며, 이는 토양 침식을 가져온다. 이 지역의 인구가 점차 증가하면서 토양이 크게 손실되어 삼림 지대와 초원 지

그림 11.12 **중국 황허 강의 거대한 방류** 황허 강은 세계에서 가장 탁한 강으로 간주된다. 모래 퇴적물이 범람의 위험을 증가시키고 저수지를 조성한다. 사진 속의 방문객들은 황허 강에 쌓인 모래를 빼내기 위해 샤오랑디 저수지에서 방출된 거대한 물줄기를 바라보고 있다.

지리학자의 연구

중국 농촌의 변화

웨스턴미시간대학의 **그레고리 빅**은 상대적으로 지리학에 늦게 입문한 학자이며, 미국 농무부에서 근무하면서 지리적 관점을 가지게 되어 지리학 박사 학위를 취득하게 되었다. 그는 "종합적 학제의 본질이 중요하다."고 하였다. 빅은 중국 농촌 경제와 농업정책 변화 시점의 환경을 연구하고, 중국에서 가장 부유한 지역과 빈곤한 지역에 대한 심층 현장 조사를 수행하고 있다. 그는 중국 동료들과 연구하면서 "나는 어떤 면에서 접착제와 같다. 나는 수문학자, 경제 개발학자 등 모두가 무엇을 하는지 알고 있고, 큰 그림을 본다. 그리고 그 정보를 모두가 아는 언어인 지도 위에 놓는다."라고 설명하였다.

그림 11.1.1 **중국 고원의 현장 답사** 그레고리 빅은 쓰촨 고원의 야크 농사와 방목지의 변화에 대한 연구를 하던 중 쓰촨 성 서부 지역 헤이수이 현 다구 빙하를 방문하였다.

지리학자의 도구 빅의 말을 보면 그의 지리학에 대한 흥미가 이해된다. "나는 태어나면서부터 지금까지 지도를 좋아해왔다. 지도에는 무언가 대단한 것이 있다. 그리고 중국 농촌 변두리에 앉아 사람들과 곡물 가격 이야기를 하면서 시간을 보내는 것을 좋아한다. 내가 이러한 것들을 할 수 있는 것은 중국어를 배웠기 때문이다. 지리학자들은 다른 학문의 학자들보다 언어를 좋아한다." 그는 처음에 중국어 배우는 것을 두려워했지만 지금은 "중국어를 시작하기에 괜찮고 중국어를 배우기에 좋은 시간이다." 라고 한다.

빅은 주로 조사 데이터와 통계 분석을 기반으로 연구한다. 예를 들어, 그는 위치의 중요성을 입증하기 위해 장쑤 성 농업 종사자의 농업 외 소득과 소득, 농업 규모, 가구 규모와 관련된 변수들을 상호 비교하였다. 그는 구체적으로 산업 도시 주변에 거주하는 농업 종사자들은 인근 공장의 시간제 일자리를 통해 소득을 증가시킬 수 있다고 밝혔다.

최근 빅과 그의 동료들은 원격 탐사와 목부(牧夫)와의 인터뷰를 통해 중국의 목초지와 초원의 질을 평가하였다. 부실한 초지 관리는 목부의 수입과 광대한 초지의 생태를 위협한다. 따라서 중국 정부는 초지의 손상을 경감시키고 경제적인 부분을 보호하고자 한다. 빅은 원격탐사 자료를 이해하기 위해 전통적인 답사 방식인 인터뷰를 선호한다. "지리학은 정량적 방식과 정성적 방식 모두 활용한다. 우리는 인접 학문보다 더 많은 기술을 가지고 있으며, 문제 해결을 위한 더 많은 도구들을 보유하고 있다.

1. 중국 농부의 소득 방식에 대한 이해가 중요한 이유는 무엇입니까? 이와 같은 정보는 중국 관료와 계획가에 얼마나 중요한가?
2. 지리학자 여러분 공동체의 연구 프로젝트에 공헌할 수 있는 방식에 대해 생각해 보라.

대가 사라졌다. 침식 작용이 계속 일어나면서 거대한 협곡이 고원을 가로질러 갔으며, 비옥한 땅의 범위가 점차 감소했다.

뢰스 고원의 토양 침식을 중단시키기 위한 많은 노력이 진행 중이다. 테라스 구축과 나무 심기가 토양 침식을 중지하고 지역의 농지를 보호하는 데 가장 결정적인 수단으로 판명되었다(**지리학자의 연구 : 중국 농촌의 변화** 참조).

기후 변화와 동아시아

동아시아는 중국의 탄소 배출량이 급증하면서 기후 변화 논쟁에서 중심적인 지위를 차지하고 있다. 2000년에 중국의 온실 가스 생산량은 미국의 절반 수준에 불과했지만, 2007년에는 세계에서 가장 많았다. 이와 같은 현상은 중국의 급격한 경제 발전과 대부분의 전력 발전을 위한 석탄 연소에 기인한다(그림 11.13).

중국의 잠재적 기후 변화 효과는 전 세계적으로 심각한 의미를 가진다. 최근 어느 보고서에 따르면, 50년에서 80년 후 평균

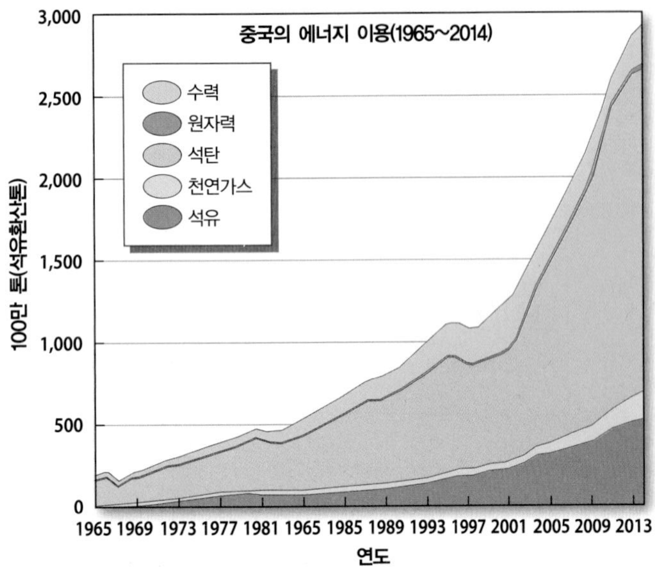

그림 11.13 **중국의 에너지 소비** 대부분 중국의 에너지 수요 급증은 석탄과 석유 연소에 의한 것이다.

기온이 2~3°C 증가하면 국가의 옥수수, 밀, 쌀 생산이 37% 감소할 수 있다고 한다. 증발률의 증가는 전염병이 많은 중국 북부 지역의 물 부족 현상을 심화시켰다. 기후 변화에 대한 중국 남부 습윤 지역의 관심사는 홍수가 자주 발생하는 지역에 보다 심각한 폭풍이 발생할 개연성이 크다는 것이다.

2007년 6월 중국은 에너지 효율성의 제고와 재생 에너지 자원으로의 부분적 전환을 위한 제1차 국가 기후 변화 계획을 발표했다. 결론적으로 중국 정부는 21세기 핵심 에너지 기술로서 태양판 제조에 막대한 지원을 하고 있다. 또한 중국의 기후 변화 전략은 재식림 효과와 함께 원자력과 풍력의 확대를 포함한다. 최근 중국은 세계에서 신재생 에너지 주요 생산국으로 거듭나고 있다.

2014년 하반기에 중국은 2030년까지 탄소 배출을 최대화시켰다가 그 이후에 점점 감축하기로 미국과 타협했다. 또한 중국 정부는 그때까지 에너지 수요의 20%를 재생 에너지로 대체하기로 약속했다. 그러나 대부분의 기후 변화 전문가들은 중국이 온실가스 배출 감축을 보다 빨리 시행해야 한다고 생각하고 있으며, 실질적으로 중국이 이를 시행하지 않을 것으로 보고 있다.

중국이 기후 변화에 끼친 영향은 다른 동아시아 국가보다 크다. 한국, 일본, 타이완은 주요 온실 가스 배출 국가이지만, 효율적인 에너지 이용 국가이다. 더욱이 한국과 일본의 기업들은 에너지 효율성과 친환경 기술에 있어 세계적인 선도 주자들이다. 그러나 일본은 도호쿠 지진과 쓰나미 그리고 이어진 후쿠시마 원자력 발전소의 재난으로 인해 원자력 원자로의 작동을 중지한 이후에 이산화탄소의 배출량이 증가하였다. 일본은 시민들의 반대에도 불구하고 2015년 전반기에 원자력 발전소를 재가동할 것이라고 발표하였다.

확인 학습

11.1 중국이 한국, 일본, 대만보다 토양 침식, 홍수, 사막화, 삼림 벌채의 어려움을 겪는 이유는 무엇인가?

11.2 중국이 세계에서 가장 많이 온실가스를 배출하는 국가가 된 이유는 무엇이며, 이러한 문제에 대해 중국 정부는 어떻게 대응하고 있는가?

주요 용어 중국 본토, 사막화, 쓰나미, 오염 수출, 퇴적물, 뢰스

인구와 정주 : 인구 밀집 저지대 분지 지역

동아시아는 세계에서 가장 인구밀도가 높은 지역 중 하나이다(그림 11.14와 표 A11.1). 한국, 일본, 중국의 저지대는 주요 도시와 대부분의 농업 지역을 포함하고 있으며, 세계에서 가장 집약적으로 이용된다. 동아시아의 인구밀도는 매우 높지만, 인구 성장률은 급격히 감소하고 있다(그림 11.15). 최근 일본의 관심사는 고령화 사회와 함께 인구 감소이다. 2013년 일본의 인구는 거의 25만 명 감소하였으며, 이와 같은 경향이 계속 된다면 2060년경에 일본의 인구는 1억 2,700만 명에서 8,700만 명으로 감소할 것이다. 수십 년 이내에 한국과 타이완도 역시 일본과 유사한 상황에 직면하게 될 것이다. 비록 거대한 중국의 인구가 여전히 증가하고 있지만, 이러한 현상이 지속된다면 중국도 역시 수십 년 이내에 인구가 감소하게 될 것이다.

일본의 정주 및 농업 패턴

일본은 대규모 도시를 보유한 고도로 도시화된 국가이다. 2014년 UN은 도쿄가 적어도 2030년까지는 세계에서 가장 큰 메트로폴리탄이 거의 확실시된다고 발표했다. 그러나 일본은 세계에서 산지 비율이 가장 높은 국가이며, 고지대의 인구밀도는 낮다. 다라서 농업 활동은 도시와 도시 근교를 제외한 저지대에서 이루어지기 때문에 매우 집약적이다. 특히 이와 같이 집약된 발전은 도쿄 남부와 서부에서 나고야와 오사카를 관통하여 큐슈 북부 해안 지역에 이르는 일본의 핵심지역에서 두드러지게 나타난다. 정반대로 최근 일본의 외곽 지역 대부분은 젊은 사람들이 도시로 이주하면서 인구가 감소하고 있다.

일본의 농업은 대체적으로 해안 평야와 내륙 분지 지역에 제한되어 있다. 쌀은 일본의 주요 작물이고, 쌀 경작을 위한 관개농업은 평평한 토지를 필요로 한다. 일본의 쌀 경작은 상대적으로 작고 척박한 농지에서 많은 인구를 부양하기 위해 세계에서 가장 생

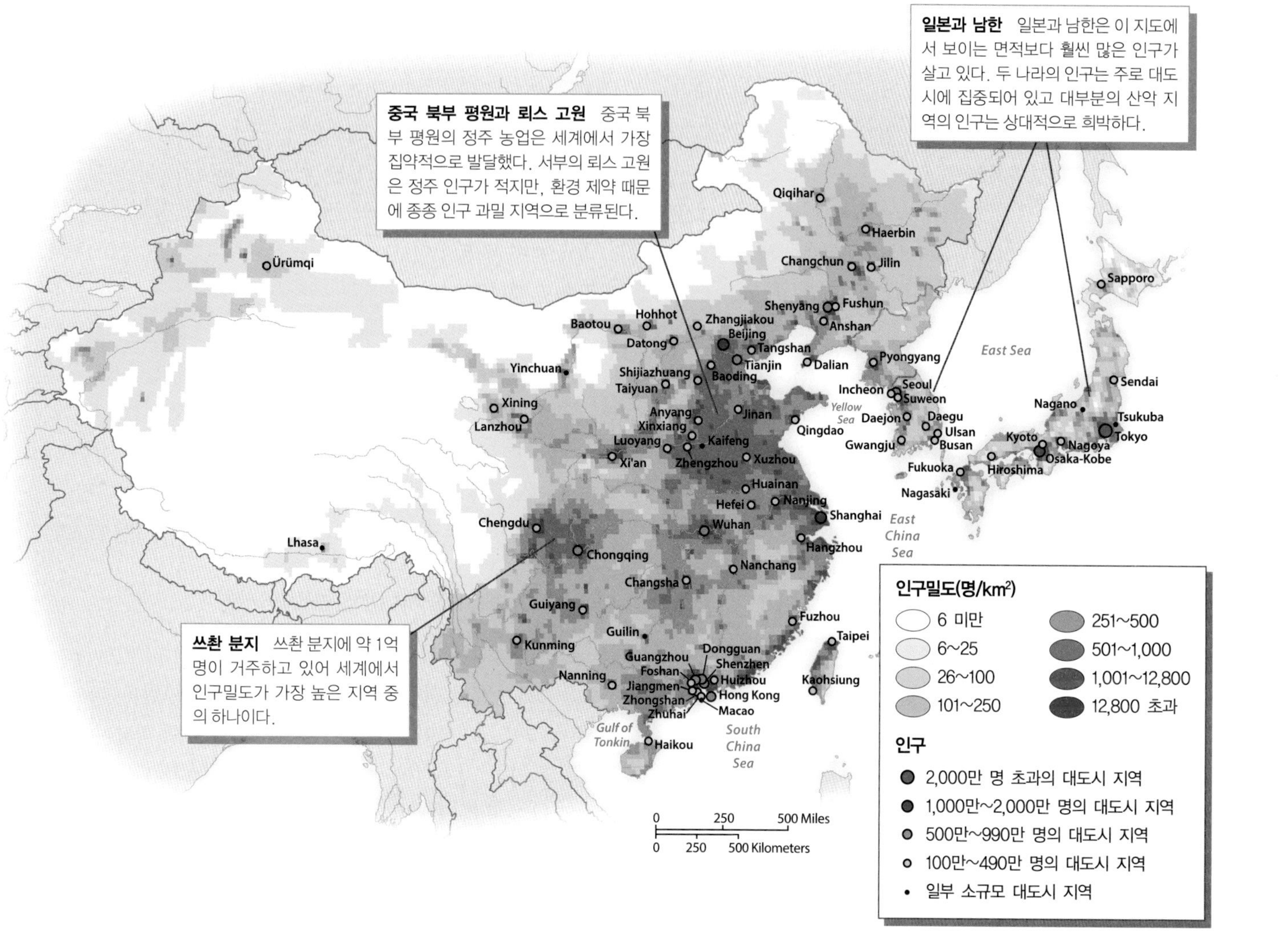
일본과 남한 일본과 남한은 이 지도에서 보이는 면적보다 훨씬 많은 인구가 살고 있다. 두 나라의 인구는 주로 대도시에 집중되어 있고 대부분의 산악 지역의 인구는 상대적으로 희박하다.
중국 북부 평원과 뢰스 고원 중국 북부 평원의 정주 농업은 세계에서 가장 집약적으로 발달했다. 서부의 뢰스 고원은 정주 인구가 적지만, 환경 제약 때문에 종종 인구 과밀 지역으로 분류된다.
쓰촨 분지 쓰촨 분지에 약 1억 명이 거주하고 있어 세계에서 인구밀도가 가장 높은 지역 중의 하나이다.
Qiqihar
Haerbin
Changchun
Jilin
Ürümqi
Sapporo
Shenyang
Fushun
Anshan
Hohhot
Baotou
Zhangjiakou
Beijing
Datong
Tangshan
Tianjin
Dalian
Pyongyang
East Sea
Yinchuan
Shijiazhuang
Baoding
Taiyuan
Seoul
Incheon
Suweon
Sendai
Xining
Lanzhou
Anyang
Jinan
Xinxiang
Yellow Sea
Qingdao
Daejon
Daegu
Ulsan
Busan
Gwangju
Nagano
Tsukuba
Tokyo
Kyoto
Nagoya
Osaka-Kobe
Luoyang
Kaifeng
Zhengzhou
Xuzhou
Xi'an
Fukuoka
Hiroshima
Nagasaki
Huainan
Nanjing
Hefei
Shanghai
Chengdu
Wuhan
East China Sea
Lhasa
Hangzhou
Chongqing
Nanchang
Changsha
Guiyang
Fuzhou
Guilin
Taipei
Kunming
Guangzhou
Dongguan
Foshan
Shenzhen
Jiangmen
Huizhou
Nanning
Zhongshan
Hong Kong
Zhuhai
Macao
Kaohsiung
Gulf of Tonkin
Haikou
South China Sea
0 250 500 Miles
0 250 500 Kilometers
인구밀도(명/km²)
6 미만
6~25
26~100
101~250
251~500
501~1,000
1,001~12,800
12,800 초과
인구
2,000만 명 초과의 대도시 지역
1,000만~2,000만 명의 대도시 지역
500만~990만 명의 대도시 지역
100만~490만 명의 대도시 지역
일부 소규모 대도시 지역

그림 11.14 **동아시아 인구 지도** 동아시아 정주지는 밀도가 아주 높고, 특히 중국과 일본의 해안 저지대에 집중 분포한다. 이러한 지역은 인구밀도가 낮은 중국 서부 지역, 북한, 일본 북부 지역과 대비된다. 이 지역의 총인구는 많지만, 전반적으로 인구밀도가 높고, 과거 수십 년간 자연 증가율이 급격히 둔화되었다.

일본
중국
나이
85+
80–84
75–79
70–74
65–69
60–64
55–59
50–54
45–49
40–44
35–39
30–34
25–29
20–24
15–19
10–14
5–9
0–4
남성
여성
5 4 3 2 1 0 1 2 3 4 5
(a)
(b)
인구 비율(%)

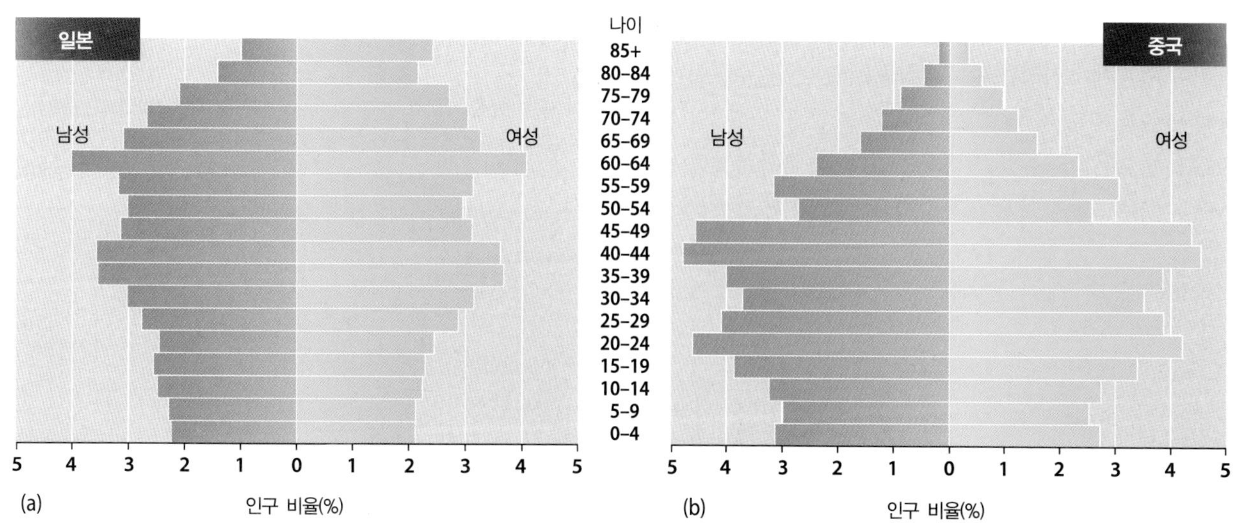

그림 11.15 **일본과 중국의 인구 피라미드** (a) 일본은 저출산율과 긴 기대수명으로 세계에서 가장 노령화된 국가 중 하나이고, 가장 급속도로 고령화되고 있다. 높은 60세 이상의 인구 계층 비율은 일본 경제에 아주 큰 부담이 된다. (b) 중국은 보다 균형 잡힌 인구 구조를 보유하고 있지만, 중국도 역시 출산율이 낮아 10~20년 후에 일본과 유사한 문제가 나타날 수 있다.

산적인 농업 형태를 유지해 왔다. 쌀은 대부분 일본의 저지대에서 경작되지만, 일본 주요 쌀 경작지는 혼슈 중부 및 북부 지역의 서쪽 해안(동해)를 따라 위치하고 있다. 채소 또한 모든 저지대 분지, 심지어 도시 근교의 작은 구획에서 집약적으로 경작된다(그림 11.16). 혼슈 중부 및 북부 지역은 온대 기후 과일로 유명한 한편, 남서부 지역은 감귤류로 유명하다. 감자와 같이 추운 기후에 잘 자라는 작물은 주로 홋카이도와 혼슈 북부 지역에서 생산된다.

한국과 타이완의 정주 및 농업 패턴

한국은 미네소타보다 작은 지역에 약 7,600만 명(북한 2,500만 명, 남한 5,100만 명)의 인구를 보유한 인구밀도가 매우 높은 국가이다. 실질적으로 남한의 인구밀도는 일본보다 훨씬 높다. 대부분의 한국인은 서부와 남부 지역의 충적 평야와 분지에 거주하고 있다. 남한의 북부 지역과 북동부에 걸쳐 있는 산악 지역의 인구밀도는 상대적으로 희박하다. 남한의 주요 농작물은 일본과 마찬가지로 쌀이다. 반대로 북한의 주요 작물은 관개시설을 필요로 하지 않는 옥수수와 다른 고지대 작물이다.

타이완은 동아시아에서 가장 인구밀도가 높은 국가이다. 국토의 크기는 대략 네덜란드와 비슷하며, 인구는 약 2,300만 명이다. 전반적인 인구밀도는 세계에서 가장 높다. 타이완의 중부와 동부 지역은 주로 산으로 구성되어 있기 때문에 실질적으로 전체 인구는 북부와 서부 지역의 좁은 저지대 벨트에 집중적으로 분포한다. 이러한 지역 대도시와 많은 공장이 입지하고 있다.

중국의 정주 및 농업 패턴

한국, 일본, 타이완과 달리 중국은 여전히 방대한 농촌 인구를 보유하고 있다. 중국의 농촌 지역은 아주 다양하지만, 양쯔 강 북쪽을 기준으로 2개의 주요 농업 지역으로 구분된다. 남부는 쌀이 주요 작물이며, 북부에서 가장 보편적인 작물은 밀, 기장, 수수이다.

중국의 남부와 중부 지역 인구는 비옥한 토양과 집약적인 농업으로 유명한 넓은 저지대에 집중되어 있다. 중국 대부분의 중부 및 남부 지역은 1년 내내 경작과 수확을 한다. 여름 쌀은 겨울 보리 또는 채소와 함께 번갈아 경작되고, 많은 지역에서 이모작과 함께 하나의 겨울 작물이 경작된다. 또한 중국 남부 지역은 열대 및 아열대 작물을 경작하고, 완만하게 경사진 지역은 고구마, 옥수수 등의 고지대 작물을 경작한다. 윈난 성의 고원 지대에는 차, 커피, 고무, 열대 플랜테이션 작물들이 광범위하게 재배된다(**지속 가능성을 향한 노력 : 중국 윈난 성의 차와 커피** 참조).

중국 북부 지역의 인구 분포는 다양하게 나타난다. 중국 북부 평원은 오랫동안 인간의 활동에 의해 세계에서 가장 크게 변화된 **인위적 경관**(anthropogenic landscapes) 지역이다. 실질적으로 이 지역의 전체가 집, 공장, 그 외 인문 · 사회 구조물로 변화되었다. 한편, 만주는 1800년대 중반까지 인구 희박 지역이었다. 오늘날 만주의 중앙 평원은 약 1억 명 이상의 인구를 가진 정주 지역으로 변모했다. 뢰스 고원은 약 7,000만 명의 인구를 가진 정주 지역으로 만주의 중앙 평원보다 인구밀도가 낮다(그림 11.17).

세계적 맥락에서 동아시아의 농업과 자원

동아시아의 농업은 생산성이 높지만, 이 지역에 살고 있는 모든 사람들에게 충분한 식량을 제공하지 못한다. 한국, 일본, 타이완은 주요 식량 수입국이며, 중국도 이들 나라와 같이 식량 수입이 증가하고 있다. 동아시아 국가는 경제 규모가 크기 때문에 다양한 종류의 자원을 세계 여러 국가로부터 많이 수입하고 있다.

일본은 쌀을 자급자족하지만, 여전히 세계에서 식량을 가장 많이 수입하는 국가이다. 일본은 미국, 브라질, 캐나다, 오스트레일리아로부터 많은 양의 육류와 더불어 자국의 축산업에 사용되는 사료를 수입한다. 일본은 세계에서 어류 소비가 가장 많은 나라이며, 주로 원양어업을 통해 자국민의 어류 수요를 충족시킨다. 또한 일본은 산림자원에 대한 수요와 공급의 균형을 위해 수입에 의존한다. 일본 자체 산림에서 품질 좋은 삼목재와 노송

그림 11.16 **일본의 도시 농업** 일본의 경관은 주로 좁은 농경지와 도시 거주지가 결합되어 있다. 사진 속의 좁은 쌀 농지는 도시 주변에 인접해 있다.

그림 11.17 **뢰스 거주지** 중국의 뢰스 고원은 좋지 않은 환경을 고려하여 거주지가 밀집되어 있다. 지하 주거지는 연성(부드러운) 퇴적물을 깎아 만들어졌다. 이 지역은 주요 지진대에 입지하고 있어 주거지 붕괴로 인해 많은 사상자가 나타난다.

지속 가능성을 향한 노력

중국 윈난 성의 차와 커피

중국 중남부의 윈난 성은 중국의 다른 지역보다 생물학적으로 다양하고 따뜻한 기후, 아름다운 경치, 다양한 문화를 보유하고 있어 관광객들이 많이 찾는 지역이다. 그러나 윈난 성은 중국에서 가장 가난한 지역 중 한 곳으로 토양 침식, 삼림 파괴를 비롯한 다양한 환경 문제가 이 지역을 어렵게 만들고 있다. 지난 수십 년간 고무, 커피, 차 등 플랜테이션 작물의 재배 면적 증가는 심각한 환경 문제를 발생시켰다. 그러나 최근 지속 가능한 작물 재배 기술의 발달로 상당한 진전이 있었다.

지속 가능한 차 지속 가능한 차(茶)를 위해 뉴욕에 있는 열대 우림 동맹(Rainfall Alliance)은 생물 다양성 보존과 토지 사용 패턴 및 소비 행태 변화로 지역의 생계를 보장하기 위한 기구로 윈난 성의 지속 가능한 차 생산을 지원해 왔다. 최근 열대 우림 동맹이 윈난 성 대규모 사유지에 제공한 지속 가능한 인증 차의 량은 연간 약 50만 kg이었다.

지속 가능한 차 인증을 획득하기 위해서 농장 경영자들은 산림 파괴를 줄이고, 야생동물의 서식지를 보호하고, 토양과 물을 보호를 하고 있다는 것을 입증해야 한다. 또한 노동자와 가족에 대한 안전한 작업 환경, 적절한 임금, 양호한 주거지, 교육, 건강보험을 제공한다는 것도 보여주어야 한다.

커피 플랜테이션 차는 이 지역에서 경작한 지 오래되었지만, 커피는 상대적으로 그 지역에서 새로운 작물이다. 그러나 중국 당국이 커피 생산을 크게 장려하여 중국에서 커피 생산에 적합한 기후를 가진 윈난 성에서 커피를 생산하게 되었다. 2008년부터 2011년까지 윈난 성의 원두 가격은 두 배로 상승하였으며, 커피 재배 면적을 확장하도록 농부들을 장려하였다. 일부 지역에서는 차가 커피로 대체되었고, 다른 지역에서는 농작물을 위해 삼림을 정리하였다. 이 지역의 대부분 커피나무는 거대한 수목의 그늘보다 햇빛에서 자라난다. 그러나 많은 연구에 따르면, 그늘에서 자란 커피나무가 햇빛에서 자란 커피나무보다 생태적 다양성에 부합하고, 화학비료도 적게 사용한다.

그림 11.2.1 중국 윈난 성의 지속 가능한 커피 수확 여러 민족이 살고 있는 윈난 성에 여러 개의 지속 가능한 커피 생산 기업들이 설립되었다. 2010년 윈난 성 바오산 시 인근의 플랜테이션에서 미아오 족 농부들이 커피 원두를 수확하고 있다.

시애틀에 본사를 둔 스타벅스는 윈난 성에서 가장 많은 지속 가능한 커피를 생산하고 있으며, 환경 보존과 사회적 자본을 강조하는 '커피와 농부 자산(Coffee and Farm Equity Practices, C.A.F.E.)' 프로그램을 통해 커피 원두 구매와 환경 보호 원칙을 실행하고 있다. 스타벅스는 윈난 성에 기반을 둔 공급업자들이 C.A.F.E.의 가이드라인을 따르도록 장려하고 있으며 2011년부터는 농가를 선택하여 인증을 해주었다. 이 인증을 얻기 위해서는 재배 농가들은 물을 보존하고 그밖의 지속 가능한 재배 방식을 보여주어야 한다. 또한 원두를 생산하는 과정에서 나오는 폐수는 오염이 안 되는 방식으로 처리되어야 한다. 지금 윈난 성 커피 플랜테이션에서는 많은 수목들이 자라나고 있다. 이 나무들은 토양을 비옥하게 하며 비료 사용을 줄이고 야생동물 보호에 도움을 주고 있다.

1. 윈난 성이 환경적으로 차와 커피 플랜테이션에 아주 적합한 이유는 무엇인가?
2. 중국에서 스타벅스와 같은 기업이 환경적 지속 가능성에 큰 관심을 가지는 이유는 무엇인가?

나무가 생산되지만, 일본은 서부 북아메리카와 동남아시아로부터 대부분의 건축 목재와 펄프를 수입하고 있다.

해외에서 식량 및 산림자원을 일본 다음으로 수입을 많이 하는 나라는 한국이다. 2008년 세계 곡물 가격이 급등하자 한국 대기업은 가난한 열대 국가에서 방대한 농지를 장기 임대하기 시작했다. 또한 한국 기업은 세계 다른 지역, 특히 중앙아시아와 아프리카에 천연자원 채굴을 위해 많은 투자를 하였다(글로벌 연결 탐색 : 한국의 아프리카 투자와 원조 참조).

남한과 달리, 북한은 대부분의 식량을 북한 자체에서 자급자족하고 있다. 그러나 북한의 비효율적인 국가 주도형 농업 시스템은 주기적으로 엄청난 기근을 가져오는 등 충분한 식량을 공급하지 못한다. 그러나 최근에 북한의 지도자들은 농부들에게 그들 소유의 조그만 농지에서 경작된 잉여 재화에 대한 판매를 허용하였다. 이러한 변화가 계속 유지될 것인지는 알 수 없지만,

글로벌 연결 탐색

한국의 아프리카 투자와 원조

Google Earth (MG) Virtual Tour Video: http://goo.gl/5HbMu7

최근 중국은 사하라 이남 아프리카 지역에 대단위 투자를 통해 많은 주목을 받았다. 반면, 이 지역에 대한 한국의 투자와 원조는 크게 주목받지 못했다. 한국 기업들은 이 지역에 수출을 증가시키고 있을 뿐만 아니라, 현지 공장 및 유통 센터를 투자 및 건설하고 있다. 또한 한국 정부는 사하라 이남 지역에 이러한 시설 입지를 증가시키고 있다. 아프리카 개발을 위한 한국 이니셔티브는 급속히 증가하는 공적 개발 원조(ODA)를 감독하고, 한국-아프리카 산업협력포럼은 산업 협력을 장려하고 있다. 외교 관계도 향상되고 있다. 2007~2014년에 케냐, 앙골라, 세네갈, 르완다, 에티오피아, 시에라리온, 잠비아 대사관이 서울에 문을 열었다.

그림 11.3.1 삼성의 아프리카 이니셔티브 2013년 케냐의 나이로비에서 보행자들이 거대한 삼성전자 모바일 폰의 광고물을 지나가고 있다. 다른 여타 한국 기업들과 마찬가지로 삼성은 아프리카 시장에 진입하기 위해 많은 노력을 기우리고 있다.

아프리카 시장을 위한 제품 2000년부터 2010년까지 한국의 사하라 이남 아프리카 투자가 약 열 배 증가하였고, 수출 또한 크게 증가하였다. 이 지역에 수출하는 제품 중 75% 이상이 전자제품, 휴대전화, 자동차, 건설 장비이다. 특히 삼성이 이 지역 수출에 선도적 역할을 하는 기업이다. 삼성은 2010년에서 2012년 사이에 이 지역에 1억 5,000만 달러 이상을 투자했다.

삼성은 아프리카 시장에 적합한 제품 생산에 기반한 전략인 '아프리카를 위한 건설'을 추진하고 있다. 삼성의 스마트폰은 핵심 전략 제품이며, 현재 이 지역 시장 점유율이 50% 이상을 차지하고 있다. 삼성은 또한 냉장고, 세탁기 등 다양한 제품을 조립하기 위한 현지 공장 건설을 계획하고 있다. LG전자 등 여러 한국 기업들은 최근 중·동부 아프리카에 적합한 제품을 개발하기 위해 미화 20억 달러 이상을 투자하겠다고 발표했다. 그 외 한국 기업들은 사하라 이남 아프리카에 필수적인 하부구조를 건설하는 방향에 집중하고 있다. 예를 들어, 최근 대우그룹은 케냐에 대규모 발전소 건설을 발표하였고, 다른 한국 기업은 가봉에 정유시설을 운영하고 있다. 전체적으로 이 지역에 대한 한국의 건설 계약 액수는 2008년 15억 달러에서 2011년 22억 달러로 증가했다.

지역의 반대 사하라 이남 아프리카 지역에 대한 한국의 투자가 모두 환영받는 것은 아니다. 여러 한국 기업들이 한국의 식량 안보를 강화하기 위해 아프리카의 거대한 농장을 임대했다. 그러나 이러한 프로젝트는 전형적으로 혜택을 거의 받지 못하고 심지어 그들의 토지에서 강제로 쫓겨난 지역 주민의 저항을 가져왔다. 2009년 대우는 마다가스카르에서 100만 헥타르에 이르는 농경지 임대 계약을 했는데, 이는 마다가스카르 정부 몰락과 대통령 축출까지 이르는 화를 가져왔다.

한국과 아프리카 관계에서 또 다른 문제는 서아프리카 해안의 불법 조업을 들 수 있다. 2013년에 시에라리온에서 불법 조업으로 잡은 생선 4,000박스를 한국 부산항에 하역한 선박이 잡혔으며 최근 라이베리아는 영해에서 불법 조업을 하는 많은 한국 선박들을 구금했다. 만약 이러한 문제들이 해결될 수 없다면, 한국의 아프리카 투자와 원조는 상대적으로 한계에 봉착하게 될 것이다.

1. 한국 기업이 사하라 이남 아프리카 투자에 큰 관심을 두는 이유를 기술하라.
2. 한국이 외국 영해에서 조업을 하고 해외에서 농장을 획득하는 것이 바람직한 정책인가? 이와 같은 전략에 따른 잠정적인 장점과 단점에 대해 기술하라.

이는 많은 식량 공급을 창출하였다.

1980년대 중국은 거대한 인구와 높은 인구밀도에도 불구하고 식량을 자급자족하는 국가였다. 그러나 식이요법의 변화와 외국 음식의 유입과 결부된 부의 증대로 인해 엄청난 양의 사료작물이 요구되는 육류 소비량이 증가했다. 현재 중국은 1970년대 후반에 비해 다섯 배나 많은 돼지고기를 소비하고 있으며, 2020년경에는 세계 사료용 곡물의 절반이 중국 돼지 사육에 소비될 것이라는 주장도 있다. 또한 경제 성장으로 인해 거주지가 발달하고, 상업 및 공업의 발달하면서 농지가 감소하였으며, 그 결과 해외에서 보다 많은 식량을 수입하게 되었다. 그러나 또한 중국은 많은 과일, 견과류, 채소를 포함한 고부가가치 작물의 주요 수출국이다.

현재 중국의 농업 및 광물 제품에 대한 수요는 세계 무역 질서를 재조정하고 있다. 현재 라틴아메리카, 아프리카, 아시아의 많은 국가가 중국 시장에 크게 의존하고 있다. 중국은 계속해서 아프리카, 라틴아메리카 등지에 하부구조, 농업, 광업 부문에 대규모 투자를 하고 있다.

동아시아의 도시 환경

중국은 세계에서 가장 오래된 도시 기반을 가진 국가 중 하나이다. 동아시아는 중세 및 근대 초기에 지구상에서 가장 큰 정주지를 포함한 아주 발달된 도시 체계를 보유했다. 1700년대 초기에 에도로 불렸던 도쿄는 대략 100만 명 이상의 인구를 보유하고 있었으며, 다른 도시보다 규모가 컸을 것이다.

그러나 이러한 초기 도시화에도 불구하고, 제2차 세계대전 종전 시기에 동아시아는 농촌이 지배적이었다. 중국인의 90% 이상이 농촌 지역에 거주했으며, 심지어 일본도 50%만이 도시화되었다. 그러나 지역 경제는 전쟁 이후에 성장하기 시작했고, 도시도 성장했다. 현재 한국, 일본, 타이완의 도시화율은 전형적인 선진 산업국가의 도시화율인 78%와 86% 사이에 있다(표 A11.1). 중국은 도시에서 살고 있는 인구 비중이 1990년 전체 인구의 26%에서 현재 절반 이상으로 증가하였다. 최근 중국인의 농촌에서 도시로의 이주는 역사상 세계에서 가장 큰 이주 중 하나이다.

중국의 도시 전통적인 중국 도시는 성곽으로 둘러싸여 촌락과 뚜렷하게 구분된다. 대부분의 도시는 엄밀한 기하하적 원칙에 따라 계획되었다. 중국의 구 도시는 낮은 건물이 주를 이루고, 직선형 도로가 특징이다. 전형적으로 집 내부에 안마당이 있고, 좁은 길에 상업 기능과 주거 기능이 공존했다(그림 11.18).

중국의 도시는 1800년대 유럽인이 중국에서 권력을 장악하면서 변하기 시작했다. 유럽인은 그들의 이익을 위해 항구도시를 장악했으며, 서구 유형의 건물과 현대 업무 지구를 건설했다. 이러한 준식민지 도시 중에서 가장 중요한 도시는 중국 대륙의 주요 입구이며, 양쯔 강의 입구에 해당하는 상하이였다. 비록 상하이는 1949년에 공산당이 권력을 장악한 이후에 쇠퇴하였지만, 최근 크게 회복했다. 지금은 이주민으로 넘치고, 복잡한 건물 스카이라인이 즐비하다(그림 11.19). 공식 통계에 따르면, 상하이 메트로폴리탄 지역의 인구는 2,400만 명이다.

그림 11.18 **전통적인 중국 마당** 사진 속의 여인들이 집안 마당에서 음식을 먹고 있다. 대부분 중국의 가옥은 전통적으로 집 기능의 연장선으로 활용되고 있는 마당을 둘러싸고 있다. 중국의 새로운 도시에는 이와 같은 전통 스타일의 거주 방식이 현대 아파트 단지로 대체되었지만, 여전히 소도시와 마을에는 이와 같은 거주 양식이 많이 남아 있다.

베이징은 청나라 통치 시기(1644~1912년) 중국의 수도였으며, 1949년에 다시 수도가 되었다. 공산주의 통치하에서 베이징은 급격히 변화되었다. 오래된 건물은 파괴되었고, 넓은 대로가 인근 지역까지 건설되었다. 인구 밀집 지역은 대규모 아파트 단지와 대규모 정부 청사로 변모했다. 청나라 황조가 거주했으며, 박물관으로 남아 있는 자금성과 같은 역사적으로 의미 있는 건물은 보전했다.

1990년대 베이징과 상하이는 중국에서 가장 큰 도시이며, 베이징의 항구 역할을 하는 톈진은 세 번째로 큰 도시이다. 이 세 도시 모두 역사적으로 중국의 일반 성 구조와는 다르며, 자체 메트로폴리탄 정부 체제를 가지고 있었다. 1997년 홍콩은 영국에서 중국으로 이양되었으며, '특별행정구'라는 자치 정부로서의 차별적인 지위를 부여받았다. 홍콩, 선전, 광저우로 구성된 메트로폴리탄 지역이 중국의 주요 도시 지역 중의 하나이다(그림 11.14 참조).

그림 11.19 **상하이 스카이라인** 과거 25년 동안 상하이의 스카이라인은 완전히 변화했다. 이 사진 속에 보이는 높은 빌딩 중 어느 것도 1990년 이전에는 존재하지 않았다. **Q : 모든 도시 중에 과거 20년간 특히 상하이가 아주 크게 발전한 이유는 무엇인가?**

중국의 도시 팽창 중국 정부는 2020년까지 1억 명 이상의 농촌 인구가 도시로 이주할 것으로 예측했다. 중국의 여러 지역에 거대한 신 거주지가 건설되고 있으며, 이러한 성장에 조응하고 슬럼의 출현을 방지하기 위한 하부구조가 구축되고 있다. 공식 계획에 따르면, 20만 명 이상의 모든 도시는 철도와 고속도로로 연계될 계획이다. 중앙정부는 질서 있고 지역적으로 균형 잡힌 방식의 도시 팽창을 원하였으나, 오랫동안 경제적으로 발전한 연안 벨트 지역을 중심으로 급속한 발전이 이루어졌다. 이에 대해 중앙정부는 미등록된 도시 이주자에게 교육 및 사회 서비스 접근을 허용하지 않는 '**후커우**(hukou)' 라는 가혹한 도시 거주 등록 시스템 제도를 만들었다. 2014년 중국은 도시 현대화의 일환으로 이와 같은 규제를 크게 완화할 것이라고 발표했다.

불행히도 중국의 현대화 추진은 아파트 단지와 다른 유형의 거주지에 대단위 과잉 투자를 유발하였다. 지방 관료들은 높은 수준의 경제 성장을 위하여 건축을 장려하였지만, 건축된 건물들은 대부분의 사람들에게 너무 비쌌다. 2014년 중국 대학교의 연구에 따르면, 도시 가구의 20%가 비어 있다고 보고하였다.

그림 11.20 **서울 강남구** 한국의 수도 서울은 국가의 경제 허브이며 문화의 중심지이다. 서울 강남구는 값비싼 가게와 호화로운 아파트로 유명하다.

중국의 신도시 거주민들은 대부분 대규모 아파트 단지에 거주하였지만, 동시에 도시 스프롤 현상이 크게 나타나고 있었다. 부유한 중국인은 단독 가구에 거주하는 것을 선호하며, 자동차 의존적인 라이프스타일을 추구하였다. 이와 같은 도시 패턴을 유지하기에 중국은 너무 복잡하고 오염되고 있다는 비판이 제기되었다. 2014년 세계은행과 중국 정부의 국가연구원은 중국이 한국과 같은 밀집도로 도시를 건설한다면 미화 1조 4,000억 달러의 하부구조 비용을 절감할 수 있다고 주장하였다.

한국과 일본의 도시 체계 한국과 일본의 도시 체계는 중국과 다소 상이하다. 한국은 하나의 도시에 전체 도시 인구가 집중되어 있는 **도시 종주성**(urban primacy)이 뚜렷하게 나타나는 한편, 일본은 메트로폴리탄 지역이 연합된 새로운 도시 현상이 **초연담도시**(superconurbation) 또는 **메갈로폴리스**(megalopolis)가 두드러진다(제3장의 다른 메갈로폴리스 사례 : 보스턴/뉴욕/필라델피아/볼티모어/워싱턴 회랑 참조).

한국의 수도인 서울은 한국에서 가장 큰 도시이다. 서울의 인구는 약 1,000만 명 이상이며, 수도권의 인구는 한국 전체 인구의 약 40%에 달한다(그림 11.20). 한국의 주요 정부 · 경제 · 문화기관이 서울에 집중적으로 입지하고 있다. 그러나 서울의 폭발적인 비계획적 성장은 심각한 인구 과잉 현상을 가

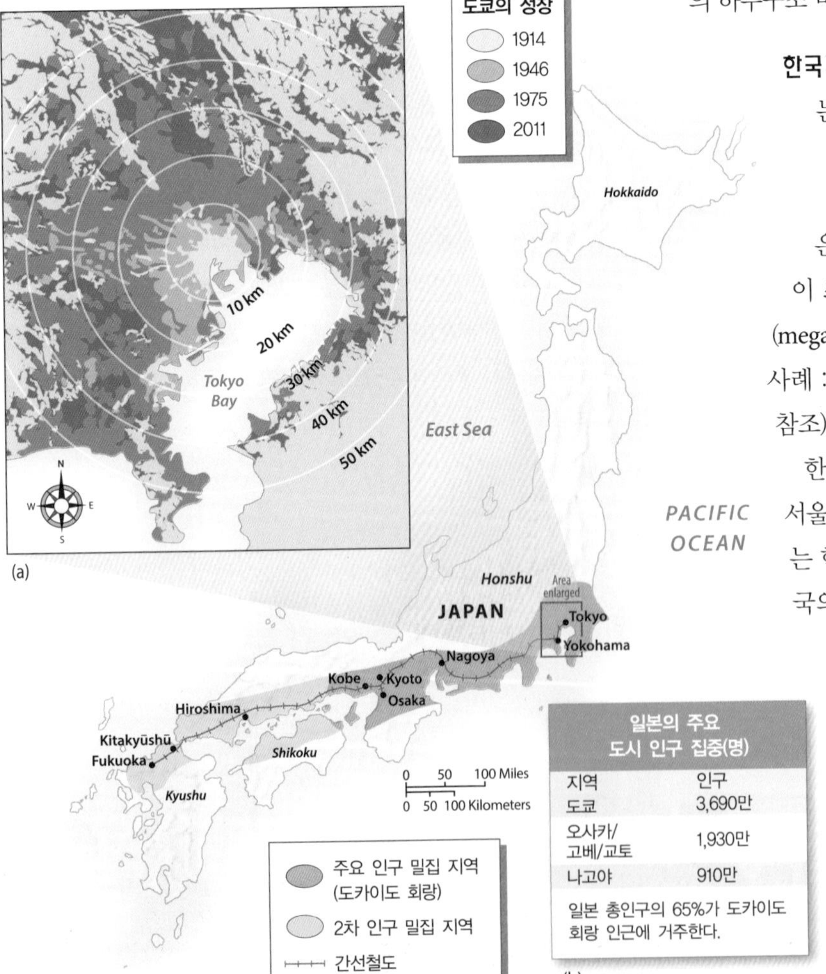

일본의 주요 도시 인구 집중(명)

지역	인구
도쿄	3,690만
오사카/고베/교토	1,930만
나고야	910만

일본 총인구의 65%가 도카이도 회랑 인근에 거주한다.

그림 11.21 **일본의 도시 집중** (a) 아래에 삽입된 지도는 전후 도쿄의 급성장을 보여준다. 오늘날 도쿄권의 인구는 약 3,000만 명이다. 확대된 지도는 일본의 남동부 해안 지역을 따라 입지한 도시 정주 클러스터를 보여 준다. 도쿄와 오사카 사이에 주요 도시가 집중 분포하고 있고, 그 거리는 약 480km 정도이며, 도카이도 회랑이라 불린다. (b) 일본 인구의 약 65%가 이 지역에 거주하고 있다.

져왔다.

일본은 전통적으로 도시 종주성보다 '양극성'이 특징이다. 1960년대까지 도쿄는 이웃하고 있는 요코하마와 함께 주요 사업과 교육의 중심지로서 무역의 중심지였던 오사카 및 고베와 균형을 이루었다(그림 11.21). 또한 과거 수도였으며, 전통적인 엘리트 문화의 중심지였던 교토는 오사카 인근에 위치하고 있다. 그러나 1960년대와 1980년대에 일본의 경제가 급성장했듯이 도쿄의 경제도 급성장했다. 수도는 거의 모든 도시 기능에서 다른 모든 도시 지역을 능가했다. 경계 설정 방식에 따라 다르지만, 현재 도쿄 메트로폴리탄 권역의 인구는 약 3,800만 명이다.

때때로 일본의 도시는 역사성이 결여된 지역으로 외국 관광객에게 실망을 안겨준다. 일본에는 전근대 건축물이 거의 그대로 보존되어 남아 있는 것이 거의 없다. 전통 일본 건축물은 돌 또는 벽돌보다 훨씬 더 내진에 강한 목재로 만들어진다. 따라서 과거부터 오랫동안 화재가 위험 요소였으며, 제2차 세계대전에 미국 공군의 공습으로 대부분의 일본 도시가 불길에 탔다(다른 한편, 히로시마와 나가사키는 원자폭탄으로 완전히 파괴되었다). 유일하게 예외적인 도시는 과거 수도였던 교토이다. 따라서 교토는 중앙 분지를 둘러싸고 있는 아름다운 사원으로 유명하다.

확인 학습

11.3 동아시아가 세계 다른 국가로부터 아주 많은 식량과 천연자원을 수입하는 이유는 무엇인가?

11.4 중국의 도시 경관이 어떻게 변화하고 있는지 기술하라.

주요 용어 인위적 경관, 후커우, 도시 종주성, 초연담도시(메갈로폴리스)

문화적 동질성과 다양성 : 유교권?

어떤 관점에서 동아시아는 세계에서 문화적으로 가장 통일된 지역 중의 하나이다. 동아시아 몇몇 국가는 그들의 고유한 문화를 보유하고 있지만, 모든 지역이 역사적으로 뿌리 내린 생활방식과 사고 체계를 공유하고 있다. 대부분의 공통된 특성은 고대 중국 문명으로 거슬러 올라갈 수 있다. 중국의 문화는 초기 문명의 중심지인 인더스 강, 티그리스-유프라테스 강, 나일 강 유역과 함께 4,000년 전에 출현했다.

단일 문화의 특성

동아시아에서 가장 중요한 단일 문화의 특성은 종교 및 철학적 신앙과 관련이 있다. 동아시아 지역에서는 불교와 유교가 독자적인 신앙과 사회 및 정치적 구조를 형성해 왔다. 최근 중국 전통 신앙 체계의 역할이 많이 변했지만, 전통적인 문화 패턴은 그대로 남아 있다.

중국 문자 체계 동아시아와 다른 세계 문화 지역의 가장 뚜렷한 차이점은 문자언어에서 찾아볼 수 있다. 기존의 세계 문자 체계는 알파벳을 토대로 각각의 기호가 차별적인 음을 나타낸다. 이와 달리 동아시아는 **표의문자**(ideographic writing)를 발전시켰다. 표의문자에서 각각의 문자는 소리(발음)를 나타내기보다는 뜻을 나타낸다.

동아시아 문자 체계는 중국 문명의 발단으로 거슬러 갈 수 있다. 중국제국이 확장되면서 중국의 문자 체계도 확산되었다. 한국, 일본, 베트남은 모두 중국과 동일한 문자 체계를 사용했지만 일본은 크게 변형을 했고, 한국은 이후에 자모 체계를 바꾸었다(현대 일본 문자는 **간지**라 불리는 중국 문자를 혼용해서 사용하고 있다). 중국 문자의 단점은 수천 개의 문자를 외워야 하기 때문에 배우기 어렵다는 것이다. 반대로 중국 문자가 가진 장점은 표현하기 위해 사용하는 문자 상징이 한국, 일본과 동일하기 때문에 같은 소리의 언어를 사용하지 않아도 소통할 수 있다는 것이다. 따라서 중국인들이 서로 이해할 수 없는 중국 방언을 사용하더라도 같은 신문, 책, 웹사이트를 이해할 수 있다.

유교적 유산 공통된 문자 체계의 사용으로 동아시아 국가 간 연계가 이루어짐에 따라 **유교**(Confucianism) 사상 체계(공자의 가르침에 기반을 둔 철학)가 동아시아에서 중요한 위치를 차지하게 되었다. 동아시아는 '유교의 세계'로 언급될 정도로 유교의 유산이 강하다(그림 11.22).

그림 11.22 **중국의 공자 사당** 일반적으로 유교는 종교보다는 철학으로 간주되지만, 종교적인 측면도 보유하고 있다. 동아시아 여러 지역에서 발견되는 공자 사당에는 공자의 사상과 철학이 숭배받는다. **Q : 과거와 현재 모두 동아시아 통합에 유교 사상이 어느 정도 활용될 수 있는가?**

중국의 주요 철학자인 공자는 정치적으로 불안했던 기원 6세기에 살았다. 공자의 목표는 사회적 안정을 도출할 수 있는 철학을 만드는 것이었다. 때때로 유교가 종교로 간주되지만, 공자는 주로 올바른 생활방식과 바른 사회를 조직하는 방식에 관심을 두었다. 공자는 권력에 대한 백성의 순종을 강조한 한편, 관료는 백성을 염려하는 마음으로 권력을 사용해야 한다고 강조했다. 또한 공자의 철학은 교육을 강조했다. 전통 유교에서 도덕적 질서의 토대는 사회의 기반인 가족 단위이다. 이상적인 가족 구조는 남성이 주도하는 가부장제이고, 자녀는 부모의 말에 순종하고 존경해야 하는 구조이다.

동아시아 발전에서 유교가 차지하는 중요성에 대해 오랫동안 논의되어 왔다. 1900년대 초기에 많은 학자들은 전통과 권위에 기반을 둔 보수적 철학이 한국과 중국의 경제 후퇴의 주요 원인이라고 믿었다. 그러나 최근 동아시아의 경제가 세계에서 가장 빨리 성장하기 때문에 이러한 가설은 더 이상 논의되지 않는다. 유교의 교육과 사회적 안정에 대한 존중이 동아시아가 국제 경쟁우위를 점할 수 있도록 하는 데 큰 역할을 한다는 새로운 주장이 제기되었다. 그러나 유교는 동아시아 전체 공공의 도덕성에 대한 영향력을 크게 상실했다.

동아시아의 종교적 단일성과 다양성

동아시아는 유교로 하나의 지역으로 분류될 수 있다. 동아시아에서 문화적으로 가장 중요한 단일 신앙은 대승불교와 관련이 있다. 그러나 그 외의 종교적 활동은 동아시아가 단일 문화 지역으로 형성되는 데 걸림돌이 되었다.

대승불교 끊임없는 윤회와 해탈의 경지를 추구하는 불교는 기원전 6세기 인도에서 기원했다. 불교는 기원전 2세기경에 중국으로 전파되었고, 그 이후 수백 년 만에 동아시아 전역으로 확산되었다. 오늘날 동아시아의 불교는 동남아시아, 스리랑카, 티베트처럼 대중적이지 않지만 동아시아 지역 곳곳에 광범위하게 확산되어 있다(그림 11.23).

동아시아에서 신봉하는 불교는 동남아시아의 소승불교와는 뚜렷한 차이가 있다. 대승불교는 부분적으로 정신적으로 타인을 돕기 위해 그들 스스로를 신성시하는 것을 거부하는 존재인 보살을 내세우면서 열반에 대한 의문을 간소화한다. 또한 대승불교는 신도들이 다른 종교를 믿는 것을 허용한다. 따라서 일본에는 많은 불교와 신도(shinto) 신자가 있는 한편 중국에는 불교와 도교 신자가 많다.

신도 신도교는 일본인이 아닌 사람이 따를 수 있을지 의심스러울 정도로 일본의 국가성과 상당히 밀접하다. 신도는 자연 영혼

그림 11.23 **불교 경관** 전통적으로 대승불교는 동아시아 전역에서 수행되어 왔다. 사진 속의 황금 불상은 중국 광동 성의 치레이 마을의 바오모 공원에 위치하고 있다.

에 대한 숭배로 시작하지만, 점점 자연과 인간 존재의 조화에 대한 미묘한 신앙으로 정제된다. 여전히 신도교는 장소와 자연 중심의 종교이다. 예를 들어, 후지 산과 같은 특정 산이 신성시되며 이러한 이유로 많은 사람이 후지 산을 오른다. 주요 신도 사당, 즉 신사는 주로 아름다운 장소에 입지해 수많은 순례자를 유인한다. 가장 주목받는 신사는 나고야 남부 지역에 입지하고 있으며, 일본 왕실에 헌신적인 이세 신사이다.

도교와 그 외 중국 신앙 체계 신도와 유사하게 중국의 도교는 자연 숭배에 뿌리를 둔다. 또한 신도와 마찬가지로 영혼의 조화를 강조한다. 도교는 간접적으로 **풍수**(geomancy)와 관련이 있다. 심지어 홍콩에서도 건물의 가치가 수백만 달러에 달한다고 하더라도 풍수의 원칙을 따르지 않은 건물에 사람들이 살지 않는 경우도 있다.

소수 종교 동아시아에서는 세계 모든 종교의 숭배자가 있다. 예를 들어, 일본에서 기독교도의 수는 100만 명 이상이다. 기독교

그림 11.24 **한국의 대형 교회** 한국은 과거 50년간 주요 기독교 확장지이다. 많은 한국인들이 목사와 신자들을 연계시키기 위해 현대 기술을 활용하는 대형 교회에 다닌다. 이 사진은 2007년 한국에서 가장 큰 여의도 순복음 교회에서 아프가니스탄에 납치되었던 한국 사람들의 무사 귀환을 기도하는 장면이다.

는 한국에 보다 더 많이 전파되어 한국 인구의 25~35%가 기독교도이다(그림 11.24). 한국은 미국을 제외한 다른 어떤 나라보다 많이 기독교 선교사를 해외로 파견한다. 또한 중국에서 기독교는 베이징 공산당 지도부가 걱정할 정도로 급속히 확산되고 있다. 2012년 중국 통계에 따르면, 기독교도인 수는 3,000~4,000만 명이지만 실질적인 기독교인 수는 이 수보다 훨씬 더 많을 것으로 추정된다.

중국의 이슬람 공동체는 기독교보다 훨씬 더 뿌리가 깊다. 후이족이라고 불리는 약 1,000만 명의 중국 이슬람교도는 북서부 지역의 간쑤 성, 닝샤 성과 중남부 지역의 윈난 성에 집중적으로 분포하고 있다. 몇몇 작은 규모의 후이족 공동체는 자신들의 공동체를 벗어나 중국 거의 모든 지역에 거주하고 있다.

동아시아의 세속주의 동아시아는 다양한 형태의 종교가 있지만, 세계에서 가장 비종교적인 지역이다. 일본에는 아주 종교적인 사람의 비중이 낮은 한편, 대부분의 사람은 관습적으로 신도 또는 불교를 믿고 있다. 또한 일본에는 강한 신앙심을 요구하는 신흥종교가 많이 있다. 그러나 전반적으로 일본 사회에서 종교는 그리 중요하지 않다.

과거 중국의 문화는 유교 지배적이었다. 1949년 공산주의 체제가 권력을 장악한 이후 모든 종교와 유교를 포함한 철학은 제재를 받았으며, 때때로 심각한 억압을 받기도 했다. 새로운 체제하에서 무신론자 마르크스주의 철학이 공식적인 신앙 체계가 되었다. 그러나 1980년대와 1990년대 **마르크스주의**(Marxism)가 완화되면서 많은 형태의 종교가 부활하기 시작했다. 그러나 북한의 정통 마르크스주의에 대한 숭배는 여전히 강화되고 있다. 또한 북한은 공식적으로 '주체사상'을 강조했다. 아이러니하게 주체사상은 국가의 정치적 지도자에 대한 맹목적인 충성을 요구한다.

동아시아의 언어와 종교적 다양성

문자언어는 동아시아의 결속에 어느 정도 역할을 했다고 볼 수 있지만, 구어는 문어와 같은 정도의 역할을 했다고 볼 수 없다(그림 11.25). 일본어와 중국어는 문자 체계를 부분적으로 공유하고 있지만, 이 두 언어는 직접적인 연관 관계가 없다. 그러나 한국어와 마찬가지로 일본어는 기본적으로 중국어에 기원을 두고 있다.

일본의 언어와 국가 정체성 대부분 언어학자에 따르면, 일본은 다른 어떤 언어와도 관련이 없다. 한국어도 일반적으로 독창적인 어군으로 분류된다. 그러나 몇몇 언어학자는 한국어와 일본어는 기초적인 문법적 특성이 유사하기 때문에 동일 어군으로 분류되어야 한다고 본다. 일본 남부 류큐 섬의 방언은 대부분의 언어학자들이 별개 언어로 고려할 만큼 매우 차별적이다. 많은 류큐 사람들은 그들이 완전한 일본인이라고 생각하지 않으며, 역사적으로 차별받아 왔다고 믿고 있다.

일본인은 세계에서 가장 뚜렷한 단일 민족이지만, 초기 일본은 2개의 아주 다른 인종 – 남부에 거주하는 일본인과 북부에 거주하는 아이누 – 로 분리되어 있었다. 아이누는 신체적으로 일본인과 구별되고, 그들 고유의 언어를 보유하고 있다(그림 11.26). 오랫동안 이 두 인종은 적대 관계에 있었으며, 10세기경까지 아이누는 주로 홋카이도 북부 지역에 거주하였다. 오늘날 약 2만 5,000명 정도의 아이누만 남아 있으며, 이들의 언어는 거의 소멸되었다.

일본에 살고 있는 약 60만 명의 한국 후손 또한 인종 차별을 당했다. 이들 중 대부분은(재일 교포 2세 또는 3세) 일본에서 태어났으며, 한국어보다는 일본어를 사용한다. 그러나 이들은 일본에 귀속함에도 불구하고 일본 시민권을 쉽게 받을 수 없었다. 이와 같은 처우로 인해 많은 한국계 일본인은 급진적인 정치적 성향을 가지고 있으며, 북한을 지지한다.

1980년대부터 아시아의 가난한 국가에서 많은 이민자가 일본으로 들어오기 시작했다. 일본은 이주민의 유입을 엄격히 제한했기 때문에 대부분이 불법 이민자였다. 중국과 남부 아시아에서 이주해 온 남자들은 주로 건설 현장에서 일했고, 태국과 필리핀에서 이주해 온 여자들은 윤락녀 또는 매춘부가 되었다. 전반적으로 이주는 다른 선진국에서보다 일본에서는 잘 드러나지 않으며, 상대적으로 영주권과 시민권을 획득하는 이주민이 거의 없다. 그러나 2014년 일본 정부는 감소하는 인구를 보완하기 위해 이주민의 유입을 증가시키겠다고 발표했다.

한국의 언어와 정체성 한국은 일본과 마찬가지로 단일 민족으로 구성되어 있다. 남한과 북한에 살고 있는 거의 모든 사람이 한국어를 사용하고 있으며, 그들 스스로 모두 한국인으로 생각하고 있다. 그러나 과거 한반도가 삼국으로 분리되었던 중세 시대에서 기원한 강한 지역 정체성이 있다.

모든 한국인이 한국에 사는 것은 아니다. 수백만 명이 중국 북동부 접경 지역에 살고 있다. 가난한 북한 주민이 국경을 탈출해 조선족 사회에 합류하려고 하지만, 중국 정부는 이러한 이주민이 안보를 위협한다고 간주해 그들을 북한으로 다시 돌려보낸다. 최근 수십만 명의 한국인이 미국, 캐나다, 오스트레일리아, 뉴질랜드, 필리핀 등의 다양한 국가로 **집단이주**(diaspora)하고 있다.

중국 한족의 언어와 인종 중국의 언어와 민족의 지리적 분포는 한국과 일본보다 훨씬 복잡하다. 중국 동부 지역의 절반만 중국 본토라고 가정해도 이 사실은 변하지 않는다(그림 11.25). 이에 대한 주요 근거는 한족과 비한족의 구분이다. 중국의 주요 민족

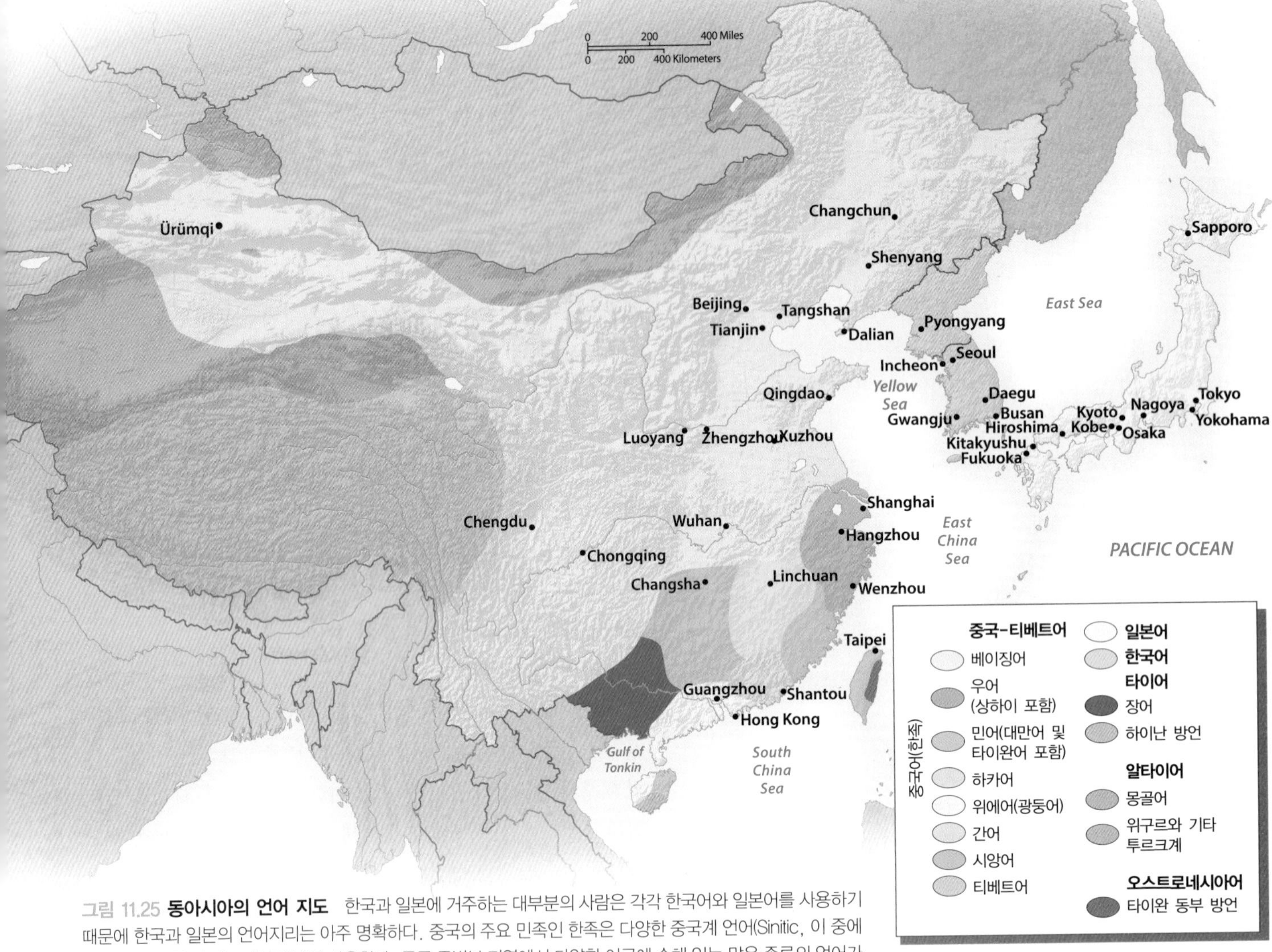

0 200 400 Miles
0 200 400 Kilometers

Ürümqi
Changchun
Shenyang
Sapporo
Beijing
Tangshan
Tianjin
Dalian
Pyongyang
East Sea
Incheon
Seoul
Yellow Sea
Qingdao
Daegu
Busan
Gwangju
Kyoto
Nagoya
Tokyo
Yokohama
Hiroshima
Kobe
Osaka
Kitakyushu
Fukuoka
Luoyang
Zhengzhou
Xuzhou
Shanghai
Chengdu
Wuhan
Hangzhou
East China Sea
PACIFIC OCEAN
Chongqing
Changsha
Linchuan
Wenzhou
Taipei
Guangzhou
Shantou
Hong Kong
Gulf of Tonkin
South China Sea

중국-티베트어
중국어(한족)
베이징어
우어 (상하이 포함)
민어(대만어 및 타이완어 포함)
하카어
위에어(광둥어)
간어
시앙어
티베트어
일본어
한국어
타이어
장어
하이난 방언
알타이어
몽골어
위구르와 기타 투르크계
오스트로네시아어
타이완 동부 방언

그림 11.25 **동아시아의 언어 지도** 한국과 일본에 거주하는 대부분의 사람은 각각 한국어와 일본어를 사용하기 때문에 한국과 일본의 언어지리는 아주 명확하다. 중국의 주요 민족인 한족은 다양한 중국계 언어(Sinitic, 이 중에서 가장 중요한 언어는 베이징어)를 사용한다. 중국 주변부 지역에서 다양한 어군에 속해 있는 많은 종류의 언어가 사용된다.

인 한족이 중국의 문화와 정치 체계를 통합했으며, 그들의 언어는 중국의 문자 체계로 표현된다. 그러나 그들이 동일한 언어로 말을 하는 것은 아니다.

황허 강 하류의 허베이 성에서 중국 남단의 윈난 성에 이르는 중국 북부, 중부, 남서부 지역은 단일 언어 지대이다. 이 지역에서 사용하는 구어가 베이징어(Mandarin Chinese)이며, 오늘날 중국의 공통어(또는 보통화)이다.

양쯔 강 델타에서 베트남과 접경을 이루는 중국 남동부 지역에는 베이징어와 상이하지만 연관된 다양한 언어가 사용되고 있다. 남부에서 북부 지역으로 여행을 하면 광둥 성에서 광둥어(위에어)를 사용하는 사람을, 푸저우에서는 푸저우어(민어)를 사용하는 사람을, 상하이와 인근 지역에서는 상하이어(우어)를 사용

그림 11.26 **아이누인** 일본 북부 지역에 거주하는 아이누의 인구는 많이 감소했지만, 그들은 여전히 고유한 문화적 전통을 유지하고 있다. 사진에 일본 홋카이도 마리모 축제에 참여하고 있는 아이누인이 보인다.

하는 사람을 만날 수 있다. 이러한 언어는 상호 간에 소통될 수 없기 때문에 언어학적으로 실질적인 언어라고 할 수 있다. 그러나 일반적으로 이러한 언어는 명확한 문자 체계가 없기 때문에 방언이라 할 수 있다. 이와 같은 중국계 언어는 서로 간에 많은 차이가 있다고 하더라도, 중국계 언어에 속하는 모든 한족 언어는 각각 깊은 연관 관계가 있다.

그림 11.27 **중국 남부 지역의 부족 마을** 중국에서 일반적으로 비한족은 마을 공동체 기반의 전통 사회질서를 가진 부족민으로 분류된다. 사진은 후난 성 시앙시 투지안과 미아오 자치현에 있는 묘족 마을이다.

비한족 중국 본토의 외딴 고지대에 비중국계 언어를 사용하는 여러 그룹의 비한족인이 거주하고 있다. 이들은 **부족**(tribal)으로 분류되며, 이는 그들이 마을 공동체 기반의 전통 사회질서를 가지고 있음을 의미한다. 그러나 몇몇 공동체는 한때 그들 자신의 왕국을 이루었다가 현재 중국에 복속되었기 때문에 이러한 견해가 전적으로 옳은 것은 아니다(그림 11.27).

약 1,100만 명의 만주인이 만주에 거주하고 있다. 만주어는 중앙 시베리아 부족민의 언어와 관련이 있다. 그러나 만주계 중국인은 그들의 고유한 언어를 포기했으며, 소수 만주인만이 고유 언어를 사용한다. 만주인이 1644년부터 1912년까지 중국을 통치해 왔다는 사실에 견주어 볼 때, 이러한 상황은 참으로 아이러니하다. 한족은 만주인 때문에 만주 중부와 북부 지역에 정착하지 못했다. 1800년대 만주에 중국 한족의 이주가 허용되자, 한족의 수가 크게 증가해 현재 만주인의 수보다 많아졌다. 그 결과, 만주족 고유의 문화가 사라지기 시작했다.

광시, 구이저우, 윈난 성과 같은 중국 남부와 중부 지역(이 지역은 중국에서 남서부 지역으로 분류된다)에 규모가 큰 비한족 공동체가 있다. 윈난 성에 거주하는 대부분의 사람을 한족이지만, 외진 지역에는 다양한 원주민이 거주하고 있다(그림 11.28). 광시 성 고지대와 외딴 계곡에 거주하는 대부분의 사람이 사용하는 언어는 타이 언어군에 속하기 때문에 자치 지역으로 지정되었다. 그러나 지금까지 이 지역에 실질적인 자치권은 거의 존재하지 않았다는 비판이 제기되었다. 광시 성과 더불어 중국에는 4개의 **자치구**(autonomous region)가 있다. 이들

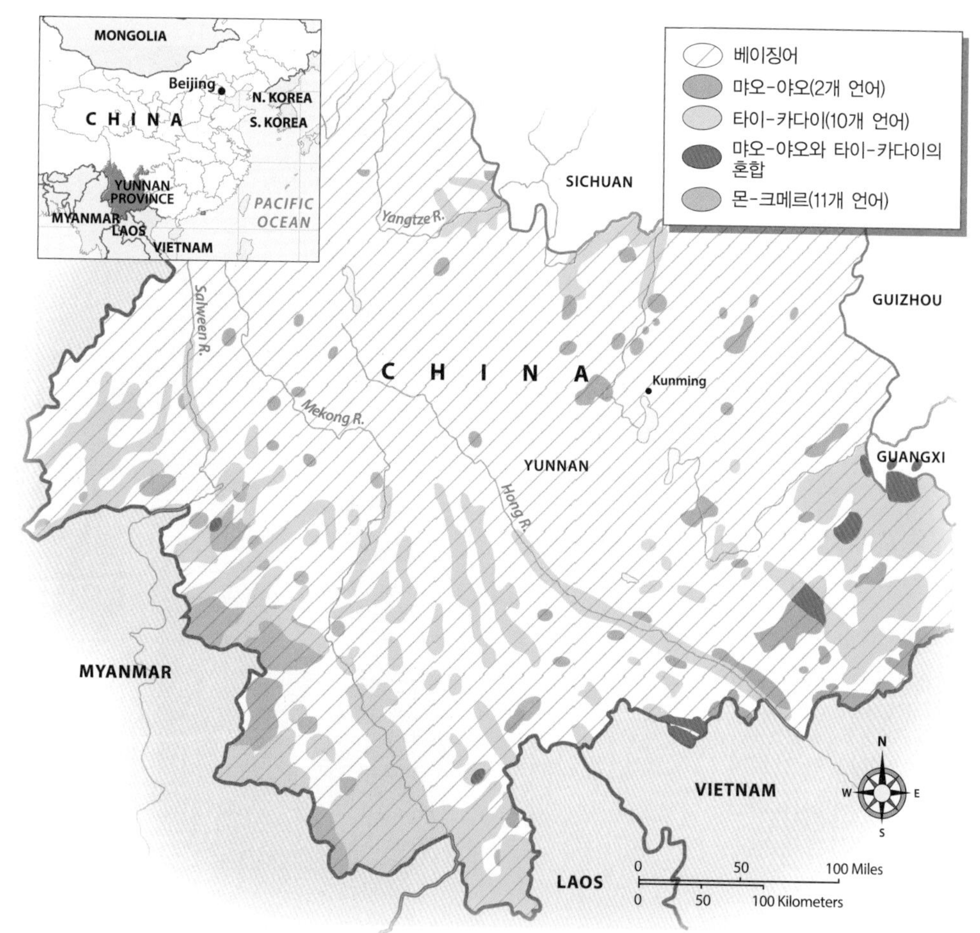

그림 11.28 **윈난 성의 어군** 중국 윈난 성은 언어학적으로 동아시아에서 가장 복잡하다. 윈난 성의 넓은 계곡 및 높은 고원 지대와 도시 지역에 거주하고 있는 대부분의 사람은 베이징어를 사용한다. 그러나 구릉 및 산악 지대, 비탈진 계곡에서는 여러 어군으로 분류되는 다양한 부족 언어가 사용된다. 특정 지역과 인근 지역에서는 다양하고 상이한 언어가 함께 사용되기도 한다.

중 세 지역은 아시아 중부 지역에 위치한 티베트, 내몽골, 신장이기 때문에 제10장에서 이미 다루었다. 또 다른 자치 지역인 닝샤 후이족 자치구는 중국 북서부에 위치하고 있으며, 후이족(베이징어를 사용하는 이슬람)이 주로 거주하고 있다.

타이완의 언어와 인종 타이완은 언어와 인종이 복잡하기로 유명하다. 동부 산악 지역의 소수 부족민은 오스트로네시아어족에 속하는 인도네시아 부족민과 유사한 언어를 사용한다. 이 부족민은 16세기 이전 타이완 전역에서 거주했다. 그러나 그 당시에 많은 한족이 이주해 들어오기 시작했다. 대부분의 새로운 이주민들은 현재 타이완어로 진화한 푸저우 방언을 사용했다.

1949년 타이완은 중국 공산당에 패한 국민당이 피난처를 찾아 타이완으로 이주해 오면서 크게 변화했다. 국민당 대부분의 지도자는 중국의 공용어였던 베이징어를 사용했다. 타이완의 새로운 지도부는 기존에 사용하던 타이완어를 지방 방언으로 간주해 타이완어 사용을 억제했다. 그 결과, 타이완어와 베이징어를 사용하는 공동체 간에 긴장감이 커졌다. 1990년대에 타이완어를 사용하는 사람들은 그들의 언어 정체성을 강조하기 시작했다. 현재 타이완어 사용을 지지하는 많은 사람들이 중국으로부터의 공식적인 독립을 주장하지만, 베이징어를 선호하는 사람들은 궁극적인 통일을 희망하고 있다.

글로벌 맥락에서 동아시아의 문화

동아시아는 오랫동안 쇄국과 개방을 경험한 혼돈의 역사를 가지고 있다. 1800년대 중반까지 모든 동아시아 국가는 서구 문화의 영향력으로부터 스스로를 고립시켜 왔다. 그 후 일본은 문호를 개방했지만, 외국 사상에 대해서는 분명한 태도를 취하지 않았다. 1945년에 일본이 패전하자 비로소 세계화를 우선시했다. 그 이후 남한, 타이완, 영국의 식민지였던 홍콩도 세계화를 받아들이기 시작했다. 그러나 중국과 북한 정부는 초기 냉전 시기에 가능한 한 그들의 문화를 세계 문화와 단절시키려고 했다. 북한은 여전히 이러한 태도를 고수하고 있다.

세계화된 주변부 동아시아의 자본주의 국가, 특히 대도시에 나타나는 특징은 문화 국제주의이다. 예를 들어, 일본인은 6~10년간 영어 공부를 해도 영어가 유창하지 않지만, 대부분이 일정 수준을 읽고 이해할 수 있다. 한국, 일본, 중국 기업 회의는 종종 영어로 이루어진다.

오늘날 문화의 흐름은 단순히 서구에서 동아시아로만 흐르지 않고, 상호 호혜적으로 교환되고 있다. 홍콩의 액션 영화는 세계 대부분의 국가에서 대중적이고, 할리우드 영화 제작에도 영향을 끼치기 시작했다. 일본은 세계 비디오 게임 시장의 강자로 남아 있고, 만화 영화와 TV 프로그램은 노래방의 뒤를 이어 해외에서 인기가 많다. 미야자키 하야오 감독과 일본 지브리 스튜디오와 연계된 다른 감독들의 작품은 전 세계에서 아주 인기가 많고, 영향력 또한 크다. 그러나 일본의 만화 영화 산업에 종사하는 사람의 수는 2005년도가 정점이었으며, 그 이후에 서서히 감소하고 있다. 또한 일본 만화 영화는 특정 소비자에게만 너무 치우쳤다는 비판과 함께 한국과 타 아시아 국가들의 경쟁으로부터 고전하고 있다.

한국의 인기 있는 문화 산업은 음악, 영화, TV쇼 등이 **'한류** (Korean wave)'라는 이름으로 전 세계에서 유명해지면서 계속해서 번창하고 있다. 특히 록, 힙합, 전자 팝을 기반으로 한 한국 음악 장르인 케이 팝(K-pop)은 페이스북, 트위터, 유튜브 등을 통해 전 세계에 확산되고 있으며, 해외에서 유행하고 있다(그림 11.29). 2012년 싸이의 '강남 스타일'이 유튜브 역사상 세 번째로 많이 관람된 뮤직 비디오로 기록되면서 전 세계에 한국 대중문화의 전성기가 도래했다. 최근 한국 문화 공무원들은 엔터테인먼트와 식품 및 패션의 결합을 통해 '한류' 수출이 다시 부흥하기

그림 11.29 **한류 스타 김수현** 과거 수십 년간 한국 영화, TV쇼, 음악이 아시아 전역에서 아주 유명해졌다. 이 사진 속의 인물은 2014년 3월 21일 타이완 타이베이 출판 기념회에 참석한 한국 배우 김수현이다. 김수현은 한국 TV 드라마 '별에서 온 그대'에서 주인공을 맡은 유명한 배우이다.

를 희망하고 있다.

중국의 중심지 일본의 문화는 중국보다 세계주의 경향이 더욱 크다. 근대 시대 이전 일본의 문화는 다른 문화(특히 중국 문화)에서부터 차용되었던 반면, 중국은 역사적으로 고유의 문화를 보유해 왔다. 그러나 중국 남부 해안 지역의 문화는 종종 동남아시아와 태평양 지역에서 건너온 이주민 공동체 문화가 나타난다.

1949년 중국 공산주의가 권력을 장악한 이후에 중국의 국제 문화 네트워크는 홍콩에서만 유지될 수 있었다. 중국을 제외한 나머지 국가에서는 완강하고 청교도적인 문화 질서가 엄격하게 강요되었다. 그러나 20세기 후반에 중국이 경제를 자유화하기 시작하고, 외국에 대한 문호를 개방하기 시작한 후에 남부 해안 지역이 새롭게 부상했다. 이와 같은 문화 개방을 통해 세계의 문화가 타 지역으로 유입되기 시작했다. 그 결과, 중국에 클럽, 가라오케 바, 패스트푸드 프랜차이즈, 테마파크와 같은 세계적 특성을 담은 도시 문화가 출현하기 시작했다(그림 11.30).

북한의 고립 동아시아와 달리 북한은 가능한 국민들을 글로벌 문화와 격리시키려고 하였다. 그러나 외국 기업과 TV쇼, 특히 남한의 TV쇼는 국민들 사이에서 점점 더 유행하기 시작했다. DVD를 밀수하다 잡히면 공개 처형이 될 수 있음에도 불구하고, 많은 수의 DVD 플레이어가 북한으로 밀수되었다. 또한 북한은 외국 언론의 북한 보도를 통제하기 위해 그들을 협박하기도 한다. 2014년 북한 지도자를 암살하는 내용을 담은 소니 영화사의 코미디 영화인 '더 인터뷰'가 예정대로 개봉된다는 이유로 북한은 미국을 상대로 무자비한 협박을 했다. 그 이후에 소니 영화사는 해킹을 당했고, 수많은 불법 복제판이 시중에 풀렸다. 몇몇 전문가는 북한이 이와 같은 소행을 저질렀다고 추정하지만, 명확한 증거는 없다.

확인 학습

11.5 제2차 세계대전이 끝난 이후에 동아시아 종교의 지리는 어떻게 변화해 왔는가?

11.6 중국의 다른 민족들과 차별되는 민족 집단으로서 중국 한족의 특징은 무엇인가?

주요 용어 표의문자, 유교, 풍수, 마르크스주의, 집단이주, 부족, 자치구, 한류

지정학적 틀 : 중국과 일본의 제국주의 유산

동아시아의 정치적 역사는 중국의 중화와 중국의 영향력에서 벗어나 있던 일본을 중심으로 만들어졌다. 전통적인 중국의 지정학적 개념은 제국주의적 사상에 기반을 두었다. 즉, 모든 국가는 중국 제국주의 속국이고, 속국은 중국에 공물을 바치고 중국의 권위를 인정해야 했다. 그러나 중국이 더 이상 유럽의 침략에 버틸 수 없게 되자, 동아시아 정치 체제는 붕괴되기 시작했다. 그 이후 1900년대에 유럽의 힘이 쇠퇴하자, 중국과 일본은 지역 패권을 두고 경쟁했다. 제2차 세계대전 이후 동아시아는 거대한 냉전의 체제로 인해 분할되었다.

중국의 발전

중국 문명 기원의 중심은 북부 중국 평원과 뢰스 고원이다. 오랫동안 통일과 분단의 시기가 반복해서 나타났다. 기원전 3세기에서 3세기까지 지속되었던 중국 통일에 관한 아주 중요한 일화가 있다. 중국이 정치적 통일을 이루었던 이 시기 동안 중국 황제는 양쯔 강 이남으로 영토를 크게 확장했다. 마침내 한 사람에 의해서 중국 통일의 이상이 이루어졌다. 중국의 분단은 여러 왕조의 붕괴 뒤에 나타났지만, 그 분단 뒤에 항상 재통일되었다.

여러 중국 왕조가 한국을 정복하려고 했으나 한국은 완강히 저항했다. 결국 한국은 중국에게 공물을 바치고 중국 황제의 권위를 인정하고, 중국은 한국에게 무역 특권과 독립을 허용하는 조약을 맺었다. 1500년대 후반 일본이 조선을 침략했을 때, 중국은 봉신 국가를 지원한다는 명목으로 군대를 파병했다.

만주 청 왕조 1644년 만주가 명조를 무너뜨리고 청조를 세웠던 역사적 사실은 중국에서 가장 의미가 있다. 초기 정복자가 그랬듯이 만주인도 중국 관료를 그대로 중용하고, 제도도 거의 바꾸지 않았다. 만주인의 전략은 그들 스스로를 중국 문화에 적응시키는 것이었지만, 동시에 최고위 군사 엘리트 집단으로서 그들 고유의 정체성을 유지하는 것이었다. 이러한 체제는 중국 제국이 유럽과 일본에 의해 무너지지 시작한 19세기

그림 11.30 **중국의 테마파크** 중국의 경제가 성장함에 따라 중국 사람의 여가를 위한 소비가 크게 증가하기 시작했다. 2,000개 이상의 테마파크의 인기가 높다.

분단국가
중국 / 북한 / 자치주
타이완 / 남한

영토 분쟁 제2차 세계대전 종전 이후 일본은 러시아가 합병한 4개의 남 쿠릴 섬에 대해 분쟁화하고 있다.

미군 기지 미국과 도서 주민들 간에 많은 마찰이 일어나며, 오키나와 섬에 거대한 군사 기지를 주둔시키고 있다.

남사 군도 남사 군도는 중국, 타이완, 베트남, 말레이시아, 필리핀에 의해 분쟁화되고 있다. 서사 군도와 마찬가지로 이 섬들은 해저에 석유가 매장되어 있을 것으로 추정된다.

중국-인도 국경 분쟁 동부의 맥마흔라인은 1923년 히말라야의 분수계를 기준으로 지정되었고, 현재 중국과 인도의 국경이다. 중국은 이 국경을 절대 인정하지 않는다. 서부의 아커사이 친 지역은 공식적으로 인도의 카슈미르에 속해 있으나, 1962년 중국에 의해 점령되었다.

그림 11.31 **동아시아의 지정학적 쟁점** 동아시아는 세계에서 지정학적으로 많은 문제가 나타나는 지역이다. 특히 자본주의 체제의 남한과 고립된 공산주의 체제의 북한 간 그리고 중국과 타이완 간에 심각한 긴장 관계가 형성되어 있다. 중국은 남중국해의 여러 섬을 둘러싼 많은 국경 분쟁 문제가 있다. 일본과 러시아는 남부 쿠릴 열도 분쟁을 여전히 해결하지 못하고 있다.

중반까지 잘 유지되었다.

근대 시대 중국제국은 1700년대에 정점을 이루었다가 유럽의 기술 진보를 따라잡지 못하자 1800년대에 급격히 쇠퇴했다. 제국의 위협은 항상 북방으로부터 있었고, 해안 지역에서 무역을 해왔던 유럽 상인으로부터는 어떠한 위협도 감지하지 못했다. 그러나 유럽인은 중국의 실크, 차 등의 상품을 구입하기 위한 은이 부족했다. 영국은 이러한 대체재 부족을 충당하기 위해 중국에 아편을 판매하기 시작했다. 1840년대에 중국 정부가 아편 무역을 금지하자 영국은 무역항을 확대한다는 명분을 내세워 전쟁을 감행해 중국을 점령했다(그림 11.32).

첫 번째 아편전쟁은 100년간 중국에 정치 및 경제적 혼돈을

그림 11.32 **아편전쟁** 대영제국은 1800년대 초반에 두 번의 아편전쟁에서 중국을 굴복시켰으며, 더 많은 지역을 개방하고 유럽인의 특권을 허용할 것을 강요했다. 사진은 1841년 1월 동인도회사 증기선인 네메시스호가 중국 범선을 파괴하고 있는 장면이다.

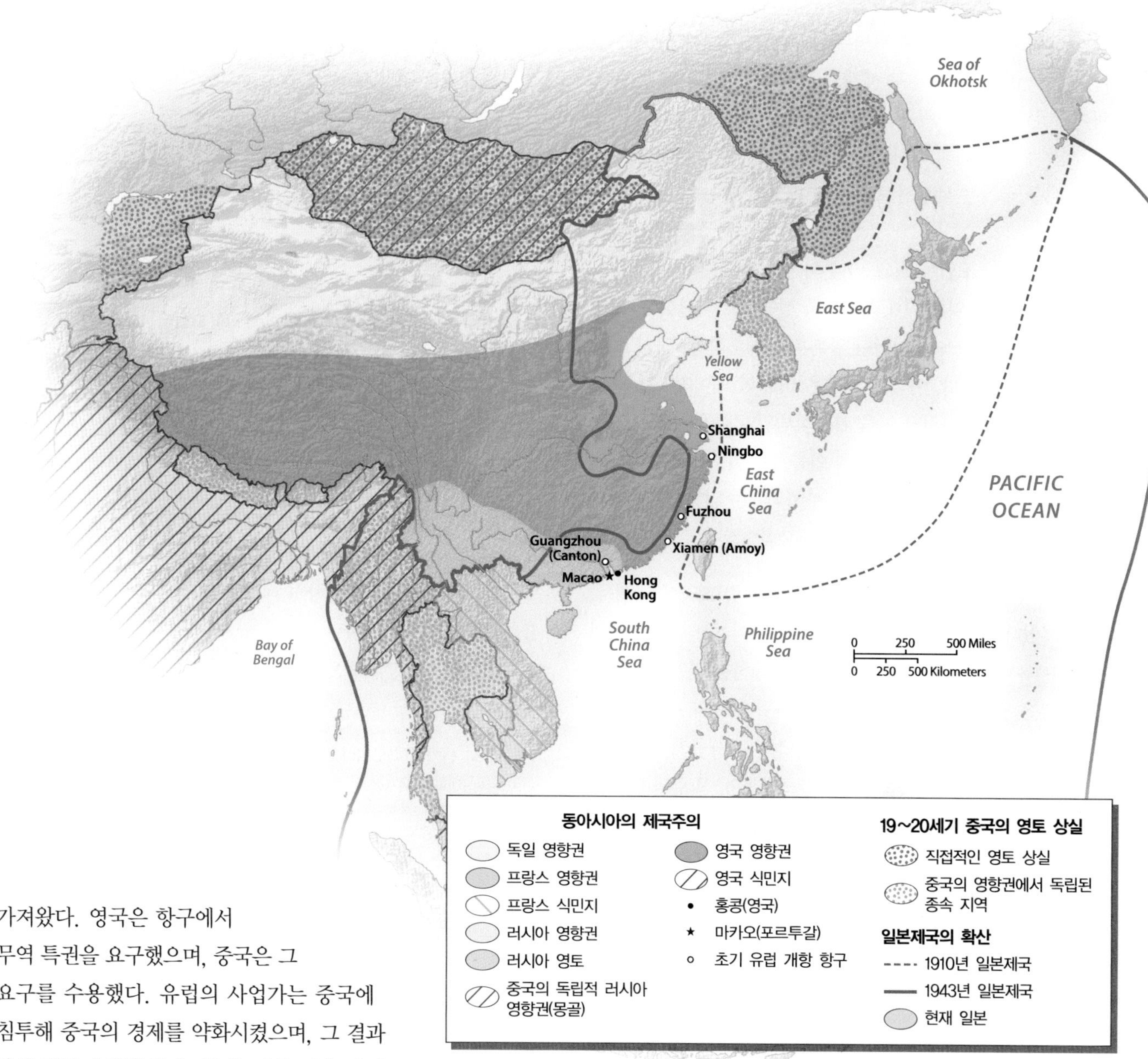

그림 11.33 **19세기 유럽의 식민주의** 19세기 유럽이 팽창하자 중국은 영향력과 영토를 잃었다. 1900년대에 중국을 자치권을 획득하고 대부분의 영토를 회복했지만, 과거 중국에 의해 통치되었던 많을 지역을 러시아가 소유하고 있었다. 20세기 초반에 일본의 세력이 크게 팽창했으나, 제2차 세계대전에서 패배한 이후 일본 세력의 팽창은 종식되었다.

가져왔다. 영국은 항구에서 무역 특권을 요구했으며, 중국은 그 요구를 수용했다. 유럽의 사업가는 중국에 침투해 중국의 경제를 약화시켰으며, 그 결과 반청 반란이 발발했다. 첫째, 이와 같은 반란은 모두 진압되었다. 한편 유럽의 세력은 점점 강해졌다. 1858년 청나라의 최북단 지역(흑룡 강 지역)이 러시아에 복속되었으며, 1900년 중국은 식민지로 공식적인 정치적 권한이 없었으나, 비공식적으로 큰 경제적 영향력을 보유한 2개의 **영향권**(spheres of influence)으로 구분되었다(그림 11.33).

1911년 성공적인 반란으로 청나라는 무너졌고, 중국제국은 사라졌으나 통일된 중국공화국을 건설하려는 노력은 그리 성공적이지 않았다. 각 지역의 군사 지도자는 스스로 권력을 장악해 지역을 통치했다. 1920년대 중국은 완전히 해체되었다. 그 결과 티베트인도 자치권을 획득했다. 신장은 러시아 영향력 아래에 있었고, 유럽인과 지역 군 지도자는 약해진 중국공화국에 대한 권력을 장악하기 위해 다투었다. 또한 일본도 영토를 확대하려고 하고 있었다.

일본의 부상

일본은 7세기에 이르러 통일국가로 부상했다. 초창기 일본은 중국의 학문 및 정치적 모델을 따랐다. 그러나 일본은 해안에 위치해 중국의 통치로부터 벗어날 수 있었다. 일본인은 일본을 중국제국과 동격인 제국으로 간주했다. 그러나 1000년에서 1580년 사이에 일본은 수많은 소규모의 적대적 국가로 분리되어 있었으며, 실질적인 통일을 이루지 못했다.

일본의 쇄국과 개방 1600년대 초반 도쿠가와 **막부**(Shogunate)[쇼군(Shogun)는 왕 바로 아래 지위의 군 지위자]가 일본을 재통일했다. 이 당시에 일본은 외부 세계로부터 고립되려고 했다. 1850년대까지 일본은 주로 류큐 군도의 주민을 통해 중국과 무역을 하고, 아이누인을 통해 러시아와 교역을 했다. 일본에서 교역이 허용된 서구 국가는 네덜란드였으며, 그들의 활동은 극히 제한적이었다.

1853년 미국의 포함이 도쿄 만에 와서 일본에게 교역 감행을 위협하기 이전까지 일본은 대체로 쇄국 정책으로 일관했다. 중국의 힘이 약화되고 있음을 인식한 일본은 경제 · 행정 · 군사 체계의 현대화를 감행했다. 이러한 노력은 1868년 메이지 유신으로 도쿠가와 막부가 무너지자 더욱 가속화되었다[유신(restoration)이라 불리는 이유는 이 유신이 왕의 이름으로 이루어졌기 때문이다. 그러나 왕에게 실질적인 권력이 부여되지는 않았다]. 중국과 달리 일본은 정부와 경제를 성공적으로 강화시켰다.

일본 제국 일본의 새로운 통치자는 일본이 유럽 제국에 의해 위협을 받고 있다고 인식했다. 일본 통치자들은 이러한 위협을 해결할 수 있는 유일한 방법은 그들의 영토를 확대하는 것이라고 결정했다. 일본은 곧 홋카이도를 점령하고, 쿠릴 열도와 사할린으로 영토를 확대하기 시작했다. 1895년 일본 정부는 새롭게 근대화된 무기로 무장해 중국을 상대로 전쟁을 일으켰으며, 그 결과 타이완 통치권을 부여받았다. 그 이후 일본이 만주와 한국에 대한 영향력을 두고 러시아와 경쟁하자 러시아와 긴장 관계가 심화되었다. 1905년 일본이 러시아와의 전쟁에서 승리하자 중국 북부 지역에 대한 큰 영향력을 가지게 되었다. 동아시아에 일본의 경쟁 국가는 더 이상 없었으며, 1910년 한국은 일본에 의해 강제 병합되었다.

1930년대 세계 대공황으로 세계 무역이 크게 감소하고, 자원 의존적인 일본은 어려운 상황에 직면하게 되었다. 국가 지도자들은 군사적 해결책을 찾았으며, 1931년 일본은 만주를 점령했다. 1937년 일본 군대는 중국 북부 평원 지대와 중국 남부 지역의 도시를 점령하면서 남하하기 시작했다. 이 시기에 일본과 미국의 관계가 악화되었다. 일본은 미국이 철강 수출을 중단하자 자원 부족을 체감하기 시작했다. 1941년 일본의 지도자들은 자원이 풍부한 동남아시아를 점령하기 위해 미국 태평양 함대를 파괴하기로 결정했다. 이와 같은 전략은 동아시아와 동남아시아를 '대동아 공영권'에 편입시키기 위한 것이었으며, 이 영역을 직접 통치함으로써 미국과 유럽의 영역으로부터 독립하기 위해 계획된 것이다.

전후의 지정학

1945년에 제2차 세계대전이 종료되었으며, 일본의 패전과 함께 동아시아는 미국과 소련에 의해 지배되기 시작했다. 미국은 일본, 한국, 타이완에 관심을 두었지만, 소비에트연방은 대륙 본토에 관심을 두고 있었다.

일본의 부흥 일본은 제2차 세계대전에서 패배하자 식민지 국가를 잃었다. 일본의 영토는 4개의 주요 섬과 류큐 군도로 축소되었다. 일본 정부는 이러한 영토 손실에 동의했다. 유일하게 남아 있는 일본의 영토 갈등은 1945년 러시아가 점령한 쿠릴 열도 남단의 4개의 섬에 남아 있다. 일본은 여전히 이 섬들의 소유권을 주장하고 있으며, 러시아는 이 문제에 관한 논의를 회피하고 있다.

일본의 군사력은 미국이 제정한 법에 제재를 받고 있으며, 부분적으로 미국 군대에 의존한다. 미 해군은 일본의 주요 해상 교통로를 정찰하고, 미군은 일본에 많은 군사 기지를 두고 있다. 그러나 많은 일본인들은 일본 스스로 자치 방어권을 가져야만 한다고 믿고 있다. 일본 군대에 제재가 가해져 있음에도 불구하고 일본의 군사력은 점점 강대해지고 있다. 중국 파워의 성장과 북한의 핵무기 제조와 미사일 테스트는 일본의 안보에 대한 관심을 고조시켰다. 2014년 일본은 군사력 증강에 박차를 가했으며, 2015년 초 일본과 프랑스 두 나라 사이의 드론, 수중 감시, 그

그림 11.34 **센카쿠/다오위다오 열도** 사진 속의 사람이 살지 않는 바위섬은 일본이 실효지배를 하고 있지만, 중국 그리고 타이완과도 영유권 분쟁이 벌어지고 있다. 중국의 이 바위섬에 대한 영유권 주장이 심해지면서 중국과 일본 간 갈등이 심화되고 있다. **Q : 이 작고 상대적으로 가치 없는 섬이 과거 수십 년간 위험한 분쟁을 일으킨 이유는 무엇인가?**

외 군사 기술에 대한 협력 체결을 하였다. 중국과 일본의 긴장 관계는 타이완 북동쪽에 위치한 센카쿠 열도(북경어로 다오위다오 열도)를 중심으로 심화되었다(그림 11.34). 일본이 사람이 살지 않는 작은 이 섬을 통치하고 있지만, 중국도 이 섬과 풍부한 석유자원을 보유한 주변 영해의 통치권을 주장하고 있다. 일본 총리가 제2차 세계대전 전범들의 위패를 보유한 야스쿠니 신사 참배를 한 이후 중국과 한국의 반일 정서가 더욱 심해졌다. 2012년 중국 여러 도시에서 거대한 반일 시위가 발발했다. 그 다음 해 중국의 해군 함대와 공군 전투기가 일본이 자기 소유의 영토라고 간주하는 지역으로 침범하자 긴장감이 크게 올라갔다. 이러한 급습은 2014년에 감소하였지만, 이러한 긴장 상황은 여전히 남아 있다.

한국의 분단 제2차 세계대전의 종전은 일본보다 한국에 더 큰 변화를 가져왔다. 전쟁이 끝나가자 소련과 미국은 한국의 분단에 동의해 소련군은 38도선 이북을, 미군은 이남을 점령했다. 이 분단으로 인해 한국에 2개의 분리된 정부가 수립되었다. 1950년 북한은 국가 통일의 명분을 가지고 남한을 침공했다. 미국은 UN으로부터 지원을 받아 남한을 지원하는 한편, 중국은 북한을 지원했다. 한국전쟁은 교착상태로 종전했으며, 한국은 분단된 국가가 되었고, 엄밀히 따지면 2개의 국가는 여전히 대치하고 있는 중이다.

한국전쟁 이후 많은 수의 미군이 남한에 남았다. 1960년대 남한은 스스로 국가를 방어할 수 없는 가난한 국가였다. 그러나 그 후 남한은 부유한 무역 국가로 부상한 반면, 북한의 부는 쇠퇴했다. 많은 남한 사람들은 미군이 북한과의 평화를 유지하는 데 방해가 되고 있다고 경고하면서 미군이 남한에 주둔하는 것을 좋아하지 않았다. 1990년대 후반 또한 남한 정부는 보다 유화적인 접근을 했다. 1998년 남한 정부는 북한과의 평화 협력과 화해를 강조하는 '햇볕 정책'을 폈다. 결과적으로 남한 기업은 북한과의 경제 협력을 위한 많은 자금을 투자했고, 남한 사람들은 국경을 넘어 북한의 유명한 관광지를 감시하에 여행할 수 있게 되었다. 이와 같은 남한의 평화적인 움직임에도 불구하고 북한은 여전히 적대적이며, 심지어 2006년과 2009년에 핵무기 실험을 감행하기도 했다.

그림 11.35 **김정은** 북한의 정치 체제는 국가 지도자를 둘러싼 '개인숭배'를 기반으로 하고 있다. 이 홍보 사진에서 여군들이 다중 로켓 발사 훈련을 지도하고 있는 김정은을 둘러싸고 있다.

국제 공동체는 북한이 핵무기 실험을 포기하도록 설득하는데 많은 노력을 기울였다. 2011년 북한 지도자 김정일이 사망하고 검증되지 않은 그의 28세 아들 김정은이 권력을 승계하자 국제적 불확실성은 더욱 심화되었다(그림 11.35). 2012년 북한 핵 프로그램에 관한 국제 대화는 수포로 돌아갔으며, 2013년 UN이 북한 미사일 발사를 규탄하자 긴장관계는 더욱 고조되었다. 이러한 대북 제재는 북한이 남한, 일본, 미국을 상대로 더 많은 핵 위협을 가하게 했다. 이와 같은 상황은 북한이 남한의 지도자와 직접 대화할 수 있는 외교적 핫라인의 재가동에 동의한 이후에 조금 완화되었다.

중국의 분단 제2차 세계대전은 중국에게 엄청남 파괴와 인명 손실을 가져다주었다. 전쟁을 시작하기 이전에 중국은 이미 국가주의와 공산주의 간의 시민전쟁이 있었다. 1937년 일본이 중국 본토를 침략했을 때 2개의 캠프가 협력했다. 그러나 일본이 패배하자마자 중국에 시민전쟁이 다시 발발했다. 1949년 공산당이 승리하고 국민당은 타이완으로 퇴각했다. 중국 본토는 중화인민공화국으로 개칭했으며, 타이완의 국민당 정부는 기존 1911년을 기원으로 하는 중국 민국(Republic of China)이라는 국명을 유지했다.

1949년 이후 중국과 타이완 간의 휴전은 계속되고 있다. 여전히 중국 정부는 타이완이 중국의 일부라고 주장하고 있으며, 궁극적으로 반환을 요구할 것이다. 타이완의 국수주의자들은 그들이 진정한 중국 정부이고, 단지 임시로 분단된 국가의 한 성에 불과하다고 주장하고 있다. 그러나 20세기 후반에 거의 모든 타이완인은 중국 본토 수복에 대한 이상을 포기했고, 공식적인 독립을 공개적으로 주장했다.

중국 통일에 대한 이상은 중국과 해외에 모두 영향을 미쳤다. 1950년대와 1960년대 미국은 타이완이 중국에서 유일하게 합법적인 국가라고 인정했지만, 미국 지도부는 중국을 합법적인 국가로 인정하는 것이 보다 유리하다고 판단하자 정책을 바꾸었다. 그 이후 바로 중국은 UN에 가입했으며, 타이완은 외교적으로 세계 대부분의 국가로부터 고립되었다. 그러나 타이완은 계속해서 아프리카, 아메리카, 태평양의 소수 국가에 의해 중국의 합법적인 국가로 인정을 받았다. 이러한 대부분의 국가는 타이완으로부터 경제적 지원을 받았다.

타이완의 지정학적 지위는 타이완 자체에서 계속해서 논쟁이 되어 왔다. 2000년 정치적 분리를 지지하는 사람이 총통으로 선출되었을 때, 중국은 타이완이 공식적인 독립을 선언한다면 침략할 것이라고 위협했다. 몇 년간 군사적 긴장이 고조되었지만, 그 기간 동안 경제적 연계는 더욱 강화되었다. 타이완 유권자들은 근본적으로 혜택 없이 정치적 분쟁을 가져오는 독립운동에 불만을 나타내기 시작했다. 2008년과 2012년 타이완 총통 선거에서 구 국민당은 중국 본토와의 관계 개선을 공약함으로써 크게 승리했다. 그러나 최근 중국 본토의 힘이 커지자 타이완의 독립운동은 다시 활성화되었다.

중국의 영토 중국은 타이완을 되찾을 수 없었지만 청나라가 통치하던 대부분의 영토를 유지하는 데 성공했다. 티베트의 경우에는 많은 힘이 동원되었다. 티베트인의 저항으로 1959년 중국은 대규모 침략을 단행했다. 그러나 티베트는 현재 한족이 티베트로 이주해 오면 종국에는 한족이 인구가 더 많아져 티베트의 문화를 침해할 것이라고 두려워하기 때문에 그들은 진정한 자치를 위해 계속해서 투쟁하고 있다.

전후 중국 정부는 북서부 지역의 신장과 몽골 접경의 광대한 영토를 차지하고 있는 내몽골에 대한 통치권을 계속해서 유지했다. 내몽골은 티베트와 신장과 마찬가지로 자치구로 분류된다. 신장 원주민은 투르크 유산을 강조하기 위해 신장 지역이 동부 투르키스탄이라 불리길 요구하면서 그들의 종교 및 민족적 정체성을 확고히 하고 있다. 그러나 대부분의 한족은 내몽골과 신장을 중국의 일부 지역으로 간주해, 독립에 관한 어떠한 말도 반역으로 간주하고 있다.

1997년 홍콩이 영국으로부터 반환되면서 하나의 영토 문제가 해결되었다. 1950년, 1960년대, 1970년대 홍콩은 외부 세계에 대한 중국의 창으로서 역할을 했으며, 자본주의 도시로서 부를 축적해 나갔다. 중국이 1980년대에 문호를 개방하자 영국은 홍콩을 중국에 반환하기로 결정했다. 이에 중국은 '하나의 국가, 2개의 체제'라는 모델로 홍콩을 최소한 50년간 완전한 자본주의 경제 체제를 보유할 수 있는 **특별행정지구**(special administrative region)로 지정할 것을 약속했다. 중국에서 누릴 수 없는 시민의 자유가 홍콩에서는 보호받을 수 있도록 했다.

근본적으로 홍콩은 자치 지역임에도 불구하고, 중국 중앙정부는 여러 문제에 개입하면서 홍콩 시민을 분노하게 만들었다. 2014년 홍콩 선거에 대한 베이징의 간섭은 엄청난 학생 주도 시위를 가져왔다. 10만 명 이상이 민주주의를 요구하면서 홍콩의

그림 11.36 **2014년 홍콩의 시위** 2014년 가을 홍콩에서 학생 주도의 대규모 민주화운동 시위가 일어났다. 사진은 2014년 10월 10일 정부청사 앞에서 집회를 하기 위해 주요 도로를 꽉 채운 시위대의 모습이다.

거리를 채웠다(그림 11.36). 중국의 지도부는 이 시위는 유럽과 미국에 의해 선동된 것이라며 맹렬히 비난했다. 결국 이 시위는 중국 정부로부터 그 어떤 의미 있는 결과를 이끌어내지 못하고 끝이 났다. 시위의 결과로 홍콩에서 시민의 자유와 학문의 자유는 더 악화되었다는 비판이 제기되었다.

동아시아의 마지막 식민지였던 마카오는 1999년에 중국으로 반환되었고, 두 번째 특별행정지구로 지정되었다. 마카오는 홍콩의 후미를 건너 위치하고 있으며, 도박의 천국이다. 2008년 마카오의 도박 수입은 세계 도박의 수도인 라스베이거스를 추월했다(그림 11.37). 그러나 2014년 마카오의 경제는 새로운 카지노 건설이 전면 중단되면서 급속히 쇠퇴했다. 많은 전문가들은 이러한 전환을 중국 국가 지도부의 도박 반대 정책과 연계된 반부패 캠페인의 결과로 보고 있다.

동아시아의 지정학적 중요성

1950년대 초반 동아시아는 적대적인 2개의 냉전 지역으로 분리

그림 11.37 **마카오 카지노** 1999년 포르투갈에서 중국으로 반환된 마카오는 중국의 문화와 포르투갈의 문화가 독창적으로 혼합된 지역이다. 마카오의 경제를 지탱하는 대들보는 중국에서 금지되고 있는 도박산업이다.

되었다. 중국과 북한은 소비에트연방과 동맹을 맺었고, 한국, 타이완, 일본은 미국과 연계되었다. 그러나 1970년대 중국과 소비에트연방의 연합은 상호 적대적으로 악화되었고, 중국과 미국은 소비에트연방을 공동의 적으로 삼고 서로 협력 관계를 형성했다.

중국의 급속한 경제 성장과 더불어 냉전 종식은 동아시아 힘의 균형을 변화시켰다. 미국은 더 이상 소비에트연방을 대체할 중국이 필요없어졌으며, 미국은 점차 급속히 현대화되고 강력해지고 있는 중국의 국방력에 불안해하고 있다. 2000년부터 2015년까지 중국 국방 예산은 매년 평균 약 10% 증가했다. 비록 중국의 군사비용이 미국보다 훨씬 더 적지만, 다른 어떤 국가들보다 훨씬 많다. 중국의 여러 인접 국가들은 중국의 강력해진 국방력에 대해 관심을 가지기 시작했다. 결론적으로 남한과 특히 일본은 미국과 밀접한 군사적 연대를 유지하기를 원해왔다. 최근 약 3만 5,000명의 미군이 일본에, 2만 8,000명의 미군이 남한에 주둔되었다.

또한 중국은 글로벌 무대에서 비군사적 힘을 키우기 위해 노력하고 있다. 예를 들어, 2013년 중국은 서구 주도의 세계은행 및 국제통화기금의 상대 기구로서 역할을 할 수 있는 아시아인프라투자은행(Asia Infrastructure Investment Bank, AIIB) 개발을 제안했다. 미국은 중국이 주도하는 은행의 팽창을 반대하였으며, 2015년 영국, 이탈리아, 독일, 프랑스가 중국의 제안에 참여할 것이라는 발표에 실망감을 표명했다.

따라서 중국은 세계 정치의 주요 권력으로 부상하고 있다. 이것이 다른 국가가 두려워할 힘인지 아닌지는 중요한 논쟁 이슈이다. 중국 지도자는 다른 국가의 내부 문제에 개입할 의도가 없다고 주장했다. 그러나 그들은 인권과 티베트에서 저질렀던 만행에 대한 미국과 타국의 관심을 중국 내부 문제에 대한 지나친 간섭이라고 간주했다. 해외 비평가들은 중국은 전임 국가주석보다 훨씬 더 큰 권력을 장악한 시진핑 국가주석의 지도하에서 더욱 확고하게 성장하고 있다고 걱정한다. 남중국해에 위치해 있는 열도에 대한 중국의 주장은 특별한 국제 관심사이다(제13장 참조).

확인 학습

11.7 1800년대 중국의 쇠퇴가 동아시아 지정학적 구조에 어떠한 영향을 끼쳤는가?

11.8 냉전 종식 이후에 동아시아의 지정학적 환경은 어떻게 변화되었나?

주요 용어 영향권, 막부, 쇼군, 특별행정지구

경제 및 사회 발전 : 글로벌 경제의 주요 지역

동아시아는 경제 및 사회복지에서 불균등이 확연히 나타난다(표 A11.2). 일본의 도시 벨트는 부의 집중도가 세계에서 가장 큰 반면에 중국의 많은 내륙 지역은 거의 개발되지 않았다. 그러나 전반적으로 동아시아는 1970년대 이후 경제가 급성장했다. 그러나 성장은 균등하게 이루어지지 않았다. 예를 들어, 북한은 1990년과 2010년 사이에 생활 수준이 급격하게 저하되었다.

일본의 경제와 사회

일본은 1960년대, 1970년대, 1980년대에 세계 경제의 선두 주자였다. 그런데 1990년대 초반 일본 경제는 후퇴하기 시작했으며, 그 이후 아주 느리게 성장했다. 그러나 최근 이러한 문제에도 불구하고 일본은 여전히 세계에서 두 번째로 큰 경제력을 가진 국가이다.

일본의 경제 성장과 쇠퇴 일본의 중공업화는 1800년대 후반에 시작되었지만, 대부분의 일본인은 가난했다. 그러나 1950년대 일본의 경제 기적이 시작되었다. 일본의 제국주의가 사라졌고, 일본은 가공된 제품을 수출했다. 일본은 저가의 소비재를 시작으로 자동차, 카메라, 전자, 기계 도구, 컴퓨터 기기 등과 같은 복잡한 제품으로 점점 발전해 갔다. 1980년대까지 일본은 많은 세계 첨단 경제 부문에서 선두였다.

1990년대 초반 일본의 팽창된 부동산 시장이 붕괴했고, 이는 은행의 재정 위기를 가져왔다. 동시에 많은 일본 기업은 그들의 공장을 동남아시아와 중국으로 이전했다. 그 결과 일본 경제는 오랫동안 경기 불황을 겪었다. 일본 정부는 큰 공공 적자를 가져왔던 대규모의 국가 투자를 통해서 경제를 재활성화하려고 노력했다.

일본은 경제적 문제에도 불구하고 여전히 글로벌 경제 체제에서 핵심 국가로 남아 있다. 일본의 다국적기업이 북아메리카와 유럽 그리고 개발도상국에 많은 생산시설을 투자했기 때문에 일본의 경제적 영향력은 전 지구적이다. 일본은 로봇, 광학, 반도체산업과 같은 첨단 산업 부문에서 세계 선두를 달리고 있다(그림 11.38).

일본 경제는 2008~2009년 글로벌 경제 위기로 인해 수출 시장이 붕괴하면서 많은 경제적 손실을 입었다. 그 이후 일본 경제는 막 회복하기 시작하였으나, 2011년 도호쿠 지진과 쓰나미로 인해 약 1%의 성장 하락을 면치 못했다. 더욱이 폐허가 된 일본 북부 지역의 회복은 일본의 관료주의 장벽으로 인해 예상보다 늦어졌다. 그 이후 나온 정부 계획들은 경제 회복에 거의 도움이 되지 않았지만, 2014년과 2015년 석유 가격의 급락이 경제 회복

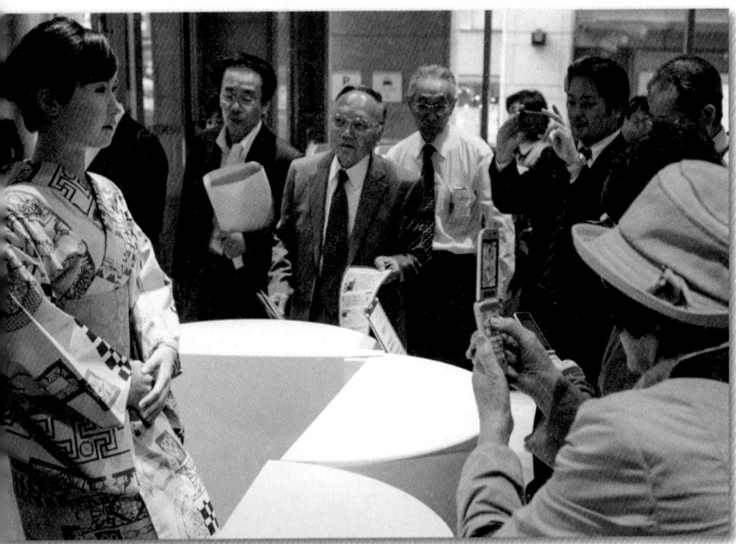

그림 11.38 **일본의 로봇** 일본은 세계적인 로봇 국가이다. 일본의 연구자들은 휴머노이드 로봇을 만들기 위해 열심히 연구하고 있다. 사진에 일본 도쿄 미츠코시 백화점 안내 데스크에 '아이코 치히라'라 불리는 휴머노이드 로봇의 사진을 촬영하고 있는 방문객이 보인다. 이 특별한 로봇은 미츠코시 백화점의 방문객에게 방향과 정보를 제공하는 리셉션니스트로 제작되었다.

에 긍정적인 역할을 했다.

일본의 생활 수준과 사회적 조건 높은 수준의 경제 발전에도 불구하고 일본인의 생활 수준은 미국보다 다소 낮다. 특히 일본에서는 주택, 음식, 교통, 서비스 비용이 비싸다. 그러나 동시에 일본인은 미국에 없는 많은 혜택을 누린다. 실업률이 낮고, 정부에 의한 건강보험이 잘 정비되어 있으며, 범죄율이 낮다. 문자 해독률, 유아 사망률, 평균 기대수명과 같은 사회적 지표 측면에서 일본은 미국을 훨씬 능가한다. 그러나 일본은 공식적인 통계에는 보이지 않는 높은 빈곤 수준으로 어려워하고 있다는 비판을 받고 있다.

일본 사회의 여성 일본 여성은 국가의 경제적 성공의 혜택을 누리지 못한다는 비판이 있다. 일본 여성, 특히 결혼하고 아이가 있는 여성은 경력을 쌓을 수 있는 기회가 아주 제한되어 있다. 어머니는 당연히 가족을 위해 헌신하고, 아이의 교육을 담당할 것으로 여겨진다. 일본의 직장인은 매일 늦은 밤까지 직장 동료와 함께 일하고 어울리기 때문에 아이를 거의 돌보지 않는다. 첫아이를 출산한 이후 미국 여성의 약 30%가 직장을 그만두는 반면에 일본은 약 70%가 직장을 그만두는 것으로 추정된다.

이러한 현상으로 인해 일본 여성이 직면하고 있는 문제는 결혼율의 감소이다. 더욱이 출산율은 더 크게 하락하고 있다. 이러한 현상이 일본 여성에 의해 나타났든 또는 단순히 후기 산업사회 압박의 결과이든 간에 일본의 심각한 사회적 문제이다. 무엇보다 출산율의 하락이 EU의 다른 어떤 국가보다 크다. 그러나 이러한 원인과는 상관없이 인구의 감소는 고령 인구 사회를 의미하고, 은퇴 인구수의 증가는 노령 부양 인구비의 증가를 의미한다. 2005년에 일본은 처음으로 출산자보다 사망자가 더 많이 나타났으며, 인구수는 감소하기 시작했다.

한국, 타이완, 홍콩의 경제 발전

일본의 발전 경로는 한국과 타이완으로 성공적으로 이어졌다. 또한 홍콩도 이들 국가의 경제 및 정치적 시스템과는 상이하지만 새로운 신흥 공업국으로서 1960년대와 1970년대에 부상했다.

한국의 부상 전후 한국의 경제 성장은 일본보다 더 두드러지게 나타났다(일상의 세계화 : 동아시아의 조선업 제패 참조). 일제 강점기 동안 한국의 공업 발달은 천연자원이 풍부한 북부에 집중되어 있었다. 이와 반대로 남부는 인구밀도가 높고 가난한 농업 지역으로 남아 있었다.

1960년대에 한국 정부는 수출 지향적 경제 성장 계획을 시행했다. 이 정책은 한국 사람에게 필요 이상으로 엄격한 경제적 제재를 가하고, 근본적인 정치적 자유를 제한했다. 1970년대 이러한 정책은 고도의 경제 성장을 가져왔다. **재벌**로 불리는 한국의 거대 기업은 저가의 소비재 수출에서 중국 제품 수출로, 그다음에는 첨단 기기 수출로 전환했다. 한국에 중산층이 많아지면서 정치 개혁에 대한 압박이 커졌으며, 1980년대 한국은 권위주의적인 국가에서 민주국가로 전환했다.

1980년대 한국 기업은 기초 기술 부문에서 미국과 일본에 의존하고 있었다. 그러나 1990년대 이러한 상황은 사라졌으며, 한국은 세계 주요 반도체 생산국으로 부상했다. 또한 한국의 임금 상승률이 급증했다. 한국은 교육에 대한 투자 비중이 높았으며, 이는 세계 첨단 산업 발전에 큰 역할을 했다. 한국 기업은 인건비가 저렴한 동남아시아와 라틴아메리카뿐만 아니라 미국과 유럽에도 새로운 공장을 건설하면서 점점 다국적화되었다. 한국은 또한 수많은 나라와 자유무역협정을 체결하였으며, 서울에 주요 금융센터를 유치하고자 한다. 이러한 야심찬 계획은 2015년 삼성전자가 미국 달러보다는 한국 통화와 중국 통화를 직접 교역하겠다고 발표하였을 때 더욱 확고해졌다.

한국의 정치 및 사회적 발전은 경제 성장만큼 원활하게 이루어지지 않았다. 경제의 세계화 이슈는 종종 심각한 정치적 갈등을 가져오기도 했다. 예를 들어, 2011년 한국과 미국 간의 자유무역협정으로 인해 서울에서 시위가 발생하기도 하였다(그림 11.39). 또 다른 관심사는 많은 한국인이 지나치다고 생각하는 재벌의 힘이다. 2014년 대한항공 사주의 딸이 국제 항공기의 출발을 부당하게 지체시켰을 때 한국에 반재벌 정서가 크게 밀려왔다.

일상의 세계화

동아시아의 조선업 제패

석유, 아이폰과 같은 주요 수출 및 수입품이 바다를 통해 운송되기 때문에 경제의 세계화는 해양 선박에 의해 크게 좌우된다. 오늘날 군대에서 사용되는 군함을 제외한 대부분의 모든 선박은 동아시아에서 생산된다. 세계 1위 선박 생산국인 중국은 세계 선박 생산의 49%를, 2위인 한국은 29%, 3위인 일본은 18%를 차지하고 있다.

60년 전 조선업은 북아메리카와 유럽(스코틀랜드, 북아일랜드)에 집중되어 있었다. 그다음 일본이 서구 라이벌 국가보다 훨씬 더 성공적으로 세계 주도권을 잡았으나, 1980년대에 한국이 세계 톱 지위를 차지했다. 비록 중국이 세계에서 가장 큰 생산국이지만, 여전히 한국이 크루즈 선박, 초대형 유조선, 대규모 수송 선박과 같은 세계 거대 선박의 대부분을 생산한다. 세계에서 가장 큰 조선소이며 세계에서 가장 큰 선박 회사인 현대중공업의 본사가 한국의 울산에 입지하고 있다(그림 11.4.1).

그림 11.4.1 현대중공업 울산 조선소 현대중공업의 본사가 울산 조선소에서 다양한 컨테이너선과 유조선을 생산한다. 한국의 다른 선박회사로는 삼성중공업과 대우조선해양이 있다.

1. 한국이 이와 같이 대규모의 수익성 높은 조선 산업을 발전시키게 된 요인은 무엇인가?
2. 여러분이 입고 있거나 휴대하고 있는 아이템 중 외국에서 건너온 아이템이 차지하는 비중은 얼마인가?

다른 무역 의존국과 마찬가지로 2008년에서 2009년 사이에 한국은 큰 경제 후퇴를 경험하였다. 그러나 한국의 경제는 다른 어떤 선진 산업국가보다도 빨리 회복되었다. 2011년에서 2014년까지 한국의 경제는 연평균 약 3% 성장하였다. 한국 경제학자는 이와 같은 성장 경향이 여전히 정체되어 있다고 간주하고 있으며, 몇몇은 한국이 일본과 같이 저성장 경제의 덫에 빠질 수 있다고 걱정하고 있다. 한국은 고령화 인구, 직업 여성의 제한된 기회 등과 같이 일본의 경제 성장을 지체시켰던 사회적 문제와 동일한 문제에 직면하고 있다.

그림 11.39 **한국의 시위대** 한국에서 대규모 시위는 보편적이다. 2011년 10월에 한국과 미국 간 자유무역협정의 비준에 대한 시위가 있었다.

타이완과 홍콩 1960년대 이후 타이완과 홍콩은 급속한 경제 성장을 경험하였다. 한국과 일본 정부와 마찬가지로 타이완 정부는 국가의 경제 발전 방향을 제시했다.

홍콩은 인접 국가와는 달리 세계에서 가장 **자유방임주의**(laissez-faire) 경제 시스템을 추구하고 있다(자유방임주의는 정부의 간섭이 거의 없는 자유 시장을 의미한다). 홍콩 기업 엘리트들이 가장 많이 신경을 곤두세웠던 정부의 간섭은 최소화되었다. 전통적으로 홍콩은 섬유, 장난감, 그 외 소비재의 주요 생산지였다. 그러나 1980년대 홍콩의 인건비가 상승하면서 이러한 저가 제품은 더 이상 생산될 수가 없었다. 그 후 홍콩의 기업가들은 공장을 중국 남부 지역으로 이전하기 시작했으며, 홍콩은 점차 사업 서비스, 금융, 통신, 오락 등에 전문화되었다.

타이완과 홍콩은 모두 해외 경제와 밀접한 연계 관계를 보유하고 있다. 특히 동남아시아와 북아메리카에 입지한 중국인 소유의 기업과 연계가 깊다. 타이완의 첨단 사업은 미국 실리콘밸리의 첨단 사업과 밀접하게 관련되어 있다. 또한 홍콩의 경제는 미국, 캐나다, 영국의 경제와 밀접하게 연계되어 있지만, 중국과 가장 밀접한 관계를 가지고 있다.

이렇게 높은 수준의 세계화는 2008~2009년 세계 경제 위기 기간 동안 양국에 경제 후퇴를 가져왔다. 그러나 한국의 사례와 같이 위기가 지나간 후에 타이완의 경제는 빠른 속도로 회복하였다. 이러한 성장은 2010년 타이완 금융 기업이 중국 본토에서 자유롭게 사업하고 중국 본토 기업이 타이완에 보다 자유롭게 투자할 수 있도록 하는 두 국가 간 협정을 체결하였을 때 더욱 확고해졌다. 일본과 한국과 마찬가지로 저출생률과 인구 고령화는 홍콩과 타이완의 주요 관심사이다.

중국의 발전

동아시아 국가는 중국에 비해 규모와 인구 모든 측면에서 왜소하다. 따라서 중국 경제의 도약은 전 세계 경제에 큰 영향을 미쳤다. 그러나 최근 중국의 성장에도 불구하고 중국의 경제는 많은 약점을 지니고 있다. 예를 들어, 광대한 내륙 지역의 경제 수준은 매우 낮고, 산업은 전혀 경쟁적이지 못하다. 따라서 중국 경제의 미래는 동아시아에서뿐만 아니라 전 세계에서 가장 불확실하다.

공산주의 체제하의 중국 1949년 마오쩌둥이 주도한 공산주의가 권력을 잡자 중국은 100년 이상 지속되었던 전쟁, 침략, 혼돈의 종지부를 찍었다. 열악한 경제를 물려받은 새로운 정부는 사기업을 국유화하고, 중공업을 육성하기 시작했다. 이러한 계획은 일본에 의해 건설되었던 중공업시설이 많이 남아 있었던 만주에서 가장 성공적이었다.

그러나 1950년대 후반과 1960년대에 중국은 두 번의 경제 위기를 경험했다. 첫 번째 위기는 소단위 마을 작업장에서 산업 성장에 필요한 많은 양의 철 생산을 추진하던 '대약진운동'에 의해 경험했다. 공산당 관료는 이렇게 비효율적인 작업장에 비합리적으로 많은 생산 쿼터를 충족시킬 것을 요구했다. 그 결과는 2,000만 명의 기근으로 인한 사망이었다. 1960년대 초에는 보다 실용적인 정책으로 경제적 효과를 거두었으나, 1960년대 후반 새로운 급진주의 물결이 중국 전역을 휩쓸었다. 이러한 '문화혁명'은 '비이상적인' 전통적 사회 가치를 제거하고 이를 공산주의 사상으로 대체하기 위한 목적으로 일어났다. 수천 명의 전문 기술자들과 대학 교수가 쫓겨났다. 이들 중 많은 사람이 심각한 육체노동을 통해 재교육받기 위해 마을로 보내졌으며, 그 외는 목숨을 잃었다. 중국의 경제는 황폐해졌다.

후기 공산주의 경제의 지향 1976년 중국에서 거의 신으로 추앙받았던 마오쩌둥의 사망은 중국에 결정적인 전환점을 가져왔다. 중국의 경제는 지속적으로 불황이었으며, 인민은 가난했다. 그러나 반대로 타이완의 경제는 급성장했다. 이러한 현상은 공산주의의 변화를 희망하는 실용주의와 기존 공산주의를 유지하려는 세력 간에 정치적 갈등을 가져왔다. 실용주의가 승리했고, 1970년대 후반은 기존과 판이하게 다른 새로운 경제 발전 경로를 채택했다. 새로운 중국은 세계 경제와 밀접한 연계를 추구하고, 자본주의 발전 경로로 수정했다.

산업 개혁 중국은 **경제특구**(Special Economic Zones, SEZs)를 지정해 외국인 투자를 적극적으로 유입하고 국가의 개입을 최소화하면서 산업 개혁을 추진하기 시작했다. 홍콩에 인접한 선전 경제특구는 홍콩 제조업체가 저가의 지대와 노동력의 소스로 활용하면서 성공적인 지역 모델이 되었다(그림 11.40). 그 이후 다른 경제특구가 연안 지역에 추가 지정되었다. 기본 전략은 수출을 창출할 수 있는 외국인 투자를 유치하기 위한 것이었으며 이를 위해 도로, 전기, 상수도, 통신 등과 같은 하부구조가 구축되었다. 보다 최근에 중국은 2010년 서부 신장의 카슈가르 전역을 경제특구로 선포하는 등 내륙 지역의 경제 발전을 도모하기 위해 경제특구 모델을 이용하였다.

중국은 1980년대와 1990년대에 특이한 자본주의 개혁을 시행하였다. 전(前) 농업협동조합은 시장 경제를 도입하여 큰 성공을 거두었다. 1990년대 초부터 2010년까지 중국 경제는 매년 약 10% 성장하여 세계에서 가장 빠른 성장률을 기록하였다. 2001년 중국은 글로벌 경제 체제와의 연계를 강화하기 위해 세계무역기구에 가입하였다.

중국은 세계 무역 의존도가 높았음에도 불구하고 2008~2009년 글로벌 경제 위기를 상대적으로 무사히 헤쳐 나갔다. 그러나 글로벌 경제 위기 이후 2011년에서 2015년 사이에 중국의 경제 성장률은 평균 약 7%대로 둔화되었다. 중국의 지도자들은 이를 극복하기 위해 대단위 부패 척결과 함께 국내 소비를 진작시

그림 11.40 **선전** 홍콩과 인접한 선전은 중국의 첫 번째 경제특구 중 하나이다. 최근 선전은 시 자체의 노력을 통해 주요 도시로 부상했다. Q : 선전이 주요 도시로 급속히 부상하게 된 정치 · 경제 · 공간적 요인은 무엇인가?

켜 수출 의존도를 낮추었다. 또한 중국 정부는 경제특구와 유사한 자유무역지대(Free Trade Zones)를 만들었다. 첫 번째 자유무역지대는 2013년 상하이에서 설립되었으며, 2015년에 톈진, 광둥 성, 푸저우 성에 3개의 자유무역지대가 더 설립되었다. 그러나 이러한 자유무역지대는 새로운 우위를 거의 제공하지 않았으며, 그 결과 많은 투자를 유치하지 못했다.

중국 경제 모델에 대한 비판 중국의 경제 팽창은 여러 국가들, 특히 미국과의 긴장 관계를 가져왔다. 중국의 대미 수출 규모는 대미 수입 규모를 훨씬 초과하여 경제적 불균형을 초래하였다. 해외 국가들은 중국이 수출을 강화하기 위하여 불공정하게 저임금 노동력을 유지하고 있으며, 많은 수입 장벽을 시행하고 있다고 중국을 비판하고 있다. 그러나 미국은 중국이 미재무성 채권을 점점 많이 보유하게 되면서 중국 경제를 더 이상 압박하기 어려워졌다.

또한 수출용 전자 제품을 생산하는 중국 공장 노동자 착취에 대한 비판이 거세졌다. 일반적으로 중국 공장 노동자들은 위험한 화학물질에 노출되어 있으며, 종종 열악한 작업 환경 속에서 초과 수당 없이 시간 외 초과 근무를 강요받는다. 최근 활발하게 진행되고 있는 세계 노동 인권 운동은 중국 공장에서 아이패드, 아이폰, 킨들, 그 외 미국 디자인 부품을 생산하는 타이완 업체인 폭스콘과 캐처에 대항한 대규모 시위의 발단이 되었다. 2013년 중국계 인권단체인 노동자감시는 비밀 조사를 통해 애플 하청업체의 열악한 작업 환경과 더불어 안전 및 보건 규칙 위반 사항을 폭로했다. 2014년 홍콩 학생들은 공장 작업장의 열악한 노동 환경으로 인해 14명의 노동자들이 자살을 했다는 사실을 공론화하기 위해 폭스콘 지역본사 밖에 대규모 시위대를 조직하였다.

또한 애널리스트들은 중국의 개방 및 시장 주도형 경제에 정치적 자유가 동반되지 않았음을 지적하였다. 여전히 정권에 반대하는 사람들은 구금되고, 출판의 자유는 고도로 제한되어 있다. 출판의 자유를 주장하는 글로벌 조직인 국경 없는 기자회는 중국을 세계 '인터넷 12적' 목록에 등재했다. 2014년 국경 없는 기자회는 중국을 출판의 자유 측면에서 180개 국가 중 175위로 선정했다. 더욱이 2014년 중국 경제의 자본주의적 본질에도 불구하고 정부가 마르크스주의를 다시 강조하기 시작하면서 중국 대학교에서 지적 자유는 더욱 제한되었다.

사회 및 지역적 차별성 1970년대 후반과 1980년대 개혁에 의한 중국 경제의 급성장으로 인해 **사회 및 지역적 차별성**(social and regional differentiation)이 심화되었다. 다시 말해, 특정 계층의 사람과 특정 지역은 부유해진 반면 그 외 계층과 지역은 상대적으로 더욱 빈곤해졌다(그림 11.41). 중국이 사회주의 정부임에도 불구하고, 중국은 부유한 개인만이 경제를 전환시킬 수 있다고 믿는 경제 엘리트 계층의 형성을 활성화했다. 중국의 최빈민층에 속하는 많은 시민은 직장이 없으며, 수백만 명이 일자리를 찾아서 농촌에서 경제가 발전하고 있는 연안도시로 이주하고 있다.

공식적으로 여전히 공산주의 국가인 중국은 공식적으로 자본주의 국가인 한국, 일본, 타이완보다 부의 분배가 불균등하다. 어떤 통계에 따르면, 중국보다 미국에서 부의 분배가 더욱 균등한 것으로 나타났다.

발전하는 중국의 연안 지역 중국의 경제 전환으로 나타난 대부분의 혜택은 연안 지역과 수도 베이징에 집중되었다. 남부 지역인 광둥 성과 푸저우 성이 첫 번째 수혜 지역이었다. 이 지역은 동남아시아와 북아메리카 화교와의 밀접한 연계를 통해 이윤을 창출했다(절대 다수 화교의 기원지는 광둥 성과 푸저우 성이다). 또한 타이완과 특히 홍콩과 인접한 입지로 인해 큰 혜택을 받았다.

1990년대 상하이를 중심으로 한 양쯔 강 삼각주 지역이 중국 경제의 핵심지역으로 다시 부상했다. 중국 정부는 지역의 활력에 따른 이익을 취할 목적으로 대규모의 산업, 상업, 거주지 단지를 조성했다. 쑤저우 산업단지는 싱가포르로부터 미화 200억 달러의 투자에 힘입어 현재 인구 50만 이상의 초현대 도시가 되었다. 상하이의 푸둥 산업 발전 지구는 미화 100억 달러의 투자를 유치했으며, 대부분이 신공항과 지하철 공사에 집중된다. 현재 상하이는 세계에서 가장 큰 컨테이너 항구를 보유하고 있다.

베이징-톈진 지역은 정치적 권력에 대한 접근성과 중국 북부 지역의 관문으로서의 지위를 토대로 중국 경제 성장에 주요한 역할을 했다. 이와 함께 북부 연안 지역에 위치한 성들도 상대적으로 중국 경제 성장에 주요 역할을 했다.

중국 내륙 및 북부 지역 연안 지역과는 반대로 중국 내륙 및 북부 지역은 다른 지역에 비해 경제적 발전이 거의 이루어지지 않았다. 만주는 비옥한 토양과 초기 산업화로 인해 상대적으로 부유하지만, 최근 경제 발전에 거의 영향을 받지 않았다. 만주 **러스트 벨트**(rust belt) 또는 쇠퇴 공장 지대의 많은 국가 소유의 중공업은 상대적으로 비효율적이다. 최근 중국의 북동부 지역은 다른 지역에 비해 경제 성장이 훨씬 더 느리다.

중국 경제 붐이 있었던 1980년대와 1990년대에 대부분의 내륙 지역은 연안 지역에 비해 많이 뒤쳐져 있었다. 이와 같은 지역 불균형을 보완하기 위해 중국은 도로와 철도를 건설하고 있으며, 소위 대서부개발 전략을 통해 내륙 지역에 많은 프로젝트를 시행하고 있다. 2008년부터 2014년까지 중국 내륙 지역은 경제적 불균등과 이주민의 흐름이 감소하면서 연안 지역보다 빨리 성장하였다. 2014년 중국 전체 경제 성장률은 약 7.5%로 크게 수렴되

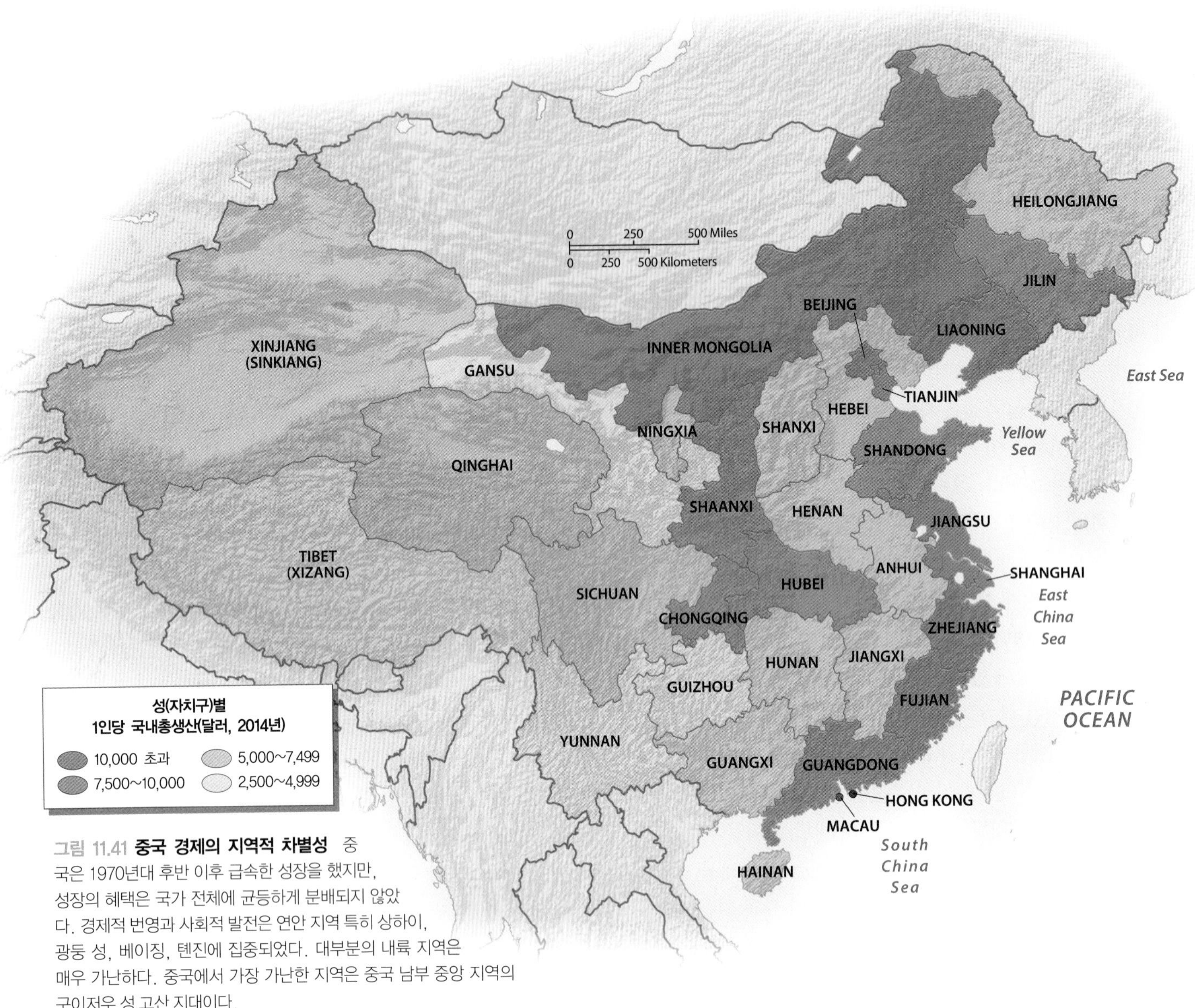

그림 11.41 **중국 경제의 지역적 차별성** 중국은 1970년대 후반 이후 급속한 성장을 했지만, 성장의 혜택은 국가 전체에 균등하게 분배되지 않았다. 경제적 번영과 사회적 발전은 연안 지역 특히 상하이, 광둥 성, 베이징, 톈진에 집중되었다. 대부분의 내륙 지역은 매우 가난하다. 중국에서 가장 가난한 지역은 중국 남부 중앙 지역의 구이저우 성 고산 지대이다.

었다. 최근 내륙 지역은 저부가가치 및 저임금 제조업 부문에서 경쟁력을 보이는 한편, 연안 지역은 고부가가치 제조업 부문에 경쟁력을 보이고 있다.

중국의 사회적 조건

지속적인 가난의 굴레에도 불구하고 중국은 의미 있는 사회적 발전을 이루었다. 1949년 중국 공산당이 권력을 장악한 이후 공산 정권은 의료 서비스와 교육에 많은 투자를 함으로써 오늘날 대단히 건강하고 장수하는 국가가 되었다. 문자 해독력은 한국, 일본, 타이완보다 낮지만 거의 모든 어린이가 초등학교에 다니기 때문에 문자 해독력은 가까운 미래에 증가할 것이다.

중국의 인구 딜레마 중국의 인구 정책은 여전히 불안한 이슈로 남아 있다. 13억 명의 인구가 전 국토의 절반도 되지 않는 곳에 집중적으로 분포하고 있으며, 특히 동부 지역에 인구밀도가 높다. 1978년 중국 정부는 이러한 인구 문제에 큰 관심을 가지면서 '한 가정 한 자녀' 정책을 법제화했다. 이와 같은 계획 아래에서 정상적인 환경에 있는 부부는 오로지 한 자녀만을 가질 수밖에 없으며, 만일 이 제도를 어겼을 경우에는 많은 벌금으로 어려움에 처할 수 있다. 이로 인해 강제 유산과 인권 탄압이 나타나기도 한다.

경제 발전과 한 자녀 정책의 결합은 성공적으로 중국의 출생률을 저하시켰으며, 합계 출산율은 1.6 미만 수준이다. 최근 정부는 급속도로 고령화되고 있는 인구와 잠재 미래 노동 부족에 대해 고민하고 있다. 이로 인해 2013년 한 자녀 정책 규제가 완화되어 부모 중 한 사람이 한 가정 한 자녀 출신이면 2명의 자녀가 허용되었다. 2015년 중국은 전 지역에 두 자녀 정책을 적용하면서 한 자녀 정책 철폐를 발표하였다. 몇몇 전문가들은 이와 같은 변화는 중국 출생률에 단지 미미한 효과만 있을 것으로 보고 있다.

그림 11.42 **중국의 성 불균등** 중국은 대부분의 지역에서 남초 현상이 나타나는 세계에서 성 불균등이 가장 큰 나라 중에 하나이다. 이 사진은 하이난 성의 단조우 시에 입지한 한 초등학교의 교실을 보여준다. 중국 국가 센서스에 따르면, 단조우 시는 성비가 170으로 중국에서 성 불균등이 가장 큰 지역이다.

중국의 성 이슈 중국의 주요 인구 이슈는 성 불균등이다. 중국 남성의 인구는 여성보다 3,300만 명 더 많고, 2014년 성비는 116이다(그림 11.42). 이러한 차이는 예전부터 이어져 내려온 문화적 관행이 반영된 것이다. 예를 들어, 중국에서 혈통은 남자 자손을 통해서 이어지고, 남자 계승자만이 가족의 혈통을 유지할 수 있다. 이에 따른 극단적인 불법 사례로 성별 낙태를 들 수 있다. 만일 초음파 검사로 태아가 여성으로 감별되면, 때때로 임신중절 수술을 한다. 가난한 가정은 여아를 유기하고, 남아는 때때로 유괴되기도 하며 아들이 없는 부유한 가정에 팔려가기도 한다. 그러나 정부는 2014년 인신매매단에 7명의 태아를 매매한 의사에게 사형을 선고하고, 2015년에 태아 성 감별을 엄중 단속할 것을 약속하는 등 이러한 행위에 대해 점점 강하게 대응하고 있다.

역사적으로 여타 문명과 마찬가지로 중국 사회에서 여성의 지위는 낮다. 20세기에 타이완과 중국 정부 모두 성별 간 평등을 추구해 왔다. 그 결과, 상대적으로 중국 여성 노동력의 비중이 높다. 그러나 여전히 동아시아 전역에서 나타나는 현상과 마찬가지로 소수의 여성만이 사업 또는 정부에서 고위직을 차지하고 있다. 세계 경제 포럼의 2014 글로벌 성차별 리포트에 따르면, 여성의 사회적 지위 측면에서 142개 국가 중 87위를 차지하였다.

북한 발전의 실패

1953년 한국 전쟁 이후에 북한은 반도 대부분의 광산과 공장을 보유하고 있었기 때문에 남한보다 산업 발전의 수준이 높았다. 그러나 한국은 1970년대를 시작으로 수출 주도형 산업화를 경험한 반면에 북한은 세계화를 거부하는 국가 주도형 경제를 계속해서 추구해 온 결과 발전에 실패하였다. 그러나 북한은 소비에트연방과 폐쇄적 경제 관계를 유지하였으며, 1991년 소비에트가 붕괴되었을 때 북한은 혹독한 충격을 경험하였다. 더 이상 충분한 비료를 공급할 수 없게 되자 북한의 농업 시스템은 급격히 쇠퇴하였다. 2013년 UN 보고서는 북한 아동의 약 25%가 만성 식품 불안정과 기근에 시달리고 있다고 밝혔다. 전자 제품, 그 외 기초 서비스 등은 아주 열악한 상황이다.

북한 정부는 경제 성장을 위한 노력을 제한적으로 하고 있다. 2002년 북한은 농부의 시장을 합법화하였으나, 몇 년이 지난 후 대부분의 시장화는 철폐되었다. 2012년에 농업과 식품 판매에 대한 부분적 시장화를 시작하였으며, 어느 정도 성공하였다. 중국의 지도에 따라 북한도 외국 회사 – 대부분 한국과 중국 기업이지만 – 가 북한의 저임금 노동력을 활용하여 제품을 생산하는 경제특구를 개방하였다. 2013년 한 해에만 14개의 경제특구가 설립되었다. 또한 북한은 정부의 공식 계약하에 외국으로 노동력을 수출하고 있다. 이와 같은 정책의 결과로 2014년 북한 경제는 급속히 성장하였다.

북한의 변덕스러운 정책과 세계 여타 국가들과의 적대적 관계 때문에 이와 같은 성장이 지속 가능할지는 불확실하다. 북한이 경제 성장을 강화하면서 새로운 인권 탄압 사례가 드러나고 있다. 2015년 UN 보고서에 따르면, 수만 명의 북한 노동자들이 중국, 러시아, 아리비아 반도에서 노예 같은 환경 속에서 일을 하고 있다.

확인 학습

11.9 제2차 세계대전 이후에 한국, 일본, 타이완, 중국의 경제 발전 과정이 유사한 이유와 차별적인 이유는 각각 무엇인가?

11.10 중국의 연안 지역에서부터 내륙 지역에 이르기까지 사회 및 경제 발전 수준이 아주 다양한 이유는 무엇인가?

주요 용어 재벌, 자유방임주의, 경제특구, 사회 및 지역적 차별성, 러스트 벨트

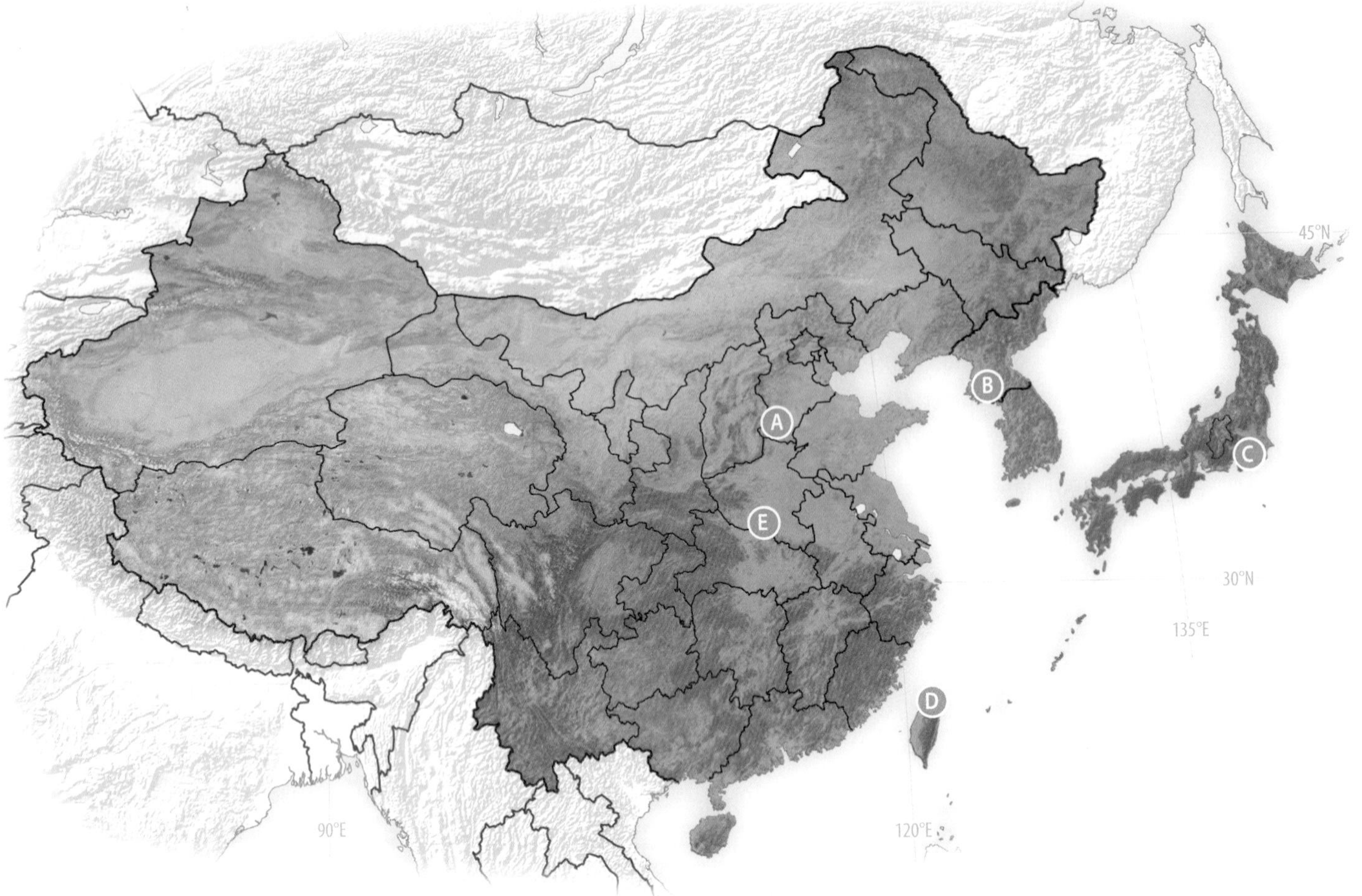

요약

자연지리와 환경 문제

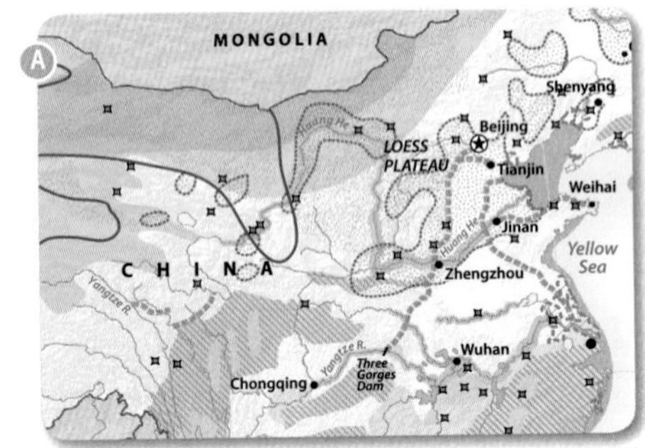

11.1 **동아시아의 섬(일본과 타이완)과 대륙의 주요 환경적 차이를 정의하라.**

11.2 **오늘날 중국이 직면한 주요 환경 문제를 기술하고, 이러한 문제를 한국, 일본, 타이완이 직면한 주요 환경 문제와 비교하라.**

동아시아의 성공적인 경제 성장은 심각한 환경 파괴와 함께 이루어졌다. 한국, 일본, 타이완은 엄격한 환경 규제와 오염 배출 산업의 해외 이전을 통하여 심각한 환경 파괴 문제에 대응하였다. 최근 동아시아의 주요 환경 문제는 중국 경제의 급속한 성장에 기인한다. 중국 도시 공해는 인간의 건강에 영향을 끼칠 정도로 아주 심각하며, 많은 중국 농촌 지역은 토양 침식과 사막화와 같은 환경 문제로 시달리고 있다. 그러나 중국은 재생 가능한 에너지 및 토양 보전 정책으로 이러한 문제에 대응하고 있다.

1. 이 지도는 토양 침식이 심각하고, 홍수의 위험이 높으며, 새로운 물 공급 프로젝트가 시행되는 지역을 보여준다. 이러한 현상들은 상호 관계가 있는가? 있다면, 어떠한 관계가 있는가?
2. 한 유역에서 다른 유역으로 물의 흐름을 변경함으로써 나타날 수 있는 장점과 단점은 무엇인가?

인구와 정주

11.3 **중국의 인구가 아주 불균등하게 분포한 이유를 설명하라.**

11.4 **동아시아 지도에서 주요 도시 지역 분포를 보이고, 동아시아에서 가장 큰 도시들이 계속해서 성장하는 이유를 설명하라.**

동아시아는 인구밀도가 높은 지역이지만, 최근 출생률이 급락하고 있다. 일본은 인구가 감소하고 있어 경제에 압박을 주고 있다. 중국의 가장 큰 인구 문제는 내륙에서 연안 지역으로의 이동과 농촌에서 도시로의 이동이다. 중국은 내륙 지역의 재발전을 도모하고 있다.

3. 북한 농업 활동에 가축이 자주 활용되는 이유를 설명하고, 이러한 현상이 북한 사람들에게 어떠한 의미를 가지는지 설명하라.
4. 식량의 자급자족을 추구하는 국가에 나타나는 현상은 무엇인가?

문화적 동질성과 다양성

11.5 **동아시아가 종교와 신앙에 의해 통합 및 분리되는 이유를 기술하라.**
11.6 **언어를 중심으로 중국 한족과 소수민족의 차이와 지리적 분포를 설명하라.**

동아시아는 깊은 문화적 및 역사적 결속력으로 통합되어 있다. 중국은 한 번쯤은 대부분의 동아시아 지역을 통치했던 적이 있기 때문에 동아시이에서 가장 큰 영향력을 가지고 있다. 비록 일본이 중국의 통치를 받은 적이 없지만, 중국의 문명과 아주 깊은 역사적 연계를 가지고 있다.

5. 후지 산은 일본의 상징이다. 일본의 신도교가 후지 산의 문화적 중요성에 어떠한 기여를 했나?
6. 자연의 세계가 여러 종교들 사이에서 발견된 신앙과 실천에 어떠한 영향을 끼쳤습니까?

지정학적 틀

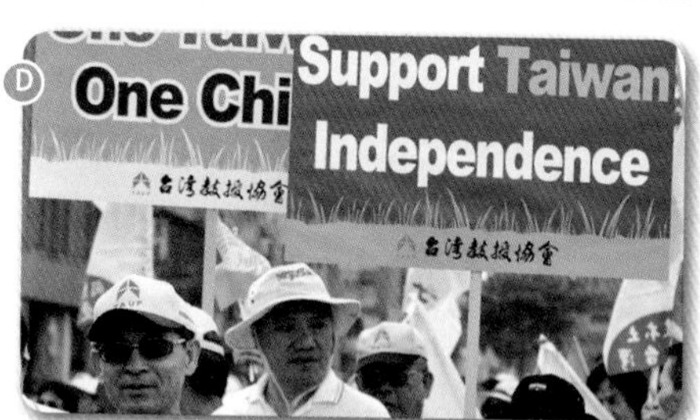

11.7 **냉전 시기 동아시아의 지정학적 분열을 기술하고, 그 당시의 분열이 지금의 동아시아의 지정학에 어떠한 영향을 끼치고 있는지에 대해 토론하라.**

동아시아는 제2차 세계대전 이후에 많은 분쟁으로 특징 지워진다. 한국과 중국은 여전히 일본을 경계하고 있는 한편, 일본은 중국의 군사력 증강과 북한의 핵무기 및 미사일을 우려하고 있다. 동아시아 이웃 국가들 간, 특히 중국과 일본 간의 영토 분쟁이 복잡하게 얽혀 있다.

7. 타이완이 이미 독립국가라고 가정한다면, 이 사진 속에 타이완 시위대가 타이완 독립을 요구하는 이유는 무엇인가?
8. 국제 공동체는 타이완의 독립을 인정해야 하는가? 아니면 지역과 세계의 안정을 위해 '하나의 중국' 원칙을 인정해야 하는가?

경제 및 사회 발전

11.8 **최근 수십 년간 동아시아의 급속한 경제 성장에 내재된 주요 원인을 알아보고, 과거와 같은 성장을 유지하는 데서 나타날 수 있는 한계에 대해서 토론하라.**
11.9 **경제 및 사회 발전의 측면에서 중국과 동아시아 전역에서 나타난 지리적 차이를 요약하라.**

북한을 제외하고 모든 동아시아 국가들은 제2차 세계대전 이후에 급속한 경제 성장을 경험했다. 2000년대에 가장 중요한 역사는 중국의 부상이다. 중국의 경제 성장은 국가 전체의 빈곤을 감소시켰으나, 발전한 연안 지역과 낙후된 내륙 지역 간의 심각한 갈등을 야기했다. 또한 중국의 부상은 많은 국가들이 중국에서 발전하고 있는 산업에 필요한 원료를 수출함으로써 이윤을 창출하기 때문에 세계적으로 중요한 의미를 가진다.

9. 중국은 급속도로 도시 체계를 팽창시키고 있지만, 몇몇 지역에서는 거대한 아파트 단지가 비어 있는 현상이 나타났다. 이와 같은 건설 프로젝트가 진행되었던 이유를 설명하고, 이 프로젝트가 중국 경제에 가져온 결과에 대해 설명하라.
10. 대규모로 계획된 거주지 발전의 장점과 단점을 기술하라.

데이터 분석

http://goo.gl/ZwguC7

중국은 급속한 경제 성장을 경험하였지만, 지역 경제 불균등이 심하다. 중국 관료들은 발전의 격차를 좁히려고 노력하고 있다. 중국의 경제 균등 발전 정책으로 인해 성공적으로 중국의 균등 발전이 이루어졌는가? 중국 국가 통계청 웹사이트(http://data.stats.gov.cn/)를 방문하여 지역총생산 통계를 조사하고, 중국의 성과 성 수준 도시의 경제 성장을 비교하라. 풀다운 메뉴(pull-down menu)를 활용하여 성을 선택하여 성의 통계치를 확인하라. 통계 리스트 맨 아래에서 '1인당 총 지역 생산액에 대한 통계를 찾으라.

1. 다음 연안 지역(톈진, 상하이, 저장, 푸저우, 광둥)의 10년간 통계를 뽑아서 그래프로 그려라. 그리고 다음 내륙 지역(간쑤, 구이저우, 쓰촨, 윈난, 티베트)도 똑같은 방식으로 하라.
2. 두 그룹의 현재 경제 불균등 수준과 2005년도의 경제 불균등 수준을 비교하라. 여러분의 조사를 기반으로 중국의 지역 경제 격차가 어떤 방식으로 전개되고 있는지 기술하라.
3. 여러분의 조사 결과는 중국 국가 경제의 지리적 균형 발전과 상관관계가 있는가? 여러분의 조사 결과에 대한 원인을 설명하라.

주요 용어

경제특구	인위적 경관
도시 종주성	자유방임주의
러스트 벨트	자치구
뢰스	재벌
마르크스주의	중국 본토
막부	집단이주
부족	초연담도시(메갈로폴리스)
사막화	퇴적물
사회 및 지역적 차별성	특별행정지구
쇼군	표의문자
쓰나미	풍수
영향권	한류
오염 수출	후커우
유교	

12 남부 아시아

자연지리와 환경 문제

남부 아시아의 건조 지역은 물 부족과 토양 염화를 겪고 있지만, 습윤 지역은 홍수로 상당한 피해를 입고 있다.

인구와 정주

남부 아시아는 곧 전 세계에서 인구가 가장 많은 지역이 될 것이다. 그러나 출산율은 최근 급감하였다.

문화적 동질성과 다양성

남부 아시아는 전 세계에서 문화적 다양성이 가장 큰 지역 가운데 한 곳으로, 인도만 보더라도 다수의 신도를 가진 주요 종교뿐만 아니라 10여 가지 이상의 공용어가 존재한다.

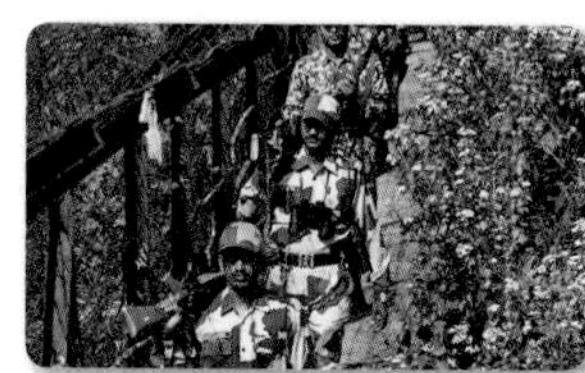

지정학적 틀

남부 아시아는 다수의 폭력적인 영토 분할운동뿐만 아니라 핵무기로 무장한 인도와 파키스탄 사이의 분쟁으로 고통을 겪고 있다.

경제 및 사회 발전

남부 아시아는 전 세계에서 가장 빈곤한 지역 가운데 한 곳이지만 일부 지역에서는 급속한 경제 성장과 기술 개발이 이루어지고 있다.

◀ 파키스탄의 대부분의 지역이 2015년 6월 극심한 혹서를 겪었다. 사진은 카라치 주민들이 아라비아 해의 해안가에서 열기를 식히고 있는 모습을 촬영한 것이다.

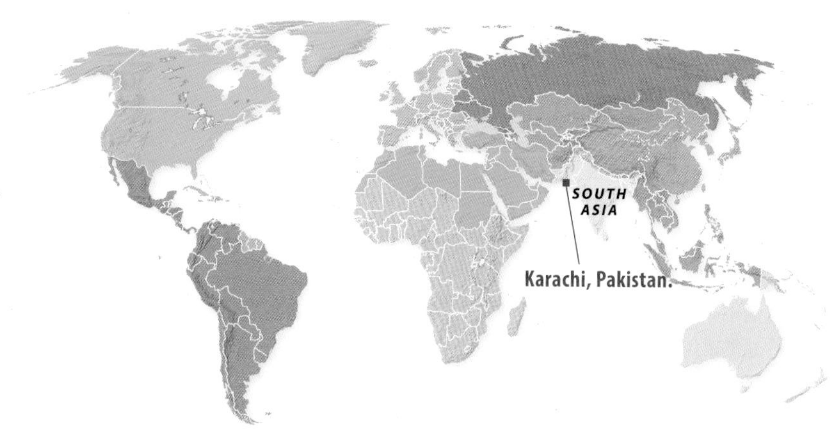

파키스탄은 최근 수차례의 기상 이변으로 큰 피해를 입었다. 2010년과 2011년 홍수로 파키스탄의 비옥한 농경지 대부분이 물에 잠겼다. 2015년 6월에는 기록적인 혹서가 나타나 탈수증 및 열사병으로 1,400명 이상의 사망자가 발생하였다. 혹서로 인한 사망자는 파키스탄 남부 전역에서 발생했지만 사망자 규모가 가장 컸던 곳은 인구 2,000만 명 이상이 분포하는 대도시인 카라치였다.

카라치에서 사망자 수가 가장 많았던 데에는 몇 가지 요인이 작용하였다. 카라치는 6월에 고온 다습하지만 보통 해풍에 의해 그 정도가 약화된다. 그러나 2015년에는 해풍이 불지 않았고 이로 인해 기온이 섭씨 45도까지 상승하였다. 또한 카라치의 전기 공급이 반복적으로 중단되어 선풍기와 에어컨이 작동할 수 없게 되었으며, 전기 펌프도 작동되지 않아 물 부족으로 이어졌다. 문화적 요인 또한 중요한 역할을 했는데 2015년의 혹서는 무슬림들이 일출부터 일몰까지 단식을 해야 하는 성스러운 라마단 기간 동안에 발생하였다. 극심한 열기가 지속되는 야외에서 일을 해야 했던 많은 빈민들은 탈수증을 경험하였다.

환경 전문가들은 인간의 활동이 이 지역 기후를 변화시켰으며 그 결과, 극단적인 기상 이변이 훨씬 더 자주 발생하게 되었다고 생각한다. 지구의 기후 변화는 고온의 발생과 기온의 큰 변화와 연관되어 있다. 카라치 인근 해안가에 한때 왕성했던 맹그로브 숲의 파괴도 여름철 고온과 관련이 있다.

남부 아시아에서 파키스탄만이 최근 극단적인 날씨를 경험한 것은 아니다. 2015년 파키스탄보다 1개월 앞서서 인도에서도 혹서로 2,500명의 사망자가 발생하였다. 전문가들은 이와 같은 일이 지구 기후 변화와 함께 더 많은 인구가 숲이나 그늘이 없는 대도시에 거주하기 때문에 더 자주 발생할 것이라고 예측한다. 그러나 성공적인 개발을 통해 이와 같은 현상을 완화시킬 수도 있다. 전기 공급이 안정적인 곳에서 선풍기와 에어컨은 사망률을 상당히 감소시킬 수 있다. 그러나 인도의 대부분의 지역에서처럼 석탄 화력을 통해 전기를 생산하는 것은 지구 기후에 또 다른 부담을 안겨준다. 이와 같은 상황은 남부 아시아에서 오늘날 기후 변화와 개발의 패러독스를 나타낸다.

개발 자체는 남부 아시아에서 매우 불균등한 프로세스이다. 대부분의 지역은 지난 수십여 년 동안 상당한 경제적 · 사회적 진보를 이루었고, 일부 지역은 하이테크 분야로 특화함으로써 세계적인 수준의 비즈니스 중심지로 부상하였다. 그러나 나머지 지역은 그와 같이 발전하지 못했고 지역 전체에 만연한 환경악화가 인간 사회와 자연 생태계 모두를 위협하고 있다. 인구 증가는 더 많은 압력을 가한다. 현재의 인구 팽창 수준을 고려하면 남부 아시아는 곧 동아시아를 제치고 전 세계에서 가장 인구 규모가 큰 지역이 될 것이다.

현재의 인구 팽창 수준을 고려하면
남부 아시아는 곧 동아시아를 제치고
전 세계에서 가장 인구 규모가
큰 지역이 될 것이다.

또한 지정학적 긴장감이 이 지역의 다양한 국가들 내에서뿐만 아니라 국가들 사이에 지속되고 있다. 1947년 독립 이후 인도와 파키스탄은 수차례 전쟁을 치렀으며 여전히 갈등 관계에 있다. 정치적 긴장감은 전문가들이 남부 아시아를 핵전쟁이 발생할 가능성이 가장 큰 곳으로 간주할 정도로 최고조에 다다랐다. 인도가 (다수의 무슬림이 분포하는) 힌두교 국가이고, 이웃 파키스탄과 방글라데시는 무슬림이 대다수이기 때문에 종교적 분할 역시 지정학적 혼란을 부추기고 있다.

학습목표 　이 장을 읽고 나서 다시 확인할 것

12.1 히말라야 산맥과 인더스 강 및 갠지스 강의 비옥한 평야 지대 사이의 지질학적 관계를 기술하라.

12.2 몬순풍이 어떻게 생성되는지 설명하고 남부 아시아에서 몬순풍의 중요성을 기술하라.

12.3 남부 아시아의 인구 성장 패턴이 과거 수십여 년 동안 변화된 방식을 기술하고 이 지역에서 나타나는 인구 성장 패턴의 차이를 설명하라.

12.4 남부 아시아 주요 도시의 폭발적 성장의 원인을 제시하고 메가시티의 출현에서 나타나는 혜택과 문제점을 나열하라.

12.5 남부 아시아에서 힌두교와 이슬람교 사이의 관계를 역사적 흐름에 따라 요약하고 왜 오늘날 두 종교 사이에 많은 긴장감이 존재하는지 설명하라.

12.6 자국 내에 수많은 독특한 언어 집단이 존재하고 있는 인도와 파키스탄이 각각 국가적인 응집력의 문제를 어떻게 다루고 있는지 비교하라.

12.7 왜 남부 아시아가 영국의 지배 후 정치적으로 분할되었으며, 분할의 유산이 이 지역 내에서 정치적 · 경제적 어려움을 계속해서 발생시키고 있는지 설명하라.

12.8 인도, 파키스탄, 스리랑카가 이들 영토 내에 새로운 독립국가를 건설하려는 반란운동에 직면해 있는 도전적 상황을 기술하라.

12.9 16, 17, 18세기 남부 아시아에서 유럽의 상인들이 왜 무역을 하려고 했는지, 그리고 이와 같은 과거의 행위가 오늘날 이 지역에서의 경제 개발에 어떻게 영향을 주었는지 설명하라.

12.10 남부 아시아의 여러 지역에서 경제적 · 사회적 개발에 어떤 차이가 있는지 요약하고 왜 그러한 차이가 두드러지는지 설명하라.

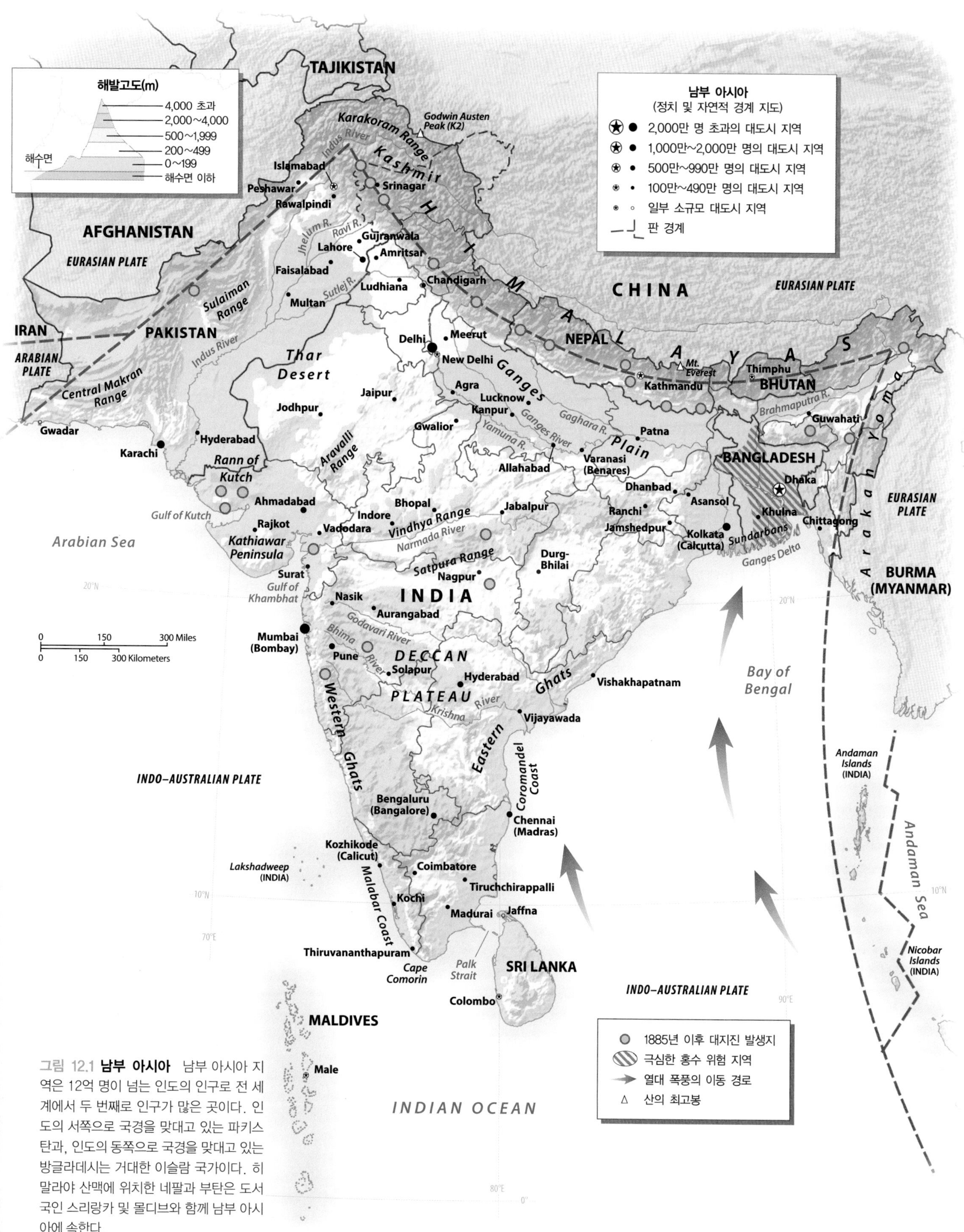

그림 12.1 **남부 아시아** 남부 아시아 지역은 12억 명이 넘는 인도의 인구로 전 세계에서 두 번째로 인구가 많은 곳이다. 인도의 서쪽으로 국경을 맞대고 있는 파키스탄과, 인도의 동쪽으로 국경을 맞대고 있는 방글라데시는 거대한 이슬람 국가이다. 히말라야 산맥에 위치한 네팔과 부탄은 도서국인 스리랑카 및 몰디브와 함께 남부 아시아에 속한다.

남부 아시아는 세계에서 가장 높은 산맥인 히말라야 산맥을 포함하여 광범위하게 분포하는 거대 산맥에 의해 유라시아 대륙의 나머지 부분과 분리된 독특한 지괴를 형성한다. 이 지괴는 남부 아시아에서 가장 면적이 큰 국가인 인도와 연결되어 있어 종종 **인도 아대륙**(Indian subcontinent)이라고 불린다. 남부 아시아는 또한 인도의 영토인 락샤드위프 제도, 안다만 제도, 니코바르 제도와 스리랑카, 몰디브 등 인도양에 분포하는 다수의 섬을 포함한다(그림 12.1).

인도, 파키스탄, 방글라데시가 남부 아시아 지괴의 대부분을 차지하고 있다. 인도는 인구 규모와 영토 면적으로 볼 때 남부 아시아에서 가장 큰 국가이다. 히말라야 산지부터 남쪽 끝까지 2,600만 km^2 이상을 차지하고 있는 인도는 세계에서 일곱 번째로 면적이 크고, 인구는 12억 명 이상으로 중국 다음으로 인구가 많은 국가이다. 인도 다음으로 면적이 큰 국가인 파키스탄은 인도 면적의 1/3에 못 미친다. 파키스탄은 북부의 높은 산맥에서 아라비아 해의 건조한 해안선에 이르는 지역을 포함하고 있으며 인구는 1억 8,200만 명이 조금 넘는다. 인도 동부에 위치한 방글라데시는 1947년 서둘러 이루어진 인도로부터의 분할로 본래 동파키스탄으로 명명되었으나 1971년 짧은 내전을 겪은 후 독립을 쟁취하였다. 방글라데시는 비록 이 지역에서 영토 면적이 작은 국가(14만 km^2)이지만 미국 위스콘신 주 크기에 1억 5,700만 명이 거주하여 전 세계에서 가장 인구밀도가 높은 곳 가운데 하나이다.

위의 세 국가 외에 인구 규모가 작은 또 다른 국가들이 분포한다. 네팔과 부탄은 인도와 중국의 티베트 고원 사이에 끼여 있는 히말라야 산맥 지대에 위치한다. 네팔의 인구는 약 3,100만 명이며, 인구 규모가 100만 명이 안 되는 부탄보다 훨씬 크다. 도서국인 스리랑카(실론)와 몰디브도 남부 아시아에 속한다. 스리랑카의 인구는 2,100만 명 이상이며, 몰디브는 약 30만 명이 거주하고 있는 작은 섬들로 이루어져 있다.

자연지리와 환경 문제 : 스트레스가 가해진 다양한 경관

남부 아시아의 환경지리는 세계에서 가장 높은 산맥에서 해수면 높이에 위치한 인구밀도가 높은 제도, 최고의 다우지에서 건조한 사막, 열대 우림에서 침식된 관목지까지를 포함할 정도로 매우 다양하다. 높은 인구밀도와 급속한 공업화는 이 지역 전체에 걸쳐 심각한 환경 문제를 발생시키고 있다. 특히 자동차의 급증은 도시에서 심각한 스모그 문제를 일으키고 있다. 인도의 여러 대도시 가운데 하나인 델리는 전 세계에서 대기 오염이 가장 심각한 도시로 알려져 있다. 남부 아시아는 또한 가장 심각한 환경 재앙을 겪고 있다. 오늘날 지역 전체에서 환경운동가, 정부 관계 기관 근무자, 공업 종사자들이 위기에 대응하고 있는데, 때때로 그 대응 방식은 획기적이다.

자연 환경 요소에 의한 남부 아시아의 지역 구분

남부 아시아에 포함된 다양한 지역의 환경 조건을 잘 이해하기 위해 이 지역을 북부의 높은 산맥 지대로부터 시작해 남부의 열대 제도에 이르기까지 4개의 소지역으로 구분할 수 있다. 산맥의 남쪽으로는 인도와 파키스탄의 심장 지대를 형성하는 광범위한 하천 저지대가 위치한다. 하천 저지대와 도서국 사이에는 북쪽으로부터 남쪽까지 1,600km 이상 뻗어 있는 광활한 인도 반도가 놓여 있다(그림 12.2).

북부 산맥 지대 남부 아시아의 북부에 뻗어 있는 히말라야 산맥에는 인도 북부 국경 지대, 네팔, 부탄이 위치한다. 네팔과 중국 국경 지대에 위치한, 세계에서 가장 높은 에베레스트를 포함해 20여 개 이상의 산봉우리가 7,620m를 넘는다(**지리학자의 연구 : 히말라야의 환경** 참조). 동쪽으로는 아라칸 산맥이 인도와 버마(미얀마) 사이의 국경을 형성하고 남부 아시아를 동남아시아와 분리시킨다.

이 산맥들은 북쪽으로 이동하는 인도 반도와 아시아 지괴의

그림 12.2 **우주에서 바라본 남부 아시아** 이 위성사진에는 북쪽의 눈에 덮인 히말라야 산맥에서부터 남쪽의 제도에 이르기까지 4개의 남부 아시아 소지역이 뚜렷하게 나타난다. 파키스탄의 인더스 하곡에 위치한, 관개가 이루어진 농경지가 사진 왼편 위쪽에서 뚜렷이 보인다.

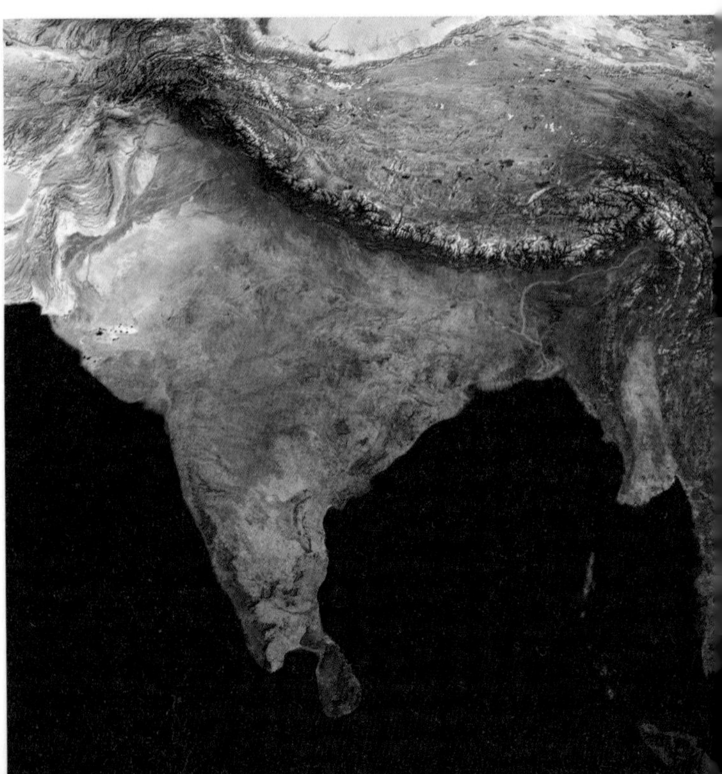

지리학자의 연구

히말라야의 환경

지난 40년 동안 켄터키대학교의 **P. P. 카란**은 전 세계에서 가장 뛰어난 업적을 남긴, 다재다능한 지리학자들 가운데 하나였다(그림 12.1.1). 카란은 남부 아시아뿐만 아니라 티베트, 그리고 미국과 일본을 대상으로 경제 개발과 자연 환경 및 문화와의 관계를 연구하고 있다.

카란은 학부에서 경제학을 전공했으나 지리학이 '현실 세계'에 가까운 학문으로 보였고, 반면에 경제학은 이론적인 것만을 다루기 때문에 대학원 과정에서 지리학을 전공으로 선택하였다. 그는 자신의 선택을 후회하지 않았으며, "이 세상의 모든 것, 즉 우리가 먹는 것, 활동하는 것, 이용하는 것에 지리가 관여하고 있어요. 오늘날의 GPS나 스마트폰보다도 지리가 훨씬 더 관여하고 있지요. 지리학은 어떻게 장소가 고유한지 설명하기 위해 자연과학, 사회과학, 인문과학으로부터의 지식을 원용합니다."라고 말한다.

히말라야의 환경 이해하기 카란은 글로벌 커뮤니티에서 인도의 위치, 2004년 인도양의 쓰나미의 영향, 남부 아시아 전체에서 전개되는 환경운동을 연구해 왔다. 그러나 그의 주된 관심사는 히말라야에 있다. 저서 *Life on the Edge of the World*를 쓰기 위해 카란과 공동 저자 데이비드 주릭은 히말라야를 답사하고 지질학적 기록, 보고서, 공문서 등을 수집하였다. 이와 같은 다양한 연구 자료들을 이용하여 카란과 주릭은 지질학적 형성 초기까지 추적했고 1세기 이상의 기간 동안 인간 사회와 히말라야의 환경 간의 관계를 설명하였다.

이전의 연구들은 인구 과잉과 지역 주민들의 생계 유지를 위한 산림 파괴와 침식을 강조했지만 카란과 주릭은 이와 같은 설명이 너무 단순한 것임을 보여주었다. 세심하게 계획된 생태 관광과 과거와 현재의 지속 가능한 농업 기술과 같은 자연 환경 보호를 위한 노력들이 성공을 거두었다. 카란은 "지리학자들이 한 지역에서 서로 다른 특성들을 주목하고, 그 지역을 개선할 수 있는 방안을 고안해 냅니다."라고 말한다.

그림 12.1.1 P. P. 카란 지리학자 P. P. 카란이 티베트의 환경과 경제 변화의 원인을 찾아 현지 조사를 하고 있는 모습이다.

1. 히말라야와 같은 넓은 지역에서 환경 악화의 범위를 정하는 것이 왜 어려운가?
2. 단일 지역에 초점을 맞추기보다 전 세계의 여러 다른 지역을 연구하는 것의 장점과 단점을 제시하라.

급격한 충돌의 결과로 형성된 것이다. 전 지역이 아직까지 지질학적으로 활성이므로 남부 아시아의 북부 지역 전체는 심각한 지진 위협 속에 놓여 있다. 2013년 파키스탄의 발루치스탄 지방에서 발생한 지진으로 825명이 사망하였다. 그러나 이 지진은 2015년 네팔에서 9,000명의 사망자를 발생시키고 네팔 국민총생산의 25%에 해당하는 경제적 손실을 발생시켰던 대지진에 비하면 상대적으로 미약한 것이었다(그림 12.3). 네팔의 대지진으로 에베레스트에 눈사태가 연속적으로 발생하여 19명의 등반객이

그림 12.3 2015년의 네팔 지진 2015년 4월과 5월, 두 번의 대지진이 네팔에서 발생하여 수천 명의 사망자와 엄청난 경제적 손실이 발생하였다. 사진은 민간인들이 네팔 북동부의 초우타라에서 붕괴된 건물 사이를 걷고 있는 모습을 촬영한 것이다.

사망하였다.

남부 아시아 북부 산맥의 대부분은 조밀한 취락을 부양하기에는 너무 험준하고 고도가 높지만 인구가 밀집한 지역들이 해발고도 1,340m에 위치한 네팔의 카트만두 계곡과 1,580m에 위치한 인도 북부 카슈미르 계곡에 집중되어 있다.

인더스-갠지스-브라마푸트라 저지 북부 산맥 지대의 남쪽에는 3개의 주요 하천에 의해 만들어진 저지가 분포하는데, 3개의 주요 하천은 퇴적물로 거대한 충적 평원을 형성해 이 지역을 비옥하고 손쉽게 농사를 지을 수 있도록 만들었다. 촌락이 조밀하게 분포하는 저지는 파키스탄, 인도, 방글라데시의 인구 핵심지역을 형성한다.

인더스 강은 히말라야 산맥으로부터 파키스탄을 거쳐 아라비아 해까지 3,180km를 흘러가며 파키스탄 남부 사막에 필요한 관개용수를 제공한다. 그러나 인더스 강보다 더욱 유명한 갠지스 강은 남동쪽으로 2,400km를 흘러 벵골 만에 이른다. 갠지스 강은 비옥한 충적토를 공급하여 인도 북부를 세계에서 가장 인구밀도가 높은 지역 가운데 하나로 만든다. 인도 역사에 기술된 이 하천의 중요한 역할을 고려하면 왜 힌두교도들이 갠지스 강을 성스럽게 여기는지 이해할 수 있다. 마지막으로 브라마푸트라 강은 티베트 고원에서 발원하여 2,720km를 흘러 방글라데시 중부에서 합류하고 전 세계에서 가장 큰 삼각주로 퍼져 나간다.

인도 반도 남쪽으로 뻗어 있는 인도 반도는 대부분 데칸 고원으로 이루어져 있으며, 데칸 고원은 북부와 남부에 산맥을 등지고 좁은 해안 평원에 의해 둘러싸여 있다. 서쪽으로는 서고츠 산맥이 위치하는데 고도가 1,520m이며, 동쪽에 위치한 동고츠 산맥의 고도와 길이는 서고츠 산맥에 미치지 못한다. 두 곳의 해안 평원에서는 비옥한 토양과 적절한 용수 공급으로 인구밀도가 북쪽의 갠지스 강 저지대에 필적할 정도이다.

데칸 고원의 대부분의 지역에서 토양은 비옥한 곳도 있고 척박한 곳도 있지만 마하라슈트라 주에서는 용암에 의해 형성된 매우 비옥한 흑토 지대가 분포한다. 그러나 대부분의 지역은 농업에 필요한 용수를 얻을 수 없다. 데칸 고원의 서부는 서고츠 산맥의 비그늘 지역에 위치하여 반건조 기후가 나타난다. 과거 수세기 동안 규모가 작은 저수지로 몬순 강우를 저장하여 건기에 사용해 왔다. 최근에는 우물과 동력 펌프로 지하수를 개발해 더 넓은 지역에 관개용수를 공급하게 되었다.

인도 정부는 부분적으로는 지하수원의 남용 문제 때문에 관개용수를 공급하기 위한 대규모 댐을 건설하고 있다. 그러나 댐의 건설로 수십만 명의 농촌 주민들을 이주시켜야 하므로 논란이 많다. 마디아프라데시 주의 나르마다 강에서 이루어지고 있는 사르다르 사로바르 댐 건설 프로젝트가 그 예인데, 이 댐 건설로 이미 10만 명 이상의 인구가 타 지역으로 이주하였다. 지역 주민과 인도 전역의 환경운동가들은 댐 건설에 반대하지만 인접 구자라트 주의 주민들은 댐 건설로 혜택을 볼 것이기 때문에 댐 건설에 찬성하고 있다. 2014년 인도 정부는 1만 8,000km^{2}의 농경지를 추가로 관개하기 위해 댐의 높이를 증가시켰다.

남부의 제도 인도 반도 남쪽 끝에는 도서국인 스리랑카가 위치한다. 스리랑카는 광활한 해안 평원과 낮은 구릉으로 둘러싸여 있으나 2,400m를 넘는 산맥이 남부에 위치해 습윤한 고산 기후를 형성한다. 몬순풍이 서남부로부터 불어오기 때문에 섬의 서남부에서는 북동부의 비그늘 지역보다 훨씬 강우량이 많다.

몰디브는 인도 서남부로부터 약 640km 떨어진 곳에 위치한 1,200개 이상의 군도로 이루어져 있다. 이 군도의 총 면적은 290km^{2}이며, 단지 군도의 1/4에만 주민이 거주한다. 남태평양의 많은 섬처럼 몰디브는 최대 고도가 해발 2m 정도의 낮은 환초로 이루어져 있다.

남부 아시아의 몬순 기후

대부분의 남부 아시아 지역에서 나타나는 주된 기후 요인은 우기와 건기에 상응하고 계절에 따라 풍향이 바뀌는 **몬순**(monsoon)이다(그림 12.4). 겨울에는 거대한 고기압이 차가운 아시아 대륙 상공에 형성된다. 바람이 고기압에서 저기압으로 불어 가면서 차갑고 건조한 바람이 남부 아시아를 가로질러 대륙 내부에서 바깥으로 불어간다. 이는 11월부터 2월까지 차고 건조한 계절에 나타난다. 겨울이 봄으로 바뀌면서 이 바람이 사라지고 3월부터 5월까지 뜨겁고 건조한 계절이 이어진다. 결국 남부 아시아와 서남아시아 상공에 열기가 증가하면서 거대한 저기압 셀(cell)이 형성된다. 6월 초까지 저기압 셀이 풍향의 변화를 가져올 만큼 강하며, 이로 인해 인도양으로부터 따뜻하고 습한 공기가 대륙 내부로 불어간다. 이것은 6월부터 10월까지 지속되는 따뜻한 우기인 서남 방향 몬순의 시작을 알린다(그림 12.5).

지형성 강우(orographic rainfall)는 서고츠 산맥과 히말라야 산맥 자락으로 불어오는 습한 몬순풍의 상승과 냉각에 의해 발생한다. 그 결과, 일부 지역에서는 우기가 4개월간 지속되면서 5,080mm 이상의 비가 내린다(그림 12.6). 인도 북동부의 체라푼지는 1만 1,300mm의 평균 강우량으로 전 세계에서 가장 비가 많이 오는 다우지 가운데 하나이다. 이 부분에 대해서는 그림 12.6의 기후 그래프를 참고하라. 그러나 데칸 고원에서 강우는 강력한 **비그늘 효과**(rain-shadow effect)에 의해 급감한다(제2장 참조). 바람이 불어가면서 공기는 따뜻해지고 건조한 상태가 지

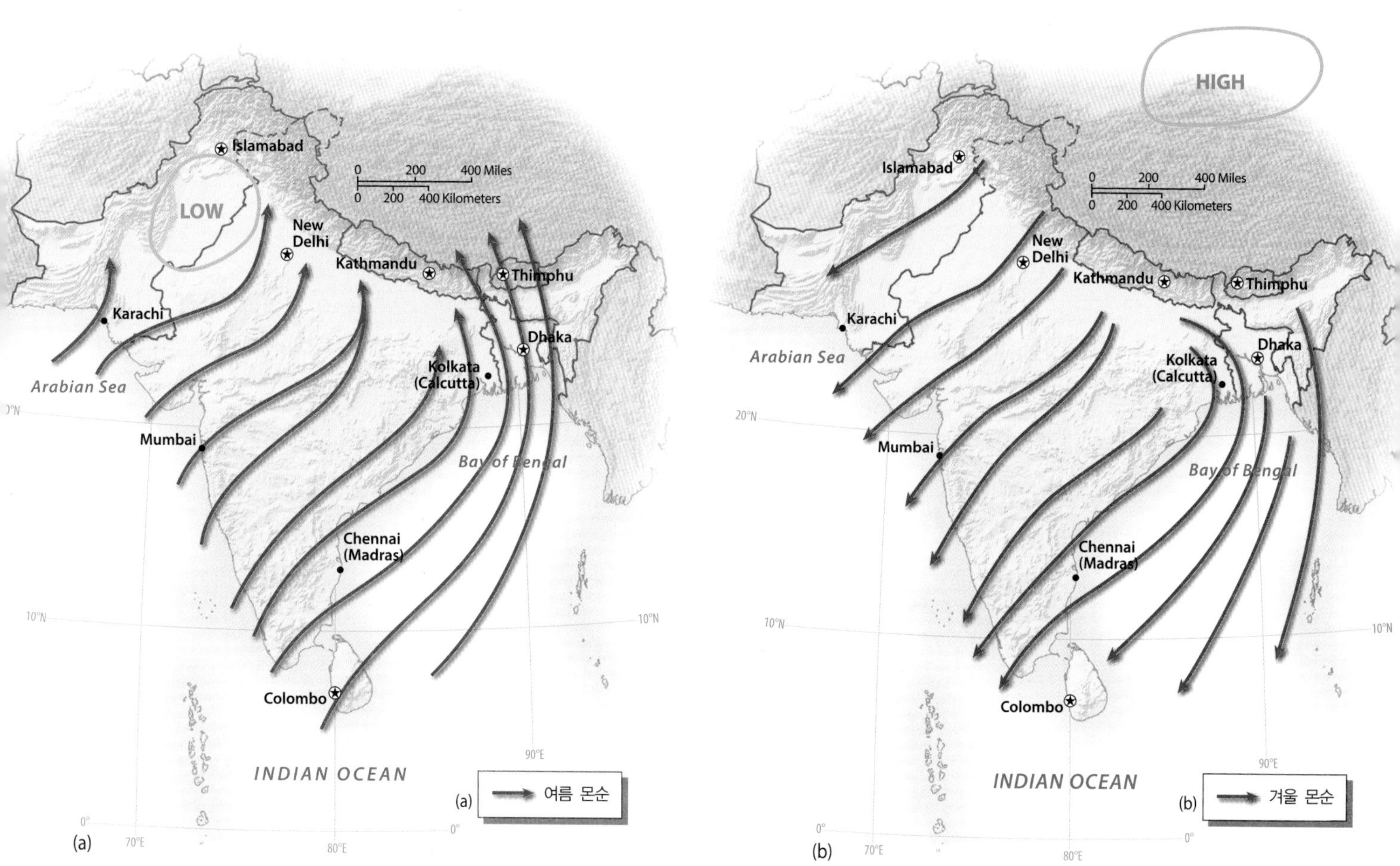

그림 12.4 **여름 몬순과 겨울 몬순** (a) 여름에 남부 아시아와 서남아시아에 형성된 저기압은 이 지역 대부분에 고온다습한 공기를 몰고 와 많은 비를 내린다. 일반적으로 6월에 비가 오기 시작하여 수개월 동안 지속된다. (b) 겨울에는 동북아시아 지역에 고기압이 형성된다. 그 결과, 풍향은 여름과 반대 방향이 된다. 겨울에 인도와 스리랑카 동부의 일부 해안 지대에서 강우량은 상당하다.

속된다. 그림 12.6의 하이데라바드, 델리, 카라치의 기후 그래프를 확인해 보라.

기후의 변화와 남부 아시아

기후변화에 관한 UN의 정부 간 패널(IPCC)이 작성한 2014년 보고서에 따르면 기후 변화의 효과는 남부 아시아에서 특히 심각한 결과를 가져올 수 있다. 해수면이 조금만 상승해도 방글라데시의 거대한 갠지스-브라마푸트라 삼각주 대부분이 침수된다.

그림 12.5 **몬순 강우** 여름 몬순기 동안 뭄바이 같은 인도의 도시에는 3개월 동안 1,780mm 이상의 비가 내린다. 매일 내리는 폭우는 홍수와 정전을 발생시키지만 몬순 폭우가 시작되면 사람들은 환호한다.

이미 순다르반스 지방의 7,500헥타르에 달하는 습지가 침수되었다. 해수면 변동에 대한 최악의 예측이 현실화된다면 몰디브는 해수면 아래로 사라지게 될 것이다. 이 지역의 가장 중요한 작물인 벼는 해수면 상승으로 가장 큰 위협을 받고 있으며, 기온의 상승으로 밀 수확량이 2100년까지 50% 감소할 것이다.

기후 변화는 이 지역 수자원에 커다란 변화를 가져왔다. 히말라야의 빙하가 후퇴하면서 인더스-갠지스 평원의 건기에 물 공급을 위협하고 있다. 그러나 남부아시아의 일부 지역에서 기후 변화는 여름 몬순의 강화로 강우량을 증가시킬 수 있다. 불행히도 이 같은 강우량의 증가는 대부분 집중호우로부터 발생하며 홍수와 토양 침식 역시 증가시킨다.

인도는 2002년 교토 의정서에 서명했으나 개발도상국으로서 조약의 주요 조항을 준수할 필요가 없다. 대부분이 빈곤하고 비산업 경제에 기반을 두고 있는 남부 아시아는 아직까지 1인당 온실 가스 배출량이 적은 편이다. 그러나 인도의 경제는 급속하게 성장하고 있을 뿐만 아니라 발전용 연료로 석탄에 대한 의존도가 매우 높다. 인도는 현재 미국과 중국에 이어 세계 3위의 이산화탄소 배출국이다. 공식적인 추정치에 따르면, 인도가 향후 25년 동안 매년 8% 경제 성장률을 유지하고자 할 경우 1차 에너지

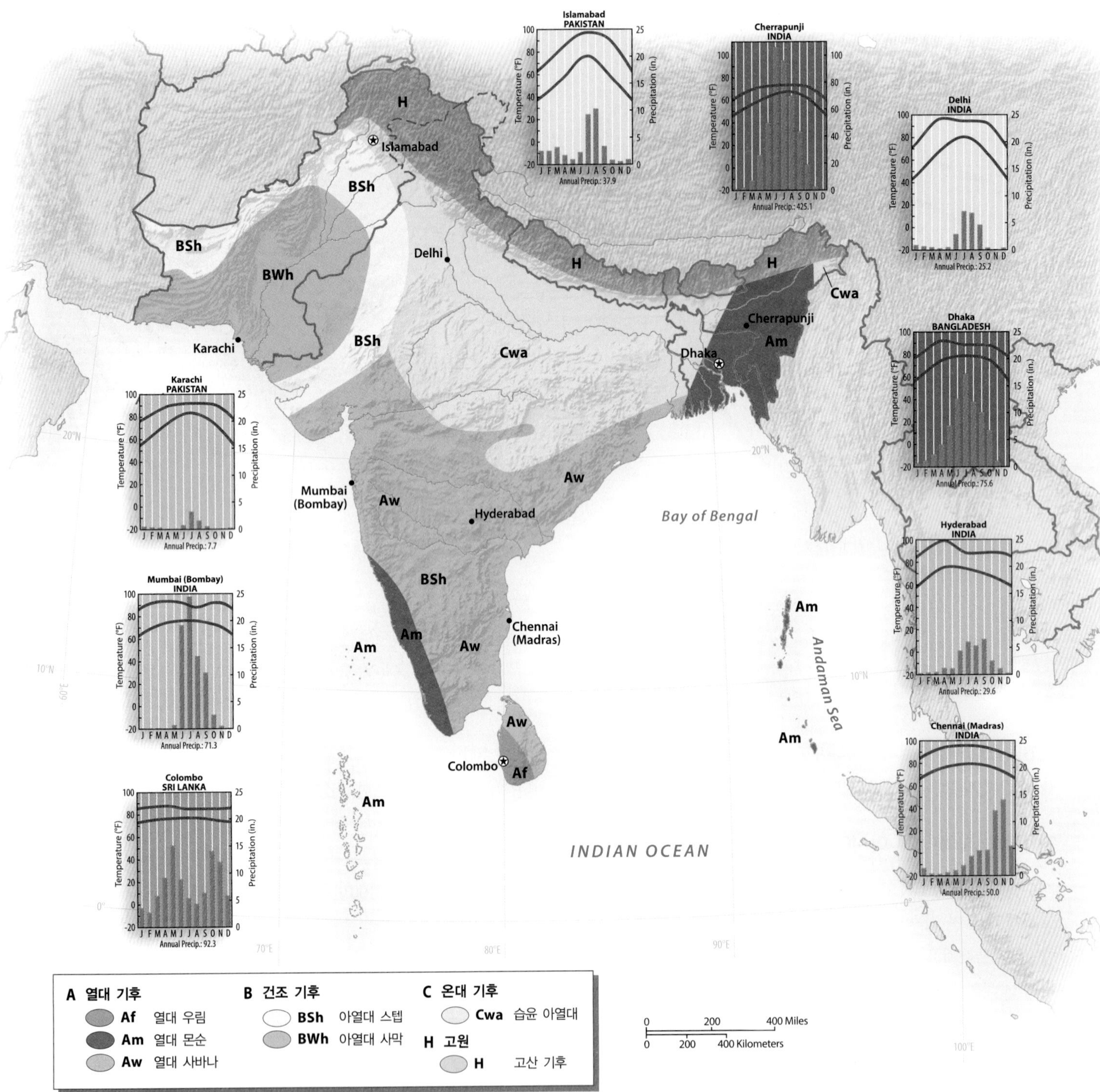

그림 12.6 **남부 아시아의 기후** 광대한 히말라야 산맥을 제외하고 남부 아시아는 열대 및 아열대 기후에 지배적인 영향을 받는다. 이러한 기후가 나타나는 지역에서는 서남 방향의 몬순과 연관된 독특한 하계 강우기가 나타난다. 뭄바이와 델리의 기후 그래프는 가장 좋은 예가 된다.

공급량을 3~4배까지 증가시켜야 할 것이다.

기후 변화는 파키스탄을 특히 곤경에 빠지게 할 것이다. 대부분이 사막으로 이루어진 파키스탄에서 관개용수의 90%는 파키스탄과 인도 사이의 분쟁 지역인 카슈미르 산악 지대로부터 나온다. 파키스탄이 이미 주기적인 물 부족을 겪고 있기 때문에 전문가들은 카슈미르 지방의 수원을 개발하고 보존하기 위해 인도와 협력적인 관계를 유지해야 한다고 본다. 그러나 카슈미르에 집중된 양국 간의 지정학적 긴장을 고려하면 어떤 협상도 불가능해 보인다.

남부 아시아에서도 기후 변화에 대한 대비가 이루어지고 있

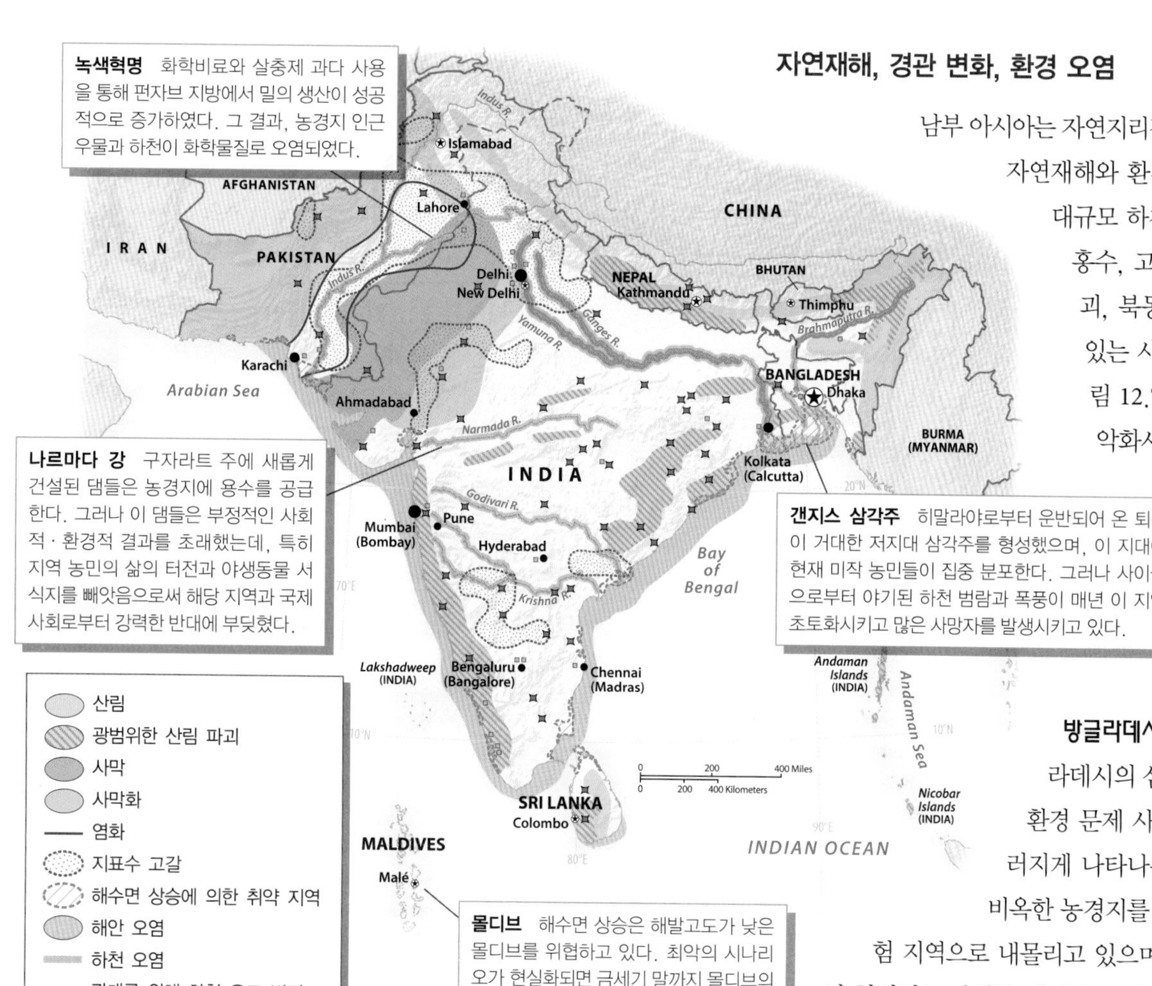

그림 12.7 **남부 아시아의 환경 문제** 문화가 매우 다양하고 인구밀도가 높은 지역에서 예상되는 바와 같이 남부 아시아에서는 광범위한 환경 문제가 발생하고 있다. 환경 문제에는 파키스탄과 인도 서부의 건조 지역에서 나타나고 있는 관개 지역의 토양 염화에서부터 녹색혁명에 의해 도입된 비료와 농약에 의한 지하수 오염이 포함된다. 산악 지대에서는 산림 벌채와 토양 침식이 나타나고 있다.

다. 2011년, 세계적인 농업 연구소인 CGIAR은 나무 심기, 빗물 재활용, 세심한 수자원 관리, 토양 보전 등을 통해 '기후 변화에 대응하는 스마트 빌리지'를 조성하기 위한 프로그램을 시작하였다. 2015년까지 약 500개의 기후 스마트 빌리지가 인도 펀자브 주에서 상당한 성공을 거두었다. 일조량이 풍부한 인도에서는 태양 에너지로 전환하고 있다. 2015년 초 인도 정부는 2022년까지 태양 에너지에 미화 1,000억 달러를 투자하겠다고 발표하였다. 그러나 이와 동시에 인도의 정부 관료들은 새로운 탄광 개발을 독려하고 있다. 2014년 인도 수상은 2019년까지 석탄 생산량을 두 배로 증가시킬 것을 약속하였다.

자연재해, 경관 변화, 환경 오염

남부 아시아는 자연지리적 특성으로 인해 심각한 자연재해와 환경 문제를 겪고 있는데, 대규모 하천 삼각주에서 발생하는 홍수, 고산 지대에서의 산림 파괴, 북동부 지역에서 확대되고 있는 사막화 등이 포함된다(그림 12.7). 이와 같은 문제들을 악화시키고 있는 것은 엄청난 규모의 인구가 매년 자연적인 인구 성장에 의해 증가하고 있다는 사실이다.

방글라데시의 위태로운 상황 방글라데시의 삼각주 지역은 인구압과 환경 문제 사이의 연관성이 더 두드러지게 나타나는 곳이다. 이곳에서는 비옥한 농경지를 찾기 위해 사람들이 위험 지역으로 내몰리고 있으며, 그로 인해 벵골 만에서 형성되는 강력한 사이클론(열대 폭풍)뿐만 아니라 계절에 따른 홍수로 수백만 명의 인구가 위험에 처해 있다. 수천 년 동안 몬순 폭우가 히말라야 산맥으로부터 엄청난 양의 퇴적물을 침식시켰고, 이 퇴적물은 갠지스 강과 브라마푸트라 강에 의해 해양으로 운반되어 저지 삼각주가 점진적으로 형성되었다. 과학자들은 연평균 2만 6,000km^2 면적의 토지가 침수되고 5,000명의 사망자가 발생하는 것으로 추정하고 있다.

주기적인 홍수는 자연적인 것이고, 하천을 통해 운반되는 비옥한 퇴적물을 침전시킴으로써 삼각주의 면적이 점차 증가하는 것과 같이 유익한 측면도 있지만 홍수 자체는 여전히 심각한 문제를 발생시킨다. 1998년 9월 방글라데시 영토의 2/3가 침수되면서 2,200만 명의 방글라데시인들이 가옥을 잃었다. 2007년 8월 발생한 홍수로 인한 피해는 이보다 적었는데, 그 이유는 국제기금의 지원을 받아 1998년의 최고 수위점 이상의 고도에 수십만 채의 가옥들을 건설했기 때문이다. 그러나 방글라데시의 인구가 급증하면서 농민들이 위험한 저지 범람원으로 계속해서 이주해 가고 있으므로 향후 수십 년 이내에 홍수로 많은 희생자가 발생할 가능성이 있다.

2010년과 2011년 하계에 남부 아시아 북부에 폭우가 이어졌고 방글라데시에서 홍수가 발생하였다. 2010년의 수해는 파키스탄에서 훨씬 더 광범위했다. 미화 430억 달러의 손실과 2,000명 이상의 사망자가 발생하였고, 2,000만 명 이상의 파키스탄인들에게 수해를 입혔던 2010년의 홍수는 최악의 자연재해로 기록되었다. 이후 홍수의 피해 정도는 2010년에 비해 적었지만 파키스탄에서는 2012년, 2013년, 2014년에도 심각한 수해가 발생하였다.

산림과 벌채 학자들은 남부 아시아에서 주기적으로 발생하고 있는 심각한 홍수를 고지대에서 나타나는 산림 파괴와 연관시킨다. 히말라야의 산지와 구릉지에서 벌채가 이루어짐에 따라 방글라데시의 저지, 그리고 파키스탄과 인도 북부에서는 땅속으로 흡수되지 않고 지표 위를 흐르는 유수가 증가한다. 결과적으로 이 지역에서는 산림을 보호하기 위해 노력하고 있으며, 특히 해안의 산림 자원을 보전하기 위한 방안을 모색하고 있다(지속 가능성을 향한 노력 : 스리랑카의 커뮤니티 개발과 맹그로브 보호 활동 참조).

북서부의 사막 지대를 제외하고, 과거 남부 아시아의 대부분은 열대 몬순의 산림과 사바나의 소림(疎林, woodllands)이 뒤덮고 있었다. 그러나 대부분의 지역에서 수목은 인간 활동의 결과로 사라졌다. 예를 들어, 인도의 갠지스 하곡과 해안 평원에서 산림은 수백 년 전 농경지 조성을 위해 제거되었다. 그 외의 지역에서도 농경지, 도시, 산업단지 등을 위해 산림 벌목이 이루어졌다. 최근에는 남부 아시아의 동부와 북부의 험준한 구릉지에서도 상업적 목적으로 벌목이 이루어지고 있다. 그러나 일부 오지에는 아직도 상당한 면적의 산림이 남아 있다.

산림 벌목의 결과로 수많은 남부 아시아의 촌락이 연료 및 조리용 목재의 부족을 겪고 있는데 이런 곳에서는 건조시킨 소의 배설물을 연료로 사용하고 있다. 소의 배설물은 저급 연료이지만 필요한 화력을 제공한다. 그러나 그 결과, 농경지의 비료는 부족해진다. 목재를 얻을 수 있는 곳에서 연료용 목재 수집은 많은 시간의 여성 노동력을 필요로 하는데 그 이유는 목재를 수집할 수 있는 곳이 마을에서 멀리 떨어진 곳에 위치하기 때문이다.

그림 12.8 **인간과 호랑이의 상호작용** 인도 라자스탄 주의 란탐보르 국립공원에서 관광객들이 호랑이를 촬영하고 있는 모습이다. 란탐보르는 인도에서 야생 호랑이를 관찰할 수 있는 최적의 장소이다. **Q : 인도가 빈곤과 높은 인구밀도에도 불구하고 야생 호랑이와 잠재적으로 위험에 처한 동물들의 개체 수를 유지하고 있는 이유는 무엇인가?**

야생동물 남부 아시아의 환경은 심각한 상태이지만 야생동물 보호에 대한 전망은 밝은 편이다. 이 지역에서는 높은 인구압과 극심한 빈곤에도 불구하고 다양한 야생동물군이 유지되고 있다. 현재 유일하게 남아 있는 아시아 사자가 인도 구자라트 주에 서식하고 있고, 심지어 방글라데시의 순다르반스와 갠지스 삼각주의 맹그로브 숲에서도 상당한 개체 수의 벵골 호랑이를 찾아볼 수 있다. 야생 코끼리가 아직도 인도, 스리랑카, 네팔의 보호구역 내에 서식한다.

인도의 야생동물 보호는 어떤 아시아 지역에서보다 훨씬 강력하다. 42개의 보호구역에서 운영되고 있는 '프로젝트 타이거'라는 프로그램은 호랑이를 보호하기 위해 운영되고 있다. 그러나 2006년 호랑이 개체 수가 2,000마리 이하로 떨어졌다는 조사 결과에 따라 인도 정부는 1억 5,300만 달러의 기금을 조성하였다. 2015년 인도 전체의 호랑이 개체 수가 2,226마리로 조사됨으로써 프로그램이 성공적이었음을 알 수 있었다(그림 12.8). 불행하게도 일부 주민들은 호랑이 서식지 보호를 위해 퇴거당해 타 지역으로 이주해야만 했다. 농촌 빈민들을 옹호하는 사람들은 호랑이 보호 프로그램이 야생동물을 인간보다 더 우선시한다고 주장한다. 그러나 놀랍게도 야생동물 보호를 지지하는 사람들은 지역 주민들과 공조하고 있는데, 지역 주민들은 그들이 직면한 위험과 관계없이 거대한 야생동물들과 자신들의 터전을 기꺼이 공유하고자 한다.

오염 남부 아시아는 여타 개발도상국들에서처럼 대기 오염과 수질 오염의 수준이 심각하다. 세계보건기구의 2014년 보고서에 따르면 전 세계에서 가장 오염된 20개 도시 가운데 13개가 인도에 분포한다. 수많은 남부 아시아 도시들에서 특히 심각한 문제는 대기 오염 물질 가운데 매우 유해한 형태인 미립자(미세먼지)의 농도이다. 보고서는 델리의 미세먼지 수준이 세계보건기구의 권고치보다 여섯 배 높다고 제시하였다. 이 결과에 의거하여 인도 정부는 포괄적인 대기의 질을 나타내는 지수를 만들고 엄격한 오염 규제를 적용하겠다고 약속하였다.

확인 학습

12.1 몬순 기후가 남부 아시아 사람들에게 큰 피해를 가져오는 이유는 무엇인가?

12.2 방글라데시와 인도 북동부에서 홍수가 중요한 환경 문제가 되고 있는 이유는 무엇인가?

주요 용어 인도 아대륙, 몬순, 지형성 강우, 비그늘 효과

지속 가능성을 향한 노력

스리랑카의 커뮤니티 개발과 맹그로브 보호 활동

Google Earth Virtual Tour Video
http://goo.gl/OFskkZ

열대 지역 해안가의 얕은 해수 속에서 번성하는 맹그로브 숲이 남부 아시아에서 사라질 위기에 놓여 있다. 맹그로브 숲은 수출용 어류와 새우 양식장을 만들기 위해, 또는 숯이나 연료용 목재로 활용하기 위해 벌목된다. 그러나 맹그로브 숲은 해안 생태계의 중요한 구성요소로서 수중의 많은 어류와 갑각류에 영양분을 제공하는 역할을 한다. 또한 해안 지대를 폭풍 해일로부터 보호해 주며, 중금속과 기타 오염물질들을 뿌리를 통해 흡수해 물을 정화하기도 한다. 결과적으로 맹그로브를 보호할 필요가 있다.

맹그로브의 감소 스리랑카에서는 이미 많은 수의 맹그로브가 사라졌다. 맹그로브 벌목이 가장 많이 이루어진 곳은 북서부 지역으로 1990년대에 맹그로브 숲은 새우 양식장으로 바뀌었다. 그러나 이와 같은 개발은 지속 가능하지 않다는 것을 보여주었는데, 후에 양식 새우들은 모두 질병으로 폐사하였다. 2015년 스리랑카 정부는 현재 남아 있는 모든 맹그로브 숲을 공식적으로 보호하기 위한 새로운 전략을 수립하였다.

새로운 프로그램 스리랑카의 맹그로브 보호 계획은 전 세계로부터 상당한 관심을 끌고 있다. 스리랑카 정부, 지역 해안 보호 재단, 그리고 Seacology라는 미국의 해양 보호 단체가 공동으로 운영하고 있는 이 계획은 미화 34억 달러의 재원을 확보하여 환경 보전 활동과 농촌 개발 및 여성들의 권리 확대 운동을 결합시키고 있다(그림 12.2.1). 주요한 특징은 미화 100달러를 저리로 지역 주민들, 특히 여성들에게 대출해

그림 12.2.1 **새 맹그로브 수목** 스리랑카는 맹그로브 숲을 보전하기 위한 노력을 전개해 왔다. 지역사회 중심 맹그로브 숲 가꾸기 계획은 많은 지역에서 효과를 나타냈다. 사진은 푸탈람(Puttalm) 석호에 재식된 맹그로브가 번성한 모습을 촬영한 것이다.

준다는 것이다. 이와 같은 대출금은 지역에서 소규모 사업체를 창업하는 데 이용되고 있다. 또한 연료의 대체재를 공급하기 위해 건조 지역에서 빠르게 성장하는 수종을 재식하는 데에도 자금이 배정되고 있다.

대출을 받은 사람들은 맹그로브가 서식하는 특정 지역의 관리 임무를 수행하는 10명 단위의 조직을 이루게 되는데, 현재 1,500개의 조직이 구성되어 있다. 이들은 또한 맹그로브 생태계의 중요성을 알리고, 3,885헥타르의 면적에 맹그로브 묘목을 심는 작업을 돕는다. 이 조직은 국가의 보호 아래에 있는 8,815헥타르의 맹그로브 숲을 감시하는 정부 순찰대원들과 반드시 함께 작업에 참여해야 한다. 보호지역 내에서는 맹그로브를 상업적 목적으로 벌목하는 것이 불법이다.

빈곤 완화 스리랑카의 새로운 맹그로브 계획은 자연을 보전할 뿐만 아니라 농촌 빈곤을 감소시키는 것을 목표로 한다. 따라서 지역사회의 가장 취약한 사람들을 대상으로 진행된다. 대출자들의 절반은 미망인이며, 나머지 절반은 성별과 관계없이 학교 중퇴자로 한정된다. 현재까지 이 프로그램은 생태적 · 경제적 측면에서 상당한 성공을 거두었다. 지역 여성들을 대상으로 거의 2,000건의 대출이 이루어졌고, 대출금 상환율은 96%를 넘는다.

1. 스리랑카에서 왜 맹그로브 숲이 보호 프로그램의 대상으로 선정되었는가? 맹그로브 숲은 그 취약성과 지역사회에 대한 이로움의 측면에서 다른 수종의 숲과 어떻게 다른가?
2. 스리랑카는 왜 사회 개발 프로그램을 맹그로브 보호 계획과 연관시키기로 결정했는가?

인구와 정주 : 인구학적 딜레마

남부 아시아는 동아시아를 제치고 곧 전 세계에서 가장 인구가 많은 지역이 될 것이다(그림 12.9). 인도에만 12억 명의 인구가 분포하며, 파키스탄과 방글라데시가 전 세계에서 가장 인구가 많은 10개 국가에 속한다(표 A12.1). 더구나 남부 아시아의 대부분이 급속한 인구 성장을 경험하고 있다. 남부 아시아가 지난 수십여 년간 괄목할 만한 농업 성장을 이루었지만 아직도 식량 부족에 대한 우려가 남아 있다.

인도의 합계 출산율은 1950년대 6.0에서 현재 2.5로 급속히 감

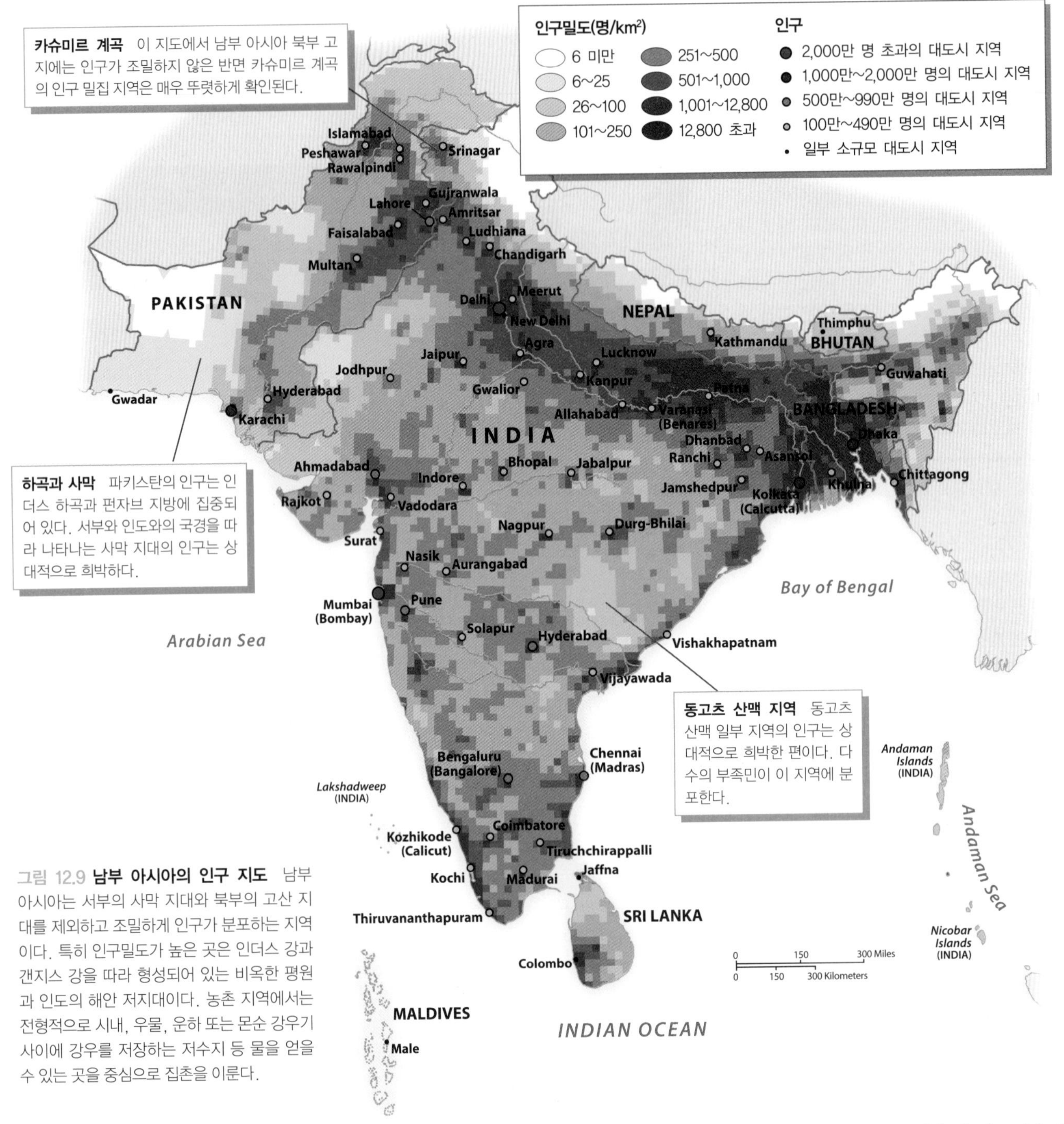

그림 12.9 **남부 아시아의 인구 지도** 남부 아시아는 서부의 사막 지대와 북부의 고산 지대를 제외하고 조밀하게 인구가 분포하는 지역이다. 특히 인구밀도가 높은 곳은 인더스 강과 갠지스 강을 따라 형성되어 있는 비옥한 평원과 인도의 해안 저지대이다. 농촌 지역에서는 전형적으로 시내, 우물, 운하 또는 몬순 강우기 사이에 강우를 저장하는 저수지 등 물을 얻을 수 있는 곳을 중심으로 집촌을 이룬다.

소하였다. 인도 서부 및 남부에서 출산율은 대체로 정체 수준에 와 있다. 그러나 인도 북부의 많은 지역에서 출산율이 높고, 빈곤 지역인 비하르 주에서는 여성 1명이 평균 3.5명을 출산한다. 남아 선호가 대부분의 남부 아시아 지역에서 나타나는데, 이러한 전통이 가족계획을 더욱 복잡하게 만든다.

파키스탄은 최근 합계 출산율이 급감했지만 현재 합계 출산율은 3.26으로 아직까지 정체 수준보다 훨씬 높은 편이다. 그 결과, 파키스탄의 인구는 2050년까지 2억 5,000만 명 이상이 될 것으로 예측되는데 파키스탄의 건조 환경, 낮은 경제 수준, 정치적 불안정을 고려하면 이와 같은 인구 성장은 매우 우려스러운 일이다(그림 12.10). 방글라데시는 출산율을 감소시키는 데 있어 파키스탄보다 훨씬 더 성공적이었다. 1975년 합계 출산율은 6.3이었지만 2012년 2.21로 떨어졌다. 인구 계획의 성공은 부분적으로 라디오와 옥외 광고판, 심지어 우표를 통해 이루어진, 방글라데시 정부로부터의 강력한 가족계획 홍보 덕택이다.

인구 이동과 취락 경관

남부 아시아는 도시 거주 인구가 전체 인구의 1/3 이하로 전 세계에서 가장 도시화율이 낮은 지역에 속한다. 남부 아시아에서

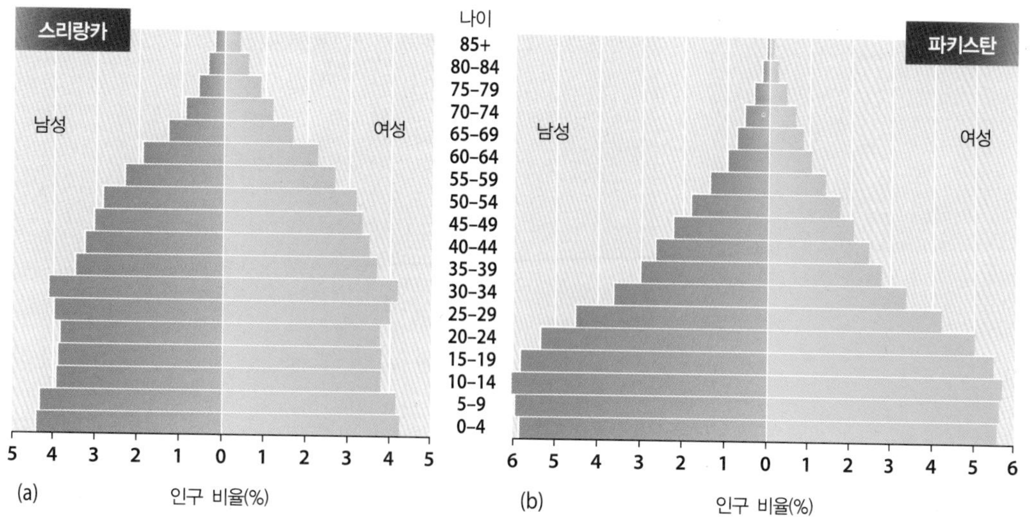

그림 12.10 **스리랑카와 파키스탄의 인구 피라미드** (a) 스리랑카는 지난 수십 년 동안 출산율이 상대적으로 낮았으며 기대수명은 길었다. 그로 인해 균형을 이룬 인구 피라미드를 보인다. (b) 스리랑카와 대조적으로 파키스탄은 높은 출산율과 평균보다 낮은 기대수명을 나타내기 때문에 밑변 쪽의 비중이 높은 피라미드를 보인다.

대부분의 인구는 농촌에 거주한다. 그러나 촌락에서 대도시로의 급속한 이주가 일어나고 있다. 이는 도시에서의 고용 기회보다 농촌에서의 절망적인 환경과 더 관련이 있다. 자급 경작이 줄고 대규모 농장이 확대되며 기계화가 증가하면서 많은 사람들이 급성장하고 있는 도시로 내몰리고 있다.

남부 아시아에서 인구밀도가 가장 높은 지역은 비옥한 토양과 용수를 원활하게 공급받을 수 있는 곳이다. 가장 인구밀도가 높은 촌락은 인도의 갠지스 하곡과 인더스 하곡의 핵심지역, 그리고 해안 평원에 분포한다. 취락의 밀도는 데칸 고원에서 낮고, 북부 고지와 서북부의 건조 지역에서는 상대적으로 희박하다.

남부 아시아 사람들은 최근 몇 년간 빈곤하고 인구밀도가 높은 지역에서 부유하고 인구가 조밀하게 분포하지 않은 지역으로 이주해 왔다. 일부는 뭄바이와 같은 대도시로 이주하지만 방글라데시 사람들은 인도 북동부의 농촌 지역에 대규모로 정착해 민족 갈등을 일으키고 있다. 이주자들은 때때로 전쟁에 의해 강제로 타지로 내몰리고 있으며, 카슈미르 지역의 힌두교도와 이슬람교도는 전쟁으로 피폐된 고향으로부터 안전한 곳으로 이주하였다. 파키스탄은 전 세계에서 난민 인구가 가장 많다. 400만 명 이상의 난민이 이웃 아프가니스탄으로부터 유입했으며, 파키스탄 내 폭동으로 100만 명이나 되는 인구가 거주하던 곳을 떠나야만 했다(그림 12.11).

전문가들은 남부 아시아 대도시에서의 거대한 불법 주거지와 급증하고 있는 노숙자 문제로 이어지고 있는 역내 이동(internal migration)에 대해 우려하고 있다. 그러나 최근 세계은행의 보고서는 인도에서 도시가 국가 GDP의 2/3를 생산하고, 정부 예산의 90% 이상을 제공한다는 점을 지적하며, 인도 정부가 더 많은 도시를 개발하고 도시 기간 시설에 대한 투자를 증가시킬 것을 권고하였다.

농업 지역과 농업 활동

남부 아시아의 농업은 역사적으로 동아시아와 비교해 비생산적이었다. 그러나 1970년대 이후로 농업 생산은 급속히 증가하였다. 남부 아시아의 수많은 농민들은 현재 상당한 부채를 안고 있는데, 이는 앞으로의 농업의 성장을 위협하고 있다.

작물 재배 지역 남부 아시아는 서로 상이한 문제와 잠재력을 가진 몇 개의 농업 지역으로 구분할 수 있다. 이와 같은 지역 구분은 세 종류의 자급용 작물, 즉 쌀, 밀, 기장의 생산에 기초한다.

벼는 갠지스 하곡 저지, 인도의 동부와 서부 해안 저지, 방글라데시 삼각주 지역, 파키스탄의 인더스 하곡 저지, 스리랑카에서 재배되며, 이 지역의 주요 작물이고 주요 식량이다(그림 12.12). 이러한 분포는 벼를 재배하는 데 필요한 많은 양의 관개용수를 반영하는 것이다. 남부 아시아에서 생산된 쌀의 양은 인상적이다. 인도가 중국에 이어 쌀 생산에서 세계 2위를 차지하고, 방글라데시는 네 번째로 생산량이 많다.

그림 12.11 **아프가니스탄의 난민 캠프** 수백만 명의 아프가니스탄 사람들이 여전히 파키스탄에 거주하고 있으며, 이들 가운데 상당수는 열악한 난민 캠프에 체류하고 있다. 페샤와르 인근의 나시르 바흐 캠프는 현재 폐쇄되었지만 유사한 캠프들이 아직 많이 남아 있다. **Q : 대부분의 아프가니스탄 난민들이 다른 인근 국가 대신 파키스탄으로 이주한 이유는 무엇인가?**

그림 12.12 **벼 재배** 스리랑카에서 농민들이 논에 모를 심고 있는 모습이다. 벼를 재배하는 데 다량의 관개용수가 필요하다. 벼는 갠지스 계곡 저지와 삼각주, 파키스탄의 인더스 강 저지, 그리고 인도의 해안 평원에서 재배되는 주요 작물이다.

그림 12.13 **녹색혁명에 의한 농업** '기적'의 밀 품종이 펀자브 지방에서 생산량을 증대시켰기 때문에 이곳은 남부 아시아의 곡창지대가 되었다. 인도는 지난 25년간 밀 생산을 두 배로 증가시켰으며 식량 부족에서 자급의 상황으로 전환되었다. 이 사진은 한 농민이 녹색혁명을 일으킨 벼 품종을 재배하고 있는 논에 비료를 뿌리는 모습을 촬영한 것이다.

밀은 북부 인더스 하곡과 갠지스 하곡 서부에서 주요 작물로 재배된다. 남부 아시아의 '곡창지대'는 인도 북서부의 펀자브 주와 파키스탄 인접 지역이다. 이곳에서는 녹색혁명으로 곡물 생산량이 증가하였다. 인도 중부의 비옥도가 떨어지는 지역에서는 카사바와 같은 뿌리 작물과 함께 기장, 사탕수수를 주요 작물로 재배하고 있다. 일반적으로 밀과 쌀은 남부 아시아에서 선호되는 주요 식량용 곡물이지만 빈곤층은 기장과 뿌리 작물로 살아가야 한다.

녹색혁명 남부 아시아에서 농업 성장이 인구 증가에 비해 뒤떨어지지 않은 주요 이유는 **녹색혁명**(Green Revolution) 때문인데, 이는 1960년대 국제 개발 기구에 의해 설립된 농업연구소에서 시작되었다. 1970년대까지 다수확 벼와 밀 품종을 만들어내려는 노력이 성공을 거두었다. 그 결과, 남부 아시아는 만성적인 식량 부족 지역에서 자급 지역으로 전환되었다. 인도는 1970년에서 1990년대 중반까지의 기간 동안 연간 곡물 생산을 두 배 이상 증가시켰다(그림 12.13).

녹색혁명은 성공적이었지만 다수의 전문가들은 생태적 · 사회적 비용을 강조한다. 신품종 작물의 경우 화학비료에 대한 의존성이 크기 때문에 심각한 환경 문제를 발생시킨다. 이러한 작물들은 보통 가격이 비싸고 환경을 오염시키는 화학비료를 다량 필요로 할 뿐만 아니라 작물 병충해에 대한 자연적 저항성이 부족하기 때문에 농약을 자주 뿌려주어야 한다.

사회적 문제도 녹색혁명과 함께 나타났다. 수많은 지역에서 부유한 농민들만이 신품종 종자, 관개시설, 농기계, 비료, 농약을 구입할 수 있었다. 그 결과, 빈곤한 농민들은 자신의 토지로부터 내몰려 보다 부유한 인근 지역에서 임금 노동자가 되었다. 더구나 필요한 투입물을 구매하기 위해 많은 농민들이 대출금을 얻어야 했다. 변동이 심한 작물 가격으로 농민들이 대출금을 갚지 못했고 그로 인해 많은 농민들이 스스로 목숨을 끊었다. 1995~2015년 사이 30만 명의 인도 농민들이 목을 매거나 농약을 마시고 자살하였다. 이와 같은 자살자 수는 세계 역사상 가장 많은 것이다.

녹색혁명이 지난 수십 년간 남부 아시아의 팽창하는 인구를 부양했지만 이와 같은 상황이 계속될지는 분명하지 않다. 이 문제에 대한 대안은 많은 경지가 관개되지 않았으므로 관개용수 분배 시스템을 운하나 우물을 통해 확대하는 것이다. 그러나 관개는 그 자체로 문제를 발생시킨다. 파키스탄과 인도 북서부의 많은 지역에서 여러 세대에 걸쳐 관개가 이루어졌고 토양에 축적된 염분에 의한 토양 **염류화**(salinization)의 문제가 심각하다. 이와 함께 지하수는 고갈되고 있는데 인도의 곡창지대인 펀자브 지방에서 특히 문제가 심각하다. 반면에 낙관주의자들은 인도의 농업 생산량이 계속해서 증가하고 있으며, 한때 만연했던 기근이 사라졌다는 점을 지적한다.

남부 아시아의 도시

비록 남부 아시아의 대부분의 지역이 농촌 사회로 남아 있지만 다수의 도시들은 규모가 크고 급속하게 성장하고 있다. 인도에만 인구 100만 명 이상의 대도시 지역이 45개가 넘는다. 2014년의 보고서는 인도의 도시 인구가 2008년 3억 4,000만 명에서 2031년 6억 명으로 증가할 것이라고 예측하고 있다. 남부 아시아의 도시들은 이와 같은 급속한 성장 때문에 노숙자, 빈곤, 교통 체증, 물 부족, 대기오염, 하수 미처리와 같은 심각한 문제를 안고 있다. 남부 아시아에 걸쳐 도시 내부와 주변 지역으로 이주자들의 열악한 주거지인 **불량 주택군**(bustees)이 확대되고 있다.

도시 슬럼은 남부 아시아 전체에 분포하는데 이곳에서 나타나는 문제는 깨끗한 용수의 공급 및 위생시설과 관련되어 있다. 2010년 조사에 따르면 인도 도시 거주자 가운데 54%가 하수관이나 기타 현대적인 위생시설을 갖추고 있지 못하다. 방글라데시에서는 2015년 보고서에 따르면 수도나 기타 생활 편의시설을 갖추지 못하고 살아가고 있는 슬럼 거주자들이 지난 17년간 60% 증가하였다. 그러나 인도에서 깨끗한 용수를 공급받는 도시민들은 1990년 72%에서 2008년 88%로 증가하였다.

뭄바이 남부 아시아에서 가장 큰 도시인 뭄바이(종종 이전 지명인 봄베이라고 칭해짐)는 인도의 금융, 산업, 상업의 중심지이다. 뭄바이 자체에는 약 1,400만 명의 인구가 거주하고 있지만 뭄바이 대도시권에는 2,200만 명이 분포한다. 뭄바이는 인도의 국제무역의 상당 부분을 담당하고 있고 오랫동안 제조업의 중심지였으며 전 세계에서 가장 규모가 큰, 영화산업의 핵심지이다. 뭄바이의 경제 활력에 의해 인도 전역에서 인구가 유인됨으로써 결과적으로 심각한 민족 분쟁이 발생하고 있다.

뭄바이의 제한된 면적 때문에 대부분의 도시 성장은 역사 도시의 북부와 동부에서 이루어졌다. 도심부에서의 신축이 제한됨으로써 상업지와 주거지의 임대료가 급증하였는데 이 지역의 임대료는 전 세계에서 가장 높은 편에 속한다. 심지어 이 도시에서 번창하고 있는 중산층도 주택을 구하기 어렵다. 수십만 명의 이주민이 혼잡한 보도에 세워진 '임시 막사'에 거주한다(그림 12.14). 최빈곤층은 거리에서 노숙을 하거나 혼잡한 도로에 세운 플라스틱 텐트에서 생활한다.

뭄바이의 악명 높은 도로 정체는 2009년 3억 4,000만 달러의 비용이 들어간, 도심 중심으로부터 북부 교외 지역까지를 거대한 8차선 도로의 교량으로 연결하는 사업이 마무리되면서 일부 완화되었다. 야심찬 고속지하철 시스템인 뭄바이 메트로가 2021년 완공을 목표로 건설 중에 있다. 2015년 시 정부는 뭄바이를 전 세계의 금융, 상업, 위락 중심지로 전환시키기 위해 필요한 기간시설을 건립하는 '뭄바이 넥스트'라는 새로운 계획을 발표하였다.

콜카타 콜카타는 구 지명인 캘커타로 더 흔히 불리는데, 콜카타를 통해 급속히 성장하고 있는 개발도상국의 도시가 직면한 문제들을 잘 알 수 있다. 약 100만 명의 인구가 매일 밤, 거리에서 노숙한다. 콜카타 대도시권에 1,500만 명의 인구가 분포하지만 도시 거주자들은 물, 전력, 하수처리 등을 충분히 제공받지 못하고 있다. 전력은 비참할 정도로 부족하며, 주기적으로 우기에는 많은 도로가 침수된다.

수많은 이주자들이 농촌에서 콜카타로 밀려들어오면서 힌두교도와 무슬림 인구가 뒤섞이게 되고 그로 인해 민족 간 갈등이 나타나고 있다. 또한 경제 기반의 쇠퇴와 과부화가 걸린 도시 기간시설로 인해 콜카타의 미래는 어둡다. 그러나 이 도시는 수준 높은 교육기관, 극장, 출판사 등을 포함해 아직 문화적으로 활력이 있다. 콜카타는 현재 정보기술산업을 육성하려 노력하고 있지만 성공을 거둘지는 지켜봐야 할 것이다.

그림 12.14 **뭄바이의 불량 주택군** 뭄바이에서 수십만 명의 사람들이 혼잡한 보도 위에 세운 화장실도 없는 허름한 불량 주거지에서 생활하고 있다. 대부분의 지역에서 불량 가옥을 세우는 것이 금지되고 있지만 허용되는 지역에서는 순식간에 보도가 점거된다.

카라치 카라치는 파키스탄에서 가장 큰 도시이며 핵심 상업지로 세계에서 가장 빠르게 성장하고 있는 도시에 속한다. 카라치 대도시권의 인구는 2,000만 명이 넘었는데 매년 5%씩 증가하고 있다(그림 12.15). 카라치는 1963년까지 파키스탄의 수도였으며, 같은 해 신도시 이슬라마바드가 북동부에 건설되었다. 카라치에서 정부 기능들이 이슬라마바드로 이전하게 되었으나 불이익은 거의 발생하지 않았다. 카라치는 주요 도로를 따라 사업체와 고층 건물에 둘러싸여 있는, 파키스탄에서 아직까지 가장 세계적인 도시이다.

카라치는 정치적·민족적 갈등 때문에 주기적으로 도시의 일부분이 전쟁터로 바뀌고 있다. 파키스탄의 독립 쟁취 후 초기 수십여 년 동안 카라치에서 지속된 주요 분쟁은 이 지역의 토착민인 신디족과 1947년 인도로부터 분할 후 이 도시로 이주해 정착한 인도계 무슬림 피난민인 무하지르족 간의 분쟁이었다. 최근

그림 12.15 **카라치의 거리 경관** 파키스탄에서 가장 큰 도시이며 주요 항구인 카라치는 경제력과 민족 간 폭력 사태, 그리고 혼잡한 도로로 잘 알려져 있다. 영국 식민 통치의 영향을 카라치 엠프레스 시장과 버스 정류장에서 확인할 수 있다.

에는 파키스탄 북서부 출신의 파슈툰과 기타 주민 간의 갈등과 함께 수니파와 시아파 무슬림 간 갈등이 심화되고 있다. 파키스탄의 인권위원회에 의하면, 2014년 종족 분쟁으로 142명의 경찰과 134명의 정치활동가들을 포함하여 2,909명의 사람들이 카라치에서 사망하였다.

확인 학습

12.3 녹색혁명이 남아시아 식량 공급을 급증시킨 사실을 고려할 때 논란이 많은 이유는 무엇인가?

12.4 남부 아시아에서의 메가시티 성장은 어떤 장점과 단점을 갖고 있는가?

주요 용어 녹색혁명, 염류화, 불량 주택군

문화적 동질성과 다양성 : 종교 간 경쟁에 의해 훼손된 유산

남부 아시아는 역사적으로 볼 때 문화 지역의 경계가 뚜렷하다. 수천 년 전, 거의 전 지역이 힌두교에 의해 통합되었다. 이슬람교의 도래로 새로운 종교 요소가 추가되었지만 이 지역의 문화적 통합성을 저해하지 않았다. 후에 영국의 식민 통치로 영어에서 크리켓에 이르기까지 또 다른 문화적 요소들이 더해졌다.

인도는 국가 형성 이후로 세속 국가였다. 1980년대 이후로는 이와 같은 정치적 전통이 힌두교의 가치를 인도 사회의 근간으로 고취시키려는 **힌두 민족주의**(Hindu Nationalism)의 성장으로 압력을 받게 되었다. 주요 사례 중 하나로 힌두교 군중들이 고대 힌두교 사원 자리에 세워진 이슬람 사원을 파괴하기도 하였다. 그러나 2000년 이후로 힌두교 민족주의 운동은 약화되었다. 분열과 갈등의 요소가 존재하지만 종교 간 이해를 촉진시키기 위한 노력이 전개되고 있다(그림 12.16).

파키스탄에서 이슬람 근본주의는 다양한 문제들을 발생시키고 있다. 강력한 이슬람 근본주의 지도자들은 파키스탄을 이슬람법을 따르는 종교 국가로 만들기를 원하지만 파키스탄의 지식인들과 국제 비즈니스를 행하고 있는 사람들은 이를 거부하고 있다. 정부는 두 진영 간에 중재를 시도했지만 거의 성과를 거두지 못하였다.

남부 아시아 문명의 기원

다수의 학자들은 남부 아시아 문화의 뿌리를 현재의 파키스탄에서 4,500년 전 번성했던 인더스 계곡 문명에서 찾는다. 그러나 이 문명이 발달한 도시가 기원전 1800년경 완전히 사라졌다. 기원전 800년경 새로운 문명의 중심지가 갠지스 계곡 중부에서 나타났다.

그림 12.16 **아요디아 사원에 대한 논쟁** 1992년 힌두 민족주의자들에 의해 아요디아에 위치한 바브리 이슬람 사원이 파괴되면서 인도 전역에서 종교 분쟁이 발생하였다. 최근에는 'Bhai Bhai'라 불리는 힌두교도와 무슬림 형제 단체가 종교 상호 간의 존중을 확산시키기 위한 운동을 전개하고 있다. 사진은 이 단체 회원들이 집회에서 종교 간 상호 존중을 외치고 있는 모습을 보여준다.

힌두 문명 초기 갠지스 계곡 문명에서 발생한 종교는 **힌두교**(Hinduism)였다. 이 종교는 단일 신앙 체계가 결여된 복잡한 종교이다. 그러나 힌두교도는 다양한 신 가운데 일부 특정 신을 공통으로 인정한다(그림 12.17). 힌두교도는 또한 그들 종교의 신성한 언어인 **산스크리트어**(Sanskrit)로 쓰인 공통의 서사 이야기를 공유한다. 힌두교는 신비주의적 경향이 있으며, 이는 오랫동안 많은 사람들이 재산의 소유와 때로는 모든 인간관계를 거부하는 금욕적인 삶을 추구하게 만들었다. 대표적인 것 가운데 하나가 현재의 삶을 살고 있는 영혼이 환생을 통해 다음 삶으로 이전된다는 믿음이다. 힌두교는 **카스트 제도**(caste system)와 연관되는데 인도에서는 카스트에 따라 의례적으로 우위이거나 열위로 순위가 결정되며 세습적 지위에 따른 집단으로 사회를 엄격하게 구분한다.

불교 고대 인도의 카스트 제도는 불교에 의해 내부로부터 도전을 받았다. 부처님인 싯다르타 고타마는 기원전 563년 엘리트 카스트로 출생하였다. 그러나 그는 부와 권력의 삶을 거부하고 대

그림 12.17 **힌두 사원** 이 사진의 건축물은 2005년 뉴델리에 세워진 악사르담 사원이다. 인도에서 힌두 사원은 뚜렷한 경관 구성 요소인데 인도 경제가 성장하면서 화려한 사원들이 계속해서 건립되고 있다.

일상의 세계화

인도와 국제 요가의 날

요가에 대한 국제적 명성이 높아지자 UN은 6월 21일을 국제 요가의 날로 선포하였는데 이는 인도의 나렌드라 모디 수상의 강력한 추천과 175개국의 지지를 얻어 이루어진 것이다. 2015년 제1회 요가의 날을 축하하기 위해 모디 수상은 84개국으로부터의 사절단을 포함하여 3만 5,000명의 요가 수행자들이 뉴델리에서 요가를 행하였다(그림 12.3.1).

그러나 국제 요가 날 선포는 인도와 국제사회로부터 논쟁을 발생시켰다. 일부 인도 무슬림 지도자들과 단체들은 요가가 힌두교의 종교적 행위이므로 비이슬람적인 행위라고 비난하였다. 근본주의를 따르는 무슬림과 기독교 집단에서도 이와 유사한 비난을 제기하였다. 지지자들은 요가가 힌두교 문화에 뿌리를 두고 있지만 오래전에 비종교적인 운동으로 발전하였다고 주장한다. 전 세계에 분포하는, 건강을 의식하는 사람들에게는 예로부터 전해 내려오는 수행법일 뿐이라는 것이다.

그림 12.3.1 국제 요가의 날 인도의 정신적 수행법으로 이루어진 요가는 점차 전 세계에서 대중적 인기를 얻고 있다. 인도는 요가 수행과 확산을 장려하고 있다. 인도의 나렌드라 모디 수상은 국제 요가의 날 선포를 축하하기 위해 2015년 6월 21일 뉴델리에서 많은 수행자들과 요가를 행하였다.

1. 요가는 힌두교와 필연적으로 연관되어 있는가? 국민 대부분이 힌두교도인 국가에서 우연하게 기원한 운동일 뿐인가?

2. 당신이 즐기고 있는, 다른 국가에서 기원한 또 다른 건강 또는 운동 수행법은 무엇이 있는가?

신에 깨달음, 즉 우주와의 합일을 얻고 싶어 하였다. 그는 깨달음으로의 길(열반)이 사회적 지위와 관계없이 모든 사람들에게 열려 있다고 설파하였다. 그의 추종자들이 결국 불교를 새로운 종교로 성립시켰다. 불교는 남부 아시아를 거쳐 확산되었고 후에 동아시아, 동남아시아, 중앙아시아로 확대되었다. 그러나 불교는 인도에서 힌두교를 완전히 대체하지 못했으며, 불교는 서기 500년경 대부분의 남부 아시아 지역에서 사라졌다.

이슬람교의 도래 힌두 사회에 도전적인 문제가 되고 있는 이슬람교는 외부로부터 도래하였다. 1000년 경 터키어를 사용하는 무슬림이 중앙아시아로부터 남부 아시아로 공격해 들어왔다. 1300년대까지 남부 아시아 지역 대부분은 이슬람교의 영향하에 놓이게 되었지만 힌두 왕조는 인도 남부에서 지속되었다. 16세기와 17세기에 이슬람 국가 가운데 가장 강력했던 **무굴제국**(Mughal Empire)이 인더스-갠지스 강 분지 상부를 권력 중심지로 삼아 이 지역의 대부분을 점령하였다(그림 12.18).

무슬림은 초기에 규모가 작은 지배 엘리트층을 형성했지만 시간이 흐르면서 이슬람교로 개종하는 힌두교도가 증가하였다. 개종은 현재 이슬람 국가인 파키스탄과 방글라데시 영토가 된 북서부와 북동부에서 가장 두드러졌다.

카스트 제도 카스트 제도는 남부 아시아에서 역사적인 통합 요소 중 하나이지만 카스트 제도의 일부 측면들은 이 지역의 무슬림과 기독교도에서도 나타난다. 카스트라는 말은 힌두 세계의 복잡한 사회 질서를 지칭하는 어설픈 용어이다. **카스트**는 **바르나**(varna)와 **자티**(jati)라는 두 개념을 혼합한 것이다. **바르나**는 힌두 세계에서 고대에 네 종류로 구분된 사회 계층을 지칭하며, 네 계층은 의례에서 순서대로 브라만(사제), 크샤트리아(전사), 바이샤(상인), 수드라(농민과 기능공)를 포함한다. 이와 같은 전통적인 계층 밖에는 보통 **달리트**(Dalits)라고 불리는 불가촉천민이 있으며, 이들의 조상은 가죽 가공업과 같이 '미천한' 직업을 맡아왔

그림 12.18 **붉은 요새** 델리의 붉은 요새는 1648년 완공되었으며 무굴제국의 권력 중심지였다. 전 세계에서 가장 규모가 큰 건축물 가운데 하나인 이 거대한 요새는 오늘날 대표적인 관광지가 되었다.

다. 반면에 **자티**는 바르나 수준에서 존재하는 수백 명의 동족결혼 집단(친족 집단)을 지칭한다. 서로 다른 자티 그룹은 **하부 카스트**(subcastes)라고 불린다.

인도의 카스트 제도는 오늘날 계속해서 변화하고 있다. 현대적인 경제 체제가 확립되면서 기존의 직업 구조가 붕괴되었으며 다양한 사회 개혁에 의해 카스트에 수반된 차별이 점진적으로 제거되고 있다. 달리트 사회는 정치적 투쟁을 전개하여 여러 명의 정치 지도자를 배출하였다. 이와 같은 노력의 결과로 '불가촉성(untouchability)'이라는 개념은 현재 인도에서 허용되지 않는다. 인도 정부는 지위가 낮은 카스트 계층 학생들에게 대학 입학 비율과 정부 관료직 채용 비율을 할당하고 있다. 이러한 할당은 사회적 논쟁을 불러일으키고 있는데 지위가 높은 카스트 계층이 불공정하게 역차별을 받고 있다는 주장이 제기되고 있다.

상당한 진보가 이루어졌지만 카스트는 인도 사회 조직의 중요한 특징이며, 서로 다른 카스트 계층 간 결혼은 여전히 드문 편이다. 달리트는 인도 북부와 중부의 빈곤한 농촌 지역에서 많은 억압과 차별을 받고 있다. 달리트 여성들에 대한 집단 강간이 자주 발생하고 있으며 카스트 장벽을 깨려는 달리트 학생들은 폭력에 시달린다. 급진적인 힌두교 운동가들은 달리트의 출신 배경을 가지고 있는 기독교도와 무슬림에게 힌두교로 다시 개종하도록 압력을 가하고 있다.

현대 종교 지리

가장 단순하게 말하면, 남부 아시아에는 힌두교 유산 위에 상당한 이슬람교의 흔적이 존재하고 있다. 그러나 이와 같은 단순화는 현재 남부 아시아가 갖고 있는 엄청난 종교적 다양성을 보여주지 못하는 문제를 발생시킨다(그림 12.19).

힌두교 파키스탄 인구의 1% 미만이 힌두교도이며, 방글라데시와 스리랑카에서 힌두교는 소수 종교이다. 그러나 인도와 네팔에서 힌두교는 명백히 다수의 종교이다. 인도 중부 대부분의 지역에서 인구의 90% 이상이 힌두교도이다. 힌두교는 지역에 따라 상이한 신앙의 특징들이 나타나는, 지리적으로 복잡한 종교이다. 본래 힌두교와 연관되었던 문화적 관습의 일부는 종교적 중요성이 사라졌으며, 그로 인해 전 세계로 확산되었다(**일상의 세계화 : 인도와 국제 요가의 날** 참조).

이슬람교 이슬람교는 남부 아시아에서 소수 종교일 수 있지만 5억 명의 교도가 분포한다. 방글라데시와 특히 파키스탄의 인구는 압도적으로 무슬림이다. 인도의 이슬람 커뮤니티는 전체 인구의 약 15%만을 구성하지만 대략 1억 7,500만 명에 이를 정도로 강력하다. 또한 훨씬 높은 출산율로 인도의 무슬림 인구는 힌두교도보다 빠르게 성장하고 있다. 퓨 리서치 센터는 인도가 2050년 전 세계에서 무슬림 인구가 가장 많은 국가가 될 것이라고 예측한다.

무슬림은 인도의 거의 대부분의 지역에 분포한다. 그러나 이들은 4개의 주요 지역에 집중되어 있다. 첫째는 대부분의 대도시이다. 둘째는 카슈미르 지역인데, 특히 카슈미르 계곡의 인구 조밀 지역에는 인구의 80%가 무슬림이다. 셋째는 갠지스 평원 중부로 무슬림이 전체 인구의 15~20%를 구성한다. 넷째는 남서부에 위치한 케랄라 주로 전체 인구의 25%가 무슬림이다.

인도에서 케랄라 주는 장기간 지속되었던 이슬람 통치를 전혀 경험하지 않은 지역 중 한 곳이었다. 케랄라 주의 이슬람교는 역사적으로 아라비아 해로의 무역과 연관되어 있다. 케랄라 주의 말라바르 해안은 역사적으로 서남아시아에 향료와 사치품을 공급했으며, 이로 인해 많은 아랍 무역인들이 그곳에 정착하게 되었다. 그리고 점차 케랄라 주의 많은 토착민이 새로운 종교인 이슬람교로 개종하였다. 같은 무역 루트를 통해 이슬람교가 스리랑카와 몰디브로 전해지게 했으며, 스리랑카에서는 대략 전체 인구의 9%가 무슬림이며, 몰디브에서는 거의 인구 전체가 무슬림이다.

인구의 대다수가 무슬림인 파키스탄에서는 이슬람 근본주의가 심각한 분쟁을 발생시켰다. 급진적 근본주의 지도자들은 파키스탄을 완전한 종교 국가로 만들려고 하지만 대부분의 국민들은 이를 거부하고 있다. 정부는 양 진영 사이에서 중재 노력을 전개해 왔지만 종종 이슬람주의자들에게 더 편향된 모습을 보이고 있다. 예컨대, 반신성모독법은 파키스탄의 진보적 무슬림뿐만 아니라 소수 집단인 힌두교도와 기독교도를 박해하는 데 이용되었다. 2014년 파키스탄의 인권 변호사 라시드 레만은 최고 사형까지 구형될 수 있는 신성모독죄로 기소된 영어학 교수의 변론을 맡았다는 이유로 살해되었다.

시크교 남부 아시아 북부에서 힌두교와 이슬람교 간 분쟁으로 **시크교**(Sikhism)라 불리는 새로운 종교가 발생하였다. 시크교는 1400년대에 인도와 파키스탄의 국경지대 부근 펀자브 지방에서 기원하였다. 펀자브 지방은 당시 격렬한 종교 경쟁이 일어나고 있던 곳으로, 당시 이슬람교는 개종자가 증가하고 있었고, 힌두교는 방어적인 입장에 있었다. 새로운 종교는 두 종교의 특징적인 요소들을 융합시켰다. 수많은 정통 무슬림들은 시크교가 기존 신앙에 대항하는 방식으로 종교적 요소를 포함시켰기 때문에 시크교를 위험하다고 간주하였다. 시크교도들에 대한 박해가 이어지자 시크교도들은 군사적으로 방어적인 태도를 갖게 되었다. 심지어 오늘날에도 많은 시크교도들이 군인과 경호원으로 일하

그림 12.19 **남부 아시아의 종교 지리** 힌두교가 지배하는 인도는 파키스탄과 방글라데시 두 국가와 국경을 접한다. 그러나 1억 5,000만 명 이상의 무슬림 인구가 인도에 분포하는데 이는 전체 인구의 15%에 해당한다. 특히 주목할 만한 것은 카슈미르 지방과 갠지스 계곡의 무슬림 인구이다. 인도 펀자브 주 인구의 대다수는 시크교도이다. 스리랑카, 부탄, 네팔 북부의 주요 종교는 불교이며, 남부 아시아의 동부 지역에서는 부족 종교가 우세하고, 서남부 지역에서는 기독교가 주요 종교이다.

고 있다(그림 12.20).

현재 펀자브 주 인구의 대략 60%가 시크교도이다. 규모는 작지만 영향력이 큰 집단인 시크교도는 인도 전역에 흩어져 있다. 독실한 시크교도는 머리와 수염을 깎지 않기 때문에 즉각 눈에 띈다. 이들은 머리에 터번을 감고 수염을 안면 가까이에 묶는다.

불교와 자이나교 불교가 중세기에 인도에서 사라졌지만 스리랑카에서는 유지되었다. 스리랑카의 다수 족인 신할리족은 소승불교를 국교로 발전시켰다. 히말라야 고지 계곡에서 티베트 불교가 다수 종교가 되었다. 인도 북부의 히마찰프라데시 주의 다람살라는 티베트 망명 정부와 티베트의 정신적 지도자인 달라이 라마가 머물고 있는 곳으로, 달라이 라마는 봉기가 실패한 후 1959년 티베트에서 이곳으로 도피하였다.

불교의 발생과 대략 같은 시기(기원전 500년경)에 인도 북부에서 또 다른 종교인 **자이나교**(Jainism)가 발생하였다. 이 종교도 비폭력을 강조하는데 이 신조를 극단화시켰다. 자이나교도는 어떤 생물도 살생하는 것이 금지되며, 그 때문에 가장 독실한 교도들은 작은 곤충들을 우연히 흡입하는 것을 막기 위해 입에 거즈 마스크를 쓰고 다닌다. 자이나교도에게는 농업이 금지되는데 그 이유는 경작지에서 쟁기질을 하다가 작은 생물들을 살생할 수 있기 때문이다. 결과적으로 대부분의 교도들은 상업을 생업으로 삼고 있다. 오늘날 자이나교는 인도 북부에 집중되어 있다.

기타 종교 뭄바이에 집중된 파시교(Parsi)는 규모가 작지만 영

그림 12.20 **시크교 군인** 인도에서 시크교도들은 종교적 박해가 이루어지던 시기에 군사적 전통을 만들었다. 오늘날 많은 시크교도들이 인도 군대에서 복무한다. 이 사진은 델리에서 시크교 연대가 제51회 인도 공화국 선포일을 축하하기 위해 행진하고 있는 모습이다.

향력 있는 종교 집단이다. 고대 이란의 종교인 조로아스터교의 추종자들인 페르시아 난민들이 7세기에 인도로 도피해 왔다(그림 12.21). 파시교도들은 영국 통치하에서 번성해 타타 그룹 같은 인도 최초의 현대적인 제조회사를 설립하였다. 그러나 내혼(intermarriage)과 낮은 출산율이 이 소규모 종교 집단의 존속을 위협하고 있다.

인도에서 기독교도는 파시교도나 자이나교도보다 많다. 기독교는 1,700년 전에 전해졌는데 선교사들이 인도 서남부 해안 지대로 기독교를 전파시켰다. 오늘날 케랄라 주 인구의 약 20% 정도가 기독교를 믿는다. 몇몇 기독교 교파가 존재하지만 가장 규모가 큰 것은 서남아시아의 시리아 기독교회에 속해 있다. 또 하나의 기독교 중심지는 포르투갈의 식민지였던 인도의 고아 주이다. 이곳에서는 로마 가톨릭 교도들이 전체 인구의 50%를 차지한다.

영국 선교사들은 식민지 통치 기간 동안 남부 아시아인들을 기독교로 개종시키려고 부단히 노력하였다. 그러나 힌두교, 이슬람교, 불교 신도들은 거의 개종하지 않았다. 영국 지배하에서 인도의 벽지, 특히 북동부 지역이 기독교 선교 활동에 대해 수용적이었다. 나갈랜드 주, 메갈라야 주, 미조람 주는 현재 기독교인이 다수이며, 나갈랜드 주 인구의 75% 이상이 침례교에 속한다.

언어의 지리

남부 아시아의 언어는 종교의 다양성에 필적할 정도로 다양하다. 남부 아시아 북부 지역에서 사용되는 언어의 대부분은 전 세계에서 가장 많은 사람들이 사용하는 인도-유럽어족에 속한다. 반면에 인도 남부의 언어들은 **드라비다어족**(Dravidian language family)에 속하는데, 이 어족은 남부 아시아에서만 나타난다. 이 지역의 북부 산악 지대를 따라 제3의 어족인 티베트-버마어족이 우세하다. 이와 같은 대분류 내에 다수의 상이한 언어가 포함되며, 각각의 언어는 독특한 문화와 연관성을 가지고 있다. 남부 아시아의 한정된 지역 내에서 다수의 언어가 사용되며, 모든 지역에서 사람들은 여러 언어를 함께 사용할 수 있다(그림 12.22).

인도의 주요 언어들은 각각의 주와 연관되어 있는데, 인도는 독립 후 10년간 언어에 따라 정치적 분할이 이루어졌다. 그 결과, 구자라트 주에서는 구자라트어를, 마하라슈트라 주에서는 마라티어를, 오리사 주에서는 오리사어를 사용한다(인도의 주를 나타낸 그림 12.37 참조). 펀자브어와 벵골어는 파키스탄과 방글라데시에서도 사용되는데 정치적 경계가 언어보다는 종교에 의해 형성되었기 때문이다. 네팔의 국어(민족어)인 네팔어는 인도 북부 산악 지대에서 사용된다. 수많은 벽지에서는 다수의 소수 방언과 언어가 사용되고 있다.

북부의 인도-유럽어족 남부 아시아에서 가장 널리 사용되는 언어는 **힌디어**(Hindi)이다(힌두교도만 사용하는 것은 아니다). 5억 명 이상이 사용하는 힌디어는 전 세계에서 두 번째로 가장 많이 사용되고 있는 언어이다. 이 언어는 현재 인도에서 사용되며, 갠지스 계곡의 주요 언어이다. 힌디어는 인도의 10개 주에서 공용어로 사용되며, 인도 전역에서 우수한 학생들에 의해 연구되고 있다.

남부 아시아에서 두 번째로 많이 사용되는 언어인 벵골어는 방글라데시와 인도 서벵골 주의 공용어이다. 벵골어는 2억 명 이상이 사용하여 전 세계에서 아홉 번째로 사용자가 많은 언어이다. 서벵골 주(특히 그 수도인 콜카타)가 오랫동안 남부 아시아의 문학과 지식의 중심지였으므로 이 언어로 된 문학 작품이 많다(그림 12.23).

서부의 펀자브어를 사용하는 지역은 파키스탄과 인도의 펀자브 주 사이의 분리가 발생했을 때 분할되었다. 거의 1억 명이 펀자브어를 사용하지만 이 언어는 벵골어만큼의 중요성을 갖지 못한다. 펀자브어는 비록 파키스탄 인구의 50% 이상이 매일 사용하는 언어이지만 파키스탄의 국어가 아니다. 대신 우르두어가 파키스탄의 국어이다.

그림 12.21 **파시교 사원의 모습** 규모는 작지만 영향력 있는 파시교도들은 고대 이란의 종교인 조로아스터교를 따른다. 사진은 뭄바이에 위치한 파시교 사원으로서 고대 이란의 양식을 따라 장식된 모습을 보여준다.

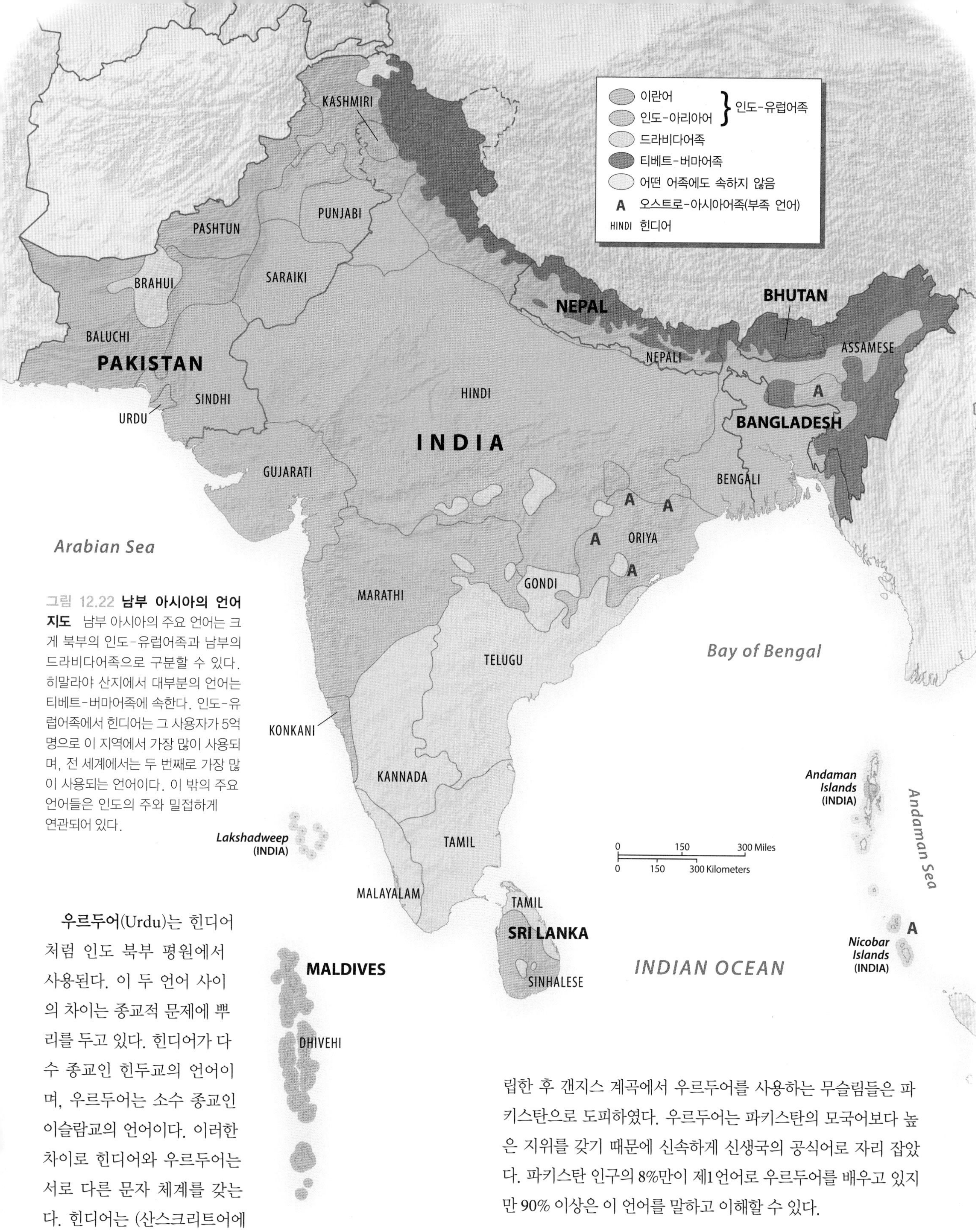

그림 12.22 **남부 아시아의 언어 지도** 남부 아시아의 주요 언어는 크게 북부의 인도-유럽어족과 남부의 드라비다어족으로 구분할 수 있다. 히말라야 산지에서 대부분의 언어는 티베트-버마어족에 속한다. 인도-유럽어족에서 힌디어는 그 사용자가 5억 명으로 이 지역에서 가장 많이 사용되며, 전 세계에서는 두 번째로 가장 많이 사용되는 언어이다. 이 밖의 주요 언어들은 인도의 주와 밀접하게 연관되어 있다.

우르두어(Urdu)는 힌디어처럼 인도 북부 평원에서 사용된다. 이 두 언어 사이의 차이는 종교적 문제에 뿌리를 두고 있다. 힌디어가 다수 종교인 힌두교의 언어이며, 우르두어는 소수 종교인 이슬람교의 언어이다. 이러한 차이로 힌디어와 우르두어는 서로 다른 문자 체계를 갖는다. 힌디어는 (산스크리트어에서 나온) 데바나가리 문자를 사용하며, 우르두어는 아라비아 문자를 쓴다. 우르두어가 페르시아로부터 많은 단어들을 차용했지만 근본적인 문법과 어휘는 힌디어와 거의 일치한다. 1947년 독립한 후 갠지스 계곡에서 우르두어를 사용하는 무슬림들은 파키스탄으로 도피하였다. 우르두어는 파키스탄의 모국어보다 높은 지위를 갖기 때문에 신속하게 신생국의 공식어로 자리 잡았다. 파키스탄 인구의 8%만이 제1언어로 우르두어를 배우고 있지만 90% 이상은 이 언어를 말하고 이해할 수 있다.

남부의 언어 네 가지의 드라비다어는 인도 남부와 스리랑카 북부에 한정되어 있다. 북부에서와 같이 각 언어는 인도의 주와 밀접하게 연관되어 있다. 카르나타카 주에서는 칸나다어, 케랄라

그림 12.23 **콜카타의 서점** 콜카타는 서구 세계에 빈곤으로 가장 잘 알려져 있지만 이 도시는 수많은 서점, 극장, 출판사의 예에서 잘 드러나듯이 인도 내에서 문화와 지식의 중심지로 알려져 있다.

주에서는 말라얄람어, 안드라프라데시 주에서는 텔루구어, 타밀 나두 주에서는 타밀어를 사용한다. 타밀어는 가장 긴 역사와 가장 방대한 문헌을 가지고 있기 때문에 드라비다어족에서 가장 중요하다고 여겨진다. 타밀어로 된 시의 제작 연대는 서기 1세기로 거슬러 올라가기 때문에 이 언어는 전 세계에서 가장 오래된 문자언어 중 하나이다.

타밀어가 스리랑카 북부에서 사용되지만 스리랑카의 다수 민족인 신할리족은 인도-유럽어를 사용한다. 신할리족은 수천 년 전 남부 아시아 북부에서 이주해 스리랑카의 비옥한 남서부 해안 지대와 중부 고지에 정착하였다. 신할리족은 몰디브로도 이주하였는데 이곳의 민족어인 디베히어는 근본적으로 신할리 방언이다. 반면에 스리랑카의 건조한 북부와 동부에는 인도 남부로부터 이주해 온 타밀족이 주로 정착하였다. 일부 타밀족 사람들은 후에 중부 고지로 이주해 이곳에서 영국 소유 농장에서 찻잎 채취자로 고용되었다.

언어의 딜레마 다언어 국가인 스리랑카, 파키스탄, 인도는 모두 언어 갈등의 문제를 겪고 있다. 이 문제는 인도가 영토 면적이 가장 넓고 가장 많은 언어를 사용하기 때문에 인도에서 가장 복잡하게 나타난다.

인도의 민족주의자들은 오랫동안 국가의 통합을 도울 수 있는 국어를 꿈꿔왔다. 그러나 **언어 민족주의**(linguistic nationalism), 즉 특정 언어와 정치적 목적을 연관시키는 일은 이따금 상당한 저항을 가져온다. 민족어로 힌디어를 선택했고, 힌디어가 1947년 민족어로 선포되었다. 그러나 힌디어를 이러한 지위로 격상시키는 것은 힌디어를 사용하지 않는 사람들, 특히 드라비다어를 사용하는 남부 지방 사람들을 분노시켰다. 결국 힌디어와 영어가 인도 전체의 공용어로 결정되었지만 인도의 각 주는 자체의 공용어를 선택할 수 있다. 그 결과, 현재 20개의 언어가 인도에서 공용어의 지위를 갖고 있다.

힌디어는 저항에도 불구하고 인도-유럽어를 사용하는 북부에서 확대되고 있다. 이곳에서 지역 언어는 매우 용이하게 배울 수 있는 힌디어와 밀접한 관련성이 있다. 힌디어는 교육을 통해, 그리고 이보다 더 현저하게 텔레비전과 영화를 통해 확산되고 있다. 영화와 텔레비전 프로그램은 북부 지방의 여러 언어로 제작되지만 힌디어가 주요 제작 언어이다. 인도와 같이 빈곤하지만 현대화되고 있는 국가에서는 많은 사람들이 영화와 텔레비전을 통해 보다 더 넓은 세상을 영상으로 경험하고 있다.

힌디어는 확산에도 불구하고 인도 전역에서 사용되지 않고 있는데, 힌디어를 여타 언어 사용 지역에서도 사용하게 하려는 계획에 대한 반대 시위가 벌어진다(그림 12.24). 그러므로 전국적 규모에서의 의사소통은 영어로 이루어진다. 다수의 인도인들은 영어를 경시하고 싶어 하지만 인도의 모든 지역에서 영어가 사용되므로 일부에서는 영어를 중립적인 언어로 선호한다. 더구나 영어는 국제적으로 상당한 이점이 있다. 영어 강의 학교가 다수 분포하며, 엘리트층의 자녀들은 취학 전 글로벌 언어인 영어를 배운다.

글로벌 문화 맥락 속에서의 남부 아시아

남부 아시아에서 영어가 폭넓게 사용됨으로써 글로벌 문화가 이 지역으로 확산될 수 있지만 전 세계 사람들도 남부 아시아인의 문화를 접할 수 있다. 남부 아시아 문학이 전 세계로 확산된 것은 오래전부터이다. 20세기 말, 라빈드라나드 타고르는 시와 소설로 국제적 명성을 얻었으며, 1913년 노벨 문학상을 수상하였다. 최근에는 뭄바이에서 제작된 '발리우드(Bollywood)' 영화가 세계적으로 인기를 얻고 있다(**글로벌 연결 탐색 : 인도 영화산업의 국제적 확산** 참조).

남부 아시아에서는 인구의 확산과 함께 문화의 해외 확산이 이루어졌다. 영국 식민 통치 기간 동안 남부 아시아에서 아프리카 동부, 피지, 카리브 해 남부와 같은 원거리 지역으로 이주

그림 12.24 **인도에서 영어의 사용** 영어는 인도 대부분의 지역에서 공용어이며, 영어의 사용은 경력 개발을 위해 필수적이다. 그 결과, 특화된 영어 학원이 전국에서 운영되고 있다. 사진은 인도의 빈곤 지역인 비하르 주에 위치한 무자파르푸르에서 운영되고 있는 영어 학원에 관한 광고판의 일부가 2007년 엄청난 수해를 가져온 홍수로 침수된 모습을 보여준다.

글로벌 연결 탐색

인도 영화산업의 국제적 확산

Google Earth (MG) Virtual Tour Video: http://goo.gl/XcDgE

인도의 영화산업은 전 세계에서 가장 규모가 큰데, 국제적으로 꽤 오랫동안 확산이 이루어져 왔다. 인도 영화들은 점차 해외에서 마케팅이 이루어지고, 영화 제작 기술면에서 다른 나라들에게 영향을 주기 시작하였다. 해외에서는 인도 영화를 뭄바이가 중심이 된 힌디어권 영화계를 일컫는 발리우드와 동일시한다. 그러나 뭄바이 이외의 다른 도시에서 지역 언어를 사용하여 제작된 영화들이 발리우드에서 제작된 작품들 보다 더 많은 수익을 거두고 있다. 타밀어 영화를 일컫는 '칼리우드'와 텔루구어 영화를 일컫는 '탈리우드'도 최근 인도와 해외에서 모두 그 영향력이 커지고 있다.

그림 12.4.1 ***Baahubai : The Beginning*** 인도 영화는 종종 대중들의 관심을 끌기 위한 방법으로서 포스터에 대한 의존성이 큰데, 장편 서사적 역사 영화는 극적인 요소를 많이 담고 있다. 2015년 텔루구어와 타밀어 버전으로 제작된 영화 *Baahubai : The Beginning*은 전 세계적으로 9,000만 달러의 총 수익을 벌어들인 최초의 비발리우드 영화였다.

국제적 인기 발리우드의 세계적 확산은 2014년 미국 플로리다 주 탐파에서 개최된 영화제를 통해 뚜렷하게 알 수 있었다. 미국은 가장 중요한 힌디어 영화 시장이기 때문에 영화제 개최지로 미국이 선정되었다. 인도의 영화들은 시카고를 배경으로 한 *Dhoom 3*와 같은 블록버스터 영화처럼 최근 미국에서 촬영이 이루어지고 있다. 인도 영화 제작자들과 배급사들은 300만 명의 인도계 미국인 시장에 매력을 느끼고 있다. 그러나 인도계 미국인들만이 전체 관객을 구성하는 것은 아닌데 그 이유는 인도 영화가 200곳 이상의 미국 영화관에서 정기적으로 개봉되기 때문이다. 발리우드는 할리우드 영화사나 예술 영화 전용 상영관에 의존하지 않고 미국 내에서 직접 영화를 배급하고 있는 유일한 외국 영화산업이다.

발리우드 영화는 수십 년 동안 해외 시장에서 폭넓게 관람이 이루어졌다. 서구 영화가 거의 상영되지 않던 냉전 시기에는 구 소련에서 인기를 얻었다. 서아프리카, 일본, 동남아시아, 중앙아시아는 오랫동안 중요한 시장이었다. 최근에는 많은 독일인들이 발리우드 영화를 관람하고 있다. 2006년에는 독일어 발리우드 잡지인 *Ishq*가 창간되었다. 2015년에는 발리우드 영화 속의 대화를 립싱크하는 독일 소녀들의 비디오가 인도에서 센세이션을 일으켰다.

뮤지컬을 포함하는 인도 영화 제작 전통은 다른 지역의 영화계에도 영향을 주었는데 그 대표적인 예로 나이지리아에서의 '날리우드'를 들 수 있다. 2001년 *Moulin Rouge!*는 인도 뮤지컬에서 영감을 얻었고, 이 영화의 성공으로 미국에서 뮤지컬이 부활하였다.

남부 인도 영화의 부상 인도에서 발리우드 영화는 전체 시장의 1/3을 차지한다. 점차 남부 인도 영화가 다른 인도 언어로 더빙되어 인도 전역에 배포되고 있다. 2007년 타밀어 영화 *Sivaji The Boss*가 인도 내에서 인기를 끌어 영화계를 놀라게 하였다. 2015년 인도 남부의 영화 *Baahubai : The Beginning*은 8일 동안 무려 4,700억 달러의 수익을 올렸는데 이는 인도 내에서는 매우 놀라운 규모이다(그림 12.4.1). 타밀어와 텔루구어 영화들 역시 국제적으로 확산이 이루어지기 시작하였다. 그 결과, 2011년 월트 디즈니 영화는 판타지, 모험 장르의 텔루구어 영화인 *Anaganaga O Dheerudu*를 공동 제작하였다.

1. 인도에서 독특한 영화제작산업이 발달한 이유는 무엇인가?
2. 미국 및 기타 해외 국가에서 인도 영화가 점차 성공을 거두고 있는 이유는 무엇인가?

가 이루어져 이들 지역에 대규모 커뮤니티가 형성되었다(그림 12.25). 주로 선진국으로 이주가 이어졌다. 남부 아시아 출신 사람들은 영국과 북아메리카에 각각 수백만 명씩 거주하고 있다. 미국으로 이주한 수많은 남부 아시아인들의 직업은 의사, 소프트웨어 엔지니어 등으로, 인도계 미국인들은 미국 내에서 가장 부유하고 가장 교육 수준이 높은 민족 집단이 되었다.

남부 아시아 지역 자체에서 문화의 세계화는 전 세계 타 지역에서 느껴졌던 것과 같은 긴장감을 가져왔다. 전통적인 힌두교

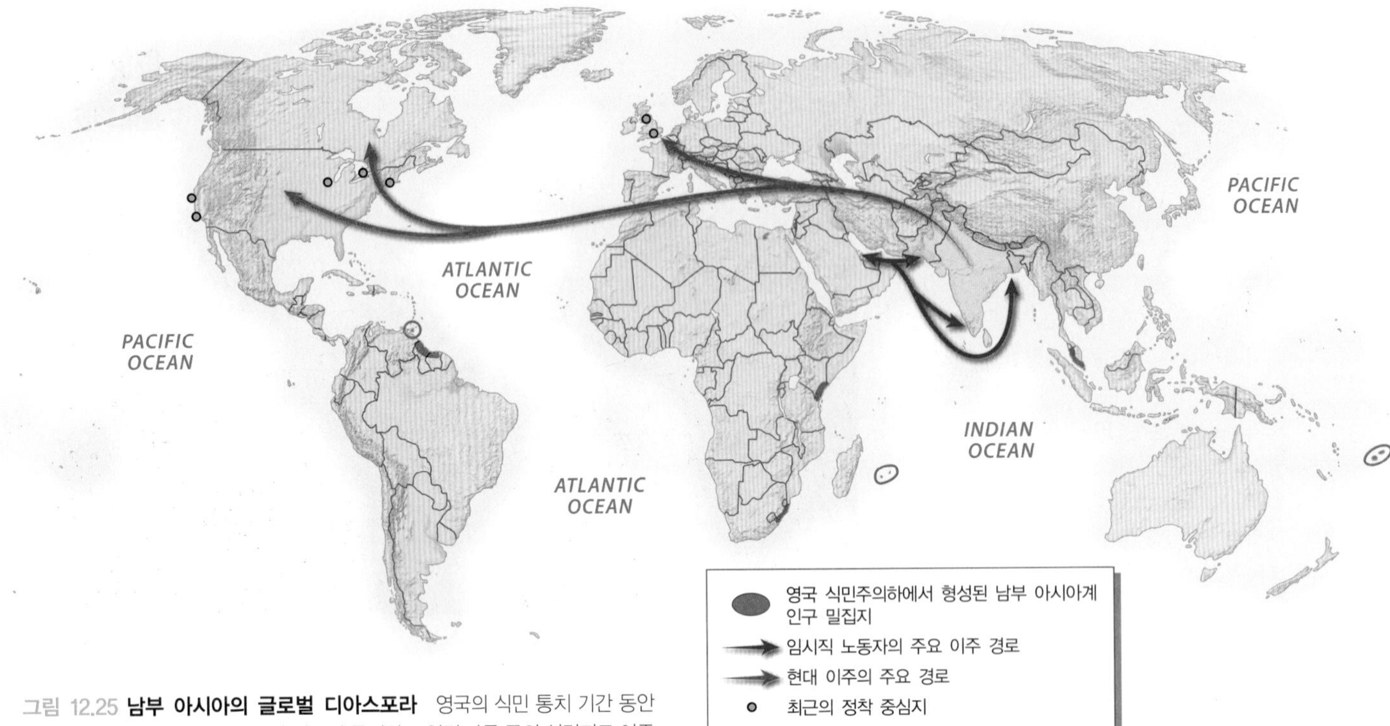

그림 12.25 **남부 아시아의 글로벌 디아스포라** 영국의 식민 통치 기간 동안 남부 아시아의 수많은 노동자들이 영국이 통치하고 있던 다른 곳의 식민지로 이주하여 정착하였다. 오늘날 피지, 모리셔스와 같은 지역 인구의 50%는 남부 아시아인의 후손들이다. 최근에는 많은 남부 아시아인들이 유럽(특히 영국)과 미국에 정착하고 있다. 또한 노동직이든 전문직이든 다수의 임시직 노동자들이 페르시아만의 부유한 석유 생산국에서 일하고 있다.

와 이슬람교의 규범에서는 글로벌 대중문화의 일반적인 특징으로 나타나는 성적 표현을 금지한다. 그러므로 종교 지도자들은 이따금 서구의 영화와 텔레비전 쇼가 비도덕적이라고 비판한다. 비록 인도가 상대적으로 자유로운 국가이지만 인도에서는 중앙정부와 주정부가 영화와 책의 성적 표현이 선정적이라고 판단하면 판매를 금지시킨다. 2012년 *The Girl with the Dragon Tattoo*라는 영화가 그와 같은 이유로 상영 금지되었다. 다른 이유로 영화 상영이 금지되기도 한다. 예를 들어 *Indiana Jones*와 *The Temple of Doom*은 인도인에 대한 인종차별적 묘사를 이유로 1984년 상영 금지되었다.

그러나 세계화의 압력은 저항하기 어렵다. 관광지로서의 성격이 강한 인도 고아 주에서 이와 같은 갈등이 명백히 드러난다. 이곳에서 일광욕을 즐기는 독일인들과 영국인들은 수영복만 걸치고 있지만 인도 여성 관광객들은 신체를 모두 가리는 의상을 입고 해수욕을 한다. 젊은 인도 남성들은 해변을 거닐며 거의 옷을 걸치지 않은 외국인들을 구경한다(그림 12.26).

확인 학습

12.5 종교가 지난 수십 년 동안 남부 아시아에서 논쟁적인 이슈가 된 이유는 무엇인가?

12.6 인도와 파키스탄이 민족과 언어의 분열에 직면하여 어떻게 국가적 통합을 증진시키고자 하였는가?

주요 용어 힌두 민족주의, 힌두교, 산스크리트어, 카스트 제도, 무굴제국, 달리트, 시크교, 자이나교, 드라비다어족, 힌디어, 우르두어, 언어 민족주의

그림 12.26 **고아 주의 해변 풍경** 과거 포르투갈의 식민지였던 인도의 고아 주는 인도뿐만 아니라 유럽과 이스라엘로부터 관광객이 몰려드는 주요 관광지이다. 유럽 관광객들은 겨울철에 일광욕을 위해, 그리고 엑스터시를 포함한 마약류를 즐기는 '고아 주의 광란의 파티'를 즐기기 위해 찾아온다. 인도 관광객들은 노출이 심한 옷을 걸친 외국인들을 이상하지는 않으나 예외적이라고 여긴다. **Q : 고아 주가 해변 중심의 관광과 '파티 문화'의 중심지가 된 이유는 무엇인가?**

지정학적 틀 : 분열이 깊은 지역

영국 식민주의의 도래 이전, 남부 아시아는 결코 정치적으로 통합된 적이 없었다. 몇 개의 제국이 아대륙을 지배했지만 그 어떤 제국도 지역 전체를 통치하지 못하였다. 그러나 영국은 19세기 중반까지 전 지역을 단일한 정치 체제하에 두었다. 1947년 인도가 영국으로부터 독립하면서 파키스탄도 인도로부터 독립하였다. 1971년 파키스탄은 구 동파키스탄이었던 방글라데시가 독립하면서 분할되었다. 오늘날 심각한 지정학적 문제가 이 지역에 여전히 남아 있다(그림 12.27).

독립 이전과 이후의 남부 아시아

1500년대 유럽인이 처음 도착했을 때 남부 아시아 북부 대부분은 이슬람교의 무굴제국이 통치하고 있었고, 인도 남부는 힌두교 왕국 비자야나가라의 지배하에 있었다(그림 12.28). 향료, 직물, 기타 인도의 산물을 얻으려던 유럽 상인들은 여러 곳에 해안 무역 기지를 세웠다. 포르투갈인들은 고아 지방을 식민지로 만들었으며, 네덜란드인들은 스리랑카의 대부분을 점령했지만 그 어느 국가도 무굴제국에 심각한 위협이 되지 않았다. 그러나 1700년대 초 무굴제국은 점령 영토에서 다수의 경쟁 국가들이

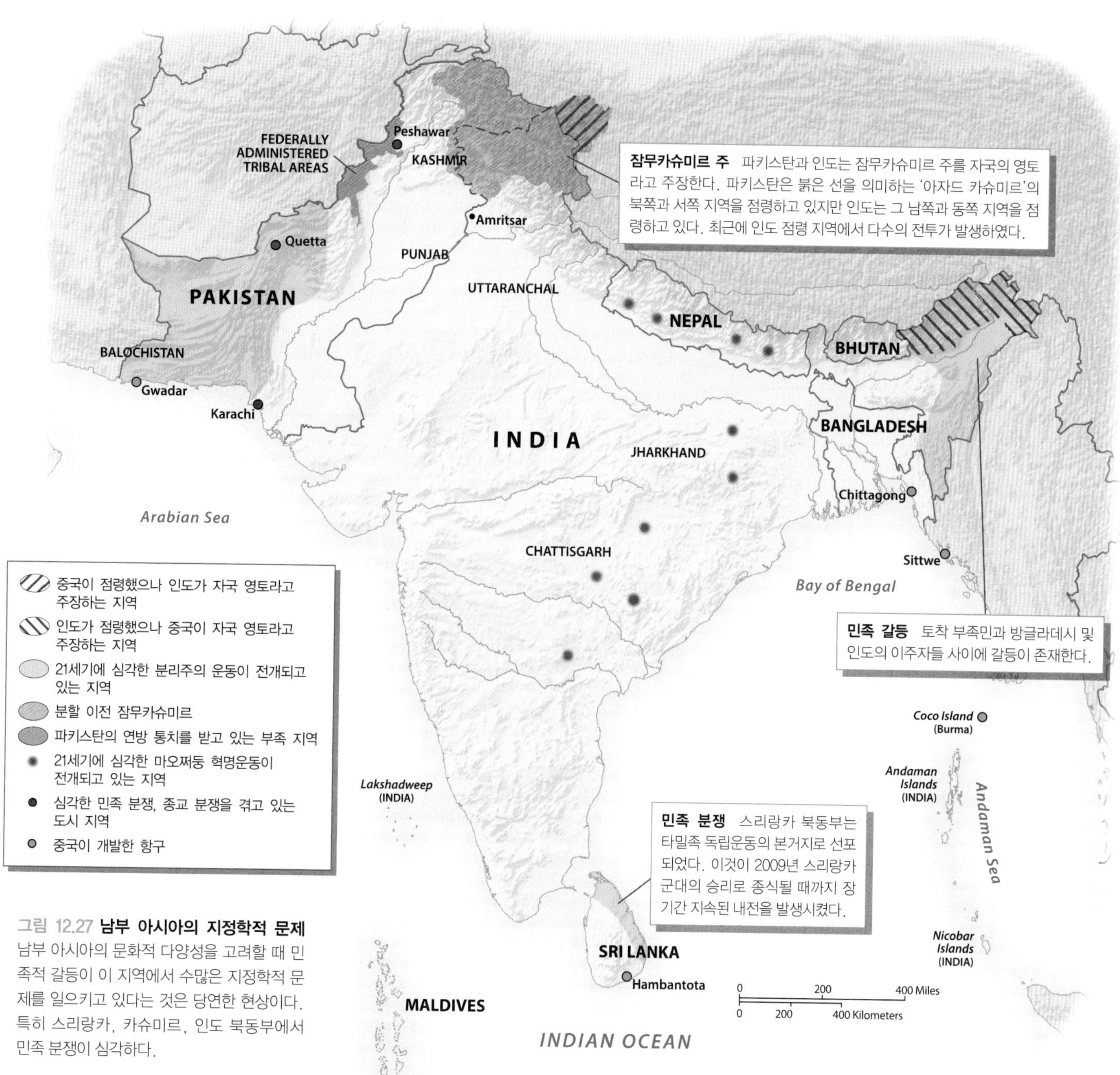

그림 12.27 **남부 아시아의 지정학적 문제** 남부 아시아의 문화적 다양성을 고려할 때 민족적 갈등이 이 지역에서 수많은 지정학적 문제를 일으키고 있다는 것은 당연한 현상이다. 특히 스리랑카, 카슈미르, 인도 북동부에서 민족 분쟁이 심각하다.

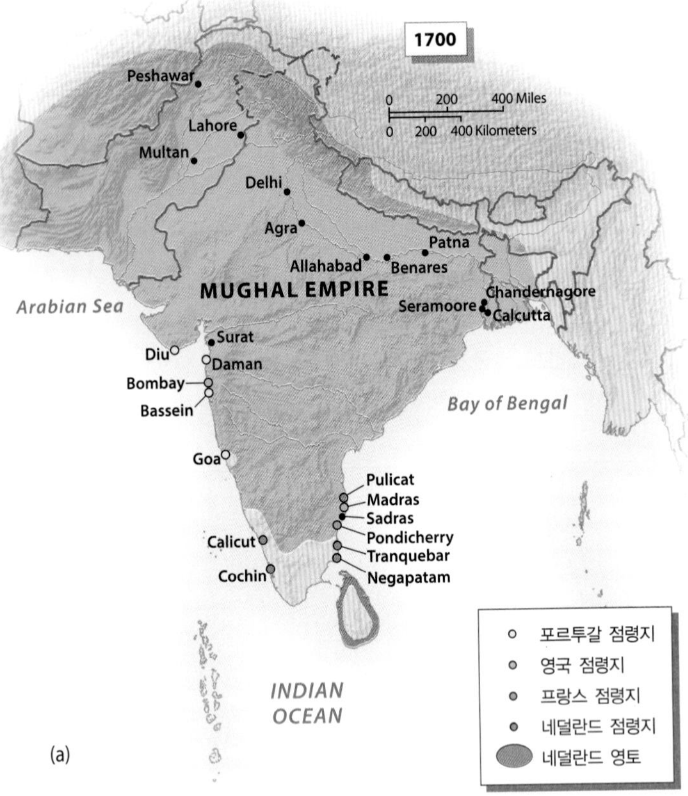

그림 12.28 **지정학적 변화** 1700년 이전 유럽 식민주의 초창기, 남부 아시아의 대부분은 강력한 무굴제국이 지배하고 있었다. 영국 통치하에서 이 지역의 가장 부유한 지역은 직접적인 지배를 받았지만 여타 지역은 토착 지배자들의 통치하에 있었다. 1947년 영국이 거대한 식민지를 포기하면서 이 지역에 독립이 찾아왔다. 과거 동파키스탄이었던 방글라데시는 서쪽의 파키스탄과 단기간의 전쟁을 벌인 후 1971년 독립을 쟁취하였다.

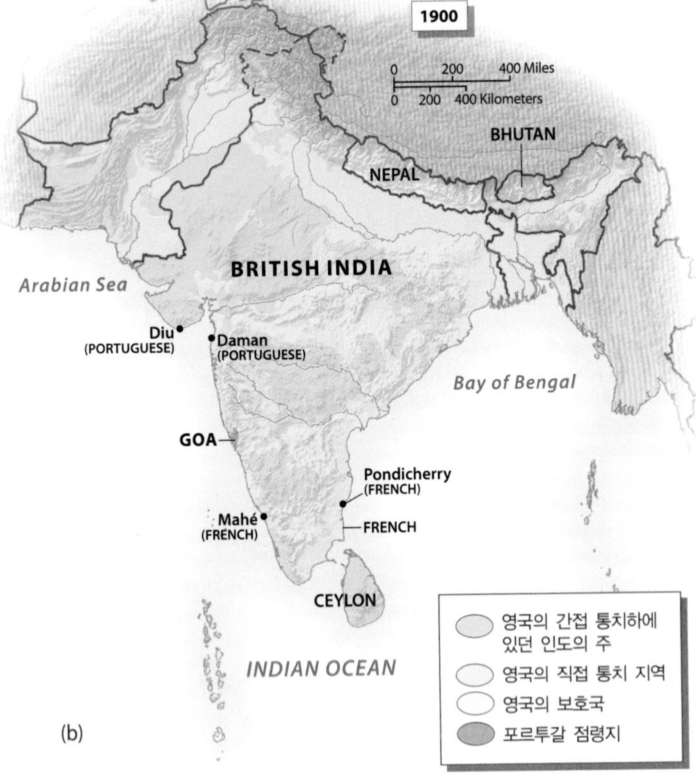

형성됨에 따라 급속히 쇠약해졌다.

영국의 지배 1700년대의 불안정한 상황은 유럽 제국주의에 기회를 제공하였다. 네덜란드와 포르투갈을 몰아낸 영국과 프랑스는 무역 기지를 놓고 경쟁하였다. 산업혁명 이전 인도의 면직물은 세계 최고로 여겨졌으며, 유럽 상인들은 그들의 글로벌 무역 네트워크에 공급할 다량의 면직물을 필요로 하였다. 영국이 '7년 전쟁(1756~1763년)'에서 프랑스에 승리를 거둔 후 프랑스인들은 겨우 몇 개의 소규모 해안 도시만을 점령하였다. 여타 지역에서 영국 정부의 부속 기관과 같은 역할을 수행한 **영국 동인도 회사**(British East India Company)가 남부 아시아 제국을 소유하였다. 1840년까지 영국은 남부 아시아 전체를 통치하게 되었다. 그러나 지역 동맹국들은 영국의 이익에 위협이 되지 않는다는 조건하에서 권력을 유지할 수 있었다. 토착 국가의 영토는 이후 점차 감소했지만 영국은 점차 토착 국가의 정책을 좌우하며 영향력을 행사하였다.

영국의 세력이 대륙 전체로 확대되면서 1856년 남부 아시아 거의 전 지역에서 봉기가 발생하였다. 이러한 봉기(세포이 항쟁이라고 불림)가 진압되었을 때 새로운 정치 체제가 형성되었다. 남부 아시아는 여왕이 국가 수장으로 있던 영국 정부의 통치하에 있었다. 영국은 인더스 · 갠지스 계곡과 해안 평야를 포함하여 남부 아시아에서 가장 생산성이 높고 인구가 밀집한 지역을 직접

그림 12.29 **카슈미르 분쟁** 카슈미르의 불안으로 핵무기를 보유한 인도와 파키스탄, 두 국가는 적대 관계를 유지하고 있다. 영국 식민 통치하에서 무슬림이 우세하게 분포한 지역은 힌두교 마하라자(인도에서의 왕에 대한 칭호)에 의해 통치되었는데, 그는 카슈미르를 인도와 통합시켰다. 오늘날 카슈미르 주민의 일부는 파키스탄과 통합되길 원하지만, 또 일부는 독립국가가 될 것을 주장한다.

통치하였다. 영국은 외진 지역의 경우에 토착 '왕족'이 지위를 유지하도록 허용하는 간접 통치 방식을 취하였다.

영국 관리들은 중앙아시아를 넘어 진군해 오는 러시아가 엄청난 이익을 주고 있는 인도 식민지에 미칠 위협에 대해 우려하였다. 그 대응으로 영국은 국경을 확보하기 위해 노력하였다. 이러한 노력은 일부 사례의 경우에는 단순히 지방 통치자들과 동맹을 맺는 정도일 뿐이었다. 이와 같은 방식으로 네팔과 부탄은 독립을 유지하였다. 가장 멀리 떨어진 북동부 지역에서 수많은 소규모 주와 부족들의 영토는 영국 통치하의 인도제국이 점령하였다. 취약한 북서부 변경 지역에도 유사한 정책이 적용되었다.

독립과 분할 영국령 인도는 20세기 초 남부 아시아인들이 점차 독립을 요구하면서 붕괴하기 시작하였다. 그러나 영국은 계속해서 식민 통치를 유지했으며, 1920년대에 이르러 남부 아시아는 거대한 정치 시위 속에 빠져들었다.

민족주의 운동의 지도자들은 독립국가를 조직하면서 곤경에 직면하였다. 인도 독립의 아버지인 모한다스 간디를 포함해 수많은 지도자들이 남부 아시아의 모든 영국 영토를 포괄하는 통일국가의 수립을 원하였다. 그러나 대부분의 이슬람교 지도자들은 인도의 통일이 오히려 취약한 상황을 가져올 것이라고 우려하였다. 이들은 영국령 인도를 힌두교도가 다수인 인도와 무슬림이 다수인 파키스탄의 두 신생 국가로 분할할 것을 주장하였다. 그러나 남부 아시아 북부의 여러 지역에서 힌두교도와 무슬림은 수적으로 같은 규모였다. 또 다른 문제는 현 파키스탄과 방글라데시에 해당하는 아대륙의 양 끝에 무슬림이 다수인 지역이 위치한다는 것이었다.

1947년 영국이 마침내 철수하자 남부 아시아는 인도와 파키스탄으로 분할되었다. 이 영토 분할은 끔찍한 결과를 가져왔다. 1,400만 명의 인구가 타지로 이주되었지만 100만여 명은 피살되었다. 힌두교도와 시크교도는 파키스탄으로부터 탈출했으며, 인도로부터 탈출한 무슬림은 파키스탄에 정착하였다.

인도로부터의 분할로 수립된 파키스탄은 수십 년 동안 인더스 계곡에 위치한 서쪽 영토와 갠지스 삼각주 지대에 위치한 동쪽 영토로 나뉘어 있었다. 빈곤한 동쪽 지역을 점유한 벵골 사람들은 그들이 이류 시민으로 취급되고 있다고 불평하였다. 1971년 이들은 반란을 일으켰으며, 인도의 도움으로 승리하였다. 이로써 방글라데시가 신생 국가로 탄생하였다. 그러나 파키스탄이 정치적으로 불안정하며 군의 지배를 받기 쉬웠기 때문에 이와 같은 두 번째 분할로도 문제를 해결하지 못하였다. 파키스탄은 영국의 정책, 즉 파벌 싸움으로 무법지대인 아프가니스탄과의 국경 지대에 분포하는 파슈툰족에게 거의 완전한 자치를 허용하는 정책을 유지하였다. 이 지역은 후에 아프가니스탄의 탈레반 정권과 오사마 빈 라덴의 알 카에다 조직에 많은 지원을 하였다.

남부 아시아의 민족 분쟁

인도와 파키스탄이 독립을 쟁취한 후 수많은 민족과 종교 분쟁이 남부 아시아에서 지속되었다. 이와 같은 분쟁 가운데 일부는 파키스탄 서남부의 발루치족의 봉기와 같이 오랫동안 지속되었음에도 국제사회로부터 거의 관심을 얻지 못하였다. 이 지역에서 가장 복잡하고 위험한 분쟁이 인도와 파키스탄의 접경 지대에 위치한 카슈미르에서 지속되고 있다.

카슈미르 인도와 파키스탄의 관계는 그 출발부터 적대적이었으며, 카슈미르의 상황은 두 국가 사이의 갈등을 심화시켰다(그림 12.29). 영국의 식민 통치 기간 동안 카슈미르는 남부(잠무)에서 힌두교 지역에 통합된 무슬림 지역과 동부(라다크)의 티베트 불교 지역이 포함된 규모가 큰 주였다. 카슈미르는 영국인 고문에게 복속된 군주인 힌두교도 **마하라자**(maharaja)가 통치하였다. 인도와 파키스탄이 분할되면서 카슈미르는 두 국가로부터 심한 압력을 받았다. 파키스탄의 군대가 카슈미르 서부를 점령하자 마하라자는 인도와의 통합을 결정하였다. 그러나 파키스탄과 인도 가운데 그 어느 국가도 카슈미르가 상대 국가에 의해 지배되는 것을 수용하려 하지 않았으며, 그 결과 두 국가는 카슈미르 영토를 놓고 수차례의 전쟁을 치렀다.

인도와 파키스탄의 국경이 고정되어 있지만 카슈미르에서의 전투는 지속되었으며, 1990년대에 최고조에 이르렀다. 카슈미르의 수많은 무슬림들은 자신들의 고국인 파키스탄에 통합되길 원하고 일부 카슈미르인은 인도의 영토로 남아 있길 원하지만 대다수는 오히려 독립국가가 되길 바란다. 인도의 민족주의자들은 완강하게 카슈미르가 인도의 영토로 남아 있어야 한다고 주장한다. 파키스탄의 무장 세력은 계속해서 인도 군대와 싸우기 위해 국경을 넘고 있으며, 두 국가 사이의 긴장은 고조되고 있다.

전 세계에서 가장 뛰어난 장관을 이루고 있는 산맥들 사이에 수목이 우거진 들과 과수원이 분포하는 카슈미르 계곡은 한때 남부 아시아 최고의 관광지였다(그림 12.30). 2014년까지 성공적으로 선거가 치러졌고, 관광객들이 다시 찾아오면서 상황이 개선된 것처럼 보였다. 그러나 같은 해 10월 파키스탄과 인도 군인들이 국경 지대에서 교전을 벌이면서 4명의 민간인 사망자가 발생하였고, 그로 인해 갈등이 다시 고조되고 있다.

북동부 변경 지대 상대적으로 잘 알려지지 않은 민족 분쟁이 1980년대 인도 북동부 고지에서 발생하였다. 이 지역의 대부분은 남부 아시아 문화권의 일부이며, 이 지역의 많은 사람들이 독립은 아니더라도 자치를 원한다. 인도 북동부는 아직도 인구밀도가 상대적으로 낮으며, 그 결과 방글라데시와 인도 북부로부터 수백만 명의 이주자들이 유입되고 있다. 토착민 가운데 다수는 이와 같은 이동을 자신들의 토지와 문화에 대한 위협으로 간주한다. 일부 사례에서 토착 게릴라들이 새로 이주해 온 마을 주민들을 공격했으며, 인도 군대로부터 보복 공격을 당하였다. 여기에 더해 이 지역에서는 다양한 민족별 민병대 간 교전이 벌어지고 있다.

그림 12.30 **카슈미르 계곡** 높은 산에 둘러싸인 카슈미르 계곡은 남부 아시아에서 가장 경관이 수려한 곳에 속하며, 정치적 긴장이 지속되고 있음에도 불구하고 중요한 관광지로 남아 있다. 다알 호수는 스리나가르의 중심부에 위치하는데 스리나가르는 인도 잠무카슈미르 주의 여름 수도이다. 다알 호수에 떠 있는 보트는 낚시와 관람용이다.

인도 북동부는 변경 지역이며, 이곳에 관한 정보가 외부 세계로 거의 전해지지 않는다. 남부 아시아 테러리즘 포털에 따르면 이곳에서의 교전은 2005년에서 2014년 사이 5,000명의 사망자를 발생시켰다. 이 지역이 버마와의 연계 강화를 원하고 있기 때문에 인도 정부는 이 상황에 대해 우려하고 있다. 2000년대 초 이후로 교전은 상당히 감소했으나 2015년 초 인도는 아삼 주, 마니푸르 주, 나갈랜드 주, 트리푸라 주에서 활발한 군사 작전을 전개하였다.

북동부 지역에서의 갈등은 인도와 방글라데시 간의 관계를 복잡하게 만들었다. 인도는 방글라데시가 국경 지대에서 분리주의자들에게 성역을 허용하였다고 비난하고, 지속되고 있는 방글라데시인의 이주에 반대하고 있다. 결과적으로 인도는 12억 달러의 비용을 들여 두 국가 사이의 국경을 따라 4,000km에 걸쳐 철조망을 설치하고 있다(그림 12.31). 그러나 이 철조망으로 인해 방글라데시 쪽에 위치한 111개의 소규모 인도인들의 **고립 영토**(exclaves)와 인도 쪽에 위치한 51개의 방글라데시 고립 영토가 문제가 되었다. 2015년 양국은 국경선을 단순하게 만들기 위해 이들 소규모 고립 영토를 교환하기로 하였다.

스리랑카 스리랑카에서는 민족 간 폭동이 심각하다. 분쟁은 종교적 · 언어적 차이에서 발생한다. 스리랑카 북부는 힌두교 타밀족에 의해 지배되고 있지만 이 섬의 다수 민족은 불교를 믿으며,

언어는 신할리어를 사용한다. 이 두 집단 간의 관계는 역사적으로 상당히 좋았지만 독립 후 긴장이 고조되었다(그림 12.32). 신할리 민족주의자들은 중앙집권 정부를 선호했고, 일부는 공식적으로 불교 국가를 요구하였다. 대부분의 타밀족은 정치적, 문화적 자치를 원하며, 정부가 이들을 차별하고 있다고 비난해왔다.

1983년, '타밀 엘람 해방 호랑이,' 또는 '타밀 호랑이'라고 알려진 반군이 스리랑카 군대를 공격하였다. 1990년대까지 스리랑카 북부 지역의 대부분은 반군의 지배하에 있었다. 노르웨이의 중재로 2000년 종전이 이루어져 갈등이 감소하고 있다는 희망이 생겼지만 2006년 다시 교전이 격렬해졌다. 2007년 스리랑카 정부는 협상을 포기하고 대신 전면전을 시작하였다. 2009년 5월 정부군은 '타밀 호랑이' 군대를 대파하고, 반군 조직의 지도자를 제거하였다. 2011년에 나온 UN 보고서는 스리랑카의 군대와 '타밀 호랑이' 반군이 모두 전쟁 범죄에 연루되었다는 점을 제시하였다.

2014년 말 스리랑카 정부는 신할리족으로 구성된 16만 명의 군인을 스리랑카 북부의 타밀 지역에 주둔시켰다. 지역 주민들은 관광지로 개발하려던 토지를 군대가 점령하였다고 불만을 토로하고 있다. 이 지역 내의 골프 코스와 리조트 호텔은 현재 스리랑카 군대가 운영하고 있다.

그림 12.32 **스리랑카 내전** 스리랑카인의 대다수는 신할리족 불교도로, 이들 중 상당수는 스리랑카가 불교 국가가 되어야 한다고 주장한다. 북동부에 분포하는 타밀어를 사용하는 소수 힌두교도들은 이와 같은 생각에 반대한다. 타밀 무장 세력들은 수십 년 동안 스리랑카 정부와 전쟁을 벌여왔는데 그들이 거주하고 있는 북부에 독립국가를 세우길 희망한다. 그러나 이들은 2009년 스리랑카 군대에 의해 진압되었다.

그림 12.31 **인도-방글라데시 울타리** 인도는 2003년 불법 이민을 줄이고 무장 세력이 유입되는 것을 막기 위해 인도와 방글라데시 사이에 국경을 따라 철조망을 설치하기 시작하였다. 이 사진은 인도 국경 수비대원이 국경 철조망의 일부를 감시하고 있는 모습을 촬영한 것이다.

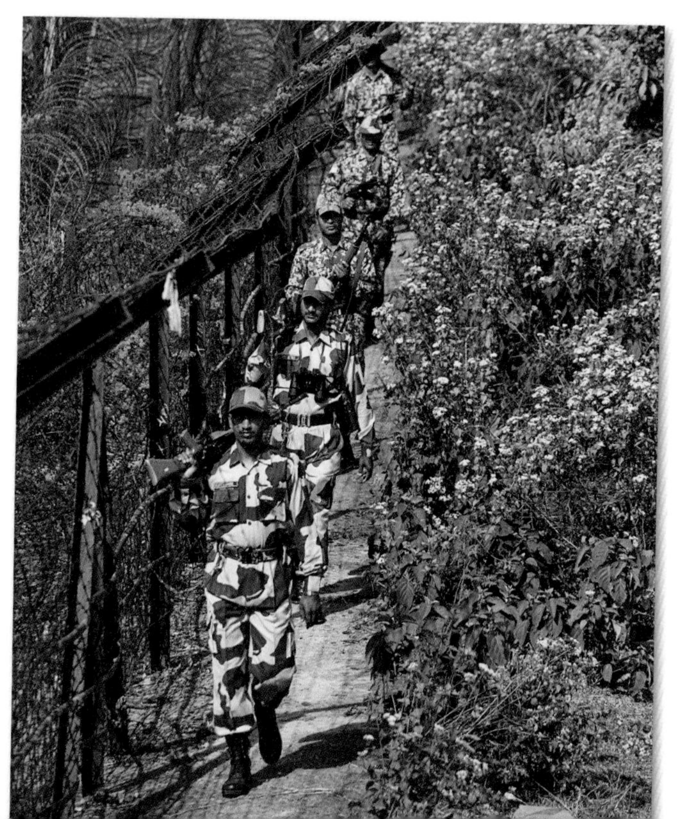

마오쩌둥주의의 도전

남부 아시아의 모든 분쟁이 민족 또는 종교적 차이에 뿌리를 두고 있지는 않다. 일례로 인도 중동부에서의 빈곤, 불평등, 환경악화는 전 중국 공산당 지도자 마오쩌둥에 의해 고무되어 혁명운동을 발생시켰다. 중국의 정치 지도자였던 마오쩌둥은 대부분의 공산주의 지도자들과 달리 공장 노동자뿐만 아니라 소작농이 혁명 세력을 형성할 수 있다고 생각하였다. 이러한 마오쩌둥주의 운동에 영향을 받은 지역에서 교전은 산발적이지만 지속되고 있다. 1996년부터 2015년 초까지 이러한 교전에 의해 1만 3,000명 이상의 사람들이 목숨을 잃었다. 연간 사망자 규모는 2010년에 1,177명으로 가장 많았으며, 2014년 372명으로 감소하였다.

마오쩌둥주의(Maoism)는 네팔 정부에게 더 심각한 도전이 되고 있다. 네팔의 마오쩌둥주의자들은 농촌 개발이 이루어지지 못한 것에 대한 불만으로 1990년대에 이르러 상당한 세력으로 성장하였다. 2005년까지 이들은 네팔 전체 국토의 70%를 점령하였다. 동시에 네팔의 도시 인구도 군주제에 반대하며 대규모 시위를 일으켰다. 2008년 국왕이 하야하면서 네팔은 공화국이 되었고, 전 마오쩌둥주의 반군 지도자가 총리를 맡고 있다.

군주제의 종말은 네팔에 안정을 가져다주지 않았다. 2008년 이후로 수차례에 걸쳐 정부가 수립되었다가 해체되었다. 2014년에 마침내 정부 수립이 안정적인 것처럼 보였지만 개헌을 둘러싼 논쟁으로 폭력 시위가 발생하였다. 이와 같은 갈등의 이유는 민족에 따라 주를 구분하고자 하기 때문이다. 네팔 남부 저지대에 분포하는 토착민들은 인구가 조밀하게 분포하는 구릉 지대로부터 이주해 온 사람들로 인해 갈등을 겪으며 지역 자치를 주장하고 있다.

국제적 지정학

카슈미르 사례가 보여주듯이 남부 아시아에서 지속되고 있는 심각한 국제 지정학적 문제는 인도와 파키스탄 간의 냉전이다. 두 국가 사이의 이해관계는 첨예하다. 인도와 파키스탄 모두 100기 이상의 핵탄두를 보유하고 있으며 계속해서 자국의 무기를 증강시키고 있다. 산발적인 소규모 교전이 지속되고 있지만 양국 지도자들은 긴장 완화를 위한 노력을 전개해 왔다. 2012년 인도는 인도 기업에 대한 파키스탄의 투자 금지 조치를 해제하였다. 2015년 초에는 인도 수상이 파키스탄 수상의 초대에 응하면서 긴장이 일부 완화되었으나 같은 해 말 평화협상이 시작되기도 전에 무산되었다.

중국 문제 전 세계적인 냉전 기간 동안 파키스탄은 미국과 동맹 관계를 유지했으며, 이에 비해 인도는 소련 쪽으로 기울어져 있었다. 이와 같은 동맹 관계는 1990년대 초 강대국 간의 갈등이 종식되면서 붕괴되었다. 그 이후로 파키스탄은 중국 쪽에 가까워졌는데, 인도는 점차 미국과 가까워졌다.

중국과 파키스탄 간의 군사 동맹은 중국과 인도 간 갈등에 뿌리를 두고 있다. 1962년 중국은 인도와 단기간 전쟁을 치르고 카슈미르 북부에 위치한 아커사이친을 점령하였다. 비록 중국과 인도 간의 교역 증대가 양국 간의 관계를 일부 개선시켰지만 중국이 계속해서 아커사이친을 점령하고 인도 북동부의 아루나찰 프라데시 주도 요구하고 있다는 사실은 양국 관계를 냉각시키고 있다. 2013년 인도는 중국이 1962년 전쟁 후에 획정한 '통제선'을 넘어 군대를 파견하였다고 비난하였으며, 그 결과 3주간의 군사적 대치 국면이 이어졌다. 파키스탄의 신항구인 과다르는 중국 기업에 의해 설립되었고 재정적 지원을 얻었으며 직접 운영되고 있어서 또 다른 관심의 대상이 되고 있다(그림 12.33).

그림 12.33 **과다르 항** 중국은 파키스탄의 발루치스탄 지방에 위치한 과다르 심해 항구에 시설을 확장하는 데 많은 투자를 하였다. 이 사진은 2007년 과다르 항이 개발되던 당시의 모습을 보여준다. 파키스탄 정부와 중국 정부는 이 항구를 통해 양국 간의 교역이 증진되기를 희망하고 있다. Q : 과다르가 파키스탄의 인구 희박 지역 내에 위치한다는 점을 고려할 때 주요 항구로 개발되게 된 이유는 무엇인가?

비록 인도와 중국은 국경 문제에 대해 해결 방안을 찾아 협상을 계속하고 있지만 긴장은 지속되고 있다. 2013년에 실시된 여론조사에 따르면 인도인의 83%는 중국이 국가 안전을 위협하고 있다고 인식하고 있다. 따라서 인도는 점진적으로 여타 국가들과 군사적 관계를 강화하고 있다. 2015년 미국 국무장관은 보다 긴밀한 안보 관계를 위해 인도를 방문하였고 인도는 미국 및 일본과 인도양에서 해상 훈련에 함께 참여하였다.

파키스탄의 복잡한 지정학적 문제 인도와 파키스탄 간 분쟁은 2001년 9월 11일 테러 공격 이후 더욱 복잡해졌다. 이 당시까지 파키스탄은 아프가니스탄의 탈레반 정권을 지지하고 있었지만 곧 경제적 · 군사적 원조를 받는 대신 미국이 탈레반을 공격하는 것을 돕기로 결정하였다.

파키스탄이 미국에 협조하겠다는 결정은 위험을 동반하였다. 알카에다와 탈레반은 파키스탄의 북서부 변경 지역의 파슈툰 족으로부터 상당한 지지를 얻었다. 곧 이슬람 세력에 의한 봉기가 북서부 변경 지역 대부분에서 발생하였다.

파키스탄 정부는 몇 차례 교전을 겪은 후 과격 이슬람주의자들과 협상하기로 결정하고, 수차례에 걸쳐 이들에게 상당한 지역에 대한 실질적 통제권을 허용하였다. 이들 거점으로부터 무장 세력들은 아프가니스탄에서 작전 중인 미국 군대에 수많은 공격을 가했으며 파키스탄 영토의 넓은 지역을 점령하려고 하였다. 미국은 주로 무인 항공기를 이용하여 반군 지도자들을 공격했는데 이는 다수의 민간인 사상자와 파키스탄에 반미국 정서를 가져온 전략이었다. 미국의 공격으로 파키스탄의 영토에서 오사마 빈 라덴이 피살된 후인 2011년 5월 파키스탄과 미국의 관계는 악화되었다. 파키스탄의 공식 보고서는 이와 같은 행위가 '미국의 파키스탄에 대한 전쟁 시작'이라고 주장하였다. 그러나 이러한 갈등에도 불구하고 미국은 계속해서 파키스탄 군대에 무기 공급과 재정 지원을 지속하고 있다.

대부분의 파키스탄인들은 전쟁을 혐오하고 있으며 협상을 통한 해결을 희망하고 있다. 2015년 파키스탄과 아프가니스탄 사이의 관계가 개선되면서 아프가니스탄 정부와 아프가니스탄 내에서 활동하고 있는 탈레반 세력 간의 협상이 파키스탄에서 시작되었다. 파키스탄의 일부 정치 지도자들은 파키스탄 내 과격 이슬람주의자들과의 협상 재개를 요구하면서 관계 개선을 강조하고 있지만 일부에서는 잠재적 테러리스트와 협상을 진행하는 것에 수반된 위험성을 경고하고 있다. 한편에서는 그와 같은 모든 전략적 행동에 대해 회의적인 시각을 보이고 있는데, 파키스탄의 군대, 특히 매우 강력한 파키스탄 정보국이 이미 급진 이슬람주의 요원들에 의해 침투당했다고 주장하고 있다.

확인 학습

12.7 인도와 파키스탄 간의 관계가 지난 수십 년 동안 남부 아시아의 지정학적 전개 과정에 어떤 영향을 끼쳤는가?

12.8 남부 아시아에서 1947년 영국의 식민 통치 종식 후 수많은 봉기가 발생한 이유는 무엇인가?

주요 용어 영국 동인도 회사, 마하라자, 고립 영토, 마오쩌둥주의

경제 및 사회 발전 : 급속한 성장과 만연한 빈곤

남부 아시아는 전 세계에서 가장 빈곤한 지역 가운데 한 곳이기도 하지만 매우 부유한 지역이기도 하다. 남부 아시아의 과학 및 기술 업적의 대부분은 세계적 수준을 나타내지만 이 지역은 또한 세계에서 가장 높은 문맹률을 보이는 곳이기도 하다. 남부 아시아의 첨단 과학 및 산업은 전 세계 경제와 통합되었지만 남부 아시아 전체 경제는 최근까지도 세계에서 가장 고립되어 있었다.

남부 아시아의 빈곤

복지 수준을 나타내는 가장 명백한 기준 가운데 하나는 영양 상태이며, 이 기준에 따르면 남부 아시아의 복지 수준은 하위로 평가된다. 전 세계 그 어느 곳에서도 이렇게 많은 만성 영양 결핍을 겪고 있는 사람들을 찾아보기 어렵다. 2015년 보고서에 의하면 인도 아동의 39%가 영양 결핍에 의한 성장 부진을 겪고 있다. 인도 인구의 1/2이 하루에 2달러 이하로 생활하고 있으며, 방글라데시는 이보다 더 빈곤하다(표 A12.2, 그림 12.34). 위생 상태 또한 이 지역에서 중요한 문제이다. 인도 농촌 인구의 70%가 화장실 설비를 갖추지 못해 노지에서 해결하고 있는데 이는 질병 확산의 원인이 되고 있다.

그러나 극도의 빈곤에도 불구하고 남부 아시아 지역 전체가 고통을 겪고 있다고 간주해서는 안 된다. 현재 3억 명 이상의 인도인들은 텔레비전, 소형 오토바이, 세탁기와 같은 현대적인 물품을 구매할 수 있는 '중산층'으로 평가된다. 2000년대 초반 인도 경제는 급속도로 성장하였다. 2008년과 2009년에 나타난 전 세계 경제 위기로 인도의 경제 성장률이 저하되었다. 2015년 초 인도의 연간 경제 성장률은 7.3%였으며, 이는 중국의 성장률보다 높은 것이었다. 영양, 교육, 위생을 개선시키기 위한 사회운동도 전개되고 있다.

경제 개발의 지리

남부 아시아 국가들은 독립을 쟁취한 후 외국 기업보다는 자국민에게 편익을 가져올 새로운 경제 체제를 수립하려 하였다. 각국의 계획가들은 초기에 중공업과 경제적 자급자족을 강조하였고, 이는 일부 이익을 실현시켰으나 개발의 속도는 빠르지 않았다. 그러나 1990년대 이후로 이 지역 국가들은 점차 세계 경제 체

그림 12.34 **인도의 빈곤** 인도에서는 만연한 빈곤으로 상당수의 아동이 노동력으로 이용되고 있다. 이 사진은 10세 소년이 자전거로 많은 양의 비닐 폐기물을 운반하고 있는 모습을 촬영한 것이다.

제에 경제를 개방하였다. 이 과정에서 개발과 사회적 진보가 이루어진 핵심지역과 이러한 핵심지역을 둘러싼, 개발에 뒤처진 거대한 주변 지역으로 분리되었다.

히말라야 지역 국가 네팔과 부탄은 험준한 지형과 지리적인 고립성, 현대적인 기술과 기간시설로부터 단절되어 있다는 사실로부터 불이익을 얻고 있다. 최근까지 부탄은 의도적으로 현대적인 세계 경제와 단절을 유지하고 있으며, 소규모 인구가 상대적으로 청정 자연 환경 속에 생활할 수 있도록 만들었다. 현재 부탄은 직항 국제 항공, 케이블 텔레비전, 인터넷을 허용하고 있지만 아직도 경제 성장보다는 '국민의 행복'을 강조하면서 자주적인 길을 가고 있다. 부탄은 수력 댐 건설에 많은 투자를 하였으며, 그로 인해 인도로 많은 양의 전기를 수출하여 경제 성장을 유지하고 있다. 반면에 네팔은 훨씬 조밀하며 심각한 환경의 질 저하를 겪고 있다. 네팔은 오랫동안 국제 관광에 의존해 왔으나 관광산업은 정치적 불안정으로 위축되었다(그림 12.35).

그림 12.35 **네팔의 관광** 네팔은 오랫동안 세계적인 모험 관광의 대상국 가운데 하나였지만 마오쩌둥주의자들의 반란에 기인하여 최근 수년간 어려움을 겪었다. 네팔을 찾은 많은 관광객들은 이 사진의 광고판에 나타난 바와 같이 시골 오두막에서 체류한다.

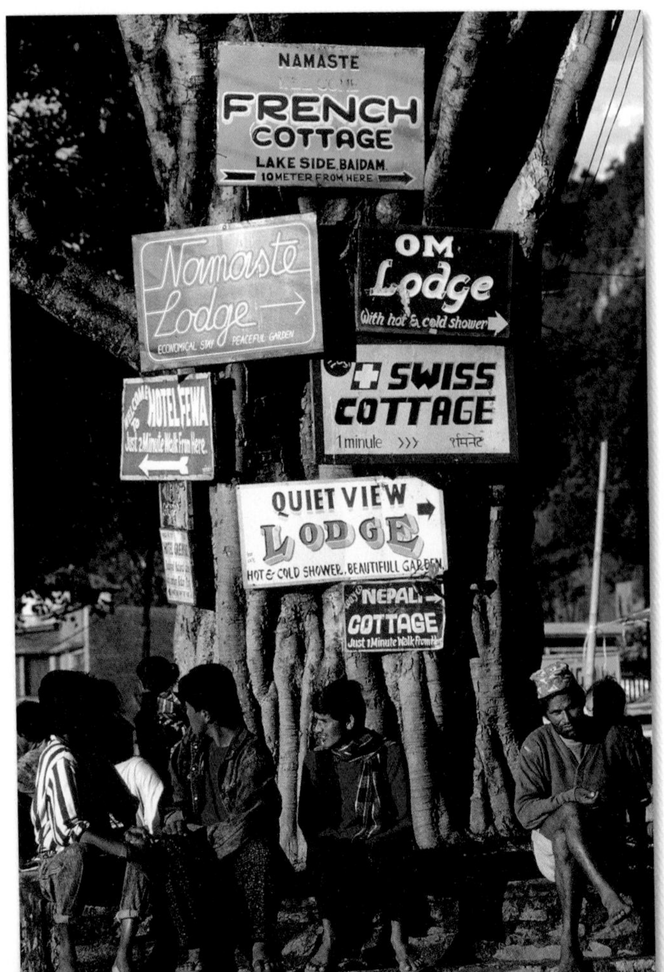

방글라데시 방글라데시는 여러 가지 측면에서 남부 아시아에서 가장 빈곤한 국가이다. 1947년의 분할과 마찬가지로 환경의 질 저하와 식민주의가 방글라데시를 빈곤하게 만들었다. 분할 이전 벵골의 기업들 대부분은 서부에 위치했는데 이 지역은 인도로 통합되었다. 독립 후 수십 년간 낮은 경제 성장률과 인구 급증으로 방글라데시는 빈곤을 벗어나지 못하였다. 방글라데시 인구의 3/4이 현재 하루 2달러 이하의 비용으로 생활하고 있다.

그러나 방글라데시의 경제 상황은 최근 개선되고 있다. 방글라데시는 임금 수준이 낮아 국제적으로 직물 및 의류 제조 분야에서 경쟁력을 갖추고 있다. 국제적으로 칭송을 얻은 그라민뱅크가 저이자 소액 대출을 제공해 방글라데시의 수많은 빈곤층 여성이 소규모로 사업을 시작할 수 있게 되었다(그림 12.36). 정보기술(IT)은 현재 저이자 대출 프로그램과 기타 빈곤 극복 계획들에 효과적으로 이용되고 있다. 방글라데시에서는 상당량의 천연가스 매장지가 발견되었지만 개발의 속도는 느린 편이다. 정치적 불안정과 환경 악화가 이 나라의 경제적 미래를 어둡게 하고 있다.

파키스탄 파키스탄은 방글라데시와 마찬가지로 1947년에 이루어진 영토 분할로 많은 고통을 겪었다. 파키스탄은 독립 후 수십여 년간 인도보다 훨씬 생산성이 높은 경제를 유지해 왔다. 농업부문이 발달했는데 비옥한 펀자브 지역을 인도와 공유하고 있기 때문이다. 파키스탄은 또한 상당량의 면화 생산량을 바탕으로 직물 산업을 발달시켰다. 그러나 파키스탄의 경제는 낮은 성장 잠재력으로 인도보다 활력이 적으며 높은 수준의 방위비 부담을 안고 있다. 더구나 수적으로 소수이지만 강력한 지주 계층이 가장 비옥한 농경지의 대부분을 소유하고 있으면서도 세금은 내지 않고 있다. 파키스탄은 인도와 달리 성공적인 첨단 기술 산업을 발달시키지 못하였다.

그러나 파키스탄의 경제 성장 속도는 2000년대 초 테러리즘과

그림 12.36 **그라민뱅크** 국제적으로 잘 알려진 그라민뱅크는 방글라데시 여성들에게 저이자 소액 대출을 제공한다. 이 사진은 그라민뱅크의 지점 회의에서 기금이 배분되고 있는 모습을 보여준다.

의 전쟁에서 파키스탄의 역할이 중요했기 때문에 국제사회로부터 양해를 얻게 되면서 빨라졌다. 2008년에는 높은 인플레이션과 엄청난 국가 예산 적자로 국제통화기금에 구제 금융을 요청하였다. 전기 부족, 해외로부터의 투자 미흡, 지방에서의 봉기, 정치적 불안정성은 파키스탄의 경제적 미래를 계속 어둡게 만들고 있다. 2014년 말 유가 하락으로 파키스탄의 경기가 활성화되었으며, 2015년 초에는 경제 성장률이 4.7%를 보였는데 이는 최근 8년 동안의 기록에서 최고치에 해당하는 것이었다.

스리랑카와 몰디브 스리랑카는 여러 가지 측면에서 남부 아시아에서 가장 발달한 국가이다. 스리랑카의 수출품은 고무, 차와 같은 농산물과 직물이다. 그러나 스리랑카는 장기간 지속된 내전에 의해 발전하지 못했으며 세계적 기준에 의하면 아직도 빈곤국이다. 2009년 내전 종식 후 몇 년간 경제가 성장하였고, 중국으로부터의 투자 역시 증가하였다.

몰디브는 1인당 경제 생산성에 기초하면 남부 아시아에서 가장 번영한 국가이지만 전체 인구와 경제 규모가 작다. 몰디브의 경제는 어업과 국제 관광에 의존한다. 관광산업으로부터 얻어지는 수입이 전체 인구에서 매우 한정된 계층에게만 돌아가고 관광은 해수면 상승과 정치적 갈등에 영향을 받기 쉽다는 비판이 제기되고 있다. 2014년 몰디브 정부는 경제 기반을 다양화하기 위해 특별경제지구를 조성하였다.

인도의 저개발 지역 인도의 1인당 국민총소득은 파키스탄과 비슷하지만 인도의 전체 경제는 훨씬 규모가 크다. 남부 아시아에서 가장 면적이 넓은 국가인 인도는 경제 개발에 있어 훨씬 내부 변이가 많다(그림 12.37). 남부 및 서부 지역은 경제적으로 번영했으며 북부 및 동부 지역은 빈곤해 지역 간 큰 격차가 존재한다. 그러나 인도에서는 농촌과 도시 간에 빈부 격차가 가장 극심하게 나타난다. 최근에 이루어진 조사에 의하면, 인도의 농촌 인구 가운데 1/2은 토지를 전혀 소유하지 못한 상태로, 생존을 위해 임금이 매우 낮은 임시 노동에 의존하고 있다.

인도에서 가장 개발이 이루어지지 못하고 가장 부패한 지역은 갠지스 계곡 하부에 위치한 인구 1억 400만 명의 비하르 주이다. 비하르 주의 1인당 경제 생산성은 인도 전체의 1/3 이하 수준이다. 인도에서 가장 인구 규모가 큰, 이웃 우타르프라데시 주도 극빈 지역이다. 우타르프라데시 주 역시 인구밀도가 높으며 산업이 거의 발달하지 않았다. 이 두 주는 사회적으로 보수적이며 카스트 갈등이 심하다. 마디아프라데시 주, 자르칸드 주, 차티스가르 주, 오리사 주와 같은 중북부의 주에서도 상대적으로 경제 개발이 이루어지지 못하였다. 그러나 최근 이들 주의 대부분에서 경제 성장이 이루어지고 있으며, 그로 인해 진정한 발전이 이루어질 것이라는 희망이 다시 나타났다.

심각한 부패가 남부 아시아 대부분의 지역에서 발전을 저해하고 있지만 문제는 인도 북부와 중부의 빈곤한 주에서 특히 심각하다. 대규모 풀뿌리 반부패 운동이 점차 영향력을 얻고 있고, 이제 인도 정치에 큰 영향을 주고 있다. 인도는 IT 기술 전문가들을 통해 모든 주민에 대한 대규모 데이터베이스를 만들고 있으며 생체 정보를 이용하여 각 개인에게 고유 번호를 부여하고 있다. 그러나 이와 같은 시스템이 개인의 프라이버시를 침해하고 정부에게 막강한 권한을 제공할 뿐이라는 비판이 제기되고 있다.

인도의 경제 성장 중심지 구자라트, 마하라슈트라와 같은 중서부의 주들은 농업 생산성뿐만 아니라 산업 및 금융업의 발달로 잘 알려져 있다. 구자라트는 남부 아시아에서 처음 공업화를 이룬 지역 가운데 하나이며, 섬유 제조 공장들은 남부 아시아에서 가장 생산성이 높다. 구자라트 사람들은 상인과 해외 무역인으로 잘 알려져 있으며, 인도인들의 해외 이주를 의미하는 **인도인 디아스포라**(Indian Diaspora)를 대표한다. 구자라트 주의 경제는 이 지역 출신 사람들이 이민을 간 국가로부터 보내오는 해외 송금에 대한 의존도가 높다. 비록 이 지역은 힌두교도와 무슬림 간 갈등 관계가 심각하지만 통치 기반이 좋은 것으로 평가된다.

마하라슈트라 주는 인도 경제의 속도 조절자이다. 이 주의 거대도시 뭄바이(봄베이)는 오랫동안 인도의 금융 중심지이며 미디어의 수도였다(그림 12.38). 주요 공업 지역이 뭄바이 부근과 이 주의 여러 곳에 위치한다. 최근 수년간 마사라슈트라 주의 경제는 인도의 여타 주보다 빠르게 성장하였다. 1인당 경제 생산성 수준은 인도 전체보다 대략 50% 높다.

인도 북서부의 펀자브 주와 하리아나 주는 녹색혁명의 대표적인 사례로서 1인당 경제 생산성 수준이 상대적으로 높다. 이들 지역의 경제는 농업에 대한 의존도가 높지만 식품 가공업 및 기타 산업에 대한 투자가 이루어져왔다. 하리아나 주의 동부에는 델리 수도권이 위치하며, 인도의 정치적 힘과 부는 대부분 이곳에 집중되어 있다. 델리 수도권은 9개의 구로 나뉘어져 있으며, 이 중 하나인 뉴델리가 인도의 공식적인 수도이다.

인도에서 빠르게 성장하고 있는 첨단 산업 부문의 중심지는 남부 지역, 특히 벵갈루루(구 방갈로르)와 하이데라바드에 형성되어 있다. 인도 정부는 1950년대에 기술 투자 지역으로 온화한 기후를 가진 벵갈루루를 선정하였다. 1980년대와 1990년대에는 컴퓨터 소프트웨어와 하드웨어 산업이 급속히 성장했으며, 이로 인해 방갈루루는 '실리콘 고원'이라는 명칭을 얻게 되었다(그림 12.39). 2000년까지 미국의 소프트웨어, 회계, 데이터 프로세싱과 관련된 다수의 일자리가 벵갈루루와 인도의 여타 도시로 이전해

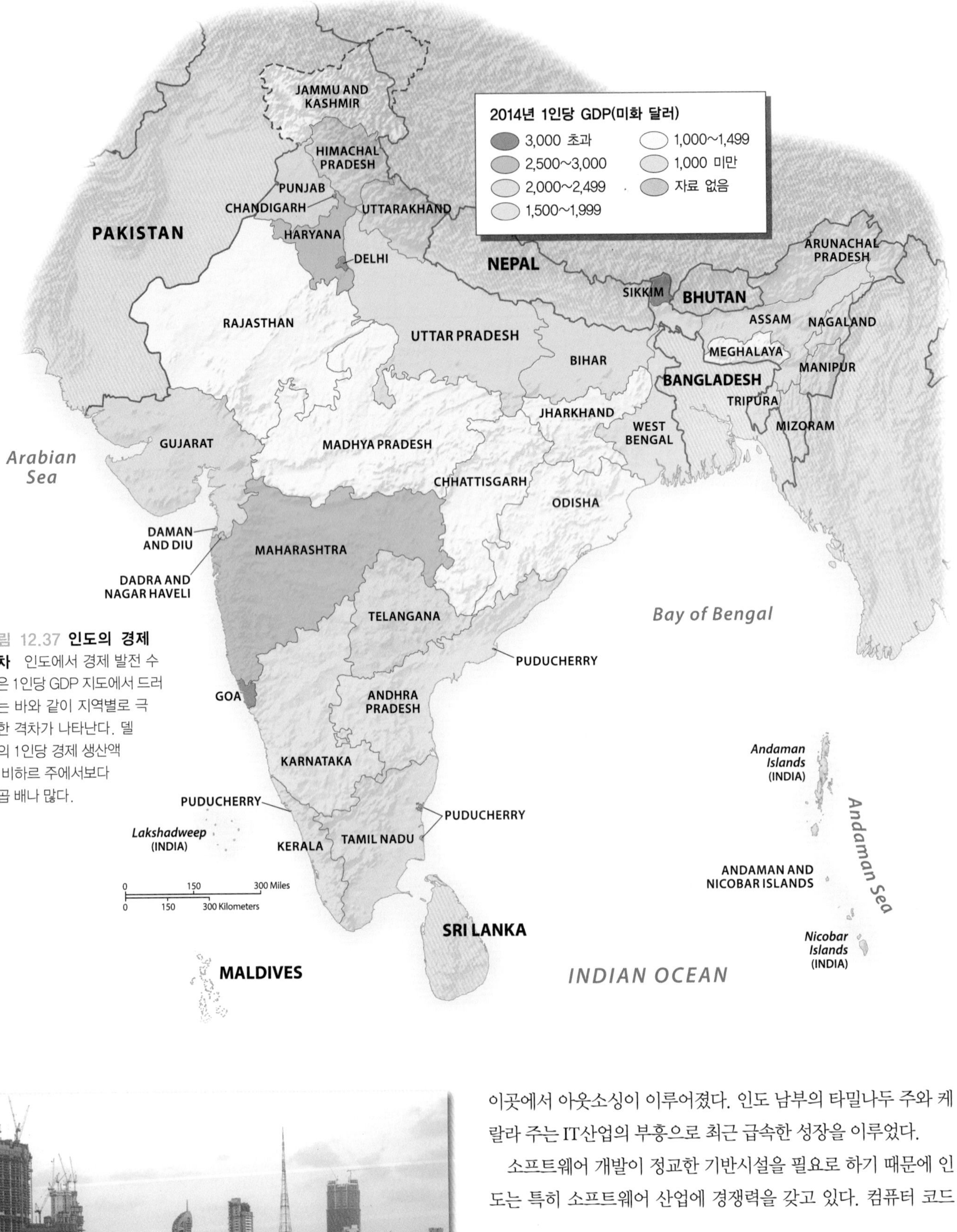

2014년 1인당 GDP(미화 달러)
3,000 초과
2,500~3,000
2,000~2,499
1,500~1,999
1,000~1,499
1,000 미만
자료 없음

JAMMU AND KASHMIR
HIMACHAL PRADESH
PUNJAB
CHANDIGARH
UTTARAKHAND
HARYANA
DELHI
PAKISTAN
NEPAL
SIKKIM
BHUTAN
ARUNACHAL PRADESH
RAJASTHAN
UTTAR PRADESH
ASSAM
NAGALAND
MEGHALAYA
BIHAR
BANGLADESH
MANIPUR
TRIPURA
JHARKHAND
WEST BENGAL
MIZORAM
GUJARAT
MADHYA PRADESH
Arabian Sea
CHHATTISGARH
ODISHA
DAMAN AND DIU
MAHARASHTRA
DADRA AND NAGAR HAVELI
TELANGANA
Bay of Bengal
PUDUCHERRY
GOA
ANDHRA PRADESH
KARNATAKA
Andaman Islands (INDIA)
Andaman Sea
PUDUCHERRY
PUDUCHERRY
Lakshadweep (INDIA)
KERALA
TAMIL NADU
ANDAMAN AND NICOBAR ISLANDS
0 150 300 Miles
0 150 300 Kilometers
SRI LANKA
Nicobar Islands (INDIA)
MALDIVES
INDIAN OCEAN

그림 12.37 **인도의 경제 격차** 인도에서 경제 발전 수준은 1인당 GDP 지도에서 드러나는 바와 같이 지역별로 극심한 격차가 나타난다. 델리의 1인당 경제 생산액은 비하르 주에서보다 일곱 배나 많다.

이곳에서 아웃소싱이 이루어졌다. 인도 남부의 타밀나두 주와 케랄라 주는 IT산업의 부흥으로 최근 급속한 성장을 이루었다.

소프트웨어 개발이 정교한 기반시설을 필요로 하기 때문에 인도는 특히 소프트웨어 산업에 경쟁력을 갖고 있다. 컴퓨터 코드

그림 12.38 **뭄바이의 중심업무지구(CBD)** 봄베이라고 불렸던 뭄바이는 인도의 금융과 비즈니스 중심지로서 현대적이며 급속하게 성장하고 있는 스카이라인으로 잘 알려져 있다. 이러한 도시의 부유함에도 불구하고 뭄바이의 고층 빌딩군 바로 옆에는 상당한 면적을 차지하고 있는 슬럼에 수백만 명의 빈민이 분포하고 있다.

그림 12.39 **인포시스의 기업 캠퍼스** 벵갈루루(구 방갈로르)에 본사를 둔 인포시스는 세계적인 IT 기업이다. 인포시스는 인도의 주요 도시에 현대적인 기업 캠퍼스를 조성하였다. 사진은 인도 벵갈루루에 위치한 인포시스 본사에서 거닐거나 자전거를 타고 가는 사람들의 모습을 보여준다.

는 현대적인 도로와 항구시설의 이용없이 무선통신 시스템에 의해 전송될 수 있다. 물론 여기에서 필요한 것은 기술을 갖춘 인재이며, 인도에는 이러한 인재가 풍부하다. 인도 정부는 서비스 제공과 전자제품 제조 방식의 향상을 위해 인터넷 연결성을 강조하고 있다. 2015년 인도 정부는 '디지털 인도 주간'을 축하하며 여러 개의 새로운 프로그램을 발표하였다. 인도는 모바일 전화 서비스에 대한 투자가 상당하며, 현재 무선 연결 건수는 8억 7,500만 건을 넘는다.

인도의 새로운 경제는 풍부한 기술 인재에 의존하고 있다. 수많은 인도의 사회단체들은 오랫동안 교육에 헌신해 왔으며, 인도는 수십 년간 과학 분야에서 강대국의 위치를 차지하고 있다. 소프트웨어 산업의 성장으로 인도의 인재 파워가 마침내 경제적 편익을 발생시키기 시작하였다. 이와 같은 발전이 오히려 규모가 작은 첨단 산업 지역을 넘어서 주변 지역으로 확산될 수 있을지의 여부는 지켜보아야 할 것이다.

세계화와 남부 아시아의 경제 전망

20세기 후반기에 남부 아시아는 상대적으로 세계 경제로부터 고립되어 있었다. 오늘날에도 동아시아나 동남아시아와 비교할 때 이 지역의 해외 교역량과 외국인 직접 투자 유입량은 상대적으로 적은 편이다. 그러나 세계화는 특히 인도에서 급속하게 진전되고 있다.

남부 아시아에서 세계화의 정도가 낮다는 것을 이해하기 위해서는 경제사를 살펴볼 필요가 있다. 독립 이후 인도의 경제 정책은 정부의 계획 통제, 자원 배분, 특정 산업과 결합된 사적 소유권에 기초하였다. 인도는 또한 국내 경제를 보호하기 위해 높은 무역 장벽을 세웠다. 이와 같은 사회주의와 자본주의가 혼합된 시스템은 중공업의 발달을 장려했고, 인도가 기술적으로 가장 정교한 물품을 포함해 거의 모든 분야에서 자급할 수 있도록 만들었다. 그러나 1980년대에 와서 이와 같은 모델의 문제점이 드러났다. 낮은 경제 성장률은 인도의 빈곤층 비율을 거의 일정하게 유지하도록 만들었다. 동시에 중국 및 태국과 같은 국가들은 자국 경제를 세계화에 개방한 이후 급속히 성장하였다.

이 문제를 해결하기 위해 인도 정부는 1991년 경제를 개방하기 시작하였다. 많은 규제가 철폐되었고, 관세는 축소되었으며, 국내 기업에 대한 부분적인 해외 소유권이 허용되었다. 여타 남부 아시아 국가도 유사한 경로를 따랐다. 일례로 파키스탄은 1994년 다수의 국영 기업을 사유화하였다.

전체적으로 인도의 경제 개혁은 성공적이었다. 인도의 IT 기업들은 세계적인 수준을 나타내며, 많은 기업들은 전 세계로 사업을 확장하고 있다. 예를 들어 인도에서 개발된 소셜 미디어 앱은 전 세계 시장으로 확산되고 있다. 인도의 음식점 찾기 앱인 'Zomato'는 'Urbanspoon' 앱의 서브 앱으로 소개되고 있는 미국을 비롯하여 현재 150개국에서 이용되고 있다.

IT 분야가 너무 급속히 성장하여 일부 기업들이 우수 인재를 확보하거나 계속 고용하는 데 어려움을 겪고 있다. 그 결과, 임금이 급속하게 상승하고 있다. 최근의 성장은 또한 인도가 기간시설을 개선할 필요가 있다는 것을 보여주었지만 도로, 철도, 전력 생산 및 송전 시설에 필요한 투자 비용을 감당할 수 있을지는 확실하지 않다.

인도 경제의 점진적인 국제화와 규제 철폐도 상당한 반대에 부딪혔다. 해외 경쟁자들은 일부 인도의 기업에 심각한 도전이 되고 있다. 값싼 중국산 제품이 특히 심각한 위협이 되고 있다. 더구나 수억 명의 인도 소작농과 슬럼 거주자들은 급속한 경제 성장으로부터 어떤 혜택도 얻지 못하였다.

인도가 대부분의 미디어의 관심 대상이지만 여타 남부 아시아 국가들도 최근 상당한 경제 세계화를 이루었다. 방글라데시, 파키스탄, 스리랑카가 섬유와 소비품을 수출하는 것 이외에 해외, 특히 페르시아 만 지역으로 다수의 노동력을 송출하고 있다. 해외 노동자가 보내는 송금은 방글라데시에게는 두 번째로 규모가 큰 소득원으로, 2014년 GDP의 8.2%를 차지하였다. 1인당 기준으로 보면 해외로부터의 송금은 스리랑카에서 훨씬 더 중요하다. 2,100만 명의 인구 가운데 약 150만 명의 스리랑카인이 해외에서 일을 하고 있다.

사회 개발

남부 아시아는 보건과 교육 수준이 상대적으로 낮은데, 이 지역의 빈곤을 고려할 때 이는 놀라운 일이 아니다. 인도 서부와 남부의 개발이 잘 이루어진 곳의 사람들은 평균적으로 갠지스 계곡 하부와 같은 빈곤 지역에 거주하는 사람들보다 건강하고 수명이 길며 더 많은 교육을 받는다. 문자 해독률이 겨우 53%인 비하르 주는 대부분의 사회 개발 순위가 낮게 나타나지만 케랄라 주, 펀자브 주, 마하라슈트라 주의 순위는 높다. 일부 중요한 사회복지 지표를 비교하면 인도가 파키스탄보다 높은 편이다(표 A12.2).

남부 아시아의 경제 개발 지도를 사회복리 지도와 비교할 때 몇 가지 특이한 사항이 나타난다. 예를 들어, 인도의 북동부 지역은 빈곤에도 불구하고 기독교 선교사의 교육에 기인하여 상대적으로 높은 문자 해독률을 보여준다. 일례로 미조람 주에서 문자 해독률은 90%를 넘어 인도에서 가장 높다. 그러나 전체적으로 남부 아시아의 남부 지역은 사회 개발에 있어서 남부 아시아의 여타 지역보다 앞선다.

교육 수준이 높은 남부 남부 아시아 남부 지역의 높은 사회복지 수준은 스리랑카와 비교할 때 명백하게 드러난다. 스리랑카는 빈약한 경제와 장기간 지속된 내전을 고려하면 사회 개발의 성공 사례로 간주되어야만 한다. 스리랑카의 평균 기대수명은 75세이며, 문자 해독률은 98%를 넘는다. 스리랑카 정부는 초등교육에 대한 의무화와 저렴한 의료 진료소를 통해 이와 같은 업적을 이루었다.

인도 서남부의 케랄라 주는 훨씬 더 인상적인 결과를 가져왔다. 케랄라 주는 인구밀도가 극도로 높으며, 오랫동안 식량 공급에 어려움을 겪어왔다. 케랄라 주의 경제는 최근 상당히 성장했지만 1인당 경제 생산성은 인도 평균보다 약간 높을 뿐이다. 그러나 케랄라 주의 사회 개발 수준은 인도에서 가장 높다(그림 12.40). 케랄라 주의 문자 해독률은 94%이고, 평균 기대수명은 75세로서 말라리아를 비롯한 다수의 질병을 퇴치하였다.

케랄라 주의 사회적 성공은 주 정부의 정책에서 찾을 수 있다. 케랄라 주는 교육과 보건을 강조한 사회주의 정당이 이끌어왔다. 이것은 중요한 요인이지만 완벽한 설명은 되지 않는다. 일부 연구자들은 주요 요인들 중 하나로 케랄라 주에서 여성의 지위가 상대적으로 높다는 점을 지적한다.

그림 12.40 **케랄라 주의 교육** 인도 남서부의 케랄라 주는 사실상 문맹을 퇴치했는데 남부 아시아에서 가장 교육 수준이 높은 지역이다. 이 주는 남부 아시아에서 출산율도 가장 낮다. 이로 인해 많은 사람들은 여성의 교육과 지위 향상이 피임의 가장 효과적이고 항구적인 형태라고 주장한다.

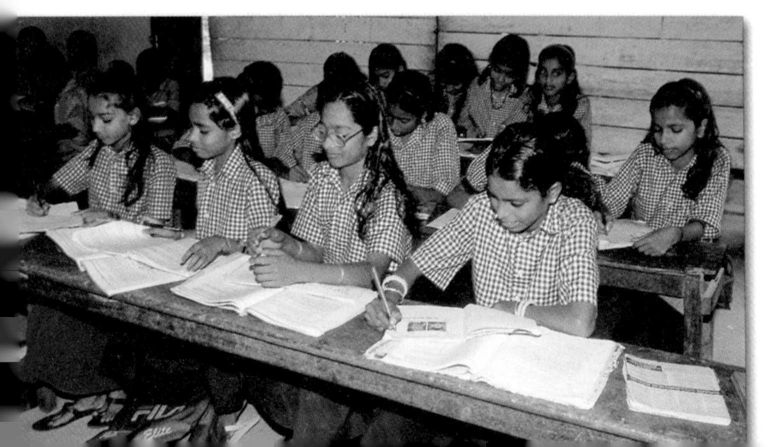

젠더 관계와 여성의 지위 남부 아시아에서 여성은 힌두교와 이슬람교 전통에 의해 매우 낮은 사회적 지위를 갖고 있다고 여겨진다. 인도 대부분의 지역에서 여성은 전통적으로 사춘기를 지나면 결혼해 남편의 가족과 함께 거주한다. 오지 마을에서 젊은 신부는 자유와 기회를 거의 갖지 못한다. 파키스탄, 방글라데시, 그리고 인도의 라자스탄 주, 비하르 주, 우타르프라데시 주에서 여성의 문자 해독률이 남성보다 훨씬 낮다.

더 심각한 문제는 성비이다. 2011년 연구에 의하면 인도에서는 남아 1,000명당 여아 914명의 출생비를 나타내며, 인도 북부에서는 남아 1,000명당 여아 825명으로 훨씬 낮다. 남성과 여성의 수적 불균형은 보살핌의 차이에 기인한다. 빈곤층 가정에서는 일반적으로 아들이 딸보다 더 좋은 영양분과 보살핌을 받게 되며, 결과적으로 아들의 생존율이 높다. 더구나 과거 20년 동안 인도 북부에서 성 감별로 약 1,000만 명의 여아가 낙태되었다.

이와 같은 상황에서 경제적 측면이 중요한 역할을 한다. 농촌 가구에서 아들은 가족과 함께 거주하며 가족을 위해 일을 하기 때문에 축복으로 여겨진다. 최빈곤층에서 노인들(특히 미망인)은 아들에 의지해서 살아간다. 반면에 딸들은 어린 나이에 결혼해 가족을 떠나고 신랑에게 지참금을 지불해야만 한다. 그러므로 여아는 경제적 짐으로 여겨진다.

인도에서 성비를 개선시키기 위한 방안으로서 일부 지역에서는 불법적인 성 감별 낙태를 시행하는 의사를 체포하기 위한 함정수사도 진행하고 있다. 2015년 펀자브 주에서는 공무원들이 여아를 출산한 부모를 환영하며 값비싼 선물을 제공하기도 하였다. 이와 같은 프로그램들은 상당한 성공을 거두었다. 인도 북부의 전통적인 라자스탄 주에 위치한 몇몇 마을에서는 2014년에 남아 출생보다 여아 출생이 더 많았다.

인도에서 성 폭력 문제는 심각한데, 갠지스 계곡 지역에서 특히 심각하다. 2012년 거의 2만 5,000건의 강간 사건이 보고되었지만 실제 사건의 90%는 보고되지 않는다고 알려져 있다. 지위가 낮은 카스트 출신의 여성들이 가장 많은 희생자가 되고 있지만 여성들 모두가 취약하다. 그러나 여성권익신장운동에서처럼 성폭력에 대한 항의 시위가 힘을 얻고 있다. 여성권익신장운동 단체로 활동하고 있는 '굴라비 갱(Gulabi Gang)'의 회원들은 핑크색 사리를 입고 방어를 위해 대나무 막대를 지니고 다닌다(그림 12.41). '굴라비 갱'은 최근 인도 영화에 여러 차례 등장하였으며 일부 IT 기업으로부터 재정적 후원을 얻었다.

그림 12.41 **굴라비 갱** 인도 북부 지역의 풀뿌리 페미니스트 단체인 '굴라비 갱'은 여성의 권익신장과 여성 억압에 대한 투쟁 활동을 전개하고 있다. '굴라비 갱'의 회원들은 핑크색 사리와 방어용 대나무 막대기로 주목을 끌고 있다.

여성의 사회적 지위는 남부 아시아의 많은 지역, 특히 취업 기회가 많고 경기가 좋은 지역에서 개선되고 있다. 그러나 심지어 이 지역의 중산층 가구에서조차 여성들은 차별 대우를 겪고 있다. 실제로 지참금 요구는 일부 지역에서 증가하고 있으며, 신부의 가족이 적절한 물품을 지참금으로 제공하지 못한 경우에 젊은 신부가 살해되는 사건이 다수 발생하였다. 여성들에 대한 사회적 편견은 북부 지역에서 놀라울 정도이지만 남부 지역, 특히 인도의 케랄라 주와 스리랑카에서는 심하지 않다.

확인 학습

12.9 인도의 경제는 1991년 개혁 이후 어떻게 변화되었는가?

12.10 남부 아시아 대부분의 지역에서 사회적·경제적 발전 수준에 격차가 나타나는 이유는 무엇인가?

주요 용어 인도인 디아스포라

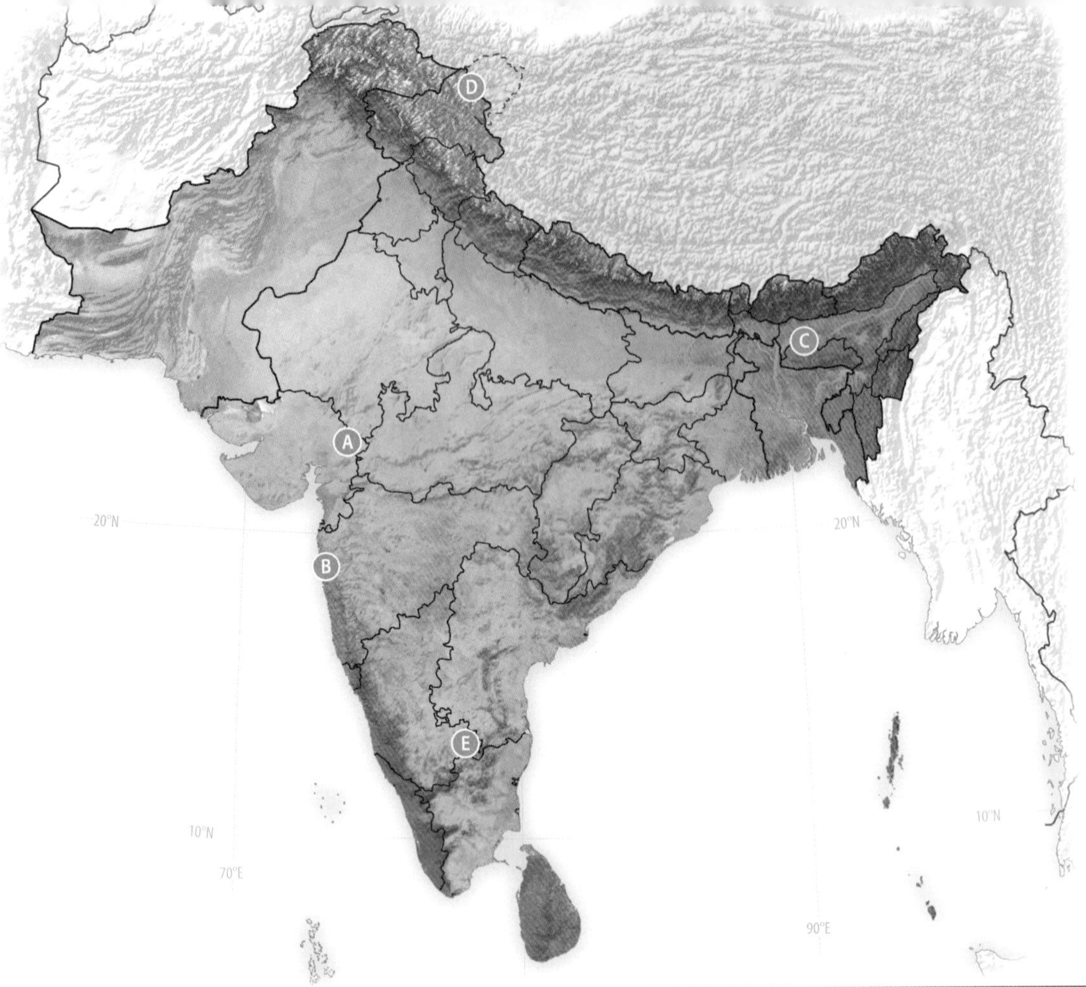

요약

자연지리와 환경 문제

12.1 **히말라야 산맥과 인더스 강 및 갠지스 강의 비옥한 평야 지대 사이의 지질학적 관계를 기술하라.**

12.2 **몬순풍이 어떻게 생성되는지 설명하고 남부 아시아에서 몬순풍의 중요성을 기술하라.**

환경의 질적 저하와 불안정성은 남부 아시아에서 심각한 문제이다. 몬순 기후는 홍수와 가뭄을 발생시키는데 그 피해는 전 세계의 다른 지역에서보다 훨씬 심각하다. 기후 변화에 따른 해수면 상승은 몰디브에 큰 위협이 되고 있으며 몬순 기후에 의존한 농업 체계를 갖춘 인도, 파키스탄, 방글라데시에 심각한 영향을 준다.

1. 인도가 그림 A와 같은 거대한 운하를 건설하려는 이유는 무엇인가?
2. 인도에서 댐과 운하 건설에 대해 강한 반대가 제기되는 이유는 무엇인가? 그리고 관개용수가 사막 지역에 공급될 때 어떤 잠재적 문제가 발생할까?

인구와 정주

12.3 **남부 아시아의 인구 성장 패턴이 과거 수십여 년 동안 변화된 방식을 기술하고 이 지역에서 나타나는 인구 성장 패턴의 차이를 설명하라.**

12.4 **남부 아시아 주요 도시의 폭발적 성장의 원인을 제시하고 메가시티의 출연에서 나타나는 혜택과 문제점을 나열하라.**

인구 조밀 지역에서 지속된 인구 증가를 주목할 필요가 있다. 최근 출산율이 감소했으나 파키스탄, 인도 북부 지역, 방글라데시는 팽창하는 인구에 의해 증가하는 수요를 쉽게 충족시키지 못하고 있다. 사회적 · 정치적 불안정성이 심화되면서 도시 규모가 급증하고 있으며, 농촌 인구는 조밀해지고 있다.

3. 인도에서 그림 B에서와 같은 불량 주택군이 대도시 내와 그 인근에서 급증하고 있는 이유는 무엇인가?
4. 인도 정부는 어떻게 불량 주택군의 증가를 막고 있으며, 슬럼 거주 인구의 주거 환경을 개선시키기 위해 어떤 방안을 도입하고 있는가?

문화적 동질성과 다양성

12.5 **남부 아시아에서 힌두교와 이슬람교 사이의 관계를 역사적 흐름에 따라 요약하고 왜 오늘날 두 종교 사이에 많은 긴장감이 존재하는지 설명하라.**

12.6 **자국 내에 수많은 독특한 언어 집단이 존재하고 있는 인도와 파키스탄이 각각 국가적인 응집력의 문제를 어떻게 다루고 있는지 비교하라.**

수십여 개의 언어와 여러 개의 주요 종교가 분포하는 남부 아시아에서 다양한 문화적 유산은 다채로운 사회적 환경을 만들어내고 있다. 불행히도 문화적 차이는 갈등을 발생시킨다. 인도에서 힌두교와 이슬람교 사이의 종교 갈등이 지속되고 있고, 파키스탄과 방글라데시에서는 이슬람교를 급진적으로 해석하는 사람들 간에 충돌이 빚어지고 있다. 또한 공용어와 영어의 역할에 대한 논쟁이 전개되고 있다.

5. 이 지도(그림 C)에 나타난 바와 같이 인도 북동부의 최극단 지역에서 언어적 · 문화적 다양성이 나타나고 있는데 여기에는 어떤 역사적 · 지리적 특성이 작용하였는가?
6. 인도 북동부 지역에서 나타나는 문화적 다양성은 어떤 문제를 발생시키는가?

지정학적 틀

12.7 **왜 남부 아시아가 영국의 지배 후 정치적으로 분할되었으며, 분할의 유산이 이 지역 내에서 정치적 · 경제적 어려움을 계속해서 발생시키고 있는지 설명하라.**

12.8 **인도, 파키스탄, 스리랑카가 이들 영토 내에 새로운 독립국가를 건설하려는 반란운동에 직면해 있는 도전적 상황을 기술하라.**

남부 아시아에서 지정학적 갈등은 특히 심각하다. 파키스탄과 인도 간의 오랜 반목은 1990년대 말 핵 전쟁을 우려할 정도로까지 위험 수준에 다다랐다. 현재 양국 간의 긴장이 감소되었지만 분쟁의 원인, 특히 카슈미르 문제는 해결되지 않은 상태로 남아 있다. 인도, 파키스탄, 스리랑카는 지난 수십 년간 주요 내란에 직면해야 하였다. 인도의 중국과의 영토 분쟁 역시 해결되지 않은 상태로서 이는 인도가 미국 및 일본과, 반면에 파키스탄은 중국과 긴밀한 관계를 유지하게 만들었다.

7. 이 사진에서와 같이 중국 군대가 분쟁 중인 영토에 주둔하는 것에 대해 인도가 우려하고 있는 이유는 무엇인가?
8. 인도와 중국은 장기간 지속된 영토 분쟁을 어떻게 해결할 수 있을까? 잠재적 타협안은 실현 가능한가?

경제 및 사회 발전

12.9 **16, 17, 18세기 남부 아시아에서 유럽의 상인들이 왜 무역을 하려고 했는지, 그리고 이와 같은 과거의 행위가 오늘날 이 지역에서의 경제 개발에 어떻게 영향을 주었는지 설명하라.**

12.10 **남부 아시아의 여러 지역에서 경제적 · 사회적 개발에 어떤 차이가 있는지 요약하고 왜 그러한 차이가 두드러지는지 설명하라.**

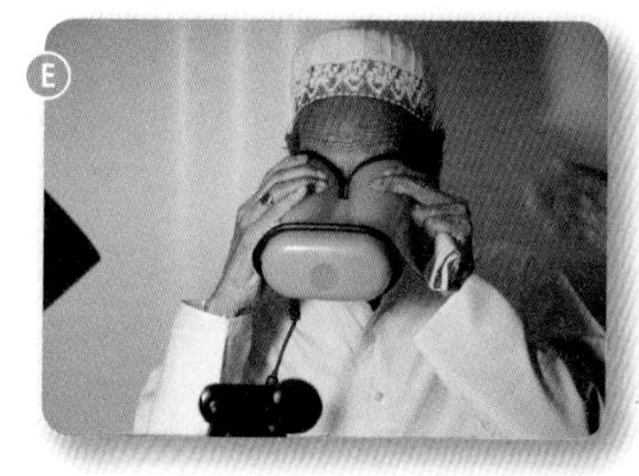

비록 전 세계에서 가장 빈곤한 지역 가운데 한 곳으로 분류되고 있지만 최근 남부 아시아 지역 대부분에서 경제 성장이 급속하게 이루어졌다. 특히 인도는 경제의 세계화를 잘 활용할 수 있는 상황에 있다. 거대한 노동력의 상당수는 교육 수준이 높고, 주요 국제 통상 언어인 영어의 구사력이 훌륭하다. 그러나 이와 같은 글로벌 커넥션이 인도의 빈민에게 도움이 되는가라는 물음이 제기된다. 자유 시장과 세계화를 옹호하는 사람들은 밝은 미래를 전망하지만 회의주의자들은 훨씬 더 많은 문제가 발생할 것이라고 본다.

9. 인도 정부가 사진, 지문, 홍채 스캔과 같은 생체 정보에 기초하여 시민들에게 고유한 식별 번호를 제공하는 데 많은 비용을 투자하고 있는 이유는 무엇인가?
10. 이와 같은 생체 정보에 기초한 식별 프로그램이 인도와 해외에서 논란이 많은 이유는 무엇인가?

데이터 분석

http://goo.gl/HzkEZO

인도에서, 특히 북서부 지역의 인구 구성에서 남성의 비율이 매우 높은데, 이는 여성의 낮은 사회적 지위를 나타내는 것이다. 이와 같은 성별 불균형이 나타나는 이유는 부분적으로는 성 감별 낙태에서 찾을 수 있다. 성 감별 낙태는 인도에서 불법이지만 광범위하게 시행되고 있다. 그러나 여기에는 남아와 여아 간에 영양 공급과 의료 진료 수준의 차이와 같은 다른 요인들도 작용한다. 인도의 계획위원회 웹사이트(http://planningcommision.nic.in/)에서 성비 자료를 찾아보라.

1. 이 데이터를 이용하여 1991년부터 2011년까지 인도 전체와 하리아나 주, 케랄라 주, 히마찰프라데시 주, 비하르 주의 성비 변화를 그래프로 그려보라.
2. 성 감별 낙태가 1970년대에 확산되었다는 사실을 고려할 때 이와 같은 낙태가 인도에서 불균형한 성비를 지속시키는 데 어떤 역할을 하였는지 기술하라. 지난 수십 년간 성 감별 낙태를 감소시키고 여아에 대한 돌봄을 개선시키기 위해 전개되어 온 사회운동의 효과를 확인할 수 있는가?
3. 앞에서 작성한 4개 주에 대한 그래프에 나타난 추세선을 비교하라. 인도의 문화지리와 경제 및 사회 발전에 대한 지식을 기초로 이들 4개 주에서 나타나는 차이점의 원인을 한 문단 분량으로 작성하라.

주요 용어

고립 영토	언어 민족주의
녹색혁명	염류화
달리트	영국 동인도 회사
드라비다어족	우르두어
마오쩌둥주의	인도 아대륙
마하라자	인도인 디아스포라
몬순	자이나교
무굴제국	지형성 강우
불량 주택군	카스트 제도
비그늘 효과	힌두교
산스크리트어	힌두 민족주의
시크교	힌디어

13 동남아시아

자연지리와 환경 문제

동남아시아의 열대 우림은 생물학적 다양성을 갖추고 있어 매우 중요하지만 상업적 벌목과 농경지 확장으로 그 면적이 급감하고 있다.

인구와 정주

동남아시아의 하곡, 삼각주, 화산토 분포 지역은 인구밀도가 높지만 대부분의 산악 지대에서는 여전히 인구밀도가 낮다.

문화적 동질성과 다양성

동남아시아는 언어적 · 종교적 다양성이 크다. 그러나 이 지역의 대부분은 종교 및 민족 분쟁을 겪고 있다.

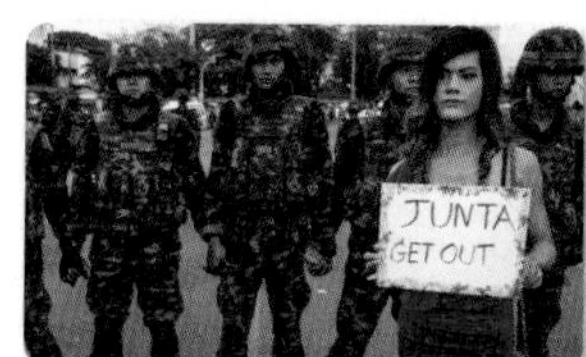

지정학적 틀

동남아시아는 전 세계에서 가장 지정학적으로 통합된 지역 가운데 하나로, 거의 모든 국가가 동남아시아국가연합(ASEAN)의 회원국이다.

경제 및 사회 발전

동남아시아는 전 세계에서 가장 고립되고 빈곤한 지역인 동시에 가장 세계화되고, 역동적인 경제 체제를 갖추고 있다.

◀ 부유한 도시국가인 싱가포르는 현대적인 건축물과 호화로운 쇼핑몰로 유명하다. 사진은 관광객들이 마리나베이샌즈의 '쇼퍼'라고 불리는 몰에 설치된 실내 운하에서 보트를 타고 있는 모습을 촬영한 것이다.

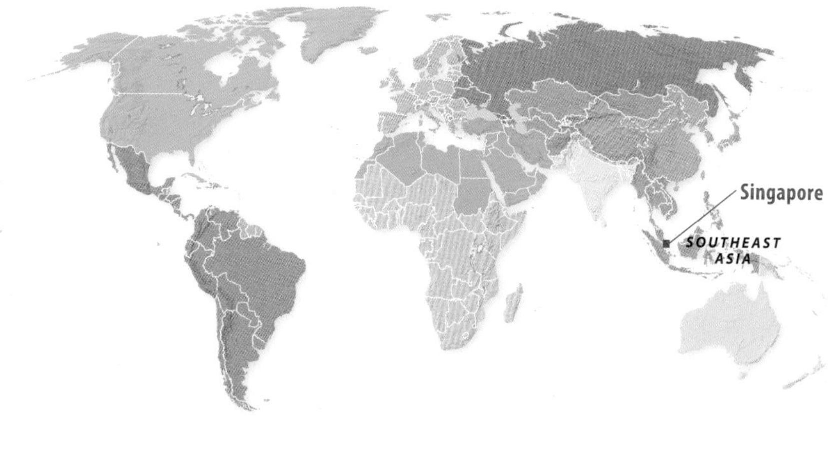

동남아시아의 도시라고 하면 일반적으로 암울한 불량 주택과 제멋대로 분포하는 슬럼을 떠올리게 된다. 그러나 이와 같은 이미지와 전혀 반대의 고급 쇼핑몰을 상상해 보라. 싱가포르의 몰은 세계적으로 유명한데 전 세계의 부유한 고객들과 중국 관광객을 대상으로 운영되고 있다. 5성급 호텔 내에 위치하고 4개 층으로 이루어진 만다린 갤러리가 좋은 예가 될 수 있다. 싱가포르의 소매업과 위락 중심지인 오차드 로드에 위치한 만다린 갤러리의 웹사이트는 놀라울 정도로 다양한 고급 상점들이 늘어서 있는, 패션 리더들을 위한 쇼핑 천국이라고 소개하고 있다. 싱가포르는 동남아시아에서 고급 상점들이 분포하는 유일한 도시가 아니다. 2012년에서 2013년 사이 동남아시아 전체에서 명품 시장 점유율은 11% 증가하였다.

물론 고급 사치품 소매업은 동남아시아 도시 환경의 일부분만을 나타낸다. 싱가포르를 제외하고 이 지역의 모든 주요 도시에는 슬럼이 분포한다. 동남아시아는 발전 수준에서 극단적인 격차가 나타나는 곳이다. 물론 세계 어느 곳에서도 이러한 특징이 나타나지만 동남아시아에서 부의 격차는 특히 두드러진다. 싱가포르는 전 세계에서 가장 부유하고 기술이 발달한 국가이지만 라오스는 아시아 최빈국에 속한다.

그러나 라오스뿐만 아니라 버마(미얀마), 캄보디아, 동티모르를 포함하여 이 지역에서 가장 빈곤한 국가들은 최근 급속한 경제 성장을 이루었다. 이와 같은 경제 성장은 국제 통상과 해외로부터의 투자 증가, 특히 중국과의 교역과 투자 증대에 기인한 것이다. 지난 30년 동안 동남아시아 국가들에서는 어떤 개발도상국에서보다 세계화가 빠르게 진행되었는데 이는 세계화의 약속과 위험을 모두 드러내고 있다.

동남아시아 국가들에서는 어떤 개발도상국에서보다 세계화가 빠르게 진행되었는데 이는 세계화의 약속과 위험을 모두 드러내고 있다.

학습목표

이 장을 읽고 나서 다시 확인할 것

- 13.1 동남아시아의 지체구조운동과 기후 유형이 이 지역의 경관, 취락, 개발 등에 어떤 영향을 주었는지 기술하라.
- 13.2 동남아시아의 여러 지역에서 나타난 산림 파괴와 서식지 훼손의 원인은 무엇이며, 이 지역에 영향을 주고 있는 또 다른 환경 문제는 무엇인지 기술하라.
- 13.3 동남아시아에서 플랜테이션 농업, 벼 재배, 화전 경작 등의 차이가 어떻게 취락 패턴에 반영되었는지 기술하라.
- 13.4 동남아시아의 발전에 있어 종주도시와 메가시티(인구 1,000만 명 이상 도시) 중심지의 역할을 기술하고, 지도에서 메가시티의 위치를 찾아보라.
- 13.5 동남아시아의 주요 종교 분포를 지도화하여 전 세계 여러 지역으로부터 동남아시아로 종교가 확산된 방식을 확인하고 종교 다양성의 역할을 논의해 보라.
- 13.6 동남아시아에서 문화의 세계화에 대한 논쟁과 관련하여 일부 사람들은 세계화에 대해 찬성하는 반면 일부 사람들은 반대하고 있는 이유는 무엇인지 설명하라.
- 13.7 동남아시아국가연합의 회원국을 제시하고, 이 조직이 동남아시아의 지정학적 관계에 어떤 영향을 주고 있는지 설명하라.
- 13.8 동남아시아 지도에서 주요 민족 분쟁 지역을 확인해 보고 왜 이 지역 내 일부 국가들이 심각한 분쟁을 겪고 있는지 설명하라.
- 13.9 동남아시아에서 왜 경제와 사회 발전 수준에 차이가 심한지, 대륙부에 위치한 국가와 도서 국가에서 각각 예를 들어 설명하라.

동남아시아는 일찍부터 세계에 문호를 개방하였다. 동남아시아와 중국 및 인도와의 교류의 역사는 수 세기를 거슬러 올라간다. 후에 서남아시아와의 교역으로 이슬람교가 전해졌으며 오늘날 인도네시아는 전 세계에서 가장 무슬림 인구가 많은 국가이다. 영국, 프랑스, 네덜란드, 미국이 동남아시아의 대부분을 식민 통치하면서 서구의 영향을 받았다. 동남아시아의 자원과 전략적 위치로 인해 이 지역은 제2차 세계대전 기간 주요 전투지가 되었다. 그러나 1945년 세계대전 종식 후 오랜 시간이 지난 뒤에 이 지역에서 또 다른 전쟁이 지속되었다. 식민 강대국들이 철수하고 신흥 독립국가가 들어서면서, 동남아시아는 세계 열강의 각축장이 되었다. 동남아시아 대부분의 지역에서 중국과 소비에트 연방의 지지를 얻은 공산주의 세력은 영토를 장악하기 위해 전쟁을 일으켰다.

공산주의가 베트남, 라오스, 캄보디아에서 위세를 떨쳤지만 이 국가들은 후에 세계 시장에 경제를 개방하였다. 오늘날 동남아시아가 직면하고 있는 다수의 경제적 · 민족적 문제로 자본주의와 공산주의 간의 투쟁은 더 이상 관심을 끌지 못하고 있다. 동남아시아의 다양한 국가들은 현재 우호적인 관계를 유지

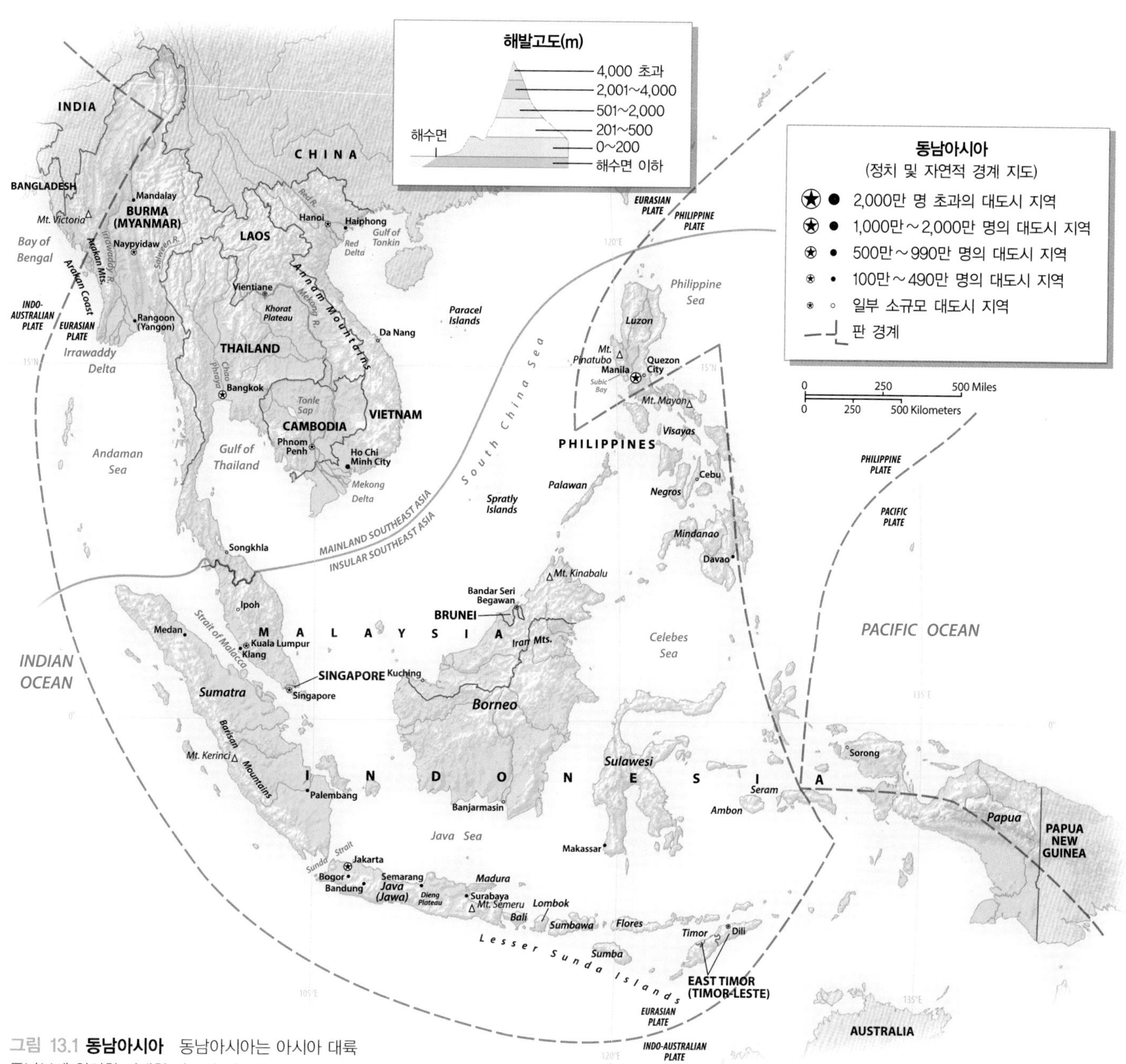

그림 13.1 **동남아시아** 동남아시아는 아시아 대륙 동남부에 위치한 거대한 반도와 서쪽과 동쪽으로 흩어져 있는 다수의 제도를 포함하고 있다. 동남아시아는 일반적으로 2개의 소지역으로 구분할 수 있다. 버마(미얀마), 태국, 라오스, 캄보디아, 베트남을 포함하는 동남아시아 반도 지역과 인도네시아, 필리핀, 말레이시아, 브루나이, 싱가포르, 동티모르를 포함하는 섬들로 이루어진 지역이다. 말레이시아는 반도의 끝부분과 보르네오 섬 북부의 대부분을 포함한다.

하고 있다. **동남아시아국가연합**(Association of Southeast Asian Nations, ASEAN)은 지역협력기구로서 동티모르를 제외하고 이 지역의 모든 국가를 회원으로 포함하고 있다.

동남아시아에는 공간적 범위, 인구, 문화적 특성에서 상당히 다른 11개의 국가가 포함된다(그림 13.1). 이들 국가는 지리적으로 아시아 대륙에 위치한 국가(대륙부에 속한 동남아시아)와 도서 지역에 분포한 국가(동남아시아 제도)로 구분된다. 대륙부에 위치한 국가로는 버마, 태국, 캄보디아, 라오스, 베트남이 포함된다. 버마가 이들 국가 가운데 가장 영토 면적이 넓지만 베트남은 인구 9,100만 명으로 대륙부에서 가장 인구 규모가 크다.

동남아시아의 도서 지역 국가들 가운데에는 인도네시아, 필리핀, 말레이시아의 영토 면적이 큰 반면, 싱가포르, 브루나이, 동티모르의 영토 면적은 작은 편이다. 말레이시아는 문화적·역사적 배경에 의해 도서로 구분되지만 대륙부와 도서 지역으로 분할되어 있다. 말레이시아 영토의 일부가 대륙부의 말레이 반도에 위치하며, 나머지 영토는 약 480km 떨어진 곳에 위치한 거대한 섬인 보르네오 섬에 포함되어 있다. 보르네오 섬에는 약 40만 명의 인구를 가진, 영토가 작지만 석유 매장량이 많은 국가인 브루나이도 위치한다. 싱가포르는 도시국가로서 말레이 반도 남쪽의 작은 섬에 위치한다.

인도네시아는 도서 국가로서 서부의 수마트라 섬으로부터 동부의 뉴기니까지 4,800km(대략 뉴욕으로부터 샌프란시스코까지의 거리임)에 걸쳐 분포하며, 1만 3,000개 이상의 도서를 포함하고 있다. 인도네시아는 동남아시아의 어떤 국가보다 면적이 넓으며, 인구 규모도 가장 크다. 인도네시아 인구는 2억 5,200만 명으로 전 세계에서 네 번째로 인구가 많은 국가이다. 필리핀은 적도 북쪽에 위치하며, 1억 명의 인구가 7,000개의 크고 작은 섬에 분포한다.

동남아시아의 두 국가에서 국명에 관한 논쟁이 있었다. 1989년 이후 버마 정부는 영문 국명을 Myanmar라고 주장하였다. 현재 버마와 미얀마라는 국명이 모두 사용되고 있지만 버마어로는 버마를 'Bama', 미얀마를 'Myanma'라고 표기한다. 미국, 영국, 캐나다 정부뿐만 아니라 버마의 민주주의 운동 세력 역시 버마라는 국명을 계속해서 사용해 왔다. 이 책에서도 버마라는 국명을 사용한다. 동티모르의 공식 국명인 티모르 레스테(Timor-Leste)는 버마보다 논쟁의 여지가 적은 편이다. 레스테(Leste)가 포르투갈어로 동쪽을 나타내기 때문에 이 책을 포함하여 대부분의 영어권 서적이나 문서에서는 좀 더 친숙한 동티모르를 계속해서 사용한다.

자연지리와 환경 문제 : 과거 산림으로 뒤덮였던 지역

동남아시아는 북회귀선의 북쪽으로 뻗어 있는 버마 북부를 제외하고 거의 전 지역이 열대 지역에 속한다. 동남아시아 도서 지역 대부분은 적도에 위치하기 때문에 1년 내내 폭우가 쏟아진다. 그 결과 열대 우림은 도서 지역 전체를 덮고 있다. 20세기 중반 이후 삼림 벌채가 급속한 경관 변화를 가져왔다.

도서 지역과 달리 동남아시아 대륙부 대부분은 적도 지역 바깥에 분포하는데 이 지역에서는 장기간 지속되는 건조 기후로 열대 우림의 식생이 성장하지 못한다. 그러나 생태적으로 다양성이 적은 열대 '습윤 및 건조' 기후대의 삼림에는 벌목인들이 선호하는 티크와 기타 수종이 포함되어 있다.

자연지리적 패턴

동남아시아 도서 지역과 대륙부의 삼림에서 나타나는 수종의 차이는 기후의 차이를 반영하는 것이다. 지형과 자연 환경의 기타

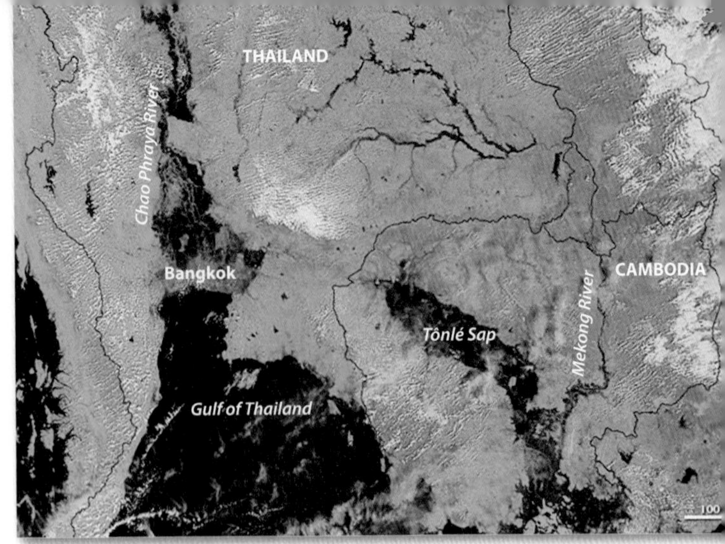

그림 13.2 **홍수로 잠긴 태국 중부와 캄보디아** 이것은 2011년 후반 짜오프라야 강이 범람했을 때 촬영된 위성 영상 이미지로 태국 중부 지역에 위치한 짜오프라야 강의 평탄하고 비옥하며 하천수의 공급이 원활한 삼각주와 저지 계곡을 확인할 수 있다. 홍수로 불어난 캄보디아의 톤레 삽 대호수도 이 이미지에서 뚜렷하게 나타난다.

측면에서 나타나는 차이 역시 세부 지역 구분에 반영된다.

대륙부의 환경 동남아시아의 대륙부는 거대한 하천에 의해 형성된 광대한 저지와 험준한 고지로 이루어져 있다. 티베트 서부와 중국 중남부에 분포하는 산맥이 지역의 북부 경계를 이루고 있다. 버마 최북단에 위치한 산정부의 해발고도는 5,500m에 이른다. 산맥은 이 지점으로부터 버마와 태국 국경을 따라, 그리고 라오스를 지나 베트남 남부로 뻗어 있다.

여러 개의 대하천이 티베트로부터 인접한 고지를 거쳐 동남아시아 대륙부로 흘러간다. 이들 하천의 계곡과 삼각주는 대륙부에 속한 동남아시아 지역의 인구 분포와 농업의 중심지라고 할 수 있다. 가장 유로가 긴 하천은 메콩 강으로서 라오스와 태국을 거치고 캄보디아를 가로질러 베트남 남부의 거대한 삼각주를 지나 남중국해로 흘러간다. 두 번째로 유로가 긴 하천은 이라와디 강으로서 버마의 중부 평원을 거쳐 벵골 만에 이른다. 2개의 작은 하천도 중요한데, 송꼬이 강은 베트남 북부의 인구가 조밀하게 분포하는 삼각주를 형성하며 짜오프라야 강은 태국 중부에서 비옥한 충적 평원을 형성하였다(그림 13.2).

대륙부에 속한 동남아시아의 중심부는 태국의 코랏 고원으로, 험준한 고지나 비옥한 하곡이 아니다. 이와 같은 저지의 사암 고원은 평균 고도가 높이 175m에 이르며, 토양이 척박하다. 물 부족과 주기적인 가뭄이 이 방대한 지역 전체에서 심각한 문제로 인식되고 있다.

몬순의 영향 대륙부에 속한 동남아시아 지역 대부분은 계절에 따라 풍향이 바뀌는 몬순의 영향을 받는다. 이 지역의 기후는 5월부터 10월까지 매우 더운 우기가 특징이다. 이 우기 다음에는 11월부터 4월까지 건조하지만 여전히 기온이 높은 시기가 지속된

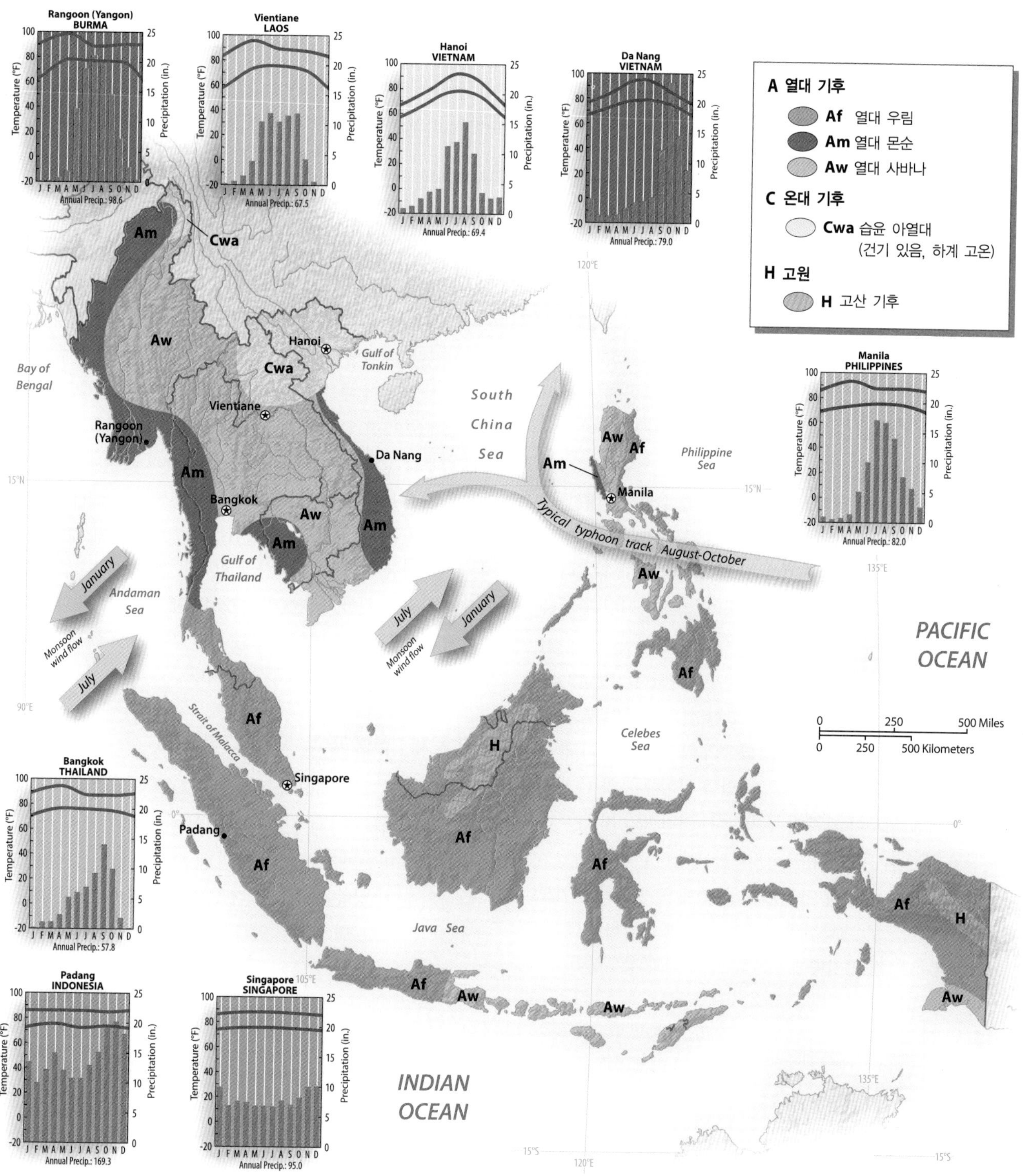

그림 13.3 **동남아시아의 기후 지도** 동남아시아의 도서 지역 대부분에서는 적도대의 무덥고 습한 기후가 특징적으로 나타난다. 이에 비해 동남아시아 대륙부에서는 열대 몬순 및 열대 사바나 형태의, 계절에 따라 습하고 건조한 기후가 나타난다. 최북단에서만 상대적으로 겨울이 서늘한 아열대 기후가 나타난다. 이 지역의 북부는 계절에 따라 풍향이 바뀌는 몬순풍에 영향을 받는다. 동남아시아의 북동부, 특히 필리핀은 8월부터 10월까지 태풍의 영향을 받는다.

다(그림 13.3). 베트남의 중부 고지와 소수의 해안 지대에서만 이 시기 동안 상당량의 강수가 나타난다.

두 종류의 열대 기후가 대륙부에 속한 동남아시아 지역에서 우세하게 나타난다. 이 두 기후는 몬순에 의해 영향을 받지만 연중 총 강수량에서 차이가 있다. 해안 지대와 고지에서는 열대 몬순 기후(Am)가 우세하다. 이 기후에서 강수량은 연평균 250cm

이상이다. 대륙부의 많은 지역은 열대 사바나 기후(Aw)에 속하며, 이 기후대에서는 연간 총 강수량이 열대 몬순 기후의 절반에 해당한다. 버마 중부의 건조 지대에서 강수량은 훨씬 적으며, 가뭄이 일반적이다.

도서 지역의 환경 동남아시아 도서 지역은 대륙부에 속한 곳보다 지질학적으로 덜 불안정한데 4개의 지각판, 즉 태평양판, 필리핀판, 인도-오스트레일리아판, 유라시아판이 이곳에서 교차한다. 수천 년 동안 지각판의 움직임으로 이 지역 도서에 다수의 거대한 폭발성 화산이 형성되었다. 이렇게 지질학적 활동성이 크기 때문에 지진, 유독한 이화산, **쓰나미**(tsunamis)를 포함해 다수의 자연재해가 발생한다. 2004년 12월 수마트라 해안에 가까운 해저에서 지진이 발생해 23만 명의 동남아시아 및 남부 아시아 지역 사람들이 목숨을 잃었다.

인도네시아에는 수천 개의 섬이 분포하지만 4개의 거대한 섬인 수마트라, 칼리만탄(보르네오), 자바, 술라웨시가 주요 영토를 이룬다. 인도네시아는 또한 자바 섬 동쪽에 위치한 뉴기니의 서쪽 절반과 소순다 열도를 포함하고 있다. 휴화산이었던 시나붕 산이 2013년 후반에서 2015년 2월까지 수차례 폭발하여 수천 명의 사람들이 거처를 다른 곳으로 옮겨야만 하였다(그림 13.4). 필리핀에서 가장 규모가 크고, 가장 중요한 섬은 북쪽의 루손 섬(미국 오하이오 주 정도의 크기임)과 남쪽의 민다나오 섬(미국 사우스캐롤라이나 주의 크기임)이다. 이 섬들 사이에는 약 12개의 섬으로 이루어진 비사야 제도가 위치한다. 필리핀의 지형은 다수의 화산과 함께 험준한 지형의 고지대를 포함하고 있다.

동남아시아 도서 지역의 기후는 섬들이 매우 광범위한 위도대에 걸쳐 분포하므로 대륙부의 기후보다 훨씬 복잡하다. 인도네시아의 대부분은 적도 지대에 위치하며, 그 결과 강우량이 1년 내내 균등하다(파당의 기후 그래프 참고). 그러나 인도네시아 남동부와 동티모르에서는 6월부터 10월까지 긴 건기가 나타난다. 필리핀의 대부분의 지역에서는 11월부터 4월까지 건기가 지속된다(마닐라의 기후 그래프 참고).

태풍의 위협 대륙부에 속한 동남아시아 지역의 해안 지대와 필리핀은 태평양 서쪽 지역에서 형성되는 **태풍**(typhoon)이라고 불리는 열대성 사이클론에 매우 취약하다. 이 강력한 폭풍은 파괴적인 바람과 집중호우를 동반한다. 매년 다수의 태풍이 동남아시아를 강타해 홍수와 산사태로 엄청난 규모의 사망자와 피해를 발생시킨다. 사람들이 경사가 급한 구릉 사면에서 산림을 제거하고 농사를 짓기 때문에 이 문제의 심각성이 더 클 수밖에 없다.

필리핀은 특히 열대성 사이클론에 취약하다. 2013년 11월 필리핀 중부를 강타했던 태풍 하이엔은 대규모 산사태를 발생시킨 가장 강력한 태풍이었다(그림 13.5). 이 태풍으로 6,300명이 사망하였으며, 1,400만 명이 피해를 입었고, 미화 120억 달러의 손실이 발생하였다. 태풍이 지나가자 필리핀 정부는 지속 가능한 장기간의 복구를 위한 미화 37억 달러의 재건안을 수립하였다. 이 계획에 의하면 100만 명이나 되는 사람들이 가장 취약한 중부 지역으로부터 타 지역으로 이주될 것이다.

환경 문제 : 산림 파괴, 오염, 그리고 댐

산림 파괴는 동남아시아에서 중요한 환경 문제이며, 이외에도 다수의 환경 관련 문제가 발생하고 있다. 대부분의 개발도상국가들에서와 마찬가지로 대기 오염과 수질 오염이 수백만 명의 사람들의 삶에 영향을 주고 있다. 동남아시아에서 최근에 나타난 환경 문제로는 댐 건설이 있다.

그림 13.4 **시나붕 산의 폭발** 인도네시아는 화산 폭발로 잘 알려져 있는데 화산 폭발은 광범위한 지역에 피해를 입히지만 비옥한 토양도 형성시킨다. 2014년과 2015년 초 수마트라 북부에 위치한 시나붕 산이 폭발하여 수많은 사람들이 안전을 위해 다른 곳으로 대피하였다.

그림 13.5 **태풍 하이엔** 필리핀은 2012년 태풍 보바와 2013년 하이엔을 포함하여 다수의 열대 폭풍으로 심각한 피해를 입었다. Q : 필리핀의 자연지리와 인문지리적 특징들 가운데 무엇이 이 나라를 사이클론의 피해에 특히 취약하게 만들고 있는가?

산림 파괴의 패턴

산림 파괴와 이와 연관된 환경 문제가 동남아시아 대부분의 지역에서 주요 이슈가 되고 있다(그림 13.6). 인도네시아와 같은 국가들이 산림을 제거하고 농지를 확대하려 하지만 인구 증가가 산림 파괴의 주된 이유가 아니다. 대부분의 산림 벌목은 목재 상품이 전 세계 지역으로 수출되면서 이루어졌다. 초기에는 일본, 유럽, 미국이 주요 수입국이었지만 중국의 공업화가 시작되면서 그 수요가 증가하였다. 벌목꾼들이 지나간 후 산림이 제거된 토지에는 기름야자수와 기타 수출용 작물이 재식되었다(그림 13.7).

말레이시아는 오랫동안 동남아시아의 주요 열대 목재 수출국 가운데 하나였다. 말레이 반도에 속한 말레이시아 지역에서는 1985년까지 대부분 벌채가 이루어졌으며, 이때 벌목에 대한 금지가 이루어졌다. 그 이후로 벌목은 보르네오 섬에 위치한 사라왁 주와 사바 주에서 집중적으로 발생하였다. 이 지역에서 말레이시아와 외국 기업들이 벌목 허가를 얻으면서 이 지역 토착민들의 전통적인 자원 기반이 파괴되었고 그 결과 심각한 문제가 발생하였다.

그림 13.6 **동남아시아의 환경 문제** 반세기 전 동남아시아는 전 세계에서 가장 조밀하게 산림으로 뒤덮였던 지역 가운데 하나였다. 그러나 태국, 필리핀, 반도부의 말레이시아, 수마트라 섬, 자바 섬에 분포한 열대 우림의 대부분이 상업적 벌목과 농업에 의해 파괴되었다. 더구나 칼리만탄(보르네오 섬), 버마, 라오스, 베트남의 산림은 현재 빠르게 제거되고 있다. 토양 침식뿐만 아니라 수질 오염과 도시의 대기 오염 또한 동남아시아에서 만연한 환경 문제이다.

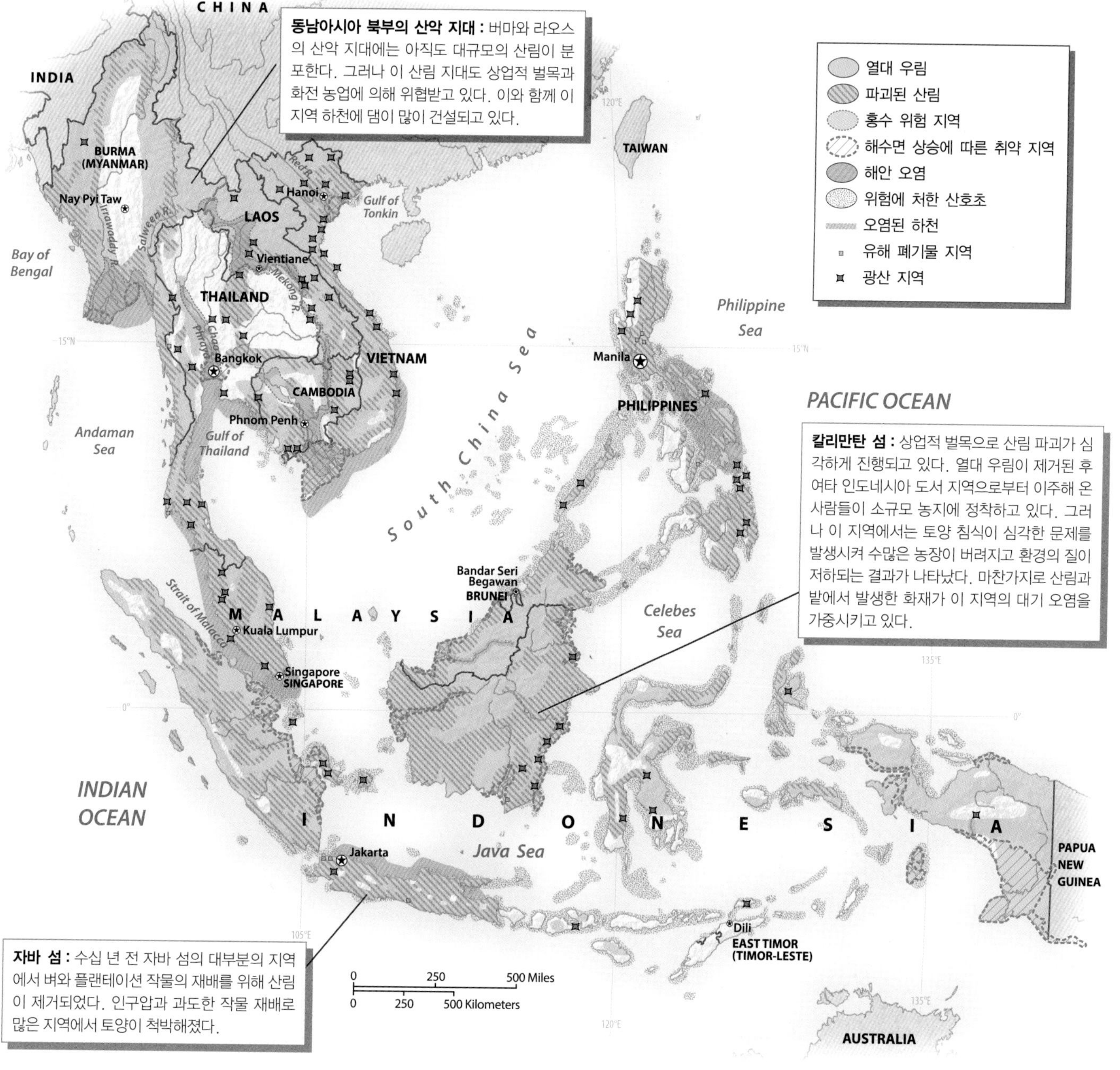

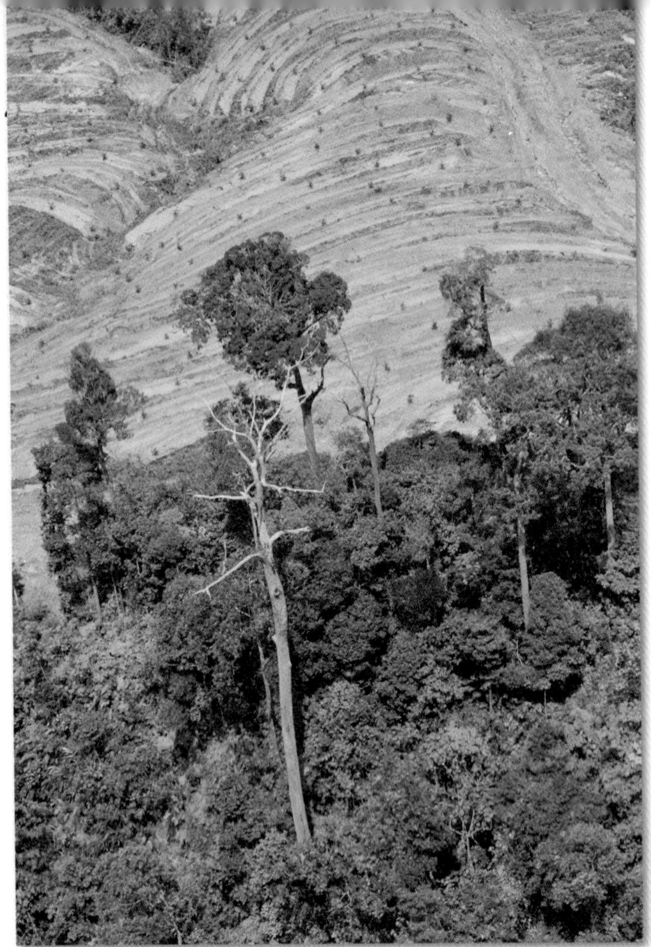

그림 13.7 **산림 제거** 동남아시아의 도서 지역에는 전 세계에서 가장 생물학적으로 다양한 열대 우림이 분포한다. 불행히도 이 지역 산림의 많은 부분이 제거되었다. 인도네시아 파푸아 주에서 촬영된 이 사진에서처럼 산림은 벌목 후 기름야자수 플랜테이션으로 대체된다.

태국에서는 1960~1980년 산림의 50% 이상이 제거되었다. 이와 같은 손실이 있은 후 일련의 벌목 금지 조치가 이루어졌으며, 1995년까지 상업용 산림이 사실상 모두 제거되었고 그 피해는 심각하였다. 저지대에서 홍수가 증가하였으며, 경사지의 침식이 관개시설과 수력 발전 댐에 토사가 축적되게 하는 등의 문제를 발생시켰다. 이와 같은 절개지에 성장 속도가 빠른 오스트레일리아의 유칼립투스를 심었으나 이 수종은 지역의 야생생물에 지지기반이 되지 않고 있다. 더구나 태국에서 벌목이 금지되면서 버마를 비롯하여 라오스와 캄보디아의 벽지에서 불법적 벌목이 증가하였다.

동남아시아에서 가장 면적이 큰 인도네시아는 동남아시아 지역 산림지의 2/3, 전 세계 열대 우림의 약 10%를 포함하고 있다. 그러나 수마트라 섬의 산림 대부분이 제거되었으며, 보르네오 섬의 산림도 급속히 감소하고 있다. 인도네시아의 마지막 산림 미개척지는 뉴기니 섬에 위치하며, 이곳의 산림은 아직까지 보존되어 있다. 인도네시아는 남아 있는 산림을 보존하기 위해 노력하고 있다. 예를 들어 보르네오 섬의 쿠타이 국립공원은 30만 헥타르 이상에 걸쳐 뻗어 있다. 인도네시아의 생태 보전 담당자들은 이곳과 그밖의 지역에 보호구역을 지정함으로써 현재 보르네오 섬과 수마트라 섬 북부의 제한구역 내에 생존하고 있는 오랑우탄을 포함한 여러 동물종이 야생에서 서식할 수 있기를 희망하고 있다.

산불 연기와 대기 오염

최근까지 동남아시아 사람들 대부분은 도시 스모그와 산림 벌목으로부터 발생한 연기가 결합되면서 광범위한 지역에서 발생하고 있는 대기 오염에 대해 우려하지 않았다. 1990년대 말, 이 지역에서 2년간 심각한 대기 오염이 발생하면서 사람들이 관심을 갖게 되었다(그림 13.8). 비록 상황이 개선되었지만 연무가 이 지역을 계속해서 뒤덮고 있다. 2013년 수마트라 섬 북부에서 화재로 발생한 연기가 보르네오까지 확산되면서 싱가포르와 말레이시아 대부분의 지역에서 기록적인 수준의 대기 오염이 발생하였다.

자연적 · 경제적 요인들을 포함하여 여러 가지 문제가 1990년대 말 이 지역의 대기 오염 재해를 발생시켰다. 첫째, 동남아시아 도서 지역의 대부분이 엘니뇨(제4장에서 논의함)에 의한 심각한 가뭄을 겪었으며, 그 결과 정상적으로는 습윤한 열대 우림이 매우 건조한 상태로 바뀌었다. 이 가뭄은 칼리만탄 섬의 해안 지대에 분포하는 토탄 늪지대를 메마르게 만들었으며, 화재가 시작된 후 수개월 동안 연소가 이어졌다(**지속 가능성을 향한 노력 : 환경적으로 책임 있는 팜유 산업을 조성하기 위한 새로운 노력 참조**). 둘째, 상업적 벌목이 수많은 화재를 발생시켰는데 벌목 후 남은 잔재(가지와 작은 수목 등)를 불태워 토지를 개간했기 때문이다. 세 번째 요인은 동남아시아에서 급속히 성장하고 있는 도시들인데, 도시에서는 자동차, 트럭, 공장 등에서 엄청난 양의 오염 물질이 배출되고 있다.

그림 13.8 **도시의 대기 오염** 대기 오염이 동남아시아의 급속하게 공업화가 이루어지고 있는 도시들, 특히 방콕, 마닐라, 자카르타에서 위기 단계에 이르렀다. 사람들은 검댕과 그밖의 입자 물질을 걸러내기 위하여 마스크를 써야 한다. 벌채 후에 뒤따르는 산불이 문제를 가중시키고 있다.

지난 수십 년간 동남아시아의 여러 도시들은 자동차 배출 가스를 줄이기 위한 철도 기반 대중교통 체계를 확립하였다. 특히 방콕에서는 개선 정도가 커서 오존과 이산화황의 수준이 상당히 감소하였다. 필리핀 마닐라에서는 대기의 질이 더 악화되고 있지만 새로운 교통 계획이 이를 개선할 것이다. 또한 산불과 연기로부터 발생하는 문제를 해결하기 위한 노력이 전개되어왔다. 2014년 인도네시아에서 마침내 인준된 초국경 연무 오염에 관한 동남아시아국가연합의 협약이 특히 중요하다.

동남아시아의 댐 건설

중국이 자국 내 에너지 수요 충족을 위해 재정 지원을 하고 직접 건설하고 있는 라오스, 버마, 캄보디아에서의 댐 건설은 특히 많은 논쟁을 불러일으켰다. 라오스는 메콩 강에 12개를 포함하여 총 30개의 새로운 댐 건설을 통해 2014년 3,200메가와트에서 2030년 1만 2,000메가와트로 수력 발전량을 증가시킬 계획을 갖고 있다. 환경단체들은 이와 같은 댐이 생물학적 다양성을 감소시키고 지역민들의 삶을 위협할 것이라고 주장한다. 메콩 강에 댐이 건설되면 민물 어업이 가장 큰 위협을 받게 될 것인데, 메콩 강 삼각주는 이미 그 면적이 감소하고 있다(그림 13.9). 과학자들은 300kg에 달할 수 있는 메콩 대형 메기를 포함하여 20종에 달하는 어종이 댐 건설로 멸종할 수 있다고 경고한다.

라오스 정부는 비록 모든 계획을 대중에게 공개하지 않았지만 이와 같은 비판에 대응하여 일부 어종의 이동을 가능하게 하고 퇴적 작용을 감소시키기 위해 댐의 위치를 상류로 변경하였다. 그러나 라오스는 댐 건설이 빈곤을 감소시키고, 다량의 이산화탄소 배출 없이 전력을 생산할 수 있는 최선의 방법이라고 주장하며 야심찬 댐 건설 계획을 계속해서 진행하기로 결정하였다. 대부분의 동남아시아 국가 경제는 높은 성장률을 보여주었고, 그 결과 이 지역의 에너지 수요와 이산화탄소 배출은 급속하게 증가하고 있다.

그림 13.9 메콩 강 메콩 강은 전 세계에서 가장 크고 가장 생태학적으로 생산적인 하천이다. 이 강은 댐 건설로 위협받고 있다.

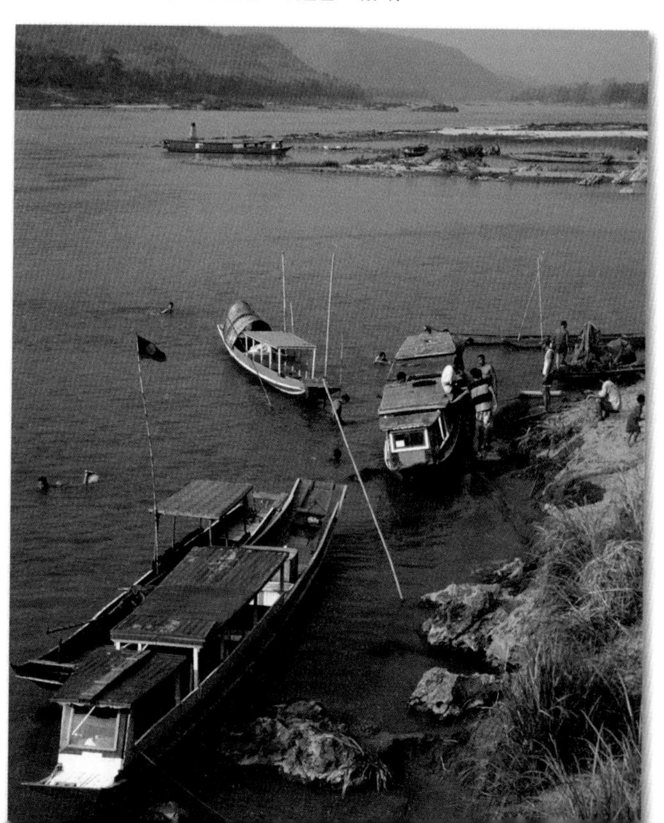

기후 변화와 동남아시아

2014년 UN 보고에 따르면 기후 변화는 동남아시아의 도시와 농업 지역을 강타할 것이다. 이 지역은 지구 온난화와 관련된 해수면 상승에 매우 취약하다. 동남아시아인 대부분이 해안 지대에 거주하고 있기 때문에, 주기적인 홍수는 저지대에 위치한 많은 도시들, 특히 방콕과 마닐라에서 심각한 문제를 발생시키고 있다. 또한 동남아시아의 농경지는 삼각주에 집중 분포하여 염수의 침입과 폭풍 해일을 겪을 수 있다. 상승한 기온은 다수의 지역에서 쌀 생산량을 감소시킬 것이라고 우려된다. 또 다른 문제는 해양의 산성화로 인한 어족 자원의 감소와 해안 리조트 지역의 관광업 쇠퇴이다.

기후 변화에 따른 동남아시아에서의 강수량 변화는 불분명하다. 일부 전문가들은 몬순 패턴이 강화될 것이라고 예측하고 있으며, 이것은 대륙부에 속한 많은 지역에 강우량을 증가시킬 수 있지만 적도 지대에서는 감소시킬 수 있다. 강우량의 증가는 더 심각한 홍수를 발생시킬 가능성이 큰 반면 버마의 중부 이라와디 계곡처럼 건조 지대에서의 농업에 도움을 줄 수 있다. 일부 학자들은 대륙부에 속한 동남아시아 지역에서 가뭄과 홍수 모두 증가하게 될 것이라고 보고 있다. 2010년 동남아시아 대륙부의 북부에서 사상 최악의 가뭄이 지속되었다. 2011년 여름에는 태국에서 600만 헥타르를 침수시킨 대규모 홍수가 발생하였다.

동남아시아 지역 전체에서 일반적인 배출원으로부터 탄소 배출량은 낮은 수준이다. 그러나 산림 벌목과 관련된 온실 가스 배출을 고려하면 전 세계 기후 변화에 동남아시아가 미치는 영향은 훨씬 큰 편이다. 일부 추정치에 의하면 중국과 미국 다음으로 인도네시아가 전 세계에서 세 번째로 기후 변화에 큰 영향을 주고 있다. 인도네시아에서는 산림이 제거된 늪지대에서 토탄이 연소하면서 많은 탄소가 발생한다(그림 13.10).

그림 13.10 **화염에 휩싸인 토탄 지대** 동남아시아 습지 토양의 대부분은 토탄으로 이루어져 있는데 토탄은 건조할 때 연소하는 유기물질이다. 건조할 때뿐만 아니라 농경지 확대를 위해 습지에서 물이 제거될 때 토탄이 연소된다. 이 사진은 C130 항공기가 수마트라 섬 람풍에서 연소하고 있는 토탄 위에 물을 뿌리고 있는 모습을 촬영한 것이다.

확인 학습

13.1 동남아시아의 대륙부와 도서 지역에서 독특한 기후와 지형이 나타나는 이유는 무엇이며, 그와 같은 차이가 어떻게 두 지역의 인간 커뮤니티에 영향을 주었는가?

13.2 지난 50년간 동남아시아인들은 이 지역의 자연 경관을 어떻게 변화시켰는가? 기후 변화가 현재 자연 경관에 어떻게 영향을 주고 있으며, 미래에 어떤 영향을 미칠 것인가?

주요 용어 동남아시아국가연합, 쓰나미, 태풍

인구와 정주 : 자급, 이주, 그리고 도시

동남아시아의 인구 문제는 동아시아와 남부 아시아와는 상당히 다르다. 동남아시아 인구는 6억 명 이상으로 상대적으로 인구밀도가 높지 않다. 동남아시아 지역 대부분은 토양이 척박하고 지형이 험준하여 인구가 희박하다. 대조적으로 동남아시아에서는 삼각주, 해안 지대, 비옥한 화산토 분포 지역에서 인구밀도가 높다(그림 13.11). 동남아시아는 20세기 후반부에 급속한 인구 증가를 경험하였다. 최근에는 상대적으로 경제적 수준이 높은 지역을 중심으로 출생률이 급속히 감소하고 있다.

취락과 농업

동남아시아 도서 지역 대부분에는 집약적 농업과 고밀도의 농촌 인구를 부양할 수 없을 정도로 척박한 토양이 분포한다. 섬의 산림은 무성하고 생물학적으로 다양하지만 식물의 영양분은 토양에 저장되어 있는 것이 아니라 식물 자체에 포함되어 있다. 더구나 적도 지대에서 지속되는 강우가 토양의 영양분을 유실되게 만든다. 그러므로 농업은 연속적인 윤작과 많은 양의 비료에 의존해야만 한다.

그러나 이와 같은 일반화에도 예외가 있다. 화산 활동과 연관된, 특이하게 비옥한 토양이 동남아시아에 많은 지역에 산재하지만 자바 섬에 특히 많이 분포한다. 자바 섬은 50개 이상의 화산이 분포하는 일련의 열대 작물과 고밀도의 인구를 부양할 수 있는 비옥한 섬이다. 1억 4,300만 명의 사람들이 자바 섬에 거주하고 있지만 이 섬의 크기는 미국의 아이오와 주보다도 작다. 동남아시아 도서 지역 해안가의 비옥한 충적토 분포 지역의 인구밀도가 높은데 이곳에서 사람들은 어업과 기타 상업 활동을 통해 농업활동으로부터의 소득을 보충한다. 특히 인구가 조밀한 곳은 필리핀의 핵심지역인 루손 섬의 중부 저지대에 위치한 마닐라 시와 그 인근 지역이다.

아시아 대륙부에 속한 동남아시아 지역에서 인구는 집약 농업이 이루어지고 있는 대하천의 계곡과 삼각주에 집중되어 있는데, 고지대는 상대적으로 인구가 희박하다. 버마의 인구 집중지가 이라와디 강을 따라 나타나는 것과 마찬가지로 태국의 인구 집중의 핵심지는 짜오프라야 하곡과 삼각주에서 나타난다. 베트남에는 2개의 인구 집중 핵심지, 즉 최북단의 홍하 삼각주와 최남단의 메콩 강 삼각주가 있다.

농경 방식과 취락 형태는 동남아시아의 복잡한 환경을 가진 지역들에서 아주 다양하게 나타난다. 그러나 고지대에서의 화전 경작, 그리고 저지대에서의 플랜테이션 농업과 미작이라는 세 가지의 농업 및 취락 패턴이 분명하게 나타난다.

고지대의 화전 경작 이동 경작(shifting agriculture)이라고 불리는 **화전 농업**(swidden)은 동남아시아의 험준한 고지에서 행해진다(그림 13.12). 화전 농업 체계에서 수 에이커의 숲과 덤불이 우거진, 작은 구획의 토지에서 자라는 수목은 정기적으로 사람들이 직접 손으로 벤다. 자급 작물을 심기 전에 베어 넘어진 수목을 태워서 토양에 영양분을 공급한다. 이 경작지에서 수년 동안 생산량은 상당하며, 이후 토양의 영양분이 고갈되고 해충과 식물 질병이 퍼질 때까지 계속 감소한다. 이러한 경작지들은 수년 뒤 버려지며, 무성한 숲으로 변한다. 주기적인 벌목, 연소, 작물 재배의 사이클이 멀리 떨어지지 않은 곳에 위치한 다른 경작지로 옮겨져 이루어진다.

화전 경작은 인구밀도가 상대적으로 낮을 때는 지속 가능한 농업 형태이다. 그러나 오늘날 화전 농업은 점차 소멸 위협 속에 있다. 높은 인구밀도로 윤작 주기가 짧아지고, 이는 토양의 질을 낮춘다. 화전 농업은 또한 상업적 벌목에 의해 위협을 받고 있는데 상업적 벌목은 농민들의 터전을 빼앗아 다른 곳으로 이주시키고 목재가 수출되면서 생태계로부터 토양의 영양분을 제거한

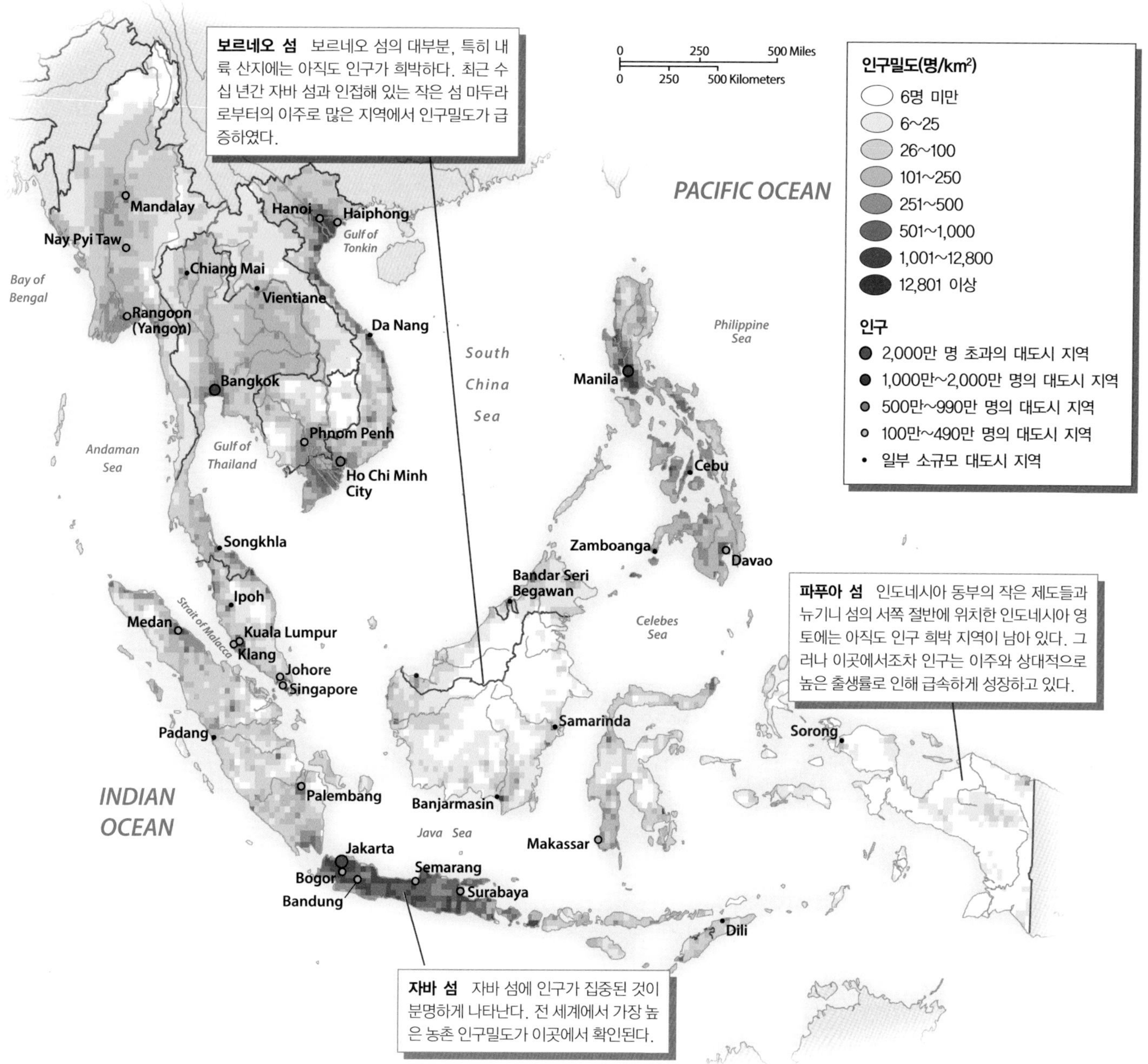

그림 13.11 **동남아시아의 인구 분포도** 대륙부에 속한 동남아시아 지역의 인구는 하천 계곡과 삼각주에 집중되어 있다. 고지대에서의 인구밀도는 상대적으로 낮다. 인도네시아에서 인구밀도는 비옥한 토양과 메가시티로 잘 알려져 있는 자바 섬에서 매우 높은 편이다. 인도네시아의 외곽 섬, 특히 동부의 섬들에서는 인구가 희박하다. 전체적으로 인구밀도는 필리핀, 특히 루손 섬 중부 지역에서 높다. **Q : 베트남의 인구 분포가 불균등한 이유는 무엇인가? 이와 같은 불균등 인구 분포가 정치와 경제에 미친 영향은 무엇인가?**

다. **골든 트라이앵글**(Golden Triangle)이라고 불리는 동남아시아 북부 산악 지대에서의 주요 현금 작물은 세계적인 마약 거래를 위해 지역 농민들에 의해 재배되고 있는 아편이다(**글로벌 연결 탐색 : 동남아시아 북부에서 아편의 부활** 참조).

플랜테이션 농업 유럽의 식민지화로 동남아시아는 코코넛부터 고무에 이르기까지 가치가 높은 특용작물을 재배하는 플랜테이션 농업의 대상이 되었다. 동남아시아는 19세기에도 플랜테이션 농업을 통해 세계 경제와 연결되어 있었다. 상업 농업을 위한 경작지를 조성하기 위해 산림은 제거되었고, 늪에서는 배수가 이루어졌다. 토착민과 인도나 중국으로부터 데려온 노동자들이 필요한 노동력을 공급하였다.

플랜테이션은 동남아시아의 지리와 경제에서 중요한 역할을 한다. 전 세계 천연고무의 대부분은 말레이시아, 인도네시아, 태국에서 생산된다. 사탕수수는 오랫동안 태국의 일부 지역과 필리핀의 주요 재배작물이었지만 이제는 더 이상 이윤이 남지 않는다. 결과적으로 필리핀의 사탕수수 재배 지역은 극심한 빈곤을 겪고 있다. 인도네시아는 동남아시아에서 주요 차 생산국이

지속 가능성을 향한 노력

환경적으로 책임 있는 팜유 산업을 조성하기 위한 새로운 노력

Google Earth MG Virtual Tour Video https://goo.gl/4p5nVS

팜유는 아프리카 기름야자수의 열매에서 추출되는 식물성 기름으로 요리에 사용된다. 전 세계적으로 팜유에 대한 수요가 2030년까지 두 배 증가할 것으로 예상된다. 기름야자수는 대부분 인도네시아와 말레이시아의 대규모 플랜테이션에서 재배된다(그림 13.1.1).

팜유의 문제 팜유는 여러 가지 문제를 안고 있다. 일부에서는 팜유가 콜레스테롤 수치를 높이고 심장병을 일으켜 건강에 좋지 않다고 주장한다. 팜유가 환경에 미치는 부정적 효과는 훨씬 더 분명하게 입증되었다. 플랜테이션은 열대 우림이 제거된 곳에 조성될 수 있으며, 오랑우탄, 수마트라 호랑이, 수마트라 코끼리 등을 포함한 멸종 위기 동물들의 서식지를 파괴한다. 심지어 기름야자수를 재식하기 위해 습지 우림을 제거하는 행위는 더 파괴적인 결과를 가져온다. 습지 우림의 제거는 유기물에 기반을 둔 토탄토의 산화를 가져와 엄청난 양의 이산화탄소를 대기로 배출시킨다. 건조된 토탄 역시 쉽게 연소하며, 토탄의 연소는 주기적으로 동남아시아 도서 지역에서 심각한 대기 오염을 확산시킨다.

해결책은? 이와 같은 환경 문제들로 지속

그림 13.1.1 **팜유와 토탄 분포 지역** 토탄토를 포함하고 있는 습지는 수마트라섬 동부, 보르네오섬, 말레이 반도에 넓게 분포한다. 이들 지역의 많은 부분이 산림과 함께 최근 수십 년간 기름야자수 플랜테이션으로 바뀌었다. **Q : 취약한 토탄토 분포지가 기름 야자수 플랜테이션으로 전환되는 이유는 무엇인가?**

그림 13.12 **화전 농업** 동남아시아의 고지대에서 화전 농업이 널리 행해진다. 인구 밀도가 낮은 지역에서 화전 농업은 환경적으로 해롭지 않다. 저지대로부터 이동해 온 다수의 이주자들이 화전 농업을 할 때 광범위한 지역에서 산림 제거와 토양 침식이 발생한다.

그림 13.1.2 **기름야자 수확** 기름야자수는 값싼 요리용 기름을 생산하는 매우 가치 있는 작물이다. 동남아시아의 도서지역에서 자라는 기름야자수는 광범위한 환경 피해와 관련이 있다. 이 사진은 인도네시아 수마트라 북부에 위치한 플랜테이션에서 한 작업자가 외바퀴 손수레에 수확한 야자 열매를 싣고 있는 모습을 촬영한 것이다.

가능한 팜유 생산을 위한 노력이 전개되었다. 환경적으로 책임 있는 팜유 생산을 권장하고 인증하기 위해 2004년 지속 가능한 팜유에 관한 회의가 국제 환경 단체와 지역 생산자들에 의해 시작되었다. 그러나 일부에서는 2011년 기준 기름야자수의 12%만이 지속 가능하게 생산되고 있다는 비판을 제기하였다. 최근에는 팜유를 거래하는 대규모 국제 기업들이 훨씬 더 환경적으로 책임 있는 팜유 산업을 조성하기 위한 노력을 강화하고 있다. 2014년 미네소타 주에 본사를 둔, 미국에서 규모가 가장 큰 사기업인 카길(Cargill)이 산림 제거지, 토탄토가 풍부한 습지, 또는 원주민 착취와 연관된 곳 등에서 생산된 팜유를 더 이상 거래하지 않겠다는 데 동의하였다. 2014년 UN 기후 정상회의에서 3개의 주요 팜유 생산 기업들이 카길의 선언에 동참하였다. 유니레버와 네슬레를 포함한 주요 식품회사들도 팜유에 관한 환경 보호 장치를 강화하는 데 동의하였다. 이들 회사들은 지속 가능한 농업 생산에서 동남아시아 농부들과 같이 공조하고 있다.

환경단체들은 기업들이 가이드라인을 작성하는 것을 도왔지만 다수의 환경보호론자들은 여전히 회의적인 견해를 가지고 있다. 중요한 이슈는 인증 문제인데 지속 가능성 협약에 서명한 생산자들도 계속해서 산림을 제거하고 습지에서 배수를 하여 조성한 불법적인 농장에서 생산된 팜유를 구입하고 있다. 카길과 유니레버는 모든 생산자가 승인한 행위를 따르는지 확신할 수 있도록 자신들만의 공급처를 찾아내기 위한 방법을 고안하고 있다.

1. 폭넓게 소비되는 또 다른 식품 가운데 어떤 식품이 팜유와 유사한 환경 문제를 발생시키고 있는가? 이와 같은 논쟁은 팜유와 연관된 문제들과 어떻게 다른가?
2. 카길과 같은 다국적 기업들은 원료를 공급하는 지역 농부들이 발생시킨 환경 피해 문제에 어떤 책임을 지고 있는가?

며 베트남이 커피 생산을 지배하고 있다(그림 13.13). 최근 몇 년간 기름 야자수 플랜테이션이 열대우림을 희생시키며 많은 지역으로 확산되었다. 코코넛은 필리핀과 인도네시아 등지에서 널리 재배되고 있다.

저지대의 벼 재배 대륙부에 속한 동남아시아 지역의 저지대에 분포하는 대부분의 분지에서는 집약적인 미작이 이루어지고 있다. 동남아시아 모든 지역을 걸쳐 쌀은 선호되는 주식이다. 쌀은 점차 전 세계에서 점차 팽창하고 있는 도시 시장의 수요로 거래량이 증가하고 있다. 세 곳의 삼각주 지역, 즉 버마의 이라와디 삼각주, 태국의 짜오프라야 삼각주, 베트남의 메콩 강 삼각주가 이와 같은 상업적 미작의 중심지이다. 비록 심각한 환경 피해가 있었지만 농약과 고수확 품종을 통해 쌀 생산량이 인구 성장 속도를 맞출 수 있었다.

2014년 기준 쌀의 수출량이 가장 많은 국가는 태국이었고 베트남이 3위를 차지하였다. 2008년 이 두 국가는 버마, 캄보디아, 라오스와 함께 쌀수출국기구(Organization of Rice Exporting Countries, OREC)를 결성하였다. 쌀수출국기구(OREC)는 높고 균등한 가격을 유지하고자 한다. 필리핀은 전 세계 주요 쌀 수입국에 속해 있으므로 이 기구를 강력히 비난해 왔다. 필리핀의 대부분의 지역에서 농업은 벼 재배가 우세하지만 필리핀 농부들은 급증하고 있는 필리핀 인구의 증가 속도를 따라가지 못하고 있다.

최근의 인구 변화

동남아시아에서는 인구밀도와 출산율의 패턴 모두 지역적 변이

글로벌 연결 탐색

동남아시아 북부에서 아편의 부활

20세기 후반까지 동남아시아 북부 지역에 위치하며 버마의 샨 주에 집중된 골든 트라이앵글이 아편 재배와 헤로인 생산의 세계적 중심지였다. 그러나 1990년 버마 군대는 마약 생산으로부터 재정적 지원을 얻어 이루어진 여러 부족들의 봉기를 진압하였다. 지역 정부와 UN의 마약 반대운동과 함께 이루어진 군대의 진압으로 아편 생산이 급감하였다(그림 13.2.1). 그러나 전쟁으로 피폐해진 아프가니스탄에서 아편 재배가 증가하였다. 2007년까지 전 세계 불법 아편의 85%가 아프가니스탄에서 생산되었다.

마약 필로폰(메스암페타민)의 증가 동남아시아 북부에서 아편 재배가 감소하면서 다른 종류의 마약이 등장하였는데, 마약 거래단과 부족에 기반을 둔 무장 집단들이 계속해서 자금이 필요했기 때문이다. 대체 마약으로서 특히 중요한 것은 화학물질을 배합하여 제조하기 쉬운 필로폰이다. 북쪽으로는 중국, 남쪽으로는 태국까지 필로폰의 이동이, 그 반대 방향으로는 필로폰 제조에 필요한 화학물질의 이동이 이루어졌다. 2014년 한 해에만 36톤의 필로폰이 동남아시아 당국에 의해 압수되었다. 심지어 미국도 관여하게 되었다. 2005년 뉴욕의 대배심원은 버마에서 미군 8명을 암페타민과 기타 마약류 거래 혐의로 기소하였다.

아편의 복귀 2008년에는 아편 재배가 다시 증가하였다(그림 13.2.2). 아프가니스탄에서의 생산이 감소하여 경쟁은 줄어들었으나 중국이 새로운 시장으로 부상하였다. UN 마약범죄사무국(UNDOC)에 따르면 330만 명으로 추정되는 아시아의 헤로인 사용자 가운데 55%는 중국인이다. 골든 트라이앵글의 아편 재배지는 아프가니스탄의 재배지보다 중국과 가깝고, 질이 높은 아편을 생산한다. 최근 조사에 따르면 버마와 라오스에서 아편 재배지는 2014년에만 2,600헥타르가 증가하였다. 버마와 라오스는 2014년에만 762톤의 아편과 76톤의 헤로인을 생산하였다. 이 가운데 90%가 버마의 샨 주에서 생산된 것이다.

골든 트라이앵글에서 아편 생산이 부활됨에 따라 새로운 소탕 작전이 진행 중에 있다. 그러나 아편의 가격이 너무 높기 때문에 법률 집행 노력만으로는 충분하지 않다

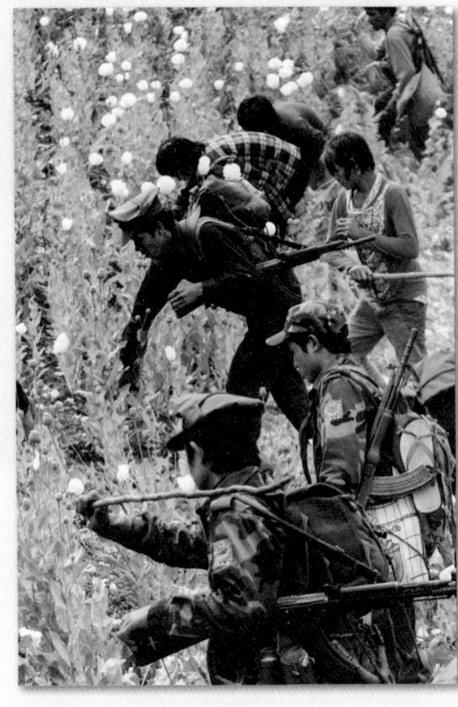

그림 13.2.1 아편과의 전쟁 아시아 대륙부에 속한 동남아시아 북부 지역에서 아편은 경제적 부패와 사회적 문제를 일으키고 있다. 정부군과 부족에 기반을 둔 무장 집단들이 마약 근절 프로그램에 관여해 왔다. 사진은 버마의 타앙(또는 팔라웅) 민족해방군 소속 군인들이 팔라웅 지역에서 아편 재배지를 제거하는 모습이다.

가 크게 나타난다. 출산율이 최근 급감하였지만 일부 국가에서는 인구 보충 출생률보다 훨씬 높다. 특히 동티모르는 출산율이 상승하여 여성 1인당 평균 5명의 출산율이 2000년까지 감소하지 않았다. 기타 동남아시아 국가들은 인구 안정화 단계로 들어서고 있으며, 낮은 출산율로 인구 감소가 나타날 수 있다(그림 13.14).

인구 비교 동남아시아에서 두 번째로 가장 인구가 많은 국가인 필리핀의 출산율은 3.1로 높은 편이다(표 A13.1). 필리핀은 효과적인 가족계획을 수립하는 데 어려움을 겪고 있다. 대중적인 민주 정부가 1980년대에 독재 정권을 대체하였으며, 평화로운 혁명에서 활발한 역할을 수행했던 필리핀 로마 가톨릭 교회는 새

그림 13.13 **인도네시아의 차 재배** 차와 같은 플랜테이션 작물은 여러 동남아시아 국가들의 수출 자원이다. 코코넛, 고무, 야자수, 커피는 차와 함께 주요 현금 작물이다. 이 작물들의 대부분은 특히 수확기에 많은 노동력을 필요로 한다.

는 것을 당국에서도 인지하고 있다. 30달러 가치의 쌀을 생산하는 면적에서 585달러 가치의 아편을 생산할 수 있다. 그러므로 UNDOC 관리들은 험준한 지형으로 이루어진 이 지역에서 경제적 · 사회적 개발이 이루어질 필요가 있다고 주장한다. 특히 이들은 저가의 곡물이 시장으로 공급될 수 있는 효과적인 교통 체계의 건립이 필요하다는 것을 강조하고 있다.

1. 골든 트라이앵글을 주요한 불법 마약의 생산지로 만들게 된 정치적 · 문화적 · 환경적 요인은 무엇인가?
2. 이 지역의 마약 생산에 대한 대응으로서 법률을 집행하는 것과 경제적 · 사회적 개발에 근거한 접근법을 적용하는 것의 장점과 단점을 비교해 보라.

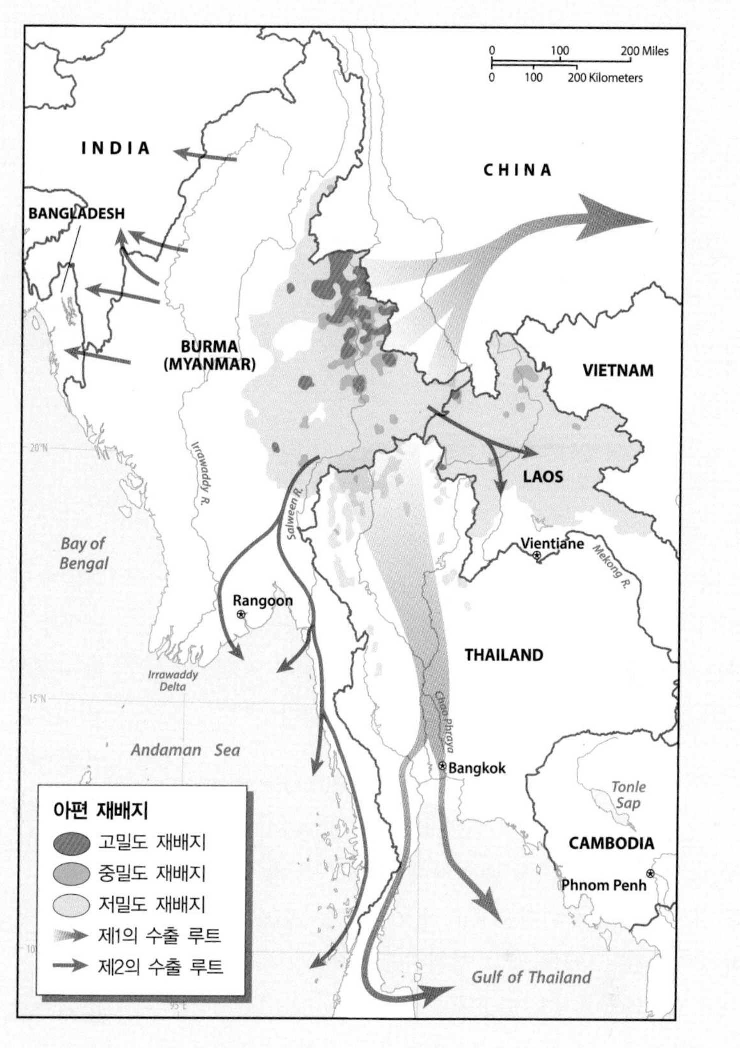

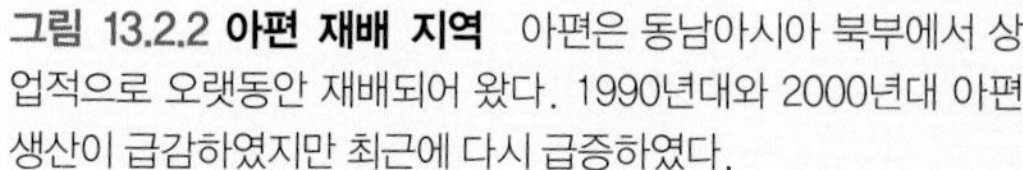
그림 13.2.2 아편 재배 지역 아편은 동남아시아 북부에서 상업적으로 오랫동안 재배되어 왔다. 1990년대와 2000년대 아편 생산이 급감하였지만 최근에 다시 급증하였다.

정부가 가족계획 프로그램에 대한 재정 지원을 중단하도록 압력을 가하였다. 급속한 인구 성장과 경제적 침체가 결합하여 많은 필리핀인들이 이민을 가도록 만들었다(그림 13.15). 사우디아라비아에 100만 명을 포함하여 1,300만 명이나 되는 필리핀인들이 현재 해외에서 거주하며 일을 하고 있다.

라오스와 캄보디아에서는 높은 출산율이 나타나는데 두 국가 모두 불교라는 종교 전통을 가지고 있으며, 경제적 · 사회적 발전 수준이 낮다. 그러나 두 국가 모두 최근 출산율이 상당히 하락하여 1990년 6 이상이었던 출산율이 2012년 3.1로 떨어졌다. 태국은 라오스와 문화적 전통을 공유하지만 훨씬 더 발전하였는데 현재 출산율은 1.4이다. 베트남의 출산율은 인구 보충 출산율 이하이며, 반면에 버마의 출산율은 인구 보충 출산율에 가깝다. 인도네시아 역시 지난 수십 년 동안 출산율이 급격하게 감소하였지만 여전히 인구 보충 출산율보다 약간 높은 편이다.

싱가포르는 1970년대 중반 인구 보충 출산율 이하로 출산율이 떨어졌고, 현재의 출산율은 전 세계에서 가장 낮은 편에 속한다. 싱가포르 정부는 이와 같은 상황을 우려하고 있으며, 가장 교육 수준이 높은 층을 중심으로 적극적으로 출산을 장려하고 있다. 싱가포르에서는 중산층 부부가 두 자녀를 갖게 될 경우 12만 달러나 되는 인센티브를 받을 수 있는 공식 프로그램도 운영하고 있다. 싱가포르 정부는 출산 장려 광고와 비디오 캠페인도 지원해 왔다. 심지어 2012년 유튜브에서 인기가 있었던 노래에는 "우리는 애국적인 남편과 아내, 우리의 임무를 다합시다. 생명을 만듭시다!"라는 가사가 포함되어 있었다.

그러나 이주 때문에 싱가포르의 인구는 꾸준히 증가하고 있다. 싱가포르 정부는 특히 숙련 인구에게 높은 임금과 기타 혜택을 제공하며 자국으로 이민 올 것을 장려하고 있다. 2013년 공식 보고서에 따르면, 싱가포르 관리들은 2030년까지 인구가 650만

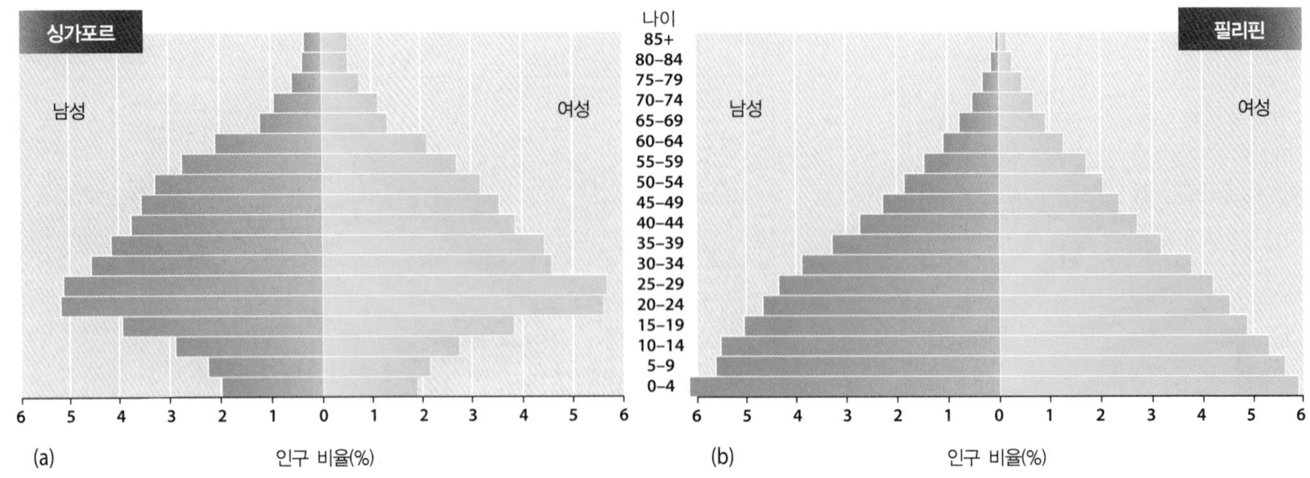

그림 13.14 **싱가포르와 필리핀의 인구 피라미드** (a) 싱가포르에서는 출산율이 매우 낮고 고령 인구가 많다. 그 결과, 싱가포르 정부는 숙련 노동자의 이민을 장려하고 있다. (b) 이와 대조적으로 필리핀에서는 출산율이 높고 청년층 인구가 많다.

명으로 증가하기를 희망하고 있다. 이 보고서가 공개되자 대중들의 항의 시위가 전개되었는데 싱가포르와 같이 공공질서를 우선시하는 국가에서는 매우 드문 경우였다. 시민들은 현재의 인구 규모도 도서 국가에는 너무 많다고 생각하고 있다.

인구밀도와 이주 인도네시아는 오랫동안 **이주**(transmigration) 정책, 즉 인구를 한 지역에서 다른 지역으로 재입지시키는 정책을 펴왔다. 인구밀도가 가장 높은 자바 섬으로부터의 주민 이주로 인도네시아 외곽에 위치한 섬의 인구 규모는 1970년대 이후 급격히 증가하였다. 예를 들어, 동칼리만탄 주는 1980~2000년 사이 매년 30%의 성장률을 보였다.

이와 같은 인구 재입지 프로그램에는 높은 사회적 · 환경적 비용이 동반되었다. 비옥한 토양에 경작하는 것이 익숙했던 자바 섬의 소작농들은 칼리만탄 섬의 열대 우림이 분포하던 지역에서 종종 벼 재배에 실패하였다. 일부 지역에서 농민들은 더 많은 산림을 제거해야 하는 반화전 형태의 경작 방식을 이용할 수밖에 없으며 토착민들과 갈등을 겪는다. 부분적으로 이와 같은 이유 때문에 인도네시아 정부는 2000년에 공식적인 인구 재입지 프로그램을 축소하였다. 그러나 이 프로그램은 비공식적으로 운영되어 여전히 매년 6만 명의 인구가 외곽 섬으로 이주하도록 만들고 있으며, 아직도 많은 사람들이 대출금을 얻거나 개인 저축을 이용하여 인구 조밀 지역으로부터 인구 희박 지역으로 이주하고 있다(그림 13.16). 인도네시아 정부는 또한 뉴기니 중남부의 메라우케 지역에서 새로운 농업 프로젝트를 진행하고 있는데, 이 프로젝트에는 50만 명 이상의 사람들을 타지로 이주시키는 것이 포함되어 있다.

그림 13.15 **필리핀의 해외 고용 박람회** 필리핀은 경제 불황, 인구 급증, 영어에 능숙한 인구로 인해 많은 사람들이 해외에서 일자리를 얻고 있다. 사진은 해외 고용 박람회에 구직자들이 모여든 모습을 촬영한 것이다.

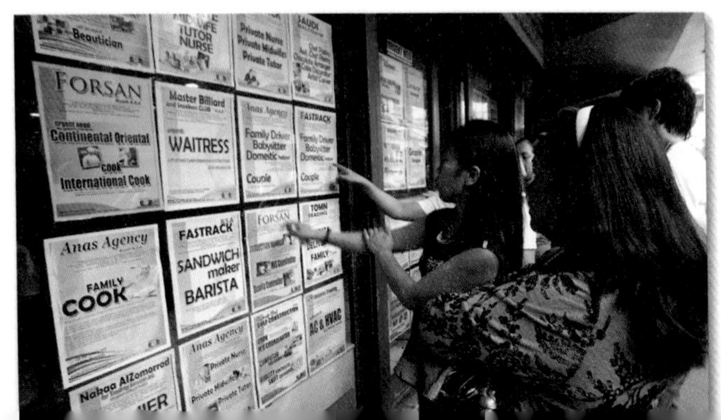

도시 취락

대부분의 동남아시아 지역은 상대적으로 높은 경제적 수준에도 불구하고 도시화율이 높지 않다. 전체 인구의 50% 이하가 도시에 거주하고 있다. 심지어 태국의 인구 대부분은 농촌에 거주하는데 공업화를 이룬 국가에서는 이례적인 것이다. 그러나 동남아시아 지역 전체에 걸쳐 도시가 급속히 성장하며 도시화율을 증가시키고 있다.

여러 동남아시아 국가들에는 수많은 도시들을 압도하는, 규모가 큰 단일 취락인, **종주도시**(primate city)가 발달하였다. 일례로 태국의 도시 체계에서 종주도시는 방콕이며, 마닐라가 필리핀에서 여타 도시들을 훨씬 능가하는 것과 마찬가지이다(그림 13.17). 이 두 도시는 최근 1,100만 명 이상의 인구가 거주하는 메가시티로 성장하였다. 태국에서 모든 도시 인구의 1/2 이상이 방콕 대도시권에 거주하고 있다.

마닐라, 방콕, 자카르타 등지에서 폭발적인 도시 성장은 주거 문제, 교통체증, 오염 등을 발생시켰다. 방콕은 개인 소유 자동차의 급속한 증가로 전 세계에서 가장 심각한 교통 문제를 겪고

그림 13.16 **인도네시아에서의 이주** 지난 수십 년 동안 인도네시아에서는 인구 밀도가 높은 자바 섬에서 외곽 섬으로 대규모 인구 이주가 이어졌다. 이 위성사진 이미지를 통해 뉴기니 섬에 위치한 인도네시아 영토 내에 이주자 취락이 조성된 것을 확인할 수 있다.

있다. 태국 정부는 대규모 고속도로와 대중교통 건설 계획으로 대응하고 있다. 마닐라 인구의 1/2 이상이 기본적인 상수와 전기 공급 서비스가 없는 무허가 불량 점유지에 거주하고 있는 것으로 추정된다. 대부분의 동남아시아 도시들에는 공원과 공공 공간이 부족한데, 이것이 대형 쇼핑몰이 동남아시아에서 대중화된 이유 가운데 하나이다. 방콕의 파라곤 몰은 최근 회의장과 콘서

그림 13.17 **방콕** 태국의 수도는 1970년대 말부터 1990년대 말까지 이어진 경기 호황기 동안 스카이라인이 발달하였다. 불행하게도 교통의 발달이 인구와 상업의 성장 속도를 따라가지 못하였으며, 그 결과 전 세계에서 가장 교통체증과 오염이 심한 도시 경관을 형성시켰다.

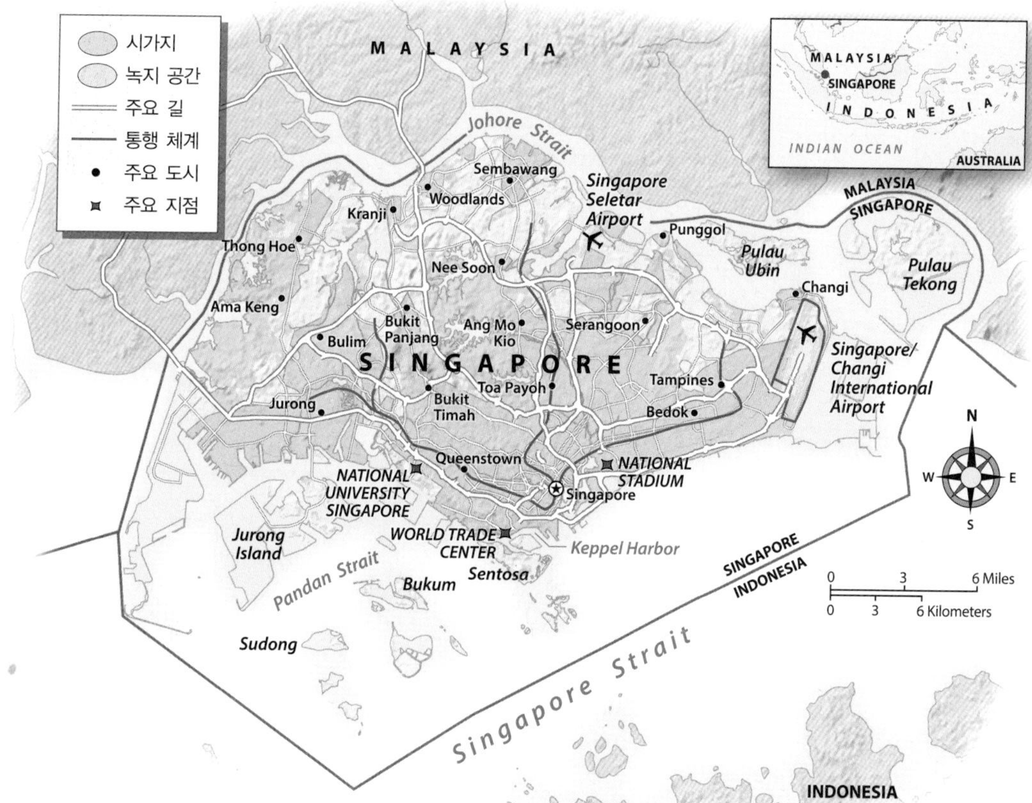

그림 13.18 **싱가포르** 싱가포르는 동남아시아에서 경제와 기술의 중심지이다. 깨끗하고 효율적으로 운영되며, 매우 현대적인 도시 환경으로 유명하다. 그러나 일부 시민들은 싱가포르가 과거의 매력을 많이 잃었다고 불평한다.

트홀을 갖춘 도시 중심지로 부상하였다.

도시의 종주성은 동남아시아의 여타 주요 국가에서는 크지 않다. 예를 들어, 베트남에는 2개의 주요 도시로 남부에 호치민 시(구 사이공)와 북부에 수도인 하노이 시가 있다. 자카르타는 인도네시아에서 가장 인구 규모가 큰 도시이지만, 반둥과 수라바야를 포함하여 다수의 규모가 크고, 성장이 지속되고 있는 도시도 있다. 양곤(구 랑군)은 버마에서 인구 500만 명 이상이 거주하고 있는 종주도시이다. 버마 정부는 안전 문제 때문에 2006년 수도를 양곤에서 네피도로 이전하였다.

말레이시아에서 가장 큰 도시인 쿠알라룸푸르는 정부와 전 세계 비즈니스 커뮤니티로부터 많은 투자를 유치하였다. 이를 통해 대다수의 동남아시아 도시들을 괴롭히고 있는 교통, 물 공급, 슬럼 등의 문제가 거의 없는, 현대적이고 미래 지향적인 도시가 조성되었다. 쿠알라룸푸르는 인구 규모가 160만 명이지만 대도시권의 인구가 700만 명을 넘어서서 말레이시아의 종주도시라고 할 수 있다.

독립 공화국인 싱가포르는 워싱턴 DC 크기의 세 배 정도의 면적인 710km²의 섬에 540만 명의 인구가 분포하고 있는 도시국가이다(그림 13.18). 싱가포르에서는 부지를 얻기 힘들기 때문에 고밀도 주거시설을 건립하였다. 대다수의 동남아시아 도시들과 달리 싱가포르에는 불법 점유지나 슬럼이 없다.

확인 학습

13.3 동남아시아에서 독특한 형태의 농업이 발달한 이유는 무엇인가?

13.4 동남아시아의 여러 지역이 인구밀도와 인구 성장에서 매우 상이한 이유는 무엇인가?

주요 용어 화전 농업, 골든 트라이앵글, 이주, 종주도시

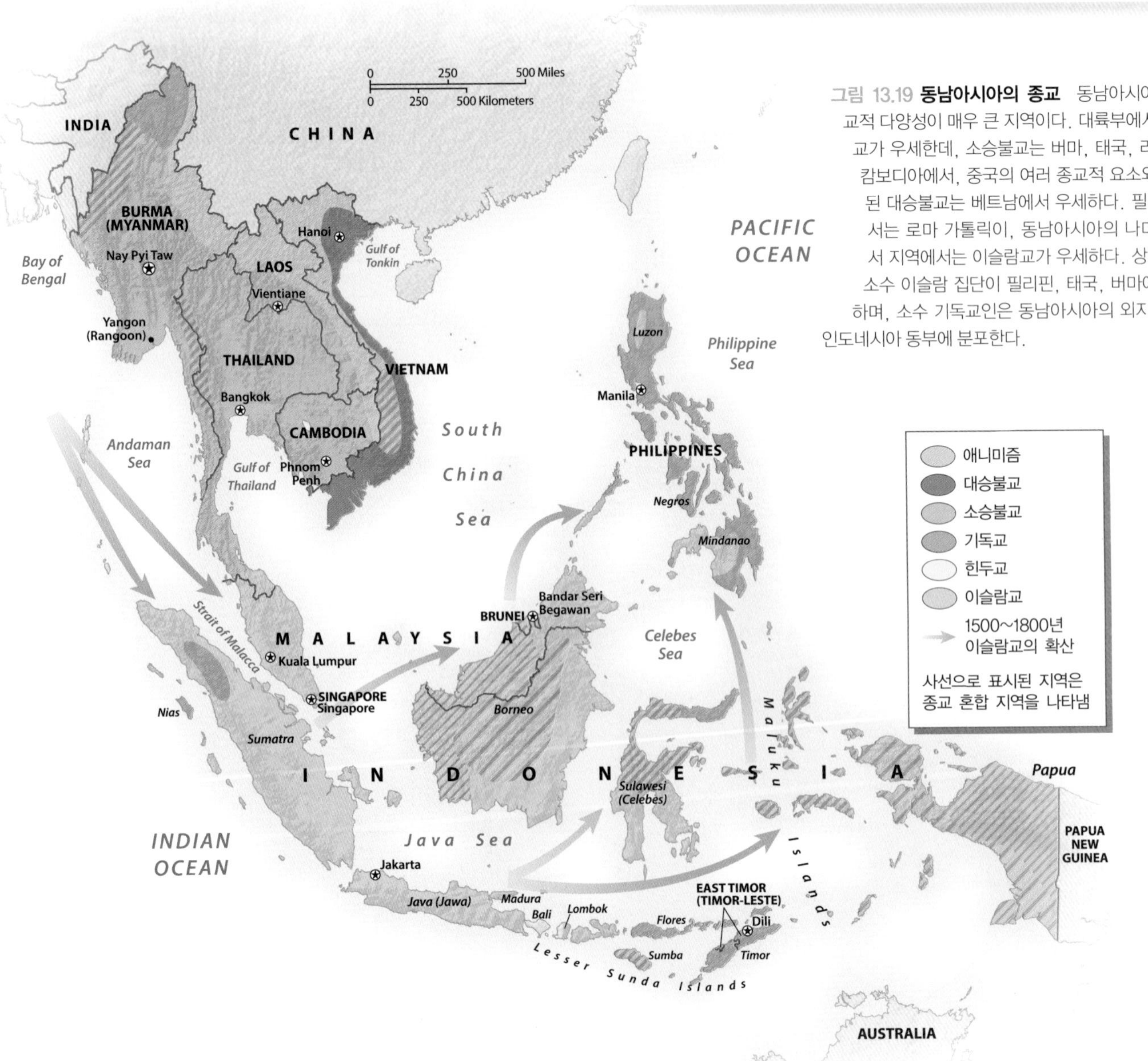

그림 13.19 **동남아시아의 종교** 동남아시아는 종교적 다양성이 매우 큰 지역이다. 대륙부에서는 불교가 우세한데, 소승불교는 버마, 태국, 라오스, 캄보디아에서, 중국의 여러 종교적 요소와 결합된 대승불교는 베트남에서 우세하다. 필리핀에서는 로마 가톨릭이, 동남아시아의 나머지 도서 지역에서는 이슬람교가 우세하다. 상당수의 소수 이슬람 집단이 필리핀, 태국, 버마에 분포하며, 소수 기독교인은 동남아시아의 외지, 특히 인도네시아 동부에 분포한다.

문화적 동질성과 다양성 : 세계 문화의 집합소

전 세계의 많은 지역과 달리 동남아시아는 역사적으로 단일 문명에 의한 지배가 없었다. 대신 이 지역은 남부 아시아, 중국, 서남아시아, 유럽, 북아메리카의 문화 요소가 서로 만나는 곳이었다. 동남아시아는 풍부한 자연 자원과 주요 대륙을 연결하는 해양 무역로라는 전략적 위치 때문에 일찍부터 외부인의 관심을 끌었다.

주요 문화 전통의 도입과 확산

동남아시아의 문화적 다양성은 역사적으로 이 지역의 주요 종교인 힌두교, 불교, 기독교와 연관되어 있다(그림 13.19).

남부 아시아의 영향 남부 아시아가 외부 세력으로는 최초로 동남아시아에 영향을 미쳤는데 2,000년 전 현재 인도에 해당하는 지역으로부터 인구가 이주해 버마, 태국, 캄보디아, 말레이시아, 인도네시아 서부의 해안 지대에 힌두 왕국을 설립하였다. 힌두교는 후에 이 지역 대부분에서 사라졌지만 인도네시아의 발리 섬에서는 아직도 우세하다.

남부 아시아의 두 번째 종교 세력으로서 소승불교가 13세기 스리랑카로부터 동남아시아의 대륙부로 확산되었다. 13세기 당시 버마 저지대, 태국, 라오스, 캄보디아에 분포하던 거의 모든 사람들이 불교로 개종했으며, 불교는 오늘날의 사회 제도의 근간이 되고 있다. 일례로, 이 지역에서는 사프란색의 법의를 착용한 수도승을 흔히 볼 수 있으며, 불교 사원이 다수 분포한다.

중국의 영향 대부분의 대륙부 사람들과 달리 베트남인들은 남부 아시아 문명의 영향을 크게 받지 않았다. 대신 동아시아와 일찍부터 연계되어 있었다. 베트남은 자신들의 왕국을 세웠던 서기 1000년 이전까지는 중국에 변방으로 속해 있었다. 베트남인들은 중국의 정치적 통치를 거부했지만 중국 문화의 많은 특징을 가지고 있다. 예를 들어, 베트남의 전통적인 종교와 철학 사상은 대승불교와 유교에 근거하고 있다.

동남아시아의 많은 지역에서 동아시아 문화의 영향은 중국 남부 사람들의 이주와 직접적인 관련성을 가지고 있다. 이와 같은 중국인의 이주는 19세기와 20세기 초 최고조에 이르렀다(그림 13.20). 중국은 당시 빈곤하고 인구가 과밀한 국가였으며, 이로 인해 인구가 희박한 동남아시아를 기회의 장소로 간주하게 되었다. 결국 모든 동남아시아 국가에, 특히 도시에 독특한 중국인 취락이 세워졌다. 말레이시아에서 중국인 소수 집단은 현재 인구의 1/3을 구성하며, 싱가포르는 전체 인구의 3/4이 중국계이다.

동남아시아의 많은 지역에서 토착민 주류 집단과 중국인 소수 집단은 긴장 관계에 있다. 중국인들 다수는 비록 이들의 조상이 수 세대 전에 이주해 왔음에도 불구하고 중국인으로서의 정체성을 가지고 있기 때문에 여전히 거주 외국인으로 간

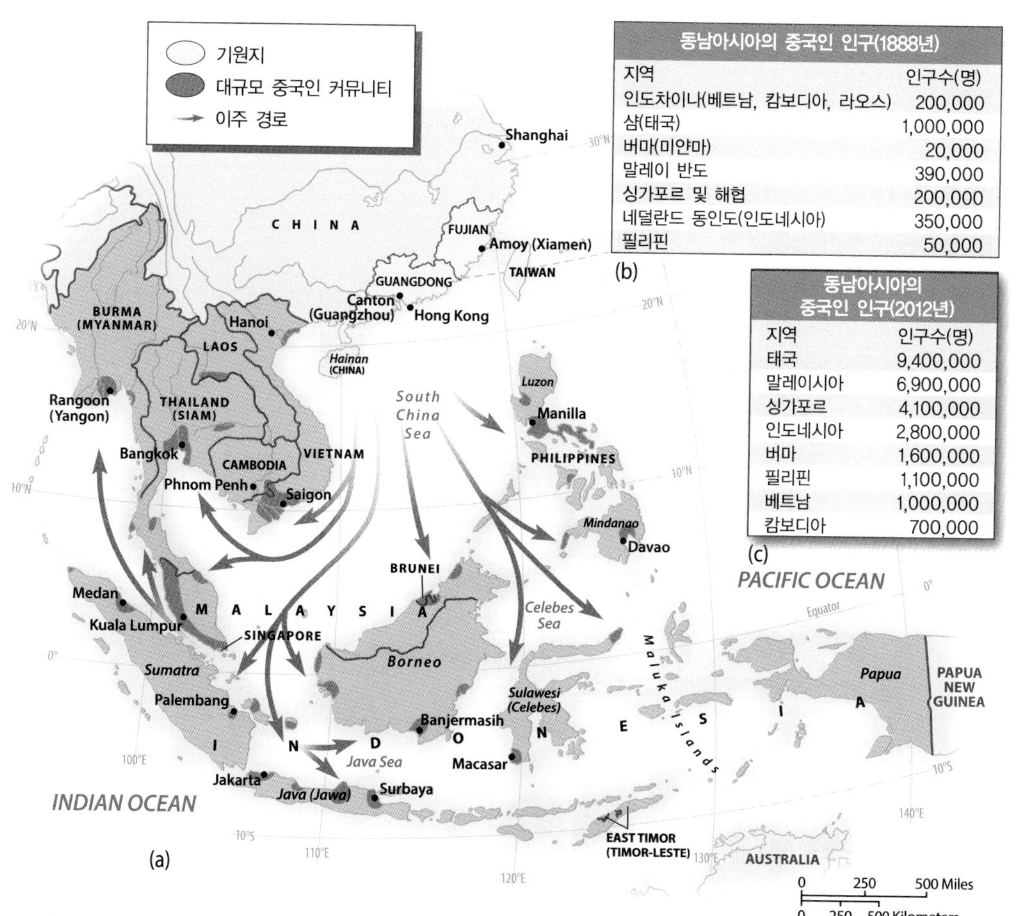

동남아시아의 중국인 인구(1888년)

지역	인구수(명)
인도차이나(베트남, 캄보디아, 라오스)	200,000
샴(태국)	1,000,000
버마(미얀마)	20,000
말레이 반도	390,000
싱가포르 및 해협	200,000
네덜란드 동인도(인도네시아)	350,000
필리핀	50,000

동남아시아의 중국인 인구(2012년)

지역	인구수(명)
태국	9,400,000
말레이시아	6,900,000
싱가포르	4,100,000
인도네시아	2,800,000
버마	1,600,000
필리핀	1,100,000
베트남	1,000,000
캄보디아	700,000

그림 13.20 **동남아시아의 중국인** (a) 중국 남부 해안 지역 사람들은 수백 년에 걸쳐 동남아시아로 이주해 왔으며, (b) 이는 1800년대 말과 1900년대 초 절정에 이르렀다. 대부분의 중국인 이주자들은 주요 도시에 정착했지만 말레이시아의 반도부에서 다수의 중국인들은 비도시 지역으로 이주해 광산업과 플랜테이션 농업에 종사하였다. (c) 오늘날 말레이시아에는 가장 많은 중국계 주민이 분포한다. 그러나 싱가포르는 중국인이 다수인, 유일한 동남아시아 국가이다.

주되고 있다. 더 중요한 갈등의 원인은 대부분의 동남아시아에 형성되어 있는 중국인 커뮤니티가 상대적으로 부유하다는 사실이다. 수많은 중국인 이주자들이 상인으로 번영했는데, 상인은 이 지역 사람들이 회피하는 직종이다. 결과적으로 중국인들은 상당한 경제적 영향력을 얻었으나 비중국인들은 이 사실을 못마땅하게 여긴다.

이슬람교의 도래 남부 아시아와 서남아시아의 무슬림 상인들은 수백 년 전 동남아시아로 이주해 이 지역의 무역 종사자들을 개종시켰다. 서기 1200년경 이슬람교는 수마트라 섬 북부의 초기 집중지에서 동남아시아의 도서 지역으로 확산되었다. 1650년경까지 면적이 작지만 비옥한 발리 섬을 제외하고 말레이시아와 인도네시아 전역에 걸쳐 힌두교와 불교가 이슬람교로 대체되었다.

인도네시아 전체 인구의 88%가 이슬람교를 믿으며, 그로 인해 인도네시아는 전 세계에서 가장 무슬림 인구 규모가 큰 국가이다(그림 13.21). 그러나 이 수치는 인도네시아의 상당한 내부적 종교 다양성을 설명해 주지 못한다. 수마트라 섬 북부(아체)와 같은 인도네시아의 일부 지역에서는 근본주의 형태의 이슬람교가 뿌리를 내리고 있다. 자바 섬의 중부 및 동부와 같은 여타 지역에서는 힌두교와 심지어 애니미즘의 요소를 포함하는, 훨씬 유연한 형태의 신앙이 형성되었다. 그러나 이슬람교 개혁자들은 오랫동안 자바인에게 좀 더 주류에 속하는 신앙 형태를 전파시키기 위해 노력하였다. 최근 이와 같은 노력이 특히 젊은이들 사이에서 성공을 거두었다.

기독교 유럽인이 16세기에 동남아시아로 들어왔을 때 이슬람교가 동남아시아 도서 지역을 따라 동쪽으로 확산해 가고 있었다. 스페인 사람들은 1570년대에 필리핀 군도를 점령하면서 군도의 서남부 지역이 이슬람화되었음을 알게 되었다. 비록 필리핀의 여타 지역들이 로마 가톨릭을 따르지만 필리핀 서남부 지역 인구의 대부분은 오늘날까지 무슬림으로 남아 있다. 오랫동안 포르투갈의 식민지였던 동티모르도 로마 가톨릭 국가이다.

19세기 말과 20세기 초 동남아시아의 여타 지역으로 기독교 선교가 확대되었으며, 이때 유럽의 식민 강대국이 동남아시아의 대부분을 점령하였다. 프랑스 신부들은 베트남에서 많은 사람들을 가톨릭 신자로 개종시켰지만 나머지 지역에서는 거의 영향력을 미치지 못하였다. 선교사들은 자연의 정령과 자신의 조상을 숭배하는 부족이 분포하는 산악 지대에서 큰 성공을 거두었다. 자연의 정령을 숭배하는 종교는 **애니미즘**(animism)이라 부른다. 산악 지대에 분포하는 다수의 현대적인 부족들은 오늘날에도 여전히 애니미즘을 따르고 있지만 일부 사람들은 기독교로 개종하였다. 그 결과, 인도네시아, 베트남, 버마의 고지에는 기독교인이 집중 분포한다.

종교 박해 종교 박해가 최근 동남아시아에서 심각한 문제가 되고 있다. 베트남의 공산주의 정부는 국민 대다수를 차지하는 불교도와 주로 중부 고지에 집중 분포하는 800만 명의 기독교도가 종교를 부활시키려는 것을 막고 있다. 2014년 UN 특별 보고서는 베트남 정부가 신앙의 자유를 중시하지 않는다는 점을 비판하였다. 버마 정부는 불교를 지지해 왔지만 불교 승려들이 2007년 말 정부에 대항해 대규모 시위를 이끌었을 때 강력한 진압 작전을 폄으로써 30~40명의 승려가 목숨을 잃었다(그림 13.22). 2014년 버마 정부는 100만 명의 소수 로힝야 부족민에게 자국에서 60년 이상 거주했다는 것을 증명하지 않으면 수용소에 구금되고 국외로 추방될 것이라고 통보하였다. 인도네시아 정부는 주류 이슬람교가 이단으로 간주하는 아마디야 이슬람 분파를 금지시켰다.

언어와 민족지리

동남아시아의 언어지리는 복잡하다(그림 13.23). 이 지역의 수백여

그림 13.21 **인도네시아의 이슬람 사원** 인도네시아는 전 세계에서 무슬림 인구가 가장 많은 국가이다. 이슬람교는 처음 수마트라 섬 북부로 전파되었으며, 이곳은 지금도 인도네시아에서 가장 이슬람교가 깊이 뿌리내린 지역으로 남아있다. 이 사진은 아체 사람들이 반다아체의 바이투라만 대사원 앞에서 기도를 드리고 있는 장면을 촬영한 것이다.
Q : 수마트라 북부의 아체 사람들 대부분이 종교적으로 헌신하는 것은 정치적으로 어떤 결과를 가져왔는가?

그림 13.22 **로힝야 난민 캠프** 수만 명의 로힝야 무슬림들이 버마로부터 추방되었다. 이 난민들 대부분은 이웃 방글라데시의 난민 캠프에 체류하고 있다.

개 언어는 5개의 주요 어족으로 분류될 수 있다. 4개의 어족은 다음에 소개되고, 다섯 번째 어족인 파푸아어족은 제14장에서 논의된다.

오스트로네시아어족 전 세계에서 가장 널리 사용되는 어족들 가운데 오스트로네시아어족이 포함되며, 이 어족은 마다가스카르에서 태평양 동부의 이스터 섬에 이르는 지역에 분포한다. 오늘날 동남아시아 도서 지역 언어의 대부분이 오스트로네시아어족에 속한다. 그러나 이와 같은 공통된 어족 분류에도 불구하고 인도네시아에서만 50여 개 이상의 언어가 사용된다. 인도네시아 극동 지역에서는 다수의 언어가 파푸아어족에 속하며, 이 어족은 뉴기니와 밀접한 연관성을 갖고 있다.

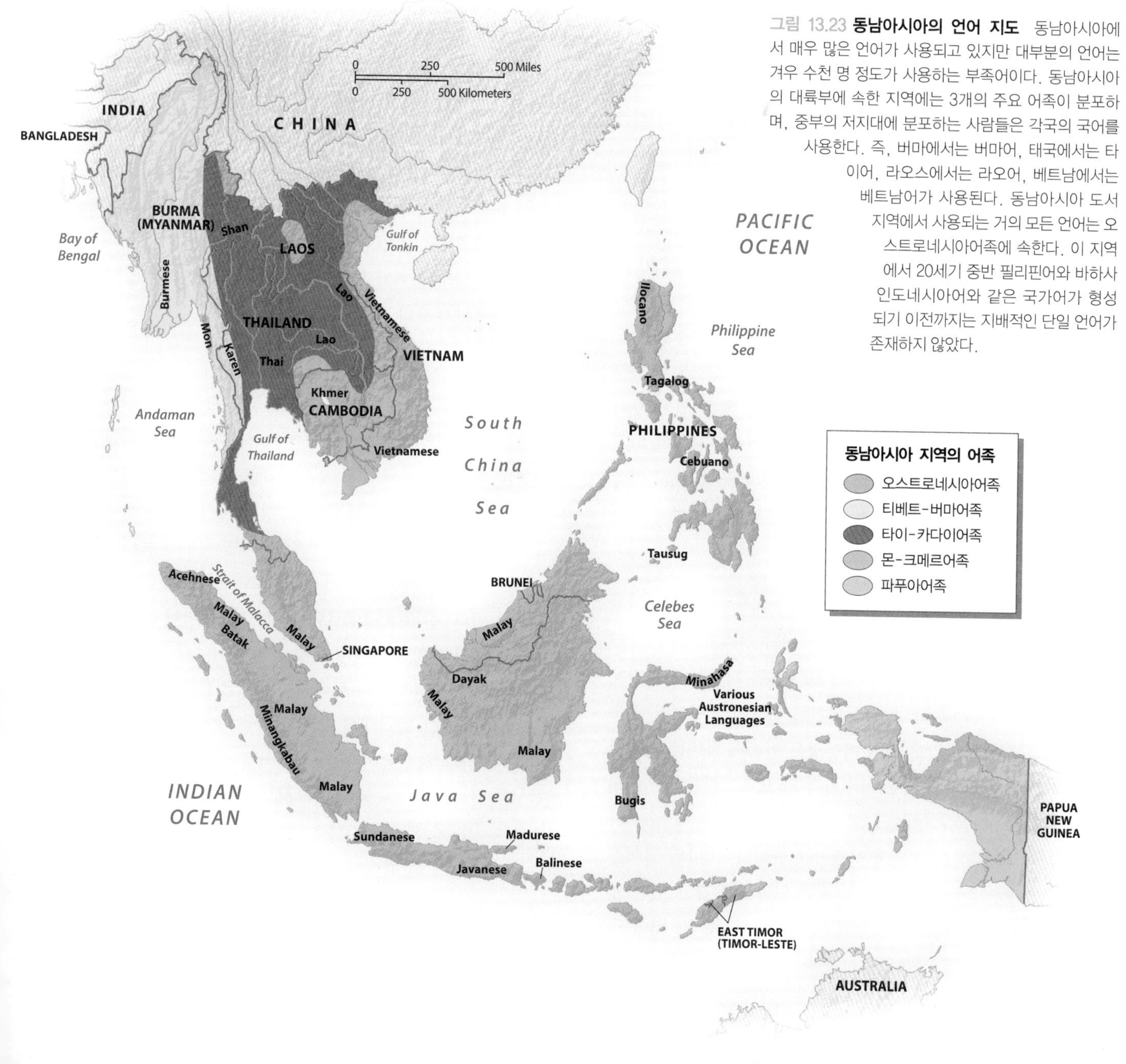

0 250 500 Miles
0 250 500 Kilometers
INDIA
BANGLADESH
CHINA
BURMA (MYANMAR)
Shan
LAOS
Bay of Bengal
Gulf of Tonkin
PACIFIC OCEAN
Burmese
Lao
Vietnamese
Mon
THAILAND
Karen
Lao
Thai
VIETNAM
Ilocano
Philippine Sea
Khmer
CAMBODIA
Tagalog
Andaman Sea
Gulf of Thailand
Vietnamese
South China Sea
PHILIPPINES
Cebuano
Tausug
Acehnese
Strait of Malacca
BRUNEI
Celebes Sea
Malay
Batak
Malay
Malay
SINGAPORE
Dayak
Minahasa
Malay
Various Austronesian Languages
Minangkabau
Malay
Malay
INDIAN OCEAN
Malay
Java Sea
Bugis
PAPUA NEW GUINEA
Sundanese
Madurese
Javanese
Balinese
EAST TIMOR (TIMOR-LESTE)
AUSTRALIA

동남아시아 지역의 어족
- 오스트로네시아어족
- 티베트-버마어족
- 타이-카다이어족
- 몬-크메르어족
- 파푸아어족

그림 13.23 **동남아시아의 언어 지도** 동남아시아에서 매우 많은 언어가 사용되고 있지만 대부분의 언어는 겨우 수천 명 정도가 사용하는 부족어이다. 동남아시아의 대륙부에 속한 지역에는 3개의 주요 어족이 분포하며, 중부의 저지대에 분포하는 사람들은 각국의 국어를 사용한다. 즉, 버마에서는 버마어, 태국에서는 타이어, 라오스에서는 라오어, 베트남에서는 베트남어가 사용된다. 동남아시아 도서 지역에서 사용되는 거의 모든 언어는 오스트로네시아어족에 속한다. 이 지역에서 20세기 중반 필리핀어와 바하사 인도네시아어와 같은 국가어가 형성되기 이전까지는 지배적인 단일 언어가 존재하지 않았다.

말레이어는 동남아시아의 여타 도서 지역에서 사용된다. 말레이어는 본래 말레이 반도, 수마트라 섬의 동부, 보르네오 섬의 해안 지대 등에서 사용되었지만 역사적으로 상인 및 선원에 의해 이 지역 전체로 확산되었다. 그 결과, 말레이어가 대부분의 도서 지역에서 **공통어**(lingua franca)가 되었다. 인도네시아가 1949년 독립했을 때 지도자들은 공통어인 말레이어를 대신해 '바하사 인도네시아어'(또는 간단히 인도네시아어)라고 불리는 공용어를 사용하기로 결정하였다. 비록 인도네시아어가 말레이시아에서 사용되는 말레이어와 약간 상이하지만 이 두 언어는 상호 이해 가능한 언어이다. 그리고 두 언어 모두 로마자를 사용한다.

인도네시아에 들어선 새 정부의 목표는 거대한 영토 전체에 민족적 차이를 극복할 수 있는 공통어를 확립하는 것이었다. 이 정책은 대체로 성공을 거두어 인도네시아인의 대다수가 바하사 인도네시아어를 사용한다. 바하사 인도네시아어가 폭넓게 사용되면서 인도네시아의 확장되고 있는 영토 대부분에서 공통된 국가 정체성이 형성되었다. 그러나 대부분의 인도네시아인은 자바어, 발리어, 순다어와 같이 특정 지역을 기반으로 하는 언어를 가정에서 주로 사용한다.

필리핀인은 8개의 주요 언어와 수십여 개의 소수 언어를 사용하는데 이 언어들은 서로 밀접하게 연관되어 있다. 300년 이상 지속된 스페인의 식민 통치에도 불구하고 스페인어는 이 지역에서 통합력을 발휘하지 못하였다. 미국의 식민 지배 기간(1898~1946년) 동안 영어는 통치와 교육용 언어로 이용되었다. 독립 후 필리핀 민족주의자들은 영어를 대체하고 새로운 국가를 통합하기 위해 대도시권인 마닐라뿐만 아니라 루손 섬 중부와 남부 지역의 언어로 사용되고 있는 타갈로그어를 선택하였다. 타갈로그어가 표준화되고 현대화된 후 '필리핀어(Filipino)'라는 명칭이 붙여졌다. 교육, 텔레비전, 영화 등에서 사용되면서 필리핀어는 점차 필리핀의 국가어가 되었다.

티베트-버마어족 동남아시아의 대륙부에 속하는 지역에 위치한 국가들은 핵심 영토에서 사용하는 국가어를 가지고 있다. 그러나 이것은 이들 국가의 국민이 매일 국가어를 사용한다는 것을 의미하지는 않는다. 산악 지대와 외지에서는 여타 언어가 공통적으로 사용된다. 이 같은 언어 다양성은 민족적 차이를 심화시키며, 그로 인해 국가 통합을 이루기 위한 프로그램들이 이행되는 것을 어렵게 만들고 있다.

그러한 언어 문제의 대표적 사례가 버마이다. 버마의 국어는 버마어로, 버마어는 티베트어와 밀접한 연관성을 갖고 있는 언어이다. 약 3,200만 명의 사람들이 버마어를 사용한다. 버마 정부는 인구를 단일어로 통합하려고 노력해 왔지만 고지대에 분포하는 비버마인들과 버마어를 사용하는 사람들 간에 분열이 일어났다. 이 종족들의 대부분이 티베트-버마어족에 속한 언어를 사용하지만 이 언어들은 버마어와 아주 상이하다.

타이-카다이어족 타이-카다이어족은 중국 남부에서 기원했으며 1100년경부터 동남아시아로 확산되었다. 오늘날 타이어파 내에서 밀접하게 연관된 언어들은 태국과 라오스의 대부분의 지역, 베트남 북부 고지, 버마의 샨 고원에서 사용되고 있다. 이러한 대부분의 타이어파 내에 속한 언어들은 그 규모가 작은 부족들이 사용하고 있다. 그러나 이 가운데 타이어와 라오어는 중요한 국가어이다.

역사적으로 샴어라고 불리는 태국의 주요 언어는 짜오프라야 계곡 하부에 국한되어 있었다. 그러나 1930년대에 샴이라고 불렸던 이 국가에서 타이어를 사용하는 모든 사람들의 통합을 강조하기 위해 국명을 태국으로 변경하였다. 샴어는 타이어로 명칭이 변경되었으며 점차 태국의 통합 언어가 되었다. 그러나 많은 변이가 일어난 방언도 사용되고 있는데, 북부 타이어는 독립어로 여겨지고 있다. 훨씬 독특한 것은 타이어이면서 라오스의 국가어가 된 라오어이다. 태국의 코랏 고원에서는 대부분의 사람들이 표준 타이어보다는 라오어와 유사한 방언인 이산어(Isan)를 사용하고 있다. 심지어 이산어를 쓰는 사람들의 음식은 훨씬 매울뿐만 아니라 찰기가 있는 쌀로 만들어지기 때문에 태국 음식과도 상당히 다르다.

몬-크메르어족 몬-크메르어족은 아마도 한때 동남아시아 대륙부의 거의 모든 지역에서 사용되었을 것으로 추정된다. 이 어족에는 산악 지대와 저지대에 분포하는 사람들이 사용하는 소수 언어뿐만 아니라 2개의 주요 언어인 베트남어와 크메르어(캄보디아의 국가어)가 포함된다. 베트남이 역사적으로 중국의 영향을 받았기 때문에 베트남어는 프랑스 식민 정부가 로마 알파벳을 강요할 때까지 한자로 쓰였고, 이 로마 알파벳은 오늘날에도 사용되고 있다. 반면에 크메르어는 라오어, 타이어, 버마어와 같이 인도어에서 기원한 자체 문자로 쓰인다.

동남아시아 대륙부에서 언어지리학의 중요한 측면은 각국에서 국가어가 핵심 저지대에서 주로 사용되지만 변경에 속하는 고지대에서는 부족민들이 독립된 언어를 사용한다는 점이다. 일례로 베트남에서 베트남어를 사용하는 사람들은 전체 인구의 대다수를 구성하지만 이들의 분포 지역은 영토의 1/2 이하에 해당한다. 베트남에서는 베트남어 사용자가 최근 주요 도로 건설 프로젝트에 도움을 얻어 인구가 희박한 고지대로 이주하기 시작하면서 민족 갈등이 고조되고 있다.

글로벌 맥락 속에서 동남아시아의 문화

동남아시아 국가들은 글로벌 문화의 영향에 상당히 수용적이었다. 필리핀이 그 대표적인 사례로, 미국의 식민주의가 필리핀으로 하여금 서구의 대중문화를 적극적으로 받아들이게 만들었다. 그 결과, 오늘날 필리핀의 음악인과 예능인은 아시아에서 활발한 활동을 하고 있다. 한편 동남아시아의 여러 가지 문화 요소도 전 세계로 확산되었다. 예를 들어, 태국, 베트남, 인도네시아 스타일의 요리가 북아메리카와 유럽의 도시들에서 인기가 높다. 스포츠도 세계화의 추세를 나타낸다. 다양한 형태의 펀치, 발차기, 엘보 잽, 무릎 차기 동작이 특징인 태국의 킥 복싱인 무에타이가 최근 세계적으로 인기를 얻고 있다.

그러나 문화의 세계화는 일부 동남아시아 국가에서 도전적인 문제에 직면해 있다. 특히 말레이시아 정부는 미국 영화와 위성 텔레비전 방송에 비판적인 태도를 갖고 있다. 인도네시아와 말레이시아에서 이슬람교의 부활도 문화의 세계화에 도전이 되고 있다. 이슬람 과격파 단체가 다수의 나이트클럽과 관광지를 공격했으며, 2003년 미국 주도의 이라크 공격이 있은 후 반서구 감정이 급속히 확산되었다. 레이디 가가와 같은 외설적 음악인들은 인도네시아에서의 공연을 취소해야만 하였다. 그러나 쥐프(Jupe)와 같은 일부 대중적인 인도네시아의 연예인 역시 외설적이다. 인도네시아 대통령 조코 위도도는 하드 코어 헤비메탈 음악의 열렬한 팬이다(그림 13.24).

세계 언어로서 영어의 사용 또한 논란을 발생시키고 있다. 대중문화에 사용되는 언어라는 점에서 보수주의자들이 영어의 사용을 반대하고 있지만 글로벌 비즈니스와 정치에 참여하려면 영어를 익혀야만 하는 상황이다. 말레이시아에서 영어 사용은 1980년대 민족주의자들이 모국어의 중요성을 강조하면서 논란을 발생시켰다. 이는 비즈니스계와 영향력이 큰 중국인 커뮤니티에도 문제를 발생시켰다.

싱가포르의 상황은 더욱 복잡하다. 만다린 중국어, 영어, 말레이어, 타밀어가 모두 공용어이다. 더구나 싱가포르 인구의 75%가 중국 남부 출신이므로 중국 남부 방언이 가정에서 일상적으로 사용된다. 최근 싱가포르 정부는 만다린 중국어를 장려하면서 중국 남부 방언을 사용하지 말도록 권고하고 있다. 또한 영어를 기반으로 하지만 말레이어와 중국어로부터 많은 단어를 차용하는 '싱글리시(Singlish)'를 사용하지 말자는 캠페인을 시작하였다(그림 13.25).

필리핀에서 민족주의자들은 영어 사용을 비난하고 있지만 영어를 능숙하게 사용함으로써 수백만 명의 필리핀인들은 손쉽게 해외에서 직장을 얻고, 국제 비즈니스 업무를 수행하고 있다. 더구나 아시아 국가로부터 많은 사람들이 필리핀에 와서 영어를 공부하고 있다. 2012년에만 거의 10만 명의 한국인이 영어 공부를 위해 필리핀에 체류하였다. 필리핀 정부는 점차 영어를 필리핀어로 대체하고 싶어 하지만 아직 영어가 공용어로 널리 사용되고 있다. 이와 동시에 필리핀어가 영어로부터 단어와 어구를 차용하고 있기 때문에 '타글리시(Taglish)'라고 알려진 혼합 방언이 형성되고 있다.

그림 13.24 **조코 위도도 : 헤비메탈 팬으로 알려진 대통령** 조코 위도도 인도네시아 대통령은 헤비메탈 팬으로 잘 알려져 있다. 이 사진은 조코 위도도 대통령이 2013년 자카르타 주지사였을 당시 미국 헤비메탈 밴드 메탈리카의 로버트 트루질로가 선물한 베이스 기타를 들고 있는 모습을 촬영한 것이다. 그는 이따금 검은색 티셔츠와 가죽 바지를 입고 헤비메탈 콘서트를 관람한다.

그림 13.25 **싱가포르의 싱글리시 사용 금지 캠페인** 영어는 싱가포르의 4개 공용어 가운데 하나이지만 대부분의 싱가포르인들은 말레이어와 중국 남부 방언에 영향을 많이 받은 '싱글리시'를 사용한다. 그 결과, 싱가포르 정부는 올바른 영어를 사용하고 싱글리시를 사용하지 말도록 권장하고 있다. 이 사진은 싱가포르의 도서관 직원들이 올바른 영어 사용을 장려하는 포스터를 설치하고 있는 모습을 촬영한 것이다.

확인 학습

13.5 지난 200년간 세계 주요 종교 가운데 어떤 종교가 동남아시아에 확산되었고, 이 지역 가운데 어느 곳에서 국교가 되었는가?

13.6 동남아시아의 여러 국가들이 문화의 세계화에 수반된 문제들에 어떻게 대응하고 있는가?

주요 용어 애니미즘, 공통어(링구아프랑카)

지정학적 틀 : 전쟁, 민족 갈등, 지역 협력

동남아시아는 때때로 동남아시아국가연합(ASEAN)으로 묶인 10개 국가의 지정학적 그룹으로 구분된다(그림 13.26). 비록 동티모르가 ASEAN 회원국은 아니지만 동티모르 정부는 2015년 4월 회원 가입을 위한 모든 조건을 충족시켰다고 주장하였다. 그러나 다른 회원국들은 동티모르가 ASEAN의 프로그램에 참여할 수 있는 재정적 역량을 갖추고 있음을 먼저 보여줄 것을 요구하고 있다. ASEAN은 동남아시아의 지역 간 응집성을 형성시키면서 회원국 간의 지정학적 문제를 해결해 왔다. 그러나 ASEAN의 성공에도 불구하고 동남아시아 국가들은 여전히 이웃 국가와의 긴장뿐만 아니라 내부적인 민족 갈등을 겪고 있다.

그림 13.26 **동남아시아의 지정학적 이슈** 동남아시아 국가들은 ASEAN을 통해 대부분의 국경 문제와 여타 잠재적인 갈등을 해결해 왔다. 종교적 · 민족적 다양성의 문제에 집중된 내부적인 갈등은 대부분 이 지역의 일부 국가, 특히 인도네시아와 버마에서 심각하다.

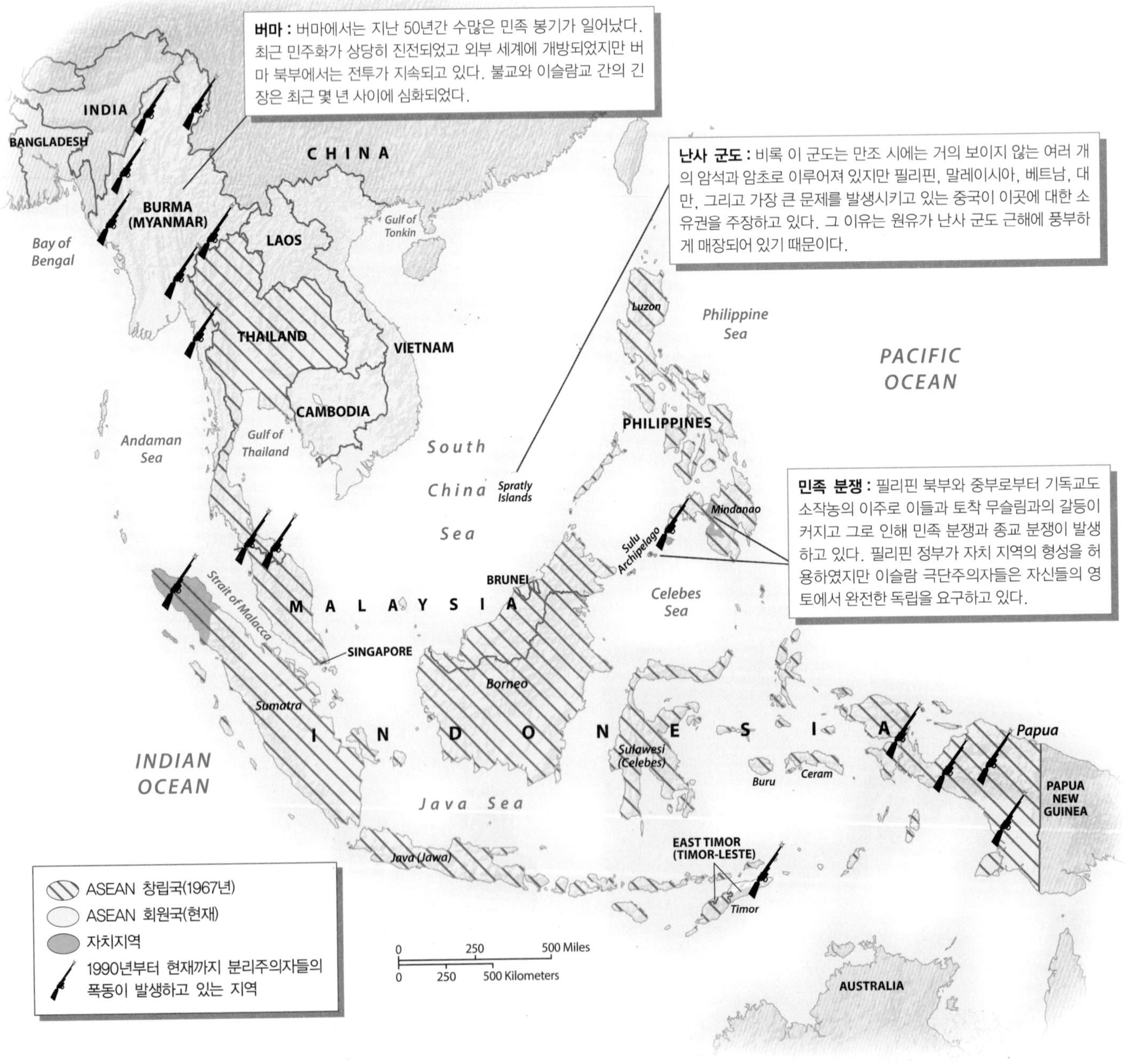

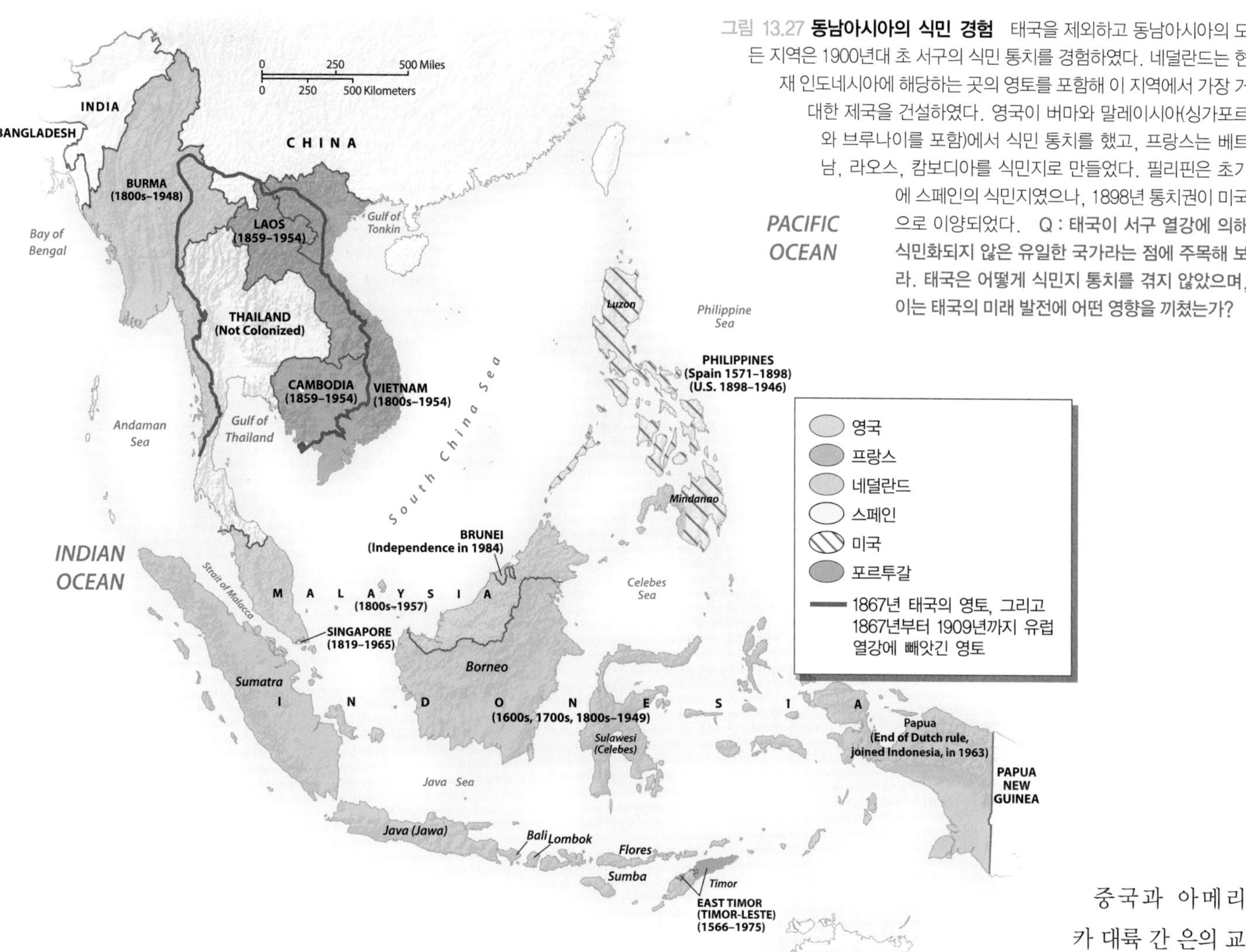

그림 13.27 **동남아시아의 식민 경험** 태국을 제외하고 동남아시아의 모든 지역은 1900년대 초 서구의 식민 통치를 경험하였다. 네덜란드는 현재 인도네시아에 해당하는 곳의 영토를 포함해 이 지역에서 가장 거대한 제국을 건설하였다. 영국이 버마와 말레이시아(싱가포르와 브루나이를 포함)에서 식민 통치를 했고, 프랑스는 베트남, 라오스, 캄보디아를 식민지로 만들었다. 필리핀은 초기에 스페인의 식민지였으나, 1898년 통치권이 미국으로 이양되었다. **Q : 태국이 서구 열강에 의해 식민화되지 않은 유일한 국가라는 점에 주목해 보라. 태국은 어떻게 식민지 통치를 겪지 않았으며, 이는 태국의 미래 발전에 어떤 영향을 끼쳤는가?**

유럽의 식민 통치 이전

동남아시아 대륙부의 현대화된 국가들은 유럽의 식민 통치 이전에는 왕국의 형태로 존재하였다. 캄보디아는 1,000년 이상 전에 형성되었으며, 1300년대에 버마인, 샴인, 라오인, 베트남인에 의해 독립 왕국이 세워졌다. 이 모든 왕국들은 주요 하곡과 삼각주에 집중되었다.

아직 전근대적인 상태에 있는 동남아시아 도서 지역은 현대적인 민족국가를 이루고 있는 대륙부 지역과 매우 다르다. 다수의 왕국이 말레이 반도와 수마트라 섬, 자바 섬, 술라웨시 섬에 존재했으며 그 어떤 왕국도 안정적이지 않았다. 인도네시아, 필리핀, 말레이시아의 영토 형태는 유럽 식민주의 통치기에 형성되었다(그림 13.27).

식민 시대

포르투갈인은 1500년경 인도네시아 동부의 말루쿠 제도의 향료에 이끌려 유럽인 최초로 동남아시아에 도착하였다. 1500년대 말 스페인은 필리핀의 대부분의 섬을 정복했으며, 이 식민지를 중국과 아메리카 대륙 간 은의 교역 기지로 이용하였다. 1600년대에 이르러 네덜란드인은 무역 기지를 설립하기 시작했으며, 이후 영국이 그 뒤를 이었다. 유럽인은 우수한 해상 무기를 가지고 주요 항구를 정복할 수 있었으며, 전략적으로 중요한 해로를 통제하였다. 그러나 유럽인은 식민 지배 200년 동안 필리핀을 제외하고 타지역에서 지정학적 변화를 발생시키지 않았다.

1700년대에 들어와 네덜란드인은 이 지역에서 강대국이 되었다. 그 결과 '동인도'에서 네덜란드 제국이 세계지도에 그려지기 시작하였다. 이 제국은 20세기 초까지 계속 성장했으며, 이때 주요 적국인 수마트라 섬 북부의 이슬람 국가인 아체를 패배시켰다. 후에 네덜란드는 뉴기니를 독일 및 인도와 분할해 인도네시아를 식민지화하였다.

영국은 인도에서의 식민 통치에 사로잡혀 동남아시아를 중국과 연결시키는 항로에 관심을 집중하였다. 결과적으로 영국인은 말라카 해협을 따라 여러 개의 전초 기지를 설립했으며, 이 중 가장 중요한 곳은 1819년에 설립된 싱가포르였다. 영국과 네덜란드는 분쟁을 피하기 위해 영국이 말레이반도와 보르네오 섬의 북부 지역 일부만 통치한다는 데 동의하였다. 영국은 인도의 일부 지역에서 행했던 바와 같이 이곳에서 이슬람 술탄에게 권력을 제한적으로 허용하였다.

1800년대에 들어와 유럽 식민 강대국은 대부분의 동남아시아 대륙부로 세력을 확대하였다. 영국은 버마 왕국을 정복했으며 인근 산악 지대로 뻗어 나갔다. 같은 기간 동안 프랑스는 베트남의 메콩 삼각주로 이동했으며, 중국과의 국경 지대와 캄보디아로 영토를 확대하였다. 태국은 유일하게 식민 지배를 받지 않은 국가였지만 일부 영토를 영국과 프랑스에 빼앗겼다. 이 지역에 들어온 마지막 식민 세력은 미국이었으며 미국은 처음 스페인으로부터, 1898~1902년에는 필리핀 민족주의자들로부터 필리핀을 빼앗았다.

유럽인의 통치에 대한 저항이 1920년대에 시작되었지만 식민 세력은 제2차 세계대전 동안 일본의 점령이 시작되면서 서서히 힘을 잃어갔다. 1942~1945년 일본은 이 지역 전체를 정복하였다. 1945년 일본의 항복 후 동남아시아에서 독립운동이 강화되었다. 영국은 1948년 버마로부터 철수했으며 비록 브루나이가 1984년까지 독립하지 못했지만 1950년대 말에 이르러서는 동남아시아 도서 지역에서도 철수하였다. 싱가포르는 짧은 기간 말레이시아에 통합되었으나 1965년 독립하였다. 미국은 1946년 7월 4일 필리핀을 독립시켰지만 이후 수십여 년간 필리핀에서 해군 기지를 보유하였다. 네덜란드가 제2차 세계대전 이후 식민 통치를 다시 시작하려고 시도했지만 1949년 인도네시아의 독립을 인정할 수밖에 없었다.

베트남 전쟁과 그 여파

프랑스는 제2차 세계대전 이후 동남아시아 국가에 대한 통치 계획을 세웠다. 프랑스 통치에 대한 저항운동은 베트남 북부에 주둔한 공산주의 단체에 의해 조직되었다. 프랑스군과 공산주의군 사이의 전쟁이 1954년까지 계속되었으며, 이때 프랑스는 대규모 군사적 패배 이후 철수에 동의하였다. 국제평화위원회는 베트남을 소비에트연방 및 중국과 동맹을 맺은 공산주의 지배하의 북베트남(월맹)과, 미국과 긴밀한 관계를 맺은 자본주의 성향의 남베트남(월남)으로 분리시켰다.

그러나 평화협정은 전쟁으로 이어졌다. 남베트남에서 우세한 북베트남 공산주의 게릴라(베트콩)는 새 정부를 전복시키고 북베트남과의 통일을 위해 전쟁을 벌였다. 북베트남은 반군을 원조하기 위해 국경을 넘어 군대와 전쟁 물자를 보냈다. 이와 같은 보급품의 대부분은 라오스와 캄보디아를 통해 밀림 속의 복잡하게 연결된 통로인 호찌민 루트를 따라 남부로 전해졌으며, 라오스와 캄보디아도 전쟁에 점차 빠져들게 되었다(그림 13.28). 라오스에서는 공산주의 파테트라오 군대가 정부에 저항했으며, 캄보디아에서는 **크메르루주**(Khmer Rouge) 게릴라가 상당한 권력을 쟁취하였다.

그림 13.28 **호찌민 루트** 북베트남은 남베트남의 공산주의 반란군에게 무기와 기타 물품을 공급하여 이들이 라오스와 캄보디아에 걸쳐 만든 호찌민 루트를 따라 움직였다. 미국은 호찌민 루트를 따라 포격하였으며, 주변 숲에 고엽제를 살포하였지만 결코 이 공급 루트를 차단하지 못하였다.

워싱턴 DC에서는 **도미노 이론**(domino theory)이 외교 정책을 이끌고 있었다. 이 이론에 따라 베트남이 공산주의 세력에 넘어가면 라오스와 캄보디아도 공산화될 것이고, 일단 이 국가들을 잃게 되면 버마, 태국, 말레이시아, 인도네시아도 역시 공산권의 일부가 될 것이라는 주장이 제기되었다. 그와 같은 결과를 우려한 미국은 전쟁에 보다 깊이 관여하게 되었다. 1965년까지 수천 명의 미군이 남베트남 정부를 지원하기 위해 전투에 참여하였다. 그러나 우월한 군대와 무기에도 불구하고 미군은 점차 외곽 지역에서 통제권을 잃었다. 미국은 사상자가 증가하고, 국내에서 반전운동이 강화되면서 해결책을 얻기 위해 비밀 협상을 벌이기 시작하였다. 미군의 본격적인 철수가 1970년대 초반 시작되었다.

미군의 철수로 반공산주의 정부가 붕괴하기 시작하였다. 사이공이 1975년 함락되었으며, 다음 해 베트남은 공식적으로 북베트남 정부하에 공식적으로 통일되었다. 통일은 남베트남에 매우 충격적인 일이었다. 수십만 명의 사람들이 새로운 정권을 피해 해외로 도피했으며, 다수가 미국에 정착하였다.

베트남은 캄보디아에 비하면 운이 좋았다. 크메르루주는 이제까지 전 세계에서 가장 잔혹한 정권을 수립하였다. 도시 사람들은 농촌으로 쫓겨나 소작농이 되었으며, 부유하고 교육을 받은 사람들은 처형되었다. 크메르루주의 목표는 산업화의 기반이 될 수 있는, 농업적으로 자급자족적인 사회를 형성하는 것이었다. 캄보디아에서 수년간 끔찍한 유혈 사태가 벌어진 후 베트남의 침공이 있었고 이후 캄보디아에 들어선 정권은 잔혹성이 훨씬 줄었지만 여전히 억압적인 정책을 폈다. 여러 집단 간의 전투가 포괄적인 평화협정이 맺어진 1991년까지 계속 이어졌다.

현대 동남아시아의 지정학적 갈등

동남아시아의 여러 지역에서 민족 집단들이 과거 식민 세력으로부터 그들의 영토를 계승한 정부에 대해 투쟁을 전개해 왔다. 부족 집단들이 임업, 광산업 또는 이주 정착자로부터 자신들의 토지를 지키려고 하면서 갈등이 불거졌다(그림 13.29).

인도네시아의 분쟁 인도네시아가 1949년 독립을 쟁취한 후 뉴기니 서부(파푸아)를 제외하고 과거 네덜란드 점령 지역이었던 모든 지역을 영토로 포함시켰다. 1962년 네덜란드는 이 지역 사람들이 인도네시아와 통합될 것인지 아니면 독립국가를 형성할 것인지의 여부를 투표를 통해 결정하도록 하였다. 투표 결과는 통합에 대한 찬성으로 나왔지만 많은 투표 참관인들은 인도네시아 정부에 의해 투표가 조작되었다고 주장하였다. 그 결과 지역민들이 폭동을 일으키기 시작하였다. 인도네시아는 미국 피닉스에 본부를 둔 프리포트-맥모란 회사에 의해 운영되고 있는 그래스버그 광산에서 막대한 세제 수입을 얻고 있기 때문에 이 지역에 대한 통치를 지속하기로 결정하였다(그림 13.29).

그림 13.29 **그래스버그 광산** 인도네시아의 파푸아 주에 위치한 그래스버그 광산은 전 세계에서 가장 규모가 큰 금광이면서 세 번째로 큰 구리 광산으로 이루어져 있다. 1만 9,000명을 고용한 그래스버그 광산은 인도네시아 경제에 중요하다. 그러나 1일 평균 23만 톤씩 발생하는 광미로 인한 환경 오염이 극심하여 지역 주민들은 이 광산의 이용에 반대하고 있다.

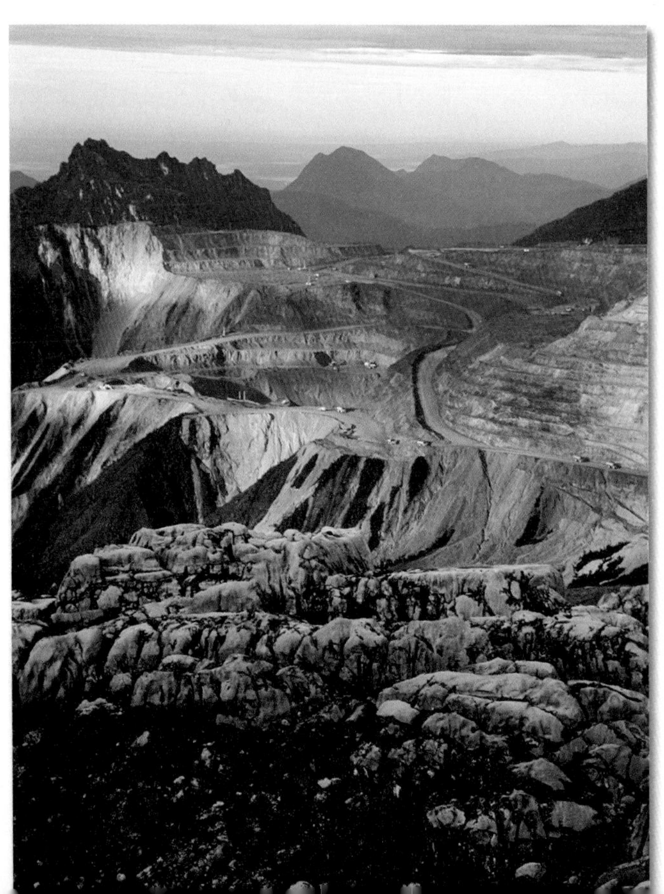

2000년 인도네시아 정부는 파푸아에 자치권을 부여했으나 폭동이 일어나면서 이곳에 대한 지원을 감소시켰다. 그러나 10년 후 갈등이 고조되었고, 폭동이 지속되었다. 2014년 12월 인도네시아 보안 부대가 시위자들에게 발포하면서 5명의 파푸아 고등학생이 사망하였고, 이 사건에 대해 주간지 타임은 파푸아를 '킬링필드'라고 칭하였다. 내재된 갈등의 원인은 자바와 인근 도서로부터 파푸아로 사람들이 계속해서 이주한 것 때문이었다.

티모르 섬은 최근 정치적 유혈 사태를 겪었다. 섬의 동부는 포르투갈의 식민지였으며, 기독교 사회로 변모하였다. 동티모르인들은 포르투갈이 1975년 철수했을 때 독립을 기대하였다. 그러나 인도네시아는 동티모르를 자국의 영토로 간주하고 즉각 침공하였다. 잔혹한 전쟁이 이어졌고, 인도네시아 군대가 식량 보급을 차단함으로써 승리를 거두었다.

1997년 경제 위기 후 이 지역에서 인도네시아의 세력이 약화되었다. 새롭게 들어선 인도네시아 정부는 1999년 동티모르인이 투표로 독립을 결정할 것을 약속하였다. 그러나 이와 동시에 인도네시아 군대가 민병대를 조직해 동티모르인이 투표를 하러 가지 못하도록 위협하였다. 투표 결과가 독립 선호로 나타나자 민병대가 폭동, 약탈, 민간인 살해를 자행하였다. 국제사회의 압력하에서 인도네시아는 군대를 철수시켰으며, 동티모르인들은 2002년 독립을 공식화하고 신생국가를 수립하였다.

수마트라 섬 북부의 아체 지역도 지역 반군이 이슬람 독립국가를 수립하려 했기 때문에 오랫동안 지속된 정치적 폭력을 경험하였다. 인도네시아 정부는 아체 지역에 '특별 자치권'을 부여했지만 독립을 막기로 결정하였다. 2004년 12월 쓰나미로 인한 대규모 피해로 지역 재건의 필요성이 커지고 분리주의 투사들이 마침내 전투를 중단할 것에 동의하면서 평화가 정착되었다. 그러나 아체 지역의 자치 정부가 엄격한 이슬람법을 강제하면서 갈등이 지속되고 있다. 2014년 이슬람법의 적용 범위가 9만 명의 비무슬림 인구에게로 확대되었다. 간통, 혼전 성관계, 동성애에 대한 처벌이 강력하고, 알코올을 소지할 경우에는 채찍형, 구금, 높은 벌금 등에 처해질 수 있다.

필리핀의 지역 갈등 필리핀도 지방에서 정치 폭동을 겪고 있다. 가장 오랫동안 지속된 문제는 이슬람 세력권인 서남부 지역에서 발생했는데, 이곳에서는 반군이 오랫동안 독립을 요구해 왔다. 정부는 1989년 독립을 요구하던 주요 단체와 평화협상 체결에 성공한 후 이슬람 민다나오 자치 지역(Autonomous Region in Muslim Mindanao, ARMM)을 설정하였다. 그러나 과격 이슬람 단체가 평화안을 거부하고 폭탄 테러, 순찰 군대 공격, 민간인 납치 등을 통해 계속해서 투쟁을 벌이고 있다. 2014년 정부 관리들과 이슬람주의 반군들은 방사모로(Bangsamoro)라고 불리는 확장된 자치지역의 설정에 기초한 새로운 평화협정에 서명하였다.

필리핀에서 서남부 지역은 정치적 문제를 발생시키고 있는 유일한 곳이 아니다. 신 인민군이라고 불리는 혁명 공산주의 단체가 필리핀의 대부분 지역에서 활동하며 수많은 농촌 지역을 통제하고 있다. 더욱이 필리핀 정부는 민주적임에도 불구하고 안정적이지 못하며 쿠데타의 위협, 부패 스캔들, 대규모 시위, 탄핵 시도 등의 문제를 겪고 있다.

버마의 산적한 문제 동남아시아의 모든 국가들 가운데에서 버마의 민족 분쟁이 가장 극심하다. 버마인(버마어를 사용하는 민족 집단)에 의해 운영되고 있는 중앙정부가 다양한 비버마인 사회와 대립하면서 다수의 교전이 발생하였다. 1948년 독립 후 교전이 점차 심각해졌고, 1980년대까지 영토 전체의 거의 절반이 전투지로 변하였다.

그러나 1990년대 정전 협정과 버마 군대의 성공적인 공격으로 교전이 급격하게 감소하였다. 2012년 초 버마 정부는 카렌족 반군과의 정전 협정에 서명했으나 이와 동시에 최북단의 카친족 반란군과의 군사 교전이 심각해졌다(그림 13.30). 2011년부터 2014년까지 약 10만 명의 민간인이 카친족 전쟁으로 삶의 터전을 잃고 타지로 쫓겨났다. 버마는 또한 이 장의 앞부분에서 논의한 바와 같이 로힝야족과 관련한 종교 분쟁을 겪고 있다. 2014년 6월 버마에서 두 번째로 큰 도시인 만달레이에서 무슬림 찻집 주인이 불교도 소녀를 강간하였다는 혐의가 제기되면서 심각한 민족 폭동이 발생하였다.

버마는 독재 정부로 미국과 EU로부터 오랫동안 무역 제재를 받아왔다. 그러나 2010년 선거를 열고 보다 개방된 사회로 나아가기 시작했으며, 2년 후 야당 지도자이며 1991년 노벨평화상 수상자인 아웅산 수지가 총선을 이끌게 하였다. 미국은 버마와 외교관계를 재개하였고 2013년 EU는 무역 제재를 중단하였다. 그러나 2014년 11월 미국 대통령 버락 오바마는 버마 지도자들이 개혁 조치에서 후퇴하고 있다고 비난하며 제재 조치가 다시 가해질 수 있다는 것을 암시하였다.

태국의 문제 버마와 달리 태국은 수년 동안 기본적인 인권을 누리고 있다. 안정적인 민주주의 체제가 정착될 것이라고 생각되었지만 2006년 태국의 수상 탁신 친나왓이 국민의 존경을 받고 있는 국왕의 지지를 얻어 이루어진 군사 쿠데타에 의해 축출되었다. 부유한 사업가였던 탁신은 국가적인 의료보험 체계를 확립함으로써 태국의 빈곤층으로부터 지지를 얻었지만 너무 많은 권력을 쟁취함으로써 중산층과 상류층을 분노하게 만들었다. 대규모 시위와 반대 시위가 수년간 지속되었다. 2011년 탁신의 여동생 잉락 친나왓이 선거에서 압도적 승리로 수상이 되었다. 그러나 2014년 5월 태국의 군부가 선거를 통해 이루어진 정부를 전복시키고, 헌법을 폐지하였다(그림 13.31). 이후 군부가 지배하는 국회가 들어섰다. 태국이 결국 민주주의로 돌아서게 될 것이지

그림 13.30 **카친 해방군 소속 여성 군인** 버마가 최근 많은 반군들과 평화협정을 맺었지만 카친 해방군은 수십 년간 버마 정부와 전쟁을 벌이고 있다. 버마의 여러 반란 민족들처럼 카친 해방군도 다수의 여성 전투원을 고용하고 있다.

그림 13.31 **2014년의 태국의 군사 쿠데타** 태국 정부는 지난 수십여 년간 수차례에 걸쳐 군사 정권과 민주 정권이 교차하여 수립되었다. 수많은 민간인들이 2014년 5월에 발생한 군사 쿠데타에 항의 시위를 벌였다. 이 사진은 2014년 5월 26일 방콕 중심부의 전승 기념탑 앞에서 항의 문구를 들고 있는 시위자들이 보초를 서고 있는 군인들에 둘러싸여 있는 모습을 촬영한 것이다.

만 그 과정은 쉽지 않을 것으로 예상되고 있다.

태국에서 발생한 최근의 정치적 소요는 정치적 위협 요소가 되고 있는 최남단 지역에서 발생한 폭동을 해결하지 못하게 하고 있다. 태국의 최남단 지역은 상대적으로 빈곤하며, 이 지역 사람들은 대부분 말레이어를 사용하고 이슬람교를 믿는다. 이들은 오랫동안 태국의 통치에 저항해 왔으며, 수십여 년 동안 주기적으로 폭동이 발생해 왔다. 2004년 이후 폭동이 급증하여 2015년 초에는 5,000명 이상의 사망자가 발생하였다. 태국 남부 폭동의 이례적인 특징은 그 어떤 단체도 반정부 폭동에 책임이 있다고 주장하지 않으며, 어떠한 정치적 요구도 하고 있지 않다는 점이다.

동남아시아 지정학의 국제적 차원

ASEAN의 전반적인 성공에도 불구하고 국경 분쟁이 계속해서 발생하고 있다. 2008년 말과 2009년 초, 11세기에 건립된 프레아비히어 사원을 놓고 태국과 캄보디아 사이에 분쟁이 벌어져 40명이 사망하였다. 2015년 1월 태국은 분쟁 지역에서 캄보디아가 구조물을 설치하는 것에 항의하기 위해 200명의 군대를 국경지대로 파견하였다.

상당한 원유 매장지 위에 위치한 아주 작은 섬과 암초로 이루어진 남중국해의 난사 군도와 시사 군도를 놓고 더욱 복잡한 영토 분쟁이 일어나고 있다(그림 13.32). 필리핀, 말레이시아, 브루나이, 베트남이 중국 및 대만과 마찬가지로 이곳을 모두 자국의 영토라고 주장해 왔다. 2010년 남중국해에서 중국이 해군을 증강하면서 국제적 긴장감이 높아지기 시작하였다. 2014년 5월 중국은 베트남이 자국 영해라고 주장하는 곳에 유전 굴착 장치를 설치하였고 중국과 베트남 선박들 간에 수차례에 걸친 충돌이 발생하였다. 이와 같은 갈등의 결과로 베트남과 필리핀은 미국과 더욱 밀접한 군사적 공조를 시작하였다.

ASEAN 지도자들이 직면한 가장 큰 문제점 중의 하나는 이 지역에서 과격 이슬람주의자 네트워크가 형성된 것이다. 이 중 가장 큰 네트워크는 동남아시아 내에서 모든 이슬람 지역을 포함하는 이슬람 국가를 설립하고자 조직된 무장 단체인 제마 이슬라미야(Jemaah Islamiya)이다. JI 요원들은 2000년대 자바와 발리에서 폭탄 테러를 자행하여 다수의 사상자를 발생시켰다. 인도네시아는 Detachment 88이라고 불리는 반테러 엘리트 부대와 '온건화 프로그램(deradicalization program)'으로 이에 대응하였다. 2008년까지 이와 같은 프로그램이 성공적이어서 JI가 더 이상 위협이 되지 않는 것처럼 보였다. 그러나 2014년 9월 JI는 필리핀 남부에 위치한 제너럴산토스 시의 시청 앞의 기념비를 폭파시켰다고 주장하였다.

말라카 해협의 중요한 해양 항로에서의 해적 행위도 동남아시아에서의 또 다른 국제적 안전에 문제가 되고 있다. 2014년 4월에서 12월 사이 6척의 유조선 승조원들은 억류된 채 원유를 모두 도난당하였다. 이와 같은 공격은 말레이시아, 싱가포르, 인도네시아, 태국이 말라카 해협 순찰대라고 불리는 합동 해적 소탕 해군을 조직하도록 만들었다.

 **확인 학습**

13.7 유럽의 식민지화가 동남아시아 국가들의 발전에 어떤 영향을 주었으며, 그와 같은 프로세스는 이 지역의 도서 지역과 대륙부에서 어떻게 다르게 나타나는가?

13.8 ASEAN의 출현과 확장이 동남아시아의 지정학적 긴장을 어떻게 감소시키고 있는가? 그리고 이 지역에서의 특정 분쟁이 ASEAN의 프로세스에 의해 해결되지 않은 이유는 무엇인가?

주요 용어 크메르루주, 도미노 이론

경제 및 사회 발전 : 경제 성장의 급격한 변동

지난 수십여 년간 동남아시아는 극단적인 경제적 변동을 겪었다(표 A13.2). 1980~1997년 동남아시아의 많은 지역이 경제적 호황을 누렸으나 이후 경제 불황이 뒤따랐다. 그러나 1997년 태국의 부동산 시장이 붕괴하자, 이 지역 전체에 경제 위기가 닥쳤다. 2000년 이후 동남아시아 경제는 다시 빠르게 성장하기 시작하였지만 2008~2009년의 세계 경제 위기로 타격을 입었다. 그러나 몇 년 내에 다시 회복하였다. 동남아시아의 일부 국가들은 21세기에 들어와 15년간 전 세계에서 가장 빠르게 성장하였다. 일부 관측자들은 중국의 경기 둔화와 전 세계적 상품 가격 하락으로

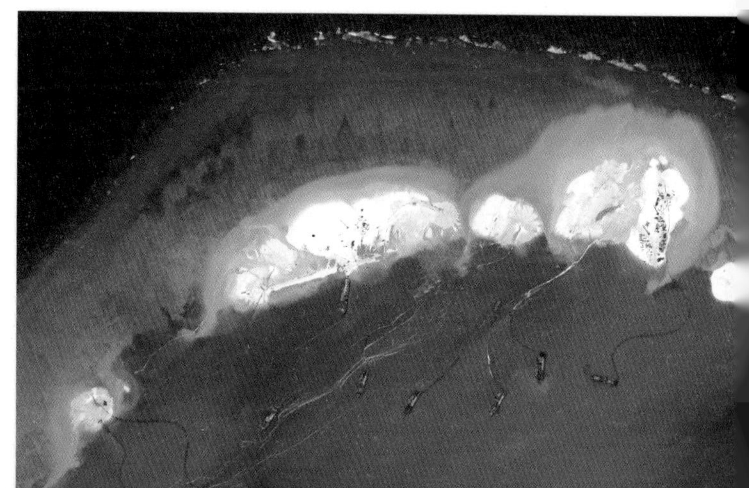

그림 13.32 **난사 군도** 난사 군도를 놓고 중국, 대만, 베트남, 말레이시아, 브루나이, 필리핀 간의 갈등이 최근 고조되었다. 중국은 자국의 주장을 강화하기 위해 이곳에 인공 섬과 시설들을 건립하였다. 2015년 3월에 촬영된 이 사진은 미스치프 환초에서 중국이 인공 섬 건설과 준설 작업을 하고 있는 모습을 보여준다.

동남아시아 경제 역시 영향을 받을 것이라고 예측하기도 하지만 또 다른 한편에서는 석유 가격의 하락이 경제적 부양을 가져올 것이라고 보고 있다.

불균등 경제 개발

이 지역 전체가 뚜렷한 성쇠를 겪었지만 동남아시아의 일부 지역은 양호한 글로벌 경제 실적을 보였다. 원유가 풍부한 브루나이와 첨단 기술이 발달한 싱가포르는 전 세계에서 가장 부유한 국가 그룹으로 분류되지만 캄보디아, 라오스, 버마, 동티모르는 가장 빈곤한 국가로 분류된다.

필리핀의 쇠퇴와 회복 1950년대 필리핀은 동남아시아에서 가장 발달한 국가였다. 그러나 1960년대 말, 필리핀의 개발은 궤도를 벗어났다. 1980년대와 1990년대 초 필리핀의 경제는 인구 성장 속도를 뛰어넘지 못했으며 그 결과, 빈곤층과 중산층의 생활 수준이 떨어졌다. 전 세계 국가들에 비하면 필리핀 사람들은 교육과 보건 수준이 높지만 이 기간 동안 필리핀의 경제와 보건 시스템의 질이 저하되었다.

필리핀이 초기의 예상과 달리 쇠퇴한 이유는 무엇인가? 이 질문에 간단하게 답할 수 없지만 페르디난드 마르코스(1965~1986년 통치)가 수십억 달러의 예산을 낭비하거나 자신이 독차지하면서 국가의 발전을 저해하였다. 마르코스 정권은 대통령 일가에게 엄청난 특혜를 제공했지만 적으로 간주되는 사람들의 재산은 몰수하는 **정실 자본주의**(crony capitalism) 정책을 폈다.

그러나 2010년까지 필리핀 경제는 마침내 회복하기 시작하여, 2012~2014년에는 매년 7%에 가까운 성장률을 보였다. 필리핀 경제에서 전망이 밝은 부분은 교육 수준이 높고 영어를 구사하는 인구로 인해 비즈니스 아웃소싱 활동이 확대되고 있다는 것이다. 최근에 이루어진 동남아시아에서의 현대적 통신 시스템 개발로 특히 혜택을 보았는데, 2017년까지 130만 명의 필리핀인들이 미국을 비롯한 선진국의 고객 전화 질의를 처리하는 국제 콜센터에서 종사할 것이라고 예측된다(그림 13.33). 대부분의 필리핀인들이 미국 문화에 익숙하다는 점은 급속하게 성장하고 있는 콜센터 아웃소싱 산업에 혜택을 주고 있다.

지역의 중심지 : 싱가포르 싱가포르와 말레이시아는 동남아시아에서 개발의 주요 성공 사례이다. 싱가포르는 과거 상품이 수출되고 보관되며 다시 다른 선박으로 옮겨지는 **중개무역 도시**(entrepôt)에서 전 세계에서 가장 부유하고 가장 현대적인 국가로 변모하였다. 싱가포르는 현재 동남아시아의 첨단 기술 상품의 제조업 중심지일 뿐만 아니라 통신 및 금융의 중심축이다. 싱가포르 정부는 개발 과정에서 주도적인 역할을 수행해 왔다. 싱가포르는 기술 보유 다국적 기업에 의한 투자를 장려했으며 주택, 교육, 사회적 서비스에 집중적으로 투자하였다(그림 13.34). 싱가포르는 현재 약품 및 의약 기술 산업의 성장을 장려하고 있다. 그러나 싱가포르는 집권 여당이 정부를 장악하고 있기 때문에 정부는 부분적으로만 민주적 성격을 띠고 있다.

그림 13.33 **필리핀의 콜센터** 필리핀은 전 세계에서 주요한 국제 콜센터로서의 지위를 놓고 인도와 경쟁하고 있다. 약 100만 명의 필리핀인들이 현재 국제 콜 센터에 고용되어 북아메리카와 유럽의 영어 사용 고객들에게 정보와 안내를 제공하고 있다.

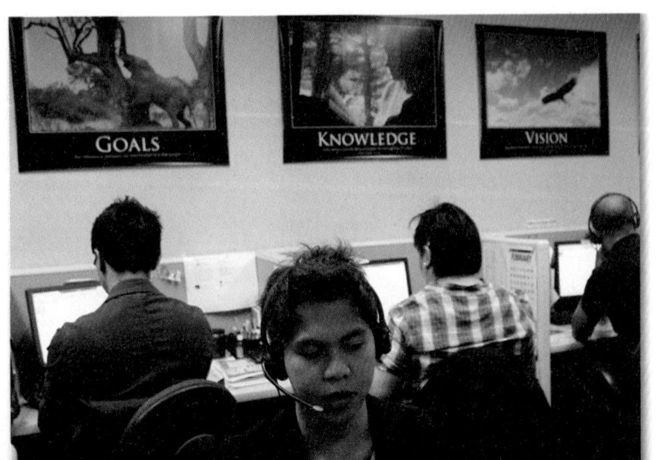

그림 13.34 **싱가포르의 공공 주택** 싱가포르 정부는 경제에 대한 자유시장적 접근에도 불구하고 공공 주택에 많은 투자를 해왔다. 대부분의 싱가포르인들은 이 아파트와 유사한 건물에 거주하고 있다. Q : 싱가포르는 자유시장 경제에 헌신한 보수적인 국가이다. 이와 같은 사실을 고려할 때 싱가포르 정부가 공공 주택에 많은 투자를 해온 이유는 무엇인가?

그림 13.35 **말레이시아의 하이테크 제조업** 많은 해외 기업들이 말레이시아에 하이테크 제조업 시설을 건립하였다. 대부분의 공장들은 말레이 반도의 서부 지역에 위치해 있다.

말레이시아의 경제 호황 말레이시아는 싱가포르만큼 부유하지 않지만 급속한 경제 성장을 이루었다. 경제 개발은 초기에 열대 목재, 플랜테이션 산물, 주석과 같이 농업 및 자연자원을 중심으로 이루어졌다. 최근 제조업, 특히 노동 집약적인 첨단 기술 분야의 제품 제조업이 경제 성장의 주요 엔진이 되고 있다(그림 13.35). 그러나 말레이시아는 원유 수출국이며, 낮은 원유 가격은 경제에 타격을 가져올 수 있다.

말레이시아의 현대적인 경제 체제는 영토 전체에 균등하게 분포되어 있지 않다. 이와 같은 경제 체제의 불균형적인 분포의 원인은 지리적 요인 때문이다. 대부분의 공업 개발이 말레이시아 반도 서부 지역에서 이루어졌다. 그러나 더욱 중요한 것은 민족에 따른 차이였다. 말레이시아에서 발생한 부는 중국인 커뮤니티에 집중되었다. 오늘날 말레이족은 중국계 말레이시아인들보다 부유하지 못하며, 남부 아시아계 후손들은 훨씬 더 빈곤하다.

대부분의 동남아시아 국가에서는 부가 불균형적으로 중국인에게 집중되어 있다. 그리고 말레이시아에서는 소수 집단에 해당하는 중국인의 규모가 너무 커서 그 문제가 특히 심각하다. 말레이시아 정부는 경제력이 주류 집단에 해당하는 말레이족, 즉 **부미푸트라**(Bumiputra)('토지의 자손' 즉 토착민을 의미) 커뮤니티에게 이전되게 하는 적극적인 차별 철폐 정책(affirmative action)을 폈다. 이 정책은 성공적이었다. 국가 전체의 부에서 중국인 커뮤니티가 차지하는 비중은 이전보다 상대적으로 감소했지만 중국인 커뮤니티는 계속 번영해 왔다. 더 많은 말레이족 전문직 종사자들이 보다 개방되고 경쟁적인 사회를 원하면서 이와 같은 정책에 대한 반대가 증가하고 있다. 2008년 조사에 따르면 말레이시아인 가운데 71%는 차별 철폐 정책이 더 이상 쓸모없다고 생각하고 있다.

태국의 성쇠 말레이시아와 마찬가지로 태국은 1980년대와 1990년대 신흥 공업국으로 급속히 성장하였다. 태국의 초기 경기 호황기에, 임금 수준은 낮지만 상대적으로 교육 수준이 높은 태국 노동력에 이끌린 일본 기업이 주도적 역할을 하였다. 그러나 태국은 1990년대 말과 2008~2009년 심각한 경기 침체를 겪었다. 태국의 경제는 최근 다시 활력을 얻었지만 지속된 정치 불안정이 경제 성장률을 다시 떨어뜨렸다.

지난 수십여 년간 이루어진 태국의 경제 성장은 국가 전체에 균등한 편익을 가져오지 않았다. 대부분의 공업 개발은 역사적인 중심지, 특히 방콕에서 이루어졌다. 이와 같이 특정 지역에 산업이 집중됨으로써 나타나는 취약성은 2011년 여름에 나타났다. 당시 태국 중부에 대규모 홍수가 발생하여 태국의 국가 경제뿐만 아니라 자동차 및 가전제품 부문의 글로벌 공급 체인에 피해가 발생하였다.

태국에서 라오어를 사용하는 북동부 지역(코랏 고원)과 말레이어를 사용하는 최남단 지역은 여전히 최빈곤 지역으로 남아 있다. 북동부 지역의 빈곤으로 인해 이 지역 사람들은 방콕으로 옮겨 일자리를 찾을 수밖에 없다. 북동부 출신 남성들은 건설업에서 일자리를 찾고, 여성들은 종종 성매매로 생계를 유지한다. 최남단 지역에서 빈곤과 실업률은 이 지역에서의 폭동의 원인이 되고 있다.

인도네시아의 불안정한 경제 팽창 인도네시아는 1949년 독립했을 때 전 세계에서 최빈국으로 분류되었다. 인도네시아 경제는 1970년대 마침내 성장하기 시작하였다. 열대 우림의 벌목과 함께 원유 수출이 초기 성장의 원동력이 되었다. 그러나 원유 매장량이 고갈되었고, 원유의 순수입국이 되었다. 태국 및 말레이시아와 함께 인도네시아는 저임금의 교육 수준이 높은 노동력을 원하는 다국적기업을 유치할 수 있었다. 인도네시아에서 중국계 사람들이 많이 소유하고 있는 기업도 국가의 인력 및 자연자원을 자본화하였다.

인도네시아는 최근의 경제 성장에도 불구하고 여전히 빈곤한 상태에 머물러 있다. 경제 성장의 속도가 결코 싱가포르와 말레이시아를 따라가지 못하며, 지속 가능하지 않은 자연자원의 수탈에 크게 의존하고 있다. 2008~2009년 발생한 세계 경제 위기는 인도네시아보다 동남아시아의 부유한 국가에서 그 심각성이 컸으나 2010~2015년에는 인도네시아의 국가 경제가 안정적으로 성장하였다. 2015년 초 전 세계적으로 원유 가격이 하락하면서 인도네시아 정부가 값비싼 연료 보조금을 삭감할 수 있게 되었는데 이는 많은 경제학자들이 인도네시아 경제를 활성화시키고 사회 프로그램에 더 많은 지출을 가능하게 할 것이라고 생각한 조치였다.

베트남과 캄보디아의 부상 과거 프랑스의 식민지였던 곳은 오랫동안 동남아시아에서 가장 빈곤하고 세계화가 이루어지지 않은 곳으로 알려져 있었다. 베트남 전쟁기부터 1990년대 초까지 베트남의 경제 성장은 거의 이루어지지 않았다. 베트남의 경제 성과에 불만을 느낀 정부 지도자들은 정치적으로 공산주의 국가 형태를 유지하면서 시장 경제를 수용하는 중국의 선례를 따르기 시작하였다. 베트남 경제는 2000년대 초 매년 8%의 성장을 보이면서 빠르게 성장하였다. 그러나 베트남은 여전히 빈곤국으로 남아 있고, 최근에는 연간 경제 성장률이 5.5%로 하락하였다. 베트남은 금융 분야가 개발되지 않았고, 너무 많은 부실 채권을 안고 있다는 비판을 받고 있다.

베트남은 현재 극단적으로 낮은 임금과 상대적으로 교육 수준이 높은 노동력에 이끌린 다국적 기업들을 받아들이고 있다. 일본과 한국 기업이 여타 동남아시아 국가보다 베트남을 선호한다. 그러나 베트남의 기업들은 정부 관리의 괴롭힘에 대해 불평하고 있으며, 개발은 지리적으로 불균등하게 이루어지고 있다. 베트남 남부 지역이 북부 지역보다 자본주의적일 뿐만 아니라 기업가적이고, 빈곤은 농촌 특히 부족이 분포하는 산악 지대에서 심각하다.

캄보디아의 최근 경제 상황은 베트남과 유사하지만 이보다 훨씬 극단적이다. 오랫동안 전쟁과 정치적 부패를 겪은 캄보디아는 경제가 대부분 자급 농업에 집중되어 있어 아시아에서 최빈국에 속한다. 그러나 2005년 원유 및 광물자원의 발견과 관광산업의 번성 및 대규모 국제투자로 경제 호황이 이어졌다. 의류산업에서의 성과가 특히 좋아 현재 캄보디아 총 수출의 절반 이상을 차지하고 있다.

최근 캄보디아의 경제 성장은 기회를 가져왔을 뿐만 아니라 문제점도 발생시키고 있다. 대부분 여성들로 이루어진 의류 제조 공장 근로자들의 임금은 매우 적으며, 가혹한 환경 속에서 장시간의 노동을 하고 있다. 더구나 프놈펜에서 부동산 붐이 일어나 수천 명의 빈민층 주민들이 부동산 개발 프로젝트가 진행된 지역에서 강제 퇴거당하였다. 관광 역시 편익뿐만 아니라 문제도 발생시키고 있다. 캄보디아의 여러 국경도시, 이 가운데 포이펫이 도박의 중심지가 됨으로써 이곳에 태국의 지하 범죄 조직으로부터 많은 범죄 자금이 투자금으로 들어왔으며, 각종 범죄가 발생하였다(그림 13.36). 캄보디아인들은 태국과 베트남으로부터의 경제적 지배하에 놓이게 될 것을 우려하고 있다.

라오스와 동티모르의 경기 호전 캄보디아와 마찬가지로 라오스는 오랫동안 자급 농업에 의존해 왔는데, 전체 노동력의 약 3/4이 자급 농업에 종사하고 있다. 라오스는 험준한 지형과 지리적 고립으로 인해 경제적 어려움을 겪어왔다. 도시 외곽으로는 포장도로와 안정적인 전기 공급이 드물다. 그 결과, 해외 원조에 대한 의존도가 높다. 그러나 최근에는 라오스의 경제가 급속하게 성장하기 시작하였다.

라오스 정부는 태국 및 중국으로부터의 수력 · 광업 · 관광업 개발과 투자에 경제적 희망을 걸고 있다. 이 가운데 수력 발전이 특히 중요한데, 라오스가 하천이 많은 산지에 위치해 대량의 전기를 생산하고 수출할 수 있기 때문이다. 라오스는 또한 메콩 강

그림 13.36 **캄보디아의 카지노** 캄보디아의 국경도시 포이펫은 도박의 중심지가 되었다. 태국으로부터 많은 투자금과 관광객이 들어옴으로써 캄보디아인들을 분노하게 만들었다. 이 도시에서는 조직범죄 역시 문제가 되고 있다.

상류를 거슬러 올라가 중국으로 들어가는 바지선의 통행량이 증가함으로써 경제적 이익을 얻고 있다. 2014년 라오스 정부의 한 각료가 중국과 ASEAN 사이의 가교 역할을 수행함으로써 경제적 지위를 확보해야 한다고 주장하였다.

동티모르는 심각한 경제 문제를 겪고 있다. 영토 면적이 좁은 소국으로서 동티모르는 독립 과정에서 겪었던 황폐화로부터 회복하는 데 여러 해가 걸렸고, 국제 원조 단체의 점진적인 철수로 더욱 취약해졌다. 그러나 최근 다량의 원유와 천연가스가 동티모르의 전망을 밝게 만들고 있고, 2011년부터 2014년까지 전 세계에서 가장 높은 경제 성장률을 보였다. 이와 같은 경제 성장이 지속 가능한지, 그리고 동티모르인들의 빈곤한 생활 수준을 증진시킬 것인지의 여부는 더 지켜보아야 할 것이다.

버마의 경제 위기 버마는 동남아시아의 경제 개발 수준 면에서 거의 최하위에 속해 있다. 그러나 버마는 수많은 문제에도 불구하고 엄청난 잠재력을 지닌 나라이다. 버마는 비옥한 농경지뿐만 아니라 풍부한 자연자원(원유, 광물, 수자원, 목재를 포함)을 가지고 있다. 인구밀도는 높지 않으며, 교육 수준은 꽤 높은 편이다. 그러나 이와 같은 이점에도 불구하고 버마의 경제는 1948년 독립 후 상대적으로 정체되어 있다.

2011년 이후 버마는 국가의 정치 체제를 개혁하는 동시에 경제를 개방하였다. 전 세계 국가들과의 교역이 증가하였고, 해외로부터의 투자가 들어오기 시작하였다. 중국 기업들은 인도양으로부터 중국 남서부로 연료를 공급받기 위해 원유와 가스 파이프라인을 건설하였다. 반부패 조치 역시 통과되었으며, 버마는

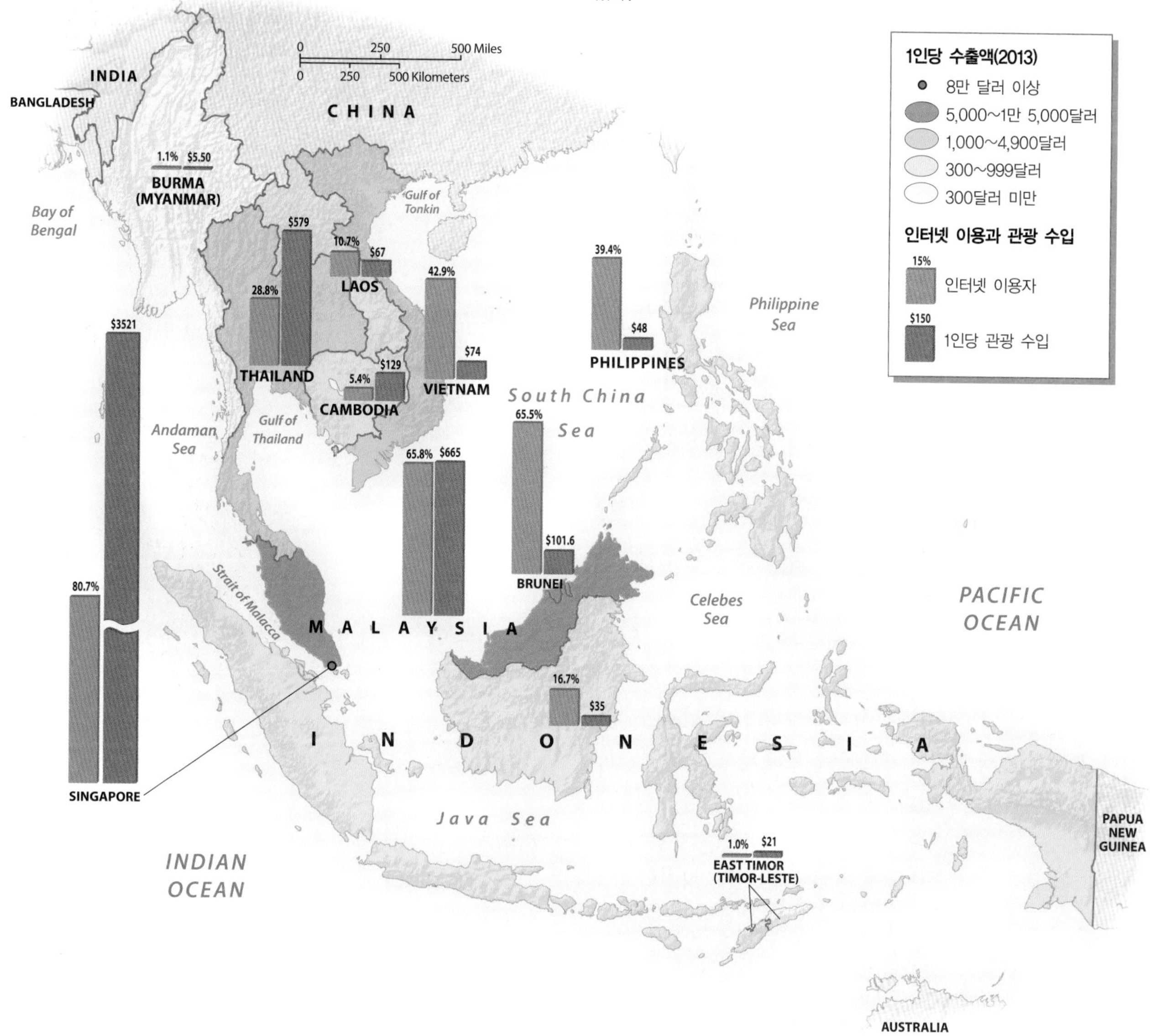

그림 13.37 **동남아시아의 세계와의 관련성 : 수출, 인터넷 이용, 그리고 관광** 동남아시아에서 세계화의 수준은 매우 다양하다. 싱가포르와 말레이시아는 글로벌 경제와 밀접하게 연관되어 있지만 버마는 여전히 상대적으로 고립되어 있다. 그러나 버마는 최근 정치적인 변화와 함께 훨씬 광범위하게 세계화를 겪기 시작하였다.

마침내 안정적인 통화를 구축하였다. 2014년 버마는 7% 이상의 경제 성장을 이루었다.

세계화와 동남아시아 경제

동남아시아는 세계 경제에 급속하게 통합되고 있다(그림 13.37). 싱가포르는 다국적 자본주의의 성공에 미래를 맡겼으며, 여타 국가도 같은 상황이다. 심지어 공산주의 국가인 베트남과 한때 고립주의를 추구하던 버마도 세계 경제 체제에 문호를 개방하였다. 동남아시아는 또한 아름다운 해변, 열대 기후, 다양한 문화, 적절한 물가로 잘 알려져 있는 세계적인 관광지이다. 해외 관광객 규모는 1995년 이후 매년 10% 이상 증가해 왔다. 관광이 다수의 환경 및 사회 문제와 연관되어 있지만 지속 가능한 관광 부문은 오늘날 가장 빠르게 성장하고 있다.

세계화에 대한 논란 세계 경제로의 통합이 싱가포르, 말레이시아, 태국, 그리고 인도네시아에 상당한 발전을 가져온 것은 명백하다. 그러나 싱가포르와 말레이시아를 제외한 여타 국가에서의 경제 성장은 근로자들이 저임금과 엄격한 규율 조건에서 일을 해야 하는 노동 집약적 제조업에 기반을 두었다. 그로 인해 유럽, 미국, 그리고 그 외 지역의 다국적기업과 동남아시아 정부에 대해 수출 지향적 산업에 종사하는 근로자들의 노동 조건 개선을 요구하는 운동이 시작되었다(일상의 세계화 : 태국의 골치 아픈 해산물 수출 참조).

동남아시아의 수출 기업들에서 대부분의 노동력은 여성인데, 이 여성들은 같은 작업에 대해 남성보다 더 적은 임금을 받는다(지리학자의 연구 : 동남아시아의 여성 이주 노동자 참조). 자바 섬 중부의 공장들을 조사한 한 연구에서는 대부분의 근로자들이 농지를 소유하지 못한 빈곤한 가구 출신의 젊은 미혼 여성들이라고 제시하였다. 2013년 발표된 이 연구에서는 상대적으로 부유한 말레이시아에서조차도 여성 공장근로자의 임금이 남성보다 22% 적다고 제시하였다. 태국에서 버마 출신의 빈곤한 이주 여성들은 규모가 크지만 대부분 숨겨진 노동력을 구성하고 있다.

중국은 최근에 이루어진 동남아시아 경제의 세계화에서 두드러진다. 먼저 기간시설 건설 프로젝트, 특히 라오스, 버마, 캄보디아에서 많은 투자를 하였다. 댐, 고속도로, 철로, 항구 등의 건설에 중국으로부터의 투자가 대규모로 이루어졌다. 동남아시아 리더들은 중국의 투자를 환영했지만 지역 주민들은 환경의 질 저하와 토지 손실에 대해 분노하였다. 이와 같은 프로젝트에는 정치적 이해관계도 때때로 연관된다. 2010년 캄보디아는 망명을 요청한 20명의 위구르인을 중국으로 돌려보냈다. 이틀 뒤 중국 정부는 캄보디아의 기간시설 개선사업에 12억 달러를 투자하는 데 동의하였다.

일상의 세계화

태국의 골치 아픈 해산물 수출

동남아시아의 경제적 세계화는 여러 가지 측면에서 미국과 연관되어 있다. 일례로, 미국에서 소비되는 해산물의 90%가 수입품이고, 가장 많이 수출하는 6개국 가운데 3개국이 태국, 인도네시아, 베트남이다.

태국의 해산물 수출업은 전 세계에서 (중국과 노르웨이에 이어) 3위에 해당한다. 그러나 이 또한 논쟁적이다. 2014년 태국의 새우 양식장에서 바이러스성 질병이 확산되자 태국의 새우 수출은 32% 급감하였다. 환경보호론자들은 태국 해산물 산업의 대부분이 불법 어업과 함께 해안 습지를 지속가능하지 않은 양식장으로 전환하는 것에 의존하고 있다고 주장한다(그림 12.3.1). 인권 역시 큰 문제가 되고 있다. 어업과 생선 가공업에 고용된 많은 사람들은 때때로 난폭한 취급을 당하는 밀입국 외국인 노동자들이다. 미국 국무성은 태국의 새우 양식업이 수만 명의 사람들을 사실상 노예 상태로 만드는 주요 위반자라고 보고하였다. 이와 같은 주장은 미국의 슈퍼마켓이 태스크포스를 조직하여 새우 수출국의 강제 노동에 대해 보고하도록 만들었다.

1. 태국의 해산물 수출산업이 환경 및 노동 문제와 연관된 이유를 서술하라.
2. 해산물을 판매하는 로컬 마켓을 방문하여, 얼마나 많은 생선이 다른 나라로부터 수입되어 판매되고 있는지 살펴보라.

그림 13.3.1 태국의 새우 양식장 새우는 태국 남부 춤폰 주에 위치한 양식장에서 양식된다. 새우 양식은 동남아시아 해안 지역에서 수익성이 좋은 산업이지만 환경 오염 및 노동력 착취와 연관되어 있다.

지리학자의 연구

동남아시아의 여성 이주 노동자

토론토 대학의 **레이첼 실버리**는 "지리학이 현재의 세계적 이슈들에 매우 독특한 관점을 제공한다."라고 지적하였다. 실버리는 인도네시아의 노동 이주, 젠더 역할, 경제개발을 종합적으로 연구해 온 학자이다. 그녀가 최근 수행한 연구는 인도네시아 노동자들의 페르시아 만 국가들로의 이동에 관한 것이었고, 이에 따라 인도네시아와 함께 두바이에서 현장조사를 실시하였고, 사우디아라비아로 여행할 계획을 갖고 있으며, 이를 통해 서로 다른 시점에서 이주를 살펴보고자 한다.

장소와 사람들을 연결하기 실버리는 그녀가 지리학을 접하기 훨씬 전 "인도네시아와 사랑에 빠졌고" 아시아 자원봉사 프로그램으로 대학교 3학년을 인도네시아에서 보냈다. 그녀는 언어를 습득하고 농촌 마을에서 거주하며 젠더와 농업에 대해 공부하였고, "고국으로 돌아왔을 때 학문적 대화에 기여할 수 있는 바를 가지고 있다고 느꼈다." 그녀의 학부 논문 지도교수는 대학원에 진학하여 지리학을 공부해 볼 것을 권했다. "나는 지리학에 대해 들어보지도 못했어요! 그렇지만 지리학자들은 여행을 통해 직접 세계에 대해 배운다는 것, 그리고 제가 가지고 있는 다양한 관심사에 맞는 학문이라는 것을 알게 되었어요."

실버리는 연구에 가구 조사와 심층 인터뷰를 이용하였다(그림 13.4.1). 실버리의 회상처럼, 그녀의 대학원 지도교수인 지리학자 빅토리아 로손은 "제가 행한 답사를 최대한 이용하고, 제가 해외에서 체류하는 동안 깊이 알게 된 사람과 장소를 연결시키도록 격려하였다."라고 말한다. 그녀의 인터뷰는 사실을 확인하는 데서 머무르지 않는다. "인터뷰를 잘 하는 것은 사람들과 좋은 대화를 나누는 것이고, 대화가 잘 진행될 때 데이터를 수집할 뿐만 아니라 당신과 그들의 삶 속에서 계속 지속되는 관계를 발전시켜요."

그림 13.4.1 자신들의 경험을 공유하고 있는 인도네시아 여성 근로자들 지리학자 레이첼 실버리는 인도네시아 여성 근로자들의 노동과 공동체에 대한 깊은 대화를 통해 연구 대상자들을 잘 알게 되었다.

국제 노동과 이주 노동 이주와 젠더에 대한 실버리의 연구는 동남아시아를 넘어 페르시아 만 국가들에서 아이들뿐만 아니라 노인들을 위한 '돌봄 노동'을 제공하고 있는 인도네시아 여성들의 지위를 고려하고 있다. 실버리는 최근 글로벌사회정책센터(Global Social Policy, http://www.cgsp.ca/people) 연구팀 일원으로 돌봄의 경로에 대해 연구하고 있다. 다학제적으로 구성된 연구팀은 사회복지, 젠더와 고령화 문제, 이주 경로, 공공 정책을 통합적으로 다루고 있는데, 이는 실버리의 지리적 관점과 인터뷰 기술이 중요하게 작용하는 부분이다. 실버리는 자신의 인터뷰에 대해 "변화하는 경관과 이주의 정치와 함께 검토될 필요가 있는 역사가 있어요."라고 언급한다.

1. 인도네시아의 여성 노동 이주의 패턴이 버마나 태국과 같은 대륙부에 위치한 동남아시아 국가들과 어떻게 다른가?
2. 이주자들을 인터뷰하는 것이 이주 데이터를 추적하는 정부나 NGO에게 어떻게 도움이 될 수 있는지 설명하라.

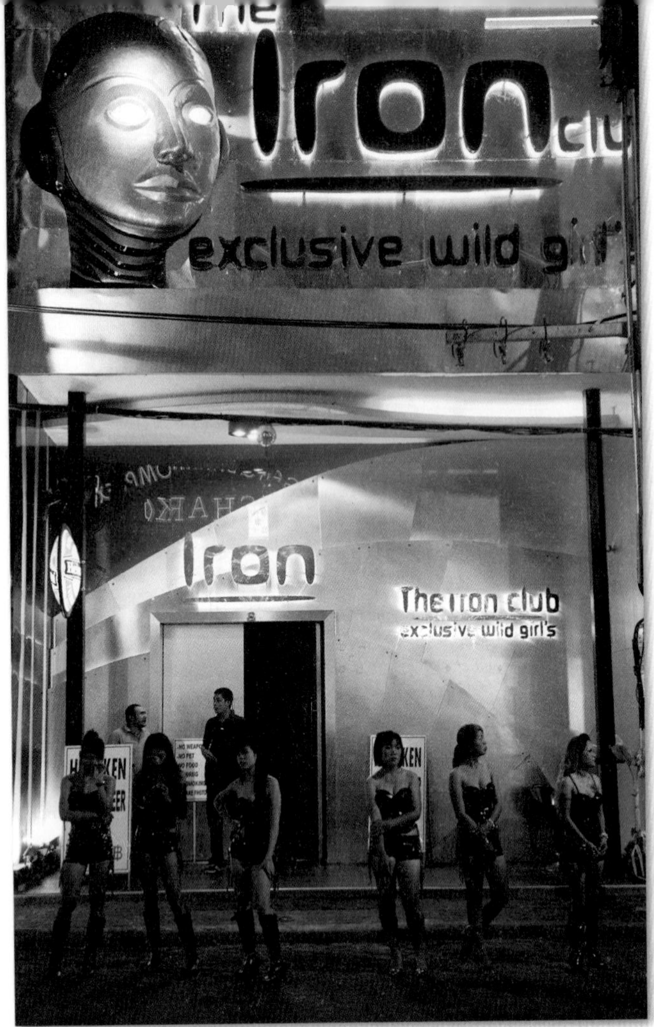

그림 13.38 **파타야의 상업적 성매매** 파타야 시는 한 때 미군기지 인근에 위치한 조용한 어촌이었다. 오늘날에는 전 세계 성매매의 중심지로, 약 20만 명의 사람들이 성 산업에 고용되어 있다. 러시아인들의 관심은 이 도시의 비즈니스 커뮤니티에서 특히 두드러진다.

사회 발전 문제

동남아시아 사회 개발 지표 가운데 가장 중요한 지표는 경제 발전 수준과 밀접하게 관련이 있다. 싱가포르는 보건 및 교육 부문에서 세계적인 우위에 있지만 라오스, 캄보디아, 버마, 동티모르는 훨씬 뒤떨어져 있다. 그러나 베트남인들은 국가의 전반적인 경제 성장과 비교할 때 훨씬 더 건강하고 교육 수준이 높다.

기대수명과 교육 전반적으로 동남아시아는 상대적으로 사회복지 수준이 높은 편이다. 그러나 이 지역의 빈곤한 국가들에서 기대수명은 70세 미만이며, 여성의 문자 해독률은 라오스와 캄보디아에서 70% 미만이다. 그러나 이 지역의 최빈곤국들에서 과거 수십여 년 동안 부분적으로는 국제 원조에 의해 지속적으로 개선이 이루어져왔다. 일례로 2014년 세계은행은 버마의 모든 국민들에게 건강보험 혜택을 제공하고, 전국에 전기를 공급하기 위한 미화 20억 달러의 프로그램을 발표하였다.

대부분의 동남아시아 정부는 기초 교육에 우선순위를 두고 있다. 문자 해독률은 대부분의 국가, 심지어 버마에서 상대적으로 높은 편이다. 그러나 대학 및 기술 교육에서의 증가 속도는 투자가 거의 없는 탓에 늦은 편이다. 동남아시아 경제가 계속 성장함에 따라 이와 같은 교육에서의 격차는 부정적인 결과를 나타내기 시작해, 수많은 우수 학생이 해외로 유학을 가도록 만들고 있다.

성평등과 성매매 여러 가지 측면에서 동남아시아 사회는 여성의 사회적 지위에 대해 모순된 견해를 보이고 있다. 역사적으로 살펴보면 동남아시아는 오랫동안 성평등으로 주목을 받았다. 이 지역 여성들은 주부이며 동시에 시장에서 물건을 파는 행상인으로서 중요한 경제적 역할을 수행하였다. 이 지역을 방문한 초기 유럽인들은 남성과 여성이 자유롭게 지내며, 여성들이 많은 권력을 행사하는 것에 종종 충격을 받았다. 그와 같은 패턴은 완전히 사라지지 않았다. 동남아시아에는 최근 재직했던 필리핀의 두 여성 대통령과 세계적으로 유명한 버마의 야당 지도자이며 노벨 평화상 수상자인 아웅산 수지를 포함하여 상당히 많은 여성 지도자들이 있다. 일부 인류학자들은 심지어 서부 수마트라의 미낭카바우족 여성들이 전통적으로 여성을 중심으로 혈통이 유지되는 대가족을 통제한다는 점에서 미낭카바우 사회를 '현대적인 모계사회'라고까지 일컫는다.

그러나 동남아시아는 또한 전 세계에서 가장 광범위한 성착취가 일어나고 있는 곳이기도 하다. 태국에서 상업적 성매매는 거대한 비즈니스이다. 거대한 규모에도 불구하고 매춘은 태국에서 불법인데, 이 사실은 매춘이 부패의 근원이 되고 있음을 나타낸다. 여타 동남아시아 국가들, 특히 필리핀과 캄보디아는 세계적인 상업적 성매매의 중심지이다. 동남아시아 사창가에서 일을 하고 있는 수많은 사람들은 미성년자이며, 이 가운데 다수는 강제로 일을 하도록 강요당하고 있다. 젊은 여성, 소녀, 소년들이 동남아시아의 빈곤 지역에서 종종 거래되며 때때로 마약 거래와도 연관된다.

동남아시아의 상업적 성의 주요 중심지 가운데 두 곳, 즉 필리핀의 엔젤스 시티와 태국의 파타야는 냉전 기간 동안 미군 기지 주변에서 발달한 곳이다(그림 13.38). 군사 기지는 이제 없어졌지만, 두 도시는 대체로 성과 관련된 관광에 집중함으로써 지역 경제를 확대할 수 있었다. 파타야에는 현재 약 2만 명의 성 노동자들이 있다. 이 비즈니스의 최고급 상품에는 러시아와 우크라이나 여성들이 포함된다. 그 결과 파타야에는 상당히 많은 러시아인들이 체류하고 있는데 매년 부유한 러시아 투자자들과 함께 수십만 명의 러시아 관광객들이 방문한다. 러시아의 범죄 조직이 이 도시에서 주요한 역할을 수행하고 있으며 현대 동남아시아에서 세계화의 보기 흉한 이면을 보여주고 있다.

성 산업과 연관된 거대한 동남아시아의 비즈니스로서 아이를 갖기 원하는 불임 커플이 동남아시아의 여성들에게 비용을 지불하고 배아를 이식하여 임신을 하도록 하는 대리모 서비스가 있다. 태국에서 국경을 넘어선 대리모 시장의 규모는 현재 매년 수억 달러에 이른다. 그러나 2014년 태국 정부는 이와 같은 행위가 착취적이라고 선언하고 이를 금지시키겠다고 발표하였다.

확인 학습

13.9 일부 동남아시아 국가들이 지속된 경제 성장과 사회적 발전을 이루었지만 또 다른 일부 국가들은 같은 기간 동안 정체된 이유를 설명하라.

13.10 동남아시아가 세계적인 성매매의 중심지로 부상한 이유는 무엇이며, 이 문제는 이 지역에서 어떤 문제를 일으키고 있는가?

주요 용어 정실 자본주의, 중개무역 도시, 부미푸트라

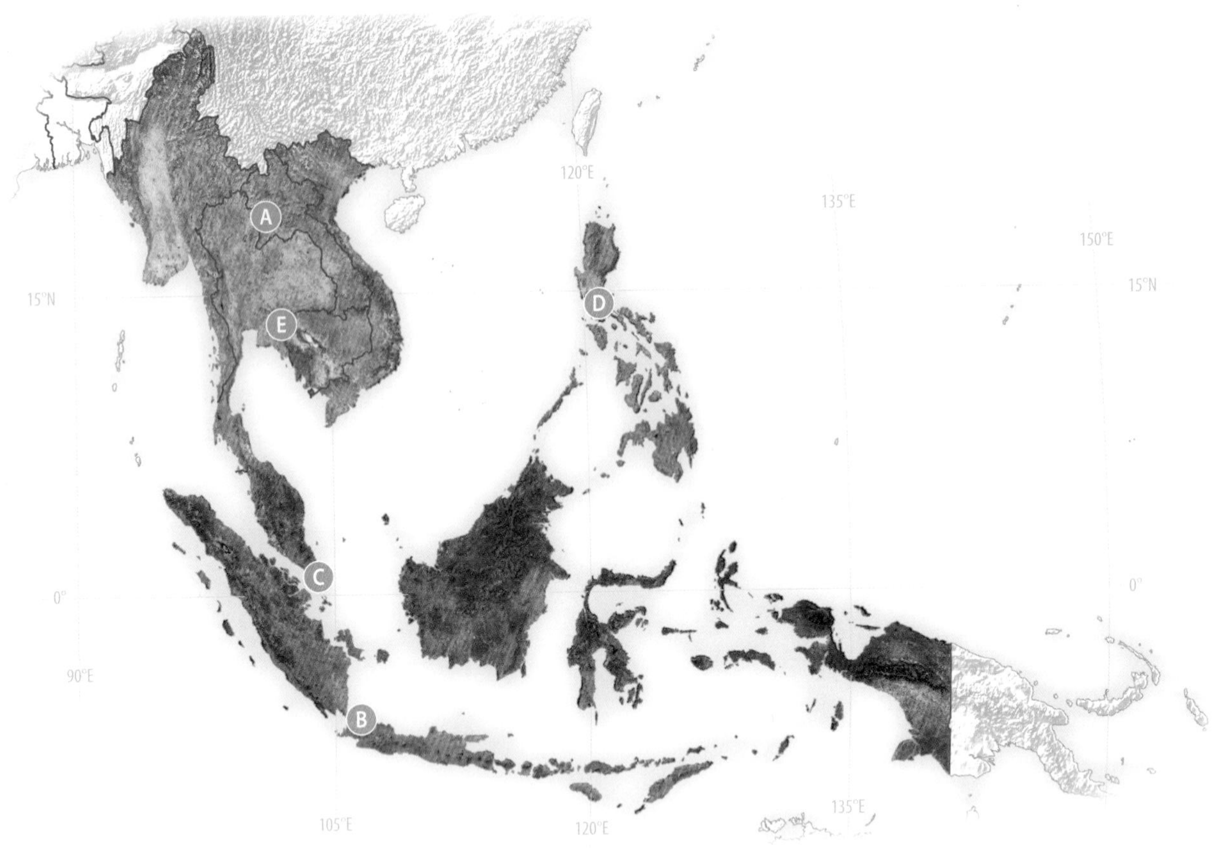

요약

자연지리와 환경 문제

13.1 **동남아시아의 지체구조운동과 기후 유형이 이 지역의 경관, 취락, 개발 등에 어떤 영향을 주었는지 기술하라.**

13.2 **동남아시아의 여러 지역에서 나타난 산림 파괴와 서식지 훼손의 원인은 무엇이며, 이 지역에 영향을 주고 있는 또 다른 환경 문제는 무엇인지 기술하라.**

세계화로 인해 동남아시아에서 나타난 가장 심각한 문제는 환경과 연관되어 있다. 상업적 벌목과 플랜테이션 농업은 광범위한 지역의 산림을 파괴시켰다. 늪지대를 배수시킴으로써 막대한 산림과 토탄의 화재가 발생하게 되었으며, 그 결과 대기가 심각하게 오염되었다. 댐 건설로 환경 오염 없이 전기가 생산되지만 동식물 서식처는 훼손된다. 환경 보전 운동이 이 지역 전체에서 전개되고 있다.

1. 라오스의 메콩 강이 수력 전기를 생산하기에 적절한 곳인 이유는?
2. 동남아시아에서의 댐 건설과 수력 발전의 주요 장점과 단점을 서술하시오. 전 세계 기후 변화에 관한 우려를 고려하여 이 주제에 대해 토론해 보라.

인구와 정주

13.3 **동남아시아에서 플랜테이션 농업, 벼 재배, 화전 경작 등의 차이가 어떻게 취락 패턴에 반영되었는지 기술하라.**

13.4 **동남아시아의 발전에 있어 종주도시와 메가시티(인구 1,000만 명 이상 도시) 중심지의 역할을 기술하고, 지도에서 메가시티의 위치를 찾아보라.**

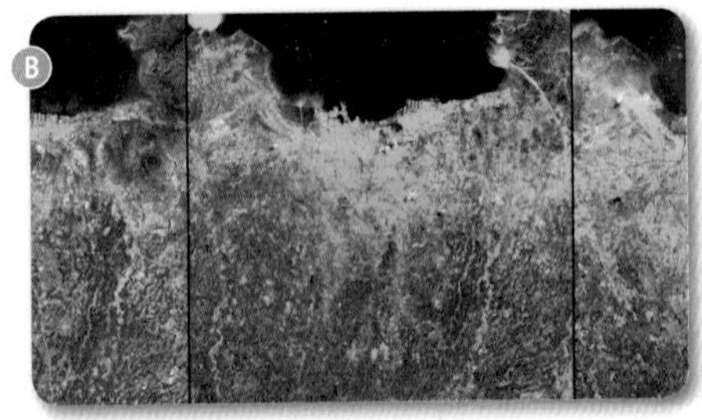

인구가 밀집한 비옥한 저지대에서 외딴 곳에 위치한 고지대로 사람들이 이동하면서 환경 파괴와 문화적 갈등이 이어지고 있다. 동남아시아의 인구 이동은 또한 전 세계적 차원에서 진행되고 있다. 이 지역에 속한 대부분의 국가들에서 출생률이 감소하고 있지만 필리핀과 동티모르에서는 급속한 인구 증가가 지속되고 있다. 이 지역 전체에서 도시들은 급속하게 성장하고 있고, 자카르타, 방콕, 마닐라의 대도시권은 현재 세계에서 가장 규모가 큰 도시 집적지이다.

3. 이 이미지의 패턴들은 자카르타 대도시권의 발달에 대해 무엇을 말해 주는가?
4. 지난 수십 년 동안 자카르타가 여타 인도네시아 도시들보다 훨씬 더 빠르게 성장한 이유는 무엇이라고 생각하는가? 동남아시아의 도시 집중의 장점과 단점을 서술하라.

문화적 동질성과 다양성

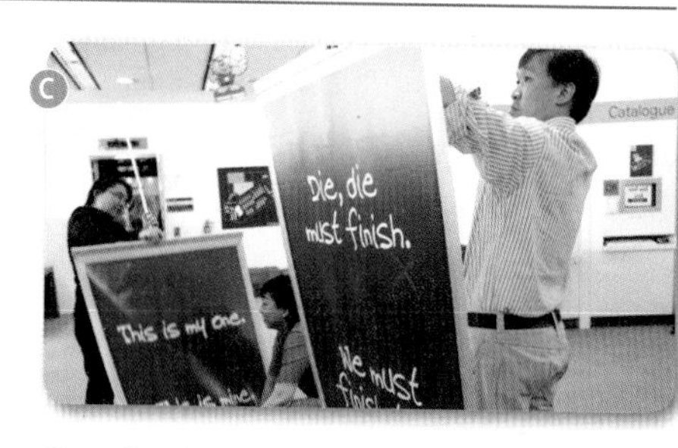

13.5 **동남아시아의 주요 종교 분포를 지도화하여 전 세계 여러 지역으로부터 동남아시아로 종교가 확산된 방식을 확인하고 종교 다양성의 역할을 논의해 보라.**

13.6 **동남아시아에서 문화의 세계화에 대한 논쟁과 관련하여 일부 사람들은 세계화에 대해 찬성하는 반면 일부 사람들은 반대하고 있는 이유는 무엇인지 설명하라.**

동남아시아의 문화적 다양성은 매우 크다. 일례로 전 세계 주요 종교의 대부분이 이 지역에 뿌리내렸다. 최근 수십 년 동안 언어와 종교로 인한 분쟁이 동남아시아의 일부 국가에서 심각한 문제를 발생시켰다. 그러나 이 지역은 ASEAN을 통해 표현된 것처럼 지역 정체성을 확립시켰다. 문화의 세계화는 또한 오랫동안 동남아시아의 많은 지역, 특히 싱가포르, 태국, 필리핀에서 오랫동안 진행되어 왔다.

5. 싱가포르 정부가 이미 영어 사용 국가로 간주되고 있는 상황에서 시민들에게 올바른 영어를 가르치기 위해 노력하고 있는 이유는 무엇인가?
6. 영어는 글로벌 언어로 기능해야 하는가? 동남아시아 국가들은 모든 사람들에게 영어를 구사할 수 있도록 해야 하는가? 이 주제에 대해 토론해 보라.

지정학적 틀

13.7 **동남아시아국가연합의 회원국을 제시하고, 이 조직이 동남아시아의 지정학적 관계에 어떤 영향을 주고 있는지 설명하라.**

13.8 **동남아시아 지도에서 주요 민족 분쟁 지역을 확인해 보고 왜 이 지역 내 일부 국가들이 심각한 분쟁을 겪고 있는지 설명하라.**

ASEAN은 성공적 평가에도 불구하고 동남아시아의 정치적 긴장을 모두 해결하지 못하였다. 동남아시아의 많은 국가들이 아직도 지리적·정치적·경제적 문제를 놓고 대립하고 있고, 필리핀과 태국에서는 내란이 발생하고 있다. 필리핀과 인도네시아 모두 분리 요구를 감소시키기 위해 자치 지역을 설정하였다. 캄보디아, 라오스, 버마는 억압적인 정권이 집권하고 있지만 특히 버마에서 최근 개혁이 일어나고 있다.

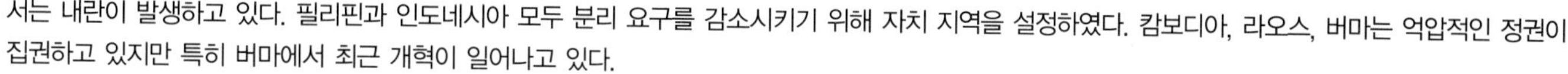

7. 사진 D에서 시위 참가자들이 들고 있는 피켓은 중국이 필리핀 영해에서 불법 어업을 중단하라고 요구하는 내용을 담고 있다. 타국의 불법 어업에 대한 우려가 필리핀에서 더욱 문제가 되고 있는 이유는 무엇인가?
8. 아주 작은 난사 군도가 동남아시아에서 논쟁적인 문제가 된 이유는 무엇인가? 이는 중국과 동남아시아 사이의 관계에 대해 무엇을 말해주는가?

경제 및 사회 발전

13.9 **동남아시아에서 왜 경제와 사회 발전 수준에 차이가 심한지, 대륙부에 위치한 국가와 도서 국가에서 각각 예를 들어 설명하라.**

비록 ASEAN이 정치적 역할과 경제적 역할을 모두 수행하고 있지만 이 국제조직의 경제적 성공은 훨씬 제한되어 있다. 이 지역에서의 교역은 대부분 글로벌 경제의 전통적인 중심지인 북아메리카, 유럽, 동아시아와 이루어지고 있기 때문이다. 동남아시아 미래에 관한 중요한 문제는 통합된 지역 경제를 발전시킬 것인지의 여부이다. 훨씬 더 중요한 문제는 사회적·경제적 발전이 훨씬 더 운이 좋은 지역에만 혜택을 주는 대신 이 지역 전체에서 빈곤을 감소시킬 수 있을지의 여부이다.

9. 관광이 동남아시아의 여러 지역의 경제와 사회적 관계에 영향을 주었는가?
10. 관광과 연관된 경제 개발의 장점과 단점은 무엇인가?

데이터 분석

http://goo.gl/rRLxiY

동남아시아는 수많은 토착어로 잘 알려져 있다. 그러나 많은 언어들이 쇠퇴하거나 위험에 처해 있으며, 최근에는 다수의 언어가 사라지면서 문화적 다양성을 위협하고 있다. 에스놀로그 : 전 세계의 언어 사이트(Ethnologue : Languages of the World)(https://www.ethnologue.com)에서는 현존하는 언어들에 대한 데이터베이스를 운영하고 있다. 이 사이트의 '국가 검색(Browse Country)' 페이지에 접속하여 동남아시아 국가들을 각각 클릭해 보라. 해당 국가에서 사용되고 있는 언어뿐만 아니라 '멸종된', '곤경에 처한', '사라지고 있는' 언어들의 수를 보여주는 요약 페이지를 확인할 수 있다.

1. 각국에서 사용되고 있는 언어의 총수를 나타내는 그래프와 '소멸 위험에 처한' 언어와 '사라지고 있는' 언어의 수를 보여주는 2개의 그래프를 그려보라.
2. 그래프에서 확인된 패턴에 대해 한 문단 분량의 설명을 기술하라. 각국에서 사용되고 있는 언어의 총수가 소멸 위기에 처한 언어의 수와 연관성이 있는가? 사용되는 언어의 수와 소멸 위기에 처한 언어의 수가 국가마다 상이한 이유를 제시하라.
3. 그래프와 함께 이 지역에서 작용하고 있는 세계화의 힘에 대해 알고 있는 바에 기초하여, 동남아시아의 언어지리가 앞으로 50년 내에 어떻게 변화할지 제시해 보라.

주요 용어

골든 트라이앵글
공통어(링구아프랑카)
도미노 이론
동남아시아국가연합
부미푸트라
쓰나미
애니미즘
이주
정실 자본주의
종주도시
중개무역 도시
크메르루주
태풍
화전 농업

14 오스트레일리아와 오세아니아

자연지리와 환경 문제

다양한 환경이 특징인 이 거대한 지역은 광활한 대륙 규모의 육지와 수천 개의 작은 해양 섬들을 포함한다. 세계 기후 변화와 해수면 상승은 이 지역 저지대 국가들의 생존을 위협한다.

인구와 정주

오세아니아는 성장하는 고밀도 도시들과, 저밀도의 농촌 정주 패턴으로 구성되어 있다. 도시는 이 지역의 내부 및 외부에서 이주가 이루어지는 자석과 같다.

문화적 동질성과 다양성

오스트레일리아와 뉴질랜드는 모두 유럽 문화의 산물로, 오스트레일리아 원주민, 마오리족 원주민뿐만 아니라 세계 다른 지역으로부터의 이민자 때문에 새로운 문화지리를 형성하고 있다.

지정학적 틀

원주민 문화와 중첩되는 식민지 지리의 유산은 중국-미국 간 긴장에 의해 지배되는 글로벌 권력들 간의 현재 권력 갈등으로 대체되고 있다.

경제 및 사회 발전

오스트레일리아, 뉴질랜드는 세계 무역으로 상대적으로 부유한 반면, 대부분의 오세아니아 섬들은 경제적으로 힘겨워하고 있다. 심지어 하와이도 세계 침체 시기 동안 높은 생활비와 호황-불황을 오가는 관광 산업으로 어려움을 겪고 있다.

◀ 오스트레일리아 동부 해안가에 있는 그레이트배리어리프는 산호해에서 2,300km 이상 뻗어 있다.

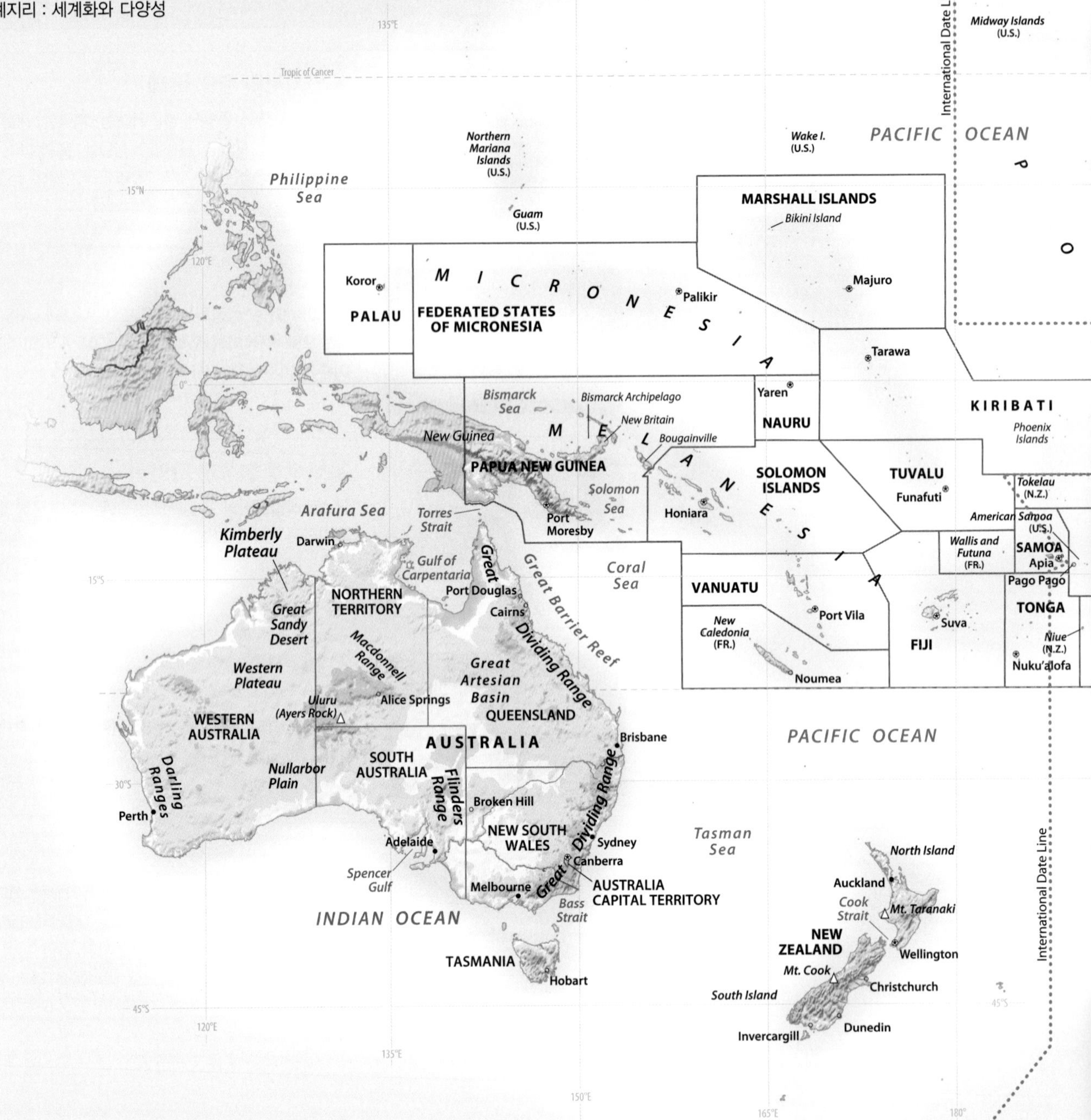

학자들은 이곳을 세계 단일 최대 생물 유기체의 표출이라 부른다. 퀸즐랜드 해안의 1,400마일 이상 펼쳐진 산호해의 하늘색, 청록색 물과 함께, 그레이트배리어리프(대보초)(GBR)는 900개 이상의 작은 섬들과 수많은 해저 산호초들로 구성된다. 이 놀라운 생태계는 1,500종의 어류, 400종의 산호, 고래, 돌고래, 바다거북, 흰꼬리수리(참수리), 제비갈매기, 그리고 다른 지역에서는 발견되지 않는 식물 종의 보고이다. 1만 년 이상 형성된 이 산호초는 1981년 이래 UN 세계유산으로 지정되어 왔고, 이 지역의 상당 부분이 오스트레일리아의 그레이트배리어리프 해양공원으로 보호된다.

그러나 오늘날 그레이트배리어리프는 생존 투쟁을 벌이고 있다. 세계 기후 변화로 인해, 산호초는 1985년 이래 산호 표피의 절반 이상이 손실되었고, 해수 산성화, 산호 표백을 가속화하는 온난해진 해양 온도로 상당 부분이 손상되었다. 추가로 해안의 개발은 이러한 고민을 더 하도록 하는데, 퀸즐랜드의 집약 농업 강화는 해변에 세디먼트(sediment)를 형성하고 유독성 농업 화학물질의 유출을 증가시켰다. 최근 애보트 포인트에서 석탄 적재 창고 확장 계획은 폐석을 산호초에 버릴 확률이 있고, 이 지역 담수를 오염시킬 수 있다. 현재 이 산호초의 생존은 불확실한 상황이고, 남태평양 전체의 환경 보건을 위협하는 인간의 유해한 영향들의 긴 리스트를 위해 커다란 포스터에 나오는 아동과 같다.

이 광활한 세계는 오스트레일리아 대륙과 **오세아니아**(Oceania)로 구성되는데, 다시 오세아니아는 뉴질랜드, 뉴기니에서 태평양

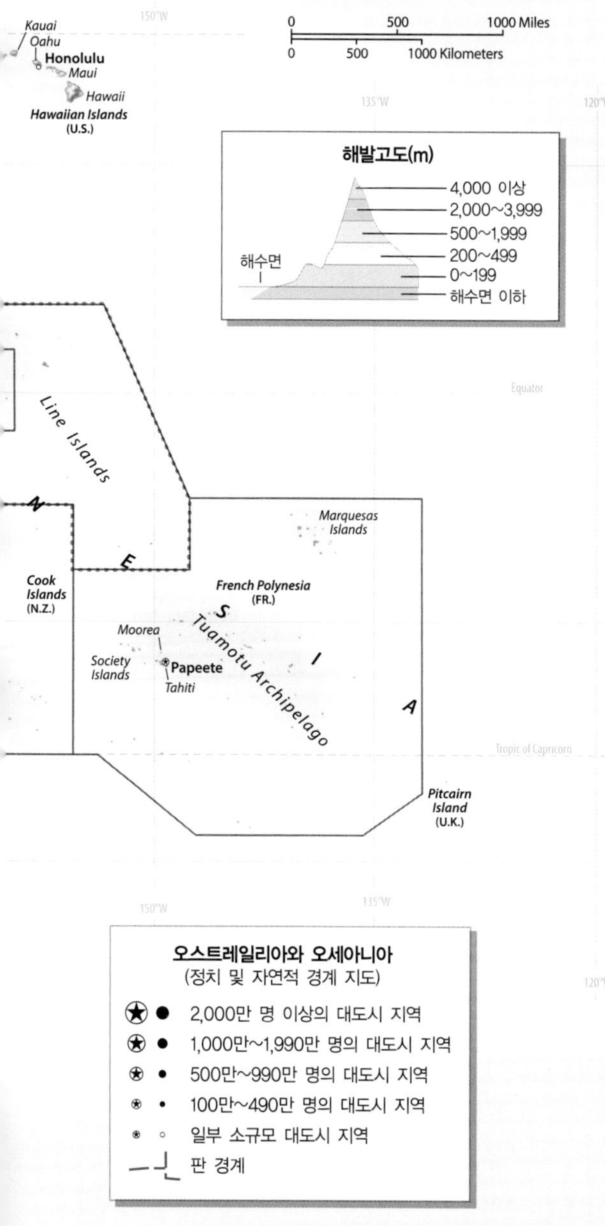

그림 14.1 **오스트레일리아와 오세아니아** 육지보다 더 많은 물로 구성된 오스트레일리아와 오세아니아 지역은 서태평양의 광활한 지역에 펼쳐져 있다. 이 지역에서 오스트레일리아는 물리적 크기뿐만 아니라 경제적 · 정치적 영향력이 독보적이다. 뉴질랜드와 더불어, 오스트레일리아는 남태평양 지역에서 유럽화된 정주 체계의 대부분을 차지한다. 그러나 다른 곳에서 멜라네시아, 미크로네시아, 폴리네시아의 섬 지역에는 주류인 원주민이 이후 정착한 유럽인, 아시아인, 미국인과 혼합되어 있다.

중부 하와이까지에 이르는 섬들로 구성된다(그림 14.1). 비록 원주민이 이 지역에 오래전부터 정착하였지만, 최근 유럽 및 북아메리카의 식민지화는 새로운 환경 · 문화 · 정치지리를 특징짓는 세계화 프로세스를 시작하였다. 이 지역의 식민지 유산은 여전히 많은 농업 및 도시 경관을 지배하며, 수많은 정치 주체는 그 영역을 유지하고 있으며, 여전히 원격의 식민지 규제와 밀접히 관련된다. 그러나 지난 30년 동안 아시아와의 연계 증가는 새로운 경제 협력과 이 지역으로의 이주에 큰 변화를 야기하였다. 오늘날 중국 관광객, 남부 아시아 이민자, 동남아시아 노동자는 모두 이 지역과 북부, 서부의 거대한 이웃 간의 밀접한 연계가 증가되고 있음을 일부 보여준다.

> 아시아와의 연계 증가는 새로운 경제 협력뿐만 아니라, 오스트레일리아와 오세아니아로의 주요 이주 추이를 형성하였다.

뉴기니에서 하와이까지 태평양의 방대한 거리는 이 지역의 경계를 한정하지만, 많은 국가 경계들은 식민 세계화 초기 정치적 편의의 유산이다. 오스트레일리아(또는 '남부 지역')는 종종 2,300만 명 이상의 인구를 가진 대륙으로 인식되며, 하나의 응집력 있는 정치 단위와 하위 지역을 형성한다.

오스트레일리아와 동쪽으로 3시간 비행 거리의 뉴질랜드는 450만 명이 약간 넘은 매우 적은 인구를 가지며, 영국과의 역사적 관계를 공유함으로써 오스트레일리아와 관련된다. 그러나 뉴질랜드는 원주민인 마오리족 때문에 **폴리네시아**(Polynesia)('많은 섬들')의 일부로 여겨진다.

뉴질랜드의 북동쪽으로 7,100km 거리에 떨어져 있는 하와이는 뉴질랜드와 같은 폴리네시아 유산을 공유한다. 하와이는 오세아니아의 북동쪽 경계로서 여겨지는 반면, 뉴질랜드에서 남동쪽으로 4,400km 거리만큼 떨어진 폴리네시아의 타히티 섬들이 인해 오세아니아의 남동쪽 경계가 된다(그림 14.2).

뉴기니 섬은 프랑스령 폴리네시아에서 서쪽으로 6,400km 떨어져 있으며, 국제 날짜 변경선을 지나 위치한다. 이 섬은 오세아니아와 아시아 간의 경계로 종종 혼동된다. 현재 임의 경계가 이 섬을 분할하고, 파푸아뉴기니(오세아니아의 일부로 여겨지는 동쪽 절반)과 이웃하는 파푸아 및 서파푸아(동남아시아로 여겨지는 인도네시아의 일부로서, 서쪽 절반)로 구분된다. 오세아니아의 이 서쪽 부분은 종종 **멜라네시아**(Melanesia)('어두운 섬들'이라는 의미)로 불리는데, 그 이유는 초기 탐험가들이 이 지역 주민을 폴리네시아인보다 피부가 더 검은 것으로 여겼기 때문이다.

마지막으로 **미크로네시아**(Micronesia)('작은 섬들'이라는 의미)의 문화적으로 다양한 지역이 멜라네시아 북부와 폴리네시아 서부에 위치한다. 이 지역은 미국령인 괌, 나우루, 마셜 제도와 같은 군소 국가들을 포함한다.

학습목표 이 장을 읽고 나서 다시 확인할 것

14.1 오세아니아로 알려진 지역의 자연지리 특성을 기술하라.
14.2 오스트레일리아와 오세아니아의 주요 환경 문제를 확인하고, 해결 방안을 확인하라.
14.3 이 지역으로 또는 내부에서의 주요한 이주를 확인하는 지도를 이용하고 말하라.
14.4 오스트레일리아와 오세아니아에서 원주민과 앵글로 유럽 이민자 간의 역사적·현대적 상호작용과 이들 지역 문화에 주는 영향을 기술하라.
14.5 오세아니아에 국가별 독립의 다양한 방식을 확인하고 기술하라.
14.6 오스트레일리아와 오세아니아에서 지속되는 여러 가지 지정학적 긴장을 나열하라.
14.7 오세아니아의 다양한 경제지리를 기술하라.
14.8 세계 경제에서 오스트레일리아와 오세아니아의 긍정적 및 부정적 상호작용을 설명하라.

자연지리와 환경 문제 : 다양한 경관과 주거지

오스트레일리아는 **아웃백**(Outback)이라 불리는 광활한 반건조 내륙지역(관목들이 드물게 분포하는 건조 지역)이, 그리고 멀리 북쪽으로는 열대 기후 지역, 동쪽, 서쪽, 남쪽으로는 여름에 건조한 지중해성 기후의 구릉성 지형의 지역으로 둘러싸여 있다(그림 14.3). 반면, 뉴질랜드는 녹색의 구릉지, 눈으로 뒤덮인 산, 지진 활동, 보다 습윤하고 서늘한 기후의 경관으로 유명하다. 오스트레일리아, 뉴질랜드의 주변으로 오세아니아의 섬 지역이 펼쳐지는데, 화산에 의해 형성된 높은 섬들과 작은 산호초들로 구성된다.

지역의 지형

오스트레일리아의 자연지리는 세 가지 주요 지형으로 특징된다.

그림 14.2 **폴리네시아의 절경, 타히티** 타히티 섬은 300~800년 사이 처음 정착되었고, 뉴질랜드에서 서쪽으로 약 4,800km, 하와이에서 북쪽으로 4,800km 거리에 위치한 폴리네시아의 남동쪽 모서리에 위치한다. 이 경관은 무레아 섬의 쿡 만이다.

첫째, 서부의 광활하고 불규칙한 고원은 평균 고도가 300~550m이며, 대륙의 절반 이상을 차지한다. 둘째, 이 고원의 동쪽에는 내부 저지대 분지가 남북 방향으로 1,600km 이상 뻗어 있는데, 카펀테리아 만의 늪이 있는 해안에서부터 오스트레일리아 최대 수계인 머리 및 다링 계곡까지 이른다. 셋째, 멀리 동쪽 끝에는 그레이트디바이딩 산맥의 숲과 산지들이 존재하는데, 퀸즐랜드 북쪽의 케이프요크 반도에서 남쪽 빅토리아까지 3,700km에 이른다(그림 14.4).

반면 환태평양조산대의 일부인 뉴질랜드는 바위가 많고 장관을 이루는 2개의 섬으로 형성되며, 화산 형성에 대한 지질학적 기원지를 보유하고 있다. 북섬의 활발한 화산봉은 2,800m 이상의 고도에 이르며, 지열 특성은 뉴질랜드의 화산 기원을 나타낸다. 보다 높고 바위가 많은 산들은 남섬 서쪽 산맥 지역에 위치한다. 고산 빙하로 덮이고, 급경사 계곡들로 둘러싸인 서던알프스 산맥은 세계에서 가장 장관인 산 중 하나이며, 남섬의 고립된 서쪽 해안의 상당 부분을 들어가게 한 좁은 피오르 계곡을 마주보고 있다(그림14.5). 2010~2012년에 크라이스트처치 근처에서 발생한 주요 지진들은 이 지역의 미진의 취약성을 상기시켜 주었다.

섬들의 지형 멜라네시아와 폴리네시아의 상당 부분은 활발한 환태평양 조산대의 일부이다. 그 결과 화산 분출, 주요 지진, 쓰나미가 이 지역에서 보편적이다. 예를 들어, 1994년 뉴브리튼(파푸아뉴기니)의 화산 분출, 지진은 10만 명 이상을 본거지에서 강제 이주시켰다. 4년 후 해양 지진으로부터 촉발된 대규모 쓰나미가 뉴기니의 북쪽 해안을 덮쳐 3,000명의

그림 14.3 **오스트레일리아 아웃백** 건조 지역에 일반적으로 나무가 없는 오스트레일리아의 아웃백의 광활한 땅은 미국 서부의 건조 경관을 연상시킨다. 이 경관은 오스트레일리아 서부 필바라 지역 근처이다.

주민이 사망하고 수많은 마을이 파괴되었다. 그러나 불행히도 이러한 사건들은 세계에서 지질이 활발한 지역 생활의 일부이다.

오세아니아 섬의 대부분은 두 특징적인 프로세스, 즉 화산 분출 또는 산호초 생성에 의해 형성되었다. 화산 활동이 기원인 섬들은 **높은 섬**(high islands)으로 불리는데, 왜냐하면 대부분은 해발고도가 수백에서, 심지어 수천 피트 이상이기 때문이다. 하와이 군도는 하와이 본섬에 4,000m 이상의 화산 정상들을 가진 좋은 사례이다. 통가, 사모아, 보라보라, 바누아투도 높은 섬의 사례이다(그림 14.6). 더 크고 지리적으로 복잡한 것은 뉴기니, 뉴질랜드, 사모아 군도의 대륙성 높은 섬이다.

반면 **낮은 섬**(low islands)은 이름처럼 산호초에서 형성되었는데, 산호초는 높은 섬보다 고도가 낮고 평평하고 작은 면적의 섬을 만든다. 또한 이 지역의 토양은 산호에서 유래되었기 때문에, 일반적으로 높은 섬의 화산토보다 비옥하지 않으며, 식생도 다양하지 못하다. 낮은 섬은 종종 가라앉은 화산의 높은 섬 주변에 둘러싸인 보초(barrier reef)에서 시작되어, **산호도**(atoll)가 된다(그림 14.7). 세계에서 가장 큰 환상 산호도는 미크로네시아의 마셜 제도의 콰절런으로 120km의 길이를 가진다.

그림 14.4 **그램피언 국립공원** 오스트레일리아 멜버른 서쪽 그레이트디바이딩 산맥에 위치한 이 공원은 자연적인 아름다움과 고유의 암석이 풍부하여 2006년 국가 유산으로 지정되었다.

지역의 기후 패턴

오스트레일리아의 건조 내륙을 둘러싼 지역들의 특징은 많은 강수이다(그림 14.8). 열대 저위도 북쪽에서는 계절 변화가 두드러지고 예측 불가능하다. 예를 들어, 다윈은 남반구 여름(12월~3월)에 몬순 비에 흠뻑 젖으며, 이후 겨울(6월~9월)에는 건조한 겨울이 이어진다(그림 14.8).

퀸즐랜드 해안을 따라 강수는 많지만(1,500~2,500mm), 내륙으로 들어갈수록 강수는 급격히 감소한다. 노던 준주의 앨리스스프링스와 같은 오스트레일리아 내륙의 강수는 연평균 250mm 미만이다. 브리스번 남쪽 지역은 보다 중위도의 영향을 받는 오스트레일리아 동부의 기후가 나타난다. 뉴사우스웨일스 해안, 빅토리아 남동부, 태즈메이니아는 1년 내내 강수를 경험하는데, 연평균 1,000~1,500mm이며, 산지 근처는 종종 겨울 눈으로 덮인다. 그러나 심지어 이 지역에서도 여름의 강력한 햇볕은 건조기 동안 산불을 야기하며, 시드니, 멜버른의 교외 지역을 위협한다(그림 14.9). 멀리 서쪽 사우스오스트레일리아의 많은 지역, 웨스턴오스트레일리아의 남서 지역의 여름은 덥고 건조하다. 이들 지중해성 기후 지역은 **말리 나무**(mallees)로 알려진 관목과 유칼립투스 숲이 발달해 있다.

뉴질랜드의 기후는 위도, 태평양의 온화한 영향, 로컬 산악 지역 또는 산맥의 인접성에 영향을 받는다. 북섬의 대부분은 아열대이다(그림 14.8), 즉 오클랜드 근처의 해안 저지대는 연중 온화하며 습윤하다. 반면 남섬에서 남극으로 갈수록 서늘해진다. 이 섬의 남쪽 경계는 남위 46도 이상 위치하므로 남극의 한랭한 계절적 기운이 느껴진다. 또한 뉴질랜드 남서 산맥들은 강수의 놀라운 지역별 차이를 보여주는데, 서쪽 사면은 2,500mm 이상, 동쪽 사면은 650mm 이상이다. 더니든으로부터 내륙에 위치한 오타고 지역은 서던알프스 산맥에 가로막혀 강수량이 적으며, 구

릉성의 경관은 북아메리카 서부의 반건조 지역을 연상시킨다(그림 14.10)

섬의 기후 태평양의 높은 섬들은 보통 산악의 영향으로 강수량이 풍부하며, 밀집된 열대 우림과 식생으로 우거진다. 하와이 제도 카우아이 섬에 있는 왈라레알레(Walaleale) 산은 세계 최대 강수량 지역의 하나인데, 연평균 12,000mm에 이른다. 높은 섬에 비해, 낮은 섬은 연평균 2,500mm 이하의 낮은 강수량을 가지는데, 그 결과 물 부족 현상이 보편적이다.

고유 식물과 동물

다른 대륙과 분리된 오스트레일리아 대륙의 오랜 역사로 인해, 이 생물학적 지역에는 다른 지역에서는 발견하기 어려운 동물과 식물이 분포한다. 특히 이 지역 포유류의 83%, 파충류의 89%는 고유하다. 오스트레일리아 대륙에서 가장 잘 알려진 것은 새끼를 주머니에 넣어 키우는 포유류인 **유대목 동물**(marsupial)인데, 대표적으로 캥거루, 코알라, 포섬(possum), 웜뱃, 태즈메이니아 데빌이 있다. 세계적으로 유명한 유대목 동물의 70%가 오스트레일리아에서 발견된다. 또한 고유한 것은 오리너구리로 알을 낳는 포유류로 알려져 있다.

외래종 **외래종**(exotic species)(비토종 식물과 동물)의 도입은 태평양 지역 전체에서 토종에 문제를 야기하였다. 유럽에서 오스트레일리아로 도입된 외래종 토끼는 성공적으로 증식되었는데, 왜냐하면 오스트레일리아 환경에서 그 수를 조절하는 질병, 포식자가 부족하였기 때문이다. 곧 토끼의 수는 엄청나게 증가하였고, 식생의 상당 부분을 갉아먹었다. 이후 이 토끼는 토끼 점액종증을 의도적으로 도입한 후 그 수가 통제되었다.

그림 14.6 **보라보라** 프랑스령 폴리네시아의 보석인 보라보라는 태평양 높은 섬의 고전적인 특징을 많이 보여준다. 이 섬의 중앙부 화산 핵이 퇴각하면서, 주변의 산호초들이 조수에 의한 모래 해안과 같은 얕은 석호를 함께 형성한다.

오세아니아의 섬 환경에 외래종은 비슷한 영향을 주었다. 예를 들어 많은 작은 섬들은 어떠한 토종 포유류도 없었으며, 토종 새, 토종 식물은 도입된 쥐, 돼지, 다른 동물의 파괴에 노출되어 있음이 확인되었다. 뉴질랜드처럼 면적이 큰 섬은 대륙에서 포유류가 차지하는 생태 서식지의 일부를 대규모 날지 못하는 새의 종이 차지하였다. 이 중 가장 큰 모아새(뉴질랜드에서 날지 못하는 멸종된 새)는 칠면조보다 컸다. 약 1,500년 전 뉴질랜드에 인간 정착의 첫 번째 시기에, 모아새는 사냥되고 서식지가 불탔으며, 알이 쥐에 약탈됨으로써 그 수가 급감하였다. 1800년까지 모아새는 완전히 멸종되었다.

외래종 확산은 오늘날 계속되고 있다. 괌에서 갈색나무뱀(brown tree snake)은 1950년대 솔로몬 제도로부터 화물선에 의해 우연히 도입되었고, 괌 경관을 지배하였다(그림 14.11). 이 섬의 숲 지역에는 단위 제곱마일당 1만 마리 이상의 뱀이 차지하고 있다. 이들 뱀은 모든 토종 조류를 박멸하였으며, 또한 전기선을 따라 이동하여 빈번히 정전을 유발한다. 갈색나무뱀은 이미 괌에 피해를 입혔지만, 이 뱀은 화물 컨테이너에 숨어 다른 곳으로 이동할 수 있으므로 다른 섬들도 위협한다.

그림 14.5 **뉴질랜드 알프스** 남섬의 독보적인 지형 경관으로, 이 그림 같은 산맥은 서던알프스로 알려지며, 고도가 3,600m이다.

복잡한 환경 문제

세계화는 오스트레일리아, 오세아니아에 부정적인 환경 영향을 끼쳤다(그림 14.12). 특히 천연자원의 상당 부분이 개발에 노출되었고, 이는 대부분 이 지역 외부의 이해관계와 관련된다. 세계적 투자로부터 이익을 얻은 반면, 개발을 활

(a)

(b)

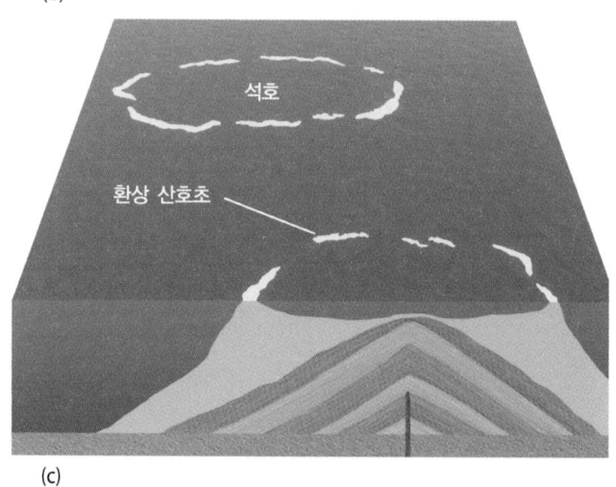

(c)

그림 14.7 **환상 산호초의 형성 과정** (a) 많은 태평양 낮은 섬들은 구릉성 화산과 주변의 산호초로 시작한다. (b) 그러나 기존 화산이 함몰되고 가라앉음에 따라 산호초가 확장되고 더 커다란 보초가 된다(보초라는 용어는 바다에서 이 섬에 상륙하려는 항해자에게 이 사상이 노출하는 재해에서 유래된다). (c) 마지막으로 남아 있는 모든 것은 얕은 석호를 둘러싼 환상 산호초이다.

성화하는 데 상당한 비용을 지불하였고, 그 결과 환경이 점차 위협받고 있다.

역사적으로 이 지역의 주변부적인 경제 및 정치적 지위는 종종 환경적으로 비용이 많이 들도록 하였다. 미국, 프랑스가 그들의 핵무기 프로그램을 위한 핵실험 장소가 필요하였을 때, 남태평양은 최적 입지로 선정되었다(그림 14.13). 환경에 대한 결과는 오래 지속되었다. 수십 년간 마셜 제도의 비키니 환초와 프랑스령 폴리네시아의 여러 지역의 주민들은 강제로 비워졌다. 높은 수준의 유독성 방사능 물질이 토양에 축적되어 남아 있으며, 영원히 섬 환경을 파괴하고 있다. 미국이 지원하는 마셜 제도의 Nuclear Claims Tribunal은 주민의 보건 및 토지 관련 요구에 대해 20억 달러 이상을 보상금으로 지불하였고, 많은 사람들이 추가 보상이 필요하다고 주장한다. 1966~1996년에 프랑스령 폴리네시아에서, 200회 이상의 핵실험이 수행되었다. 2013년 기밀문서에서 제외된 프랑스 정부 문서는 타히티와 같은 섬들은 권장 기준보다 500배 이상의 방사능에 노출되었고, 이 지역의 암 발생 증가는 이 실험으로 기인된 것으로 추적되었다. 이제 지역 당국은 이 계속되는 문제들과 관련하여 프랑스 정부에게 더 많은 보상을 요구하고 있다.

세계적인 주요 광산 활동은 오스트레일리아, 파푸아뉴기니, 뉴칼레도니아, 나우루에 심각한 영향을 주었다. 오스트레일리아의 가장 큰 금, 은, 구리, 납 채굴의 일부는 퀸즐랜드, 뉴사우스웨일즈의 거주희박 지역에 위치하며 이러한 반건조 지역의 하천은 금속 오염의 위험에 처해 있다. 오스트레일리아 서부에서는 거대한 노천 철광 경관이 나타나는데, 여기서 특히 중국, 일본과 같은 세계시장을 위해 금속광물을 채굴하고 있다. 북동쪽의 금광은 솔로몬 제도를 변모시키고 있으며, 심지어 더 큰 금광 채굴 시도가 뉴기니 섬의 환경 문제를 야기시켰다. 미크로네시아의 작은 섬 나우루는 세계 최대 인산염의 일부를 채굴하기 위해 이 섬 정글 지표의 상당 부분을 제거함에 따라, 대대적으로 바뀌었다.

다른 환경의 위협은 이 지역 전반에 걸쳐 나타난다. 오스트레일리아 유칼립투스 산림의 방대한 지역은 목초지 조성을 위해 파괴되어 왔다. 즉, 아웃백에서 과도한 방목은 사막화, 염류화를 증가시키고, 이 결과 지하수면이 염류화되고, 토양의 생산력이 감소된다. 또한 퀸즐랜즈의 해안 열대 우림은 남아 있는 산림 보존을 위해 이 지역의 환경 운동이 증가하고 있음에도 불구하고, 원래 지역의 단지 작은 일부만 차지하고 있다. 또한 태즈메이니아는 중위도 삼림 경관의 생물 다양성과 관련하여 환경의 격전장이었다. 이 섬의 초기 유럽 및 오스트레일리아 개발은 많은 목재 및 펄프산업을 형성하였지만, 이 땅의 20% 이상이 지금은 자연공원으로 보호된다.

오스트레일리아의 많은 높은 섬들은 산림 파괴 위협을 받고 있다. 제한된 토지 면적과 함께, 이들 섬들은 빠르게 나무가 손실되며, 이는 종종 토양 침식으로 연결된다. 비록 열대 우림이 여전히 파푸아뉴기니의 70%를 차지하지만, 3,700만 에이커(1,500만 헥타르) 이상이 벌목에 적합한 것으로 확인되었다(그림

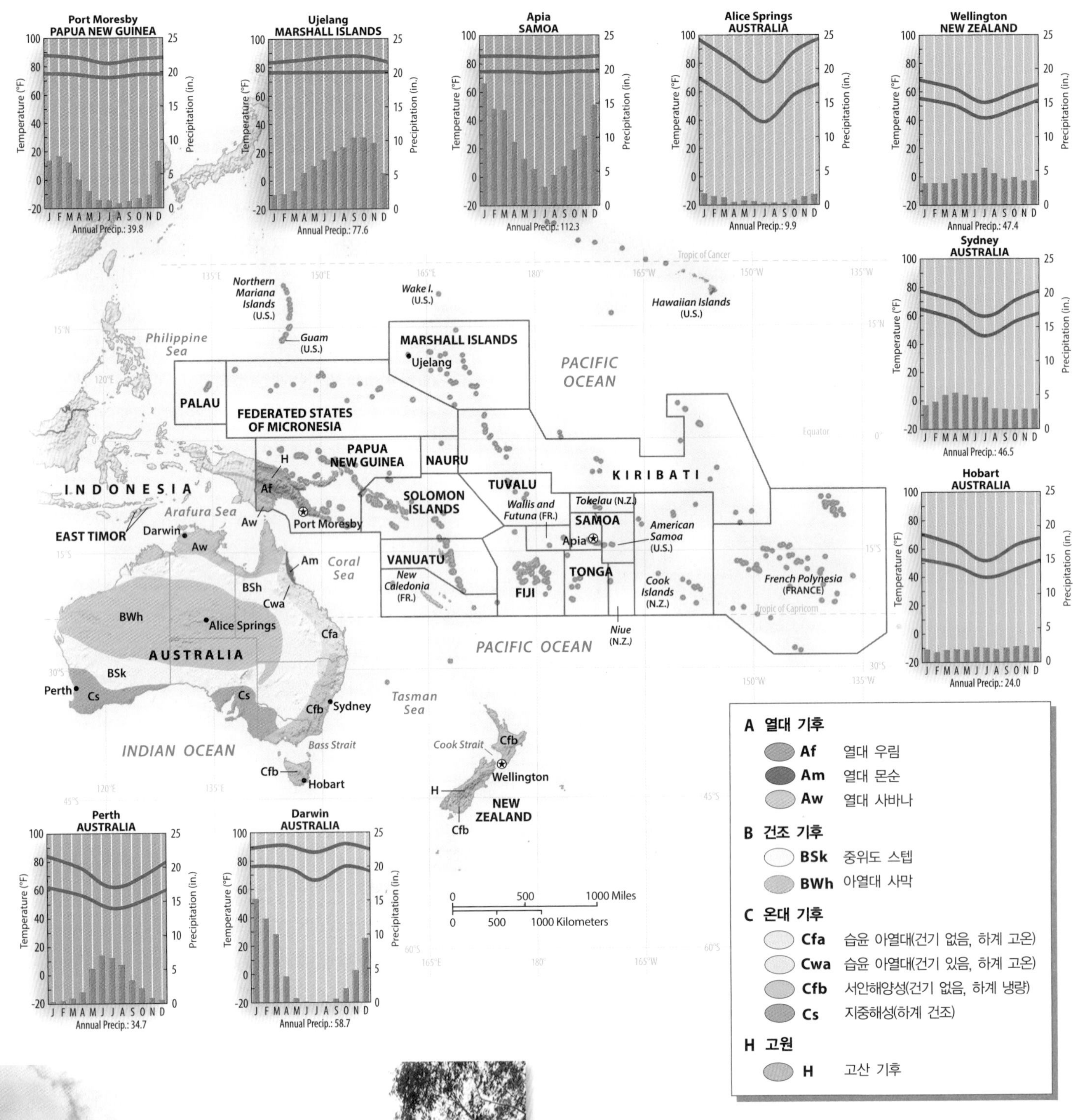

그림 14.8 **오스트레일리아와 오세아니아의 기후 지도** 경도와 위도는 이 지역의 기후 패턴을 결정한다. 적도 태평양 지역은 태양이 내리쬐어 연중 온난 습윤한 반면, 오스트레일리아 내륙은 건조하며, 아열대 고압대의 영향을 받는다. 남태평양의 서늘, 습윤한 폭풍은 오스트레일리아, 뉴질랜드에 중위도 조건을 제공한다. 지역적으로, 산맥들은 많은 산악 지역에서 총 강수량이 많도록 한다.

그림 14.9 **오스트레일리아의 산불** 엄청나고 사나운 건조 계절의 산불(오스트레일리아에서는 부시파이어로 알려짐)은 남동부의 농촌과 도시 교외 지역을 위협한다. 2009년 2월의 이 불은 멜버른 중심부로부터 단지 70마일 떨어져 있으며, 25년간 최악의 산불 재해였으며, 지구 온난화를 동반하여 더욱 손해를 주는 불들의 조짐이었다.

그림 14.10 **뉴질랜드 남섬의 센트럴오타고** 뉴질랜드 남섬에서, 서던알프스 산맥의 서부 해안에는 비가 내리지만 동부는 건조 기후를 보인다. 그 결과 센트럴 오타고 지역은 미국 서부처럼 반건조 경관을 가진다.

14.14). 세계에서 생물학적으로 가장 다양한 환경의 일부가 이러한 벌목 활동으로 위협받지만, 토지 소유주는 이 지속 불가능한 활동을 그들의 전통 생활방식과 반대됨에도 불구하고 매력적인 빠른 현금 수입원으로 여긴다.

오세아니아의 기후 변화

비록 오세아니아가 지구적 대기 오염에 상대적으로 관련이 적지만, 기후 변화의 조짐은 이미 광범위하게 나타나며 이 지역에도

그림 14.11 **섬의 유해 동물** 갈색나무뱀은 1950년대에 우연히 괌에 도입되어, 현재 이 섬 산림의 상당 부분에서 분포하며, 대부분의 토종 새들을 멸종시켰다. 이 뱀은 길이가 10피트에 달하며, 전기선을 타고 올라가 종종 괌에서 정전을 야기한다.

그림 14.12 **오스트레일리아와 오세아니아의 환경 문제** 현대 환경 문제는 이 지역이 지구상의 천국이라는 믿음을 깨고 있다. 열대 산림 벌목, 광범위한 채굴, 식민 권력에 의한 오랜 핵실험은 이 지역에 다양한 문제를 야기하였다. 또한 인간의 정착은 자연 식생 패턴을 광범위하게 바꾸어놓았다. 미래 환경에서 지구 온난화로 인한 해수면 상승에 따라 저지대 태평양 섬에 위협이 된다.

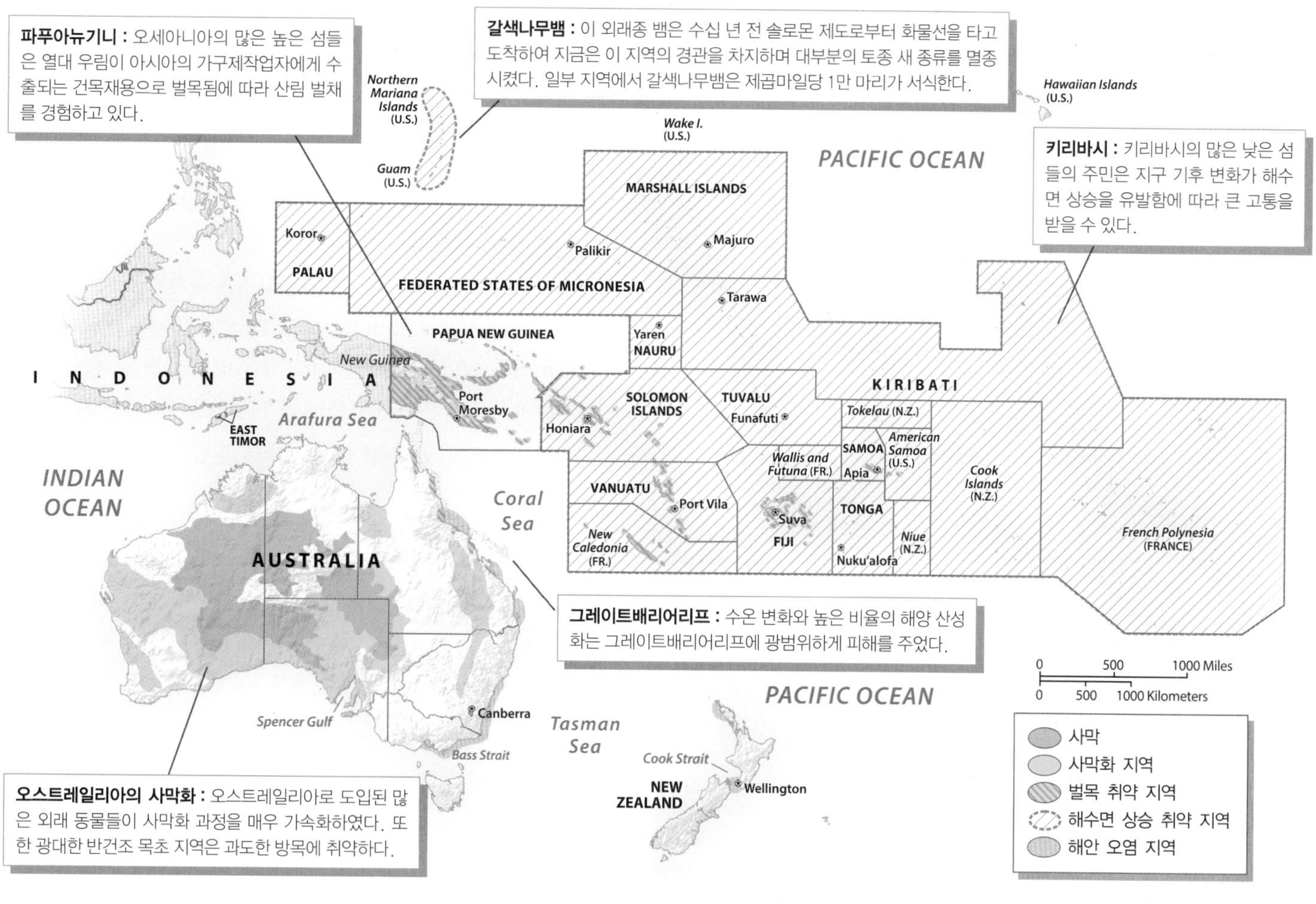

파푸아뉴기니 : 오세아니아의 많은 높은 섬들은 열대 우림이 아시아의 가구제작업자에게 수출되는 건목재용으로 벌목됨에 따라 산림 벌채를 경험하고 있다.

갈색나무뱀 : 이 외래종 뱀은 수십 년 전 솔로몬 제도로부터 화물선을 타고 도착하여 지금은 이 지역의 경관을 차지하며 대부분의 토종 새 종류를 멸종시켰다. 일부 지역에서 갈색나무뱀은 제곱마일당 1만 마리가 서식한다.

키리바시 : 키리바시의 많은 낮은 섬들의 주민은 지구 기후 변화가 해수면 상승을 유발함에 따라 큰 고통을 받을 수 있다.

그레이트배리어리프 : 수온 변화와 높은 비율의 해양 산성화는 그레이트배리어리프에 광범위하게 피해를 주었다.

오스트레일리아의 사막화 : 오스트레일리아로 도입된 많은 외래 동물들이 사막화 과정을 매우 가속화하였다. 또한 광대한 반건조 목초 지역은 과도한 방목에 취약하다.

Northern Mariana Islands (U.S.)
Guam (U.S.)
Wake I. (U.S.)
Hawaiian Islands (U.S.)
PACIFIC OCEAN
MARSHALL ISLANDS
Majuro
Koror
PALAU
Palikir
FEDERATED STATES OF MICRONESIA
Tarawa
PAPUA NEW GUINEA
Yaren
NAURU
New Guinea
INDONESIA
Port Moresby
EAST TIMOR
Arafura Sea
SOLOMON ISLANDS
Honiara
TUVALU
Funafuti
KIRIBATI
Tokelau (N.Z.)
American Samoa (U.S.)
SAMOA
Apia
Wallis and Futuna (FR.)
Cook Islands (N.Z.)
INDIAN OCEAN
Coral Sea
VANUATU
Port Vila
Suva
FIJI
TONGA
Niue (N.Z.)
Nuku'alofa
New Caledonia (FR.)
French Polynesia (FRANCE)
AUSTRALIA
PACIFIC OCEAN
Spencer Gulf
Canberra
Tasman Sea
Bass Strait
Cook Strait
NEW ZEALAND
Wellington

0 500 1000 Miles
0 500 1000 Kilometers

사막
사막화 지역
벌목 취약 지역
해수면 상승 취약 지역
해안 오염 지역

그림 14.13 **비키니 환상 산호초에서의 핵실험** 1946년 미국에 의해 투하된 핵폭발은 남태평양의 비키니 환상 산호초의 장기적인 방사능 오염에 기여하였다.

그림 14.15 **뉴질랜드의 풍력 발전** 뉴질랜드의 중위도 미풍의 입지 조건하에서, 많은 지역이 상업적 풍력 발전에 뛰어난 조건을 가진다.

문제가 된다. 뉴질랜드 산악 지역의 빙하가 녹아 내리고 있다. 최근 오스트레일리아는 빈번한 가뭄, 예외적으로 파괴적인 장기적인 폭염(2013년, 2014년 모두 기록됨), 엄청난 산불로 고통을 받았다. 온난해지는 바닷물은 미생물이 죽음에 따라 오스트레일리아 해안의 그레이트배리어리프를 광범위하게 표백하고 있으며, 해수면 상승은 저지대의 섬 국가를 위협하고 있다. 또한 UN의 미래 예측도 매우 충격적이다. 해수면은 21세기 말 1.4m 상승할 수 있고, 바다가 계속 온난해짐에 따라 변화된 해양자원으로부터 섬 주민은 고통을 받을 것이다(**지속 가능성을 향한 노력 : 해수면 상승과 낮은 섬들의 미래** 참조). 또한 더욱 강력한 열대 사이클론은 태평양 섬들을 황폐화시킬 수 있고, 토지, 생명에 광범위한 피해를 줄 것이다. 2015년 5급 폭풍인 열대 사이클론 팸이 바누아투를 강타하여 농작물을 휩쓸었고, 10만 명 이상의 이재민을 발생시켰다.

이러한 위협에 대응하여, 오세아니아 국가가 취한 조치, 정책은 기후 변화의 민감성, 배기가스 배출의 출처와 정도, 로컬 경제 상황에 따라 다양하다. 2,300만 명의 인구의 오스트레일리아는 이 지역에서 가장 많은 탄소를 배출하였는데, 왜냐하면 전기의 약 80%가 석탄과 같은 화석연료에서 생성되기 때문이다. 최근 정부 프로포절은 탄소세 프로그램(탄소 배출 감소를 가속화함)으로 나아갔지만, 특히 광업, 제조업 측의 강력한 반대는 2014년 정부들이 이 계획을 폐기하도록 하였다.

뉴질랜드는 지구 온난화를 더욱 정치적으로 다루었다. 뉴질랜드가 보유하는 에너지의 절반 이상이 수력 발전에서 이루어지며, 이는 주로 남섬의 고도가 높고 습윤한 산지에서 생성된다. 풍력 및 태양열, 특히 풍력 발전은 뉴질랜드 전력의 13%를 차지한다(그림 14.15). 이 정부는 2020년까지 온실 가스(GHG) 배출을 10~20% 감축할 것을 제안하고 있다. 뉴질랜드 가축으로부터의 메탄 방출(잠재적 GHG)과 관련하여, 가축 전문가는 미래에 이 방출 수준을 낮출 수 있는 목초, 곡물 혼합을 실험하고 있다.

오세아니아의 낮은 섬들은 이미 세계 기후 변화의 가장 극적인 결과에 직면하고 있다. 많은 태평양 국가, 가장 두드러지게 투발루, 키리바시, 마셜 제도는 기후 변화와 관련된 해수 온도 상승으로 이미 높은 해수면 상승, 산호초 표백, 어업자원 감소의 문제를 이미 경험하고 있다. 그 결과 이들 국가들은 기후 변화에 대한 지구적 해결로 로비하는 강력한 정치 연대로 연합하였다. 기후 변화 논의와 관련하여, 이들 작은 섬 국가들은 미국, 일본, 서유럽 국가와 같은 선진국들이 기후 변화로부터의 피해를 완화시키기 위한 재정 보조를 섬 국가들에 제공하는 그들의 요구를 주장하여 왔다.

그림 14.14 **오세아니아에서의 목재 산업** 많은 오세아니아의 열대 우림은 벌목에 의해 파괴된다. 이 견목은 확대되는 중국 시장을 겨냥해 목재 제작의 아시아 목재소로 이동하기 위해 적재를 기다리고 있다.

확인 학습

14.1 어떻게 높은 섬들, 산호초, 환초들이 형성되는가?
14.2 오스트레일리아, 뉴질랜드에서 발견되는 다양한 기후 지역을 기술하라. 어떠한 기후 통제가 이들 지역을 형성하는가?
14.3 이 지역에 대한 세 가지 핵심 환경 이슈를 나열하고, 왜 이들이 지구적인 중요성을 가지는지를 설명하라.

주요 용어 오세아니아, 폴리네시아, 멜라네시아, 미크로네시아, 아웃백, 높은 섬, 낮은 섬, 산호도, 말리 나무, 유대목 동물, 외래종

인구와 정주 : 붐비는 도시와 빈 공간

현재의 인구 패턴은 원주민과 유럽인 정착을 모두 반영한다. 뉴질랜드, 오스트레일리아, 하와이 제도에서 앵글로-유럽인의 이주는 현재 인구 분포와 집중을 구조화하였다. 반면 다른 오세아니아 지역에서 인구 분포는 원주민의 요구에 의해 결정된다(그림 14.16). 또한 오스트레일리아, 뉴질랜드로의 이주 패턴은 더 많은 아시아 출신 이주를 가능하게 하였다. 이 패턴은 실업, 자원고갈, 기후 변화와 연관된 범람의 위협 같은 배출 요인들을 포함한 복합 요인들로 인해 사람들이 이주함에 따라 지역 간 이주가 증가하는 것과 관련된다.

현재의 인구 패턴

아웃백에서의 정형화된 삶에도 불구하고, 현대 오스트레일리아는 세계에서 가장 도시화된 지역의 하나이다(표 A14.1). 이 국가 국민

그림 14.16 **오스트레일리아와 오세아니아 인구 지도** 이 지역에는 4,000만 명 미만의 사람이 거주한다. 비록 파푸아뉴기니와 많은 태평양 섬들이 주로 농촌 정주로 특징되지만, 주민 대부분은 오스트레일리아, 뉴질랜드 대도시에 거주한다. 시드니, 멜버른은 오스트레일리아 인구의 거의 절반을 차지하며, 대부분의 뉴질랜드 주민은 오클랜드, 웰링턴의 근거지인 북섬에 거주한다.

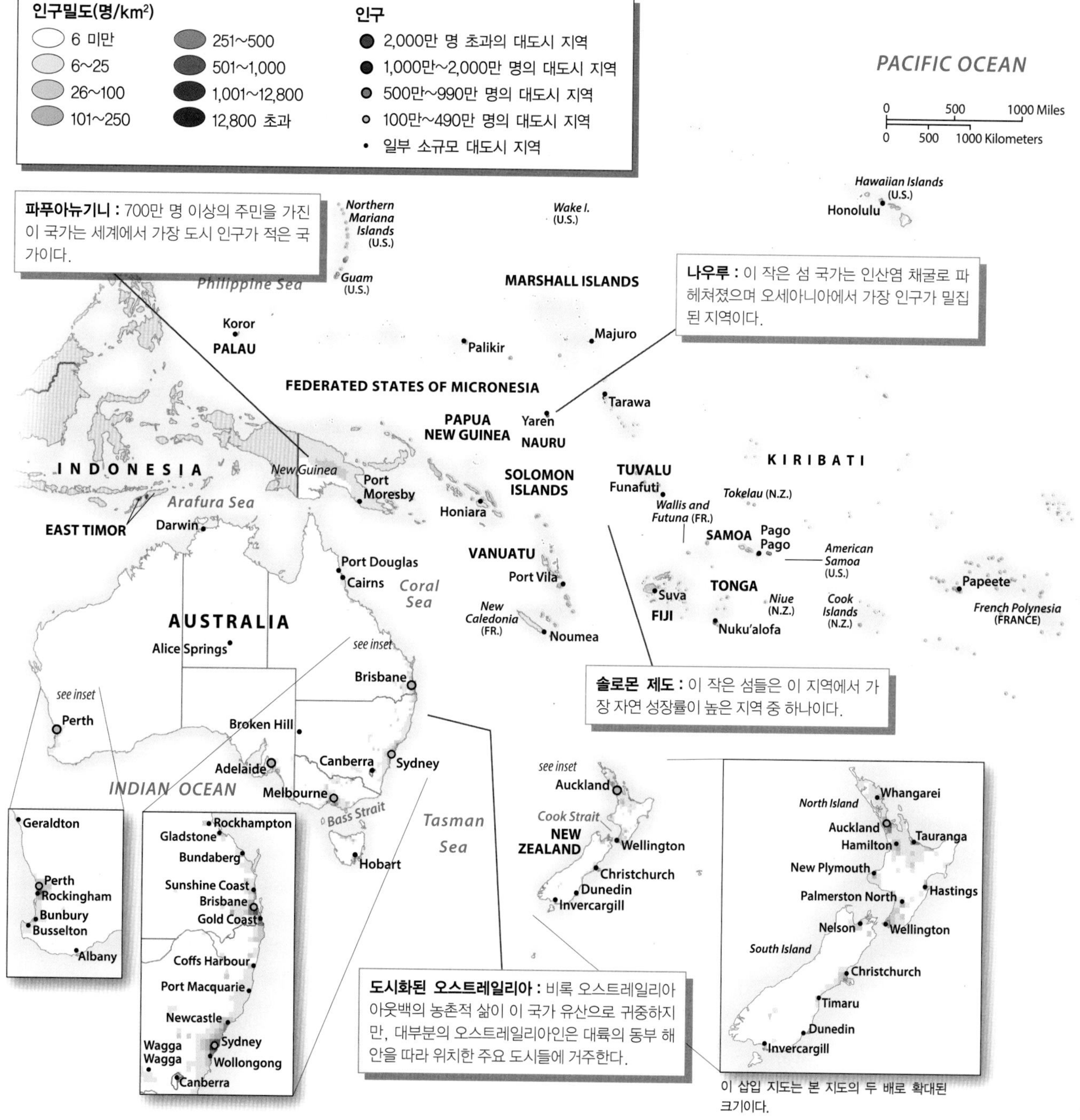

지속 가능성을 향한 노력
해수면 상승과 낮은 섬들의 미래

Google Earth (MG) Virtual Tour Video https://goo.gl/E48xOc

낮은 섬들은 이들이 기본적으로 보초로서 바다로부터 자란 산호초이기 때문에 지형의 기복이 거의 없다. 예를 들어, 약 71,000명이 거주하는 마셜 제도에서 가장 높은 지점은 고도가 9m이다. 오세아니아 낮은 섬의 지속 가능성은 의문시되기 때문에, 이들 미래에 대한 환경 문제들을 토대로, 태평양 섬 주민은 많은 사람들이 불가피하게 고려하는 것, 즉 그들이 고향을 떠나는 것을 생각하고 있다.

해수면 상승 많은 측정치에 따르면 해수면은 2100년까지 1.4m 상승할 수 있다. 그러나 이 추정치는 보수적인 측면이다. 어떤 과학자는 해수면이 그때까지 상당히 높아, 아마도 3.3m에 가까울 것이라고 생각한다. 이들은 평균 값으로, 세계적인 해수면 상승은 해양 지질 해양 수온(따뜻한 물이 확장한다는 것을 기억하자)과 같은 로컬 요소에 따라 더 높거나 낮을 수 있다. 추가로 이 평균 해수면 상승은 특정 지역에서의 조수 범위를 고려하지 않는다. 남태평양 지역에서, 계절적으로 최대 높은 조수는 3.3m가 평균 해수면에 추가될 수 있다.

태평양 섬 주민은 그들이 이미 기후 변화 영향을 경험하고 있고, 이들이 수많은 문제를 야기하고 있다고 말한다. 범람은 만조 시 보편적이며, 범람은 귀중한 담수 공급에 해수의 오염, 저지대 농지 피해와 같은 관련 피해를 야기한다. 또한 따뜻해진 해양 온도는 로컬 암초 생태의 결정적인 변화를 야기하고, 섬 주민의 자족에 필수인 해양 생물에 영향을 준다. 심지어 심해 참치는 다른 더 추운 물을 찾아 떠나가고 있다.

기후 변화로 인해 해수면 상승 문제를 악화시키는 것은 수십 년 동안 상대적으로 빠른 인구 성장과 빈 토지가 거의 없는 기존의 높은 인구밀도이다. 섬 인구가 증가함에 따라 사람들은 섬을 떠날 수밖에 없다. 비극적이지만 이것이 많은 사람들이 준비하고 있는 것이다.

그림 14.1.1 **해수면 상승과 태평양의 낮은 섬들** 이곳은 투발루 인구의 절반이 거주하는 푸나푸티 환초이다.

위엄 있는 이주 예를 들어 키리바시는 사람들이 다른 곳에서 직업을 찾을 수 있도록 교육과 직업 훈련을 강조하는 '위엄 있는 이주' 프로그램을 채택하였다. 새로운 해양 훈련 대학이 세계적인 선박회사와 함께 로컬 고용에 도움이 되도록 설립되었다. 오스트레일리아의 원조는 섬을 떠나 고용을 찾는 섬 주민을 위해 훈련 프로그램을 만들었다. 지역적으로 키리바시는 또한 NAPA(National Adaptation Programs of Action)의 UN 보조를 위해 인증된 5개 남태평양 국가(사모아, 솔로몬 제도, 투발루, 바누아투)의 하나이다. 이들 적응 제도는 해수면 상승에 따라 섬 주민을 위해 장기 대안을 개발하기 위해 설계되었다.

이들 프로그램은 주로 다른 국가로 이주 또는 경쟁에 필요한 훈련 및 기술을 청년에게 제공하기 위해 설계되었다. 그러나 외국에 거주 적응 능력이 없고 재교육을 받기에는 너무 늙은 노인에게는 어떠한가? 이러한 조건하에서 그들은 위엄을 어떻게 유지하는가? 누구도 이러한 질문에 답을 하지 않는 것 같다.

1. 당신이 생각하기에는 어떤 섬(또는 섬의 일부)이 해수면 상승으로부터 범람에 가장 취약한가? 그 이유는?
2. 미국의 어떤 지역이 오세아니아의 지역과 유사하게 해수면 상승으로부터의 문제에 직면하는가?

의 약 90%가 시드니, 멜버른 대도시 내에 거주한다. 오스트레일리아 동쪽 및 남쪽 해안은 2,300만 명 인구의 주요 근거지이다.

인구밀도는 강수량처럼 내륙으로 갈수록 급격히 감소한다. 즉, 그레이트디바이딩 산맥의 서쪽 반건조 구릉 지역은 농촌 경관이 남아 있지만, 퀸즐랜드의 남서부 주변 지역은 인구 희박 지역이다. 뉴사우스웨일스는 오스트레일리아에서 인구가 가장 많은 주이며, 세계에서 가장 장대한 자연항 중 하나를 주변으로 형성된 시드니의 스프롤된 도시(4,400만 명)은 남태평양 지역에서 가장 큰 대도시 지역이다(그림 14.17). 근처 빅토리아 주 멜버른(4,300만 명)은 오스트레일리아의 주요 도시로서 시드니와 오랜

그림 14.17 **오스트레일리아 시드니 항** 이 항공사진 경관은 시드니 북부 상공에서 찍은 것이며, 오스트레일리아에서 가장 장관이고 유명한 항구를 보여준다. 물 건너편의 오페라 하우스를 주목하라.

그림 14.18 **퍼스 교외** 교외의 급성장에 대처하기 위해, 오스트레일리아 남서부 도시인 퍼스는 신규 주택, 아파트의 건설로 붐을 이루었다.

기간 경쟁하였으며, 약간 더 큰 인근 시드니보다 문화 및 건축의 우월성을 주장하여 왔다. 2010년 이래로, 고용 성장으로 멜버른은 오스트레일리아에서 가장 빠르게 성장하는 대도시가 되었으며, 곧 인구도 시드니를 능가할지 모른다. 이들 두 대도시 지역 간에 위치한 더 작은 연방 수도인 캔버라(인구 38만 명)는 미국 동부의 인구가 많은 남부 및 북부 사이 중간에 위치한 워싱턴 DC가 생성된 것과 동일한 정신으로, 고전적인 지정학적 타협을 보여준다.

오스트레일리아 핵심 지역 외에도, 오스트레일리아 원주민은 노던 준주, 웨스턴오스트레일리아, 사우스오스트레일리아, 노던 준주에 걸쳐 널리, 그렇지만 밀도가 낮게 산재하며, 소규모이지만 지역적으로는 중요한 정주 체계를 형성하고 있다. 멀리 남서쪽 스프롤된 퍼스는 190만 명의 주민의 도시 경관을 가지고 있으며, 일부 도시계획가는 이 급성장하는 대도시가 주변의 농촌 지역으로 확대하는 교외 경계 지역으로 인해 세계 최대의 저밀도 도시가 될지도 모른다는 것(2050년 인구 추계로 460만 명)을 우려한다(그림 14.18).

뉴질랜드 450만 명 인구의 70% 이상이 북섬에 거주하며, 이 중 오클랜드 대도시 지역(140만 명 이상)은 북부 지역의 경관을 지배하며, 수도인 웰링턴(40만 명)은 남부에서 쿡 해협을 따라 정주 체계의 중심을 이룬다. 남섬의 정주는 다소 건조한 저지대와 산지의 동쪽 해안 지역에 대부분 입지하는데, 크라이스트처치(375,000명)은 최대 도시 역할을 한다(그림 14.19). 다른 곳에서 북섬, 남섬의 구릉지 및 산지 지역은 인구밀도가 상대적으로 낮다.

파푸아뉴기니는 전체 인구의 15% 미만이 도시에 거주하며, 고립된 내륙 고지대에 대부분이 거주한다. 이 국가의 최대 도시는 포트모르즈비(40만 명)로, 국토의 남동쪽 모서리에 있는 좁은 해안 저지대를 따라 위치한다. 파푸아뉴기니와는 달리, 오세아니아의 북쪽 경계에 위치한 가장 도시화된 지역은 호놀룰루(100만 명)이며, 오아후 섬에 위치한다. 제2차 세계대전 이후 이 도시는 대도시로 급성장하였는데, 미국 영토와 하와이 경관의 매력이 그 이유이다.

역사지리

세계 초기 인구 중심지로부터 이 지역의 고립은 초기 인구의 지배적인 이주 경로를 넘어 존재함을 의미한다. 심지어 선사 이전의 정착민들은 결국 고립된 오스트레일리아 내륙과, 멀리 태평양까지 도달하였다. 이후 유럽인이 이 지역과 자원의 잠재력을 확인하고 난 후, 새로운 이주 속도는 빨라졌다.

태평양의 인구 증가 뉴기니, 오스트레일리아와 같은 큰 섬들은 상대적으로 아시아 대륙과 가까이 있으며, 따라서 태평양의 멀리 위치한 섬들보다 먼저 정착되었다. 6만 년 전까지, 오늘날 오

그림 14.19 **뉴질랜드 크라이스트처치** 크라이스트처치 이미지는 도심과 근처의 해글리 공원을 보여준다. 멀리 눈으로 뒤덮인 서던알프스 산맥과의 경계를 가진 스프롤된 켄터베리 평원을 주목하라.

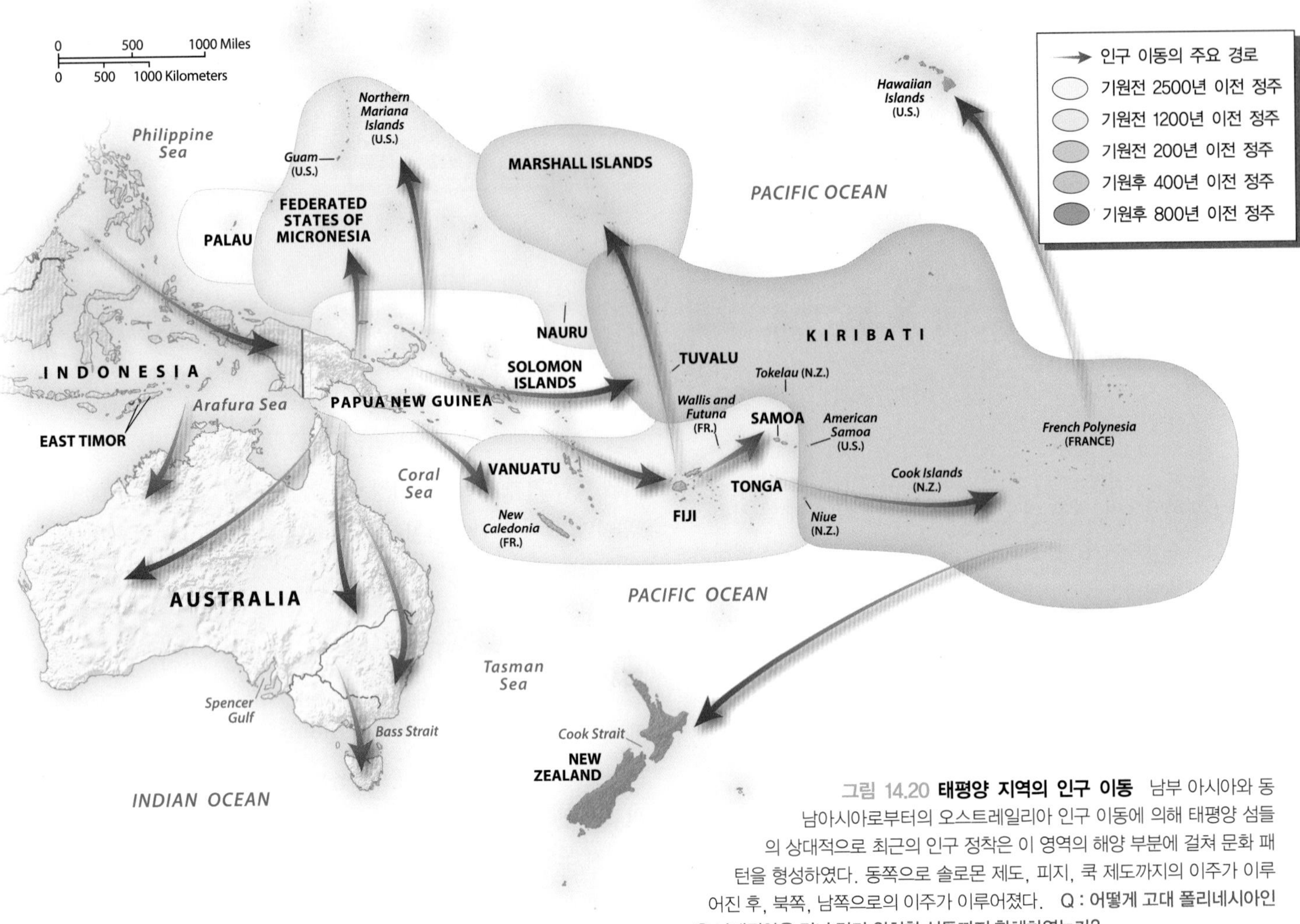

그림 14.20 **태평양 지역의 인구 이동** 남부 아시아와 동남아시아로부터의 오스트레일리아 인구 이동에 의해 태평양 섬들의 상대적으로 최근의 인구 정착은 이 영역의 해양 부분에 걸쳐 문화 패턴을 형성하였다. 동쪽으로 솔로몬 제도, 피지, 쿡 제도까지의 이주가 이루어진 후, 북쪽, 남쪽으로의 이주가 이루어졌다. **Q : 어떻게 고대 폴리네시아인은 남태평양을 건너 멀리 위치한 섬들까지 항해하였는가?**

스트레일리아 원주민(Aborigines) 조상은 동남아시아로부터 길을 나서 오스트레일리아로 이동하였다(그림 14.20). 첫 번째 오스트레일리아인이 일종의 선박을 이용하여 도착한 것으로 보이지만, 이러한 선박이 아마도 긴 항해 능력이 없었기 때문에, 더 멀리 위치한 섬들은 수만 년 동안 인간이 접근하지 않은 상태로 남아 있었다. 그러나 후빙기 동안 해수면은 지금보다 낮아졌고, 상대적으로 좁은 폭을 건너 동남아시아에서부터 오스트레일리아로 쉽게 이동하였다. 오스트레일리아 원주민들의 한 부류 또는 여러 부류가 도착하였는지는 모르지만, 이용 가능한 증거에 의하면 이들은 당시 낮은 해수면 때문에 대륙과 연결되었던 태즈메이니아를 포함한 오스트레일리아 대륙의 큰 부분을 곧 점유하였다.

멜라네시아 동부는 오스트레일리아, 뉴기니보다 훨씬 이후에 정착되었다. 3,500년 전, 태평양의 사람들은 장거리 항해에 능수능란하였고, 이는 오세아니아 지역 전체에 거주 가능하도록 하였다. 이 시기에 뉴칼레도니아, 피지 제도, 사모아를 점유하기 위해 동쪽으로 인구가 이동하였다. 최근의 이동은 북쪽으로의 항해를 통해 미크로네시아로 이동하였고, 마셜 제도는 약 2,000년 전에 정착되었다.

아시아로부터의 지속적인 이동은 이주한 멜라네시아인의 이야기를 복잡하게 하였다. 이들 이주자의 일부는 문화적으로 융합되었고, 결국 폴리네시아 서부에 도착하였는데 여기서 폴리네시아인의 중심이 되었다. 기원후 800년까지, 그들은 뉴질랜드, 하와이, 이스터 섬과 같이 멀리 위치한 곳에 도착하였다. 선사시대 역사가들은 인구 압력으로 인해 상대적으로 작은 섬들이 위기 단계에 봉착하였고, 인구는 다른 태평양 섬들을 식민화하기 위해 위험한 항해를 하였다고 가정한다. 항해 장비와 풍부한 음식을 가진 상태에서 폴리네시아인들은 빠르게 그들이 발견한 섬들의 대부분을 식민화할 수 있었다.

유럽의 식민화 마오리족이 뉴질랜드를 폴리네시아 영역으로 만든 약 6세기 이후, 네덜란드 항해가인 아벌 타스만은 1642년 세계 탐험에서 섬들을 발견하였다. 타스만의 초기 발견은 남태평양에서 인간의 점유에 새로운 전기를 마련하였다. 영국의 선장인 제임스 쿡은 이 멀리 위치한 땅이 유럽의 발전에 도움이 될 것이라는 믿음으로, 1768년과 1780년 사이 뉴질랜드와 오스트레일리아 해안을 조사하였다. 1800년까지, 다른 유럽 항해가들은 태평양을 탐험하였고, 식민지 지도상에 오세아니아 섬들의 대부분을 표시하였다.

이 지역의 유럽 식민화는 영국이 유죄 확정된 죄수를 추방할 수 있는 원격의 죄수 유형지를 필요로 할 때 오스트레일리아에서 시작되었다. 오스트레일리아 남동 해안이 적절한 입지로 선정되었고, 1788년 지금 시드니 근처에 위치한 보터니 만에 첫 함대가 750명의 죄수와 함께 도착하였다. 이후 다른 함대와 더 많은 죄수들이 도착하였고, 자유 정착민들도 도착하였다. 곧 자유 정착민의 수는 죄수의 수보다 많아졌는데, 죄수들은 형 집행 후 점차 자유를 얻게 되었다. 증가하는 영어 사용 인구는 곧 내륙으로 이동하였고, 또한 다른 선호되는 해안에 정착하였다. 영국, 아일랜드 출신 정착민들은 이 원격 식민지에서 금, 다른 광물뿐만 아니라 농업 및 목축업의 잠재력에 매료되었다. 1850년대 오스트레일리아에서 주요한 골드러시가 발생하였는데, 이는 북아메리카 서부에서의 역사적인 개발과 궤를 같이 하였다(그림 14.21).

이들 새로운 정착민들은 도착 직후부터 원주민과 충돌하였다. 그러나 어떠한 협정도 이루어지지 않았고, 대부분의 경우 원주민은 본거지에서 쉽게 쫓겨났다. 어떤 지역에서는 (가장 두드러진 지역인 태즈메이니아) 원주민은 사냥당하고 학살되었다. 오스트레일리아 대륙의 원주민은 질병, 근거지에서 쫓겨남, 경제적 고난 등으로 그 수가 급감하였다. 19세기 중반까지, 오스트레일리아는 영어권의 대륙이 되었으며, 이곳에서 원주민은 복속되어갔다.

영국 정착민은 뉴질랜드의 무성하고 비옥한 토지에 매료되었다. 유럽의 고래 및 바다표범 사냥꾼들이 1800년 이전에 도착하였으나, 영구적인 농업 정착은 1840년에 이루어졌으며, 영국은 이 지역 통치를 공식 선언하였다. 새로운 정착자의 수가 증가하고, 북섬, 남섬에 대한 계획적 정주 범위가 확대되면서 마오리족과의 갈등이 심화되었다. 작은 왕국, 부족들로 구성된 마오리족은 뛰어난 전사였다(그림 14.22). 1845년 광범위한 마오리족과의 전쟁이 시작되었고, 1870년까지 뉴질랜드를 휩쓸었다. 결국 영국이 승리하면서 마오리족은 대부분의 영토를 상실하였다.

또한 하와이 원주민은 이민자에게 그들 토지의 권리를 상실하였다. 하와이는 1800년대 초반까지 통일된 강력한 왕국이었고, 오랜 기간 원주민 통치자들은 이 섬에 미국, 유럽의 요구를 제한하였다. 그러나 19세기 후반까지 유럽 선교사, 정착민 수가 증가하였고, 하와이 경제는 유럽 플랜테이션 소유주에게 대부분 넘어갔다. 1893년, 미국의 관심은 하와이 군주제를 전복할 만큼 강력하였고, 1898년 미국으로 공식 합병되었다. 1959년 하와이는 미국의 한 주가 되었다.

그림 14.22 **마오리족 전사** 문신을 포함한 몸의 장식은 전통 마오리족 문화에서 공통적이며, 특히 고급 무사계급에서는 그러하다. 전쟁 이전에, 마오리족 전사는 하카(haka)라 불리는 의식 춤을 수행하는데, 이는 마오리족 무용수에서 보여지는 것처럼 혀, 눈을 이용하여 사나운 얼굴의 인상을 포함한다. 하카 춤(얼굴 인상과 함께)은 이제는 뉴질랜드의 보편적인 부분이고, 특히 스포츠 팀과 함께 한다.

그림 14.21 **오스트레일리아 골드러시** 19세기 후반 빅토리아 지역의 스케치는 어떻게 이 경관이 멜버른 근처의 금을 찾는 광부에 의해 급격히 수정되었는지를 보여준다.

정주 경관

오스트레일리아와 오세아니아의 정주 분포는 로컬 및 세계적 영향의 흥미로운 결합으로 나타난다. 현재의 문화 경관은 여전히 원주민이 상당히 지배적인 이 지역에서 원주민의 흔적을 반영하지만, 더욱 최근의 식민화 패턴은 유럽인에 의해 주로 형성된 경관을 생성하였다. 그 결과 오스트레일리아 남부의 독일 소유 포도밭, 영국에서부터 직접 이식된 뉴질랜드 남섬의 주택들과 같은 다양한 것들이 나타난다. 또한 경제적 및 문화적 세계화 프로세스는 퍼스, 오클랜드와 같은 도시들을 샌디에이고, 시애틀과 같은 장소

그림 14.23 **오클랜드 도심** 번화한 퀸 가의 이 경관처럼 차가 많은 뉴질랜드 도시들과 별도로, 많은 북아메리카 도시를 연상시킨다.

와 매우 유사하게 보이도록 도시화를 구조화하였다(그림 14.23).

도시화 오스트레일리아와 뉴질랜드는 모두 고도로 도시화된 서구 사회로서, 인구의 대부분이 도심 및 교외에 거주한다. 도시가 진화함에 따라 이들은 유럽 도시의 많은 특성을 취하며 북아메리카의 강력한 영향과도 결합되었다. 그 결과 비록 거리에서 들리는 다양한 지역 말투와 대도시 경관의 상당한 특성들이 영국 전통에 대한 강력하고 지속적인 고착을 상기시키지만, 많은 북아메리카인에게 꽤 편안한 도시 경관이 되었다.

오스트레일리아, 뉴질랜드의 풍요로운 서구 스타일의 도시 환경은 이 지역 저개발국에서 나타나는 도시 경관과 극명하게 대조된다. 포트모르즈비의 거리를 걷다 보면 매우 다른 도시 경관을 통해 오세아니아 내에 부유층, 빈곤층 간의 큰 격차가 있음을 알 수 있다(그림 14.24). 이 지역에서의 빠른 성장은 도시 저개발의 많은 고전적 문제들을 야기하였는데, 충분한 주택 부족, 수요에 못 미치는 도로, 주택 건설, 거리의 범죄, 알코올 중독이 증가하고 있다. 다른 곳에서, 수바(피지), 누메아(뉴칼레도니아), 아피아(사모아)와 같은 도시 중심지들은 로컬 인구가 서구의 영향에 노출됨에 따라 발생한 경제적 · 문화적 긴장을 반영한다. 급격한 도시 성장은 오세아니아의 소도시에서 공통적인 문제인데, 왜냐하면 농촌과 인근 섬 원주민은 고용 기회를 찾아 이동하기 때문이다. 과거 50년 동안, 피지, 사모아와 같은 지역에서 관광의 엄청난 세계적인 성장은 또한 도시 경관을 변모시켰고, 전통적인 마을의 삶이 기념품점, 경적을 울리는 택시, 붐비는 해안 리조트 경관으로 대체되었다.

오스트레일리아와 뉴질랜드의 농촌 오스트레일리아와 태평양 지역의 농촌 경관은 문화 및 경제적 영향의 복잡한 모자이크를 표현한다. 일부 지역에서 오스트레일리아 원주민은 그들이 친숙한 근거지에서 여전히 발견되며, 그들의 전통 생활방식, 정주 체계는 유럽 이전의 시기에서 거의 변화하지 않았다. 세계적인 영향은 현금 경제, 해외 관광, 투자, 대중문화의 조류가 도시에서 농촌으로 이동함에 따라 그 경관을 침투한다.

오스트레일리아 농촌의 대부분은 농업을 하기에는 너무 건조하며, 그래서 가축을 기르는 특성을 가진다. 양, 소는 오스트레일리아 가축 경제에 지배적이며, 뉴사우스웨일스, 웨스턴오스트레일리아, 빅토리아 내륙의 농촌 경관은 가축을 한 목초지에서 다른 목초지로 이동시키는 목장 운영을 하는 고립된 양 목장들이 중심이 된다. 비록 소는 더 광범위하고 목초를 이용한 소 사육이 퀸즐랜드 북쪽 멀리에서 집중되지만, 소는 종종 같은 지역에서 나타난다(그림 14.25). 다른 고립된 내륙은 전통적인 수렵, 채집 방식을 추구하는 원주민의 근거지로 남아 있다.

곡물 지역도 지역마다 다양하다. 종종 양의 경관과 혼재되어 상업적 밀 농업 지역은 퀸즐랜드 남부, 뉴사우스웨일스, 빅토리아, 사우스오스트레일리아의 습윤한 내륙 지역, 퍼스의 동부, 북부 선호 지역을 포함한다. 특화된 사탕수수 운영은 퀸즐랜드의 좁고 온난습윤한 해안을 따라 번영한다. 남부와 서부에서, 생산성 있는 관개농업은 머리 강 분지와 같은 장소에서 발달하였는데, 과수 경작과 채소 재배를 한다. **비티컬처**(viticulture)라 불리는 포도 재배는 사우스오스트레일리아의 바로사 밸리, 뉴사우스웨일스의 리베리나, 웨스턴오스트레일리아의 스완 밸리 같은 장소에서 농업 경관을 형성한다.

뉴질랜드의 농업 정주 경관은 다양한 농업 활동을 포함한다. 목축 활동은 뉴질랜드 경관에 지배적이며, 가축 생산 특히 양 사

그림 14.24 **파푸아뉴기니 포트모르즈비** 도시 빈곤과 높은 범죄는 파푸아뉴기니의 수도인 포트모르즈비를 괴롭힌다. 이 도시의 슬럼은 많은 부분 물 위에 건설되었고, 농촌 주민이 더 빈곤한 근처 고지대로부터 유입됨에 따라 최근 도시 성장의 스트레스를 반영한다.

그림 14.25 **퀸즐랜드 내륙의 소목장** 이 오토바이를 탄 카우보이는 퀸즐랜드 아웃백의 내륙 깊이에 위치한 롱리치에서 소를 기르고 있다.

그림 14.26 **상업적 토란 재배** 타로가 오세아니아 지역에 걸쳐 전통적인 자족 곡물이지만, 또한 이는 하와이 지역에 걸쳐 상업적 판매를 위해 플랜테이션 재배된다. 이 타로 플랜테이션은 카우아이 섬에 위치한다.

육과 낙농업에 광대한 농지가 사용된다. 뉴질랜드에서 상업적 가축의 수는 사람의 수보다 20 대 1의 비율로 많으며, 이는 농촌에서 잘 나타난다. 낙농업은 북섬 저지대에서 대부분 나타나는데, 종종 오클랜드 근처의 교외 경관과 혼합된다.

오세아니아 농촌 오세아니아 다른 지역에서의 농촌 경관은 매우 다양하다. 물이 풍부한 고지대에 밀집된 인구는 종종 고기잡이가 더 중요한 척박한 저지대보다 다양한 농업 기회를 가진다. 여러 유형의 농업 정주는 섬 지역에 걸쳐 확인될 수 있다. 뉴기니 농촌에서, 마을 중심의 이동 지배가 지배적이다. 농부는 산림의 일부를 벌목하고, 그리고 몇 년 후 다른 목초지로 이동하는 토지 순환의 형태를 반복한다. 고구마, 타로(다른 전분 뿌리 식물), 코코넛 나무, 바나나, 다른 원예 작물과 같은 자급 식품은 종종 같은 밭에서 발견되고, **사이짓기**(intercropping)로 알려진 농업 형태가 이루어진다.

또한 상업적 플랜테이션 농업도 더욱 접근 가능한 농촌에서 이루어진다. 자급 농업과는 달리, 이들 상업적 운영은 일반적으로 단일 경작 형태를 띠는데, 오직 하나의 작물이 밭에서 재배된다. 이들 지역에서, 정주는 부재지주에 의해 전통적으로 통제되는 곡물 근처에 위치한 노동자 주택으로 구성된다. 예를 들면, 코프라(코코넛), 코코아, 커피 재배는 솔로몬 제도와 바누아투 같은 지역의 많은 농업 환경을 변모시켰다. 사탕수수 플랜테이션은 다른 섬들(특히 피지, 하와이)의 환경을 재구성하였다.

다양한 인구 특성

이 지역 주민은 오늘날 다양한 인구 문제에 직면하고 있다. 20세기에 들어 오스트레일리아, 뉴질랜드 인구는 급격히 증가하였지만(자연적 증가가 대부분), 오늘날 저출산율은 이민자로부터 인구가 성장하는 북아메리카의 패턴과 동일하다(그림 14.27).

오세아니아의 많은 저개발 섬 국가들에는 다양한 인구 문제들이 존재한다. 바누아투, 솔로몬 제도에서처럼 연평균 2% 이상의 인구 성장률이 보편적이다(표 A14.1). 멜라네시아의 규모가 큰 섬들은 정주 확산의 여지가 있는 반면, 상업적 채광, 목재 채굴

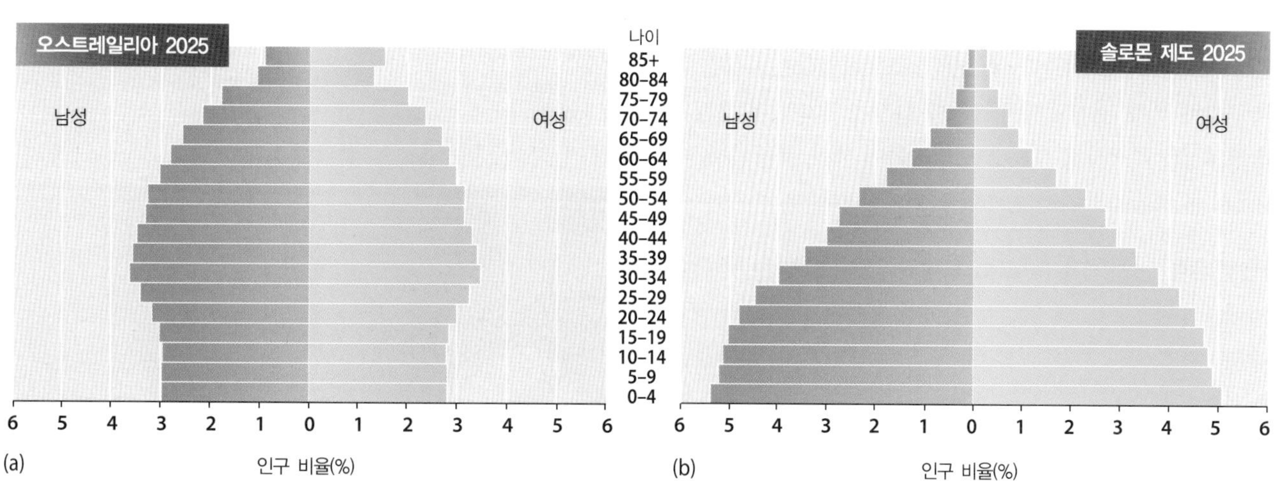

그림 14.27 **오스트레일리아와 솔로몬 제도의 인구 피라미드(2025)** (a) 많은 선진국에서처럼, 2025년 추정치에서 오스트레일리아는 매우 낮은 자연성장을 하는 반면, (b) 많은 개발도상국에서처럼, 솔로몬 제도의 인구 추정은 젊은 인구와 인구 성장 피라미드 형태를 보여준다.

활동의 경쟁적인 압력은 미래 이용 가능할 새로운 농지의 양을 제한한다. 미크로네시아, 폴리네시아의 소규모 섬들의 일부에서 인구 성장은 더욱 문제이다. 예를 들어, 투발루(피지의 북쪽)는 약 26km^2 면적에 11,000명 이상의 인구를 가지며, 세계 최대 인구밀도 국가 중 하나이다.

여러 섬 국가들로부터의 인구 유출은 매우 높다. 예를 들어, 통가, 사모아에서 고용의 부족은 상당한 압출 요인이다. 반대로 오스트레일리아, 뉴질랜드는 최근 광산 붐으로 인해 뉴칼레도니아가 그러하듯이 이민자에게는 매력적이다.

확인 학습

14.4 도시화의 크기, 밀도, 수준의 측면에서 오스트레일리아, 뉴질랜드의 인구를 비교하라.

14.5 태평양 지역의 선사시대의 인구 분포를 지도에 표시하라.

14.6 오스트레일리아와 섬 국가들에 대한 농촌 정주 패턴을 기술하고, 왜 이들이 다른지를 설명하라.

주요 용어 오스트레일리아 원주민, 비티컬처, 사이짓기

문화적 동질성과 다양성 : 세계적 교차

태평양 지역은 다양한 집단들이 한 지역으로 이주하고, 서로 상호작용하고, 시간이 지남에 따라 문화가 어떻게 변모하는지를 보여주는 놀라는 사례를 제공한다. 유럽 및 다른 외지인이 이 지역에 도착함에 따라, 식민화는 원주민이 적응하도록 강요하였다. 더욱 최근에는 세계화 프로세스가 이 지역의 문화지리를 재정의하고 있다.

오스트레일리아의 다문화 특성

오스트레일리아의 문화 패턴은 현재 진행 중인 많은 근본적인 세계화 프로세스를 보여준다. 오늘날 오스트레일리아는 식민 유럽의 근간에 의해 지배되지만 다문화 특성은 원주민이 그들의 문화 정체성을 주장하고, 다양한 이민자들이 사회, 특히 주요 대도시에서 큰 역할을 함에 따라 점차 가시화되고 있다.

원주민의 흔적 수천 년 동안 오스트레일리아 원주민은 이 대륙을 지배하였다. 그들은 유럽 정복 시까지 지속되어 온 삶의 방식인 수렵, 채집으로 지내왔다. 정주 밀도는 낮았으며, 부족들은 종종 서로 고립되었으며, 전체 인구는 아마도 30만 명을 넘지 않았을 것이다. 문화적 분포는 다양하고 파편화되었으며, 많은 지역 언어들을 만들어냈다. 심지어 오늘날에도 50개의 토속어가 여전히 발견될 수 있다.

유럽인은 급격한 인구 및 문화 변화를 가져왔다. 원주민은 이 과정에서 살상되었다. 식민지화의 지리적 결과는 놀라웠는데, 원주민은 거의 한적한 내륙, 특히 유럽인들이 거의 경쟁하지 않았던 오스트레일리아 북부, 중앙부로 이동되었다. 역사적으로 원주민에 대한 유럽인의 태도는 북아메리카 원주민에 대한 태도보다 더욱 차별적이었다.

오늘날 원주민 문화는 오스트레일리아에서 보호되며, 원주민의 이동이 증가하고 있는데, 이는 미국과 유사하다(그림 14.28). 원주민은 오스트레일리아 인구의 약 2%(43만 명)를 차지하지만, 인구 분포는 지난 세기 동안 급격히 변화하였다. 원주민은 노던 준주 지역 인구의 약 30%(주로 다윈 근처에 거주)를 차지하며, 다른 대규모 원주민 보호구역은 퀸즐랜드 북쪽, 웨스턴오스트레일리아에 위치한다. 그러나 대부분의 원주민은 이 국가 전체 인구지리를 지배하는 것과 같이 도시 지역에 거주한다. 정말로 원주민의 70% 이상이 도시에 거주하며 이들의 극소수만이 여전히 전통적인 사냥, 채집의 생활 스타일을 유지한다. 문화 동화 프로세스는 여전히 진행 중이며, 도시에 사는 원주민은 자주 서비스 업종에 종사하며, 기독교는 종종 전통 정령신앙을 대체하고 원주민의 13%만이 원주민 언어를 말할 수 있다.

여전히 전통 문화 가치를 보존하는 데 원주민의 관심이 증대되고 있으며, 특히 원주민 언어가 강하게 남아 있는 아웃백에서 그러하다. 또한 문화 지도자는 원주민의 영성주의(spritualism)를 보존하며, 이들 종교 행위는 종종 지역민을 신성한 것으로 여겨지는 주변 장소, 자연 사상에 연결시킨다. 사실 이들 신성한 장소의 수 증가는 원주민 인구와 오스트레일리아의 유럽 출신 주류 간의 토지 이용 논쟁(예 : 신성한 땅에서의 채굴)에 있다.

이민자의 땅 대부분의 오스트레일리아인은 오스트레일리아 대

그림 14.28 **오스트레일리아의 원주민** 오스트레일리아 원주민은 유럽 식민지 이전에 이 대륙에 거주하였다. 유럽 이민자에 의해 덜 바람직한 토지로 강제 이동되어, 그들은 동등한 권리, 적절한 생활 조건을 위해 계속 투쟁하고 있다. 이 가정은 원주민이 인구의 20%를 차지하는 노던 준주의 앨리스스프링스 근처의 한 전통 커뮤니티에서 거주한다.

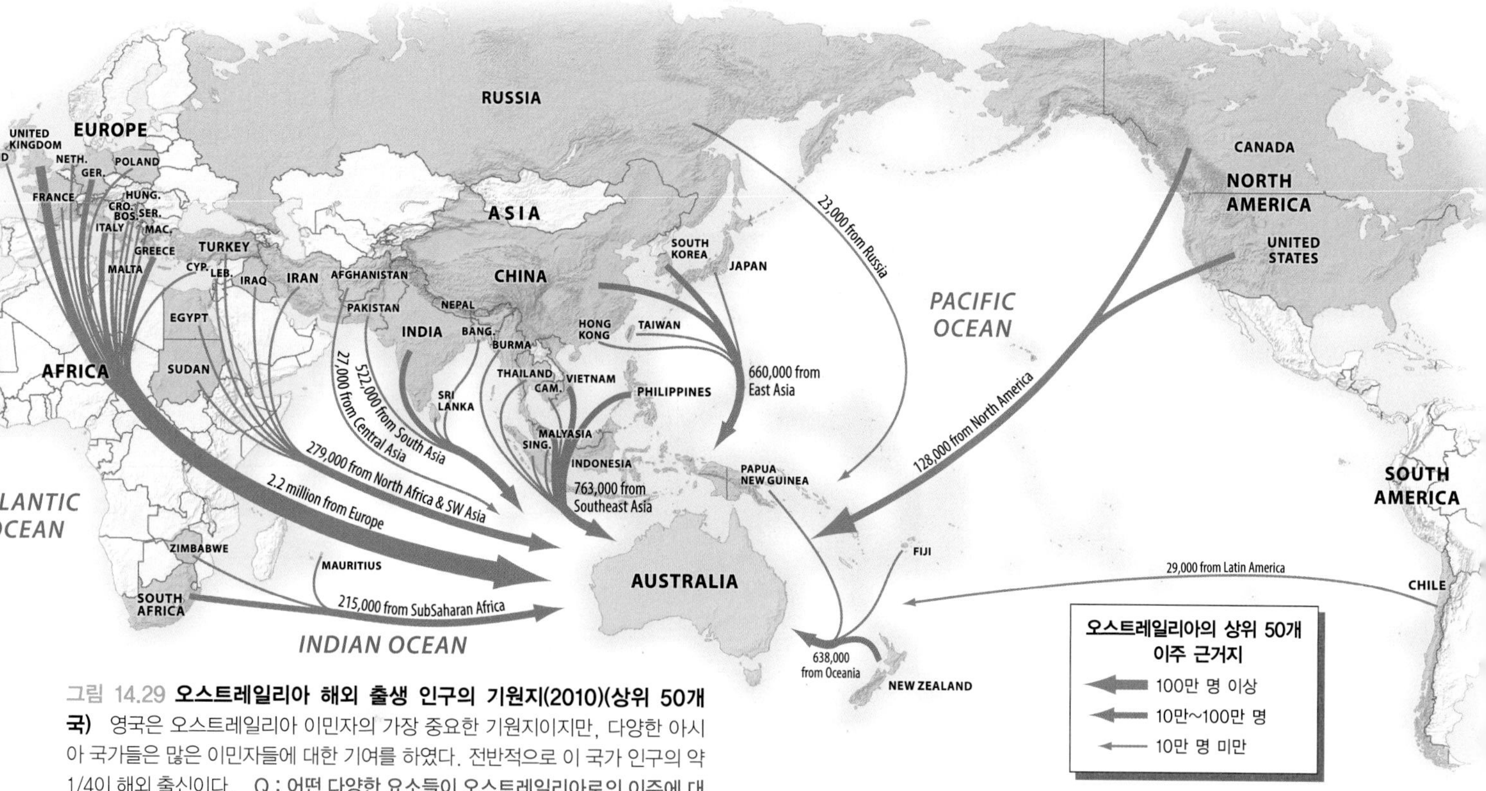

그림 14.29 **오스트레일리아 해외 출생 인구의 기원지(2010)(상위 50개국)** 영국은 오스트레일리아 이민자의 가장 중요한 기원지이지만, 다양한 아시아 국가들은 많은 이민자들에 대한 기여를 하였다. 전반적으로 이 국가 인구의 약 1/4이 해외 출신이다. Q : 어떤 다양한 요소들이 오스트레일리아로의 이주에 대한 변화 패턴을 설명하는가?

륙의 최근 유럽 지배적인 이민사를 반영하지만, 이들 패턴은 더 많은 아시아 이민자가 도착함에 따라 더욱 복잡해지고 있다. 전반적으로 오스트레일리아 인구의 70% 이상이 영국 또는 아일랜드 문화 유산을 주장한다. 이들 집단은 19세기 및 20세기 초반 이 나라로의 이민을 지배하였고, 그리고 이들의 영국에 대한 문화적 유대는 여전히 강하다.

퀸즐랜드 해안을 따라 위치한 유럽 플랜테이션 소유주들은 19세기 후반 솔로몬 제도, 뉴헤브리디스(현재 바누아투)로부터 저임금 노동자를 수입하였다. 이들 태평양 섬 노동자들은 **카나카인**(kanakas)으로 알려지는데, 앵글로 고용주로부터 공간적 · 사회적으로 분리되지만, 퀸즐랜드 사탕수수 해안의 문화적 혼합을 더욱 다양화하였다. 그러나 비백인의 오스트레일리아 이민은 **백오스트레일리아 정책**(White Australia Policy)으로 알려진 것에 의해 엄격히 제한되었는데, 1901년 이후의 정부 지침은 다른 집단을 희생하면서 유럽, 북아메리카 이민을 증진하였다. 이 정책은 1973년까지 유지되었다.

최근의 이민 경향은 새로운 노동자의 다양한 유입으로 특징되며, 이 국가의 다문화 성격을 추가하였다. 1970년대 이래, 오스트레일리아 정부의 이민 프로그램은 교육 배경과 오스트레일리아 사회에서 경제적으로 성공할 잠재성을 기준으로 사람을 선정하였다. 중국, 인도, 말레이시아, 필리핀과 같은 지역의 많은 사람들이 도착하였다. 동남아시아, 중동 지방, 발칸 반도와 같이 세계 분쟁 지역의 난민들이 또한 오스트레일리아로 들어오고 있으며, 이 국가의 진정한 망명 문제를 야기하고 있다(**글로벌 연결 탐색 : 오스트레일리아에 망명 신청자의 도착** 참조).

그 결과 더욱 다양한 해외 출생 인구가 나타났다(그림 14.29). 오늘날 오스트레일리아 인구의 약 25%가 해외 출생이며, 이민 목적지로 이 국가의 세계적 인기를 반영하고 있다. 2000~2010년, 도착하는 정착자의 약 40%가 아시아 출신이다. 주요 도시들은 특히 매력적인 가능성을 제공하는데, 멜버른, 시드니에는 약 20%의 아시아인이 거주하며, 이들 새로운 인종 집단들에게 제공되는 이질적인 근린, 비즈니스, 문화 제도가 점차 증가하고 있다(그림 14.30).

뉴질랜드의 문화 패턴

뉴질랜드의 문화지리는 비록 세밀한 혼합은 약간 다르지만, 대체로 오스트레일리아의 패턴을 반영한다. **마오리**(Maori)족은 오스트레일리아 원주민보다 수치적으로 더 중요하며, 문화적으로도 더 시각적이다. 19세기 후반까지 영국 식민화가 앵글로 문화 전통의 지배를 강요하였지만, 마오리족은 이 과정에서 그들의 토지 대부분을 상실하였으나 살아남았다. 원주민 인구는 초기에는 감소하였지만 20세기에 반등하였으며, 오늘날 자립적인 마오리족은 이 국가 인구(4,500만 명)의 15% 이상을 차지한다. 지리적으로 마

글로벌 연결 탐색

오스트레일리아에 망명 신청자의 도착

Google Earth (MG) Virtual Tour Video: http://goo.gl/1kl02h

UN에 의하면, 2014년 약 1,700만 명이 정치 및 사회적 박해 이유로 망명을 신청하였다. 이들 상당수는 고향을 떠나 주변 국가에 난민을 신청하였다. 다른 이들은 먼 거리를 여행하여 피난국을 찾고 있다. 이들 집 없는 다수의 일부는 오스트레일리아 해안을 찾았는데, 새로운 생활의 잠재적 경로로 오스트레일리아를 생각하였다. 예를 들어 2013년 2만 명 이상이 오스트레일리아 입국을 위해 망명 신청하였다. 많은 오스트레일리아인은 난민들이 이전하도록 허용하는 데 자부심을 가지는 반면, 2014년 망명 결정을 기다리는 동안 피신 처리되고 정착하는 강제수용소 운영에 12억 달러 이상이 소요된다고 비판한다.

그림 14.2.2 파푸아뉴기니 마누스 섬의 강제 수용소 오스트레일리아에 망명을 신청한 많은 사람들은 파푸아뉴기니에 처리되고 재정착된다. 이 경관은 마누스 섬 강제수용소의 초기 숙박시설의 일부를 보여준다.

태평양 해결책 난민-망명 화제에 대해 가장 논란이 되는 측면의 하나는 오스트레일리아의 소위 태평양 해결책이라 불리는 것인데, 이는 오스트레일리아를 목적지로 하는 망명자들을 만류하는 정부 정책이다. 원래 2001년에 실시된 태평양 해결책은 몇 가지 요소들을 가진다. 오스트레일리아 해군은 난민 보트가 오스트레일리아 영토에 도착하기 전에 막는 책임이 있다(그림 14.2.1). 또한 오스트레일리아는 난민이 종종 상륙하여 오스트레일리아 법에 사면을 요청할 수 있는 소규모 국외의 섬들에 대해 소유권을 포기하였다.

또한 나우루, 크리스마스 섬, 마누스(파푸아뉴기니의 섬)에 설치된 강제수용소는 난민들의 요구가 처리되는 동안 난민들을 오스트레일리아 영토에서 분리시키고, 오스트레일리아 법과 시민 권리를 박탈하기 위해 설계되었다. 이들 보호소는 비용이 많이 들고 문제가 있는 것으로 판명되었다. 예를 들면, 파푸아뉴기니와의 협정을 통해, 마누스 섬 시설의 억류자 수는 1,000명 이상으로 증가하였다(그림 14.2.2). 어떤 마누스 주민은 사람과 현금의 유입에 찬성하지만, 다른 사람은 망명 신청자가 근처 지역에 재정착을 시도할 때 잠재적인 환경 및 사회 문제에 대해 지적한다.

그림 14.2.1 난민과 오스트레일리아 해군 바다에서 난민 보트를 막는 책임을 가지는 해군은 나우루, 크리스마스 섬, 마누스 섬의 강제수용소로 난민을 보낸다.

난민 출신 지역 이러한 망명 신청자들이 어떻게 오스트레일리아로 들어오며, 이들은 어디서 오는가? 대부분은 아마도 오스트레일리아의 가장 가까운 근처인 인도네시아의 어디에서 가장 최근 출발하여, 항해에 적합한 상황이 의문시되는 과적된 보트를 타고 도착한다. 그러나 이들 선박들은 스리랑카, 파키스탄, 그리고 심지어 중국이라는 매우 먼 지역에서 항해를 시작하였을 수도 있다. 피지, 말레이시아도 난민의 수 증가에 기여하였다. 어떤 경우, 난민의 실제 국적은 불명료하다. 예를 들어 오스트레일리아 해안에 도착하는 많은 사람들은 원래 아프가니스탄 출신이지만, 파키스탄, 이란, 이라크의 난민 보호소에서 시간을 보낼지 모른다. 이들 다른 국가들에서의 시간 때문에, 그들이 박해 받았는지에 대한 질문은 복잡하다. 다른 복잡한 것은 만일 이들 난민들을 본국으로 송환하는 것으로 결정된다면 그들은 어디로 가는가이다. 오스트레일리아는 난민 인구의 근거지로 그 역할에 대해 힘들어하고 있으며, 현재 세계 정치 불안정의 상황에서 어떠한 구호도 곧 일어나지 않을 것 같다.

1. 오스트레일리아 사면 정책의 핵심 요소는 난민이 고국에서 박해 받았는지 여부이다. 왜 오스트레일리아 난민이 이들 국가에서 박해 받았을 것인지에 대한 이유를 적어보라.
2. 이 책에서 읽었던 어떤 다른 국가와 지역이 난민 흡수를 하는가, 그리고 어떠한 사면 정책을 그들 국가가 가지고 있는가?

오리족은 대부분 북섬에 남아 있으며, 오클랜드 대도시에 많이 집중되어 있다. 도시 생활이 증가하는 반면, 많은 마오리족은 원주민처럼 그들의 종교, 전통 예술, 폴리네시아 문화를 보존하고 있다. 나아가 마오리어는 뉴질랜드에서 영어와 같이 공식언어이다.

비록 많은 뉴질랜드인이 대체로 영국 유산에서 정체성을 가지지만, 이 국가의 문화 정체성은 영국의 근원과 분리되고 있다. 많은 방식으로, 대중문화는 지구적 매스미디어의 증가로 인해, 오스트레일리아, 미국, 유럽 대륙과 더욱 밀접하게 연계되고 있다. 예를 들어 일부 주요 영화들은 뉴질랜드에서 촬영되었는데, 틴틴의 모험, 아바타, 반지의 제왕 시리즈, 웨일 라이더를 포함한다.

또한 오스트레일리아 패턴과 나란히, 많은 이민자들도 뉴질랜드로 이주하였는데, 특히 오클랜드와 같은 대도시로 이주하였다. 견고한 경제 성장과 건설업 관련 직종은 이민자의 고용 기회 증대에 기여하였다. 2013년 뉴질랜드 센서스는 뉴질랜드 주민의 약 1/4이 해외 출생이라고 보고하였다. 2010년 이후 이들 이민자의 주요 출신 국가는 영국, 중국, 인도, 필리핀이었다.

태평양 문화의 모자이크

원주민과 식민화의 영향은 남태평양 지역 전반에 걸쳐 다양한 문화를 형성하였다. 더욱 고립된 장소들에서, 전통 문화는 외부

그림 14.30 **멜버른 아시아계 오스트레일리아 근린** 멜버른의 리틀 버크 거리는 오랫동안 중국계 오스트레일리아 주민의 번성하는 커뮤니티의 근거지였다.

영향으로부터 대체로 격리되었다. 그러나 대부분의 경우, 섬들의 현대적 삶은 로컬과 서구 영향의 복잡한 문화 및 경제적 상호작용을 중심으로 이루어진다.

언어의 분포 현대 언어 지도는 이 지역을 통합하고 나누는 유의미한 문화 패턴을 나타낸다(그림 14.31). 대부분의 오세아니아 원주민 언어는 **오스트로네시아어족**(Austronesian language)에 속하는데, 태평양 지역, 동남아시아 섬들의 상당 부분, 마다가스카르를 포함한다. 언어학자들은 첫번째 선사시대에 오세아니아 해양인들이 오스트로네시아어를 말하였고, 그래서 이들이 이 광활한 섬과 해양으로 확산되었다고 가정한다. 이 넓은 어족 내에서, 말레이-폴리네시아어족은 미크로네시아, 폴리네시아의 관련 언어들의 대부분을 포함하며, 이들 넓은 지역의 사람에 대한 공통 문화 및 이주사를 제시한다.

멜라네시아의 언어 분포는 더욱 복잡하다. 비록 해안 사람들이 종종 멀리 항해하는 오스트로네시아인에 의해 이 지역에 도입된 언어를 말하지만, 더욱 고립된 고지대 문화는 특히 뉴기니 섬에서 다양한 파푸아 언어를 사용한다. 사실, 1,000개 이상의 언어가 내륙 산악 지역에서 확인되며, 관련 언어의 통합된 파푸아 언어계를 구성하는지에 대해 많은 전문가들이 의문시하는 언어의 복잡성을 생성한다. 일부 학자는 뉴기니 언어들의 절반이 500명 미만에 의해 말해진다고 추정한다.

다양한 섬 문화들 간의 접촉 빈도와 관련하여, 사람들이 문화간 소통의 새로운 형태를 생성하였다는 것은 놀라운 것이 아니다. 예를 들어, **피진 영어**(Pidgin English)(또한 Pijin으로 알려짐)의 여러 형태는 솔로몬 제도, 바누아투, 뉴기니에서 발견되는데, 여기에서 이 언어는 인종 집단들 간에 사용되는 주요 언어이다. 피진에서, 영어 어휘들은 재사용되며, 멜라네이사 문법과 혼합된다. 피진의 유래는 19세기 중국 샌들우드 무역업자로 보통 추적된다(피진은 중국어로 비즈니스 단어의 발음이다). 역사적인 기원과 함께, 피진은 무역과 정치적 연대가 다양한 원주민 섬 집단들 간에 발달함에 따라 오세아니아에서 세계화된 언어 종류가

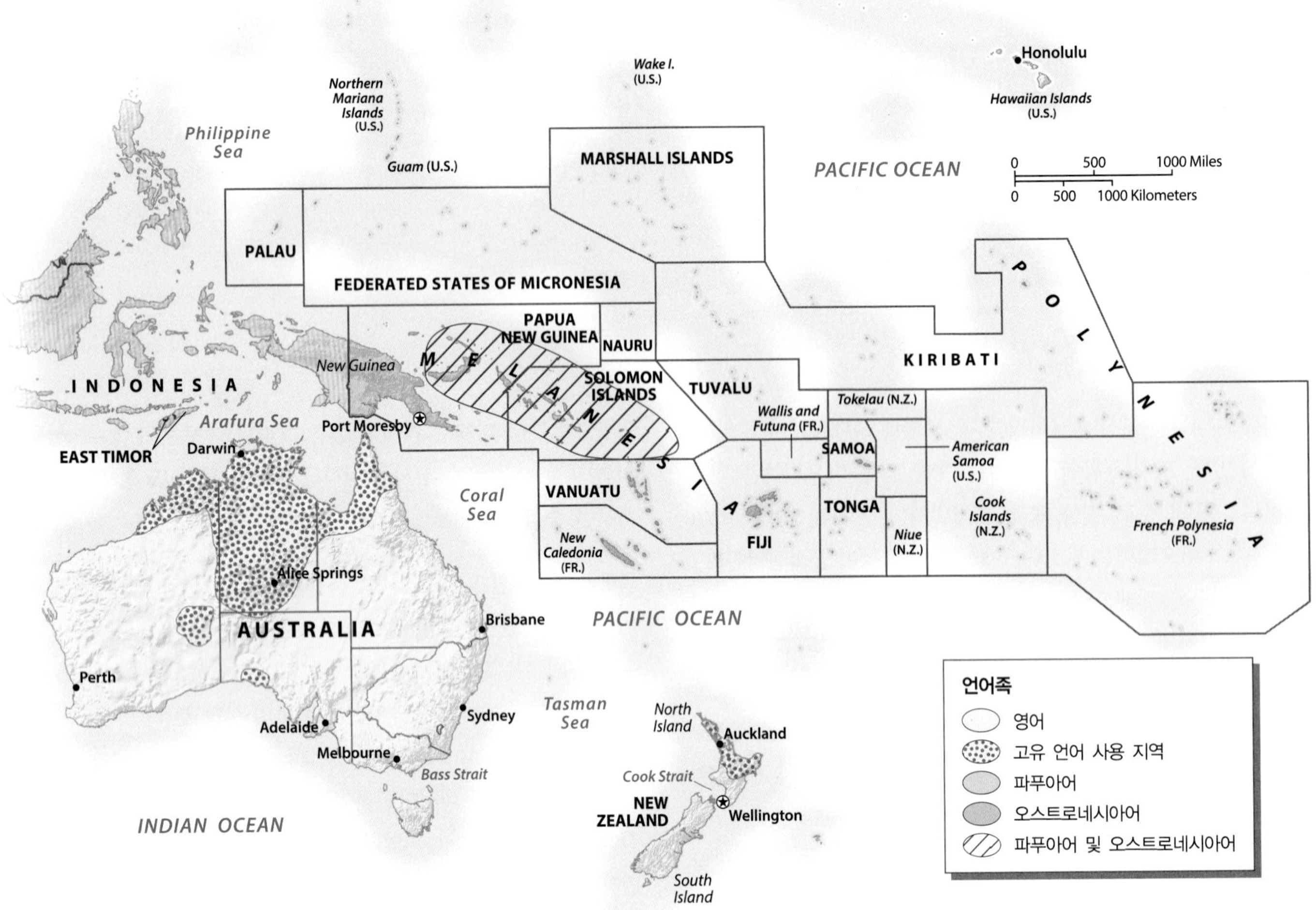

그림 14.31 **오스트레일리아와 오세아니아의 언어지도** 영어가 주민 대부분의 언어인 반면, 원주민과 그 언어 전통은 오스트레일리아, 뉴질랜드에서 중요한 문화 및 정치적 힘을 유지한다. 전통적인 파푸아어, 오스트로네시아어는 오세아니아를 지배한다. 또한 프랑스령 식민지의 유산은 일부 태평양 지역에 지속된다. 엄청난 언어 다양성은 멜라네시아 문화지리를 형성하였으며, 1,000개 이상의 언어가 파푸아뉴기니에서 확인되었다.

되었다. 오세아니아에서 약 30만 명이 정규적으로 피진을 말하며, 이는 매일 일상의 방언으로서 피진의 버전을 사용하는 원주민 하와이족들 간에 문화 정체성의 중요한 요소를 형성한다.

마을의 삶 사회적 생활의 전통 패턴은 복잡하며, 언어 분포만큼이나 복잡하다. 파푸아뉴기니를 포함한 멜라네시아의 많은 지역에서, 대부분의 사람들은 단일 씨족 집단으로 이루어진 작은 마을에서 살아간다. 이들 전통 마을의 대부분은 500명보다 작은 규모인데, 비록 일부 더 큰 커뮤니티는 1,000명 이상으로 구성된다. 생활은 종종 식량 수집 및 재배, 연례 의식과 축제, 친족 중심의 사회적 상호작용의 복잡한 네트워크를 중심으로 돌아간다(그림 14.32).

전통 폴리네시안 문화는 비록 로컬 엘리트(종종 종교 지도자이기도 함)와 일상 주민 간의 강력한 계급 중심의 관계가 존재하지만, 또한 마을의 삶에 초점을 둔다. 또한 폴리네시아 마을은 보다 넓은 문화 및 정치적 연계로 다른 섬들과 연결되는 것 같다. 목가적 · 평화적 측면에서 폴리네시아 커뮤니티를 묘사하는 서구의 전형적인 방식에도 불구하고, 폭력적인 전쟁은 유럽의 접촉 이전에 이 지역의 많은 부분에서 매우 보편적이었다.

더 큰 세계와의 상호작용

전통 문화는 일부 지역에서 지속되지만, 대부분의 태평양 섬들은 지난 150년 동안 엄청난 문화적 변화를 겪었다. 유럽, 미국, 아시아 출신 정착민은 오세아니아의 문화지리와 더 큰 세계에서의 지위를 영원히 변화시켰던 새로운 가치와 기술 혁신을 도입하였다. 그 결과 현대 환경에서 피진 영어가 원주민어를 대체하고, 힌두교가 저 멀리 태평양 섬들에서 신봉되며, 전통 어업 인구는 이제는 리조트, 골프장에서 일한다.

식민지의 연계 앵글로 유럽의 식민주의는 새로운 정치 및 경제 시스템을 도입함으로써, 태평양 세계에 문화 분포를 변화시켰다. 추가로 이 지역의 문화 구성은 태평양 섬들로의 새로운 이주민들에 의해 변화되었다. 하와이는 이러한 패턴을 사례로 보여준다. 19세기 중반까지 하와이의 왕인 카메하메하는 이미 다양한 종류의 유럽, 미국 출신의 고래잡이 어부, 선교사, 무역업자,

그림 14.32 **파푸아뉴기니의 고원 마을** 파푸아뉴기니 고원의 이 마을 주민은 주변의 자재로 만들어진 주택들의 느슨하게 형성된 클러스터 배열을 가진다.

해군 장교들을 대접하였다. 밝은 피부의 유럽인, 미국인으로 구성된 소규모 엘리트 집단인 **하올리**(haoles)는 성공적으로 사탕수수 플랜테이션, 태평양 선박 계약을 통해 성공적으로 이윤을 얻고 있다. 이 섬의 노동력 부족으로 중국, 포르투갈, 일본 노동자가 수입되었고, 이 지역의 문화지리는 더욱 복잡해졌다. 1900년까지 일본 이민자는 이 섬의 독보적인 노동력이었다.

1898년 미국은 이 섬을 공식 합병하였고, 1910년 하와이 센서스에서 드러난 문화 융합은 문화 변화의 정도를 나타낸다. 즉, 인구의 약 55% 이상이 아시아인(대부분이 일본인, 중국인)이고, 하와이 원주민은 인구의 20%를 차지하며, 약 15%는 백인(주로 유럽 수입 노동자)이다. 20세기 말에는 아시아 인구는 덜 지배적이지만 민족적으로 다양하며, 하와이 주민의 약 40%는 백인이 차지했다. 추가로 인종 혼합은 북아메리카, 아시아, 태평양 섬, 유럽 영향의 독특한 혼합을 제공하는 하와이의 문화의 풍부한 모자이크를 제공한다.

또한 하와이의 이야기는 많은 다른 태평양 섬들에서도 나타난다. 마리아나 섬들 중에서 괌은 1898년 스페인-미국 전쟁 결과로 미국의 태평양 제국으로 흡수되었다. 이후 원주민은 미국화의 영향을 받았을 뿐만 아니라(이 섬은 현재 미국의 자치주로 남아 있음), 괌의 노동력을 보충하기 위해 이주된 수천 명의 필리핀인에 의해 영향을 받는다. 남동쪽에 위치한 영국령 피지 섬은 오세아니아의 문화 융합을 재정의하는 유사한 기회를 제공하였다. 하와이에서 변화의 원동력이 되었던 동일한 사탕수수 플랜테이션 경제는 영국이 수천 명의 남부 아시아 노동력을 피지로 수입하도록 촉진하였다. 이들 인도인 후손(대부분 힌두교도임)은 이제 괌 인구의 약 절반을 차지하며, 종종 피지 원주민과 날카롭게 갈등한다(그림 14.33). 이 지역의 프랑스령 부분에서, 소시에테 제도(타히티)로 들어간 소규모 무역업자와 플랜테이션 소유주 집단, 거대 규모의 프랑스 식민 정착민 집단(많은 경우 원래는 죄수 유형지였음)은 뉴칼레도니아의 문화 구성에 주요 역할을 수

그림 14.33 **피지의 남부 아시아인** 이 젊은 인도 여성과 그 딸은 피지의 가장 큰 섬인 바누아 레부에 거주한다.

행하였다. 여전히 프랑스령인 뉴칼레도니아의 인구는 1/3 이상이 프랑스인이며, 수도인 누메아는 프랑스, 멜라네시아 전통으로부터 형성된 문화를 보유한다.

스포츠와 세계화 모든 문화 측면처럼, 식민의 영향은 오세아니아 경기장들에 그 흔적을 남겨놓았는데, 특히 과거 영국 식민지였던 곳에 크리켓, 축구, 럭비가 주요 스포츠로 자리잡고 있다. 7인의 영국 버전 농구인 네트볼(netball)은 필드하키 다음으로 오스트레일리아, 뉴질랜드에서 가장 인기 있는 여성 스포츠의 하나이다. 뉴질랜드에서 럭비는 최고 인기 있는 스포츠이고, 국가대표팀인 All Blacks(인종이 아니라 유니폼 색상으로 이름이 붙여짐)는 경기 전후에 폴리네시아 전사 의식과 춤을 결합함으로써 국제적인 환호를 부른다(그림 14.34).

최근 태평양 섬들의 많은 젊은 남자들이 더 나은 미래의 보장을 위해 미식축구를 기대하는데, 즉 미국 대학 장학금 수여와 미국 미식축구(NFL)에서 뛰기를 기대한다. 많은 선수들이 미국령 사모아 출신인데, 왜냐하면 비록 통가, 피지 출신 축구 선수들도 모집되기도 하지만, 미국령 사모아 출신 선수들은 미국 시민이고 비자가 필요 없기 때문이다. 코치는 신체 크기, 나이 외에도 이들 선수들이 종종 강렬한 근면성을 가지고 있다고 말한다. 그러나 많은 폴리네시아 운동선수에게 프로 세계에서의 성공 가능성은 희박하다. 그러나 고향에서 고용 기회가 부족하므로 태평양 섬 젊은이들은 많은 대학 스포츠팀에 남아 있다.

확인 학습

14.7 유럽의 초기 정착의 관점에서 오스트레일리아 원주민과 뉴질랜드 마오리족을 비교하고 그들이 오늘날 처한 문제를 비교하라.

14.8 오스트레일리아 이민자 경향은 지난 50년간 어떻게 변화하였는가?

14.9 지난 세기 동안 하와이의 문화 변화를 설명하라.

주요 용어 카나카인, 백오스트레일리아 정책, 마오리, 오스트로네시아어족, 피진 영어, 하올리

지정학적 틀 : 독립을 위한 다양한 경로

태평양의 지정학은 로컬, 식민 시대, 현재 세계 스케일의 힘들이 복잡하게 상호작용하는 것을 반영한다(그림 14.35). 이들 복잡성은 미크로네시아 마셜 제도의 이야기에서 뚜렷하게 나타난다. 섬들과 산호들로 구성된 이 제도는(180km^2 면적) 역사적으로 작은 정치 단위를 구성하는 많은 민족 집단들로 구성된다. 1914년, 일본인이 이 섬으로 이동하였고, 이 지역은 미국이 점유하였던 1944년까지 일본의 통치하에 있었다. 제2차 세계대전 이후, UN 신탁통치 지역(미국 관할)이 마셜 제도를 포함하여 넓은 미크로네시아 지역에 형성되었다. 1960년대, 1970년대 동안 로컬 자치 정부에 대한 요구가 증대되었고, 그 결과 1990년대 초 마셜 제도의 새로운 헌법과 독립이 쟁취되었다. 오늘날 여전히 미국의 지원을 받으며, 마주로 산호초에 있는 수도의 정부 관리는 섬 인구를 통합하고, 해양 요구를 보호하고, 이 지역에서 미국 핵폭탄 실험에서 발생하는 법률 및 의료 문제 발생을 해결하기 위해 고군분투한다. 유사한 이야기가 전 영역에서 나타나며, 여전히 많이 진행 중인 21세기 정치지리를 제시한다.

그림 14.34 **뉴질랜드 All Blacks 럭비팀** 럭비 경기 전후로, All Blacks는 마오리족의 하카 의식을 수행하는데, 이런 전통적인 의식 춤은 전쟁, 경쟁, 부족 경쟁과 관련된다.

독립으로 가는 길

이 지역의 정치 경계의 새로움과 유동성은 놀랍다. 이 지역의 가장 오래된 독립국가는 오스트레일리아, 뉴질랜드이며, 두 국가는 영국으로부터 공식적인 정치 독립을 얻기를 원하는지를 여전

그림 14.35 **오스트레일리아와 오세아니아의 지정학적 사안** 태평양의 지정학은 로컬, 식민 시대, 현재 세계 스케일의 힘의 복잡한 상호작용을 반영하며, 그 결과 오늘날 진행되는 정치지리로 나타난다.

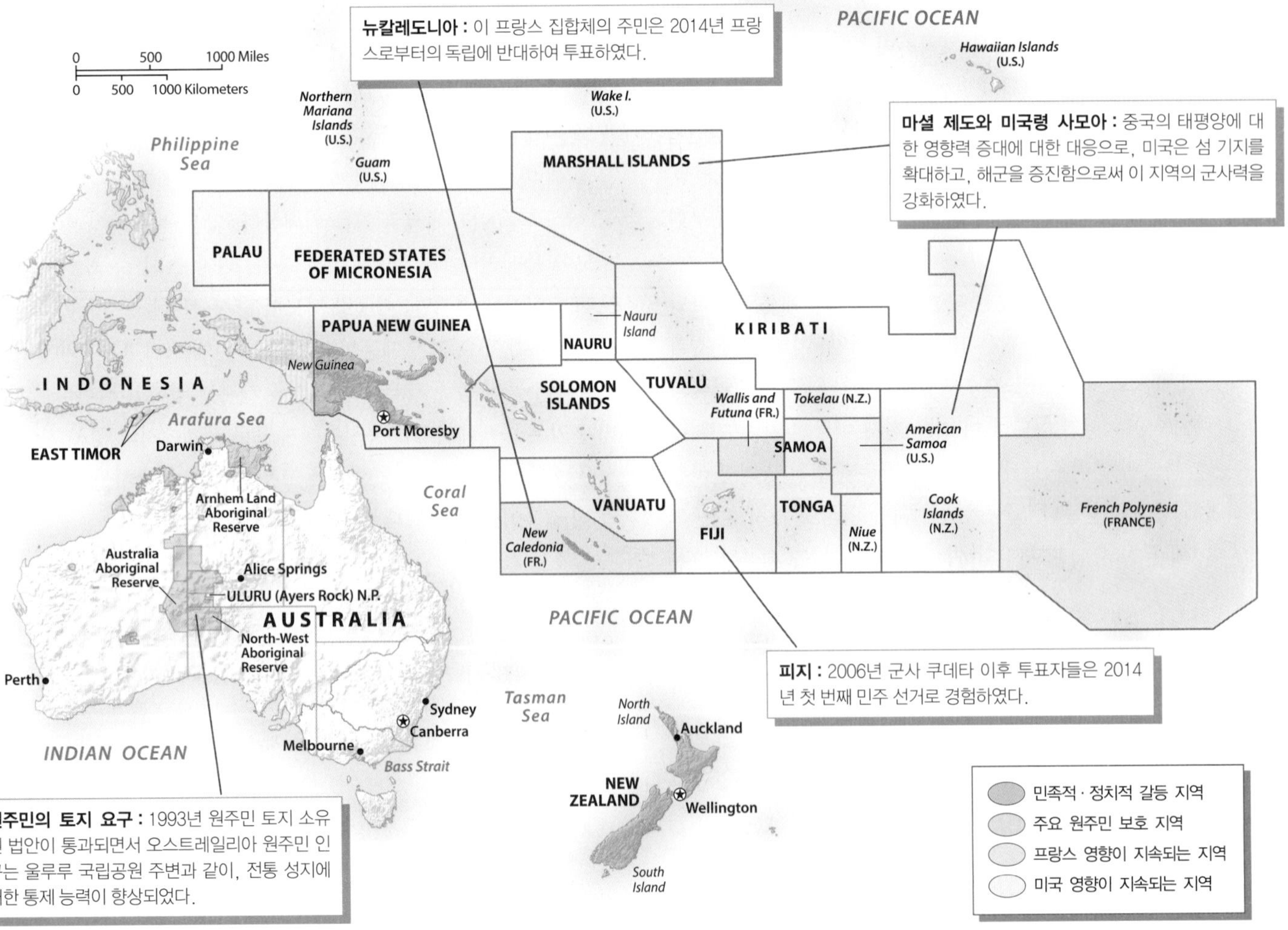

뉴칼레도니아 : 이 프랑스 집합체의 주민은 2014년 프랑스로부터의 독립에 반대하여 투표하였다.

마셜 제도와 미국령 사모아 : 중국의 태평양에 대한 영향력 증대에 대한 대응으로, 미국은 섬 기지를 확대하고, 해군을 증진함으로써 이 지역의 군사력을 강화하였다.

피지 : 2006년 군사 쿠데타 이후 투표자들은 2014년 첫 번째 민주 선거로 경험하였다.

원주민의 토지 요구 : 1993년 원주민 토지 소유권 법안이 통과되면서 오스트레일리아 원주민 인구는 울루루 국립공원 주변과 같이, 전통 성지에 대한 통제 능력이 향상되었다.

민족적 · 정치적 갈등 지역
주요 원주민 보호 지역
프랑스 영향이 지속되는 지역
미국 영향이 지속되는 지역

히 고려하는 20세기 산물이다. 다른 곳에서 식민지와 모국 간의 정치적 관계는 더욱 긴밀하고 지속적이다. 심지어 새롭게 독립한 많은 태평양 **군소국가**(microstates)는 협소한 면적을 가지며, 미국과 같은 국가에 대해 각별한 정치 및 경제 연계를 유지한다.

독립된 오스트레일리아(1901), 뉴질랜드(1907)는 점차 자신의 정치적 정체성을 형성하였고, 둘 다 여전히 정체성의 최종 형태와 관련하여 계속 고군분투하고 있다. 비록 오스트레일리아가 1901년 영연방이 되었고 뉴질랜드가 1947년 모국과의 공식적인 합법적 연계를 마침내 단절하였지만, 두 국가는 여전히 정부의 상징적 수장으로서 영국 왕실을 인정하고 있다(그림 14.36).

태평양의 다른 지역에서 식민지 연계가 매우 천천히 단절되고 있으며, 이 과정은 아직 완료되지 않았다. 뉴칼레도니아는 2014년 섬 국가의 시민이 독립에 대한 국민투표를 부결시킨 후에 프랑스와 연계되어 있다(특별한 단체로서). 1970년대 영국과 오스트레일리아는 태평양에서 자신의 식민 제국을 포기하기 시작하였다. 1970년 피지(영국)가 독립하였고, 파푸아뉴기니(오스트레일리아)는 1975년, 솔로몬 제도(영국)는 1978년에 독립하였다. 키리바시와 투발루(영국)의 작은 섬 국가들은 1970년대 후반 독립하였다. 그러나 독립은 정치적 안정을 반드시 담보하지는 않는데, 즉 피지는 2006년 군부 쿠데타를 경험하였고, 최근에야 대의 선거 정부로 되돌아갔다. 2012년 사법부와 입법부는 선거 논란 이후에 권력을 가지고 다툼을 하였다.

미국은 최근 자신의 미크로네시아 영역의 대부분을 각국 정부에게 양도하였지만, 여전히 큰 영향력을 행사하고 있다. 1940년대 일본으로부터 이들 섬을 획득한 후에, 미국 정부는 주민에게 원조를 하였고, 많은 섬들을 군사 목적으로 이용하였다. 비키니 환초는 핵실험으로 파괴되었고, 콰절린 환초의 거대한 석호는 거대한 미사일 표적으로 이용되었다. 더욱이 대규모 해군기지가 오세아니아 서단 군도인 팔라우에 설치되었다.

그림 14.36 **2014년 윌리엄 왕자 부부가 오스트레일리아를 방문** 오스트레일리아와 영국 왕실의 밀접한 관계는 윌리엄 왕자 부부의 시드니 타롱가 동물원 방문으로 나타난다.

1990년대 초반까지 마셜 제도와 미크로네시아 연방국가(캐롤라인 제도 포함)는 독립하였다. 그러나 미국과의 연계는 긴밀하다. 여러 다른 태평양 섬들은 미국 통치하에 남아 있다. 팔라우는 미국의 신탁통치 지역으로, 일부 자율을 허용한다. 북마리아나의 주민은 미국과 연계된 자치 연방이 되기를 결정하였고, 이는 미국 시민이 되도록 허용하는 꽤 모호한 정치적 지위이다. 또한 괌, 미국령 사모아의 주민도 미국 시민이다(그림 14.37). 하와이는 1959년 완전한 미국의 주가 되었으나, 원주민 토지 요구 및 주권과 관련하여 논쟁이 여전하다.

다른 식민지 권력은 자신들의 오세아니아에서의 소유권을 포기하지 않으려는 것으로 보인다. 뉴질랜드는 여전히 폴리네시아의 주요 영토를 통제하며, 프랑스는 심지어 이 지역에서 보다 광범위하게 소유하고 있다. 멜라네시아의 뉴칼레도니아에 추가하여 프랑스 영토는 태평양 중부의 광활한 영역인 프랑스령 폴리네시아와 서쪽으로는 매우 작은 영역인 월리스 제도, 푸투나를 포함한다.

지정학적 갈등의 지속

문화적 다양성, 식민 유산, 신생국, 빠르게 변하는 정치 지도는 태평양 세계에서 지속되는 지정학적 긴장에 기여한다. 정말로 이들 갈등의 일부는 이 지역 경계를 넘어 확대된다. 다른 갈등들은 더욱 로컬적이지만, 정치적 공간이 다양한 자연 및 문화 환경에서 재정의됨에 따라 발생하는 어려움이 존재한다.

오스트레일리아와 뉴질랜드 원주민의 권리 오스트레일리아, 뉴질랜드의 원주민은 두 국가에서 토지, 자원에 대한 통제를 더 얻기 위해 정치 프로세스를 사용하였는데, 이는 북아메리카 등에서의

그림 14.37 **미국령 사모아, 파고파고 거리** 이 파고파고 도심 경관은 작은 쇼핑 지역과 인근 교회를 보여준다.

노력과 유사하다. 상대적으로 동정적인 연방정부가 원주민에게 어떠한 법적 토지 권리를 주지 않는 역사적 차별을 바로잡는 시기 동안, 오스트레일리아 원주민 집단은 효과적인 로비 활동으로부터 최근의 정치 권력을 발견하였다. 최근, 오스트레일리아 정부는 몇 개의 원주민 보호구역들을 특히 노던 준주에 설정하였고, 울루루(영국 정착민에 의해 에어스록이라고 불림)와 같은 신성 국립공원에 대한 원주민의 관할을 확대하였다(그림 14.38). 1993년 정부가 **원주민 토지 소유권 법안**(Native Title Bill)을 통과시킴에 따라 원주민 집단으로의 양여가 추가로 이루어졌는데, 이 법안은 원주민이 이미 포기한 토지를 보상해 주고, 이들에게 계속 점유하였지만 요구하지 않았던 토지에 대한 권한을 부여하였다. 또한 이 법안은 원주민 정착지에서 광산 회사와 협상할 수 있는 법적 지위를 부여하였다.

그러나 원주민의 토지 권한 확대 노력은 강한 반대에 부딪쳤다. 1996년 오스트레일리아 법원은 목초지 임대(아웃백의 대부분을 통제하는 양, 소 목장주가 유지하는 토지 보유권 형태)가 반드시 원주민의 토지 권한을 부정하거나 대체하는 것은 아니라고 판결 내렸다. 방목지의 이해당사자들은 분노하였고, 이는 정부에게 원주민의 요구가 성지 방문, 사냥, 채집을 허용하지만 원주민에게 토지에 대한 완벽한 경제적 통제를 주는 것은 아니라고 답변하도록 하였다(그림 14.39)

뉴질랜드에서 원주민의 토지 요구는 더욱 논쟁을 초래하였는데, 왜냐하면 마오리족은 전체 인구의 더 많은 부분을 차지하였고, 그들이 주장하는 토지는 오스트레일리아의 농촌 원주민 토지보다 더욱 가치 있었기 때문이다. 최근의 저항은 시민 불복종, 북섬, 남섬의 많은 지역에 대한 마오리족의 토지 보상의 증가, 토착 아오테이어러우어인 '길고 흰 구름의 땅'이라는 국명을 돌려주도록 요청하는 것을 포함한다. 전반적으로 정부의 대응은 점차로 마오리족의 토지와 어업 권리를 인식하고 있다.

하와이에서의 원주민 권리 또한 카나카 마오리라 스스로 부르는 하와이 원주민은 인권, 조상 땅에 대한 접근, 원주민의 정치적 지위와 관련하여 미국 정부와 쟁점 사항을 가진다. 하와이 원주민은 약 1,000년 전에 하와이 제도에 도착한 폴리네시아인의 후손이다. 이 제도가 미국에 합병되었던 1898년까지, 하와이인은 주요 외국 권력의 시각에는 독립적인 주권 국가로 인식되었다. 미국으로의 합병의 합법성은 오늘날 여전히 논쟁이 되고, 그들의 역사적인 주권으로의 귀환에 대한 하와이 원주민의 요구의 기저를 이룬다.

오늘날 많은 하와이 애국주의자들은 애리조나 주, 유타 주, 뉴멕시코 주의 나바호국과 유사하게 폴리네시아 주권의 형태를 옹호한다. 그러나 극단주의자들은 하와이 원주민이 미국 인디언과 같은 지위를 가지는 방식의 생각을 거부한다. 대신, 그들은 UN이 1898년의 합병을 무효화하고, 하와이 원주민에게 완전한 주권을 주고, 미국의 하와이 주 내에 독립국가를 생성할 것을 요구한다(그림 14.40). 이 극단적인 해결책은 하와이에 있는 민간 및 기업 토지 소유주들이 반대하는데, 왜냐하면 이는 호놀룰루 교외의 주거지에서 와이키키 해변을 따라 호텔 토지들까지 모든 소유권의 합법성에 의문을 제기하기 때문이다.

전략적인 태평양 제2차 세계대전 동안의 경우에서처럼, 오세아니아는 한때 많은 국가들이 그들의 영향력을 확대하려던 전략적인 세계 속의 지역이다. 주요한 역할자로는 초권력자인 미국, 중국, 그리고 태평양 주변 국가인 일본, 한국, 러시아, 타이완, 인도네

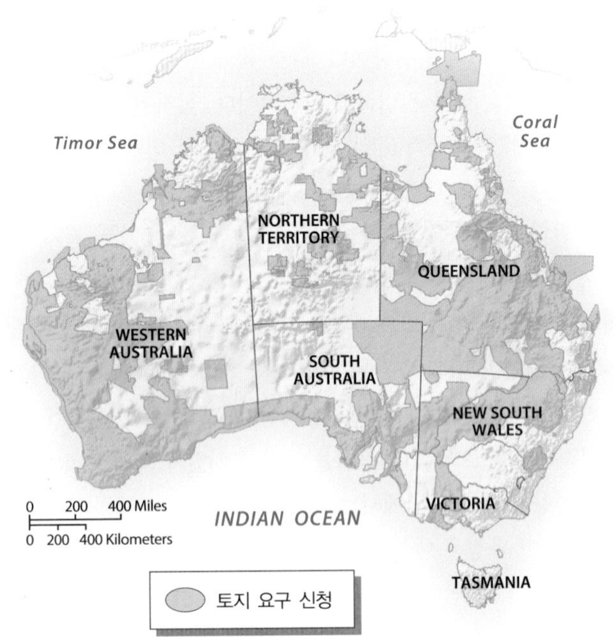

그림 14.39 **오스트레일리아 원주민의 토지 요구 신청** 이 지도는 2013년 다양한 원주민 집단에 의해 접수된 오스트레일리아 원주민 토지 요구 신청을 보여준다. 주목할 것은 이들은 신청만 한 것이지, 정부가 승인한 요구는 아니다. 그럼에도 불구하고 이 광범위한 지역에 걸친 연구는 왜 이 주제가 논쟁을 초래하는지를 보여준다. **Q : 무엇이 오스트레일리아 중앙부에 대한 원주민 토지 요구의 상대적인 부족을 설명하는가?**

그림 14.38 **울루루 바위 근처의 원주민** 원주민 보안관이 오스트레일리아 노던 준주 울루루-카타 국립공원에서 순찰하고 있다. 울루루 바위는 배경에 있다.

시아, 그리고 이전의 식민 통치를 하였던 프랑스, 그리고 마지막으로는 이 지역의 핵심인 오스트레일리아, 뉴질랜드를 포함한다.

최근 수십 년 동안, 중국과 타이완 간의 논쟁은 오세아니아에서의 긴장을 점화시켰다. 각국은 섬 커뮤니티들에 대한 영향을 다투었는데, 특히 UN에서 투표권을 가진 국가들에서였다. 예를 들어, 사모아, 통가, 피지는 중국으로부터 상당한 원조를 받았고, 티베트에 대한 중국의 논란이 많은 정책을 지지하기 위해 UN에서 종종 투표하였다. 2014년 후반 중국 시진핑 주석은 피지에서 섬 국가 연방 정상회의를 개최하였고, 이 지역의 우호적인 태평양 국가들이 중국 정책을 지지하도록 더 많은 경제 원조를 약속함으로써 이들과의 연대를 강화하였다. 반면 타이완은 중국의 타이완 수복에 대한 야망을 중립화하기 위해 팔라우, 키리바시, 마셜 제도(이들 모두는 타이완 원조의 최근 수혜자들임)의 UN 투표에 의존한다.

오세아니아에서 중국의 영향력이 커지기 때문에, 서방에 대한 북한의 지속적인 적대와 연계되어, 미국은 남태평양에서 외교적 · 군사적인 존재감을 증대시키고 있다. 아시아 피벗(Asia Pivot)이라는 용어는 미국의 외교 및 국방 정책이 이라크, 아프가니스탄에서 벗어나 아시아-태평양 세계를 향하는 오바마 행정부의 제안된 변화를 설명하는 데 공통적으로 사용된다. 중국이 이러한 미국의 변화가 얕은 수의 견제 정책이라고 항의할 때, 미국의 정책은 '아시아 관리'의 하나일 뿐이었다는 것이 워싱턴의 응답이었다.

그림 14.40 **하와이 원주민 국가주의** 수천 명의 하와이 원주민들이 와이키키 해변에 위치한 호놀룰루의 칼라카우아 거리로 행진하고 있다. 이들은 하와이에서 원주민 권리의 더 커다란 법적 인정을 위한 그들의 지지를 보여주고 있다.

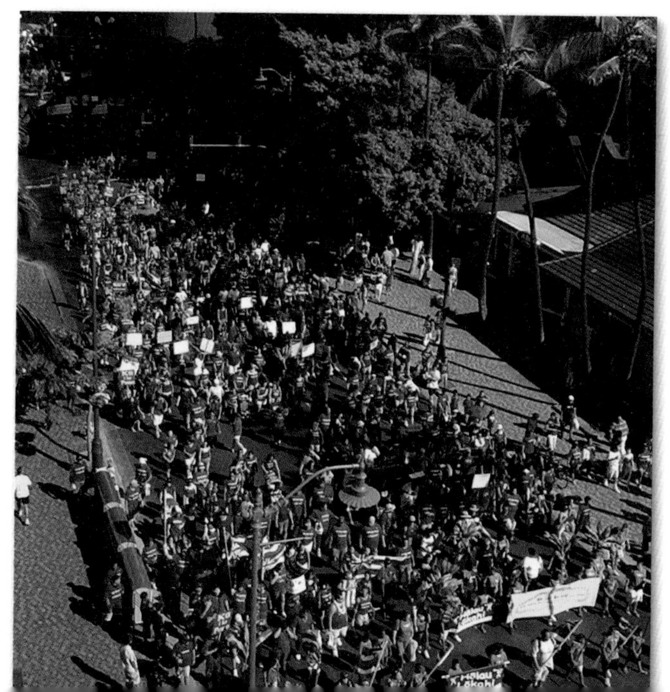

의미를 젖혀두더라도, 아시아 피벗은 태평양 지역에 걸쳐 수많은 작은 군사기지를 설립(그리고 그러한 방식으로 전 세계에)하는 것이며, 보통 '수련의 잎(lily pad)'과 같은 전초기지를 포함한다. 2016년까지 오스트레일리아 북부 다윈 근처에 2,500명의 미국 해군을 주둔하는, 최근의 논란이 되는 협정은 한 사례이다(그림 14.41). 비록 미군이 수련의 잎과 같은 기지를 옹호하지는 않지만, 그들은 오스트레일리아 코코스 제도, 미국령 사모아, 티니언 섬에 미국 기지를 새롭게 또는 최근에 재건한다. 괌의 앤더슨 공군기지는 시설을 확장하였고, 유사한 확장이 일본, 필리핀, 한국의 기존 미국 기지에서 나타나고 있다. 이러한 아시아 피벗 뒤의 지정학적 목표는 충분히 명료한데, 즉 오세아니아에서 핵심 정치 및 군사 역할자로서 미국을 설정하는 것이다.

이러한 정책이 2011년 즈음하여 등장한 이래, 미국은 중요한 지역 토론 포럼인 동아시아정상회의에 성공적으로 가입하였으나, 세계 다른 곳(중동, 우크라이나 등)에 대한 지정학적 분산은 일상의 지정학적 어젠다를 계속 지배하였다. 또한 태평양 서쪽에 뒷마당을 가지고 있는 중국과 정치적, 경제적으로 직면하는 것은 벅차고 값비싼 것으로 입증되고 있다. 정말로 중국의 최근 동정적인 태평양 국가들에 대한 원조 증가는 미국을 위한 아시아 피벗의 잠재적인 고비용 측면을 강조한다.

간과되지 말아야 할 것은 오스트레일리아, 뉴질랜드인데, 이들은 여전히 남태평양 지역에서 핵심적인 정치적 역할을 수행하고 있다. 비록 이 두 국가가 가끔 전략적 및 군사적 쟁점 사안에 서로 동의하지 않지만, 이 지역에서 그들의 크기, 부, 집합적인 정치적 영향력은 정치적 안정을 위해 그들의 중요한 힘임을 입증하고 있다. 또한 여전히 이 두 국가는 많은 태평양 섬들과 특정한

그림 14.41 **오스트레일리아의 미군 해병대** 아시아 피벗 정책의 일부분으로, 미국은 다윈 근처의 북부 해안에 2,500명까지 수용하는 해병대 기지 건설에 대한 협정을 맺었다. 비록 미국은 오스트레일리아 북부가 군대 훈련에 좋은 장소라고 주장하지만, 중국과 다른 주체들은 해병대가 이 지역에서 중국의 영향을 포함하는 전략의 일부라고 믿는다.

식민 관계로 연결되고 있다. 오스트레일리아는 이전의 식민지였던 파푸아뉴기니와 밀접한 정치적 연대를 유지하고 있으며, 뉴질랜드가 폴리네시아의 니우에, 토켈라우, 쿡 제도에 대한 지속적인 통제는 뉴질랜드의 정치적 영향력이 매우 널리 확대되고 있음을 확증해 준다. 그러나 이 두 국가가 중국의 영향력 확대에 대처할 방법은 명료하지 않다.

오스트레일리아의 최고 무역 파트너는 중국이지만, 여전히 북아메리카와 정치적 연대는 의심할 여지 없이 유지된다. 오스트레일리아는 오세아니아에 중도 입장이 가능하며, 태평양 섬 국가들이 반드시 미국과 중국 사이(또는 중국과 타이완 사이)에서 선택할 필요가 없음을 보여준다. 그러나 작은 섬 국가들은 이러한 회유적인 자세가 더 문제가 되고, 선택된 우방국으로부터 경제 원조 지원을 받고, 저리의 대출을 받지 못할 수 있다.

확인 학습

14.10 태평양 섬들의 식민 역사를 기술하고, 오스트레일리아, 뉴질랜드의 식민 역사와 비교하라.

14.11 하와이 원주민의 자주권에 대한 찬성 및 반대 주장은 무엇인가?

14.12 미국의 아시아 피벗 정책 뒤의 동기의 특성을 설명하라.

주요 용어 군소국가, 원주민 토지 소유권 법안

경제 및 사회 발전 : 아시아와의 연계 증가

세계 다른 지역에서처럼, 태평양 지역은 다양한 경제적 상황을 포함하여 결과적으로 부와 빈곤이 동시에 존재한다. 심지어 풍요로운 오스트레일리아, 뉴질랜드 내에서도 심각한 빈곤 지역이 나타나고, 세계적 무역 연계를 가진 태평양 국가들과 자원과 외부와의 무역이 부족한 국가들 간에 커다란 경제 격차가 존재한다. 비록 관광이 극빈곤을 다소 경감시켜 줄 수 있지만, 해외 관광객의 기분과 유행은 변덕스럽다. 결과적으로 태평양 지역의 경제 미래는 불투명한데, 왜냐하면 작은 국내 소비시장, 세계 경제에서의 주변부 위치, 자원의 감소 때문이다(표 A14.2).

오스트레일리아와 뉴질랜드 경제

오스트레일리아의 많은 경제적인 부는 역사적으로 풍부한 자원의 저렴한 채굴과 수출에 기반하였다. 예를 들어 수출 기반의 농업은 오랜 기간 오스트레일리아 경제의 핵심 기반이었다. 오스트레일리아 농업은 노동 투입의 관점에서 매우 생산성이 높으며, 세계 시장에 대한 엄청난 양의 소고기, 양털뿐만 아니라 매우 다양한 온대 및 열대 작물을 생산한다. 비록 농업 수출품이 여전히 경제에서 중요하지만, 광산 부문은 1970년 이래 급성장하였으며, 오스트레일리아를 세계적인 광산 슈퍼파워로 만들고 있다.

광업의 최근 성장은 오스트레일리아를 세계 제일의 철광석과 석탄 수출국으로 만든 중국과의 무역 증가에 주로 기인한다. 이 두 자원 외에도, 오스트레일리아는 다른 자원, 즉 보크사이트(알루미늄 원석), 구리, 금, 니켈, 납, 아연을 생산한다. 그 결과 뉴사우스웨일스에 기반을 둔 BHP(Broken Hill Propriety) 회사는 세계 최대 광산회사의 하나이다. 천연자원에 대한 중국의 욕구는 엄청난데, 오스트레일리아의 자원 판매 의지에 의해서만 충족된다. 그 보답으로 오스트레일리아 쇼핑객은 중국의 소비재를 구매한다(그림 14.42). 또한 50만 명의 중국 관광객이 매년 오스트레일리아를 방문하고, 오스트레일리아의 인명구조원, 블랙잭 딜러, 부동산 업자를 바쁘게 함으로써 지역 경제에 도움을 준다. 또한 88,000명의 중국 유학생이 최근 오스트레일리아의 대학을 다니고 있다.

아시아 이민자 수의 증가와 아시아 시장과의 경제적 연계 확대와 함께, 오스트레일리아 경제의 미래 전망은 좋다. 또한 관광산업의 확대는 경제 다양화에 도움을 준다. 오스트레일리아 노동력의 7% 이상이 현재 매년 660만 명의 관광객 수요를 충족시키기 위해 일하고 있다. 유명한 관광지로는 퀸즐랜드의 리조트로 채워진 골드코스트, 그레이트배리어리프, 광활하고 건조한 아웃백뿐만 아니라 멜버른, 시드니를 포함한다. 골드코스를 따라 위치한 최고급 호텔들은 일본 회사 소유이며, 아시아 고객을 위해 2개 국어 리조트 경험을 제공한다(그림 14.43).

비록 오스트레일리아보다는 덜하지만, 뉴질랜드도 부유한 국가이다. 1970년대 이전에, 뉴질랜드는 영국에 대한 수출에 상당히 의존하였으며, 특히 양털, 버터와 같은 농산물 수출에 의존하였다. 이 식민 무역 관계는 1973년에 문제가 되었는데, 이때 영

그림 14.42 **중국과의 오스트레일리아 교역** 아시아로부터 온 컨테이너들이 최근 오스트레일리아와 중국 간 쌍방 교역의 폭발적인 증가를 예증한다. 주로 철광석인 천연자원들이 중국으로 수출되며, 소비재는 중국으로부터 오스트레일리아로 유입되는데, 이는 오스트레일리아를 중국의 최근 경제 성장의 핵심 수혜자로 만든다.

그림 14.43 **퀸즐랜드의 골드코스트** 골드코스트 서퍼스파라다이스 섹션에 위치한 많은 고급 호텔은 아시아 관광객을 위해 특화된 일본 회사가 소유하고 있다. Q : 이 골드코스트 개발의 환경적인 함의는 무엇인가?

국은 EU에 가입하였고, 엄격한 농산물 보호 정책을 견지하였다. 오스트레일리아와는 다르게, 뉴질랜드는 세계 시장에 수출할 풍부한 광물자원이 부족하였다. 1980년대까지 뉴질랜드는 심각한 불황을 겪었다. 결국 뉴질랜드 정부는 급격한 신자유주의 개혁을 추진하였다. 세제를 인하하고, 많은 주가 운영하는 산업은 민영화되었다. 그 결과 뉴질랜드는 세계에서 가장 시장 지향적인 국가중의 하나로 변모하였다.

오세아니아의 다양한 발전 경로

태평양 섬 국가들은 다양한 경제 활동들이 특징적이다. 한 가지 생활방식은 이동 경작, 어업과 같은 자족 경제와 관련된다. 다른 지역에서는 상업적 가공 경제가 지배적이고, 대규모 플랜테이션, 광업, 목재 활동이 토지와 노동 모두에 대해 전통 자족 부문과 경쟁한다(그림 14.44). 또 다른 곳에서는 해외 관광의 엄청난 성장은 많은 섬의 경제지리를 변화시켰고 생활방식을 영구히 변화시켰다. 추가로 많은 섬 국가들은 직접 보조금 및 경제 지원으로부터 이익을 얻는다.

그림 14.44 **파푸아뉴기니, 옥테디의 구리 및 금광** 이 사이트는 멀리 구릉지에서 상업적 채굴의 환경적 위험을 보여준다. 거대한 광산에서 붕괴된 채굴 찌꺼기는 옥테디 강, 플라이 강을 따라 수 마을에 이르는 하류에 피해를 준다.

멜라네시아는 오세아니아에서 개발이 가장 덜 이루어지고 빈곤한 지역인데, 왜냐하면 이들 국가는 부유한 식민 및 전 식민 권력으로부터 관광, 보조금의 최소 이익을 받기 때문이다. 오늘날 멜라네시아인은 여전히 현대 경제로부터 고립된, 멀리 떨어진 마을에서 거주한다. 예를 들어 솔로몬 제도는 수산물 통조림, 코코넛 처리 외의 산업이 거의 없으며, 연평균 1인당 총소득은 3,000달러 미만이다. 반대로 피지는 매우 부유한 멜라네시아 국가인데, 주로 중국, 일본 방문객으로 유명세를 반영하는 관광 경제에 기인한다. 파푸아뉴기니의 최근 에너지 부문 투자는 이 국가의 경제 성장을 능가할지 모른다. 2014년에 시작되어, 동아시아 소비가 주를 이루는 액화천연가스를 생산하려는 수십억 달러 프로젝트가 이곳의 경제 발전에 대한 희망을 높이고 있다. 정부의 한 가지 문제는 이 에너지 관련 부의 증대를 750만 명 주민의 생활수준 향상으로 연결시키는 것이다.

미크로네시아와 폴리네시아를 통틀어, 경제 조건은 로컬 자족 경제와 더 넓은 세계와의 경제 연계 모두에 의존한다. 많은 섬들은 식품을 수출하지만, 원주민은 생선, 코코넛, 바나나, 얌으로 주로 연명한다. 어떤 섬들은 프랑스 또는 미국으로부터 많은 보조금 혜택을 누리는 반면, 이러한 지원은 종종 정치적 대가를 치른다. 또한 중국은 정치적 지원을 종종 내포하는 경제 개발 계획과의 관련성을 높이고 있다.

다른 폴리네시아 섬들은 관광으로 완전히 변모되었다. 하와이 소득의 1/3 이상이 관광에서 온다. 연 800만 명 이상의 관광객(120만 명의 일본인 관광객 포함)과 함께, 하와이는 관광 경제의 고전적인 이익과 위험을 모두 나타낸다. 고용 창출과 경제 성장이 이 섬 영역을 재형성한 반면, 혼잡한 고속도로, 높은 물가, 예측 불가능한 관광객의 소비는 미래 문제에 대한 위험을 가지게 한다(지리학자의 연구 : 태평양 지역의 미래를 위한 계획 참조). 다른 곳인 프랑스령 폴리네시아는 국제 항공의 목적지로 오랫동안 선호되었다. 프랑스령 폴리네시아의 국민총소득의 20% 이상이 관광에서 오는데, 태평양 지역의 최대 부유 지역의 하나가 되었다. 더욱 최근에 괌은 일본, 한국 관광객이 다시 선호하였고, 특히 신혼여행으로 유명하다.

남태평양 참치 어업 남태평양 지역은 세계에서 가장 큰 참치어업의 본고장이며, 이 자원은 직간접으로 섬 경제에 유의미하게 기여한다. 참치 조업과 가공은 오세아니아 남부 지역에서 모든 임금 고용의 약 10%를 차지하는데, 참치 선박의 90%는 먼 태평양 국가인 중국, 일본, 한국, 미국 국적이다. 이들 외국 배들은 각 섬의 연안 지역에서 조업하는 비용을 부담한다(그림 14.45).

국제법은 **배타적 경제수역**(Exclusive Economic Zone, EEZ) 내

지리학자의 연구

태평양 지역의 미래를 위한 계획

하와이대학의 동서센터 연구자인 **로라 브루윙턴**은 다음과 같이 말했다. "나는 섬에 대해서 잘 모르지만, 내 모든 인생 동안 이 섬 저 섬을 돌아다녔다"(그림 14.3.1). 브루윙턴은 뉴질랜드, 태국, 아일랜드, 갈라파고스 섬에서 근무하였고, 현재에는 취약한 태평양 섬들에 대해 전통 생활방식, 경제 개발, 중첩된 기후 변화 시나리오를 통합하는 환경 정책 및 토지 이용 가이드라인 개발에 관심을 가지고 있다.

GIS와 기후 변화　브루윙턴의 초기 작업은 환경에 민감한 갈라파고스 제도에서 시작되었고, 세계화의 영향에 점차 도출됨에 따라 이 지역의 환경 취약성을 지도화하고, 침투 종을 포함하는 방법을 개발하는 것을 포함한다. 더욱 최근에는 브루윙턴의 관심은 하와이와 미국 소속의 섬들에서 기후 변화 적응으로 이동하였다. 그녀는 정책 결정에 정보를 제공하기 위해, 일련의 토지 및 수자원 이용 가능성(모두 일련의 GIS 레이어로 생산됨)을 개발하는 데 기후 변화 과학자, 미국지질조사국, 수질보호집단, 농부, 개발자, 지역 주민과 협력하였다. 브루윙턴은 "태평양 지역은 거대하고, 사람들은 매우 떨어져 있으며, 그래서 우리의 목표는 이들 목소리를 듣도록 하고, 올바른 기후과학 정보를 올바른 의사결정자의 손에 주는 것이다."라고 말한다.

브루윙턴은 공중보건 부문의 생물통계학자로, 그녀의 업무를 위해 공간통계, GIS를 배우도록 요구될 때, 지리학을 발견하였다. 그녀는 이 학문에 대한 열정적인 대변인이다. "나는 학생에게 손에 쥘 수 있는 경험을 갖도록 하는 것을 좋아한다. 나는 그들에게 그들이 흥분하는 것과 같은 선상의 인생 경로를 선택하라고 말한다. 나는 훨씬 뒤늦게까지 그렇지 못하였고, 나는 그러한 조언을 들었었다면 하는 소망이 있다."

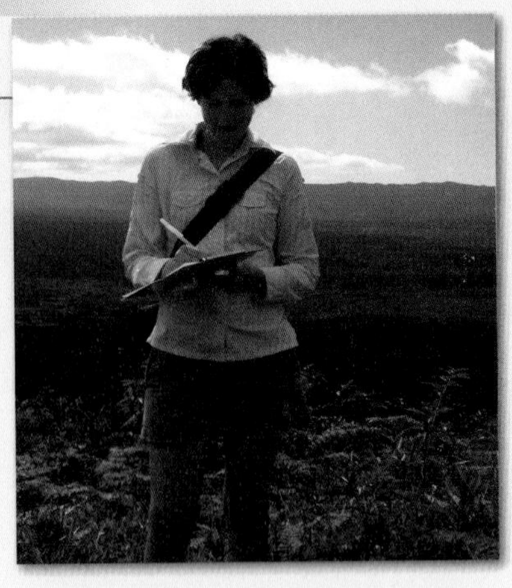

그림 14.3.1 **하와이대학 동서센터의 로라 브루윙턴**　보호 업무에 훈련을 받은 브루윙턴은 현장 기술과 지리 툴을 섬 환경에서 기후 변화의 문제에 직면하는 데 사용한다.

1. 어떻게 토지이용과 자원 지도 작성이 의사결정을 하는 정부 또는 비정부 주체에 도움이 될 수 있는지 설명하라.
2. 잠재적인 기후 변화 시나리오가 어떻게 당신 커뮤니티의 로컬 계획을 형성할 수 있는가?

에 국가 해안선을 넘어 200마일(320km)의 주권 확대를 허용하고 있다. EEZ 내의 각 국가는 심해저 광물자원 권리뿐만 아니라 어업과 같은 자원의 경제적 통제를 가진다. 오세아니아에서, 섬 국가의 EEZ가 최극단 지점으로부터 경계가 그려지므로, 남태평양의 참치 어업은 다양한 조업 규제와 부과금을 가진 중첩되는 EEZ들의 모자이크로 구성된다. 복잡한 문제로서, 참치가 더욱 희귀해짐에 따라(그리고 자원으로서의 가치가 높아짐에 따라), 많은 섬 국가들은 외부인에게 자신의 EEZ를 닫고 있으며, 로컬 선박과 처리 운영에 참치 어획량을 부여하고 있다. 이 파편화가 참지 어업의 지속 가능성에 도움이 될지 피해가 될지는 명확하지 않다.

그림 14.45 **참치 산업의 문제**　이들 사모아 어부들은 사모아의 참치 조업과 캔 가공산업의 경제적 붕괴 이후, 현외 장치가 있는 자신의 배를 이용하여 전통적인 자족 어업으로 되돌아갔다. 이 붕괴는 저임금을 지불하는 동아시아 국가들과의 경쟁에 의한다.

남태평양의 광업　광업은 뉴칼레도니아 경제를 지배한다. 세계에서 두 번째로 큰 뉴칼레도니아 니켈 광산은 축복이기도 하지만, 동시에 저주이다. 비록 이 섬의 수출 경제의 상당 부분을 차지하지만, 자원 고갈에 따라 니켈 광산으로부터의 소득은 줄어들 것이다. 또한 산업 경제의 심각한 요동은 프랑스 식민에 대한 경제 계획을 방해한다. 북쪽으로 매우 작은 섬인 나우루는 인산염이 줄어들면서 광산 경제가 이미 시들해졌으며, 주민들의 고용 전망을 거의 없다. 그러나 파푸아뉴니기의 금, 구리 광산은 경관을 엄청나게 변모시켰으며, 국가 경제의 중요 부분으로 남아 있다.

대규모 노천 광산은 오스트레일리아, 미국 등의 해외 기업에 의해 대체로 재정 지원된다. 주요 프로젝트는 인근 부갱빌 섬뿐만 아니라 본 섬의 많은 지구들에서 활발히 이루어지고 있다.

심해 광업은 비록 환경주의자들이 장기 효과를 의문시하지만, 이 지역 차기 경제의 프런티어가 될지도 모른다. 많은 자원은 환태평양 조산대의 지질적 산물이다. 즉 심해 화산 활동, 광물화는 상업적으로 가치 있는 광물자원의 광범위한 보고를 형성하였다. 예를 들어 2014년 이래, 일부 뉴질랜드 광업 이익은 이 국가 EEZ 내 심해저로부터 철광성, 인산염 단괴 같은 심해 광물에 대한 준설 허가를 신청하였다. Kiwis Against Seabed Mining과 같은 집단들은 승인을 여전히 기다리는 이러한 신청을 강력히 반대한다. 쿡 제도 연안에 코발트, 망간 혹은 채굴 회사와 정부 관리의 구미를 돋우는데, 비록 이 지역의 일부는 채굴이 이 지역의 오염되지 않은 물과 대규모 로컬 관광 경제에 피해를 줄 수 있다고 걱정한다. 그러나 피지, 솔로몬 제도, 통가, 바누아투는 이미 개발 허가를 발급하는 방향으로 나아가고 있다. 유사하게 2016년까지 캐나다 경제는 뉴기니 해안에 가깝고, 금, 구리 매장층에서 화산 온천이 풍부한 지역인 비스마르크 해에서 세계 최초의 심해 채굴 프로젝트를 시작하는 것을 희망한다. 시간은 해저의 풍부함에 대해 엄청난 환경적 비용을 얼마나 지불해야 하는지에 대해 말해 줄 것이다.

세계적 맥락의 오세아니아

많은 세계 무역의 흐름은 태평양 지역과 이외 지역을 연결한다. 오스트레일리아, 뉴질랜드는 이 지역에서 세계 무역 패턴을 지배한다(일상의 세계화 : 오스트레일리아 와인이 세계적인 매력을 얻다 참조). 지난 30년간 일본, 동아시아, 중동, 미국과의 무역 연계가 증가함에 따라 영국, 영연방, 유럽에의 연계는 약화되었다. 예를 들어 오스트레일리아는 이제 영국, 유럽보다 중국, 일본, 미국으로부터 더 많은 공산품을 수입한다. 또한 오스트레일리아, 뉴질랜드 모두는 동남아시아, 태평양 지역에서 경제 발전을 증진시키기 위해 결성된 조직인 **아시아-태평양 경제협력체**(Asia-Pacific Economic Cooperation Group, APEC)에 참여한다.

지역의 경제 통합을 더욱 증진시키기 위해, 오스트레일리아와 뉴질랜드는 1982년 **오스트레일리아-뉴질랜드 간 자유무역협정**(Closer Economic Relations, CER) 협약에 서명하였는데, 이는 두 국가 간 무역 장벽을 대폭 낮추었다. 뉴질랜드는 이제 커다란 오스트레일리아 시장에 수출함으로써 이익을 얻으며, 오스트레일리아 기업, 금융은 뉴질랜드에서의 비즈니스 기회에 접근할 수 있었다. CER 협정이 서명된 이래, 두 국가 간 무역은 점차 증대되었다. 뉴질랜드 수출입의 20% 이상이 오스트레일리아와 관련

일상의 세계화

오스트레일리아 와인이 세계적인 매력을 얻다

미국인은 1990년대 이래 오스트레일리아 와인을 즐겨왔는데, 이 지역의 매력은 점차 확대되고 있는 중이다. 오스트레일리아 와인 병은 중국, 인도의 식당 테이블에서 발견되며, 미국인은 추가로 뉴질랜드로부터 와인을 받아들이고 있다.

유럽 스타일 와인 취향에 목마른 중국 소비자들은 최근 오스트레일리아로부터 매년 와인 수입을 8% 성장하도록 하였고, 오스트레일리아는 이제 세계 4위의 수출국이다(그림 14.4.1). 새로운 상호무역협정은 2018년까지 오스트레일리아 와인에 대해 중국의 수입관세를 철폐할 것이고, 이로 인해 아마도 소비가 더욱 촉진될 것으로 보인다. 또한 오스트레일리아는 인도에 두 번째로 많이 와인을 공급한다.

동시에 뉴질랜드로부터의 미국 와인 수입은 2008년 이래 급등하였고, 2014년에는 13%로 증가하였다. 뉴질랜드 와인 수출의 80% 이상이 수상을 받은 쇼비뇽 블랑 브랜드들이지만, 피노누아(적포도주)도 미국인에게 매력적이다. 이러한 키위 와인으로의 변화는 알코올 음료를 미국으로 수입하는 문제(주마다 규정이 다름)와, 북아메리카인에 대한 마케팅에 친숙한 요령 있는 미국 재배자들이 몇몇 주요 뉴질랜드 포도주 상인들을 육성하였다는 사실에 의해 증진된다.

1. 와인에 추가하여, 오스트레일리아 또는 뉴질랜드의 어떠한 음식 제품이나 소비재가 당신의 로컬 커뮤니티에 판매를 위해 가장 보편적으로 볼 수 있는가? 그리고 그 이유를 설명하라.
2. 당신이 마시고 있는 음료가 어디서 오는 것인가? 5일 동안 간단한 음료 저널을 보고, 당신이 발견하는 패턴을 요약하라.

그림 14.4.1 오스트레일리아 남부 바로사 계곡 와인 농장 오스트레일리아 남부의 아름다운 바로사 계곡에 위치한 이 포도밭은 이제 세계적인 수출을 위해 포도를 생산한다.

되며, 이러한 지역 자유무역 패턴은 앞으로 강화될 것이다.

오세아니아의 소규모 국가들은 종종 중국, 타이완, 일본, 미국, 프랑스와 같은 국가와 밀접하게 연계하며, 또한 오스트레일리아, 뉴질랜드와의 접근성으로 이익을 얻는다. 피지 수입품의 절반 이상이 이들 두 국가로부터 오며, 파푸아뉴기니, 바누아트, 솔로몬 제도와 같은 국가들은 더 발전된 태평양 주변국들과의 유사한 밀접한 무역 관계를 가진다.

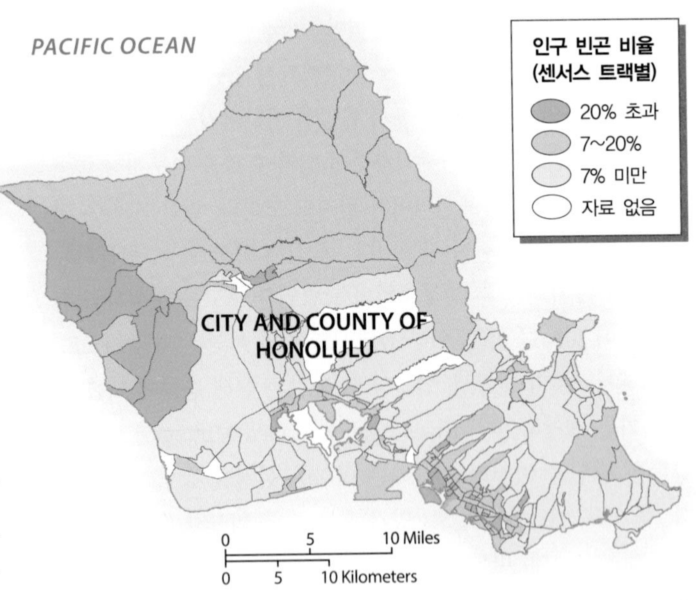

그림 14.46 **하와이의 빈곤** 하와이 섬인 오아후에서의 빈곤 분포는 하와이 원주민의 수가 가장 많은 서부 및 남동부 지역의 센서스 트랙들에서 보는 것처럼, 호놀룰루 주변의 도시 지역에서 빈곤 수준이 가장 높음을 보여준다.

사회적 문제의 지속

오스트레일리아인과 뉴질랜드인은 높은 수준의 사회복지를 즐기지만, 다른 선진국에서 분명히 나타나는 문제들에 직면한다(표 A14.2 참조). 두 국가에서 평균 수명은 약 80세이며, 영아 사망률도 1960년 이래 급감하였다. 그러나 북아메리카, 유럽과 같이 두 국가에서 암, 심장병이 사망의 주요 원인이며, 알코올 중독은 지속적인 사회 문제이며, 특히 오스트레일리아에서 그러하다. 나아가, 오스트레일리아의 피부암 발생률은 세계 최고 수준인데, 이는 햇볕이 내리쬐는 저위도 환경에서 거주하는 북서유럽 출신의 흰 피부의 야외 지향 인구와 관련된다. 전반적으로 높은 수준의 의료 서비스는 오스트레일리아의 노인 의료보험 프로그램(1984년 시작), 뉴질랜드의 사회 서비스 시스템에 의해 제공된다.

놀랍지 않게, 원주민, 마오리족의 사회적 조건은 전체 인구에 비해 상대적으로 열악하다. 학교 교육은 많은 원주민에게 불규칙적이며, 오스트레일리아 원주민, 마오리족을 위한 중등 과정 이상의 교육 수준(각각 12%, 14%)은 여전히 국가 평균(32~34%)보다 훨씬 낮다. 또한 다른 사회 측정 지표도 이러한 패턴을 반영한다. 원주민 가구의 1/3 미만이 자가 소유 주택인 반면, 오스트레일리아 백인 가구는 70% 이상이다. 원주민 차별은 두 국가 모두에서 지속되는데, 원주민의 정치 권리와 토지 소유의 최근 주장과 더불어 상황이 악화되었고 공론화되었다. 북아메리카의 흑인, 히스패닉, 북아메리카 원주민의 경우처럼, 간단한 사회 정책은 여전히 지속되는 이 문제를 해결하지 못하였다.

심지어 하와이에서 빈곤 수준 이하의 하와이 원주민의 비율은 다른 인종 집단의 비율보다 훨씬 높다(그림 14.46). 또한 이 집단의 평균 수명은 가장 짧으며, 영아 사망률은 가장 높다. 암 사망률, 심장병 사망률은 미국 다른 집단보다 거의 50% 이상 높으며, 하와이 여성 원주민은 세계에서 가장 높은 유방암 비율을 가진다. 더욱이 하와이 원주민의 55%가 고등학교를 졸업하지 못하였고, 7%만이 대학 학위를 가진다.

오세아니아 다른 지역에서, 사회복지 수준은 섬들의 경제 상황을 감안할 때 상대적으로 높다. 복지와 교육 서비스 부문에의 엄청난 투자는 괄목할 만한 성공을 거두었다. 예를 들어 1인당 국민총소득으로 측정해 세계에서 가장 가난한 나라의 하나인 솔로몬 제도의 평균 수명은 약 67세이다. 다른 사회적 조치에 의해, 솔로몬 제도와 여러 다른 오세아니아 국가는 유사한 경제 수준을 가진 대부분의 아시아, 아프리카 국가보다 더 높은 복지 수준에 도달하였다. 이는 부분적으로 성공적인 정책의 결과이기도 하지만, 또한 오세아니아의 상대적으로 건강한 자연 환경을 반영하는데, 즉 아프리카에서 주로 발생하는 많은 열대성 질병은 이 태평양 지역에서는 나타나지 않는다.

젠더, 문화, 정치

오스트레일리아, 뉴질랜드 모두 여성의 참정권을 일찍부터 지원하였으며, 1893년(뉴질랜드), 1902년(오스트레일리아)에 국가 선거에서 여성의 투표권을 허용하였다. 어떤 경우 비록 여성이 실제로 선출되는 것은 수십 년 이후이지만, 여성은 지방 및 주 선거에서 일찍 선거가 허용되었다. 이 시기 이래로, 두 국가에서는 국가 지도자로 여성이 선출되었는데, 뉴질랜드의 헬렌 클라크는 1999~2008년에 수상으로 재임하였고, 오스트레일리아의 줄리아 길러드는 2010~2013년에 총리로 재임하였다. 두 국가는 모두 정부, 고용 임금, 사회지원 서비스의 여성 측면에서 상당한 격차를 보이고 있다. 그 결과 세계 젠더 인덱스에서, 뉴질랜드는 7위, 오스트레일리아는 24위를 차지하는데, 두 국가 모두 일부 서유럽 국가보다 낮은 점수를 받았다.

뉴질랜드에서 원주민의 젠더 역할은 식민주의로 인해 변화되었다. 유럽 식민화 이전의 마오리족 여성과 남성은 사회적 지위, 권력에서 동등하였다. 이는 비계층적 사회에서 동등성, 균형에 대한 대단히 중요한 마오리족 원리 때문이었다. 예를 들어 마오리족의 언어는 인칭대명사에 젠더의 구분이 없다(his 또는 hers가 없음). 이러한 젠터 동등성에 대한 더 많은 증거는 마오리족의 속담과 전설에서 여성의 뛰어난 역할로부터 얻을 수 있다.

그러나 영국 식민 사회는 젠더 중립적인 원주민 문화에 의해 문제가 되었고, 마우리족 여성에게 그의 지위를 박탈하였다. 1909년 뉴질랜드 법은 토지, 가축뿐만 아니라 아내까지 모든 자산에 대해 남성의 소유권을 강조하는 법률적인 결혼 의식을 하도록 마오리족 여성에게 요구하였다. 또한 마오리족 여성을 위한 기독교 학교는 여성이 남성의 권위에 복종하는 여성 가정에 대한 영국의 개념을 오랫동안 강화하였다. 그 결과 현대 마오리족 사회에 있어 젠더의 역할은 이제 남성 지배의 이러한 식민지 관념을 반영한다. 그들의 유럽 가치를 발전시키기 위하여, 선교사들은 남성 특성을 영웅적인 전사 부족으로 강조하기 위해 마오리족 속담과 전설을 재작성하였다. 오늘날 마오리족 여성은 마오리족 전통 전투춤에 결코 참여하지 않으며, 대신 여성 참여는 부차적인 노래, 춤으로 제한된다.

오스트레일리아에 걸쳐, 전통적인 원주민 사회는 분명한 젠더 역할을 가지는데, '여성 비즈니스'와 '남성 비즈니스' 간의 분명한 차이를 보인다. 이러한 특징은 일상적인 일들뿐만 아니라, 원주민을 위해 핵심적으로 중요한 추상적인 우주인 오스트레일리아신화의 꿈의 시대에서도 역할을 한다. 꿈의 시대뿐만 아니라 물리적인 생활에서, 여성은 가족의 삶에 대한 활력과 회복에 대한 책임이 있으며, 반면 남성의 비즈니스는 더 큰 집단 또는 부족에서 중심에 있다. 이러한 특징적인 젠더 역할은 또한 경관과 관련되는데, 남성 또는 여성에 밀접하게 관련되는 어떤 지역 또는 지역과 관련되지만 남성 및 여성 모두에게는 드물다. 그 결과 원주민 영역은 또한 고도로 젠더화된다.

확인 학습

14.13 배타적 경제수역이 무엇이고, 왜 이것이 태평양 섬 경제에 중요한지 설명하라.

14.14 CER 협정이 무엇이고, 왜 이것이 오세아니아 경제를 이해하는데 중요한가?

14.15 오세아니아에서 사회 발전의 주요 문제가 무엇인지 설명하라.

주요 용어 배타적 경제수역(EEZ), 아시아-태평양 경제협력체(APEC), 오스트레일리아-뉴질랜드 간 자유무역협정(CER)

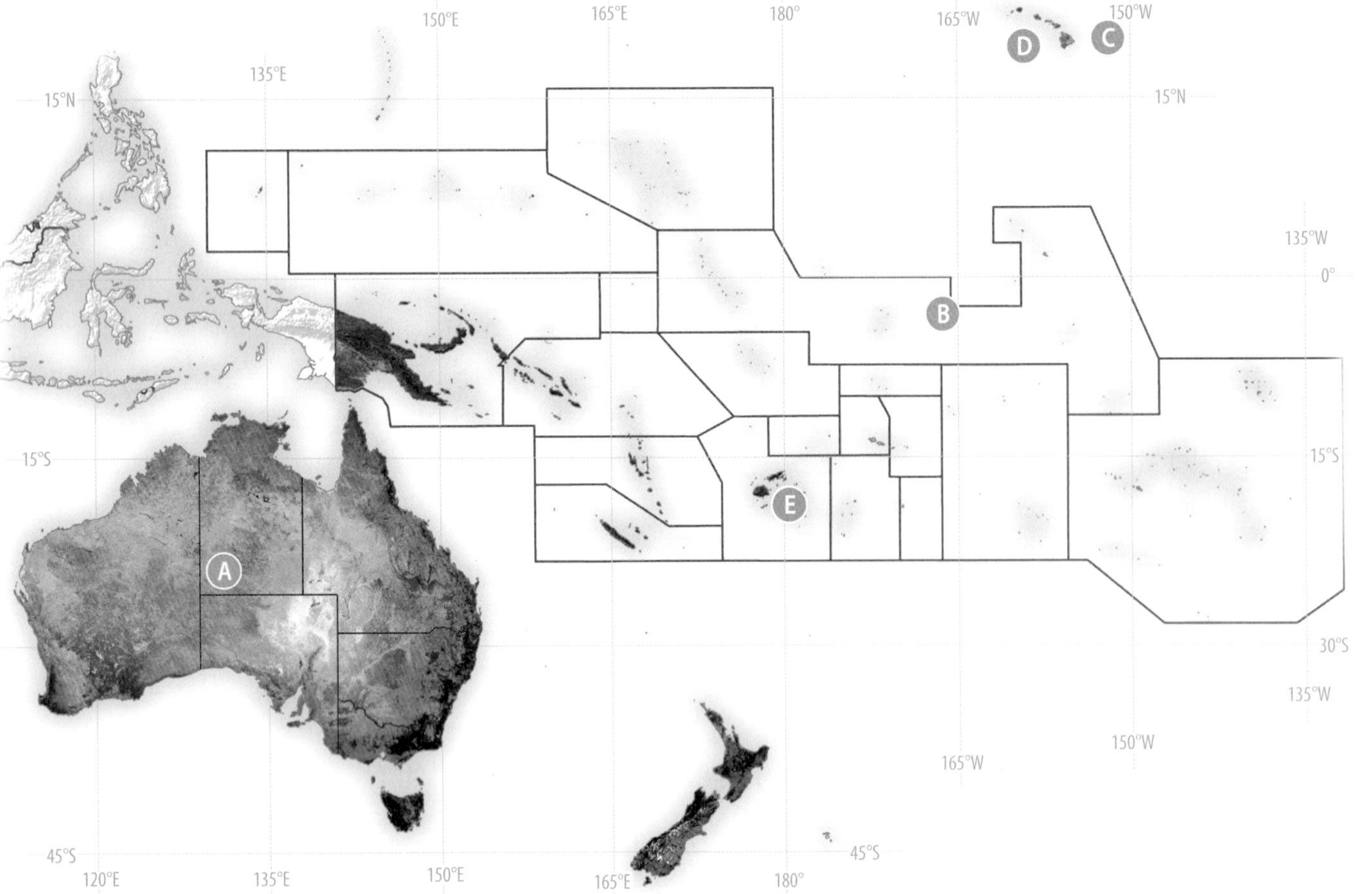

요약

자연지리와 환경 문제

14.1 **오세아니아로 알려진 지역의 자연지리 특성을 기술하라.**
14.2 **오스트레일리아와 오세아니아의 주요 환경 문제를 확인하고, 해결 방안을 확인하라.**

자연 환경은 지난 50년간 급격한 변화를 겪었다. 도시화, 관광, 가공경제 활동, 외래종, 그리고 더욱 최근에 세계 기후 변화는 오세아니아 경관을 대체하였다.

1. 북쪽의 다윈에서 남-동 방향으로 앨리스스프링스에서 시드니까지 선을 가상으로 그어보라. 그다음, 이들 세 장소에 대해 기후 그래프를 이용하여 강수, 기온, 계절성의 관점에서 이 단면을 따라 발견된 다양한 기후에 대해 이야기 방식으로 말하라.
2. 당신이 논의한 다양한 기후와 관련하여, 남북 단면을 따라 발견될 수 있는 다양한 농업 활동을 설명하라.

인구와 정주

14.3 **이 지역으로 또는 내부에서의 주요한 이주를 확인하는 지도를 이용하고 말하라.**

이주는 오세아니아의 주요 주제이며, 초기 아시아 대륙으로부터 온 원주민에서 시작되고, 선사시대 간격이 떨어진 섬들에 있는 폴리네시아인에서 오스트레일리아, 뉴질랜드에 정착한 최근 유럽 이민자까지 존재한다.

3. 폴리네시아 항해자들이 원거리의 섬으로 새로운 정책을 하는 그들의 항해를 따라 무엇을 준비해야 하는지 리스트를 만들어라.
4. 오늘날 기후 변화로 인한 해수면 상승 때문에 많은 낮은 섬 사람들은 지속 불가능한 미래를 보고 다른 곳으로 이주하는 것을 논의하고 있다. 당신은 그들이 오세아니아 다른 곳, 오스트레일리아 또는 그 너머 친숙하지 않은 환경으로 이주할 때 이들 이주자들이 직면하는 주요 문제들로서 무엇을 확인할 수 있는가?

문화적 동질성과 다양성

14.4 **오스트레일리아와 오세아니아에서 원주민과 앵글로 유럽 이민자 간의 역사적 · 현대적 상호작용과 이들 지역 문화에 주는 영향을 기술하라.**

오스트레일리아, 뉴질랜드에서, 원주민과 마우리족은 앵글로 영향력을 지배하는 것에 직면하여 소수 문화를 보존하기 위해 노력한다. 관광객과 외국 노동자가 한때 먼 거리에 있었던 섬들에 점차 보편적이 됨에 따라, 오스트레일리아와 뉴질랜드에서의 동일한 상황이 오세아니아 사람들에게 다양한 방식으로 나타나고 있다.

5. 하와이 원주민이 전통 방식으로 돼지를 굽고 있다. 폴리네시아 문화의 다른 어떤 측면이 하와이의 관광객 유인이 되었는가? 뉴질랜드에서는 어떠한가?
6. 3명이 한 그룹이 되어, 각각 오스트레일리아 원주민, 뉴질랜드 마오리족, 하와이 원주민을 대변한다고 하자. 그리고 집단으로서 유사성과 차이를 비교하라. 10년 이내에 각 원주민 집단이 어떻게 될 것인지를 예측하라.

지정학적 틀

14.5 **오세아니아에 국가별 독립의 다양한 방식을 확인하고 기술하라.**
14.6 **오스트레일리아와 오세아니아에서 지속되는 여러 가지 지정학적 긴장을 나열하라.**

오세아니아는 중국과 미국이 이 지역에서 경제 및 정치 영향력을 두고 경쟁함에 따라 세계의 더 커다란 지정학적 긴장에 얽혀 있다. 어떤 작은 섬 국가는 한 슈퍼파워 또는 다른 슈퍼파워의 한 편에 서야 하는지에 대한 압력을 느끼지만, 경제적으로 강력한 오스트레일리아는 다른 해법을 구축하였고, 미국과의 지속적인 정치적 우방을 유지하는 반면, 주요 무역 파트너로서 중국에 대한 경제적 연대를 계속 발전시키고 있다.

7. 이 하와이 진주만에 대한 구글 어스 이미지는 태평양 함대의 본부인 거대한 미국 해군기지를 포함한다. 이 장에서 열대 섬 환경에 대해 배운 것을 그리고, 1900년 이래 변화하였던 이 해안 환경의 측면들을 목록화하라.
8. 몇 명의 다른 학생과 협력하는데, 각 학생은 오세아니아의 특정 국가를 대변하고(오스트레일리아 포함), 해당 국가와 중국과의 지정학적 · 경제적 연대와 긴장을 토론하라. 향후 5년 이내에 이러한 변화는 어떻게 될 것인가?

경제 및 사회 발전

14.7 **오세아니아의 다양한 경제지리를 기술하라.**
14.8 **세계 경제에서 오스트레일리아와 오세아니아의 긍정적 및 부정적 상호작용을 설명하라.**

오스트레일리아는 교역 품목을 지배하는 석탄, 철광석을 포함한 풍부한 광물자원으로 인해 이 지역의 경제 강자이다. 반면 피지에서 하와이까지의 섬 국가들은 세계적인 관광에 대체로 휩쓸리는데, 세계 경제의 활력과 연계된 호황-불황의 주기를 가진다.

9. 피지인 그림에서처럼, 전통적인 섬 커뮤니티, 거대한 관광 리조트를 위한 경제 및 사회 이점, 책임을 목록화하라.
10. 당신이 작은 남태평양 섬을 위해 종합적인 경제 및 사회 발전 계획을 수립하는 책임이 있는 팀원이라고 가정하자. 특정 섬을 선정하고, 그 필요성과 자원을 배우고, 당신의 목표를 정의하고, 5년 이내에 이를 성취할 계획을 말하라.

데이터 분석

http://goo.gl/9ZC29D

큰 스케일의 우리 지역의 기후지도에서, 뉴질랜드 남섬에 대한 상세한 부분을 보기는 어렵다(그림 14.8 참조). 그런데 이 섬의 다양한 미시기후를 보다 상세히 살펴보면 매우 놀라운 복잡한 것을 볼 수 있다. 이와 관련하여 뉴질랜드 백과사전 웹사이트(Te Ara, http://www.teara.govt.nz)를 방문하고, 남섬의 연 강수량 지도를 살펴보라.

1. 오늘날 남섬의 기후 패턴을 간략히 기술하고, 설명하라.
2. 뉴질랜드 지리에 대해 알고 있는 지역을 바탕으로, 이러한 강수 패턴이 어떻게 남섬의 정주, 농업, 경제 발전에 대한 과거와 현재의 지리를 형성하였는지를 기술하라.
3. NIWA 웹사이트(http://www.niwa.co.nz)를 방문하고 세계 기후 변화 모델 및 예측을 토대로, 2080~2099년 동안 예측되는 변화를 보여주는 지도를 엑세스하라. 문서의 그림 5를 참고하고, 당신이 본 것을 요약하고, 미래 주민과 정부 계획가에게 이들 변화의 가능한 사회 및 경제적 의미를 제안하라.

주요 용어

군소국가
낮은 섬
높은 섬
마오리
말리 나무
멜라네시아
미크로네시아
배타적 경제수역(EEZ)
백오스트레일리아 정책
비티컬처
사이짓기
산호도
아시아-태평양 경제협력체(APEC)
아웃백
오세아니아
오스트레일리아 원주민
오스트레일리아-뉴질랜드 간 자유무역협정(CER)
오스트로네시아어족
외래종
원주민 토지 소유권 법안
유대목 동물
카나카인
폴리네시아
피진 영어
하올리

표 A 3.1 북아메리카 인구 지표

국가	인구 (100만 명) 2013	인구밀도 (km²당)[1]	자연 증가율 (RNI)	합계 출산율	도시화율	15세 미만 인구 비중	65세 이상 인구 비중	순이주율 (1,000명당)
Canada	35.8	4	0.4	1.6	80	16	16	6
United States	321.2	35	0.5	1.9	81	19	15	3

출처 : Population Reference Bureau, World Population Data Sheet, 2015.
[1]World Bank, World Development Indicators, 2015

표 A 3.2 북아메리카 개발 지표

국가	1인당 국민소득 PPP, 2013	연평균 국내총생산 증가율 2009-2013	인간 개발 지수 (2013)[1]	1일 2달러 이하로 생활하는 인구 비율	기대 수명 (2015)[2]	5세 미만 유아 사망률 (1990)	5세 미만 유아 사망률 (2013)	청년층 문해력 (15-24세 연령 인구 %)	성평등 지수 (2013)[3,1]
Canada	42,120	2.3	.902	–	81	8	5	–	0.136
United States	53,750	2.1	.914	–	79	11	7	–	0.262

출처 : World Bank, World Development Indicators, 2015
[1]United Nations, Human Development Report, 2014
[2]Population Reference Bureau, World Population Data Sheet, 2015.
[3]성평등 지수 – 여성과 남성의 성평등 정도를 3차원으로 반영한 종합 척도: 출산 보건, 권한 및 노동시장 자료를 통해 0과 1 사이의 수치로 나타나며, 숫자가 높을수록 불평등이 크다.

표 A 4.1 라틴아메리카 인구 지표

국가	인구 (100만 명) 2015	인구밀도 (km²당)[1]	자연 증가율 (RNI)	합계 출산율	도시화율	15세 미만 인구 비중	65세 이상 인구 비중	순이주율 (1,000명당)
Argentina	42.4	15	1.0	2.2	93	24	11	0
Bolivia	10.5	10	1.9	3.2	69	31	6	−1
Brazil	204.5	24	0.9	1.8	86	24	7	0
Chile	18.0	24	0.8	1.8	90	21	10	2
Colombia	48.2	44	1.3	1.9	76	27	7	−1
Costa Rica	4.8	95	1.1	1.9	73	23	7	2
Ecuador	16.3	63	1.6	2.6	70	31	7	0
El Salvador	6.4	306	1.3	2.0	67	31	7	−8
Guatemala	16.2	144	2.0	3.1	52	40	5	−1
Honduras	8.3	72	1.9	2.7	54	34	5	−2
Mexico	127.0	63	1.4	2.3	79	28	7	−2
Nicaragua	6.3	51	1.8	2.4	59	32	5	−4
Panama	4.0	52	1.4	2.7	78	28	8	2
Paraguay	7.0	17	1.7	2.8	64	33	5	−1
Peru	31.2	24	1.5	2.5	79	29	6	−1
Uruguay	3.6	19	0.4	1.9	93	21	14	−1
Venezuela	30.6	34	1.5	2.5	94	28	6	0

출처 : Population Reference Bureau, World Population Data Sheet, 2015.
[1]World Bank, World Development Indicators, 2015

표 A 4.2 라틴아메리카 개발 지표

국가	1인당 국민소득 PPP, 2013	연평균 국내총생산 증가율 2009-2013	인간 개발 지수 (2013)[1]	1일 2달러 이하로 생활하는 인구 비율	기대수명 (2015)[2]	5세 미만 유아 사망률 (1990)	5세 미만 유아 사망률 (2013)	청년층 문해력 (15-24세 연령 인구 %)	성평등 지수 (2013)[3,1]
Argentina	–	5.2	.808	2.9	77	28	13	99	0.381
Bolivia	5,750	5.3	.667	12.7	67	120	39	99	0.472
Brazil	14,750	3.1	.744	6.8	75	11	14	99	0.441
Chile	21,060	5.3	.822	<2	79	19	8	99	0.355
Colombia	11,960	4.9	.711	12.0	75	34	17	98	0.460
Costa Rica	13,570	4.6	.763	3.1	79	17	10	99	0.344
Ecuador	10,720	5.5	.711	8.4	75	52	23	99	0.429
El Salvador	7,490	1.8	.662	8.8	73	60	16	97	0.441
Guatemala	7,130	3.5	.628	29.8	73	78	31	94	0.523
Honduras	4,270	3.6	.617	29.2	74	55	22	95	0.482
Mexico	16,020	3.6	.756	7.5	75	49	15	99	0.376
Nicaragua	4,510	4.8	.614	20.8	75	66	24	87	0.458
Panama	19,300	9.1	.765	8.9	78	33	18	98	0.506
Paraguay	7,670	6.2	.676	7.7	72	53	22	99	0.457
Peru	11,160	6.6	.737	8.0	75	75	17	99	0.387
Uruguay	18,940	5.8	.790	<2	77	23	11	99	0.364
Venezuela	17,900	2.9	.764	12.9	75	31	15	99	0.464

출처 : World Bank, World Development Indicators, 2015
[1]United Nations, Human Development Report, 2014
[2]Population Reference Bureau, World Population Data Sheet, 2015.
[3]성평등 지수 – 여성과 남성의 성평등 정도를 3차원으로 반영한 종합 척도: 출산 보건, 권한 및 노동시장 자료를 통해 0과 1 사이의 수치로 나타나며, 숫자가 높을수록 불평등이 크다.

표 A 5.1 카브리 해 지역 인구 지표

국가	인구 (100만 명) 2015	인구 밀도 (km^2당)[1]	자연 증가율 (RNI)	합계 출산율	도시화율	15세 미만 인구 비중	65세 이상 인구 비중	순이주율 (1,000명당)
Anguilla*	0.02	173	–	1.8	100	24	8	13
Antigua and Barbuda	0.09	205	0.8	1.5	30	24	8	0
Bahamas	0.4	38	0.9	1.9	85	26	7	1
Barbados	0.3	662	0.3	1.7	46	20	13	2
Belize	0.4	15	1.7	2.4	44	36	4	4
Bermuda*	0.07	1,301	–	2.0	100	18	16	2
Cayman*	0.05	244	–	1.9	100	19	11	15
Cuba	11.1	106	0.3	1.7	75	17	13	−2
Dominica	0.07	96	0.5	2.1	68	22	10	−5
Dominican Republic	10.5	215	1.5	2.5	72	31	6	−3
French Guiana	0.3	–	2.3	3.5	77	34	5	5
Grenada	0.1	311	0.9	2.1	41	26	7	−2
Guadeloupe	0.4	–	0.6	2.2	98	21	14	−2
Guyana	0.7	4	1.4	2.6	29	27	6	−7
Haiti	10.9	374	1.9	3.2	59	35	4	−3
Jamaica	2.7	251	1.1	2.3	52	24	9	−5
Martinique	0.4	–	0.3	1.9	89	19	17	−10
Montserrat*	0.005	51	–	1.3	14	26	6	0
Puerto Rico	3.5	408	0.2	1.5	99	18	17	−15
St. Kitts and Nevis	0.05	208	0.6	1.8	32	21	8	1
St. Lucia	0.2	299	0.6	1.5	15	22	9	0
St Vincent and the Grenadines	0.1	280	0.9	2.0	49	26	7	−9
Suriname	0.6	3	1.1	2.3	71	28	6	−2
Trinidad and Tobago	1.4	261	0.6	1.7	15	21	9	−1
Turks and Caicos*	0.05	50	–	1.7	93	22	4	15

출처 : Population Reference Bureau, World Population Data Sheet, 2015
*Additional data from the CIA Factbook
[1]World Bank, World Development Indicators, 2015.

표 A 5.2 카브리 해 지역 개발 지표

국가	1인당 국민소득 PPP, 2013	연평균 국내총생산 증가율 2009-2013	인간 개발 지수 (2013)[1]	1일 2달러 이하로 생활하는 인구 비율	기대수명 (2015)[2]	5세 미만 유아 사망률 (1990)	5세 미만 유아 사망률 (2013)	청년층 문해력 (15-24세 연령 인구 %)	성평등 지수 (2013)[3,1]
Anguilla	12,200*	–		–	81*	–	–	–	–
Antigua and Barbuda	20,490	−0.9	.774	–	77	27	9	–	–
Bahamas	22,700	1.1	.789	–	74	22	13	–	0.316
Barbados	15,090	0.4	.776	–	75	18	14	–	0.350
Belize	7,870	2.7	.732	22.0	74	44	17	–	0.435
Bermuda	66,430	−3.4	–	–	81*	–	–	–	–
Cayman	43,800*	–	–	–	81*	–	–	99	–
Cuba	18,520	2.5	.815	–	78	13	6	100	0.350
Dominica	10,060	−0.4	.717	–	75	17	11	–	–
Dominican Republic	11,630	4.2	.700	8.8	73	58	28	97	0.505
French Guiana	–	–	–	–	80	–	–	–	–
Grenada	11,230	0.3	.744	–	76	21	12	–	–
Guadeloupe	–	–	–	–	81	–	–	–	–
Guyana	6,610	5.0	.638	18.0	66	63	37	93	0.524
Haiti	1,720	2.2	.471	77.5	64	143	73	72	0.599
Jamaica	8,490	–	.715	5.9	74	35	17	96	0.457
Martinique	–	–	–	–	82	–	–	–	–
Montserrat	8,500*	–	–	–	74*	–	–	–	–
Puerto Rico	23,840	−2.0	–	–	79	–	–	99	–
St. Kitts and Nevis	20,990	0.3	.750	–	75	28	10	–	–
St. Lucia	10,290	−0.4	.714	40.6	79	23	15	–	–
St Vincent and the Grenadines	10,440	−0.2	.719	–	71	27	19	–	–
Suriname	15,960	4.1	.705	27.2	71	52	23	98	0.463
Trinidad and Tobago	26,220	0.3	.766	13.5	75	37	21	100	0.321
Turks and Caicos	29,100*	–	–	–	80*	–	–	–	–

출처 : World Bank, World Development Indicators, 2015

[1]United Nations, Human Development Report, 2014

[2]Population Reference Bureau, World Population Data Sheet, 2015.

[3]성평등지수 – 여성과 남성의 성평등 정도를 3차원으로 반영한 종합 척도: 출산 보건, 권한 및 노동 시장 자료를 통해 0과 1 사이의 수치로 나타나며, 숫자가 높을수록 불평등이 크다.

*Additional data from the CIA World Fackbook, 2015

표 A 6.1 사하라 이남 아프리카 인구 지표

국가	인구 (100만 명) 2015	인구밀도 (km²당)[1]	자연 증가율 (RNI)	합계 출산율	도시화율	15세 미만 인구 비중	65세 이상 인구 비중	순이주율 (1,000명당)
서아프리카								
Benin	10.6	92	2.7	4.9	45	45	3	0
Burkina Faso	18.5	62	3.3	6.0	27	45	2	−1
Cape Verde	0.5	124	1.5	2.4	62	31	6	−2
Gambia	2.0	183	3.2	5.6	57	46	2	−1
Ghana	27.7	114	2.5	4.2	51	39	5	−2
Guinea	11.0	48	2.6	5.1	36	42	3	0
Guinea−Bissau	1.8	61	2.4	4.9	49	43	3	−1
Ivory Coast	23.3	64	2.3	4.9	50	41	3	0
Liberia	4.5	45	2.7	4.7	47	42	3	−1
Mali	16.7	13	2.9	5.9	39	47	3	−4
Mauritania	3.6	4	2.5	4.2	59	40	3	−1
Niger	18.9	14	3.9	7.6	22	52	4	0
Nigeria	181.8	191	2.5	5.5	50	43	3	0
Senegal	14.7	73	2.9	5.0	45	42	4	−1
Sierra Leone	6.5	84	2.3	4.9	41	41	3	−1
Togo	7.2	125	2.7	4.8	38	42	3	0
동아프리카								
Burundi	10.7	396	3.3	6.2	10	46	3	0
Comoros	0.8	395	2.4	4.3	28	41	3	−3
Djibouti	0.9	38	1.8	3.4	77	34	4	−3
Eritrea	5.2	63	3.0	4.4	21	43	2	−5
Ethiopia	98.1	94	2.3	4.1	17	41	4	0
Kenya	44.3	78	2.3	3.9	24	41	3	0
Madagascar	23.0	39	2.7	4.4	33	41	3	0
Mauritius	1.3	620	0.3	1.4	41	20	9	−1
Reunion	0.9	−	1.2	2.4	94	24	10	−3
Rwanda	11.3	477	2.3	4.2	28	41	3	−1
Seychelles	0.09	194	0.9	2.4	54	22	8	6
Somalia	11.1	17	3.2	6.6	38	47	3	−7
South Sudan	12.2	152*	2.4	6.9	17	42	3	11
Tanzania	52.3	56	3.0	5.2	30	45	3	−1
Uganda	40.1	188	3.1	5.9	18	48	2	−1
중앙아프리카								
Cameroon	23.7	47	2.6	4.9	52	43	3	0
Central African Republic	5.6	7	2.9	6.2	39	45	3	0
Chad	13.7	10	3.4	6.5	22	48	2	1
Congo	4.8	13	2.7	4.8	64	41	3	−8
Dem. Rep. of Congo	73.3	30	3.0	6.6	42	46	3	0
Equatorial Guinea	0.8	27	2.4	5.1	39	39	3	5
Gabon	1.8	7	2.3	4.1	86	38	5	1
São Tomé and Principe	0.2	201	2.9	4.3	67	42	4	−6
남아프리카								
Angola	25.0	17	3.2	6.1	62	47	2	1
Botswana	2.1	4	1.8	2.9	57	33	5	2
Lesotho	1.9	68	1.1	3.3	27	36	5	−5
Malawi	17.2	174	2.6	5.0	16	44	3	0
Mozambique	25.7	33	3.2	5.9	31	45	3	0
Namibia	2.5	3	2.2	3.6	46	35	4	0
South Africa	55.0	44	1.2	2.6	62	30	6	3
Swaziland	1.3	73	1.6	3.3	21	37	4	−1
Zambia	15.5	20	3.0	5.6	40	46	3	0
Zimbabwe	17.4	37	2.4	4.3	33	43	3	−3

출처 : Population Reference Bureau, World Population Data Sheet, 2015

[1]World Bank, World Development Indicators, 2015.

*Combined data from the World Population Data Sheet, 2013 and the World Development Indicators, 2015.

표 A 6.2 사하라 이남 아프리카 개발 지표

국가	1인당 국민소득 PPP, 2013	연평균 국내총생산 증가율 2009-2013	인간 개발 지수 (2013)[1]	1일 2달러 이하로 생활하는 인구 비율	기대수명 (2015)[2]	5세 미만 유아 사망률 (1990)	5세 미만 유아 사망률 (2013)	청년층 문해력 (15-24세 연령 인구 %)	성평등 지수 (2013)[3,1]
서아프리카									
Benin	1,780	4.2	.476	74.3	59	177	85	42	0.614
Burkina Faso	1,680	7.7	.388	72.4	56	208	98	39	0.607
Cape Verde	6,210	2.0	.636	34.7	75	58	26	98	–
Gambia	1,610	2.6	.441	55.9	59	165	74	69	0.624
Ghana	3,900	10.2	.573	51.8	61	121	78	86	0.549
Guinea	1,160	3.2	.392	72.7	60	228	101	31	–
Guinea–Bissau	1,410	2.9	.396	78.0	54	210	124	74	–
Ivory Coast	3,090	3.8	.452	<2	51	151	100	48	0.645
Liberia	790	10.3	.412	94.9	60	241	71	49	0.655
Mali	1,540	2.3	.407	78.8	53	257	123	47	0.673
Mauritania	2,850	5.5	.487	47.7	63	125	90	56	0.644
Niger	890	6.4	.337	76.1	60	314	104	24	0.674
Nigeria	5,360	5.4	.504	82.2	52	214	117	66	–
Senegal	2,210	3.1	.485	60.3	65	136	55	66	0.537
Sierra Leone	1,690	5.5	.374	82.5	50	267	161	63	0.643
Togo	1,180	5.1	.473	72.8	57	147	85	80	0.579
동아프리카									
Burundi	770	4.1	.389	93.5	59	183	83	89	0.501
Comoros	1,490	2.8	.488	65.0	61	122	78	86	–
Djibouti	–	4.4	.467	41.2	62	122	70	–	–
Eritrea	1,180	5.4	.381	–	63	138	50	91	–
Ethiopia	1,380	10.5	.435	72.2	64	198	64	55	0.547
Kenya	2,780	6.0	.535	67.2	62	98	71	82	0.548
Madagascar	1,370	1.9	.498	95.1	65	161	56	65	–
Mauritius	17,730	3.6	.771	<2	74	24	14	98	0.375
Reunion	–	–	–	–	80	–	–	–	–
Rwanda	1,450	7.4	.506	82.3	65	156	52	77	0.410
Seychelles	23,730	5.4	.756	<2	73	17	14	99	–
Somalia	–	–	–	–	55	180	146	–	–
South Sudan	1,860	–	–	–	55	217	99	–	–
Tanzania	2,430	6.6	.488	73.0	62	158	52	75	0.553
Uganda	1,630	5.9	.484	62.9	59	178	66	87	0.529
중앙아프리카									
Cameroon	2,770	4.4	.504	53.2	57	145	95	81	0.622
Central African Republic	600	−5.3	.341	80.1	50	169	139	36	0.654
Chad	2,010	6.1	.372	60.5	51	208	148	49	0.707
Congo	4,600	4.6	.564	57.3	58	119	49	81	0.617
Dem. Rep. of Congo	740	7.3	.338	95.2	50	181	119	66	0.669
Equatorial Guinea	23,270	1.2	.556	*	57	190	96	98	–
Gabon	17,230	6.3	.674	20.9	63	94	–	–	0.508
São Tomé and Principe	2,950	4.4	.558	73.1	66	96	51	80	–
남아프리카									
Angola	7,000	4.8	.526	67.4	52	243	167	73	–
Botswana	15,640	6.0	.683	27.8	64	53	47	96	0.486
Lesotho	3,160	5.3	.486	73.4	44	88	98	83	0.557
Malawi	750	4.2	.414	88.1	61	227	68	72	0.591
Mozambique	1,100	7.3	.393	82.5	54	226	87	67	0.657
Namibia	9,490	5.3	.624	43.2	64	73	50	87	0.450
South Africa	12,530	2.7	.658	26.2	61	62	44	99	0.461
Swaziland	6,060	1.3	.530	59.1	49	83	80	94	0.529
Zambia	3,810	7.3	.561	86.6	53	193	87	64	0.617
Zimbabwe	1,690	9.9	.492	–	61	79	89	91	0.516

출처 : World Bank, World Development Indicators, 2015

[1]United Nations, Human Development Report, 2014

[2]Population Reference Bureau, World Population Data Sheet, 2015.

[3]성평등 지수 – 여성과 남성의 성평등 정도를 3차원으로 반영한 종합 척도: 출산 보건, 권한 및 노동시장 자료를 통해 0과 1 사이의 수치로 나타나며, 숫자가 높을수록 불평등이 크다.

표 A 7.1 서남아시아와 북부 아프리카 인구 지표

국가	인구 (100만 명) 2015	인구밀도 (km^2당)[1]	자연 증가율 (RNI)	합계 출산율	도시화율	15세 미만 인구 비중	65세 이상 인구 비중	순이주율 (1,000명당)
Algeria	39.3	17	2.0	3.0	73	28	6	−1
Bahrain	1.4	1,753	1.3	2.1	100	21	2	5
Egypt	89.1	82	2.5	3.5	43	31	4	0
Gaza and West Bank	4.5	693	2.8	4.1	83	40	3	−2
Iran	78.5	48	1.4	1.8	71	24	5	−1
Iraq	37.1	77	2.7	4.2	71	41	3	2
Israel	8.4	372	1.6	3.3	91	28	11	1
Jordan	8.1	73	2.2	3.5	83	37	3	3
Kuwait	3.8	189	1.5	2.3	98	23	2	22
Lebanon	6.2	437	1.0	1.7	87	26	6	31
Libya	6.3	4	1.7	2.4	78	29	5	−11
Morocco	34.1	74	1.6	2.5	60	25	6	−2
Oman	4.2	12	1.8	2.9	75	22	3	45
Qatar	2.4	187	1.1	2.0	100	15	1	28
Saudi Arabia	31.6	13	1.6	2.9	81	30	3	5
Sudan	40.9	21	2.9	5.2	33	43	3	−2
Syria	17.1	124	1.6	2.8	54	33	4	−26
Tunisia	11.0	70	1.3	2.1	68	23	8	−1
Turkey	78.2	97	1.2	2.2	77	24	8	3
United Arab Emirates	9.6	112	1.3	1.8	83	16	1	8
Western Sahara	0.6	–	1.4	2.4	82	26	3	9
Yemen	26.7	46	2.6	4.4	34	41	3	1

출처 : Population Reference Bureau, World Population Data Sheet, 2015
[1]World Bank, World Development Indicators, 2015.

표 A 7.2 서남아시아와 북부 아프리카 개발 지표

국가	1인당 국민소득 PPP, 2013	연평균 국내총생산 증가율 2009-2013	인간 개발 지수 (2013)[1]	1일 2달러 이하로 생활하는 인구 비율	기대수명 (2015)[2]	5세 미만 유아 사망률 (1990)	5세 미만 유아 사망률 (2013)	청년층 문해력 (15-24세 연령 인구 %)	성평등 지수 (2013)[3,1]
Algeria	13,070	3.1	.717	22.8	74	66	25	92	0.425
Bahrain	36,290	3.6	.815	–	76	21	6	98	0.253
Egypt	10,790	2.6	.662	15.4	71	86	22	89	0.580
Gaza and West Bank	5,300	6.0	.686	<2	73	43	22	99	–
Iran	15,610	1.7	.749	8.0	74	61	17	98	0.510
Iraq	14,930	8.1	.642	21.2	69	46	34	82	0.542
Israel	31,780	4.0	.888	–	82	12	4	100	0.101
Jordan	11,660	2.6	.745	<2	74	37	19	99	0.488
Kuwait	84,800	5.7	.814	–	74	17	10	99	0.288
Lebanon	17,400	3.0	.765	–	77	33	9	99	0.413
Libya	–	−8.6	.784	–	71	44	15	100	0.215
Morocco	7,000	3.9	.617	14.2	74	81	30	82	0.460
Oman	52,780	3.5	.783	–	77	48	11	98	0.348
Qatar	128,530	10.2	.851	–	78	20	8	99	0.524
Saudi Arabia	53,640	6.6	.836	–	74	43	16	99	0.321
Sudan	3,230	−4.6	.473	44.1	62	123	77	88	0.628
Syria	–	–	.658	16.9	70	36	15	96	0.556
Tunisia	10,610	2.4	.721	4.5	76	51	15	97	0.265
Turkey	18,570	5.9	.759	2.6	77	72	19	99	0.360
United Arab Emirates	59,890	4.2	.827	–	77	22	8	95	0.244
Western Sahara	–	–	–	–	68	–	–	–	–
Yemen	3,820	−2.7	.500	37.3	65	126	51	87	0.733

출처 : World Bank, World Development Indicators, 2015
[1]United Nations, Human Development Report, 2014
[2]Population Reference Bureau, World Population Data Sheet, 2015.

[3]성평등 지수 – 여성과 남성의 성평등 정도를 3차원으로 반영한 종합 척도: 출산 보건, 권한 및 노동시장 자료를 통해 0과 1 사이의 수치로 나타내며, 숫자가 높을수록 불평등이 크다.

표 A 8.1 유럽 인구 지표

국가	인구 (100만 명) 2015	인구밀도 (km²)당[1]	자연 증가율 (RNI)	합계 출산율	도시화율	15세 미만 인구 비중	65세 이상 인구 비중	순이주율 (1,000명당)
서유럽								
Austria	8.6	103	0.1	1.5	67	14	18	6
Belgium	11.2	369	0.1	1.8	99	17	18	5
France	64.3	120	0.4	2.0	78	19	18	0
Germany	81.1	231	−0.3	1.5	73	13	21	5
Ireland	4.6	67	0.9	2.0	60	22	13	−5
Luxembourg	0.6	210	0.4	1.5	90	17	14	19
Netherlands	16.9	498	0.1	1.7	90	17	17	2
Switzerland	8.3	205	0.2	1.5	74	15	18	11
United Kingdom	65.1	265	0.3	1.9	80	18	17	4
남유럽								
Albania	2.9	106	0.5	1.8	56	19	12	−6
Bosnia & Herzegovina	3.7	75	−0.2	1.2	40	15	16	0
Croatia	4.2	76	−0.3	1.5	56	15	18	−2
Cyprus	1.2	124	0.6	1.4	67	17	12	−12
Greece	11.5	86	−0.1	1.3	78	15	21	−1
Italy	62.5	205	−0.2	1.4	68	14	22	2
Kosovo	1.8	168	0.9	2.3	38	28	7	−12
Macedonia	2.1	84	0.1	1.5	57	17	13	0
Montenegro	0.6	46	0.2	1.6	64	18	14	−1
Portugal	10.3	114	−0.2	1.2	61	14	19	−3
Serbia	7.1	82	−0.5	1.6	60	14	18	−2
Slovenia	2.1	102	0.1	1.6	50	15	18	0
Spain	46.4	93	0.0	1.3	77	15	18	−2
북유럽								
Denmark	5.7	132	0.1	1.7	87	17	19	7
Estonia	1.3	31	−0.2	1.5	68	16	19	−1
Finland	5.5	18	0.0	1.7	85	16	20	3
Iceland	0.3	3	0.7	1.9	95	20	14	3
Latvia	2.0	32	−0.3	1.6	68	15	19	−4
Lithuania	2.9	47	−0.3	1.7	67	15	18	−4
Norway	5.2	14	0.4	1.8	80	18	16	7
Sweden	9.8	24	0.3	1.9	84	17	20	8
동유럽								
Bulgaria	7.2	67	−0.6	1.5	73	14	20	0
Czech Republic	10.6	136	0.0	1.5	74	15	17	2
Hungary	9.8	109	−0.4	1.4	69	15	18	−3
Poland	38.5	126	0.0	1.3	60	15	15	0
Romania	19.8	87	−0.4	1.3	54	16	17	−4
Slovakia	5.4	113	0.1	1.4	54	15	14	0
소국가								
Andorra	0.08	169	0.5	1.3	86	15	18	−7
Liechtenstein	0.04	231	0.2	1.5	15	15	16	4
Malta	0.4	1,323	0.2	1.4	95	15	16	3
Monaco	0.04	18,916	−0.1	1.4	100	13	24	13
San Marino	0.03	524	0.1	1.5	94	15	18	5
Vatican City	–	–	–	–	–	–	–	–

출처 : Population Reference Bureau, World Population Data Sheet, 2015

[1]World Bank, World Development Indicators, 2015.

표 A 8.2 유럽 개발 지표

국가	1인당 국민소득 PPP, 2013	연평균 국내총생산 증가율 2009-2013	인간 개발 지수 (2013)[1]	1일 2달러 이하로 생활하는 인구 비율	기대수명 (2015)[2]	5세 미만 유아 사망률 (1990)	5세 미만 유아 사망률 (2013)	청년층 문해력 (15-24세 연령 인구 %)	성평등 지수 (2013)[3,1]
서유럽									
Austria	45,040	1.6	.881	–	81	9	4	–	0.056
Belgium	41,160	1.1	.881	–	80	10	4	–	0.068
France	38,180	1.2	.884	–	82	9	4	–	0.080
Germany	45,010	2.0	.911	–	80	9	4	–	0.046
Ireland	38,870	0.7	.899	–	81	9	4	–	0.115
Luxembourg	57,830	2.1	.881	–	82	8	2	–	0.154
Netherlands	46,260	0.1	.915	–	81	8	4	–	0.057
Switzerland	59,610	1.8	.917	–	83	8	4	–	0.030
United Kingdom	37,970	1.4	.892	–	81	9	5	–	0.193
남유럽									
Albania	9,950	2.3	.716	3.0	78	41	15	99	0.245
Bosnia & Herzegovina	9,660	0.6	.731	<2	75	19	7	100	0.201
Croatia	20,810	−1.3	.812	<2	77	13	5	100	0.172
Cyprus	27,630	−1.5	.845	–	80	11	4	100	0.136
Greece	25,660	−6.4	.853	–	81	13	4	99	0.146
Italy	35,220	−0.6	.872	–	83	10	4	100	0.067
Kosovo	9,090	3.3	–	–	77	–	–	–	–
Macedonia	11,520	1.9	.732	4.2	75	38	7	99	0.162
Montenegro	14,410	1.3	.789	<2	77	18	5	99	–
Portugal	27,190	−1.5	.822	–	80	15	4	99	0.116
Serbia	12,480	0.7	.745	<2	75	29	7	99	–
Slovenia	28,650	−0.6	.874	<2	81	10	3	100	0.021
Spain	32,870	−1.1	.869	–	83	11	4	100	0.100
북유럽									
Denmark	45,300	0.4	.900	–	81	9	4	–	0.056
Estonia	24,920	4.7	.840	<2	77	20	3	100	0.154
Finland	39,860	0.7	.879	–	81	7	3	–	0.075
Iceland	41,090	1.1	.895	–	82	6	2	–	0.088
Latvia	22,510	3.8	.810	2.0	74	21	8	100	0.222
Lithuania	24,530	3.8	.834	<2	74	17	5	100	0.116
Norway	65,450	1.5	.944	–	82	8	3	–	0.068
Sweden	46,170	2.2	.898	–	82	7	3	–	0.054
동유럽									
Bulgaria	15,210	1.1	.777	3.9	75	22	12	98	0.207
Czech Republic	26,970	0.7	.861	59.1	79	14	4	–	0.087
Hungary	22,660	0.6	.818	<2	76	19	6	99	0.247
Poland	22,830	3.0	.834	<2	78	17	5	100	0.139
Romania	18,390	1.3	.785	8.8	75	37	12	99	0.320
Slovakia	25,970	2.5	.830	<2	76	18	7	–	0.164
소국가									
Andorra	–	–	.830	–	83*	8	3	–	–
Liechtenstein	–	–	.889	–	82	10	–	–	–
Malta	27,020	2.2	.829	–	82	11	6	98	0.220
Monaco	–	–	–	–	90	8	4	–	–
San Marino	–	–	–	–	83	12	3	–	–
Vatican City	–	–	–	–	–	–	–	–	–

출처 : World Bank, World Development Indicators, 2015

[1]United Nations, Human Development Report, 2014

[2]Population Reference Bureau, World Population Data Sheet, 2015.

[3]성평등 지수 – 여성과 남성의 성평등 정도를 3차원으로 반영한 종합 척도: 출산 보건, 권한 및 노동시장 자료를 통해 0과 1 사이의 수치로 나타내며, 숫자가 높을수록 불평등이 크다.

*Additional data from the CIA World Fackbook, 2015

표 A 9.1 러시아 인구 지표

국가	인구 (100만 명) 2015	인구밀도 (km²당)[1]	자연 증가율 (RNI)	합계 출산율	도시화율	15세 미만 인구 비중	65세 이상 인구 비중	순이주율 (1,000명당)
Armenia	3.0	105	0.5	1.5	63	19	11	−6
Belarus	9.5	47	0.0	1.7	76	16	14	2
Georgia	3.8	78	0.2	1.7	54	17	14	−2
Moldova	4.1	124	0.0	1.3	42	16	10	−1
Russia	144.3	9	0.0	1.8	74	16	13	2
Ukraine	42.8	79	−0.4	1.5	69	15	15	1

출처 : Population Reference Bureau, World Population Data Sheet, 2015
[1]World Bank, World Development Indicators, 2015.

표 A 9.2 러시아 개발 지표

국가	1인당 국민소득 PPP, 2013	연평균 국내총생산 증가율 2009-2013	인간 개발 지수 (2013)[1]	1일 2달러 이하로 생활하는 인구 비율	기대수명 (2015)[2]	5세 미만 유아 사망률 (1990)	5세 미만 유아 사망률 (2013)	청년층 문해력 (15-24세 연령 인구 %)	성평등 지수 (2013)[3,1]
Armenia	8,180	4.7	.730	15.5	75	47	16	100	0.325
Belarus	16,950	3.9	.786	2	73	17	5	100	0.152
Georgia	7,020	5.9	.744	31.3	75	47	13	100	–
Moldova	5,180	5.0	.663	2.8	72	35	15	100	0.302
Russia	24,280	3.5	.778	<2	71	27	10	100	0.314
Ukraine	8,970	2.8	.734	<2	71	19	10	100	0.326

출처 : World Bank, World Development Indicators, 2015
[1]United Nations, Human Development Report, 2014
[2]Population Reference Bureau, World Population Data Sheet, 2015.
[3]성평등 지수 – 여성과 남성의 성평등 정도를 3차원으로 반영한 종합 척도: 출산 보건, 권한 및 노동시장 자료를 통해 0과 1 사이의 수치로 나타나며, 숫자가 높을수록 불평등이 크다.

표 A 10.1 중앙아시아 인구 지표

국가	인구 (100만 명) 2015	인구밀도 (km²당)[1]	자연 증가율 (RNI)	합계 출산율	도시화율	15세 미만 인구 비중	65세 이상 인구 비중	순이주율 (1,000명당)
Afghanistan	32.2	47	2.6	4.9	25	45	2	2
Azerbaijan	9.7	114	1.2	2.2	53	22	6	0
Kazakhstan	17.5	6	1.7	3.0	53	25	7	0
Kyrgyzstan	6.0	30	2.1	4.0	36	32	4	−1
Mongolia	3.0	2	2.2	3.1	68	27	4	−1
Tajikistan	8.5	59	2.6	3.8	27	36	3	−3
Turkmenistan	5.4	11	1.3	2.3	50	28	4	−1
Uzbekistan	31.3	71	1.8	2.4	51	28	4	−1

출처 : Population Reference Bureau, World Population Data Sheet, 2015
[1]World Bank, World Development Indicators, 2015.

표 A 10.2 중앙아시아 개발 지표

국가	1인당 국민소득 PPP, 2013	연평균 국내총생산 증가율 2009-2013	인간 개발 지수 (2013)[1]	1일 2달러 이하로 생활하는 인구 비율	기대수명 (2015)[2]	5세 미만 유아 사망률 (1990)	5세 미만 유아 사망률 (2013)	청년층 문해력 (15-24세 연령 인구 %)	성평등 지수 (2013)[3,1]
Afghanistan	1,960	8.1	.468	–	61	192	97	47	0.705
Azerbaijan	16,180	2.8	.747	2.4	74	95	34	100	0.340
Kazakhstan	20,680	6.4	.757	<2	70	57	16	100	0.323
Kyrgyzstan	3,080	3.7	.628	21.1	70	70	24	100	0.348
Mongolia	8,810	12.5	.698	–	69	107	32	98	0.320
Tajikistan	2,500	7.2	.607	27.4	67	114	48	100	0.383
Turkmenistan	12,920	11.6	.698	49.7	65	94	55	100	–
Uzbekistan	5,290	8.2	.661	–	68	75	43	100	–

출처 : World Bank, World Development Indicators, 2015
[1]United Nations, Human Development Report, 2014
[2]Population Reference Bureau, World Population Data Sheet, 2015.
[3]성평등 지수 – 여성과 남성의 성평등 정도를 3차원으로 반영한 종합 척도: 출산 보건, 권한 및 노동시장 자료를 통해 0과 1 사이의 수치로 나타나며, 숫자가 높을수록 불평등이 크다.

표 A 11.1 동아시아 인구 지표

국가	인구 (100만 명) 2015	인구밀도 (km²당)[1]	자연 증가율 (RNI)	합계 출산율	도시화율	15세 미만 인구 비중	65세 이상 인구 비중	순이주율 (1,000명당)
China	1,371.9	145	0.5	1.7	55	17	10	0
Hong Kong	7.3	6,845	0.3	1.2	100	11	15	3
Japan	126.9	349	−0.2	1.4	93	13	26	1
North Korea	25.0	207	0.5	2.0	61	22	10	0
South Korea	50.7	516	0.4	1.2	82	14	13	3
Taiwan	23.5	652	0.2	1.2	73	14	12	1

출처 : Population Reference Bureau, World Population Data Sheet, 2015
[1]World Bank, World Development Indicators, 2015.

표 A 11.2 동아시아 개발 지표

국가	1인당 국민소득 PPP, 2013	연평균 국내총생산 증가율 2009-2013	인간 개발 지수 (2013)[1]	1일 2달러 이하로 생활하는 인구 비율	기대수명 (2015)[2]	5세 미만 유아 사망률 (1990)	5세 미만 유아 사망률 (2013)	청년층 문해력 (15-24세 연령 인구 %)	성평등 지수 (2013)[3,1]
China	11,850	8.7	.719	18.6	75	49	13	100	0.202
Hong Kong	54,270	3.8	.891	–	84	–	–	–	–
Japan	37,550	1.6	.890	–	83	6	3	–	0.138
North Korea	–	–	–	–	70	45	27	100	–
South Korea	33,360	3.7	.891	–	82	8	4	–	0.101
Taiwan	–	–	–	–	80	–	–	–	–

출처 : World Bank, World Development Indicators, 2015
[1]United Nations, Human Development Report, 2014
[2]Population Reference Bureau, World Population Data Sheet, 2015.
[3]성평등 지수－여성과 남성의 성평등 정도를 3차원으로 반영한 종합 척도: 출산 보건, 권한 및 노동시장 자료를 통해 0과 1 사이의 수치로 나타나며, 숫자가 높을수록 불평등이 크다.

표 A 12.1 남부 아시아 인구 지표

국가	인구 (100만 명) 2015	인구밀도 (km²당)[1]	자연 증가율 (RNI)	합계 출산율	도시화율	15세 미만 인구 비중	65세 이상 인구 비중	순이주율 (1,000명당)
Bangladesh	160.4	1,203	1.4	2.3	23	33	5	−3
Bhutan	0.8	20	1.1	2.2	38	31	5	2
India	1314.1	421	1.4	2.3	32	29	5	−1
Maldives	0.3	1,150	1.9	2.2	45	26	5	0
Nepal	28.0	194	1.5	2.4	18	33	6	−1
Pakistan	199.0	236	2.3	3.8	38	36	4	−2
Sri Lanka	20.9	327	1.2	2.3	18	25	8	−4

출처 : Population Reference Bureau, World Population Data Sheet, 2015
[1]World Bank, World Development Indicators, 2015.

표 A 12.2 남부 아시아 개발 지표

국가	1인당 국민소득 PPP, 2013	연평균 국내총생산 증가율 2009-2013	인간 개발 지수 (2013)[1]	1일 2달러 이하로 생활하는 인구 비율	기대수명 (2015)[2]	5세 미만 유아 사망률 (1990)	5세 미만 유아 사망률 (2013)	청년층 문해력 (15-24세 연령 인구 %)	성평등 지수 (2013)[3,1]
Bangladesh	3,190	6.2	.558	76.5	71	139	41	80	0.529
Bhutan	6,920	6.6	.584	15.2	68	138	36	74	0.495
India	5,350	6.9	.586	59.2	68	114	53	81	0.563
Maldives	9,900	4.5	.698	12.2	74	105	10	99	0.283
Nepal	2,260	4.2	.540	56.0	67	135	40	82	0.479
Pakistan	4,840	3.1	.537	50.7	66	122	86	71	0.563
Sri Lanka	9,470	7.4	.750	23.9	74	29	10	98	0.383

출처 : World Bank, World Development Indicators, 2015
[1]United Nations, Human Development Report, 2014
[2]Population Reference Bureau, World Population Data Sheet, 2015.
[3]성평등 지수－여성과 남성의 성평등 정도를 3차원으로 반영한 종합 척도: 출산 보건, 권한 및 노동시장 자료를 통해 0과 1 사이의 수치로 나타나며, 숫자가 높을수록 불평등이 크다.

표 A 13.1 동남아시아 인구 지표

국가	인구 (100만 명) 2015	인구밀도 (km²당)[1]	자연 증가율 (RNI)	합계 출산율	도시화율	15세 미만 인구 비중	65세 이상 인구 비중	순이주율 (1,000명당)
Burma (Myanmar)	52.1	82	1.0	2.3	34	24	5	−1
Brunei	0.4	79	1.4	1.6	77	25	5	1
Cambodia	15.4	86	1.8	2.7	21	31	6	−2
East Timor	1.2	79	2.8	5.7	32	42	5	−9
Indonesia	255.7	138	1.5	2.6	54	29	5	−1
Laos	6.9	29	2.1	3.1	38	37	4	−3
Malaysia	30.8	90	1.2	2.0	74	26	6	3
Philippines	103.0	330	1.7	2.9	44	34	4	−1
Singapore	5.5	7,713	0.5	1.3	100	16	11	14
Thailand	65.1	131	0.4	1.6	49	18	11	0
Vietnam	91.7	289	1.0	2.4	33	24	7	0

출처 : Population Reference Bureau, World Population Data Sheet, 2015

[1]World Bank, World Development Indicators, 2015.

표 A 13.2 동남아시아 개발 지표

국가	1인당 국민소득 PPP, 2013	연평균 국내총생산 증가율 2009-2013	인간 개발 지수 (2013)[1]	1일 2달러 이하로 생활하는 인구 비율	기대수명 (2015)[2]	5세 미만 유아 사망률 (1990)	5세 미만 유아 사망률 (2013)	청년층 문해력 (15-24세 연령 인구 %)	성평등 지수 (2013)[3,1]
Burma (Myanmar)	–	–	.524	–	65	107	51	96	0.430
Brunei	–	1.5	.852	–	79	12	10	100	–
Cambodia	2,890	7.0	.584	41.3	64	117	38	87	0.505
East Timor	7,670	11.0	.620	71.1	68	180	55	80	–
Indonesia	9,270	6.2	.684	43.3	71	82	29	99	0.500
Laos	4,550	8.2	.569	62.0	68	148	71	84	0.534
Malaysia	22,530	5.7	.773	2.3	75	17	9	98	0.210
Philippines	7,840	6.1	.660	41.7	69	57	30	98	0.406
Singapore	76,860	6.3	.901	–	83	8	3	100	0.090
Thailand	13,430	4.2	.722	3.5	75	35	13	97	0.364
Vietnam	5,070	5.8	.638	12.5	73	50	24	97	0.322

출처 : World Bank, World Development Indicators, 2015

[1]United Nations, Human Development Report, 2014

[2]Population Reference Bureau, World Population Data Sheet, 2015.

[3]성평등 지수 – 여성과 남성의 성평등 정도를 3차원으로 반영한 종합 척도: 출산 보건, 권한 및 노동시장 자료를 통해 0과 1 사이의 수치로 나타나며, 숫자가 높을수록 불평등이 크다.

표 A 14.1 오스트레일리아와 오세아니아 인구 지표

국가	인구 (100만 명) 2015	인구밀도 (km²당)	자연 증가율 (RNI)	합계 출산율	도시화율	15세 미만 인구 비중	65세 이상 인구 비중	순이주율 (1,000명당)
Australia	23.9	3	0.6	1.9	89	19	15	8
Fed. States of Micronesia	0.1	152	1.9	3.5	22	34	4	−14
Fiji	0.9	48	1.3	3.1	51	29	5	−6
French Polynesia	0.3	76	1.1	2.0	56	24	7	0
Guam	0.2	306	1.5	2.9	93	26	8	−6
Kiribati	0.1	126	2.1	3.8	54	36	4	−1
Marshall Islands	0.06	292	2.6	4.1	74	41	3	−17
Nauru	0.01	503	2.7	3.9	100	37	1	−9
New Caledonia	0.3	14	0.9	2.3	70	24	9	4
New Zealand	4.6	17	0.6	1.9	86	20	15	11
Palau	0.02	45	0.2	1.7	84	20	6	0
Papua New Guinea	7.7	16	2.3	4.3	13	39	3	0
Samoa	0.2	67	2.4	4.7	19	39	5	−28
Solomon Islands	0.6	20	2.5	4.1	20	39	3	0
Tonga	0.1	125	2.0	3.9	23	37	6	−19
Tuvalu	0.01	329	1.6	3.2	59	33	5	0
Vanuatu	0.3	21	2.8	4.2	24	39	4	0

출처 : Population Reference Bureau, World Population Data Sheet, 2015
[1]World Bank, World Development Indicators, 2015.

표 A 14.2 오스트레일리아와 오세아니아 개발 지표

국가	1인당 국민소득 PPP, 2013	연평균 국내총생산 증가율 2009-2013	인간 개발 지수 (2013)[1]	1일 2달러 이하로 생활하는 인구 비율	기대수명 (2015)[2]	5세 미만 유아 사망률 (1990)	5세 미만 유아 사망률 (2013)	청년층 문해력 (15-24세 연령 인구 %)	성평등 지수 (2013)[3,1]
Australia	42,110	2.7	.933	–	82	9	4	–	0.113
Fed. States of Micronesia	3,680	0.4	.630	44.7	70	56	36	–	–
Fiji	7,590	2.6	.724	22.9	70	30	24	–	–
French Polynesia	–	–	–	–	77	–	–	–	–
Guam	–	–	–	–	79	–	–	–	–
Kiribati	2,780	2.2	.607	–	65	88	58	–	–
Marshall Islands	4,630	3.2	–	–	72	52	38	–	–
Nauru	–	–	–	–	66	–	–	–	–
New Caledonia	–	–	–	–	77	–	–	100	–
New Zealand	30,970	2.1	.910	–	81	11	6	–	0.185
Palau	14,540	3.9	.775	–	72	32	18	100	–
Papua New Guinea	2,510	8.3	.491	57.4	62	88	61	71	0.617
Samoa	5,560	1.8	.694	–	74	30	18	100	0.517
Solomon Islands	1,810	6.8	.491	–	70	42	30	–	–
Tonga	5,450	1.9	.705	–	76	25	12	99	0.458
Tuvalu	5,260	2.2	–	–	70	58	29	–	–
Vanuatu	2,870	1.6	.616	–	71	39	17	95	–

출처 : World Bank, World Development Indicators, 2015
[1]United Nations, Human Development Report, 2014
[2]Population Reference Bureau, World Population Data Sheet, 2015.
[3]성평등 지수 – 여성과 남성의 성평등 정도를 3차원으로 반영한 종합 척도: 출산 보건, 권한 및 노동시장 자료를 통해 0과 1 사이의 수치로 나타내며, 숫자가 높을수록 불평등이 크다.

용어정리

가족 친화적 정책(family friendly policies) 높은 출생률을 장려하는 공공 정책. 예를 들면 신생아 부모에게 출산 및 육아를 지원하는 정책이다.

가축화(domestication) 문화적 목적으로 야생 동물과 식물을 인위적으로 선택 및 육종하는 행위.

경도(longitude) 지구상에서 위치를 찾는 데 도움을 주는 기본 좌표이다. 경도는 위선과 직각으로 만나는 선이다. 즉, 지구의 표면을 동서로 나누고 양극을 통과하는 선을 말한다. 경도의 기준은 1884년 영국의 그리니치 천문대를 통과하는 자오선으로 정하여 사용하고 있다. 경선은 세계 각국의 시차를 결정하는 기준이 된다.

경제적 수렴(economic convergence) 세계화로 인해 세계 저개발 국가의 경제가 점차 선진 경제에 수렴될 것이라는 견해.

경제통화동맹(Economic and Monetary Union, EMU) 공통 통화의 사용을 포함하여 회원국 간의 경제적 문제를 해결하기 위해 1999년에 유럽연합에 의해 창설되었다.

경제특구(Special Economic Zones, SEZs) 세계 자본주의 경제 활동이 가능하도록 완전히 개방된 경제 지구.

계약 노동자(indentured labor) 일정 기간 동안(대개 수년에 걸쳐) 카리브 해 농업 지역에서 노동하기로 계약을 맺은 외국인 노동자(일반적으로 남부 아시아인)를 일컫는 용어. 보통 계약은 노동자의 여행 빚을 갚는 것으로 규정하고 있다. 대부분의 세계 지역에 유사한 계약 노동이 존재하고 있다.

계절풍(monsoon wind) 고기압에서 저기압으로 흐르는 대륙 규모의 바람. 남반구, 동남아시아 및 북아메리카의 남서풍 계절풍은 비가 오는 날씨와 관련이 있다.

계통지리학(systematic geography) 계통지리학은 지리학자들이 연구하는 주제를 기반으로 이루어지는 영역으로, 환경 · 인구 · 문화 · 정치 · 경제 지리학 등이 있다.

고도별 식생 분포(altitudinal zonation) 단열 체감율(1,000m마다 6.5℃)로 인한 고도, 온도 및 식물의 변화 사이의 관계로 차이가 발생하는 대상 분포.

고립된 접근성(isolated proximity) 카리브 해 국가의 모순된 위치를 설명하는 개념. 카리브 해 지역의 고립성으로 인해 이 지역은 문화적 다양성을 유지하고 있으나 경제적 기회가 한정되어 있다. 카리브 해 출신 작가들은 이러한 고립성으로 인해 강한 장소감이 형성되고, 내부에 초점을 맞추는 경향이 생긴다고 설명한다.

고립 영토(exclave) 본국에서 떨어져서 다른 나라의 영토에 둘러싸인 영토의 일부.

골든 트라이앵글(Golden Triangle) 세계에서 두 번째로 큰 아편과 헤로인 생산 지역으로, 태국 북부 라오스와 미얀마에 이르는 지역에 위치한다.

공산주의(communism) 칼 마르크스의 저서를 바탕으로 한 이념 체제.

공정 무역(fair trade) 개발도상국에서 수출된 주요 농산물을 확인하여 농민들이 자신들의 생산품에 더 좋은 가격을 매길 수 있도록 하는 국제 인증 운동. 소규모 생산자가 자신이 재배한 커피, 차, 임산물 등의 상품에 대해 더 많은 돈을 벌 수 있고, 생산 방식이 환경적으로나 사회적으로 지속 가능한 것으로 간주될 때 '공정 무역'으로 인증된다.

공통어(lingua franca) 국제 비즈니스, 정치, 스포츠, 엔터테인먼트와 같은 특정 주제에 대한 의사소통을 원활하게 하기 위해 합의된 공통 언어. 링구아프랑카라는 명칭은, 십자군 시대에 레반트 지방에서 사용되던 프로방스어를 중심으로 한 공통어에서 유래한다. 식민지 시대 이후 세계 각지에서 많이 생겼다.

과두제(oligarchs) 러시아 경제의 중요한 측면을 통제하는 부유하고 사적인 사업가의 소그룹.

교토 의정서(Kyoto Protocol) 온실 가스 배출을 제한하는 국제 협약. 1997년에 제정되었으며 2015년 파리 협약으로 대체되면서 만료되었다.

구매력평가(purchasing power parity, PPP) 1인당 국민소득에 대해 구매력 평가를 통해 조정하는 개념이다. 이 평가는 현지 통화의 강점과 약점을 고려한 조정이다.

구조 조정 프로그램(structural adjustment programs) 정부 지출을 줄이는 한편, 민간 부문의 활동을 장려하고, 외국 부채를 재조정하는 프로그램으로 다소 논란은 있지만 널리 적용되었다. 일반적으로 국제통화기금(IMF) 및 세계은행의 지원으로 이루어지는 이 프로그램은 정부의 지원 서비스 및 식량 보조금의 대폭적인 삭감 등 빈민층에 악영향을 미치는 것으로 알려져 있다.

국내 피난민(internally displaced persons, IDP) 갈등이나 기아로 인해 지역을 떠나지만 여전히 자신의 출신 국가에 남아 있는 집단 및 개인. 이 인구는 종종 난민과 같은 환경에서 살지만 기술적으로는 난민 자격이 아니기 때문에 국제적으로 지원을 받기가 어렵다.

국내총생산(gross domestic product, GDP) 국가의 1년 내에 생산된 재화와 서비스의 총 가치.

국민총소득(gross national income, GNI) 국가의 국내에서 생산된 모든 최종 재화와 서비스의 가치(국내총생산)와 국민이 해외에서 벌어들인 최종 재화와 서비스의 가치.

군소국가(microstates) 인구와 국토가 모두 작은 독립 국가.

극 제트 기류(polar jet streams) 북반구와 남반구의 양쪽 반구의 고위도에 위치한 강력한 대기풍. 이 바람은 지구 자전에 의해 형성된 것이다.

글라스노스트(glasnost) 1980년대 구소련 대통령인 미하일 고르바초프가 시작한 개방과 개혁의 정책.

기능지역(functional region) 특정 활동이 영향을 미치는 공간 범위를 설명하는 데 사용되는 지리적 개념. 예를 들어 신문이 배달되는 권역과 도시의 상권 등이다.

기후(climate) 일반적으로 30년간 기상 측정을 통해 이루어진 해당 지역 평균 기상 조건.

기후 변화(climate change) 이전의 상태와 다르게 측정된 기후 변화. 정상적인 변동성과는 차이가 있다.

난민(refugee) 인종, 민족, 종교, 이데올로기 또는 정치적 탄압에 의해 자국을 탈출하여 국외로 떠나온 사람.

남아메리카공동시장(Mercosur) 1991년에 설립된 남반구 공동시장. 이 기구는 회원국 간 자유 무역과 비회원 국가에 대한 공동 외부 관세를 요구한다. 정회원 국가는 아르헨티나, 파라과이, 브라질, 우루과이, 베네수엘라이며, 준회원 국가는 칠레, 페루, 볼리비아, 에콰도르, 콜롬비아이다.

남아메리카국가연합(Union of South American Nations, UNASUR) 남아메리카 내 무역과 인구 이동을 통합하고자 하는 초국가적 조직. 2008년에 만들어졌으며, 유럽연합을 모델로 한 것이다.

남아프리카발전공동체(Southern African Development Community, SADC) 남아프리카발전공동체는 남아프리카 15개 회원국이 결성한 기구로 회원국 간 사회경제적 협력, 통합 및 안보 문제를 다루고 있다. 이 기구의 본부는 보츠와나의 가보로네에 있다.

낮은 섬(low islands) 산호초에 의해 형성된 평평하고 저지대의 섬. 화산 분출로 형성된 높은 섬들과 대조를 이룬다.

냉전(Cold War) 1946년부터 1991년 사이에 이루어졌던 미국과 구소련 간의 이데올로기적 투쟁.

녹색혁명(Green Revolution) 1960년대 이후로 개발된 매우 생산적인 농업 기술. 새로운 식물 품종의 개발과 화학 비료 및 살충제의 사용으로 인한 농업 변화를 말한다. 이 용어는 일반적으로 개발도상국, 특히 인도의 농업 변화에 일반적으로 적용된다.

높은 섬(high islands) 최근 화산 활동으로 만들어진 대규모의 높은 섬.

뉴어버니즘(new urbanism) 보행자 규모의 이웃을 강조하는 도시 디자인 운동. 거주자가 걸어서 직장, 학교를 다닐 수 있으며 지역 시설을 이용할 수 있도록 고밀도로 개발된 도시를 지향.

다양성(diversity) 특정 사회에 다양한 사람들을 포함하여 각기 다른 경관, 문화 또는 사상을 갖고 있는 상태.

단계구분도(choropleth map) 지도화 과정에서 주제에 따른 단계별 차이를 나타내기 위해 채색되거나 음영 처리되는 지도.

단열감률 효과(adiabatic lapse rate) 해발고도의 변화에 따라 대기 온도가 차가워지거나 더워지는 정도로, 보통 100m당 약 1℃의 온도 변화를 보인다.

단일국가(unitary state) 국가 차원에서 권력이 중앙 집권화된 정치 체제.

단일 작물 생산(mono crop production) 단일 작물을 생산기반으로 하는 농업.

달러화(dollarization) 한 국가가 미국 달러를 공식 통화로 채택하는 경제 전략. 국가는 부분적으로 달러화를 사용하여 미국 달러를 자국 통화와 함께 사용하거나 완전히 달러화할 수 있다. 추후에 미국 달러만이 유일한 교환 수단이 되고 국가는 자국 통화를 포기하게 된다. 파나마는 1904년에 완전히 달러화되었으며, 에콰도르는 2000년에 완전히 달러화되었다.

달리트(Dalit) 인도에서 가장 낮은 카스트 집단을 지칭하는 용어. 이전에는 '촉감이 좋지 않은'사람들을 나타내는 데 사용된 용어이다.

대규모 단애(Great Escarpment) 앙골라에서 남아프리카에 이르는 남아프리카 지역의 지형. 고지대의 완만한 초원, 원시 그대로의 가파른 계곡과 바위 협곡이 이곳의 절경을 한층 더 고조시킨다. 이곳의 다양한 서식지에서 많은 고유종과 세계적으로 멸종이 우려되는 조류와 식물이 보호되고 있다.

대도시 이외 지역의 성장(nonmetropolitan growth) 사람들이 대도시와 교외도시 지역을 떠나 소규모 도시와 농촌으로 이주하는 이주 패턴.

대륙성 기후(continental climate) 더운 여름과 추운 겨울이 특징인 기후로, 해양으로부터 영향을 크게 받지 않는 대륙 내부의 지역의 기후. 이 기후에서는 최소 1개월 이상이 0℃ 이하여야 한다.

대아랍자유무역지대(Greater Arab Free Trade Area, GAFTA) 2005년 아랍 연맹의 17개 회원국이 창설한 조직으로, 모든 지역 내 무역 장벽을 제거하고 경제적 협력을 도모하도록 설계되어 있다.

대앤틸리스 제도(Greater Antilles) 쿠바, 자메이카, 히스파니올라, 푸에르토리코의 대형 카리브 섬.

대체율(replacement rate) 안정된 인구 규모를 유지하기 위해 여성에게 태어난 평균 자녀 수. 전 세계 대체율은 약 2.1이다.

도둑 정치(kleptocracy) 부패가 너무 제도화되어 정치인과 관료가 막대한 양의 국가 부를 착복하는 국가.

도미노 이론(domino theory) 1970년대 미국에서 만들어낸 지정학적 현상을 일컫는 용어. 베트남이 공산주의자들에게 넘어간다면 주변 동남아시아도 곧 공산화될 것이라는 가정에서 비롯된 개념.

도시 분산(urban decentralization) 더 큰 지리적 영역으로 도시가 퍼져 나가는 과정.

도시 열섬(urban heat island) 농촌 지역에 비해 도시의 기온이 5~8℃ 더 높게 나타나는 현상. 이 현상은 도시의 개발과 관련성이 높다.

도시화율(urbanized population) 도시로 거주하는 인구의 비율. 일반적으로 높은 도시화율은 산업화와 경제 발전의 수준과 밀접한 관련이 있다. 이러한 활동은 대개 도시와 그 주변 지역에서 이루어지기 때문이다. 반면 개발도상국의 도시화율은 50% 미만으로 낮게 나타난다.

동남아시아국가연합(Association of Southeast Asian Nations, ASEAN) 동남아시아의 10개 국가가 가입해 있는 지정학적 연합체.

동방 정교회(Eastern Orthodox Christianity) 역사적으로 비잔틴 전통과 콘스탄티노플(이스탄불)이 중심지 역할을 하고 있는 종교이며, 이 종교적 전통에 따라 동유럽과 러시아가 유사한 문화적 전통으로 연결되어 있다.

동아프리카 지구대(Great Rift Valley) 동아프리카의 계곡과 호수는 동아프리카 전역에서 북쪽에서 남쪽으로 뻗어 있는 지각판의 경계에 형성되어 있다. 이 지역은 아프리카 지각판이 둘로 분할되는 과정에 있다.

두뇌 유입(brain gain) 귀국한 이주민들이 해외에서 얻은 경험을 본국의 사회 · 경제적 개발에 기여할 수 있는 가능성.

두뇌 유출(brain drain) 개발도상국에서 고용 기회가 많은 선진국으로 교육 수준이 가장 높은 사람들이 이주하는 현상.

드라비다어족(Dravidian language family) 타밀어와 텔루구어와 같은 언어를 포함하는 남부 아시아 언어 계열. 드라비어는 남부 아시아의 남부 지역에 국한되어 나타난다.

등질지역(formal region) 언어 또는 기후 등과 같은 특성을 지도화할 때 영역으로 설명하는 지리적 지역 개념이다. 등질지역은 기능지역과 구별된다.

라티푼디아(latifundia) 라틴아메리카의 대규모 부동산 또는 토지 보유.

러스트 벨트(rust belt) 과거 제조업이 발달했던 지역이었으나 현재는 산업 경쟁력을 상실하여 심각한 경제적 쇠퇴를 겪고 있는 중공업 지역.

러시아화(Russification) 구소련의 정책으로 러시아 주민과 영향력이 러시아 외부 지역에까지 파급되도록 고안되었다.

레반트(Levant) 지중해 동부 지역.

뢰스(loess) 바람에 날려와 쌓인 미세한 퇴적물 층. 일반적으로 비옥한 토양을 형성하지만, 하천 침식에는 약한 특성을 지니고 있다.

르네상스-바로크 시대(Renaissance-aroque period) 16세기에서 19세기까지 이어지는 시기에 나타났던 도시 계획 설계 및 건축 스타일. 많은 유럽 도시에서 오늘날에도 볼 수 있는 건축학적 특징이다. 넓으며 길게 뻗은 가로수 길; 궁전, 광장, 교회와 같이 웅장하며 기념비적인 건축물; 넓게 구획된 상류층 주거 공간 등.

마그레브(Maghreb) 모로코, 알제리, 튀니지의 일부를 포함하는 아프리카 북서부 지역.

마룬(maroons) 과거 아프리카로부터 강제 이주해 온 노예들로 아프리카 전통을 간직한 공동체. 주로 카리브 해와 브라질 전역에 분포하고 있는 단체.

마르크스주의(Marxism) 공산주의의 주창자인 칼 마르크스의 철학. 마르크스주의는 국가의 계획 경제로 실시되는 사회주의 경제 시스템의 원리에 바탕을 두고 있다. 마르크스주의는 다양한 측면으로 변화되고 있다.

마오리족(Maori) 뉴질랜드의 원주민인 폴리네시아인.

마오쩌둥주의(Maoism) 20세기 중반 중국 지도자 마오쩌둥이 만들어낸 특정 마르크스주의. 주류 마르크스주의와는 달리, 마오쩌둥주의는 산업 노동자보다는 농민을 공산주의 사회에서 혁명을 주도할 수 있는 잠재적인 계층으로 간주한다.

마이크로디스트릭트(mikrorayon) 1970년대와 1980년대 구소련 시대에 건설된 대규모의 국영 도시 주택 프로젝트.

마킬라도라(maquiladora) 외국 자본에 의해 세워진 멕시코 국경에 있는 조립 공장 지대. 생산된 제품의 대부분은 미국으로 수출된다.

마하라자(maharaja) 인도 지역의 힌두교 왕족 또는 왕이나 왕자. 영국의 식민지 지배 전에 남부 아시아의 특정 지역을 통치했었던 군주를 일컫는 용어.

말리 나무(mallee) 뿌리에서 솟아 나온 여러 수간을 갖고 낮게 자라는 관목 형태인 유칼리프트 수종의 총칭. 일반적으로 나무 높이는 2~10m. 호주 내부 전역에 걸쳐 분포하지만 경제적 가치는 거의 없음.

망명법(asylum laws) 인종, 종교 또는 정치적 박해로 인해 발생한 난민을 보호하기 위해 제정된 법률.

먼로 독트린(Monroe Doctrine) 1823년 미국의 제임스 먼로 대통령이 미국이 서반구에서 유럽의 군사 행동을 용납하지 않을 것이라고 발표한 선언. 카리브 해에 초점을 맞춘 이 선언은 이 지역에 대한 미국의 정치 및 군사 개입을 정당화하기 위해 발동되었다.

메갈로폴리스(Megalopolis) 지리적으로 인접한 여러 도시가 성장하면서 큰 도시 지역을 형성. 이 용어는 워싱턴 DC를 포함하여 북아메리카의 동부에 있는 여러 도시(볼티모어, 필라델피아, 뉴욕, 보스턴 등)에 붙여진 것이다.

메디나(medina) 전통적인 이슬람 중심 도시.

메스티소(mestizo) 유럽 백인과 라틴 아메리카 원주민 간에 태어난 혼혈 인종.

멜라네시아(Melanesia) 뉴기니, 솔로몬 제도, 바누아투, 뉴칼레도니아, 피지 등의 문화적으로 복잡하고 일반적으로 어두운 피부색의 사람들이 거주하고 있는 태평양 지역.

목축 유목(pastoral nomadism) 한계 상황의 자연 환경에서 가축의 계절적 움직임에 의존하는 전통적 생존 농업 시스템.

몬순(monsoon) 여름과 겨울에 대륙과 해양의 온도차로 인해서 1년 주기로 풍향이 바뀌는 바람이다. 대륙과 해양 사이에서는 어디서나 불지만 지역에 따른 차이가 크며 극동 지역과 인도 지방에서 뚜렷하게 나타난다. 겨울과 여름의 계절풍이 교체될 때에는 이와 같은 일정한 풍향의 바람은 불지 않는다. 계절풍은 겨울과 여름의 대륙과 해양의 온도차로 인해서 생긴다. 즉, 겨울에는 대륙과 대양이 다 같이 냉각되나, 비열이 작은 대륙의 냉각이 더 커서, 이로 인해 대륙 위의 공기가 극도로 냉각되므로 밀도가 높아지고, 이것이 퇴적하여 큰 고기압이 발생된다.

무굴제국(Mughal Empire) 1500년대와 1600년대에 남부 아시아의 대부분을 통치했던 강력한 무슬림 국가. 무굴 왕조의 마지막은 1857년의 반란에 이어 영국인에 의해 멸망하게 되었다.

문화(culture) '삶의 방식'으로 표현된 집단의 학습된 행동을 전달해 주는 일련의 활동과 과정. 문화는 물질(기술, 도구 등)과 추상적인 요소(말하기, 종교, 가치 등)로 구성되어 있다.

문화 경관(cultural landscape) 인간의 정주 활동 영향으로 변화된 물리적 또는 자연적 경관.

문화 동화(cultural assimilation) 이민자들이 문화적으로 더 큰 주류 사회에 흡수되는 과정.

문화 민족주의(cultural nationalism) 특정 문화 시스템을 정식으로(법률에 따라) 또는 비공식적으로(사회적 가치에 따라) 다른 문화권의 영향으로부터 보호하는 과정과 일련의 정책.

문화 제국주의(cultural imperialism) 새로운 언어, 학교 시스템 또는 관료 조직의 이식과 같은 다른 문화 시스템이 활발하게 도입되어 전파되는 과정. 역사적으로, 문화 제국주의는 주로 유럽의 식민주의와 관련이 있다.

문화 중심(culture hearth) 역사적인 문화 혁신 분야.

문화 중심지(cultural homeland) 잘 정의된 지리적 지역 내에 문화적으로 독특한 거주 지역. 오랜 시간 동안 정체성을 유지하면서 지속적으로 유지되고 있는 지역.

문화 혼합주의 혹은 문화 혼성(cultural syncretism or hybridization) 둘 이상의 문화가 혼합되어 모든 문화적 특성을 보여주는 제3의 문화를 만들어내는 과정. 문화적 잡종이라고도 한다.

물 전쟁(hydropolitics) 수자원 문제와 정치의 상호작용.

미니푼디아(minifundia) 생계와 시장에 내다 팔기 위해 식량을 생산하는 농민이나 세입자가 경작하는 작은 토지.

미주기구(Organization of American States, OAS) 아메리카 대륙의 협력과 대화를 지지하는 기구로 1948년에 설립되어 워싱턴 DC에 본부가 있다. 아메리카 국가 기구에는 쿠바를 제외한 모든 아메리카 국가가 가입되어 있다.

미크로네시아(Micronesia) 멜라네시아 북쪽에 해당하는 지역으로 문화적으로 다양하며, 일반적으로 작은 섬들로 이루어진 태평양 지역. 미크로네시아에는 마리아나 제도, 마셜 제도, 미크로네시아 연방이 포함된다.

민족성(ethnicity) 공동의 문화적 정체성은 공동의 배경이나 역사를 가진 사람들의 집단에 의해 유지된다.

민족국가(nation-state) 자신들 만의 정치 영토가 있으며, 동질적인 문화 집단으로 이루어진 국가.

민족 종교(ethnic religion) 특정 민족 또는 종족 집단이 신봉하는 종교. 민족 종교는 해당 민족의 특징을 결정 짓는 요소가 된다. 일반적으로 민족 종교는 새로운 개종자를 적극적으로 찾지 않는다.

민족통일주의(irredentism) 잃어버린 토지 또는 다른 국가에 있는 같은 민족이 거주하는 토지를 되찾는 운동.

밀레니엄 발전 목표(Millennium Development Goals) 세계은행과 공동으로 추진한 유엔 프로그램. 이 계획은 개발도상국의 기본 교육, 건강 관리, 깨끗한 물에 대한 접근성 향상에 자원을 집중함으로써 극심한 빈곤을 줄이는 것을 목표로 하고 있다. 개발도상국의 많은 국가가 1990년을 시작으로 2015년까지 기준 목표에 도달해야 한다. 그러나 사하라 사막 이남의 아프리카 국가에서는 목표 달성이 쉽지 않을 것으로 예견된다.

바르샤바 조약(Warsaw Pact) 구소련의 영향권에 있었던 동부 유럽 8개 국가의 냉전 군사 동맹. 이 조약은 서유럽의 NATO 협정에 대응하기 위해 체결되었다. 바르샤바 조약은 1954년에 결성되었으며 1991년에 해체되었다.

바이오 연료(biofuels) 식물이나 동물로부터 채취한 에너지원. 개발도상국에서는 목재와, 숯, 가축의 분변이 난방과 취사의 에너지원으로 활용되고 있다.

바이칼-아무르 철도[Baikal-Amur Mainline(BAM) Railroad] 시베리아 철도 건설은 1984년에 완료되었다. 이 철도는 예니세이와 아무르 강을 연결하는 노선으로 시베리아 횡단 철도와 평행하게 건설되었다.

반군 진압(counterinsurgency) 군사적 및 정치적 수단에 의한 반란을 일으킨 체제. 무장된 수단뿐만 아니라 지역 기반 시설(학교, 도로 등)을 개선하여 지역 주민의 지지를 얻어 반란을 일으킬 수도 있다.

반란(insurgency) 정치적 폭동 또는 혁명.

발산 경계부(divergent plate boundary) 지각 경계면이 서로 반대 방향으로 이동하여 반대 지각으로 이동하는 지각 경계부. 이동 결과 리프트 지대를 형성하거나 열곡대를 이루게 된다.

발칸화(balkanization) 대규모 정치 단위가 소규모로 분해되는 것을 묘사하는 지정학적 개념의 용어이다. 예를 들어 이전의 유고슬라비아가 보스니아, 마케도니아, 코소보 등과 같은 소규모 독립 국가로 분리된 것을 말한다.

배타적 경제수역(Exclusive Economic Zone, EEZ) 한 국가가 더 많은 어업 및 광물 권리를 보유한 국제법에 의해 선포된 해양 지역.

백오스트레일리아 정책(White Australia Policy) 1973년 이전 오스트레일리아에서 시행된 엄격한 비백인 이민 제한 정책. 현재는 유연한 이민 정책으로 변화되었다.

범례(legend) 대부분의 지도는 현실 세계의 일부를 표현하기 위해 만들어진 것이다. 따라서 지도에는 사용된 기호와 색상을 의미하는 범례가 있다.

베를린 회의(Berlin Conference) 1884년 아프리카를 유럽 식민지 지역으로 분할한 회의. 베를린에서 만들어진 경계는 유럽의 야망을 채우는데 만족한 결과였지만 아프리카 고유한 문화적 특성을 무시했다. 아프리카의 많은 종족 갈등은 1884년에 구획된 부당한 영토 분할의 결과로 비롯된 것이다.

변환 단층(transform fault) 구조상의 힘 때문에 결함의 양쪽 측면의 지면이 반대 방향으로 움직이는 지진.

변환 경계부(transform plate boundary) 2개의 구조 판이 만나는 영역, 한 판이 다른 판을 가로질러 미끄러지듯 움직이는 영역.

보우사 파밀리아(Bolsa Familia) 극심한 빈곤을 줄이기 위해 만들어진 브라질의 조건부 현금 송금 프로그램. 조건에 맞는 가정에서는 아이들이 정기적 건강 검진을 받기 위해 정부에서 매달 수표를 받는다.

보편 종교(universalizing religion) 현지 문화와 조건에 관계없이 일반적으로 활발한 선교 활동에 의해 확산되는 종교. 대표적인 보편 종교는 기독교와 이슬람교이며, 민족 종교와는 대조된다.

본초 자오선(prime meridian) 경도의 기준이 되는 자오선을 말한다. 현재 가장 많이 사용되는 본초 자오선은 1851년 영국 그리니치 천문대(런던 남동부에 위치)에서 만들어진 것이다.

볼셰비키(Bolshevik) 1917년 레닌이 주도한 러시아 공산주의 혁명. 이 혁명으로 볼셰비키가 정권을 성공적으로 장악했다.

부미푸트라(Bumiputra) 말레이시아 정부에서 토착 말레이시아인들을 부르는 명칭('대지의 아들'이란 의미)으로, 직업과 학교 교육에서 선호하는 용어이다.

부족(tribal) 역사적으로 자신의 국가나 도시가 없었으며 정치적으로 지역 차원에서만 조직된 인종 집단. 대부분의 부족 사회에서는 혈연관계가 특히 중요하다.

북대서양조약기구(North Atlantic Treaty Organization, NATO) 구소련의 서부 유럽에 대한 위협에 대응하기 위해 1949년에 결성된 기구.

북아메리카자유무역협정(North American Free Trade Agreement, NAFTA) 1994년 캐나다, 미국, 멕시코 간에 체결된 협약. 이 협정으로 국가 간 교역 장벽을 줄이기 위한 15년 계획이 수립되었다.

북해 노선(northern sea route) 지속적인 지구 온난화로 인해 빙하가 없게 된 시베리아 북부 연안의 통항로.

불량 주택군(bustees) 인도 도시에서의 일시적인 불법 주택지역을 일컫는 용어. 도시 기반시설이 갖추어지기 전에 농촌 인구의 폭발적 유입으로 인해 급속도로 도시화되는 지역.

불량주택지구(squatter settlement) 도시 이주민들이 불법적으로 형성해 놓은 임시적인 주거 지역. 보통 인구가 급성장하는 도시의 주변부 또는 도시 내부의 공지에 형성된다.

불법 거래되는 다이아몬드(conflict diamonds) 노동자들에 의해 자본주의가 전복된 사건. 사유재산제도의 철폐, 경제의 주요 부문(농업과 제조업 모두)의 국가 소유, 중앙 계획 경제, 일당 독재주의적 지배를 가져온 결과를 초래했다.

비공식 부문(informal sector) 공식 부문과 비공식 부문으로 구분되는 이중 경제 체제는 논쟁의 여지가 다분히 포함된 개념임. 비공식 부문에는 일반적으로 규제를 할 수 없으며 비과세 부분의 자영업자 및 저임금 관련 직무가 해당된다. 노점 판매, 구두닦이, 길거리 장식품 제작 및 판매, 일당제 노동 등은 비공식 부문으로 간주할 수 있다. 일부 학자는 비공식 부문 경제에 마약 밀매 및 매춘과 같은 불법 활동까지 포함시킨다.

비그늘(rain shadow) 일반적으로 강수가 적은 건조한 지역, 바람이 불어오는 쪽의 반대 사면을 말한다.

비그늘 효과(rain-shadow effect) 산의 아래로 내려갈 때 공기층이 더워지는 현상에 기인한 결과이다. 이 온난화는 공기 질량이 습기를 유지하는 능력을 증가시킨다.

비옥한 초승달(Fertile Crescent) 레바논에서 동쪽으로 이라크까지 이어지는 서남아시아의 비옥한 하천 충적 지역이다. 이 지대는 초기 문명이 발생한 곳이기도 하며 초기 농업 재배와 관련된 곳이다.

비티컬처(viticulture) 포도 작물 재배.

사막화(desertification) 사막이 아닌 지역이 부적절한 토지 관리로 인해 사막이 되고 있는 상태.

사이짓기(intercropping) 하나의 토지에서 여러 작물을 섞어 재배하는 방법.

사헬(Sahel) 사하라 사막의 남쪽에 위치한 지역으로, 세네갈에서 수단까지 이어진다. 1970년대와 1980년대 초 극심한 가뭄으로 인해 기근이 발생했으며, 인구의 대규모 이주가 발생했다.

사회 및 지역적 차별성(social and regional differentiation) 다른 계층의 사람들이 이주해 나감으로 인해 형성되는 특정 계층의 사람들로 구성된 특정 지역이 형성되는 과정.

사회주의적 사실주의(socialist realism) 한때 구소련에서 대중적이었던 예술적 스타일. 이 사조는 자본주의에 맞선 투쟁으로 노동자들의 현실적인 묘사를 근간으로 하고 있다.

산성비(acid rain) 황 및 질소 산화물의 비중이 높은 유해한 강수. 대부분 산업 및 자동차 배출 가스로 인해 발생하며, 이러한 산성비는 미국 북동부 및 유럽 지역의 산림 생태계에 피해를 주고 있다.

산스크리트어(Sanskrit) 약 4,000년 전에 인도 북서부로 유입된 남부 아시아의 인도-유럽어족으로, 인도-아리안의 현대 언어로 발전하였다. 산스크리트어는 수세기 동안 힌두교의 고전 문학 언어가 되었으며, 중세 유럽의 라틴어와 마찬가지로 학술적 언어로 널리 사용되고 있다.

산업 부문의 변화(sectoral transformation) 과거 1차 산업에 종사하는 노동력이 점차 2차, 3차, 4차 산업 부문으로 옮겨가는 현상.

산업혁명(Industrial Revolution) 18세기 후반에 걸쳐 일어난 유럽의 공장들이 가축의 힘을 사용하던 것에서 벗어나 무생물(물과 석탄)의 힘을 이용한 기계 사용으로 전환한 혁명.

산지 지형 효과(orographiceffect) 날씨와 기후에 대한 산(지형)의 영향을 일컫는 용어. 산의 바람이 불어오는 쪽은 반대 사면에 비해 강수량이 증가한다.

산호도(atoll) 산호초로 둘러싸인 섬이 해수면 아래로 완전히 침강하면서 산호초만으로 이루어진 둥근 고리모양의 산호도를 환초라고 한다.

상하이협력기구(Shanghai Cooperation Organization, SCO) 2001년에 중국, 러시아, 카자흐스탄, 키르기스스탄, 우즈베키스탄, 타지키스탄이 결성한 국가 간 협력 기구. 이 기구는 가입한 국가들의 안보 협력을 중점으로 하며, 중앙아시아의 경제 협력과 문화 교류 향상을 목적으로 하고 있다.

새로운 생태계(novel ecosystems) 기후 변화를 포함하여 인간이 환경을 변형시켰기 때문에 생겨난 식물과 동물의 새로운 생태계.

생태적 다양성(biodiversity) 생태계 또는 생물 지역에서 발견되는 동식물의 분포.

생태 지역(bioregion) 열대 사바나와 같은 특정 환경에 적응된 지역 식물과 동물의 공간 단위 또는 지역.

서아프리카국가경제공동체(ECOWAS) 서아프리카의 15개 회원국 간의 경제적 통합과 안전을 증진하는 정부 간 경제 기구이다. 이 기구는 1975년에 설립되었다.

서안해양성 기후(marine west coast climate) 해양 환경에 영향을 받은 온화한 기후로 시원한 여름과 온화한 겨울이 특징이다. 이 기후는 위도 45도에서 50도 사이의 대륙 서안에서 나타난다.

석유수출국기구(Organization of the Petroleum Exporting Countries, OPEC) 세계적인 석유 가격과 석유 공급에 영향을 미치는 12개의 석유 생산국으로 구성된 국제기구로 1960년에 결성되었다. 현재 회원국은 알제리, 가봉, 인도네시아, 이란, 이라크, 쿠웨이트, 리비아, 나이지리아, 카타르, 사우디아라비아, 아랍 에미리트 연합 및 베네수엘라이다.

선상지(alluvial fan) 산지에서 흘러나오는 하천에 의해 경사 급변 지역에 하천 퇴적물이 부채꼴 모양으로 퇴적된 지형.

선형 축적(graphic or linear scale) 지도의 눈금자 모양의 축척 표시로 지도의 축척 규모를 시각적으로 표현한 것이다.

섭입대(subduction zone) 하나의 지각판이 다른 지각판의 아래로 침강이 이루어지는 지각판의 경계지대.

성별 차이(gender gap) 특정 사회적 또는 문화적 맥락에서 남성과 여성 간의 동등성 또는 형평성의 차이. 급여, 근로 조건 또는 정치 권력의 성차 차이를 설명하기 위해 자주 사용되는 용어이다.

성 불평등(gender inequality) 성별에 따라 사람의 불평등한 대우 또는 인식을 나타낸다. 전형적으로 이들은 교육에 대한 접근, 임금 차이 또는 정치 참여와 같은 사회적으로 구성된 성별 차이이다.

성역할(gender roles) 여성과 남성의 행동이 특정한 문화적 맥락에서 어떻게 다른지 나타낸다.

세계무역기구(World Trade Organization, WTO) 1995년에 체결된 관세 및 무역에 관한 일반 협정(GATT)으로 만들어진 기구이며, 세계적인 무역 장벽을 줄이기 위한 목표를 가지고 있다.

세계화(globalization) 경제적, 정치적, 문화적 변화의 수렴 과정을 통해 전 세계 사람들과 장소의 상호 연관성이 증가하고 있다.

세속주의(secularism) 정치와 종교의 분리뿐 아니라 인구의 비종교적 부분을 나타내는 용어. 대표적인 사례는 주(state)와 교회(church)를 명확히 구분하는 미국 헌법의 세속주의를 들 수 있다. 그리고 인구의 상당 부분이 종교에 무관심한 유럽에서의 세속주의를 언급할 수 있다.

세방화(glocalization) 세계적인 아이디어와 지역의 특이 사항을 결합한 것을 설명하는 개념. 예를 들어 글로벌 기업이 현지 지역의 문화에 따라 제품을 다르게 마케팅하고 있다.

솅겐 협정(Schengen Agreement) EU 회원국을 중심으로 한 유럽 국가 간의 자유로운 이동과 국경 철폐를 골자로 하는 협정으로, 비자나 여권 심사, 검문 없이 자유롭게 국경을 넘나들 수 있도록 규정하고 있다. 1985년 독일, 프랑스, 벨기에, 네덜란드, 룩셈부르크 5개국이 룩셈부르크의 솅겐(Schengen)이라는 마을에서 역내 국가 간 통행 제한을 없앨 것을 선언하는 조약을 맺어 솅겐 협정이라는 이름이 붙었다. 1990년 이행조약을 체결하고, 1995년부터 효력이 발생되었다. 솅겐 협정은 유럽 통합에 대한 여러 회의적인 시각을 희석하여 유럽 통합을 이루어내는 데 기여하였다. 영국과 아일랜드를 제외한 EU 회원국과 아이슬란드, 리히텐슈타인, 노르웨이, 스위스 등 EU 비회원국 4국 등 28개국이 가입되어 있다.

소비에트연방(Soviet Union) 1917년에 창설되어 1991년까지 구소련 지역을 지배했던 공산주의 연방. 소비에트사회주의공화국으로도 알려져 있다.

소앤틸리스 제도(Lesser Antilles) 세인트 마틴에서부터 트리니다드에 이르기까지 이어지는 작은 카리브 섬들을 일컫는 용어.

송금(remittances) 해외에서 일하는 이민자들이 자국의 가족 및 지역 사회에 보내는 돈. 개발도상국의 많은 국가에서 송금은 매년 수십억 달러에 이른다. 경우에 따라 이러한 송금액이 국가의 국내 총생산의 5~10%에 달하기도 한다.

쇼군, 막부(shogun, shogunate) 1868년 이전 일본의 실질적인 통치자. 반면 천황의 힘은 단지 상징적인 것이다.

수니파(Sunni) 이슬람의 가장 큰 종파이자 정통파로서 예언자 무함마드의 언행인 수나(Sunnah)를 따르는 사람을 의미한다.

수렴 경계부(convergent plate boundary) 서로 반대 방향에서 움직이는 2개의 구조판이 만나고 수렴하는 지역.

수압 파쇄(hydraulic fracturing) 셰일층에 혼합되어 있는 천연 가스 및 석유를 채굴하기 위한 시추 기술. 천연 가스와 석유를 채굴하기 위해 물을 지하에 주입하는 방법이다.

수에즈 운하(Suez Canal) 홍해와 지중해를 연결하는 운하로 1869년 프랑스에 의해 건설되었다.

수용소 군도(Gulag Archipelago) 구소련 시기의 러시아 작가 알렉산드르 솔제니친이 저술한 정치범 수용소.

수위도시(urban primacy) 런던, 뉴욕, 방콕과 같이 인구 규모가 수위를 차지하며, 국가의 경제적, 정치적, 문화적 생활의 중심 도시.

수자원 스트레스(water stress) 현재 또는 미래에 예상되는 물 수요량에 비해 용수 공급량이 미치지 못하는 상황.

순상지(shield) 아주 오래된 지층으로 이루어진 방패 모양의 지형. 순상지의 고도는 약 200~1,500m 에 달한다. 남아메리카의 3대 순상지는 기아나, 브라질, 파타고니아 평원이다.

순이주율(net migration rate) 얼마나 많은 사람들이 한 국가에 들어오고 나가는지를 나타내는 통계.

스텝(steppe) 세계 여러 지역에서 나타나는 반건조 초원 지대. 일반적으로 스텝의 초원은 프레리 초원보다 풀의 길이가 짧고 밀도가 낮다.

스팽글리시(Spanglish) 히스패닉계 미국인이 사용하는 영어와 스페인어의 합성어.

슬라브족(Slavic peoples) 인도-유럽어족의 하나인 슬라브 어를 사용하는 동부 유럽 및 러시아의 민족 집단.

시베리아 횡단 철도(Trans-Siberian Railroad) 러시아 모스크바와 극동의 블라디보스토크를 연결하는 횡단 철도. 이 철도는 러시아제국 시기인 1904년에 건설되었다.

시아파(Shiite) 이슬람 2개의 종파 중 하나. 시아파는 이란과 이라크의 남부 지역에서 주로 분포하고 있다.

시크교(Sikhism) 15세기 후반 인도 펀잡 지역에서 발생한 종교. 이슬람교와 힌두교의 요소를 결합하여 만들어졌다. 펀잡 지역에서는 현재에도 이 종교를 신봉하고 있다.

식민주의(colonialism) 정치적, 경제적 제국의 확장을 목적으로 한 제국주의 정부의 식민지 통치.

신권 국가(theocratic state) 종교가 정치권력을 주도하는 국가. 신정이라고도 한다.

신권정치 국가(theocracy) 종교가 주요한 정치권력을 형성하는 것. 신정 국가라고도 한다.

신식민주의(neocolonialism) 강력한 국가들이 간접적으로(때로는 직접적으로) 다른 약한 국가에 대한 영향력을 확장시키는 경제 및 정치 전략.

신열대구(neotropics) 상대적으로 고립되어 진화하고 다양하고 독특한 동식물을 지원하는 아메리카 대륙의 열대 생태계.

신자유주의(neoliberalism) 1990년대에 널리 채택된 경제 정책으로 민영화를 추진하며, 수출 및 수입에 제한이 거의 없는 것이 특징이다.

실로비키(siloviki) 러시아의 군 정보기관, 검찰, 국세청 등 권력 기관들에서 일했던 사람. 이들은 사명감과 충성심이 강한 국가주의자들이다.

실크로드(Silk Road) 중앙아시아를 가로 질러 중국과 서남아시아, 유럽이 연결된 역사적인 무역 루트.

쓰나미(tsunami) 지진에 의해 발생한 대규모 파도.

씨족(clan) 공통의 조상을 이어받은 한 종족. 소수민족 집단보다 규모는 작지만 가족 단위보다 큰 사회적 단위.

아랍 리그(Arab League) 아랍의 단결과 발전에 초점을 맞춘 지역 정치 · 경제 기구.

아랍의 봄(Arab Spring) 아랍 국가에 일어난 일련의 시위, 파업, 혁명. 소셜 미디어에 의해 촉발되었으며, 근본적으로 정권 교체와 경제 개혁을 촉구했다.

아시아-태평양 경제협력체(Asia-Pacific Economic Cooperation Group, APEC) 동아시아, 동남아시아 및 태평양 연안 국가의 경제 발전을 도모하기 위해 결성한 지역 기구.

아열대 제트 기류(subtropical jet stream) 북반구와 남반구 양쪽의 저위도에서 나타나는 강력한 대기 순환풍. 극 제트 기류와 마찬가지로 아열대 제트 기류도 지구의 자전에 의해 발생한다.

아웃백(Outback) 오스트레일리아 내륙의 대규모 건조한 야생의 지역.

아웃소싱(outsourcing) 기업의 생산 및 서비스 활동의 일부를 저비용으로 활용할 수 있는 지역(해외)으로 이전하는 비즈니스 관행.

아파르트헤이트(apartheid) 이 인종 차별 정책은 거의 50여 년 동안 남아프리카공화국에서 발생했던 백인, 흑인, 유색인종 간에 이루어진 차별 정책으로 인종 간 별도의 주거 공간과 업무 공간이 존재했다. 1994년에 아프리카민족회의(African National Congress)가 정권을 잡았을 때 폐지되었다.

아프리카연합(African Union, AU) 지역 분쟁을 해결하려고 결성한 정치 단체. 1963년에 설립된 이 조직은 1994년에 남아프리카 공화국을 제외한 대륙의 모든 국가가 가입을 하고 있다. 2004년에 아프리카연합조직에서 아프리카연합으로 명칭을 변경하였다.

아프리카의 뿔(Horn of Africa) 소말리아, 에티오피아, 에리트레아, 지부티를 포함하는 사하라 사막 이남 아프리카의 북동쪽 일부 지역. 1980년대와 1990년대 가뭄, 기근, 민족 전쟁 등으로 인해 이 지역은 극심한 혼란을 경험했다.

아프리칸 디아스포라(African diaspora) 세계(특히 아메리카 대륙)에서 아프리카 흑인의 강제 이주와 정착을 일컫는 용어.

아한대 산림(boreal forest) 북반구 고위도 또는 산악 환경에서 서식하고 있는 침엽수림. 본래는 시베리아 쪽에서 발달한 넓은 침엽수림 지역을 가리키는 말이었으나, 현재는 북반구의 아한대에 분포하는 침엽수림 지역 전체를 의미한다.

알티플라노(Altiplano) 안데스 산맥에 위치하고 있으며, 페루와 볼리비아에 걸쳐 있는 해발고도 3,000~4,000m에 달하는 고원 지역.

암석권(lithosphere) 지구 내부를 둘러싸고 있는 외부 층으로 판구조론을 설명하는 데 중요한 지각층이다.

애그리비즈니스(agribusiness) 대규모, 기업적 농업을 일컫는 용어. 농장에서 식료품점에 이르기까지 식품 생산의 일련의 과정을 비즈니스 조직이 통합 · 제어하는 산업 방식.

애니미즘(animism) 자연의 영혼과 인간의 조상을 숭배하는 종교 의식.

언어 민족주의(linguistic nationalism) 하나의 같은 언어를 사용하는 것은 민족주의의 공통된 개념과 연결된다. 인도에서는 일부 민족주의자들이 힌디어를 모국어로 홍보하지만, 이 언어는 갠지스 계곡에서와 같은 문화적 중심 역할을 하지 않거나 그 언어를 사용하지 않는 다른 많은 집단에 의해 저항을 받는다. 인도에서의 모국어 사용과 관련한 문제가 여전히 제기되고 있다.

에지시티(edge city) 교외 지역에 발달한 도시로서 주변 소매업, 산업 단지, 사무실 단지 및 오락 시설 등의 활동이 혼합적으로 이루어진다.

엘니뇨(El Niño) 12월 에콰도르와 페루 연안에서 나타나는 비정상적으로 큰 온난한 해류의 이동. 엘니뇨 현상이 발생하면 태평양 연안과 미 대륙의 서부 지역에 집중호우로 인한 홍수가 발생할 수 있다.

역외 금융(offshore banking) 일반적으로 비밀이 보장되며 세금을 면제해 주는 금융 서비스. 해외 금융 기관은 글로벌 금융 시스템의 일환으로 고유한 틈새시장을 개발하여 개인 및 기업 고객에게 정해진 수수료로 서비스를 제공한다. 이 부문에서 가장 잘 알려진 곳은 바하마와 케이만 군도이다.

연결성(connectivity) 교통 및 통신 인프라를 통해 서로 다른 지역이 서로 연결되는 정도.

연방국가(federal state) 국가 차원의 정부 부처에 상당한 정치 권력을 부여하는 국가.

열곡(rift valley) 지구 표면을 이루고 있는 지각 판이 갈라지면서 형성된 깊은 계곡 또는 골짜기.

염류화(salinization) 토양에 염류가 유입되어 집적되든가, 심층의 염류가 표층으로 상승하여 집적하는 현상. 토양 표층에 무기염이 집적됨으로 인해 작물 수확량이 감소한다.

영구 동토층(permafrost) 한랭한 기후 환경하에서 영구적으로 결빙되어 있는 토양층.

영국 동인도 회사(British East India Company) 영국이 남부 아시아를 통치하기 위해 설치한 민간 무역기구. 1857년 완전 폐지되어 정부 통제로 대체되었다.

영향권(spheres of influence) 19세기와 20세기 초에 공식적으로 식민지화되지 않은 국가들(특히 중국과 이란)로 부터 유럽 제국주의 열강들이 무역을 목적으로 얻어낸 지역의 범위. 1899년에 영국이 그의 '조계지' 안에서 중국 정부에 관세를 지불하는 것을 거부한 것을 시작으로, 중국의 주권은 무너지기 시작하였다. 다른 제국주의 국가들도 영국의 선례를 따름으로써 중국은 분할의 위기에 놓이게 되었다.

오세아니아(Oceania) 오스트레일리아, 뉴질랜드, 멜라네시아, 미크로네시아, 폴리네시아의 주요 섬 지역을 포함하는 지역.

오스만제국(Ottoman Empire) 16세기와 19세기 사이에 남동부 유럽, 북부 아프리카, 서남아시아의 대부분을 차지하는 거대한 터키제국.

오스트레일리아-뉴질랜드 간 자유무역협정(Closer Economic Relationship, CER) 1982년 오스트레일리아와 뉴질랜드 간에 체결된 협정으로, 양국 간의 모든 경제 및 무역 장벽을 제거하기 위해 고안되었다.

오스트로네시아어(Austronesian) 태평양, 동남아시아 도서 지역 및 마다가스카르에 이르는 넓은 범위에서 사용하는 어족.

오염 수출(pollution exporting) 산업 오염 및 기타 폐기물을 다른 국가로 수출하는 것을 설명한 개념. 오염 물질을 처분할 목적으로 해외로 직접 수출하거나 오염이 심한 공장을 외국에서 건설하는 경우처럼 간접적으로 오염 물질을 배출할 수 있다.

온실 가스(Greenhouse gases, GHGs) 자연적 · 인공적 대기 가스가 태양 에너지의 복사열을 방출하지 않기 때문에 대기층의 온도가 상승한다. 이산화탄소 및 메탄과 같은 인위적으로 생성된 온실 가스는 지구 대기의 온도를 상승시키기 때문에 지구의 기후 변화를 일으킨다.

온실 효과(greenhouse effect) 태양 에너지의 복사열이 대기를 가열하는 자연적 과정을 일컫는 용어. 복사 에너지가 수증기, 구름 및 기타 대기 가스에 의해 유입됨에 따라 대기 온도가 높아지고 있다.

완충 국가(buffer state) 강력한 국가들 사이에 놓여 있으면서 강대국 간의 갈등을 완충시키고 있는 국가.

완충지대(buffer zone) 강대국 침략으로부터 '완충'하는 상태 또는 지역을 일컫는 용어. 과거 유럽에서는 동부 유럽의 완충 지대를 유지하는 것은 유럽의 침략으로부터 러시아를 보호하기 위한 러시아의 장기 정책이었다.

외래종(exotic species) 타 지역에서 유입된 식물종과 동물종.

외래하천(exotic river) 습윤한 지역에서 발원하여 건조 지역으로 유입된 하천.

외변 지역(rimland) 카리브 해의 본토 연안 지역. 벨리즈에서 시작하여 중앙아메리카 연안을 따라 남아메리카 북부까지 이어지는 지대.

요충지(choke point) 전략적인 환경이 조성되기 쉬운 지역. 좁은 수로 또는 좁은 통로로 인해 군사적 봉쇄하기 쉬운 곳을 말한다.

우르두어(Urdu) 파키스탄 공식 언어 중 하나. 우르두어는 인도의 힌디어와 유사한 언어로 페르시아어와 아랍어에서 파생된 단어가 많이 포함되어 있다. 대부분의 파키스탄인은 우르두어를 가정에서 사용하지는 않지만, 이 언어는 교육, 언론 및 정부에서 광범위하게 사용되는 제2언어로 파키스탄의 문화적 특성을 나타내는 중요한 요소이다.

원격 탐사(remote sensing) 원격 탐사는 물체로부터 반사 또는 방출되는 전자기파를 이용하여 물체의 성분, 종류, 상태 등을 조사하는 기술이다. 해양 원격 탐사의 경우 인공위성의 적외선 센서에서 수온을 측정하여 해류를 추정하고, 용승이나 소용돌이의 구조를 파악할 수도 있으며, 해양의 순환 구조도 파악할 수 있다. 위성에서 가시광선 관측을 통해 바다의 색깔을 파악하여 플랑크톤의 양, 적조의 발생, 오염물의 이동, 해안선의 변화, 부유물질의 추정도 가능하다.

원주민 토지 소유권 법안(Native Title Bill) 오스트레일리아 법률에 의해 1993년에 서명된 법안. 이 법안의 주요 내용은 원주민에게 토지와 자원에 관한 강화된 법적 권리를 제공한다는 것이다.

위도(latitude) 위도는 적도로부터 남쪽(남극점까지)으로 90°, 북쪽(북극점까지)으로 90°로 나누어져 있으며, 적도로부터 북극 또는 남극 방향으로 각도로 표현되는 것을 위도라 하며 적도에서 0°이고 북극에서는 90°N, 남극에서는 90°S이다. 위도의 선은 동서 방향으로 이어지는데, 동일한 폭을 유지하고 있기 때문에 평행선이라고도 부른다. 위도는 지구의나 지도에서 적도를 기준으로 남쪽과 북쪽의 위치를 나타낸다.

위성항법시스템(global positioning system, GPS) 원래 정확한 위성 기반 위치 시스템으로 사용. 현재 스마트폰 위치 시스템을 설명하는 데 일반적인 의미로 사용되고 있다.

유교(Confucianism) 기원전 6세기 중국 철학자 공자의 사상에 기초한 철학적 체계. 유교는 통치 원리를 비롯하여 사회, 문화, 교육 등에서 존중에 대한 중요성을 강조한다. 유교는 역사적으로 동아시아 전역에서 중요하게 고려되는 요소이다.

유대목 동물(marsupial) 남반구에서 주로 발견되는 포유류의 한 종류로, 어린 새끼들을 주머니에 넣을 수 있는 독특한 특징이 있다. 캥거루, 왈라비, 코알라, 웜뱃 등은 오세아니아에서 발견되는 유대 동물이다.

유라시아경제연합(Eurasian Economic Union, EEU) 유럽연합과 같은 성격의 유라시아경제연합은 회원국 간의 무역 및 친밀한 정치적 유대 관계를 장려하기 위해 체결되었다. 2015년에 설립된 EEU는 5개 회원국(러시아, 벨로루시, 카자흐스탄, 아르메니아, 키르기스스탄)으로 구성되어 있다.

유럽연합(European Union, EU) 경제적, 정치적, 문화적 통합 의제에 함께 참여하는 28개 유럽 국가들이 참여하고 있다.

유로존(Eurozone) 유럽연합의 일반적인 통화 정책 및 통화; 유로화를 통화로 사용하는 유럽 국가 및 EU 통화 체계의 구성원인 국가 통화 및 통화 시스템이 있는 국가와 대조를 이룬다. 프랑스는 전자의 예이고, 영국은 후자의 예이다.

유목민(pastoralists) 생계 유지를 위해 가축(특히 소, 낙타, 양, 염소)을 사육하는 유목민.

유색인(coloured) 남아프리카 전역에서 유럽 백인과 아프리카 흑인이 혼합된 인종을 정의하는 인종 범주.

이라크와 레반트의 이슬람 국가[ISIL(Islamic State of Iraq and the Levant; also ISIS or Islamic State)] 이라크, 시리아 및 다른 지역에서 영향력을 확대하려는 과격한 수니파 극단주의 단체. 이 지역에서 새로운 종교 국가(칼리프)를 창설하려고 시도하고 있다.

이목(transhumance) 가축을 하계에 산지의 목초지로 이동시켜 사육하고, 동계 저지대 목초지로 몰고 돌아와 키우는 목축의 한 형태.

이슬람 근본주의(Islamic fundamentalism) 시아파와 수니파 무슬림 전통 내에서 보다 보수적이고 종교 중심의 사회와 국가로 돌아가기 위한 운동. 종종 서구 문화의 거부와 시민적, 종교적 권위를 통합하려는 정치적 목표와 관련이 있다.

이슬람주의(Islamism) 이슬람교 내의 정치 운동으로서 세계적인 대중문화의 침투에 대해 강력히 거부하고 이 지역의 여러 가지 문제의 원인을 서구의 식민지 지배, 제국주의 및 서구 문화 등으로 돌린다. 이슬람 지지자들은 시민과 종교적 권위가 합쳐질 것을 기대한다.

이양(devolution) 민족 국가와 같은 정치 단위 내에서의 분리.

이주(transmigration) 정부 주도로 영토 내에서 인구를 계획적으로 한 지역에서 다른 지역으로 이주시키는 정책.

인간 개발 지수(human Development Index, HDI) 지난 30년 동안 UN은 기대 수명, 문맹 퇴치, 교육 성취, 성 평등, 소득에 관한 자료를 결합한 인간 개발 지수를 통해 세계 국가들의 사회 발전을 추적해 오고 있다.

인구밀도(population density) 면적 당 거주하는 인구수로 나타낸 인구밀도. 대개 km^2당 거주하는 인구수이다.

인구 변천 모델(demographic transition model) 산업화와 경제 발전 과정에서 인구의 자연 증가율의 변화에 따른 인구 성장 과정을 나타낸 모형으로, 인구 성장 단계를 5단계로 구분하여 설명하고 있다.

인구 피라미드(population pyramid) 연령별 인구 비율을 나타낸 인구 구조. 피라미드 모양의 그래프로 표현된다. 이 그래프는 남성과 여성으로 나누는 세로축을 따라 모든 연령의 구성 비율을 백분율로 나타낸다.

인도 아대륙(Indian subcontinent) 종종 남부 아시아의 가장 큰 나라와 관련하여 붙여진 이름이다. 이 아대륙은 세계에서 가장 높은 산맥이자 광대한 산맥인 히말라야 산맥에 의해 유라시아 대륙과 구분되는 대륙을 지칭하는 용어이다.

인도인 디아스포라(Indian diaspora) 인도인이 더 나은 기회를 찾아 다른 국가로 이주하는 역사적이면서 오늘날에도 이루어지는 행태. 이는 서부 유럽과 북아메리카, 남아프리카공화국, 카리브해 제도 및 태평양 섬 등지로 인도인이 대규모 이주해 가는 것을 말한다.

인문지리학(human geography) 지리학의 인문 계통 영역은 사회과학과 유사하다. 인문지리학은 지구와 인간, 정주 패턴, 문화, 경제, 사회 시스템 및 공간과 다른 규모의 환경과의 상호작용에 대해 다루고 있다.

인신매매(human trafficking) 여성이 매춘을 목적으로 유인되거나 납치되는 행태.

인위적(anthropogenic) 지구 온난화의 원인이 되는 자동차, 산업 부문의 대기 배출과 농업과 같은 자연계에 대한 인간이 야기한 변화의 형용사적 표현.

인위적 경관(anthropogenic landscape) 인간에 의해 크게 변형된 경관.

일사량(insolation) 특정 기간 동안 특정 지역(m^2)에 걸쳐 복사된 태양 에너지의 단위. 일반적으로 태양 복사 에너지로 측정된다.

일신론(monotheism) 하나의 신을 신봉하는 종교.

입증된 매장량(proven reserves) 현재의 상황에서 개발하여 사용될 가능성이 있는 비재생 에너지원(석유, 석탄, 천연가스 등)의 양.

입지 요인(location factor) 경제 활동이 왜 발생하는지, 어디에 입지하는지를 설명하는 데 중요한 요인.

자본 유출(capital leakage) 개발도상국가의 산업(관광)의 총 수지 격차는 보유된 자본의 유출을 초래한다.

자연 증가율(rate of natural increase, RNI) 출생률과 사망률의 차이에 따라 국가, 지역 또는 세계의 연간 인구의 자연 증가를 나타내는 데 사용되는 표준 통계이다. 자연 증가율은 사회적 인구 이동은 고려하지 않은 통계이다. 자연 증가율은 대부분 양수로 나타나지만, 자연 증가율을 없을 경우 음수로 나타난다.

자연지리학(physical geography) 자연과학과 밀접하게 연계되어 있는 지리학의 한 분야. 자연지리학 분야에는 기후, 식생, 지형, 수권의 관점에서 자연계의 과정과 패턴을 연구하고, 인간이 어떻게 이 시스템과 연계되어 있는지를 연구한다.

자유무역지구(free trade zone, FTZ) 외국 기업을 유치하고 산업 일자리를 창출하기 위해 만들어진 면세 및 비과세 산업단지.

자유방임주의(laissez-faire) 국가가 최소한으로 개입하며, 시장의 힘만으로 경제 활동이 이루어지는 정치 체제.

자이나교(Jainism) 남부 아시아의 종교 단체로 기원전 6세기 경 정통 힌두교에 대한 반발로 등장하였다. 모든 생명체에 대한 살상 금지가 윤리적 교리의 핵심이다. 오늘날, 자이나교는 동물의 생명을 빼앗아가는 것을 금지하는 비폭력으로 유명하다.

자치구(autonomous region) 중국에 있는 지역으로 어느 정도의 정치적, 문화적 자치권을 부여 받았거나 중앙 정부의 행정권한으로부터 독립된 권한을 부여받은 지역. 중국의 한족보다는 소수민족이 많이 거주하는 지역으로 일부에서는 실제 자치권이 없다고 주장하는 비평가들도 있다.

자치구(autonomous areas) 구소련에서 만들어진 소규모의 정치 집단. 기존 공화국 내의 소수 그룹의 특수 지위를 인정하도록 고안되었다.

재벌(chaebol) 수많은 중소기업으로 이루어진 매우 큰 한국의 대기업 집단.

재복사(reradiate) 지구의 낮은 대기에서 이루어지는 열교환 과정. 이 원리에 따른 태양 복사에 의해 대기의 온도가 높아진다.

재생 불가능 에너지(nonrenewable energy) 석유 및 석탄과 같이 재생할 수 없는 에너지원.

재생 에너지(renewable energy) 태양열, 바람, 수력과 같은 에너지원은 소비되는 것보다 빠른 속도로 보충되거나 재생이 이루어진다.

전진형 수도(forward capital) 영역 갈등이 있는 지역 부근에 위치해 있는 수도로서, 이 분쟁 지역에서 국가의 관심과 존립을 나타내기도 한다.

정실 자본주의(crony capitalism) 정치 지도자의 친분이나 정치적 지원에 대한 대가로 인해 법적 또는 불법적으로 비즈니스 이점을 부여하는 경제 시스템.

젠더(gender) 남성과 여성의 생물학적 성별과 구별되는 남성 및 여성의 사회적 및 문화적 구분되는 성별 표현.

젠트리피케이션(gentrification) 중심 도시 지역의 저소득층 주거지가 새롭게 재활성화되는 과정을 거쳐 고급 주거지로 변화되는 과정을 설명하는 개념.

종족의식(tribalism) 국민 국가보다는 특정 종족 또는 민족 집단에 의해 다스려지는 체제. 부족주의는 종종 사하라 사막 이남 지역에서 발생하는 부족 간 갈등의 원인이 되고 있다.

종주도시(primate city) 경제적으로나 정치적으로 다른 모든 도시 지역을 지배하는 국가에서 가장 큰 도시. 일반적으로 종주 도시는 한 국가의 수도인 경우가 많다. 종주 도시는 일반적으로 2위 도시에 비해 인구규모가 3~4배 더 크다.

종파 간 폭력(sectarian violence) 인종, 종교 및 종파 간 갈등.

주권(sovereignty) 한 국가의 정부가 외국 또는 기구로부터 어떠한 간섭도 받지 않고 영토를 지배하고 있는 권한.

주제도(thematic map) 주제도는 특정 주제에 맞게 만들어진 지도이다. 예를 들어 정치적 경계의 변화, 난민 이동, 삼림 패턴 등이 표현된 것이다. 지리 연구는 다양한 분석을 통해 주제도를 작성한다.

중개무역 도시(entrepôt) 상품의 운송과 환적이 전문적으로 이루어지는 도시와 항구.

중국 본토(China proper) 과거 중국의 한족이 지배했던 지역으로 중국의 동쪽 내륙에 해당. 대부분의 중국 인구는 이 지역에 위치해 있다.

중세 경관(medieval landscape) 900년에서 1500년 사이에 형성된 도시 경관으로 좁은 거리와 3~4층 건물(일반적으로 석재이지만 때로는 목조)이 특징을 이룬다. 이러한 중세 경관은 여전히 많은 유럽 도시의 중심부에서 볼 수 있다.

중심부-주변부 모델(core-periphery model) 세계를 경제적 측면에서 2개의 영역으로 나누어 개념화 한 용어. 서유럽, 북아메리카 및 일본의 선진국은 지배적인 중심을 형성하고, 반면 개발도상국은 주변부를 이루고 있다. 이 모형에서는 중심 국가들이 주변부 국가를 이용하여 부를 얻고 있다고 본다.

중앙 계획 경제(centralized economic planning) 국가가 생산 목표를 설정하고 생산 수단을 통제하는 경제 시스템.

중앙아메리카자유무역협정(Central American Free Trade Association, CAFTA) 미국, 온두라스, 코스타리카, 도미니카, 과테말라, 엘살바도르, 니카라과 등의 국가들 간에 체결된 관세 및 무역 협정.

지도 축척(map scale) 실제 지구와 축척된 지도와의 관계. 거리와 지도상의 해당 공간의 분리 간의 관계로 표현된다. 대축척 지도는 작은 영역을 아주 자세히 다루지만, 소축척 지도는 넓은 영역을 나타낸 지도이기 때문에 세부 묘사가 제한된다.

지도 투영법(map projections) 둥근 지구를 평평한 표면으로 표현하기 위해 사용하는 지도 제작 및 수학적 방법. 투영법은 최소한의 왜곡으로 지도로 변환하기 위한 방법을 찾는다.

지리적 인구밀도(physiological density) 경지 면적과 국가의 인구수로 나타내는 인구 통계.

지리정보시스템(GIS) 방대한 양의 데이터를 분석하는 컴퓨터화된 지도화 및 정보 시스템. 지리정보시스템을 활용하여 미기후, 수문학, 식생 또는 토지 이용 구역 구획 규정과 같은 다양한 종류의 정보를 분석하여 연구할 수 있다.

지리학(geography) 지구 표면의 자연적, 문화적 현상을 기술하고 설명하는 공간 과학.

지속 가능성(sustainability) 삼림이나 토양과 같은 특정 자원에 대해 지속적인 관리 또는 유지할 수 있는 영향력.

지속 가능한 농업(sustainable agriculture) 생산자와 소비자 모두에게 환경 친화적인 대안을 제공하는 농업 시스템. 농작물 및 가축 관리의 통합 계획이 결합된 유기 농업 원리이며, 화학 비료 또는 농약 등의 사용이 제한된 농업을 말한다.

지역(region) 지리적 특성으로 인해 구분된 면적 또는 공간적 유사성의 지리적 개념.

지역적 조직(subnational organizations) 국가 내에서 심각한 내부 분열을 촉발할 수 있는 인종, 이데올로기, 지역에 따라 형성된 하부 집단.

지역적 차이(areal differentiation) 지구 표면의 공간 단위 또는 영역 내에서 물리적 또는 인간의 특성이 어떻게 다른지에 대한 설명 및 분석을 위한 지리학적 용어.

지역지리학(regional geography) 지역 지리학은 특성을 공유하는 지역 단위에 초점을 둔다. 이 책은 12개의 세계 지역을 조사하고 이들 지역 간의 상호연계와 상호작용을 분석한다.

지역 통합(areal integration) 지구상의 다른 장소나 지역이 서로 어떻게 상호작용하는지에 대한 설명과 분석을 하기 위한 지리적 용어.

지정학(geography) 정치와 국가 및 영토의 관계를 분석하는 학문.

지중해성 기후(Mediterranean climate) 전 세계 5개 지역에서만 나타나는 기후. 이 기후 지역은 여름철 강우량이 거의 없어 매우 건조하며 더운 것이 특징이다. 이 기후는 30도에서 40도 사이의 대륙 서안에 나타난다.

지형성 강우(orographic rainfall) 고온 다습한 공기가 산지를 넘을 때 상승하는 쪽에서 내리는 비나 눈을 말한다. 산맥 등의 커다란 장애물을 향하여 불어 올라가는 기류는 상승하는 동안 냉각되어 응결되므로 구름이 많이 생기고 산비탈 쪽에 비나 눈이 오게 된다.

집단안보조약기구(Collective Security Treaty Organization, CSTO) 벨로루시, 아르메니아, 카자흐스탄, 키르기스스탄, 타지키스탄, 우즈베키스탄을 포함한 러시아 주도의 군사 조약 기구. CSTO와 SCO는 군사적 위협, 범죄 및 마약 밀매 문제를 해결하기 위해 협력하고 있다.

집단이주(diaspora) 특정 민족 집단이 광대한 지리적 영역으로 이주하는 것을 일컫는 용어. 원래 이 용어는 유대인이 타국으로 이주하는 것을 지칭했으나, 현재는 다양한 민족에 대한 분산을 설명하는 용어로 일반화되어 있다.

차르(tsar) 'Caesar' 또는 통치자를 의미하는 러시아 용어. 차르는 1917년 러시아 혁명 이전에 러시아제국을 통치했던 군주였다.

철의 장막(Iron Curtain) 영국 수상인 윈스턴 처칠이 쓴 용어로 냉전 시대 구소련 권력에 영향을 받은 동부 유럽의 국경을 정의하기 위해 사용했다. 동독의 베를린 장벽 또한 철의 장막의 구체적인 사례 지역이었다.

체르노젬 토양(chernozem soils) 러시아 남부 지역에 발달한 초원 지대의 어둡고 비옥한 토양을 일컫는 러시아 용어.

체체 파리(tsetse fly) 사람에게 수면병을 일으키는 기생충을 전염시키고 가축에게도 나가나병을 옮기는 파리. 가장 효과적인 방지책은 환경적인 것으로, 사냥감이나 산림지대를 없애거나 수풀이 자라는 것을 막도록 주기적으로 태우는 것이다. 체체 파리가 많은 사하라 이남 아프리카 지역에서는 가축을 보기 어렵다.

초국가적 조직(supranational organizations) 세계무역기구와 같이 여러 국가가 특정 목표를 달성하기 위해 결성한 국제기구. 국가의 권한을 넘어서는 영향력이 행사되기도 한다.

초연담도시[superconurbation(megalopolis)] 2개 또는 그 이상의 대도시가 연담하여 이루어진 도시 지역.

초지화(grassification) 가축 방목을 위해 열대 우림을 목초지로 전환하는 것을 일컫는 용어. 이 과정은 아프리카에서 주로 풀과 소의 종이 새롭게 도입되는 것까지 포함된다.

축척(representative fraction) 지표면의 거리와 지도상의 거리 간의 관계를 표현하는 방식 중의 하나. 예를 들어 실제 1km 거리가 지도상에서 2cm로 표현될 때, 이때 축척을 1/50,000으로 나타낸다.

카나카인(kanakas) 하와이 및 남태평양 제도의 원주민. 역사적으로는 퀸즐랜드의 'Sugar Coast'를 따라 오스트레일리아로 이주하였다.

카리브 공동체(Caribbean Community and Common Market, CARICOM) 1972년에 설립된 지역 무역기구로, 영국 식민지를 경험한 카리브 연안 국가가 회원국이다.

카리브 해의 디아스포라(Caribbean diaspora) 전 세계에 걸쳐 이주해 나가는 카리브 해 사람들의 경제적 이산.

카스트 제도(caste system) 남부 아시아 사회에 있는 계층적으로 분류되어 세습되는 집단 계층 제도. 카스트 제도는 힌두 사회에서 가장 분명하게 나타나고 있다.

코란[Quran(or Koran)] 이슬람교의 성서 역할을 하는 신성한 책으로 무하마드가 받은 것으로 알려지고 있다.

코사크(Cossacks) 16세기와 17세기 시베리아에서 러시아의 영향력을 확대시키는 데 중추적인 역할을 한 민족으로 슬로베니아 남부 대초원 지역의 슬라브어를 쓰는 기독교인을 말함.

크레올화(creolization) 카리브 해에서 볼 수 있는 독특한 사회 문화 시스템. 아프리카, 유럽 및 일부 아메리카 원주민 문화 요소가 혼합되어 나타난 양상.

크메르루주(Khmer Rouge) 용어는 '적색(또는 공산주의) 캄보디아 인들'을 의미함. 1975년 캄보디아 정부를 전복시킨 후 만들어진 좌파 반란 단체로 가장 잔인한 정치 체제로 알려짐.

클라이모그래프(climograph) 월별 및 계절별 평균 연평균 기온 및 강수량 데이터 그래프.

키릴 문자(Cyrillic alphabet) 그리스 알파벳에 기초한 알파벳으로 동방 정교회의 영향을 받는 슬라브어로 사용된다. 9세기 세인트 시릴의 선교 사업에 의한 결과로 이루어졌다.

타운십(township) 남아프리카공화국의 인종 차별 정책하에서 비백인 집단으로 분리되어 이루어진 인종 차별적인 주거 지역. 이 지역은 대부분 도시의 외곽에서 위치하며, 흑인, 유색인종 또는 남부 아시아인 등으로 분류된다.

타이가(taiga) 우랄 산맥에서 북 태평양 연안까지 이어지는 광대한 러시아의 삼림. 주요 수종은 전나무, 가문비나무, 낙엽송 등이다.

탈산업 경제(postindustrial economy) 3차 및 4차 산업 부문의 고용이 압도적으로 나타나는 경제.

탈식민지화(decolonialization) 전 식민지가 자국 영토에서 독립(또는 회복)하고 독립 정부를 수립하는 과정.

태풍(typhoon) 허리케인과 비슷한 커다란 열대성 폭풍으로, 태풍은 서태평양상의 열대 위도 대에서 발생하며, 필리핀을 비롯하여 동남아시아, 동아시아 지역에 피해를 주고 있다.

테러리즘(terrorism) 정치적 또는 문화적 목표를 달성하기 위해 테러를 체계적으로 이용하는 주의.

토르데시야스 조약(Treaty of Tordesillas) 1494년 스페인과 포르투갈 간에 이루어진 협약. 대서양 및 태평양 상에 새로운 분계선을 정한 기하학적 영토 분할 조약이며, 영토 분쟁을 평화롭게 마무리 지은 몇 안 되는 사례 중 하나다. 경계선은 카보베르데 섬 서쪽 서경 43도 37분 지점을 기준으로 남북 방향으로 일직선으로 그어져, 조약상 경계선의 동쪽으로는 모두 포르투갈이, 서쪽의 아메리카 지역은 스페인이 차지하기로 하였다.

토지 개혁(agrarian reform) 농민에게 토지를 재분배하는 전략으로 대중적이긴 하지만 논쟁의 여지가 있음. 20세기 전반에 걸쳐 여러 국가들이 가난한 사람들에게 자원을 재분배하고 개발을 자극하기 위해 거대한 공영 지역에서 토지를 재분배하거나 거대한 공공 토지의 소유권을 부여했다. 농지 개혁은 개별 구획이나 공동 소유지 분할, 국영 집단 농장 경영 등에 이르기까지 다양한 형태로 나타난다.

퇴적물(ediment load) 하천에 의해 운반된 모래, 실트, 점토와 같은 침전 물질.

툰드라(tundra) 짧은 성장 계절이 나타나는 극 지역. 이 지역의 식물은 대부분 낮은 관목과 풀로 이루어져 있다.

특별행정지구(special administrative region) 일시적으로 자치 법률을 가지고 정부 체제를 유지하고 있는 중국의 일부 지역. 1997년 중국으로 반환된 홍콩이 이 구역에 해당되며, 2047년까지 이 체제가 유지될 예정이다. 마카오는 1999년 포르투갈에서 중국으로 반환 곳으로, 중국의 두 번째 특별행정구역이다.

판게아(Pangaea) 2억 5천만 년 전에 존재했던 지구 지각판의 초대륙.

판구조론(plate tectonics) 지구의 표면은 아주 천천히 움직이는 수많은 큰 조각들(구조판)로 구성되어 있다고 가정하는 지구 물리학 이론. 판 구조론은 장기간에 걸친 지각 판 사이의 이동으로 지구 표면과 지형이 만들어졌다고 설명한다. 이러한 운동으로 형성된 압력 때문에 지구의 일부 지역에서는 지진과 화산이 발생하고 있다.

팔레스타인 자치 정부(Palestinian Authority, PA) 요르단 강 서안과 가자 지구의 팔레스타인 이해 관계를 대표하는 준 정부기관.

페레스트로이카(perestroika) 구소련에서 고르바초프가 실시한 경제 개혁(또는 구조 조정) 프로그램. 계획된 소비에트 경제를 소비자의 요구에 보다 효율적으로 대응하도록 설계되었다.

포드졸 토양(podzol soil) 강한 산성 토양을 일컫는 러시아 용어로, 이 토양은 한랭한 대륙 북부 산림 환경에서 전형적으로 나타난다.

폴리네시아(Polynesia) 하와이 제도, 마르케사스 제도, 소사이어티 제도, 투아 모투 군도, 쿡 제도, 아메리칸 사모아, 사모아, 통가 및 키리바시를 포함하여 언어 및 문화 전통에 의해 광범위하게 통합된 태평양 지역.

표의문자(ideographic writing) 소리가 아니라 개념을 나타내는 기호로 이루어진 문자 체계.

풍수(feng shui) 글자 그대로 바람과 물을 의미하는 용어로, 영어로 번역된 풍수는 인간의 활동과 건물을 자연 환경에서 발견된 영적인 힘과 조화시키는 동양의 신념을 의미한다. 이는 도교와 밀접하게 연관되어있다.

프래킹(fracking) 셰일층에 혼합되어 있는 천연 가스 및 석유를 채굴하기 위한 시추 기술. 천연 가스와 석유를 채굴하기 위해 물을 지하에 주입하는 방법이다.

프레리(prarie) 북아메리카의 광대한 목초지. 로키 산맥의 동부 지역은 서부 지역보다 비가 더 내리는 지역으로 습윤하기 때문에 목초가 더 길어 초원을 형성한다.

플랜테이션 아메리카(plantation America) 브라질의 해안 지대로부터 기아나, 카리브 해를 거쳐 미국 남동부로 이어지는 지역에 발달한 농장. 이 지역에서는 유럽인 소유의 농장에서 아프리카 노예 노동자들이 수출용 농산물을 생산했다.

피오르(fjord) 빙하의 영향으로 침식된 U자형의 계곡. 유럽에서는 주로 노르웨이의 서부 해안을 따라 피오르가 나타난다.

피진 영어(Pidgin English) 다른 문화 집단 간에 무역 및 기본 의사소통을 촉진하기 위해 종종 사용되는 다른 지역 언어 요소를 통합한 영어.

하올리(haoles) 하와이 제도에 거주하는 밝은 피부의 유럽인 또는 미국 시민.

하지(Hajj) 메카를 다녀오는 이슬람 종교 순례. 무슬림의 다섯 가지 필수 요건 중 하나는 개인이 육체적으로나 경제적으로 할 수 있다면 인생에서 한 번 순례하는 것이다.

한류[hallyu(Korean Wave)] 문자 그대로 '한국의 흐름'을 의미하는 한류는 다른 아시아 국가들과 점차 세계 전역으로 한국의 음악, 영화, TV 프로그램이 인기를 얻어 확산해 나가는 현상을 말한다.

합계 출산율(total fertility rate, TFR) 여성 1명이 평생 동안 낳을 수 있는 평균 자녀 수. 출산 가능한 여성의 나이인 15세부터 49세까지를 기준으로, 한 여성이 평생 동안 낳을 수 있는 자녀의 수를 나타낸다. 인구 통계학자는 합계 출산율이 조출산율보다 인구 변화에 대한 신뢰도가 높은 지표라고 본다.

해양성 기후(maritime climate) 바다 또는 대양에 인접하기 때문에 나타나는 기후. 이 기후는 일반적으로 시원하고 습윤하다. 대륙성 기후와는 대별된다.

허리케인(hurricane) 비정상적으로 낮은 압력을 중심으로 불어오는 폭풍우를 말하며, 대개 시간당 121km 이상으로 부는 바람이다. 매년 허리케인 시즌(7~10월)에 대서양과 카리브 해의 따뜻한 해수에서 6~12개의 허리케인이 발생한다.

혼합 종교(syncretic religions) 서로 다른 신념 체계가 혼합된 종교. 예를 들어, 라틴 아메리카에서는 원시 종교와 크리스트교가 혼합된 종교를 믿는 경우가 있다.

화석수(fossil water) 습윤한 기후 시기에 지하에 저장되어 있는 물.

화전 농업(swidden) 화전 농법은 숲의 삼림을 태우고 나서 그 위에 농작물을 재배하는 방식이다. 농산물의 수확량이 감소하게 되면 다시 이동하여 다른 토지를 경작하게 된다. 이 때문에 화전을 이동 경작 방식이라고 부른다.

환경기온감률(environmental lapse rate) 대기 중에 고도가 올라가면 온도는 낮아지게 된다. 평균적으로 온도는 고도 1,000m마다 6.5 ℃ 감소한다. 단열 체감율과 구분되는 개념이다.

후커우(hukou) 거주하는 인구를 식별하기 위해 중국에서 만들어 사용하고 있는 주민 등록 기록. 중국에서 호구 시스템은 특히 농촌에서 도시로 인구 이동을 통제하기 위해 사용되고 있다.

힌두교(Hinduism) 지난 수천 년 동안 남부 아시아 대륙에서 발전한 인도와 네팔의 주요 종교. 힌두교는 많은 신앙과 종교 관행들로 얽혀있으며, 일부 학자들은 힌두교를 단일 신념보다는 밀접한 종교들의 집합으로 생각한다.

힌두 민족주의(Hindu nationalism) 힌두의 가치를 인도 사회의 필수적이고 독점적인 구조로 승격시키는 '근본적인' 종교 및 정치 운동. 정치 운동으로서 힌두 민족주의는 다른 정치 운동보다 소수 무슬림에 대해 관대하지 않는다.

힌디어(Hindi) 4억 8,000만 명 이상의 인구가 사용하는 인도-유럽어족의 언어. 세계에서 두 번째로 사용 인구가 많은 언어이다. 인구 밀도가 높은 인도 북부의 지배적인 언어이며, 이 지역은 갠지스 평야의 핵심 지역이다.

1인당 국민총소득[gross national income(GNI) per capita] 한 국가의 GNI를 전체 인구로 나눈 값.

G8(Group of Eight) 주요 세계 경제 및 정치 문제에 영향력이 큰 미국, 캐나다, 일본, 영국, 독일, 프랑스, 이탈리아, 러시아 등 국가들의 모임.

크레딧

Chapter 1 opening photo Rob Crandall **O1.1** Image © 2013 DigitalGlobe **O1.2** Edgar Su/Reuters **O1.4** John Zada/Alamy **O1.5** Marie Price **O1.6** Handout/Alamy **O1.7** Terry Whittaker/Alamy **Figure 1.1** Genevieve Vallee/Alamy **Figure 1.2** Image © 2013 DigitalGlobe **Figure 1.3** Robert Harding World Imagery **Figure 1.6** Rob Crandall **Figure 1.7** Rob Crandall **Figure 1.8** Frans Lemmens/Getty Images **Figure 1.9** Interfoto/Travel/Alamy **Figure 1.11** Noor Khamis/Reuters **Figure 1.12** Jon Arnold/Alamy **Figure 1.13** Edgar Su/Reuters **Figure 1.14** ASK Images/Alamy **Figure 1.15** Jim West/Alamy **Figure 1.16** ZUMA Press, Inc./Alamy **Figure 1.17** Jay Directo/AFP/Getty Images **Figure 1.22** NASA **Figure 1.2.1** AGE Fotostock **Quote, page 21** UN World Commission on Environment and Development, 1987 **Figure 1.25** Tim Graham/Alamy **Table 1.1** Data from: Population Reference Bureau, World Population Data Sheet, 2012 **Figure 1.28** John Zada/Alamy **Figure 1.29** Umit Bektas/Reuters **Figure 1.30** Creatista/YAY Media AS/Alamy **Figure 1.3.1** Marie Price **Figure 1.31** Joao Padua/AFP/Getty Images **Figure 1.33** RosaIrene Betancourt/Alamy **Figure 1.35** ThavornC/Shutterstock **Figure 1.36** Data from: http://www.bbc.com/news/world-?-25927595 and/or Washington Post, 2013 **Figure 1.37** Alexander Ryumin/ZUMA Press/Newscom **Figure 1.38** Gaizka Iroz/AFP/Getty Images **Figure 1.41** Handout/Alamy **Figure 1.4.1** Courtesy of Susan Wolfinbarger **Figure 1.4.2** Photo DigitalGlobe/AAAS/Getty Images **Quote, page 38** Susan Wolfinbarger **Figure 1.42** Rolex Dela Pena/EPA/Newscom **Table 1.2** Data from: World Bank, World Development Indicators, 2012. **Figure 1.46** Jon Arnold Images, Ltd./Alamy **Figure 1.47** Terry Whittaker/Alamy **Figure 1.48** Images&Stories/Alamy **R1.A** Joerg Boethling/Alamy **R1.B** Michele Falzone/JAI/Alloy/Corbis **R1.D** Les Rowntree **R1.E** Philip Ojisua/Afp/Getty Images **R1.F** Liba Taylor/Robert Harding Picture Library Ltd/Alamy **QR code** World Bank Development Indicators for 2015, Table 1.1, http://wdi.worldbank.org/table/1.1?

Chapter 2 opening photo Christian Beier/AGE Fotostock **O2.1** Ivan Alvarado/Reuters **O2.2** Andrew Biraj/Reuters **O2.3** Chris Harris/Glow Images **O2.4** Paul Strawson/Alamy **O2.5** Otmar Smit/Shutterstock **Figure 2.1** Wicaksono Saputra/Alamy **Figure 2.4** Ivan Alvarado/Reuters **Figure 2.5** Ragnar Th. Sigurdsson/Arctic Images/Alamy **Figure 2.6** US Geological Survey, United States Department of the Interior. **Figure 2.8** Greg Vaughn/VW Pics/AGE Fotostock **Figure 2.1.1** Courtesy of M. Jackson **Figure 2.11** NASA **Figure 2.14** National Weather Service, National Oceanic and Atmospheric Administration. http://www.weather.gov/satellite?image=ir#vis **Figure 2.17b** Robbie Shone/Science Source **Figure 2.19** Andrew Biraj/Reuters **Figure 2.2.2** Blickwinkel/Hummel/Alamy **Figure 2.20** Pearson Education, Inc. **Figure 2.21** Duncan McKenzie/Getty Images **Figure 2.23a** Berndt Fischer/AGE Fotostock **Figure 2.23b** Karen Desjardin/Getty Images **Figure 2.24** Kevin Foy/Alamy **Figure 2.25a** 06photo/Fotolia **Figure 2.25b** Tuul and Bruno Morandi/Getty Images **Figure 2.26a** Mshch/Fotolia **Figure 2.26b** SHSPhotography/Fotolia **Figure 2.27** Chris Harris/Glow Images **Figure 2.3.1** Universal Images Group/Getty Images **Figure 2.4.1** Paul Strawson/Alamy **Figure 2.4.2** Koenig/Wello/Splash/Newscom **Figure 2.29** McClatchy-Tribune Content Agency, LLC/Alamy **Figure 2.31** Otmar Smit/Shutterstock **Figure 2.32** Jake Lyell/Alamy **R2.A** Kyodo/Reuters **R2.B** Todd Shoemake/Shutterstock **R2.C** USGS **R2.D** 68/Dinodia Photos/Ocean/Corbis **QR code** World Bank data on CO2 emissions, http://data.worldbank.org/indicator/EN.ATM.CO2E.PC?

Chapter 3 opening photo Rudy Sulgan/Corbis **O3.1** NASA **O3.2** Rob Crandall/The Image Works **O3.3** J. Emilio Flores/La Opinion/Newscom **O3.4** Ian Shive/Aurora Photos/Alamy **O3.5** Angela Peterson/MCT/Landov **Figure 3.2** Don Mason/Corbis/Glow Images **Figure 3.3** Michael Reynolds/EPA/Newscom **Figure 3.4** NASA **Figure 3.5** Caleb Foster/Fotolia **Figure 3.1.2** Pete Mcbride/National Geographic Creative/Corbis **Figure 3.8** Bruce Coleman, Inc./Alamy **Figure 3.10** Stephen Shames/Polaris/Newscom **Figure 3.2.2** 2d Alan King/Alamy **Figure 3.12** Luiz Felipe Castro/Getty Images **Figure 3.15** Mastering Microstock/Shutterstock **Figure 3.17** Rob Crandall/The Image Works **Figure 3.18** Ian Dagnall/Alamy **Figure 3.19** NASA **Figure 3.21** William Wyckoff **Figure 3.25** William Wyckoff **Figure 3.26a** National Geographic Image Collection/Alamy **Figure 3.26b** William Wyckoff **Figure 3.27b** J. Emilio Flores/La Opinion/Newscom **Figure 3.29** Matthieu Paley/Corbis **Figure 3.30** NASA **Figure 3.32** Pat and Rosemarie Keough/Corbis **Figure 3.33** Ian Shive/Aurora Photos/Alamy **Figure 3.35** Jim Noelker/AGE Fotostock **Figure 3.36** Katja Kreder/Image Broker/Alamy **Figure 3.37** Angela Peterson/MCT/Landov **Figure 3.4.1** Courtesy of Lucia Lo **Figure 3.39** David South/Alamy **R3.B** Radius/Corbis **R3.C** Phil Augustavo/Getty Images **R3.D** Geogphotos/Alamy **R3.E** Frontpage/Shutterstock **QR code** Census Bureau data on state populations, http://www.census.gov/population/projections/data/statepyramid
.html?

Chapter 4 opening photo Rieger Bertrand/Hemis/Corbis **O4.1** Rob Crandall **O4.2** Rob Crandall **O4.3** Rob Crandall **O4.4** Guillermo Granja/Reuters **O4.5** Keith Dannemiller/Alamy **Figure 4.2** Rob Crandall **Figure 4.3** Ian Trower/Robert Harding/Newscom **Figure 4.4** Danny Lehman/Documentary Value/Corbis **Figure 4.5** Rob Crandall **Figure 4.6** Newscom **Figure 4.8** Rob Crandall **Figure 4.10a** Bernard Francou-IRD **Figure 4.10b** Bernard Francou-IRD **Figure 4.12a** NASA **Figure 4.12b** NASA **Figure 4.13** Rob Crandall **Figure 4.14** Rob Crandall **Figure 4.15** Newscom **Figure 4.1.1** Fernando Vergara/AP Images **Figure 4.1.2** Javier Galeano/AP Images **Figure 4.17** Enrique Castro-Mendivil/Landov **Figure 4.19** David Santiago Garcia/Aurora Photos/Alamy **Figure 4.20a** Rob Crandall **Figure 4.20b** Rob Crandall **Figure 4.20c** Rob Crandall **Figure 4.20d** Rob Crandall **Figure 4.22** Orlando Kissner/AFP/Getty Images **Figure 4.23** Rob Crandall **Figure 4.24** Rob Crandall **Figure 4.26** Alexandro Auler/LatinContent/Getty Images **Figure 4.2.2** Guillermo Granja/Reuters **Figure 4.29** Felipe Trueba/EPA/Newscom **Figure 4.30** Adapted from: The Economist, Nov. 22, 2012 **Figure 4.3.1** Courtesy of Corrie Drummond Garcia **Quote, page 149** Corrie Drummond **Figure 4.31** Paulo Fridman/Corbis **Figure 4.4.1** Kaveh Kazemi/Getty Images **Figure 4.33** Keith Dannemiller/Alamy **Figure 4.35** Rob Crandall **Figure 4.36** Rob Crandall **Figure 4.37** Adapted from: World Bank Development Indicators, 2013 **R4.A** Fernando Vergara/AP Images **R4.B** Luoman/Getty Images **R4.D** Google Earth **R4.E** Frontpage/Shutterstock **QR code** ICO coffee production Figures, 2011-2014, http://www.ico.org/prices/po-production.pdf?

Chapter 5 opening photo Roberto Fumagalli/Alamy **O5.1** Image

© 2013 DigitalGlobe. US Dept of State Geographer. © 2013 Google. **O5.2** Margaret S/Alamy **O5.3** Rob Crandall **O5.4** Ana Martinez/ Reuters **O5.5** Rob Crandall **Figure 5.2** Rob Crandall **Figure 5.3** Grand Tour/Corbis **Figure 5.4** Hufton Crow/AGE Fotostock **Figure 5.5** Reuters **Crisis Mapping, page 167** Adapted from www. newswatch.nationalgeographic.com, How Crisis Mapping Saved Lives in Haiti, July 2, 2012. **Figure 5.1.1** Ushahidi Haiti Project (UHP) **Figure 5.6** Adapted from: Temperature and precipitation data from E. A. Pearce and C. G. Smith, The World Weather Guide, London: Hutchinson, 1984 **Figure 5.7** Desmond Boylan/Reuters **Figure 5.8** Based on DK World Atlas, London: DK Publishing, 1997, pp. 7, 55 **Figure 5.9** Image © 2013 DigitalGlobe. US Dept of State Geographer. © 2013 Google. **Figure 5.10** Rob Crandall **Figure 5.11** Rob Crandall **Figure 05.14** Data from Barry Levin, Caribbean Exodus, Westport, CT: Praeger Publishers, 1987 **Figure 5.15** Corbis **Figure 5.16** Orlando Barria/Newscom **Figure 5.17** Rob Crandall **Figure 5.18** Margaret S/Alamy **Figure 5.2.1** Google Earth **Figure 5.19** Data based on Philip Curtin, The Atlantic Slave Trade, A Census, Madison: University of Wisconsin Press, 1969, p. 268 **Figure 5.20** Ranu Abhelakh/Reuters/Corbis **Figure 5.21** Rob Crandall **Figure 5.3.1** Shi Rong Xinhua News Agency/Newscom **Figure 5.23** Rob Crandall **Figure 5.24** Rob Crandall **Figure 5.26** Ana Martinez/Reuters **Figure 5.27** Rob Crandall **Figure 5.29** Frank Heuer/laif/Redux **05.31** Frank Fell/Robert Harding World Imagery **Figure 5.4.1** Courtesy of Sarah Blue **Quote, page 191** Sarah Blue **Figure 5.33** Disability Images/Alamy **R5.A** Google Earth **R5.D** Google Earth **R5.E** Grand Tour/Corbis **QR code** World Bank data on migration and remittances, http://econ.worldbank.org/WBSITE/ EXTERNAL/EXTDEC/EXTDECPROSPECTS/0,,contentMDK:22 759429~pagePK:64165401~piPK:64165026~theSitePK:476883,00. html?

Chapter 6 opening photo Rob Crandall **O6.1** Robert Caputo/ Getty Images **O6.2** Ton Koene/Horizons WWP/Alamy **O6.3** Amar Grover/Getty Images **O6.4** Alexander Joe/Afp/Gettyimages **O6.5** Heiner Heine/Image Broker/Alamy **Figure 6.2** Jake Lyell/Alamy **Figure 6.3** Rob Crandall **Figure 6.4** Afripics.Com/Alamy **Figure 6.5** Robert Caputo/Getty Images **Figure 6.7** Rob Crandall **Figure 6.8** Heeb Christian/Robert Harding World Imagery **Figure 6.10** Daniel Berehulak/Getty Images **Figure 6.1.1** Mike Goldwater/ Alamy **Figure 6.12** Akintunde Akinleye/Reuters **Figure 6.13** Rob Crandall **Figure 6.16** Jake Lyell/Alamy **Figure 6.17** Newscom **Figure 6.18** Data from http://www.cdc .gov/vhf/ebola/outbreaks/2014-west-africa/distribution-map. html. **Figure 6.20** Thierry Gouegnon/Reuters **Figure 6.21** Ton Koene/Horizons WWP/Alamy **Figure 6.22** Jeremy Graham/DB Images/Alamy **Figure 6.23** Max Milligan/Getty Images **Figure 6.24a** Google Earth **Figure 6.24b** Google Earth **Figure 6.26** Neil Cooper/Alamy **Figure 6.28** Gavin Hellier/Alamy **Figure 6.30** Amar Grover/Getty Images **Figure 6.2.1** Shashank Bengali/Mct/Newscom **Figure 6.2.2** Face To Face/ZUMA Press/Newscom **Figure 6.31** Streeter Lecka/Getty Images **Figure 6.34** Ulrich Doering/Alamy **Figure 6.35** Data from UNHCR Global Trends, 2013 **Figure 6.3.1** Alexander Joe/Afp/Gettyimages **Figure 6.36** Newscom **Figure 6.37** Jake Lyell/Alamy **Figure 6.38** Pan Siwei Xinhua News Agency/ Newscom **Figure 6.39** Solar Reserve **Figure 6.4.1** Courtesy of Fenda Akiwumi **Quote, page 241** Fenda Akiwumi **Figure 6.40** Data from World Development Indicators, 2015, Table 6 **Figure 6.41** Siphiwe Sibeko/Reuters **Figure 6.43** Heiner Heine/Image Broker/ Alamy **R6.A** Rob Crandall **R6.B** Google Earth **R6.E** Abenaa/Getty Images **QR code** United Nations AIDS information website, http:// aidsinfo.unaids.org/#?

Chapter 7 opening photo Gavin Hellier/Robert Harding World Imagery **O7.1** Alan Carey/Spirit/Corbis **O7.2** DarkGrey/Getty Images **O7.3** Duby Tal/Albatross/Superstock **O7.4** Yin Bogu/Xinhua Press/Corbis **O7.5** Arterra Picture Library/Alamy **Figure 7.2** PixelPro/Alamy **Figure 7.3** Walter Bibikow/ Jon Arnold Images Ltd/Alamy **Figure 7.4** NASA **Figure 7.5** Independent Picture Service/Alamy **Figure 7.6** Alan Carey/ Spirit/Corbis **Figure 7.8** DeAgostini/Getty Images **Figure 7.9** Galyna Andrushko/Shutterstock **Figure 7.11** Egmont Strigl/ Image Broker/AGE Fotostock **Figure 7.12** Muratart/Shutterstock **Figure 7.13** Worldspec/NASA/Alamy **Figure 7.1.1** Jochen Tack/ arabianEye/Corbis **Figure 7.14** Patrick Syder/Lonely Planet Images/ Getty Images **Figure 7.16** Izzet Keribar/Getty Images **Figure 7.17** Modified from Clawson and Fisher, 2004, World Regional Geography,8th ed. **Figure 7.18** Wigbert Röth/Image Broker/ Newscom **Figure 7.19** Peter Horree/Alamy **Figure 7.20** Jalil Bounhar/AP Images **Figure 7.21** Marcia Chambers/dbimages/ Alamy **Figure 7.22** Wael Hamdan/Alamy **Figure 7.23** Megapress/ Alamy **Figure 7.24** DarkGrey/Getty Images **Figure 7.27** US Census Bureau, http://www.census .gov/population/international/data/idb/region.php?N=%20 Results%20&T=1 2&A=separate&RT=0&Y=2015&R=-1&C=EG, http://www.census .gov/population/international/data/idb/region.php?N=%20 Results%20&T=12&A=separate&RT=0&Y=2015&R=-1&C=IR, http://www.census .gov/population/international/data/idb/region.php?N=%20 Results%20&T=12&A=separate&RT=0&Y=2015&R=-1&C=AE **Figure 7.28** Source: Modified from Rubenstein, 2005, An Introduction to Human Geography,8th ed., Upper Saddle River, NJ: Prentice Hall **Figure 7.2.1** Data from: Economist, 25 April 2015. **Figure 7.2.2** Fabrizio Villa/Polaris/Newscom **Figure 7.29** Newscom **Figure 7.30** Modified from Rubenstein, 2011, An Introduction to Human Geography,10th ed., Upper Saddle River, NJ: Prentice Hall, and National Geographic Society, 2003,Atlas of the Middle East, Washington, DC **Figure 7.31** Duby Tal/Albatross/Superstock **Figure 7.32** Modified from Rubenstein, 2011, An Introduction to Human Geography, 10th ed., Upper Saddle River, NJ: Prentice Hall and National Geographic Society, 2003, Atlas of the Middle East, Washington, DC **Figure 7.33** Santiago Urquijo/Getty Images **Figure 7.34** Chris Hondros/Staff/Getty Images **Figure 7.35** Fadi Al-Assaad/Reuters **Figure 7.36** Data from: Economist, May 2015 **Figure 7.37** Rex Features/AP Images **Figure 7.38** Modified from Rubenstein, 2011, An Introduction to Human Geography, 10th ed., Upper Saddle River, NJ: Prentice Hall **Figure 7.39** Modified from Rubenstein, 2011, An Introduction to Human Geography, 10th ed., Upper Saddle River, NJ: Prentice Hall **Figure 7.39b** Yin Bogu/Xinhua Press/Corbis **Figure 7.3.1** Courtesy of Karen Culcasi **Figure 7.3.2** Courtesy of Karen Culcasi **Figure 7.41** Modified from Rubenstein, 2011, An Introduction to Human Geography, 10th ed., Upper Saddle River, NJ: Prentice Hall **Figure 7.42** Image Landsat. Image ? 2013 TerraMetrics. Image ? DigitalGlobe. Data SIO, NOAA, U.S. Navy, NGA, GEBCO. **Figure 7.4.1** Adam Reynolds/ Bloomberg/Contributor/Getty Images **Figure 7.43a** Xi Li, Wuhan University/University of Maryland/Courtesy of #withSyria **Figure 7.43b** Xi Li, Wuhan University/University of Maryland/Courtesy of #withSyria **Figure 7.45** Arterra Picture Library/Alamy **R7.A** Lukasz Janyst/Shutterstock **R7.C** Johnny Dao/Shutterstock **R7.D** Barry Gregg/Getty Images **R7.E** Google Earth **QR code** WHO data/ interactive atlas page on physicians, http://www.who.int/en/?

Chapter 8 opening photo Shahid Khan/Shutterstock **O8.1** Philippe

Body/AGE Fotostock **O8.2** Stefania Mizara/Corbis **O8.3** Clynt Garnham Education/Alamy **O8.4** Dylan Martinez/Reuters **O8.5** Photocreo Bednarek/Fotolia **Figure 8.1** Roz Gaizkaroz/AFP/Getty Images **Figure 8.4** Hemis/Alamy **Figure 8.5** Philippe Body/AGE Fotostock **Figure 8.6** Smart.art/Shutterstock **Figure 8.9** Magnus Qodarion/Alamy **Figure 8.10** Sarah Leen/National Geographic Creative **Figure 8.13** Thomson Reuters **Figure 8.1.1** Courtesy of Weronika Kusek **Figure 8.1.2** Courtesy of Weronika Kusek **Figure 8.2.1** Eurasia/Robert Harding World Imagery **Figure 8.2.2** Gabriele Hanke/Image Broker/Alamy **Figure 8.15** Stefania Mizara/Corbis **Figure 8.16** Les Rowntree **Figure 8.17** Clynt Garnham Education/Alamy **Figure 8.3.1** Alex Segre/Alamy **Figure 8.19** Peter Forsberg/EU/Alamy **Figure 8.21** Koray Ersin/Fotolia **Figure 8.22** Jonathan Larsen/Diadem Images/Alamy **Figure 8.25** Peter Jordan/Alamy **Figure 8.26a** Bettmann/Corbis **Figure 8.26b** Picture-Alliance/DPA/Newscom **Figure 8.4.1** Raf/ZUMA Press/Newscom **Figure 8.28** Dylan Martinez/Reuters **Figure 8.29** Ann Pickford/Alamy **Figure 8.32a** Skorpionik00/Shutterstock **Figure 8.32b** Photocreo Bednarek/Fotolia **Figure 8.33** Data from: Sources: http://ec.europa.eu/eurostat/statisticsexplained/index.php/Unemployment_statistics, http://ec.europa.eu/eurosta/statisticsexplained/index.php/Unemployment_statistics_at_regional_level **Figure 8.34** Nikolas Georgiou/Alamy **Figure 8.35** Kerkla/Getty Images **R8.A** CSP Remik44992/Fotosearch LBRF/AGE Fotostock **R8.C** Leonid Serebrennikov/AGE Fotostock **R8.D** Bernd.neeser/Shutterstock **R8.E** Peter Erik Forsberg/AGE Fotostock **QR code** EU's Eurostat page on asylum statistics, http://ec.europa.eu/eurostat/statisticsexplained/index.php/Asylum_statistic?

Chapter 9 opening photo Gleb Garanich/Reuters **O9.1** Yul/Fotolia **O9.2** Yulenochekk/Fotolia **O9.3** Gerner Thomsen/Alamy **O9.4** Sergie Chirkov/EPA/Corbis **O9.5** Ivan Sekretarev/AP Images **Figure 9.2** Andrey Rudakov/Bloomberg/Getty Images **Figure 9.3** Serghei Starus/Alamy **Figure 9.6** Mykola Mazuryk/Shutterstock **Figure 9.7** Masami Goto/Glow Images **Figure 9.1.1** AP Images **Figure 9.1.2** Krasilnikov Stanislav/ZUMA Press/Newscom **Figure 9.8** NASA **Figure 9.9** Irakli Gedenidze/AP Images **Figure 9.11** PhotoXpress/ZumaPress/Newscom **Figure 9.12** Yul/Fotolia **Figure 9.13** Lev Fedoseyev/ITAR-TASS Photo Agency/Newscom **Figure 9.14** Environment Images/UIG/Getty Images **Figure 9.2.2** Volodymyr Shuvayev/AFP/Getty Images **Figure 9.16** Google Earth **Figure 9.17** ITAR-TASS Photo Agency/Alamy **Figure 9.18** Yulenochekk/Fotolia **Figure 9.19** Hemis/Alamy **Figure 9.3.1** Courtesy of Dmitry Streletskiy **Figure 9.3.2** Ilya Naymushin/Reuters **Figure 9.21** Misha Japaridze/AP Images **Figure 9.22** Cindy Miller Hopkins/Alamy **Figure 9.23** ITAR-TASS Photo Agency/Alamy **Figure 9.28** Gerner Thomsen/Alamy **Figure 9.30** Mikhail Japaridze/AP Images **Figure 9.31a** Schoendorfer/REX Shutterstock/Newscom **Figure 9.31b** Dieter Nagl/AFP/Getty Images **Figure 9.32** Sergie Chirkov/EPA/Corbis **Figure 9.36** Sergey Ponomarev/AP Images **Figure 9.38** ITAR-TASS Photo Agency/Alamy **Figure 9.39** Sergey Dolzhenko/EPA/Newscom **Figure 9.4.1** Astapkovich Vladimir/ITAR-TASS Photo AgencyPhotos/Newscom **Figure 9.41** Ivan Sekretarev/AP Images **R9.A** Svetlana Bobrova/Shutterstock **R9.C** ITAR-TASS Photo Agency/Alamy **R9.D** ITAR-TASS Photo Agency/Alamy **R9.E** Google Earth **QR code** OECD's annual FDI statistics on Russian Federation, http://www.oecd-ilibrary.org/economics/country-statistical-profile-russian-federation_20752288-table-rus?

Chapter 10 opening photo ChinaFotoPress/Getty Images **O10.1** Theodore Kaye/Alamy **O10.2** Ilya Postnikov/Fotolia **O10.3** J. Marshall/Tribaleye Images/Alamy **O10.4** Stringer/Reuters **O10.5** View Stock/Alamy **Figure 10.2** Ru Baile/Fotolia **Figure 10.4** Deidre Sorensen/Photoshot/Newscom **Figure 10.6a** NASA **Figure 10.6b** NASA **Figure 10.6c** NASA **Figure 10.1.1** Phil Micklin **Figure 10.7** Theodore Kaye/Alamy **Figure 10.10** Jesse Allen/Robert Simmon/NASA Earth Observatory **Figure 10.11** Ted Wood/Aurora Photos/Alamy **Figure 10.2.1** Denis Sinyakov/Reuters **Figure 10.13** GM Photo Images/Alamy **Figure 10.14** Ilya Postnikov/Fotolia **Figure 10.3.1** Courtesy of Holly Barcus **Figure 10.16** Cyrille Gibot/Alamy **Figure 10.18** J. Marshall/Tribaleye Images/Alamy **Figure 10.19** Matthew Ashton/Alamy **Figure 10.21** Dimitri Borko/AFP/Getty Images **Figure 10.23** Peter Parks/AFP/Getty Images **Figure 10.24** Stringer/Reuters **Figure 10.25** AFP/Getty Images **Figure 10.26** Oliviero Olivieri/Robert Harding/Newscom **Figure 10.27** Shamil Zhumatov/Reuters **Figure 10.4.1** Jesse Allen/Robert Simmon/NASA Earth Observatory **Figure 10.28** View Stock/Alamy **Figure 10.30** John Costello/MCT/Newscom **R10.A** Cai Chuqing/Shutterstock **R10.C** Mark Ralston/AFP/Getty Images **R10.D** Maximilian Clarke/Getty Images **R10.E** Michal Cerny/Alamy **QR code** World Bank data on international tourism receipts, http://data.worldbank.org/indicator/ST.INT.RCPT.CD?

Chapter 11 opening photo Topic Photo Agency/AGE Fotostock **O11.1** JIJI Press/AFP/Getty Images **O11.2** B. Lawrence/BL Images/Alamy **O11.3** Iain Masterton/Alamy **O11.4** KCNA/Reuters **O11.5** Chris McGrath/Getty Images **Figure 11.4** Masao Takahashi/AFLO/Glow Images **Figure 11.5** AFP/Getty Images **Figure 11.6** Documentary Value/Corbis **Figure 11.7** Color China Photo/AP Images **Figure 11.8** JIJI Press/AFP/Getty Images **Figure 11.10** NASA **Figure 11.11a** Panorama Images/The Image Works **Figure 11.11b** Meng Liang/ChinaFotoPress/ZUMApress/Newscom **Figure 11.12** China Daily/Reuters **Figure 11.13** Source: http://www.bp.com/en/global/corporate/about-bp/energy-economics/statistical-review-of-world-energy/statistical-review-downloads. **Figure 11.1.1** Courtesy of Gregory Veeck **Figure 11.16** Skye Hohmann Japan Images/Alamy **Figure 11.17** Liu Xiaoyang/China Images/Alamy **Figure 11.2.1** Yang Zheng/Imaginechina/AP Images **Figure 11.18** Aldo Pavan/Getty Images **Figure 11.19** B. Lawrence/BL Images/Alamy **Figure 11.3.1** Trevor Snapp/Bloomberg/Getty Images **Figure 11.20** Pearson Education, Inc. **Figure 11.22** Iain Masterton/Alamy **Figure 11.23** Rob Crandall **Figure 11.24** Jo Yong-Hak/Reuters **Figure 11.26** Masa Uemura/Alamy **Figure 11.27** Olaf Schubert/Image Broker/Alamy **Figure 11.29** Ashley Pon/Getty Images **Figure 11.30** China Photos/Stringer/Getty Images **Figure 11.32** Universal Images Group/SuperStock **Figure 11.34** Kyodo/Newscom **Figure 11.35** KCNA/Reuters **Figure 11.36** Bobby Yip/Reuters **Figure 11.37** Lucas Vallecillos/AGE Fotostock **Figure 11.38** Chris McGrath/Getty Images **Figure 11.39** Ahn Young-Joon/AP Images **Figure 11.4.1** Chung Sung-Jun/Getty Images **Figure 11.40** Yuan Shuiling/Imaginechina/AP Images **Figure 11.41** Source: World Bank https://www.imf.org/external/pubs/ft/weo/2015/01/weodata/index.aspx **Figure 11.42** Rex/Newscom **R11.B** Adrian Bradshaw/
EPA/Newscom **R11.C** SeanPavonePhoto/Fotolia **R11.D** Patrick Lin/AFP/
Getty Images **R11.E** Ma Jian/Chinafotopress/ZUMA Press/Newscom **QR**
code National Bureau of Statistics of China gross regional product data,
http://data.stats.gov.cn/english/easyquery.htm?cn=E0103?

Chapter 12 opening photo Abbas Ali/Anadolu Agency/Getty

Images **O12.1** Kamal Sachar/AFP/Getty Images **O12.2** Ajit Solanki/AP Images **O12.3** Hemant Chawla/The India Today Group/Getty Images **O12.4** Anupam Nath/AP Images **O12.5** Newscom **Figure 12.2** Science Source **Figure 12.3** Roberto Schmidt/AFP/Getty Images **Figure 12.1.1** Courtesy of P.P. Karan **Figure 12.5** Kamal Sachar/AFP/Getty Images **Figure 12.7** Data from: http://statisticstimes.com/economy/gdp-capita-ofindian-states.php **Figure 12.2.1** Mohammed Abidally/Alamy **Figure 12.8** Aditya "Dicky" Singh/Alamy **Figure 12.11** Education Images/Getty Images **Figure 12.12** Glow Images **Figure 12.13** Ajit Solanki/AP Images **Figure 12.14** Rob Crandall **Figure 12.15** Alamy **Figure 12.16** Newscom **Figure 12.17** Hemant Chawla/The India Today Group/Getty Images **Figure 12.18** Money Sharma/EPA/Newscom **Figure 12.3.1** Vinod Singh/Anadolu Agency/Getty Images **Figure 12.20** Newscom **Figure 12.21** Newscom **Figure 12.23** Olaf Krüger/Image Broker/Newscom **Figure 12.24** Gideon Mendel/Corbis **Figure 12.4.1** Arka Mediaworks **Figure 12.26** Rob Crandall **Figure 12.30** R. Kiedrowski/Arco Images/Alamy **Figure 12.31** Anupam Nath/AP Images **Figure 12.33** Qadir Baloch/Reuters **Figure 12.34** Newscom **Figure 12.35** Hemis/Alamy **Figure 12.36** Philippe Lissac/Picture-Alliance/Godong/Newscom **Figure 12.38** Chirag Wakaskar/Alamy **Figure 12.39** Namas Bhojani/Bloomberg/Getty Images **Figure 12.40** Rob Crandall **Figure 12.41** Joerg Boethling/Alamy **R12.A** Travel India/Alamy **R12.B** Paul Biris/Getty Images **R12.D** Yawar Nazir/Getty Images **R12.E** Harish Tyagi/Epa/Newscom **QR code** India's Planning Commission web page on sex ratio, http://planningcommission.nic.in/data/datatable/data_2312/DatabookDec2014%20215.pdf?

Chapter 13 opening photo Massimo Borchi/Atlantide Phototravel/Corbis **O13.1** Y. T. Haryono/Anadolu Agency/Getty Images **O13.2** Romeo Gacad/Newscom **O13.3** Thierry Falise/LightRocket/Getty Images **O13.4** Athit Perawongmetha/Reuters **O13.5** Jonathan Drake/Bloomberg/Getty Imagaes **Quote, page 482** Mandarin Gallery's website, Starwood Hotels and Resorts Worldwide, Inc. http://www.thewestinsingapore.com/en/localareashopping. **Figure 13.2** Google Earth **Figure 13.4** Y. T. Haryono/Anadolu Agency/Getty Images **Figure 13.5** Kevin Frayer/Getty Images **Figure 13.7** Romeo Gacad/Newscom **Figure 13.8** V. Miladinovic/India Government Tourist Office **Figure 13.9** Philippe Body/Hemis/Alamy **Figure 13.10** Michael S. Yamashita/ Terra/Corbis **Figure 13.1.2** Dimas Ardian/Bloomberg/Getty Images **Figure 13.12** The Asahi Shimbun Premium/Getty Images **Figure 3.2.1** Thierry Falise/LightRocket/Getty Images **Figure 13.13** Peter Bowater/Alamy **Figure 13.15** Cheryl Ravelo/Reuters **Figure 13.16** Google Earth **Figure 13.17** Image Source/Superstock **Figure 13.21** EPA/Corbis **Figure 13.22** Thierry Falise/LightRocket/Getty Images **Figure 13.24** AFP/Getty Images **Figure 13.25** Wong Maya-E/AP Images **Figure 13.28** AP Images **Figure 13.29** Stewart Cohen/ Tetra Images/Alamy **Figure 13.30** Vincent Yu/AP Images **Figure 13.31** Athit Perawongmetha/Reuters **Figure 13.32** DigitalGlobe/ScapeWare3d/Getty Images **Figure 13.33** Erik de Castro/Reuters **Figure 13.34** Roslan Rahman/Newscom **Figure 13.35** Jonathan Drake/Bloomberg/Getty Imagaes **Figure 13.36** Sukree Sukplang/Reuters **Figure 3.3.1** Think4photop/Shutterstock **Figure 13.38** Heeb Christian/Prisma Bildagentur AG/Alamy **Figure 3.4.1** Courtesy of Rachel Silvey **R13.B** NASA **R13.C** Wong Maya-E/AP Images **R13.D** Ezra Acayan/NurPhoto/Corbis **R13.E** Sukree Sukplang/Reuters **QR code** Ethnologue: Languages of the World, https://www.ethnologue.com/browse/countries?

Chapter 14 opening photo William Chopart/Mond Image/AGE Fotostock **O14.1** Raga Jose Fuste/Prisma Bildagentur AG/Alamy **O14.2** Don Fuchs/AGE Fotostock **O14.3** Newscom **O14.4** Lucy Pemoni/Reuters **O14.5** Wayne G. Lawler/Science Source **Figure 14.2** Raga Jose Fuste/Prisma Bildagentur AG/Alamy **Figure 14.3** Paul Mayall/Alamy **Figure 14.4** Jochen Schlenker/Robert Harding World Imagery/Getty Images **Figure 14.5** Maxine House/Alamy **Figure 14.6** Chad Ehlers/Getty Images **Figure 14.9** Glenn Nicholls/AP Images **Figure 14.10** 42pix/Alamy **Figure 14.11** Arco Images/Glow Images **Figure 14.13** US Department of Defense **Figure 14.14** Friedrich Stark/Alamy **Figure 14.1.1** Torsten Blackwood/Newscom **Figure 14.15** David Wall/Danita Delimont Photography/Newscom **Figure 14.17** Don Fuchs/AGE Fotostock **Figure 14.18** David Steele/Shutterstock **Figure 14.19** Colin Monteath/AGE Fotostock **Figure 14.21** Historical Image Collection by Bildagentur-Online/Alamy **Figure 14.22** Bill Bachmann/Science Source **Figure 14.23** Mago World Image/Pixtal/AGE Fotostock **Figure 14.24** Jackie Ellis/Alamy **Figure 14.25** Egmont Strigl/Image Broker/Alamy **Figure 14.26** Mark A. Johnson/Alamy **Figure 14.28** Newscom **Figure 14.30** Van der Meer Marica/ ArTerra Picture Library/AGE Fotostock **Figure 14.2.1** Rick Rycroft/AP Images **Figure 14.2.2** Australian Department of Immigration and Citizenship/Getty Images **Figure 14.32** Blickwinkel/Alamy **Figure 14.33** Thomas Cockrem/Alamy **Figure 14.34** Phil Walter/Getty Images **Figure 14.36** Danny Martindale/WireImage/Getty Images **Figure 14.37** Education Images/UIG/Getty Images **Figure 14.38** Angela Prati/AGE Fotostock **Figure 14.40** Lucy Pemoni/Reuters **Figure 14.41** Glenn Campbell/The Sydney Morning Herald/Fairfax Media via Getty Images **Figure 14.42** Torsten Blackwood/Getty Images **Figure 14.43** Brisbane Architectual and Landscape Photographer/Getty Images **Figure 14.3.1** Courtesy of Laura Brewington **Figure 14.44** Wayne G. Lawler/Science Source **Figure 14.45** Fred Kruger/Picture-Alliance/Dumont Bildar/Newscom **Figure 14.4.1** Stephen Andrews/AGE Fotostock **R14.A** Takashi Hagihara/Corbis **R14.B** Les Rowntree **R14.C** Chris Cheadle/Alamy **R14.D** Stocktrek Images/Getty Images **R14.E** Tatiana Belova/Fotolia **QR code** Map of average annual precipitation for New Zealand's South Island, http://www.teara.govt.nz/en?

CVR WIN-Initiative/Getty Images **Icon.1 Globe icon** Iconspro/Shutterstock **Icon.2 Leaf icon** Helga Pataki/Shutterstock **Icon.3 Computer icon** Cobalt88/Shutterstock **Icon.4 Recycle icon** Zebra-Finch/Shutterstock **Icon.5 Pointer icon** Doungtawan/Shutterstock **Icon.6 Business icon** Route55/Shutterstock?

찾아보기

옮긴이

안재섭

서울대학교 교육학 박사

현재 동국대학교 사범대학 지리교육과 교수

김희순

고려대학교 지리학 박사

현재 고려대학교 스페인 라틴아메리카 연구소 연구교수

신정엽

미국 뉴욕주립대학교 지리학 박사

현재 서울대학교 사범대학 지리교육과 교수

이승철

영국 서식스대학교 지리학 박사

현재 동국대학교 사범대학 지리교육과 교수

이영아

영국 브리스톨대학교 사회정책학 박사

현재 대구대학교 사범대학 지리교육과 교수

정희선

미국 루이지애나주립대학교 지리학 박사

현재 상명대학교 인문사회과학대학 공간환경학부 교수

조창현

네덜란드 아인트호벤대학교 도시계획학 박사

현재 경희대학교 이과대학 지리학과 교수

퇴적암석학

퇴적암석학

발행년도 : ⓒ 2000
저　　자 : Loren A. Raymond
역　　자 : 정공수 · 김정률
발 행 인 : 강학경

발 행 처 : Σ 시그마프레스
주　　소 : 서울특별시 마포구 서교동 247-58 (남선빌딩 2층)
전　　화 : (02) 323-4845~7
팩 시 밀 리 : (02) 323-4197
전 자 우 편 : spress@netsgo.com
등 록 번 호 : 제 10-965호

I S B N : 89-8445-010-3

가　　격 : 15,000원